D1698150

Kordina • Meyer-Ottens Holz Brandschutz Handbuch

Vollständig überarbeitete, erweiterte und neu gegliederte 2. Auflage

# Holz Brandschutz Handbuch

2. Auflage

Von Prof. Dr.-Ing. Dr.-Ing. E. h. K. Kordina
und Dr.-Ing. C. Meyer-Ottens

unter Mitarbeit von
Prof. Dipl.-Ing. C. Scheer

**Deutsche Gesellschaft
für Holzforschung e. V.**

Die in diesem Handbuch veröffentlichten Forschungs- und Entwicklungsergebnisse, zumeist im Auftrag der Entwicklungsgemeinschaft Holzbau in der DGfH e. V. erzielt, wurden durch Zuschüsse nachfolgender Ministerien und Institutionen ermöglicht:
Bayerisches Staatsministerium für Ernährung, Landwirtschaft und Forsten, München
Bundesministerium für Ernährung, Landwirtschaft und Forsten, Bonn
Bundesministerium für Raumordnung, Bauwesen und Städtebau, Bonn
Forstabsatzfond, Bonn
Centrale Marketinggesellschaft der deutschen Agrarwirtschaft mbH, Bonn
Der Hessische Minister für Landesentwicklung, Umwelt, Landwirtschaft und Forsten, Wiesbaden
Ministerium für Landes- und Stadtentwicklung Nordrhein-Westfalen, Düsseldorf
Ministerium für Landwirtschaft, Weinbau und Forsten, Mainz
Forst- und Holzwirtschaft

CIP-Kurztitelaufnahme der Deutschen Bibliothek

Kordina, Karl:
Holz-Brandschutz-Handbuch von K. Kordina und
C. Meyer-Ottens – München: Deutsche Gesellschaft
für Holzforschung e. V.
ISBN 3-410-57040
NE: Meyer-Ottens, Claus


Satz, Druck, Verarbeitung: Plano-Druck, München

| Teil | Holz Brandschutz Handbuch, 1994 | Abschnitt |
|---|---|---|
| I | **Grundlagen**<br>Einleitung, Baustoffverhalten, Bauteilverhalten | 1 - 3 |
| II | **Anwendung** 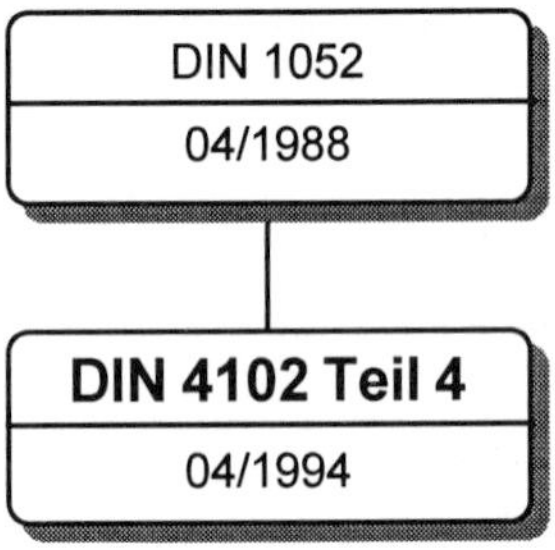<br>DIN 1052 04/1988<br>**DIN 4102 Teil 4** 04/1994 | 4 - 5 |
| | Modernisierung, Sanierung, Instandsetzung | 6.1 - 6.2 |
| | Nutzungsänderung | 6.3 |
| | Denkmalschutz - Rekonstruktionen | 7 |
| | feuerbeständig (F90-AB) ⇒ F90-B/A | 8 |
| | Brandschutz auf Baustellen | 9 |
| III | 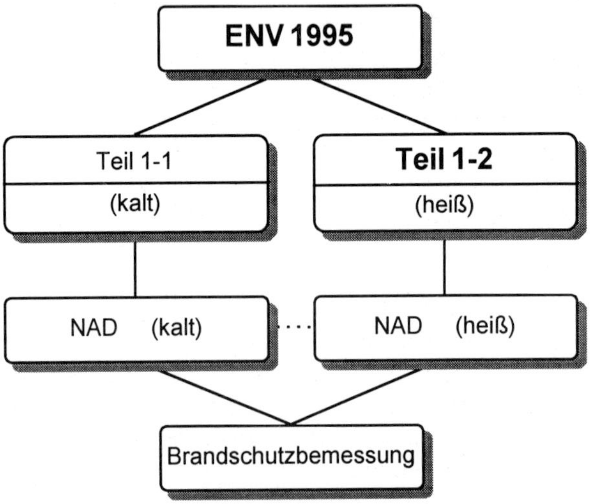 **ENV 1995**<br>Teil 1-1 (kalt) — **Teil 1-2** (heiß)<br>NAD (kalt) — NAD (heiß)<br>Brandschutzbemessung | 10 |
| **Anhang** | Literaturverzeichnis | 11 |
| | Ergänzende Literatur zu diesem Handbuch | 12 |
| | Adressen | 13 |
| | Stichwortverzeichnis | 14 |

# Vorwort

- Die Veränderungen im baulichen Brandschutz in Europa
- die Überarbeitung von DIN 4102 Teil 4
- auf der Basis der Neuausgabe von DIN 1052 (04/88) und
- neue Erfahrungen im Holzbau-Brandschutz

waren Anlaß, das Holz Brandschutz Handbuch von 1983 grundlegend zu überarbeiten und auf den neuesten Stand der Erkenntnisse zu bringen. Die Neuausgabe ist in drei Teile gegliedert:

**Teil I** behandelt die **Grundlagen** – Normen und Regeln, auf denen das Werk aufbaut. Dabei werden auch die Brandschutz-Baustoff- und -Feuerwiderstandsklassen erörtert.

**Teil II** befaßt sich mit der **Anwendung,** wobei DIN 4102, Teil 4, abgedruckt (graue Hinterlegung), erläutert und durch Beispiele ergänzt wird.

**Teil III** behandelt die **europäische Vornorm ENV 1995-1-2** (früher Eurocode 5, Teil 1.2), wobei Unterschiede zu DIN 4102, Teil 4, schon in Teil II erörtert werden. Welche Unterschiede angesprochen werden, ist unter dem Stichwort „ENV“ aus dem Stichwortverzeichnis schnell ablesbar.

Das vorliegende **Holz Brandschutz Handbuch** soll in Umfang und Aufbau in erster Linie dem Gesichtspunkt Rechnung tragen, einen praxisbezogenen Leitfaden für den zweckmßigen Entwurf von Holzbauteilen mit bestimmter Feuerwiderstandsdauer zu geben. Dabei werden in enger Anlehnung an die Bestimmungen der Neufassung von DIN 4102, Teil 4, mit Ausblick auf die europäische Normung Wände, Decken, Dächer, Balken, Stützen, Zugglieder und Verbindungen behandelt. Die wiedergegebenen Grundlagen, Tabellen, Erläuterungen und Ergänzungen ermöglichen ein wirtschaftlicheres Konstruieren als bisher. Die dargelegten Bemessungsverfahren erlauben darüber hinaus, im Einzelfall Querschnittsabmessungen unabhängig von den Tabellenwerten von DIN 4102, Teil 4, zu entwerfen.

Das Brandverhalten von Holz, Holzwerkstoffen und Bekleidungen – auch von Gipskarton- und Gipsfaserplatten sowie anderen aus Brandschutzgründen verwendeten Bauplatten – wird erläutert, ebenso auch die Bewertung von Dämmschichten. Das Verhalten von Stahlteilen, soweit sie im Holzbau eingesetzt werden – z. B. Stahldübelverbindungen –, wird ebenfalls behandelt und das Brandverhalten von Gesamtkonstruktionen erörtert. Der Feuerwiderstandsdauer von Holztreppen wurde ein besonderer Abschnitt gewidmet.

Auch dem Thema „Modernisierung, Sanierung, Instandsetzung, Nutzungsänderung“ sowie dem Aspekt Denkmalschutz wird in eigenen Abschnitten Rechnung getragen. Die Verwendung von Holzbauteilen F 90-B anstelle von feuerbeständigen Konstruktionen (F 90-AB) wird ebenfalls behandelt.
Zum Brandschutz auf Baustellen werden ebenfalls Aussagen gemacht.

Mit den grundlegenden baustoffbezogenen Handbüchern zum wirtschaftlichen Konstruieren im baulichen Brandschutz

- Verbundbau Brandschutz Handbuch (1989)
- Stahlbau Brandschutz Handbuch (1993)
- Holz Brandschutz Handbuch (2. Auflage 1994) und
- Beton Brandschutz Handbuch (2. Auflage für 1995 in Vorbereitung)

wird auf der Basis der bauaufsichtlichen Bestimmungen eine die Brandschutz-Vorschriften und -Normen ergänzende Literatur an die Hand gegeben, um

- einen werkstoffgerechten Einsatz zu ermöglichen,
- zur Sicherheit im Brandschutz beizutragen,
- Brandgefahren zu verringern und damit
- Schäden vorzubeugen.

Das Holz Brandschutz Handbuch möchte dem Architekten, Ingenieur und Bauherrn, aber auch den Bauaufsichtsbehörden, Feuerwehren und Sachversicherern eine Hilfe für den brandschutzgemäßen Entwurf und die Beurteilung von Holzbauteilen unter Brandeinwirkung sein. Ein ausführliches Stichwortverzeichnis sowie Adressen am Ende des Werkes sollen diese Hilfe schnell ermöglichen.

Braunschweig, September 1994
Die Verfasser

Das Holz Brandschutz Handbuch wurde von einem begleitenden Arbeitsausschuß betreut. Diesem Ausschuß gehörten an:

**W. Dittrich,** Dipl.-Ing.

**R. Hinze,** Dipl.-Ing.

**M. Kersken-Bradley,** Dr.-Ing.

**W. Klingsch,** Prof. Dr.-Ing.

**Th. Knauf,** Dipl.-Ing.

**E. Maisel,** Dipl.-Ing.

**K. Moser,** Dipl.-Ing.

**H. Schulze,** Prof. Dipl.-Ing.

**P. Topf,** Dr.-Ing.

**St. Winter,** Dipl.-Ing.

Von der Deutschen Gesellschaft für Holzforschung (DGfH):

**F. Colling,** Dr.-Ing.

**M. Fischer,** Dipl.-Ing.

**J. Tebbe,** Dipl.-Ing.

# Inhaltsverzeichnis

Seite

Seite

Seite

# Teil I

# Grundlagen

# 1 Einleitung



## 1.1 Musterbauordnung (MBO) – Landesbauordnungen (LBO)

Der Nachweis des Brandverhaltens von Baustoffen und Bauteilen war im bauaufsichtlichen Verfahren auf der Grundlage der Musterbauordnung (MBO) von 1981 nach den Angaben von Bild E 1-1 a) zu führen; nach der MBO von 1993 [1.2] gelten die Angaben von Bild E 1-1 b). Dazu ist folgendes zu bemerken:

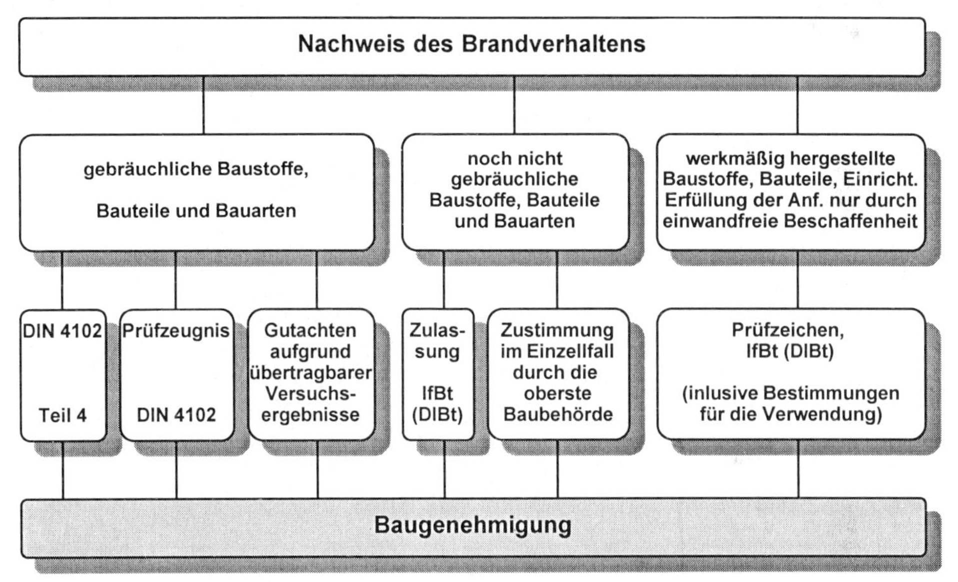


a) ≤ 1994/95

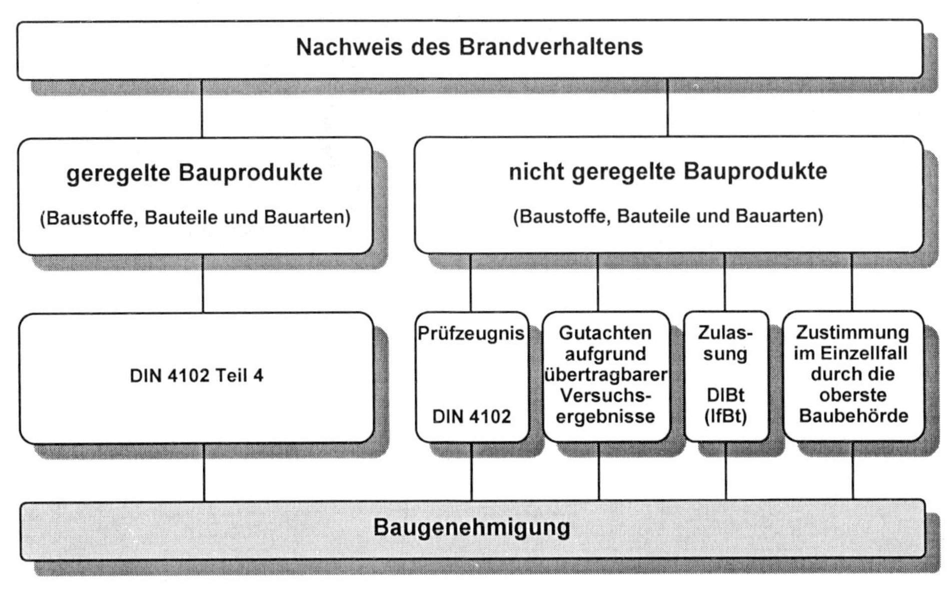


b) ≥ 1994/95

**Bild E 1-1:** Mögliche Nachweise des Brandverhaltens (siehe Erläuterungen im Text)

1. *DIN 4102 Teil 4* liegt in der Fassung 03/94 vor. Sie ersetzt die Ausgabe 03/81.

2. *Prüfzeugnisse* gibt es nach wie vor; ihre Gültigkeit muß jeweils bestätigt werden; jetzt: allgemeines bauaufsichtliches Prüfzeugnis mit Inhalt und Gliederung ähnlich einer Zulassung (Prüfzeugnisse alter Art wird es nur noch in Form von Prüf- oder Untersuchungsberichten ohne Klassifizierung geben).

3. *Gutachten* aufgrund übertragbarer Versuchsergebnisse gibt es für Sonderfälle ebenfalls nach wie vor, und zwar auf dem Wege der „Zustimmung im Einzelfall", siehe Pkt. 5 sowie **Bauproduktenrichtlinie** (BPR) [1.1], Protokollerklärung Nr. 2.

4. *Zulassungen* des „Deutschen Instituts für Bautechnik" (DIBt) [früher Institut für Bautechnik (IfBt)] – oder eines anderen europäischen **EOTA-Instituts** (**E**uropean **O**rganization for **T**echnical **A**pproval) – wird es in Zukunft als „Europäische Technische Zulassung", **ETA** (**E**uropean **T**echnical **A**pproval), ebenfalls geben.

5. Wird bei Baustoffen, Bauteilen und Bauarten, die noch nicht allgemein gebräuchlich und bewährt sind (bzw. bei nicht geregelten Bauprodukten), der Nachweis nicht auf dem Wege einer DIN-Norm oder einer Zulassung (künftig DIN-EN-Norm bzw. ETA) geführt, so bedarf die Verwendung oder Anwendung der Baustoffe, Bauteile und Bauarten in der Bundesrepublik Deutschland der *Zustimmung im Einzelfall* der obersten Bauaufsichtsbehörde oder einer von ihr bestimmten Behörde.
   Diesen Weg wird es in Zukunft ebenfalls geben (Bild E 1-1 b) – z. B. wenn eine Abweichung von einer geprüften bzw. zugelassenen Bauart besteht.

6. Nach den z. Z. noch maßgebenden Bauordnungen der Länder schreibt die jeweils oberste Bauaufsichtsbehörde vor, daß bestimmte werkmäßig hergestellte Baustoffe, Bauteile und Einrichtungen, bei denen wegen ihrer Eigenart und Zweckbestimmung die Erfüllung der Anforderungen in besonderem Maße von ihrer einwandfreien Beschaffenheit abhängt, nur verwendet oder eingebaut werden dürfen, wenn sie ein *Prüfzeichen* haben. Prüfzeichen erteilt bisher das DIBt einheitlich für alle Bundesländer. In Zukunft werden Prüfzeichen entfallen; dafür wird es Europäische Technische Zulassungen geben, sofern die europäische Normung hier nicht Platz greift.

7. Bei der Umstellung [Bild E 1-1 a) → Bild E 1-1 b)] wird es Übergangszeiten geben (Bild E 1-2).

Das bekannte, in Bild E 1-1 a) angegebene Schema ändert sich aufgrund der BPR [1.1] formal – bleibt in den Grundzügen aber bestehen, siehe Bild E 1-1 b). Veranlaßt durch die BPR wurde die Musterbauordnung fortgeschrieben, es entstand die „Fassung Dezember 1993" [1.2]. Darin bleiben im Vergleich zur MBO 1981 die Forderungen aus brandschutztechnischer Sicht an Baustoffe und Bauteile – genauer: die Mustervorschläge für die Landesbauordnungen (LBO) – weitgehend bestehen. Während das **Bauproduktengesetz** die notwendigen Regelungen über das **Inverkehrbringen** von und den **freien Handel** mit Bauprodukten trifft, mußte durch die MBO (präziser: durch die auf ihr Vorbild gestützten Landesbauordnungen) der Verteilung der Gesetzgebungskompetenz folgend, die das Grundgesetz vornimmt, die Verwendung der Bauprodukte in

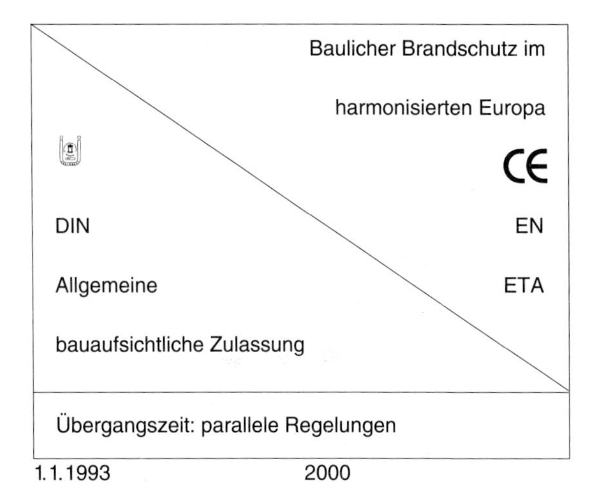


**Bild E 1-2:** Zeitliche Vorstellungen zum Brandschutz in Europa

baulichen Anlagen geregelt werden. Die entsprechenden Vorschriften sind im wesentlichen die §§

- 20: Bauprodukte
- 21: Allgemeine bauaufsichtliche Zulassung,
- 21a: Allgemeines bauaufsichtliches Prüfzeugnis,
- 22: Nachweis der Verwendbarkeit von Bauprodukten im Einzelfall,
- 23: Bauarten,
- 24: Übereinstimmungsnachweis,
- 24a: Übereinstimmungserklärung des Herstellers,
- 24b: Übereinstimmungszertifikat und
- 24c: Prüf-, Zertifizierungs- und Überwachungsstellen,

wobei es denkbar ist, daß die MBO-Texte entsprechend einer EG-rechtlich korrekten Umsetzung wörtlich in die **LBO** übernommen werden. Die LBO werden aufgrund der neuen MBO [1.2] novelliert, wobei brandschutztechnische Anforderungen – z. B. schwerentflammbar, feuerhemmend oder feuerbeständig (Baustoffklasse B 1, F 30-B, F 90-AB) in der Regel nicht berührt werden.

Da im Bereich des **Brandverhaltens von Baustoffen** noch keine harmonisierte Lösung verabschiedet ist, bleibt es für eine Übergangszeit (Bild E 1-2) bei einer Lösung nach Artikel 16 der BPR, wonach die Prüfung nach den Regeln des Importlandes durchgeführt wird, d. h. Prüfung und Beurteilung nach DIN 4102 Teile 1 sowie 14–16 mit der Klassifizierung von z. B. „Baustoffklasse B 1". Aufgrund dieser Verfahrensweise werden im Abschnitt 2 dieses Handbuches alle die Baustoffklasse B 1 von Holz und Holzwerkstoffen betreffenden Prüfzeichen aufgezählt – auch wenn feststeht, daß es zukünftig formal keine Prüfzeichen mehr gibt.
Inzwischen gibt es vom Mai 1994 einen Vorschlag [2.59], der die Europäischen Klassen

- A bis F für Baustoffe und
- $A_{fl}$ bis $F_{fl}$ für Fußbodenbeläge (fl für floor)

vorsieht. Erläuterungen hierzu siehe [1.6].

## 1.2 DIN 4102 Teil 4 – Prüfzeugnisse

Die Neufassung von DIN 4102 Teil 4 (03/94) beschreibt mehr brandschutztechnisch klassifizierte Bauteile als die alte Fassung von 1981. Dabei werden die Mindestquerschnittsabmessungen, Mindestholzüberdeckungen und sonstigen Randbedingungen angegeben, die beachtet werden müssen, um die Einstufung von Bauteilen in die Feuerwiderstandsklasse F 30 bis max. F 90 (Benennungen: F 30-B, max. F 90-B) nach DIN 4102 Teil 2 zu ermöglichen. Decken und Dächer werden ausführlicher als in der Fassung 03/81 beschrieben. Die Tabellen über Balken, Stützen und Zugglieder lassen auf der Grundlage von **DIN 1052 (04/88)** für die Beanspruchungskombinationen Druck und Biegung bzw. Zug und Biegung bessere Interpolationsmöglichkeiten zu und gestatten für die Praxis eine schnelle Ermittlung der Mindestquerschnittsgrößen in Abhängigkeit vom Ausnutzungsgrad einer Bemessung nach DIN 1052 Teil 1.

Die wichtigsten Unterschiede zwischen den beiden Normfassungen werden in [1.3] beschrieben.

Im vorliegenden Handbuch werden die Tabellen über Balken, Stützen und Zugglieder aus Nadelholz bezüglich F 60 und F 90 ergänzt. Für Laubhölzer außer Buche werden entsprechende Tabellen wiedergegeben, die in der Norm nicht enthalten sind. Auf diese Weise liegen die Mindestquerschnittsabmessungen vor, nach denen noch wirtschaftlicher konstruiert werden kann und **Altbauten** aus derartigen Hölzern schnell beurteilt werden können.
Das Holz Brandschutz Handbuch behandelt in den Abschnitten 2 und 3 zunächst die wichtigsten brandschutztechnischen Bestimmungen nach DIN 4102 Teil 1 (einschließlich Teile 15 und 16) und Teil 2 sowie die Grundlagen für eine brandschutztechnische Bemessung von Holzbauteilen.
In den Abschnitten 4 und 5 werden die Normbestimmungen von **DIN 4102 Teil 4,** soweit es sich um Holzbauteile handelt, wörtlich – auch in der Bild-, Tabellen- und Abschnittsnumerierung – wiedergegeben. Die Normabschnitte sind zweispaltig wie in der Norm abgedruckt und durch graue Hinterlegung gekennzeichnet. Sie werden abschnittsweise erläutert. Die Erläuterungen sind zum Unterschied zur Norm wie z. B. die Abschnitte 1 bis 3 einspaltig gedruckt. Um Verwechslungen mit der Norm auszuschließen, sind alle Erläuterungen einschließlich kommentierender Bilder und Tabellen mit einem vorangestellten „E“ gekennzeichnet.

Die Erläuterungen enthalten zahlreiche **Ergänzungen zur Norm**, die in der Ausgabe 03/94 nicht enthalten sind, weil sie

a) firmengebunden sind und damit aufgrund der Bestimmungen von DIN 820 nicht in einer Norm behandelt werden können, oder weil sie
b) durch Prüfungen ermittelt wurden, die nicht verallgemeinerbar sind bzw. wegen zu geringen Vorkommens nicht verallgemeinert werden sollten oder die aus terminlichen Gründen nicht mehr in der jetzt gültigen Normausgabe 03/94 berücksichtigt werden konnten. Die Ergebnisse sind in Prüfzeugnissen oder Untersuchungsberichten beschrieben, worüber es ggf. Bescheide über deren Gültigkeitsdauer gibt.

Ein besonderer Abschnitt ist dem Brandverhalten von Holztreppen gewidmet.

Bei der Behandlung ergänzender Prüfergebnisse werden stets die Fundstellen (Nummern von Prüfzeugnissen, Untersuchungsberichten oder Gutachten sowie Literaturstellen) angegeben, so daß für **Baugenehmigungsverfahren** alle brandschutztechnischen Nachweise ausführbar sind. Es wurden – soweit möglich – nur neuere Literaturstellen genannt.
Allen am Bau Beteiligten wie Bauherren, Architekten, Ingenieuren, Herstellern, Bauaufsichtsbeamten, Feuerwehren und Versicherungen wird damit eine Ausarbeitung vorgelegt, die helfen soll, alle Brandschutzfragen technisch einwandfrei und wirtschaftlich zu lösen.
In diesem Zusammenhang sei darauf hingewiesen, daß alle Nachweise nur für die jeweils beschriebenen Randbedingungen gelten. Wegen unterschiedlicher Randbedingungen ist es nicht zulässig, das Ergebnis der Prüfungen auf andere Bauteile oder gleiche Bauteile mit anderen Randbedingungen zu übertragen, vgl. Einführungserlasse zu DIN 4102, Ausgabe 1981 [1.4].



## 1.3 ENV 1995-1-2

Als DIN 4102 Teil 4 Entwurf 08/92 entstand, war der Eurocode 5, „Design of Timber Structures“, Teil 10 „Structural Fire Design“ (EC5/10), in seiner 1. Fassung von 1990 bekannt. Er wurde gerade überarbeitet und liegt jetzt als Fassung EC 5 Teil 1.2 mit Überführung in die europäische Vornorm ENV 1995-1-2 vor. Diese Vornorm sieht rechnerische Nachweisverfahren zur Ermittlung der Mindestquerschnittsabmessungen für eine bestimmte Feuerwiderstandsdauer – z. B. für 30 min (F 30) – vor, was in DIN 4102 Teil 4 nur mit einem Hinweis aufgenommen werden konnte. Das Rechenverfahren zur Bestimmung der Mindestwerte ist in diesem Buch wiedergegeben. Es ist Grundlage für die ebenfalls wiedergegebenen Zahlentabellen für Balken, Stützen und Zugglieder von DIN 4102 Teil 4.
Die Mindestquerschnittswerte von DIN 4102 Teil 4 (03/94) befinden sich also weitgehend in Übereinstimmung mit der ENV-Norm. Die Nachweisverfahren des EC 5/1.2 bzw. der ENV-Norm werden im vorliegenden Handbuch in Teil III behandelt; soweit Abweichungen zu DIN 4102 Teil 4 (03/94) bestehen, werden sie in Teil II (Abschnitte 4 und 5) erläutert.

An dieser Stelle sei bereits erwähnt, daß die „heiße“ ENV 1995-1-2 auf den Bemessungsgrundlagen der „kalten“ ENV 1995-1-1 aufbaut.

Eine Anwendung der „heißen“ ENV in Verbindung mit der „kalten“ DIN bzw. eine Anwendung von DIN 4102 Teil 4 mit der „kalten“ ENV ist aufgrund unterschiedlicher Bemessungs- und Sicherheitskonzepte nicht möglich und unzulässig.

## 1.4 EN-Normung gemäß CEN TC 127

Während es bei den Baustoffen noch Jahre dauern wird, bis allseits anerkannte Prüfverfahren und Beurteilungskriterien vorliegen – siehe jedoch [2.59] –, ist im Bereich der **Bauteile** die Normung in Teilbereichen nahezu abgeschlossen – andere Bereiche sind erst im Entstehen [1.5] und [1.7]. Hierauf wird in Abschnitt 3 ausführlich eingegangen.

# 2 Baustoffverhalten

## 2.1 Begriffe nach DIN 4102 Teil 1 sowie Teile 14 bis 16 (Übersicht)

In DIN 4102 Teil 1, Ausgabe Mai 1981, werden brandschutztechnische Begriffe, Anforderungen, Prüfungen und Kennzeichnungen für **Baustoffe** festgelegt. Die Norm gilt für die Klassifizierung des Brandverhaltens von Baustoffen zur Beurteilung des Risikos als Einzelbaustoff und auch erforderlichenfalls in Verbindung mit anderen Baustoffen. Einzelbaustoffe, die ausschließlich in Verbindung mit anderen Baustoffen verwendet werden können, sind in diesem Zustand zu beurteilen.

DIN 4102 Teil 1 wurde durch die Teile 14 bis 16 ergänzt.

Die in DIN 4102 Teil 14 beschriebene Brandprüfung dient dazu, die **Flammenausbreitung**, die **kritische Strahlungsintensität** sowie die **Rauchentwicklung** von **Bodenbelägen** bzw. **-beschichtungen** bei Beanspruchung mit einem Wärmestrahler zu ermitteln. Die Ergebnisse werden der Einreihung der Bodenbeläge bzw. -beschichtungen in die Baustoffklasse B 1 nach DIN 4102 Teil 1 zugrundegelegt.

In DIN 4102 Teil 15 wird der **Brandschacht** beschrieben. Er ist eines der Prüfgeräte, die dazu dienen, das Brandverhalten von Baustoffen zu prüfen. DIN 4102 Teil 16 dient der einheitlichen **Durchführung von Baustoffprüfungen** nach DIN 4102 Teil 15.

Außer den genannten Normen gibt es noch **Prüfgrundsätze**:

- Prüfgrundsätze für schwerentflammbare Baustoffe (DIN 4102 – Baustoffklasse B 1) sowie
- Prüfgrundsätze für nichtbrennbare Baustoffe (DIN 4102 – Baustoffklasse A),

die in den „Mitteilungen" des Deutschen Instituts für Bautechnik veröffentlicht sind.

Die Baustoffe werden nach ihrem Brandverhalten in die in Tabelle E 2-1 angegebenen Baustoffklassen eingeteilt. Die Kurzzeichen und Benennungen dürfen nur dann verwendet werden, wenn das Brandverhalten nach den genannten Normen und Prüfgrundsätzen ermittelt worden ist.
Eine Übersicht über die geschilderten Zusammenhänge gibt die schematische Zusammenstellung von Bild E 2-1. Diese Übersicht nennt auch den Kleinprüfstand nach DIN 4102 Teil 8, in dem eine „Wärmeentwicklungsprüfung" durchgeführt wird.

**Tabelle E 2-1:** Baustoffklassen nach DIN 4102 Teil 1

| Baustoffklasse | | Bauaufsichtliche Benennung |
|---|---|---|
| A[1] | | nichtbrennbare Baustoffe |
| | A 1 | |
| | A 2 | |
| B | | brennbare Baustoffe |
| | B 1[1] | schwerentflammbare Baustoffe[1] |
| | B 2 | normalentflammbare Baustoffe |
| | B 3 | leichtentflammbare Baustoffe |

[1] Nach den Prüfzeichenverordnungen der Länder bedürfen nichtbrennbare Baustoffe (Baustoffklasse A), soweit sie brennbare Bestandteile enthalten, und schwerentflammbare Baustoffe (Baustoffklasse B 1) eines Prüfzeichens des Deutschen Instituts für Bautechnik in Berlin, sofern sie nicht im Anhang zur Prüfzeichenverordnung ausgenommen sind. Für die prüfzeichenpflichtigen Baustoffe ist eine Überwachung/Güteüberwachung mit entsprechender Kennzeichnung erforderlich. Wegen der Wandlung der Prüfzeichen in ETAs siehe Abschnitt 1.1.

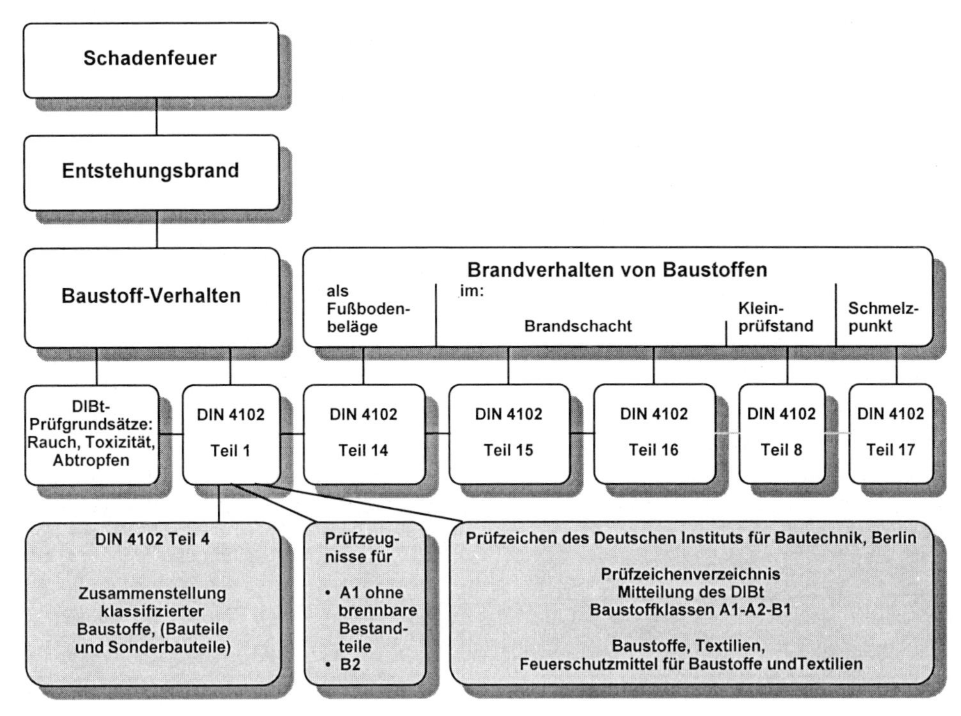


**Bild E 2-1:** Baulicher Brandschutz nach DIN 4102 (Schema: Baustoffe; wegen der Wandlung der Prüfzeichen in ETAs siehe Abschnitt 1.1)

Fertighaus in Holztafelbauweise – Holzwolle-Leichtbauplatten an der Außenseite der Außenwände

## 2.2 Baustoffklassen von Holz und Holzwerkstoffen

### 2.2.1 Baustoffe der Baustoffklasse B 2

Nach DIN 4102 Teil 4 (03/94) Abschnitt 2.3.2 gehören zur Baustoffklasse B2:



a) Holz sowie genormte Holzwerkstoffe, soweit nachfolgend nicht aufgeführt, mit einer Rohdichte ≥ 400 kg/m³ und einer Dicke > 2 mm oder mit einer Rohdichte von ≥ 230 kg/m³ und einer Dicke > 5 mm.
b) Genormte Holzwerkstoffe, soweit nachfolgend nicht aufgeführt, mit einer Dicke ≥ 2 mm, die vollflächig durch eine nicht thermoplastische Verbindung mit Holzfurnieren oder mit dekorativen Schichtpreßstoffplatten nach DIN EN 438 Teil 1 beschichtet sind.
c) Kunststoffbeschichtete dekorative Flachpreßplatten nach DIN 68 765 mit einer Dicke ≥ 4 mm.
d) Kunststoffbeschichtete dekorative Holzfaserplatten nach DIN 68 751 mit einer Dicke > 3 mm.
e) Dekorative Schichtpreßstoffplatten nach DIN EN 438 Teil 1.
f) (betrifft Gipskarton-Verbundplatten)
g) Hartschaum-Mehrschicht-Leichtbauplatten (Hartschaum-ML-Platten) nach DIN 1101 aus einer Hartschaumschicht und einer ein- oder beidseitigen Schicht aus mineralisch gebundener Holzwolle.

### 2.2.2 Baustoffe der Baustoffklasse B 1

#### 2.2.2.1 Baustoffe der Baustoffklasse B 1 nach DIN 4102 Teil 4

Nach DIN 4102 Teil 4 (03/94) Abschnitt 2.3.1 gehören zur Baustoffklasse B 1:

a) Holzwolle-Leichtbauplatten (HWL-Platten) nach DIN 1101.
b) Mineralfaser-Mehrschicht-Leichtbauplatten (Mineralfaser-ML-Platten) nach DIN 1101 aus einer Mineralfaserschicht und einer ein- oder beidseitigen Schicht aus mineralisch gebundener Holzwolle.
c) Fußbodenbeläge aus Eichen-Parkett aus Parkettstäben sowie Parkettriemen nach DIN 280 Teil 1 und Mosaik-Parkett-Lamellen nach DIN 280 Teil 2, jeweils auch mit Versiegelungen.

Die in Abschnitt 2.2.1 unter Punkt g) und in Abschnitt 2.2.2.1 unter den Punkten a) und b) genannten Leichtbauplatten können auch ein- oder beidseitig mit mineralischem Porenverschluß der Holzwollestruktur als Oberflächen-Beschichtung versehen werden.

Die in Abschnitt 2.2.2.1 unter Punkt b) genannten Mineralfaser-ML-Platten wurden bisher per Prüfbescheid in die Baustoffklasse B 1 eingereiht. Um für die Übergangszeit (bisher Prüfzeichen, jetzt DIN 4102 Teil 4) einen besseren Überblick zu erhalten, werden diese Platten (auch unter Angabe der alten Prüfbescheide) in Tabelle E 2-2 bei gleichzeitiger Nennung der Produktbezeichnungen und Hersteller aufgezählt – diese Tabelle enthält auch Angaben zu HWL- und Hartschaum-ML-Platten der Baustoffklasse B 1.

**Tabelle E 2-2** Holzwolle-Leichtbauplatten (HWL-Platten) und Mehrschicht-Leichtbauplatten (ML-Platten) der Baustoffklasse B 1

| | 1 | 2 | 3 | 4 | 5 | 6 | 7 | | | 8 |
|---|---|---|---|---|---|---|---|---|---|---|
| **Zeile** | **Bezeichnung** | **Nachweis der B-1-Eigenschaft durch Prüfzeichen PA-III** | **Geltungsdauer bis** [8]) | **durch Klassifizierung in** | **Norm-Kurzbezeichnung nach DIN 1101** | **Gesamtdicke mm** | **Schichtart** [1]) **und -dicke** | | | **Hersteller/Antragsteller (in alphabetischer Reihenfolge)** |
| 1 | **HWL-Platten**<br>**Holzwolle-Leichtbauplatten** (HWL-Platten) nach DIN 1101, auch als Schallschluck- oder Akustikplatten | – | – | DIN 4102 Teil 4 | HWL ... | ≥ 15 | HWL homogen [2]) | | | Alle Hersteller; Verzeichnis beim Bundesverband der Leichtbauplattenindustrie e. V., Beethovenstraße 8, 80336 München |
| | **ML-Platten**<br>**Hartschaum-Mehrschicht-Leichtbauplatten** (Hartschaum-ML-Platten)<br>– Dreischichtplatten | | | | | | erste HWL-Schicht mm | HS-Schicht mm | zweite HWL-Schicht mm | |
| 2 | HERATEKTA SE KLIMAPOR<br>HERATEKTA SE epv<br>HERATEKTA/3-Kellerdecken-Dämmelemente<br>HERAKLITH-Fassaden-Dämmelemente | 2.1078 | 31.10.98 | – | HS-ML .../3 | ≥ 25 | ≥ 5 [2]) | ≥ 15 | ≥ 5 [2]) | Deutsche Heraklith AG<br>Heraklithstraße 8<br>84359 Simbach/Inn |
| 3 | FIBRO-THERM | 2.1701 | 31.08.95 | – | HS-ML .../3 | 50–100 | ≥ 6 | 38–88 | ≥ 6 | Fibrolith-Dämmstoffe Wilms GmbH<br>56746 Kempenich Krs. Ahrweiler |
| 4 | SCHWENK Dachboden-dämmelemente<br>SCHWENK Kellerdecken-dämmelemente | 2.1658 [3]) | 31.01.98 | – | HS-ML .../3 | ≥ 25 | ≥ 5 [3]) | ≥ 15 | ≥ 5 [3]) | E. SCHWENK Dämmtechnik GmbH & Co. KG<br>Isotexstraße 1<br>86899 Landsberg/Lech |
| 5 | SCHWENK-WD-Stalldecke | 2.1025 | 30.06.98 | – | HS-ML .../3 | ≥ 35 | ≥ 7 [4]) | ≥ 21 | ≥ 7 | E. SCHWENK Dämmtechnik (siehe Zeile 4) |
| | – Zweischichtplatten | | | | | | | | | |
| 6 | HERATEKTA-Dachboden-Dämmelemente<br>HERATEKTA/2-Kellerdecken-Dämmelemente | 2.1636 [5]) | 31.10.98 | – | HS-ML .../2 | ≥ 25 | 5–15 [2]) | ≥ 10 [5]) | – | Deutsche Heraklith AG (siehe Zeile 2) |

Fortsetzung nächste Seite

Fortsetzung Tabelle E 2-2: HWL- und ML-Platten der Baustoffklasse B 1

| | 1 | 2 | 3 | 4 | 5 | 6 | 7 | | | 8 |
|---|---|---|---|---|---|---|---|---|---|---|
| Zeile | Bezeichnung | Nachweis der B-1-Eigenschaft durch Prüfzeichen PA-III | Geltungsdauer bis [8]) | durch Klassifizierung in | Norm-Kurzbezeichnung nach DIN 1101 | Gesamtdicke mm | Schichtart [1]) und -dicke | | | Hersteller/Antragsteller (in alphabetischer Reihenfolge) |
| 7 | SCHWENK Dachbodendämmelemente SCHWENK Kellerdeckendämmelemente | 2.1658 [3]) | 31.01.98 | – | HS-ML .../2 | ≥ 25 | ≥ 5 [3]) | ≥ 20 [3]) | – | E. SCHWENK Dämmtechnik (siehe Zeile 4) |
| | **Mineralfaser-Mehrschicht-Leichtbauplatten** (Mineralfaser-ML-Platten) – Dreischicht- und Zweischichtplatten | | | | | | erste HWL-Schicht mm | Min-Schicht mm | zweite HWL-Schicht mm | |
| 8 | TEKTALAN<br>TEKTALAN epv | 2.1700 [7]) | 31.05.98 | DIN 4102 Teil 4 [7]) | Min-ML .../3<br>Min-ML .../2 | ≥ 50<br>≥ 50 | ≥ 5 [2])<br>≥ 5 [2]) | ≥ 40<br>≥ 45 | ≥ 5 [2])<br>– | Deutsche Heraklith AG (siehe Zeile 2) |
| 9 | FIBRO-THERM-S | 2.2263 [7]) | 31.01.99 | DIN 4102 Teil 4 [7]) | Min-ML .../3 | ≥ 50 | ≥ 7,5 | ≥ 35 | ≥ 7,5 | Fibrolith-Dämmstoffe (siehe Zeile 3) |
| 10 | SCHWENK SW-Mehrschicht-Leichtbauplatte | 2.1920 [7]) | 31.10.95 | DIN 4102 Teil 4 [7]) | Min-ML .../3<br>Min-ML .../2 | ≥ 40<br>≥ 40 | ≥ 7 [2])[6])<br>≥ 7 [2])[6]) | ≥ 26 [6])<br>≥ 33 [6]) | ≥ 7 [2])[6])<br>– | E. SCHWENK Dämmtechnik (siehe Zeile 4) |

[1]) HWL = Mineralisch gebundene Holzwolle, homogen oder als Schicht
HS = Hartschaumschicht aus Polystyrol-Partikelschaum (DIN 4102 – B 1) nach DIN 18 164 Teil 1
Min = Mineralfaserschicht (DIN 4102 – A) nach DIN 18 165 Teil 1
[2]) Die HWL-Platten oder HWL-Schichten können auch mit mineralischem Porenverschluß der Holzwollestruktur als Oberflächen-Beschichtung versehen sein
[3]) Der Nachweis der B-1-Eigenschaft gilt nur, wenn
– mindestens eine HWL-Schicht mit mineralischem Porenverschluß der Holzwollestruktur als Oberflächen-Beschichtung versehen ist und
– die Platten vollflächig auf massivem mineralischen Untergrund aufgebracht werden, und zwar Dreischichtplatten mit der Seite ohne Porenverschluß und Zweischichtplatten mit der Hartschaumseite
[4]) Die Dreischichtplatten können auch einseitig mit einer 0,2 mm dicken PVC-Folie (Zusammensetzung beim Deutschen Institut für Bautechnik, Berlin, hinterlegt) beschichtet sein
[5]) Der Nachweis der B-1-Eigenschaft gilt nur, wenn die Zweischichtplatten mit der Hartschaumseite vollflächig auf massivem mineralischen Untergrund aufgebracht werden
[6]) Zwischen Min-Schicht und HWL-Schicht kann eine Aluminium-Verbundfolie (Aluminiumfolie mit Papier kaschiert, Gesamtflächengewicht etwa 300 g/m$^2$) eingeklebt sein
[7]) Nach der Herausgabe von DIN 4102 Teil 4 (Neufassung) entfallen die Prüfzeichen
[8]) Wegen der Verlängerung der Geltungsdauer siehe Spalte 8 oder das Deutsche Institut für Bautechnik, Berlin

Holzbalkendecke, Holzunterzüge und Holzstützen in einem Wohnhaus

### 2.2.2.2 Holz und Holzwerkstoffe mit Brandschutzausrüstung der Baustoffklasse B 1



Holz und Holzwerkstoffe mit einer **Brandschutzausrüstung** können auf der Grundlage besonderer Bestimmungen per Prüfbescheid auch in die Baustoffklasse B 1 eingestuft werden. Es können zwei Arten von Feuerschutzmitteln (FSM) unterschieden werden:

- Salzhaltige Feuerschutzmittel, mit denen das Holz bzw. der Holzwerkstoff (z. B. durch Vakuum-Druckbehandlung) imprägniert wird [2.1] und
- dämmschichtbildende Feuerschutzmittel, die im Brandfall durch Einwirkung der Hitze aufschäumen und durch die entstehende Schaumschicht das Holz schützen [2.2].

Diese und andere Imprägnierungs- oder Anstrichmittel – z. B. gegen Insekten oder Pilze – werden in [2.3] beschrieben. Ein Verzeichnis über die mit Prüfzeichen versehenen Feuerschutzmittel erscheint regelmäßig [2.4]. Wegen der Wandlung von Prüfzeichen in ETAs siehe Abschnitt 1.1.

Alle z. Z. mit Prüfzeichen versehenen FSM sind in Tabelle E 2-3 zusammengefaßt. Dazu kann u. a. folgendes gesagt werden:

1. Die in Tabelle E 2-3 zusammengestellten Anstriche eignen sich jeweils nur zum Schutz von **Vollholz** (aus Nadelholz – auch als Brettschichtholz) **und bestimmten Holzwerkstoffen** – eine genauere Formulierung ist im folgenden Absatz enthalten. Sie eignen sich nicht zum Schutz anderer Hölzer und anderer Holzwerkstoffe – im allgemeinen auch nicht zum Schutz von **Stahlbauteilen**. Dämmschichtbildende Anstrichsysteme auf Stahlbauteilen dienen zur Erzielung der Feuerwiderstandsklasse F 30 [2.5] und dürfen mit den hier behandelten Anstrichen zur Erzielung der Eigenschaft „schwerentflammbar“ nicht verwechselt werden. Anstriche nach Tabelle E 2-3 und dämmschichtbildende Anstrichsysteme für Stahlbauteile haben z. T. gleiche Bestandteile (Ausgangsstoffe), weshalb diese „Beschichtungen“ ähnlich sein können. Zur Ermittlung der Unterschiede in baupraktischer Hinsicht werden z. Z. Untersuchungen am Institut für Holzforschung in München durchgeführt [2.11].

In den Prüfbescheiden heißt es im Gegensatz zum Tabellenkopf von Tabelle E 2-3 z. B. ausführlich:

Die Eignung des Feuerschutzmittels ist nachgewiesen für

- Vollholz mit einer Dicke ≥ 12 mm;
- Flachpreß-Holzspanplatten nach DIN 68 761 Teil 1 und DIN 68 763 mit einer Dicke ≥ 12 mm, auch mit Furnier, falls ein duroplastischer Leim verwendet worden ist;
- Bau-Furniersperrholz nach DIN 68 705 Teil 3 BFU 100 und BFU 100 G sowie nach DIN 68 705 Teil 5 mit einer Dicke ≥ 12 mm.

2. Je nach Untergrund sind verschieden hohe **Mindestauftragsmengen** vorgeschrieben. Salzhaltige Feuerschutzmittel sind im Kesseldruckverfahren einzu-

**Tabelle E 2-3:** Feuerschutzmittel (FSM) für Holz und Holzwerkstoffe (nur für Innenanwendung!)

| Spalte | 1 | 2 | 3 | 4 | 5 | 6 | 7 | 8 | 9 |
|---|---|---|---|---|---|---|---|---|---|
| **Zeile** | **Bezeichnung der Feuerschutzmittel (FSM)** | **Prüf-zeichen PA-III** | **Geltungs-dauer bis [4])** | **d[1])** | **Mindestauftragsmenge Voll-holz** | **Bau-Furnier-Sperrholz** | **Span-platten** | **Art[2]) des Mittels** | **Hersteller (in alphabetischer Reihenfolge)** |
| | | | | **mm** | **g/m²** | | | **–** | |
| 1 | Antiflame-Pyrosan | 3.79 | 30.09.97 | 12 | 420 | 420 | 420 | Sch | Heinz Balle<br>Rissenthaler Straße 55<br>66679 Losheim-Rissenthal |
| 2 | BC-Brandschutzfarbe | 3.65 | 31.01.97 | 12 | 480 | 480 | 480 | Sch | BC Brandchemie GmbH<br>Auf der Trift 8<br>99898 Engelsbach |
| 3 | b. i. o. KS 6-D | 3.77 | 31.08.95 | 12 | 500 | 500 | 500 | Sch | b. i. o. Brandschutz GmbH<br>Mühleneschweg 6<br>49090 Osnabrück |
| 4 | BOXILIT | 3.76 | 31.12.93 | ≥ 24 mm² | 400[3]) | – | – | Salz | Boxler<br>Holz-Brandschutz GmbH<br>Eichenweg 12<br>86871 Rammingen |
| 5 | BST-Base Coat-900 | 3.86 | 31.05.96 | 12 | 400 | 400 | 450 | Sch | Brandschutz-Technik B. S. T.<br>Kesselbodenstraße 2<br>85391 Allershausen |
| 6 | BST-BASE Coat-1000 | 3.85 | 31.05.96 | 12 | 350 | 350 | 420 | Sch | |
| 7 | Kamfix | 3.78 | 28.02.96 | 12 | 4500 | 4500<br>Trockenschichtdicke ≥ 2,5 mm | 4500 | Besch | BS. B Ges. f. Brandschutz Berlin<br>Taunusstraße 1<br>14193 Berlin |
| 8 | BST 1000 | 3.75 | 31.05.96 | 12 | 350 | 350 | 450 | Sch.- | BST Brandschutz-Technik<br>Beratungs- u. Vertriebs GmbH<br>Schleißheimer Straße 67<br>80797 München |

Fortsetzung nächste Seite

Fortsetzung Tabelle E 2-3: Feuerschutzmittel (FSM) für Holz und Holzwerkstoffe (nur für Innenanwendung!)

| | | | | | | | | | |
|---|---|---|---|---|---|---|---|---|---|
| 9 | Pyromors – Weiß | 3.4 | 31.01.98 | 12 | 300 | 400 | 400 | Sch | Desowag Materialschutz GmbH Roßstraße 76 40476 Düsseldorf |
| 10 | Pyromors Transparent | 3.52 | 31.05.96 | 12 | 350 | 350 | 450 | Sch | |
| 11 | KULBA Schaumschutz W | 3.35 | 31.01.98 | 12 | 300 | 400 | 400 | Sch | Dr. Hartmann, Kulba-Bauchemie GmbH & Co. KG Hardtstraße 16 91522 Ansbach |
| 12 | KULBA Schaumschutz F | 3.57 | 31.05.96 | 12 | 350 | 350 | 450 | Sch | |
| 13 | HESNOTHERM 2-KS/ COLOR/Dämmschichtbildner | 3.34 | 31.08.95 | 12 | 500 | 500 | 500 | Sch | Rudolf Hensel GmbH Chem. Lack- u. Farbenfabrik Süderstraße 235 20537 Hamburg |
| 14 | HENSOTHERM 1-KS mit Überzugslack Nr. 900/84 | 3.51 | 31.01.98 | 8<br>12 | 420 | 420 | 420 | Sch | |
| 15 | UNITHERM Brandschutz-Klarlack-System | 3.53 | 30.11.96 | 12 | 400 | 400 | 400 | Sch | Herberts GmbH Fritz-Hecker-Str. 47–107 50968 Köln |
| 16 | UNITHERM-Holzbrandschutz-Dispersion | 3.56 | 31.05.99 | 12 | 600 | 600 | 600 | Sch | |
| 17 | PROMADUR-Color-Holzbeschichtung | 3.83 | 31.08.95 | 12 | 500 | 500 | 500 | Sch | Promat GmbH Scheifenkamp 16 40880 Ratingen |
| 18 | PROMADUR-Holzbeschichtung | 3.84 | 31.01.98<br>12 | 8 | 420<br>420 | 420 | | Sch | |
| 19 | PROTHERM WOOD A 1 | 3.81 | 31.05.96 | 12 | 350 | 350 | 420 | Sch | PROTECT Srl Via Gobetti 67 I-20090 Fizzonasco di Pieve Emanuele |
| 20 | Dilutin Flammschutz transparent | 3.70 | 31.05.96 | 12 | 350 | 350 | 420 | Sch | Remmers Chemie GmbH & Co. Am Priggenbusch 13 49624 Löningen |
| 21 | Dilutin Brandschutz deckend | 3.71 | 31.05.96 | 12 | 400 | 400 | 450 | Sch | |

Fortsetzung incl. Fußnoten nächste Seite

Abschluß der Tabelle E 2-3: Feuerschutzmittel (FSM) für Holz und Holzwerkstoffe (nur für Innenanwendung!)

| Spalte | 1 | 2 | 3 | 4 | 5 | 6 | 7 | 8 | 9 |
|---|---|---|---|---|---|---|---|---|---|
| Zeile | Bezeichnung der Feuerschutzmittel (FSM) | Prüfzeichen PA-III | Geltungsdauer bis[4]) | d[1]) | Mindestauftragsmenge Vollholz | Bau-Furnier-Sperrholz | Spanplatten | Art[2]) des Mittels | Hersteller (in alphabetischer Reihenfolge) |
| | | | | mm | g/m² | | | – | |
| 22 | PYRO-SAFE Flammoplast WP2 transparent | 3.82 | 31.05.96 | 12 | 350 | 350 | 420 | Sch | svt-Brandschutz Vertriebsgesellschaft mbH International Glüsingerstraße 86 21217 Seevetal |
| 23 | pyroplast-HW transparent | 3.15 | 31.05.96 | 12 | 350 | 350 | 420 | Sch | Weyl GmbH Sandhofer Straße 96 68305 Mannheim |
| 24 | impralit-F 3/66 pyroplast-F 3/66 | 3.29 | 31.12.98 | ≥ 24 cm² | 400[3]) | – | – | Salz | |
| 25 | System pyroplast-BO | 3.81 | 28.02.95 | 12 | 350 (+150) | – | – | Sch | |
| 26 | pyroplast-HW weiß | 3.60 | 31.05.96 | 12 | 400 | 400 | 450 | Sch | |
| 27 | WOLMANIT ANTIFLAMM | 3.19 | 31.10.98 | 12 | 350 | 450 | 450 | Sch | Dr. Wolman GmbH Dr.-Wolman-Straße 31-33 76547 Sinzheim |
| 28 | Minolith | 3.69 | 31.12.98 | ≥ 24 cm² | 400[3]) | - | – | Salz | |

[1]) Mindestdicke, für die das Feuerschutzmittel verwendet werden darf
[2]) Sch = Schaumschichtbildendes Feuerschutzmittel als Anstrich
Salz = Salzgemisch, das durch Kesseldruck (Vakuumdruckverfahren) eingebracht wird
Besch = Flexible Beschichtung mit Füllstoffen als Feuerschutzmittel
[3]) Für Bretter gilt: 12 mm ≤ d ≤ 24 mm
[4]) Wegen der Verlängerung der Geltungsdauer siehe Spalte 9 oder das Deutsche Institut für Bautechnik, Berlin

bringen. Die Schaumschichtbildner müssen allseitig in ein oder zwei Arbeitsgängen aufgebracht werden, sofern die Holzteile nicht vollflächig auf massivem, mineralischen Untergrund befestigt werden.

Bei den salzhaltigen FSM sind i. a. mehr Einschränkungen als bei den Schaumschichtbildnern zu beachten.



Durch Brandversuche [2.7] konnten die verschiedenen Parameter (u. a. Holz- bzw. Plattendicke, Splintholzanteil, Salzaufnahmemenge, Einfluß von Furnieren hinsichtlich Art und Dicke, Lackierung, unverbrannte Restlänge) untersucht und neue Grenzen festgelegt werden, siehe Tabelle E 2-3.

3. In den Prüfbescheiden wird angegeben, ob sich die FSM aus **1- oder 2-Komponenten** zusammensetzen. Der Trockenstoffgehalt, das Mischungsverhältnis usw. sind jeweils einzuhalten. Die Zusammensetzung der einzelnen Komponenten ist beim DIBt hinterlegt.

4. **Nachanstriche** sind nur mit bestimmten **Decklacken** in bestimmter Menge möglich. Bei Überschreitung der maximal zulässigen Nachanstrichmenge oder ungeeigneter Anstriche kann die Eigenschaft schwerentflammbar verlorengehen.

5. Die in Tabelle E 2-3 zusammengestellten farblosen oder mit verschiedenen Farbtönen pigmentierten schaumschichtbildenden Feuerschutzmittel oder Salze eignen sich nur zum Schutz solcher Holz und Holzwerkstoffe, die gegen **Feuchte** geschützt sind (geschlossene Räume, überdeckte Bauten usw.).

Wie z. B. nach [2.27] und [2.49] ermittelt wurde, führt ein Anstrich zu keiner wesentlichen Verlängerung der Feuerwiderstandsdauer; bei Salzimprägnierungen wurde sogar ein negativer Effekt (größere Abbrandtiefe) festgestellt. Nach neueren, noch nicht abgeschlossenen Versuchen [2.11] wurde bei Anstrichen ein größerer positiver Effekt (kleinere Abbrandtiefe) als nach [2.27] und [2.49] erzielt. Wegen weiterer Aussagen siehe Seite 51.

### 2.2.2.3 Spanplatten der Baustoffklasse B 1 ohne Beschichtung

**Spanplatten**, die **ohne Beschichtung der Baustoffklasse B 1** angehören, erhält man beispielsweise, wenn die einzelnen Späne bei der Herstellung mit Feuerschutzmitteln behandelt werden. Die Eigenschaft „schwerentflammbar" hängt hier u. a. von der Verleimungsart der Platten, der Art der Feuerschutzmittel und der Art der Einarbeitungsverfahren (Pulverzusätze, Einsprühen als Lösung, Vollzelltränkung) ab. Die Dosierungen der Feuerschutzmittel liegen zwischen 5 und 15 % FSM, bezogen auf die absolut trockene (atro) Holzmasse [2.8]. Das Ausmaß der erzielten Schutzwirkung kann in Abhängigkeit von den genannten Parametern sehr unterschiedlich sein – siehe auch die Bilder E 2-13 und E 2-14.

Einen Überblick über die auf dem Markt befindlichen Spanplatten der Baustoffklasse B 1 gibt Tabelle E 2-4. Angaben zu sonstigen Holzwerkstoffen (Sperrholz, Kunstharzpreßholz, verleimte Furniere, harte und poröse Holzfaserplatten),

**Tabelle E 2-4:** Spanplatten der Baustoffklasse B 1 ohne Beschichtung (nur für Innenanwendung, Ausnahme s. Fußnote[1])

| Spalte | 1 | 2 | 3 | 4 | 5 | 6 | 7 |
|---|---|---|---|---|---|---|---|
| **Zeile** | **Bezeichnung der Spanplatten** | **Prüf-zeichen PA-III** [3] | **Geltungs-dauer bis** mm | **d** kg/m³ | **Roh-dichte** | **Brandschutz-Ausrüstung FSM = Feuerschutzmittel-Kernschutz** | **Hersteller (in alphabetischer Reihenfolge)** |
| 1 | BER-Deckenplatte bzw. BER-Deckenraster | 2.946 | 31.12.98 | ~ 10 | ~ 1050 | Mineral. Bindemittel Perlite-Zusatz, Anstrich | BER-Bauelemente GmbH & Co. KG Industriestraße 12 33161 Hövelhof |
| 2 | Wand- und Deckenverklei-dung „BER-Sonoplus-Akustikplatte“ | 2.2529 | 31.10.96 | ~ 20 | ~ 380 | FSM-Ausrüstung, Glasfaservlies, Anstrich | |
| 3 | „CETRIS“-Holzspanplatten | 2.2640 | 31.03.97 | 10–40 | 1250–1450 | Zementgebundene Platte, FSM-Ausrüstung | CIDEM Cihlárské a Deskove Materiály Akciová Spole˘cnost Skalni 1088 75340 Hranice Tschechoslowakei |
| 4 | Eurospan FLAMMEX B1 | 2.2593 | 30.11.96 | 12–38 | ~ 700 | FMS-AUSRÜSTUNG | DELTA Bau- und Möbelelemente GmbH A-8700 Leoben-Göss |
| 5 | Eurodekor FLAMMEX B1 | 2.2594 | 30.11.96 | 12–38 | ~700 | Spanplatten PA-III 2.2593 mit Papierbeschichtung | |
| 6 | Flachpreßplatten Duripanel für die Holztafelbauart[1] | Zul. Besch. Z 9.1-120 [2] | 31.05.99 | 8–40 | 1000–1300 | Mineral. Bindemittel FSM-Ausrüstung | Eternit AG Ernst-Reuter-Platz 8 10587 Berlin |
| 7 | Eternit-Duripanel[1] | 2.1518 | 31.12.94 | 6–40 | 1250 | | |

Fortsetzung nächste Seite

Fortsetzung Tabelle E 2-4: Spanplatten der Baustoffklasse B 1 ohne Beschichtung

| | | | | | | | |
|---|---|---|---|---|---|---|---|
| 8 | BETONYP[1]) | 2.1517 | 31.03.97 | 10–30 | 1150–1350 | Mineral. Bindemittel | FALCO AG<br>Zanati u. 26<br>H-9700 Szombathely/Ungarn |
| 9 | Flachpreßplatten<br>ISB-PANEL für die Holztafelbauart | Zul. Besch.<br>Z 9.1-285<br>2) | 31.10.98 | 8–40 | 1000–1300 | Minal. Bindemittel<br>FSM-Ausrüstung | ISB Bau- und Produktionsgesellschaft mbH Magdeburg<br>Postfach 1449<br>39004 Magdeburg |
| 10 | ISB-PANEL[1]) | 2.2528 | 31.08.96 | 10–30 | 1150–1450 | Mineral. Bindemittel<br>FSM-Ausrüstung | |
| 11 | Flachpreßplatten<br>Fulgurit-Isopanel für die Holztafelbauart[1]) | Z 9.1-173<br>2) | 31.03.95 | 8–40 | 1000-1300 | Mineral. Bindemittel<br>FSM-Ausrüstung | Fulgurit GmbH & Co. KG<br>Postfach 1208<br>31515 Wunstorf |
| 12 | FULGURIT-ISOPANEL[1]) | 2.2445 | 31.12.94 | 8–40 | 1250 | | |
| 13 | Novopan V 100 B1-F-Null | 2.1608 | 31.01.96 | 13–38 | 670–730 | FSM-Ausrüstung | GLUNZ AG<br>Industriestraße 1<br>37079 Göttingen |
| 14 | Novopan V 100 B1 | 2.2809 | 31.01.99 | 13–40 | 670–770 | FSM-Ausrüstung | |
| 15 | Kronospan (Typ rot) | 2.2617 | 31.05.97 | 13–40 | 650–750 | FSM-Ausrüstung | Kronospan AG<br>Spanplattenwerk<br>CH-6122 Menznau |
| 16 | Kukoflam V 20 B 1 | 2.2808 | 31.01.99 | 10–39 | ~ 690 | FSM-Ausrüstung | KUNZ GmbH & Co.<br>Im Bühlfeld 1<br>74417 Gschwend |
| 17 | Holzspanplatten B 1 | 2.2493 | 30.04.96 | 13–25 | 670–735 | FSM-Ausrüstung | Österreichische Homogenholz AG<br>Blickfordstraße 6<br>A-7201 Neudörfl |

Fortsetzung nächste Seite



2

Fortsetzung Tabelle E 2-4: Spanplatten der Baustoffklasse B 1 ohne Beschichtung

| Spalte | 1 | 2 | 3 | 4 | 5 | 6 | 7 |
|---|---|---|---|---|---|---|---|
| Zeile | Bezeichnung der Spanplatten | Prüf-zeichen PA-III | Geltungs-dauer bis [3] | d<br>mm | Roh-dichte<br>$kg/m^3$ | Brandschutz-Ausrüstung FSM = Feuerschutzmittel-Kernschutz | Hersteller (in alphabetischer Reihenfolge) |
| 18 | Mit Eiche oder Mahagoni furnierte Holzspanplatten für Faltwände | 2.1954 | 31.07.95 | ~13,5<br>+ 0,4 | 600 – 750 | FSM-Ausrüstung | Pella B. V.<br>Industrieterrain 25<br>5981 NK Panningen/Niederlande |
| 19 | Pyroex<br>Dreischichtige Holzspanplatte | 2.403 | 31.07.96 | 10 – 42 | 550 – 750 | FSM-Ausrüstung | Pfleiderer<br>Lenggrieser Straße 52-54<br>83646 Bad Tölz |
| 20 | Moralt Pyroex K | 2.945 | 31.03.95 | ≥ 13 | 630 – 830 | FSM-Ausrüstung, mit Kauramin-Leim 536 flüssig n. Zul. Bescheid Z 9.1-134 | |
| 21 | Moralt Pyroex | 2.2477 | 31.01.96 | 10 – 38 | 700 – 800 | FSM-Ausrüstung | Pfleiderer Industrie GmbH & Co. KG<br>August-Moralt-Str. 2<br>86971 Peiting |
| 22 | Pyroex K | 2.2649 | 31.08.97 | 10 – 38 | 690 - 770 | FSM-Ausrüstung | |
| 23 | Röhrenspanplatte | 2.1816 | 30.04.96 | ~23 | ~800 | FSM-Ausrüstung | Sauerländer Spanplatten GmbH & Co. KG<br>Zur Schefferei 12<br>59821 Arnsberg |
| 24 | VIROC[1]) | 2.2119 | 30.09.96 | 6 - 40 | 1200 - 1350 | Mineral. Bindemittel<br>FSM-Ausrüstung | SÉRIPANNEAUX<br>Directions Commerciales<br>France-Export<br>F-40110 Morcenx |

Fortsetzung incl. Fußnoten nächste Seite

Abschluß der Tabelle E 2-4: Spanplatten der Baustoffklasse B 1 ohne Beschichtung

| | | | | | | | |
|---|---|---|---|---|---|---|---|
| 25 | Sonoplus-Akustikplatte | 2.2529 | 31.10.96 | ~20 | 380 ± 10 % | FSM, beidseitig Glasfaservlies, sichtseitig Lack | Sonoplus-Akustik GmbH<br>Industriestraße 12<br>33161 Hövelhof |
| 26 | SPANOVLAM | 2.1647 | 29.02.96 | 10–30 | 700–800 | FSM-Ausrüstung | N. V. SPANO<br>Ingelmunstersteenweg 229<br>B-8780 Oostrozebeke |
| 27 | WERZALIT B 1 – D 0[1])<br>Dekorativ beschichtete<br>Spanholzformteile | 2.430 | 31.12.96 | 11–30<br>bei Sicken<br>≥ 6 | 800-1000 | Fasermaterial,<br>mineral. Komponente<br>FSM-Ausrüstung | WERZALIT-Werke<br>J. F. Werz KG<br>Gronauer Straße 70<br>71720 Oberstenfeld |
| 28 | WERZALIT B 1 - DN & F[1])<br>sowie Colorpan B 1[1]);<br>jeweils dekorativ beschichtete<br>Spannholzformteile | 2.1127 | 31.12.97 | Im Bereich<br>von<br>Sicken<br>≥ 4,3 | | FSM-Ausrüstung<br>Papierbeschichtung | |
| 29 | Wilhelmi-Akustikplatte SE<br>Typ Mikropor<br>Variante X<br>Variante X - Rupfen | 2.69 | 28.02.98 | 18–30 | 380–500 | FSM-Ausrüstung | Wilhelmi Werke GmbH & Co. KG<br>35633 Lahnau-Dorlar |
| 30 | WIDOPLAN B 1 | 2.710 | 31.05.95 | 13–22 | 610–880 | FSM-Ausrüstung | |
| 31 | WIDOTEX B 1 | 2.737 | 31.05.96 | 12-22 | ~740 | FSM-Ausrüstung | |

[1]) Die mit [1]) gekennzeichneten Platten dürfen auch im Freien der Witterung ausgesetzt werden.
[2]) Nach den Prüfzeichenverordnungen der Länder sind schwerentflammbare Baustoffe prüfzeichenpflichtig. Eine allgemeine bauaufsichtliche Zulassung steht nach den Bauordnungen der Länder dem Prüfzeichen gleich. Wegen der Wandlung von Prüfzeichen in ETAs siehe Abschnitt 1.1.
[3]) Wegen der Verlängerung der Geltungsdauer siehe Spalte 7 oder das Deutsche Institut für Bautechnik, Berlin.

die in ähnlicher Weise wie Spanplatten ohne Anstrich schwerentflammbar gemacht werden können, enthält Tabelle E 2-7.

Während Anstriche oder Imprägnierungen nach Tabelle E 2-3 nur die Oberfläche bzw. oberflächennahe Bereiche des Holzes und der Holzwerkstoffe erfassen, durchdringen die in den Tabellen E 2-4 und E 2-7 angegebenen Brandschutzausrüstungen dagegen den jeweils angegebenen Plattenquerschnitt vollkommen. Derartige Imprägnierungen erzielen daher im allgemeinen nicht nur die Eigenschaft „schwerentflammbar", sondern bei einem Vollbrand auch einen **Gewinn an Feuerwiderstandsdauer**, vgl. Abschnitt 2.4. Da das Ausmaß der Schutzwirkung bei den verschiedenen Plattenfabrikaten jedoch sehr unterschiedlich ist, kann der wirtschaftliche Nutzen nur in bestimmten Fällen Bedeutung erlangen. In DIN 4102 Teil 4 wird allgemein nur bei Verwendung relativ dicker Holzwerkstoffplatten eine Abminderung der erforderlichen Mindestdicke um 10 % gestattet, wenn anstelle von B 2-Platten B 1-Platten verwendet werden, siehe Abschnitt 5.2.3, Tabelle 56. Nach [2.27] und [2.49] wurden beim Einsatz von Anstrichen bzw. FSM zum Teil sogar ungünstigere Abbrandverhältnisse festgestellt. Die bestehenden Unterschiede bei der Verwendung von Anstrichen – werden z. Z. im Institut für Holzforschung, München, untersucht [2.11], siehe auch Seite 51.

Spanplatten der Baustoffklasse B 1 gemäß den in Tabelle E 2-4 angegebenen Prüfbescheiden dürfen nur so hergestellt und verwendet werden, wie es aus den Besonderen Bestimmungen der Prüfbescheide hervorgeht.

Die in Tabelle E 2-4 gemachten Angaben geben nur eine Übersicht. Einzelheiten sind stets den jeweils gültigen Bescheiden zu entnehmen! Dazu kann u. a. folgendes gesagt werden:

1. B 1-Platten nach Tabelle E 2-4 dürfen nicht beschichtet oder nur in bestimmter Weise beschichtet werden. Sofern eine **Beschichtung** gestattet wird, gilt der Prüfbescheid nur für **bestimmte Arten des Verbundes**, so daß Einschränkungen hinsichtlich der Art, der Anbringung (Verleimung) und der Dicke der Beschichtung zu beachten sind. Zu den Beschichtungen gehören z. B. Anstriche, Folien, Furniere, Kaschierungen, z. B. aus Papier, Vliesen u. ä., siehe Tabelle E 2-5.

2. Von besonderer Bedeutung ist die jeweils angegebene Mindestdicke. In bestimmten Fällen sind hier weitere Einschränkungen zu beachten, die den Bescheiden zu entnehmen sind. So kann bei dünnen Platten (d < 12 mm) die Eigenschaft schwerentflammbar verlorengehen, wenn derartige Platten z. B. im flächigen Verbund mit anderen Stoffen stehen oder im Abstand a < 40 mm zu gleichen oder anderen flächigen Stoffen verwendet werden.

3. Bei einer flächigen Hinterlegung oder bei einem Abstand a < 40 mm werden die Brandeigenschaften insbesondere dann schlechter, wenn die Hinterlegung aus wärmedämmenden Stoffen besteht. In einigen Fällen wird ausdrücklich bestätigt, daß die Eigenschaft schwerentflammbar auch dann erhalten bleibt, wenn die **Dämmstoffhinterlegung** aus Mineralfaserplatten der Baustoffklasse B 1 besteht. Dies ist u. a. im Fassadenbau von Bedeutung.

4. Aus den Angaben von Tabelle E 2-4 ist ersichtlich, daß die Mehrzahl der genannten Platten nur für die **„Innenanwendung"** (geschlossene Räume, überdeckte Bauten usw.) verwendet werden darf. Der Nachweis der Schwerentflammbarkeit geht verloren, wenn derartige Platten der **Witterung im Freien** ausgesetzt werden. Bei einigen Platten ist jedoch auch die **Außenanwendung** möglich, siehe Fußnote 1 von Tabelle E 2-4. Bei diesen Spezialplatten liegt eine besondere Zusammensetzung (mineralische Bindemittel) vor.



5. Die in Tabelle E 2-4 genannten Platten werden hauptsächlich als Beplankungen oder Bekleidungen im Holztafelbau verwendet, vgl. Abschnitte 4 und 5. Bekleidungen als Decken- oder Wandpaneel der Baustoffklasse B1 gibt es auch in Form von zwei miteinander verklebten B1-Spanplatten, z. B. als „Antisone FR 32"-Paneele nach PA-III 2.2823 der Firma Bruynzeel Multipaneel B.V., Niederlande (Gesamtdicke ~32 mm, Grundmaterial gemäß PA-III 2.1647, Sichtseite geschlitzt). Daneben ist aber auch eine Verwendung als „dekorative" Wand- oder Deckenbekleidung – auch als freihängende Rasterelemente z. B. in Geschäftshäusern, Versammlungsstätten oder Messehallen – möglich [2.10], siehe auch die Bilder E 2-2 und E 2-3; bei freihängender Anordnung sind in bestimmten Fällen festgelegte Abstände zu anderen Stoffen einzuhalten – siehe die Besonderen Bestimmungen der Prüfbescheide.

6. Bei einigen Platten (meist mineralisch gebunden) ist zu beachten, daß bei ihrer Verwendung als tragende oder aussteifende Beplankung oder bei ihrer Verwendung als Fassadenplatten noch zusätzliche Bestimmungen gemäß Zulassungsbescheiden des Deutschen Instituts für Bautechnik, Berlin, einzuhalten sind.

Brandschacht nach DIN 4102 Teil 15 im Institut für Baustoffe, Massivbau und Brandschutz (iBMB) der TU Braunschweig [Ausschnitt ohne Probekörper]

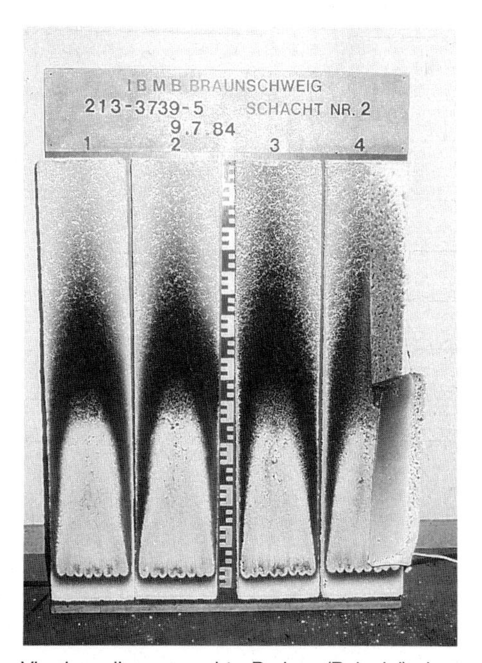


Vier brandbeanspruchte Proben (Beispiel) eines Probekörpers (eines Schachtes) nach der Prüfung im Brandschacht des iBMB

**Tabelle E 2-5:** Spanplatten der Baustoffklasse B 1 nach Tabelle E 2-4 mit Beschichtungen, nur für Innenanwendung (Ausnahme: Zeile 2 – hier auch Außenanwendung)

| Spalte | 1 | 2 | 3 | 4 | 5 | 6 | 7 | 8 |
|---|---|---|---|---|---|---|---|---|
| Zeile | Bezeichnung der Beschichtung | Prüfzeichen PA-III | Geltungsdauer bis[1] | d<br>mm | Bezug: Tab. E 2-4 Zeile | Trägerplatte gemäß PA-III | Beschichtung | Antragsteller (in alphabetischer Reihenfolge) |
| 1 | Hart-PVC-Folie „BHK-Kottmann-Paneel“ | 2.2369 | 31.01.95 | 12,5 | 19 | 2.403 | Beidseitige Folie, aufgeklebt | BHK Holz- und Kunststoff KG<br>H. Kottmann<br>Industriegebiet West<br>33142 Büren |
| 2 | Zementgebundene Bauplatte „Duripanel“ mit Beschichtung | 2.1633 | 31.12.95 | 6–40 | 7 | 2.1518 | 8 versch. Stoffe, u. a.: Wandbeläge, Folien, Furniere, Beschichtungen, Anstriche | Eternit AG<br>Köpenicker Straße 26<br>12355 Berlin |
| 3 | RAST-O-SPAN Dreieckrasterdecke mit Verbindungskasten | 2.2101 | 31.05.97 | 16 | 26 | 2.1647 | Allseitige PVC-Folie | METZGER GmbH & Co. KG<br>An der Fohlenweide 44<br>67112 Mutterstadt |
| 4 | Beschichtete Holzspanplatten | 2.2494 | 30.04.96 | 13–25 | 17 | 2.2493 | Furniere, Stoffe | Österreichische Homogenholz KG<br>Bickfordstraße 6<br>A-7201 Neudörft |
| 5 | Moralt-Pyroex-Verbundplatte | 2.818 | 31.07.96 | 10–42 | 19 | 2.403 | 4 versch. Stoffe, u. a.: Papier, Gewebe, Furniere, Anstrich | Pfleiderer Industrie GmbH<br>& Co. KG<br>August-Moralt-Straße 2<br>86971 Peiting |
| 6 | Moralt-Pyroex K Dekor | 2.1146 | 31.03.99 | ≥ 13 | 21 | 2.945 | Papier | |
| 7 | Moralt-Pyroex mit Beschichtung | 2.2756 | 31.01.96 | 10–38 | 21 | 2.2477 | Papier, Furniere, Anstriche, Schichtstoff | |

Fortsetzung incl. Fußnote nächste Seite

Abschluß der Tabelle E 2-5: Spanplatten der Baustoffklasse B 1 nach Tabelle E 2-4 mit Beschichtungen, nur für Innenanwendung

| | | | | | | | | |
|---|---|---|---|---|---|---|---|---|
| 8 | Moralt Pyroex K | 2.2649 | 31.08.97 | 10–38 | 22 | 2.2649 | Papier<br>Anstrich | Pfleiderer Industrie GmbH<br>& Co. KG<br>August-Moralt-Straße 2<br>86971 Peiting |
| 9 | SPANOVLAM mit Beschichtung | 2.2016 | 28.02.96 | 10–30 | 26 | 2.1647 | 5 versch. Stoffe, u. a.: Papier, Folie, Furniere, Anstrich | N. V. SPANO<br>Ingelmustersteenweg 229<br>B-8780 Oostrozebeke |
| 10 | Rasterdecke | 2.2408 | 30.04.95 | 16 | 22 | 2.403 | PVC-Folie | studio design<br>meching GmbH u. Co. KG<br>Buschkamp 5<br>46414 |
| 11 | DEWETON-B1-Akustikplatte | 2.1817 | 30.04.99 | ~ 23 | 23 | 2.1816 | Furnier + Lack (geschlitzt) | Tavapan AG<br>CH-2710 Tavannes |
| 12 | FH-Dekorplatte B 1 | 2.818 | 31.07.96 | 10–42 | 22 | 2.403 | melaminbeharzte Dekorpapiere | Thermopal Dekorplatten<br>GmbH & Co. KG<br>Wurzacher Straße 32<br>88299 Leutkirch im Allgäu |
| 13 | Span Brilliant B 1 | 2.2807 | 31.01.99 | ≥ 19 | 21 | 2.2477 | beidseitig 0,8 mm Schichtpreßstoffplatten | |
| 14 | Getalan F | 2.1984 | 31.0396 | 12 | 22<br><br>27 | 2.403<br>oder<br>2.1647 | Zellulosebahn | Westag & Getalit AG<br>Hellweg 21<br>33378 Rheda-Wiedenbrück |

[1] Wegen der Verlängerung der Geltungsdauer siehe Spalte 8 oder das Deutsche Institut für Bautechnik, Berlin

**Tabelle E 2-6:** Beschichtungen für Spanplatten der Baustoffklasse B 1

| Spalte | 1 | 2 | 3 | 4 | 5 | 6 |
|---|---|---|---|---|---|---|
| **Zeile** | **Bezeichnung der Beschichtung** | **Prüf-zeichen PA-III** | **Geltungs-dauer bis[1]** | **Trägerplatten** | **Beschichtung** | **Antragsteller (in alphabetischer Reihenfolge)** |
| 1 | „ARTICRYL-Colorecht" mit „ARTICRYL-Härter 06 001" | 2.2424 | 31.07.96 | Alle furnierten Holzspanplatten der Baustoffklasse B 1 | Anstrichmittel in verschiedenen Mattgraden | ARTI-Werke Jansen GmbH & Co. KG<br>Wasserstraße 2–10<br>42283 Wuppertal |
| 2 | ARTYNIL mit ARTYNIL-Härter 073 011 | 2.1790 | 31.07.96 | | | |
| 3 | Cono-Brillant-Hartlack | 2.2179 | 31.03.98 | Alle furnierten Holzspanplatten der Baustoffklasse B 1 | Farbloser Einkomponentenlack mit Füllstoffen | Bergolin GmbH & Co.<br>Kiepelbergstraße 14<br>27721 Ritterhude |
| 4 | CLOURCRYL seidenmatt | 2.2739 | 31.03.98 | Alle furnierten Holzspanplatten der Baustoffklasse B 1 | Farbloses Zweikomponenten-Lacksystem | Alfred Clouth<br>Lackfabrik<br>Otto-Scheugenpflug-Straße 2<br>63073 Offenbach/Main |
| 5 | CLOU DDS-Gieß- und Spritzlack | 2.2740 | 31.05.98 | | | |
| 6 | LIGNAL-PUR-B1-LACK mit LIGNAL-PUR-Härter | 2.1614 | 31.07.96 | Alle furnierten Holzspanplatten der Baustoffklasse B 1 | Transpartenter Lack | Hesse GmbH & Co.<br>Lack- und Beizenfabrik<br>Warendorfer Straße 21<br>59075 Hamm |
| 7 | MIRAPHEN-UV-Grundierung Grundierung und -Überzugslack | 2.1952 | 30.06.95 | Alle furnierten Holzspanplatten der Baustoffklasse B 1 | Acrylharz | Friedrich Klumpp GmbH<br>Dornbirner Straße 23<br>70469 Stuttgart |
| 8 | PYROPLAST-LACK mit „Härter N" | 2.1978 | 30.04.96 | | Transparenter Zwei-komponentenlack | |
| 9 | Joraflex DH 10/DH 12 | 2.952 | 31.08.98 | Alle furnierten oder un-furnierten Holzspanplatten der Baustoffklasse B 1 | Polyurethan-Lack | Lackfabrik Hch. Jordan GmbH<br>Im Kreuz 6<br>97076 Würzburg |

Fortsetzung inkl. Fußnote nächste Seite

Abschluß der Tabelle E 2-6: Beschichtungen für Spanplatten der Baustoffklasse B 1

| Spalte | 1 | 2 | 3 | 4 | 5 | 6 |
|---|---|---|---|---|---|---|
| **Zeile** | **Bezeichnung der Beschichtung** | **Prüfzeichen PA-III** | **Geltungsdauer bis[1]** | **Trägerplatten** | **Beschichtung** | **Antragsteller (in alphabetischer Reihenfolge)** |
| 10 | Colorlux | 2.2384 | 31.01.95 | Alle furnierten oder unfurnierten Holzspanplatten der Baustoffklasse B 1 | Transparenter Zweikomponentenlack (Acrylharzbasis) | Lackfabrik Hch. Jordan GmbH<br>Im Kreuz 6<br>97076 Würzburg |
| 11 | Medargon B 1 | 2.2201 | 30.06.98 | 6–40 mm: Alle unfurnierten Spanplatten der Baustoffklasse B 1 | Allseitige PVC-Folie | Manfred Medardt GmbH<br>Im Schlangengarten 48<br>76877 Offenbach/Queich |
| 12 | PEHAPOL-S-2K-Kunststofflackfarbe braun P 82.848 + PEHAPOL-Härter P 85.089 | 2.2228 | 31.08.98 | Alle furnierten oder unfurnierten Holzspanplatten der Baustoffklasse B 1 | Zweikomponentenlack (Polyesterharzbasis) | Ernst Peter & Sohn GmbH<br>Herforder Straße 80<br>32120 Hiddenhausen |
| 13 | Rölit-Einverfahrenslack 280 sgl | 2.1504 | 30.09.96 | Alle furnierten Holzspanplatten der Baustoffklasse B 1 | Celluloseacetatbutyrat-Lack | Zimmermann & Fechter GmbH<br>Lackfabrik<br>Radilostraße 31<br>60489 Frankfurt |

[1] Wegen der Verlängerung der Geltungsdauer siehe Spalte 6 oder das Deusche Institut für Bautechnik, Berlin

**Bild E 2-2:** Rasterelemente aus Spanplatten der Baustoffklasse B 1 oder A 2 oder A 2

**Bild E 2-3:** Deckenformkörper aus Spanplatten der Baustoffklasse B 1

### 2.2.2.4 Spanplatten der Baustoffklasse B 1 mit Beschichtungen

Wie bereits aus Pkt. 1 des vorstehenden Abschnittes hervorgeht, dürfen Spanplatten nach Tabelle E 2-4 nur unter ganz bestimmten Randbedingungen beschichtet werden; andernfalls geht die Eigenschaft „schwerentflammbar" verloren. Dispersionsanstriche sind jedoch ohne Nachweis zulässig.

In Tabelle E 2-5 sind alle Antragsteller (Zulassungsinhaber) mit den zugelassenen **Beschichtungen** (Art, Dicke usw.) zusammengestellt, die für die verschiedenen Spanplatten nach Tabelle E 2-4 verwendet werden dürfen; Tabelle E 2-6 enthält entsprechende Angaben für Beschichtungen, die auf furnierten oder unfurnierten Holzspanplatten der Baustoffklasse B 1 verwendet werden dürfen.

Die unter den Punkten 2 bis 6 in Abschnitt 2.2.2.3 beispielhaft angegebenen Randbedingungen gelten für die Tabellen E 2-5 und E 2-6 sinngemäß; maßgebend sind jeweils die in den genannten Prüfbescheiden wiedergegebenen besonderen Bestimmungen.

### 2.2.2.5 Sonstige Holzwerkstoffe der Baustoffklasse B 1

Auch die anderen **Holzwerkstoffe** (Bau-Furniersperrholz, Kunstharzpreßholz, harte und poröse Holzfaserplatten) können in Abhängigkeit vom Feuerschutzmittel und dem Einarbeitungsverfahren wie Spanplatten unter bestimmten Voraussetzungen in die Baustoffklasse B 1 eingestuft werden. Im Prinzip gelten die zu Spanplatten – mit und ohne Beschichtung – gegebenen Erläuterungen, wobei es insbesondere bei Faserplatten schwieriger wird, die Baustoffklasse B 1 zu erreichen und die Eigenschaft schwerentflammbar auch mit einer Beschichtung zu erhalten.

Einen Überblick über die z. Z. mit Prüfbescheid versehenen sonstigen Holzwerkstoffe gibt Tabelle E 2-7. Bei Anwendung als tragende oder aussteifende

**Tabelle E 2-7:** Sonstige Holzwerkstoffplatten der Baustoffklasse B 1

| Spalte | 1 | 2 | 3 | 4 | 5 | 6 | 7 |
|---|---|---|---|---|---|---|---|
| **Zeile** | **Bezeichnung der sonstigen Holzwerkstoffe** | **Prüfzeichen PA-III** | **Geltungsdauer bis** [1] | **d** | **Rohdichte** | **Brandschutz-Ausrüstung FSM = Feuerschutzmittel-Kernschutz** | **Hersteller (in alphabetischer Reihenfolge)** |
| | | | | **mm** | **kg/m³** | | |
| 1 | DELIGNIT®-FRCW | 2.173 | 31.08.98 | ≥ 4<br><br>≥ 10<br>≥ 6 | 860–1380<br>(Buche)<br>~ 700 (Bu/Fi)<br>~ 530 (Pappel) | Bau-Furniersperrholz BFU 100 oder BFU 100 G DIN 68 705 Teil 3<br>FSM-Ausrüstung | Blomberger Holzindustrie<br>R. Hausmann GmbH & Co. KG<br>32825 Blomberg/Lippe |
| 2 | DEHONIT-schwerentflammbar | 2.2590 | 31.05.97 | 10–30 | 925 | Kunstharzpreßholz aus 2,5-mm-Rotbuchenfurnieren<br>FSM-Ausrüstung | Deutsche Holzveredelung<br>A. & E. Schmeing<br>Würdinghauser Str. 53<br>57399 Kirchhundem-Würdinghausen |
| 3 | TOPAN B 1 | 2.2659 | 31.07.97 | ~18 | ~ 800 | Holzfaserplatte<br>FSM-Ausrüstung | GLUNZ AG<br>Glunz Dorf<br>59063 Hamm |
| 4 | Trespa G2/FR Dekorative Bauplatte für hinterlüftete Fassaden | 2.2559 | 31.07.98 | 6–16 | 1370–1440 | Bauplatte aus Holzfasern, FSM, Oberflächenbeschichtung | Hoechst Holland N.V.<br>Bishoverheide 20<br>6002 SM Weert<br>Niederlande |
| 5 | MDF-I, schwerentflammbar | 2.2722 | 31.01.98 | 10–30 | ~ 800 | Holzfaserplatte,<br>FSM-Ausrüstung | INTAMASA<br>C/. Sicilia 93–97–4°<br>08013 Barcelona/Spanien |
| 6 | MALVOFLAM | 2.2586 | 28.02.97 | 6–25 | ~ 570 | Mehrschichtige Platten aus salzimprägnierten Okumé-(0,9-mm)- und Pappel-(2,8-mm)-Furnieren | ETS. MALVAUX<br>21, Rue de la Gare<br>F-17330 Loulay |
| 7 | MEDITE FR | 2.2527 | 31.08.96 | 15–25 | 740–780 | Holzfaserplatte,<br>FSM-Ausrüstung | MEDITE OF EUROPE Ltd.<br>Clonmel, Co<br>Tipperary, Irland |
| 8 | Moralt-Stäbchenplatte aus Fichtenholz mit Absperrfurnier | 2.2860 | 31.05.99 | 22–38 | ~ 480 | Tischlerplatte furniert<br>FSM-Ausrüstung | Pfleiderer Holzwerkstoffe<br>Lenggrieser Str. 52–54<br>83646 Bad Tölz |

[1] Wegen der Verlängerung der Geltungsdauer siehe Spalte 7 oder das Deutsche Institut für Bautechnik, Berlin

Beplankung bedürfen die Platten zusätzlich einer allgemeinen bauaufsichtlichen Zulassung (Zeilen 3 und 7). Bei Verwendung im Außenbereich gelten für Fassadenplatten ebenfalls zusätzliche Bestimmungen gemäß eines Zulassungsbescheides (Zeile 4). Bild E 2-4 zeigt als Beispiel das optisch wirksame Verhalten einer Bau-Furnier-Sperrholzplatte der Baustoffklasse B 1 mit besonders effektiver FSM-Behandlung, die in einigen Kriterien nahezu die Anforderungen der Baustoffklasse A 2 erfüllt, im Vergleich zu einer Holzwerkstoffplatte B 2 jeweils bei Beflammung mit einem Bunsenbrenner, wobei hierzu jedoch zu bemerken ist, daß eine derartige Beflammung keine der genormten Beanspruchungen widerspiegelt.

| Brandschacht DIN 4102 | B1 Soll | DELIGNIT®-FRCW ist | A2 Soll |
| --- | --- | --- | --- |
| Restlänge: Mittelwert in cm | ≥15 | 32, 31, 34, 33<br>34, 36, 35, 31 | ≥35 |
| Rauchgastemp.: Mittelwert in °C | ≤200 | 120, 129, 119, 122, 116, 121, 123, 135 | ≤125 |

**Bild E 2-4:** DELIGNIT® FRCW-BauFurniersperrholz (DIN 4102 – B 1) bei Beanspruchung mit einem Bunsenbrenner im Vergleich zu Holzwerkstoff (DIN 4102 – B 2)

### 2.2.2.6 Schichtpreßstoffplatten der Baustoffklasse B 1

**Schichtpreßstoffplatten** nach DIN EN 438 Teil 1 (alt DIN 16 926) gehören nach den Angaben von Abschnitt 2.2.1 Punkt e) gemäß DIN 4102 Teil 4 ohne weiteren Nachweis zur Baustoffklasse B 2. Versieht man die zur Herstellung verwendeten kunstharzgetränkten Papiere bzw. Kraftpapiere mit Feuerschutzmitteln, so kann auch hier die Eigenschaft schwerentflammbar erzielt werden. Tabelle E 2-8 gibt einen Überblick über den Geltungsbereich der bisher erteilten Prüfbescheide für B 1-Platten.

**Tabelle E 2-8:** Schichtpreßstoffplatten der Baustoffklasse B 1

| Spalte | 1 | 2 | 3 | 4 | 5 | 6 | 7 |
|---|---|---|---|---|---|---|---|
| **Zeile** | **Bezeichnung der Schichtpreßstoffplatten** | **Prüfzeichen PA-III** | **Geltungsdauer bis** [7] | **d** mm | **Rohdichte**[1] kg/m³ | **Untergrund**[4] **(Bei B1-Spanplatten vgl. Tab. E 2-4)** | **Antragsteller bzw. Hersteller (in alphabetischer Reihenfolge)** |
| 1 | Print-Schichtstoffplatten FP 1 | 2.654 | 31.10.96 | 1,0–8 | 1540 | 1. massiv, mineralisch<br>2. B1-Spanplatten: PA-III 2.1647<br>PA-III 2.403<br>3. auf Stahlblech<br>4. bei 8 mm auch freihängend | ABET GmbH<br>Füllenbruchstraße 189<br>32051 Herford |
| 2 | Print HPL MEG[6] | 2.2160 | 31.01.99 | 6–10 | ~ 1440 | Beliebig, mindestens B 1 | |
| 3 | TRESPA<br>Vollkern Typ A/SE | 2.760 | 31.0397 | 6–21 | ~ 1450 | Beliebig, mindestens B1 | Hoechst Holland N.V.<br>Boshoverheide 20<br>NL-6002 SM Weert |
| 4 | Hornit B 1 | 2.1607 | 31.0398 | 2,2–10 | ~ 1400 | 1. Abstand ≥ 40 mm[2])<br>2. Für d = 2,2<br>B1-Spanplatten: PA-III 2.403 | Hornitex-Hornit-Werke<br>Gebr. Künnemeyer<br>GmbH & Co. KG<br>Bahnhofstr.<br>32805 Horn-Bad Meinberg |
| 5 | Max-Baucompactplatte[6] B1<br>X-Color B 1, Typ E<br>X-Color B 1, Typ EP | 2.2100 | 31.05.99 | 6–10 | 1400–1500 | Beliebig, mindestens B1 | Isovolta – Österreichische Isolierstoffwerke AG<br>A-2351 Wiener Neudorf |
| 6 | Perstorp FP 1 | 2.354 | 21.12.95 | 1,2 | 1440–1490 | 1. massiv, mineralisch<br>2. Ca-Si-Platten<br>3. B1-Spanplatten: PA-III 2.710 | Perstorp AB<br>S-28480 Perstorp/Schweden |
| 7 | Perstorp Kompakt FP 1 | 2.2763 | 31.05.98 | 4,5–12 | ~ 1450 | Abstand > 40 mm[2] | Perstorp GmbH<br>Industriestraße 34<br>68642 Bürstadt |

Fortsetzung nächste Seite

Fortsetzung Tabelle E 2-8: Schichtpreßstoffplatten der Baustoffklasse B1

| Spalte | 1 | 2 | 3 | 4 | 5 | 6 | 7 |
|---|---|---|---|---|---|---|---|
| Zeile | Bezeichnung der Schichtpreßstoffplatten | Prüfzeichen PA-III | Geltungsdauer bis [7] | d | Rohdichte[1] | Untergrund[4]<br>(Bei B1-Spanplatten vgl. Tab. E 2-4) | Antragsteller bzw. Hersteller (in alphabetischer Reihenfolge) |
| | | | | mm | kg/m³ | | |
| 8 | DUROpal F-Qualität Verbundelement | 2.2379 | 31.0395 | 0,5–1,5 | ~ 1500 | B1-Spanplatten: PA-III 2.403 | Pfleiderer Industrie GmbH & Co. KG<br>92318 Neumarkt/Oberpfalz |
| 9 | DUROpal Solid | 2.2429 | 31.05.95 | 2–13 | ~ 1500<br>± 240 | 1. Beliebig, mindestens B1<br>2. wie vorstehend, für d < 5 mm: Abstand ≥ 40 mm[2] | |
| 10 | POLYREY $M_1$<br>– COMPAKT<br>– FLAME RETARDENT FR | 2.560 | 30.09.95 | 3–15<br>≥ 1,5 | 1150–1450<br>~ 1500 | 1. Für 3–15 mm: Abstand > 40 mm[2]<br>2. für 1,5 mm:<br>a) massiv, mineralisch<br>b) B1-Spanplatten: PA-III 2.710 | POLYREY/AUSSEDAT REY<br>1, Rue du Petit-Clamart<br>F-78143 Velizy-Villacoublay |
| 11 | RESOPLAN F für Fassadenbekleidungselemente[6] | 2.1185 | 31.07.96 | ≥ 6 | ~ 1440 | Beliebig, mindestens B1 | FORBO-RESOPAL GmbH<br>Hans-Böckler-Straße 4<br>64823 Groß-Umstadt |
| 12 | RESOPLAN B1[5] | 2.2546[5] | 31.05.95 | ≥ 3 | ~ 1440 | 1. Abstand > 40 mm[2] | |
| 13 | Resopal F | 2.411 | 31.08.96 | ≥ 0,5 | 1440–1530 | 1. massiv, mineralisch<br>2. Ca-Si-Platten<br>3. B1-Spanplatten: PA-III 7.10 > 13 mm<br>4. Leichtbauplatten THERMAX A: PA-III 4.117<br>5. Für ≥ 2 mm auch freihängend | |

Fortsetzung incl. Fußnote nächste Seite

Abschluß der Tabelle E 2-8: Schichtpreßstoffplatten der Baustoffklasse B 1

| Spalte | 1 | 2 | 3 | 4 | 5 | 6 | 7 |
|---|---|---|---|---|---|---|---|
| **Zeile** | **Bezeichnung der Schichtpreßstoff-platten** | **Prüf-zeichen PA-III** | **Geltungs-dauer bis [7])** | **d** | **Rohdichte[1]** | **Untergrund[4]** (**Bei B1-Spanplatten vgl. Tab. E 2-4)** | **Antragsteller bzw. Hersteller (in alphabetischer Reihenfolge)** |
| | | | | **mm** | **kg/m³** | | |
| 14 | Brillant Duplo[3] | 2.2200 | 31.05.98 | 2–13 | ~ 1470 | Abstand > 40 mm[2] | Thermopal Dekorplatten GmbH & Co. KG<br>Wurzacher Straße 32<br>88299 Leutkirch im Allgäu |
| 15 | Brillant-Verbundplatte B1 | 2.2807 | 31.01.99 | 0,8 | ~ 1470 | B1-Spanplatten: PA-III 2.403 | |
| 16 | Getalit F 1,2 mm | 2.2376 | 31.01.95 | ~ 1,2 | ~ 1600 | 1. massiv, mineralisch<br>2. Gipskartonplatten<br>3. B1-Spanplatten: PA-III 2.403<br>PA-III 2.710 | Westag & Getalit AG<br>Hellweg 21<br>33378 Rheda-Wiedenbrück |
| 17 | Getalit F 0,8 | 2.2377 | 31.01.95 | ~ 0,8 | ~ 1700 | 1. massiv, mineralisch<br>2. Gipskartonplatten<br>3. Alle B1-Spanplatten | |
| 18 | Getalit CF | 2.2378 | 31.01.95 | 2–20 | ~ 1600 | Abstand > 40 mm[2] | |

[1] Sofern ein Flächengewicht angegeben ist, bezieht sich dieses auf den Verbund aus Untergrund (Spanplatte) + Schichtpreßstoffplatte/n.
[2] Der Nachweis der Schwerentflammbarkeit gilt für Schichtpreßstoffplatten, die einen Abstand ≥ dem angegebenen Abstand zu einem anderen flächigen Baustoff besitzen.
[3] Der Nachweis der Schwerentflammbarkeit gilt nur für Schichtpreßstoffplatten, soweit sie nicht im Verbund verwendet werden.
[4] Sofern Spanplatten als Untergrund angegeben sind, handelt es sich immer um Holzspanplatten.
[5] Soweit nicht im Verbund oder als Fassadenbekleidung verwendet.
[6] Bei Verwendung als Fassadenbekleidungselemente sind zusätzliche Bestimmungen eines Zulassungsbescheides zu beachten.
[7] Wegen der Verlängerung der Geltungsdauer siehe Spalte 7 oder das Deutsche Institut für Bautechnik, Berlin.

Wie bei Spanplatten und Furniersperrholz wird B 1 in Abhängigkeit von der Verleimungsart, der Art der Feuerschutzmittel und der Art der Einarbeitungsverfahren erreicht. Dabei spielen Art, Verleimung, Dicke und Feuerschutzausrüstung der **Dekorschichten** eine wesentliche Rolle. Von großer Bedeutung sind auch die Dicke der Platten und mit welchem Baustoff sie im Verbund stehen, wobei der verbindende Kleber die Abbrandeigenschaften ebenfalls beeinflußt. Dicke, Rohdichte und möglicher **Untergrund** gehen aus den Angaben von Tabelle E 2-8 hervor. Weitere Einzelheiten sind den Prüfbescheiden zu entnehmen. Auf folgende wichtige Punkte sei hingewiesen:

1. Unter **„massiver, mineralischer Untergrund"** ist Normalbeton, Mauerwerk, Putz – nicht jedoch Leichtbeton und dergleichen – zu verstehen, was nicht dem eigentlichen Anwendungsbereich von Schichtpreßstoffplatten entspricht. Unter den Begriff „massiver, mineralischer Untergrund" fallen aber auch Faserzementplatten, die gelegentlich als Untergrund von Schichtpreßstoffplatten verwendet werden.

2. Das Hauptanwendungsgebiet von Schichtpreßstoffplatten liegt in der Bekleidung von Platten. Wie aus Tabelle E 2-8 ersichtlich ist, ist ein Verbund mit einer Vielzahl von Platten (auch mit Blech) – insbesondere mit **Spanplatten B 1** – in bestimmten Fällen unter bestimmten Bedingungen erlaubt.

3. In einigen Fällen ist auch der **Verbund mit Leichtbauplatten** auf Vermiculite-, Perlite-, Zement- oder Kalzium-Silikat-(Ca-Si-)Basis gestattet. Dabei wird es schwierig, die B 1-Eigenschaft zu erhalten, je leichter und wärmedämmender die Untergrundplatten werden.

In diesem Zusammenhang sei erwähnt, daß es auch Wandbekleidungselemente aus

- einseitig beschichteten Holzspanplatten und
- beidseitig beschichteten Vermiculiteplatten gemäß PA-III 4.168

gibt. Die Beschichtung besteht aus Schichtpreßstoffplatten der unterschiedlichsten Typen, Dicken und Verbunde. Einzelheiten können dem Prüfbescheid PA-III 2.2806 (Ralph Wilson Plastics Co. – USA-Temple, Tx 76503-6110) entnommen werden, der weder in Tabelle E 2-6 noch in Tabelle E 2-8 aufgeführt ist.

4. Im allgemeinen sind auch **freihängende Anordnungen** unter bestimmten Bedingungen möglich. Dabei spielen die Plattendicke und der Abstand zu gleichen oder anderen flächigen Baustoffen eine wesentliche Rolle.

5. Die Platten werden auch in **Fassadenbekleidungselementen**, die der Witterung ausgesetzt sind, verwendet. Sie können z. B. mit Schrauben auf einer Holzunterkonstruktion oder mit Nieten auf Aluminiumschienen befestigt werden. Für Einzelheiten gelten hier die zusätzlichen Bestimmungen von Zulassungsbescheiden (Tabelle E 2-8, Fußnote 6).

### 2.2.3 Baustoffe der Baustoffklasse A 2

#### 2.2.3.1 Spanplatten der Baustoffklasse A 2



**Spanplatten (Bauplatten) der Baustoffklasse A 2** können verfahrenstechnisch wie folgt hergestellt werden:

a) Verwendung mineralischer Bindemittel wie Portlandzement, Magnesiazement oder Wasserglas – ggf. mit Kunstharzmodifizierung –, wobei das Verhältnis von Holzspanmasse : Portlandzement etwa 25 : 75 Gew.-% (Rohdichte ≥ 1250 kg/m³) beträgt. Bei Magnesiazementbindung liegt das Verhältnis Holz : Zement bei etwa 40 : 60 Gew.-% (Rohdichte ≥ 850 kg/m³ [2.9].

b) Anstelle einer Bindung mit Zement kann auch Gips als Bindemittel verwendet werden. Die Masse der Holzspäne muß dabei ≤ etwa 13 % bis 14% betragen. Über Einzelheiten der Zusammensetzung und sonstigen Randbedingungen berichtet [2.12].

c) Verwendung geeigneter Feuerschutzmittel mit hohen Dosierungen unter Verwendung spezieller Einarbeitungstechniken – ggf. in Verbindung mit Deckschichten aus Vermiculite, Perlite o. ä. –, wobei diese Oberflächenschichten zur Erzielung von A 2 jedoch nicht erforderlich sind [2.9].

d) Kombinationen von a) und c)
Einen Überblick über die als Wand- oder Decken-Bekleidung oder -Beplankung zur Anwendung kommenden Spanplatten der Baustoffklasse A 2 gibt Tabelle E 2-9. Die hier angegebenen Rohdichten sind den Rohdichten üblicher B 1-Spanplatten gemäß Tabelle E 2-4 in Bild E 2-5 gegenübergestellt.

Zu den Spanplatten nach Tabelle E 2-9 können u. a. folgende Erläuterungen gegeben werden:

1. Sofern **Beschichtungen** gestattet werden, dürfen nur die in den Prüfbescheiden angegebenen Beschichtungen (Anstriche, Folien, Furniere usw.) hinsichtlich Art, Dicke und Verbund (Verleimung) verwendet werden; andernfalls kann die Nichtbrennbarkeit verlorengehen.

2. Aufgrund der hohen Zementgehalte oder FSM-Dosierungen ist der **Gewinn an Feuerwiderstandsdauer** gegenüber B 1-Spanplatten beachtlich. Hierauf wird in den Erläuterungen zu Abschnitt 4.12
- E.Tabelle 50/7 (s. S. 154) und Bild E 4-37 (s. S. 159) bei Wänden sowie in
- E.5.3.3.1/1 (s. S. 219) bei Decken

noch eingegangen.

3. Bei Anwendung der Platten als **tragende oder aussteifende Beplankung** ist darauf zu achten, daß zusätzlich zu den Bestimmungen der Prüfbescheide weitere Bestimmungen notwendiger Zulassungsbescheide bzw. maßgebender Normen (z. B. DIN 1052 Teil 1 und Teil 3) zu berücksichtigen sind.

4. Alle in Tabelle E 2-9 aufgezählten Prüfbescheide gelten für Platten, die nur **innen** angewendet werden dürfen (Ausnahme: Zeile 1). Die in Zeile 1 genannte

Platte wird sowohl als Deckenraster (Bild E 2-2) als auch in Klinkerstruktur geliefert und wird in dieser Struktur auch **außen** eingesetzt. Früher gab es auch noch andere Holzwerkstoffplatten, die im Außenbereich als A 2-Baustoffe galten [2.6].

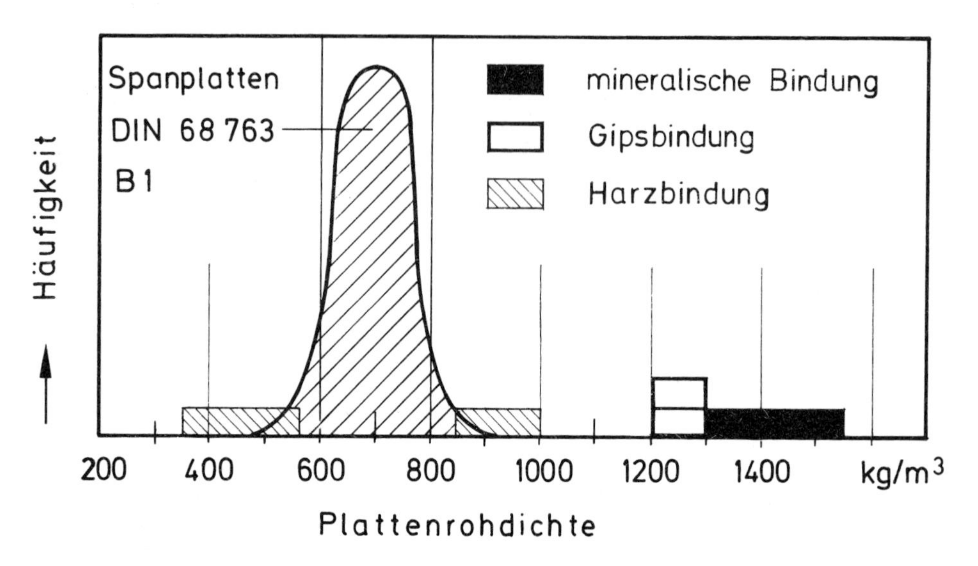


**Bild E 2-5:** Rohdichten von Spanplatten der Baustoffklasse A 2 im Vergleich zu Spanplatten der Baustoffklasse B 1 (vgl. Tabelle E 2-9)

### 2.2.3.2 Andere Bauplatten der Baustoffklasse A 2

Neben den im vorstehenden Abschnitt beschriebenen Spanplatten der Baustoffklasse A 2 gibt es noch andere A 2 Bauplatten, die nach den Bestimmungen von Prüfbescheiden unter Verwendung von Holzfurnieren hergestellt werden dürfen und daher äußerlich wie Holz aussehen. Hierzu gehören z. B. furnierte Gipsfaser- oder Leichtbauplatten auf Vermiculite-Basis nach den Bestimmungen der Prüfbescheide

a) PA-III 4.536: ATEX-Werke GmbH & Co. KG, 94481 Grafenau,
b) PA-III 4.625: Thermax Brandschutzbauteile GmbH, A-3300 Greinsfurth,

wie sie in [2.4] beschrieben sind. Dabei kommen dünne (≤ 0,5 mm bzw. ≤ 0,7 mm), ein- oder beidseitig angeordnete Laubholzfurniere zur Anwendung. Bei einseitiger Anordnung (Pkt. a) sind die Rückseiten mit einem Glasfaservlies zum Gegenzug beschichtet.

**Tabelle E 2-9:** Spanplatten der Baustoffklasse A 2

| Spalte | 1 | 2 | 3 | 4 | 5 | 6 | 7 |
|---|---|---|---|---|---|---|---|
| **Zeile** | **Bezeichnung der Spanplatten (Bauplatten)** | **Prüfzeichen PA-III** | **Geltungsdauer bis** [1] | **d** mm | **Rohdichte** kg/m³ | **Bindemittel, Brandschutzausrüstung** | **Hersteller (in alphabetischer Reihenfolge)** |
| 1 | BER-Bauplatte (glatt oder Klinkerstruktur) bzw. BER-Deckenraster | 4.137 | 30. 04. 97 | 14–34 | 1500–1550 | mineralisch Brandschutzausrüstung | BER-Bauelemente GmbH & Co. KG Industriestraße 12 33161 Hövelhof |
| 2 | Duripanel A 2 | 4.389 | 31. 05. 99 | 10–40 | 1300 | Zement | Eternit AG Ernst-Reuter-Platz 8 10587 Berlin |
| 3 | Cemfa | 4.748 | 31.01.99 | ~ 38 | ~ 1870 | Zement (Eine Beschichtung der Kanten und Oberflächen mit B2-Stoffen ist nicht erlaubt) | Mahle GmbH Schaflandstr. 6–8 70736 Fellbach |
| 4 | NESPOREX Gipsspanplatte | 4.588 | 31. 01. 95 | 6–28 | ~ 1240 | Gips Holzspäne ≤ 13 Masse-% | Nespo A/S N-8666 Holandsvika |
| 5 | SasmoX-Gipsspanplatte | 4.634 | 31. 05. 96 | 8–22 | ~ 1200 | Gips Holzspäne ≤ 14 Masse-% | SasmoX Oy SF-70701 Kuopio |
| 6 | WIDOPLAN A 2 | 4.112 | 30. 06. 98 | 12–22 | 860–1000 | Kernschutz (FSM) 3 mm–6 mm Deckschichten aus Vermiculite | Wilhelmi Werke GmbH & Co. KG 35633 Lahnau-Dorlar |
| 7 | Wilhelmi-Akustikplatte A 2 | 4.274 | 30. 06. 96 | 18–30 | 350–570 | Kernschutz (FSM) | |
| 8 | Mikropor F | 4.275 | 30. 06. 95 | ~ 18 | 400–470 | Kernschutz (~ 3 mm Holzkern), Deckschichten aus Glimmer, Oberflächen ggf. mit Glasvlies + Farbe (Vorderseite) bzw. Glasvlies oder Papier mit FSM (Rückseite) | |
| 9 | WIDOTEX A 2 | 4.276 | 30. 06. 98 | 13–22 | 900–1000 | Kernschutz (gem. PA-III 4.112), ~ 3 mm Deckschichten aus Vermiculite, Holzfurnier mit FSM mit Spezial-Oberflächenbehandlung | |

[1] Wegen der Verlängerung der Geltungsdauer siehe Spalte 7 oder das Deutsche Institut für Bautechnik, Berlin

### 2.2.4 Entsorgung von Brandschutzprodukten und damit behandeltem Holz bzw. Holzwerkstoffen

#### 2.2.4.1 Allgemeines

Das Problem des Abfalls tangiert Verbraucher, Politiker und Hersteller gleichermaßen in Intensität und Auswirkungsbreite.

So ist es nicht verwunderlich, daß dieses Thema zum heutigen Zeitpunkt und in Zukunft – auch emotional und ideologisch kontrovers diskutiert wird. Diese öffentlichen Diskussionen haben – neben gesicherten wissenschaftlichen Erkenntnissen Auswirkungen auf die Entsorgungsproblematik. Daraus ergibt sich zwangsläufig, daß keine uneingeschränkt gültige Empfehlung möglich ist, sondern nur eine mehr oder weniger grobe Richtung aufgezeigt werden kann, die im konkreten Fall der Entsorgung zu prüfen und ggf. zu aktualisieren ist, wobei Kommunal-, Landes-, Bundes- und europäische Gesetze und Verordnungen zu beachten sind.

Das Thema Entsorgung wird ausführlich in [2.50] behandelt. Hier wird u. a. über folgende Punkte berichtet: Abgrenzung, Vermeidung, Verminderung, Gesetzliche Vorgaben, Holzschutzmittel, schutzmittelbehandeltes Holz, Nachweise, Verwertungsnachweise, Empfehlungen zur Entsorgung.

#### 2.2.4.2 Entsorgung der Brandschutzprodukte und deren Verpackungen

1. <u>Entsorgung der Verkaufsverpackungen</u>

Die Gebinde sind restentleert (je nach Produkttyp: tropffrei, spachtelrein, rieselfrei) bei der regional zuständigen Sammelstelle – siehe Abschnitt 2.2.4.4 – abzugeben. Sie dürfen keine Reste und Anhaftungen enthalten, die entsprechend § 3a Abs. 2 des Chemikaliengesetzes umweltgefährdend sind (siehe § 2 Abs. 3 Verpackungsverordnung). Über diese angesprochenen Produktmerkmale kann der Hersteller Auskunft erteilen. Sind ggf. Gefahrstoffe entfernt worden, so müssen die Gefahrensymbole des Etiketts ungültig gemacht werden.

2. <u>Entsorgung flüssiger oder fester Restmengen unbrauchbarer Brandschutzprodukte (Abfälle)</u>

Durch Auskunft bei der zuständigen lokalen Behörde ist zu klären, ob es sich um überwachungsbedürftige Abfälle (§ 2 Abs. 2 Abfallgesetz) handelt oder ob die Kleinmengenregelung des §1 Abs. 2 der Abfallbestimmungs-Verordnung (max. 500 kg jährlicher Gesamtabfall) angewandt werden kann.

Die Entsorgung überwachungsbedürftiger Abfälle muß durch autorisierte Entsorgungsfirmen – siehe Abschnitt 2.2.4.4 – erfolgen. Welche Abfallarten aus welchen Herkunftsbereichen unter § 2 Abs. 2 Abfallgesetz fallen, sind in der Anlage zur Abfallbestimmungsverordnung aufgelistet und durch fünfstellige Abfallschlüssel gekennzeichznet (z. B. 555 08, Anstrichmittel). Ggf. kann der Entsorger mit dem Produkthersteller Rücksprache bezüglich Klassifizierung des Abfalls halten, um den geeignetsten und kostengünstigsten Entsorgungsweg zu ermöglichen.

### 2.2.4.3 Entsorgung von mit Brandschutzmitteln behandeltem Holz und Holzwerkstoffen

Falls die stoffliche Verwertung (z. B. Spanplattenherstellung) von behandeltem Holz oder Holzwerkstoffen nicht möglich ist, sollte die thermische Verwertung siehe Abschnitt 2.2.4.4 unter Einhaltung von § 5 Abs. 1 Nr. 3 Bundes-Immissionsschutzgesetz durch Zusage der lokalen Behörden bzw. der Entsorgungsfirmen – siehe ebenfalls Abschnitt 2.2.4.4 – abgeklärt werden.



„Holzabfälle und -behältnisse mit schädlichen Verunreinigungen, vorwiegend organisch" (Abfallschlüssel 17213) oder „Holzabfälle, vorwiegend anorganisch" (Abfallschlüssel 17214) sind von vornherein als „besonders überwachungsbedürftige Abfälle" in der Abfallbestimmungs-Verordnung aufgelistet; der Begriff „schädliche Verunreinigungen" ist darin nicht definiert, so daß der geeignete Entsorgungsweg (siehe Abfallartenkatalog der TA Abfall) fallbezogen mit dem Entsorger abzuklären ist.

Abhängig von den Abfallarten und den Entsorgungswegen wird dem Abfallerzeuger und dem Entsorger gesetzlich auferlegt, die anfallenden Abfälle nach Herkunft, Art und Mengen zu charakterisieren, Vorschläge über optimale Verwertung zu machen oder den Entsorgungsnachweis (§ 11 Abs. 3 Abfallgesetz) zu führen.

### 2.2.4.4 „Entsorger" und Vorschriften

**Sammelstellen** können beim Industrieverband Bauchemie und Holzschutzmittel e.V. (IBH), Karlstraße 21, 60329 Frankfurt, Telefon (0 69) 25 56 13 18, erfragt werden.

**Entsorgungsfirmen** teilen mit:

Bundesverband Sonderabfallwirtschaft e.V. (BPS)
Südstraße 133, 53175 Bonn
Telefon (02 28) 95 11 80

Bundesverband der deutschen
Entsorgungswirtschaft e.V. (BDE)
Hauptstraße 305, 51143 Köln
Telefon (0 22 03) 8 10 75

Bei der **thermischen Verwertung** sind zur Zeit insbesondere zu berücksichtigen:

a) Verordnung über Kleinfeuerungsanlagen
   1. BIm SchV, § 3 Abs. 1 **Nr. 4 – 7**
   (BIm SchV = Ausführungs-Verordnung zum Bundes-Immissionsschutzgesetz)
b) 4. BIm SchV
c) 17. BIm SchV

### 2.2.4.5 Löschwasserrückhaltung

Abschließend sei erwähnt, daß es Vorschriften zur Löschwasser-Rückhaltung beim Lagern wassergefährdeter Stoffe gibt [2.51].

Löschwasserschott im Vordergrund mit geöffnetem, dahinter mit geschlossenem Absperrelement [2.52]

## 2.3 Brennbarkeitsverhalten von Holz und Holzwerkstoffen

### 2.3.1 Holz

Holz (Baustoffklasse B 2) besteht im wesentlichen aus etwa 45 % Cellulose, 20 % Hemicellulose und 30 % bis 35 % Lignin, das aus Kohlenstoff, Wasserstoff und Sauerstoff aufgebaut ist. An nichtbrennbaren Bestandteilen sind die Feuchte (Wassergehalt) und die Asche des Holzes zu nennen.

Ein hoher **Feuchtegehalt** kann die Entflammbarkeit von Holz fühlbar herabsetzen; dies geht jedoch mit dem Austrocknen verloren. Holz in Bauwerken mit einem Feuchtegehalt ≤ 20 % erhält hierdurch keine baupraktisch wertbare Schutzwirkung; Anhaltswerte über die Entflammung von nassem und trockenem Holz bei Wärmestrahlung gibt [2.13].

Der Gehalt an nichtbrennbaren **Aschebestandteilen** beträgt bei Bauhölzern max. 0,3 % und spielt beim Brandgeschehen keine Rolle.

Bei der Erwärmung von Holz und Holzwerkstoffen setzt eine chemische Zersetzung der Holzsubstanz unter Bildung von Holzkohle und brennbaren Gasen ein. Der Verlauf der **Holzverkohlung** ist in Bild E 2-6 dargestellt [2.14].

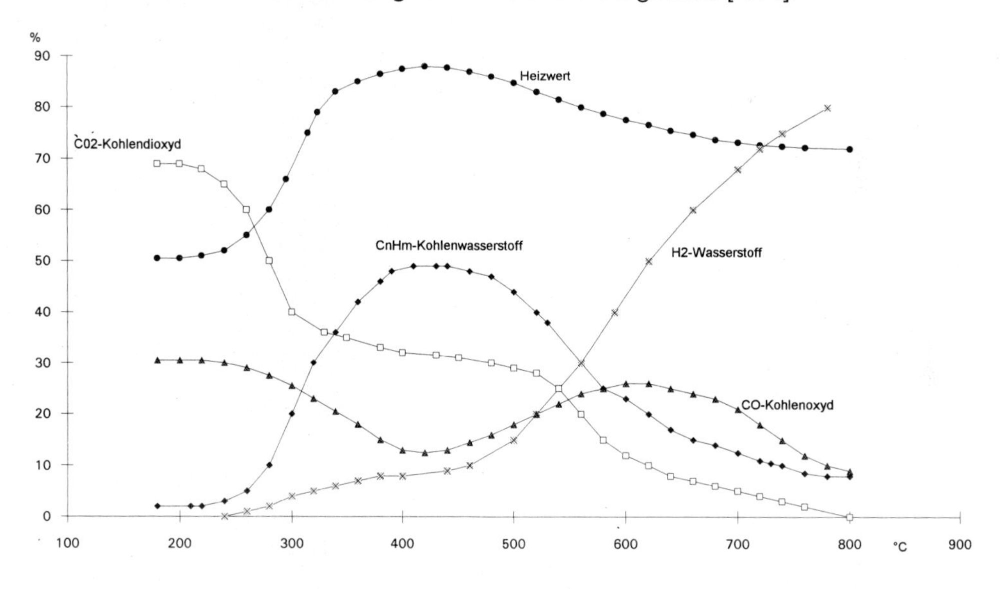


**TEMPERATUR DES VERKOHLUNGSGUTES**

| Periode der Verkohlung | Dampf | O-haltige Gase CO2, CO | Kohlenwasserstoffentwicklung (Cn/Hn) Beginn | Hauptmenge | Dissoziation CO-Bildung | Wasserstoff (H2) |
|---|---|---|---|---|---|---|
| Kondensate | Wasser | Wasser Essigsäure | Essigsäure Holzgeist leichter Teer | dickflüssiger Teer | Teer, Paraffin | wenig |

150 200 280 380 500 700 °C 900

**TEMPERATUR**

**Bild E 2-6:** Verlauf der Holzverkohlung [2.14]

Eine genaue Temperaturgrenze, bei der die thermische Zersetzung beginnt, kann nicht festgelegt werden; d. h. eine **Entzündungstemperatur** von Holz (auch von Holzwerkstoffen) im physikalischen Sinne als Materialkonstante gibt es nicht. Die Entzündung hängt im wesentlichen von der Erwärmungsdauer ab. Spontane Entzündung kleiner Holzproben tritt bei Temperaturen ≥ rd. 350 °C ein. Eine Entzündung des Holzes ist jedoch auch schon bei wesentlich niedrigeren Temperaturen möglich, vorausgesetzt, daß eine genügend lange Erwärmung erfolgt. Versuche haben gezeigt, daß im Extremfall bei lang anhaltender Erwärmung (Sauna-Verhältnisse) eine Entzündung auch schon bei ≥ 120 °C möglich ist, vgl. Bild E 2-7 [2.15] und [2.16].

Die „Entzündungstemperatur" ist nicht nur vom Wassergehalt und der Erwärmungsdauer, sondern sekundär auch von der **Rohdichte** des Holzes abhängig. Der **Zündverzug** steigt mit zunehmender Rohdichte.

Bei einer Beanspruchung im Brandschacht nimmt der Masseverlust mit steigender Rohdichte ab – d. h. es wird bei definierter, 10 Minuten dauernder Brandbeanspruchung weniger zersetzt (Bild E 2-8) [2.16].

Im Vergleich aller Hölzer besitzt Balsaholz ($\rho \simeq$ 160 kg/m$^3$) den kleinsten Zündverzug; er liegt rd. 10–20 % niedriger als bei üblichen Bauhölzern (Fichten-, Tannen- und Kiefernholz mit $\rho \simeq$ [450 bis 550] kg/m$^3$). Eine Verbesserung um rd. 10 % ist bei Eichenholz festzustellen. Einen noch größeren Zündverzug weisen Hölzer mit $\rho >$ 720 kg/m$^3$ wie Buche, Pitchpine und Pockholz auf; der Zündverzug beträgt gegenüber Eiche nochmals ≥ 10 %. Den größten Zündverzug besitzen Hölzer wie Bongossi oder Quebracho.

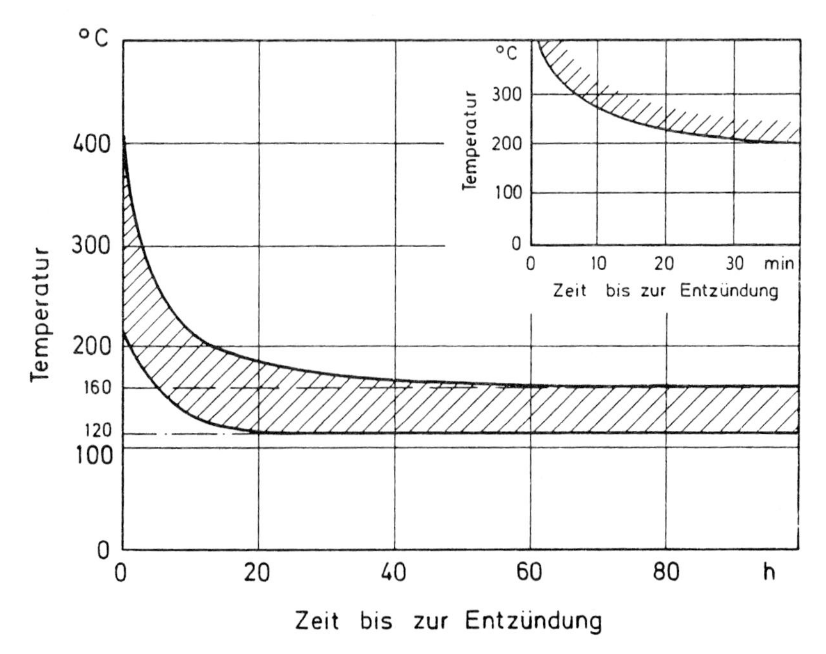


**Bild E 2-7:**
Entzündungstemperatur von unbehandeltem Holz (Rohdichte ≥ 400 kg/m$^3$, Feuchte u $\simeq$ 15 Masse-%) in Abhängigkeit von der Zeit (schematische Darstellung)

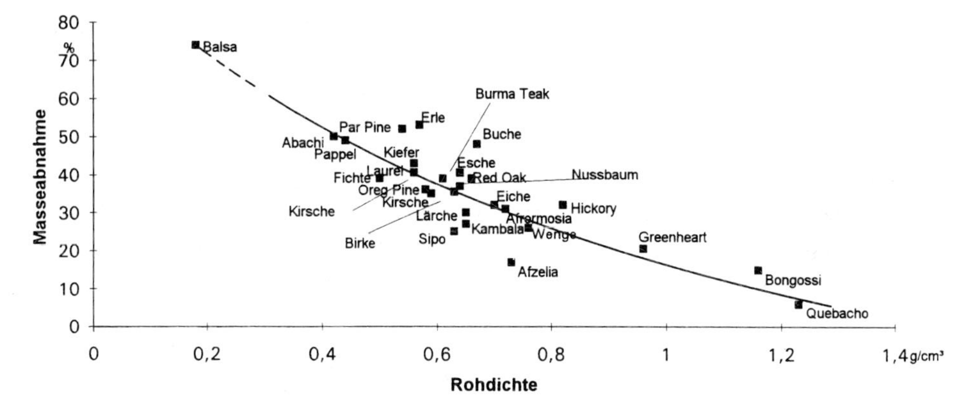


**Bild E 2-8:** Masseverlust verschiedener Hölzer bei Brandbeanspruchung im Brandschacht [2.16]

Quebracho hat nicht nur den geringsten Masseverlust (Bild E 2-8), sondern erfüllt auch alle B 1-Prüfkriterien. Quebracho ist damit das einzige „Naturprodukt", das schwerentflammbar*) ist [2.16]. Da Bongossi häufiger vorkommt und wirtschaftlich genutzt wird, mußte geklärt werden, ob auch hier die B 1-Eigenschaft vorliegt. In umfangreichen Untersuchungen [2.17], die neben B 1-Prüfungen auch andere Parameter beschreiben, konnte gezeigt werden, daß Bongossi die B 1-Anforderungen nicht erfüllt.
Diese genannten Einflüsse machen sich auch bei der Abbrandgeschwindigkeit bemerkbar, vgl. Abschnitt 2.4. Sie können jedoch selten genutzt werden, da im Holzbau vorwiegend europäische Nadelhölzer verwendet werden.
Über die Entzündungstemperatur unter bestimmten Randbedingungen wird im Vergleich zu anderen Stoffen auch in [2.18] berichtet. Weitere Literaturstellen können [2.19] und [2.20] entnommen werden.

Alle vorstehenden Angaben gelten sinngemäß auch für Holz mit Brandschutzausrüstung.

## 2.3.2 Holzwerkstoffe

Die in Abschnitt 2.3.1 für Holz gemachten Angaben gelten sinngemäß auch für Holzwerkstoffe. Bei Holzwerkstoffen mit Brandschutzausrüstung verschiebt sich der in Bild E 2-7 dargestellte Streubereich jedoch etwas nach oben in den Bereich höherer Temperaturen.
Mit zunehmender Feuerschutzmittelzugabe und mit steigender Rohdichte wird die Entzündung verlangsamt oder sogar ganz unterbunden. Der Übergang zwischen B 2 und B 1 ist kontinuierlich; bei A 2-Holzwerkstoffen nach Tabelle E 2-9 tritt dagegen praktisch keine Entzündung mehr ein, obwohl auch hier noch Zer-

*) Darüber hinaus gilt ein Fußbodenbelag aus Eichenparkett als schwerentflammbar, vgl. Abschnitt 2.2.2.1. Hier ergibt sich die Eigenschaft „B 1" definitionsgemäß jedoch aufgrund eines für Fußböden festgelegten Prüfverfahrens. – Wenn anderes Parkett anstelle von Eichenparkett bei der Forderung „schwerentflammbar" verwendet werden soll, ist dies ggf. über eine Ausnahme oder Befreiung – siehe Abschnitt 3.5.5 – möglich; Ausführungen in [2.24] liefern hierzu möglicherweise Begründungen.

setzungen stattfinden. Dies geht u. a. aus den Bildern E 2-9 und E 2-10 hervor, die die Temperaturerhöhung von behandelten Spanplattenproben im Nichtbrennbarkeitsofen nach DIN 4102 Teil 1 in Abhängigkeit von der FSM-Zugabe und der Rohdichte bei konstanter FSM-Zugabe wiedergeben [2.9].

Bild E 2-9 zeigt im übrigen, daß Spanplatten mit FSM die A 2-Normbedingung $\Delta T \leq 50$ K nur bei sehr hoher FSM-Zugabe erfüllen, was nicht nur wirtschaftliche, sondern auch verfahrenstechnische Probleme bereitet. Günstiger ist in der Regel eine Kombination von FSM-Zugabe und Erhöhung der Rohdichte, vgl. Bild E 2-10.

Das Brennbarkeitsverhalten von Holzwerkstoffen wird auch in [2.21] und [2.22] angesprochen, wobei diese Veröffentlichungen aber hauptsächlich Eigenschaften bei Raumtemperatur sowie Begriffe, Typen, Aufbau, Herstellverfahren, Bestandteile, Oberflächen, Bearbeitbarkeit, Lackierbarkeit, Formaldehydemission, Feuchteschutz, Wärmeschutz, Festigkeit, Verwendung sowie Normen usw. behandeln.

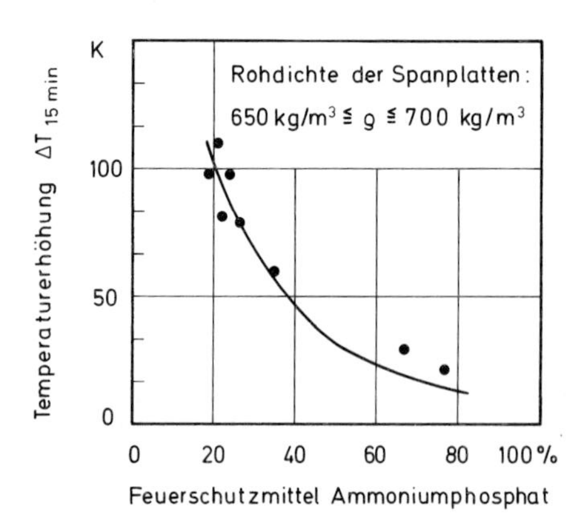


**Bild E 2-9:** Temperaturerhöhung im DIN-Nichtbrennbarkeitsofen bei der Prüfung von Spanplatten in Abhängigkeit von der FSM-Zugabe nach [2.9]

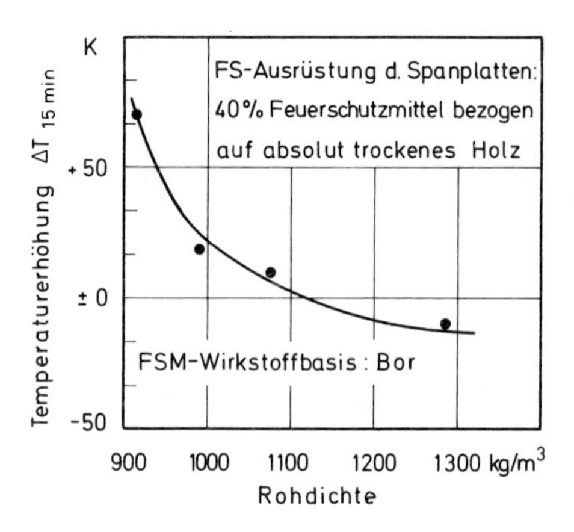


**Bild E 2-10:** Temperaturerhöhung im DIN-Nichtbrennbarkeitsofen bei der Prüfung von Spanplatten in Abhängigkeit von der Rohdichte nach [2.9]

## 2.4 Abbrandgeschwindigkeit von Holz

### 2.4.1 Allgemeines

#### 2.4.1.1 Grundlagen

Oberhalb von rd. 300 °C verläuft der Zersetzungsvorgang von Holz exotherm, d. h. unter Energieabgabe, die Reaktionsgeschwindigkeit steigert sich ständig, auch ohne weitere äußere Energiezufuhr. Beim Verbrennungsvorgang bilden sich Gase mit steigendem Gehalt an Kohlenwasserstoffen. Der höchste Anteil brennbarer Kohlenwasserstoffe wird bei Temperaturen um 400 °C gebildet (Bild E 2-6), wobei der Heizwert des abgegebenen Gases etwa 18,8 MJ pro m³ Holz erreicht. Bei Temperaturen oberhalb 500 °C nimmt die Gasbildung stark ab; dafür steigert sich die Bildung von Holzkohle.

Die Abbrandgeschwindigkeit wird nicht nur von der Holzart, vom Feuchtegehalt und der Rohdichte, sondern auch vom Verhältnis „Oberfläche/Volumen“, ggf. von zusätzlichen Verformungen, von den Belüftungsbedingungen (Sauerstoffangebot) und von der Temperaturbeanspruchung beeinflußt. Weitere Einflüsse sind: Beflammungsart und Querschnittsgeometrie (Querschnittsfläche). Im folgenden wird die Abbrandgeschwindigkeit für Holz bei bauüblichen Feuchtegehalten unter der in DIN 4102 Teil 2 angegebenen Temperaturbeanspruchung (Einheits-Temperaturzeitkurve „ETK“) behandelt. Die im folgenden angegebenen Werte gelten für „ungestörte“, d.h. für weitgehend homogene Querschnitte. An Rissen, Spalten, Fugen, Ästen usw. können je nach Belüftungsbedingungen andere Werte maßgebend werden.
Die gebräuchlichste und international am häufigsten angewandte Methode, die Abbrandgeschwindigkeit von Holz zu bestimmen, ist, eine Probe zu einer bestimmten Zeit abzulöschen, die Holzkohle mit scharfen Werkzeugen zu entfernen und die Abbrandtiefe und daraus die Abbrandgeschwindigkeit zu ermitteln (Methode 1). Im Rahmen eines Forschungsvorhabens wurde auch eine eigens für den Zweck der kontinuierlichen Geschwindigkeitsbestimmung konstruierte Meßvorrichtung entwickelt (Methode 2) [2.28]. Die Abbrandgeschwindigkeit läßt sich ebenfalls aus Temperaturmessungen ableiten (Methode 3) [2.29].

### 2.4.1.2 Ältere Untersuchungsergebnisse

Eine der wichtigsten und maßgebendsten Untersuchungen wurde in den USA durchgeführt und 1967 veröffentlicht [2.25]. In dieser Arbeit wurde insbesondere die Abhängigkeit der Abbrandgeschwindigkeit von der Rohdichte und Feuchte des Holzes herausgestellt. Die wichtigsten ermittelten Kurven sind in Bild E 2-11 dargestellt. Die Ergebnisse wurden im wesentlichen international bestätigt [2.26].

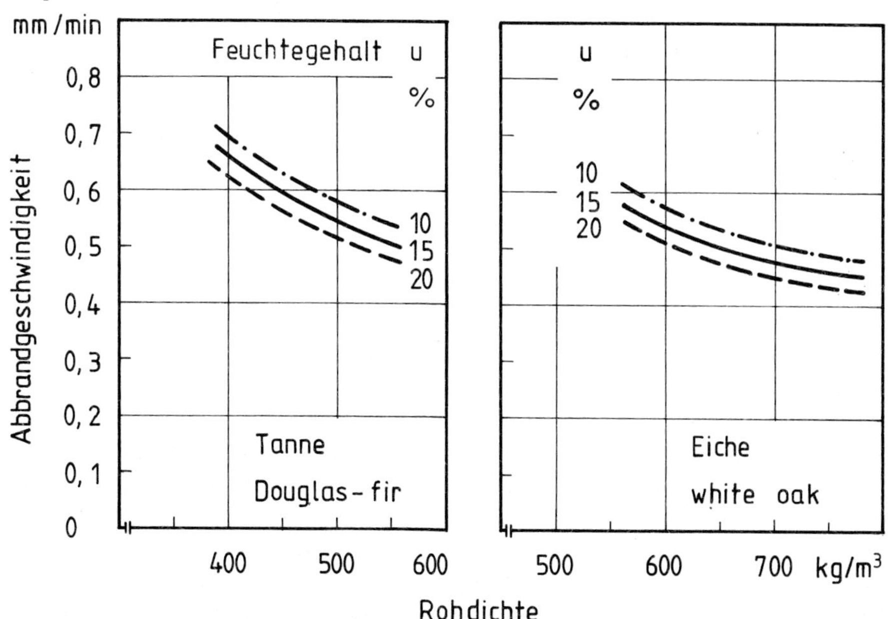


**Bild E 2-11:** Abbrandgeschwindigkeit von Holz in Abhängigkeit von Feuchte und Rohdichte nach [2.25]

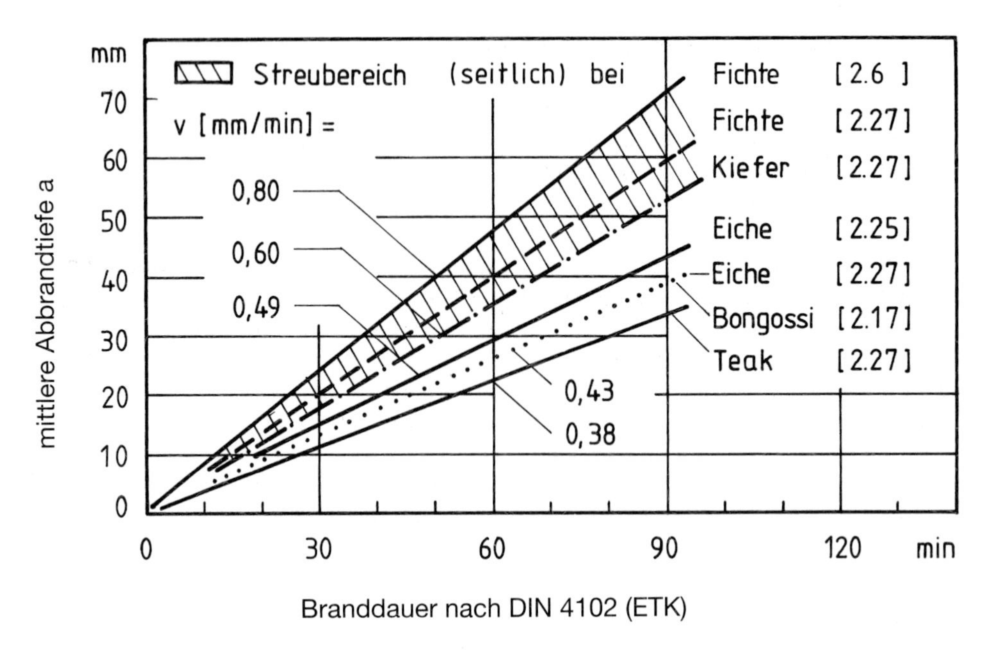


**Bild E 2-12:** Abbrandtiefe und Abbrandgeschwindigkeit verschiedener Hölzer bei ETK-Beanspruchung

Auf einem internationalen Symposium wurden weitere Ergebnisse vorgelegt [2.27]. Einige wichtige Abhängigkeiten – ergänzt durch deutsche Untersuchungen [2.6] und [2.17] – sind in Bild E 2-12 dargestellt. Hierzu folgende Bemerkungen:

1. Die nach [2.27] festgestellte Abbrandgeschwindigkeit von Fichte liegt etwa in der Mitte des Streubereiches von [2.6].

2. Die nach [2.27] festgestellte Abbrandgeschwindigkeit von Kiefer liegt am unteren Rand des Streubereichs für Fichte nach [2.6].

3. Die nach [2.27] festgestellte Abbrandgeschwindigkeit von Eiche ist etwas niedriger als die entsprechende Abbrandgeschwindigkeit nach [2.25]. Die „unwesentlichen" Unterschiede (v = 0,49 mm/min bzw. 0,43 mm/min) werden nicht nur durch Rohdichte und Feuchte, sondern auch durch Porigkeit, Porenverteilung (z. B. Anzahl der mittelgroßen Poren mit einem Durchmesser von 200 μm), dem Anteil der querorientierten Markstrahlen, den Verthyllungen im Kernholz und dem Harzgehalt beeinflußt.

4. Obwohl Bongossi mit $\rho \simeq 1100$ kg/m$^3$ eine sehr viel höhere Rohdichte als Teak ($\rho \simeq 670$ kg/m$^3$) aufweist, ist die Abbrandgeschwindigkeit von Teak kleiner als von Bongossi. Die Unterschiede können vermutlich ebenfalls auf die unter Pkt. 3 genannten Einflußparameter zurückgeführt werden.

#### 2.4.1.3 Neuere Untersuchungsergebnisse

Veranlaßt u. a. durch die Bearbeitung der Neufassung von DIN 4102 Teil 4 und des Eurocodes 5 wurden am Institut für Holzforschung, München, umfangreiche Untersuchungen zur Abbrandgeschwindigkeit durchgeführt [2.30]. Dabei hat sich u. a. folgendes ergeben:

2

1. Bei Feuchten von u = 8 % und u = 20 % wurde bei Fichtenholz (350 kg/m³ ≤ ρ ≤ 500 kg/m³) keine Abhängigkeit der Abbrandgeschwindigkeit von der Rohdichte, der Jahrringbreite und der Jahrringorientierung festgestellt.
2. Obwohl Buche mit 690 kg/m³ ≤ ρ ≤ 720 kg/m³ eine relativ hohe Rohdichte besitzt, zeigte Buche eine höhere Abbrandgeschwindigkeit als Fichte (Tabelle E 2-10), was durch die zerstreutporige Struktur und zahlreiche röhrenförmige Gefäße gefördert wird; bei ringporigen Laubhölzern, z. B. Eiche, wird im Gegensatz dazu die thermische Zersetzung durch die Porenstruktur erschwert.
3. Obwohl Meranti (540 kg/m³ ≤ ρ ≤ 560 kg/m³) eine höhere Rohdichte als Fichte aufweist, ist die Abbrandgeschwindigkeit von Meranti nicht wesentlich kleiner als bei Fichte (Tabelle E 2-10); sie ist insbesondere wesentlich größer als 0,6 $v_{Fichte} \simeq$ 0,38 mm/min bis 0,44 mm/min.
4. Ein Einfluß einer Verformung infolge Biegung auf die Abbrandgeschwindigkeit, wie er in [2.6] beschrieben ist, wurde nicht festgestellt.

Auch international wurde inzwischen festgestellt, daß der Einfluß der Rohdichte auf die Abbrandgeschwindigkeit von Holz nicht von so großer Bedeutung ist, wie früher angenommen wurde. Danach streut die Abbrandgeschwindigkeit um etwa 10 % bei einer Rohdichte von 290 kg/m³ ≤ ρ ≤ 420 kg/m³ [2.35]. Mit steigender Rohdichte wurde im genannten Bereich keine Abnahme der Abbrandgeschwindigkeit festgestellt.

**Tabelle E 2-10:** Abbrandgeschwindigkeit v verschiedener Hölzer bei ETK-Beanspruchung nach [2.31]

| Zeile | Holzart | u<br>% | ρ<br>kg/m³ | v in mm/min<br>kontinuierliche Messung | v in mm/min<br>Messung nach Versuchsende |
|---|---|---|---|---|---|
| 1 | Fichte | 8 | 433 | 0,74 | 0,71 |
| 2 | | 20 | 459 | 0,68 | 0,63 |
| 3 | Buche | 8 | 700 | 0,82 | 0,80 |
| 4 | | 20 | 689 | 0,76 | 0,72 |
| 5 | Meranti | 8 | 544 | 0,65 | 0,59 |
| 6 | | 20 | 559 | 0,59 | 0,56 |

Wie auf Seite 21 schon erwähnt, wurde weiter festgestellt, daß Feuerschutzmittel – Anstriche und Salzimprägnierungen, eingebracht im Vacuum-Druckverfahren – in dem untersuchten Rahmen die Abbrandgeschwindigkeit von Holz kaum beeinflußten; bei Salzimprägnierungen wurden zu vergleichbaren Zeiten sogar größere Abbrandtiefen als bei unbehandeltem Holz festgestellt, [2.27] und [2.49]. Bei neueren, noch nicht abgeschlossenen Versuchen [2.11] wurden bei Anstrichen (dämmschichtbildenden Anstrichen „DSB" für Holz und Stahl) günstigere Werte erzielt. Je nach verwendetem DSB lagen die Abbrandtiefen bis zu rd. 50 % niedriger als bei unbehandeltem Holz; diese positiven Ergebnisse sollen bei Bauteilprüfungen zur Ermittlung der Feuerwiderstandsdauer überprüft bzw. bestätigt werden.

Wegen der Abbrandgeschwindigkeit unter anderen Randbedingungen – z. B. bei extrem hoher Brandbeanspruchung – siehe z. B. [2.29] und [2.34].

### 2.4.2 Bisherige Vereinbarungen – DIN 4102 Teil 4 (03/81)

Basierend auf zahlreichen Versuchsergebnissen wurde für den seitlichen Abbrand, z. B. von Stützen, eine Abbrandgeschwindigkeit von v = 0,7 mm/min festgelegt. Bei auf Biegung beanspruchten Bauteilen wurde von unterschiedlich hohen Abbrandraten – oben/seitlich mit $v_o = v_s = 0{,}8$ mm/min und unten mit $v_u = 1{,}1$ mm/min – ausgegangen. Für Stützen und Balken aus Vollholz wurden im Vergleich zu Brettschichtholz (Nadelholz) Kompromisse vereinbart, die sich hinsichtlich der Feuerwiderstandsdauer mehr an Versuchs- als an Rechenergebnissen orientierten und etwa 1,15fach größere Vollholz- als BSH-Querschnitte ergaben. Für Laubhölzer mit $\rho \geq 600$ kg/m³ durften die Abbrandgeschwindigkeit und die Nadelholz-Mindestquerschnittsabmessungen mit 0,6 multipliziert werden.

Die Grundlagen für die nicht mehr gültige Normfassung sind in [2.6] veröffentlicht.

### 2.4.3 Jetzige Vereinbarungen – DIN 4102 Teil 4 (03/94)

Für DIN 4102 Teil 4 (03/94) wurden in Abstimmung mit der ENV 1995-1-2 Rechenverfahren für die Ermittlung der Mindestquerschnittsabmessungen bei einer Zug-, Druck- und Biegebeanspruchung sowie den Kombinationen verwendet [2.33]. Hierfür wurden (nahezu einheitlich) die in Tabelle E 2-11 angegebenen Rechenwerte für die Abbrandgeschwindigkeiten vereinbart.

**Tabelle E 2-11: Vereinbarte** Abbrandgeschwindigkeiten v in mm/min [$v_{DIN\ 4102\ Teil\ 4\ (03/94)} \equiv v_{ENV\ 1995-1-2}$]

| Zeile | Holzart[1)] | | Abbrandgeschwindigkeit[1)] v in mm/min |
|---|---|---|---|
| | Allgemein | Randbedingungen | $v_{oben} = v_{seitlich} = v_{unten}$<br>$v_{Balken} = v_{Stützen} = v_{Zugglieder}$ |
| 1 | BSH | Nadelholz einschl. Buche | 0,7 |
| 2 | Vollholz | | 0,8 |
| 3 | Vollholz | Laubholz mit $\rho > 600$ kg/m³ außer Buche | 0,56 = 0,7 · 0,8[1)] |

[1)] Von DIN zu ENV 1995-1-2 gibt es u. a. folgende Unterschiede:
a) Nadelholz nach ENV bedeutet $\rho \geq 290$ kg/m³ bei einer Mindestabmessung von 35 mm (in DIN nicht festgelegt)[*)],
b) Die Grenze bei Laubholz liegt bei $\rho \geq 450$ kg/m³ (in DIN bei $\rho > 600$ kg/m³)[*)]
c) $v_{Vollholz\ oder\ BSH\ ENV}$(Laubholz) = 0,5 mm/min statt 0,56 mm/min bei DIN.

[*)] $\rho$ bedeutet den für die Holzart charakteristischen Wert (5% Fraktile der Rohdichte).

Die für Vollholz (Nadelholz) vereinbarte hohe Abbrandgeschwindigkeit von v = 0,8 mm/min entspricht dem im vorstehenden Abschnitt genannten Faktor 1,15. Die Ausnahmeregelung für Buche entspricht den neueren Untersuchungsergebnissen nach Abschnitt 2.4.1.3.

Die früher [2.6] für Laubholz vereinbarte Grenze von 600 kg/m³ wurde in der Neufassung von DIN 4102 Teil 4 beibehalten (ENV: ≥ 450 kg/m³!). Die bei ENV getroffene Vereinbarung v (Laubholz) = 0,5 mm/min liegt unmittelbar über der Geraden für Eiche [2.25] in Bild E 2-12 ($v_{Eiche}$ = 0,49 mm/min). Bezüglich der Abbrandgeschwindigkeit im DIN-Bereich wurde die Vereinbarung

$$v_{Vollholz} \text{ (Laubholz)} = 0{,}7 \cdot 0{,}8 = 0{,}56 \text{ mm/min}$$

– also 70 v. H. der Abbrandgeschwindigkeit von Vollholz aus Nadelholz [2.46] – getroffen.

Die relativ geringen Unterschiede bei den Mindestabmessungen – bedingt auch durch andere Abweichungen, siehe u. a. Abschnitt 2.7 – zwischen den Werten nach DIN und ENV gehen aus dem Vergleich der Teile II und III dieses Handbuches hervor.

Alle in DIN 4102 Teil 4 angegebenen Mindestquerschnittsabmessungen beruhen auf den in Tabelle E 2-11 genannten Werten, wobei Balken gegenüber der Ausgabe 03/81 etwas günstigere Werte aufweisen, siehe Abschnitt 5.5; bei BSH-Stützen sind die Werte gegenüber der Ausgabe 03/81 etwas ungünstiger, siehe Abschnitt 5.6.

Bei reiner Druckbeanspruchung und bei reiner Biegebeanspruchung sind bei der Neufassung von DIN 4102 Teil 4 wie bei der Ausgabe 03/81 alle Mindestquerschnittsabmessungen in Abhängigkeit von den Spannungsausnutzungen bzw. Spannungen angegeben.

Abschließend sei noch einmal betont, daß die Festlegung von v = 0,7 mm/min allgemein für BSH aus Nadelholz und die Abkehr von unterschiedlichen Abbrandgeschwindigkeiten (bis zu v = 1,1 mm/min) zwar Verschiebungen und andere Zahlenwerte als bisher (Teil 4 03/81) ergibt, aufgrund des Rechenverfahrens aber keine generelle Senkung des bisherigen Niveaus bedeutet.

## 2.5 Abbrandgeschwindigkeit von Holzwerkstoffen

Wie aus den Abschnitten 4 und 5 hervorgeht, werden Holzwerkstoffe vorwiegend im Holztafelbau verwendet. Trägt man die bei Wandprüfungen gefundenen Abbrandtiefen = f (Branddauer) von Beplankungen und Bekleidungen aus **Holzwerkstoffen der Baustoffklasse B 2** in ein Diagramm ein, ergeben sich die in Bild E 2-13 wiedergegebenen Verhältnisse. Alle Werte liegen in einem leicht gekrümmten Streubereich, dessen Ursprungstangenten auf der Oberseite eine Abbrandgeschwindigkeit von 1,1 mm/min und auf der Unterseite von 0,6 mm/min aufweisen. Damit verhält sich der Abbrand bzw. der Durchbrand von Holzwerkstoffen im dargestellten Dickenbereich ähnlich wie der Abbrand von „homogenem“ Nadelholz.

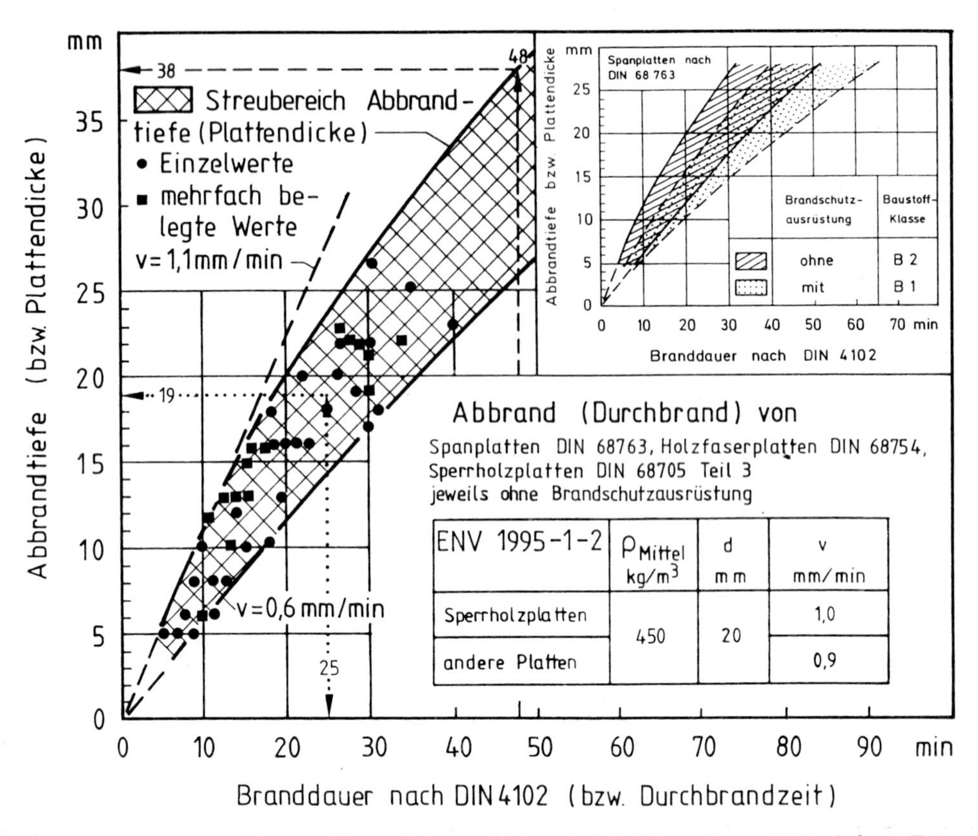


**Bild E 2-13:** Abbrandtiefe bzw. Plattendicke von Holzwerkstoffplatten mit $\rho \geq 600$ kg/m³ mit (Teilbild) und ohne (Hauptdarstellung) Brandschutzausrüstung in Abhängigkeit von der Branddauer nach DIN 4102 Teil 2 mit Angaben zur Abbrandgeschwindigkeit; in ENV 1995-1-2 sind Angaben zur Umrechnung bei anderen Rohdichten und Dicken enthalten.

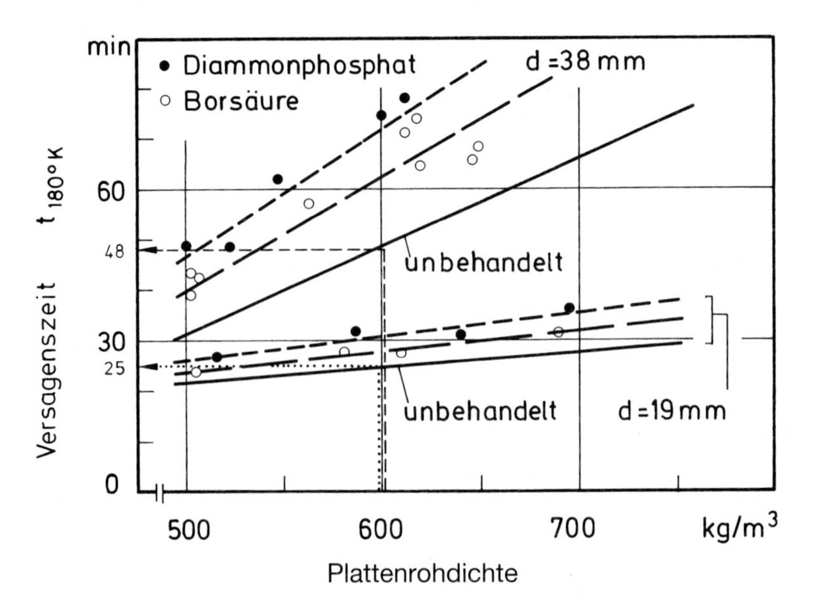


**Bild E 2-14:** Versagenszeit $t_{180\,K}$ von 19 und 38 mm dicken Spanplatten mit und ohne Brandschutzausrüstung in Abhängigkeit von der Plattenrohdichte

Versuchserfahrungen an Holzwerkstoffplatten mit **Brandschutzausrüstung** liegen nur bei **Spanplatten** vor. Die in Kleinversuchen ermittelten Durchbrandzeiten – hier definiert mit $t_{180\,K}$ [2.8] und [2.9] – sind für zwei Plattendicken in Abhängigkeit von der Plattenrohdichte und der Brandschutzausrüstung im Vergleich zu unbehandelten Platten in Bild E 2-14 dargestellt. Die Verbesserung (Erhöhung) der Versagenszeit bei dicken Platten ist dabei beachtlich, was in Abschnitt 5.3.2 und 5.4.4 auch zu einer 10%igen Abminderung der Mindestplattendicke führt.

2

Zu diesen Angaben kann folgendes weiter ausgeführt werden:

1. Das günstigere Abbrand- bzw. Durchbrandverhalten von Spanplatten mit Brandschutzausrüstung wird auch in Bild E 2-13 durch ein Teilbild dokumentiert.

2. In Bild E 2-13 sind die Spanplattendicken von 19 mm und 38 mm, wie sie in Bild E 2-14 in Abhängigkeit von der Plattenrohdichte detailliert dargestellt sind, eingetragen. Sie führen zu Abbrand- bzw. Durchbrandzeiten von 25 min (für 19 mm Mitte des Streubereichs) und 48 min (für 38 mm obere Begrenzung des Streubereichs). Diese Zeiten ergeben sich auch aus Bild E 2-14 bei einer Plattenrohdichte von 600 kg/m³ bei jeweils unbehandelten Platten. Die Bilder E 2-13 und E 2-14 stimmen in ihrer Aussage damit gut überein.

3. Wegen des gekrümmt verlaufenden Streubereichs in Bild E 2-13 wurden in ENV 1995-1-2 Abbrandgeschwindigkeiten v angegeben, die in Abhängigkeit von der Rohdichte und von der Plattendicke variieren. Die in ENV 1995-1-2 festgelegten Abbrandgeschwindigkeiten v sind für $\rho \sim 450$ kg/m³ und d = 20 mm in der Tabelle von Bild E 21-13 angegeben.

4. Da FurnierSperrholz der Baustoffklasse B 2 bei Brandbeanspruchung (ETK) häufig schichtenweise abplatzt und unter Knallgeräuschen abschält, wurde die „Abbrandgeschwindigkeit" in ENV mit 1,0 mm/min höher angegeben als bei den übrigen Platten. Bei Sperrholz der Baustoffklasse B 1 (DELIGNIT®-FRCW-Platten gemäß Tabelle E 2-7 mit Buchenfurnieren) wurde ein derartiges „Abplatzen" nicht beobachtet, weshalb bei solchen Platten ohne Einschränkung eine Abbrandgeschwindigkeit v = 0,9 mm/min angewendet werden könnte.

Die vorstehenden Angaben haben jedoch kaum Bedeutung, da im Holztafelbau bei Wänden und Decken überwiegend Spanplatten und kein Sperrholz zum Einsatz kommen. Aus diesem Grunde konnte man in der Neuausgabe von DIN 4102 Teil 4 – siehe Abschnitte 4 und 5 im Vergleich zur Ausgabe 03/81 – auch großzügig sein und statt Spanplatten allgemein Platten aus Holzwerkstoffen angeben.

5. Das Abbrandverhalten von Spanplatten ist aus Bild E 2-15 ersichtlich. Wenn die Spanplatten oder anderen Holzwerkstoffe durchgebrannt und auf der Brandseite abgefallen sind, wird das Innere der Konstruktion sichtbar (Bild E 2-16). Die Außenseite einer Wandkonstruktion kurz vor dem Durchbrand und dem Ausknicken zeigt Bild E 2-17.

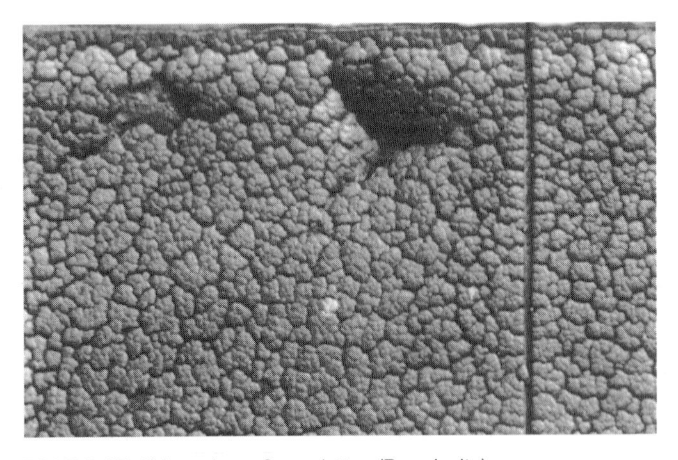

**Bild E 2-15:** Abbrand von Spanplatten (Brandseite)

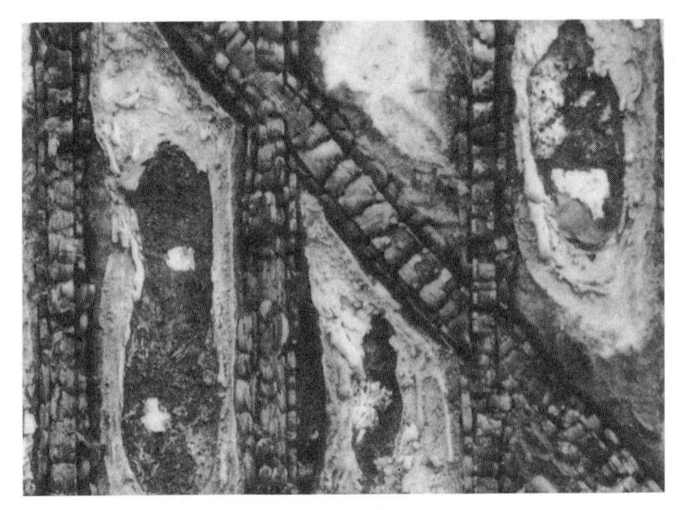

**Bild E 2-16:** Abbrand von Hölzern (Stiele, Riegel, Streben) in einer Wand nach dem Abfallen der feuerseitigen Bekleidung

**Bild E 2-17:**
Durchbrand einer Wand aus Holztafeln kurz vor dem Ausknicken

## 2.6 Temperaturen im Querschnittsinneren von Holzbauteilen

Temperaturmessungen in brettschichtverleimten Balken und Stützen aus Nadelholz haben ergeben, daß die durch die Feuchte des Holzes – in der Regel u ≃ 12 Gew.-% – bedingte Haltezeit bei rd. 100 °C relativ kurz ist, vgl. Bild E 2-18.

Der gemessene zeitunabhängige Verlauf der Temperaturen im Querschnitt ist beispielhaft in Bild E 2-19 dargestellt [2.30]. Die unterschiedlichen Symbole gelten für verschiedene Holzarten (Laub- und Nadelhölzer); die Temperaturen unterscheiden sich kaum. Die Temperaturen nehmen zum Querschnittsinneren schnell ab. Die Zersetzungszone liegt bei Temperaturen zwischen 200 °C und 300 °C (Bild E 2-19), die Verkohlungszone bei > 300 °C. Die für die Berechnung der Feuerwiderstandsdauer zu verwendende Abbrandgrenze, die auch den vergrößerten Abbrand an Ecken berücksichtigt, wurde mit 200 °C vereinbart (Bild E 2-20).

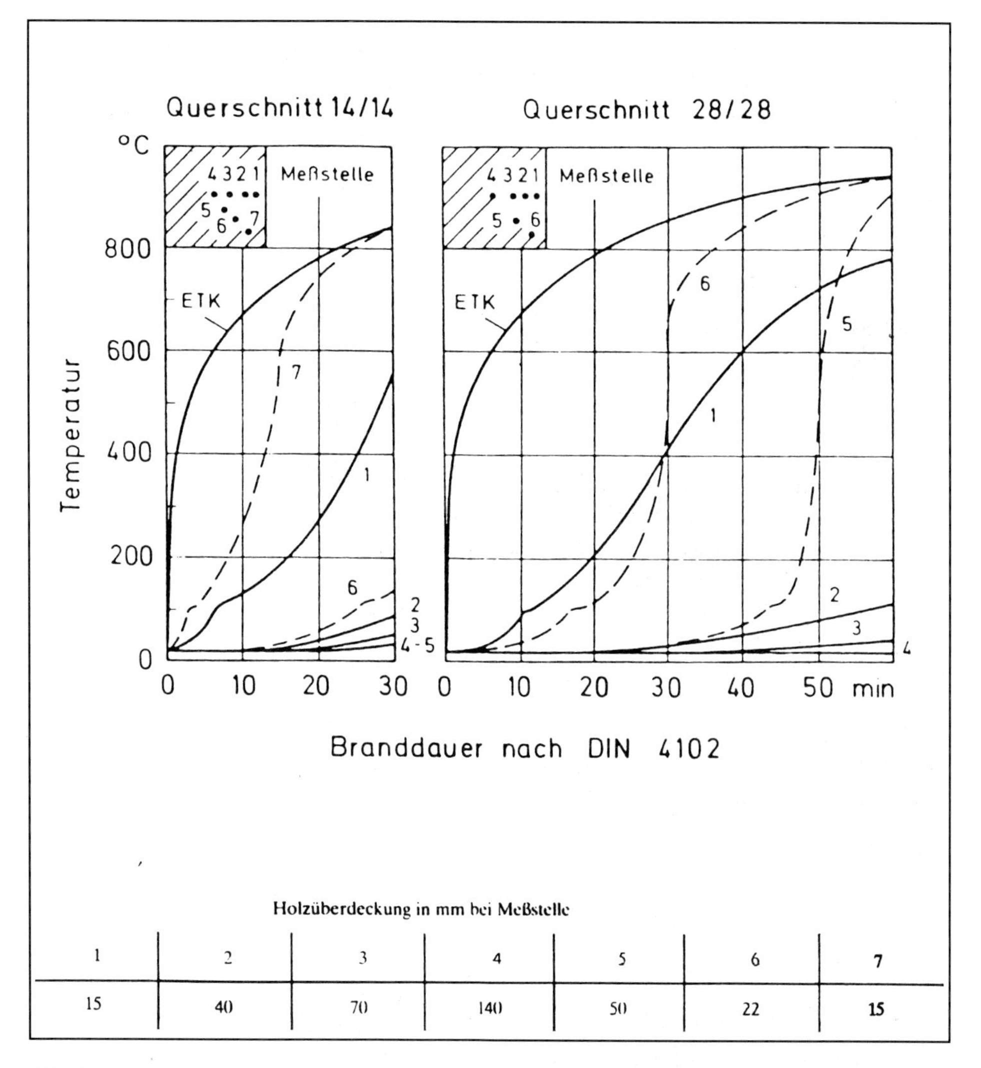


Holzüberdeckung in mm bei Meßstelle

| 1 | 2 | 3 | 4 | 5 | 6 | 7 |
|---|---|---|---|---|---|---|
| 15 | 40 | 70 | 140 | 50 | 22 | 15 |

**Bild E 2-18:** Temperatur-Zeit-Verlauf in brettschichtverleimten Nadelholz-Stützenquerschnitten; weitere Temperatur-Zeit-Verläufe siehe [2.30]

Aufgrund intensiver Untersuchungen wurde gefunden, daß der Temperaturverlauf in einem zweiseitig von einem ETK-Brand beanspruchten Querschnitt nach Gleichung (2.1) ermittelt werden kann [2.33]:

$$T(x) = 20^\circ + 180^\circ \cdot \left[\frac{v \cdot t_f}{x}\right]^\alpha \tag{2.1}$$

Es bedeuten:

$T(x)$ Temperatur in Abhängigkeit von der Tiefe x (x in mm)
$v$ Abbrandgeschwindigkeit nach Tabelle E 2-11 in mm/min
$t_f$ Branddauer in min
$\alpha$ Exponent siehe Gl. (2.3)

Nimmt man an, daß die Verläufe der Isothermen in vergleichbaren Querschnitten über die Höhe gleich groß sind, ergibt sich nach Einführung eines Faktors $\kappa$ (Berücksichtigung der Brandbeanspruchungsart) z. B. ein Temperaturverlauf nach Bild E 2-20 und für den Restquerschnitt die mittlere Temperatur $T_m$ – siehe auch [2.33] und [2.46] – zu:

$$T_m = (1 + \kappa \cdot \frac{b}{h}) \cdot \left[ 20^\circ + \frac{180^\circ \cdot (v \cdot t_f)^\alpha}{(1-\alpha) \cdot (\frac{b}{2} - v \cdot t_f)} \{(\frac{b}{2})^{1-\alpha} - (v \cdot t_f)^{1-\alpha}\} \right] \tag{2.2}$$

$\kappa$ Faktor zur Berücksichtigung der Brandbeanspruchung
= 0 ≙ 2seitige Brandbeanspruchung
= 0,25 ≙ 3seitige Brandbeanspruchung
= 0,4 ≙ 4seitige Brandbeanspruchung
$\alpha$ Exponent (aus Regressionsanalyse) = $0{,}398 \cdot t_f^{0,62}$ (2.3)
b und h Querschnittsbreite und Querschnittshöhe in mm
$v$ siehe Gleichung (2.1) in mm/min

Die umfangreiche Gleichung (2.2) in Verbindung mit Gleichung (2.3) kann für die Holzarten und Feuerwiderstandsklassen vereinfacht werden. Für Vollholz und Brettschichtholz jeweils aus Nadelholz lautet sie für 30 min (F 30-B):

$$T_m \text{ (Vollholz, Nadelholz)} = (1 + \kappa \cdot \frac{b}{h}) \cdot (20 + \frac{373\, b^2 - 11600}{b^3 - 5{,}7\, b^2}) \tag{2.4}$$

$$T_m \text{ (BSH, Nadelholz)} = (1 + \kappa \cdot \frac{b}{h}) \cdot (20 + \frac{330\, b^2 - 7\,200}{b^3 - 4{,}8\, b^2}) \tag{2.5}$$

(b/h in cm/cm)

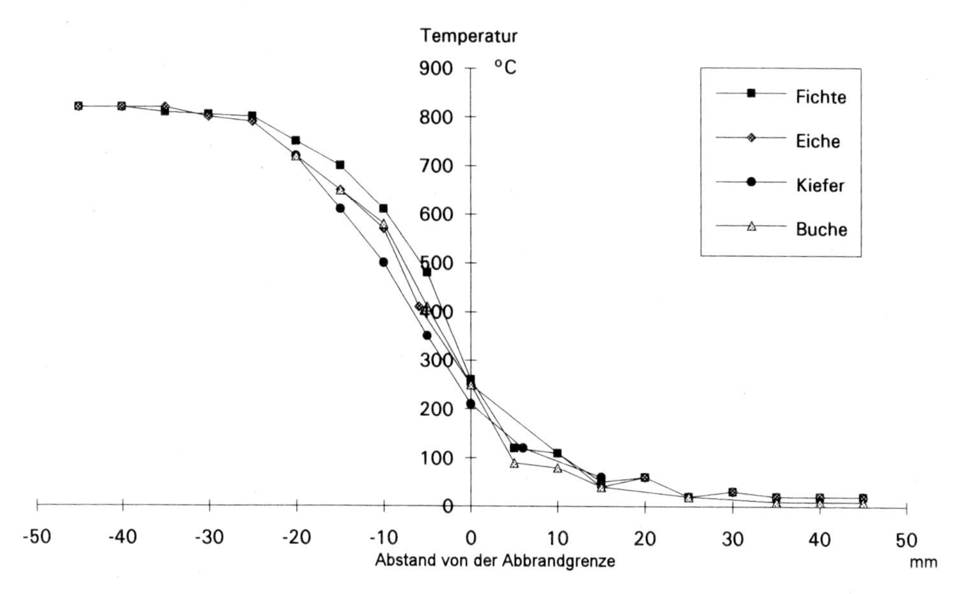


**Bild E 2-19:** Zeitunabhängiges Temperaturprofil in Holzkohle und Holz (links und rechts der Abbrandgrenze) für verschiedene Holzarten einseitig ETK-brandbeanspruchter Proben nach [2.30]

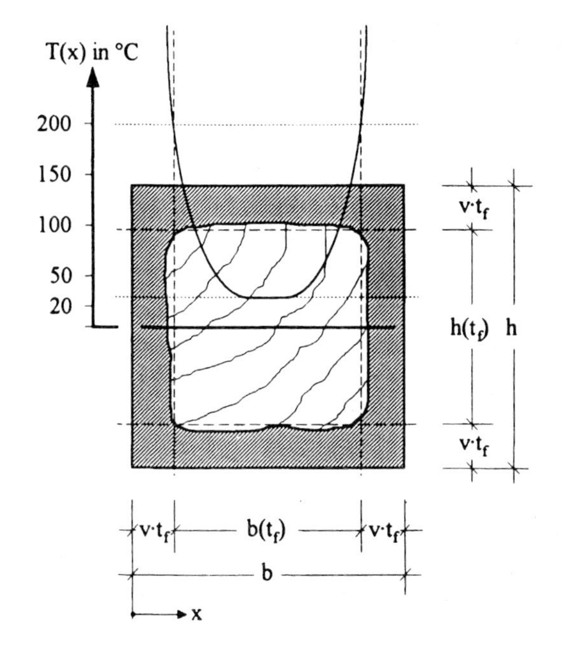


**Bild E 2-20:**
Temperaturverlauf nach Gl. (2.1) für 4seitig brandbeanspruchte Querschnitte mit Abbrandgeschwindigkeit v = 0,7 mm/min und einer Branddauer von $t_f$ = 30 min

Die mittlere Temperatur $T_m$ im Restquerschnitt ist für die Bestimmung der elasto-mechanischen Kenngrößen des Restquerschnittes von Bedeutung, siehe Abschnitt 2.7.

Im EC 5 Teil 1.2 (ENV 1995-1-2) wurde vereinfacht: Die mittlere Temperatur des Restquerschnitts wird nicht mehr angegeben. Die Abnahme der elasto-mechanischen Kenngrößen (Abschnitt 2.7) in Abhängigkeit von der Temperatur wird – getrennt für Biegung, Druck und Zug (einschließlich E-Modul) – rechnerisch bestimmt, wobei ein Reduktionsfaktor $k_{mod.f}$ zur Temperaturberücksichtigung

Beispiel für Biegung: $k_{mod.f} = 1{,}0 - \frac{1}{200} \frac{P}{A_r}$ (2.6)

mit

P Umfang des Restquerschnitts in m und

$A_r$ Restquerschnittsfläche (r von residual) in $m^2$

die jeweilige Kenngröße steuert und indirekt die mittlere Temperatur des Restquerschnittes berücksichtigt, siehe auch Teil III dieses Handbuches.

Informationen zur Temperaturentwicklung in brandbeanspruchten Holzquerschnitten gibt auch [2.58].

Werden im Querschnittsinnern von Holzbauteilen Metallteile – z. B. Stahlbleche – angeordnet, die mit der beflammten Bauteil-Holzoberfläche in Verbindung stehen, so ergeben sich in diesen Bereichen in der Regel höhere Temperaturen, vgl. Abschnitt 5.8.

## 2.7 Elasto-mechanische Kenngrößen von Holz

### 2.7.1 Festigkeit

Druck-, Biege-, Zug- und Scherfestigkeit von Bauholz hängen u. a. von Rohdichte, Feuchtegehalt, Ästigkeit, Temperatur und den Randbedingungen der Prüfung ab. Die Druckfestigkeit – parallel und senkrecht zur Faser – ist für verschiedene Hölzer beispielhaft in Tabelle E 2-12 angegeben. Wegen anderer Kenngrößen siehe z. B. [2.36]. Die (vereinbarten) wichtigsten zulässigen Spannungen sind in Tabelle E 2-13 wiedergegeben.

Die Festigkeit von Bauholz nimmt mit steigender Temperatur ab [2.36]. Für DIN 4102 Teil 4 (03/81) wurden gemäß [2.6] die stark abfallenden Werte nach [2.37] zugrunde gelegt. Da es hier immer wieder zu Unstimmigkeiten kam, wurden umfangreiche Untersuchungen am Institut für Holzforschung in München durchgeführt [2.38]:

An insgesamt 525 Prüfkörpern aus Fichtenholz wurden bei Temperaturen von 20 °C, 100 °C und 150 °C und unterschiedlichen Holzfeuchten die elasto-mechanischen Kenngrößen bei Biege-, Druck- und Zugbeanspruchung ermittelt. Dabei betrugen die Ausgangsfeuchten 8 % und 12 %. Die mittleren Rohdichten der Probekörper lagen zwischen 370 kg/$m^3$ und 410 kg/$m^3$; die Sortierklassen nach DIN 4074 Teil 1 entsprachen S 10 und S 13 (Güteklassen II und I).

Es zeigte sich, daß in allen Fällen der Temperatureinfluß für Bauholz mit einer Ausgangsfeuchte von 12 % geringer ist als bisher angenommen wurde [2.6], [2.37]. Aus diesem Grunde wurden für den temperaturabhängigen Festigkeitsabfall für DIN 4102 Teil 4 (03/94) die in Bild E 2-21 dargestellten Geraden vereinbart, wobei $\beta_B$, $\beta_D$ und $\beta_Z$ den rechnerischen Festigkeiten für Biegung, Druck und Zug bei Raumtemperaturen von 20 °C nach Tabelle E 2-14 entsprechen.

Weitere Informationen zum Abfall der Festigkeit bei höheren Temperaturen geben [2.39] und [2.40].

**Tabelle E 2-12:** Rohdichte, Wärmeleitfähigkeit λ, Biege-E-Modul und Druckfestigkeit verschiedener Hölzer, Auszug aus [2.36]

| Zeile | Holzname[1)] | Rohdichte Mittelwert | λ | E-Modul E ∥ | Druckfestigkeit $\sigma_D^{1)}$ ∥ | $\sigma_D^{1)}$ ⊥ |
|---|---|---|---|---|---|---|
| | | bei einem Feuchtegehalt u ~ 12 Masse-% | | | | |
| | | kg/m³ | W/mK | N/mm² | N/mm² | |
| 1 | Balsa | 160 | 0,063[3)] | 2.600 | 9,4 | 1,3 |
| 2 | Amerikan. Ceder | 380 | 0,088[3)] | 7.900 | 35 | 4,3 |
| 3 | Tanne, Weißtanne | 450 | 0,13[4)] | 11.000 | 47 | –[2)] |
| 4 | Fichte, Rottanne | 470 | 0,13[4)] | 11.000 | 50 | 5,8 |
| 5 | Douglasie | 510 | 0,12[3)] | 11.500 | 47 | 6,5 |
| 6 | Kiefer | 520 | 0,13[4)] | 12.000 | 55 | 7,7 |
| 7 | Lärche, europ. | 590 | –[2)] | 13.800 | 55 | 7,5 |
| 8 | Mahagoni | 600 | 0,16[3)] | 8.000 | 50 | 9,5 |
| 9 | Lärche, westamerik. | 620 | 0,14[3)] | 12.000 | 53 | 7,6 |
| 10 | Teakholz | 670 | 0,18[3)] | 13.000 | 72 | 26,0 |
| 11 | Eiche, Traubeneiche | 690 | 0,20[4] | 13.000 | 65 | 11,0 |
| 12 | Eiche, Roteiche | 700 | 0,20[4)] | 12.800 | 47 | 8,6 |
| 13 | Buche, Rotbuche | 720 | 0,20[4)] | 16.000 | 62 | 9,5 |
| 14 | Bongossi | 1100 | –[2)] | 24.000 | 109 | 17,5 |
| 15 | Pockholz | 1230 | –[2)] | 12.300 | 126 | 90,0 |

1) Geordnet nach steigender Rohdichte
2) In [2.36] ohne Angabe
3) aus [2.36], umgerechnet auf SI-Einheiten; Mittelwert
4) Rechenwert nach DIN 4108 Teil 4, Ausgabe 11.91; die angegebenen Werte der Wärmeleitfähigkeit $\lambda_R$ gelten für Holz quer zur Faser. Für Holz in Faserrichtung ist näherungsweise der 2,2fache Wert einzusetzen, wenn kein genauerer Nachweis erfolgt.

**Tabelle E 2-13:** Zulässige Spannungen für Voll- und Brettschichtholz (BSH) in MN/m² (= N/mm²) im Lastfall H nach DIN 1052 Teil 1[4)]

| Zeile | Art der Beanspruchung | | Vollholz Nadelholz u. a.: Fichte, Kiefer, Tanne, Lärche Güteklasse[1)] II Sortierklasse[2) 4)] S 10 | Vollholz Güteklasse[1)] I Sortierklasse[2) 4)] S 13 | BSH Güteklasse[1)] II Sortierklasse[2) 4)] S 10 | BSH Güteklasse[1)] I Sortierklasse[2) 4)] S 13 | Vollholz (Laubholz) mittlere Güte[1)] A Eiche Buche Teak | B Afzelia Merbau | C Azobé Bongossi |
|---|---|---|---|---|---|---|---|---|---|
| 1 | Biegung | zul $\sigma_B$ | 10 | 13 | 11 | 14 | 11 | 17 | 25 |
| 2 | Zug | zul $\sigma_Z$ ∥ | 8,5 | 10,5 | 8,5 | 10,5 | 10 | 10 | 15 |
| 3 | Druck | zul $\sigma_D$ ∥ | 8,5 | 11 | 8,5 | 11 | 10 | 13 | 20 |
| 4 | Druck a)<br>Druck b) | zul $\sigma_D$ ⊥<br>zul $\sigma_D$ ⊥ | 2<br>2,5[3)] | 2<br>2,5[3)] | 2,5<br>3,0[3)] | 2,5<br>3,0[3)] | 3<br>4 | 4 | 8 |
| 5 | Schub aus Querkraft | zul $\tau_Q$ | 0,9 | 0,9 | 1,2 | 1,2 | 1 | 1,4 | 2 |

1) Güteklasse nach DIN 1052 Teil 1 (04/88), Abschnitt 5
2) Sortierklasse nach DIN 4074 Teil 1 (09/89), Abschnitte 5 und 6
3) Bei Anwendung dieser Werte ist mit größeren Eindrücken zu rechnen, die erforderlichenfalls konstruktiv zu berücksichtigen sind. Bei Anschlüssen mit verschiedenen Verbindungsmitteln dürfen diese Werte nicht angewendet werden.
4) DIN 1052 Teil 1 (04/88) wird z. Z. überarbeitet; in die geplante Neufassung werden Angaben zu den Sortierklassen MS 10, MS 13 und MS 17 aufgenommen.

**Tabelle E 2-14:** Vereinbarte Festigkeiten bei Raumtemperatur von Nadelholz (NH) Güteklasse II, Brettschichtholz (BSH) Güteklasse I und Laubholz (LH)

| Zeichen | Einheit | NH II S 10 | BSH I S 13 | LH A |
|---|---|---|---|---|
| $\beta_D$ | MN/m² | 29,75 | 38,5 | 35,0 |
| $\beta_Z$ | MN/m² | 29,75 | 36,75 | 35,0 |
| $\beta_B$ | MN/m² | 35,0 | 49,0 | 38,5 |

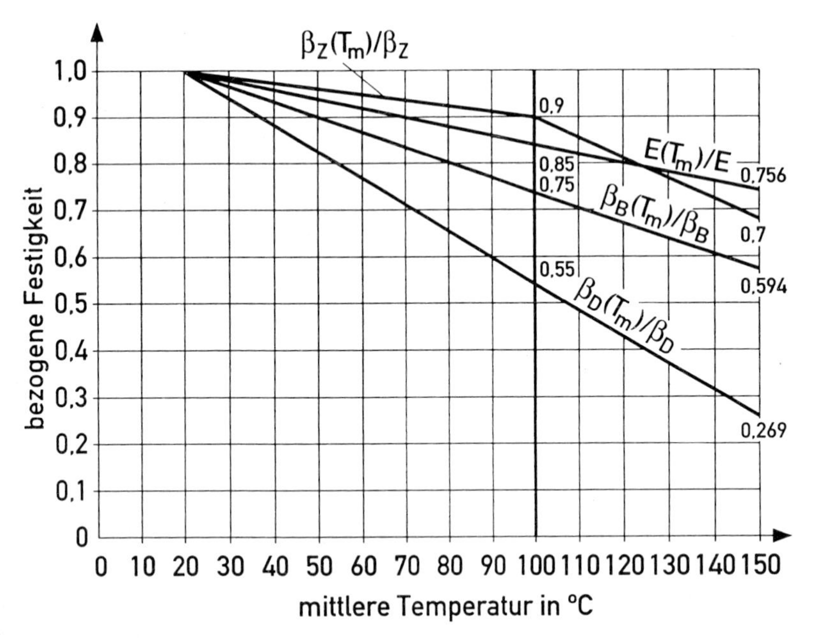


**Bild E 2-21:** Rechnerische Festigkeitsabnahmen von Nadelholz in Abhängigkeit von der mittleren Temperatur; Vereinbarung auf der Grundlage von [2.38] für DIN 4102 Teil 4 (03/94)

## 2.7.2 E-Modul

Auch der E-Modul von Bauholz hängt wie die Festigkeit von Rohdichte, Holzfeuchte, Ästigkeit, Temperatur usw. ab [2.36]. Der Biege-E-Modul $E_{||}$ bei Raumtemperatur ist für verschiedene Hölzer beispielhaft in Tabelle E 2-12 angegeben. Die daraus abgeleiteten E-Moduln nach DIN 1052 Teil 1 sind aus Tabelle E 2-15 ersichtlich.

Abweichend von den Angaben in Tabelle E 2-15 für die Ermittlung der Mindestquerschnittswerte wurde für Balken/Stützen und Zugglieder in DIN 4102 Teil 4 (Neufassung) für Brettschichtholz der Güteklasse I (Sortierklasse S 13) der E-Modul mit $E_{||}$ = 13 000 MN/m² entsprechend den Festlegungen für die Knickzahlen in DIN 1052 Teil 1 angenommen [2.47].

Der Abfall des E-Moduls in Abhängigkeit von der Temperatur wurde vielfach untersucht. Für DIN 4102 Teil 4 (03/81) wurden gemäß [2.6] die stark abfallenden Werte nach [2.37] zugrunde gelegt. Für die Neuausgabe von DIN 4102 Teil 4 wurden die Werte von [2.38] verwendet. Sie sind in Bild E 2-21 dargestellt.

**Tabelle E 2-15:** Rechenwerte für Elastizitätsmoduln in MN/m2 für Voll- und Brettschichtholz (Holzfeuchte ≤ 20%) nach DIN 1052 Teil 1

| | Holzart | Elastizitätsmodul parallel der Faserrichtung E ∥ | Elastizitätsmodul rechtwinklig zur Faserrichtung E ⊥ |
|---|---|---|---|
| 1 | Fichte, Kiefer, Tanne, Lärche, Douglasie, Southern Pine, Western Hemlock | 10 000 | 300 |
| 2 | Brettschichtholz aus Holzarten nach Zeile 1 | 11 000 | 300 |
| 3 | Laubhölzer der Gruppe | | |
| | **A** Eiche, Buche, Teak Keruing (Yang) | 12 500 | 600 |
| | **B** Afzelia, Merbau, Angelique (Basralocus) | 13 000 | 800 |
| | **C** Azobé (Bongossi), Greenheart | 17 000[1)] | 1 200[1)] |

[1)] Diese Werte gelten unabhängig von der Holzfeuchte



## 2.8 Sonstige Kennwerte und Angaben

### 2.8.1 Rohdichte, Sortierbedingungen

Wie aus den vorstehenden Abschnitten hervorgeht, spielt die **Rohdichte** von Bauholz in vielen Fällen eine bestimmende Rolle. Sie ist u. a. abhängig von Holzart, Holzalter, Holzfeuchte, Lage im Stamm sowie vom Standort und naturgegebenen Faktoren. Einen Überblick über die mittlere Rohdichte verschiedener Hölzer gibt Tabelle E 2-12, wobei als Bauhölzer in erster Linie die Arten der Zeilen 2 bis 14 anzusehen sind. Aus den hier wiedergegebenen mittleren Rohdichten – ermittelt bei einem Feuchtegehalt von $\simeq$ 12 Masse-% – leiten sich die Rechenwerte für Lastannahmen ab, vgl. DIN 1055 Teil 1, denen jedoch im allgemeinen ein Feuchtegehalt von 20 Masse-% zugrunde liegt.

Bauholz wird nach DIN 4074 Teil 1 (09/89) in die **Sortierklassen MS17, S13, MS13, S10, MS10** und S7 (früher Güteklassen I bis III) eingeteilt. In dieser Norm werden u. a. Bedingungen zur allgemeinen Beschaffenheit, zum Feuchtegehalt, zu Mindestrohdichten sowie zur Jahrringbreite, Ästigkeit, Schrägfaser und Krümmung festgelegt. Die Bedingungen für die Ästigkeit sind beispielhaft für die übrigen genannten Bedingungen auch in [2.6] angegeben.

Weitere Angaben können z. B. [2.41] entnommen werden.

### 2.8.2 Wärmeleitfähigkeit λ

Ausschlaggebend für die Beurteilung der Wärmedämmfähigkeit von Bauteilen aus Holz und Holzwerkstoffen ist die **Wärmeleitfähigkeit** λ. Sie gibt an, welche Wärmemenge stündlich durch 1 $m^2$ eines Stoffes von 1 m Dicke bei einer Temperaturdifferenz von $\Delta T = 1$ K hindurchgeht. Anhaltswerte für verschiedene Hölzer gibt Tabelle E 2-12. Maßgebend für Berechnungen sind die Rechenwerte nach DIN 4108. Da ein Holzquerschnitt im Brandfall verschiedene Zustände aufweist (Holzkohle, Zersetzungszone, trockenes Holz usw.) ist die Wärmeleitfähigkeit über den Querschnitt veränderlich. Die in den einzelnen Zonen anzusetzenden Wärmeleitfähigkeiten können nur in aufwendigen Rechnungen (z. B. Computersimulationen mit FEM) berücksichtigt werden; sie werden hier nicht weiter behandelt. Bei der vereinfachten Berechnung wird die Wärmeleitfähigkeit durch die Annahme einer mittleren Temperatur im Restquerschnitt berücksichtigt.

Auch [2.41] enthält Angaben zu $\lambda$. In der ENV 1995-1-2 wird im Anhang E die Wärmeleitfähigkeit ebenfalls behandelt, wobei folgende Werte vereinbart wurden:

$\lambda_o = 0{,}13$ W/m K für Nadelholz
$\lambda_o = 0{,}19$ W/m K für Laubholz
$\lambda_o = 0{,}10$ W/m K für Holzkohle.

### 2.8.3 Wärmekapazität c

Die spezifische **Wärmekapazität** c ist diejenige Wärmemenge, die einem Kilogramm eines Stoffes zugeführt werden muß, um ihn um 1 K zu erwärmen. Sie wird u. a. für die Berechnung des Wärmespeichervermögens benötigt. Sie ist u. a. vom Feuchtegehalt und der Temperatur des Holzes abhängig und beträgt bei 20 Masse-% Feuchtegehalt $c \sim 1800$ J/kgK [2.45], nach DIN 4108 Teil 4 $c = 2100$ J/kgK.

Auch in der ENV 1995-1-2 werden im Anhang E Regeln festgelegt, wonach c für Temperaturen $\leq$ und $>$ 100 °C in Abhängigkeit vom Feuchtegehalt berechnet werden kann; auch für Holzkohle werden Angaben gemacht.

Neben der Wärmeleitfähigkeit (Abschnitt 2.8.2) beeinflußt auch die Wärmekapazität die Temperaturverteilung im Querschnitt. Bei der vereinfachten Berechnung wird die Wärmekapazität ebenfalls durch die Annahme einer mittleren Temperatur im Restquerschnitt berücksichtigt. Sie wird daher hier nicht weiter behandelt.

### 2.8.4 Wärmedehnzahl $\alpha_T$

Die **Wärmedehnzahl** $\alpha_T$, d.h. die Änderung der Abmessungseinheit bei einer Temperaturänderung von 1 K, ist für Holz in den drei Hauptrichtungen – längs, tangential und radial – verschieden. Praktische Bedeutung hat für Vollholz nur die Längenänderung in Faserrichtung; sie beträgt $\alpha_T = (3 \text{ bis } 6) \cdot 10^{-6}\,K^{-1}$ und ist im Vergleich zu Stahl und Beton ($\alpha_T = 12 \cdot 10^{-6}\,K^{-1}$) gering [2.41]. Wärmedehnungen spielen bei normalen Konstruktionen daher keine Rolle – auch nicht im Brandfall –, zumal in der Regel gleichzeitig auftretende Feuchteänderungen entgegengesetzt verlaufende Schwind- oder Quellbewegungen verursachen.

Die Wärmedehnzahl wird im folgenden daher nicht weiter behandelt.
Nach DIN 1052 (04/88) Abschnitt 4.4 darf der Einfluß von Temperaturänderungen sowohl bei Holz als auch bei Holzwerkstoffen in Holzkonstruktionen vernachlässigt werden.

Nach dem Eurocode 5 Teil 10 (1990) ist $\alpha_T$ für Holz und Holzwerkstoffe mit $5 \cdot 10^{-6}\ K^{-1}$ anzunehmen. In der ENV 1995-1-2 heißt es nur: **Thermische Dehnungen dürfen vernachlässigt werden.**

2

### 2.8.5 Dämmstoffe

#### 2.8.5.1 Übersicht

Nach geltendem Baurecht dürfen am Bau nur genormte oder bauaufsichtlich zugelassene Dämmstoffe verwendet werden. Im Vordergrund steht der Wärmeschutz. Die hier zum Einsatz kommenden Dämmstoffe können brandschutztechnisch in

- nichtbrennbare Dämmstoffe (Baustoffklassen A 1 oder A 2, vgl. Tabelle E 2-1) und
- brennbare Dämmstoffe (Baustoffklassen B 1 und B 2, vgl. ebenfalls Tabelle E 2-1)

unterteilt werden. Die Mindestforderung der Landesbauordnungen (Bild E 3-17) lautet B 2; im Grundsatzparagraphen „Brandschutz" der Landesbauordnungen – vgl. § 17 (2) in Abschnitt 3.5.1 – heißt es u. a.:

> „Baustoffe, die nach der Verarbeitung oder dem Einbau leichtentflammbar (B 3) sind, dürfen bei der Errichtung und Änderung baulicher Anlagen nicht verwendet werden."

Im Wärmeschutz – auch nach der Kennzeichnung – müssen folgende grundlegenden Dinge behandelt und beschrieben werden:

1. Produktbezeichnung
2. Überwachungszeichen (neben der Fremdüberwachung gibt es eine Eigenüberwachung)
3. Herstellungsdatum (ggf. verschlüsselt)
4. Anwendungsform und -zweck sowie Typkurzzeichen
5. Wärmeleitfähigkeitsgruppe
6. Baustoffklasse nach DIN 4102 Teil 1 (vgl. Tabelle E 2-1) und bei prüfzeichenpflichtigen Baustoffen Nr. des Prüfbescheides – d. h. das Prüfzeichen (vgl. Abschnitte 1.1 und 2.2)
7. Nenndicke
8. Hersteller (ggf. verschlüsselt)

Die Baustoffklasse, d.h. die Brennbarkeitsklasse, ist also ein wesentlicher Punkt, der in der Kennzeichnung von im Wärmeschutz eingesetzten Dämmstoffen genannt wird. Ob mit einer Dämmschicht raumabschließende Bauteile

(Wände oder Decken) eine bestimmte Feuerwiderstandsklasse – z. B. F 30 – erreichen, ist u. a. eine Frage der

- Konstruktion,
- Dämmstoff-Art und -Dicke,
- Dichtheit (Anschluß der Dämmstoffe an die Konstruktion),
- Spannungen

usw., vgl. Abschnitt 3.3. In Feuerwiderstandsklassen eingereihte raumabschließende Wände werden im Abschnitt 4 und entsprechende Decken im Abschnitt 5 behandelt.

An dieser Stelle sei hervorgehoben, daß nur ganz bestimmte Wände und Decken einer bestimmten Feuerwiderstandsklasse angehören müssen, vgl. Abschnitt 3.5. Wände und Decken, die nach bauaufsichtlichen Vorschriften keiner Feuerwiderstandsklasse angehören, aus Wärmeschutzgründen aber mit einer Dämmschicht versehen sein müssen, dürfen nach dem Baurecht nur dann errichtet werden, wenn die Baustoffklasse der verwendeten Baustoffe mindestens B 2 (normalentflammbar – siehe Bild E 2-1) ist.

Punkt 4 der vorstehenden Aufzählung fordert eine Aussage über die Anwendungsform, den Anwendungszweck und die Typkurzbezeichnung. Der am häufigsten vorkommende Typ ist der Dämmstoff mit der Typkurzbezeichnung W. Wie der Typ WL ist er nicht druckbelastbar. Er wird z. B. für Wände, Decken und belüftete Dächer verwendet. Der Typ WL wird z. B. für Dämmungen zwischen Sparren und Balkenlagen eingesetzt. Alle anderen Typen (z. B. WD, WS, WDS, T, TK) sind Dämmstoffe, die mehr oder weniger belastbar sind. Die Grundlagen (Normen, Typen, Rohstoffbasis, Herstellung, Eigenschaften, Kennzeichnung, Güteüberwachung usw.) und wo sie eingesetzt werden, gehen beispielsweise aus [2.53] und [2.57] hervor. Es können u. a. die in Tabelle E 2-16 aufgezählten Dämmstoffe unterschieden werden.

### 2.8.5.2 Mineralfaser-Dämmstoffe

Neben anderen Dämmstoffen – siehe Abschnitt 2.8.5.3 – werden in raumabschließenden Wänden und Decken aus Brandschutzgründen hauptsächlich Mineralfaser-Dämmstoffe eingesetzt, vgl. u. a. Abschnitte 4.12.5 und 5.2.4. Sie müssen bestimmte Anforderungen erfüllen. Sie müssen nach DIN 4102 Teil 17 (Bild E 2-1) z. B. eine ausreichende Beständigkeit bei einer Brandbeanspruchung mit Temperaturen von mindestens 1000 °C besitzen.

DIN 4102 Teil 17 gilt nicht zur Prüfung von Mineralfaser-Dämmstoffen bei Dauertemperaturbeanspruchung, z. B. nach DIN 52 271: „Prüfung von Mineralfaser-Dämmstoffen; Verhalten bei höheren Temperaturen“.

Erfüllen Mineralfaser-Dämmstoffe die in Teil 17 festgelegten Anforderungen, ist der Nachweis eines „Schmelzpunktes von mindestens 1000 °C“ erbracht.

Dazu ist anzumerken, daß sich das Erweichen und Schmelzen über einen größeren Temperaturbereich erstreckt, so daß im allgemeinen keine bestimmte

**Tabelle E 2-16:** Dämmstoffe für Wände und Decken (beispielhafte Auswahl)

| Spalte | 1 | 2 | 3 | 4 | 5 |
|---|---|---|---|---|---|
| Zeile | Dämmstoff-Bezeichnung (-Basis) | Norm oder Grundlage | Baustoffklasse nach Tabelle E 2-1 i. a.[1] | Behandlung der Dämmstoffe in Abschnitt bzw. in Tabelle | mit dazugehörigen Erläuterungen auf Seite |
| 1 | Mineralfaserplatten oder -matten | DIN 18 165 Teil 1 | A 1 oder A 2 | 4.1.6 und 4.12.5 Tab. 50 u. 51 | 113, 148 u.158ff. 154 u. 158 ff. |
| | | DIN 18 165 Teil 2 | A 1, A 2 oder B 1 | 5.2.4 | 199 ff. |
| 2 | Schaumglas | DIN 4102 Teil 4 | A 1 | – | – |
| 3 | Perlite- oder Vermiculite-Schüttungen | DIN 4102 Teil 4 | A 1 | – | 206 |
| 4 | Schaumkunststoffe | DIN 18 164 Teil 1 | | 5.4.3, Tab. 68 | 249–251 |
| 4.1 | Polystyrol-(PS-) Hartschaum | | B 1 | | |
| 4.2 | Polyurethan-(PUR-) Hartschaum | | B 2 | | |
| 5 | HOIZ S M55-Isolierung auf der Basis von Holzspänen | Prüfzeugnis | B 2 | – | – |
| 6 | Zellulose, z. B. | | | | |
| 6.1 | WARMCELL-Dämmung | | B 2 | | |
| 6.2 | Isofloc-Dämmung | Zulassung DIBt[2] | B 2 | – | 129, 157 u. 248 |
| 7 | Kork, Korkerzeugnisse, z. B. n. DIN 18 161 Teil 1 | DIN 4102 Teil 4, Prüfzeugnis | B 2 | – | – |
| 8 | CELLCO®-Wärmeschutz auf der Basis von u. a. Kork, Kieselgur und Stroh nach [4.36] | Prüfbescheid DIBt, siehe [4.43] | B 1 | – | 135 u. 446 |
| 9 | Schilfrohr, Kokos Schafwolle | DIN 4102 Teil 4, Prüfzeugnis | B 2 | – | – |

[1] je nach Art und Menge des Bindemittels bzw. der Zusammensetzung
[2] siehe [4.54]

Temperatur als Schmelzpunkt angegeben werden kann.
In DIN 4102 Teil 4 – hier in den Abschnitten 4 und 5 – sind Wände und Decken sowie Dächer aus Holz und Holzwerkstoffen beschrieben, deren Einreihung in eine bestimmte Feuerwiderstandsklasse von dem Verhalten brandschutztechnisch notwendiger Mineralfaser-Dämmschichten abhängt. Bei einem Teil dieser Konstruktionen muß das Schmelzverhalten der Mineralfaser-Dämmstoffe so sein, daß der in DIN 4102 Teil 17 festgelegte „Schmelzpunkt von mindestens 1000 °C" eingehalten wird. Im allgemeinen handelt es sich bei diesen Mineralfaser-Dämmstoffen um Baustoffe der Baustoffklasse A nach DIN 4102 Teil 1.

Die Verwendung von Mineralfaser-Dämmschichten wird ausführlich behandelt:

Bei Wänden in den Abschnitten

- 4. 1.6 mit der dazugehörigen Erläuterung E.4.1.6.2 (s. S. 114) und
- 4.12.5 mit der dazugehörigen Erläuterung E.4.12.5 (s. S. 148) sowie beson-

ders bei den Tabellen

- 50 mit der dazugehörigen Erläuterung E.Tabelle 50/9 (s. S. 154) u.
- 51-53 mit den dazugehörigen Erläuterungen gem. E.Tab. 51-53/6 bis E-Tab. 51-53/12 (s. S. 156–158)

Bei Decken in Abschnitt

- 5.2.4 mit den dazugehörigen Erläuterungen gem. E.5.2.4.1 und E.5.4.2.2 (s. S. 199–200).

#### 2.8.5.3 Sonstige Dämmstoffe

Wie bereits aus Tabelle E 2-16 hervorgeht, gibt es neben den am häufigsten eingesetzten Mineralfaser-Dämmschichten noch andere Dämmschichten aus Baustoffen der Baustoffklasse A und B. Auf die „Zellulose-Dämmschicht" Isofloc-Dämmung wird auf den Seiten 129, 157 und 248 eingegangen. Die u. a. auf Korkbasis aufgebaute Dämmschicht CELLCO®-Wärmeschutz wird auf den Seiten 135 und 446 behandelt.

Über ökologische Aspekte von Dämmschichten wird in [2.53] bis [2.56] berichtet.

Schaumkunststoffe nach DIN 18 164 Teil 1 werden in Abschnitt 5.4.3 (Tabelle 68) und den dazugehörigen Erläuterungen E.5.4.3.5/1 bis E.5.4.3.5-Tabelle 68 sowie E.5.4.4.7 (s. S. 249–251) erörtert.

### 2.8.6 Weitere Hinweise

#### 2.8.6.1 Baulicher Holzschutz

Der bauliche Holzschutz umfaßt alle vorbeugenden konstruktiven Maßnahmen, mit denen eine unzuträgliche Feuchteänderung der verwendeten Hölzer und Holzwerkstoffe und daraus resultierende Schäden an Baustoffen und Konstruktionen vermieden werden. Dabei geht es sowohl darum,

a) zur Vermeidung oder Unterstützung chemischer Schutzmaßnahmen eine unzulässig starke Befeuchtung der Werkstoffe zu verhindern als auch
b) Veränderungen des Feuchtegehaltes so klein wie möglich zu halten, um Beeinträchtigungen der Gebrauchsfähigkeit der Holzkonstruktion auszuschließen.

Grundlegende Ausführungen zu diesem Thema (u. a. über feuchtetechnische Eigenschaften, Feuchte, Tauwasser und Wetterschutz) sind in [2.42] und [2.43] enthalten.

### 2.8.6.2 Chemischer Holzschutz

Über den chemischen Holzschutz – d. h. über den Schutz gegen Insekten und Pilze – gibt es viele Literaturstellen. An dieser Stelle sei zusammenfassend nur auf [2.3] und [2.41] verwiesen. Zum Zusammenwirken von baulichem und chemischem Holzschutz gibt [2.43] Auskunft. Der chemische Holzschutz besitzt keinen wesentlichen Einfluß auf das Brandverhalten von Holz und Holzwerkstoffen; wegen der Entsorgung siehe Abschnitt 2.2.4 sowie [2.50].

Geringe Rauchentwicklung beim Brand eines Holzhauses

Große Rauchentwicklung beim Brand eines Ersatzteillagers

### 2.8.6.3 Rauch-Toxizität

Verbrennungs- und Verschwelungsprodukte beim Abbrand von Holz- und Holzwerkstoffen sowie bei allen anderen brennbaren Stoffen/Baustoffen können insbesondere in Abhängigkeit von den chemischen Bestandteilen mehr oder weniger große Auswirkungen besitzen. Fragen der Zündrisiken, des Risikos der Feuerweiterleitung, des Rauchgasrisikos, der Sichtbehinderung, der Toxizität der Rauchgase usw. sowie der Entwicklung eines Sicherheitskonzeptes für die Brandparallelerscheinung **Rauchgastoxizität** werden in [2.44] behandelt. Holz und Holzwerkstoffe sind hinsichtlich der Rauchentwicklung keine „Qualmer" [2.48] – siehe z. B.

- die Bilder auf Seite 69 und
- das Bild E 6-4 (Seite 421).

Bauteile aus Holz und Holzwerkstoffen wie Wände, Decken, Balken, Stützen usw. – hier in der Tafelbauart – bei der Montage

# 3 Bauteilverhalten

## 3.1 Einheits-Temperaturzeitkurve (ETK) – Temperaturen bei Bränden

Um einheitliche Prüf- und Beurteilungsgrundlagen zu schaffen, wurde auf nationaler Ebene eine sogenannte Einheits-Temperaturzeitkurve (ETK) für Brandprüfungen an Bauteilen festgelegt. Sie ist im Bild E 3-1 dargestellt und entspricht der Standardkurve der internationalen Norm ISO 834, die in vielen Ländern der Erde als Normkurve oder Bezugsgröße verwendet wird.

Um die Unterschiede und Zusammenhänge zwischen dieser Idealkurve, die gewissermaßen nur den Temperaturzeit-Verlauf eines möglichen Brandes wiedergibt, und definierten sogenannten „natürlichen" Bränden zu ermitteln, wurden zahlreiche Untersuchungen durchgeführt. Hervorzuheben sind hier in erster Linie die in Borehamwood – siehe u. a. [3.1] und [3.2] (Bild E 3-2) – und in Lehrte - siehe u. a. [3.3] und [3.4] (Bild E 3-3) – durchgeführten Versuche.

3

Die Bilder E 3-2 und E 3-3 zeigen u. a. folgendes:

- In Abhängigkeit von Brandlast (Holzkrippen, Mobiliar) und Ventilation (Öffnungsflächen) können sich verschiedene Temperatur-Zeit-Verläufe ergeben.
- Die vereinbarte ETK zeigt nur den Temperatur-Zeit-Verlauf e i n e s – möglichen Brandes.
- Die ETK befindet sich jeweils im oberen Bereich der untersuchten Brände – d. h. eine Vielzahl von Temperatur-Zeit-Verläufen verläuft niedriger als der Verlauf der ETK; die ETK stellt somit einen „ungünstigen" Verlauf dar.
- Beim sogenannten „flashover" steigen die Temperaturen kurzzeitig steiler an (Bild E 3-3).

Um den Bereich besonders hoher Temperatur-Zeit-Verläufe oberhalb der ETK zu beschreiben, wird die Hydrokarbonkurve verwendet; sie wird im Rahmen von CEN nach dem Rosadruck, d. h. dem Entwurf, DIN EN 1363 Teil 1 vom April 1994 z. Z. genormt (Bild E 3-1). Um Temperatur-Zeit-Verläufe unterhalb der ETK zu beschreiben, gibt es bei DIN 4102 Teil 3 die „abgeminderte ETK", die bei Außenwänden, Brüstungen usw. als Normkurve bei einer Temperaturhöhe von $\vartheta - \vartheta_0$ = 658 K verbleibt und im europäischen Rahmen bei CEN jetzt bei 660 K genormt wird (Bild E 3-1), siehe ebenfalls den Entwurf zu DIN EN 1363 Teil 1.

Bauteile werden in eigens dafür konstruierten Öfen untersucht, eine raumabschließende Wand als Abschluß eines Ofens, z. B. nach Bild E 3-4, der nach DIN 4102 Teil 2 ölbefeuert, im Ausland auch gasbefeuert, ist. Die Ölverbrauchsmengen für verschiedene Wandprüfungen sind ebenfalls in Bild E 3-4 dargestellt, wobei ein bestimmter Sauerstoffgehalt im Prüfofen vorliegt [3.5]. Er wird z. Z. weiter untersucht und bei CEN genormt – nach EN YYY1 Teil 1 (die endgültige Nummer steht z. Z. noch nicht fest) soll das Brennstoff/Luft-Verhältnis bei einem „Calibration Test" so eingestellt sein, daß in der Ofenatmosphäre im Minimum ein Sauerstoffgehalt von 4 % vorliegt.

Der bei Holzbauteilen festgestellte geringe Ölverbrauch ist u. a. auf das bessere Isolierverhalten (Wärmeleitfähigkeit und Wärmekapazität) zurückzuführen. Bei G-Verglasungen (weitgehend strahlungsdurchlässig) ist der Ölverbrauch noch größer als bei Wänden aus Stahlbeton.

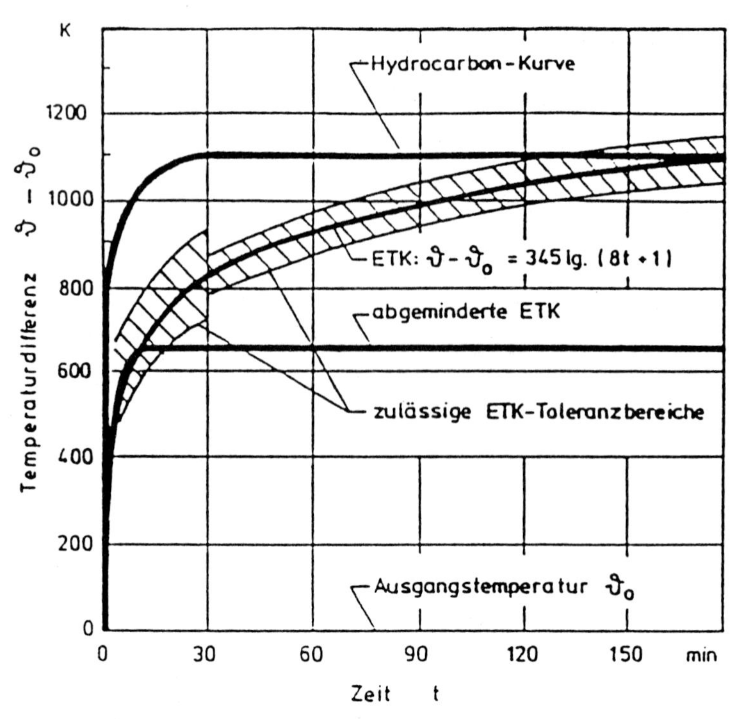


**Bild E 3-1:** Einheits-Temperaturzeitkurve (ETK), Hydrocarbon-Kurve und abgeminderte ETK

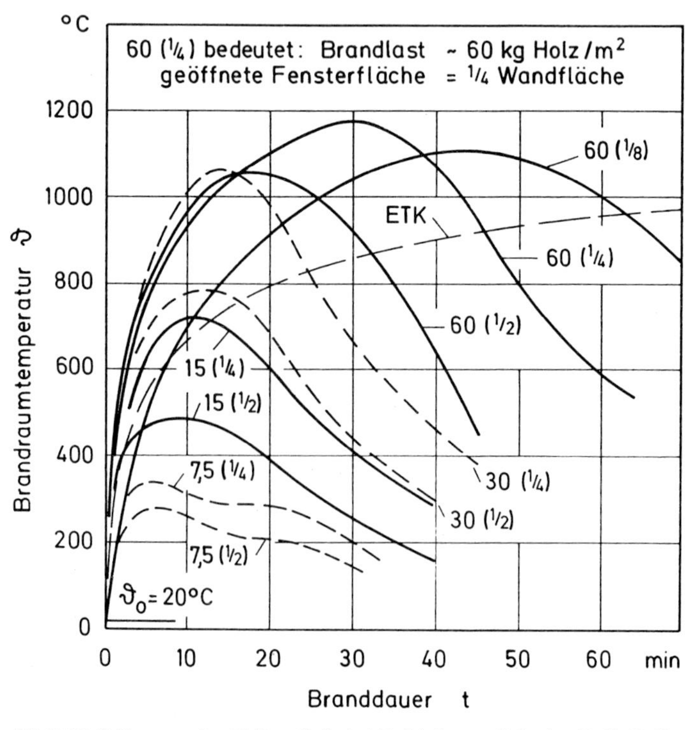


**Bild E 3-2:** Temperatur-Zeitverläufe bei Holzkrippen-Bränden [3.1], [3.2]

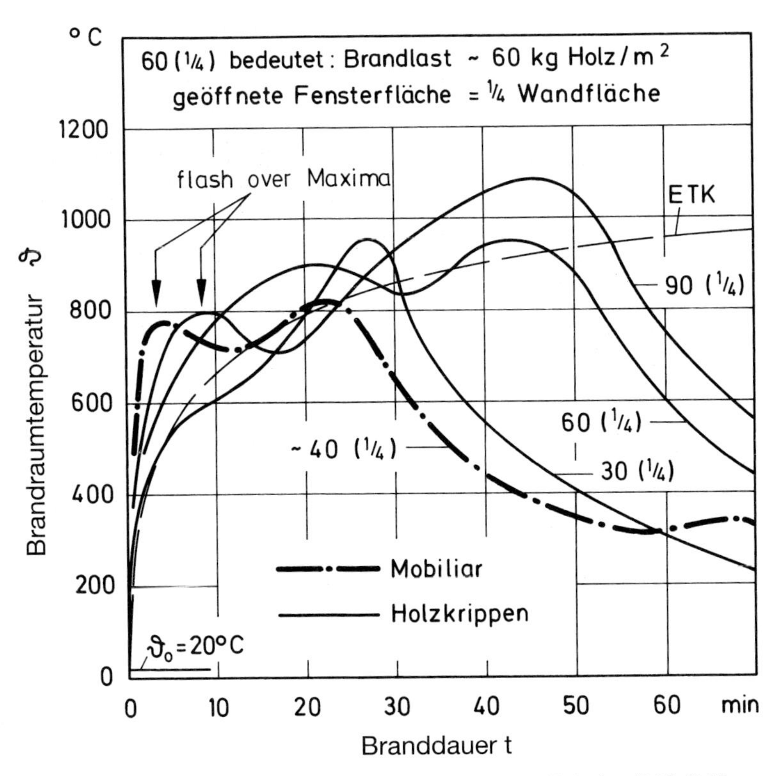


**Bild E 3-3:** Temperatur-Zeitverläufe bei Holzkrippen- und Mobiliar-Bränden [3.3], [3.5]

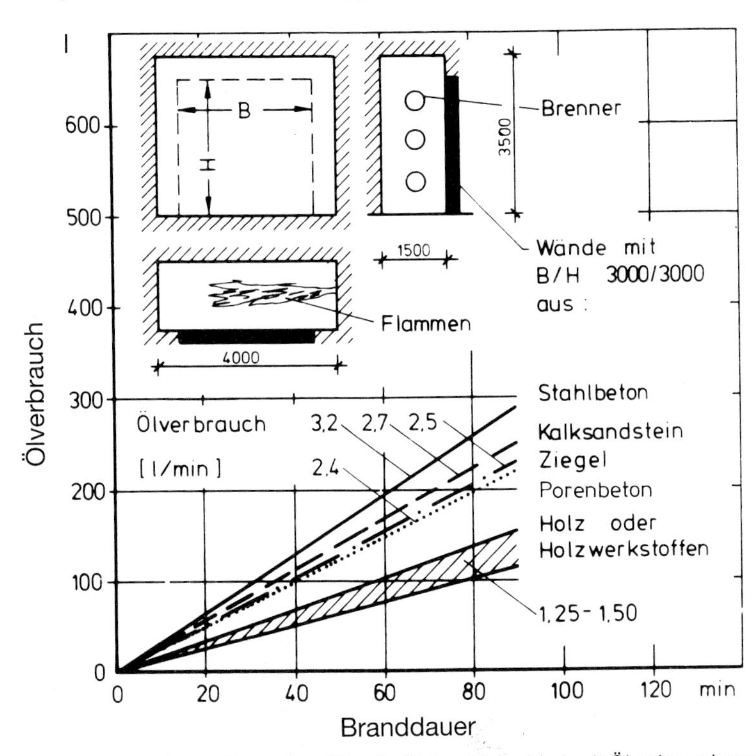


**Bild E 3-4:** Schematische Darstellung eines Wandprüfstandes (-ofens) mit Ölverbrauchsmengen nach [3.5]

## 3.2. Begriffe

### 3.2.1 DIN 4102 Teil 2

Die **Feuerwiderstandsdauer** eines Bauteils ist die Mindestdauer in Minuten, während der das Bauteil unter bestimmten **Randbedingungen** bei Prüfung nach DIN 4102 Teil 2 unter der Temperaturzeitbeanspruchung entsprechend der Einheits-Temperaturzeitkurve, „ETK" (Bild E 3-1), bestimmte Anforderungen erfüllt. Die Anforderungen sind im wesentlichen:

- Beibehaltung der Tragfähigkeit während der Beurteilungszeit und
- Wahrung des Raumabschlusses bei raumabschließenden Bauteilen, wobei auf der dem Feuer abgekehrten Seite keine Temperaturerhöhungen von mehr als 140 K im Mittel und 180 K maximal auftreten dürfen; dabei wird auf Flächen (Wärmebrücken) mit einem Durchmesser ≤ 12 mm – d. h. zum Beispiel auf Schraubenköpfen – nicht mehr gemessen. Das entspricht der Formulierung der zukünftigen EN-Norm.

Die Anforderungen werden im Detail in [3.6] behandelt und durch Beispiele erläutert.

Bauteile wie z. B. Wände, Decken, Balken usw. werden entsprechend der Feuerwiderstandsdauer in die Feuerwiderstandsklassen nach Tabelle E 3-1 eingestuft. Dabei ist das ungünstigste Ergebnis von Prüfungen an mindestens zwei Probekörpern maßgebend (Eintretenswahrscheinlichkeit = 67 %); nach zukünftiger EN-Norm ist zur Klassifizierung nur noch eine Prüfung erforderlich (Eintretenswahrscheinlichkeit = 50 %) – siehe auch Bild E 10-3 (S. 466).

Bauteile, deren Feuerwiderstandsklassen nach DIN 4102 Teil 2 ermittelt wurden, werden darüber hinaus entsprechend den verwendeten Baustoffen in die Benennungen nach Tabelle E 3-2 eingereiht.

**Tabelle E 3-1:** Feuerwiderstandsklassen nach DIN 4102 Teil 2

| Feuerwiderstandsklasse | Feuerwiderstandsdauer in Minuten |
|---|---|
| F 30 | ≥ 30 |
| F 60 | ≥ 60 |
| F 90 | ≥ 90 |
| F 120 | ≥ 120 |
| F 180 | ≥ 180 |

Die Zusammenhänge zwischen Anforderungen, Randbedingungen, Feuerwiderstandsdauer, Anzahl der Prüfungen, Baustoffklasse, Klassifizierung und Benennung sind in Bild E 3-5 schematisch dargestellt.

Die **Benennung von Holzbauteilen und Holzkonstruktionen** lautet stets F..-B, in der Regel F 30-B, in einigen Fällen F 60-B und in Sonderfällen auch F 90-B. Bei Mischkonstruktionen – d. h. bei Konstruktionen, bei denen die tragenden Teile oder die raumabschließende Schicht aus Baustoffen der Klasse A – und – B bestehen – lautet die Benennung ebenfalls F..-B, in bestimmten Fällen auch F..-AB.

**Tabelle E 3-2:** Benennungen nach DIN 4102 Teil 2 (09/77)

| | 1 | 2 | 3 | 4 | 5 |
|---|---|---|---|---|---|
| Zeile | Feuerwiderstandsklasse nach Tabelle E 3-1 | Baustoffklasse nach DIN 4102 Teil I der in den geprüften Bauteilen verwendeten Baustoffe für | | Benennung[2] Bauteile der | Kurzbezeichnung |
| | | wesentliche Teile[1] | übrige Bestandteile, die nicht unter den Begriff der Spalte 2 fallen | | |
| 1 | F 30 | B | B | Feuerwiderstandsklasse F 30 | F 30 – B |
| 2 | | A | B | Feuerwiderstandsklasse F 30 und in den wesentlichen Teilen aus nichtbrennbaren Baustoffen[1] | F 30 – AB |
| 3 | | A | A | Feuerwiderstandsklasse F 30 und aus nichtbrennbaren Baustoffen | F 30 – A |
| 4 | F60 | B | B | Feuerwiderstandsklasse F 60 | F 60 – B |
| 5 | | A | B | Feuerwiderstandsklasse F 60 und in den wesentlichen Teilen aus nichtbrennbaren Baustoffen[1] | F 60 – AB |
| 6 | | A | A | Feuerwiderstandsklasse F 60 und aus nichtbrennbaren Baustoffen | F 60 – A |
| 7 | F 90 | B | B | Feuerwiderstandsklasse F 90 | F 90 – B |
| 8 | | A | B | Feuerwiderstandsklasse F 90 und in den wesentlichen Teilen aus nichtbrennbaren Baustoffen[1] | F 90 – AB |
| 9 | | A | A | Feuerwiderstandsklasse F 90 und aus nichtbrennbaren Baustoffen | F 90 – A |
| 10 | F 120 | B | B | Feuerwiderstandsklasse F 120 | F 120 – B |
| 11 | | A | B | Feuerwiderstandsklasse F 120 und in den wesentlichen Teilen aus nichtbrennbaren Baustoffen[1] | F 120 – AB |
| 12 | | A | A | Feuerwiderstandsklasse F 120 und aus nichtbrennbaren Baustoffen | F 120 – A |
| 13 | F 180 | B | B | Feuerwiderstandsklasse F 180 | F 180 – B |
| 14 | | A | B | Feuerwiderstandsklasse F 180 und in den wesentlichen Teilen aus nichtbrennbaren Baustoffen[1] | F 180 – AB |
| 15 | | A | A | Feuerwiderstandsklasse F 180 und aus nichtbrennbaren Baustoffen | F 180 – A |

[1] Zu den wesentlichen Teilen gehören:
a) alle tragenden oder aussteifenden Teile, bei nichttragenden Bauteilen auch die Bauteile, die deren Standsicherheit bewirken (z. B. Rahmenkonstruktionen von nichttragenden Wänden).
b) bei raumabschließenden Bauteilen eine in Bauteilebene durchgehende Schicht, die bei der Prüfung nach dieser Norm nicht zerstört werden darf.
Bei Decken muß diese Schicht eine Gesamtdicke von mindestens 50 mm besitzen; Hohlräume im Innern dieser Schicht sind zulässig.
Bei der Beurteilung des Brandverhaltens der Baustoffe können Oberflächen-Deckschichten oder andere Oberflächenbehandlungen außer Betracht bleiben.

[2] Diese Benennung betrifft nur die Feuerwiderstandsfähigkeit des Bauteils; die bauaufsichtlichen Anforderungen an Baustoffe für den Ausbau, die in Verbindung mit dem Bauteil stehen, werden hiervon nicht berührt.

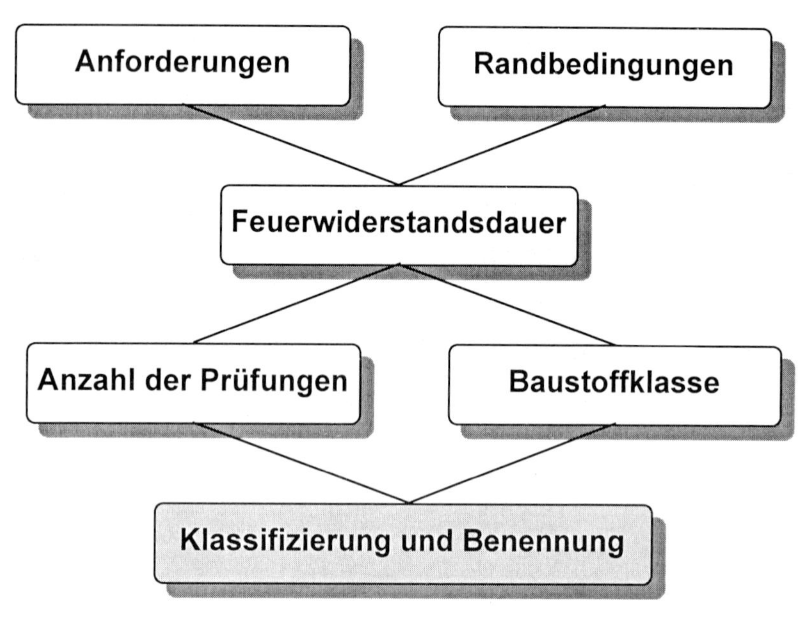


**Bild E 3-5:** Zusammenhänge zwischen Feuerwiderstandsdauer, Klassifizierung und Benennung nach DIN 4102 Teil 2

Bei der Benennung werden im übrigen nur die Baustoffe berücksichtigt, die für die Klassifizierung notwendig sind – d. h.: Ein Bauteil, das aus Baustoffen der Klasse A besteht und z. B. der Benennung F 90-A angehört, verliert seine Benennung nicht, wenn nachträglich eine Bekleidung aus Baustoffen der Klasse B angebracht wird und feststeht, daß diese Bekleidung die Widerstandsfähigkeit nicht negativ beeinflußt. Stahlbetondecken mit der Benennung F 90-A verlieren also nicht ihre Benennung, wenn z. B. nachträglich eine dekorative Holzbekleidung an der Deckenunterseite angebracht wird.

Gleichermaßen bleibt z. B. die Benennung F 30-B einer Holzwand bestehen, wenn diese Wand nachträglich durch eine Schicht aus Baustoffen der Klasse A bekleidet wird und auch hier feststeht, daß diese Bekleidung die Widerstandsfähigkeit nicht negativ beeinflußt. Wände in Holztafelbauart verlieren also nicht ihre Benennung, wenn z. B. eine zusätzliche Bekleidung aus Gipskarton- oder Gipsfaserplatten angebracht wird oder die Beplankung von vornherein aus solchen Platten besteht, ggf. lautet die Benennung F 30-B/A oder F 30-B/AA, siehe Bilder E 3-13 und E 3-14 sowie Abschnitt 8.

Bei den in den Abschnitten 4 und 5 klassifizierten Bauteilen ist die Anordnung zusätzlicher Bekleidungen – Bekleidungen aus Stahlblech ausgenommen – erlaubt; ggf. sind jedoch bauaufsichtliche Anforderungen an die Baustoffklasse der Bekleidung (das gilt auch für die Bauteiloberfläche, wenn keine Bekleidung vorhanden ist) zu beachten, vgl. Abschnitt 3.5. Weitere Benennungsbeispiele – insbesondere in Verbindung mit Baustoffen der Klasse B – sind in [3.6] enthalten.

Die in DIN 4102 Teil 4 sowie in Prüfzeugnissen angegebenen Feuerwiderstandsklassen und Benennungen werden im übrigen nur dann erreicht, wenn

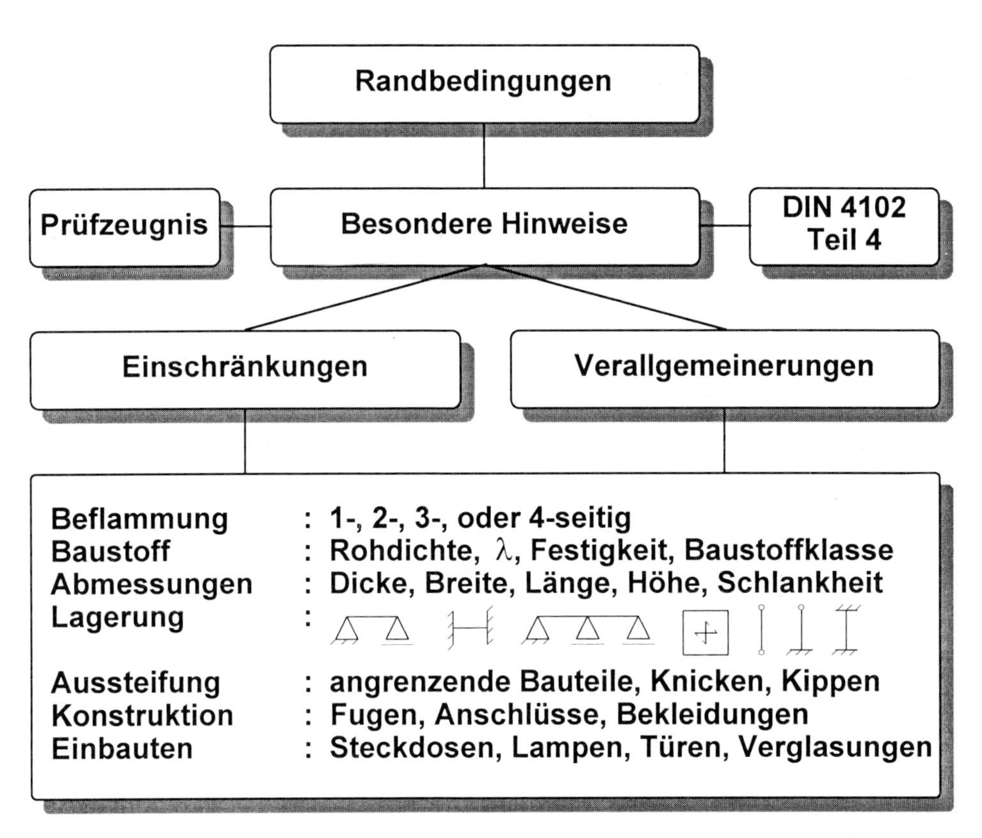


**Bild E 3-6:** Randbedingungen, Beispiele



auch die jeweils angegebenen Randbedingungen (einschränkende oder verallgemeinernde „Besondere Hinweise"), die sich mit den in Abschnitt 3.3 behandelten Einflußgrößen auf die Feuerwiderstandsdauer decken, eingehalten werden, vgl. Bild E 3-6.

### 3.2.2 Grundlagendokument Brandschutz

Das in der **Bauproduktenrichtlinie** (BPR) [3.7] genannte Grundlagendokument Brandschutz [3.19] ist neben fünf anderen Grundlagendokumenten (Festigkeit/Standsicherheit, Hygiene/Gesundheit/Umweltschutz, Nutzungssicherheit, Schallschutz, Energieeinsparung/Wärmeschutz) [3.18] keine Prüf- oder Anwendungsvorschrift. Es ist vielmehr eine umfassende Darstellung des Themas Brandschutz, in dem die „Wesentlichen Anforderungen" der BPR konkretisiert und in Bezug auf europäische Normen ausführlich formuliert werden. Der Inhalt des Grundlagendokuments Brandschutz übersteigt den Umfang aller bisherigen (nationalen) Übersichten, Zusammenstellungen, Philosophiepapiere o. ä.; es ist so angelegt, daß jedes EG-Land seine im Brandschutz national vorliegenden Begriffe wiederfindet. So kommt es, daß es z. B. im unteren Bereich die Feuerwiderstands-Klassifizierungszeitpunkte von 15, 20, 30 und 45 Minuten gibt; auch Klassen von 240 min und 360 min (oberer Bereich) werden angegeben. Zu den Klassifizierungszeitpunkten und damit zu den Bauteilklassen sowie auch zu den Baustoffklassen (vgl. Abschnitt 1.1 – hier Seite 7) werden in [3.20] und [3.21] ausführliche Erläuterungen gegeben.

Im Grundlagendokument Brandschutz – siehe [3.18] bis [3.21] – werden u. a. die in Bild E 3-7 zusammengestellten Abschnitte unterschieden. Danach gibt es folgende **Bauteil-Klassifizierungen**:

**R** – Feuerwiderstandsdauer, während der die Tragfähigkeit erhalten bleibt (R für Résistance).
**RE** – Feuerwiderstandsdauer, während der die Tragfähigkeit und der Raumabschluß erhalten bleiben (E für Etanchéité).
**REI** – Feuerwiderstandsdauer, während der neben R und E auch die zulässige Temperaturerhöhung von $\Delta T$ bzw. $\Delta\theta = 140$ K im Mittel (max. 180 K – gemessen nur auf Flächen Ø > 12 mm) auf der dem Feuer abgekehrten Seite bei raumabschließenden Bauteilen eingehalten wird (I für Isolation).

Die drei vorstehenden Klassifizierungen können durch weitere Kennzeichnungen ergänzt werden:

**W** Bei einer Kontrolle auf der Basis der Messung der Strahlungsdurchlässigkeit.
**M** Bei der Widerstandsfähigkeit gegen zusätzliche Stoßbeanspruchung (M für Mechanical). Dies führt in Deutschland zur Klassifizierung „Brandwand".
**C** Beim Selbstschließen von Feuerschutzabschlüssen (C für closing).
**S** Bei Begrenzung der Leckrate für den Rauchdurchtritt durch das raumabschließende Bauteil (S für smoke).

| Abschnitt | Inhalt |
|---|---|
| 4.3 | Bestimmungen für Produkte |
| 4.3.1.1 | Baustoffe mit Anforderung „Reaction-to-Fire" |
| 4.3.1.2 | Dächer-Bedachungen mit Brandschutzanforderungen |
| 4.3.1.3 | Bauteile mit Anforderung „Resistance to Fire" |
| 4.3.1.3.1<br>4.3.1.3.2<br>4.3.1.3.3<br>4.3.1.3.4<br><br><br>4.3.1.3.5<br>4.3.1.3.6 | Allgemeines, Feuerwiderstandsklassen (R, E, I)<br>Tragende Bauteile<br>Tragende und raumabschließende Bauteile<br>Produkte und Systeme zum Schutz von Bauteilen<br>a) Unterdecken<br>b) Dämmschichtbildner, Putze, Schutzschirme<br>Nichttragende Bauteile (siehe Bild 3–8)<br>Lüftungssysteme |
| 4.3.1.4 | Installationen<br>Elektro, Heizung, Gas, Blitz, Explosion,<br>Funktionserhalt elektr. Leitungen, Wasserversorgung |
| 4.3.1.5 | Melde- und Alarm-Einrichtungen |
| 4.3.1.6 | Löschanlagen → Sprinkler-Sprüh-$CO_2$-Schaum usw. |
| 4.3.1.7 | Rauchschutz → Rauchschutztüren, Rauch- und Wärmeabzugsanlagen (RWA) |
| 4.3.1.8 | Rettungsweg-Inst. → Notbeleuchtung, Panikverschlüsse |
| 4.3.1.9 | Feuerbekämpfung-Inst. → Anschlüsse, Hydranten, Versorgung |
| 4.3.2 | Allgemeines zu Techn.-Bestimmg.-Richtlinien für ETA |
| 4.3.3 | Konf.-Bescheinig.: Bauprodukt-Ri. §13–15, Anhang III |
| 5 | Lebensdauer, Dauerhaftigkeit |

**Bild E 3-7:** Stichwortartige Angaben zum Inhalt des Grundlagendoku-

| Abschnitt 4.3.1.3 | Bauteil | Beanspruchung | Anforderung | Klassifizierung |
|---|---|---|---|---|
| 1 | Allgemeines | ETK | R, E, I | 15, 20, 30, 45, 60, 90<br>120, 180, 240, 360 |
| 2 | Balken, Stützen | ETK | R | R 30, R 90, R 120 |
| 3 | Wände, Decken, Dächer | ETK<br><br>Stoß | R, RE, REI,<br>W<br>M | REI 30, REI 90<br>REI 120<br>REI-M 90 |
| 4<br><br><br>a)<br>b) | Produkte u. Systeme für Bauteile nach Abschnitt 4.3.1.3.2–4.3.1.3.3<br>Decke + U-Decke (u)<br>Bauteile + Anstrich, Bekleidg. oder Schutzschirm | <br><br><br>ETK<br>ETK | <br><br><br>R, RE, REI<br>R | <br><br><br>REI 30, REI 90<br>R 30, R 90, R 120 |
| 5<br>5.1<br><br>5.2<br><br>5.3<br>5.4 | Nichttragende Bauteile<br>Wände: (innen)*)<br><br>Fassaden*) Außenwände*)<br><br>U-Decken (u + o)<br>Doppelböden<br>*) einschließlich solchen, d. Verglasungen enthalten | <br>ETK, M<br><br>≤ETK***)<br>(≥ 600°C)<br>≤ ETK<br>≤ ETK*) | <br>E, EI, W<br>EI-M<br>E, EI<br><br>EI<br>RE, REI | <br>EI 30, EI 90,<br>EI-M 90<br>E 90, EI 30<br><br>EI 30, EI 90<br>REI 30 |
| 5.5 | Abschlüsse inkl. automat. Schließvorrichtung, auch mit Verglasung | ETK | E, EI<br>EW<br>C | EI-C 30<br>EI-C 60<br>EI-C 90 |
| 5.6 | Fahrschachttüren | ETK | E, EI, EW | EI 90 |
| 5.7 | Abschl. bahngeb. Förd. | ETK | E, EI, C | EI-C 90 |
| 5.8 | Abschottungen für Kabel und Rohre | ETK | E<br>EI | EI 30, EI 60<br>EI 90 |
| 5.9 | I-Schächte und -Kanäle | ETK | EI | EI 30, EI 60, EI 90 |

*) Die genaue Festlegung erfolgt mit der Erteilung des Normungsauftrages
**) In der ad hoc-Gruppe „additional requirements" ist der Wert mit ≤ 660°C festgelegt.

**Bild E 3-8:** Beanspruchung, Anforderung und Klassifizierung (Beispiele) für Bauteile (stichwortartige Aufzählung) der Abschnitte 4.3.1.3.1 bis 4.3.1.3.5.9 des Grundlagendokuments Brandschutz

Bei unsymmetrischen raumabschließenden Bauteilen gilt die Klassifizierung für die Brandbeanspruchung von der schwächsten Seite. Nach DIN 4102 Teil 2 ist die Klassifizierung bisher einfacher, weil die Beurteilung grundsätzlich auf zwei Prüfungen beruht und eine Prüfung im Zweifelsfalle jeweils von der anderen Seite durchgeführt werden kann – nach EN gibt es zukünftig nur noch eine Prüfung – siehe auch Bild E 10-3.

Die in den Abschnitten 4.3.1.3.1 bis 4.3.1.3.5.9 des Grundlagendokuments angegebenen Beanspruchungen und Anforderungen sind in Verbindung mit den stichwortartig aufgeführten zu beurteilenden Bauteilen im Bild E 3-8 schematisch zusammengestellt.

In der letzten Spalte dieses Bildes sind die für Deutschland im allgemeinen üblichen Klassifizierungen beispielhaft angegeben. Danach kann es theoretisch zu maximal drei Klassifizierungen für nur ein Bauteil kommen, vgl. z. B. Zeile 3:

- RE 180, tragfähig und raumabschließend ≥ 180 min (in Zeile 3 nicht genannt),
- REI 120, tragfähig, raumabschließend und isolierend (≤ 140 K im Mittel und ≤ 180 K maximal) ≥ 120 min sowie
- REI-M 90, tragfähig, raumabschließend und isolierend sowie widerstandsfähig gegen mechanische Beanspruchung ≥ 90 min, was der jetzigen Definition *Brandwand* entspricht.

Weitere Erläuterungen zum Grundlagendokument Brandschutz sind in [3.8] sowie in [3.20] und [3.21] enthalten.

Für den Holzbau sind von Bedeutung:
- Holzstütze, Holzbalken, Holzzugglied, Holzwand (nichtraumabschließend): F 30-B = feuerhemmend = R 30
- Holzwand (tragend, raumabschließend), Holzdecke: F 30-B = feuerhemmend = REI 30
- Holzwand (nichttragend, raumabschließend): F 30-B = feuerhemmend = EI 30

Ob der Buchstabe in der Benennung F 30-**B** (oder F 90-**B**) mit den europäischen Klassen in irgendeiner Weise verbunden wird, wird das zukünftige „Nationale Anwendungsdokument" (NAD) – ähnlich einer Anpassungsrichtlinie –, ein Leitpapier, ein Einführungserlaß o. ä. zeigen, siehe auch [3.21]; was dem Begriff „feuerbeständig" (F 90-AB) zugeordnet wird, bedarf einer Festlegung in der Bauregelliste B.

Bei den Feuerschutzabschlüssen aus Holz und Holzwerkstoffen als Sonderbauteil wird es heißen:
- T 30 = feuerhemmend = EI-C 30

## 3.3 Einflußgrößen auf die Feuerwiderstandsdauer, Geltungsbereich

Entsprechend DIN 4102 Teil 4 hängt die Feuerwiderstandsdauer und damit auch die Feuerwiderstandsklasse eines Bauteils im wesentlichen von folgenden Einflüssen ab:

a) Brandbeanspruchung (ein- oder mehrseitig),
b) verwendeter Baustoff oder Baustoffverbund,
c) Bauteilabmessungen (Querschnittsabmessungen, Schlankheit usw.),
d) Bauliche Ausbildung (Anschlüsse, Auflager, Halterungen, Befestigungen, Fugen, Verbindungsmittel usw.),
e) Statisches System (statisch bestimmte oder unbestimmte Lagerung, einachsige oder zweiachsige Lastabtragung, Einspannungen usw.),
f) Ausnutzungsgrad der Festigkeiten der verwendeten Baustoffe infolge äußerer Lasten und
g) Anordnung von Bekleidungen (Ummantelungen, Putze, Unterdecken, Vorsatzschalen usw.).

Die in den folgenden Abschnitten 4 und 5 angegebenen Feuerwiderstandsklassen gelten immer nur in Abhängigkeit von den vorstehend aufgezählten Einflußgrößen – d. h. von den jeweils angegebenen Randbedingungen, vgl. auch mit Bild E 3-6. Sofern die Mindest-Bauteilabmessungen in den Abschnitten 4 und 5 in Abhängigkeit von der Spannung angegeben werden, dürfen entsprechend DIN 4102 Teil 4 Zwischenwerte für die Wanddicken, Balkenbreiten, Balkenhöhen, Stützendicken usw. durch geradlinige Interpolation ermittelt werden.

Die Angaben der Abschnitte 4 und 5 gelten immer nur in brandschutztechnischer Sicht. Aus den geltenden technischen Baubestimmungen von DIN 1052 können sich weitergehende Anforderungen ergeben.

## 3.4 Feuerwiderstand von Gesamtkonstruktionen



### 3.4.1 Allgemeines

Entsprechend DIN 4102 Teil 4 setzt die Klassifizierung von Einzelbauteilen nach den Abschnitten 4 und 5 voraus, daß die statisch erforderlichen Bauteile, an denen die klassifizierten Einzelbauteile angeschlossen werden, mindestens derselben Feuerwiderstandsklasse angehören; ein Träger gehört z. B. nur dann einer bestimmten Feuerwiderstandsklasse an, wenn auch seine

- Auflager, z. B. Konsolen und Anschlüsse,
- Unterstützungen, z. B. Stützen oder Wände, sowie
- alle statisch bedeutsamen Aussteifungen und Verbände

der entsprechenden Feuerwiderstandsklasse angehören.
Die vorstehend wörtlich wiedergegebenen Bestimmungen nach DIN 4102 Teil 4 sollen im folgenden an zwei Beispielen

- Dachtragwerk einer Halle und
- Bauteile eines „niedrigen" Gebäudes (maximal 3, ggf. 4 Vollgeschosse, vgl. Bilder E 3-15 und E 3-16)

erläutert werden. Weitere Beispiele sind in [3.9] zu finden, wo auch das Brandverhalten von Dehnungsfugen in Massivbauten sowie die Feuerwiderstandsdauer von Lagern usw. behandelt wird.

### 3.4.2 Dachtragwerk einer Halle

Nach bauaufsichtlichen Forderungen (Abschnitt 3.5) soll das Dachtragwerk einer Halle der Feuerwiderstandsklasse F 30 angehören; bei der Bedachung wird eine „harte Bedachung" gefordert. Dies bedeutet gemäß Bild E 3-9 u. a. folgendes:

a) Die **Binder** sowie **Pfetten**, soweit sie zur Aussteifung notwendig sind, müssen in F 30-Ausführung eingebaut werden. Die die Binder aussteifenden Pfetten erfüllen ihre Aufgabe natürlich nur dann, wenn auch
   - die Aussteifung dieser Pfetten einen Feuerwiderstand $\geq$ 30 min besitzt und
   - die **Anschlüsse** der Pfetten an den Bindern in F 30 ausgeführt werden.

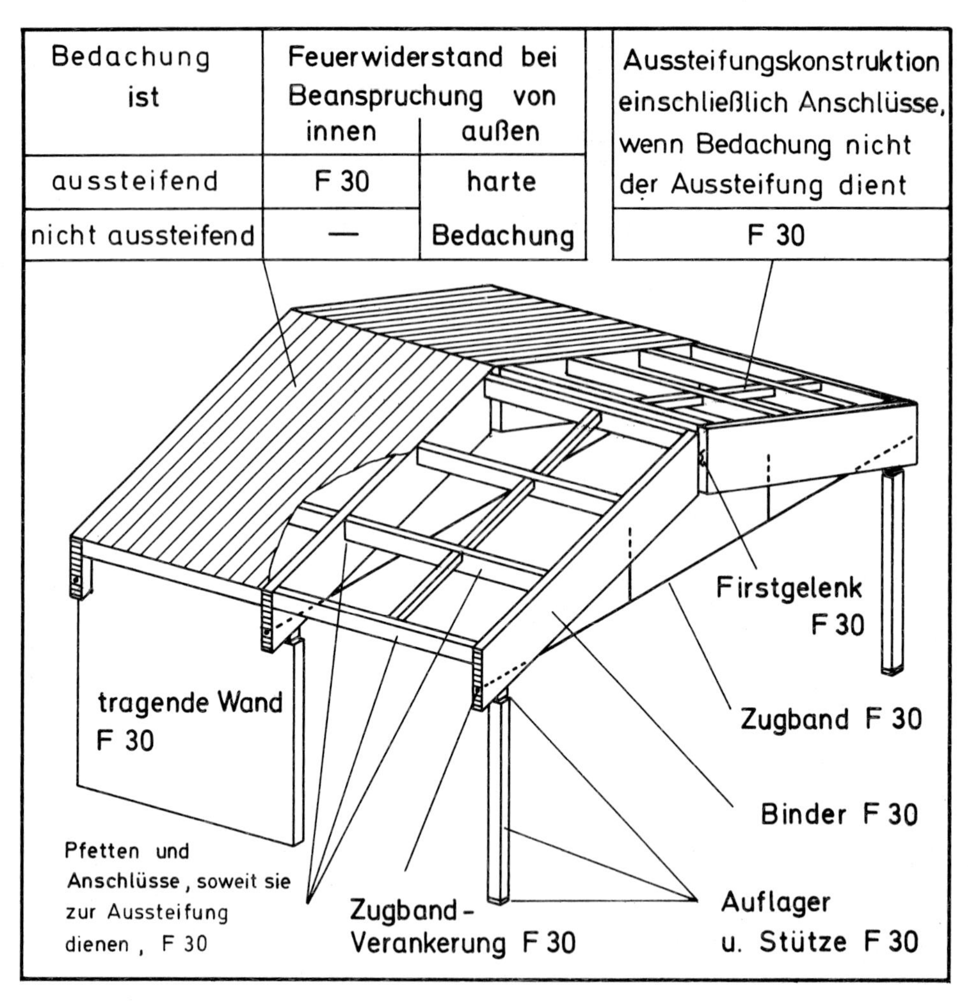


**Bild E 3-9:**
Bauteile F 30 einer Halle bei bauaufsichtlicher Forderung „feuerhemmend" an das Dachtragwerk

Ferner müssen
- die Binder-**Auflager** und **-Unterstützungen** der Feuerwiderstandsklasse F 30 angehören und
- **Zugbänder, Firstgelenke** usw. ebenfalls einen Feuerwiderstand von ≥ 30 min aufweisen.

b) Die **Bedachung** mit ihrer Unterkonstruktion, wenn sie nicht zur Aussteifung dient, braucht keinen Feuerwiderstand zu besitzen; sie kann z. B. aus Faserzementplatten, Aluminiumtafeln, Stahlblech, natürlichen oder künstlichen Steinen oder auch aus Holzwerkstoffplatten bzw. einfacher Holzschalung mit Dachbahnen bestehen.

Wird die Bedachung dagegen als Scheibe ausgebildet, muß die Scheibe selbst auch einen Feuerwiderstand ≥ 30 min besitzen. Leichte scheibenartige Bedachungen – z. B. aus Trapezblech – sind in diesem Fall nur dann möglich, wenn sie durch Bekleidungen an der Dachunterseite so geschützt werden, daß sie im Brandfall ihre Funktion ≥ 30 min ausüben.

Wegen weiterer Bedachungen siehe Abschnitt 5.4 sowie [3.10].

Dachtragwerk F 30-B einer Mehrzweckhalle (Sporthalle und Versammlungsstätte)

### 3.4.3 Gebäude geringer Höhe ($\leq$ 3 ggf. 4 Vollgeschosse, vgl. Bilder E 3-15 und E 3-16)

Nach bauaufsichtlichen Forderungen – siehe Abschnitt 3.5 – sollen die Außenwände eines freistehenden „niedrigen“ Wohngebäudes der Feuerwiderstandsklasse F 30 angehören. Dies bedingt gemäß Bild E 3-10 u. a. folgendes:

a) **Tragende Außenwände mit einer Breite > 1,0 m** müssen bei einseitiger Brandbeanspruchung mindestens $\geq$ 30 min tragfähig und raumabschließend bleiben; bei asymmetrischem Wandaufbau ist dies sowohl von der Innenseite als auch von der Außenseite nachzuweisen.

b) **Tragende Außenwände mit einer Breite $\leq$ 1,0 m** – z. B. Wandbereiche zwischen zwei Öffnungen – müssen ihre Tragfähigkeit ähnlich wie Stützen bei gleichzeitig zwei- oder vierseitiger Brandbeanspruchung $\geq$ 30 min behalten.

c) **Tragende Innenwände mit und ohne Öffnungen** müssen ihre Tragfähigkeit $\geq$ 30 min bei ebenfalls zwei- oder vierseitiger Brandbeanspruchung behalten, wenn die Öffnungen nicht durch Feuerschutzabschlüsse der vergleichbaren Feuerwiderstandsklasse geschlossen sind. Da bei „niedrigen“ Wohngebäuden in derartigen Wänden im allgemeinen keine Feuerschutzabschlüsse eingebaut werden, bedeutet dies, daß in der Regel alle tragenden Innenwände mit oder ohne Öffnungen ihre Tragfähigkeit bei gleichzeitig zweiseitiger Brandbeanspruchung > 30 min behalten müssen.

d) **Stürze, Balken oder Träger** über Öffnungen in tragenden Innen- oder Außenwänden müssen je nach Einbausituation bei gleichzeitig drei- oder vierseitiger Brandbeanspruchung $\geq$ 30 min tragfähig bleiben.

e) **Tragende Wände (Wandscheiben)**, die nur zur Aufnahme von Windkräften dienen, sind ebenfalls wie tragende Innenwände zu bemessen; dabei ist zu berücksichtigen, daß die lotrechten und horizontalen Lasten in der Regel klein sind, vgl. die Erläuterungen zu den Abschnitten 4.12.2 und 4.12.3.

f) **Decken**, die zur Aussteifung der Wände dienen, müssen ebenfalls ihre aussteifende Funktion über die in diesem Beispiel geforderten 30 Minuten behalten. Da im modernen Wohnungsbau, insbesondere in der Tafelbauart, oft nur schmale Holzrippenquerschnitte verwendet werden, müssen die untere Decken-Beplankung oder -Bekleidung sowie die obere Decken-Beplankung oder -Schalung, letztere in Verbindung mit dem oft vorhandenen schwimmenden Estrich oder schwimmenden Fußboden, ausreichend bemessen werden – d. h.: Derartige Decken müssen in der Regel ebenfalls der Feuerwiderstandsklasse F 30 angehören, vgl. Abschnitt 5.

g) **Dächer**, die nicht zur Aussteifung der Wände dienen, brauchen im allgemeinen keiner Feuerwiderstandsklasse anzugehören. Dächer, die dagegen zur Aussteifung der Wände dienen, müssen ebenfalls einen Feuerwiderstand $\geq$ 30 min aufweisen; hier gilt das zu Pkt. f) Gesagte sinngemäß. Dächer giebelständiger Gebäude müssen bei Brandbeanspruchung von innen ebenfalls $\geq$ F 30 sein, vgl. Bild E 5-15 und die Erläuterungen auf Seite 238.

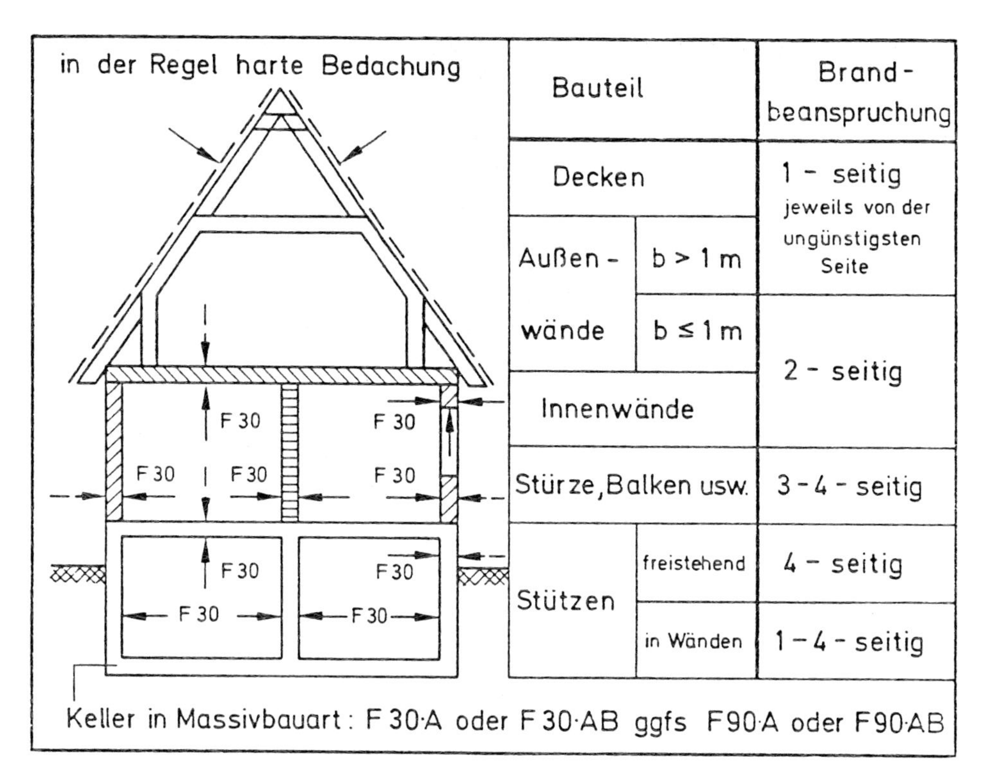


| Bauteil | | Brand-beanspruchung |
|---|---|---|
| Decken | | 1 - seitig jeweils von der ungünstigsten Seite |
| Außen-wände | b > 1 m | |
| | b ≤ 1 m | 2 - seitig |
| Innenwände | | |
| Stürze, Balken usw. | | 3 - 4 - seitig |
| Stützen | freistehend | 4 - seitig |
| | in Wänden | 1 - 4 - seitig |

a) Gebäudeschnitt (Schema)

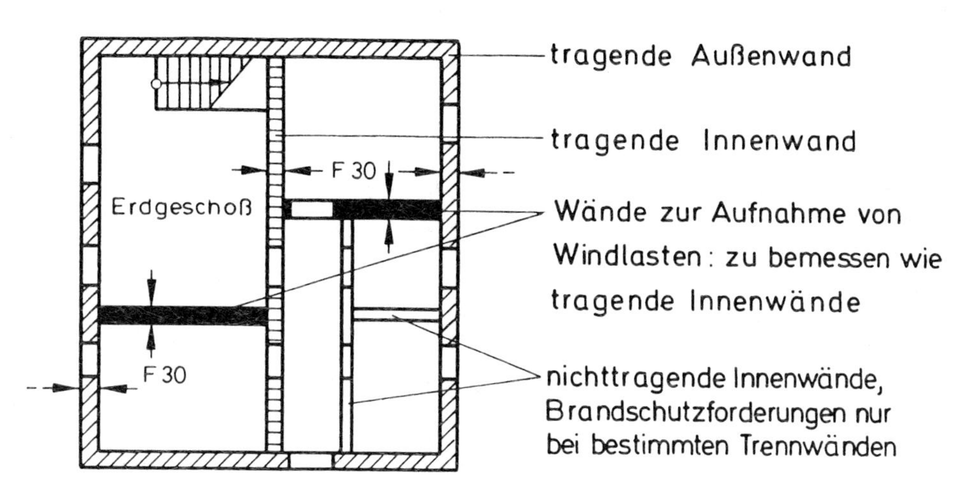


b) Gebäudegrundriß (Schema)

**Bild E 3-10:** Bauteile F 30 eines Wohngebäudes bei bauaufsichtlicher Forderung „feuerhemmend" an die Außenwände

h) **Bedachungen** müssen für eine Brandbeanspruchung von außen in der Regel nur „ausreichend widerstandsfähig gegen Flugfeuer und strahlende Wärme" (harte Bedachung) sein, vgl. Abschnitt 5.4.

i) **Stützen** müssen bei einer 1- bis 4seitigen Brandbeanspruchung F 30 sein, vgl. Abschnitte 4.11 (Fachwerkwände) und 4.12 (Holztafelwände) sowie 5.6 (Stützen).

## 3.5 Bauaufsichtliche Brandschutzvorschriften

### 3.5.1 Allgemeines

Entsprechend der Musterbauordnung (MBO)

- im Zeitbereich ≤ 1994/95 [vgl. Bild E 1-1 a)] und
- im Zeitbereich ≥ 1994/95 [vgl. Bild E 1-1 b)], siehe Abschnitt 1

enthalten alle Länderbauordnungen (LBOs) einen Grundsatzparagraphen (§ 3), der in den wesentlichen Punkten abgekürzt und vereinfacht lautet:

> Bauliche Anlagen sind unter Beachtung der allgemein anerkannten Regeln der Technik so **anzuordnen, zu errichten, zu ändern, instandzuhalten** und ggf. **abzubrechen**, daß die öffentliche Sicherheit oder Ordnung nicht gefährdet werden.

In der neuen MBO [3.11] ist ein Absatz über Bauprodukte - vgl. Abschnitt 1 – eingefügt. Er lautet:

> Bauprodukte dürfen nur verwendet werden, wenn bei ihrer Verwendung die baulichen Anlagen bei ordnungsgemäßer Instandhaltung während einer dem Zweck entsprechenden angemessenen Zeitdauer die Anforderungen dieses Gesetzes oder aufgrund dieses Gesetzes erfüllen und gebrauchstauglich sind.

Der Grundsatzparagraph über den Brandschutz, der auf den Allgemeinen Anforderungen nach § 3 aufbaut, lautet in der Fassung von Nordrhein-Westfalen (in diesem §: BauO NRW 1984 ≡ BauO NRW 1995):

Dachtragwerk einer Ausstellungshalle F 30-B; BSH-Binder mit Gabellagerung in Stahlbetonstützen – vgl. Bild E 5-34

*§ 17*

*(1) Bauliche Anlagen sowie andere Anlagen und Einrichtungen im Sinne des § 1 Abs. 1 Satz 2 müssen unter Berücksichtigung insbesondere*

- *der Brennbarkeit der Baustoffe,*
- *der Feuerwiderstandsdauer der Bauteile ausgedrückt in Feuerwiderstandsklassen,*
- *der Dichtheit der Verschlüsse von Öffnungen,*
- *der Anordnung von Rettungswegen*

*so beschaffen sein, daß der Entstehung eines Brandes und der Ausbreitung von Feuer und Rauch vorgebeugt wird und bei einem Brand die Rettung von Mensch und Tieren sowie wirksame Löscharbeiten möglich sind.*

3

*(2) Baustoffe, die nach der Verarbeitung oder dem Einbau leichtentflammbar sind, dürfen bei der Errichtung und Änderung baulicher Anlagen sowie anderer Anlagen und Einrichtungen im Sinne des § 1 Abs. 1 Satz 2 nicht verwendet werden.*

*(3) Jede Nutzungseinheit mit Aufenthaltsräumen muß in jedem Geschoß über mindestens zwei voneinander unabhängige Rettungswege erreichbar sein. Der erste Rettungsweg muß in Nutzungseinheiten, die nicht zu ebener Erde liegen, über mindestens eine notwendige Treppe führen; der zweite Rettungsweg kann eine mit Rettungsgeräten der Feuerwehr erreichbare Stelle oder eine weitere notwendige Treppe sein. Ein zweiter Rettungsweg ist nicht erforderlich, wenn die Rettung über einen Treppenraum möglich ist, in den Feuer und Rauch nicht eindringen können (Sicherheitstreppenraum). Gebäude, deren zweiter Rettungsweg über Rettungsgeräte der Feuerwehr führt und bei denen die Oberkante der Brüstungen notwendiger Fenster oder sonstiger zum Anleitern bestimmter Stellen mehr als 8 m über der Geländeoberfläche liegen, dürfen nur errichtet werden, wenn die erforderlichen Rettungsgeräte von der Feuerwehr vorgehalten werden.*
*(4) Bauliche Anlagen, bei denen nach Lage, Bauart oder Nutzung Blitzschlag leicht eintreten und zu schweren Folgen führen kann, sind mit dauernd wirksamen Blitzschutzanlagen zu versehen.*

### 3.5.2 Einstufung der Gebäude (Anleiterbarkeitshöhe und Vollgeschosse)

Wie aus dem Grundsatzparagraphen 17 Absatz (3) hervorgeht, werden die Gebäude hinsichtlich der Höhe – d. h. hinsichtlich der Anleiterbarkeit – in niedrige und hohe Gebäude eingeteilt. Diese Einteilung, die auf dem grundsätzlichen Vorhandensein von **Steckleitern bei Feuerwehreinsätzen** beruht, ist – ergänzt durch die in allen Bundesländern gleiche Hochhausdefinition (22 m-Grenze) – im Bild E 3-11 dargestellt. Danach ergeben sich im wesentlichen **fünf verschiedene Gebäudearten**, die in einigen Bundesländern auch Gebäudeklassen genannt werden. Die Anleiterbarkeitshöhe von ≤ 8 m bzw. „Gebäude mit geringer Höhe" werden in Durchführungsverordnungen (DVO), Allgemeinen Ausführungsverordnungen (AVO) oder Verwaltungsvorschriften (VV) genauer festgelegt; zum Teil ist nicht die Höhe der Brüstung o. ä., sondern die Höhe des Fußbodens (OKF) des obersten **Aufenthaltsraumes** maßgebend (≤ 7 m Grenze). Die **Gebäudeklassen** 2 und 3 unterscheiden sich bei gleicher Gebäudehöhe danach, ob ≤ 2 Wohnungseinheiten (WE) oder ≥ 3 Wohnungseinheiten vorhanden sind.

In einigen Bundesländern wird neben den Gebäudeklassen auch noch nach der Anzahl der Vollgeschosse unterschieden – insbesondere in älteren Bauordnungen. Dabei wird ein Vollgeschoß – wie in Bild E 3-12 dargestellt – definiert. Einige Bundesländer haben als Grenze bei Dachgeschoßflächen nicht 2/3, sondern 3/4 der darunterliegenden Geschoßfläche F eingeführt. Außerdem liegt das Maß „Höhe der Kellerdecke über OKT" in einigen Bundesländeren bei 1,60 m und in anderen bei 1,40 m. Dies alles kann trotz gleicher Gebäude zu unterschiedlichen Beurteilungen in den einzelnen Bundesländern führen.
Nach der neuen Hessischen LBO (H BO von 12/93) werden 7 Gebäudeklassen (A–G) bis zur Hochhausgrenze unterschieden, bei denen es auch Grenzhöhen H über OKT von 5,85 m und 14,0 m gibt. Statt F30-A wird beispielsweise auch F60-B gestattet.

Für Planer, Architekten und Ingenieure ist es daher wichtig und notwendig, sich rechtzeitig über die anzuwendenden Landesvorschriften zu informieren. Für einige Bundesländer liegen Übersichten bei der Arge Holz, Düsseldorf, vor, siehe auch [3.14] und [3.15].

| Gebäude - Klasse | | | | |
|---|---|---|---|---|
| 1 | 2 | 3 | 4 | 5 |
| Wohngebäude | | Gebäude | Sonstige Gebäude | Hochhäuser |
| frei- stehend | mit geringer Höhe Anleiterbarkeit H ≦ 8m OKF ≦ 7m | | H > 8 m OKF > 7m | 1 Aufent- haltsraum OKF > 22m |
| 1 WE | ≦ 2 WE | ≧ 3 WE | ≦ 22m | |
| Feuerwehreinsatz mit Steckleitern | OKF ≦ 7m | | OKF ≦ 22m | OKF > 22 m |

**Bild E 3-11:**
„Gebäude-Klassen" nach den Landesbauordnungen

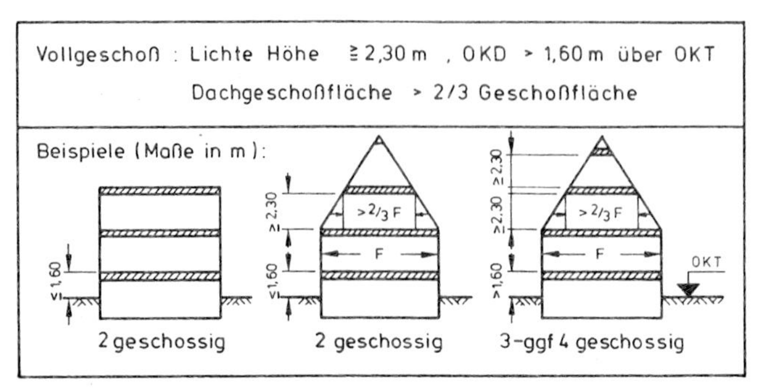


**Bild E 3-12**
Definition eines Vollgeschosses

### 3.5.3 Einzelanforderungen bei baulichen Anlagen normaler Art und Nutzung

Neben den Einzelanforderungen an die

- Lage eines Gebäudes auf dem Grundstück (Zugänge, Zufahrten, Abstandflächen)
- Größe der Brandabschnitte und
- Lage/Gestaltung der Rettungswege (max. zulässige Länge von Fluren, Baustoffe, Türen, Treppenräume)

gibt es zahlreiche Einzelvorschriften zum Brandverhalten von Baustoffen und Bauteilen. In der BauO NRW werden die Kurzbezeichnungen nach DIN 4102 Teil 2 verwendet, vgl. Abschnitt 3.2.1 (insbesondere Tabelle E 3-2). In den Sonderverordnungen und in den übrigen Landesbauordnungen werden die verbalen Definitionen, z. B.

- feuerhemmend (F 30-B),
- feuerbeständig (F 90-AB) und
- feuerbeständig und aus nichtbrennbaren Baustoffen (F 90-A),

wie sie in den Einführungserlassen zu DIN 4102 angegeben sind, verwendet. Bild E 3-13 zeigt als Beispiel Einzelanforderungen an Baustoffe/Bauteile, wie sie in Nordrhein-Westfalen gültig waren bzw. werden; Bild E 2-14 gibt die Einzelanforderungen in NRW wieder, wie sie bei besonderen Bauteilen (Gebäudetrennwände, Wohnungstrennwände, Treppenraumbauteile usw.) eingehalten werden mußten bzw. müssen. Der Vergleich der Detailbilder (≤ 1994/95 und ≥ 1995) zeigt, daß die BauO NRW (≥ 1995) in einigen Anforderungen in Anpassung an die Musterbauordnung liberaler werden soll. Durch diese Änderung sollen der Ausbau von Dachgeschossen und die weitergehende Verwendung des Baustoffes Holz erleichtert werden. Entsprechende Angaben zu den Ländern Berlin, Hamburg und Niedersachsen sind in [3.12] sowie für Baden-Württemberg in [3.13] wiedergegeben. Dabei wurden die Kurzbezeichnungen verwendet, wie sie in Tabelle E 3-2 angegeben sind. Die schraffierten Bereiche können als Risikobereiche angesehen werden [3.13]. Hochhäuser werden in den Bildern E 3-13 und E 3-14 nicht behandelt, da es hierfür Sonderverordnungen gibt – siehe Abschnitt 3.5.4.

Wie bereits in Abschnitt 3.5.2 bei der Definition eines Vollgeschosses ausgeführt, gibt es Unterschiede nach Landesrecht – also Unterschiede in den Definitionen und Anforderungen nach den LBOs. Die Bilder E 3-13 und E 3-14 zeigen beispielhaft die Brandschutzvorschriften nur **eines** Bundeslandes – hier von Nordrhein-Westfalen. Die Anforderungen in NRW liegen in der „Bewertungsskala" etwa in der Mitte oder am Anfang des liberalen Drittels. Die Anforderungen in Baden-Württemberg können am liberalsten angesehen werden; am konservativsten sind i.a. die Anforderungen in Hamburg [3.13].

a) ≤ 1994/95

| Gebäudeklasse | | 1 | 2 | 3 | 4 |
|---|---|---|---|---|---|
| Bauteil - Baustoff | | Wohngebäude freistehend 1 WE | Gebäude mit geringer Höhe (OKF ≤ 7 m) ≤ 2 WE | ≥ 3 WE | Sonstige Gebäude außer Hochhäusern |
| Tragende Wände | Dach | 0 | 0 [1] | 0 [1] | 0 [1] |
| | Sonstige | 0 | F 30 - B | F 30 - AB [2] | F 90 - AB |
| | Keller | 0 | F 30 - AB | F 90 - AB | F 90 - AB |
| Nichttragende - Außenwände | | 0 | 0 | 0 | A oder F 30 - B |
| Außenwand-Bekleidungen | | 0 | 0 | 0 | B1 |
| | | | B 2 → geeignete Maßnahmen | | |
| Gebäudeabschlußwände | | 0 | F 90 - AB | BW | BW |
| | | | (F 30-B)+(F 90-B) | F 90 - AB | |
| Decken | Dach | 0 | 0 [1] | 0 [1] | 0 [1] |
| | Sonstige | 0 | F 30 - B | F 30 - AB [3] | F 90 - AB |
| | Keller | 0 | F 30 - B | F 90 - AB | F 90 - AB |

| | | |
|---|---|---|
| 1) | Bei giebelständigen Gebäuden – Dach von innen | F 30 - B |
| 2) | Bei Gebäuden mit ≤ 2 Geschossen über OKT | F 30 - B |
| 3) | Bei Gebäuden mit ≤ 2 Geschossen über OKT | F 30 - B |
| | Bei Gebäuden mit ≥ 3 Geschossen über OKT | F 30 - B/A |
| | Risikosituationen nach [3.13] | |

b) ≥ 1995*)

| Gebäudeklasse | | 1 | 2 | 3 | 4 |
|---|---|---|---|---|---|
| Bauteil - Baustoff | | Wohngebäude freistehend 1 WE | Gebäude mit geringer Höhe (OKF ≤ 7 m) ≤ 2 WE | | Andere Gebäude außer Hochhäusern |
| | Dach, allgemein | 0 | 0 [1] | 0 [1] | 0 [1] |
| Tragende Wände | Geschosse, Dachraum mit [2] | 0 | F 30 | F 30 | F 90 |
| | Geschosse, Dachraum ohne [3] | 0 | 0 [1] | 0 [1] | 0 [1] |
| | Sonstige | 0 | F 30 | F 30 | F 90 - AB |
| | Keller | 0 | F 30 - AB | F 90 - AB | F 90 - AB |
| Nichttragende - Außenwände | | 0 | 0 | 0 | A oder F 30 |
| Außenwand-Bekleidungen | | 0 | 0 | 0 | B1 |
| | | | B 2 → geeignete Maßnahmen | | |
| Gebäudeabschlußwände | | 0 | F 90 - AB | BW | BW |
| | | | F 30 + F 90 | F 90 - AB | |
| Decken | Dach, allgemein, ohne [3]) | 0 | 0 [1] | 0 [1] | 0 [1] |
| | Geschosse, Dachraum, mit [2]) | 0 | F 30 | F 30 | F 90 |
| | Sonstige | 0 | F 30 | F 30 | F 90 - AB |
| | Keller | 0 | F 30 | F 90 - AB | F 90 - AB |

| | | |
|---|---|---|
| 1) | Bei giebelständigen Gebäuden – Dach von innen | F 30 |
| 2) | mit bedeutet: Wände in Geschossen im Dachraum, über denen Aufenthaltsräume möglich sind. | |
| 3) | ohne bedeutet: Wände in Geschossen im Dachraum, über denen Aufenthaltsräume **nicht** möglich sind. | |
| | Risikosituationen nach [3.13] | |

**Bild E 3-13:** Bauaufsichtliche Anforderungen an Baustoffe/Bauteile bei den Gebäudeklassen 1–4 an normale Bauteile in Nordrhein-Westfalen („normale" Bauteile sind u. a. tragende Wände und Decken 0 bedeutet: keine Anforderungen)

*) abgedruckt ist der Gesetzentwurf 20.05.1994 (Drucksache 11/7153); es ist beabsichtigt, die neue BauO NRW am 01.01.1995 in Kraft zu setzen.

a) ≤ 1994/95

| Gebäudeklasse | | 1 | 2 | 3 | 4 |
|---|---|---|---|---|---|
| **Bauteil – Baustoff** | | **Wohngebäude** **freistehend** **1 WE** | **mit geringer Höhe (OKF ≤ 7 m)** **≤ 2 WE** | **Gebäude** **≥ 3 WE** | **Sonstige Gebäude außer Hochhäusern** |
| Gebäudetrennwände – 40 m Gebäudeabschnitte | | – | (F 90 - AB) | BW / F 90 - AB | BW |
| Wohnungs-trennwände | Dach | – | F 30 - B | F 30 - B | F 90 - B |
| | Sonstige | – | F 30 - B | F 60 - AB | F 90 - AB |
| Treppen-raum | Dach | – | 0 | 0 | 0 |
| | Decke | – | 0 | F 30 - AB | F 90 - AB |
| | Wände | – | 0 | F 90 - AB | Bauart BW |
| | Bekleidung | – | 0 | A | A |
| Treppen | tragende Teile | – | 0 | 0 | F 90 - A |
| Allgemein zugängliche Flure als Ret-tungswege | Wände | – | – | F 30 - B | F 30 - AB<br>F 30 - B/A |
| | Bekleidung | – | – | 0 | A |
| Offene Gänge vor Außen-wänden | Wände, Decken | – | – | 0 | F 90 - AB |
| | Bekleidung | – | – | 0 | A |

| (shaded) | Risikosituationen nach [3.13] |
|---|---|

b) ≥ 1995*)

| Gebäudeklasse | | 1 | 2 | 3 | 4 |
|---|---|---|---|---|---|
| **Bauteil – Baustoff** | | **Wohngebäude** **freistehend** **1 WE** | **mit geringer Höhe (OKF ≤ 7 m)** **≤ 2 WE** | **Gebäude** | **Andere Gebäude außer Hochhäusern** |
| Gebäudetrennwände – 40 m Gebäudeabschnitte | | – | (F 90 - AB) | BW / F 90 - AB | BW |
| Trennwände | allgemein | – | F 30 | F 30 | F 90 - AB |
| | oberste Ge-schosse von Dachräumen | – | F 30 | F 30 | F 90 |
| Treppenraum | oberer Abschluß | – | 0 | F 30 - AB | F 90 - AB |
| | Wände | – | 0 | F 90 - AB | Bauart BW |
| | Bekleidung | – | 0 | A | A |
| Treppen | tragende Teile | – | 0 | A | F 90 - A |
| Allgemein zugängliche Flure als Ret-tungswege | Wände | – | – | F 30 | F 30 - AB<br>F 30 - B/A (AA) |
| | Bekleidung | – | – | 0 | A |
| Offene Gänge vor Außenwänden | Wände | – | – | F 30 | F 30 - AB |
| | Bekleidung | – | – | 0 | A |

| (shaded) | Risikosituationen nach [3.13] |
|---|---|

**Bild E 3-14:** Bauaufsichtliche Anforderungen an Baustoffe/Bauteile bei den Gebäudeklassen 1–4 an besondere Bauteile in Nordrhein-Westfalen („besondere" Bauteile sind u. a. Trennwände und Bauteile in Rettungswegen
0 bedeutet: keine Anforderungen)

*) abgedruckt ist der Gesetzentwurf 20. 05. 1994 (Drucksache 11/7153); es ist beabsichtigt, die neue BauO NRW am 01. 01. 1995 in Kraft zu setzen.

Zur Verdeutlichung der Anforderungen und Unterschiede soll folgendes gesagt werden:

1. Holzbauteile und Holzkonstruktionen der Feuerwiderstandsklasse ≥ F 30 erfüllen die Anforderungen, die bauaufsichtlich unter den Begriff feuerhemmend fallen. Da Holzbauteile und Holzkonstruktionen stets nur die Benennung F..-B erhalten, können derartige Bauteile und Konstruktionen den genannten anderen Begriffen (F 30-AB, F 30-A, F 90-AB, F 90-A) – n i c h t – zugeordnet werden; eine Verwendung von Holzbauteilen ist in derartigen Fällen nur dann erlaubt, wenn eine **Ausnahme** nach dem Gesetz möglich ist oder eine **Befreiung** von zwingenden Vorschriften erfolgt, siehe Abschnitt 3.5.5.

2. Die im Holzbau wichtigsten Einsatzmöglichkeiten im Geschoßbau sind in Bild E 3-15 (aufbauend auf den Angaben von Bild E 3-13) noch einmal schematisch dargestellt; wegen der Einsatzmöglichkeiten bei Gebäuden besonderer Art oder Nutzung siehe Abschnitt 3.5.4. Zu den Beispielen von Bild E 3-15 können folgende Erläuterungen gegeben werden:

a) *Alle Beispiele 1–6* zeigen „niedrige“ Geschoßbauten – d. h. Gebäude geringer Höhe; wegen des Begriffs „geringer Höhe“ siehe Abschnitt 3.5.2.

b) *Die Beispiele 1–2* zeigen freistehende Gebäude mit 1 WE. Hier gibt es keine Brandschutzforderungen, sofern ein ausreichender Grenzabstand (ausreichende Tiefe der Abstandsfläche) vorliegt. Es gibt Unterschiede nach Landesrecht, wobei beachtet werden muß, ob die Oberfläche der Außenwände der Baustoffklasse A, B 1 oder B 2 angehört.

c) *Beispiel 3* zeigt den Regelfall für den Einsatz von Wänden und Dekken in Holzbauart F 30-B: Gebäude geringer Höhe (H ≤ 8 m) und ≤ 2 WE.

   Im gezeigten Beispiel geht die Wohnung im 1. OG in das Dachgeschoß über, das – ausgebaut (DA) – hier aber kein Vollgeschoß ist; die Wohnung geht also über zwei Geschosse. Da die Voraussetzung H ≤ 8 m (OKF ≤ 7 m) – vgl. Bilder E 3-11 und E 3-13 – erfüllt ist, darf das Gebäude – abgesehen von den Kellerwänden aus Holz und Holzwerkstoffen in F 30-B errichtet werden; an das Dach werden keine Anforderungen gestellt.

   In einigen Bundesländern – z. B. in Berlin und Niedersachsen – dürfen auch die Kellerwände in F 30-B errichtet werden.
   Auch bei den Kellerdecken gibt es Unterschiede:
   *Bei den Beispielen 3 und 4* muß die Kellerdecke z. B. in Hamburg in F 30-AB ausgeführt werden – hier ist die Verwendung von Holzkonstruktionen im allgemeinen nicht möglich.

d) *Beispiel 4* wurde zur Verdeutlichung – e x t r e m – gewählt – das bedeutet, daß ein derartiges Gebäude nicht den Regelfall darstellt.
   Da bei der zusätzlichen Forderung *„Aufenthaltsräume müssen eine lichte Höhe von mindestens 2,4 m besitzen“* die Anleiterbarkeitshöhe unter Berücksichtigung der Deckenkonstruktionshöhe bei ebenem Gelände H ≤ 8 m (OKF ≤ 7 m) nicht eingehalten werden kann, ist eine Realisierung nur in Sonderfällen möglich, wobei ggf. die in Abschnitt 3.5.5 gemachten Angaben zu

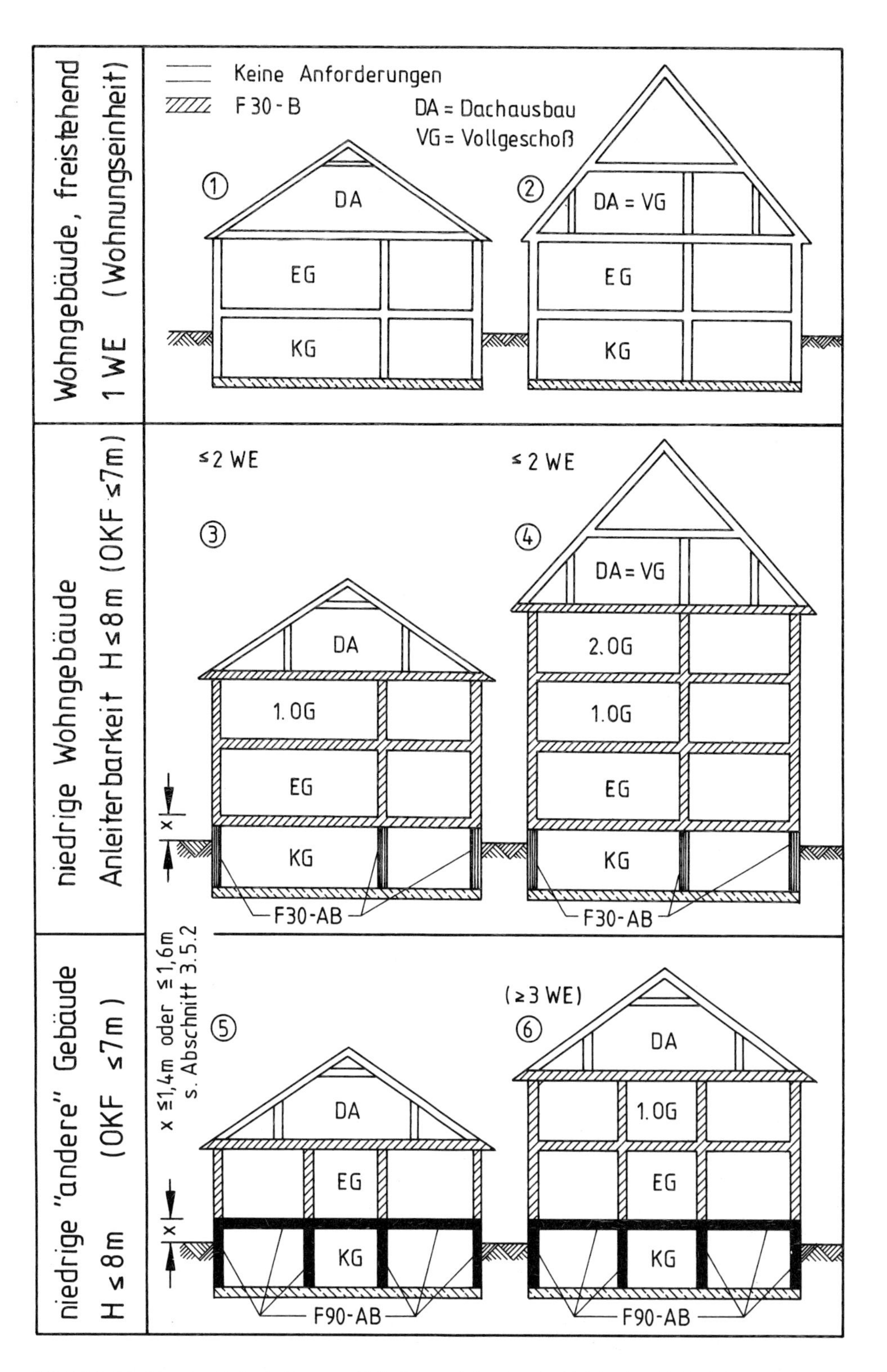


**Bild E 3-15:** Einsatzmöglichkeiten von Wänden und Decken in Holzbauart F 30-B bei „niedrigen" Geschoßbauten (Gebäude geringer Höhe); DA = Dachausbau
(Zu Beispiel 4 sind die Erläuterungen im Text zu beachten!)

3

„Ausnahmen und Befreiungen" zu beachten sind. Eine Verwirklichung ist im Regelfall bei dem *Extrembeispiel 4* nur ohne (einseitig) herausragenden Keller in der Hanglange möglich (Bild E 3-16). Bei ebenem Gelände muß in der Regel ein Obergeschoß entfallen (→ Beispiel 3).

e) *Die Beispiele 5 und 6* zeigen „andere" Gebäude geringer Höhe, wobei das Beispiel 6 auch ein Wohngebäude – jedoch mit ≥ 3 WE – sein kann. Die Kellerwände und -decken sind in F 90-AB auszuführen. Oberhalb der Kellerdecke dürfen Holzbauteile verwendet werden.

f) *Bei allen Beispielen 1–6* kann es *Heizräume* geben. Hier können je nach Heizart (Öllagerraum) besondere Anforderungen an die Wände und Decken gestellt werden – maximal F 90-A. Die Angaben in Bild E 3-10 sind bezüglich der Kellerbauteile nicht allgemeingültig; sie sollen aber auf diesen Punkt aufmerksam machen.

Weitere Beispiele können z. B. [3.14] und [3.15] sowie Übersichten der Arge Holz, Düsseldorf, entnommen werden.

### 3.5.4 Einzelanforderungen an Bauliche Anlagen besonderer Art oder Nutzung

Die Bilder E 3-13 bis E 3-16 beschreiben die Anforderungen an Bauliche Anlagen „normaler" Art und Nutzung – das sind Wohngebäude und Gebäude vergleichbarer Nutzung. Daneben wird in den LBOs aber auch nach Baulichen Anlagen besonderer Art oder Nutzung unterschieden (Bild E 3-17). In allen LBOs gibt es einen Abschnitt „Besondere Anlagen", in NRW den Abschnitt 7 mit dem § 50 über „Bauliche Anlagen und Räume besonderer Art oder Nutzung" (≥ 1995: § 54). In diesem Paragraphen wird gesagt,

- wo besondere Anforderungen gestellt,
- wo Erleichterungen gestattet und
- bei welchen Anlagen/Räumen insbesondere
  - besondere Anforderungen oder
  - Erleichterungen

erlaubt werden können.

Grundlage für eine brandschutztechnische Anforderung ist immer der Inhalt der LBO, DVO o. ä. Hat der Gesetzgeber für Bauliche Anlagen und Räume besonderer Art oder Nutzung eine „Sonder"-Verordnung geschaffen, so werden die Anforderungen hier abschließend und „endgültig" festgeschrieben. Hiervon kann nur auf dem Weg der Ausnahme oder Befreiung abgewichen werden, siehe Abschnitt 3.5.5.

Da es nicht in allen Bundesländern die gleichen Sonderverordnungen gibt – in einigen Bundesländern gibt es zu bestimmten baulichen „Sonder"-Anlagen überhaupt keine Verordnungen , bestehende Verordnungen untereinander Unterschiede aufweisen und einige „Sonder"-Verordnungen überarbeitet werden – sollen im folgenden – abgestimmt auf Holzbauteile – nur einige Stichwörter gegeben werden. Der planende bzw. ausführende Architekt oder Ingenieur muß

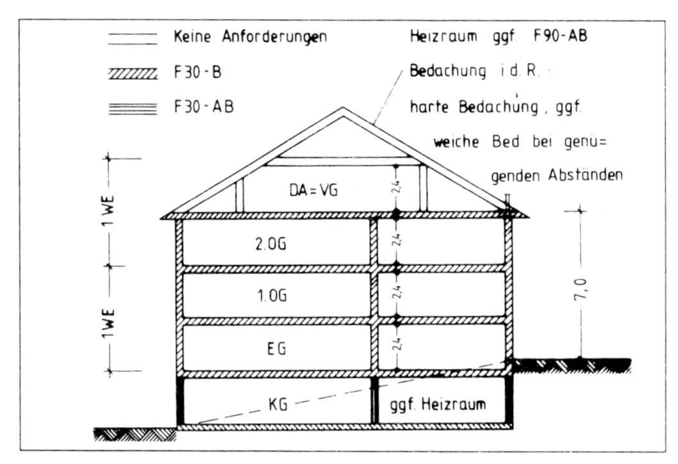


**Bild E 3-16:** Wände und Decken in Holzbauart F 30-B in einem 4geschossigen Gebäude (Extremfall) in Hanglage mit H ≤ 7 m und 2 WE; DA = Dachausbau

3

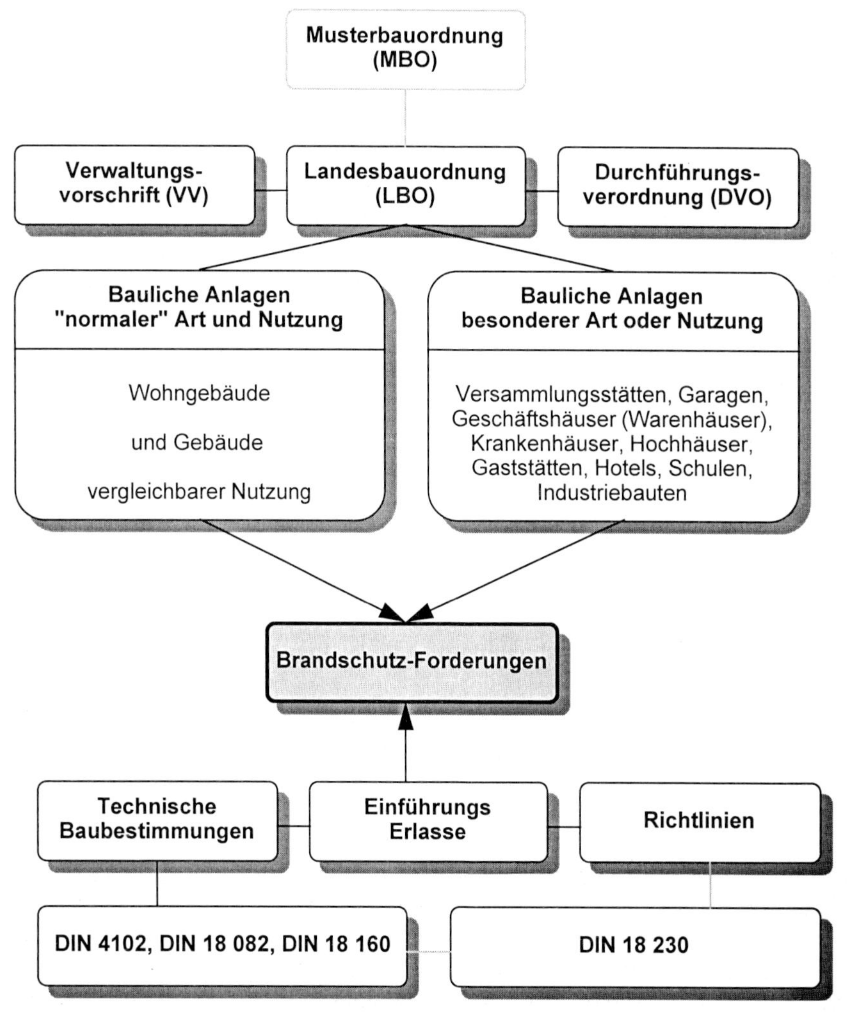


**Bild E 3-17:** Bauaufsichtliche Brandschutzforderungen, Übersicht

sich hier über die jeweils geltenden oder vergleichsweise heranzuziehenden Verordnungen im Einzelfall informieren.

Nach der *Geschäftshaus-VO (Warenhaus-VO)* von 1977 *) werden im allgemeinen F 90-A oder F 90-AB-Bauteile gefordert. Bei **erdgeschossigen Anlagen** können in der Regel auf dem Weg der Ausnahme bei

- tragenden Wänden und Stützen,
- Wand- und Deckenbekleidungen sowie bei
- Tragwerken von Dächern

unter bestimmten Voraussetzungen („wenn Bedenken wegen des Brandschutzes nicht bestehen") B-Baustoffe und F 30-B-Bauteile gestattet werden.

Nach der *Versammlungsstätten-VO* gilt Ähnliches für **erdgeschossige Gebäude** mit Versammlungsräumen. Hier sei darauf hingewiesen, daß derartige Gebäude erst dann unter die Versammlungsstätten-VO fallen, wenn bestimmte Besucherzahlen überschritten werden:

- bei Vortrags-, Hör- und Gemeindesälen bei > 200 Pers.
- bei Sport-, Reit- und Schwimmhallen bei > 200 Pers.
- bei Stadien mit nicht überdachten Sportflächen bei > 5000 Pers.

Werden die Besucherzahlen nicht überschritten, gelten die Vorschriften der LBO, siehe z. B. die Bilder E 3-11 bis E 3-16. Die Versammlungsstätten-VO gilt im allgemeinen auch nicht für Räume, die

- überwiegend für den Gottesdienst bestimmt sind oder
- Ausstellungszwecken dienen.

Hier gelten wieder die Vorschriften der LBO (z. B. die Bilder E 3-11 bis E 3-16).

Nach der *Garagen-VO* gibt es ggf. Erleichterungen bei Kleingaragen. Bei Carports (ähnlich wie bei Kellerersatzräumen) gibt es ebenfalls Erleichterungen.

Nach der *Industriebau-Richtlinie* (sie gibt es nur in NRW und den neuen Bundesländern [3.16]) gibt es z. B. in der Brandschutzklasse BK I (rechnerische Feuerwiderstandsdauer $t_F \leq 15$ min) keine Anforderungen; ebenso nicht in der Brandschutzklasse BK II (15 min $< t_F \leq 30$ min) in der Anforderungsgruppe 1 ($SK_b 1$ = „Geringe Anforderungen"). Hierzu gehören:

- Bauteile des Dachtragwerkes, sofern das Versagen einzelner Bauteile nicht zum Einsturz der übrigen Dachkonstruktion des Brandbekämpfungsabschnittes führt;
- nichttragende Außenwand-Bauteile.

In DIN V 18 230 Teil 1 (09/87) „Baulicher Brandschutz im Industriebau – Rechnerisch erforderliche Feuerwiderstandsdauer" – in Kürze wird es zu dieser Vornorm als Entwurf zur endgültigen Norm einen Gelbdruck geben – heißt es hierzu in Abschnitt 6.2:

---

*) Einer neuen Fassung – jetzt Verkaufsstätten VO (VstVO) – hat der Allgemeine Ausschuß der ARGEBAU am 17. 02. 1994 zugestimmt. Das neue Muster 11/93 soll in Länder VO umgesetzt werden.

Eine Zuordnung [Anmerkung: zu Brandsicherheitsklassen $SK_b$] von Bauteilen ohne brandschutztechnische Bedeutung (z. B. innere nichttragende Trennwände; Bauteile, die ausschließlich unmittelbar die Dachhaut tragen; Bauteile des Dachtragwerkes, sofern das Dach zur Brandbekämpfung nicht begangen werden muß und das Versagen dieser Bauteile nicht zum Einsturz der übrigen Dachkonstruktion des Brandbekämpfungsabschnittes führt) ist im Rahmen dieses Nachweisverfahrens nicht erforderlich.

Industriebaurichtlinie und DIN V 18 230 Teil 1 „erlauben" in den angesprochenen Punkten also die Verwendung von Holzbauteilen ohne Feuerwiderstandsklasse – aber auch von F 30-B-Konstruktionen.

3

Auch in **Hotels, Gaststätten und Schulen** ist der Einsatz von z. B. F 30-B-Bauteilen (anstelle von F 90-AB-Bauteilen) u. U. möglich, wenn es sich z. B.

- um Gebäude geringer Höhe handelt und
- ausreichende Rettungsmöglichkeiten vorhanden sind.

Der Einbau von Rauchschutz- (ggf. Feuerschutz-) Türen, Meldeanlagen und erforderlichenfalls von (zusätzlichen) Fluchtbalkonen und Treppen kann hier als Kompensationsmaßnahme sinnvoll und hilfreich sein, siehe auch die Abschnitte 6 bis 8. In Abschnitt 6 wird auch auf die Einrichtung (Ausschmückung) von Gaststätten eingegangen.

### 3.5.5 Ausnahmen und Befreiungen

Alle Einzelanforderungen der LBOs und Sonder-VOs – siehe vorstehende Abschnitte 3.5.3 und 3.5.4 – sind in der Regel einzuhalten. Abweichungen sind nur auf dem Wege der

- Ausnahme oder
- Befreiung (vom Gesetz)

möglich. Da diese beiden Punkte für jeden planenden oder ausführenden Architekten bzw. Bauingenieur von weitreichender Bedeutung sind, wird nachfolgend der – § 68 der LBO von NRW (< 1995) vollständig abgedruckt (≥1995 gibt es den § 74 „Abweichungen" mit geändertem, aber sinngemäß ähnlichem Text); in den anderen Bundesländern gibt es ähnliche Vorschriften.

## § 68

Ausnahmen und Befreiungen

(1) Ausnahmen von Vorschriften dieses Gesetzes und von Vorschriften aufgrund dieses Gesetzes, die als Sollvorschriften aufgestellt sind oder in denen Ausnahmen vorgesehen sind, können gestattet werden, wenn die Ausnahmen mit den öffentlichen Belangen vereinbar sind und die festgelegten Voraussetzungen vorliegen.

(2) Weiter können Ausnahmen von den Vorschriften der §§ 25 bis 46 gestattet werden

1. zur Erhaltung und weiteren Nutzung von Denkmälern, wenn Gefahren für Leben und Gesundheit nicht zu befürchten sind.

2. bei Modernisierungsvorhaben für Wohnungen und Wohngebäude und bei Vorhaben zur Schaffung von zusätzlichem Wohnraum durch Ausbau, wenn die öffentliche Sicherheit oder Ordnung nicht gefährdet wird, insbesondere wenn Bedenken wegen des Brandschutzes nicht bestehen.

(3) Befreiungen von zwingenden Vorschriften dieses Gesetzes oder von zwingenden Vorschriften aufgrund dieses Gesetzes können auf schriftlichen und zu begründenden Antrag erteilt werden, wenn

a) Gründe des Wohls der Allgemeinheit die Abweichung erfordern oder

b) die Durchführung der Vorschrift im Einzelfall zu einer offenbar nicht beabsichtigten Härte führte und die Abweichung mit den öffentlichen Belangen vereinbar ist; eine nicht beabsichtigte Härte liegt auch dann vor, wenn auf andere Weise dem Zweck einer technischen Anforderungen in diesem Gesetz oder in Vorschriften aufgrund dieses Gesetzes nachweislich entsprochen wird.

(4) Ist bei baulichen Anlagen, anderen Anlagen oder Einrichtungen im Sinne des § 1 Abs. 1 Satz 2, die keiner Genehmigung bedürfen, eine Befreiung oder Ausnahme erforderlich, so ist diese schriftlich zu beantragen.

(5) Zuständig für die Erteilung von Ausnahmen und Befreiungen ist die Genehmigungsbehörde.

Ggf. vorhandene „Bedenken wegen des Brandschutzes“ müssen zur Inanspruchnahme der Vorschriften sinnvoll zerstreut werden. Dabei sind

- fachlich richtige Begründungen,
- ggf. zusätzliche Maßnahmen zur Kompensation anderer Bedingungen und

– hauptsächlich die Einhaltung der Zielvorstellungen der LBO (§§ 3 und 17) – in erster Linie: Rettung, dann Brandbekämpfung –
erforderlich, um überzeugend die z. B. wirtschaftlich günstigere oder der – Funktion besser dienliche Lösung genehmigt zu bekommen.

Auf die Themen
- Modernisierung, Sanierung, Instandsetzung, Nutzungsänderung
- Denkmalschutz und
- F 90-B-Bauteile anstelle von F 90-AB-Konstruktionen (= feuerbeständig)

wird in den Abschnitten 6 bis 8 noch ausführlich eingegangen.



## 3.6 Nachweise

### 3.6.1 Die wichtigsten Nachweismöglichkeiten

Wie bereits aus der Einleitung (Abschnitt 1) hervorgeht, gibt es verschiedene Nachweise zum Brandverhalten, um eine Baugenehmigung zu erhalten (Bild E 1-1).

Wie die Teilbilder

a) Nachweise $\leq$ 1994/95 und
b) Nachweise $\geq$ 1994/95

zeigen, spielen die Nachweise über **DIN 4102 Teil 4** und über **Prüfzeugnisse** eine wesentliche, bei Bauteilen die dominierende Rolle.

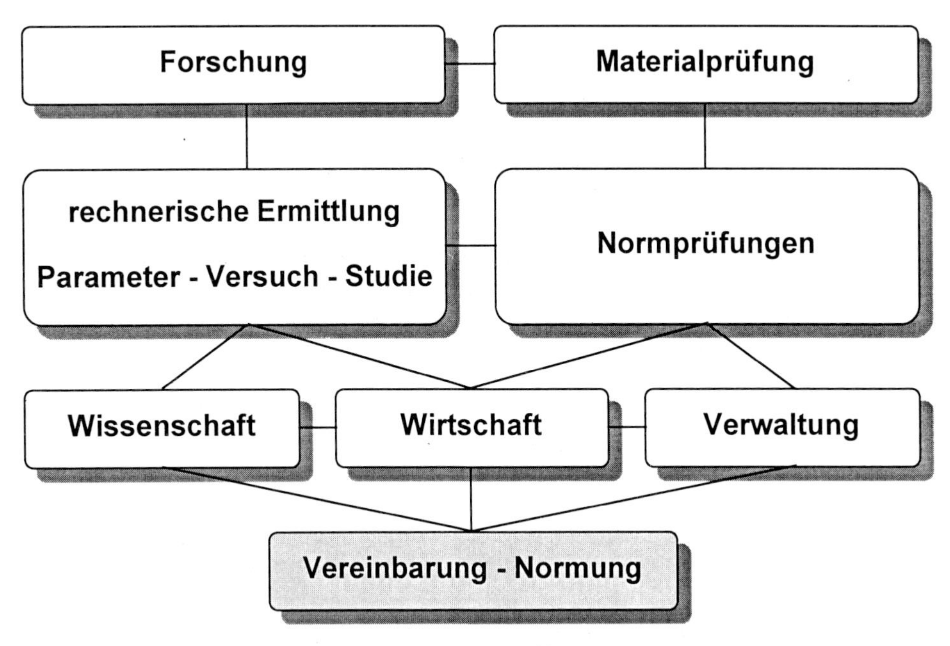


**Bild E 3-18:** Von der Forschung/Materialprüfung bis zur Normung

Bezüglich DIN 4102 Teil 4 sei angemerkt, daß in diesem „Nachweis-Katalog“ nur

- klassifizierungsfähige Baustoffe, Bauteile und Sonderbauteile (Baustoffe und Bauteile mit genormten Eigenschaften, keine firmengebundenen Teile) und
- klassifizierungswürdige Baustoffe, Bauteile und Sonderbauteile (häufig vorkommende Teile, keine Ausnahmefälle – keine „Exoten“)

erfaßt sind. Unter Beachtung von Streuungen, Inter- und Extrapolationen, Risikoabschätzungen usw. wurden die Normformulierungen und Festlegungen der Randbedingungen und Eckwerte **vereinbart** (Bild E 3-18).

Bezüglich der Prüfzeugnisse sei angemerkt, daß nur die Prüfbedingungen vereinbart sind. Die hierauf beruhenden Prüfergebnisse sind bei genauer Einhaltung der Prüfvorschriften als absolut gültig – jedoch ohne statistische Untermauerung – anzusehen. Das gilt auch für die aus den Prüfergebnissen resultierenden Klassifizierungen.

Die vermuteten Anteile (alle Bauteile: Stahlbeton, Holz, Stahl, Verbund usw.) der Nachweise über DIN 4102 Teil 4 und über Prüfzeugnisse sowie die Zusammenhänge zwischen den Nachweisverfahren zeigt Bild E 3-19.

Bild E 3-19 zeigt auch die schon in Bild E 1-1 angegebene Nachweismöglichkeit über Gutachten. Sie ist auf Sonderfälle, Einzelbauvorhaben und die Fälle beschränkt, bei denen aufgrund übertragbarer Versuchsergebnisse (Formulierung der Einführungserlasse zu DIN 4102 [3.6] keine weiteren Normprüfungen erforderlich sind. Die Erstellung eines Brandschutzgutachtens ist nicht leicht, muß im gesamten Schema von Bild E 3-19 gesehen werden und erfordert sehr viel Erfahrungen; die Blockdarstellung von Bild E 3-19 ist daher auch räumlich zu verstehen, wobei die „umfangreichen Erfahrungen“ mit der „erläuternden Literatur“ verbunden sein müssen.

### 3.6.2 Mindestwerte nach DIN 4102 Teil 4

Aus Abschnitt 3.6.1 geht bereits hervor, daß die jeweiligen baustoff- oder bauteilbezogenen Eckwerte vereinbarte Werte sind. Sie wurden in DIN 4102 Teil 4 als Mindestwerte (Mindestdicke, Mindesthöhe, Mindestbreite usw.) angegeben, die vereinbarungsgemäß eingehalten werden müssen, damit unter Beachtung anderer Randbedingungen z. B. ein Bauteil (Balken, Stütze o. ä.) eine bestimmte Feuerwiderstandsklasse erreicht.

Die vereinbarten Mindestwerte können nur in begründeten Fällen unterschnitten werden. Dies kann z. B. mit Hilfe eines Prüfzeugnisses auf der Basis von Normprüfungen erfolgen, wobei die geänderten Randbedingungen genau beschrieben werden müssen. Bei Verwendung eines speziellen Produktes mit anderen Eigenschaften – z. B. anderer Rohdichte, anderer Zusammensetzung, anderer Belastbarkeit (andere Schnittgrößen, Spannungen u. ä.) – können von DIN 4102 Teil 4 abweichende Mindestwerte ermittelt werden. Dieser Weg ist sehr mühsam, zeitraubend und kostenintensiv; er sollte nur beschritten werden, wenn er ein wirklich lohnendes Endziel anstrebt - zumal die Mindestwerte nach DIN 4102 Teil 4 sehr ausgewogen sind und „vernünftig" vereinbart wurden (Bild E 3-18).

Abschließend sei noch erwähnt, daß die Mindestwerte nach DIN 4102 Teil 4 auch unter statistischen Gesichtspunkten ermittelt und vereinbart wurden. Bei den Teil 4-Werten handelt es sich also um gesicherte Werte. Ein günstig erscheinender Einzelwert bei einem speziellen Produkt sollte daher nicht der Anlaß für umfangreiche Überlegungen und Untersuchungen sein. Zu den Sicherheitsbetrachtungen sei z. B. auf [3.17] verwiesen.

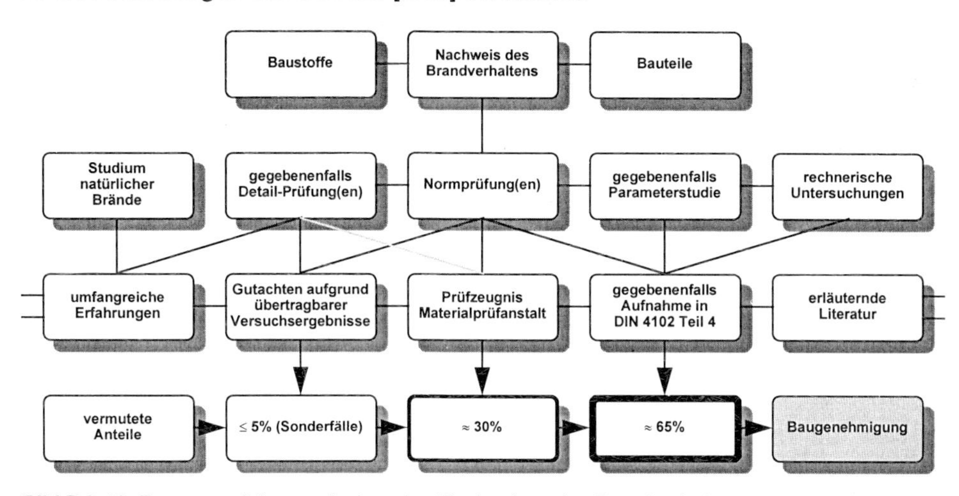


**Bild E 3-19:** Zusammenhänge zwischen den Nachweisen des Brandverhaltens

Mehrgeschossiges Wohnhaus in Holzbauart

# Teil II

# Anwendung

**Bemessung von Bauteilen aus Holz und Holzwerkstoffen in brandschutztechnischer Hinsicht**

**Erläuterungen zu DIN 4102 Teil 4 (03/94)**

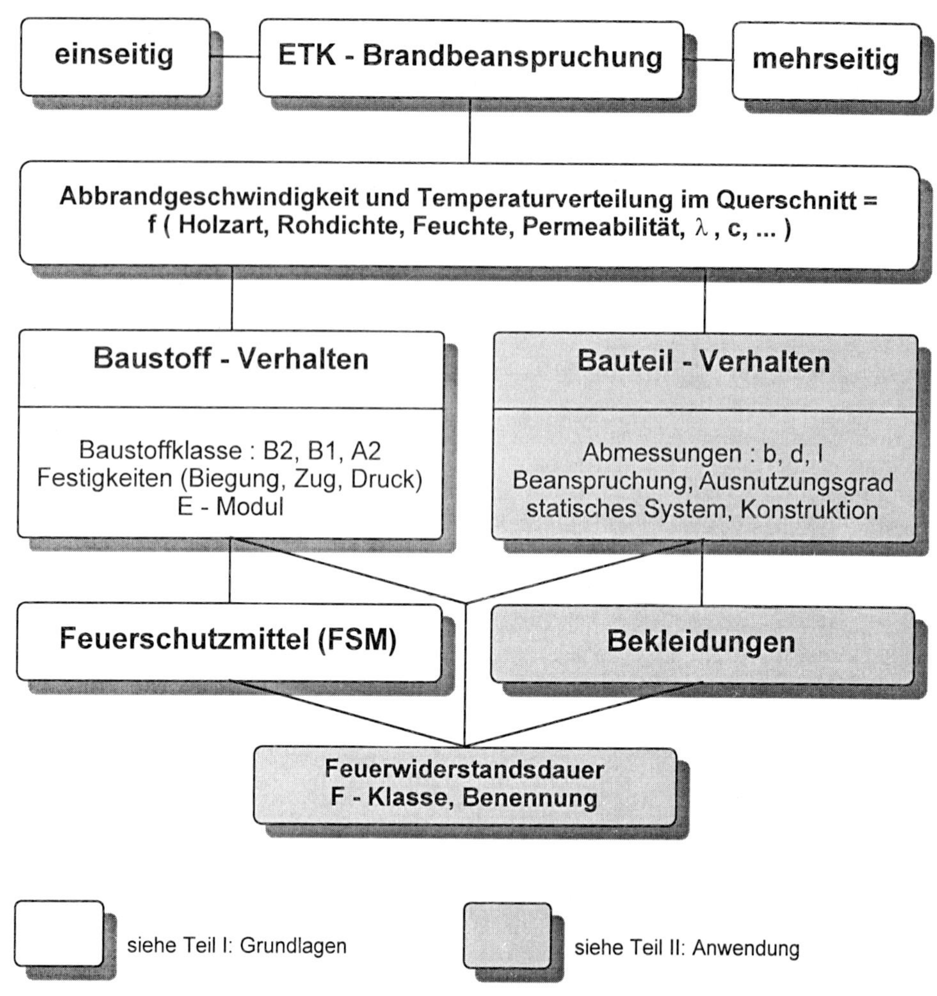


**Bild E 4-1:** Vereinfachte schematische Übersicht zu Einflüssen auf die brandschutztechnische Klassifizierung von Bauteilen aus Holz und Holzwerkstoffen unter ETK-Brandbeanspruchung

## Einführung zum Teil II (Anwendung)

Eine Konstruktion aus Holz und Holzwerkstoffen erfährt bei Feuerbeanspruchung einen Abbrand verbunden mit einer Abbrandgeschwindigkeit, wobei der hinter der Abbrandgrenze (Bild E 2-19) verbleibende Restquerschnitt erwärmt wird (Bild E 2-20). Die Abbrandgeschwindigkeit v und die Höhe der Temperatur im Restquerschnitt werden in den Abschnitten 2.5 bis 2.7 behandelt. Entsprechend der Beanspruchung wird das Baustoff- und Bauteil-Verhalten beeinflußt. Die Zusammenhänge sind in Bild E 4-1 schematisch dargestellt. Das Baustoff-Verhalten wird bezüglich der Baustoffklassen in Abschnitt 2.2 und hinsichtlich der Festigkeiten und des E-Moduls in Abschnitt 2.7 behandelt.

Die folgenden Abschnitte beschreiben die auf die Praxis bezogene **Anwendung**. Die Abschnitte 4 (klassifizierte Wände) und 5 (klassifizierte Holzbauteile mit Ausnahme von Wänden) sind Abschnitte aus DIN 4102 Teil 4, die ausführlich erläutert und durch Beispiele ergänzt werden. Die Abschnitte 4 und 5 behandeln also das **Bauteil-Verhalten** und geben auf der Grundlage der Abschnitte 1 (LBO, Normung) und 3 (Feuerwiderstandsdauer, Vorschriften) die Randbedingungen für die **Bauteil-Klassifizierungen** wieder.

Die Normbestimmungen von DIN 4102 Teil 4 sind durch Einführungserlasse an die Paragraphen der LBO angebunden. Die in den Abschnitten 4 und 5 gegebenen Erläuterungen sind keine Normbestimmungen – sie können aber als Grundlage für Gutachten verwendet werden, vgl. Bilder E 1-1 und E 3-19.

Alle **Erläuterungen im Teil II** (Anwendung) sind mit Bezug auf den Normabschnitt durch ein vorangestelltes E gekennzeichnet – z. B. E.4.1.1.2. Werden zu einem Normabschnitt mehrere Erläuterungen gegeben, wird dies durch Schrägstrich und Ziffern kenntlich gemacht – z. B. E.4.1.1.3/1 und E.4.1.1.3/2. Der Normtext ist zweispaltig gedruckt und grau hinterlegt; die Erläuterungen sind einspaltig gedruckt und weiß. Erläuternde Bilder sind bei der Numerierung ebenfalls durch ein vorangestelltes E gekennzeichnet – z. B. E 4-23. Wird in den Normabschnitten auf [3] verwiesen, so ist das hier vorliegende Holz Brandschutz Handbuch gemeint; Seitenverweise im Normteil in der Fußnote 7) – z. B. „7) Siehe Seite 72" – bedeuten dasselbe.

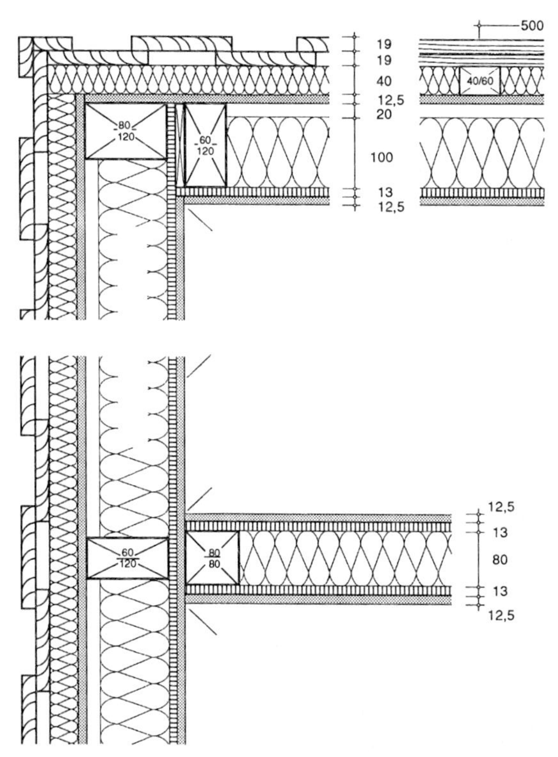


Horizontal- und Vertikalschnitt durch die Anschlußdetails Außenwand-Außenwand mit Holzverschalung und Außenwand-Innenwand

# 4 Klassifizierte Wände

## 4.1 Grundlagen zur Bemessung von Wänden

### 4.1.1 Wandarten, Wandfunktionen

**4.1.1.1** Aus der Sicht des Brandschutzes wird zwischen nichttragenden und tragenden sowie raumabschließenden und nichtraumabschließenden Wänden unterschieden, vergleiche DIN 1053 Teil 1.

**4.1.1.2 Nichttragende Wände** sind scheibenartige Bauteile, die auch im Brandfall überwiegend nur durch ihre Eigenlast beansprucht werden und auch nicht der Knickaussteifung tragender Wände dienen; sie müssen aber auf ihre Fläche wirkende Windlasten auf tragende Bauteile, z. B. Wand- oder Deckenscheiben, abtragen.

Die im folgenden angegebenen Klassifizierungen gelten nur dann, wenn auch die die nichttragenden Wände aussteifenden Bauteile in ihrer aussteifenden Wirkung ebenfalls mindestens der entsprechenden Feuerwiderstandsklasse angehören.

**4.1.1.3 Tragende Wände** sind überwiegend auf Druck beanspruchte scheibenartige Bauteile zur Aufnahme vertikaler Lasten, z. B. Deckenlasten, sowie horizontaler Lasten, z. B. Windlasten.

Aussteifende Wände sind scheibenartige Bauteile zur Aussteifung des Gebäudes oder zur Knickaussteifung tragender Wände; sie sind hinsichtlich des Brandschutzes wie tragende Wände zu bemessen.

**4.1.1.4** Als **raumabschließende Wände** gelten z. B. Wände in Rettungswegen, Treppenraumwände, Wohnungstrennwände und Brandwände. Sie dienen zur Verhinderung der Brandübertragung von einem Raum zum anderen. Sie werden nur 1seitig vom Brand beansprucht.

Als raumabschließende Wände gelten ferner Außenwandscheiben mit einer Breite > 1,0 m. Raumabschließende Wände können tragende oder nichttragende Wände sein.

**4.1.1.5 Nichtraumabschließende, tragende Wände** sind tragende Wände, die 2seitig — im Falle teilweiser oder ganz freistehender Wandscheiben auch 3- oder 4seitig — vom Brand beansprucht werden, siehe auch DIN 4102 Teil 2/09.77, Abschnitt 5.2.5.

Als **Pfeiler** und **kurze Wände** aus Mauerwerk gelten Querschnitte, die aus weniger als zwei ungeteilten Steinen bestehen oder deren Querschnittsfläche $< 0{,}10\ m^2$ ist — siehe auch DIN 1053 Teil 1/02.90, Abschnitt 7.2.1.

Als **nichtraumabschließende Wandabschnitte** aus Mauerwerk gelten Querschnitte, deren Fläche $\geq 0{,}10\ m^2$ und deren Breite $\leq 1{,}0$ m ist.

**4.1.1.6** 2schalige Außenwände mit oder ohne Dämmschicht oder Luftschicht aus Mauerwerk sind Wände, die durch Anker verbunden sind und deren innere Schale tragend und deren äußere Schale nichttragend ist.

**4.1.1.7 2schalige Haustrennwände bzw. Gebäudeabschlußwände** mit oder ohne Dämmschicht bzw. Luftschicht aus Mauerwerk sind Wände, die nicht miteinander verbunden sind und daher keine Anker besitzen. Bei tragenden Wänden bildet jede Schale für sich jeweils das Endauflager einer Decke bzw. eines Daches.

**4.1.1.8 Stürze, Balken, Unterzüge** usw. über Wandöffnungen sind für eine ≥ 3seitige Brandbeanspruchung zu bemessen.

### 4.1.2 Wanddicken, Wandhöhen

**4.1.2.1** Die im folgenden angegebenen Mindestdicken $d$ beziehen sich, soweit nicht anderes angegeben ist, immer auf die unbekleidete Wand oder auf eine unbekleidete Wandschale.

**4.1.2.2** Die maximalen Wandhöhen ergeben sich aus den Normen DIN 1045, DIN 1052 Teil 1 und Teil 2, DIN 1053 Teile 1 bis 4, DIN 4103 Teile 1 bis 4 und DIN 18 183.

### 4.1.3 Bekleidungen, Dampfsperren

Bei den in Abschnitt 4 klassifizierten Wänden ist die Anordnung von zusätzlichen Bekleidungen — Bekleidungen aus Stahlblech ausgenommen —, z. B. Putz oder Verblendung, erlaubt; gegebenenfalls sind bei Verwendung von Baustoffen der Klasse B jedoch bauaufsichtliche Anforderungen zu beachten.

**Dampfsperren** beeinflussen die in Abschnitt 4 angegebenen Feuerwiderstandsklassen — Benennungen nicht.

### 4.1.4 Anschlüsse, Fugen

**4.1.4.1** Die Angaben von Abschnitt 4 gelten für Wände, die sich von Rohdecke bis Rohdecke spannen.

> ANMERKUNG: Werden raumabschließende Wände z. B. an Unterdecken befestigt oder auf Doppelböden gestellt, so ist die Feuerwiderstandsklasse durch Prüfungen nachzuweisen — siehe unter anderem auch DIN 4102 Teil 2/09.77, Abschnitt 6.2.2.3.

**4.1.4.2** Anschlüsse nichttragender Massivwände müssen nach DIN 1045, DIN 1053 Teil 1 und DIN 4103 Teil 1 (z. B. als Verbandsmauerwerk oder als Stumpfstoß mit Mörtelfuge ohne Anker) oder nach den Angaben von Bild 17 bzw. Bild 18 ausgeführt werden.[5])

**4.1.4.3** Anschlüsse tragender Massivwände müssen nach DIN 1045 oder DIN 1053 Teil 1 (z. B. als Verbandsmauerwerk) oder nach den Angaben von Bild 19 bzw. Bild 20 ausgeführt werden.[5])

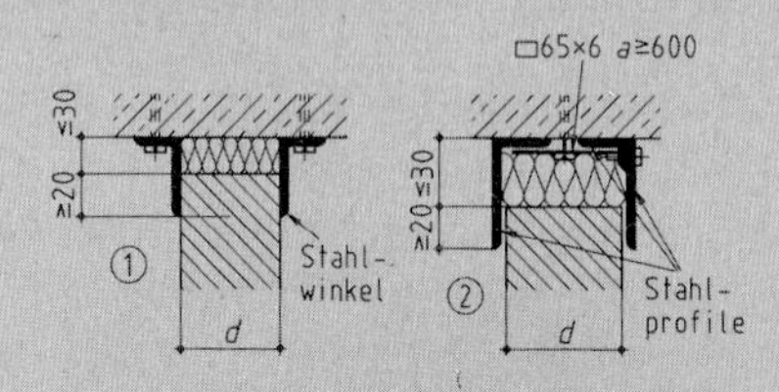


**Bild 17: Anschlüsse Wand — Decke nichttragender Massivwände, Ausführungsmöglichkeiten 1 und 2**

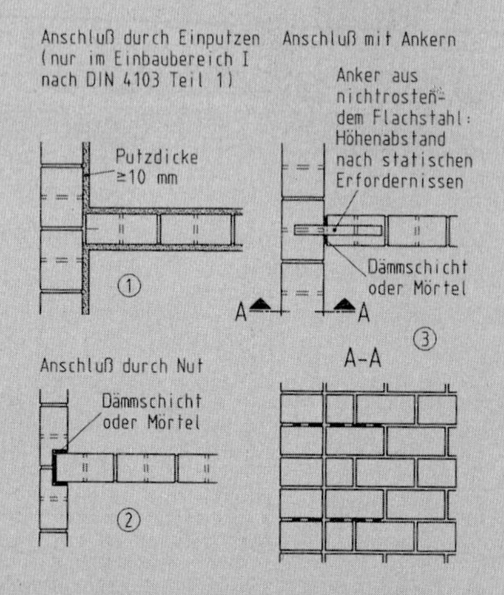


**Bild 18: Anschlüsse Wand (Pfeiler/Stütze) — Wand nichttragender Massivwände (Beispiel Mauerwerk, Ausführungsmöglichkeiten 1 bis 3)**

### 4.1.5 2schalige Wände

Die Angaben nach Tabelle 45 für 2schalige Brandwände beziehen sich nicht auf den Feuerwiderstand einer einzelnen Wandschale, sondern stets auf den Feuerwiderstand der gesamten 2schaligen Wand.

Stützen, Riegel, Verbände usw., die zwischen den Schalen 2schaliger Wände angeordnet werden, sind für sich allein zu bemessen.

---

[5]) Weitere Angaben siehe z. B [1] und [5].

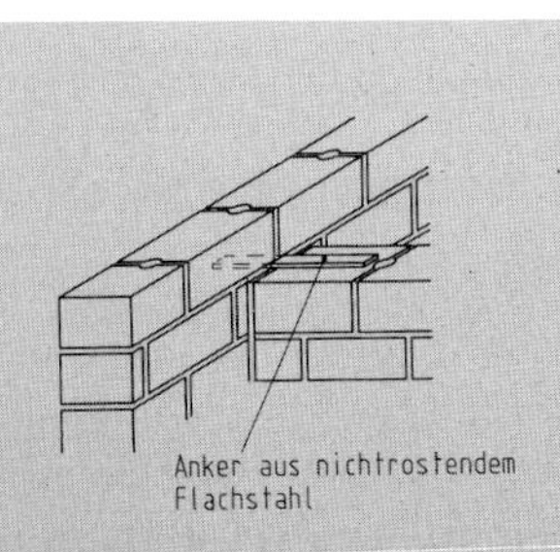


**Bild 19: Stumpfstoß Wand — Wand tragender Wände, Beispiel Mauerwerk**

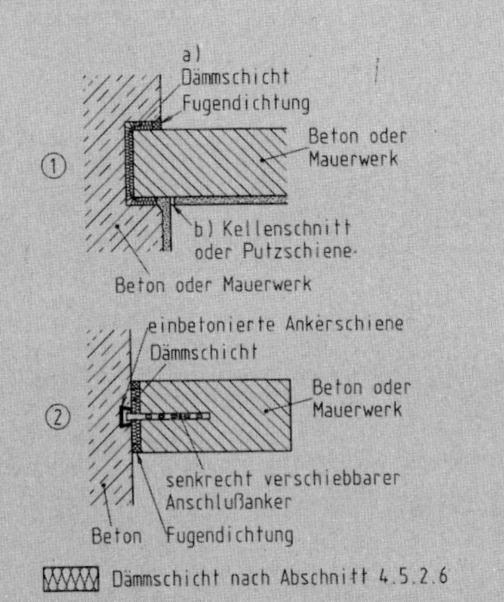


**Bild 20: Gleitender Stoß Wand (Stütze) — Wand tragender Wände, Ausführungsmöglichkeiten 1 und 2**

**4.1.6 Einbauten und Installationen**

**4.1.6.1** Abgesehen von den Ausnahmen nach den Abschnitten 4.1.6.2 bis 4.1.6.4, beziehen sich die Feuerwiderstandsklassen der in Abschnitt 4 klassifizierten Wände stets auf Wände ohne Einbauten.

**4.1.6.2** Steckdosen, Schalterdosen, Verteilerdosen usw. dürfen bei raumabschließenden Wänden nicht unmittelbar gegenüberliegend eingebaut werden; diese Einschränkung gilt nicht für Wände aus Beton oder Mauerwerk mit einer Gesamtdicke = Mindestdicke + Bekleidungsdicke ≥ 140 mm. Im übrigen dürfen derartige Dosen an jeder beliebigen Stelle angeordnet werden; bei Wänden aus Beton, Mauerwerk oder Wandbauplatten mit einer Gesamtdicke < 60 mm dürfen nur Aufputzdosen verwendet werden.

Bei Wänden in Montage- oder Tafelbauart dürfen brandschutztechnisch notwendige Dämmschichten im Bereich derartiger Dosen auf 30 mm zusammengedrückt werden.

**4.1.6.3** Durch die in Abschnitt 4 klassifizierten raumabschließenden Wände dürfen vereinzelt elektrische Leitungen durchgeführt werden, wenn der verbleibende Lochquerschnitt mit Mörtel nach DIN 18 550 Teil 2 oder Beton nach DIN 1045 vollständig verschlossen wird.

ANMERKUNG: Für die Durchführung von gebündelten elektrischen Leitungen sind Abschottungen erforderlich, deren Feuerwiderstandsklasse durch Prüfungen nach DIN 4102 Teil 9 nachzuweisen ist; es sind weitere Eignungsnachweise, z. B. im Rahmen der Erteilung einer allgemeinen bauaufsichtlichen Zulassung, erforderlich.

**4.1.6.4** Wenn in raumabschließenden Wänden mit bestimmter Feuerwiderstandsklasse Verglasungen oder Feuerschutzabschlüsse mit bestimmter Feuerwiderstandsklasse eingebaut werden sollen, ist die Eignung dieser Einbauten in Verbindung mit der Wand nach DIN 4102 Teil 5 bzw. Teil 13 nachzuweisen; es sind weitere Eignungsnachweise erforderlich — z. B. im Rahmen der Erteilung einer allgemeinen bauaufsichtlichen Zulassung. Ausgenommen hiervon sind die in den Abschnitten 8.2 bis 8.4 zusammengestellten Konstruktionen, für deren Einbau die einschlägigen Norm- oder Zulassungsbestimmungen zu beachten sind.

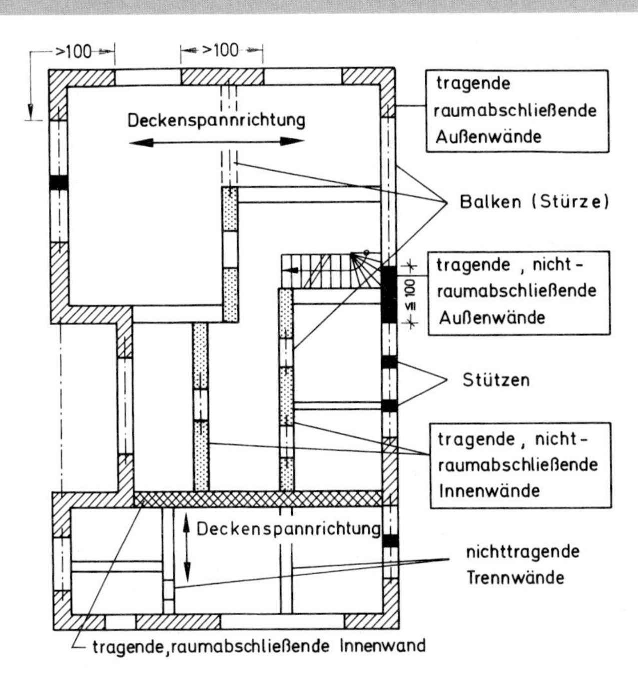


**Bild E 4-2:** Gebäudegrundriß (Schema) Wandarten (Beispiele), Maße in cm

## Erläuterungen (E) zu Abschnitt 4.1

### Erläuterungen zu Abschnitt 4.1.1 „Wandarten, Wandfunktionen“

**E.4.1.1.1** Die in Abschnitt 4.1.1 beschriebenen **Wandarten** sind in den Bildern E 3-10 und E 4-2 beispielhaft in zwei Gebäudegrundrissen schematisch dargestellt. Die Definitionen der Begriffe „tragend“, „nichttragend“ und „aussteifend“ entsprechen im wesentlichen den in DIN 1045 (1988) und DIN 1053 Teil 1 (1990) angegebenen Definitionen. Nach DIN 1052 Teil 1 (1988) sind aussteifende Wände tragende Wände. Hinzu kommen die brandschutztechnischen Begriffe wie „raumabschließend“ und „nichtraumabschließend“, zu denen eine ein- bzw. mehrseitige Brandbeanspruchung gehört.

Nach DIN 1052 Teil 1 (1988) enthält lediglich die Beschreibung des Begriffes „Holztafeln“; in DIN 1052 Teil 3 (1988) wird nur der Begriff „Holzhäuser in Tafelbauart“ erläutert. Auf beide Begriffe wird in den Erläuterungen zu Abschnitt 4.12 noch eingegangen.

**E.4.1.1.2** **Nichttragende Wände** müssen nur in besonderen Fällen einer bestimmten Feuerwiderstandsklasse angehören, z. B. dann, wenn es sich um bestimmte Trennwände – u. a. um Wohnungstrennwände, Treppenraumwände und Wände von allgemein zugänglichen Fluren – handelt, vgl. Bild E 3-14.

**E.4.1.1.3/1** **Tragende Wände** aus Holz und Holzwerkstoffen sind unter Beachtung von Abschnitt 4.12.3 nach den Randbedingungen der Tabellen 50 bis 53 zu bemessen. Fachwerkwände sind nach den Angaben von Abschnitt 4.11 zu dimensionieren. Wände aus Vollholz-Blockbalken werden in Abschnitt 4.13 behandelt.

**E.4.1.1.3/2** **Aussteifende Wände** bzw. Wände zur Aufnahme von Windlasten (Bild E 3-10) sind wie tragende, nichtraumabschließende Wände nach Tabelle 50 zu bemessen. Dies gilt auch für Wände zur Ableitung von Windlasten auf Giebel.

**E.4.1.1.4/1** **Raumabschließende Innenwände** sind z. B. Brandwände. Sie müssen der Feuerwiderstandsklasse F 90 angehören; Öffnungen in Brandwänden müssen durch Feuerschutzabschlüsse der Feuerwiderstandsklasse T 90 geschlossen werden.

Bei Wänden zwischen Wohnungen und besonderen Räumen, die der Feuerwiderstandsklasse F 90 angehören müssen, brauchen die Abschlüsse dagegen nur eine Feuerwiderstandsklasse von T 30 aufzuweisen. Im bauaufsichtlichen Sinne liegen hier Trennwände vor – in brandschutztechnischem Sinne kann jedoch nicht von raumabschließenden Wänden gesprochen werden, da sich das Feuer nach einer Branddauer von 30 Minuten durch die Öffnungen ausbreiten und die Wände nach der dreißigsten Minute zwei- oder mehrseitig beanspruchen kann. Nichttragende Wände dieser Art werden nur nach dem Kriterium „raumabschließend“ beurteilt. Der Normtext in Abschnitt 4.1.1.4 sagt daher auch nicht „raumabschließende Wände sind ...“, sonderen beschreibt: „Als raumabschließende Wände *gelten* ...“.

Als raumabschließende Wände nach Abschnitt 4.1.1.4 gelten z. B. auch Wände in Rettungswegen, Treppenraumwände und Wohnungstrennwände; sie müssen der Feuerwiderstandsklasse F 30 oder F 90 angehören, vgl. Bild E 3-14.

Die in Bild E 4-2 eingezeichnete tragende, raumabschließende Innenwand ist also raumabschließend, wenn

a) keine Öffnungen – wie dargestellt – vorhanden sind oder
b) vorhandene Öffnungen mit Produkten derselben Feuerwiderstandsklasse wie die Wand verschlossen werden.

**E.4.1.1.4/2 Raumabschließende Außenwände** sind z. B. Wände ohne Öffnungen sowie Brandwände. Als raumabschließend gelten auch Außenwände mit einer Breite > 1,0 m (Bild E 4-2) – also auch Außenwände mit Fenstern. Das Maß „Breite > 1,0 m“ kann aus Branderfahrungen abgeleitet werden [4.1]; es erfaßt jedoch nicht den ungünstigsten Fall. Es handelt sich um eine Vereinbarung der an der Normung beteiligten Sachverständigen aus Wissenschaft, Wirtschaft und Verwaltung (Bild E 3-18).



**E.4.1.1.4/3 und 4.1.1.5/1 Außenwände** mit einer Breite ≤ 1,0 m sind stets nichtraumabschließend; Wandbereiche zwischen zwei Fenstern, die einen lichten Abstand ≤ 1,0 m aufweisen, müssen daher für eine mehrseitige Brandbeanspruchung bemessen werden, vgl. Bild E 4-2; die Erläuterung E. Tabelle 50/6 enthält hierzu ein Bemessungsbeispiel (s. S. 153).

Die Feuerwiderstandsklasse nichtraumabschließender Wände von Holzhäusern in Tafelbauart ist z. B. mit den Angaben von Tabelle 50 nachzuweisen. Die Einhaltung der Randbedingungen, wie sie für entsprechende, jedoch raumabschließende Wände in den Tabellen 51 bis 53 angegeben sind, reicht nicht aus, es sind Verstärkungen der Holzrippen und/oder Beplankungen bzw. Bekleidungen erforderlich. Der Nachweis der Feuerwiderstandsklasse ist entweder nach Tabelle 50 oder durch Prüfzeugnis zu führen. Aufgrund der Erläuterungen zu den Tabellen 50 bis 53 ist es auch möglich, den Nachweis durch ein Gutachten zu erbringen (Bild E 3-19).
Abschließend sei darauf hingewiesen, daß die Außenwandbreite b in Eckbereichen an der Außenseite der Wände umlaufend zu messen ist, vgl. Bild E 4-2 (eingezeichnet ist dieses Beispiel nur bei der linken oberen Ecke).

**E.4.1.1.5/2 Tragende Innenwände,** die aufgrund ihrer tragenden Funktion einer bestimmten Feuerwiderstandsklasse angehören müssen (Bild E 3-13), begrenzen i.a. einen Raum – im brandschutztechnischen Sinne sind sie jedoch nur dann raumabschließend, wenn alle Öffnungen – z. B. Türöffnungen – durch Feuerschutzabschlüsse mindestens der vergleichbaren Feuerwiderstandsklasse geschlossen werden. Derartige Feuerschutzabschlüsse werden bei üblichen Innenwänden jedoch nur selten eingebaut, so daß es sich bei tragenden Innenwänden in der Regel um nichtraumabschließende Innenwände handelt. Tragende Innenwände – z. B. von Holzhäusern in Tafelbauart von Wohngebäuden mit geringer Höhe mit ≤ 2 Wohnungseinheiten (Bild E 3-13) – müssen aufgrund bauaufsichtlicher Vorschriften daher im allgemeinen wie nichtraumabschließende F 30-Wände nach Tabelle 50 bemessen werden, siehe auch die Bilder E 3-10 und E 4-2.

**E.4.1.1.8** Wie aus den Bildern E 3-13 und E 3-15 hervorgeht, werden bei freistehenden Wohngebäuden mit einer Wohnungseinheit keine Brandschutzforderungen erhoben. Der Abschnitt 4.1.1.8 über **Stürze, Balken, Unterzüge** usw. gilt daher nur für solche Gebäude, bei denen diese Bauteile einer Feuerwiderstandsklasse angehören müssen. Stürze (Balken) sind in den Bildern E 3-10 und E 4-2 angegeben; die brandschutztechnische Bemessung wird in Abschnitt 5.5 behandelt.

**E.4.1.1** Abschließend zum Abschnitt 4.1.1 „Wandarten, Wandfunktionen" sei auf folgende Normentwürfe (Rosadrucke) im europäischen Raum (CEN) hingewiesen:

- DIN EN 1364-1 Entwurf 04/94
  Prüfung der Feuerwiderstandsdauer von nichttragenden Teilen in Gebäuden. Teil 1: Trennwände
- DIN EN 1364-2 Entwurf 09/94
  Prüfung der Feuerwiderstandsdauer von nichttragenden Gebäudeteilen. Teil 2: Außenwände
- DIN EN 1365-1 Entwurf 09/94
  Prüfung der Feuerwiderstandsdauer von tragenden Gebäudeteilen. Teil 1: Innenwände
- DIN EN 1365-2 Entwurf 09/94
  Prüfung der Feuerwiderstandsdauer von tragenden Gebäudeteilen. Teil 2: Außenwände

## Erläuterungen zu Abschnitt 4.1.2 „Wanddicken, Wandhöhen"

**E.4.1.2.1/1** Die **Wanddicke** spielt im Holzbau brandschutztechnisch i. a. eine untergeordnete Rolle.

Bei Wänden aus **Gipskarton-Bauplatten nach Abschnitt 4.10** mit Holzstielen handelt es sich um nichttragende Wände, die als raumabschließende Wände verwendet werden. Die Wanddicke spielt brandschutztechnisch keine Rolle. Sie kann also in dieser Hinsicht beliebig sein. Mindestquerschnittswerte sind lediglich für die Holzstiele in DIN 4103 Teil 4 (11/88) „Nichttragende innere Trennwände, Unterkonstruktion in Holzbauart" angegeben; daraus ergibt sich eine Mindestwanddicke. Die Wanddicke wird brandschutztechnisch im wesentlichen durch die Forderung nach einer bestimmten Dämmschichtdicke beeinflußt, vgl. Abschnitt 4.12.5.

Für Wände in **Holztafelbauart** nach Abschnitt 4.12 gelten die vorstehenden Ausführungen sinngemäß, wenn es sich um nichttragende Wände handelt. Die Holzrippen müssen Mindestquerschnittswerte von b/d = 40/40 mm/mm aufweisen.

Bei tragenden, nichtraumabschließenden Wänden wird die Wanddicke durch die Forderung nach bestimmten

- Mindestquerschnittsabmessungen der Holzrippen und
- Mindestbeplankungsdicken

bezüglich der kleinsten möglichen Wanddicke begrenzt. Die Mindestwerte sind in Tabelle 50 angegeben. Dabei gilt das in Bild E 4-3 angegebene Prinzip zwischen Rippen- und Beplankungsdicke.

Bei tragenden, raumabschließenden Wänden wird die Wanddicke durch die geforderten Mindestwerte für die
- Querschnittsdicke der Holzrippen, die
- Beplankungs- und Bekleidungsdicke sowie für die
- Dämmschichtdicke

bestimmt (Tabellen 51–53), wobei natürlich auch statische, wärmeschutztechnische, schallschutztechnische und andere Gesichtspunkte eine Rolle spielen können. Auch eine zweischalige Ausführung ist möglich, vgl. die Schema-Skizze in Tabelle 49.

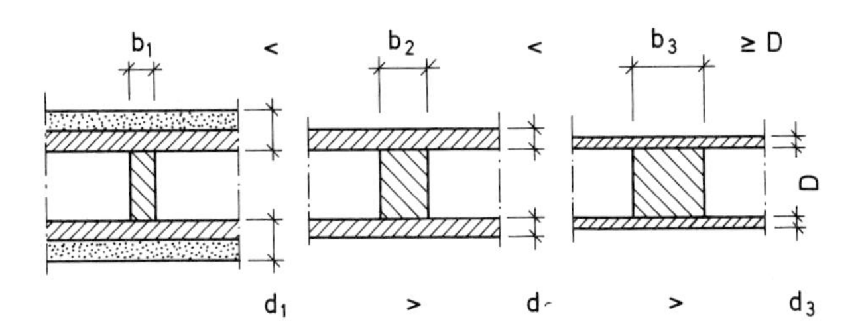


**Bild E 4-3:** Konstruktionsmöglichkeiten bei Wänden; Zusammenhang zwischen Rippen- und Beplankungs- bzw. Bekleidungsdicken

Bei **Fachwerkwänden** nach Abschnitt 4.11 ergibt sich brandschutztechnisch wegen der Forderung nach einer Mindestdicke der Ständer, Riegel, Streben usw. von 100 mm bei raumabschließenden Wänden bzw. 120 mm bei nichtraumabschließenden Wänden und der einseitig geforderten Bekleidung mit $d \geq 12{,}5$ mm eine Mindestwanddicke, die sich sonst aber nach statischen Randbedingungen richtet.

Bei Wänden aus **Vollholz-Blockbalken** nach Abschnitt 4.13 ist die Wanddicke mit min. $d_1$ = 70 mm (bei bestimmter Bekleidung: min $d_1$ = 65 mm) bis min. $d_1$ = 180 mm in Abhängigkeit von der Belastung, der Wandhöhe und dem Abstand aussteifender Bauteile als Mindestwanddicke vorgeschrieben.

**E.4.1.2.1/2** Alle für Wände nach Abschnitt 4 angegebenen **Mindestdicken** d beziehen sich in der Regel auf die unbekleidete Wand oder Wandschale. Wenn Bekleidungen notwendig und daher vorgeschrieben sind – z. B. bei dünnen Beplankungen oder kleinen Holzrippenquerschnitten (vgl. Bild E 4-3) –, werden hier bestimmte Mindestdicken angegeben.

**E.4.1.2.2** Die **Wandhöhen** können in den Grenzen, wie sie in den angegebenen Normen genannt sind, beliebig gewählt werden. Für den Holzbau gelten die Vorschriften von DIN 1052 Teil 1 und Teil 3; für nichttragende innere Trennwände (Unterkonstruktion in Holzbauart) ist DIN 4103 Teil 4 (11/88) zu beachten, wonach die Wandhöhe in Abhängigkeit vom Einbaubereich nach DIN 4103 Teil 1 mit $H \leq 4100$ mm angegeben ist.

## Erläuterungen zu Abschnitt 4.1.3 „Bekleidungen, Dampfsperren“

**E.4.1.3/1** **Zusätzliche Bekleidungen** – z. B. aus optischen Gründen – sind bei den in diesem Handbuch behandelten Wänden erlaubt. Der Abschnitt 4.1.3 wurde aufgenommen, weil keine generelle Erlaubnis ausgesprochen werden kann. Bekleidungen aus Stahlblech, die bei Erwärmung große Verformungen erfahren und damit negativ wirkende Zwängungskräfte hervorrufen können, sind ausgeschlossen.

Zusätzliche Bekleidungen verlängern i. a. die Feuerwiderstandsdauer einer Wand, siehe auch Abschnitt 4.12.7.2.

**E.4.1.3/2** Im Abschnitt 4.1.3 wird bei den Bekleidungen außerdem darauf aufmerksam gemacht, daß bei **Verwendung von Baustoffen der Baustoffklasse B** ggf. bauaufsichtliche Anforderungen zu beachten sind – siehe z. B. die Bilder E 3-13 und E 3-14. Eine Spanplatte der Baustoffklasse B 1 – siehe die Abschnitte 2.3.2.3 und 2.3.2.4 – oder der Baustoffklasse A 2 – siehe Abschnitt 2.3.3.1 – kann nicht beliebig bekleidet oder beschichtet werden, da hierbei die Baustoffklasse u.U. verloren gehen kann.

**E.4.1.3/3** **Dampfsperren** beeinflussen die Feuerwiderstandsklassen von Wänden nicht. Da die Frage nach der Beeinflussung häufig auftaucht, wird neben der Angabe in Abschnitt 4.1.3 (gilt für alle Wände) bei Wänden in Holztafelbauart in Abschnitt 4.12.7.1 ein zweites Mal hierauf hingewiesen.

## Erläuterungen zu Abschnitt 4.1.4 „Anschlüsse, Fugen“

**E.4.1.4.1** Die Angaben von DIN 4102 Teil 4 gelten nach Abschnitt 4.1.4.1 nur für Wände, die sich von Rohdecke bis Rohdecke spannen (Bild E 4-4). Die Normangaben gelten nicht für Wände, die an **Unterdecken** oder **Doppelböden** befestigt werden (Bild E 4-5). Die Feuerwiderstandsklasse von raumabschließenden Wänden, die sich nicht von Rohdecke bis Rohdecke spannen, ist durch Prüfungen nach DIN 4102 Teil 2 nachzuweisen, vgl. Anmerkung zu Abschnitt 4.1.4.1. Die brandschutztechnischen Probleme, die sich z. B. bei Anschlüssen an Unterdecken ergeben, werden in [4.2] beschrieben. Da diese Probleme bei Holzwänden i.a. nicht aktuell sind, werden derartige Trennwände mit ihren Sonderanschlüssen im folgenden nicht weiter behandelt.

Abschließend sei darauf hingewiesen, daß nach bauaufsichtlichen Vorschriften in den Zwischendeckenbereichen oberhalb von Unterdecken bzw. unterhalb von Doppelböden ggf. Abschottungen zur Begrenzung der Zwischendeckenbereiche erforderlich sind (Bild E 4-5). Die Feuerwiderstandsklasse solcher Abschottungen ist durch Prüfungen in Verbindung mit den angrenzenden Trennwänden und Unterdecken bzw. Doppelböden nach DIN 4102 Teil 2 nachzuweisen. Hinweise zu Doppelböden sind in [4.3] enthalten. Doppelböden werden außerdem in den Erläuterungen zu Abschnitt 5.2.5/2 behandelt (s. S. 208).

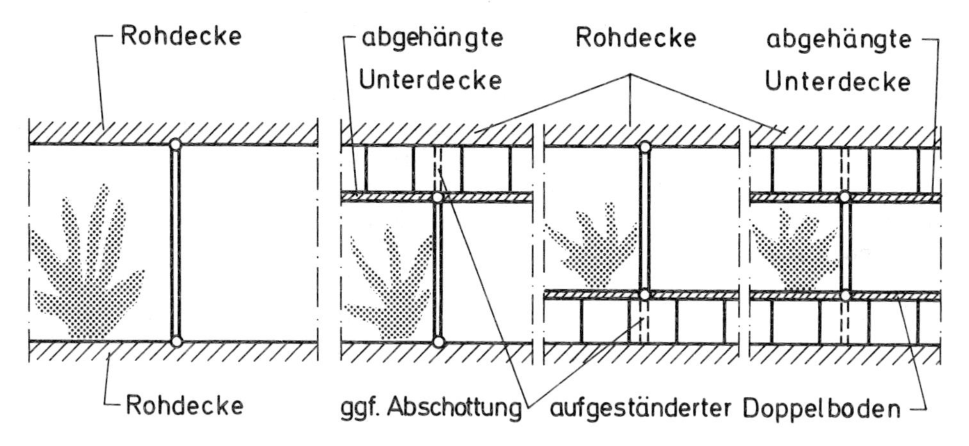


**Bild E 4-4:** Nichttragende Trennwand von Rohdecke bis Rohdecke

**Bild E 4-5:** Nichttragende Trennwände, die nicht von Rohdecke bis Rohdecke reichen (Schema)



**E.4.1.4.2 und E.4.1.4.3** Die Abschnitte 4.1.4.2 und 4.1.4.3 behandeln Anschlüsse von Wänden aus Beton und Mauerwerk. Anschlüsse von Wänden aus Holz und Holzwerkstoffen werden in Abschnitt 4.12.6 und den dazugehörigen Erläuterungen beschrieben.

## Erläuterungen zu Abschnitt 4.1.5 „Zweischalige Wände"

Die Bestimmungen in Abschnitt 4.1.5 über **zweischalige Wände** machen u. a. darauf aufmerksam, daß Stützen, Riegel, Verbände usw., die zwischen den Schalen zweischaliger Wände angeordnet werden, gesondert zu beurteilen sind. Gemeint sind hier nicht Holzrippen von Wänden für Holzhäuser in Tafelbauart oder Schwellen-, Rähm- und Ständerprofile aus korrosionsgeschütztem Stahl (Nenndicke ≥ 0,63 mm) für nichttragende Montagewände (Leichtskelettwände) aus Gipskartonplatten nach DIN 18 183, sondern tragende **Stahlprofile des Stahlbaus** nach DIN 18 800. Derartige Stahlbauteile sind besonders zu ummanteln und zu beurteilen [4.2] – insbesondere im Hinblick auf die kritische Stahltemperatur crit T ≃ 500 °C und die Löschwasserbeanspruchung bei ≥ F 90, die bis zur Übernahme der in Vorbereitung befindlichen EN-Norm (z. Z. EN yyy 1) noch maßgebend ist [4.2]. Der Abschnitt 4.1.5 hat für den Holzbau daher keine Bedeutung.

## Erläuterungen zu Abschnitt 4.1.6 „Einbauten, Installationen"

**E.4.1.6.1** Als **Einbauten/Installationen** gelten z. B.
- Steckdosen, Schalterdosen, Verteilerdosen,
- Kabelabschottungen, Rohrabschottungen,
- Verglasungen und
- Feuerschutzabschlüsse.

Solche Einbauten werden in den folgenden Erläuterungen E.4.1.6.2 bis E.4.1.6.4/6 behandelt.

**E.4.1.6.2** Wie aus Abschnitt 4.1.6.2 hervorgeht, gelten die Feuerwiderstandsklassen der in Abschnitt 4 klassifizierten raumabschließenden Wände nur für Wände ohne Einbauten. **Steckdosen, Schalterdosen, Verteilerdosen** usw. dürfen jedoch eingebaut werden, wenn sie nicht unmittelbar gegenüber liegen und die brandschutztechnisch notwendige Dämmschicht im Bereich derartiger Dosen noch ≥ 30 mm dick ist (Bild E 4-6). In diesem Zusammenhang sei darauf hingewiesen, daß bei Außenwänden auch auf die Winddichtheit zu achten ist. Wird die Dämmschicht – in der Regel aus Mineralfasern – entfernt, beschädigt oder in einer Dicke < 30 mm angeordnet, erfolgt ein vorzeitiger Durchbrand in diesen kritischen Bereichen (Bild E 4-7).

Für **Nischen, Schlitze** usw. – z. B. für Zählerkästen, Rohre und dergl. – sind stets gesonderte Nachweise zu führen. Bei Verminderung der Wandquerschnitte muß entweder der Restquerschnitt der Wand die nach Norm geforderten Mindestdicken aufweisen, oder der Brandschutz ist durch eine Bekleidung – z. B. durch eine eingebaute (ggf. zusätzliche) Dämmplatte – zu gewährleisten.

Auch bei Elt-Dosen ist eine „Bekleidung des geschwächten Bereichs" (z. B. durch eine „Einhausung" mit Kalzium-Silikatplatten) möglich. Auf diese Weise können raumabschließende Wände auch ohne Mineralfaser-Dämmschicht ausgeführt werden, siehe auch die Erläuterungen zu Abschnitt 4.12.5. Der Nachweis ist durch Prüfzeugnis – insbesondere im Hinblick auf den Elt-Dosen-Bereich – zu führen.

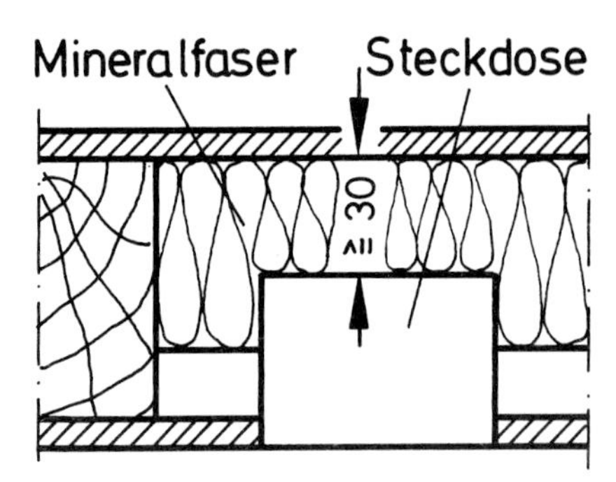


**Bild E 4-6:**
Anordnung der Mineralfaserdämmschicht hinter Elt-Dosen aus brandschutztechnischer Sicht (Maße in mm)

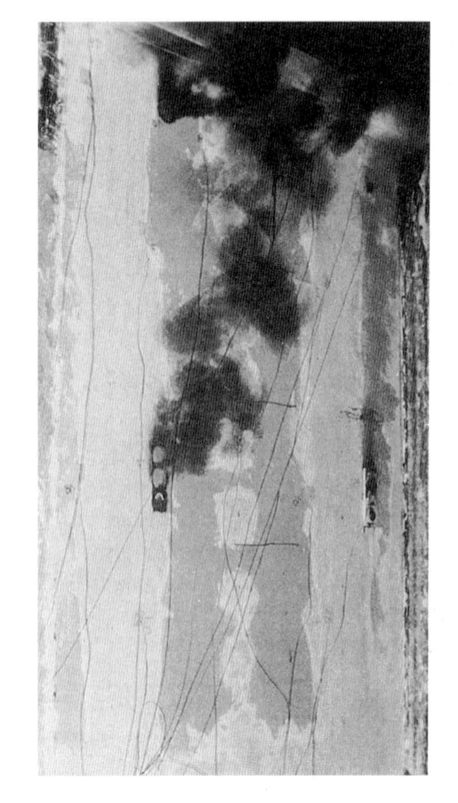

**Bild E 4-7:**
Durchbrand einer raumabschließenden Wand im Bereich von Elt-Dosen

**E.4.1.6.3/1** Werden in tragenden oder nichttragenden raumabschließenden Wänden, an die Anforderungen hinsichtlich der Feuerwiderstandsdauer gestellt werden, zur Durchführungen von **Leitungen** Öffnungen (z. B. oberhalb von Unterdecken gemäß Bild E 4-8) angeordnet, dann müssen diese **Öffnungen** in derselben Feuerwiderstandsklasse wie die Wände verschlossen werden.

Bei der Durchführung einzelner elektrischer Leitungen werden alle Normforderungen erfüllt, wenn der Lochquerschnitt ~ dem Kabelquerschnitt entspricht – d. h. wenn das Einzelkabel (z. B. mit Ø = 10 mm) stramm durch ein Loch (Ø ≤ 11 mm) gezogen wird. Verbleibt wegen eines größeren Loches (Ø > 11 mm) ein Restquerschnitt offen, so muß dieser Restquerschnitt z. B. mit Gips zugespachtelt werden.

**E.4.1.6.3/2** Bei gebündelten elektrischen Leitungen (Anzahl der Kabel ≥ 3 Stück) sind Abschottungen erforderlich, die zulassungspflichtig sind. Zur Zeit gibt es über 100 verschiedene zugelassene Abschottungssysteme, von denen mehrere auch für leichte Trennwände verwendet werden dürfen. Sie bestehen z. B. aus speziellen Mörteln oder Spachtelmassen, Mineralfaserplatten in Verbindung mit Kitten, Anstrichen oder Dämmschichtbildnern, Formsteinen oder Neoprene-Formstücken in Stahlrahmen [4.4]. Die Mehrzahl dieser **Kabelabschottungen** haben Klassifizierungen ≥ S 90 nach DIN 4102 Teil 9 und sind für feuerbeständige Wände (F 90-AB) und Brandwände entwickelt – d. h. sie berühren nicht den Holzbau wie Wände (und Decken) aus Holz und Holzwerkstoffen. Einige Zulassungen des DIBts gelten aber auch für F 30 und F 60 (Kabelabschottungen aus Mineralfaserplatten in Verbindung mit leichten Trennwänden). Zur Zeit gibt es nach [4.4] hierzu folgende Zulassungen:

- 3 Kabelabschottungen mit S 30, Mindestwanddicke d ≥ 7,5 cm und
- 3 Kabelabschottungen mit S 60, Mindestwanddicke d ≥ 10 cm.

Abschließend sei darauf hingewiesen, daß es auf europäischem Gebiet den Entwurf (April 1994) von DIN EN 1366 „Brandprüfungen für Bauteile und Bauelemente, Prüfung des Feuerwiderstandes von Installationen, Teil 3: Abschottungen" gibt. Da Kabelabschottungen bei Holzwänden nur ganz selten zur Diskussion stehen, wird hierauf im folgenden nicht weiter eingegangen.

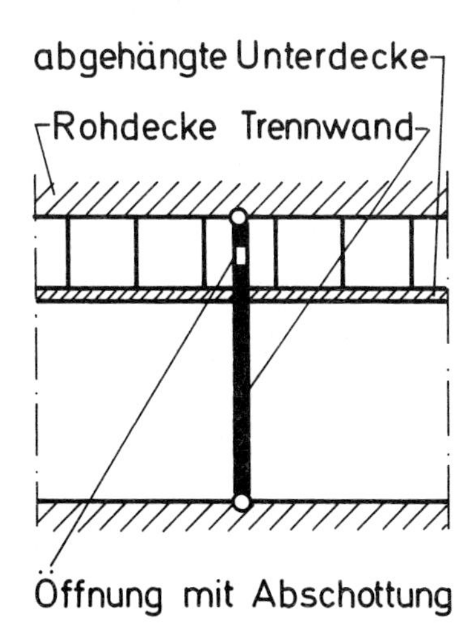


**Bild E 4-8:**
Trennwand mit einer Öffnung für Leitungen mit einer Abschottung

**E.4.1.6.3/3** Unter den Begriff Leitungen fallen auch Rohre. Für Öffnungen von Rohren gilt das vorstehend Gesagte sinngemäß. Abschottungen von Rohren aus brennbaren Baustoffen mit einem Durchmesser > 50 mm sind für Feuerwiderstandsklassen ≥ F 90 ebenfalls zulassungspflichtig [4.1]. Die auf dem Markt befindlichen Abschottungssysteme sind nur für bestimmte Rohrdurchmesser und -werkstoffe (PP, PPH, PE, ABS/ASA usw.) und nur für bestimmte Anwendungsbereiche zugelassen. Zur Zeit gibt es etwa 20 zugelassene **Rohrabschottungen** der Feuerwiderstandsklassen R 90 oder R 120 nach DIN 4102 Teil 11, die bei Wänden (und Decken) aus Mauerwerk und Beton mit bestimmter Mindestdicke eingebaut werden dürfen. Bei sieben Zulassungen des DIBt dürfen die Rohrabschottungen ≥ F 90 auch in leichten Trennwänden verwendet werden [4.4].
Da Rohrabschottungen ≥ R 90 bei Wänden aus Holz und Holzwerkstoffen (i. a. F 30 – F 60) nicht zur Diskussion stehen, wird dieses Thema hier nicht weiter behandelt.

**E.4.1.6.4/1** Wenn in raumabschließende Wände mit bestimmter Feuerwiderstandsklasse **Verglasungen der Feuerwiderstandsklassen F oder G** eingebaut werden sollen, darf dies nur in Verbindung mit Wänden bestimmter Bauarten mit bestimmten Mindestdicken geschehen. Außerdem sind bestimmte konstruktive Details – z. B. hinsichtlich der Rahmen aus Holz, Alu, Stahl usw. und der Befestigungen – sowie maximal zulässige Scheibengrößen zu beachten. Während F-Verglasungen i. a. an jeder beliebigen Stelle einer Wand eingebaut werden dürfen, dürfen G-Verglasungen – z. B. in Rettungswegen – aufgrund bauaufsichtlicher Vorschriften mit ihrer Unterkante ggf. nur ≥ 1,8 m über OK Fertigfußboden angeordnet werden.

**E.4.1.6.4/2** **G-Verglasungen** lassen die Wärmestrahlung – baupraktisch gesehen – ungehindert durch, so daß sich brennbare Baustoffe nach genügender Bestrahlungszeit entzünden, vgl. Bild E 4-9. Im Bereich von G-Verglasungen dürfen daher in der Regel nur nichtbrennbare Baustoffe angeordnet werden. Die Bestimmungen der Zulassungen des DIBts enthalten auch die zwingenden Randbedingungen über den Einbau, die Befestigungen und die Scheibengröße. Letztere darf bestimmte Größen nicht überschreiten, wobei ein Einbau im Quer- oder Hochformat – auch wahlweise – vorgeschrieben wird. In verschiedenen Fällen wird auch der Einbau übereinander gestattet. Einen Überblick über die z. Z. erteilten Zulassungen für G-Verglasungen gibt [4.4].

**E.4.1.6.4/3** **F-Verglasungen** – wie G-Verglasungen nach DIN 4102 Teil 13 geprüft und durch das DIBt zugelassen – lassen bei Brandbeanspruchung keine Wärmestrahlung durch. Sie wirken im Brandfall wie eine Wand und erfüllen die Kriterien $\Delta T \leq 140$ K im Mittel und $\leq 180$ K maximal (Bild E 4-10). Einen Überblick über die z. Z. erteilten Zulassungen für F-Verglasungen gibt [4.4].

**E.4.1.6.4/4** In Zukunft wird es voraussichtlich keine **Zulassungen für F- und G-Verglasungen** mehr geben. Nach abgeschlossener **EN-Normung** – vgl. die Bilder E 1-2 (zeitliche Vorstellungen) und E 3-7/E 3-8 (Grundlagendokument Brandschutz) sollen Verglasungen im Zusammenhang „nur mit nichttragenden Wänden und Fassaden“ (GD-Abschnitt 4.3.1.3 – 5.1/5.2) beurteilt werden. Wie waagerechte oder geneigte Verglasungen in Decken und Dächern behandelt werden sollen, ist noch unklar.

**E.4.1.6.4/5** Nach [4.4] werden die in Tabelle E 4-1 aufgezählten Merkmale unterschieden. Diese Unterscheidungsmerkmale ermöglichen dem Planer einen ersten Einstieg in die Fülle der Möglichkeiten – im Juni 1993 gab es bereits über 200 Zulassungen. Die Zusammenstellung von Tabelle E 4-1 ist in verschiedener Hinsicht hilfreich:

a) Eine grobe Unterteilung gibt Spalte 1 mit Bezeichnungen nach [4.4] wieder.

b) Die Spalte 2 zeigt die Klassifizierungen von G 30 – G 120 bis F 30 – F 90. Welche Widerstandsklasse gewählt werden muß (bauaufsichtliche Forderung) oder gewählt wird (ggf. Kompromiß über Ausnahme/ Befreiung – vgl. Abschnitt 3.5.5), ist Sache des Einzelfalles.

c) Die Spalten 3–5 zeigen die Anzahl der erteilten Zulassungen mit der Unterscheidung für den Innen- und Außenbereich. Im Außenbereich können nicht alle F-Verglasungen eingesetzt werden, weil einige Verglasungen bereits durch die Wärmeeinstrahlung der Sonne Veränderungen erfahren.

d) Die Spalten 6–9 beschreiben das Material für die Rahmenprofile. Die Quersumme der Zahlen von Spalte 6–9 ergibt nicht immer die Zahl von Spalte 3, da Profile aus anderem Material (z. B. Ca-Si-Platten) nicht aufgelistet wurden.
**Rahmenprofile aus Holz** (Spalte 6) sind danach nur in bestimmten Fällen möglich.

**Bild E 4-9:**
Durch G-Verglasung durchgehende Strahlung entzündet angrenzende Spanplatten einer Montagewand (Zustand kurz nach Abstellen der Beflammung bei der Prüfung)

**Bild E 4-10:**
F-Verglasung in einer zweiflügeligen Feuerschutztür T 30 kurz nach Beginn der Brandbeanspruchung (die Temperaturen im Brennerbereich haben bereits zu einem Zuschäumen geführt)

e) Aus welchem Baustoff die Wände (Wandoberflächen) nach Zulassung bestehen müssen, zeigen die Angaben der Spalten 10–14. Auch hier muß gesagt werden, daß die Quersumme wegen anderer Randbedingungen nicht immer der Zahl in Spalte 3 entspricht. Werden Zahlen zweimal genannt – z. B. bei MW und B –, dann dürfen die angrenzenden Wandteile aus Mauerwerk oder Beton bestehen.
Wandbeplankungen bzw. -bekleidungen **(Oberflächen) aus Holz** (Spalte 14) sind nur in bestimmten Fällen möglich.

f) **Veränderungen** bei den Baustoffen, Querschnitten, Oberflächen usw. sind in der Regel nicht möglich. Für eine Abänderung der Zulassungsbedingungen bedarf es einer Zustimmung im Einzelfall – siehe Bild E 1-1, ggf. mit Hilfe eines Gutachtens (Bild E 3-19).

Abschließend sei bemerkt, daß die Literaturstellen [4.70] und [4.71] das Thema ausführlich behandeln.

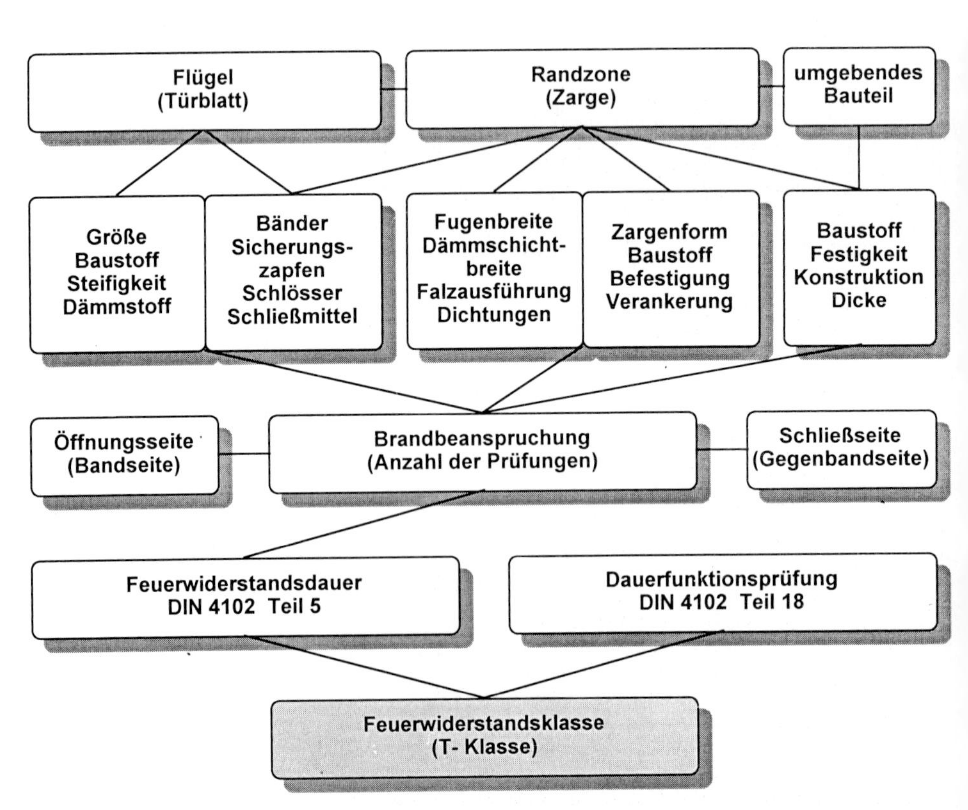


**Bild E 4-11:** Einflußgrößen auf die Feuerwiderstandsklasse von Feuerschutzabschlüssen (bei Fahrschachttüren keine Dauerfunktionsprüfung)

**Tabelle E 4-1:** Übersicht über zugelassene F- und G-Verglasungen des DIBt nach [4.4]
Stand: Juni 1993

| Spalte | 1 | 2 | 3 | 4 | 5 | 6 | 7 | 8 | 9 | 10 | 11 | 12 | 13 | 14 |
|---|---|---|---|---|---|---|---|---|---|---|---|---|---|---|
| Zeile | Unterscheidungsmerkmal | Widerstandsklasse | Anzahl der Zulassungen[1] | | | verwendetes Material bei Rahmenprofilen[2] | | | | angrenzenden Wandteilen[3] | | | | |
| | | | gesamt | für innen | für außen | H | B | S | A | Mw | B | G | S | Sp |
| 1 | Wandgroße Verglasungen | G 30 | 21 | 21 | 9 | 4 | 2 | 12 | 3 | entfällt, da wandgroß; angrenzende Bauteile z. B. aus Stahlbeton müssen nach Spalte 2 ≥ F 30, ≥ F 60 usw. sein | | | | |
| 2 | | G 60 | 3 | 3 | – | – | 2 | 1 | – | | | | | |
| 3 | | G 90 | 8 | 8 | 2 | – | 6 | 2 | – | | | | | |
| 4 | | G 120 | 2 | 2 | 1 | – | 1 | 1 | – | | | | | |
| 5 | | F 30 | 37 | 37 | 13 | 10 | 4 | 19 | 4 | | | | | |
| 6 | | F 60 | 3 | 3 | 2 | – | 1 | 2 | – | | | | | |
| 7 | | F 90 | 21 | 21 | 14 | 2[4] | 4 | 13 | 2 | | | | | |
| 8 | Verglasungen für einreihige Fensterbänder | G 30 | 4 | 4 | 2 | 1 | – | 3 | – | 4 | 4 | – | – | – |
| 9 | | F 30 | 4 | 4 | 4 | 4[5] | – | – | – | 4 | 4 | – | – | – |
| 10 | | F 90 | 1 | 1 | 1 | 1[5] | – | – | – | 1 | 1 | – | – | – |
| 11 | Verglasungen zum Verschluß einzelner Wandöffnungen | G 30 | 9 | 9 | 1 | 1 | – | 8[6] | – | 8 | 8 | 1 | – | – |
| 12 | | G 60 | 4 | 4 | – | – | – | 4 | – | 4 | 4 | – | – | – |
| 13 | | G 90 | 1 | 1 | – | – | – | 1 | – | 1 | 1 | – | – | – |
| 14 | | G 120 | 1 | 1 | – | – | – | 1 | – | 1 | 1 | – | – | – |
| 15 | | F 30 | 2 | 1 | 1 | 2[5] | – | – | – | 2 | 2 | – | – | – |
| 16 | | F 90 | 5 | 5 | 3 | – | – | 5[6] | – | 4 | 4 | 2 | – | – |
| 17 | Verglasungselemente zum Einbau in leichte Trennwände | G 30 | 46 | 46 | – | 1[5] | – | 29 | 15 | – | – | 17 | 5 | 17 |
| 18 | | G 90 | 1 | 1 | – | – | – | 1 | – | – | – | 1 | – | – |
| 19 | | F 30 | 18 | 18 | – | 5[5] | – | 12 | – | – | – | 7 | 6 | 5 |
| 20 | | F 90 | 4 | 4 | – | – | – | 3 | – | – | – | 4 | – | – |
| 21 | Verglasungen zum horizontalen und geneigten Einbau [7] | G 30 | 6 | – | 6 | 1 | – | 5 | – | 5 | 5 | – | 3 | 1[9] |
| 22 | | G 60 | 1 | 1 | – | – | 1 | – | – | 1 | 1 | – | – | – |
| 23 | | F 30 | 6 | – | 6 | 1 | – | 4 | 1 | 6 | 6 | – | 2 | 1 |
| 24 | Glasbausteine nach DIN 18 175 als Verglasung [7] | G 60 | 1 | 1 | 1 | entfällt | | | | siehe Zeile 1–7 | | | | |
| 25 | | G 90 | 2 | 2 | 2 | | | | | | | | | |
| 26 | | G 120 | 2 | 2 | 2 | | | | | | | | | |
| 27 | | F 60 | 2 | 2 | 2 | | | | | | | | | |

[1] Es bedeuten z. B. nach Zeile 1: 21 Zulassungen gelten für innen, davon 9 auch für außen.
[2] H = Holz oder Holzwerkstoffe, B = Stahlbeton, S = Stahl (-Rohre, -Bleche, -Winkel), A = Aluminium, ggf. in Verbindung mit Stahl, Zahl = Anzahl der Zulassungen
[3] Mw = Mauerwerk; B = Beton; G = GKF, Gf; S = Stahl; Sp = Spanplatten; Zahl = Anzahl der Zulassungen
[4] in Verbindung mit Stahlblech
[5] zum Teil in Verbindung mit Stahl oder Ca-Si-Platten
[6] ggf. in Verbindung mit Gipskartonplatten oder Ca-Si-Platten
[7] siehe außerdem DIN 4102 Teil 4: genormte Ausführungen in Abschnitt 8.4
[8] Stahlblech in Verbindung mit GKB oder Mineralfaserplatten
[9] Holz

**E.4.1.6.4/6** Für **Feuerschutzabschlüsse** und deren Einbau in angrenzende Wandteile gibt es ähnlich viele Differenzierungen wie bei den F- und G-Verglasungen. Einen groben Überblick über die Einflußgrößen auf die Feuerwiderstandsklasse von Feuerschutzabschlüssen gibt Bild E 4-11. Feuerschutzabschlüsse sind zulassungspflichtig.

Wegen der Vielzahl der Einflüsse und wegen der komplexen Zusammenhänge soll lediglich auf folgende Literatur bzw. Zusammenstellungen aufmerksam gemacht werden:

a) Allgemein: – [4.5], [4.6], [4.7] – sowie [4.4]
b) Holztüren: – [4.8], [4.9], [4.10] sowie [4.11]

Es gibt über 60 verschiedene Zulassungen für Holz-Feuerschutzabschlüsse (Tabelle E 4-2).

**Tabelle E 4-2:** Übersicht über zugelassene Feuerschutzabschlüsse aus Holz und Holzwerkstoffen des DIBT nach [4.4] und [4.10] (Stand Juni 1993)

| **Spalte** | **1** | **2** | **3** | **4** |
|---|---|---|---|---|
| **Zeile** | **Anzahl der Herstellerfirmen** | **Anzahl der Zulassungen für** | | |
| | | **T 30-1** | **T 30-2** | **T 60-1** |
| 1 | insgesamt: 14 | 45 | 18 | 3 |

In diesem Zusammenhang wird (ähnlich wie bei den F- und G-Verglasungen) darauf aufmerksam gemacht, daß die zugelassenen Feuerschutzabschlüsse
- zum Teil nur in Massivwände eingebaut,
- zum Teil auch in leichten Trennwänden, z. B. mit einer Beplankung – bzw. Bekleidung aus
  - Spanplatten oder
  - Gipskarton- oder Gipsfaser-Platten

  errichtet,
- zum Teil mit F-Verglasungen ausgestattet und
- zum Teil mit Seiten- oder Oberblenden (ebenfalls in F-Verglasung)
- versehen

  werden dürfen.

Veränderungen oder Abweichungen in irgendwelchen Details sind in der Regel nicht möglich. Für eine Abänderung der Zulassungsbedingungen bedarf es einer Zustimmung im Einzelfall – siehe Bild E 1-1, ggf. mit Hilfe eines Gutachtens (Bild E 3-19).

Zwei Beispiele nach [4.12]
- 1flügelige T 30-Tür mit F 30-Verglasungen als Ober- und Seitenblenden
- 2flügelige T 30-Tür mit F 30-Verglasung in den Türblättern und angrenzender Glastrennwand F 30

zeigen die Bilder E 4-12 und E 4-13.

**Bild E 4-12:**
T 30-1-Holztür mit Verglasungen sowie angrenzenden F-Verglasungen nach [4.12]

**Bild E 4-13:** T 30-2-Holztür mit anschließender Glastrennwand F 30 in einem mehrgeschossigen, ausgedehnten Gebäude in Holzkonstruktion nach [4.12]

## 4.2–4.8 Feuerwiderstandsklassen von Massivwänden

In den Abschnitten 4.2 bis 4.8 von DIN 4102 Teil 4 (03/94) werden Massivwände klassifiziert. Im einzelnen werden folgende Bauarten behandelt:

- Abschn. 4.2: Beton- und Stahlbetonwände aus Normalbeton
- Abschn. 4.3: Gegliederte Stahlbetonwände
- Abschn. 4.4: Wände aus Leichtbeton mit geschlossenem Gefüge nach DIN 4219 Teil 1 und Teil 2
- Abschn. 4.5: Wände aus Mauerwerk und Wandbauplatten einschließlich Pfeilern und Stürzen
- Abschn. 4.6: Wände aus Leichtbeton mit haufwerksporigem Gefüge
- Abschn. 4.7: Wände aus Porenbeton
- Abschn. 4.8: Brandwände aus Normalbeton, Mauerwerk, Leichtbeton mit haufwerksporigem Gefüge und Porenbeton nach den Abschnitten 4.2 und 4.5 bis 4.7

Die Normbestimmungen werden bezüglich
- Beton, Stahlbeton (einschließlich Spannbeton) und Leichtbeton in – [4.1],
- Mauerwerk in [4.13] und
- Porenbeton in [4.14]

umfassend und ausführlich kommentiert. Angaben über Brandwände sind in [4.1], [4.2], [4.13] und [4.14] enthalten. Bauteile aus Beton, Stahlbeton und Leichtbeton (einschließlich Brandwänden) werden auch in [4.15] behandelt, wobei insbesondere die Unterschiede zur alten Normfassung von Teil 4 (03/81) herausgestellt werden; wegen einer leichten Trennwand in Brandwandqualität siehe auch die Erläuterung E.4.2 – 4.8/6 auf Seite 124.

### Erläuterungen (E) zu den Abschnitten 4.2 - 4.8

**E.4.2-4.8/1** Erläuterungen zu Massivwänden können baustoffbezogen der genannten Literatur [4.1], [4.2] und [4.13] bis [4.15] entnommen werden.

**E.4.2-4.8/2** Holz und Holzwerkstoffe können bei den aufgezählten Massivwänden sowohl als **Innenwandbekleidung** als auch als **Außenwandbekleidung** verwendet werden; bei Brandwänden kann es Verbote, Ausnahmen und Sonderregelungen geben.

**E.4.2-4.8/3** Für die Verwendung von Holz und Holzwerkstoffen als **Innenwandbekleidung** bestehen i.a. keine Einschränkungen; lediglich bei Treppenraumwänden und Wänden in Rettungswegen (allgemein zugängliche Flure und offene Gänge vor Außenwänden bei „sonstigen“ bzw. „anderen“ Gebäuden – vgl. Bild E 3-14) dürfen als Bekleidung nur A-Baustoffe und keine B-Baustoffe verwendet werden. Abgesehen von den genannten Ausnahmen in Rettungswegen einschließlich Treppenräumen bestehen keine Einschränkungen bezüglich Art, Dicke, Ausführung usw.

An dieser Stelle sei erwähnt, daß es hinsichtlich der Brandausbreitung, der Temperaturhöhe ($T > T_{ETK}$) und der Beeinflussung benachbarter Räume (und ggf. Gebäude) ungünstig ist, wenn Wand- *und* Deckenbekleidungen gleichzeitig aus brennbaren Baustoffen bestehen.

In Hochhäusern dürfen deshalb brennbare Wandbekleidungen als B 1-Baustoffe nur verwendet werden, wenn auch die Deckenbekleidungen mindestens B 1 sind [4.1]. In Hochhäusern dürfen B 2-Wandbekleidungen nur eingebaut werden, wenn die Unterseite der Decke aus A-Baustoffen besteht [4.1].

**E.4.2-4.8/4** Wie zum Stichwort **Außenwandbekleidungen** aus Bild E 3-13 hervorgeht, dürfen bei Gebäuden geringer Höhe (siehe Abschnitt 3.5.2 mit Bild E 3-11) **B 2-Bekleidungen** nur verwendet werden, wenn **geeignete Maßnahmen** zur Verhinderung einer Brandausbreitung (Personenschutz) – d. h. Maßnahmen gegen die Gefährdung von Nachbarn – ergriffen werden. Bei „sonstigen“ oder „anderen“ Gebäuden und bei Hochhäusern dürfen als Außenwandbekleidungen nur B 1-Baustoffe eingebaut werden. Da Holz im Außenbereich nicht der Baustoffklasse B 1 angehört und Spanplatten oder andere Bauplatten nur in besonderen Fällen im Außenbereich schwerentflammbar sind (vgl. Abschnitt 2.3.2), kommen B 2-Bekleidungen aus Holz oder Holzwerkstoffen in der Regel nur bei Gebäuden geringer Höhe zur Anwendung (Bild E 4-14).

Weitere Informationen sind in [4.44] enthalten. Allgemeine Informationen zu Außenwandbekleidungen sind in [4.73] wiedergegeben.



Geeignete Maßnahmen zur Verhinderung einer Brandausbreitung zum Nachbarn bei Gebäuden geringer Höhe – z. B. also bei niedrigen Reihenhäusern – liegen vor, wenn

- Außenwandbekleidungen
- großflächige Unterkonstruktionen
- Dämmschichten unter Bekleidungen sowie
- nichtbekleidete Bauteiloberflächen

in bestimmten Bereichen der unmittelbar aneinander grenzenden Gebäude aus Baustoffen der Klasse A bestehen (Bilder E 4-15 bis E 4-17). Hiervon kann in besonderen Fällen auf dem Wege der Ausnahme oder Befreiung abgewichen werden, siehe Abschnitt 3.5.5.

Bei höheren Gebäuden können „Holz“-Bekleidungen nur noch in Form von

- Holzwolle-Leichtbauplatten (HWL-Dämmschicht B 1 nach Abschnitt – 2.3.2.1) mit
- Putz (Baustoffklasse A nach DIN 4102 Teil 4)

ausgeführt werden (Bild E 4-18). Anstelle der HWL-Platten kann auch ein Mineralfaserplatten-Untergrund mit Putz als zugelassenes Wärmedämm-Verbundsystem verwendet werden.

**E.4.2-4.8/5** Über Temperaturen im Fassadenbereich und das Verhalten von B 1- sowie B 2-Baustoffen informieren u. a. die Literaturstellen [4.61] bis [4.66].

**Bild E 4-14:** Holz-Außenwandbekleidungen bei niedrigen Gebäuden – im vorliegenden Fall auch mit Maßnahmen nach Bild E 4-15 (rechte Gebäudegrenze: vorgezogene Massivwand; linke Gebäudegrenze: Massivstreifen zwischen Fenstern ≥ 1,0 m sowie kleiner Gebäudeversatz)

**E.4.2-4.8/6** Abschnitt 4.8 enthält die Bemessungsregeln für Brandwände, die i.a. aus Massivwänden (Mauerwerk oder Beton) errichtet werden [4.1], [4.2] und [4.13] bis [4.15]. Es gibt aber auch den Sonderfall, eine „leichte Trennwand" (ohne Holz und Holzwerkstoffe) als Brandwand auszuführen. Ein Beispiel hierfür ist eine tragende Wandkonstruktion mit einer zulässigen Belastung von $p \leq 50$ kN/m aus

- „PROFILHAUS"-Stahlständerprofilen mit einem System-Abstand $a = 312$ mm (416 mm) und
- einer beidseitigen Beplankung aus FERMACELL-Gipsfaserplatten $d = 15 + 2 \times 12{,}5$ mm ($3 \times 12{,}5$ mm) sowie
- einer innen angeordneten 100 mm dicken Mineralfaser-Dämmschicht ($\rho \geq 30$ kg/m$^3$),

die die Klassifizierung „Brandwand" (bis zu einer Höhe $H = 5$ m) im wesentlichen deshalb erreicht, weil beidseitig hinter der äußeren FERMACELL-Lage jeweils 0,38 mm dicke PROFILHAUS-Blechtafeln bei bestimmter Befestigung angeordnet werden [4.29]. Ähnliche Nachweise wurden auch mit Wänden unter Verwendung von Gipskarton-Feuerschutzplatten (GKF) durchgeführt.

**E.4.2-4.8/7** Holzbauteile (z. B. Balken) dürfen Brandwände nicht überbrücken; sie dürfen aber in Brandwände eingreifen, z. B. in:

- Aussparungen, wenn die Restdicke der Wand $d_{Rest} \geq d_{F\,90}$ ist oder
- Balken-Stahlschuh-Auflager, vgl. Abschnitt 5.8.8.2 und die dazugehörigen Erläuterungen.

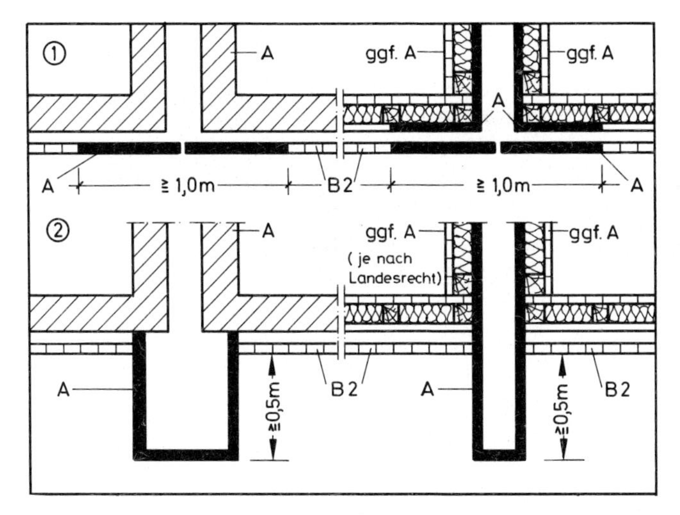


**Bild E 4-15:** Anforderungen an die Baustoffklasse von Außenwandbekleidungen (Wandoberflächen) und großflächigen Unterkonstruktionen sowie Dämmschichten bei unmittelbar aneinandergrenzenden Gebäuden mit geringer Höhe (Schema)

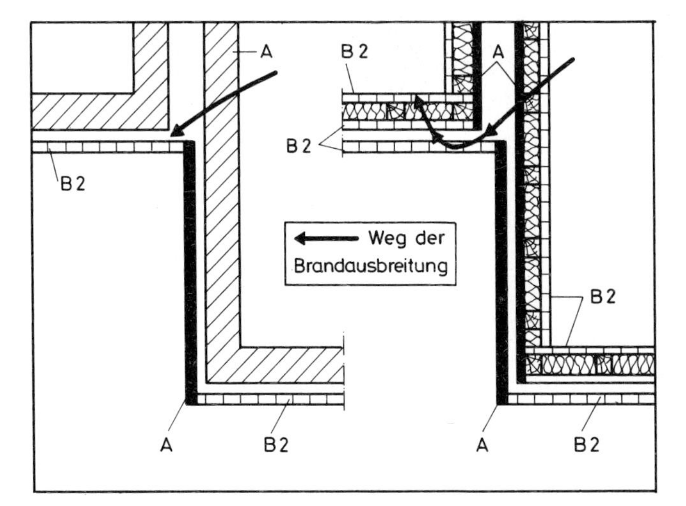


**Bild E 4-16:** Falscher Einsatz brennbarer Baustoffe bei unmittelbar aneinandergrenzenden Gebäuden mit geringer Höhe bei versetzter Gebäudeanordnung

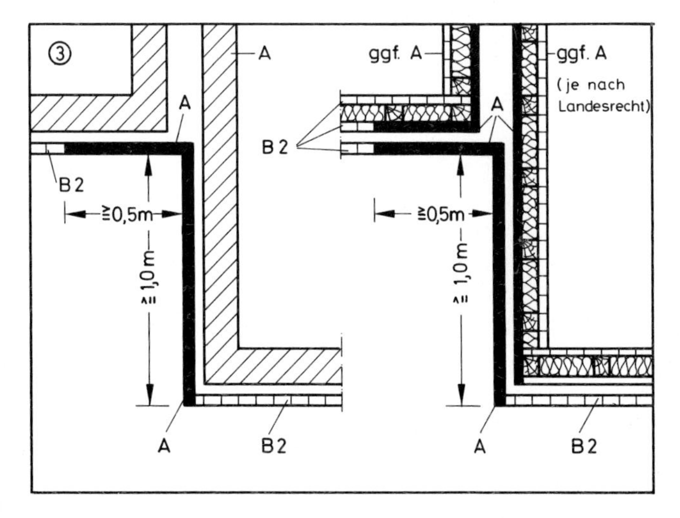


**Bild E 4-17:** Anforderungen an die Baustoffklasse von Außenwandbekleidungen (Wandoberflächen) und großflächigen Unterkonstruktionen sowie Dämmschichten bei unmittelbar aneinandergrenzenden Gebäuden mit geringer Höhe (Schema) bei versetzter Gebäudeanordnung

DIN 4102
Teil 4

### 4.9 Feuerwiderstandsklassen 2schaliger Wände aus Holzwolle-Leichtbauplatten mit Putz

#### 4.9.1 Anwendungsbereich

**4.9.1.1** Die Angaben von Abschnitt 4.9 gelten für nichttragende, 2schalige Trennwände nach DIN 4103 Teil 1, deren Wandschalen aus Holzwolle-Leichtbauplatten nach DIN 1101, einer Drahtverspannung und Putz bestehen; zwischen den Wandschalen ist eine Dämmschicht angeordnet.

**4.9.1.2** Die folgenden Angaben gelten nur für raumabschließende Wände zwischen angrenzenden Massivbauteilen.

#### 4.9.2 Mindestdicke der Wandschichten

Die einzelnen Schichten der 2schaligen Wände müssen die in Tabelle 46 angegebenen Mindestdicken besitzen.

#### 4.9.3 Putz, Verspannung und Dämmschicht

**4.9.3.1** Der Putz muß DIN 18 550 Teil 2 entsprechen und fugenlos auf die Holzwolle-Leichtbauplatten aufgebracht werden. Der Putz muß an die angrenzenden Massivbauteile dicht anschließen.

**4.9.3.2** Auf den Außenseiten der Holzwolle-Leichtbauplatten sind zur Sicherung der Standfestigkeit der Wände Verspannungen aus Drahtgewebe oder ähnlichem anzuordnen; sie sind an den angrenzenden Massivbauteilen in Abständen ≤ 250 mm zu befestigen.

**4.9.3.3** Die Dämmschicht zwischen den Wandschalen muß aus Mineralfaser-Dämmstoffen nach DIN 18 165 Teil 1/07.91, Abschnitt 2.2, bestehen, der Baustoffklasse A angehören, eine Rohdichte ≥ 30 kg/m³ aufweisen und einen Schmelzpunkt ≥ 1000 °C nach DIN 4102 Teil 17 besitzen. Die Dämmschicht muß wie die Holzwolle-Leichtbauplatten dicht an die angrenzenden Massivbauteile anschließen.

**Tabelle 46: Mindestdicken nichttragender, 2schaliger Wände aus Holzwolle-Leichtbauplatten**

| Zeile | Konstruktionsmerkmale<br>($d_2$ $d_1$ $D$ $d_1$ $d_2$ — Putz, Holzwolle-Leichtbauplatte, Dämmschicht, Drahtverspannung) | Feuerwiderstandsklasse-Benennung | |
|---|---|---|---|
| | | F 30-B bis F 120-B | F 180-B |
| 1 | Mindestdicke $d_1$ in mm der Holzwolle-Leichtbauplatten nach DIN 1101 | 50 | 50 |
| 2 | Mindestdicke $d_2$ in mm des Putzes, gemessen ab Oberkante Holzwolle-Leichtbauplatten | 15 | 20 |
| 3 | Mindestdicke $D$ in mm der Dämmschicht nach Abschnitt 4.9.3.3 | 40 | 40 |

**Bild E 4-18:** Mehrgeschossiges Wohn- und Geschäftshaus, HWL-Platten mit Putz als Außenbekleidung im Rohbau

## Erläuterungen (E) zu Abschnitt 4.9

**E.4.9/1 Holzwolle-Leichtbauplatten (HWL) nach DIN 1101** sind Platten aus Holzwolle und mineralischen Bindemitteln, wobei magnesit- und zementgebundene Platten unterschieden werden. Sie gelten nach DIN 4102 Teil 4 ohne besonderen Nachweis als schwerentflammbar (Baustoffklasse B 1, Tabelle E 2-2).

**E.4.9/2 Die Abbrandgeschwindigkeit** der Platten beträgt nach [4.1] v ~ 0,65 mm/min; sie liegt damit niedriger als die vereinbarte Abbrandgeschwindigkeit von Stützen und Zuggliedern aus üblichem Nadelholz (Tabelle E 2-11). Aufgrund dieser Geschwindigkeit eignen sich Holzwolle-Leichtbauplatten zur Verbesserung der Feuerwiderstandsdauer von Bauteilen. HWL-Platten werden u. a. als verlorene Schalung im Betonbau - Bilder E 4-19 und E 4-20 –, als Bekleidung oder auch als Dämmschicht verwendet, vgl. Abschnitt 4.12 – insbesondere die Tabellen 51 und 52.

**E.4.9/3** In Verbindung mit Putz und einer beidseitigen Drahtverspannung - vgl. Abschnitt 4.9.3.2 - eignen sich HWL-Platten sogar, um leichten nichttragenden Trennwänden eine hohe Feuerwiderstandsdauer zu verleihen (Tabelle 46). Aufgrund der zweischaligen Ausführung und der in Wandmitte angeordneten Dämmschicht aus Mineralfaserplatten ist es möglich, nach den Bestimmungen von Abschnitt 4.1.6.2 auch Steckdosen u. ä. als Unterputzdosen anzuordnen.



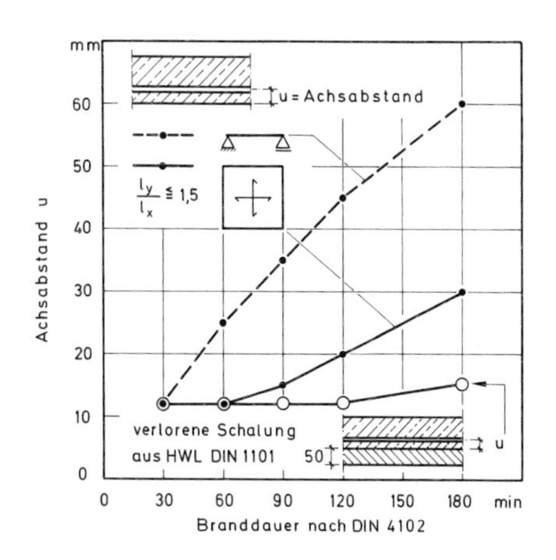


**Bild E 4-19:**
Einfluß einer verlorenen Schalung aus HWL-Platten auf den Mindestachsabstand u von Stahlbetonplatten der Feuerwiderstandsklasse F 30 bis F 180

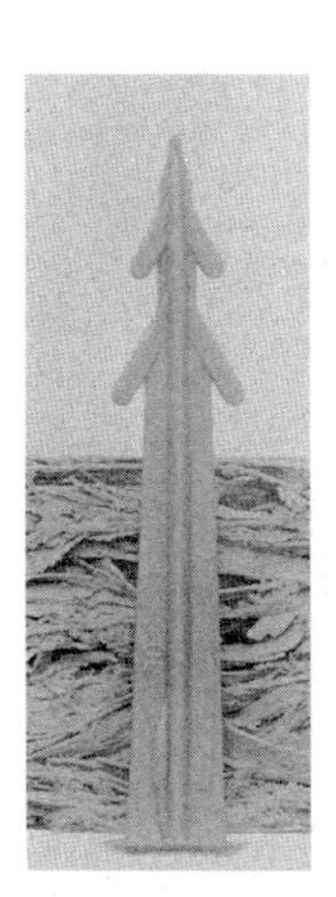

**Bild E 4-20:**
Verlegen von HWL-Platten mit ≥ 6 Haftsicherungsankern aus Stahl (siehe Teilbild) pro m² als verlorene Schalung bei Stahlbetondecken

### 4.10 Feuerwiderstandsklassen von Wänden aus Gipskarton-Bauplatten

#### 4.10.1 Anwendungsbereich

**4.10.1.1** Die Angaben von Abschnitt 4.10 gelten für nichttragende, 1- und 2schalige Trennwände nach DIN 4103 Teil 1, deren Beplankungen aus Gipskarton-Bauplatten nach DIN 18 180 bestehen, eine geschlossene Fläche besitzen und im Bereich von Bekleidungsstößen nach DIN 18 181 verspachtelt sind; zwischen den Beplankungen ist eine Dämmschicht angeordnet. Für die Ausführung von Metallständerwänden gilt außerdem DIN 18 183.

**4.10.1.2** Angaben über tragende und nichttragende Fachwerkwände oder Wände aus Holztafeln, bei denen die Beplankungen teilweise oder ganz aus Gipskarton-Bauplatten bestehen, sind in den Abschnitten 4.11 und 4.12 enthalten.

#### 4.10.2 Beplankungen

**4.10.2.1** Die Beplankungen müssen, sofern nichts anderes gesagt wird, aus Gipskarton-Feuerschutzplatten (GKF) nach DIN 18 180 bestehen und eine geschlossene Fläche besitzen.

**4.10.2.2** Die Gipskarton-Bauplatten sind auf Ständern und/oder Riegeln dicht zu stoßen. Bei 1lagiger Beplankung sind die Stöße um mindestens einen Ständer- bzw. Riegelabstand gegeneinander zu versetzen. Bei mehrlagiger Beplankung sind die Stöße innerhalb einer Beplankungsseite zu versetzen.

**4.10.2.3** Die Beplankungen sind auf Stahlprofilen mit Schnellbauschrauben nach DIN 18 182 Teil 2 und auf Holz oder Gipskartonstreifenbündeln ebenfalls mit Schnellbauschrauben oder mit Klammern nach DIN 18 182 Teil 3 oder mit Nägeln nach DIN 18 182 Teil 4 zu befestigen. Bei mehrlagigen Beplankungen ist jede Lage für sich mit den Ständern und/oder Riegeln zu befestigen.

**4.10.2.4** Fugen gestoßener Beplankungen sowie Schrauben-, Nagel- und Klammernagelköpfe sind nach DIN 18 181 zu verspachteln. Bei mehrlagigen Bekleidungen sind Fugendeckstreifen nur in der raumseitigen Bekleidung erforderlich.

Fugen ohne Verspachtelung sind unzulässig.

**4.10.2.5** Dehnfugen sind entsprechend den Angaben von Bild 33 auszuführen.

**4.10.2.6** Die Mindestdicke der Beplankungen ist den Angaben der Tabellen 48 und 49 zu entnehmen.

#### 4.10.3 Ständer und Riegel

**4.10.3.1** Ständer und Riegel müssen nach den Angaben von DIN 18 182 Teil 1 ausgebildet werden. Ständer und Riegel aus Holz müssen unter Beplankungsstößen eine Breite $b \geq 40$ mm besitzen.

**4.10.3.2** Bei Ständern und Riegeln aus Gipskartonstreifenbündeln dürfen Gipskarton-Bauplatten (GKB oder GKF) nach DIN 18 180 verwendet werden.

#### 4.10.4 Dämmschicht

**4.10.4.1** In allen Wänden aus Gipskarton-Bauplatten sind plattenförmige Dämmschichten zur Erzielung des Feuerwiderstandes notwendig. Sie müssen aus Mineralfaser-Dämmstoffen nach DIN 18 165 Teil 1/07.91, Abschnitt 2.2, bestehen, der Baustoffklasse A angehören und einen Schmelzpunkt ≥ 1000 °C nach DIN 4102 Teil 17 besitzen.

**4.10.4.2** Die Dämmschichten sind durch strammes Einpassen — Stauchung bis etwa 1 cm — zwischen den Ständern und/oder Riegeln gegen Herausfallen zu sichern.

**4.10.4.3** Fugen von stumpf gestoßenen Dämmschichten müssen dicht sein.

**4.10.4.4** Die Mindestdicke (Nenndicke) und Mindestrohdichte (Nennmaß) der Dämmschicht sind den Angaben der Tabellen 48 und 49 zu entnehmen.

**Tabelle 49: Mindestbeplankungsdicken nichttragender, 1- oder 2schaliger Wände aus Gipskarton-Feuerschutzplatten (GKF) mit Ständern und/oder Riegeln aus Holz sowie Angaben zur Dämmschicht**

| Zeile | Konstruktionsmerkmale<br>1schalige Ausführung: (d, D, d; $b \geq 40$)<br>2schalige Ausführung: (d, D, d; $b \geq 40$) | Feuerwiderstandsklasse-Benennung | | | | |
|---|---|---|---|---|---|---|
| | | F 30-B | F 60-B | F 90-B | F 120-B | F 180-B |
| 1 | Mindestbeplankungsdicke $d$ in mm | 12,5[1]) | 2 × 12,5[2]) | 2 × 12,5 | | |
| 2 | Mindestdämmschichtdicke $D$ in mm/Mindestrohdichte $\varrho$ in kg/m³ bei Verwendung einer Dämmschicht nach Abschnitt 4.10.4 | 40/30 | 40/40 | 80/100 | | |

[1]) Alternativ auch 18 mm GKB oder ≥ 2 × 9,5 mm GKB

[2]) Alternativ auch 25 mm

## Erläuterungen (E) zu Abschnitt 4.10

DIN 4102 Teil 4 Abschnitt 4.10 ist vorstehend auszugsweise, nur Holzkonstruktionen betreffend, wiedergegeben. Angaben über Montagewände unter Verwendung von Metallprofilen oder Gipskartonstreifenbündeln sowie Details zu Dehnfugen und Anschlüssen sind der Norm selbst zu entnehmen.

**E.4.10.2/1** Anstelle von Gipskartonplatten können auch **FERMACELL-Gipsfaserplatten** gemäß Tabelle E 4-3 verwendet werden, [4.18] bis [4.22]. In älteren Prüfzeugnissen steht noch die Einschränkung, daß die Klassifizierung nicht für Wände mit waagerechten Fugen gilt; aufgrund neuerer Prüfergebnisse ist diese Einschränkung aufgehoben [4.28].

**Tabelle E 4-3:** Mindest-Beplankungsdicken sowie Mindestdicke und Mindestrohdichte von Dämmschichten in ein- oder zweischaligen Wänden mit einer Beplankung aus FERMACELL-Gipfsfaserplatten nach [4.18] bis [4.22]

| Spalte | 1 | 2 | 3 | 4 | 5 |
|---|---|---|---|---|---|
| Zeile | Ständer und/oder Riegel aus | Beplankung – Dämmschicht[1] Benennung | Feuerwiderstandsklasse F 30 | F 60 | F 90 |
| 1 | Holz | Mindestbeplankungsdicke in mm | 10 | 2 x 10 | 12,5 + 10 |
| 2 | Holz | $D/\rho$ = Mindestdicke in mm/ Mindestrohdichte in kg/m³ der Dämmschicht | 40/30 | 40/40 | 50/50 |
| 3 | Holz | Benennung | F 30-B | F 60-B | F 90-B |
| 4 | Metall | Mindestbeplankungsdicke in mm | 10 | 2 x 10 | 15 + 10 [2] |
| 5 | Metall | $D/\rho$ = Mindestdicke in mm/ Mindestrohdichte in kg/m³ der Dämmschicht | 40/30 | 40/40 | 40/40 [2] |
| 6 | | Benennung | F 30-A | F 60-A | F 90-A |

[1] Dämmschicht nach Abschnitt 4.10.4
[2] Alternativ 12,5 + 10 mit Dämmschicht nach Abschnitt 4.10.4 mit $D/\rho$ = 50/50, vgl. Zeilen 1 und 2

**Tabelle E 4-4:** Mindestbeplankungsdicken ein- oder zweischaliger Wände o h n e Dämmschicht mit einer Beplankung aus FERMACELL-Gipsfaserplatten nach [4.24] bis [4.26]

| Spalte | 1 | 2 | 3 | 4 |
|---|---|---|---|---|
| Zeile | Ständer aus | Beplankung[1] Benennung | Feuerwiderstandsklasse F 30[2] | F 90 |
| 1 | Holz | Mindestbeplankungsdicke in mm | 12,5 | 12,5 + 2 x 10 |
| 2 | Holz | Benennung | F 30-B | F 90-B |
| 3 | Metall | Mindestbeplankungsdicke in mm | 12,5 | 12,5 + 2 x 10 |
| 4 | Metall | Benennung | F 30-A | F 90-A |

[1] Im Bereich von Elt-Dosen mit Sondermaßnahmen
[2] Die Klassifizierung gilt nur für Wandhöhen $H \leq 3{,}50$ m

4.10

**E.4.10.2/2** Nach neueren Untersuchungen können nichttragende Wände aus **FERMACELL-Gipsfaserplatten** auch **ohne Dämmschicht** mit Sondermaßnahmen bei Elt-Dosen in die Feuerwiderstandsklasse F 90 eingestuft werden (Tabelle E 4-4) [4.24] bis [4.26]. Hinsichtlich der Fugen gilt auch hier das in E.4.10.2/1 Gesagte.

**E.4.10.2/3** Die Klassifizierung von **FERMACELL-Wänden** nach Tabelle E 4-4, Zeile 4 – jedoch mit Dämmschicht – konnte mit Abstufungen auch für **Wandhöhen H ≤ 9 m für F 90** und H ≤ 7 m für F 120 ausgesprochen werden [4.27].

**E.4.10.4/1** Aufgrund vorliegender Prüferfahrungen dürfen F 30-B-Wände gemäß Tabelle 49 statt mit der angegebenen Dämmschicht auch mit **ISOVER-Platten bzw. -Filzen** gemäß Prüfbescheid PA-III 4.49 mit $\rho \sim 20$ kg/m³ und d ≥ 80 mm ausgeführt werden [4.17].

**E.4.10.4/2** Inzwischen wurde mit einer Metallständerwand mit 2 × 12,5 mm GKF- oder (10 + 12,5) mm FERMACELL-Beplankung (jeweils beidseitig) nachgewiesen, daß auch eine **Isofloc-Dämmschicht** verwendet werden kann, um F 90 zu erreichen [4.72]; die Wandhöhe ist bei dieser Klassifizierung jedoch auf H ≤ 4,0 m begrenzt.

Montage von Fertigteilwänden aus FERMACELL-Gipsfaserplatten

### 4.11 Feuerwiderstandsklassen von Fachwerkwänden mit ausgefüllten Gefachen

#### 4.11.1 Anwendungsbereich

**4.11.1.1** Die Angaben von Abschnitt 4.11 gelten für tragende und nichttragende Wände nach DIN 1052 Teil 1 und DIN 4103 Teil 1 aus abgebundenen Ständern, Riegeln, Streben usw. aus Holz, einer Ausfüllung der Fachwerkfelder und einer mindestens 1seitigen Bekleidung.

**4.11.1.2** Die folgenden Angaben gelten nur für Wände der Feuerwiderstandsklasse F 30 (Benennung F 30-B).[6]

**4.11.1.3** Angaben über Wände in Holztafelbauart sind in Abschnitt 4.12 enthalten.

#### 4.11.2 Fachwerk

Die Ständer, Riegel, Streben und sonstigen Hölzer müssen Querschnittsabmessungen von mindestens 100 mm × 100 mm bei 1seitiger Brandbeanspruchung bzw. von mindestens 120 mm × 120 mm bei 2seitiger Brandbeanspruchung besitzen; im übrigen gilt für die Bemessung DIN 1052 Teil 1.

Bei nichtraumabschließenden Wänden ist eine Bekleidung nach Abschnitt 4.11.4 nicht erforderlich.

#### 4.11.3 Ausfüllung der Gefache

Die Fachwerkfelder müssen vollständig mit Lehmschlag, Holzwolle-Leichtbauplatten nach DIN 1101 oder Mauerwerk nach DIN 1053 Teil 1 ausgefüllt sein.

#### 4.11.4 Bekleidung

**4.11.4.1** Mindestens eine Wandseite ist mit einer Bekleidung zu versehen, entweder

a) mit ≥ 12,5 mm dicken Gipskarton-Feuerschutzplatten (GKF) nach DIN 18 180 oder

b) mit ≥ 18 mm dicken Gipskarton-Bauplatten (GKB) nach DIN 18 180 oder

c) mit ≥ 15 mm dickem Putz nach DIN 18 550 Teil 2 oder

d) mit ≥ 25 mm dicken Holzwolle-Leichtbauplatten nach DIN 1101 mit Putz nach DIN 18 550 Teil 2 oder

e) mit ≥ 16 mm dicken Holzwerkstoffplatten mit einer Rohdichte ≥ 600 kg/m³ oder

f) mit einer Bretterschalung (gespundet oder mit Federverbindung nach Bild 39 mit $d_w \geq 22$ mm).

**4.11.4.2** Für die Befestigung der Bekleidung gelten die Normen, wie z. B. DIN 18 181, DIN 18 550 Teil 2, DIN 1102 und DIN 1052 Teil 1.

[6]) Weitere Grundlagen — auch für F 60 — siehe z. B. [3].

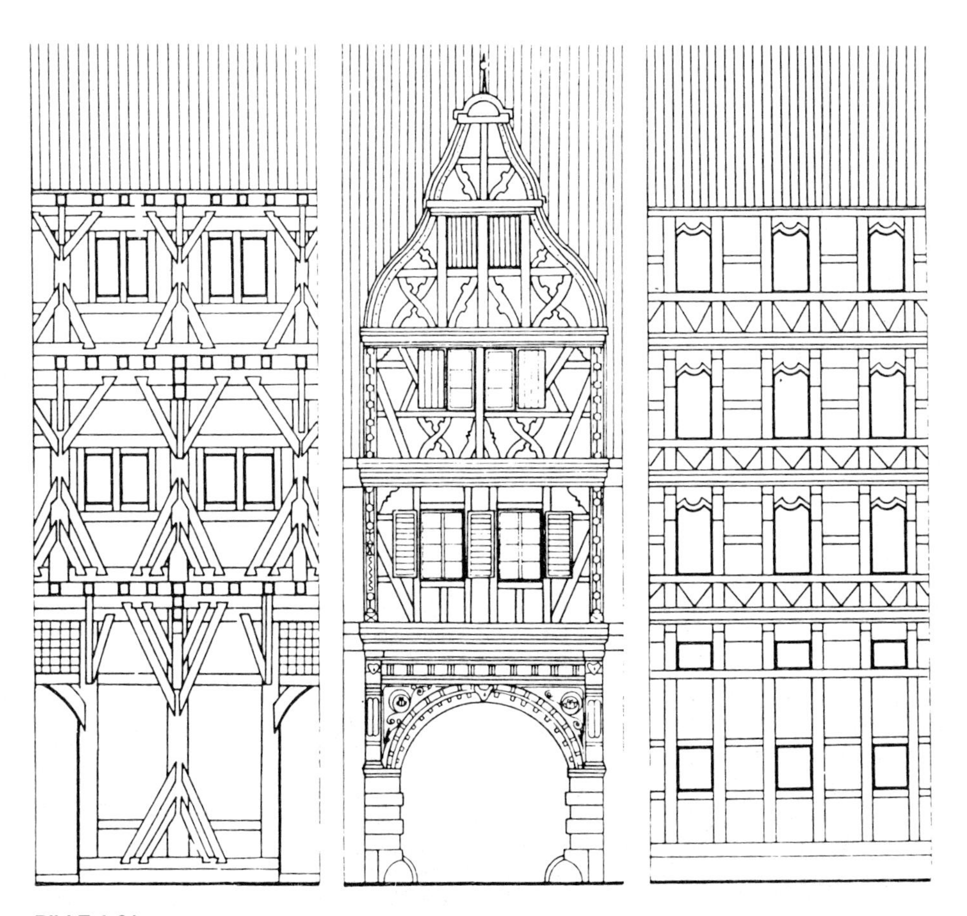

**Bild E 4-21:**
Prägnante Fachwerkgefüge: Sächsisch (siehe auch Bild E 7-15), fränkisch, alemannisch

**Erläuterungen (E) zu Abschnitt 4.11**

Allgemeine Erläuterungen zu Abschnitt 4.11 – insbesondere zu Altbauten, zur Sanierung usw. – befinden sich am Ende der Abschnittserläuterungen, siehe E.4.11/1 bis E.4.11/5.

**E.4.11.1.1/1** Die Bestimmungen von DIN 4102 Teil 4 beschreiben in Abschnitt 4.11 nur Fachwerkwände, die der Feuerwiderstandsklasse F 30 angehören und die **einseitig eine das Fachwerk verdeckende Bekleidung** aufweisen. Das bedeutet z. B., daß Außenwände das Fachwerk nach außen zeigen dürfen – innen ist dagegen eine durchgehende Bekleidung nach Abschnitt 4.11.4 erforderlich. Umgekehrt muß eine Trennwand mit F 30-Forderung im Gebäudeinnern mindestens einseitig eine Bekleidung aufweisen – auf welcher Seite sie angebracht werden soll, ist im Einzelfall aus architektonischen Gründen zu entscheiden.

**E.4.11.1.1/2** Fachwerkwände, die **keine** (mindestens einseitige) **Bekleidung** aufweisen, sind möglich – sie werden in DIN 4102 Teil 4 nur nicht behandelt. Eine brandschutztechnische Beurteilung ist im Einzelfall durchzuführen, vgl. auch die Erläuterung E.4.11.2.

**E.4.11.1.2** **Fachwerkwände > F 30** sind ebenfalls möglich. Für die Beurteilung ist der Einzelfall maßgebend, wobei die Erläuterungen E.4.11/2–E.4.11/5 hilfreich sein können.

**E.4.11.2** Unter der Voraussetzung, daß die Gefache nach Abschnitt 4.11.3 ausgefüllt sind und eine mindestens einseitige Bekleidung nach Abschnitt 4.11.4 angebracht wird, müssen die **Mindestquerschnittsabmessungen** der Ständer, Riegel, Streben usw. 100 mm × 100 mm bei einseitiger und 120 mm × 120 mm bei zweiseitiger Brandbeanspruchung betragen.

Ist keine Ausfachung vorhanden (Bild E 4-22), sind die Ständer usw. nach den Abschnitten 5.5 bis 5.8 für eine vierseitige Brandbeanspruchung zu bemessen.

**E.4.11.4** Im Abschnitt 4.11.4 werden übliche Bekleidungen für F 30-Fachwerkwände aufgezählt. Anstelle von Gipskarton-Feuerschutzplatten sind auch ≥ 10 mm dicke FERMACELL-Gipsfaserplatten verwendbar [4.18]. Inzwischen wurden verschiedene Prüfungen mit anderen Bekleidungen für **F 90-Fachwerkwände** durchgeführt. Die wichtigsten Randbedingungen hierfür sind in Tabelle E 4-5 zusammengestellt. Einzelheiten sind den angegebenen Quellen zu entnehmen; aus ihnen kann auch die Feuerwiderstandsdauer in Abhängigkeit von der Beanspruchungsseite abgelesen werden.

**E.4.11/1** Die Erhaltung der Bausubstanz bestehener Gebäude (Bild E 4-23) gewinnt weiter zunehmend

- zur Erhaltung der kulturellen Identität von Stadträumen und Orten,
- zur Schonung von Material- und Energieressourcen sowie
- aus wirtschaftlichen und privaten Gründen

an Bedeutung.

**Tabelle E 4-5:** Randbedingungen für raumabschließende Fachwerkwände F 90-B

| Spalte | 1 | 2 | 3 | 4 | 5 | 6 | 7[1] |
|---|---|---|---|---|---|---|---|
| Zeile | Quelle | Konstruktionsmerkmale (Maße in mm) | ③ ② ① ④ beliebig | | | ≧ 100 ④ | ≧ 100 ≧ 120 d |
| | | ① - Beplankung Art | Handelsname | d | ② Ständer b/d | Auslastung N/mm² | ③ Ausfachung mm |
| 1 | [4.35] | Ca-Si-Platten | PROMATECT®-H | 15 | | $\sigma_{D\perp} \leq 2$ | Mauerwerk |
| 2 | [4.36] | Ca-Si-Platten | SUPALUX-S | 15 | 100/120 | $\sigma_{D\|\|} \leq$ | DIN 1053 |
| 3 | [4.37] | Vermiculit-Platten | Thermax-Mansard | 16 | | 0,52 zul. $\sigma$ | $d \geq 100$ |

④ Befestigung siehe Spalte 1

[1] Bei einer Ausfachung aus Lehm oder HWL-Platten ist eine gesonderte Beurteilung erforderlich

4.11

**Bild E 4-22:** Holzfachwerk ohne Ausfachung

Der Anteil der Modernisierungs- und Instandsetzungsleistungen am gesamten Wohnbauvolumen pro Jahr (nach dem Wert der Bauleistungen) hat von etwa 30 % in 1980 auf über 50 % in 1989 zugenommen (alte Bundesländer) [4.39] und [4.40].

Wenngleich Holzfachwerkhäuser im Gebäudestand im Vergleich mit Häusern in Massivbauweise einen eher geringen Anteil haben,
- Ein- und Zweifamilienhäuser < 5 %
- Mehrfamilienhäuser < 3 %
- Bauernhäuser < 20 %

handelt es sich dabei effektiv um ein großes und im Wert bedeutendes Bestandsvolumen [4.39].

Auch wenn in den Abschnitten 6–8 Fragen der Modernisierung, Sanierung, Instandsetzung und Verwendung von F 90-B-Konstruktionen anstelle feuerbeständiger Konstruktionen (F 90-AB) behandelt und Fragen des Denkmalschutzes berücksichtigt werden, soll im Zusammenhang mit Fachwerkwänden in den folgenden Erläuterungen E.4.11/2 bis E.4.11/4 hierauf schon eingegangen werden.

**Bild E 4-23:** Sockelschwelle, Eckständer, Fußband und Brüstungsriegel des ältesten, erhaltenen, deutschen Fachwerkhauses, erstellt 1320/ 1321, vor der Sanierung [4.41]

**E.4.11/2** Im Zusammenhang mit den Versuchshäusern im Freilichtmuseum Hessenpark [4.38] wurden verschiedene, „alte“ Wandkonstruktionen (z. B. Ausfachungen mit Spalierlatten und Strohlehm) als auch „moderne“ Ausführungen (Mauerwerk + Putz oder Strohlehm mit PU-Ortschaum) – insgesamt 6 verschiedene Aufbautypen – brandschutztechnisch (ohne Bekleidungen) untersucht [4.39]. In **[4.40]** wird hierüber mit einer Erweiterung auf **8 Typen** ebenfalls berichtet. Die **Feuerwiderstandszeiten** in Kleinversuchen lagen bei (60 bis 90) min. Gleichzeitig werden u. a. zum Wärmeschutz und zur Tauwassermenge Aussagen gemacht.

**E.4.11/3** Weitere Konstruktionen werden mit pauschalen Angaben zur Feuerwiderstandsklasse in [4.41] und [4.42] beschrieben.

**E.4.11/4** Im Rahmen eines Forschungsauftrages mit der TU Hannover wurde der **CELLCO®-Wärmeschutz** (Baustoffklasse B 1) entwickelt [4.43]. Er ist plattenförmig, besteht aus natürlichen Baustoffen wie Kork, Kieselgur, Stroh und Lehm und wird in Verbindung mit einem Putzträger verputzt (Bild E 4-24).

**Bild E 4-24:**
CELLCO®-Wärmeschutz unter Schalung und in Verbindung mit einem Putzträger geputzt



**E.11/5 Fachwerkwände alter Gebäude** – vgl. Bild E 4-21 – sind in ihren Querschnittsabmessungen und in ihrer Konstruktionsart in der Regel so ausgebildet, daß F 30 mit Sicherheit erreicht wird – siehe auch [4.39] und [4.40]. Im Einzelfall lassen sich auch wesentlich höhere Feuerwiderstandsklassen nachweisen, siehe z. B. Abschnitt 7.2.1; die Gesamtkonstruktion – z. B. ein Fachwerkhaus entsprechend Bild E 4-21 – dürfte jedoch selten höhere Feuerwiderstandsklassen erreichen, da Anschlüsse und aussteifende Bauteile und insbesondere einzelne, meist mehrseitig beanspruchte Bauteile, die für die Standsicherheit des Gebäudes besondere Bedeutung besitzen, brandschutztechnisch in der Regel unterdimensioniert sind – siehe auch Abschnitt 3.4.

### 4.12 Feuerwiderstandsklassen von Wänden in Holztafelbauart

#### 4.12.1 Anwendungsbereich

**4.12.1.1** Die Angaben von Abschnitt 4.12 gelten für 1schalige tragende und nichttragende Wände in Holztafelbauart. Die Beplankungen und gegebenenfalls Bekleidungen der Rippen bestehen aus Holzwerkstoffplatten, Brettern, Gipskarton-Bauplatten oder anderen Bauplatten — siehe Abschnitt 4.11.4 —; zwischen den Beplankungen bzw. Bekleidungen ist bei raumabschließenden Wänden eine Dämmschicht angeordnet — siehe Abschnitt 4.12.5.

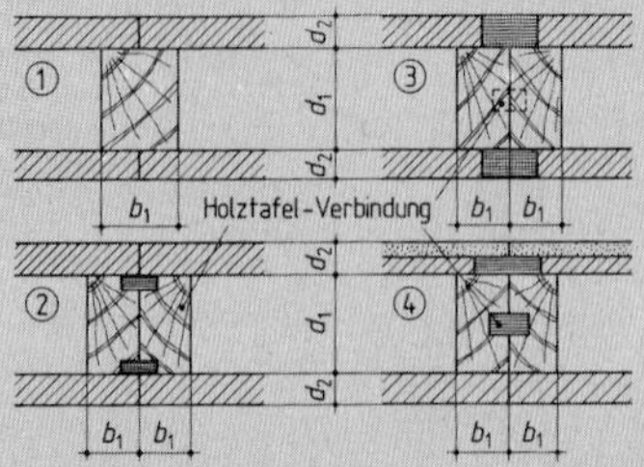


**Bild 38: Beispiele für Stöße von Beplankungen und Bekleidungen (Schema-Skizze)**

**4.12.1.2** Angaben über nichttragende Wände mit Holzrippen und Beplankungen aus Gipskarton-Bauplatten sind auch in Abschnitt 4.10 enthalten.

**4.12.1.3** Die Angaben von Abschnitt 4.12 gelten auch für 2schalige Wandkonstruktionen nach Tabelle 49, sofern die Ständer- oder Rippenquerschnitte, die Angaben für die Dämmschicht nach Tabelle 49 bzw. Tabelle 51 und die Beplankungsdicken nach Tabelle 51 eingehalten sind.

#### 4.12.2 Holzrippen

**4.12.2.1** Die Rippen müssen aus Bauschnittholz nach DIN 1052 Teil 3 bzw. DIN 4074 Teil 1 bestehen.

Bei nichttragenden Wänden dürfen die Rippen auch aus Spanplatten nach DIN 68 763 mit einer Rohdichte $\geq 600\ kg/m^3$ bestehen, wenn die Beplankungen ebenfalls aus Spanplatten bestehen und mit den Rippen nach DIN 1052 Teil 1/04.88, Abschnitt 11.1.3, verleimt sind.

**4.12.2.2** Die Mindestmaße $b_1 \times d_1$ sind den Angaben der Tabellen 50 bis 54 zu entnehmen.

**4.12.2.3** Bei Verwendung von Laubhölzern anstelle von Nadelhölzern gilt Abschnitt 5.5.1.4 sinngemäß.

#### 4.12.3 Zulässige Spannungen in den Holzrippen

Bei tragenden Wänden dürfen die in den Tabellen 50 bis 54 angegebenen Spannungen $\sigma_D$ nicht überschritten werden; $\sigma_D$ ist jeweils die vorhandene Druckspannung in den Holzrippen, wobei der Druckanteil aus einer Biegebeanspruchung nicht berücksichtigt zu werden braucht. Im übrigen gelten die Bestimmungen von DIN 1052 Teil 1 und Teil 3.

#### 4.12.4 Beplankungen/Bekleidungen

**4.12.4.1** Es dürfen verwendet werden:

1. Beplankungen/Bekleidungen
   - a) Sperrholz nach DIN 68 705 Teil 3 oder Teil 5,
   - b) Spanplatten nach DIN 68 763,
   - c) Holzfaserplatten nach DIN 68 754 Teil 1,
   - d) Gipskarton-Bauplatten GKB und GKF nach DIN 18 180,
2. Bekleidungen
   - e) Faserzementplatten,
   - f) Fasebretter aus Nadelholz nach DIN 68 122,
   - g) Stülpschalungsbretter aus Nadelholz nach DIN 68 123,
   - h) Profilbretter mit Schattennut nach DIN 68 126 Teil 1,
   - i) gespundete Bretter aus Nadelholz nach DIN 4072 und
   - k) Holzwolle-Leichtbauplatten nach DIN 1101.

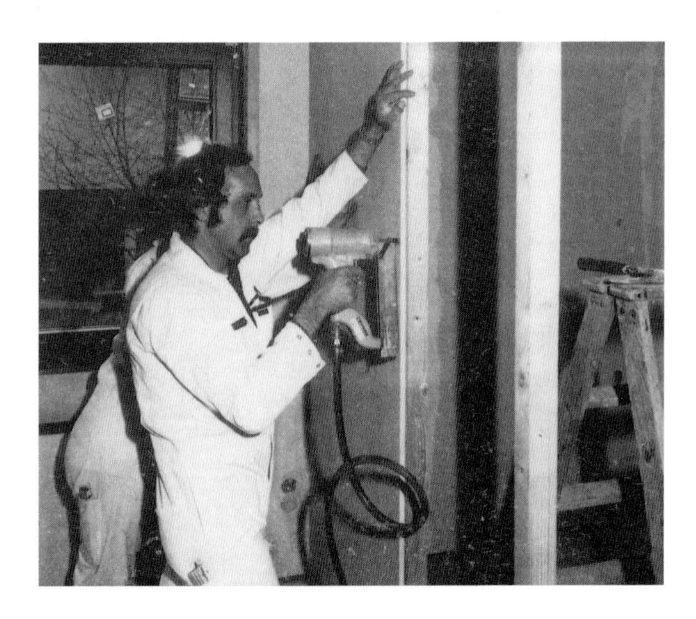

Errichten von Wänden in Holztafelbauart vor Ort

Alle Platten und Bretter müssen eine geschlossene Fläche besitzen und dicht eingebaut werden. Die Rohdichte der Holzwerkstoffplatten muß ≥ 600 kg/m³ sein, siehe auch die Angaben in den Tabellen 50 bis 54.

**4.12.4.2** Alle Platten und Bretter sind auf Holzrippen – z. B. auf Ständern (Stielen) und Riegeln – dicht zu stoßen. Eine Ausnahme hiervon bilden jeweils dicht gestoßene Längsränder von gespundeten oder genuteten Brettern sowie die Längsränder von Holzwolle-Leichtbauplatten mit Putz, wenn die Stöße durch Drahtgewebe oder ähnliches überbrückt sind. Bei mehrlagigen Beplankungen oder Bekleidungen sind die Stöße zu versetzen. Beispiele für Stoßausbildungen sind in Bild 38 wiedergegeben.

**4.12.4.3** Gipskarton-Bauplatten sind nach DIN 18 181 mit Schnellbauschrauben, Nägeln oder Klammern zu befestigen, vergleiche Abschnitt 4.10.2.3.

**4.12.4.4** Die Mindestdicke der Beplankungen und Bekleidungen ist aus den Angaben der Tabellen 50 bis 54 zu entnehmen. Bei profilierten Brettern ist die Dicke $d_w$ nach Bild 39 maßgebend.

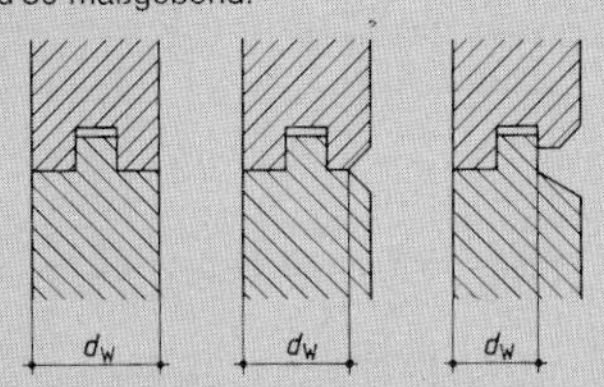


**Bild 39: Maßgebende Dicke $d_w$ bei profilierten Brettern**

### 4.12.5 Dämmschicht

**4.12.5.1** In allen raumabschließenden Wänden sind Dämmschichten zur Erzielung des Feuerwiderstands notwendig. Sie müssen aus Mineralfaser-Dämmstoffen nach DIN 18 165 Teil 1/07.91, Abschnitt 2.2, bestehen, der Baustoffklasse A angehören und einen Schmelzpunkt ≥ 1 000 °C nach DIN 4102 Teil 17 besitzen. Anstelle derartiger Mineralfaser-Dämmschichten können auch Holzwolle-Leichtbauplatten nach DIN 1101 verwendet werden.

**4.12.5.2** Plattenförmige Mineralfaser-Dämmschichten sind durch strammes Einpassen – Stauchung bis etwa 1 cm – zwischen den Rippen gegen Herausfallen zu sichern; der lichte Rippenabstand muß ≤ 625 mm sein.

Mattenförmige Mineralfaser-Dämmschichten dürfen verwendet werden, wenn sie auf Maschendraht gesteppt sind, der durch Nagelung (Nagelabstände ≤ 100 mm) an den Holzrippen zu befestigen ist. Dämmschichten aus Holzwolle-Leichtbauplatten sind an allen Rippenrändern durch Holzleisten ≥ 25 mm × 25 mm zu befestigen – siehe Bild 40.

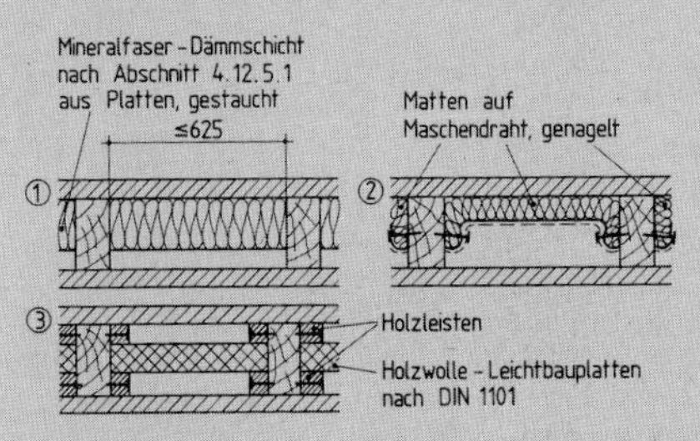


**Bild 40: Dämmschicht-Befestigungen (Schema-Skizze)**

**4.12.5.3** Fugen von stumpf gestoßenen Dämmschichten müssen dicht sein. Brandschutztechnisch am günstigsten sind ungestoßene oder 2lagig mit versetzten Stößen eingebaute Dämmschichten. Mattenförmige Dämmschichten müssen eine Fugenüberlappung ≥ 10 cm besitzen.

**4.12.5.4** Die Mindestdicke (Nenndicke) und Mindestrohdichte (Nennmaß) der Dämmschichten sind den Angaben der Tabellen 50 bis 54 zu entnehmen.

### 4.12.6 Anschlüsse

**4.12.6.1** Anschlüsse an angrenzenden Massivbauteilen sind dicht nach den Angaben von Bild 41 auszuführen.

**4.12.6.2** Anschlüsse an angrenzenden Holztafeln sind dicht nach den Angaben von Bild 42 auszuführen. Sofern Wände in Holztafelbauweise, die nach bauaufsichtlichen Vorschriften raumabschließend sein müssen, an durchlaufenden Decken in Holzbauart angeschlossen werden sollen, sind zur Vermeidung eines Durchbrandes oberhalb der oberen Holzrippe (Rähm) dicht anschließende Querbalken anzuordnen – siehe Bild 42, Ausführungen 3 und 4.

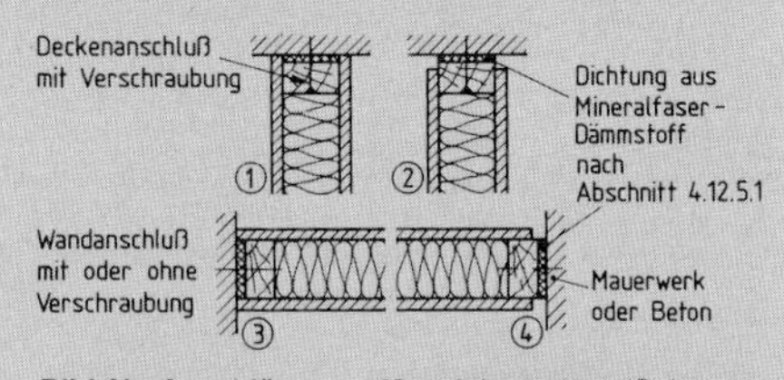


**Bild 41: Anschlüsse an Massivbauteilen (Schema)**

### 4.12.7 Dampfsperren und hinterlüftete Fassaden

**4.12.7.1** Dampfsperren beeinflussen die in Abschnitt 4.12 angegebenen Feuerwiderstandsklassen nicht.

**4.12.7.2** Hinterlüftete Fassaden (Vorsatzschalen) verbessern je nach Art, Dicke und Ausführung den Feuerwiderstand der klassifizierten Wände.

Da die Verbesserung im allgemeinen gering ist, werden hinterlüftete Fassaden jedoch nicht berücksichtigt. Sofern die Verbesserung des Feuerwiderstandes berücksichtigt werden soll, sind Prüfungen nach DIN 4102 Teil 2 erforderlich.[7]

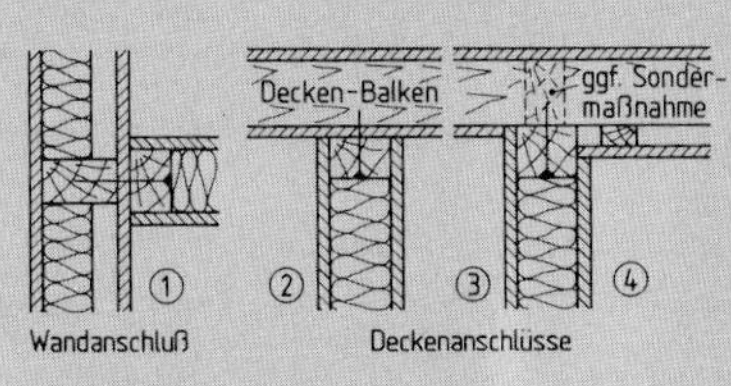


Sondermaßnahme:
Querbalken oder Mineralfaserschott
(Dämmschicht nach Abschnitt 4.12.5.1)

**Bild 42: Anschlüsse an Holzbauteilen (Schema)**

[7]) Weitere Angaben zu Detail 2 und 3 siehe z. B. [3].

**Tabelle 50:** Tragende, nichtraumabschließende[1] Wände mit Holztafelbauart

| Zeile | Konstruktionsmerkmale | Holzrippen: Mindestmaße nach Abschnitt 4.12.2 | Holzrippen: Zulässige Spannung nach Abschnitt 4.12.3 | Beplankung(en) und Bekleidung(en) Mindestdicke von nach Abschnitt 4.12.4: Holzwerkstoffplatten (Mindestrohdichte $\rho$ = 600 kg/m [3]) | Gipskarton-Feuerschutzplatten (GKF) | | Feuerwiderstandsklasse-Benennung |
|---|---|---|---|---|---|---|---|
| | | $b_1 \times d_1$ mm x mm | zul $\sigma_D$ N/mm [2] | $d_2$ mm | $d_2$ mm | $d_3$ mm | |
| 1 | | 50 x 80 | 2,5 | 25 oder 2 x 16 | | | |
| 2 | | 100 x 100 | 1,25 | 16[5] | | | |
| 3 | | 40 x 80 | 2,5 | | 18 | | |
| 4 | | 50 x 80 | 2,5 | | 15[2] | | |
| 5 | | 100 x 100 | 2,5 | | 12,5 [3] | | F 30-B |
| 6 | | 40 x 80 | 2,5 | 8 | | 12,5 [3] | |
| 7 | | 40 x 80 | 2,5 | 13 | | 9,5 [4] | |
| 8 | | 40 x 80 | 2,5 | | 12,5 | 9,5 [4] | |
| 9 | | 40 x 80 | 2,5 | 22 | | 18 | F 60-B |
| 10 | | 50 x 80 | 2,5 | | 18 | 12,5 [3] | |

[1] Wegen tragender oder nichttragender, jeweils raumabschließender Wände siehe Tabellen 51 bis 54 (siehe auch „Wandarten, Wandfunktionen" in Abschnitt 4.1.1).
[2] Anstelle von 15 mm dicken GKF-Platten dürfen auch GKB-Platten mit $d \geq 18$ mm verwendet werden.
[3] Anstelle von 12,5 mm dicken GKF-Platten dürfen auch GKB-Platten mit $d \geq 15$ mm oder $d \geq 2 \times 9{,}5$ mm verwendet werden.
[4] Anstelle von GKF-Platten dürfen auch GKB-Platten verwendet werden.
[5] 1seitig ersetzbar durch Bretterschalung nach Abschnitt 4.12.4.1, Aufzählungen f) bis i), mit einer Dicke nach Bild 39 von $d_w \geq 22$ mm.

ANMERKUNG: In Wänden in Holztafelbauart nach den Angaben von Tabelle 50 ist brandschutztechnisch keine Dämmschicht notwendig. Es bestehen daher hinsichtlich Dämmschicht-Art, -Dicke, -Befestigung usw. keine Bedingungen. Die klassifizierten Wände dürfen mit und ohne Dämmschicht ausgeführt werden. Sofern eine Dämmschicht angeordnet wird, muß diese mindestens der Baustoffklasse B 2 angehören.

**Tabelle 51: Raumabschließende [1]) Wände in Holztafelbauart**

| Zeile | Konstruktionsmerkmale<br>Abkürzungen:<br>MF Mineralfaser-Platten oder -Matten<br>HWL Holzwolle-Leichtbauplatten | Holzrippen<br>Mindestmaße nach Abschnitt 4.12.2 | Holzrippen<br>Zulässige Spannung nach Abschnitt 4.12.3 | Beplankung(en) und Bekleidung(en) Mindestdicke von<br>Holzwerkstoffplatten (Mindestrohdichte $\varrho$ = 600 kg/m³) nach Abschnitt 4.12.4 | Beplankung(en) und Bekleidung(en) Mindestdicke von<br>Gipskarton-Feuerschutzplatten (GKF) nach Abschnitt 4.12.4 | Dämmschicht Mindest-dicke<br>von Mineralfaser-Platten oder -Matten nach Abschnitt 4.12.5 | Dämmschicht Mindest-rohdichte<br>von Mineralfaser-Platten oder -Matten nach Abschnitt 4.12.5 | Dämmschicht Mindest-dicke<br>von Holzwolle-Leichtbauplatten nach Abschnitt 4.12.5 | Feuerwiderstandsklasse-Benennung |
|---|---|---|---|---|---|---|---|---|---|
| | | $b_1 \times d_1$<br>mm × mm | zul $\sigma_D$<br>N/mm² | $d_2$<br>mm | $d_3$<br>mm | $D$<br>mm | $\varrho$<br>kg/m³ | $D$<br>mm | |
| 1 | 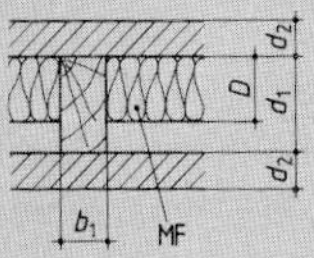 | 40 × 80[2]) | 2,5 | 13[3]) | | 80 | 30 | | F 30-B |
| 2 | | | 2,5 | 13[3]) | | 40 | 50 | | |
| 3 | | | 1,25 | 8[3]) | | 60 | 100 | | |
| 4 | | | 2,5 | 13[3]) | | | | 25 | |
| 5 | | | 1,25 | 8[3]) | | | | 50 | |
| 6 | 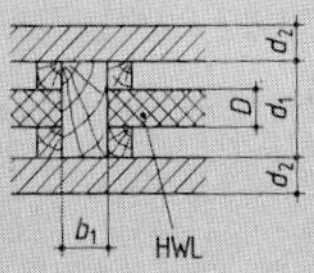 | | 2,5 | 2 × 16[4]) | | 80 | 30 | | F 60-B |
| 7 | | | 2,5 | 2 × 16[4]) | | 60 | 50 | | |
| 8 | | | 1,25 | 19[5]) | | 80 | 100 | | |
| 9 | | | 1,25 | 19[5]) | | | | 50 | |
| 10 | | | 0,5 | 2 × 19[6]) | | 100 | 100 | | F 90-B |
| 11 | | | 0,5 | 2 × 19[6]) | | | | 75 | |
| 12 | 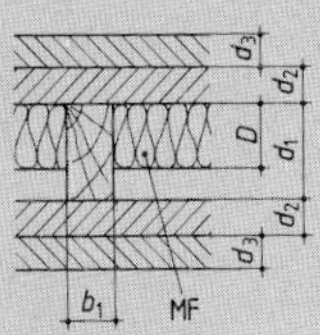 | 40 × 80[2]) | 2,5 | 0 | 12,5[7]) | 40 | 30 | | F 30-B |
| 13 | | | 2,5 | 0 | 12,5[7]) | | | 25 | |
| 14 | | | 1,25 | 13 | 12,5[7]) | 60 | 50 | | F 60-B |
| 15 | | | 0,5 | 8 | 12,5[7]) | 80 | 100 | | |
| 16 | 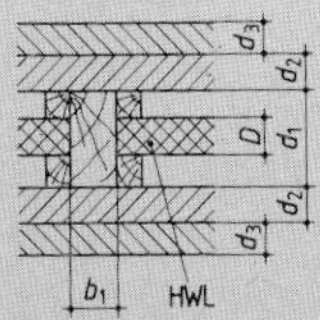 | | 1,25 | 13 | 12,5[7]) | | | 50 | |
| 17 | | | 0,5 | 8 | 12,5[7]) | | | 50 | |
| 18 | | | 0,5 | 2 × 16[4]) | 15[8]) | 60 | 50 | | F 90-B |
| 19 | | | 0,5 | 19 | 15[8]) | 100 | 100 | | |
| 20 | | | 0,5 | 19 | 15[8]) | | | 75 | |

[1]) Wegen tragender, nichtraumabschließender Wände siehe Tabelle 50 (siehe auch „Wandarten, Wandfunktionen" in Abschnitt 4.1.1).

[2]) Bei nichttragenden Wänden muß $b_1 \times d_1 \geq$ 40 mm × 40 mm sein.

[3]) 1seitig ersetzbar durch GKF-Platten mit $d \geq$ 12,5 mm oder GKB-Platten mit $d \geq$ 18 mm oder $d \geq$ 2 × 9,5 mm oder Bretterschalung nach Abschnitt 4.12.4.1, Aufzählungen f) bis i), mit einer Dicke nach Bild 39 von $d_w \geq$ 22 mm.

[4]) Die jeweils raumseitige Lage darf durch Gipskarton-Bauplatten nach Fußnote 3 ersetzt werden.

[5]) 1seitig ersetzbar durch GKF-Platten mit $d \geq$ 18 mm.

[6]) Die jeweils raumseitige Lage darf durch Gipskarton-Feuerschutzplatten (GKF) mit $d \geq$ 18 mm ersetzt werden.

[7]) Anstelle von 12,5 mm dicken GKF-Platten dürfen auch GKB-Platten mit $d \geq$ 18 mm oder $d \geq$ 2 × 9,5 mm verwendet werden.

[8]) Anstelle von 15 mm dicken GKF-Platten dürfen auch 12,5 mm dicke GKF-Platten in Verbindung mit ≥ 9,5 mm dicken GKB-Platten verwendet werden.

4.12

**Tabelle 52: Raumabschließende [1]) Außenwände in Holztafelbauart F 30-B**

| Zeile | Konstruktionsmerkmale | Holzrippen | Innen-Beplankung(en) oder Bekleidung(en) nach Abschnitt 4.12.4 aus | | | Dämmschicht nach Abschnitt 4.12.5 aus | | | Außen-Beplankung oder -Bekleidung nach Abschnitt 4.12.4 aus | | |
|---|---|---|---|---|---|---|---|---|---|---|---|
| | Abkürzungen: MF Mineralfaser-Platten oder -Matten; HWL Holzwolle-Leichtbauplatten | nach den Abschnitten 4.12.2 und 4.12.3 | Holzwerkstoffplatten (Mindestrohdichte $\varrho$ = 600 kg/m³) | Gipskarton-Feuerschutzplatten (GKF) | | Mineralfaser-Platten oder -Matten | | Holzwolle-Leichtbauplatten | Brettern oder Holzwerkstoffplatten mit $\varrho \geq 600$ kg/m³ | Faserzementplatten | Putz auf Holzwolle-Leichtbauplatten $d \geq 25$ mm |
| | | | Mindestdicke | | | dicke | Mindestrohdichte | dicke | Mindestdicke | | |
| | | $b_1 \times d_1$ und zul $\sigma_D$ | $d_2$ mm | $d_2$ mm | $d_3$ mm | $D$ mm | $\varrho$ kg/m³ | $D$ mm | $d_4$ mm | $d_4$ mm | $d_4$ mm |
| 1 | | $b_1 \times d_1 \geq 40$ mm × 80 mm [6]) $\sigma_D \leq 2{,}5$ N/mm² | 13 | | | 80 | 30 | | 13[2]) | | |
| 2 | | | 13 | | | 40 | 50 | | 13[2]) | | |
| 3 | | | 13 | | | | | 25 | 13[2]) | | |
| 4 | | | | 12,5[4]) | | 80 | 30 | | 13[2]) | | |
| 5 | | | | 12,5[4]) | | 40 | 50 | | 13[2]) | | |
| 6 | | | | 12,5[4]) | | | | 25 | 13[2]) | | |
| 7 | | | 16 | | | 80 | 100 | | | 6 | |
| 8 | | | 16 | | | | | 50 | | 6 | |
| 9 | | | | 15[4]) | | 80 | 100 | | | 6 | |
| 10 | | | | 15[4]) | | | | 50 | | 6 | |
| 11 | | | 13 | | | 80 | 30 | | | | 15[3]) |
| 12 | | | 13 | | | 40 | 50 | | | | 15[3]) |
| 13 | | | 13 | | | | | 25 | | | 15[3]) |
| 14 | | | | 12,5[4]) | | 80 | 30 | | | | 15[3]) |
| 15 | | | | 12,5[4]) | | 40 | 50 | | | | 15[3]) |
| 16 | | | | 12,5[4]) | | | | 25 | | | 15[3]) |
| 17 | | $b_1 \times d_1 \geq 40$ mm × 80 mm [6]) $\sigma_D \leq 2{,}5$ N/mm² | 10 | | 9,5 | 80 | 30 | | 13[2]) | | |
| 18 | | | 10 | | 9,5 | 40 | 50 | | 13[2]) | | |
| 19 | | | 10 | | 9,5 | | | 25 | 13[2]) | | |
| 20 | | | | 12,5 | 9,5[5]) | 80 | 30 | | 13[2]) | | |
| 21 | | | | 12,5 | 9,5[5]) | 40 | 50 | | 13[2]) | | |
| 22 | | | | 12,5 | 9,5[5]) | | | 25 | 13[2]) | | |
| 23 | | | 13 | | 9,5 | 80 | 100 | | | 6 | |
| 24 | | | 13 | | 9,5 | | | 50 | | 6 | |
| 25 | | | | 12,5 | 9,5[5]) | 80 | 100 | | | 6 | |
| 26 | | | | 12,5 | 9,5[5]) | | | 50 | | 6 | |
| 27 | | | 8 | | 12,5 | 80 | 30 | | | | 15[3]) |
| 28 | | | 8 | | 12,5 | 40 | 50 | | | | 15[3]) |
| 29 | | | 8 | | 12,5 | | | 25 | | | 15[3]) |
| 30 | | | | 12,5 | 9,5[5]) | 80 | 30 | | | | 15[3]) |
| 31 | | | | 12,5 | 9,5[5]) | 40 | 50 | | | | 15[3]) |
| 32 | | | | 12,5 | 9,5[5]) | | | 25 | | | 15[3]) |

[1]) Wegen tragender, nichtraumabschließender Außenwände (Außenwände — auch Bereiche zwischen zwei Öffnungen — mit einer Breite von ≤ 1,0 m) siehe Tabelle 50.
[2]) Bei Verwendung von vorgesetztem Mauerwerk nach DIN 1053 Teil 1 mit $d \geq 115$ mm dürfen auch Holzwerkstoffplatten mit $d_4 \geq 4$ mm verwendet werden. Bei Bretterschalung siehe Bild 39.
[3]) $d_4$ Mindestputzdicke; der Putz muß DIN 18 550 Teil 2 entsprechen.
[4]) Es dürfen auch GKB-Platten mit $d \geq 18$ mm oder $d \geq 2 \times 9{,}5$ mm verwendet werden.
[5]) Es dürfen auch GKB-Platten verwendet werden.
[6]) Bei nichttragenden Wänden muß $b_1 \times d_1 \geq 40$ mm × 40 mm sein.

**Tabelle 53: Raumabschließende [1]) Außenwände in Holztafelbauart F 60-B**

| Zeile | Konstruktionsmerkmale<br>Abkürzungen:<br>MF Mineralfaser-Platten oder -Matten<br>HWL Holzwolle-Leichtbauplatten | Holzrippen nach den Abschnitten 4.12.2 und 4.12.3 | Innen-Beplankung(en) oder -Bekleidung(en) nach Abschnitt 4.12.4 aus: Holzwerkstoffplatten (Mindestrohdichte $\varrho$ = 600 kg/m³) | Gipskarton-Feuerschutzplatten (GKF) | | Dämmschicht nach Abschnitt 4.12.5 aus: Mineralfaser-Platten oder -Matten | | Holzwolle-Leichtbauplatten | Außen-Beplankung oder -Bekleidung nach Abschnitt 4.12.4 aus: Brettern oder Holzwerkstoffplatten mit $\varrho \geq 600$ kg/m³ | Faserzementplatten | Putz auf Holzwolle-Leichtbauplatten $d \geq 25$ mm |
|---|---|---|---|---|---|---|---|---|---|---|---|
| | | | Mindestdicke | | | Mindestdicke | Mindestrohdichte | Mindestdicke | Mindestdicke | | |
| | | $b_1 \times d_1$ und zul $\sigma_D$ | $d_2$ mm | $d_2$ mm | $d_3$ mm | $D$ mm | $\varrho$ kg/m³ | $D$ mm | $d_4$ mm | $d_4$ mm | $d_4$ mm |
| 1 | | $b_1 \times d_1 \geq 40$ mm × 80 mm [5]) $\sigma_D \leq 1{,}25$ N/mm² | 22 | | 12,5 | 80 | 100 | | 13[2]) | | |
| 2 | | | 22 | | 12,5 | | | 50 | 13[2]) | | |
| 3 | | | | 12,5 | 12,5 | 80 | 100 | | 13[2]) | | |
| 4 | | | | 12,5 | 12,5 | | | 50 | 13[2]) | | |
| 5 | innen, außen, $b_1$, MF, $d_1$, $d_2$, $d_3$, $d_4$, $D$ | | 22 | | 12,5 | 80 | 100 | | | 6 | |
| 6 | | | 22 | | 12,5 | | | 50 | | 6 | |
| 7 | | | | 12,5 | 12,5 | 80 | 100 | | | 6 | |
| 8 | | | | 12,5 | 12,5 | | | 50 | | 6 | |
| 9 | innen, außen, $b_1$, HWL, $d_1$, $d_2$, $d_3$, $d_4$, $D$ | | 22 | | 12,5 | 80 | 30 | | | | 15[3]) |
| 10 | | | 22 | | 12,5 | 40 | 50 | | | | 15[3]) |
| 11 | | | 22 | | 12,5 | | | 25 | | | 15[3]) |
| 12 | | | | 12,5 | 12,5 | 80 | 30 | | | | 15[3]) |
| 13 | | | | 12,5 | 12,5 | 40 | 50 | | | | 15[3]) |
| 14 | | | | 12,5 | 12,5 | | | 25 | | | 15[3]) |
| 15 | | | 19 | | 12,5 | 80 | 100 | | | | 15[3]) |
| 16 | | | 19 | | 12,5 | | | 50 | | | 15[3]) |
| 17 | | | | 15 | 9,5[4]) | 80 | 100 | | | | 15[3]) |
| 18 | | | | 15 | 9,5[4]) | | | 50 | | | 15[3]) |

[1]) Wegen tragender, nichtraumabschließender Außenwände (Außenwände — auch Bereiche zwischen zwei Öffnungen — mit einer Breite von ≤ 1,0 m) siehe Tabelle 50.

[2]) Bei Verwendung von vorgesetztem Mauerwerk nach DIN 1053 Teil 1 mit $d \geq 115$ mm dürfen auch Holzwerkstoffplatten mit $d_4 \geq 4$ mm verwendet werden. Bei Bretterschalung siehe Bild 39.

[3]) $d_4$ Mindestputzdicke; der Putz muß DIN 18 550 Teil 2 entsprechen.

[4]) Es dürfen auch GKB-Platten verwendet werden.

[5]) Bei nichttragenden Wänden muß $b_1 \times d_1 \geq 40$ mm × 40 mm sein.

**Erläuterungen (E) zum Text der Abschnitte 4.12.1–4.12.7**

**E.4.12.1.1** Nach DIN 1052 Teil 3 sind **Holzhäuser in Tafelbauart** Gebäude, deren Wände, Decken und Dächer aus Holzteilen bestehen, wobei zumindest die tragenden Wände o d e r Decken in Tafelbauart hergestellt sind.

Wegen der weiteren Normung im europäischen Rahmen siehe u. a. auch DIN EN 596 „Holzbauwerke; Wände in Holztafelbauart; Prüfung bei weichem Stoß".

**E.4.12.2.2** Die **Mindestmaße der Holzrippen** $b_1 \times d_1$ sind den Angaben der Tabellen 50 bis 54 zu entnehmen. Maßgebend für den gewählten Querschnitt sind außerdem die statisch vorliegenden Beanspruchungen.

Bei *tragenden* Wänden wird häufig ein Querschnitt von $b_1 \times d_1$ = 40 mm × 80 mm gewählt, um die oft 80 mm dicke Mineralfaser-Dämmschicht einbauen zu können – auch wenn die statische Berechnung einen kleineren Querschnitt erfordert. Bei einem entsprechenden Nachweis – z. B. bei einem bestimmten Systembau – sind auch abweichende Querschnitte möglich: So ist es nach [4.23] (Ergänzung) z. B. erlaubt, statt der Mindestmaße 40 × 80 auch ein „Systemmaß" 38 × 90 zu verwenden.

**E.4.12.2/1** Die Berechnung der **zulässigen Traglast** von Wänden in Holzbauart erfolgt nach DIN 1052 Teil 1 entweder für die

- Tafelbauart – d. h. die Beplankungen tragen mit oder für die
- Ständerbauart – d. h. die Lasten werden nur durch die Ständer abgetragen.

Der Fall
- „Bemessung von Wandtafeln mit relativ dicker Beplankung – ggf. mit zusätzlicher Bekleidung (Bild E 4-3)"

ist brandschutztechnisch am günstigsten.

Der Fall
- „Bemessung mit relativ dünner, hoch ausgelasteter Beplankung ohne zusätzliche Bekleidung"

ist brandschutztechnisch am ungünstigsten.

Der Vergleich der erzielbaren Feuerwiderstandsdauer zur Durchbrandzeit der Beplankung ist in Bild E 4-25 im Prinzip dargestellt. Welche Berechnungsmethode angewandt bzw. wie eine Holztafel dimensioniert wird, hängt in der Praxis auch von Fragen der Herstellung, der Mindestdicken nach DIN 4102 Teil 4 und anderen Faktoren ab.

**E.4.12.2/2** Entsprechend der Höhe der Traglast und damit des Berechnungsverfahrens sowie der gewählten Beplankungsdicke ergeben sich im Brandfall verschiedene **Verformungen**. Bild E 4-26 zeigt beispielhaft die Verformungen einseitig vom Brand beanspruchter Holztafeln in Abhängigkeit von der Beplankungsdicke und der Belastungshöhe. Die nichttragende Wand (Belastung nur durch g) hat praktisch keine Verformungen und die längste Feuerwiderstandsdauer, die nur vom Durchbrand bestimmt wird.

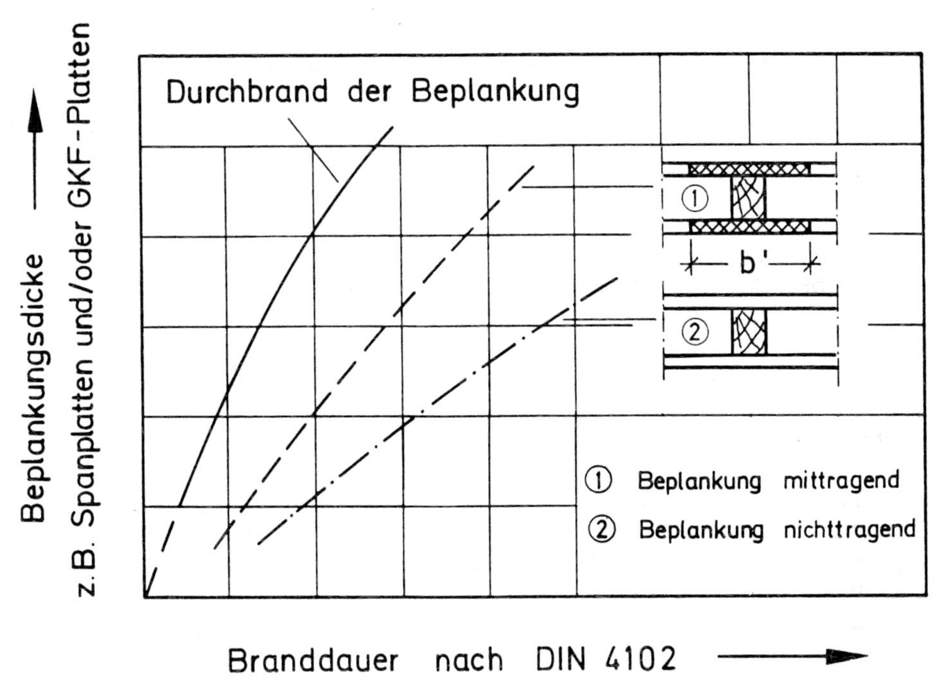


**Bild E 4-25:** Tragfähigkeitsverlust (Feuerwiderstandsdauer) raumabschließender Wände in Holzbauart bei einseitiger Brandbeanspruchung in Abhängigkeit vom Berechnungsverfahren (Belastung)

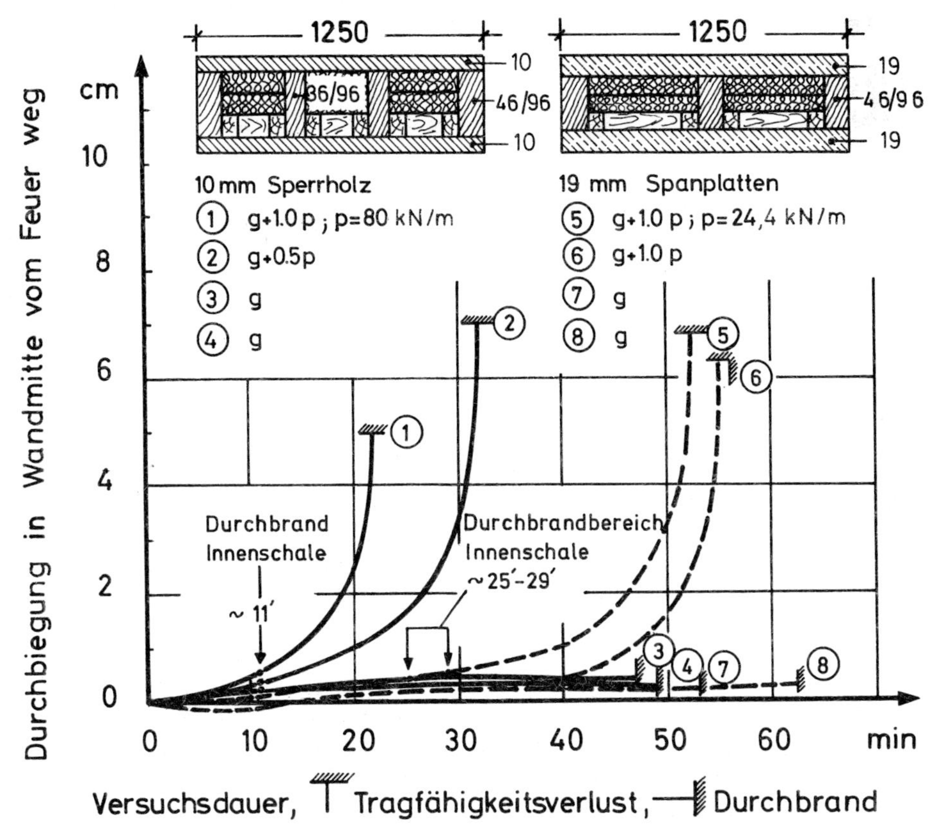


**Bild E 4-26:** Verformung, Tragfähigkeitsverlust und Durchbrand raumabschließender Wände aus Holztafeln bei einseitiger Brandbeanspruchung in Abhängigkeit von der Belastung (Maße in mm)

4.12

**E.4.12.2/3** Bei **nichtraumabschließenden tragenden Wänden**, die gleichzeitig ≥ 2seitig vom Brand beansprucht werden, erfolgt der Abbrand der Beplankungen gleichzeitig von beiden Seiten, so daß die ursprünglich geschützten Rippen nach dem Durchbrand/Abbrand der Beplankungen „plötzlich" 4seitig vom Brand beansprucht werden. Wände mit relativ schmalen Rippen (Bild E 4-3) knicken kurze Zeit nach dem Verlorengehen der Aussteifung in Wandebene aus. Rippen mit mehr quadratischem Querschnitt verhalten sich günstiger und haben eine längere Feuerwiderstandsdauer – vgl. Bild E 4-3 und Tabelle 50. Die Verformungen bis zum Bruch sind gering. Das Ausknicken erfolgt in Richtung der schwächeren Achse.

**E.4.12.3** Um auf die vorstehend beschriebenen Feinheiten nicht Rücksicht nehmen zu müssen, ist entsprechend Abschnitt 4.12.3 grundsätzlich nachzuweisen, daß die in den Tabellen 50 bis 53 angegebenen **Spannungen** $\sigma_D$ nicht überschritten werden, wobei $\sigma_D$ jeweils die in den Holzrippen auftretende Druckspannung ohne Berücksichtigung der $\omega$-Werte ist. Dieser Wert darf die zulässige Schwellenpressung nicht überschreiten.

Gegenüber der Normfassung 03/81 dürfen die Ständer bei Einhaltung der zulässigen Druckspannung etwas höher belastet werden, weil der Druckanteil aus einer Biegebeanspruchung (aus Windkräften) nicht berücksichtigt zu werden braucht.

Die Feuerwiderstandsdauer von Holzrippen $t_{Hr}$ mit geringer Spannung $\sigma_D$ kann der graphischen Darstellung in Bild E 5-54 entnommen werden.

**E.4.12.4.1/1** Als **Beplankungen/Bekleidungen** dürfen die 4 + 6 = 10 aufgezählten Arten von Platten und Brettern verwendet werden. Wegen der Bestimmungen über „mittragende" und „aussteifende" Beplankungen ist DIN 1052 Teil 1 zu beachten. Bei einigen Beplankungen gelten darüber hinaus Zulassungsbescheide des DIBt z. B. für Beplankungen aus Gipskarton-Feuerschutz- (GKF-) oder Gipsfaser-Platten; für Gipsfaserplatten FERMACELL liegt der Zulassungsbescheid Z-9.1-187 vor. Gipsfaserplatten sind wie z. B. auch Ca-Si-Platten nicht in Abschnitt 4.12.4.1 aufgezählt, weil es sich hier um firmengebundene, nicht genormte Platten handelt.

**E.4.12.4.1/2** Zu allen Beplankungen/Bekleidungen gibt es aus brandschutztechnischer Sicht **charakteristische Werte**, die in den folgenden Erläuterungen E.4.12.4.1/3 bis E.4.12.4.1/6 behandelt werden.

Wände in Holztafelbauart, Balken, Stützen und Decken mit F 30-B in einem mehrgeschossigen Gebäude

**E.4.12.4.1/3** Der Durchbrand von **Holzwerkstoffen** wurde bereits in Abschnitt 2.5 behandelt. In Bild E 2-13 ist die Abbrandtiefe = f (Branddauer) bzw. die Plattendicke = f (Durchbrandzeit) dargestellt. Die obere Begrenzungskurve des Streubereichs, die den Abbrand (Durchbrand) mit der kleinsten Zeit (auf der sicheren Seite) kennzeichnet, stellt zeitlich den Fall dar, bei dem die Oberfläche von Holzwerkstoffen bei einseitiger Brandbeanspruchung schwarz wird (Abbrandgrenze). Diese Grenze ist auch durch den Wert $\Delta T = 180$ K bestimmt (vgl. mit Bild E 2-14).

Diese obere Kurve ist als Kurve $t_1$ in Bild E 4-27 als charakteristische Kurve für Holzwerkstoffe eingezeichnet und anderen Kurven gegenübergestellt.

IN ENV 1995-1-2 wurde diese Kurve im Anhang C unter Abschnitt C 3.1 „praktisch" übernommen; sie ist in Bild E 4-27 als Gerade mit zwei Steigungen (Kurz gestrichelte Geraden – Knickpunkt bei 15 min) unmittelbar unter der Kurve $t_1$ eingezeichnet.

**E.4.12.4.1/4** Für **Gipskarton-Feuerschutzplatten (GKF)** kann eine ähnliche charakteristische Kurve angegeben werden. Gips ($CaSO_4$), der je nach Art verschieden hohe Anteile von Wasser enthält, besitzt in der Form von GKF-Platten auf der dem Feuer abgekehrten Seite bei einseitiger Brandbeanspruchung (ETK) Temperaturen, die nach der Entwässerung schnell ansteigen und die Grenze von $\Delta T = 180$ K in sehr kurzer Zeit überschreiten (bei den Temperaturkurven: schleifende Schnitte). Um hier eine besser geeignete Grenze zu verwenden und um mit der rechnerischen Bestimmung der Feuerwiderstandsdauer von Wänden unter Verwendung von GKF-Platten eine größere Übereinstimmung mit Prüfergebnissen zu erhalten, wurde statt der 180 K-Grenze die 500 K-Grenze gewählt – d. h. die Zeit $t_{500\,K}$, wenn bei ETK-Beanspruchung auf der feuerabgekehrten Seite $\Delta T = 500$ K auftreten.

Diese $t_{500\,K}$-Kurve ist in Bild E 4-27 als charakteristische Kurve $t_2$ für GKF-Platten neben anderen Kurven eingezeichnet.

Im ENV 1995-1-2 wurde diese Kurve im Anhang C unter Abschnitt C 3.2 ebenfalls „praktisch" übernommen; sie ist in Bild E 4-27 als Gerade mit zwei Steigungen (Wendepunkt bei 15 mm) als kurz gestrichelte Gerade eingezeichnet; sie schneidet die $t_2$-Kurve bei etwa 35 mm.

Die $t_2$-Kurve gilt in erster Annäherung auch für GKB-Platten, vgl. Bild E 5-1 (s. S. 197).

**E.4.12.4.1/5** Auch für Gipsfaserplatten läßt sich eine $t_{500\,K}$-Kurve ermitteln. Für **FERMACELL-Gipsfaserplatten** ist sie als $t_3$-Kurve in Bild E 4-27 eingetragen. Sie liegt etwas unterhalb der GKF-Kurve, da sich derartige Gipsfaserplatten etwas günstiger verhalten [4.18].

**E.4.12.4.1/6** Bild E 4-27 enthält auch eine charakteristische Kurve $t_4$ zu **Ca-Si-Platten** der Marke **PROMATECT®-H**, die im Normabschnitt 4.12.4.1 nicht aufgeführt sind, weil es sich um firmengebundene, nicht genormte Platten handelt. Die Kurve $t_4$ erfaßt nicht den gesamten dargestellten Bereich, weil die vorhandenen Werte wegen Unterschieden in der Rohdichte, der Feuchte usw.

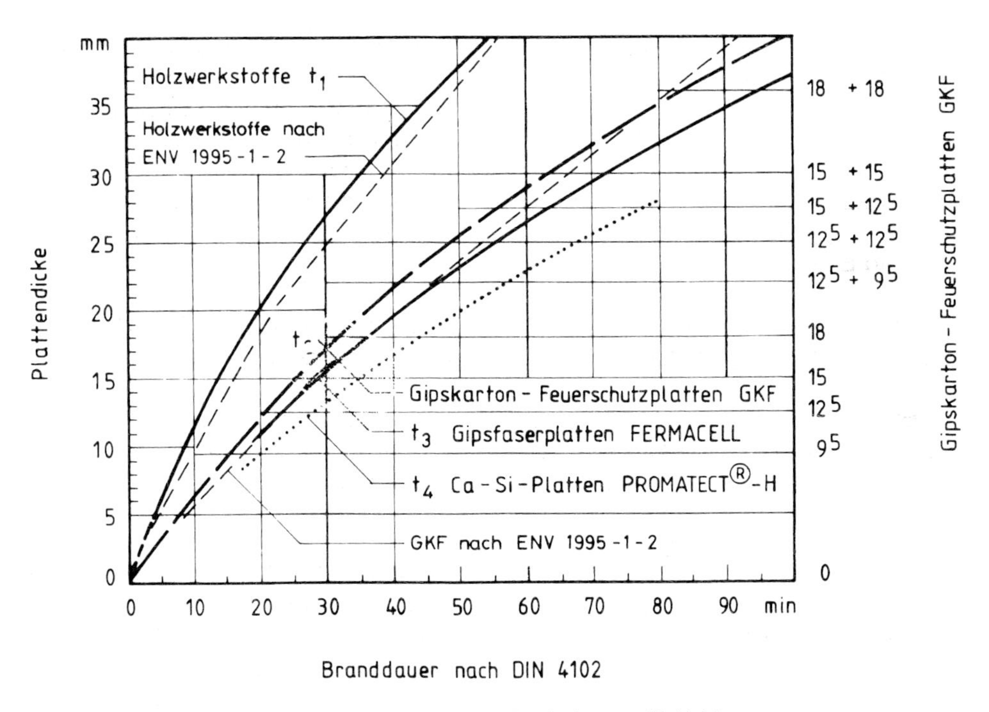


**Bild E 4-27:** Charakteristische Kurven ($t_1$ bis $t_4$) von Beplankungen/Bekleidungen

stark streuen. Die Kurve wurde u. a. aus Temperaturmessungen ermittelt, bei denen die PROMATECT-Platten mit Spanplatten (wie bei einer bekleideten Wand) hinterlegt waren; als Grenze wurde in diesem Fall $\Delta T$ = 100 °C (gemessen auf einer 13 mm dicken Hinterlegung) gewählt. Mit dieser Grenze bzw. mit der dargestellten Kurve $t_4$ lassen sich Feuerwiderstandsdauern ähnlich wie mit den Kurven $t_1$ bis $t_3$ abschätzen, vgl. Beispiel 6 zu den Tabellen 51 bis 53 (s. S. 163).

**E.4.12.4.1/7** Für die **Befestigungsmittel** (Verbindungsmittel) zwischen den Beplankungen (Bekleidungen) und den Holzrippen gelten die Bestimmungen von DIN 1052 Teil 3 bzw. bei firmengebundenen Platten (FERMACELL, PROMAMTECT®-H) die von den Firmen angegebenen (geprüften und bewährten) Befestigungsmittel.

**E.4.12.4.2** In Abschnitt 4.12.4.2 werden die Randbedingungen für **Stoßausbildungen** beschrieben. Es wird beispielhaft auf Bild 38 verwiesen. Neben den dort dargestellten Stößen (Fugen) sind auch andere Ausbildungen möglich, wenn hierüber ein Nachweis geführt wird. Für Stöße von FERMACELL-Gipsfaserplatten-Beplankungen gibt es zum Beispiel einen Nachweis, der Klebe-, Spachtel- und stumpfe Fugen beurteilt [4.28].

Über Fugen in Außenwänden informiert [4.45]; Außenwandbekleidungen (allgemein) werden in [4.44] behandelt.

**E.4.12.4.4** Stöße bzw. Fugen üben immer einen Einfluß auf die Feuerwiderstandsdauer aus. Ob der Einfluß groß oder klein ist, ist von Fall zu Fall zu entscheiden. Bei Stößen (Fugen) von profilierten Brettern bei Wand-Beplankungen oder -Bekleidungen ist der Einfluß relativ klein. Die **maßgebende Dicke $d_w$** (W von Wand) wurde wie in der Ausgabe 03/81 gewählt (Normbild 39). In Gutachten (Bild E 3-13) kann ggf. großzügig verfahren werden; maximal darf $d_w$ = Brettdicke gewählt werden.

**E.4.12.5** In raumabschließenden leichten Trennwänden – so auch in raumabschließenden Wänden aus Holztafeln nach DIN 4102 Teil 4 – ist jeweils zur Überbrückung der „Schwachstelle Elt-Dose" eine **Dämmschicht** bestimmter Güte und Dicke erforderlich.

Wie aus der Erläuterung E.4.10.2/2 (s. S. 130) hervorgeht, ist es aber auch möglich, auf die Dämmschicht zu verzichten, wenn im Bereich von Elt-Dosen Sondermaßnahmen ergriffen werden. Tabelle E 4-4 beschreibt solche Ausführungen, wobei FERMACELL-Gipsfaserplatten auf Holzstielen (im Gipsplattenbau Ständer/Riegel genannt) verwendet werden.

Zu brandschutztechnisch notwendigen Dämmschichten wird im Zusammenhang mit den

- (Wand-) Tabellen 51–53 (siehe E.Tab. 51-53/6 – E.Tab. 51-53/15, S. 156–160) und
- Deckenklassifizierungen in Abschnitt 5 (siehe E.5.2.4.1 bis E.5.2.4.3 – E.5.2.4.5, Seiten 199–202)

noch ausführlich Stellung genommen.

**E.4.12.6/1** **Anschlüsse** von Holztafeln an angrenzende Bauteile sind nach den Angaben von Abschnitt 4.12.6 auszuführen. Beim Anschluß raumabschließender Wände an angrenzende Holztafeln sind zur Vermeidung eines Durchbrandes im Beplankungs- bzw. Bekleidungsbereich – vgl. Bild E 4-28 – dichtanschließende Holzrippen oder Sondermaßnahmen erforderlich – siehe Bild 42.

**E.4.12.6/2** **Anschlüsse** von Holztafeln an Wände, Decken und Stahlbetonbauteile (Fundamente, Kellerdecken) werden detailliert in [4.44] und [4.45] beschrieben. Allgemeine Angaben zum Brandschutz enthält [4.46].

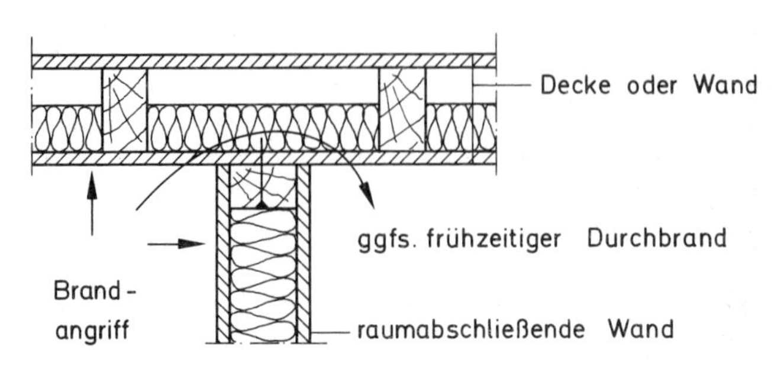


**Bild E 4-28:**
Kritischer Anschluß bei raumabschließenden Wänden

**E.4.12.7.1/1 Dampfsperren** – gleich welcher Art – beeinflussen die in DIN 4102 Teil 4 und in diesem Handbuch zusätzlich aufgeführten Wandkonstruktionen hinsichtlich ihrer Feuerwiderstandsdauer nicht, vgl. Abschnitt 4.1.3 sowie die dazugehörige Erläuterung.

**E.4.12.7.1/2** Wegen der **Dampfsperre** im bauphysikalischen Sinn siehe [4.47] und [4.48].

**E.4.12.7.2/1** Wie aus Abschnitt 4.12.7.2 hervorgeht, können **hinterlüftete Fassaden (Vorsatzschalen)** den Feuerwiderstand der in den Tabellen 51 bis 53 beschriebenen Wände aus Holztafeln verbessern.

Wie groß der Gewinn an Feuerwiderstandsdauer ist, hängt im wesentlichen vom Baustoff und von der Dicke der Vorsatzschalen ab. Vorsatzschalen aus Aluminium – der Schmelzpunkt liegt i. a. bei ≥ 600 °C –, Kunststoff, Faserzement o. ä. bewirken im allgemeinen nur Verbesserungen der Feuerwiderstandsdauer von etwa 5 min. Vorsatzschalen aus Holzwerkstoffplatten können dagegen erhebliche Verbesserungen ergeben, vgl. Bild E 2-13. Am größten ist die Verbesserung durch Vorsatzschalen aus Mauerwerk, die mit einer Dicke ≥ 115 mm bereits eine Feuerwiderstandsdauer von ≥ 90 min aufweisen. Außenwände von Holzhäusern in Tafelbauart mit Vorsatzschalen aus Mauerwerk können nach den Angaben der Tabellen 52 und 53 trotzdem nur in die Feuerwiderstandsklasse F 30 bis F 60 eingestuft werden, da das Versagen der Tragfähigkeit bei Brandbeanspruchung von innen maßgebend ist.

**E.4.12.7.2/2** Bei Außenwänden aus Holztafeln nach den Angaben der Tabellen 52 und 53 darf die **außenliegende Beplankung** wegen des Durchbrandes im Belüftungsbereich (Kaminwirkung, Brandausbreitung bis zum Traufen- und Dachbereich) und ggf. wegen der Knickaussteifung der Holzrippen nicht weggelassen oder verändert werden, vgl. Bild E 4-29. Bei Vorsatzschalen aus Mauerwerk ist eine Abminderung auf d = 4 mm jedoch erlaubt, siehe jeweils Fußnote 2 in den Tabellen 52 und 53.



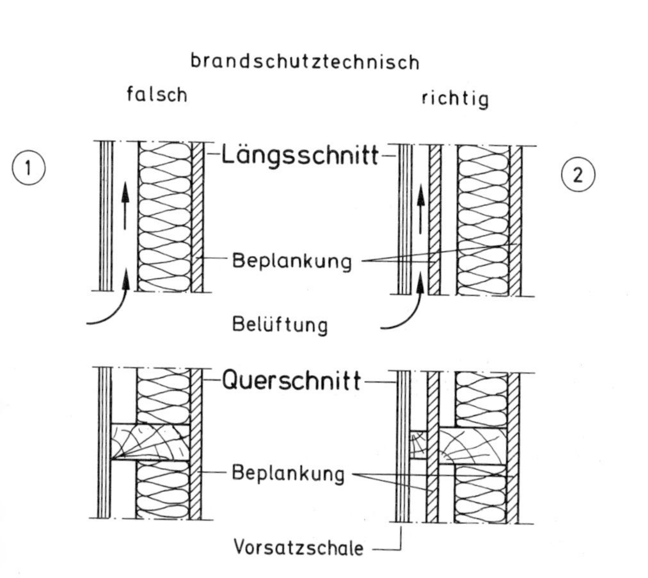


**Bild E 4-29:**
Beplankungen und Vorsatzschalen belüfteter Wände

**E.4.12.7.2/3** Bild E 4-30 zeigt den typischen Aufbau einer Außenwand eines Fertighauses mit einer Putzfassade als Vorsatzschale. Es ist aber auch möglich, eine F 30-Innenwand – z. B. mit FERMACELL-Gipsfaserplatten (s. Erläuterung E.4.10.2/1) – durch Anbringen einer Wärmedämmung mit Putz – z. B. Polystyrol Hartschaum mit geeignetem Außenputz – unmittelbar auf der Beplankung zu einer Außenwand zu machen [4.30]; der Feuerwiderstand bei Beanspruchung von außen wird geringfügig – bei Beanspruchung von innen nicht – verbessert. Die Klassifizierung der Außenwand entspricht der Klassifizierung der ursprünglichen Trennwand.

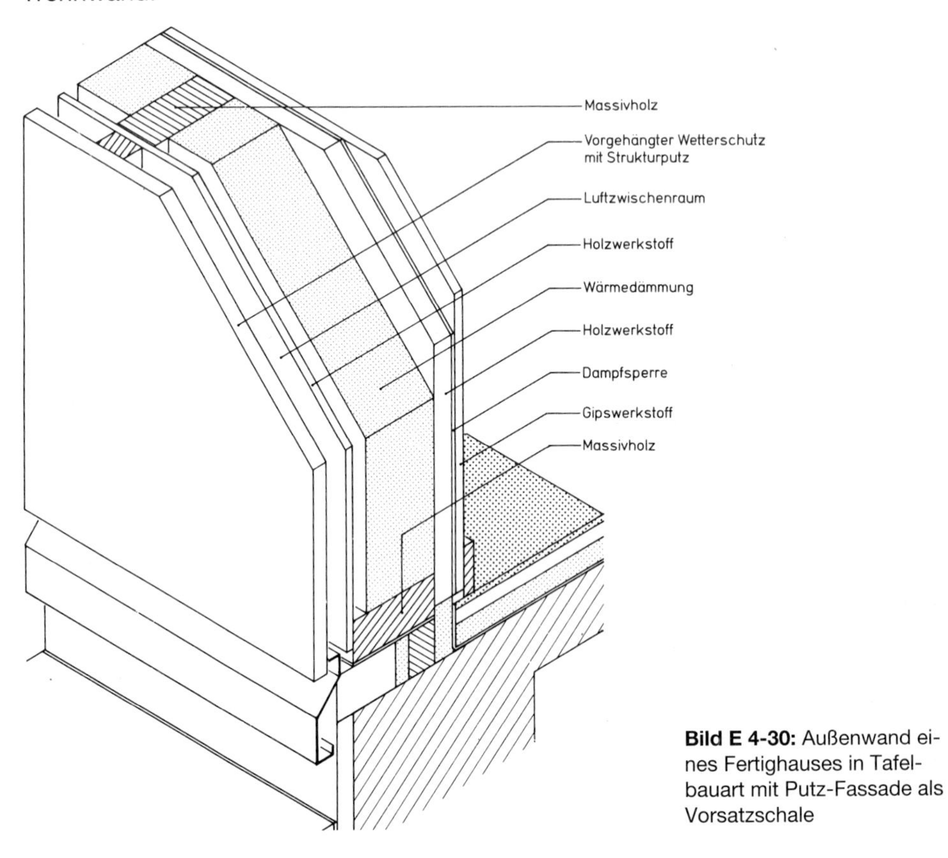


**Bild E 4-30:** Außenwand eines Fertighauses in Tafelbauart mit Putz-Fassade als Vorsatzschale

## Erläuterungen zu den Tabellen 50 bis 53 von Abschnitt 4.12

### Erläuterungen zu Tabelle 50

**E.Tabelle 50/1** Nichtraumabschließende, tragende Wände sind nach dem Normabschnitt 4.1.1.5 und Bild E 4-2 Innenwände, die im Brandfall zur gleichen Zeit mehrseitig vom Feuer beansprucht werden, vgl. auch E.4.1.1.5/2 zu Abschnitt 4.1.1. Die brandschutztechnischen Randbedingungen für derartige Wände mit der Benennung F 30-B und F 60-B sind in Tabelle 50 angegeben.

Die **erzielbare Feuerwiderstandsdauer** läßt sich durch Addition der Zeiten

$t_1$–$t_4$ (Widerstandszeiten der Beplankungen nach Bild E 4-27) und
$t_{Hr}$ (Widerstandszeit der Holzrippe nach Bild E 5-54)

rechnerisch abschätzen. Dieses schon in der 1. Auflage des Holz Brandschutz Handbuches [2.6] entwickelte „Rechenverfahren“ wird auch im Anhang C von ENV 1995-1-2 beschrieben. Hierzu zwei Beispiele:

**Beispiel 1** Tabelle 50 Zeile 6:

| | | |
|---|---|---|
| $t_1$ (8,0 mm Holzwerkstoff) | = | 7 min |
| $t_2$ (12,5 mm GKF) | = | 20 min |
| $t_{Hr}$ (40/80 – 2,5 N/mm²) | = | 8 min |
| $t_{Wand} = t_1 + t_2 + t_{Hr}$ | = | 35 min |

In Normprüfungen ergeben sich Feuerwiderstandsdauern von

| | | |
|---|---|---|
| $t_{Wand}$ (DIN 4102 Teil 2) | = | 35 min ± 4 min |
| min $t_{Wand}$ also | = | 31 min > 30 min-Grenze. |

**Beispiel 2** Tabelle 50 Zeile 10:

| | | |
|---|---|---|
| $t_2$ (15 + 12,5 GKF) | = | 56 min |
| $t_{Hr}$ (50/80 – 2,5 N/mm²) | = | 11 min |
| $t_{Wand} = t_2 + t_{Hr}$ | = | 67 min |

In Normprüfungen ergeben sich Feuerwiderstandsdauern von

| | | |
|---|---|---|
| $t_{Wand}$ (DIN 4102 Teil 2) | = | 67 min ± 4 min |
| min $t_{Wand}$ also | = | 63 min > 60 min-Grenze. |

4.12

Da die ENV-Geraden in Bild E 4-27 praktisch gleiche Zeiten wie die aus Prüfungen abgeleiteten Kurven $t_1$ und $t_2$ in Bild E 4-27 ergeben, stimmen ENV- und DIN-ermittelte Werte überein.

**E.Tabelle 50/2** Wie aus den Erläuterungen zu Abschnitt 4.12.4.1 hervorgeht, können anstelle von GKF-Platten auch **FERMACELL-Gipsfaserplatten** verwendet werden. Die Randbedingungen für tragende, mehrseitig vom Brand beanspruchte Wände analog Tabelle 50 sind in Tabelle E 4-6 zusammengestellt.

Auch hierfür soll analog Beispiel 1 eine Rechnung durchgeführt werden:

**Beispiel 3** Tabelle E 4-6, Zeile 4:

| | | |
|---|---|---|
| $t_1$ (8 mm Holzwerkstoff) | = | 7 min |
| $t_3$ (10 mm FERMACELL) | = | 19 min |
| $t_{Hr}$ (40/80 – 2,5 N/mm²) | = | 8 min |
| $t_{Wand} = t_1 + t_3 + t_{Hr}$ | = | 34 min |
| | > | 30 min-Grenze |

**Tabelle E 4-6** Tragende, nichtraumabschließende[1] Wände aus Holztafeln unter Verwendung von FERMACELL-Gipsfaserplatten (die Anmerkung zu Tabelle 50 gilt nach [4.18] bis [4.31] ebenfalls)

| Zeile | Konstruktions-merkmale | Holzrippen: Mindestabmessungen nach Abschnitt 4.12.2 | Holzrippen: zulässige Spannung nach Abschnitt 4.12.3 | Beplankung(en) und Bekleidung(en) Mindestdicke von: Holzwerkstoffplatten (Mindestrohdichte $\rho$ = 600 kg/m³) nach Abschnitt 4.12.4 | FERMACELL-Gipsfaserplatten | | Feuerwiderstandsklasse-Benennung |
|---|---|---|---|---|---|---|---|
| | | $b_1 \times d_1$ mm x mm | $\sigma_D$ N/mm² | $d_2$ mm | $d_2$ mm | $d_3$ mm | |
| 1 | | 40 × 80 | 2,5 | | 15 | | F 30-B |
| 2 | | 80 × 80 | 2,5 | | 10 | | F 30-B |
| 3 | | 60 × 80 | 2,5 | | 12,5 | | F 30-B |
| 4 | | 40 × 80 | 2,5 | 8 | | 10 | F 60-B |
| 5 | | 40 × 80 | 2,5 | 22 | | 15 | F 60-B |
| 6 | | 50 × 80 | 2,5 | | 12,5 | 12,5 | F 60-B |

[1] Wegen tragender oder nichttragender, jeweils raumabschließender Wände siehe Tabellen 51 bis 53 und die dazugehörigen Erläuterungen.

**E.Tabelle 50/3** Bei Anordnung von beidseitig jeweils 2 × 18 = 36 mm dicken Beplankungen aus GKF-Platten oder aus 15 + 15 = 30 mm dicken FERMACELL-Gipsfaserplatten und bei Verwendung von Holzrippen $b_1 \times d_1 \geq 40 \times 80$ mm mit $\sigma_D \leq 2{,}5$ N/mm² kann auch **F 90** erreicht werden. Bei Anordnung horizontaler Bekleidungsfugen, wie sie z. B. bei Gebäudeabschlußwänden zwischen den einzelnen geschoßhohen Tafeln vorkommen, sind jedoch weitere Maßnahmen notwendig. F 90 wird in derartigen Fällen z. B. bei Anordnung von beidseitig 13 mm dicken Spanplatten unter den 36 mm (30 mm) dicken Bekleidungen und bei Ausfüllung der Fugen mit einer Fugendichtung erreicht, vgl. Abschnitt 4.12.8 und die dazugehörigen Erläuterungen.

**E.Tabelle 50/4** Bei Anordnung von 13 mm dicken Spanplatten können anstelle der 2 × 18 mm dicken Gipskarton- bzw. 2 × 15 mm dicken Gipsfaserplatten auch **Ca-Si-Platten** mit ≥ 2 × 20 = 40 mm Dicke verwendet werden, um **F 90** zu erreichen; bei Spannungen $\sigma_D \leq 0{,}15$ N/mm² reichen auch 2 × 15 = 30 mm.

**E.Tabelle 50/5** Werden GKF-, Gipsfaser- oder andere Platten in Holztafeln als Beplankung (nicht als zusätzliche Bekleidung) verwendet, so sind – wie bereits in E.4.12.4.1/1 erwähnt – für die Verwendung (zusätzlich zu den Bestimmungen von DIN 1052) **Zulassungsbescheide des DIBt** erforderlich, die auch etwas über die Mindestbefestigung aussagen.

**E.Tabelle 50/6** Wie bereits aus E.4.1.1.4/2 und 4.1.1.4/3 – 4.1.1.5/1 (s. S. 109) hervorgeht, müssen Außenwandbereiche tragender **Wände aus Holztafeln mit einer Breite B ≤ 1,0 m** (Bild E 4-31) bei F 30-Forderung für eine 4seitige Brandbeanspruchung bemessen werden – d. h. bei Wandstützen zwischen zwei Öffnungen – z. B. bei Stützen zwischen zwei Fenstern – wird der Brandschutz meist problematisch, da im allgemeinen im Vergleich zu den Holzrippen in den Wänden keine wesentlich vergrößerten Querschnitte verwendet werden sollen und bei Holztafeln in der Regel auch nicht verwendet werden können. Die Feuerwiderstandsklasse solcher **„Fensterstützen“** ist daher im allgemeinen nur dann ≥ F 30, wenn allseitig eine ausreichende Bekleidung angeordnet wird, vgl. Bild E 4-31 und E 4-32.

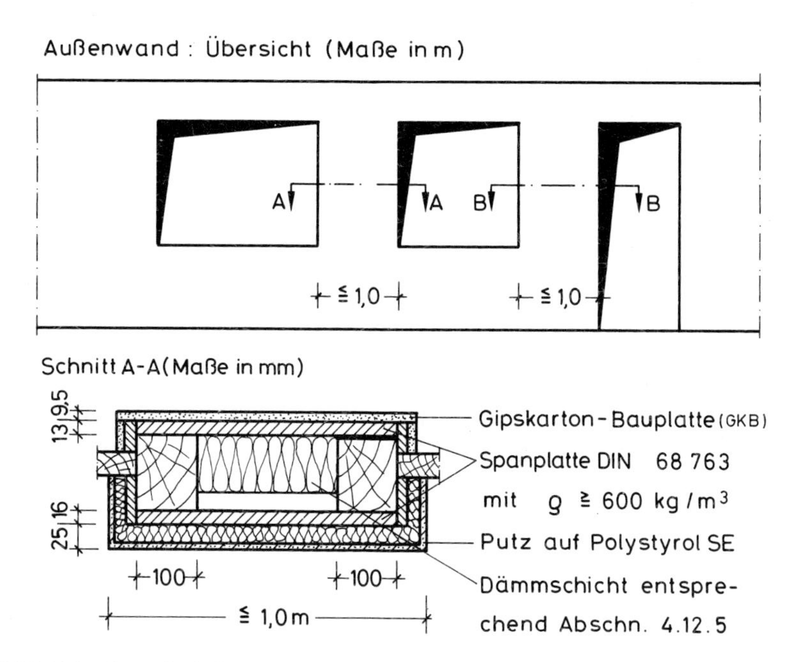


**Bild E 4-31:** Holzstützen in Außenwänden aus Holztafeln mit einer Breite ≤ 1,0 m; Brandbeanspruchung der Außenwand: 4seitig (bei einer Breite > 1,0 m gelten die Wände als raumabschließend; die Brandbeanspruchung wird dann nur noch als 1seitig gewertet, vgl. Abschnitt 4.1.1 und die dazugehörigen Erläuterungen)



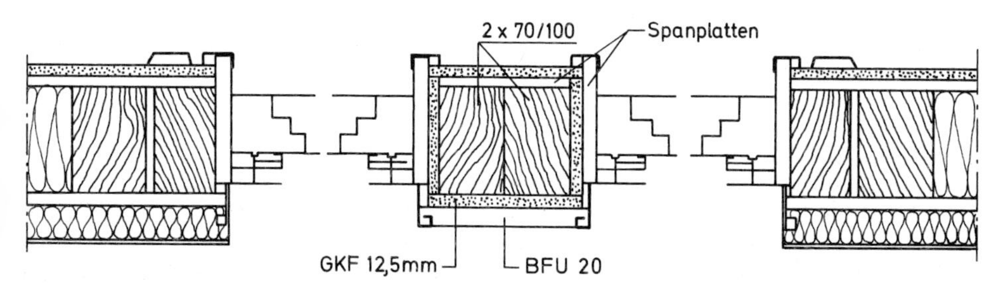


**Bild E 4-32:** Holzstütze zwischen zwei Fenstern mit brandschutztechnisch notwendiger Bekleidung (Beispiel); 4seitige Brandbeanspruchung der Stütze im Fensterbereich

**E.Tabelle 50/7** Verwendet man anstelle von Spanplatten B 2 **Spanplatten B 1 oder A 2** in Wandkonstruktionen nach Tabelle 50, wird der Feuerwiderstand verbessert. In Bild E 4-33 sind im Vergleich zur charakteristischen Kurve von B 2-Spanplatten (vgl. Bild E 4-27) einige Prüfergebnisse eingetragen; die hier angegebenen Duripanel-Platten nach Tabelle E 2-4 Zeile 6 wurden jedoch in Verbindung mit etwas dickeren Holzrippen geprüft [4.50], so daß die vergleichbaren Feuerwiderstandsdauern etwa 6 min geringer als die in Bild E 4-33 eingezeichneten Prüfergebnisse sind.

Wenn günstigere Feuerwiderstandsdauern bzw. Randbedingungen als in DIN 4102 Teil 4 angegeben gewünscht werden, ist die Feuerwiderstandsklasse mit derartigen speziellen Platten durch Prüfzeugnis auf der Basis von Normprüfungen nachzuweisen.

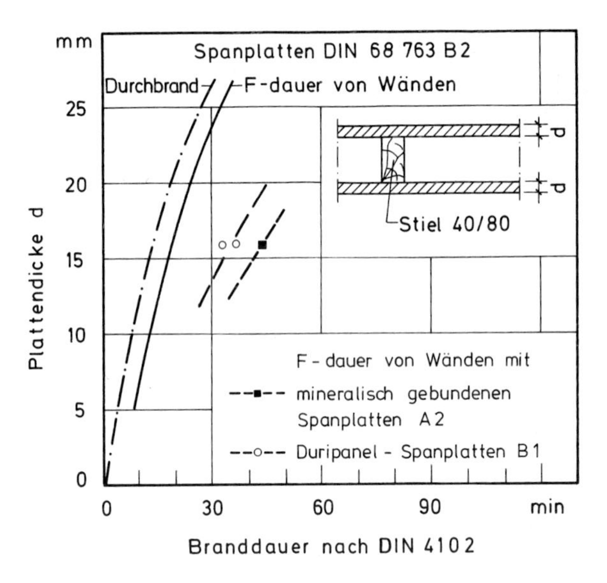


**Bild E 4-33:**
Feuerwiderstandsdauer von Wänden aus Holztafeln unter Verwendung von Spanplatten der Baustoffklassen A 2 sowie B 1 und B 2 bei zweiseitiger Brandbeanspruchung (nichtraumabschließende Wände)

**E.Tabelle 50/8** Durch Prüfungen konnte nachgewiesen werden, daß **Elt-Einbauten** sowie an den Beplankungen angebrachte **Schränke** (Bild E 4-34) oder **Konsollasten** (Bild E 4-35) den Feuerwiderstand nicht spürbar verändern.

**E.Tabelle 50/9** Die Feuerwiderstandsdauer tragender nichtraumabschließender Wände wird durch die Anordnung von **Mineralfaser-Dämmschichten** in den Gefachen verbessert, wenn diese

- den Angaben von Abschnitt 4.12.5 entsprechen und
- die Holzrippen seitlich vollständig abdecken, so daß ein vierseitiger Abbrand der Rippen verzögert wird.

Die Verbesserung beträgt in der Regel jedoch nur wenige Minuten – meist $\leq$ 5 min. Die in den Tabellen 50 und E 4-6 angegebenen Randbedingungen verlangen daher auch keine Dämmschicht. Sofern eine angeordnet wird, muß sie aufgrund bauaufsichtlicher Bestimmungen mindestens der Baustoffklasse B 2 angehören, vgl. Anmerkung zu Tabelle 50. Sofern die Dämmschicht den Feuerwiderstand planmäßig verbessern soll, sind Prüfungen nach DIN 4102 Teil 2 erforderlich.

**Bild E 4-34:** Prüfung von Wänden mit Wandschränken aus Kunststoff, Holz und Stahlblech

**Bild E 4-35:** Prüfung von Wänden mit simulierten Konsollasten



## Erläuterungen zu den Tabellen 51 bis 53

**E.Tab. 51-53/1** Einleitend ist zu bemerken, daß alle vorstehenden Erläuterungen zu Tabelle 50, soweit sie nicht speziell für ≥ 2seitig beanspruchte Wände aufgeführt wurden, auch für 1seitig beanspruchte Wände gelten.

**E.Tab. 51-53/2** Die Tabellen 51 bis 53 behandeln nur **raumabschließende Wände**, die stets nur einseitig vom Feuer beansprucht werden.

Sobald tragende Wände zweiseitig vom Feuer beansprucht werden, sind sie nach Tabelle 50 oder E 4-6 zu bemessen. Dies gilt auch für Außenwandbereiche mit b ≤ 1,0 m Breite – d. h. für Außenwandbereiche zwischen zwei Öffnungen (Fenstern o. ä.), die einen Abstand untereinander von ≤ 1,0 m aufweisen. Ggf. müssen derartige Bereiche gegenüber den Angaben der Tabellen 51 bis 53 verstärkt werden – z. B. durch die Verwendung breiterer Holzrippen oder die Anordnung dickerer oder anderer Bekleidungen.

**E.Tab. 51-53/3** Die Angaben von **Tabelle 51** beziehen sich auf raumabschließende Wände, die **auch als Außenwände** verwendet werden können. Dabei muß beachtet werden, daß die außenliegende Beplankung den Anforderungen des **Feuchteschutzes** nach DIN 68 800 Teil 2 genügt.

**E.Tab. 51-53/4** Die **Tabellen 52 und 53** beziehen sich auf raumabschließende Wände, die in der Regel **nur als Außenwände** verwendet werden. Der asymmetrische Aufbau zeigt deutlich, welche Seite die jeweilige Außenseite ist.

**E.Tab. 51-53/5** Tabelle 51 gilt für die Feuerwiderstandsklassen F 30 bis F 90. Sie enthält 21 Grundkonstruktionen, die durch die Beachtung der **Fußnoten** noch variiert werden können. Tabelle 52 gilt nur für die Feuerwiderstandsklasse F 30, Tabelle 53 nur für F 60. Auch bei diesen Tabellen können die Grundkonstruktionen durch Beachtung der Fußnoten noch variiert werden, so daß insgesamt mehr als 100 klassifizierte raumabschließende Wandkonstruktionen für eine Brandschutzbemessung zur Verfügung stehen. Diese „Normkonstruktionen" werden durch die folgenden Erläuterungen noch erweitert.

**E.Tab. 51-53/6** Die Bestimmungen für raumabschließende Wände (Tabellen 51 bis 53) unterscheiden sich gegenüber den Bestimmungen für nichtraumabschließende Wände (Tabelle 50) hauptsächlich durch die zwischen den Holzrippen eingebaute **Dämmschicht**.

**E.Tab. 51-53/7** Die Dämmschicht ist in raumabschließenden Wänden notwendig, um Schwachstellen **bei Elt-Einbauten** auszuschalten, vgl. die Erläuterungen

- E.4.1.6.1 und E.4.1.6.2 (s. S. 114) sowie
- E.4.12.5 (s. S. 148).

Außerdem wird die Dämmschicht z. B. aus Wärmeschutzgründen eingebaut. In speziellen Brandversuchen konnte nachgewiesen werden, daß auch bei brennbaren Dämmschichten das Risiko einer Brandausbreitung – z. B. durch Kurzschluß – sehr klein ist [4.51] und [4.52]. Da in allen raumabschließenden Wänden nach DIN 4102 Teil 4 entweder

- nichtbrennbare Mineralfaser-Dämmstoffe (Baustoffklasse A) oder
- schwerentflammbare HWL-Platten (Baustoffklasse B 1)

entsprechend Abschnitt 4.12.5 vorgeschrieben sind und in der Praxis meist Mineralfaserplatten der Baustoffklasse A verwendet werden, ist das angesprochene Brandrisiko in diesem Bereich nahezu Null.

**E.Tab. 51-53/8** Obwohl das Brandrisiko nahezu Null ist, wurde das Thema eines „Schwelbrandes" im Wandinnern weiter verfolgt. In speziellen Wandversuchen konnte gezeigt werden, daß eine Wand mit einer nichtbrennbaren Beplankung aus Gipskartonplatten und einer Mineralfaser-Dämmschicht (Bild E 4-36) bei Verwendung von Holzstielen

- bei ETK-Beanspruchung als nichttragende Wand (p = 0) eine Feuerwiderstandsdauer zwischen 180 und 210 min besitzt,
- bei gleicher Beanspruchung als tragende Wand (p = 31 kN/m) eine Feuerwiderstandsdauer von 156 min aufweist und

- bei ETK-Beanspruchung bis 90 min mit Entzündung der Holzstiele (danach Abkühlung im Versuchsofen bei fortlaufendem Schwelbrand der Holzstiele) noch eine Feuerwiderstandsdauer > 180 min anzeigt, wobei die Bruchlast der Wand bei 180 min $p_{Bruch}$ ~ 1,3 p betrug.
- Eine gleich beplankte Wand mit Metallstielen besitzt bei geringerer Last p = 24 kN/m bei ETK-Beanspruchung nur eine Feuerwiderstandsdauer von 95 min.

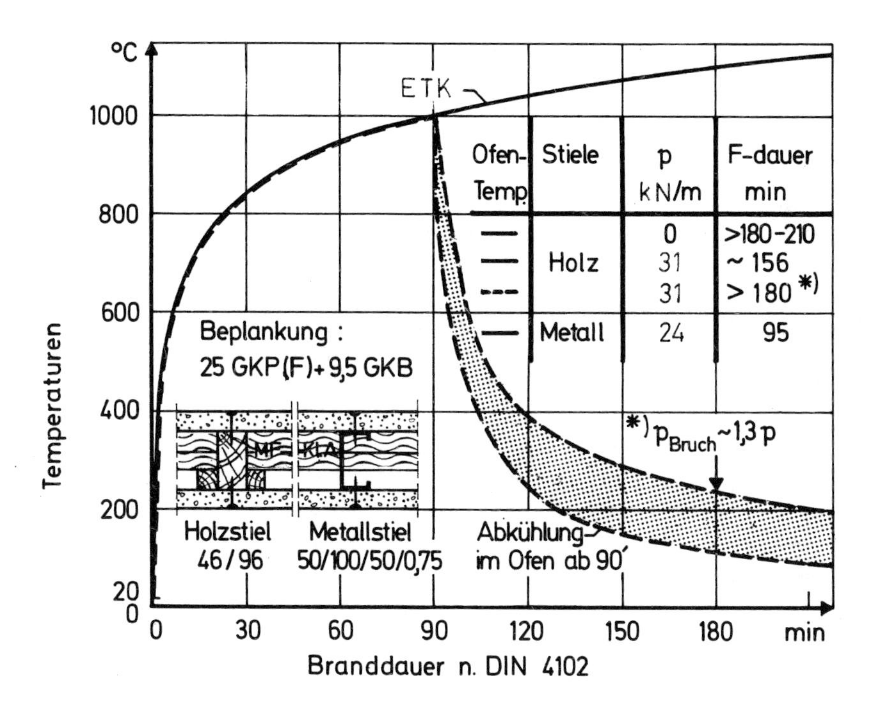


**Bild E 4-36:** Feuerwiderstandsdauer von raumabschließenden GKF-Wänden mit Holz- und Metallstielen – Feuerwiderstand bei einem Schwelbrand

**E.Tab. 51-53/9** Es kann zum Glimmen [4.51] kommen, wenn man anstelle der Mineralfaser-Dämmschicht der Baustoffklasse A eine Dämmschicht der Baustoffklasse B verwendet. Zur Zeit ist eine **Zellulosefaser-„Isofloc"-B 2-Dämmschicht** auf dem **Markt**, die als Recycling-Produkt aus maschinell zerfasertem Altpapier mit Borsalz-Zusatz hergestellt wird*. Mit Hilfe einer speziellen Maschine wird das in Säcken angelieferte Material in aufgelockerter Form mit geringem Luftdruck zwischen die Beplankungen so eingeblasen, daß keine Hohlräume und eine mattenähnliche Dämmschicht entsteht. F 30-B von der Wandkonstruktion mit dieser B 2-Dämmschicht wird erreicht, wenn die Rohdichte der Dämmschicht ≥ 55 kg/m³ beträgt [4.54].

**E.Tab. 51-53/10** Bei allen raumabschließenden Wänden müssen die geforderten **Dicken und Rohdichten sowie der fachgerechte dichte Einbau der Dämmschicht** beachtet werden. Alle drei Größen sind für den Feuerwiderstand von entscheidender Bedeutung. Bei den Dicken und Rohdichten sind je-

*) Ein Zulassungsbescheid für B1 ist beim DIBt beantragt

weils die Nenndicke bzw. das Nennmaß gemeint, vgl. Abschnitt 4.12.5.4. Die geforderten Mindestmaße dürfen bei Mineralfaser-Dämmschichten nur in den Toleranzgrenzen der Norm DIN 18 165 Teil 1 unterschritten werden.

Unsachgemäß eingebaute Dämmschichten – z. B. Dämmschichten mit Luftspalten zu den Holzrippen – fallen im allgemeinen frühzeitig aus den Fachwerkfeldern und vermindern die Feuerwiderstandsdauer erheblich. Die Folge ist in der Regel der Verlust der angegebenen Feuerwiderstandsklasse. Auch die Verwendung von Dämmschichten mit niedrigem Schmelzpunkt – z. B. die Verwendung von Glasfaserprodukten anstelle der in Abschnitt 4.12.5.1 geforderten Mineralfasern mit einem Schmelzpunkt ≥ 1000 °C – verändert den Feuerwiderstand der hier beschriebenen Konstruktion so, daß die jeweils angegebene Feuerwiderstandsklasse nicht mehr erreicht wird.

Die vorstehenden Erläuterungen gelten nicht nur für tragende, sondern auch für nichttragende Wände. Der höhere Feuerwiderstand nichttragender Wände gegenüber tragenden Konstruktionen derselben Bauart wird neben der fehlenden Belastung insbesondere durch die Dämmschicht verursacht, die den Durchbrand stark verzögert (Bild E 4-26, s. S. 143).

**E.Tab. 51-53/11** Der große Einfluß der **Dämmschicht** geht auch aus dem Vergleich der Bilder E 4-33 und E 4-37 hervor: Im Bild E 4-33 (2seitig beanspruchte Wände ohne MF, s. S. 154) beträgt der Abstand der ausgezogenen Kurve (F-dauer) gegenüber der Durchbrandkurve nur rd. 5 min. Im Bild E 4-37 beträgt der gleiche Abstand rd. 20 min – das ist grob gesehen der verbessernde Einfluß der in Abschnitt 4.12.5.1 beschriebenen Mineralfaser-Dämmschicht.

Bei nichtraumabschließenden Wänden (Bild E 4-33) knicken die Holzrippen kurz nach dem Durchbrand der Beplankung aus; eine Dämmschicht hat keinen großen Einfluß, vgl. E.Tab. 50/9 (s. S. 154) in demselben Abschnitt. Bei raumabschließenden Wänden (Bild E 4-37) schützt die Dämmschicht dagegen die dem Feuer abgekehrte Beplankung, so daß die Holzrippen noch lange ausgesteift bleiben.

**E.Tab. 51-53/12** In ENV 1995-1-2 kann die **Verbesserung der Feuerwiderstandszeit** durch die schützende Mineralfaser-Dämmschicht (in ENV allgemein für „nichtbrennbare Isolierungen" mit $\rho > 30$ kg/m$^3$ und einem Schmelzpunkt ≥ 1000 °C angegeben) rechnerisch durch die Gleichung

$$t_{pr} = 0{,}07\,(D_{ins} - 20)\,\sqrt{\rho_{ins}} \qquad (4.1)$$

bestimmt werden, wobei

$t_{pr}$ die Verbesserungszeit (pr von prolongation) in min,
$D_{ins}$ die Dämmschichtdicke (in ENV: $h_{ins}$) in mm und
$\rho_{ins}$ die Rohdichte (ins von insulation) in kg/m3

bedeuten. Der Buchstabe D wurde in der vorstehenden Gleichung analog der deutschen Bezeichnung gewählt, vgl. Tabellen 51–53.

Eine Nachrechnung der Normtabellen 51–53 und der in den Abschnitten 4.10 und 4.12 zusätzlich angegebenen Tabellen E 4-3 und E 4-8 hat eine gute Übereinstimmung mit den vorliegenden Prüfergebnissen ergeben. Die Berechnung stimmt auch für die Angaben von Tabelle E 4-7 (Sonderfall mit $\rho$ < 1000 °C).

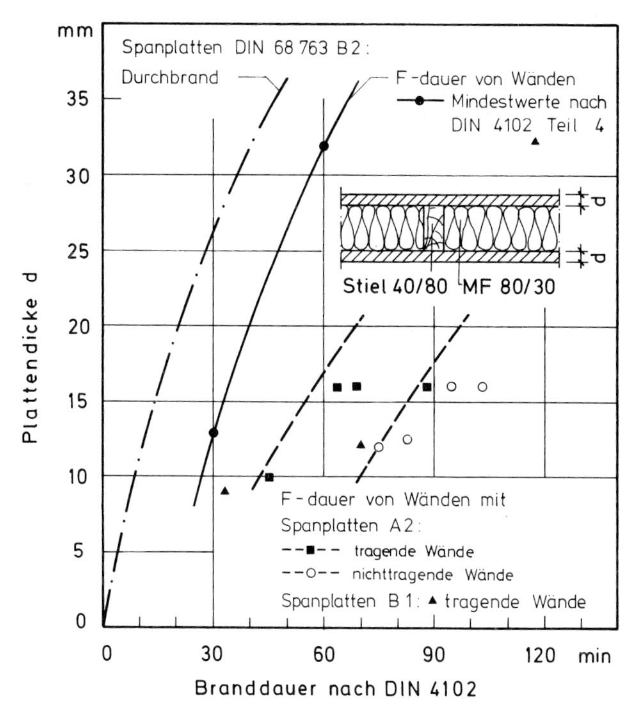


**Bild E 4-37:**
Feuerwiderstandsdauer von Wänden aus Holztafeln unter Verwendung von Spanplatten der Baustoffklassen A 2, B 1 und B 2 bei einseitiger Brandbeanspruchung (raumabschließende Wände)



**E.Tab. 51-53/13** Nach Abschnitt 4.15.5.2 wird gefordert, daß der **lichte Rippenabstand** ≤ **625 mm** sein muß. Diese Randbedingung betrifft nicht nur die Sicherung der Dämmschicht gegen Herausfallen, sondern auch die Bekleidungen bzw. Beplankungen, die sich bei lichten Weiten > 625 mm wesentlich ungünstiger als bei Spannweiten ≤ 625 mm verhalten. Ist in besonderen Fällen ein Holzrippenabstand > 625 mm erforderlich, müssen **Querriegel** mit einem lichten Abstand ≤ 625 mm angeordnet werden, oder es ist ein Nachweis nach DIN 4102 Teil 2 mit Abständen > 625 mm zu führen. Sollte der vereinbarte (Bild E 3-18) Wert geringfügig überschritten werden, besteht ein „Restrisiko", das bis zu einem Abstand von 750 mm gering eingeschätzt wird.

**E.Tab. 51-53/14** Hinsichtlich der Dämmschichten ist abschließend zu bemerken, daß jede Dicken- und Rohdichten-Vergrößerung bei Beachtung der sonstigen Randbedingungen zu einer Verbesserung der Feuerwiderstandsdauer führt. Die in Tabelle 51, Zeilen 10 und 19 geforderten Dicken D = 100 mm dürfen bei Verwendung von Holzrippen mit 80 mm ≤ $d_1$ < 100 mm im Zuge des Einbaus auf die **gewählte Zwischenraumdicke** – im Minimum auf $d_1$ = 80 mm – zusammengedrückt werden; wenn dies nicht möglich ist, müssen dickere Holzrippen gewählt werden.

**E.Tab. 51-53/15** Aufgrund vorliegender Prüferfahrungen dürfen F 30-B-Wände nach den Tabellen 51 und 52 in bestimmten Fällen anstelle mit der angegebenen Dämmschicht auch mit **ISOVER-Platten bzw. -Filzen** gemäß Prüfbescheid PA-III 4.49 mit $\rho \sim 20$ kg/m³ ausgeführt werden [4.17]; dabei ist in einigen Fällen eine Vergrößerung der Beplankungsdicke $d_2$ erforderlich, siehe Tabelle E 4-7.

**Tabelle E 4-7:** Raumabschließende[1] Wände aus Holztafeln der Feuerwiderstandsklasse F30 nach den Tabellen 51 und 52 mit ISOVER-Dämmschicht gemäß PA-III 4.49 [4.17]

| Wandkonstruktion | | Mineralfaserdämmschicht nach den Tabellen 51 und 52 | | Dämmschicht: ISOVER nach PA-III 4.49 | | Zusatzbedingung bei Verwendung von ISOVER nach PA-III 4.49 |
|---|---|---|---|---|---|---|
| | | D | ρ | D | ρ | |
| Tab. | Zeile | mm | kg/m³ | mm | kg/m³ | |
| 51 | 1 | 80 | 30 | 80 | ~ 20 | Beplankungsdicke $d_2$ ≥ 19 mm |
| 52 | 1 | 80 | 30 | 80 | ~ 20 | |
| | 11 | 80 | 30 | 80 | ~ 20 | |
| 51 | 12 | 40 | 30 | 80 | ~ 20 | keine |
| 52 | 4 | 80 | 30 | 80 | ~ 20 | |
| | 14 | 80 | 30 | 80 | ~ 20 | |
| | 17 | 80 | 30 | 80 | ~ 20 | |
| | 20 | 80 | 30 | 80 | ~ 20 | |
| | 27 | 80 | 30 | 80 | ~ 20 | |
| | 30 | 80 | 30 | 80 | ~ 20 | |

[1] vgl. Tabelle 51 bzw. 52

**E.Tab. 51-53/16** Aufgrund vorliegender Prüferfahrungen dürfen die in den Tabellen 51 bis 53 klassifizierten Wandkonstruktionen anstelle mit Gipskartonplatten auch mit **FERMACELL-Gipsfaserplatten** ausgeführt werden [4.18], [4.23]. In verschiedenen Fällen sind dünnere Plattendicken ausreichend. Die Randbedingungen sind den Angaben von Tabelle E 4-8 zu entnehmen.

Abschließend sei vermerkt, daß die unter der Erläuterung E. Tab. 51-53/15 beschriebene ISOVER-Dämmschicht mit D ≥ 80 mm auch in Wänden mit FERMACELL-Gipsfaserplatten verwendet werden darf, wenn es sich um F 30-Konstruktionen nach Tabelle 51, Zeile 12 oder nach Tabelle 52, Zeilen 4, 14, 17, 20, 27 oder 30 handelt und die FERMACELL-Gipsfaserplatten mindestens in denselben Dicken vorliegen, wie sie für Gipskartonplatten jeweils gefordert werden.

**E.Tab. 51-53/17** Wie bereits aus E.4.10.2/2 (s. S. 130 *„nichttragende* GKF-Wände mit Holzständern" und Tabelle E 4-4 (s. S. 129) hervorgeht, ist es unter Beachtung von Sondermaßnahmen im Elt-Dosen-Bereich möglich, eine raumabschließende Wand auch ohne Dämmschicht mit Klassifizierung des Feuerwiderstandes herzustellen. Unter Beachtung der Randbedingungen für die Tragfähigkeit ist es daher auch möglich, **raumabschließende Wände aus**

**Tabelle E 4-8:** Raumabschließende[1)] Wände aus Holztafeln nach den Tabellen 51 bis 53 mit FERMACELL-Gipsfaserplatten [4.18], [4.23]; Feuerwiderstandsklasse-Benennung: F 30-B

| Wandkonstruktion nach | | Gipskarton-Bauplatten nach den Tabellen 51 bis 53 | | FERMACELL-Gipsfaserplatten | | Zusatzbedingung[3)] bei FERMACELL-Gipsfaserplatten |
|---|---|---|---|---|---|---|
| | | $d_2$ | $d_3$ | $d_2$ | $d_3$ | |
| Tab. | Zeile | mm | mm | mm | mm | |
| 51 | 12 | | 12,5 | | 10[2)] | $\sigma_D \leq 2{,}0$ N/mm$^2$ |
| | 13 | | 12,5 | | 10[2)] | |
| | 14 | | 12,5 | | 12,5 | keine |
| | 15 | | 12,5 | | 12,5 | |
| | 16 | | 12,5 | | 12,5 | |
| | 17 | | 12,5 | | 12,5 | |
| | 18 | | 15 | | 15 | |
| | 19 | | 15 | | 15 | |
| | 20 | | 15 | | 15 | |
| 52 | 4 | 12,5 | | 10[2)] | | $\sigma_D \leq 2{,}0$ N/mm$^2$ |
| | 5 | 12,5 | | 10[2)] | | |
| | 6 | 12,5 | | 10[2)] | | |
| | 9 | 15 | | 15 | | keine |
| | 10 | 15 | | 15 | | |
| | 14 | 12,5 | | 10[2)] | | $\sigma_D \leq 2{,}0$ N/mm$^2$ |
| | 15 | 12,5 | | 10[2)] | | |
| | 16 | 12,5 | | 10[2)] | | |
| | 17 | | 9,5 | 9,5 | | keine |
| | 18 | | 9,5 | 9,5 | | |
| | 18 | | 9,5 | 9,5 | | |
| | 19 | | 9,5 | 9,5 | | |
| | 20 | 12,5 | 9,5 | 10 | 9,5 | |
| | 21 | 12,5 | 9,5 | 10 | 9,5 | |
| | 22 | 12,5 | 9,5 | 10 | 9,5 | |
| | 23 | | 9,5 | | 9,5 | |
| | 24 | | 9,5 | | 9,5 | |
| | 25 | 12,5 | 9,5 | 10 | 9,5 | |
| | 26 | 12,5 | 9,5 | 10 | 9,5 | |
| | 27 | | 12,5 | | 10 | |
| | 28 | | 12,5 | | 10 | |
| | 29 | | 12,5 | | 10 | |
| | 30 | 12,5 | 9,5 | 10 | 9,5 | |
| | 31 | 12,5 | 9,5 | 10 | 9,5 | |
| | 32 | 12,5 | 9,5 | 10 | 9,5 | |
| 53 | 1 | | 12.5 | | 12,5 | keine |
| | 2 | | 12,5 | | 12,5 | |
| | 3 | 12,5 | 12,5 | 12,5 | 10 | |
| | 4 | 12,5 | 12,5 | 12,5 | 10 | |
| | 5 | | 12,5 | | 12,5 | |
| | 6 | | 12,5 | | 12,5 | |
| | 7 | 12,5 | 12,5 | 12,5 | 10 | |
| | 8 | 12,5 | 12,5 | 12,5 | 10 | |
| | 9 | | 12,5 | | 12,5 | |
| | 10 | | 12,5 | | 12,5 | |
| | 11 | | 12,5 | | 12,5 | |
| | 12 | 12,5 | 12,5 | 12,5 | 10 | |
| | 13 | 12,5 | 12,5 | 12,5 | 10 | |
| | 14 | 12,5 | 12,5 | 12,5 | 10 | |
| | 15 | | 12,5 | | 12,5 | |
| | 16 | | 12,5 | | 12,5 | |
| | 17 | 15 | 9,5 | 12,5 | 10 | |
| | 18 | 15 | 9,5 | 12,5 | 10 | |

[1)] siehe Tabelle 51, 52 oder 53
[2)] bei $d_3$ = 12,5 mm entfällt die Zusatzbedingung
[3)] $\sigma_D$ siehe Abschnitt 4.12.3

**Holztafeln ohne die in Abschnitt 4.12.5 geforderte Dämmschicht** zu errichten. Die Feuerwiderstandsklasse ist durch Normprüfungen nachzuweisen. Für schwach belastete Wände zeigen die Beispiele 7 und 8 im folgenden Abschnitt E.Tab. 51-53/20 die entsprechenden rechnerischen Nachweise.

**E.Tab. 51-53/18** Verwendet man als Beplankung anstelle von Spanplatten der Baustoffklasse B 2 mineralisch gebundene **Spanplatten der Baustoffklasse A 2**, verbessert sich der Feuerwiderstand (Bild E 4-37). Die in Normprüfungen festgestellte Verbesserung betrug im Gegensatz zu nichtraumabschließenden Wänden (Bild E 4-33) bei raumabschließenden Wänden etwa ≥ 20 min. Sie ist aus Bild E 4-37 deutlich ersichtlich, das

- verschiedene Prüfergebnisse nach [4.53],
- den Durchbrand von Spanplatten B 2 in Abhängigkeit von der Plattendicke und
- die Feuerwiderstandsdauer von B 2-Spanplattenwänden

zeigt. Die ausgezogene Kurve verbindet die Mindestwerte der Norm gemäß Tabelle 51, Zeilen 1 und 6 bzw. 2, 4 und 7. Im Bild E 4-37 sind außerdem die neueren Prüfergebnisse von Wänden mit B 1-Beplankungen eingetragen, die stark streuen. Diese Werte sind ohne Kurven nur als Δ-Punkte dargestellt, weil die Prüfergebnisse auch auf besonderen Ausführungen beruhen.

**E.Tab. 51-53/19** Die vorstehenden Erläuterungen E.Tab. 51-53/1 bis E.Tab. 51-53/18 zu raumabschließenden Wänden gelten auch für **Giebelwände**. Giebelwände werden vom Wind belastet, wobei die vertikale Belastung meist gering ist (nur Eigengewicht g). Querwände zur Aufnahme von Windlasten auf Giebelwände (Bild E 4-38) sind tragende Innenwände. Sie sind nach Tabelle 50 und den dazugehörigen Erläuterungen zu bemessen, vgl. Abschnitt 4.1.1.3.

Werden Giebelwände < 2,50 m von der Nachbargrenze entfernt errichtet, müssen sie als Gebäudeabschlußwände

- F 30-B von innen und
- F 90-B von außen sein, wobei außen eine ausreichend widerstandsfähige Schicht aus Baustoffen der Baustoffklasse A vorhanden sein muß, siehe Abschnitt 4.12.8.

Wand zur Aufnahme von Windlasten: tragende Innenwand

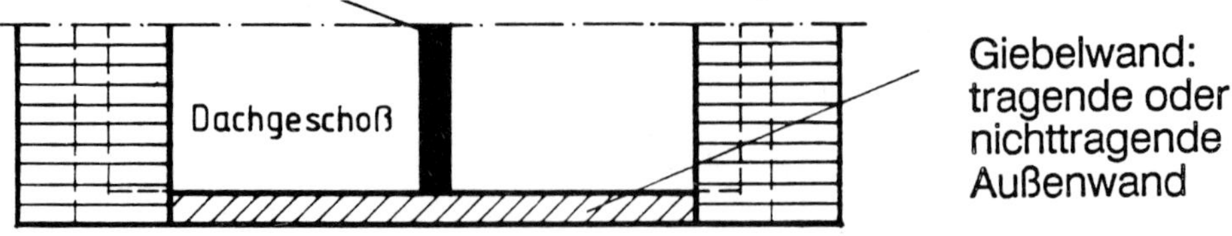


**Bild E 4-38:** Giebelwand mit Querwand zur Windaussteifung

**E.Tab. 51-53/20** Zum Abschluß der Abschnitte 4.12.1 - 4.12.7 (Wände aus Holztafeln) und abschließend zu den Erläuterungen zu den Tabellen 51–53 sollen fünf Beispiele – in Ergänzung der Beispiele 1 – 3 (S. 151) zu nichtraumabschließenden Wänden (Tabelle 50) – die Richtigkeit der gemachten Erläuterungen belegen:

**Beispiel 4** Tabelle 51 Zeile 1 (s. S. 139):

$t_1$ (13 mm Holzwerkstoff, Bild E 4-27) = 12 min

$t_{Hr}$ (40/80 – 2,5 N/mm$^2$, Bild E 5-54) = 8 min

$t_{MF}$ (MF-Dämmschicht 80/30, Gleichung 4.1) = 23 min

---

$T_{\text{Wand,Tragfähigkeit}} = t_1 + t_{Hr} + t_{MF}$ = 43 min > 30 min

$t_{\text{Wand,Raumabschluß}} = t_1 + t_{MF}$ = 35 min > 30 min

---

**Beispiel 5** Tabelle E 4-8 (s. S. 161) bzw. Tabelle 52 Zeile 21 (s. S. 140):

$t_3$ (10 mm + 9,5 mm FERMACELL, Bild E 4-27) = 41 min

$t_{Hr}$ (40/80 – 2,5 N/mm$^2$, Bild E 5-54) = 8 min

$t_{MF}$ (MF-Dämmschicht 40/50, Gleichung 4.1) = 10 min

---

$t_{\text{Wand,Tragfähigkeit}} = t_3 + t_{Hr} + t_{MF}$ = 59 min > 30 min

$t_{\text{Wand,Raumabschluß}} = t_3 + t_{MF}$ = 51 min > 30 min

---

**Beispiel 6** Holzständerwand F 30-B, Konstruktionsblatt 460.10 nach [4.55]

$t_4$ (8 mm PROMATECT®-H, Bild E 4-27) = 16 min

$t_{Hr}$ (55/55 – 2,5 N/mm$^2$, Bild E 5-54) = 10 min

$t_{MF}$ (MF-Dämmschicht 55/35, Gleichung 4.1) = 14 min

---

$t_{\text{Wand,Tragfähigkeit}} = t_4 + t_{Hr} + t_{MF}$ = 40 min > 30 min

$t_{\text{Wand,Raumabschluß}} = t_4 + t_{MF}$ = 30 min

---



Bei den Beispielen 4–6 handelt es sich um Wände, die eine Mineralfaser-Dämmschicht besitzen, die für die Beseitigung der „Schwachstelle" Elt-Dose sorgt. In den Beispielen 4 und 5 liegen hier Reserven vor.

**Beispiel 7** Schwach belastete FERMACELL-Trennwand analog Tabelle E 4-4, Zeile 1, Spalte 3, Sondermaßnahmen bei Elt-Dosen (s. S. 129):

$t_3$ (12,5 mm FERMACELL, Bild E 4-27) = 23 min

$t_{Hr}$ (40/80 – $\sigma_D$ << 2,5 N/mm$^2$, Bild E 5-54) ~ 10 min

$t_3'$ (wie $t_3$ auf der feuerzugekehrten Seite) = 25 min

---

$t_{\text{Wand,Tragfähigkeit}} = t_3 + t_{Hr}$ ~ 33 min

$t_{\text{Wand,Raumabschluß}} = 2 \times t_3$ = 50 min > 30 min

---

**Beispiel 8** Schwach belastete FERMACELL-Trennwand analog Tabelle E 4-4, Zeile 1, Spalte 4, Sondermaßnahmen bei Elt-Dosen (s. S. 129):

$t_3$ (12,5 + 2 × 10 FERMACELL, Bild E 4-27) = 82 min

$t_{Hr}$ (40/80 – $\sigma_D$ << 2,5 N/mm$^2$. Bild E 5-54) ~ 10 min

$t_3'$ (wie $t_3$ auf der feuerzugekehrten Seite) = 82 min

---

$t_{\text{Wand,Tragfähigkeit}} = t_3 + t_{Hr}$ = 92 min > 90 min

$t_{\text{Wand,Raumabschluß}} = 2 \times t_3$ >> 90 min

**4.12.8 Gebäudeabschlußwände (F 30-B) + (F 90-B)**

**4.12.8.1** Gebäudeabschlußwände, die nach bauaufsichtlichen Anforderungen einen Feuerwiderstand von (F 30-B) + (F 90-B) aufweisen müssen, sind nach den Angaben von Bild 43 und Tabelle 54 zu konstruieren.[7])

**4.12.8.2** Die Holzrippen müssen einen Querschnitt von $b \times d \geq 40\,mm \times 80\,mm$ aufweisen. Die vorhandene Spannung in den Holzrippen muß $\sigma_D \leq 2{,}5\,N/mm^2$ sein.

**4.12.8.3** Die Dämmschicht muß aus Mineralfasern bestehen und eine Dicke $D \geq 80\,mm$ aufweisen; die Rohdichte muß $\varrho \geq 30\,kg/m^3$ betragen. Die Dämmschicht muß im übrigen den Angaben von Abschnitt 4.12.5 entsprechen.

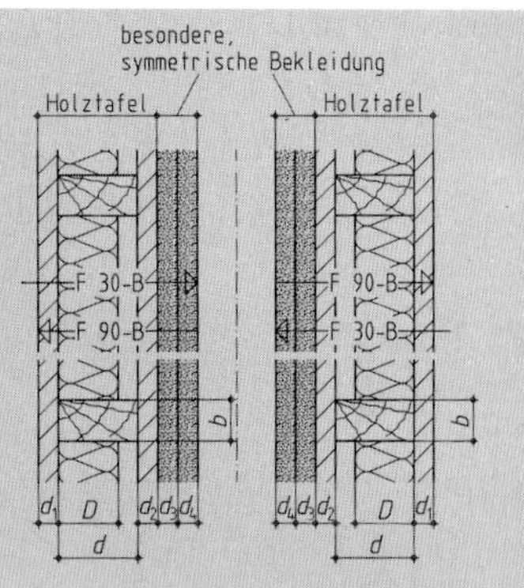


**Bild 43: Gebäudeabschlußwände (F 30-B) + (F 90-B) (Beispiel mit Bezeichnungen)**

## Tabelle 54: Raumabschließende Gebäudeabschlußwände (F 30-B) + (F 90-B)

| Zeile | Innen-Beplankung oder -Bekleidung nach Abschnitt 4.12.4 aus | | Außen-Beplankungen oder -Bekleidungen nach Abschnitt 4.12.4 aus | | | | |
|---|---|---|---|---|---|---|---|
| | Holzwerkstoffplatten Mindestrohdichte ρ = 600 kg/m³ | Gipskarton-Feuerschutzplatten (GKF) | Holzwerkstoffplatten Mindestrohdichte ρ = 600 kg/m³ | Gipskarton-Feuerschutzplatten (GKF) | | Holzwolle-Leichtbauplatten nach DIN 1101 | Putz der Mörtelgruppe II nach DIN 18 550 |
| | $d_1$ mm | $d_1$ mm | $d_2$ mm | $d_3$ mm | $d_4$ mm | $d_2$ mm | $d_3$ bis $d_4$ mm |
| 1 | 13[1)] | | 13[1)] | 18 | 18 | | |
| 2 | 16 + 9,5 | | | | | 35 | 15 |

[1]) Ersetzbar durch ≥ 12,5 mm dicke Gipskarton-Feuerschutzplatten (GKF) nach DIN 18 180.

Gebäudeabschlußwand (F 30-B) + (F 90-B) bei giebelständigen Reihenhäusern

**Erläuterungen (E) zu Abschnitt 4.12.8**

**E.4.12.8/1** Wie aus Bild E 3-13 hervorgeht, müssen Gebäudeabschlußwände, die < 2,50 m von der Grundstücksgrenze entfernt errichtet werden, bei den Gebäudeklassen 3 und 4 als Brandwände ausgeführt werden [4.1]. Bei der Gebäudeklasse 3 dürfen auch F 90-AB-Wände verwendet werden. Das gilt auch für die Gebäudeklasse 2.

Bei dieser Klasse – d. h. **bei Gebäuden geringer Höhe mit ≤ 2 WE** – dürfen auch **Gebäudeabschlußwände (F 30-B) + (F 90-B)** verwendet werden; dies gilt z. B. nach der BauO NRW

- bei Gebäuden, die weniger als 2,50 m von der Nachbargrenze errichtet werden, und
- bei aneinandergereihten Gebäuden auf demselben Grundstück.

In Bild E 4-39 sind diese Fälle zusammengefaßt.

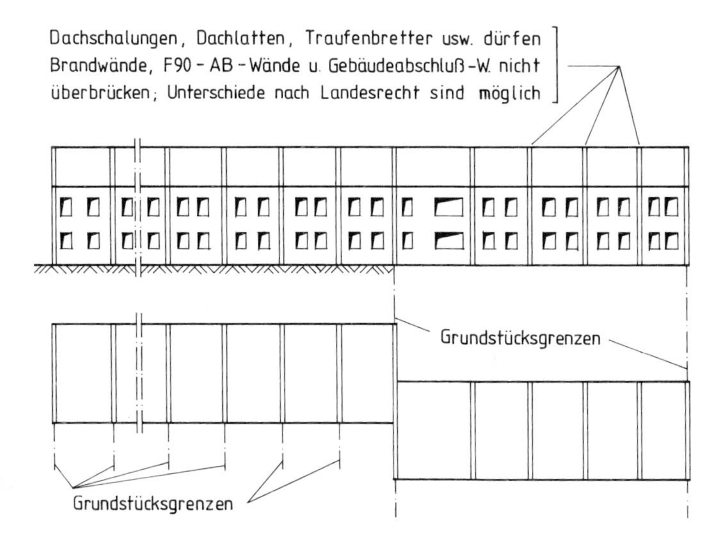


**Bild E 4-39:** Gebäudeabschlußwände bei Gebäuden geringer Höhe mit ≤ 2 WE

**E.4.12.8/2** Diese Regelung soll auch bei **gegeneinander versetzten Gebäuden** (BauO NRW: geplante Ausgabe – 1995) gelten. In der BauO NRW von 1984 – wie auch in einigen anderen Bundesländern – mußten in den Versatzbereichen (Bild E 4-40) Wände mit höherwertigem Feuerwiderstand eingebaut werden – eine Behinderung für Gebäude in Holztafelbauart; allerdings wurde der Weg „F 90-B-Wand mit A-Schicht von außen – F 30-B-Wand von innen“ über eine Ausnahme oder Befreiung (s. Abschnitt 3.5.5) meistens gestattet.

Dieser Weg muß weiterhin beschritten werden, wenn in den novellierten Bauordnungen der Länder (≥ 1994) noch eine Forderung wie in der alten BauO von NRW vorhanden ist.

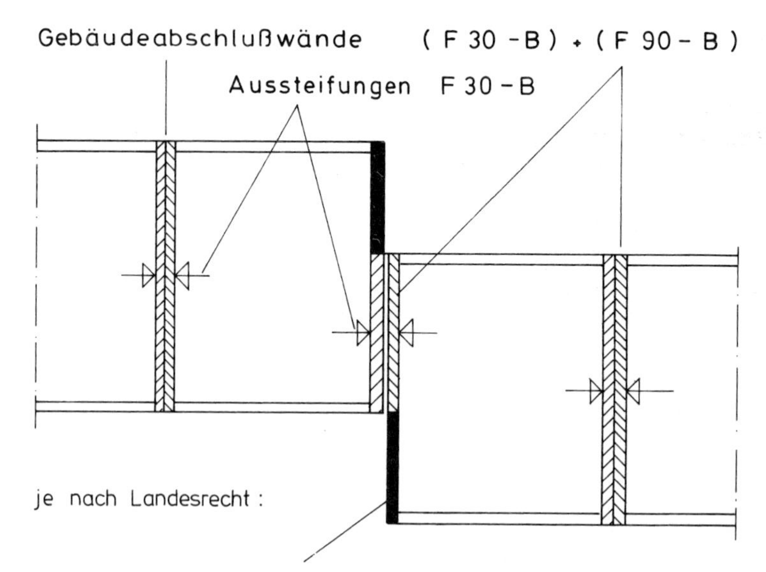


**Bild E 4-40:**
Gebäudeabschlußwände bei gegeneinander versetzten Gebäuden

**E.4.12.8/3** Die Gefahren einer Brandübertragung wird durch die Forderung nach einer **ausreichend widerstandsfähigen Schicht** aus Baustoffen der Baustoffklasse A wesentlich gemindert. In der Verwaltungsvorschrift (VV) zur BauO NRW heißt es z. B.

„Ausreichend widerstandsfähig“ sind ohne weiteren Nachweis z. B. die nachfolgenden Schichten:

- mineralischer Putz auf nichtbrennbarem Putzträger mit einer Dicke von ≥ 15 mm
- Gipskartonplatten mit einer Dicke von ≥ 12,5 mm
- Gipsfaserplatten mit einer Dicke von ≥ 10 mm
- Gipsglasvliesplatten mit einer Dicke von ≥ 10 mm
- Kalziumsilikatplatten mit einer Dicke von ≥ 8 mm

Darüber hinaus bestehen keine Bedenken, wenn anstelle der Schicht aus nichtbrennbaren Baustoffen eine mindestens 25 mm dicke Holzwolle-Leichtplatte auch ohne Putz verwendet wird.

Der vorstehende Wortlaut gilt zum § 30 Decken (BauO NRW 1984), wo in bestimmten Fällen (Bild E 3-13 → F 30-B/A) ebenfalls eine ausreichend widerstandsfähige Schicht A verlangt wird. Die Beispiele gelten sinngemäß auch für Wände, bei denen im Außenbereich außerdem auf den Feuchteschutz geachtet werden muß. Wichtig ist, daß die nichtbrennbare Schicht auch im Giebelbereich vorhanden ist: schraffierter Bereich im Bild E 4-41.

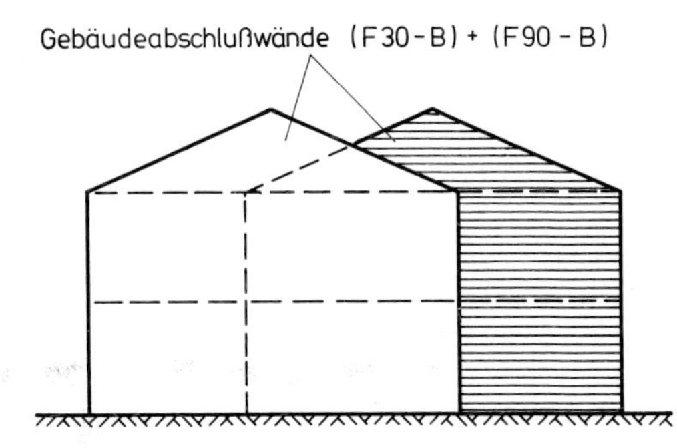


**Bild E 4-41:**
Gebäudeabschlußwände mit Giebelbereich

**E.4.12.8/4 In Hamburg** (schärfste Forderung) heißt es zur Gebäudeabschlußwand bzw. zur ausreichend widerstandsfähigen Schicht in den Brandschutztechnischen Richtlinien (BTR) von 11/86

> Eine ausreichende Standsicherheit bei einem Brand ist gewährleistet bei einer Gebäudeabschlußwand aus Mauerwerk nach DIN 1053 von mindestens 11,5 cm Dicke, das heißt Dicke insgesamt mindestens 2 × 11,5 cm (bei Reihenhäusern Steinrohdichte aus Schallschutzgründen 1,8 g/cm³). Diese Wände widerstehen gemeinsam einem zweifachen Stoßversuch nach DIN 4102 Teil 3. Für die Aussteifung dieser Gebäudeabschlußwände können bei Gebäuden, deren tragende Bauteile aus brennbaren Baustoffen bestehen, auch feuerhemmende Bauteile (F 30-B) herangezogen werden, soweit die konstruktiven Voraussetzungen nach DIN 1053 eingehalten sind.

Es ist beabsichtigt, diese extreme Forderung bei der Novellierung der Hamburger BauO und der BTR (≥ 1995) fallen zu lassen. In Angleichung an die Musterbauordnung und in Angleichung an die Bauordnungen der anderen Bundesländer soll zukünftig die bekannte „(F30-B)+(F 90B)-Forderung" übernommen werden, vgl. Bild E 3-13 und Abschnitt 4.12.8 (s. S. 164 ff.).

**E.4.12.8/5** Im Zusammenhang mit der vorstehenden Erläuterung sei darauf hingewiesen, daß nach § 2 Abs. 7 der GaragenVO in Hamburg Carports wie offene Kleingaragen einzustufen sind. In § 4 Abs. 10 ist geregelt, daß **Gebäudeabschlußwände** zwischen **Carports** feuerhemmend sein und in den wesentlichen Teilen aus nichtbrennbaren Baustoffen bestehen müssen (F 30-AB). Es können jedoch Ausnahmen zugelassen werden, wenn wegen des Brandschutzes keine Bedenken bestehen.

**E.4.12.8/6** Wenn bestimmte Brandabschnitte gebildet, ausreichend widerstandsfähige Schichten aus Baustoffen der Baustoffklasse A in bestimmten Bereichen verwendet und genügend sinnvolle Rettungswege (Rettungsmöglichkeiten – Treppenräume, Fluchtbalkone, Anleiterbarkeitshöhen usw.) eingeplant werden, können **Holz und Holzwerkstoffe** – also Baustoffe der Baustoffklasse B – auch in **Gebäuden bis zu 4 Vollgeschossen** verwendet werden [4.58], siehe auch die Bilder E 3-15 und E 3-16.

**E.14.12.8/7** In DIN 4102 Teil 2 (09/77) Abschnitt 6.2.2.2 und in der im Entstehen befindlichen EN-Norm heißt es sinngemäß:

> Bauteile und Bauteile mit Bekleidungen sind praxisgerecht mit ihren Konstruktionsfugen zu prüfen.

Aufgrund dieser Prüfvorschrift wurde für die Prüfung von Gebäudeabschlußwänden zur Ermittlung der Feuerwiderstandsdauer bei Brandbeanspruchung von außen – d. h. Brand beim Nachbarn, Schutz des eigenen Gebäudes ≥ 90 min nach Versagen der Nachbarwand – der in Bild E 4-42 im Schema dargestellte Probekörper entworfen.

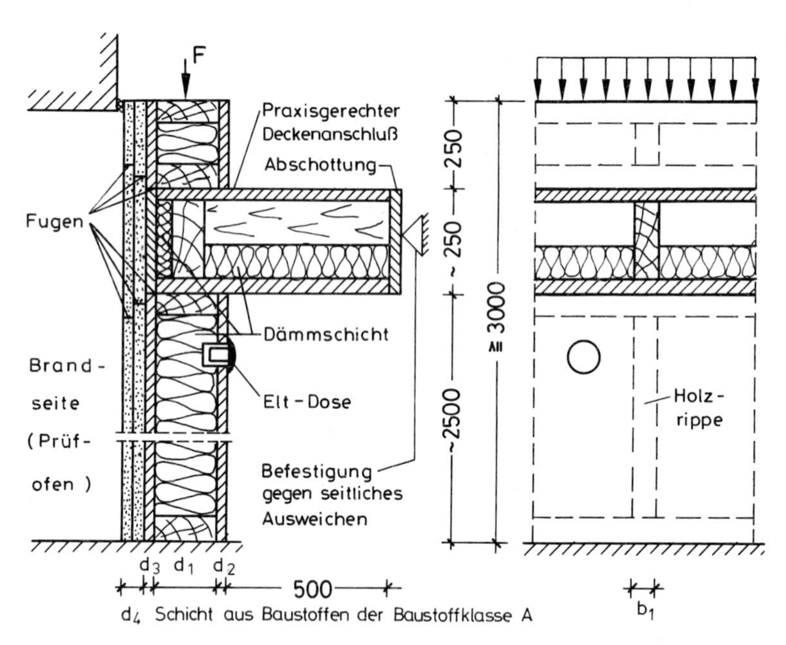


**Bild E 4-42:** Probekörper für die Prüfung von Gebäudeabschlußwänden (Schema, Maße in mm)

Er zeigt
- die Wand aus Holztafeln, praxisgerecht mit Elt-Dose innen,
- den praxisgerechten simulierten Deckenanschluß,
- die außen befindliche Schicht aus Baustoffen der Baustoffklasse A und
- die praxisgerechten Fugen zwischen der unteren Wandhälfte (z. B. EG), der eingebundenen Decke und der oberen Wandhälfte (z. B. OG).

**E.4.12.8/8** In vielen Fällen sind die **Fugen** die Schwachstellen der Konstruktion. Es konnte mehrfach gezeigt werden, daß das Versagen im Decken-Anschlußbereich stattfindet (Bild E 4-43). Dem Durchbrand geht eine längere Phase der Rauchausbreitung voraus; wegen spezieller Untersuchungen in der oberen und unteren Wandhälfte weichen die Abmessungen des Probekörpers von Bild E 4-43 von denen der Schemazeichnung in Bild E 4-42 ab.

**E.4.12.8/9** Zur Klassifizierung **(F 90-B)**$_{\text{von außen}}$ wurden zahlreiche Prüfungen durchgeführt. Die wichtigsten sind in Tabelle E 4-9 mit Vergleichsergebnissen zusammengestellt. Dazu können folgende Erläuterungen gegeben werden:

a) In Zeile 1 sind die Angaben der Normtabelle 51 von DIN 4102 Teil 4 für eine raumabschließende Wand aus Holztafeln mit 13 mm-Spanplatten-Beplankung eingetragen.

**Bild E 4-43:** Durchbrand in den Montagefugen im Decken-Anschlußbereich bei Gebäudeabschlußwänden mit (F 90B) von außen



b) Zeile 2 enthält Angaben ebenfalls von Tabelle 51 (Zeile 19), die jedoch nach Bild E 4-27 und Gleichung (4.1) abgewandelt wurden

| | | |
|---|---|---|
| $t_1$ (2 x 16 mm Spanplatten, Bild E-4-27) | = | 39 min |
| $t_{Hr}$ (40/80 – $\sigma_D$ << 2,5 N/mm², Bild E 5-54) | ~ | 10 min |
| $t_{MF}$ (MF-Dämmschicht 100/100, Gleichung 4.1) | = | 56 min |
| $t_{Wand,Tragfähigkeit,Durchbrand\ Elt\text{-}Dose}$ | ~ | 105 min > 90 min |

c) Die Zeilen 3 und 4 zeigen die Ergebnisse, die bereits in der 1. Auflage des Holz Brandschutz Handbuches [2.6] veröffentlicht und die jetzt in die Neufassung von DIN 4102 Teil 4 Tabelle 54 übernommen wurden.

d) Die Zeilen 5–8 zeigen Ergebnisse, die mit Gipsfaserplatten (Gf) erzielt wurden. Das Kürzel Gf steht für FERMACELL-Gipsfaserplatten. Die Vergrößerung der Stielquerschnitte $b_1 \times d_1$ (Zeilen 5 – 7) zeigt bei gleichzeitiger Veränderung der Dämmschicht den Einfluß auf die Verlängerung der Feuerwiderstandsdauer (76' → 106'), wobei nach Zeile 7 noch abgeminderte Spannungen und größere Rohdichten bei den Spanplatten zu berücksichtigen sind.

Zeile 8 zeigt die Optimierung:
→ Vereinfachung bei Stielen, Spannungen, Rohdichten und Dämmschichten
→ Verwendung von FERMACELL-Gipsfaserplatten 12,5 innen und 2 × 15 außen bei Aufgabe reichlicher Reserven (106' → 97').

e) Die Zeilen 9 – 10 zeigen ein ähnliches Beispiel wie die Zeilen 5 – 8, jedoch mit Ca-Si-Platten PROMATECT®-H.

f) Die Zeile 11 zeigt ein Beispiel mit einer 115 mm dicken Vorsatzschale aus Kalksandsteinen, bei der u. a. der Einfluß der einstürzenden Decke bei 39 min untersucht wurde (Bild E 4-44).

**Tabelle E 4-9:** Zusammenstellung von Prüfergebnissen für die Beurteilung von Gebäudeabschlußwänden (F 30-B) $_{\text{von innen}}$ und (F 90-B) $_{\text{von außen}}$ → (F 30-B) + (F 90-B)

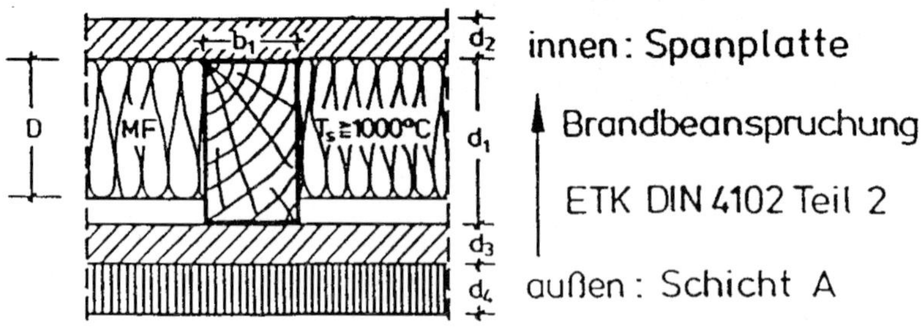

| Spalte | 1 | 2 | 3 | 4 | 5 | 6 | 7 | 8 |
|---|---|---|---|---|---|---|---|---|
| Zeile | $b_1/d_1$ | $\sigma_D$ N/mm² | $d_2$ mm | D/ρ mm/kg/m³ | $d_3$ mm | $d_4$ mm | $t_{a \to i}$ min | Literatur (Quelle) |
| 1 | 40/80 | 2,5 | 13 | 80/30 | 13 | 0 | ≥ 30 | Tab. 51 Teil 4 |
| 2 | 40/80 | 0,5 | 2 x 19 | 100/100 | 2 x 16 | 0 | ≥ 90 | siehe Erl. b) |
| 3 | 40/80 | 2,5 | 13 | 80/30 | 13 | 2 x 18 GKF | ≥ 90 | Tab. 54 Teil 4 |
| 4 | 40/80 | 2,5 | 16 + 9,3[3)] | 80/30 | 35 HWL + 15 Putz | | ≥ 90 | Tab. 54 Teil 4 |
| 5 | 40/80 | 2,5 | 13 | 100/30 | 13 | 2 x 10 Gf | 76 | [4.57] |
| 6 | 40/160 | 2,5 | 13 | 160/30 | 13 | 2 x 12,5 Gf | 83 | [4.32] |
| 7 | 80/160 | 1,35 | 13[2)] | 160/41 | 13[2)] | 2 x 10 Gf | 106 | [4.33] |
| 8 | 80/100 | 2,5 | 12,5[1)] | 100/30 | 0 | 2 x 15 Gf | 97 | [4.34] |
| 9 | 40/80 | 2,0 | 13[2)] | 80/34 | 13[2)] | 2 x 8 Ca-Si | 87 | [4.56] |
| 10 | 50/100 | 2,0 | 13[2)] | 100/42 | 13[2)] | 2 x 8 Ca-Si | 100 | [4.56] |
| 11 | 38/140 | 1,0 | 12,5[5)] | 152/14[4)] | 4 | 115 KS | >> 100 | MPA-BS |

[1)] Gf
[2)] $\rho \geq 720$ kg/m³
[3)] GKB
[4)] $T_{\text{Schmelzpunkt}} \sim 600$ °C
[5)] GKF

**Bild E 4-44:** Spezielle Prüfung einer Gebäudeabschlußwand mit simulierter Decke auf der Feuerseite

4.12

**E.4.12.8/10** Um **Holzfachwerkwände** zu Wänden $(F\ 90\text{-}B)_{\text{von außen}}$ zu machen, siehe Abschnitt 4.11, insbesondere die dazugehörige Erläuterung E.4.11.4 mit Tabelle E 4-5 (s. S. 133).

**E.4.12.8/11** Die Feuerwiderstandsdauer $t_{a\rightarrow i}$ (siehe Spalte 7 in Tabelle E 4-9) kann durch die Vergrößerung der Außenbeplankung $d_4$ (Spalte 6 in Tabelle E 4-9) beliebig gesteigert werden. Bild E 4-45 zeigt die zusätzliche Anordnung einer Mineralfaser-Dämmschicht $d_5$ mit $D/\rho = 40/50$; sie ergab eine **Verlängerung der Feuerwiderstandsdauer** von 30 min [4.53].

**E.4.12.8/12** Wird ein Holzhaus in Tafelbauart an ein bestehendes Massivhaus angebaut, ergibt sich die in Detail 1 von Bild E 4-46 dargestellte Situation. Werden Holzhäuser in Tafelbauart mit Massivwänden kombiniert, ergibt sich in der Regel ein Feuerwiderstand von $\geq$ 150 min (Detail 2 in Bild E 4-46). Endet ein Holzhaus an einer noch nicht vorhandenen Wand eines unbebauten Grundstücks, kann nach Detail 3 von Bild E 4-46 verfahren werden.

**E.4.12.8/13** Wie bereits aus Bild E 4-39 hervorgeht, dürfen Dachlatten, Schalungen usw. – kurz: Baustoffe der Baustoffklasse B 2 – „Trennwände" wie Brandwände oder Gebäudeabschlußwände nicht überbrücken. Eine Ausführungsmöglichkeit einer (F 30-B)+(F 90-B)-Wand im Dachbereich ist in Bild E 4-47 im Schema dargestellt; auf die Belange Schallübertragung und Belüftung wird hingewiesen. Weitere Ausführungsbeispiele – insbesondere in Verbindung mit Massivwänden – und Konstruktionsmöglichkeiten bei seiten- oder höhenversetzten Gebäuden sind z. B. in [4.59] und [4.60] angegeben.

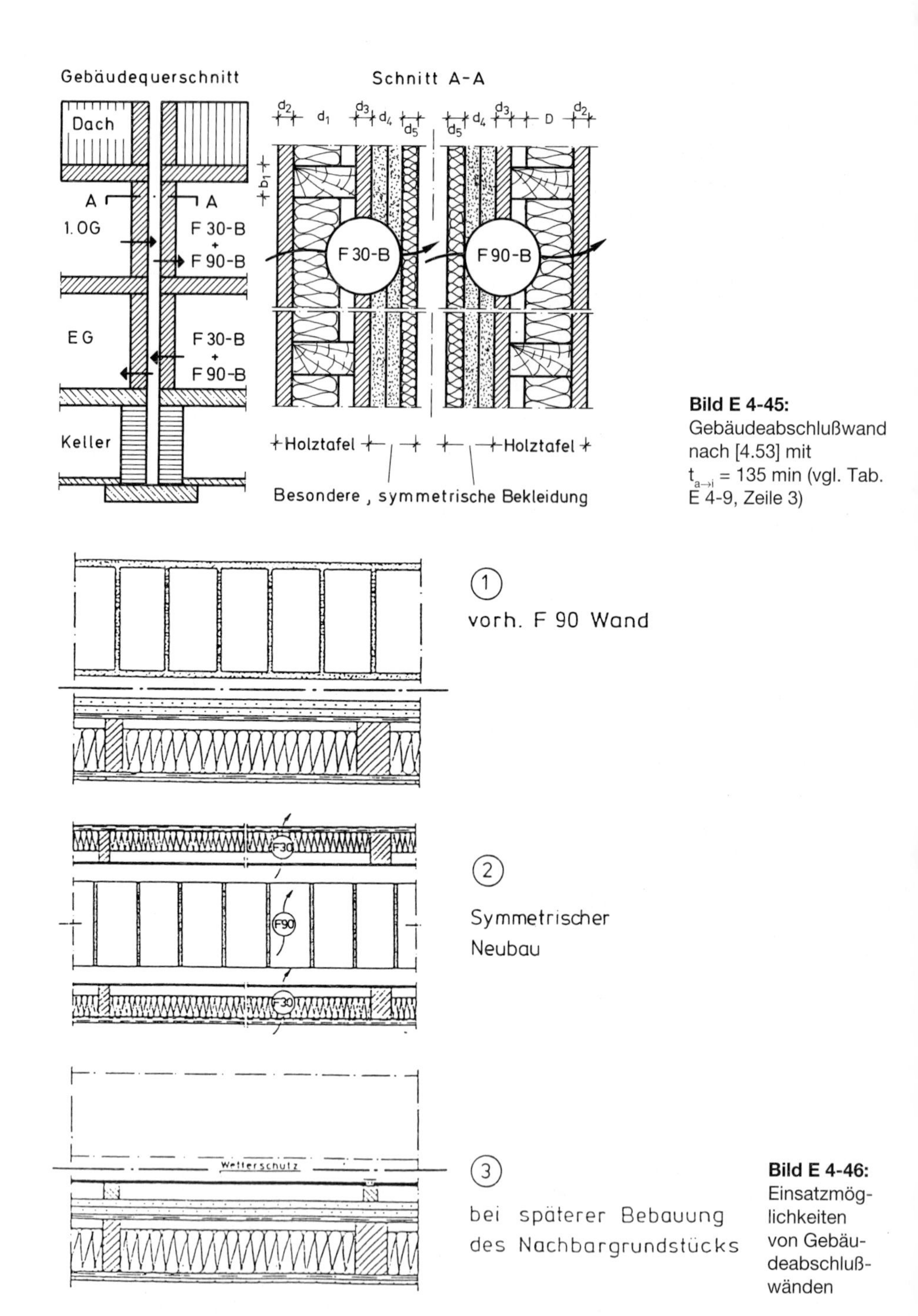


**Bild E 4-45:** Gebäudeabschlußwand nach [4.53] mit $t_{a \rightarrow i}$ = 135 min (vgl. Tab. E 4-9, Zeile 3)

**Bild E 4-46:** Einsatzmöglichkeiten von Gebäudeabschlußwänden

**E.4.12.8/14** Branderfahrungen zeigen, daß es sich bei den vorstehend beschriebenen Wandausführungen um brandschutztechnisch sichere Konstruktionen handelt, weshalb in DIN 41012 Teil 4 auch der Abschnitt 4.12.8 geschaffen wurde. Vorliegende Branderfahrungen zeigen weiter, daß eine **Brandübertragung** meist durch Fehler im Dachbereich (durchgehende Dachlatten, Schalungen usw.) stattfindet (Bild E 4-48). Bild E 4-49 zeigt eine ähnliche Situation nach einem längeren Vollbrand.

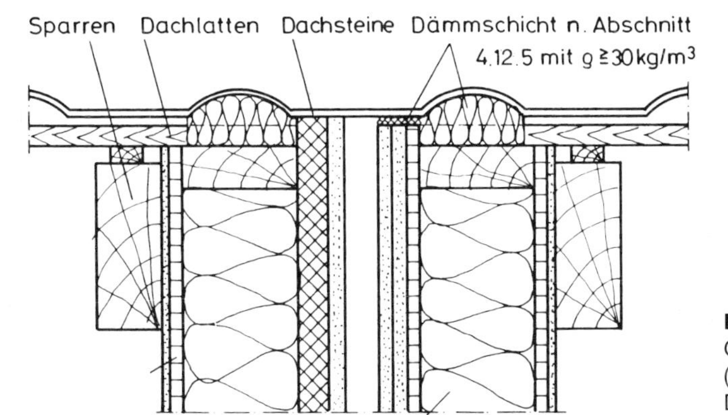


**Bild E 4-47:** Gebäudeabschlußwände (F 30-B) + (F 90-B) im Dachbereich

**E.4.12.8/15 Brandübertragungen im Außenwandbereich** bei Bekleidungen sind seltener, weil hier die Vorschriften – siehe die Erläuterung E.4-2–4.8/4 zu den Abschnitten 4.2 - 4.8, insbesondere die Bilder E 4-15 bis E 4-17 – offenbar besser beachtet werden.

**Bild E 4-48:** (F 30-B)+(F 90-B)-Wand mit fehlerhaft durchgehenden Dachlatten

**Bild E 4-49:** Wirkung von Brandwänden oder Brandwand-Ersatzwänden

### 4.13 Wände F 30-B aus Vollholz-Blockbalken[7])

#### 4.13.1 Anwendungsbereich

Die folgenden Angaben gelten für 1schalige (siehe Bild 44) und 2schalige (siehe Bild 45) tragende und nichttragende Wände aus Vollholz-Blockbalken.

#### 4.13.2 Vollholz-Blockbalken

Die Vollholz-Blockbalken mit ein- oder zweifacher Spundung (Beispiele siehe Bilder 44 und 45) müssen die in Tabelle 55 wiedergegebenen Mindestdicken aufweisen.

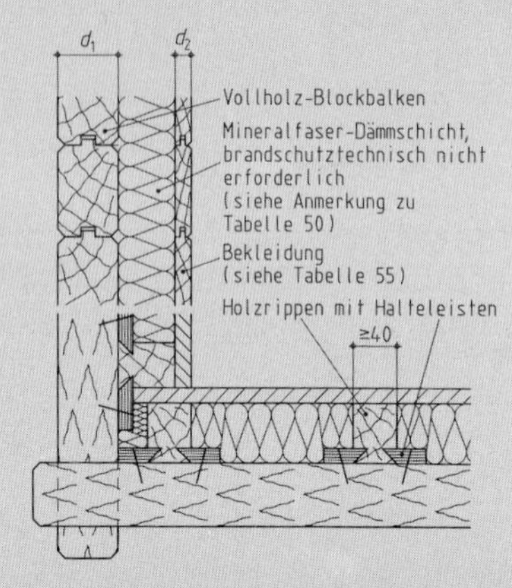


**Bild 44: Tragende, raumabschließende Wand aus Vollholz-Blockbalken (Beispiel mit einfacher Spundung, Querschnitt der Ecke/Längsschnitt der Balkenspundung)**

**Tabelle 55: Mindestdicken von raumabschließenden und nichtraumabschließenden tragenden Wänden aus Vollholz-Blockbalken der Feuerwiderstandsklasse-Benennung F 30-B nach den Bildern 44 und 45**

| Zeile | Wandkonstruktion nach Bild | Belastung zul $q$ kN/m | erf $d_1$ in mm bei einem Abstand aussteifender Bauteile ≤ 3,0 m und einer Wandhöhe ≤ 2,6 m | erf $d_1$ in mm bei einem Abstand aussteifender Bauteile ≤ 6,0 m und einer Wandhöhe ≤ 3,0 m |
|---|---|---|---|---|
| 1 | 44 | 10 | 70[1]) | 80[1]) |
| 2 | 44 | 20 | 90 | 100 |
| 3 | 44 | 30 | 120 | 140 |
| 4 | 44 | 35 | 140 | 180 |
| 5 | 45 | 15 | – | 50 |

[1]) Bei einer Bekleidung mit $d_2 = d_w \geq 13$ mm (siehe Bild 39) darf $d_1 \geq 65$ mm gewählt werden.

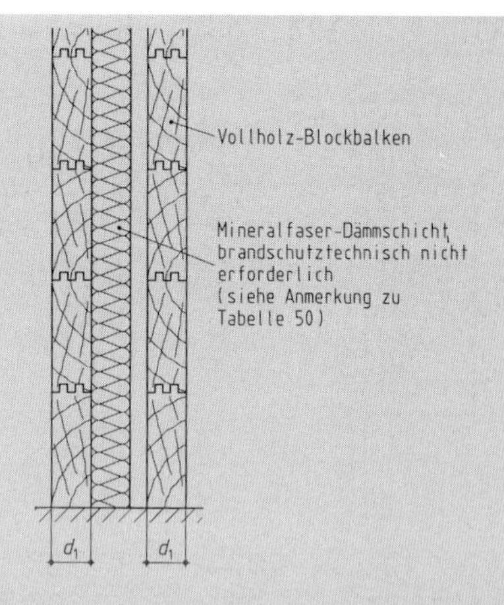


**Bild 45: Tragende, raumabschließende bzw. nichtraumabschließende Wand aus Vollholz-Blockbalken (Beispiel mit zweifacher Spundung)**

[7]) Siehe Seite 72.

## Erläuterungen (E) zu Abschnitt 4.13

**E.4.13.1** **Wohnblockhäuser** (Bild E 4-50) werden in zunehmendem Maße gebaut. Über Architektur, Wand- und Deckenaufbau, Belastungen, Statik, Wärme- und Schallschutz sowie über die Hersteller informiert [4.67]. Wegen des Brandschutzes – z. B. (F 30-B)-Forderung bei geringem Grenzabstand – wurden schon frühzeitig Normprüfungen durchgeführt [4.53]. Die in dieser Literatur dargestellten Prüfergebnisse wurden in die Neufassung von DIN 4102 Teil 4 (Bild 44 und Tabelle 55) übernommen und durch neuere Prüfergebnisse (Bild 45) ergänzt.

**E.4.13.2/1** Wie die **Mindestdicken** von Vollholz-Blockbalken-Wänden für (F 30-B)-Wände (raumabschließend oder nichtraumabschließend) abgeleitet wurden, geht aus den Bildern E 4-51 und E 4-52 hervor.

**E.4.13.2/2** Gegenüber den Bildern 44 und 45 sowie gegenüber Tabelle 55 abweichende Konstruktionen können auf der Grundlage der Angaben dieses Handbuches ggf. über ein **Gutachten** beurteilt werden (Bild E 3-19), wobei die Gesamtkonstruktion (Stürze, Decken, Aussteifungen usw.) zu beachten ist, vgl. Abschnitt 3.4 – insbesondere Abschnitt 3.4.3 mit Bild E 3-10.

**Bild E 4-50:** Obergeschoß und Dachgeschoß eines Wohnhauses in Vollholz-Blockbalken-Bauart auf Erd- und Keller-Geschoß aus Mauerwerk und Stahlbeton

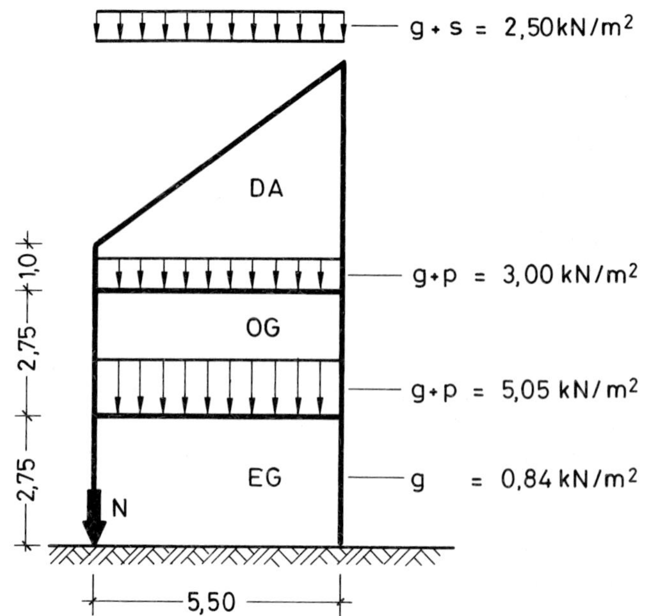


**Bild E 4-51:**
Beispiel für Abmessungen und Belastungen bei Blockhäusern

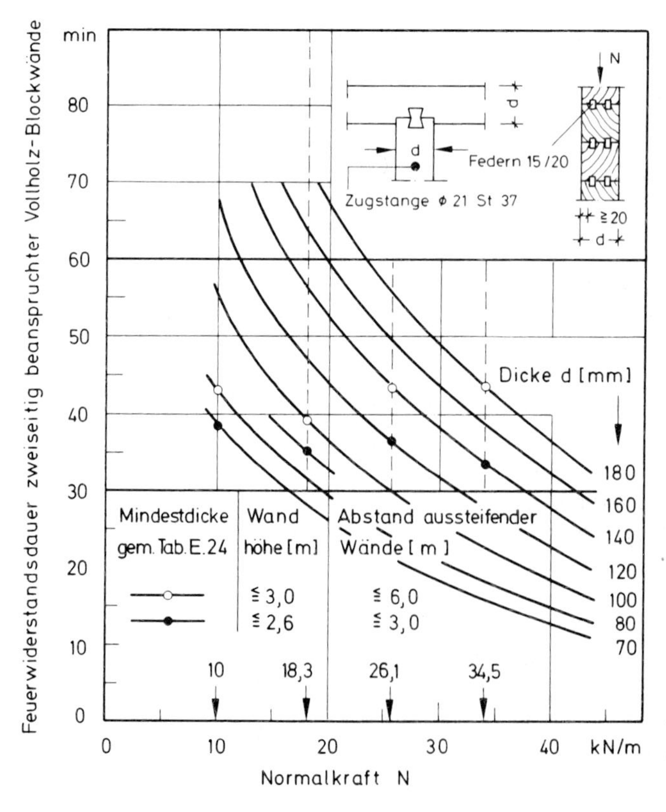


**Bild E 4-52:**
Feuerwiderstandsdauer nichtraumabschließender Vollholz-Blockwände bei gleichzeitig 2seitiger Brandbeanspruchung

## 4.14 Trennwände

### 4.14.1 Allgemeines

Alle vorstehend behandelten Wände aus

- Holzwolle-Leichtbauplatten (siehe Abschnitt 4.9),
- Gipskartonplatten (siehe Abschnitt 4.10),
- Holztafeln (siehe Abschnitt 4.12) und
- Vollholz-Blockbalken (siehe Abschnitt 4.13)

können als Trennwände verwendet werden. Diese Wände nach Norm sind an die Randbedingungen von DIN 4102 Teil 4 gebunden. Daneben gibt es viele firmengebundene Konstruktionen, die ebenfalls mit Brandschutznachweis durch Prüfzeugnis zum Einsatz kommen können (Bild E 3-19). Im folgenden werden

- Montagewände (Abschnitt 4.14.2),
- Schrankwände (Abschnitt 4.14.3) und
- Wohnungstrennwände (Abschnitt 4.14.4)

behandelt. Die wichtigsten bauaufsichtlichen Anforderungen an Trennwände sind in Bild E 3-14 zusammengestellt. Wenn es sich gleichzeitig um tragende Wände handelt, gelten außerdem die in Bild E 3-13 angegebenen Forderungen; sie sind zu beachten, wenn hier eine höhere Forderung angegeben ist. Vielfach sind Trennwände jedoch nichttragende Wände, so daß bezüglich der Anforderungen nur die Angaben von Bild E 3-14 gelten.

Die Feuerwiderstandsdauer von Trennwänden wird z. Z. und für eine längere Übergangszeit (Bild E 1-2) nach DIN 4102 Teil 2 bestimmt. Abschließend sei darauf hingewiesen, daß es seit April 1994 den Entwurf DIN EN 1364 „Prüfung der Feuerwiderstandsdauer von nichttragenden Teilen in Gebäuden, Teil 1: Trennwände“ gibt. Trennwände gehören i. a. zum Ausbau, der umfassend in [4.75] behandelt wird.



### 4.14.2 Feuerwiderstandsklassen von Montagewänden

Sofern Montagewände in **Rettungswegen** o. ä. eingebaut werden, müssen sie nach bauaufsichtlichen Bestimmungen – je nach Landesvorschrift – ganz oder wenigstens auf der rettungswegseitigen Oberfläche aus nichtbrennbaren oder schwerentflammbaren Baustoffen bestehen.

Firmengebundene Konstruktionen zeichnen sich i. a. durch bestimmte Elementverbindungen aus, wobei Achsraster-, Bandraster- und Anschlußfugen zu unterscheiden sind.

Bei offenen **Achsrasterfugen** muß i.a. eine Hinterfütterung oder Dichtung angeordnet werden, damit an dieser „empfindlichen“ Stelle die Normforderungen – insbesondere $\Delta T \leq \max \text{ zul } \Delta T = 180$ K – noch erfüllt werden. Die Dichtung kann z. B. mit Mineralfasern, Dichtungsstoffen [4.4], Silikatplatten oder auch mit aufschäumenden Wasserglas-Silikat-Platten erfolgen, vgl. Bild E 4-53, Detail 1. Bekannte Wasserglas-Silikat-Dichtungen sind

- Palusol-Brandschutzplatten (-Streifen) gemäß Zulassungsbescheid Z19.11-14,
- PROMASEAL®-PL (Platten, Streifen) gemäß Zulassungsbescheid Z-19.11-249 oder
- THELESOL-Brandschutzleisten gemäß Zulassungsbescheid Z-19.11-34,

jeweils des DIBt, Berlin.

Die vorstehend als „Dichtungsstoffe" bezeichneten Stoffe heißen offiziell **„aufschäumende Baustoffe"** [4.4]. Die genannten Zulassungen sind nur drei von rd. 70.

**Bandrasterfugen** sind in der Regel offene Fugen, die schmale Modulleisten begrenzen, vgl. Bild E 4-53, Detail 2. Da die Fugen hier sehr nahe beieinander liegen, muß auf die brandschutztechnische Dichtung besonders geachtet werden. Dasselbe gilt auch für **Anschlußfugen** – insbesondere bei beweglichen Anschlüssen, bei denen ein Einsatz der o.a. Dichtungen oft unerläßlich ist.

Montagewände der beschriebenen Art nach Bild E 4-53 mit in der Regel Dicken von 80 mm ≤ $d_1$ ≤ 125 mm gehören zur Benennung F ..B, in besonderen Fällen auch zur Benennung F ..AB. Die Feuerwiderstandsklassen lauten F 30 bis F 90 [4.53]; bei Verwendung von Ca-Si-Platten kann auch F 120 erreicht werden [4.55].

Montagewände werden oft im Zusammenhang mit **Feuerschutzabschlüssen** angeboten. Die Wandteile bilden dann eine Einheit mit den Feuerschutzabschlüssen – meist T 30-Türen, vgl. die Erläuterung E.4.1.6.4/6 (s. Seite 120).

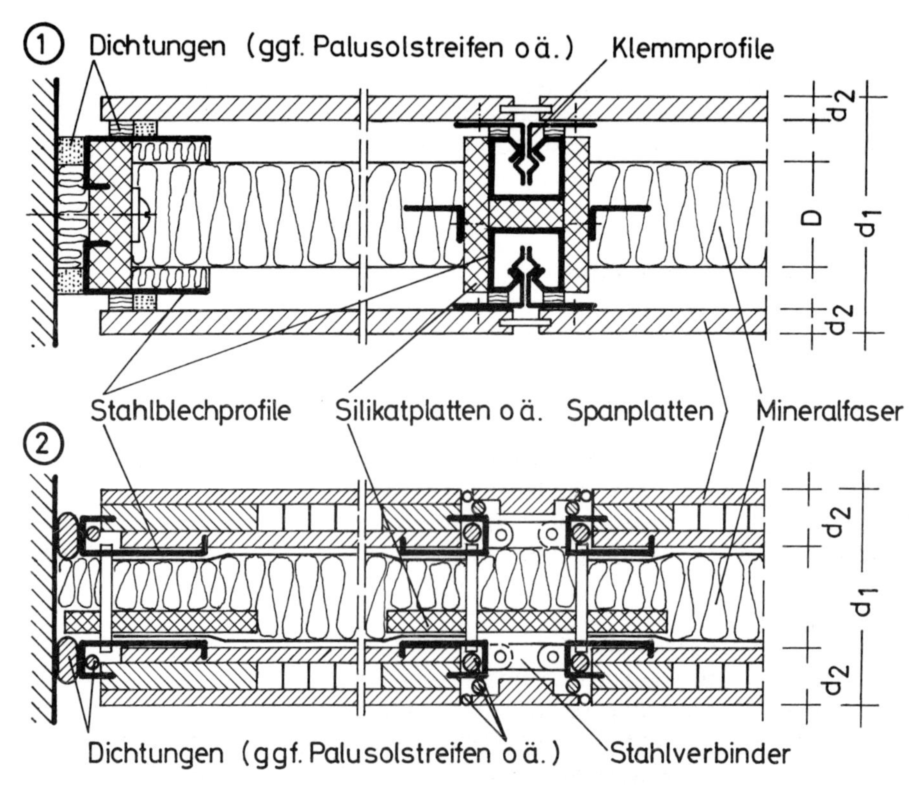


**Bild E 4-53:** Beispiele für Montagewände aus Holz und Holzwerkstoffen (Schema)

Häufig sind in die Wände und/oder Türen **F-Verglasungen** integriert, vgl. die Erläuterungen E.4.1.6.4/4 und E.4.1.6.4/5, insbesondere die Tabelle E 4-1 (Seite 149). Während in Feuerschutzabschlüssen nur F-Verglasungen eingebaut werden dürfen, ist es je nach Randbedingungen auch gestattet, **G-Verglasungen** in Wänden einzubauen; die bauaufsichtlichen Brandschutzforderungen sind zu beachten! In Rettungswegen gelten meist scharfe Bestimmungen.

Auch **„allgemein zugängliche Flure"** können **Rettungswege** sein. In diesem Zusammenhang sei gesagt, daß ein allgemein zugänglicher Flur z. B. ein Flur in einem Gebäude ist, an dem die Türen (Eingänge) zu unterschiedlichen Nutzungseinheiten (Wohnung, Arztpraxis, Rechtsanwaltsbüro, Ingenieurgemeinschaft usw.) liegen. Ein Flur mit vielen Türen zu derselben Nutzungseinheit (Ministerium, Finanzamt usw.) ist nach Auffassung vieler Bauordnungsrechtler und Feuerwehren kein allgmein zugänglicher Flur. Das bedeutet nicht, daß an solche Flure nicht im Einzelfall oder aufgrund von Rechtsverordnungen auch Anforderungen gestellt werden können – positiv ausgedrückt: In solchen Fällen können durchaus Anforderungen gestellt werden.
In der z. Z. maßgebenden Musterbauordnung (MBO) Dezember 1993 ist das Erfordernis „allgemein zugängliche Flure" nicht eindeutig geregelt; es ist beabsichtigt, in der Fortschreibung der MBO hierzu genauere Aussagen zu treffen – z. B. eine Anbindung an den Begriff Nutzungseinheit.
In diesem Sinne hat die Fachkommission Bauaufsicht auf ihrer 198. Sitzung (April 1994) die Änderung der MBO § 33 (Allgemein zugängliche Flure) beschlossen, wobei bei derselben Nutzungseinheit eine Grenze von 400 m$^2$ eingeführt wurde.
Da es bei solchen Fluren um die Forderungen an die begrenzenden Wände (F 30-B mit Oberfläche A → F 30-B/A oder F 30-AB) geht, ist es für jeden Planer wichtig, sich beim Planungsobjekt über die einzuhaltenden bauaufsichtlichen Vorschriften zu informieren. Auch die zulässige Länge der Flure muß beachtet werden; ggf. sind Unterteilungen durch Rauchschutztüren nach DIN 18 095 erforderlich.

## 4.14.2 Feuerwiderstandsklassen von Schrankwänden



Schrankwände sind nichttragende Trennwände, die in der Regel firmengebunden als Montagewände hergestellt werden. Ihr Feuerwiderstand ist daher durch Prüfzeugnisse oder Gutachten nachzuweisen (Bild E 3-19).

Schrankwände werden wie Trennwände mit praxisgerechtem Einbau nach DIN 4102 Teil 2 geprüft, wobei die Türen während der Prüfung ausgebaut oder geöffnet werden und die Schrankböden unbelastet bleiben, vgl. Bild E 4-54. Es können gemäß Bild E 4-55 folgende Schrankwand-Anordnungen unterschieden werden:

1 Trennwand in Schrankmitte, Schrank auf beiden Seiten
2 Trennwand auf der Rückseite, Schrank nur einseitig,
3 Trennwand wechselseitig, Schränke wechselseitig,
4 wie 3, wobei ggf. nur die Oberschränke wechselseitig angeordnet werden.
5 Schrankwände mit Verglasung, wobei die Verglasung am Rande oder in der Mitte als Ein- oder Mehrscheibenverglasung angebracht werden kann.

**Bild E 4-54:** Prüfung einer Schrankwand bei geöffneten oder ausgebauten Türen und ohne Belastung der Schrankböden

In **Rettungswegen** o. ä. sind Einbauten und Verschläge und damit zum Rettungsweg öffnungsfähige Schränke i. a. unzulässig. Schrankwände nach ② sind dagegen gestattet, wenn die flurseitige Rückwand aus nichtbrennbaren oder schwerentflammbaren Baustoffen besteht, siehe bauaufsichtliche Vorschriften der Länder. Auch Schrankwände nach ⑤ mit einer F-Verglasung sind möglich. G-Verglasungen können gestattet werden, wenn die Verglasung ≥ 1,80 m über OK Fußboden liegt (Bild E 4-57). Dabei ist zu beachten, daß Verglasungen zulassungspflichtig sind, vgl. die Erläuterungen E.4.1.6.4/4 und E.4.1.6.4/5 (Seite 116 ff.). Schrankwände erreichen i. a. nur die Feuerwiderstandsklasse F 30 [4.53].

In diesem Zusammenhang sei erwähnt, daß es für die Ausbildung eines Rettungsweges einen zugelassenen **Rettungstunnel** F 30 gibt [4.4]. Er wird ähnlich der Schrankwand-Anordnung in Bild E 4-55 nach dem Zulassungsbescheid

- Z-19.13-336 des Inhabers [4.68]
  Feuerhemmende Wand- und Deckenkonstruktion für Flure „FM T 1"
  als Begrenzung von Rettungswegen

nach den Angaben der Übersichtszeichnung in Bild E 4-56 aus folgenden Teilen zusammengesetzt:

- Trennwände (Schrankelemente) aus Spanplatten mit zum Raum (nicht zum Flur) zu öffnenden Türen und mit einer flurseitigen, 18 mm dicken FERMACELL-Gipsfaserplatte (nichtbrennbar),
- Oberlichtverglasung als F-Verglasung (F 30)
  [in Tabelle E 4-1 nicht aufgeführt, da dort nur „normale" F- und G-Verglasungen zusammengestellt sind],
- Unterdecke (F 30).

Die als Einheit aus Wand, Verglasung und Unterdecke bestehende Konstruktion wird als Begrenzung von Rettungswegen (Fluchttunnel) dort verwendet, wo nach bauaufsichtlichen Forderungen (Bild E 3-14) eine feuerhemmende Bauart gefordert wird.

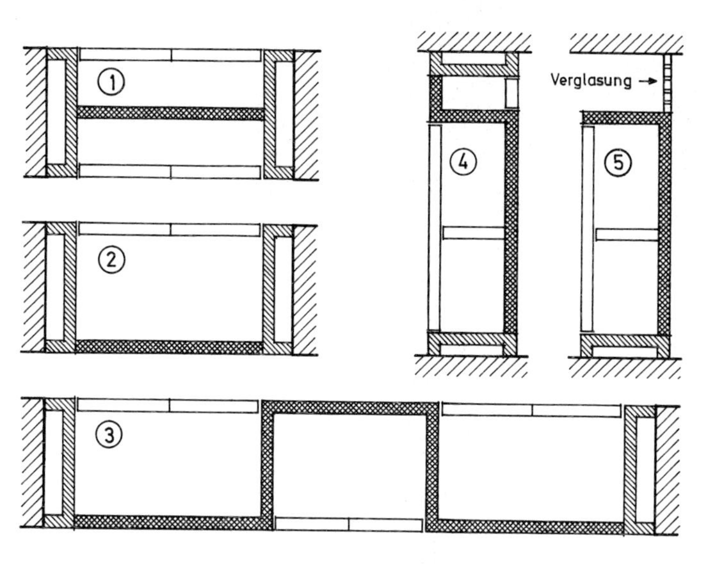


**Bild E 4-55:** Anordnung von Schrankwänden (Schema ① bis ③: Grundrisse; ④ und ⑤: Schnitte)

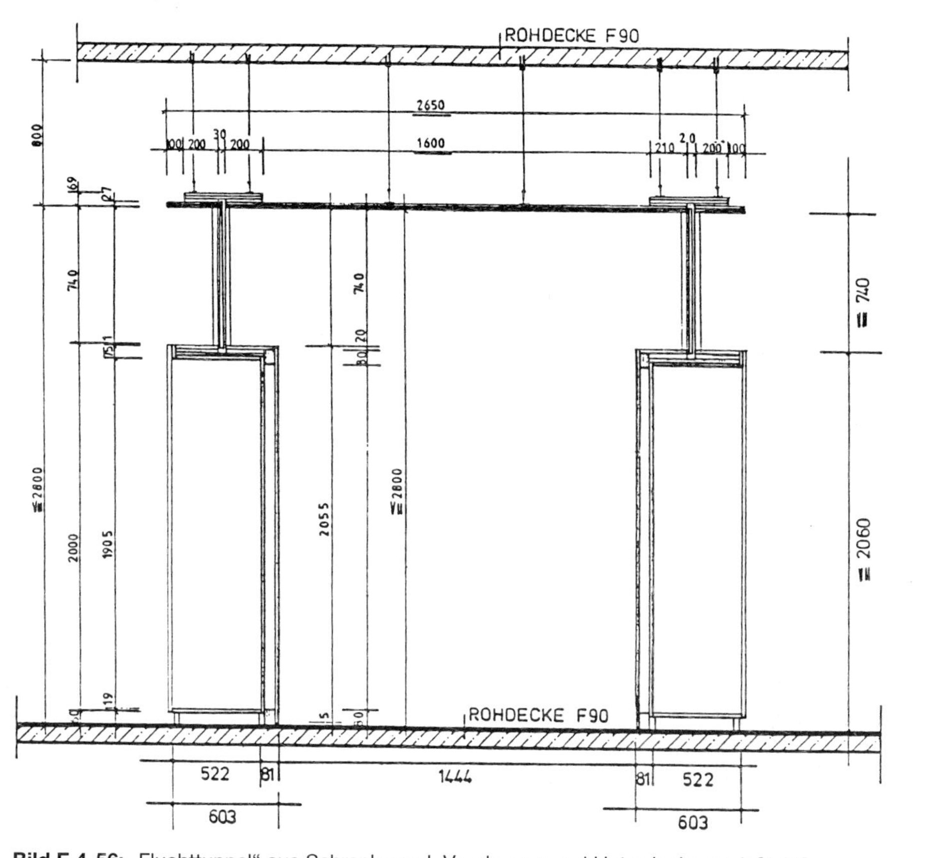


**Bild E 4-56:** „Fluchttunnel" aus Schrankwand, Verglasung und Unterdecke nach [4.68]

**Bild E 4-57:** Schrankwand mit G-Verglasung ≥ 1,80 m über OKF; der Durchbrand erfolgte im Schrankwandbereich, da im Verglasungsbereich nur nichtbrennbare Baustoffe eingebaut waren.

## 4.14.4 Wohnungstrennwände

Aus Bild E 3-14 (NRW ≤ 1994/95) sind die Anforderungen an die Feuerwiderstandsklasse von Wohnungstrennwänden zu entnehmen. In NRW ist beabsichtigt (≥ 1995), die Anforderungen an die Trennwände bei Gebäuden geringer Höhe von F 60-AB auf F 30 zu reduzieren. Dies erfolgt in Anpassung an die MBO [4.74] und auch deswegen, weil in Gebäuden, deren Standsicherheit für den Brandfall auf maximal F 30 zu bemessen ist, eine F 60-Wand dann auch entsprechend (F 60) auszusteifen wäre. Bei „anderen Gebäuden" lautet die Forderung weiterhin F 90-AB.

Nach dem Entwurf 1994 zur novellierten BauO NRW (≥ 1995) gibt es nur noch Anforderungen an Trennwände, wobei die Vorschriften auch für Wohnungstrennwände gelten. Die Anforderungen sollen in diesem Punkt mit der Novellierung geändert werden – nicht so in anderen Bundesländern. In NRW soll die Forderung (≥ 1995) lauten:

- F 30 bei den Gebäudeklassen 2 und 3, also z. B. F 30-B bei – Wohngebäuden geringer Höhe mit ≤ 2 WE und
- F 90-AB in der Gebäudeklasse 4, wobei im Dachraum in den obersten Geschossen auch F 30 – d. h. F 30-B – zulässig ist.

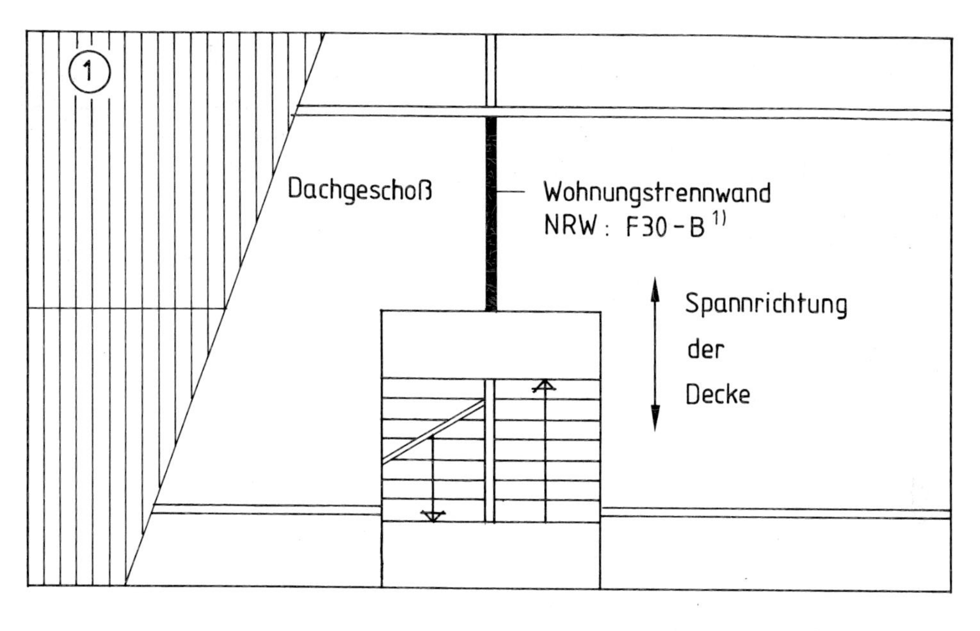


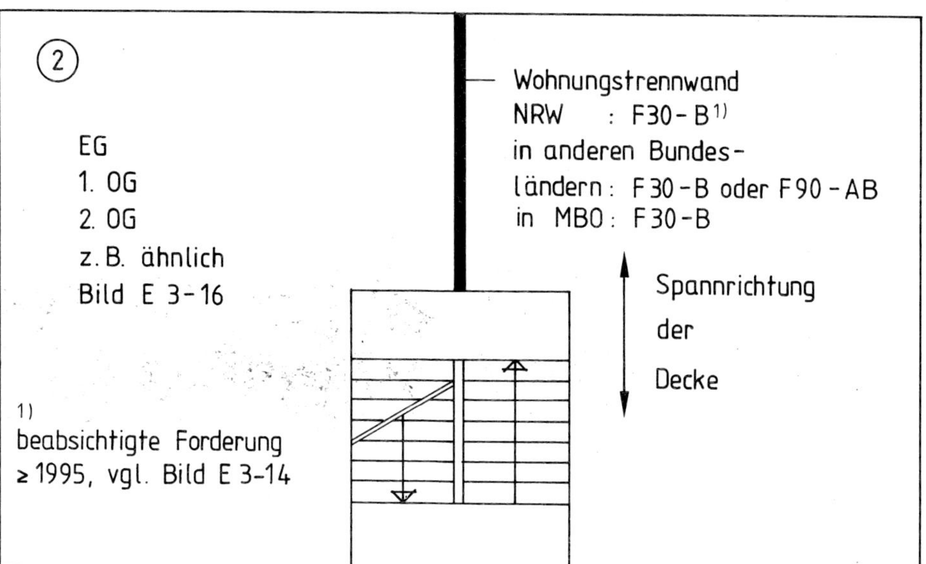


**Bild E 4-58:** Wohnungstrennwände in Gebäuden geringer Höhe mit ≥ 3 WE; vgl. die Bilder E 3-14 und E 3-16

Bild E 4-58 zeigt die Grundrisse (unteres Geschoß und Dachgeschoß) eines Gebäudes geringer Höhe (Gebäudeklasse 3) mit ≥ 3 WE, wobei die Brandschutzforderungen nach Bild E 3-14 (NRW 1995) eingetragen sind. Hierzu können folgende Erläuterungen gegeben werden:

a) Die Wohnungstrennwand im Dachgeschoß ist nach Bild E 3-14 (NRW 1995) mindestens in F 30-B zu errichten. In anderen Bundesländern gelten meist ähnliche Forderungen – in Hamburg: F 30-B/A; d. h. daß die raumseitige Beplankung (Bekleidung) aus Baustoffen der Baustoffklasse A bestehen muß – im übrigen darf eine F 30-B-Konstruktion verwendet werden.

b) In den übrigen Geschossen des „niedrigen" Gebäudes soll bzw. muß die Wohnungstrennwand mindestens folgende Anforderung erfüllen:
   - in NRW (≥ 1995): F 30-B
   - z. B. in Hamburg: F 90-AB

c) Soll von den genannten Forderungen abgewichen werden, ist eine Befreiung erforderlich, siehe Abschnitt 3.5.5.

d) Eine Befreiung ist sicherlich leichter zu erreichen, wenn
   - eine höhere Feuerwiderstandsdauer nachgewiesen wird,
   - durch die beidseitige Beplankung (Bekleidung) aus Baustoffen der Baustoffklasse A aus einer z. B. (F 30-B)- eine (F 30-B/A)-Konstruktion wird und
   - die Aussteifung der Trennwand >> 30 min ist, was meist durch den nicht vom Feuer beanspruchten (kalten) Bereich gewährleistet ist.

## 4.15 Nichttragende Außenwände

### 4.15.1 Allgemeines

Über Außenwände wurde in den Abschnitten 4.1–4.13 mehrfach berichtet. Nichttragende Außenwände sind Ausfachungen zwischen tragenden Bauteilen. Nach Bild E 3-13 darf bei „sonstigen" (bzw. „anderen") Gebäuden (Gebäudeklasse 4) außer Hochhäusern die nichttragende Außenwand auch aus einer Holzkonstruktion F 30-B bestehen. Dies ist in allen Bundesländern gleich – die Alternative lautet: Statt F 30-B eine Wandkonstruktion ohne Klassifizierung der Feuerwiderstandsdauer mindestens jedoch aus Baustoffen der Baustoffklasse A.

### 4.15.2 Definitionen nach DIN 4102 Teil 3 sowie Anwendungen

Nichttragende Außenwände im Sinne von DIN 4102 Teil 3 sind raumhohe, raumabschließende Bauteile wie Außenwandelemente, Ausfachungen usw. – im folgenden kurz Außenwände genannt , die im Brandfall nur durch ihr Eigengewicht beansprucht werden und nicht zur Aussteifung von Bauteilen dienen. Außenwände können aber dazu dienen, die auf ihre Fläche wirkenden Windlasten und andere horizontale Verkehrslasten auf tragende Bauteile, z. B. Wand- oder Deckenscheiben, abzutragen; im Holzbau sind dies tragende Wände.

Zu den nichttragenden Außenwänden zählen auch:

a) brüstungshohe, nichtraumabschließende, nichttragende Außenwandelemente – im folgenden kurz **Brüstungen** genannt – und
b) schürzenartige, nichtraumabschließende, nichttragende Außenwandelemente – im folgenden kurz **Schürzen** genannt –,

die jeweils den Überschlagsweg des Feuers an der Außenseite der Gebäude vergrößern. Dabei werden entsprechend den Angaben von Bild E 4-59 unterschieden:

1. Raumabschließende Außenwände,
2. ganz aufgesetzte Brüstungen,
3. teilweise aufgesetzte Brüstungen,
4. vorgesetzte Brüstungen
5. vorgesetzte Schürzen,
6. abgehängte Schürzen und
7. Brüstungen in Kombination mit Schürzen

Derartige Bauteile werden entsprechend DIN 4102 Teil 3 in die Feuerwiderstandsklassen W 30 bis W 180 eingestuft. Eine Einstufung in die Feuerwiderstandsklassen F 30 bis F 180 ist wegen abweichender Prüfungen nicht möglich, vgl. Bild E 4-60. Die **Benennungen** lauten analog den Angaben von Tabelle E 2-3 W ..-A, W ..-AB und W ..-B, wobei nichttragende Außenwände, Brüstungen und Schürzen aus Holz und Holzwerkstoffen i. a. der Benennung W 30-B zugeordnet werden.

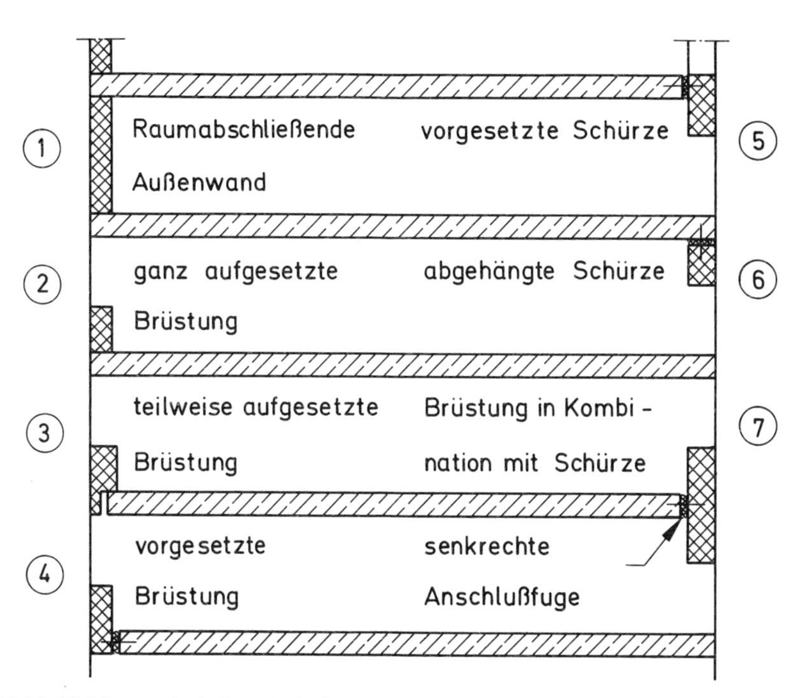


**Bild E 4-59:** Nichttragende Außenwände, Brüstungen und Schürzen (Schema) nach DIN 4102 Teil 3; die Ausführung ① gilt im Holzbau als tragend

4.15

Die in DIN 4102 Teil 4 (03/94) Abschnitt 8.1 über nichttragende Außenwände bestehenden Bestimmungen sind nachfolgend auf dieser Seite wiedergegeben. Wie aus den Bestimmungen der Abschnitte 8.1.1 und 8.1.2.1 hervorgeht, erfüllen alle in Abschnitt 4 zusammengestellten F 30- bis F 90-Wände auch die Anforderungen W 30 bis W 90, wie sie an nichttragende Außenwände gestellt werden. Dies ist möglich, weil die W-Anforderungen schwächer als die F-Anforderungen sind (Bild E 4-60).

Die Normbestimmungen können ohne weiteres auf alle in diesem Handbuch gegebenen Erläuterungen übertragen werden – d. h. alle in den Abschnitten 4.1 bis 4.14 zusätzlich zur Norm klassifizierten Wände können auch als nichttragende Außenwände bzw. Brüstungen gemäß Bild E 4-59 Detail 1 und 2 verwendet werden, wenn die Außen-Beplankung bzw. -Bekleidung genügend witterungsbeständig ist. Brüstungen und Schürzen nach Bild E 4-59 Details 3 bis 7 sind dagegen stets durch Prüfzeugnisse oder Gutachten auf der Grundlage von Normprüfungen zu beurteilen. Erfahrungen mit Holzkonstruktionen gibt es in diesen Fällen kaum.

Abschließend ist zu bemerken, daß auch die Halterungen der Außenwände der jeweils geforderten F- bzw. W-Klasse entsprechen müssen. Dies gilt auch für nichttragende Stützen, die nur zur Aussteifung bzw. Halterung dienen, vgl. Bild E 4-61.

Die W-Klassifizierung wird es zukünftig nicht mehr geben, vgl. Abschnitt 3.2.2, insbesondere Bild E 3-8. Die T 2-Kurve in Bild E 4-60 wird geringfügig verändert, vgl. Bild E 3-1 und die dazugehörigen Erläuterungen.

DIN 4102
Teil 4

## 8 Klassifizierte Sonderbauteile mit Ausnahme von Brandwänden

(Brandwände siehe Abschnitt 4.8)

### 8.1 Feuerwiderstandsklassen nichttragender Außenwände

#### 8.1.1 Raumabschließende Außenwände

Raumabschließende, nichttragende Außenwände, die nach DIN 4102 Teil 3 in die Feuerwiderstandsklassen W 30 bis W 180 (Benennungen W...-A, W...-AB und W...-B) einzustufen sind, sind unabhängig von ihrer Breite wie raumabschließende bzw. nichttragende Wände der Feuerwiderstandsklassen F 30 bis F 180 (Benennungen F...-A, F...-AB und F...-B) nach Abschnitt 4 zu bemessen.

#### 8.1.2 Brüstungen und Schürzen

**8.1.2.1** Brüstungen, die auf einer Stahlbetonkonstruktion ganz aufgesetzt und nach DIN 4102 Teil 3 in die Feuerwiderstandsklassen W 30 bis W 180 (Benennungen W...-A, W...-AB und W...-B) einzustufen sind, sind unabhängig von ihrer Höhe wie raumabschließende bzw. nichttragende Wände der Feuerwiderstandsklassen F 30 bis F 180 (Benennungen F...-A, F...-AB und F...-B) nach Abschnitt 4 zu bemessen.

**8.1.2.2** Brüstungen, die nicht Abschnitt 8.1.2.1 entsprechen — z. B. teilweise oder ganz vorgesetzte Brüstungen — sowie Schürzen und Brüstungen in Kombination mit Schürzen sind zum Nachweis der Feuerwiderstandsklasse nach DIN 4102 Teil 3 zu prüfen.

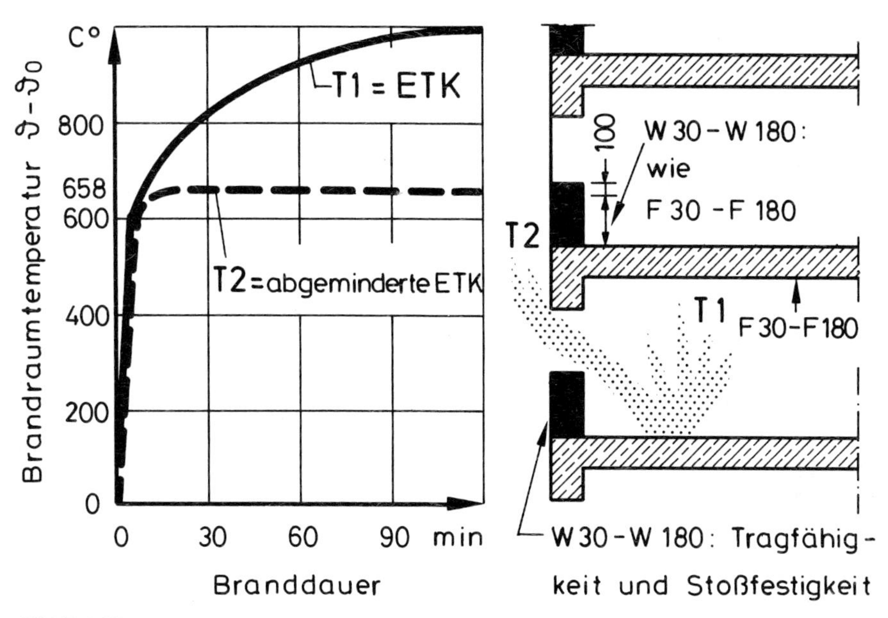


**Bild E 4-60:**
Temperaturbeanspruchungen und Anforderungen bei W-Klassifizierungen

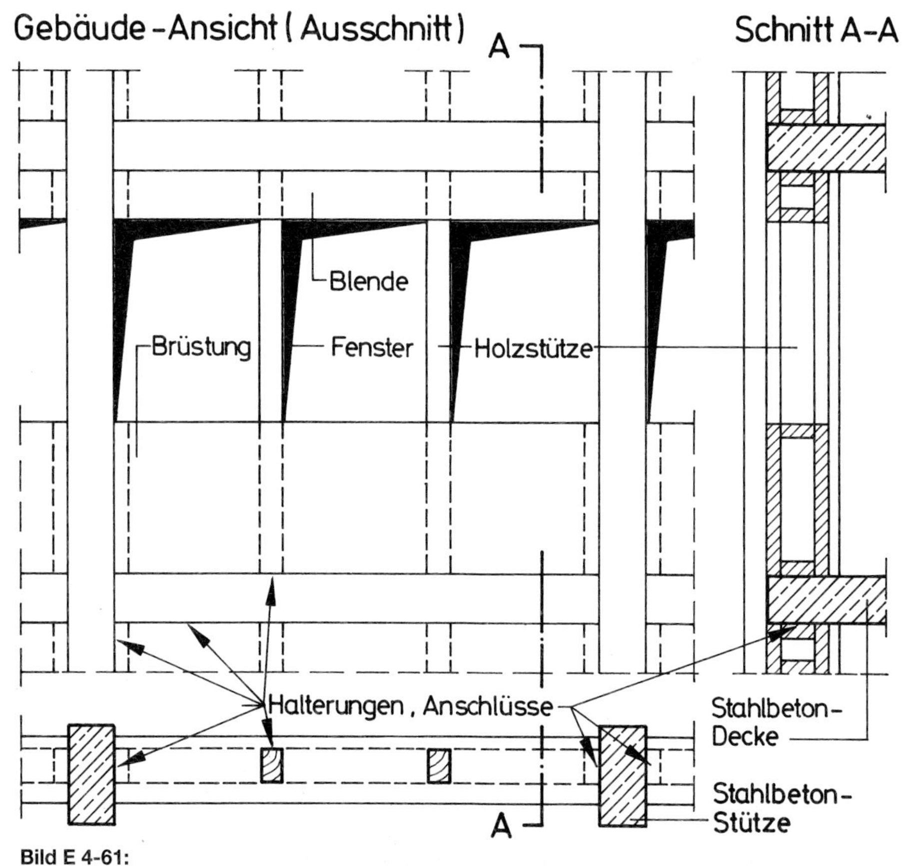


**Bild E 4-61:**
Aussteifungen und Halterungen von nichttragenden Außenwänden (Schema)

## 5 Klassifizierte Holzbauteile mit Ausnahme von Wänden
(Klassifizierte Wände siehe Abschnitt 4)

### 5.1 Grundlagen zur Bemessung von Holzbauteilen

**5.1.1** Grundlagen für die Bemessung von Holzbauteilen sind DIN 1052 Teil 1 und Teil 2 sowie DIN 4074 Teil 1, auf die die Angaben von Abschnitt 5 aufbauen.[8])

**5.1.2** Zur Ausführung von Verbindungen werden in Abschnitt 5.8 weitere Angaben gemacht.

### 5.2 Feuerwiderstandsklassen von Decken in Holztafelbauart

#### 5.2.1 Anwendungsbereich, Brandbeanspruchung

**5.2.1.1** Die Angaben von Abschnitt 5 gelten für von unten oder oben beanspruchte Decken in Holztafelbauart nach DIN 1052 Teil 1. Es wird zwischen Decken mit (brandschutztechnisch) notwendiger und nicht notwendiger Dämmschicht unterschieden — siehe Abschnitt 5.2.4.

**5.2.1.2** Bei den klassifizierten Decken ist die Anordnung zusätzlicher Bekleidungen — Bekleidungen aus Stahlblech ausgenommen — an der Deckenunterseite und die Anordnung von Fußbodenbelägen auf der Deckenoberseite ohne weitere Nachweise erlaubt.

**5.2.1.3** Durch die klassifizierten Decken dürfen einzelne elektrische Leitungen durchgeführt werden, wenn der verbleibende Lochquerschnitt mit Gips oder ähnlichem vollständig verschlossen wird.

#### 5.2.2 Holzrippen

**5.2.2.1** Die Rippen müssen aus Bauschnittholz nach DIN 4074 Teil 1, Sortierklasse S 10 oder S 13 bzw. MS 10, MS 13 oder MS 17, bestehen.

**5.2.2.2** Die Rippenbreite muß mindestens 40 mm betragen — siehe auch die Angaben in den Tabellen 56 bis 59. Im übrigen gilt für die Bemessung DIN 1052 Teil 1.

#### 5.2.3 Beplankungen/Bekleidungen

**5.2.3.1** Als untere Beplankungen bzw. Bekleidungen — siehe auch Schema-Skizzen in den Tabellen 56 bis 59 — können verwendet werden:

Beplankungen/Bekleidungen

a) Sperrholz nach DIN 68 705 Teil 3 oder Teil 5,

b) Spanplatten nach DIN 68 763,

c) Holzfaserplatten nach DIN 68 754 Teil 1; Bekleidungen,

d) Gipskarton-Bauplatten GKB und GKF nach DIN 18 180,

e) Gipskarton-Putzträgerplatten (GKP) nach DIN 18 180,

f) Fasebretter aus Nadelholz nach DIN 68 122,

g) Stülpschalungsbretter aus Nadelholz nach DIN 68 123,

h) Profilbretter mit Schattennut nach DIN 68 126 Teil 1,

i) gespundete Bretter aus Nadelholz nach DIN 4072,

k) Holzwolle-Leichtbauplatten nach DIN 1101,

l) Deckenplatten aus Gips nach DIN 18 169 und

m) Drahtputzdecken nach DIN 4121.

**5.2.3.2** Als obere Beplankungen oder Schalungen — siehe auch Schema-Skizzen in den Tabellen 56 bis 59 — können verwendet werden:

a) Sperrholzplatten nach DIN 68 705 Teil 3 oder Teil 5,

b) Spanplatten nach DIN 68 763 und

c) gespundete Bretter aus Nadelholz nach DIN 4072.

**5.2.3.3** Alle Platten und Bretterschalungen müssen eine geschlossene Fläche besitzen. Die Rohdichte der Holzwerkstoffplatten muß $\geq 600\,kg/m^3$ sein — siehe auch die Angaben in den Tabellen 56 bis 59.

**5.2.3.4** Alle Platten und Bretter sind auf Holzrippen dicht zu stoßen. Eine Ausnahme hiervon bilden jeweils dicht gestoßene Längsränder von Brettern sowie die Längsränder von Gipskartonplatten, wenn die Fugen nach DIN 18 181 verspachtelt sind; dies gilt sinngemäß auch für die Längsränder von Holzwolle-Leichtbauplatten. Ränder von Holzwerkstoffplatten, deren Stöße nicht auf Holzrippen liegen, sind mit Nut und Feder oder über die Spundung dicht zu stoßen. Bei Deckenplatten aus Gips sind die Stöße nach den Angaben von DIN 18 169 auszubilden.

Bei mehrlagigen Beplankungen und/oder Bekleidungen sind die Stöße zu versetzen. Beispiele für Stoßausbildungen sind in Bild 46 wiedergegeben.

**5.2.3.5** Dampfsperren beeinflussen die in Abschnitt 5 angegebenen Feuerwiderstandsklassen nicht.

**5.2.3.6** Gipskarton-Bauplatten sind nach DIN 18 181 mit Schnellschrauben, Klammern oder Nägeln (vergleiche Abschnitt 4.10.2.3) zu befestigen.

**5.2.3.7** Bei Bekleidungen an der Deckenunterseite darf zwischen den Holzrippen und der Bekleidung eine Lattung — Grundlattung oder Grund- und Feinlattung, auch in Form von Metallschienen nach DIN 18 181 — angeordnet werden. Für Stöße, Fugen und Befestigungen der Bekleidung gelten die Angaben von Abschnitt 5.2.3.4.

---

[8]) Die Feuerwiderstandsdauer tragender, nichtraumabschließender Bauteile, wie Balken, Stützen und Zugglieder, kann bei allgemeingültig vereinbarten Abbrandgeschwindigkeiten rechnerisch ermittelt werden — weitere Angaben hierzu siehe z. B. [3].

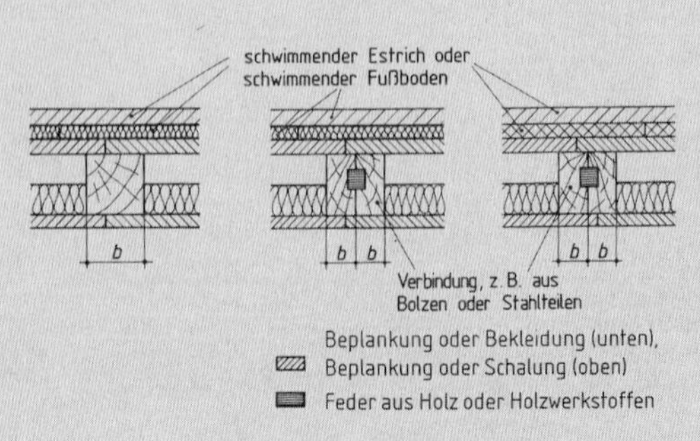


**Bild 46: Beispiele für Stöße von Beplankungen, Bekleidungen und Schalungen (Schema)**

**5.2.3.8** Die Mindestdicke und zulässige Spannweite der Beplankungen und Bekleidungen ist aus den Angaben der Tabellen 56 bis 59 zu entnehmen.

Die Ausführungs-Schema-Skizzen in den Tabellen 56 bis 58 sind ohne Lattung nach Abschnitt 5.2.3.7 dargestellt. Die zulässige Spannweite ist auf den Abstand der vorliegenden Unterkonstruktion — d.h. auf den Abstand der Lattung bzw. der Holzrippen — zu beziehen.

**5.2.3.9** Bei Bekleidungen aus Brettern ist die Dicke $d_D$ nach Bild 47 maßgebend.

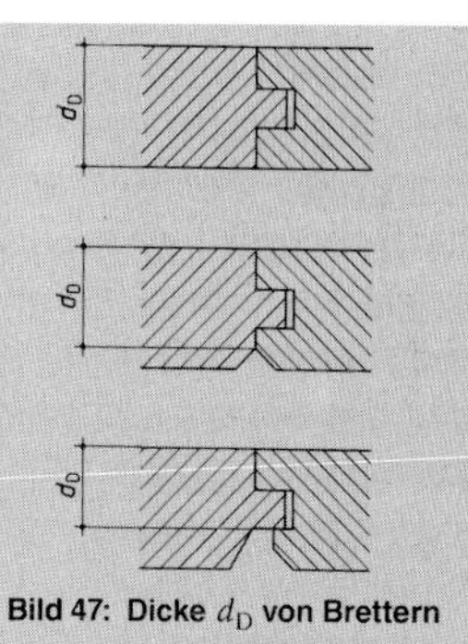


**Bild 47: Dicke $d_D$ von Brettern**

**Tabelle 56: Decken in Holztafelbauart mit brandschutztechnisch notwendiger Dämmschicht**

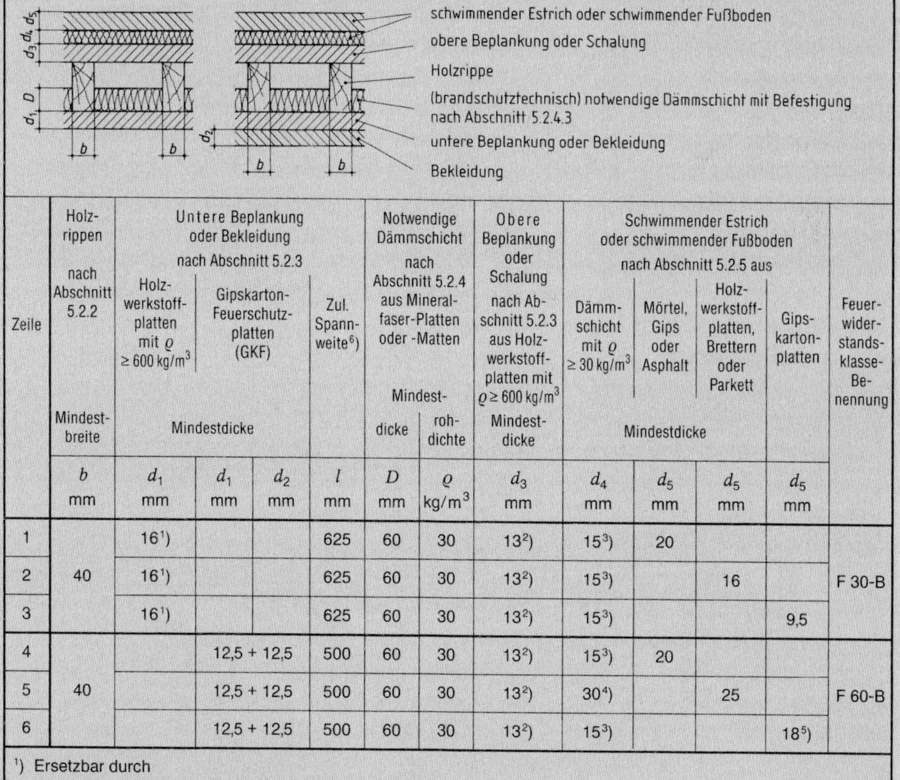


| Zeile | Holzrippen nach Abschnitt 5.2.2 Mindestbreite | Untere Beplankung oder Bekleidung nach Abschnitt 5.2.3: Holzwerkstoffplatten mit $\varrho \geq 600\ kg/m^3$ Mindestdicke | Gipskarton-Feuerschutzplatten (GKF) Mindestdicke | | Zul. Spannweite[6]) | Notwendige Dämmschicht nach Abschnitt 5.2.4 aus Mineralfaser-Platten oder -Matten Mindestdicke | Mindest-rohdichte | Obere Beplankung oder Schalung nach Abschnitt 5.2.3 aus Holzwerkstoffplatten mit $\varrho \geq 600\ kg/m^3$ Mindestdicke | Schwimmender Estrich oder schwimmender Fußboden nach Abschnitt 5.2.5 aus: Dämmschicht mit $\varrho \geq 30\ kg/m^3$ | Mörtel, Gips oder Asphalt | Holzwerkstoffplatten, Brettern oder Parkett | Gipskartonplatten | Feuerwiderstandsklasse-Benennung |
|---|---|---|---|---|---|---|---|---|---|---|---|---|---|
| | $b$ mm | $d_1$ mm | $d_1$ mm | $d_2$ mm | $l$ mm | $D$ mm | $\varrho$ kg/m³ | $d_3$ mm | $d_4$ mm | $d_5$ mm | $d_5$ mm | $d_5$ mm | |
| 1 | 40 | 16[1]) | | | 625 | 60 | 30 | 13[2]) | 15[3]) | 20 | | | F 30-B |
| 2 | | 16[1]) | | | 625 | 60 | 30 | 13[2]) | 15[3]) | | 16 | | |
| 3 | | 16[1]) | | | 625 | 60 | 30 | 13[2]) | 15[3]) | | | 9,5 | |
| 4 | 40 | | 12,5 + 12,5 | | 500 | 60 | 30 | 13[2]) | 15[3]) | 20 | | | F 60-B |
| 5 | | | 12,5 + 12,5 | | 500 | 60 | 30 | 13[2]) | 30[4]) | | 25 | | |
| 6 | | | 12,5 + 12,5 | | 500 | 60 | 30 | 13[2]) | 15[3]) | | | 18[5]) | |

[1]) Ersetzbar durch
a) ≥ 13 mm dicke Holzwerkstoffplatten (untere Lage) + 9,5 mm dicke GKB- oder GKF-Platten (raumseitige Lage) oder
b) ≥ 12,5 mm dicke Gipskarton-Feuerschutzplatten (GKF) mit einer Spannweite $l \leq 500$ mm oder
c) Bretterschalung nach Abschnitt 5.2.3.1, Aufzählungen f) bis i), mit einer Dicke nach Bild 47 von $d_D \geq 16$ mm.

[2]) Ersetzbar durch Bretterschalung (gespundet) mit $d \geq 21$ mm.

[3]) Ersetzbar durch ≥ 9,5 mm dicke Gipskartonplatten.

[4]) Ersetzbar durch ≥ 15 mm dicke Gipskartonplatten.

[5]) Erreichbar z. B. mit 2 × 9,5 mm.

[6]) Siehe Abschnitte 5.2.3.7 und 5.2.3.8.

#### 5.2.4 Brandschutztechnisch notwendige Dämmschichten

**5.2.4.1** In Decken in Holztafelbauart nach den Angaben von Tabelle 56 ist brandschutztechnisch eine Dämmschicht notwendig. Sie muß die Bedingungen der Abschnitte 5.2.4.2 bis 5.2.4.5 erfüllen.

In Decken in Holztafelbauart nach den Angaben der Tabellen 57 bis 59 ist brandschutztechnisch keine Dämmschicht notwendig. In diesen Fällen bestehen hinsichtlich Dämmschicht-Art, -Dicke, -Befestigung usw. keine Bedingungen. Die klassifizierten Decken dürfen mit und ohne Dämmschicht ausgeführt werden.

**Tabelle 57: Decken in Holztafelbauart mit brandschutztechnisch nicht notwendiger Dämmschicht**

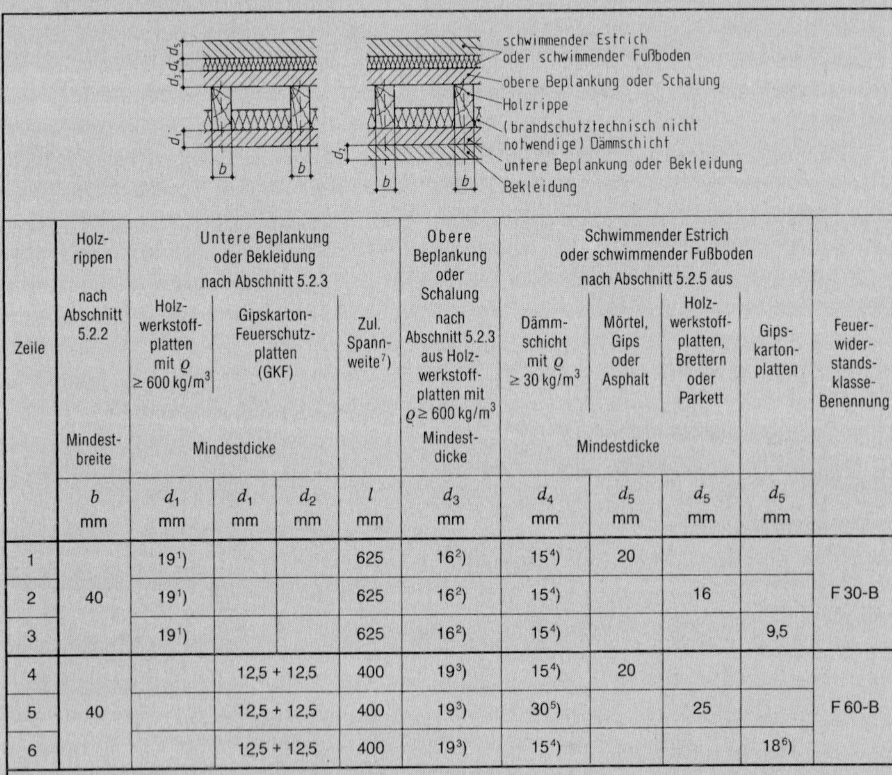


| Zeile | Holzrippen nach Abschnitt 5.2.2 Mindestbreite | Untere Beplankung oder Bekleidung nach Abschnitt 5.2.3 – Holzwerkstoffplatten mit $\varrho \geq 600$ kg/m³ – Mindestdicke | Gipskarton-Feuerschutzplatten (GKF) – Mindestdicke | | Zul. Spannweite [7]) | Obere Beplankung oder Schalung nach Abschnitt 5.2.3 aus Holzwerkstoffplatten mit $\varrho \geq 600$ kg/m³ – Mindestdicke | Schwimmender Estrich oder schwimmender Fußboden nach Abschnitt 5.2.5 aus – Dämmschicht mit $\varrho \geq 30$ kg/m³ – Mindestdicke | Mörtel, Gips oder Asphalt | Holzwerkstoffplatten, Brettern oder Parkett | Gipskartonplatten | Feuerwiderstandsklasse-Benennung |
|---|---|---|---|---|---|---|---|---|---|---|---|
| | $b$ mm | $d_1$ mm | $d_1$ mm | $d_2$ mm | $l$ mm | $d_3$ mm | $d_4$ mm | $d_5$ mm | $d_5$ mm | $d_5$ mm | |
| 1 | 40 | 19[1]) | | | 625 | 16[2]) | 15[4]) | 20 | | | F 30-B |
| 2 | | 19[1]) | | | 625 | 16[2]) | 15[4]) | | 16 | | |
| 3 | | 19[1]) | | | 625 | 16[2]) | 15[4]) | | | 9,5 | |
| 4 | 40 | | 12,5 + 12,5 | | 400 | 19[3]) | 15[4]) | 20 | | | F 60-B |
| 5 | | | 12,5 + 12,5 | | 400 | 19[3]) | 30[5]) | | 25 | | |
| 6 | | | 12,5 + 12,5 | | 400 | 19[3]) | 15[4]) | | | 18[6]) | |

[1]) Ersetzbar durch
a) ≥ 16 mm dicke Holzwerkstoffplatten (untere Lage) + 9,5 mm dicke GKB- oder GKF-Platten (raumseitige Lage) oder
b) ≥ 12,5 mm dicke Gipskarton-Feuerschutzplatten (GKF) mit einer Spannweite $l \leq 400$ mm oder
c) ≥ 15 mm dicke Gipskarton-Feuerschutzplatten (GKF) mit einer Spannweite $l \leq 500$ mm oder
d) ≥ 50 mm dicke Holzwolle-Leichtbauplatten mit einer Spannweite $l \leq 500$ mm oder
e) ≥ 25 mm dicke Holzwolle-Leichtbauplatten mit einer Spannweite $l \leq 500$ mm mit ≥ 20 mm dickem Putz nach DIN 18 550 Teil 2 oder
f) ≥ 9,5 mm dicke Gipskarton-Putzträgerplatten (GKP) mit einer Spannweite $l \leq 500$ mm mit ≥ 20 mm dickem Putz der Mörtelgruppe P IVa bzw. P IVb nach DIN 18 550 Teil 2 oder
g) Bretterschalung nach Abschnitt 5.2.3.1, Aufzählungen f) bis i), mit einer Dicke nach Bild 47 von $d_D \geq 19$ mm.

[2]) Ersetzbar durch Bretterschalung (gespundet) mit $d \geq 21$ mm.
[3]) Ersetzbar durch Bretterschalung (gespundet) mit $d \geq 27$ mm.
[4]) Ersetzbar durch ≥ 9,5 mm dicke Gipskartonplatten.
[5]) Ersetzbar durch ≥ 15 mm dicke Gipskartonplatten.
[6]) Erreichbar z. B. mit 2 × 9,5 mm.
[7]) Siehe Abschnitte 5.2.3.7 und 5.2.3.8.

**Tabelle 58: Decken in Holztafelbauart mit brandschutztechnisch nicht notwendiger Dämmschicht mit Drahtputzdecken nach DIN 4121**

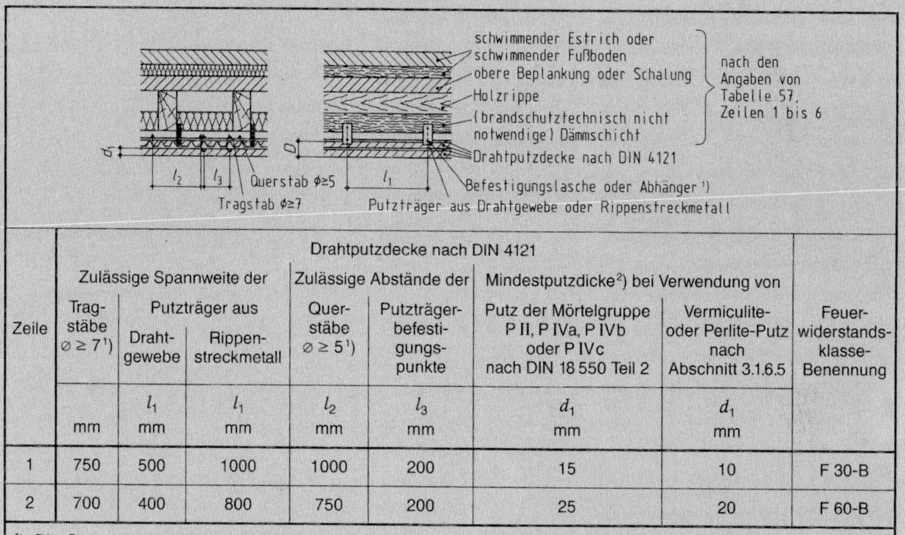


| Zeile | Drahtputzdecke nach DIN 4121 | | | | | | | Feuerwiderstandsklasse-Benennung |
|---|---|---|---|---|---|---|---|---|
| | Zulässige Spannweite der | | | Zulässige Abstände der | | Mindestputzdicke[2]) bei Verwendung von | | |
| | Tragstäbe $\varnothing \geq 7$[1]) | Putzträger aus Drahtgewebe | Putzträger aus Rippenstreckmetall | Querstäbe $\varnothing \geq 5$[1]) | Putzträgerbefestigungspunkte | Putz der Mörtelgruppe P II, P IVa, P IVb oder P IVc nach DIN 18 550 Teil 2 | Vermiculite- oder Perlite-Putz nach Abschnitt 3.1.6.5 | |
| | mm | $l_1$ mm | $l_1$ mm | $l_2$ mm | $l_3$ mm | $d_1$ mm | $d_1$ mm | |
| 1 | 750 | 500 | 1000 | 1000 | 200 | 15 | 10 | F 30-B |
| 2 | 700 | 400 | 800 | 750 | 200 | 25 | 20 | F 60-B |

[1]) Die Quer- und Tragstäbe dürfen bei Decken der Feuerwiderstandsklasse F 30 unter Fortlassen der Befestigungslaschen oder Abhänger auch unmittelbar unter den Holzrippen mit Krampen befestigt werden.

[2]) $d_1$ über Putzträger gemessen; die Gesamtputzdicke muß $D \geq d_1 + 10$ mm sein — das heißt, der Putz muß den Putzträger ≥ 10 mm durchdringen.

**Tabelle 59: Decken in Holztafelbauart mit brandschutztechnisch nicht notwendiger Dämmschicht mit Deckenplatten aus Gips nach DIN 18 169**

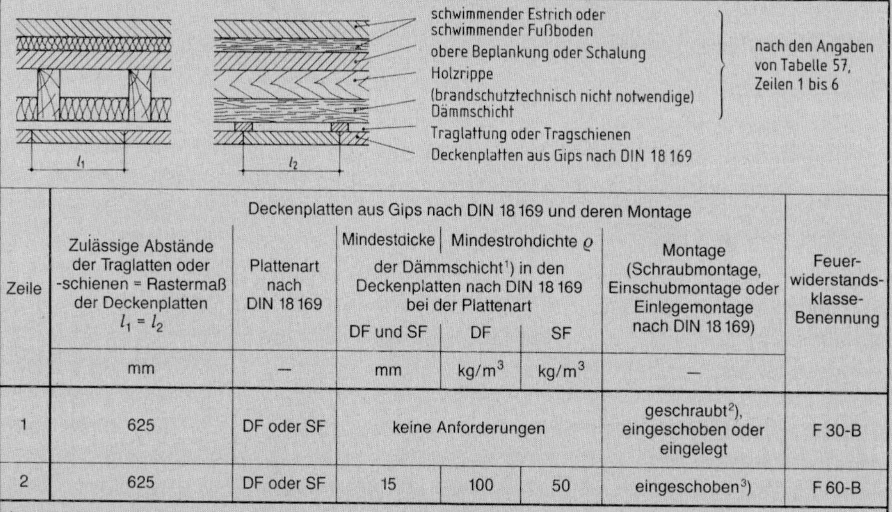


| Zeile | Deckenplatten aus Gips nach DIN 18 169 und deren Montage | | | | | | Feuerwiderstandsklasse-Benennung |
|---|---|---|---|---|---|---|---|
| | Zulässige Abstände der Traglatten oder -schienen = Rastermaß der Deckenplatten $l_1 = l_2$ | Plattenart nach DIN 18 169 | Mindestdicke der Dämmschicht[1]) in den Deckenplatten nach DIN 18 169 bei der Plattenart DF und SF | Mindestrohdichte $\varrho$ der Dämmschicht[1]) bei der Plattenart DF | Mindestrohdichte $\varrho$ der Dämmschicht[1]) bei der Plattenart SF | Montage (Schraubmontage, Einschubmontage oder Einlegemontage nach DIN 18 169) | |
| | mm | — | mm | $kg/m^3$ | $kg/m^3$ | — | |
| 1 | 625 | DF oder SF | keine Anforderungen | | | geschraubt[2]), eingeschoben oder eingelegt | F 30-B |
| 2 | 625 | DF oder SF | 15 | 100 | 50 | eingeschoben[3]) | F 60-B |

[1]) Die Dämmschicht in den Deckenplatten muß die Anforderungen nach Abschnitt 5.2.4.2 erfüllen.

[2]) Bei Schraubmontage sind je Deckenplatte mindestens 4 Schrauben erforderlich.

[3]) Bei Einschubmontage müssen Stahlblechschienen in allen Längs- und Querfugen angeordnet werden.

**5.2.4.2** Notwendige Dämmschichten müssen aus Mineralfaser-Dämmstoffen nach DIN 18 165 Teil 1/07.91, Abschnitt 2.2, bestehen, der Baustoffklasse A angehören und einen Schmelzpunkt ≥ 1000 °C nach DIN 4102 Teil 17 besitzen.

**5.2.4.3** Plattenförmige Mineralfaser-Dämmschichten sind durch strammes Einpassen — Stauchung bis etwa 1 cm — zwischen den Rippen und durch Anleimen an den Rippen gegen Herausfallen zu sichern.

Mattenförmige Mineralfaser-Dämmschichten dürfen verwendet werden, wenn sie auf Maschendraht gesteppt sind, der durch Nagelung (Nagelabstände ≤ 100 mm) an den Holzrippen zu befestigen ist.

Sofern an der Deckenunterseite zwischen den Rippen und der Bekleidung eine Lattung angeordnet ist und die Mineralfaser-Dämmschicht hierauf **dicht** verlegt wird, darf das Anleimen bei plattenförmigen Dämmschichten und der Maschendraht einschließlich Annagelung bei mattenförmigen Dämmschichten entfallen.

**5.2.4.4** Fugen von stumpf gestoßenen Dämmschichten müssen dicht sein. Brandschutztechnisch am günstigsten sind ungestoßene oder 2lagig mit versetzten Stößen eingebaute Dämmschichten. Mattenförmige Dämmschichten müssen eine Fugenüberlappung ≥ 10 cm besitzen.

**5.2.4.5** Die Mindestdicke (Nenndicke) und Mindestrohdichte (Nennmaß) der Dämmschicht sind den Angaben von Tabelle 57 zu entnehmen.

### 5.2.5 Schwimmende Estriche und schwimmende Fußböden

**5.2.5.1** Es ist ein schwimmender Estrich oder schwimmender Fußboden zum Schutz gegen Brandbeanspruchung von oben erforderlich.

Auf den Einbau kann verzichtet werden, wenn die obere Beplankung oder Schalung

a) aus ≥ 19 mm dicken Spanplatten nach DIN 68 763 mit einer Rohdichte von ≥ 600 kg/m$^3$ oder

aus ≥ 21 mm dicken gespundeten Brettern aus Nadelholz nach DIN 4072 besteht und

b) keine Verkehrslasten > 1,0 kN/m$^2$ zu tragen hat — z. B. in Abseiten oder als Abschluß zum Spitzboden.

Auf den Einbau kann bei der Feuerwiderstandsklasse F 30 ebenfalls verzichtet werden, wenn die obere Beplankung oder Schalung den Angaben von Aufzählung a) entspricht und die Decke nicht ihren Raumabschluß, sondern nur ihre aussteifende Wirkung ≥ 30 min beibehalten muß.

**5.2.5.2** Die Dämmschicht unter Estrichen oder Fußböden muß aus Mineralfaser-Dämmstoffen nach DIN 18 165 Teil 2/03.87, Abschnitt 2.2, bestehen, mindestens der Baustoffklasse B 2 angehören und eine Rohdichte von ≥ 30 kg/m$^3$ aufweisen.

**5.2.5.3** Die Mindestdicke der Dämmschicht und des Estrichs bzw. des Fußbodens ist den Angaben der Tabellen 56 bis 59 zu entnehmen.

Wohngebäude geringer Höhe mit ≤ 2 Wohneinheiten (WE) in Holztafelbauart
Wände, Decken, Balken und Stützen: F 30-B

## Erläuterungen (E) zu Abschnitt 5.1

Der gesamte Holzbau mit Ausnahme von Wänden wird in DIN 4102 Teil 4 – wie auch im vorliegenden Handbuch – in Abschnitt 5 behandelt; Wände werden in Abschnitt 4 klassifiziert und im Handbuch – ebenfalls in Abschnitt 4 – erläuternd beschrieben.

Die Feuerwiderstandsdauer von Deckenkonstruktionen wird z. Z. und für eine längere Übergangszeit (Bild E 1-2) nach DIN 4102 Teil 2 bestimmt. Es sei darauf hingewiesen, daß es seit April 1994 den Entwurf DIN EN 1365 „Bauteilbrandversuche, Teil 3: Feuerwiderstandsdauer von Deckenkonstruktionen" gibt.

**E.5.1.1/1** Grundlage für die Bemessung von Holzbauteilen ist neben DIN 4074 Teil 1 die gesamte DIN 1052 mit den Teilen 1 bis 3 in der Ausgabe (04/88). Die alte DIN 4102 Teil 4 (03/81) mußte schon deshalb überarbeitet werden, weil sie auf DIN 1052 (10/69) abgestimmt war.

**E.5.1.1/2** Der Zusammenhang zwischen DIN 1052 (04/88) und DIN 4074 Teil 1 (09/89) geht bezüglich der in DIN 1052 Teil 1 genannten Güteklassen I – III im Hinblick auf die Sortierklassen (S7, S10, S13) und (MS7, MS10, MS13, MS17) nach DIN 4074 Teil 1 aus den Erläuterungen zu DIN 4074 Teil 1 hervor.

Der Zusammenhang zwischen Güteklassen und Sortierklassen ist auch in Tabelle E 2-13 (Seite 61) angegeben.

**E.5.1.1/3** Die Fußnote 8 zu Abschnitt 5.1.1 verweist auf dieses Handbuch, das
- die Abbrandgeschwindigkeit von Holz und Holzwerkstoffen in den Abschnitten 2.4 und 2.5 behandelt,
- die allgemeingültig *vereinbarten* Abbrandgeschwindigkeiten in Abschnitt 2.4.3
  - insbesondere in Tabelle E 2-11 beschreibt, und
  - auf die rechnerische Ermittlung der Feuerwiderstandsdauer eingeht:
  - Bei Wänden in den Erläuterungen zu Tabelle 50 (siehe z. B. E.Tabelle 50/1 auf den Seiten 150 und 151) und zu den Tabellen 51–53 (siehe z. B. E.Tab. 51–53/20 auf den Seiten 162/163),
  - bei Decken in den Erläuterungen zu Abschnitt 5.2 (siehe z. B. E.5.2.4.3/1 auf den Seiten 200 und 201) sowie
  - bei Balken, Stützen und Zuggliedern in den Erläuterungen zu den Abschnitten 5.5–5.7 (siehe z.B. E auf den Seiten 292ff und 339).

**E.5.1.1/4** Die Neufassung von DIN 4102 Teil 4 in Verbindung mit ENV 1995-1-2 wird in diesem Handbuch behandelt. Alle älteren Literaturstellen – so auch die 1. Auflage des Holz Brandschutz Handbuches – stellen nicht den aktuellen Stand dar.

## Erläuterungen (E) zu Abschnitt 5.2

In Abschnitt 5.2 werden die Feuerwiderstandsklassen von Decken in **Holztafelbauart** behandelt. Allgemeine Angaben (Konstruktion, Wärmeschutz, Schallschutz) sind u. a. in [5.1] bis [5.4] enthalten.

**E.5.2.1.1** Wie bereits aus Bild E 3-10 hervorgeht, werden raumabschließende Bauteile – z. B. Decken – entsprechend den Bestimmungen von DIN 4102 Teil 2 bei einseitiger Brandbeanspruchung jeweils von der ungünstigeren Seite beurteilt. Das ungünstigste Ergebnis – d. h. die schwächere Seite – ist für die Klassifizierung maßgebend. Die in Abschnitt 5.2 zusammengestellten Randbedingungen und Klassifizierungen gelten daher sowohl für eine Brandbeanspruchung von unten als auch für eine Brandbeanspruchung von oben.

Bei Decken sowie bei Decken mit Unterdecken ist die Beflammung der Deckenunterseite i.a. am ungünstigsten, weil die Deckenoberseite in der Regel durch einen schwimmenden Estrich oder Fußboden gegen **Brandbeanspruchung von oben** geschützt wird. In DIN 4102 Teil 2 wird daher auch bestimmt, daß auf eine Prüfung mit Brandbeanspruchung von oben verzichtet werden kann, wenn die Deckenoberseite entsprechend den Angaben hierzu nach DIN 4102 Teil 4 ausgebildet wird. Weitere Einzelheiten zur Brandbeanspruchung von oben und zur Ausbildung von schwimmenden Estrichen und Fußböden sind den Erläuterungen zu Abschnitt 5.2.5 zu entnehmen.

**E.5.2.1.2** Die bei Wänden geltenden Bestimmungen über **zusätzliche Bekleidungen** – siehe die Erläuterungen zu Abschnitt 4.1.3 (S. 112) – gelten entsprechend den Angaben von Abschnitt 5.2.1.2 sinngemäß auch für Decken – d. h. zusätzliche Bekleidungen an der Deckenunterseite, z. B. aus profilierten, dekorativen Brettern, dürfen ohne weiteres angebracht werden. Der Feuerwiderstand der Decken wird dadurch nicht negativ beeinflußt; i. a. wird sogar eine Verbesserung der Feuerwiderstandsdauer erzielt, die wegen der Profilierungen, der Anordnung von Schattenfugen und meist vorliegender kleiner Dicken in der Regel jedoch nicht von Bedeutung ist. Im Gegensatz dazu wird der Feuerwiderstand einer Decke durch die unterseitige Anordnung von Bekleidungen aus Stahlblech verschlechtert. Derartige Blechbekleidungen, die bei Erwärmung große Verformungen aufzeigen und damit ggf. ungünstig wirkende Kräfte auf die Deckenkonstruktion übertragen, dürfen daher nicht ohne weiteres angebracht werden.

Auf der Deckenoberseite dürfen ohne weiteres Fußbodenbeläge angeordnet werden. Da die schwimmenden Estriche oder Fußböden brandschutztechnisch in der Regel überdimensioniert sind, ergeben lose aufgelegte oder auch befestigte Stahlbleche – z. B. zur Verbesserung der Befahrbarkeit – hier i. a. keine negative Beeinflussung.

**E.5.2.1.3** Wie aus Abschnitt 5.2.1.3 hervorgeht, dürfen durch die nachfolgend klassifizierten Decken **einzelne elektrische Leitungen** durchgeführt werden, ohne daß der Feuerwiderstand dadurch herabgesetzt wird. Der verbleibende Lochquerschnitt ist allerdings mit Gips o.ä. vollständig zu verschließen. Dies ist insbesondere dann zu beachten, wenn die elektrischen Leitungen senkrecht geführt und die Decken längs einer Geraden durchstoßen werden. Bei Holzhäusern in Tafelbauart werden die senkrecht geführten Leitungen i.a. in den Gefachen der Wände angeordnet und von dort in die Deckenfelder geleitet. Einzelne Leitungen, die z. B. dem Anschluß einer Deckenlampe dienen und nur die untere Beplankung oder Bekleidung durchbrechen, beeinflussen den Feuerwiderstand überhaupt nicht, wenn das Loch durch den Leitungsquerschnitt weitgehend ausgefüllt wird, vgl. die Erläuterungen zu Abschnitt 4.1.6.3/1 (S. 115).

Bei der Durchführung **gebündelter elektrischer Leitungen** muß die Durchführungsstelle so abgeschottet werden, daß auch hier der angegebene Feuerwiderstand der Decken erhalten bleibt. Dies kann z. B. mit Hilfe von dicht gestopfter Mineralfaser und Verspachtelungen - ggf. unter Verwendung von Dämmschichtbildern - erfolgen. Der Nachweis der Feuerwiderstandsklasse muß durch Zulassung geführt werden, vgl. die Erläuterung E.4.1.6.3/2 zu Abschnitt 4.1.6 (S. 115).

**E.5.2.2.2 Breite von Holzrippen** muß stets b ≥ 40 mm betragen. Bei kleineren Rippenbreiten geht die in den Tabellen 51 bis 54 angegebene Klassifizierung jeweils verloren. Bei größeren Rippenbreiten wird i. a. eine Verbesserung der Feuerwiderstandsdauer erreicht - es sei denn, daß der Durchbrand in den Deckenfeldern zwischen den Holzrippen maßgebend ist. Eine Verbreiterung der Holzrippen verbessert in jedem Fall die aussteifende Wirkung der Decken.

Für alle Bauteile mit b < 40 mm ist der Feuerwiderstand durch Prüfzeugnisse auf der Grundlage von Normprüfungen nachzuweisen. Bei geringer Unterschreitung der Mindestdicke von 40 mm und bei gleichzeitiger Vergrößerung der unteren Beplankungs- oder Bekleidungsdicke – siehe Tabellen 56 bis 59 – ist der Nachweis auch auf dem Wege eines Gutachtens möglich, vgl. Bild E 3-19.

**E.5.2.3.1/1** Bei Decken in Tafelbauart dürfen die in Abschnitt 5.2.3.1 aufgezählten, unteren **Beplankungen/Bekleidungen** verwendet werden. Die Aufzählung ist ähnlich wie bei Wänden (Abschnitt 4.12.4) – jedoch auf Decken abgestimmt. Die Erläuterungen E.4.12.4.1/1 – E.4.12.4.1/6 (s. S. 144–146) zu den Beplankungen/Bekleidungen von Wänden gelten sinngemäß auch für Decken. Von besonderer Bedeutung sind die charakteristischen Werte (Kurven) von Bild E 4-27 (s. S. 147).

**E.5.2.3.1/2** Als **untere Bekleidungen** können aber auch firmengebundene Platten eingesetzt werden, z. B.

- FERMACELL Gipsfaserplatten (s. E.5.2.3.8/2; S. 197)
- Ca-Si-Platten,
- Mineralfaserplatten u. a. der Fabrikate OWA, Armstrong usw. oder auch z. B.
- BER-Deckenplatten (Baustoffklasse B 1) nach Tabelle E 2-4 bzw.
- BER-Bauplatten (Baustoffklasse A 2) nach Tabelle E 2-9 oder
- Duripanel-Platten (Baustoffklasse B 1) nach Tabelle E 2-4.

Auf derartige Platten wird in den folgenden Erläuterungen – insbesondere in den Erläuterungen zu Abschnitt 5.3 „Holzbalkendecken“ – noch eingegangen.

**E.5.2.3.2** Als **obere Beplankung oder Schalung** können die in Abschnitt 5.2.3.2 aufgezählten Baustoffe verwendet werden. Der Abschnitt wurde nur geschaffen, um eine Unterscheidung zur unteren Beplankung oder Bekleidung zu erhalten. Außerdem mußte der Begriff „Schalung“ genannt werden. Die Aufzählung entspricht auch der Aufzählung der alten DIN 4102 Teil 4 Ausgabe (03/81).

**E.5.2.3.3/1** Die Forderung nach einer **geschlossenen Fläche** bedeutet lediglich, daß die Platten und Bretterschalungen nicht in Abständen, sondern dicht –

z. B. mit Nut- und Feder-Verbindungen – anzubringen sind. Detaillierte Forderungen enthält Abschnitt 5.2.3.4.

**E.5.2.3.3/2** Sofern **Holzwerkstoffplatten** zum Einsatz kommen, ist zu beachten, daß die in DIN 4102 Teil 4 in den Tabellen 56–59 angegebenen Mindestdicken nur im Zusammenhang mit der geforderten **Rohdichte ≥ 600 kg/m³** stehen. Bei Rohdichten ≥ 600 kg/m3 wird die angegebene Feuerwiderstandsklasse erreicht. Mit größer werdender Rohdichte wird die Feuerwiderstandsdauer verbessert; mit sinkender Rohdichte verkleinert sich die Feuerwiderstandsdauer, vgl. Bild E 2-14. Eine Umrechnungsmöglichkeit zur Ermittlung der Abbrandgeschwindigkeit – und damit von Durchbrandzeit und Feuerwiderstandsdauer – enthält ENV 1995-1-2, vgl. auch mit Bild E 2-13.

Beispiele, daß die Rohdichte von Einfluß ist, zeigen z. B. bei Gebäudeabschlußwänden die Zeilen 7, 9 und 10 in Tabelle E 4-9.

**E.5.2.3.4/1** Mit Bezug auf E.5.2.3.3/1 enthält Abschnitt 5.2.3.4 detaillierte Angaben zu **Stößen**. Der Wortlaut der Neufassung von DIN 4102 Teil 4 hat sich gegenüber der Fassung (03/81) nicht geändert. Die Bezugsnormen wurden jedoch fortgeschrieben. Bei DIN 4102 (03/81) wurde z. B. DIN 18 180 (08/78) berücksichtigt. Inzwischen wurden bei Gipskartonplatten z. B. Platten mit halbrunder Kante (HRK) entwickelt und brandschutztechnisch mit positivem Prüfergebnis geprüft, so daß sich die Neufassung unter Berücksichtigung der Änderungen bei den Bezugsnormen jetzt auf DIN 18 180 (09/89) bezieht, die z. B. auch HRK-Ausführungen enthält. Änderungen z. B. bei DIN 18 181 – jetzt Ausgabe (09/90) - wurden aufgrund positiver Beurteilungen ebenfalls erfaßt.

**E.5.2.3.4/2** Bei **mehrlagigen Beplankungen und/oder Bekleidungen** sind die Stöße zu versetzen. Dies schreibt der Normtext von Teil 4 vor. Wichtig dabei ist lediglich, daß es keine durchgehenden Stöße gibt. Bild 46 zeigt daher auch nur Beispiele. Es sind aufgrund besonderer Randbedingungen ggf. auch durchgehende Stöße möglich; die ausreichende Sicherheit im Brandschutz muß lediglich nachgewiesen werden.

**E.5.2.3.5** **Dampfsperren** haben auch bei Decken aus Holz keinen Einfluß auf die Feuerwiderstandsdauer, vgl. E.4.1.3/3 (112) und E.4.12.7.1/1 (S. 149) zu Wänden.

**E.5.2.3.7** Werden die Holztafeln durch Holzrippen und die obere Beplankung gebildet und liegt an der Unterseite lediglich eine Bekleidung vor, kann bei großen Rippenabständen zur **Verringerung der Spannweite der Bekleidung** auch eine **Lattung** angebracht werden. Bei Gipskartonplatten-Bekleidungen können auch **Metallschienen** nach DIN 18 181 verwendet werden. Da es bei diesen Holzbalkendecken keine untere Beplankung, sondern ggf. nur eine untere Bekleidung gibt, wurde die vorstehende Aussage durch Änderungen der Schema-Skizzen in den Tabellen für Holzbalkendecken und -dächer (gegenüber der Teil 4-Fassung 03/81) verdeutlicht, siehe z. B. die Tabellen 63 ff.

**E.5.2.3.8/1** Die wichtigsten Parameter, die die Feuerwiderstandsdauer von Decken aus Holztafeln beeinflussen, sind die **Kennwerte der Beplankungen/**

**Bekleidungen** wie Dicke d, Spannweite l, Befestigung (Lagerung), Fugenausbildung und ggf. Dämmung auf der Rückseite.

Je dicker die Beplankung bzw. Bekleidung gewählt wird, desto besser wird der Feuerwiderstand. Je kleiner die Spannweiten gewählt werden, desto später fallen die ein- oder mehrlagig angebrachten Schichten ab, wobei die Befestigung und Fugenausbildung ebenfalls von Bedeutung sind.

Die **Mindestdicken** und die **maximal zulässigen Spannweiten** der Beplankung oder Bekleidung sind neben den anderen Randbedingungen in den Tabellen 56 bis 59 zusammengestellt. Der Durchbrand von Holzwerkstoffplatten und damit das Versagen von Spanplatten der unteren Beplankung bzw. Bekleidung kann aus der oberen Kurve von Bild E 5-1 entnommen werden. Die Kurve ist identisch mit der $t_1$-Kurve in Bild E 4-27. Das Abfallen von Gipskarton-Bauplatten kann aus der mittleren Kurve von Bild E 5-1 abgeleitet werden; sie ist identisch mit der $t_2$-Kurve in Bild E 4-27. Die bei Prüfungen mit GKF- und GKB-Platten mit Spannweiten l ~ 400 mm gefundenen Abfallzeiten folgen annähernd der $t_2$-Kurve. Die Platten waren dabei direkt an den Holzrippen oder an quer dazu verlaufender Sparschalung angebracht. Zu bemerken ist, daß die in den Normtabellen 56 und 57 angegebenen zulässigen Spannweiten zum Teil auch 500 mm betragen.

**E.5.2.3.8/2** Aufgrund vorliegender Prüferfahrungen [5.5], [5.6] und [5.7] können anstelle von Gipskarton-Bauplatten nach DIN 18 180 auch **FERMACELL-Gipsfaserplatten** verwendet werden. Dabei hat sich herausgestellt, daß hier anstelle von 12,5 mm dicken jeweils 10 mm dicke Platten verwendet werden dürfen – z. B. anstelle von 2 × 12,5 mm 2 × 10 mm. Im übrigen gelten die Randbedingungen der Normtabellen 56 und 57 – auch hinsichtlich der angegebenen maximalen Spannweiten. Die Abfallzeiten der FERMACELL-Platten sind ebenfalls im Bild E 5-1 eingezeichnet. Die Werte resultieren im Gegensatz zu den eingetragenen GKB- und GKF-Werten aus Deckenprüfungen mit l = 330 mm

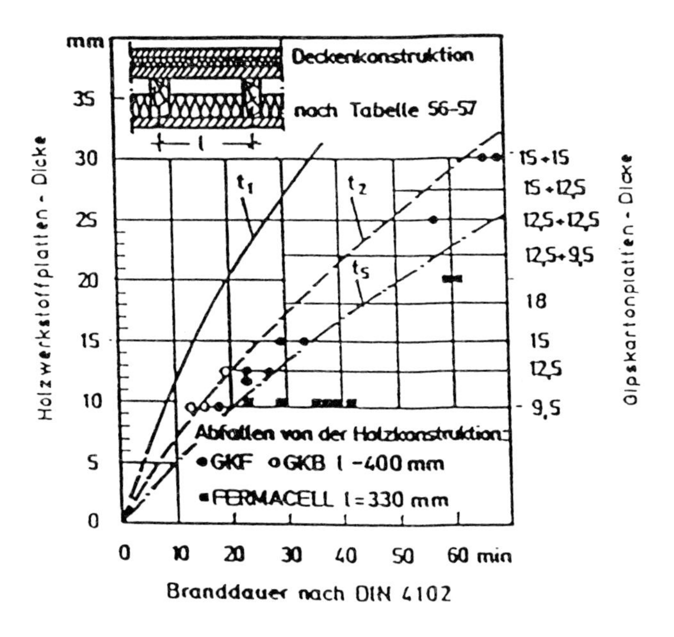


**Bild E 5-1:** Brandverhalten von unterseitig angebrachten Decken-Beplankungen und -Bekleidungen, die nur durch Eigengewicht und ggf. durch eine Mineralfaserdämmschicht belastet werden:
- $t_1$ = Durchbrand von Holzwerkstoffen
- $t_2$ = $t_{500}$ Gipskartonplatten, vgl. S. 146/147
- $t_5$ = Abfallen von FERMACELL-Gipsfaserplatten mit l = 330 mm

ohne Dämmschicht, weshalb diese Werte wesentlich günstiger liegen als die vergleichbaren GKB- und GKF-Werte; sie führen zur charakteristischen Kurve $t_5$.

Um den Einfluß von Dicke und Spannweite zu verdeutlichen, und um Grundlagen für Gutachten (Bild E 3-19) zu schaffen, erfolgte in Tabelle E 5-1 eine zahlenmäßige Gegenüberstellung und in Bild E 5-2 eine graphische Auswertung in Abhängigkeit von der Spannweite (Anhaltswerte).

**E.5.2.3.8/3** Aufgrund vorliegender Prüferfahrungen können anstelle von Gipskarton- oder Gipsfaserplatten auch Universal-**Ausbauplatten** aus Gipskarton, Gips-Verbundplatten oder Gips-Paneelplatten verwendet werden. Mit z. B. Knauf-Fireboard-Platten wird sogar die Feuerwiderstands-klasse F 90 erreicht.

Die Mindestplattendicken und maximal zulässigen Spannweiten hängen vom verwendeten Baustoff sowie von anderen Randbedingungen (u. a. Auflagerung und statisches System der Platten) ab.

**E.5.2.3.8/4** Bei Verwendung von **Ca-Si-Platten** – z. B. der Fabrikate Isoternit oder PROMATECT - können in Abhängigkeit von den genannten Parametern ebenfalls Feuerwiderstandsklassen ≥ F 30 erzielt werden. Bei genügend dicker Bekleidung, bei Anordnung von zusätzlichen Streifen aus Silikatplatten unmittelbar unter den Holzrippen und bei sinnvoller Anordnung einer ausgewählten Dämmschicht kann sogar mühelos F 90 oder F 120 erreicht werden; Beispiele hierzu werden in den Erläuterungen zu Abschnitt 5.3 gegeben.

**Tabelle E 5-1:** Einfluß von Bekleidungs-Dicke und Spannweite von GKF- und FERMACELL-Gipsfaser-Platten auf den Feuerwiderstand am Beispiel von Decken nach Tabelle 51 und Prüfergebnissen

| Spalte | 1 | 2 | 3 | 4 | 5 | 6 |
|---|---|---|---|---|---|---|
| Zeile | Lit. | Art | Bekleidungs-Dicke mm | Spannweite mm | Feuerwiderstands-dauer min | Feuerwiderstands-klasse |
| 1 | DIN 4102 Teil 4 | GKF DIN 18 180 | 12,5 | 500 | ≥ 30 | F 30 |
| 2 | | | 2 × 12,5 | 500 | ≥ 60 | F 60 |
| 3 | [5.6] | FERMACELL Gipsfaser-Platten | 10 | 330 | 35–40 | F 30 |
| 4 | [5.7] | | 2 x 10 | 330 | 63 | F 60 |

Dies ist insbesondere bei der **Altbausanierung** von Bedeutung – auch wenn die Benennung F 90-B oder F 120-B lautet und die Anforderungen an feuerbeständigen Decken F 90-A oder F 90-AB nur wegen der Verwendung brennbarer Baustoffe nicht erfüllt werden. Bei der Altbausanierung ist es oft sinnvoller, auf dem Wege der Befreiung eine F 90-B-Decke zu verwenden als die alten Decken abzureißen und durch F 90-A-Decken zu ersetzen, zumal Holzbalkendecken mit nichtbrennbarer Bauteiloberfläche brandschutztechnisch ebenso sicher oder sogar sicherer als F 90-A-Decken sein können. Hierauf wird in den Abschnitten 6–8 noch ausführlich eingegangen.

Bei Altbausanierungen ist besonders darauf zu achten, daß auch die Ränder der in Frage stehenden Decken (längs und quer) in F 90-Güte ausgeführt werden; ggf. sind bei den Randanschlüssen besondere Maßnahmen (z. B. ein dichtes Ausstopfen mit Mineralfasern) zu ergreifen, um hier einen frühzeitigen Durchbrand zu verhindern.

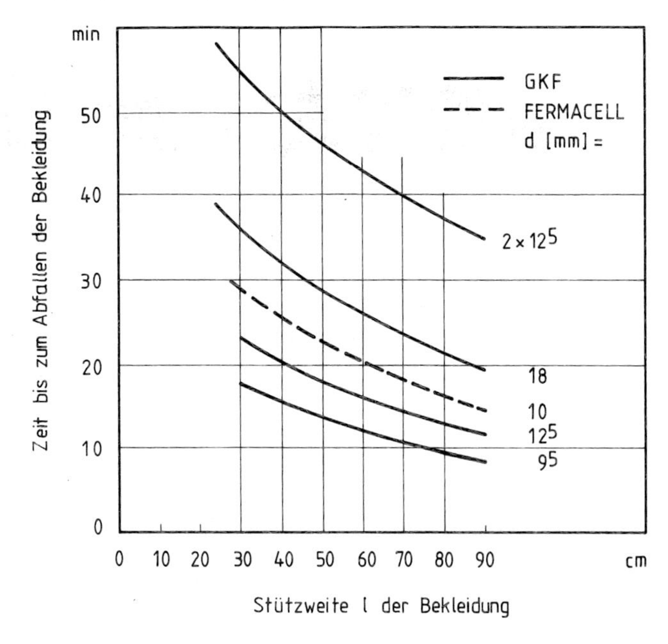


**Bild E 5-2:** Anhaltswerte für das Abfallen von Deckenbekleidungen = f (d,l); geringfügige Unterschiede zwischen einer Unterkonstruktion aus Metall und Holz sind möglich.

**E.5.2.3.9** Bei **Deckenbekleidungen** aus **Brettern** sind die Dickenmaße nach Bild 47 einzuhalten. Diese Maße beziehen sich wie bei den Maßen von Bild 39 (S. 137) auf die „schwächsten" Stellen. Deckenbekleidungen verhalten sich wegen der Biegebeanspruchung und des daraus resultierenden frühzeitigen Abfallens etwas ungünstiger als Wandbekleidungen aus Brettern nach Bild 39, die wegen der „geringeren" Beanspruchung nicht frühzeitig abfallen.

**E.5.2.4.1** Die große Bedeutung von Dämmschichten bei raumabschließenden Wänden mit einseitiger Brandbeanspruchung wurde in den Erläuterungen E.Tab. 51-53/6 bis E.Tab. 51-53/15 (Seite 156–160) bereits beschrieben. **Dämmschichten** in Decken, die zwischen oberer und unterer Beplankung bzw. Bekleidung angeordnet werden, beeinflussen die Feuerwiderstandsdauer einer Deckenkonstruktion ebenfalls wesentlich. Dies gilt allgemein – d. h. sowohl für die in Tabelle 56 beschriebenen als auch für die vorstehend genannten Decken mit Bekleidungen aus verschiedenen Gipskarton-, Gipsfaser- oder Silikatplatten.

Nach Abschnitt 5.2.4.1 wird unterschieden, ob eine Dämmschicht brandschutztechnisch notwendig oder nicht notwendig ist. In Decken nach Tabelle 56 ist stets eine Dämmschicht unter bestimmten Bedingungen anzuordnen. In Decken nach den Tabellen 57 bis 59 ist brandschutztechnisch dagegen keine Dämmschicht notwendig. Wird jedoch eine Dämmschicht angeordnet, muß sie aufgrund bauaufsichtlicher Vorschriften mindestens der Baustoffklasse B 2 angehören. Es können nach den Tabellen 57–59 z. B. auch Schaumkunststoffe nach DIN 18 164 Teil 1 eingebaut werden.

Dach – Decke nebst Zargen, Balken und Stützen aus Lärchenholz F 30-B in einem Gebäude geringer Höhe

**E.5.2.4.2** Besonders ist die Normbestimmung über den Schmelzpunkt der Mineralfaser-Dämmschicht zu beachten. Bei Verwendung von Mineralfaser Dämmschichten mit einem **Schmelzpunkt < 1000 °C** – z. B. bei Verwendung von Glasfaserprodukten - wird der Feuerwiderstand wesentlich verschlechtert; die in Tabelle 56 sowie in Prüfzeugnissen über Decken mit Gipskarton-, Gipsfaser- oder Silikatplatten angegebenen Klassifizierungen werden ungültig. Bei Verwendung anderer Dämmschichten als vorgeschrieben ist die Feuerwiderstandsklasse stets durch ein Prüfzeugnis auf der Grundlage von Normprüfungen nachzuweisen, vgl. Bild E 3-19; ein Nachweis ist u. a. in Beispiel 7 auf Seite 220 angegeben.

**E.5.2.4.3/1** Genau so wichtig wie die Beachtung des Schmelzpunktes ist die Beachtung der Bestimmungen über den **dichten Einbau** der Dämmschichten. Vergleicht man die in den Tabellen 56 und 57 angegebenen Mindestwerte für die untere Beplankung oder Bekleidung, dann ergeben die Differenzen der Beplankungs- und Bekleidungsdicken nach den Kurven von Bild E 4-27 einen Unterschied in der Feuerwiderstandsdauer von rd. 7 bis 10 Minuten. Die brandschutztechnisch notwendige Dämmschicht nach Tabelle 56 muß daher mindestens denselben Beitrag liefern. Dies ist kein Problem. Bei sorgfältigem Einbau, kleinen Stützweiten und ggf. zusätzlicher Unterstützung beträgt der Zuwachs an Feuerwiderstandsdauer i. a. sogar wesentlich mehr. In Einzelfällen konnte ein Gewinn von ≥ 25 Minuten nachgewiesen werden. Die Angaben von Tabelle E 5-2 zeigen dies deutlich:

1. Die in Tabelle E 5-2 Zeile 1 beschriebene Decke besitzt ohne Mineralfaser-Dämmschicht eine Feuerwiderstandsdauer von rd. 12 Minuten. Die an den Holzrippen sorgfältig angeleimte Mineralfaser-Dämmschicht bestimmter Güte erzielte somit eine Verbesserung der Feuerwiderstandsdauer von ≥ 18 Minuten, s. Zeile 1, Spalte 13, obwohl keine untere Bekleidung vorhanden war. Aufgrund dieser speziellen Ausführung kann bei der beschriebenen Konstruktion [5.8] jede beliebige Bekleidung angebracht werden; sie verbessert die Feuerwiderstandsdauer in jedem Fall, so daß die Klassifizierung F 30 mit Sicherheit erreicht wird.

**Tabelle E 5-2:** Einfluß von Beplankung/Bekleidung, Dämmschicht und Abmessungen sowie Spannungen auf die Feuerwiderstandsdauer von Decken aus Holztafeln

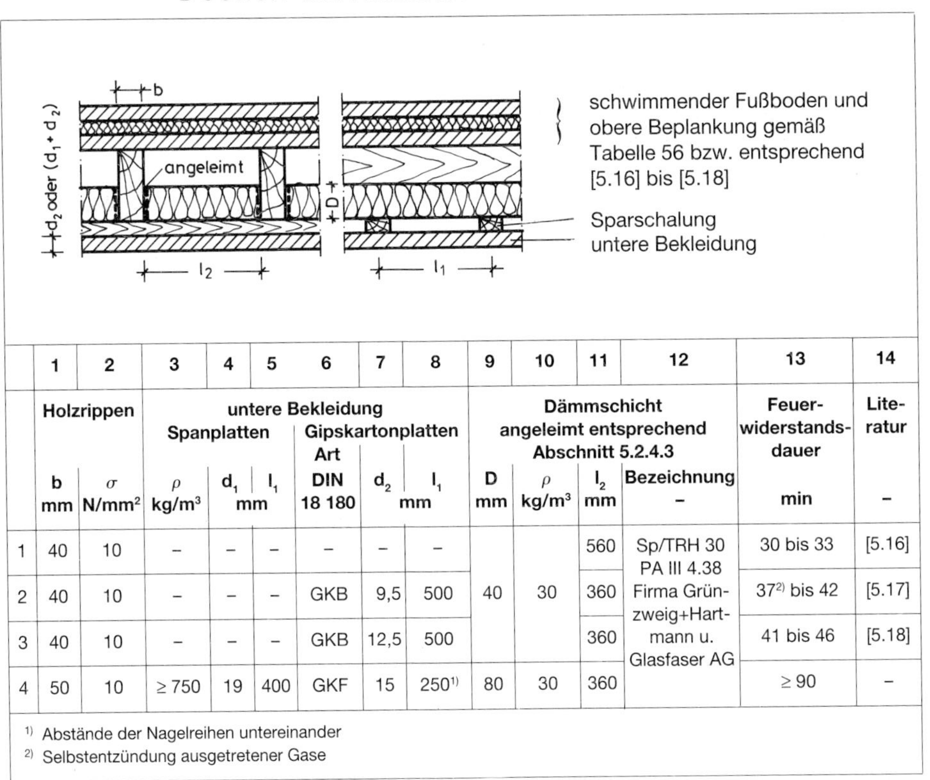


| | 1 | 2 | 3 | 4 | 5 | 6 | 7 | 8 | 9 | 10 | 11 | 12 | 13 | 14 |
|---|---|---|---|---|---|---|---|---|---|---|---|---|---|---|
| | Holzrippen | | untere Bekleidung | | | | | | Dämmschicht angeleimt entsprechend Abschnitt 5.2.4.3 | | | | Feuerwiderstandsdauer | Literatur |
| | | | Spanplatten | | | Gipskartonplatten | | | | | | | | |
| | $b$ | $\sigma$ | $\rho$ | $d_1$ | $l_1$ | Art DIN 18 180 | $d_2$ | $l_1$ | D | $\rho$ | $l_2$ | Bezeichnung | | |
| | mm | N/mm² | kg/m³ | mm | mm | | mm | mm | mm | kg/m³ | mm | – | min | – |
| 1 | 40 | 10 | – | – | – | – | – | – | 40 | 30 | 560 | Sp/TRH 30 PA III 4.38 Firma Grünzweig+Hartmann u. Glasfaser AG | 30 bis 33 | [5.16] |
| 2 | 40 | 10 | – | – | – | GKB | 9,5 | 500 | | | 360 | | 37[2] bis 42 | [5.17] |
| 3 | 40 | 10 | – | – | – | GKB | 12,5 | 500 | | | 360 | | 41 bis 46 | [5.18] |
| 4 | 50 | 10 | ≥ 750 | 19 | 400 | GKF | 15 | 250[1] | 80 | 30 | 360 | | ≥ 90 | – |

[1] Abstände der Nagelreihen untereinander
[2] Selbstentzündung ausgetretener Gase

2. Die in Tabelle E 5-2 Zeilen 2 und 3 beschriebenen Decken bestätigen die vorstehende Aussage. Die hier zusätzlich angebrachten GKB-Bekleidungen heben die Feuerwiderstandsdauer in der Regel auf Werte über 40 Minuten an, was auch aus den Angaben von Bild E 5-1 abgeleitet werden kann.

3. Die in Tabelle E 5-2 Zeile 4 beschriebene Decke ergibt rechnerisch folgende Feuerwiderstandsdauer:

$$t_{Decke} = t_1 + t_2 + t_3 + t_4 + t_5 \geq 90 \text{ min.}$$

$t_1 \geq 30$ min = Feuerwiderstandsdauer der Rohdecke nach Tab. E 5-2 Zeile 1.
$t_2 \sim 30$ min = Abfallzeit der 15 mm dicken GKF-Bekleidung gemäß Bild E 4-27 bzw. E.5-1 (s. Seite 147 und 197).
$t_3 \geq 19$ min = Durchbrandzeit der 19 mm dicken Spanplatten-Bekleidung gemäß $t_1$ nach Bild E 4-27 bzw. E.5-1 (s. Seite 147 und 197).
$t_4 \geq 6$ min = Zuschlag zu $t_3$, da bei der Spanplatten-Bekleidung eine Rohdichte ≥ 750 kg/m³ vorhanden ist.
$t_5 \geq 5$ min = Zuschlag zu $t_1$, da die Holzrippen mit b = 50 mm angesetzt wurden.

Eine weitere Reserve ergibt sich durch die auf 80 mm vergrößerte Dicke der Mineralfaser-Dämmschicht.

**E.5.2.4.3/2** Wird die **Dämmschicht besonders sorgfältig angeordnet und befestigt,** wird der Feuerwiderstand der hier in Frage stehenden Deckenkonstruktionen stets verbessert. Wird keine besondere Sorgfalt angewendet und wird die Dämmschicht nicht befestigt, ist der Gewinn an Feuerwiderstandsdauer i. a. gering und brandschutztechnisch nicht wertbar.

Bei den Decken nach Tabelle 56 mit notwendiger Dämmschicht kommt es in erster Linie daher darauf an, diese Dämmschichten dicht anzuordnen und zu befestigen.

Je sorgfältiger die Dämmschicht angeordnet und befestigt wird, desto größer ist der Gewinn an Feuerwiderstandsdauer. Insbesondere bei Dämmschichten aus dicken Mineralfaserplatten sind Gewinne möglich; in bestimmten Fällen kann auf ein Anleimen mit Klebern verzichtet werden.

In einer Entwurfsfassung zu DIN 4102 Teil 4 war einmal daran gedacht worden, eine F 90-Deckenkonstruktion ähnlich Zeile 4 von Tabelle E 5-2 in der jetzigen Normtabelle 56 mit aufzunehmen. Da es hinsichtlich

- Dämmschichtart (Rohdichte, Schmelzpunkt usw.),
- Dämmschichtdicke (Berücksichtigung von Toleranzen),
- Dämmschichtbreite (Stützweite) und
- Dämmschichtbefestigung (Anleimen)

einer besonderen Sorgfalt und Genauigkeit bedarf, wurde auf eine Aufnahme in die Norm verzichtet.

**E.5.2.4.3/3** Im Zuge der Diskussion um Befestigung und Sorgfalt wurde auch in Erwägung gezogen, sogenannte **Randleistenmatten** in Teil 4 zu nennen. Auch dieser Gedanke mußte fallengelassen werden, da solche Dämmschichten firmengebunden sind. Der Nachweis der ausreichenden Befestigung der Dämmschicht ist in solchen Fällen Angelegenheit der Hersteller und muß auf der Basis von Normprüfungen zur Erlangung eines Prüfzeugnisses nachgewiesen werden, vgl. Bild E 3-19.

**E.5.2.4.4** **Stöße** von Mineralfaser-Dämmschichten müssen dicht sein, was schon durch eine Stauchung der Dämmschicht hervorgerufen wird. Die vorstehenden Erläuterungen E.5.2.4.3/1 – E.5.2.4.3/3 in diesem Abschnitt gelten sinngemäß.

**E.5.2.4.3–5.2.4.5** Wie aus den vorstehenden Erläuterungen E.5.2.4.3/1–E.5.2.4.4 zu diesem Abschnitt ersichtlich ist, besitzen u. a. Art, Dicke, Rohdichte usw. der Dämmschicht einen Einfluß auf die Feuerwiderstandsdauer. Auch die **Lage der Dämmschicht** übt einen Einfluß auf die Feuerwiderstandsdauer aus.

Eine Verschiebung der Dämmschicht nach oben ist nur möglich, wenn gleichzeitig die Rippen verbreitert oder durch Holzleisten – z. B. Dachlatten – verstärkt werden, vgl. Bild E 5-3. Durch diese Maßnahmen bleibt die Tragfähigkeit der Holzrippen trotz stärkeren Abbrandes erhalten.

Eine Ausfüllung des gesamten Deckenhohlraumes mit Mineralfaser-Dämmschicht verbessert nicht nur den Feuerwiderstand bei Brandbeanspruchung von

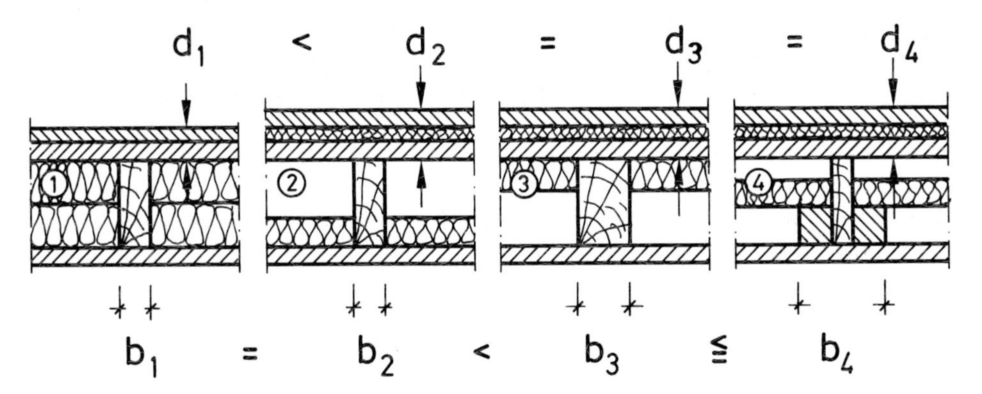


**Bild E 5-3:** Anordnung von Mineralfaser-Dämmschichten in Decken

unten, sondern auch bei Brandbeanspruchung von oben, so daß ggf. an der Dicke der oberen Beplankung oder des schwimmenden Fußbodens gespart werden kann, vgl. ebenfalls Bild E 5-3.

Alle Veränderungen an der Dämmschicht und ihrer Lage sind von Einfluß. Derartige Änderungen, die sich nicht im Rahmen der Angaben von Tabelle 56 bewegen, sind nur möglich, wenn die Feuerwiderstandsklasse durch Prüfzeugnisse oder Gutachten auf der Grundlage von Normprüfungen nach DIN 4102 Teil 2 nachgewiesen wird, Bild E 3-19.

Abschließend ist zu bemerken, daß die Dicke und Lage der Dämmschicht nicht nur brandschutztechnisch, sondern – insbesondere im Bereich von Dachdecken oder Dächern – auch bauphysikalisch von Bedeutung ist, worauf im Rahmen dieses Handbuches nicht weiter eingegangen werden soll.

**E.Tabelle 59** Deckenplatten aus Gips nach DIN 18 169 werden nur noch wenig hergestellt. Da es sich um genormte Deckenplatten handelt und die Norm überarbeitet und bestehen bleiben soll, wurde die Tabelle aus DIN 4102 Teil 4 (03/81) vollständig in die Neufassung von Teil 4 übernommen.



**E.5.2.5.1/1** Bei raumabschließenden Decken der Feuerwiderstandsklasse ≥ F 30 ist stets ein **schwimmender Estrich oder schwimmender Fußboden** zum Schutz **gegen Brandbeanspruchung von oben** erforderlich. Er schützt die obere, tragende Beplankung oder Schalung gegen frühzeitiges Versagen und verhindert damit ein Durchbrechen oder Durchstanzen durch die Decke, z. B. von Einzellasten, die beim Versagen der oberen Beplankung oder Schalung in der Regel auch Beplankungen oder Bekleidungen an der Deckenunterseite durchschlagen, so daß damit der Raumabschluß verlorengeht. Je dicker die obere Beplankung, die obere Schalung oder der darauf befindliche Fußboden ausgebildet wird und je dicker und raumfüllender die Dämmschicht gewählt wird – vgl. Bild E 5-3 Detail 1 –, desto später tritt der Durchstanzeffekt auf.

Der schwimmende Estrich bzw. Fußboden verteilt außerdem die Nutzlast und verbessert dadurch die Feuerwiderstandsdauer bei Brandbeanspruchung von unten.

**E.5.2.5.1/2** Auf den Einbau schwimmender Estriche bzw. Fußböden kann unter bestimmten Bedingungen verzichtet werden, vgl. Abschnitt 5.2.5.1 Sätze 2 und 3. Dabei besitzt der Satz 3 für **Fertighäuser mit nichtausgebautem Dachgeschoß** besondere Bedeutung: Besteht nämlich aufgrund bauaufsichtlicher Vorschriften **nur die Forderung nach F 30-Außenwänden**, dann brauchen die Decken nur in ihrer aussteifenden Wirkung mit Bezug auf die Gesamtstabilität ≥ 30 min widerstandsfähig zu sein; das sind die in den Tabellen 56 bis 59 klassifizierten Decken auch ohne schwimmenden Estrich oder Fußboden, wenn die obere Beplankung Punkt a) von Satz 2 entspricht.

Müssen die Decken dagegen aufgrund bauaufsichtlicher Vorschriften ≥ F 30 sein, oder müssen die Decken ≥ 60 min aussteifend sein, darf der geforderte Estrich bzw. Fußboden nicht entfallen.

**E.5.2.5.2/1** Anstelle einer **Dämmschicht** aus mineralischen Fasern können auch Mehrschicht-Leichtbauplatten verwendet werden (Bild E 5-4), z. B. Hartschaum-ML-Platten (normalentflammbar), d. h. z. B. Platten

„DIN 1101 – HSML 50/3-5/40/5-040-B 2“.

Da die Hartschaumschicht bei Brandbeanspruchung sintert und die HWL-Schicht i.a. nur 5 mm dick ist, muß die in den Tabellen 56 und 57 geforderte Dämmschichtdicke $d_4$ durch größere Dicken $d_5$ kompensiert werden. Statt der Verwendung von 16 mm dicken Spanplatten in Verbindung mit einer 15 mm dicken Mineralfaser-Dämmschicht – vgl. jeweils Zeile 2 in den Tabellen 56 und 57 – können z. B.

- 50 mm dicke HSML-Platten 50/3-B 2 und 24 mm dicke Spanplatten mit $\rho \geq 600$ kg/m³ oder
- 50 mm dicke HSML-Platten 50/3-B 2 und 22 mm dicke Spanplatten mit $\rho \geq 700$ kg/m³

zum Einsatz kommen. Wird F 30 bei Decken nicht gefordert, ist eine Kompensation natürlich nicht erforderlich; es kann z. B. nur nach Schall- und Wärmeschutz-Gesichtspunkten konstruiert werden.

**Bild E 5-4:** Spanplatten-Fußboden auf Hartschaum-Mehrschicht-Leichtbauplatten (HSMLPlatten)

**E.5.2.5.2/2** Auf die unter schwimmenden Estrichen oder Fußböden nach Abschnitt 5.2.5.2 geforderte Dämmschicht kann in bestimmten Fällen verzichtet werden – vgl. Fußnoten 3/4 (Tab. 56) oder 4/5 (Tab. 57) –, wenn dafür Gipskartonplatten ≥ 9,5 mm Dicke angeordnet werden. Aufgrund vorliegender Prüferfahrungen dürfen hier auch ≥ 10 mm dicke FERMACELL-Gipsfaserplatten verwendet werden [5.8]. Bei F 30-Deckenkonstruktionen hat das den Vorteil, daß auf der Beplankung handelsübliche Trockenestrichplatten 2 × 9,5 mm oder 2 × 10 mm verlegt werden dürfen. Zusätzlich angebrachte Hartschaumschichten sind erlaubt, wenn sie mindestens der Baustoffklasse B 2 angehören; derartige Zwischenschichten beeinflussen die Feuerwiderstandsdauer nicht negativ.

**E.5.2.5.2/3** Wie aus [5.8] hervorgeht, beeinflußt eine Trittschallfolie unter den FERMACELL-Gipsfaserplatten die Feuerwiderstandsklasse ebenfalls nicht.

**E.5.2.5.3/1** Wie aus den Tabellen 56 und 57 hervorgeht, ist die **Dicke von Mörtel-, Gips- oder Asphalt-Estrichen** bei den Feuerwiderstandsklassen F 30 und F 60 gleich groß. Der Grund hierfür liegt in den Bestimmungen von DIN 18 560 Teil 2, wonach die kleinste zulässige Estrichdicke eines schwimmenden Estrichs 20 mm beträgt – z. B. bei Gußasphaltestrich „GE 10 S 20“. Diese Mindestdicke ist brandschutztechnisch gesehen für F 60 und damit gleichzeitig für F 30 ausreichend, vgl. auch die ausgezogene Gerade in Bild E 5-5.

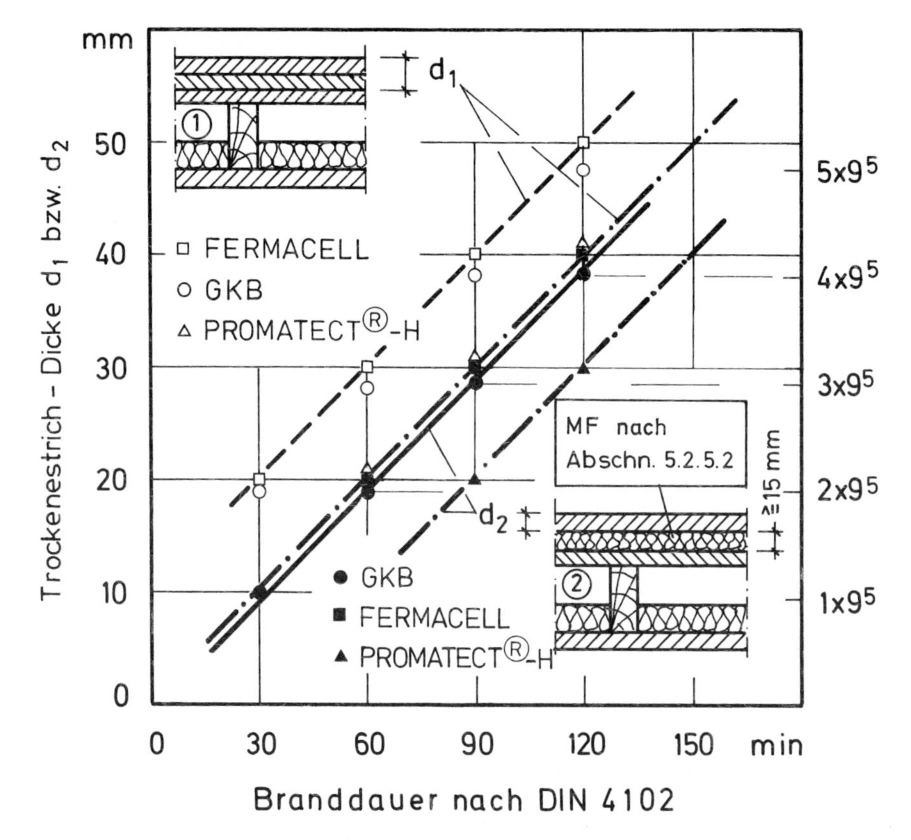


**Bild E 5-5:** Mindestdicke d von schwimmenden Fußböden (Trocken-Estrichen) aus Gipskarton- oder Gipsfaser (FERMACELL)-Platten sowie aus PROMATECT®-H-Platten (entzerrte Darstellung)

**E.5.2.5.3/2** Die Angaben der Tabellen 56 und 57 enthalten nur Klassifizierungen für F 30- und F 60-Decken. Bei **F 90- und F 120-Decken** können aufgrund vorliegender Prüferfahrungen die in Bild E 5-5 angegebenen Dicken von **Trockenestrichen aus GKB- oder FERMACELL-Platten** verwendet werden. Dabei wird wie in DIN 4102 Teil 4 zwischen Estrichen ohne Mineralfaserunterlage (Bild E 5-5 Detail 1) und Estrichen mit Mineralfaserunterlage (Bild E 5-5 Detail 2) unterschieden.

Bei Verwendung von FERMACELL-Gipsfaserplatten darf die Dicke der Mineralfaserschicht in Bild E 5-4 Detail 2 minimal 10 mm betragen [5.9].

Auch Trockenestriche aus **Ca-Si-Platten** sind möglich, siehe ebenfalls Bild E 5-5.

**E.5.2.5.3/3** Bei Verwendung von **Perlite** als Dämmschicht können noch günstigere Werte als in Bild E 5-5 angegeben erreicht werden. Bei Verwendung einer TERRALIT-Trockenschüttung in Verbindung mit 2 × 10 mm dicken Gipsfaserplatten werden nach [5.19] erreicht:

- F 90 bei 10 mm Schüttung + 2 × 10 mm Gipsfaserplatten und
- F 120 bei 20 mm Schüttung + 2 × 10 mm Gipsfaserplatten.

Die vorstehenden Angaben stellen eine Vereinfachung dar; genauere Angaben sind [5.19] zu entnehmen.

**E.5.2.5.3/4** Ebenfalls höhere Feuerwiderstandsdauern bei Brandbeanspruchung von oben können bei jeder Vergrößerung der Estrichdicke ≥ 30 mm erzielt werden. Für schwimmende **Estriche** aller Art kann näherungsweise die ausgezogene Gerade in Bild E 5-5 verwendet werden. Besonders günstig sind Estriche auf **LEWIS®-Schwalbenschwanzplatten** [5.20]. Bei dieser Art des Estrichs können aufgrund der Blech-Profil-Platten große Spannweiten überbrückt werden, was bei der **Altbausanierung** ggf. eine wichtige Rolle spielen kann. Wegen der LEWIS®-Profiltafeln sind bezüglich des Estrichs auch höhere Belastungen – auch hohe Einzellasten – möglich; die Lastverteilung bewirkt ggf. eine höhere Feuerwiderstandszeit bei Brandbeanspruchung von unten [5.30].

**E.5.2.5.3/5** In Altbauten – wie auch in Neubauten – ist ggf. ein üblicher **Dielenfußboden** mit Schlacken- oder Sandschüttung (Bild E 5-6) oder moderner Hohlraumdämpfung vorhanden. Betrachtet man die schwächste Stelle bei Brandbeanspruchung von oben – das ist oft der Lagerholzbereich – und geht von folgenden Abmessungen

- 19 mm Dielen-Dicke (Nadelholz) und
- 30 mm Lagerholz-Dicke (Nadelholz)

aus, dann ergibt sich bei einer Abbrandgeschwindigkeit von v = 0,7 mm/min (v = 0,7 wurde anstelle von v = 0,8 gewählt, da die Abbrandgeschwindigkeit im natürlichen Brand i. a. geringer ist [5.30]) eine rechnerische Durchbrandzeit des Fußbodens von t = 49/0,7 = 70 min. Rechnet man hierzu die Durchwärmungs- oder Abbrandzeit der Deckenkonstruktion, dann kann je nach Deckenausbil-

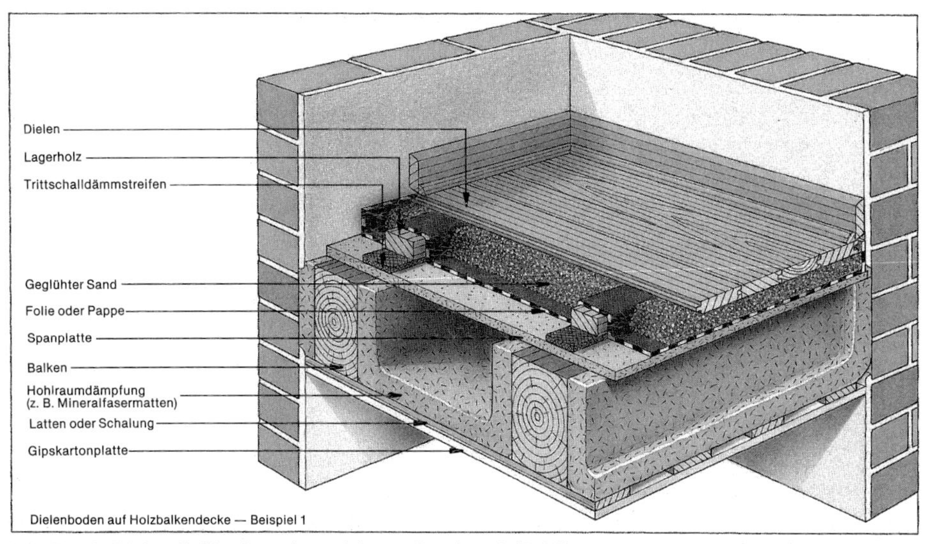


**Bild E 5-6:** Dielen-Fußboden mit geglühtem Sand nach [5.32]

dung bei üblichen Fußböden bei Brandbeanspruchung von oben schon mit einer Widerstandszeit von rd. 90 min gerechnet werden.

**E.5.2.5.3/6** In Altbauten sind oftmals **Kappendecken** anzutreffen, die infolge der Bestandsschutz-Regelungen ihren natürlichen Feuerwiderstand behalten dürfen. Er kann je nach Deckenquerschnitt, Profilart und -größe sowie vorhandener Stahlspannung ≥ F 30 sein [5.31]. Der ungeschützte Oberflansch ist ggf. durch einen Holzfußboden abgedeckt.

Bei einer Nutzungsänderung müssen derartige Kappendecken ggf. in die Feuerwiderstandsklasse F 90 eingestuft werden. Wie der freiliegende Untergurt geschützt werden kann, ist in [5.31] beschrieben. Für die Beurteilung des Feuerwiderstands bei Brandbeanspruchung von oben können die vorstehenden Erläuterungen E.5.2.5.3/1 - E.5.2.5.3/5 (Seite 205-207) verwendet werden.



**E.5.2.5/1** Abschließend zum Thema „Schwimmende Estriche und schwimmende Fußböden“ sei darauf hingewiesen, daß **Eichen-Parkett** als schwerentflammbar einzustufen ist, vgl.

- Abschnitt 2.2.2.1 Punkt c) (S. 13) sowie die
- Fußnote auf Seite 47.

Weiter sei erwähnt, daß die Literaturstellen [5.30] und [5.33] zusätzliche Angaben enthalten.

**E.5.2.5/2** Wie aus Bild E 4-5 hervorgeht, können auf Decken - auch auf Decken aus Holz und Holzwerkstoffen - Doppelböden angeordnet werden. Hierüber informiert ebenfalls [5.30]. In diesem Zusammenhang sei beispielhaft erwähnt, daß es z. Z. über Doppelbodenplatten u. a. die Prüfbescheide

- PA-III 6.486 der Firma Lindner AG, Arnstorf, und
- PA-III 6.555 der Fa. Mahle GmbH, Fellbach

gibt, die Doppelbodenplatten aus 38 mm dicken Spanplatten mit verschiedenen Beschichtungen die Schwerentflammbarkeit (Baustoffklasse B 1) bescheinigen. Für die Prüfung und Beurteilung von Doppelböden [5.30] wird es zukünftig neue Vorschriften geben, vgl. Bild E 3-8.

Holzbalkendecke mit Dielenfußboden

## 5.3 Feuerwiderstandsklassen von Holzbalkendecken

### 5.3.1 Anwendungsbereich, Brandbeanspruchung

**5.3.1.1** Die Angaben von Abschnitt 5.3 gelten für von unten oder von oben beanspruchte Holzbalkendecken nach DIN 1052 Teil 1 mit Holzbalken mindestens der Sortierklasse S 10 bzw. MS 10 nach DIN 4074 Teil 1. Es wird zwischen Decken mit

a) vollständig freiliegenden, 3seitig dem Feuer ausgesetzten (siehe Abschnitt 5.3.2),

b) verdeckten (siehe Abschnitt 5.3.3) und

c) teilweise freiliegenden, 3seitig dem Feuer ausgesetzten (siehe Abschnitt 5.3.4)

Holzbalken unterschieden.

**5.3.1.2** Bei den klassifizierten Decken ist die Anordnung zusätzlicher Bekleidungen — Bekleidungen aus Stahlblech ausgenommen — an der Deckenunterseite und die Anordnung von Fußbodenbelägen auf der Deckenoberseite ohne weitere Nachweise erlaubt.

**5.3.1.3** Durch die klassifizierten Decken dürfen einzelne elektrische Leitungen durchgeführt werden, wenn der verbleibende Lochquerschnitt mit Gips oder ähnlichem vollständig verschlossen wird.

### 5.3.2 Holzbalkendecken mit vollständig freiliegenden, 3seitig dem Feuer ausgesetzten Holzbalken

**5.3.2.1** Vollständig freiliegende, 3seitig dem Feuer ausgesetzte Holzbalken von Holzbalkendecken werden nach den Schema-Skizzen in den Tabellen 60 bis 62 von drei Seiten der Brandbeanspruchung ausgesetzt. Sie müssen die in den Tabellen 60 bis 62 angegebenen Mindestquerschnittsabmessungen besitzen.

**5.3.2.2** Holzbalkendecken **ohne** schwimmenden Estrich oder schwimmenden Fußboden müssen eine Schalung aus Holzwerkstoffplatten, Brettern oder Bohlen nach den Angaben von Abschnitt 5.2.3.2 besitzen.

**5.3.2.3** Holzbalkendecken **ohne** schwimmenden Estrich oder schwimmenden Fußboden mit 2lagiger oberer Schalung müssen nach den Angaben von Tabelle 60 ausgeführt werden.

**5.3.2.4** Holzbalkendecken **ohne** schwimmenden Estrich oder schwimmenden Fußboden — im allgemeinen jedoch mit Fugenabdeckungen (Ausnahme siehe Tabelle 61, Zeile 1, Bild a) — müssen nach den Angaben von Tabelle 61 ausgeführt werden.

**5.3.2.5** Holzbalkendecken **mit** schwimmendem Estrich oder schwimmendem Fußboden ohne 2lagige Schalung müssen nach den Angaben von Tabelle 62 ausgeführt werden.

### 5.3.3 Holzbalkendecken mit verdeckten Holzbalken

**5.3.3.1** Für Holzbalkendecken mit verdeckten Holzbalken gelten die Bedingungen nach Abschnitt 5.2 sinngemäß. Abweichend hiervon dürfen

a) zwischen der oberen Schalung und den Holzbalken Querhölzer angeordnet und

b) anstelle der notwendigen Dämmschicht auch Einschubböden mit Lehmschlag mit einer Dicke $d \geq 60$ mm verwendet werden.

Die unter Aufzählung a) angeführten Querhölzer dürfen auch mit Zapfen oder Versätzen in die Holzbalken eingebunden werden, wenn die Verbindung oberhalb der notwendigen Dämmschicht oder oberhalb des Einschubbodens liegt. Wegen anderer Verbindungen siehe Abschnitt 5.8.

Die Mindestbreite der Querhölzer muß 40 mm betragen.

**5.3.3.2** Für Holzbalkendecken mit verdeckten Holzbalken, z.B. zur Verbesserung von Altbauten, gelten die Randbedingungen von Tabelle 63.[7])

**5.3.3.3** Anstelle der in Tabelle 63 dargestellten Drahtputzdecke nach DIN 4121 dürfen auch Gipskarton-Feuerschutzplatten (GKF) nach DIN 18180 mit einer Dicke von 25 mm oder 2 × 12,5 mm bei einer Spannweite von $l \leq 500$ mm verwendet werden.

### 5.3.4 Holzbalkendecken mit teilweise freiliegenden, 3seitig dem Feuer ausgesetzten Holzbalken

**5.3.4.1** Teilweise freiliegende Holzbalken von Holzbalkendecken sind Balken, die nach der Schema-Skizze in Tabelle 64 nur im unteren Bereich von drei Seiten der Brandbeanspruchung ausgesetzt sind.

---

[7]) Siehe Seite 72.

**Tabelle 60: Holzbalkendecken mit 3seitig dem Feuer ausgesetzten Holzbalken mit 2lagiger oberer Schalung F 30-B**

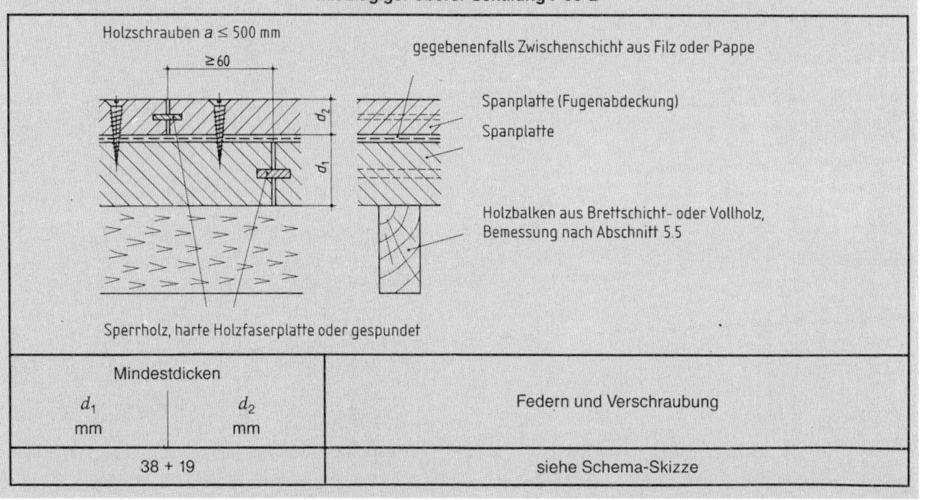


| Mindestdicken $d_1$ mm | Mindestdicken $d_2$ mm | Federn und Verschraubung |
|---|---|---|
| 38 + 19 | | siehe Schema-Skizze |

5.3.4.2 Als untere Bekleidung — siehe auch Ausführungszeichnung in Tabelle 64 — können die in Abschnitt 5.2.3.1 angegebenen Bekleidungen verwendet werden.

Alle Platten müssen eine geschlossene Fläche besitzen und mit ihren Längsrändern dicht an den Holzbalken anschließen. Querfugen von Gipskartonplatten sind nach DIN 18 181 zu verspachteln; dies gilt sinngemäß auch für dicht gestoßene Holzwolle-Leichtbauplatten. Holzwerkstoffplatten, die eine Rohdichte von ≥ 600 kg/m³ besitzen müssen, sind in Querfugen mit Nut und Feder oder über Spundung dicht zu stoßen. Bei mehrlagigen Bekleidungen sind die Stöße zu versetzen, wobei jede Lage für sich an Holzlatten ≥ 40 mm/60 mm zu befestigen ist.

Bei Bekleidungen aus Brettern muß $d_D$ (nach Bild 47) ≥ $d_1$ (nach Tabelle 64, Fußnote 1 e)) sein.

Die Mindestdicke und die zulässige Spannweite der Bekleidungen sind aus Tabelle 64 zu entnehmen.

Bei größeren Abständen der Balken gelten die Angaben der Abschnitte 5.2.3.7 und 5.2.3.8 sinngemäß.

**Tabelle 61: Holzbalkendecken mit 3seitig dem Feuer ausgesetzten Holzbalken ohne schwimmenden Estrich oder schwimmenden Fußboden**

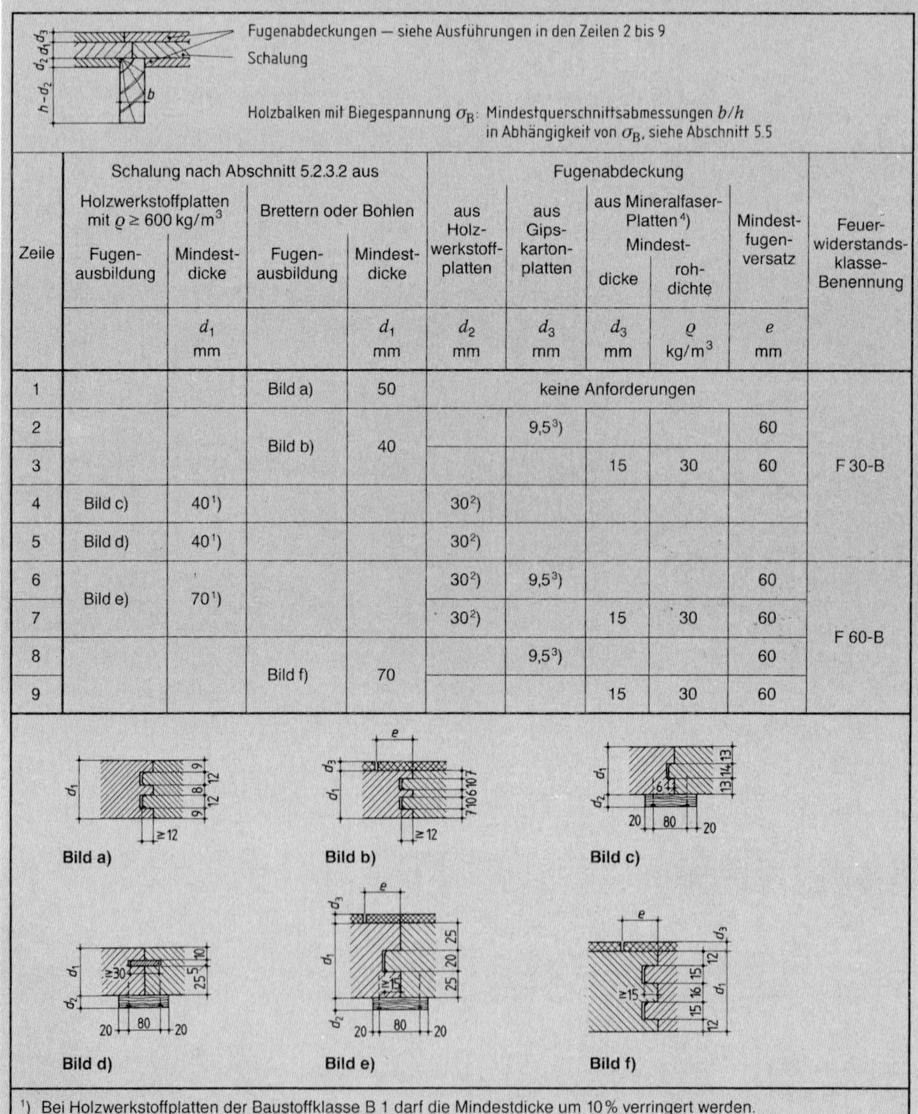


| Zeile | Schalung nach Abschnitt 5.2.3.2 aus: Holzwerkstoffplatten mit $\varrho \geq 600$ kg/m³ – Fugenausbildung | Holzwerkstoffplatten – Mindestdicke $d_1$ mm | Brettern oder Bohlen – Fugenausbildung | Brettern oder Bohlen – Mindestdicke $d_1$ mm | Fugenabdeckung aus Holzwerkstoffplatten $d_2$ mm | Fugenabdeckung aus Gipskartonplatten $d_3$ mm | aus Mineralfaser-Platten[4]) Mindest-dicke $d_3$ mm | aus Mineralfaser-Platten[4]) Mindest-rohdichte $\varrho$ kg/m³ | Mindestfugenversatz $e$ mm | Feuerwiderstandsklasse-Benennung |
|---|---|---|---|---|---|---|---|---|---|---|
| 1 | | | Bild a) | 50 | keine Anforderungen | | | | | F 30-B |
| 2 | | | Bild b) | 40 | | 9,5[3]) | | | 60 | |
| 3 | | | | | | | 15 | 30 | 60 | |
| 4 | Bild c) | 40[1]) | | | 30[2]) | | | | | |
| 5 | Bild d) | 40[1]) | | | 30[2]) | | | | | |
| 6 | Bild e) | 70[1]) | | | 30[2]) | 9,5[3]) | | | 60 | F 60-B |
| 7 | | | | | 30[2]) | | 15 | 30 | 60 | |
| 8 | | | Bild f) | 70 | | 9,5[3]) | | | 60 | |
| 9 | | | | | | | 15 | 30 | 60 | |



Bild a) Bild b) Bild c)

Bild d) Bild e) Bild f)

1) Bei Holzwerkstoffplatten der Baustoffklasse B 1 darf die Mindestdicke um 10 % verringert werden.
2) Befestigungsabstände in Fugenrichtung ≤ 200 mm; es darf auch Holz verwendet werden.
3) Ersetzbar durch ≥ 13 mm dicke Holzwerkstoffplatten.
4) Nach DIN 18 165 Teil 2/03.87, Abschnitt 2.2; Baustoffklasse mindestens B 2.

**Tabelle 62: Holzbalkendecken mit 3seitig dem Feuer ausgesetzten Holzbalken mit schwimmendem Estrich oder schwimmendem Fußboden**

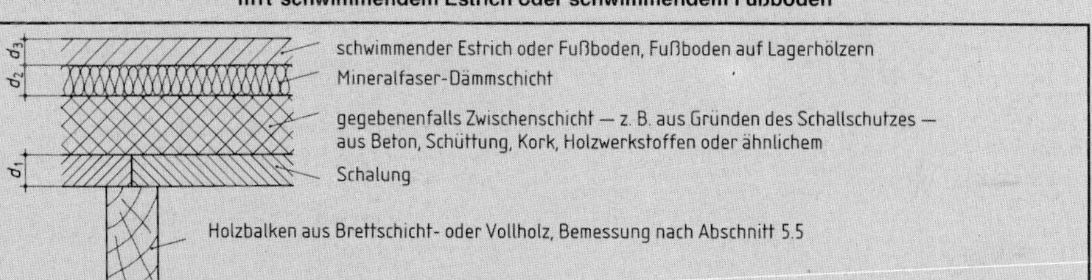


| Zeile | Schalung nach Abschnitt 5.2.3.2 Mindestdicke bei Verwendung von | | Mineralfaser-Dämmschicht mit $\varrho \geq 30$ kg/m³ Mindestdicke | Fußboden²) Mindestdicke bei Verwendung von | | Feuer-widerstands-klasse-Benennung |
|---|---|---|---|---|---|---|
| | Holzwerkstoffplatten mit $\varrho \geq 600$ kg/m³ | Brettern oder Bohlen | | Holzwerkstoffplatten mit $\varrho \geq 600$ kg/m³ | Brettern, gespundet | |
| | $d_1$ mm | $d_1$¹) mm | $d_2$ mm | $d_3$ mm | $d_3$ mm | |
| 1 | 25 | 28 | 15 | 16 | 21 | F 30-B |
| 2 | 19 + 16³) | 22 + 16³) | 15 | 16 | 21 | F 30-B |
| 3 | 45 | 50 | 30 | 25 | 28 | F 60-B |
| 4 | 35 + 19³) | 40 + 19³) | 30 | 25 | 28 | F 60-B |

¹) Dicke nach Bild 47 mit $d_D \geq d_1$.

²) Anstelle der hier angegebenen Fußböden dürfen auch schwimmende Estriche oder schwimmende Fußböden mit den in Tabelle 56 angegebenen Mindestdicken verwendet werden.

³) Die erste Zahl gilt für die tragende Schalung; die zweite Zahl gilt für eine zusätzliche, raumseitige Bretterschalung mit einer Dicke nach Bild 47 von $d_D \geq d_1$.

**Tabelle 63: Holzbalkendecken F 30-B mit verdeckten Holzbalken (z. B. in Altbauten)**

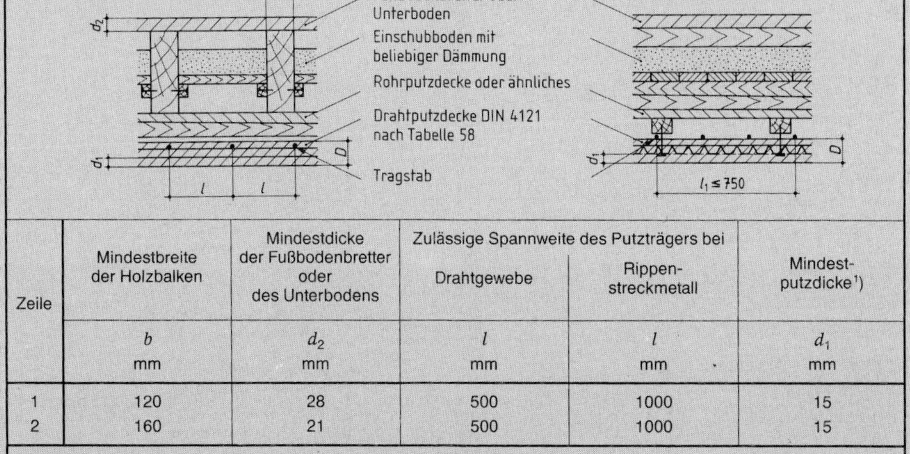


| Zeile | Mindestbreite der Holzbalken | Mindestdicke der Fußbodenbretter oder des Unterbodens | Zulässige Spannweite des Putzträgers bei | | Mindestputzdicke¹) |
|---|---|---|---|---|---|
| | | | Drahtgewebe | Rippenstreckmetall | |
| | $b$ mm | $d_2$ mm | $l$ mm | $l$ mm | $d_1$ mm |
| 1 | 120 | 28 | 500 | 1000 | 15 |
| 2 | 160 | 21 | 500 | 1000 | 15 |

¹) Putz der Mörtelgruppe P II, P IVa, P IVb oder P IVc nach DIN 18 550 Teil 2. $d_1$ über Putzträger gemessen; die Gesamtputzdicke muß $D \geq d_1 + 10$ mm sein — das heißt, der Putz muß den Putzträger ≥ 10 mm durchdringen. Zwischen Rohrputz oder ähnlichem und Drahtputz darf kein wesentlicher Zwischenraum sein (siehe Schema-Skizze).

**5.3.4.3** In Holzbalkendecken nach den Angaben von Tabelle 64 ist brandschutztechnisch keine Dämmschicht notwendig.

Die Dicke der Bekleidung nach Tabelle 64, Zeilen 1 bis 3, mit $d_1$ = 19 mm und die Dicke der Schalung nach den Zeilen 1 bis 3 mit $d_2$ = 16 mm dürfen um jeweils 3 mm verringert werden, wenn eine brandschutztechnisch wirksame Dämmschicht angeordnet wird. Sie muß aus Mineralfaser-Dämmstoffen nach DIN 18 165 Teil 1/07.91, Abschnitt 2.2, bestehen, der Baustoffklasse A angehören, einen Schmelzpunkt ≥ 1000 °C nach DIN 4102 Teil 17 aufweisen und hinsichtlich Dicke und Rohdichte die Anforderungen nach Tabelle 56 erfüllen. Die Dämmschicht muß plattenförmig sein, dicht durch strammes Einpassen — Stauchung bis etwa 1 cm — eingebaut und durch Holzlatten ≥ 40 mm/60 mm befestigt werden. Fugen von stumpf gestoßenen Dämmschichten müssen dicht sein. Brandschutztechnisch am günstigsten sind ungestoßene oder 2lagig mit versetzten Stößen eingebaute Dämmschichten. Bei der Feuerwiderstandsklasse-Benennung F 60-B darf entsprechend verfahren werden, wobei nur die Dicke der Schalung nach Tabelle 64, Zeilen 4 bis 6, mit $d_2$ = 19 mm um 3 mm verringert werden darf.

**5.3.4.4** Als Schalung können verwendet werden:

a) Sperrholzplatten nach DIN 68 705 Teil 3 oder Teil 5,

b) Spanplatten nach DIN 68 763 und

c) gespundete Bretter aus Nadelholz nach DIN 4072.

Alle Platten und Bretter sind auf Holzbalken dicht zu stoßen; wegen der Mindestdicke siehe Tabelle 64.

**5.3.4.5** Für den schwimmenden Estrich oder schwimmenden Fußboden gelten die Angaben von Abschnitt 5.2.5 sinngemäß. Die Mindestdicken sind den Angaben nach Tabelle 64 zu entnehmen.

**Tabelle 64: Holzbalkendecken mit teilweise freiliegenden Holzbalken mit brandschutztechnisch nicht notwendiger Dämmschicht**

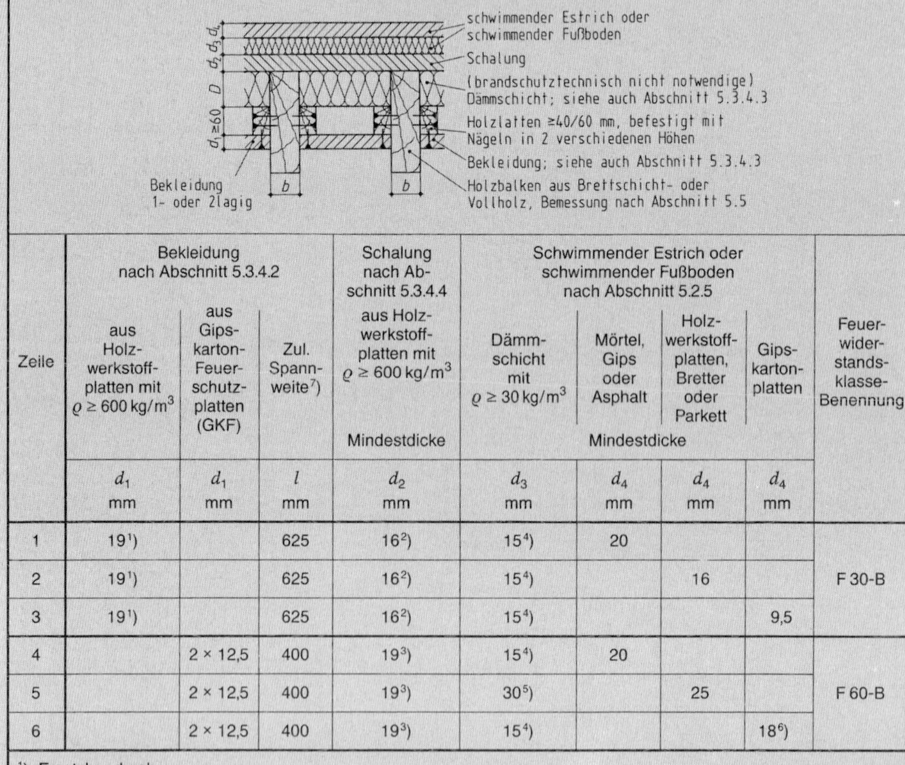


| Zeile | Bekleidung nach Abschnitt 5.3.4.2 | | | Schalung nach Abschnitt 5.3.4.4 | Schwimmender Estrich oder schwimmender Fußboden nach Abschnitt 5.2.5 | | | | Feuerwiderstandsklasse-Benennung |
|---|---|---|---|---|---|---|---|---|---|
| | aus Holzwerkstoffplatten mit $\varrho \geq 600$ kg/m³ | aus Gipskarton-Feuerschutzplatten (GKF) | Zul. Spannweite [7] | aus Holzwerkstoffplatten mit $\varrho \geq 600$ kg/m³ Mindestdicke | Dämmschicht mit $\varrho \geq 30$ kg/m³ | Mörtel, Gips oder Asphalt | Holzwerkstoffplatten, Bretter oder Parkett | Gipskartonplatten | |
| | | | | | Mindestdicke | | | | |
| | $d_1$ mm | $d_1$ mm | $l$ mm | $d_2$ mm | $d_3$ mm | $d_4$ mm | $d_4$ mm | $d_4$ mm | |
| 1 | 19 [1] | | 625 | 16 [2] | 15 [4] | 20 | | | F 30-B |
| 2 | 19 [1] | | 625 | 16 [2] | 15 [4] | | 16 | | |
| 3 | 19 [1] | | 625 | 16 [2] | 15 [4] | | | 9,5 | |
| 4 | | 2 × 12,5 | 400 | 19 [3] | 15 [4] | 20 | | | F 60-B |
| 5 | | 2 × 12,5 | 400 | 19 [3] | 30 [5] | | 25 | | |
| 6 | | 2 × 12,5 | 400 | 19 [3] | 15 [4] | | | 18 [6] | |

[1]) Ersetzbar durch

a) ≥ 16 mm dicke Holzwerkstoffplatten (obere Lage) + 9,5 mm dicke GKB- oder GKF-Platten (raumseitige Lage) oder

b) ≥ 12,5 mm dicke Gipskarton-Feuerschutzplatten (GKF) mit einer Spannweite $l \leq 400$ mm oder

c) ≥ 15 mm dicke Gipskarton-Feuerschutzplatten (GKF) mit einer Spannweite $l \leq 500$ mm oder

d) ≥ 50 mm dicke Holzwolle-Leichtbauplatten mit einer Spannweite $l \leq 500$ mm oder

e) ≥ 21 mm dicke Bretter (gespundet).

[2]) Ersetzbar durch Bretter (gespundet) mit $d \geq 21$ mm.

[3]) Ersetzbar durch Bretter (gespundet) mit $d \geq 27$ mm.

[4]) Ersetzbar durch ≥ 9,5 mm dicke Gipskartonplatten.

[5]) Ersetzbar durch ≥ 15 mm dicke Gipskartonplatten.

[6]) Erreichbar z. B. mit 2 × 9,5 mm.

[7]) Siehe Abschnitte 5.2.3.7 und 5.2.3.8.

## Erläuterungen (E) zu Abschnitt 5.3

**E.5.3.1/1** Im Gegensatz zu Abschnitt 5.2 (Decken in Holztafelbauart) werden in Abschnitt 5.3 **Holzbalkendecken** behandelt. Sie unterscheiden sich äußerlich nur wenig von Decken in Holztafelbauart. Während bei der Holztafelbauart Beplankungen zum Tragverhalten beitragen, sind bei Holzbalkendecken bei gleicher oder ähnlicher Anordnung sowie bei gleicher oder ähnlicher Dicke und Befestigung nur Bekleidungen sowie Schalungen zu beurteilen. Wenn Schalungen auf der Balkenoberseite angebracht werden, können sie als Fußboden (jedoch nur quer zu den Balken) eine statische Funktion ausüben. Wenn sie auf der Balkenunterseite oder zwischen den Balken angebracht werden, dienen sie nur der Bekleidung und haben keine statische Funktion bezüglich der Tragfähigkeit der Balken – brandschutztechnisch sind sie jedoch von bestimmendem Einfluß. Da das Abbrandverhalten zwischen Beplankungen und Schalungen nicht unterschiedlich ist, gelten alle zu Abschnitt 5.2 gegebenen Erläuterungen sinngemäß.

**E.5.3.1/2** Worauf es bei der Holzbalkendecke ankommt (Statik, Wärmeschutz, Schallschutz), wird in [5.34] beschrieben. Weitere Literaturstellen (abgehängte Decken) können [5.35] sowie [5.31] entnommen werden; die in [5.31] zum Stahlbau genannten Unterdecken ergeben in Verbindung mit Holzbalkendecken i. a. F 30-B.

**E.5.3.1/3** Holzbalkendecken in Verbindung mit Stahlbetonplatten können auch als Verbunddecken hergestellt werden [5.102]–[5.104], was bei der Sanierung (ggf. mit Nutzungsänderung) von Altbauten eine hervorragende Rolle spielen kann.

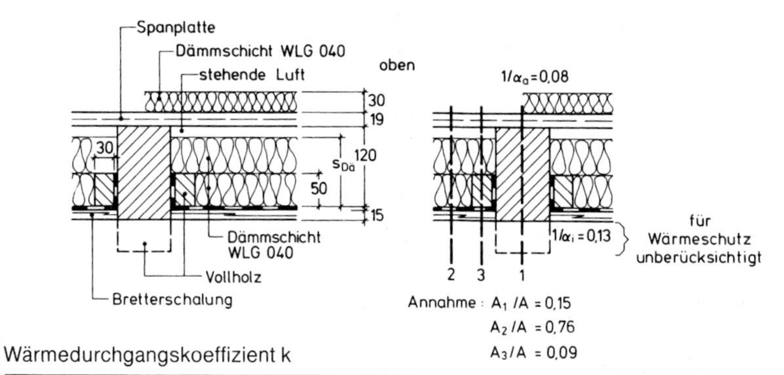


Wärmedurchgangskoeffizient k

| $s_{Dä}$ mm | ohne Dämmschicht-Auflage im Mittel **k** | Rippe $k_1$ | Gefach $k_2$ | Gefach $k_3$ | mit Dämmschicht-Auflage im Mittel **k** | Rippe $k_1$ | Gefach $k_2$ | Gefach $k_3$ |
|---|---|---|---|---|---|---|---|---|
| | W/(m² K) | | | | W/(m² K) | | | |
| 60 | 0,54 (0,55) | 0,72 | 0,47 | 0,78 | 0,38 (0,39) | 0,47 | 0,35 | 0,49 |
| 80 | 0,45 (0,47) | | 0,38 | 0,56 | 0,33 (0,34) | | 0,29 | 0,40 |
| 100 | 0,39 (0,41) | | 0,32 | 0,45 | 0,30 (0,31) | | 0,26 | 0,33 |
| 120 | 0,36 (0,39) | | 0,29 | 0,38 | 0,28 (0,29) | | 0,24 | 0,30 |
| Anforderung | 0,90 | 1,52 | 0,61 | | 0,90 | 1,52 | 0,61 | |

In ( ) mittlerer k-Wert für vergrößerten Rippenanteil $A_1/A = 0{,}20$

Flächenbezogene Gesamtmasse der Decke für $A_1/A_2/A_3 = 0{,}15/0{,}76/0{,}09$:
$m \approx 40$ kg/m²
Masse der raumseitigen Bauteilschichten:
$m_i = 19$ kg/m²; max $k_{Gefach} = 0{,}61$ W/(m² K)

Wärmeschutz von Holzbalkendecken nach [5.46]

**E.5.3.1.1** Nach DIN 4102 Teil 4 werden die Holzbalkendecken wie folgt unterschieden: Decken mit

a) vollständig, freiliegenden Holzbalkendecken. Hier wird unter vollständig ein dreiseitiger Brandangriff verstanden. Die vierte Seite ist durch die Konstruktion abgedeckt.

b) verdeckten Holzbalken. Hier verdecken unten angebrachte Bekleidungen (anstelle von Beplankungen/Schalungen) oder abgehängte Unterdecken die Holzbalken.

c) teilweise freiliegende Holzbalken. Hier handelt es sich um Decken wie unter Pkt. a) – die dreiseitig freiliegenden Holzbalken werden durch seitlich zwischen den Balken angebrachte Bekleidungen jedoch nur teilweise vom Feuer beansprucht.

**E.5.3.1.1–5.3.1.3** Siehe Erläuterungen E.5.2.1.1 und E.5.2.1.3 zu Abschnitt 5.2 (S. 193 u. 194).

**E.5.3.2.1** Wie bereits erwähnt, wird unter vollständig freiliegend hier eine uneingeschränkte dreiseitige Brandbeanspruchung der Balken verstanden. Die obenliegende Schalung (quer zu den Holzbalken) verhindert für eine ausreichende Zeit die Brandbeanspruchung der Balken von oben. Die **Balken** sind daher **für einen dreiseitigen Brandangriff** nach Abschnitt 5.5 zu bemessen.

**E.5.3.2.3** Holzbalkendecken mit **zweilagiger oberer Schalung** sind nach den Angaben von Tabelle 60 auszuführen. Die Schalung aus Spanplatten ist hinsichtlich des Abbrandes überdimensioniert. Die Dicken der zweilagigen Ausführung sind jedoch erforderlich, um im Fugenbereich einen Durchbrand zu verhindern; sie sind ebenfalls erforderlich, um ein Aufklaffen der Schalungen im

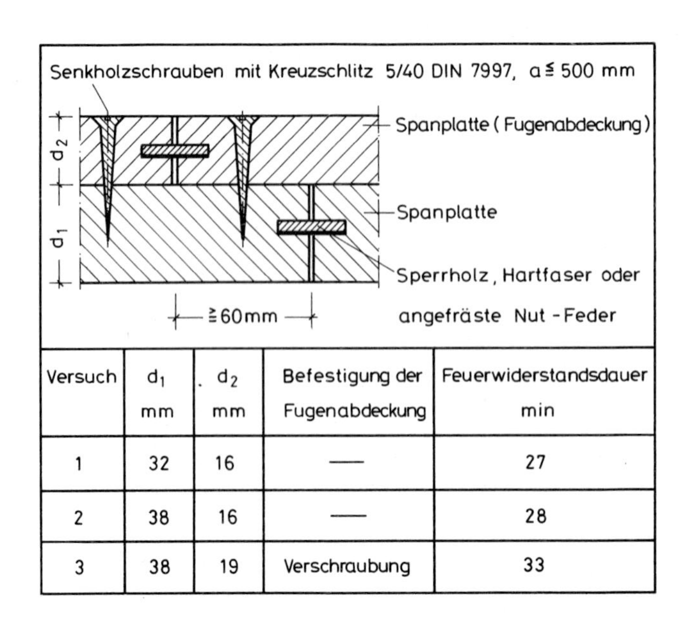


| Versuch | $d_1$ mm | $d_2$ mm | Befestigung der Fugenabdeckung | Feuerwiderstandsdauer min |
|---|---|---|---|---|
| 1 | 32 | 16 | — | 27 |
| 2 | 38 | 16 | — | 28 |
| 3 | 38 | 19 | Verschraubung | 33 |

**Bild E 5-7:**
Feuerwiderstandsdauern von Holzbalkendecken mit zweilagiger oberer Schalung; die Ergebnisse von Zeile 3 führten zur Normtabelle 60

Fugenbereich (ausreichend bis 30 min) zu vermeiden (Bild E 5-7). Zwischen den Spanplatten darf aus Schallschutzgründen eine Zwischenschicht aus Filz oder Pappe angeordnet werden.

**E.5.3.2.4** Wie aus der vorstehenden Erläuterung E.5.3.2.3 hervorgeht, ist der Fugenbereich das schwächste Glied der brandschutztechnischen Bemessungs-„Kette“. Wird keine zweischalige Schalung nach Tabelle 60 oder Bild E 5-6 Zeile 3 angeordnet und ist kein schwimmender Estrich oder Fußboden vorgesehen, ist die **einlagige obere Schalung** nach den Angaben von Tabelle 61 auszuführen, wobei die **Fugenabdeckungen** zu beachten sind. Prüfergebnisse, die zur Normtabelle 61 geführt haben, sind aus Bild E 5-8 ersichtlich. Die Dicken, die Spundungen und die Fugenabdeckungen (Teilbilder b – f in Tabelle 61) sind auch hier nur deshalb erforderlich, weil der Durchbrand im Fugenbereich verhindert werden muß – ohne Fugen wären viel kleinere Schalungsdicken ausreichend. Die Schalungsdicken und Fugenausbildungen können nur dann vermindert werden, wenn ein schwimmender Fußboden oder Estrich angeordnet wird (→ Tabelle 62).

**E.Tabelle 61** Bei Tabelle 61, Bild a) wird eine doppelte Nut-Feder-Verbindung verlangt. Eine Fugenabdeckung ist nicht notwendig. Die Mindestdicke der hier beschriebenen **Bohlenschalung für F 30 beträgt 50 mm.** Bei dicht verlegten Bohlen (Fugenbreite $b = 0$ mm) wird eine Feuerwiderstandsdauer von 65 min erreicht, was den Erfahrungen von Bild E 5-8 entspricht; bei Fugenbreiten von 1,0 bis 1,5 mm, die nach dem Schwinden der Bohlen auftreten können, sinkt die Feuerwiderstandsdauer auf nahezu 30 min! Bei 60 mm dicken Bohlen und Fugenbreiten $b = 1{,}5$ mm wurden 34 min nachgewiesen. Da in der Praxis immer mit Fugenbreiten der beschriebenen Größenordnung gerechnet werden muß, lautet die Klassifizierung – trotz gelegentlich nachgewiesener Tragfähigkeitszeit $> 60$ min – nur F 30.

In Tabelle 61, Bilder b) bis f), werden neben Nut-Feder-Verbindungen **Fugenabdeckungen** vorgeschrieben. Sie sind zum Teil unwirtschaftlich und in den Fällen c) bis e) architektonisch sicherlich auch nicht schön. Dennoch sind sie allein wegen des Durchbrandes im Fugenbereich brandschutztechnisch notwendig, wobei zu bemerken ist, daß sich Einfeld-Schalungen ungünstiger als Mehrfeld-Schalungen und Schalungen unter Einzellasten ungünstiger als Schalungen unter gleichmäßig verteilter Belastung verhalten.



Trägt man die Mindest-Schalungsdicken von Holzbalkendecken ohne schwimmenden Estrich oder Fußboden gemäß Tabelle 61 in das Diagramm von Bild E 5-8 ein (gestrichelte Kurve), wird das ungünstige Verhalten gegenüber Holzbalkendecken mit schwimmenden Estrichen bzw. Fußböden (ausgezogene Kurve) noch deutlicher. Der Anfang der gestrichelten Kurve für Dicken $d \leq 40$ mm befindet sich bei einer Branddauer $t < 30$ min, was darauf hindeutet, daß bei nicht sorgfältiger Verlegung der Schalung (Fugenbreite $> 1$ mm) auch Feuerwiderstandszeiten $< 30$ min möglich sind.

Auch die Verwendung von Spanplatten der Baustoffklasse B 1, bei denen gemäß Tabelle 61, Fußnote 1, eine Dickenverminderung um 10 % erlaubt ist, löst das Fugenproblem nicht – weder technisch noch wirtschaftlich.

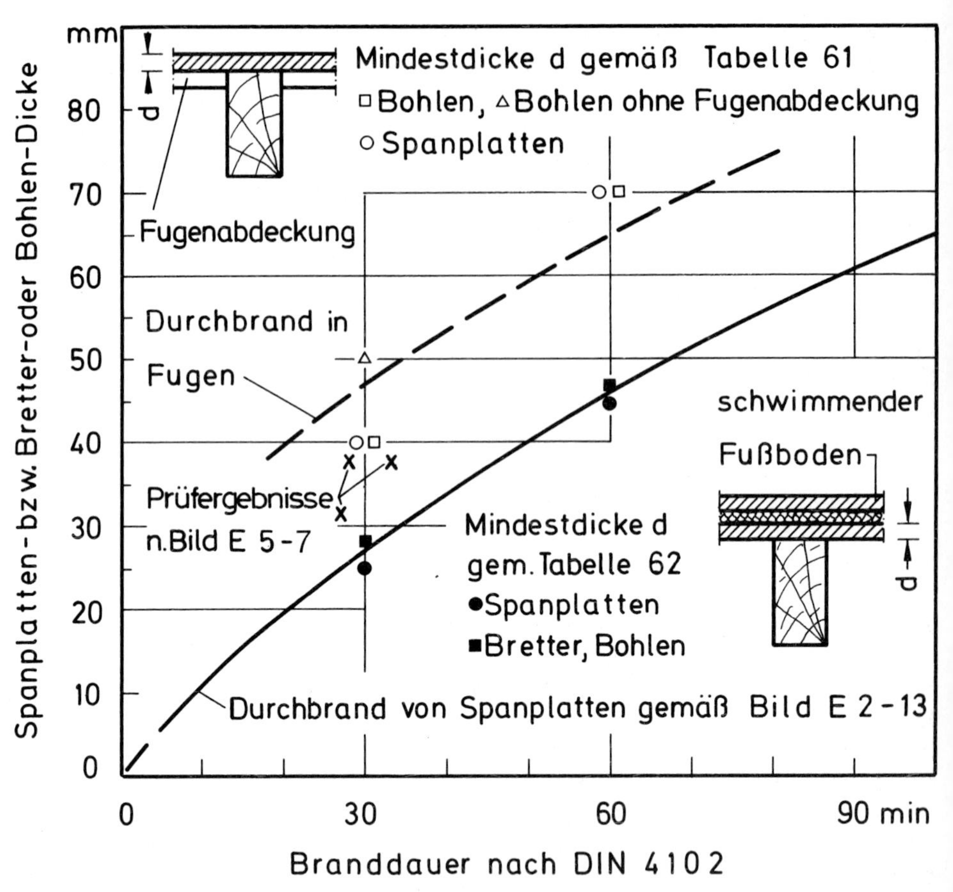


**Bild E 5-8:** Mindestdicke von Schalungen von Holzbalkendecken mit vollständig freiliegenden Holzbalken nach den Tabellen 61 und 62 sowie nach Bild E 5-8

Zu Bild E 5-8 können noch folgende Erläuterungen gegeben werden:

a) Die in Tabelle 62 angegebenen Mindestdicken für Spanplatten liegen nur etwas unterhalb der in Bild E 5-8 eingezeichneten „Durchbrandkurve“ für Spanplatten, die sich aus der Verlängerung der oberen Kurve von Bild E 2-13 (S. 54) ergibt. Die Spanplatten, die quer zu den Holzbalken stets Nut- und Federverbindungen aufweisen müssen und die entsprechend DIN 1052 Teil 3 bei einer Dicke von 20 mm < $d_1$ ≤ 25 mm bzw. von 40 mm < $d_2$ ≤ 50 mm eine zulässige Biegespannung rechtwinklig zur Plattenebene von zul $\sigma_1$ = 3,75 N/mm² bzw. von zul $\sigma_2$ = 2,0 N/mm² aufweisen dürfen, versagen nur deshalb nicht früher, weil der schwimmende Fußboden die Verkehrslast gut verteilt und im Brandfall einen beachtlichen Beitrag zur Tragfähigkeit liefert. Anstelle der in Tabelle 62 angegebenen schwimmenden Fußböden dürfen gemäß Fußnote 2 der Tabelle auch schwimmende Fußböden oder Estriche nach Tabelle 56 (S. 211) der entsprechenden Feuerwiderstandsklasse verwendet werden.

b) Die in Tabelle 62 angegebenen Mindestbeplankungsdicken für Bretter bzw. Bohlen sind etwas größer als die von Holzwerkstoffplatten. Die Mindestwerte liegen etwas oberhalb der in Bild E 5-8 für Holzwerkstoffplatten gezeichneten Durchbrandkurve. Auch hier muß gesagt werden, daß das günstige Brandverhalten nur durch die günstige Wirkung der schwimmenden Fußböden bzw. Estriche erzielt wird. Bei Bemessung von Holzbalkendecken nach Tabelle 62 muß daher stets darauf geachtet werden, daß der schwimmende Fußboden bzw. Estrich in den angegebenen Mindestdicken auch vorhanden ist.

**E.Tabelle 61 und 62/1** In Tabelle 61 wird zwischen Brettern und Bohlen unterschieden. Nach DIN 4074 (09/89) haben

**Bretter** eine Dicke **$d \leq 40$ mm** und
**Bohlen** eine Dicke **$d > 40$ mm**.

Sonst bestehen keine Unterschiede.

**E.Tabelle 61 und 62/2** Die in den Tabellen 61 und 62 beschriebenen Schalungen dürfen unter Ausnutzung der zulässigen Spannungen voll belastet werden. Gemäß DIN 1052 Teil 1 ist jedoch zu beachten, daß die rechnerische **Durchbiegung** unter ständiger Last und ruhender Verkehrslast im allgemeinen höchstens l/300 – in Sonderfällen auch l/200 – betragen darf. Die sich daraus ergebenden Spannungsminderungen führen zu einer Verbesserung der Feuerwiderstandsdauer. Sie dürfen wegen der relativ kleinen Beplankungsdicken und der in Bild E 5-8 gezeigten Zusammenhänge jedoch nicht genutzt werden. Bei den massiveren Balkenquerschnitten ist dagegen eine Bemessung in Abhängigkeit von der Spannung erlaubt, vgl. Abschnitt 5.5.

**E.Tabelle 61 und 62/3** Deckenschalungen von Holzbalkendecken dürfen auch **Profilierungen** aufweisen, so daß architektonische Belange berücksichtigt werden können. Die nach Norm zugelassenen Profilierungen sind in Bild E 5-9 dargestellt. Da Fasebretter und Profilbretter nach den angegebenen Normen ganz bestimmte Dicken (13,5, 15,5 und 19,5 mm) aufweisen müssen und nach Tabelle 62 Dicken von 28 und 50 mm – nach Tabelle 61 Dicken von 40 – 70 mm – gefordert werden, lautet der Beschriftungstext bei den Teildarstellungen 2 und 3 „in Anlehnung an“ DIN 68 122 bzw. DIN 68 126 Teil 1.



**E.Tabelle 62/1** Bei Verwendung von Brettern ($d_1$ = 28 mm) bzw. Bohlen ($d_1$ = 50 mm) können i. a. **größere Spannweiten** als bei Verwendung von z. B. Spanplatten gewählt werden. Die zulässige Spannung ist bei Brettern bzw. Bohlen ebenfalls größer, so daß größere Verkehrslasten abgetragen werden können.

**E.Tabelle 62/2** Die nach Bild E 5-9 möglichen **Profilierungen** sind brandschutztechnisch im Fall von Tabelle 62 von sekundärer Bedeutung, weil oberhalb der Bretter bzw. Bohlen ein schwimmender Estrich bzw. Fußboden vorhanden ist. Die Profilierungen haben in Verbindung mit dem gegenüber Spanplatten größeren zulässigen Spannungen jedoch bewirkt, daß die Mindestdicken von Brettern und Bohlen nach Tabelle 62 3 bzw. 5 mm größer als z. B. die vergleichbaren Spanplattendicken sind.

Die Profilierungen sind im übrigen so klein, daß sie keinen Einfluß auf die Feuerwiderstandsdauer der Balken ausüben. Die Balken gelten brandschutztechnisch auch mit durchgehenden Profilierungen als „3seitig beflammt“, vgl. Bild E 5-10, Detail 1.

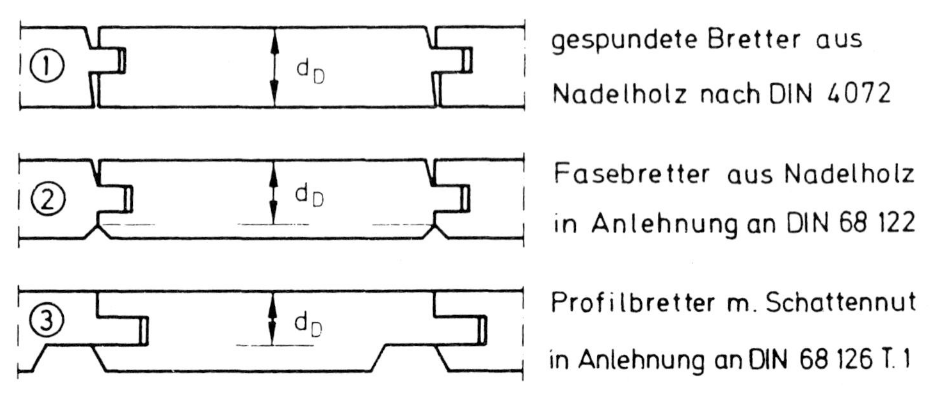


**Bild E 5-9:** Bretter (d ≤ 40 mm) bzw. Bohlen (d > 40 mm) mit und ohne Profilierungen (wegen der Dicke d vgl. auch mit dem Normbild 47)

**E.Tabelle 62/3** Bei Holzwerkstoffplatten sind keine Profilierungen erlaubt. Wenn Holzwerkstoffplatten verwendet werden und trotzdem Profilierungen vorhanden sein sollen, wird empfohlen, eine zusätzliche Bekleidung – z. B. aus Profilbrettern mit Schattennut – anzuordnen, vgl. Bild E 5-10, Detail 2. Die zusätzliche Bekleidung darf bei Spannweiten ≤ 1,25 m und dichtem Anschluß an die Balken mit 50 % der Nenndicke in Ansatz gebracht werden – d. h. daß die Mindestdicke $d_1$ nach Tabelle 62 für z. B. Spanplatten reduziert werden darf.

Beispiel (vgl. Bild E 5-10, Detail 2)
Gewählte Bekleidung: Profilbretter mit Schattennut DIN 68 126 – 12,5 × 96 × 1250 – Fl → $d_1 = 0{,}5 \cdot 12{,}5 = 6{,}25$ mm.
Gewählte Holzwerkstoffplatte: Flachpreßplatte V 20 DIN 68 763 – 19 × 5000 × 2000 – Holzspäne × $d_2 = 19$ mm.

Vorh $d = d_1 + d_2 = 6{,}25 + 19 = 25{,}5$ mm > erf d = 25 mm für F 30 gemäß Tabelle 62.

**E.Tabelle 62/4** Die in Tabelle 62 in der Schema-Skizze eingezeichnete Zwischenschicht kann aus beliebigen Baustoffen eingebaut werden, wenn sie nach dem § 17 „Brandschutz“ – s. Seite 87, in allen BauO § 17 – aus Baustoffen mindestens der Baustoffklasse B 2 besteht. Aus Gründen des Schallschutzes sollte die Zwischenschicht so schwer wie nur möglich sein. Die Werte von Tabelle 62 beruhen auf Prüfungen von Holzbalkendecken, bei denen Betonplatten nach DIN 485 als Zwischenschicht verwendet wurden.

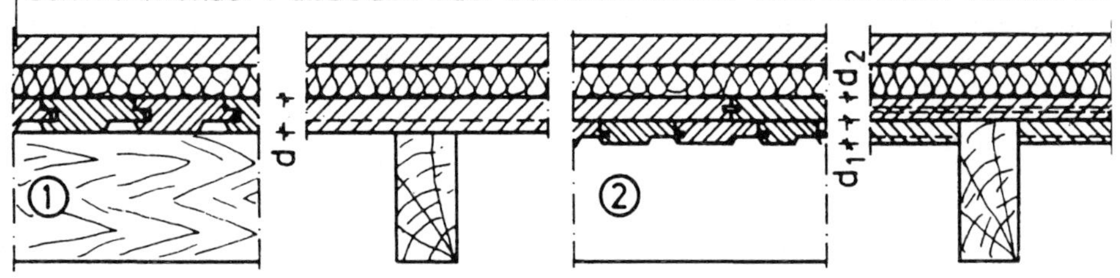


**Bild E 5-10:** Holzbalkendecken mit freiliegenden, dreiseitig dem Feuer ausgesetzten Holzbalken

Detail ①: Ausführung nach Tabelle 62 mit Profilbrettern bzw. -bohlen nach bzw. in Anlehnung an DIN 68 126 Teil 1

Detail ②: Alternativausführung mit Holzwerkstoffplatten ($d_2$) und zusätzlich angebrachten Profilbrettern nach DIN 68 126 Teil 1 ($d_1$)

**E.5.3.3.1/1** Wie bereits aus der Erläuterung E.5.3.1/1 hervorgeht, gelten alle zu Abschnitt 5.2 (Holztafeldecken) gemachten Erläuterungen sinngemäß. Dies soll im folgenden belegt werden, wobei sieben Beispiele zeigen sollen, daß Abweichungen, Verbesserungen usw. möglich sind; die Benennung lautet jeweils F..-B:

*Beispiel 1 zu E.5.3.3.1/1*
Eine Holzbalkendecke kann eine untere Bekleidung aus Spanplatten nach den Angaben der Normtabellen 56 oder 57 erhalten. Anstelle normalentflammbarer Spanplatten (B 2) können auch besondere Spanplatten verwendet werden, z. B.

**BER-Spanplatten (B 1)** nach Tabelle E 2-4 (Seite 22) oder
**BER-Bauplatten (A 2)** nach Tabelle E 2-9 (Seite 41).

In beiden Fällen bieten die Deckenoberflächen an der Unterseite den Vorteil der höherwertigen Baustoffklasse, was z. B. in Rettungswegen zu beachten ist, siehe Abschnitt 3, insbesondere Bild E 3-14.

Wie groß der Gewinn an Feuerwiderstandsdauer beim Einsatz dieser B 1- bzw. A 2-Platten ist, wurde nicht untersucht; er kann nur (positiv wirkend) abgeschätzt werden.

*Beispiel 2 zu E.5.3.3.1/1*
Bei Verwendung einer 16 mm dicken Spanplatte (Forderung nach Tabelle 56) – jedoch in Form einer

**Duripanel-Platte (B 1)** nach Tabelle E 2-4 (Seite 22)

konnte bei einer Erwartung ≥ 30 min eine Feuerwiderstandsdauer von 56 min nachgewiesen werden [5.21].

*Beispiel 3 zu E.5.3.3.1/1*
Aufgrund vorliegender Prüferfahrungen [5.5] können bei gleicher maximaler Spannweite, wie in den Normtabellen 56 und 57 angegeben, anstelle von Gipskarton-Feuerschutzplatten auch **FERMACELL-Gipsfaserplatten** mit 10 mm Dicke verwendet werden, z. B.

- 10 mm FERMACELL anstelle von 12,5 mm GKF → Tabelle 56 Zeilen 1–3, Fußnote 2), Fall b) oder
- 2 × 10 mm FERMACELL anstelle 2 × 12,5 mm GKF → Tabelle 56 Zeilen 4–6.

*Beispiel 4 zu E.5.3.3.1/1*
Bei Verwendung einer
- unteren Bekleidung aus
  - 12,5 mm dicken **FERMACELL-Gipsfaserplatten** und einer
  - 18 mm dicken Nut- und Federschalung sowie einer
- 140 mm dicken **Isofloc-Dämmschicht** (vgl. E.Tab. 51-53/9, Seite 157) – mit einer Rohdichte von 65 kg/m³ und einer
- oberen, 22 mm dicken, gespundeten Schalung

wurde eine Feuerwiderstandsdauer von > 45 min ereicht [5.29].

*Beispiel 5 zu E.5.3.3.1/1*
Bei Verwendung von **PROMATECT®-H-Platten** mit
- 10 + 6 mm (versetzte Stöße) wird F 60 – bzw. mit
- 2 × 10 mm (versetzte Stöße) wird F 90

erreicht; eine Dämmschicht ist nicht erforderlich [5.25], [5.26]. Bei Verwendung von
- 10 mm dicken Platten, unteren Streifen unter den Holzbalken mit d = 10 mm und einer Stoßhinterlegung b × d = 80 × 10 mm sowie einer
- Mineralfaserdämmschicht (A, $\rho \geq 50$ kg/m³) mit d = 2 × 40 mm

wird ebenfalls F 90 erreicht [5.26].

*Beispiel 6 zu E.5.3.3.1/1*
Bei Verwendung von **Gipskartonplatten** (Gipskern mit einem Zusatz aus silikonisierten Hartholzspänen) der Marke
- **DURAGYP (A 2)** mit d = 20 mm nach dem Prüfbescheid PA-III 4.532 (Spannweite der Platten ≤ 333 mm, Befestigung an C-Metallprofilen) und bei einer
- 120 mm dicken Mineralfaser-Dämmschicht (A 1, $\rho \geq 30$ kg/m³), aufgelegt auf DURAGYP-Streifen b × d = 300 × 20 mm unter den Holzbalken,

wurde bei einer Feuerwiderstandsdauer > 100 min F 90 mit großer Sicherheit erreicht [5.23].

*Beispiel 7 zu E.5.3.3.1/1*
Bei Verwendung von
- **Knauf-GKF-Massivbauplatten A 2** mit d = 25 mm und einer Spannweite der Platten von 400 mm,
- einer speziellen Befestigung (Abhängehöhe = Abstand der Platten von der Balkenunterseite ≥ 30 mm bei Verwendung von Metallschienen) und einer
- 100 mm dicken Mineralfaser-Dämmschicht „Isover-Klemmfilz-Uniroll" (A 2 gemäß PA-III 4.49, $\rho \sim 18$ kg/m³, vgl. E.Tab. 51-53/15 und Tabelle E 4-7 auf Seite 160)

wurde bei einer Feuerwiderstandsdauer > 100 min F 90 ebenfalls mit großer Sicherheit erreicht [5.24].

**E.5.3.3.1/2** Die im vorstehenden Beispiel 7 zu E.5.3.3.1/1 beschriebene Bekleidung an der Balkenunterseite kann wegen der Befestigung (Abhängung) und des Abhängeabstandes a ≥ 30 mm auch als **Unterdecke** bezeichnet werden, obwohl wegen der speziellen Befestigung eine relativ starre Verbindung zu den Holzbalken besteht.

Beschreibt man die **Befestigungs- bzw. Abhänge-Möglichkeiten** schematisch, so können grob vereinfacht die in Bild E 5-11 dargestellten Befestigungs- bzw. Abhänge-Varianten 1 – 5 unterschieden werden.

Hierzu einige Erläuterungen:

a) Wie bereits aus Fußnote 1 von Tabelle 58 hervorgeht, üben die Befestigung und die Art der Abhängeanbringung von Deckenbekleidungen einen Einfluß auf die Feuerwiderstandsdauer aus. Unmittelbar an der Unterseite der Deckenbalken angebrachte Befestigungen verhalten sich in der Regel ungünstiger als seitlich angeordnete. Die in Bild E 5-11 in Detail ① bis ③ dargestellten Befestigungen eignen sich i. a. nur für F 30-Decken. Durch die Wahl bestimmter Bekleidungs-Arten, -Dicken und -Befestigungen kann aber auch noch F 60 erzielt werden.

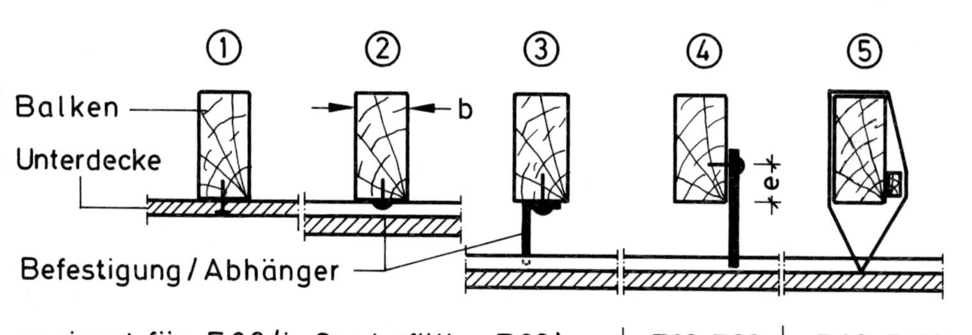


**Bild E 5-11:** Eignung verschiedener Befestigungen, Abhänger (Schema)

5.3

b) Die in Bild E 5-11 Detail ④ dargestellte Befestigung (vgl. auch Schemabild in Tabelle 58) ist dagegen für die Erzielung von F 30 bis F 90 geeignet. Dabei werden höhere Feuerwiderstandsklassen um so sicherer erreicht, je größer der in Bild E 5-11 angegebene Randabstand „e“ ist. Er sollte bei F 60-Decken stets ≥ 45 mm und bei F 90-Decken stets ≥ 75 mm sein. Die Abdeckung der Befestigungsstelle durch eine vorhandene Dämmschicht ist in jedem Falle positiv zu werten.

c) Eine weitere Verbesserung des Feuerwiderstandes wird erzielt, wenn die Abhängung um die Balken herumgeführt wird, was i.a. nur bei Neubauten möglich ist. Mit der in Bild E 5-11 Detail ⑤ dargestellten Abhängung und einer Drahtputzdecke mit Rippenstreckmetall als Putzträger, die etwa den Angaben von Tabelle 58, Zeile 2, entsprach, konnte gerade noch die Feuerwiderstandsklasse F 90 nachgewiesen werden [5.36].

Abschließend ist zu bemerken, daß die

- Befestigungs-Abhänge-Art im Beispiel 7 zu E.5.3.3.1/1 eine Kombination aus den Schemadetails ② und ④ war und die
- Feuerwiderstandsklasse F 90 u. a. deshalb erreicht wurde, weil die Ausbauplatten bei einer Spannweite von 400 mm 25 mm dick waren; nach Bild E 5-1 war hier allein für die Platten schon mit einer Feuerwiderstandszeit ≥ rd. 60 min zu rechnen. Zählt man hierzu die Feuerwiderstandszeiten der MF-Dämmung und der Rohdecke selbst, kann man leicht eine Feuerwiderstandsdauer > 90 min abschätzen.

**E.5.3.3.1/3** Wie aus der vorstehenden Erläuterung E.5.3.3.1/2 ersichtlich ist, verhalten sich abgehängte Unterdecken in der Regel günstiger als unmittelbar an den Balken angebrachte Beplankungen oder Bekleidungen. Das gilt nicht nur für die in den Tabellen 56 bis 59 klassifizierten Decken, sondern auch für Holzbalkendecken mit **Unterdecken aus Gipskarton-, Gipsfaser-, Silikat- oder Mineralfaserplatten**. Die Klassifizierung derartiger Decken erfolgt entweder über die Prüfung einer Holzbalkendecke mit Unterdecke oder in der Regel über die Prüfung einer Stahlträgerdecke mit Unterdecke [5.37]. Dabei werden Abdeckungen aus 50 mm Normalbeton oder 125 mm Porenbeton verwendet. Für Klassifizierungen von Holzbalkendecken mit Unterdecken müssen die Temperaturen an den Stahlträgern ≤ 200 °C (Normalbetonabdeckung) bzw. ≤ 250 °C (Porenbetonbdeckung) bleiben.

**E.5.3.3.1/4** Die **Temperaturen im Zwischendeckenbereich** von Stahlträgerdecken mit Porenbetonabdeckung sind praktisch identisch mit den Temperaturen an Holzbalken oberhalb von Unterdecken. Aus den Temperaturverläufen kann die Feuerwiderstandsdauer abgeleitet werden. Bild E 5-12 zeigt beispielhaft die Temperaturverläufe über Unterdecken aus Putz auf Rippenstreckmetall gemäß Tabelle 58 und über Unterdecken aus 15 mm dicken Mineralfaserplatten [5.38] mit einer Abdeckung aus Porenbetonplatten. Tabelle E 5-3 enthält die Ableitung der Feuerwiderstandsdauer, wobei unter Beachtung der bereits beschriebenen Parameter die in Bild E 5-12 schematisch beschriebenen Regelfälle behandelt werden.

Der Beurteilung bzw. rechnerischen Ermittlung der Feuerwiderstandsdauer liegen minimale Abhängehöhen von a ~ 40 mm zugrunde. Bei der Wahl größerer Abhängehöhen wird die Feuerwiderstandsdauer verbessert. Als Maß der Verbesserung kann nach [5.37] folgender Wert angesetzt werden:

$$\Delta t = 0{,}75 \text{ min für } \Delta a = 10 \text{ mm.}$$

Im **Berechnungsbeispiel** von Tabelle E 5-3, Zeile 1, kann durch eine Vergrößerung der Abhängehöhe noch F 60 erreicht werden; in anderen Fällen ist die Erzielung von F 90 möglich, siehe Zeilen 7 und 8. Die Werte von Tabelle E 5-3 geben in jedem Fall nur Anhaltswerte. Die Feuerwiderstandsklasse ist für bauaufsichtliche Genehmigungsverfahren jeweils durch Prüfzeugnis oder Gutachten nachzuweisen, siehe Bild E 3-19.

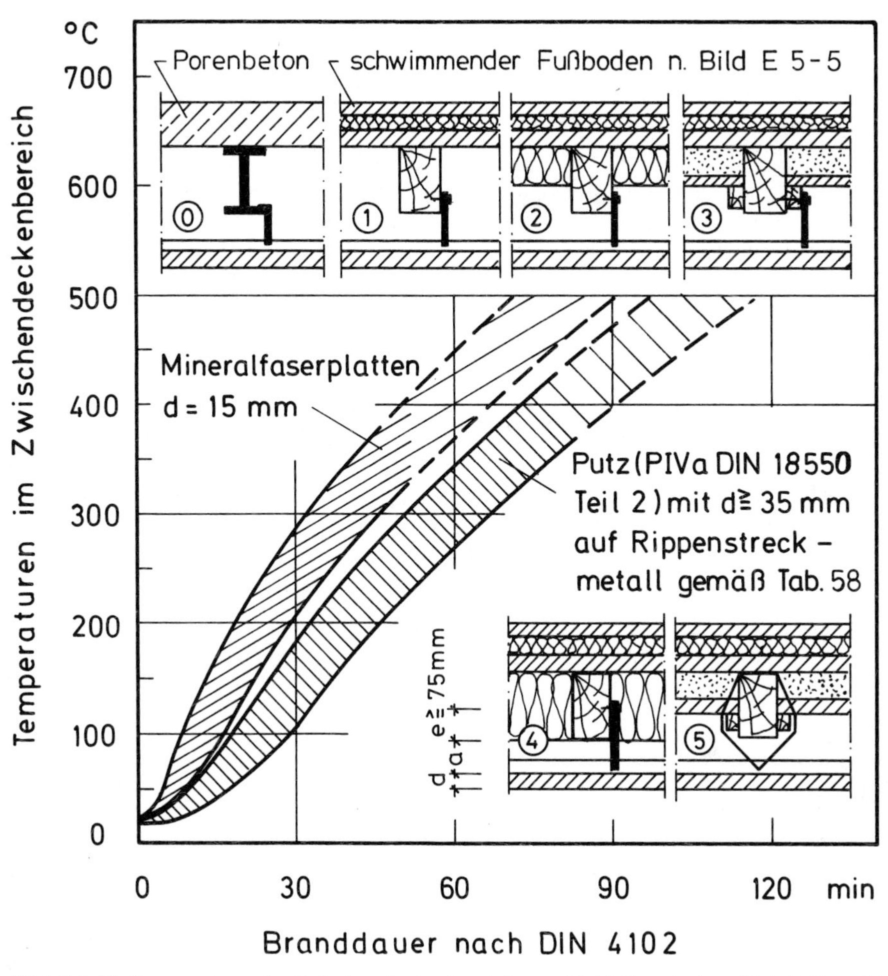


**Bild E 5-12:** Temperaturen im Zwischendeckenbereich von Stahlträgerdecken (Detail ⓪) und Holzbalkendecken (Details ① bis ⑤) bei Anordnung verschiedener Unterdecken

5.3

Das Versagen der Unterdecken erfolgt in der Regel durch

- das Herausbrennen und Versagen der Befestigungen der Abhänger (vgl. Bild E 5-12), Details ① bis ③ ),
- das Versagen der Einschubböden, verbunden mit einem Abstürzen und Durchschlagen der Unterdecke (vgl. Bild E 5-12, Details ③ und ⑤, oder
- den Tragfähigkeitsverlust der Holzbalken, wobei die gesamte Deckenkonstruktion einstürzt.

Aufgrund der Prüfbestimmungen von DIN 4102 Teil 2 – enthält jedes Prüfzeugnis im Abschnitt **„Besondere Hinweise“** (siehe Bild E 3-6) die Einschränkung, daß sich im Zwischendeckenbereich zwischen Unterdecke und Rohdecke keine weiteren brennbaren Stoffe als bei der geprüften Decke befinden dürfen; andernfalls kann die jeweils angegebene Klassifizierung verlorengehen. Diese Einschränkung wird als Vorsichtsmaßnahme erhoben.

**Tabelle E 5-3:** Feuerwiderstandsdauer von Holzbalkendecken mit abgehängten Unterdecken nach Bild E 5-12 mit einer Abhänghöhe a ~ 40 mm.

| Zeile | Balken mit einer Breite b ≥ 40 mm mit einer abgehängten Unterdecke aus | Deckenkonstruktion nach Bild E 5-12 | Zeit bis Temperatur im Zwischendeckenbereich T ≥ 300 °C $t_1$ | Feuerwiderstandsdauer der Dämmschicht (s. S. 199 - 204) $t_2$ | oberen Beplankung nach [5. 37] $t_3$ | gesamten Decke $t_D = t_1 + t_2 + t_3$ | maximal mögliche Feuerwiderstandsklasse |
|---|---|---|---|---|---|---|---|
| | | – | min | min | min | min | – |
| 1 | Mineralfaserplatten mit d = 15 mm in Metallschienen nach [5.38] | 1 | 33 – 47 | – | 7 – 10 | 40 – 57 | F 30 |
| 2 | | 2 | 33 – 47 | ~15 2) | 7 – 10 | 55 – 72 | F 30 – F 60 6) |
| 3 | | 3 | 33 – 47 | ~15 3) | 7 – 10 | 55 – 72 | F 30 – F 60 6) |
| 4 | | 4 | 33 – 47 | ~25 4) | 7 – 10 | 65 – 82 | F 60 |
| 5 | | 5 | 33 – 47 | ~25 5) | 7 – 10 | 65 – 82 | F 60 |
| 6 | Putz mit d ≥ 35 mm 1) auf Rippenstreckmetall gemäß Tabelle 58 Zeile 2 | 1 | 51 – 65 | – | 7 – 10 | 58 – 75 | F 60 |
| 7 | | 2 | 51 – 65 | ~15 2) | 7 – 10 | 73 – 90 | F 60 |
| 8 | | 3 | 51 – 65 | ~15 3) | 7 – 10 | 73 – 90 | F 60 |
| 9 | | 4 | 51 – 65 | ~25 4) | 7 – 10 | 83 – 100 | F 90 7) |
| 10 | | 5 | 51 – 65 | ~25 5) | 7 – 10 | 83 – 100 | F 90 |

1) d ist hier analog Bild E 5-12 die Gesamtputzdicke aus Putz P IVa DIN 18 550 Teil 2.
2) Mineralfaser-Dämmschicht nach Abschnitt 5.2.4 mindestens 40 mm dick, vgl. Tabelle E 5-2 (S. 201).
3) Einschubboden nach Bild E 5-12, Detail ③ oder ⑤.
4) Mineralfaser-Dämmschicht nach Abschnitt 5.2.4 mindestens 80 mm dick, Befestigung der Abhängung und ganze Balkenseite schützend, vgl. Bild E 5-3.
5) Einschubboden nach Bild E 5-13, Zeile 3 oder 5.
6) Mindestbalkenbreite bei F 60: b = 100 mm.
7) Mindestbalkenbreite b = 100 mm.

**E.5.3.3.1/5** Wird eine Unterdecke in Verbindung mit einer
- Stahlträgerdecke mit Stahlbeton- oder Porenbetonabdeckung oder mit einer
- Holzbalkendecke ohne Dämmschicht (vgl. Bild E 5-12, Details ⓪) und ①)

geprüft, dann gilt die Klassifizierung aufgrund der vorstehend gegebenen Erläuterungen auch für Holzbalkendecken mit Dämmschichten nach Bild E 5-12, Details ② bis ⑤. Anstelle von geglühtem Sand darf auch **Schlacke oder ähnliches Füllmaterial** der Baustoffklasse A verwendet werden. Mineralfaser-Dämmschichten dürfen auch durch **Lattungen oder Einschubböden** unterstützt werden, vgl. Abschnitt 5.2.4.3 (S. 192).

Die Dämmschichten müssen in jedem Fall **dicht** eingebaut werden und dürfen die Unterdecke nicht belasten.

Erfolgt die Klassifizierung in Verbindung mit einer Dämmschicht, dann sind zunächst alle im Prüfzeugnis angegebenen Details zu beachten. Aufgrund der vorstehend gegebenen Erläuterungen können ggf. auch andere Dämmschichten verwendet werden. Der Nachweis der Feuerwiderstandsklasse kann in solchen Fällen durch ein Gutachten geführt werden, s. Bild 3-19.

**E.5.3.3.1/6** Die vorstehenden Erläuterungen E.5.3.3.1/2–E.5.3.3.1/5 (Seite 220 bis 224) sollen nachfolgend durch drei Beispiele mit Unterdecken belegt werden; die Benennung lautet jeweils F..-B:

*Beispiel 1 zu E.5.3.3.1/6*
Bei Verwendung einer Unterdecke aus

- 12,5 mm FERMACELL-Gipsfaserplatten mit
- 30 mm **FERMACELL T SY-Steinen** (Porenbeton) und
- 10 mm FERMACELL-Gipsfaserplatten als unterer Abschluß

wurde bei Befestigung an Metallschienen bei einer Spannweite der Unterdeckenkonstruktion von ≤ 500 mm in Verbindung mit einer Stahlträgerdecke (Bild E 5-12, Detail ⓪) nachgewiesen, daß die Unterdecke allein eine Feuerwiderstandsdauer von

- 92–99 min mit – Mineralfaserauflage und von
- 81–92 min ohne Mineralfaserauflage

bei Brandbeanspruchung von unten besitzt [5.10].

Jede beliebige Holzkonstruktion und damit auch jede beliebige Holzbalkendecke mit einer derartigen „F 90-A-Unterdecke allein" kann damit unter den im Prüfzeugnis genannten Randbedingungen [5.10] in die Feuerwiderstandsklasse F 90 eingestuft werden.

In Zusatzprüfungen wurde nachgewiesen, daß die vorstehend beschriebene Unterdecke mit Mineralfaserauflage auch bei Brandbeanspruchung von oben in die Feuerwiderstandsklasse F 90-A eingestuft werden kann [5.11].

*Beispiel 2 zu E.5.3.3.1/6*
Bei Verwendung einer Unterdecke aus

- 15 mm dicken **OWAcoustikplatten** (A 2 und B 1) bei Einlegemontage in Metallprofile (Abhängung nach Bild E 5-12, Detail ②), Abhängehöhe a = 245 mm, in Verbindung mit einer
- Mineralfaser-Dämmschicht nach Bild E 5-12, Detail ② (d = 17 mm, $\rho \geq 445$ kg/m³, B 1 nach PA-III 2.840)

wurden Feuerwiderstandsdauern in Verbindung mit einer Holzbalkendecke nach DIN 4102 Teil 2 von ≥ 97 min erreicht → Klassifizierung F 90 [5.27].

*Beispiel 3 zu E.5.3.3.1/6*
Bei Verwendung einer Unterdecke, ähnlich wie im vorstehenden Beispiel 2 beschrieben, jedoch

- mit **OWAcoustikplatten Typ MAVROC** (**M**oisture **a**nd **V**apour **R**esistance **O**denwald **C**eilings – d. h. Verwendung bei einer Luftfeuchte ≥ 70 %, z. B. in Schwimmbädern, Außenbereichen usw. – Abhängehöhe a ≥ 190 mm,
- ohne Mineralfaser-Dämmschicht

wurde in Verbindung mit einer Stahlträgerdecke mit Stahlbetonabdeckung die Feuerwiderstandsklasse-Benennung F 90-AB bescheinigt [5.28]. Eine Klassifizierung in Verbindung mit Holzbalkendecken war nicht möglich, da die Temperaturen an den Stahlträgern bei 30 Minuten max T = 220 °C > 200 °C = Grenztemperatur nach Norm betrugen. Es ist aufgrund vorliegender Erfahrungen (Bild E 3-19) jedoch zu erwarten, daß Holzbalkendecken jeder Art in Verbindung mit einer derartigen Unterdecke F 30 erreichen.

**E.5.3.3.1/7** Eine Unterdecke, wie in den vorstehenden Erläuterungen E.5.3.3.1/2–E.5.3.3.1/6 (Seite 220–225) behandelt, ist immer auch eine Konstruktion, die der architektonischen Gestaltung Spielraum läßt. Wenn es nicht darauf ankommt, eine schöne Unterdecke zu zeigen, kann der Brandschutz auch durch das Aufbringen eines **Spritzputzes**, wie er häufig im Stahlbau verwendet wird [5.37], erzeugt werden. Bei Verwendung des Spritzputzes **„Dossolan 3000“** [5.37] konnte bei Verwendung einer Holzbalkendecke mit Streckmetall als Putzträger nachgewiesen werden, daß bei

- 40 mm Putzdicke F  90 und bei
- 55 mm Putzdicke F 120

erreicht wird [5.39]. Abschließend hierzu kann gesagt werden, daß man mit Spritzputz in bestimmten Grenzen auch architektonische Effekte erzielen kann.

| Zeile | Zwischenboden - Aufbau<br>⟵ 680mm ⟶ Balken 100/180 mm/mm | | Feuerwiderstandsdauer in min |
|---|---|---|---|
| 1 | 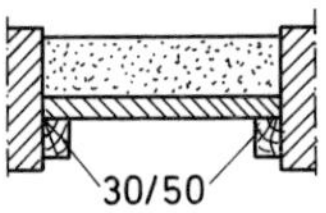 | 100 mm geglühter Sand auf Packpapier | 14 |
| 2 | 30/50 | 18 mm Einschub, gesäumt | 13 |
| 3 | 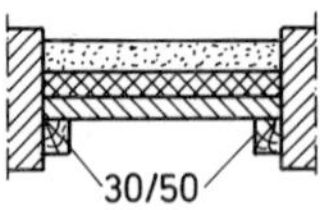 30/50 | 70 mm geglühter Sand<br>30 mm Lehmverstrich<br>18 mm Einschub, gesäumt | 25 |
| 4 | 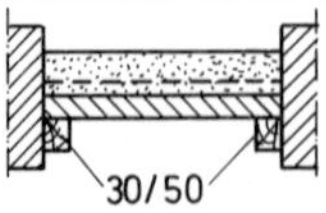 30/50 | 70 mm geglühter Sand<br>20 mm Fugen-Lehmverstr.<br>25 mm HWL - Platte | 9 |
| 5 | 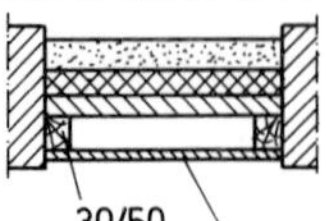 30/50 | 70 mm geglühter Sand<br>30 mm Lehmverstrich<br>18 mm Einschub, gesäumt<br>5 mm Industrie-Asbestpappe | 29 |

**Bild E 5-13:** Feuerwiderstandsdauer von Einschubböden mit Lehmschlag o. ä.

Anmerkung zu Zeile 5: Industrie-Asbestpappe gibt es heute nicht mehr

**E.5.3.3.1/8** Wie aus Abschnitt 5.3.3.1 Pkt. b) (S. 209) hervorgeht, dürfen anstelle der notwendigen Dämmschicht auch **Einschubböden mit Lehmschlag** mit einer Dicke d ≥ 60 mm verwendet werden. Diese Aussage hat nicht nur für neu zu errichtende Gebäude, sondern auch für die **Sanierung von Altbauten** Bedeutung. Die Feuerwiderstandsdauer von Einschubböden mit Lehmschlag o. ä. beträgt aufgrund vorliegender Prüferfahrungen [5.36] etwa 9 bis 25 Minuten, vgl. Bild E 5-13. Die nach DIN 4102 Ausgabe 1940 ermittelten Werte liegen trotz unterschiedlicher Prüfbestimmungen zur heute gültigen Normausgabe (1977) im Rahmen der heutigen Erkenntnisse, vgl. mit Bild E 4-27 (S. 147), wobei die verwendeten Materialdicken und Spannweiten zu beachten sind. Das in Bild E 5-13, Zeile 3, wiedergegebene Prüfergebnis ist aufgrund einer Salzbehandlung der Einschubbretter möglicherweise etwa 3 bis 5 Minuten besser, als ohne Salzbehandlung zu erwarten ist.

Die Feuerwiderstandsdauer von Einschubböden kann durch die Anordnung einer unterseitigen Bekleidung noch verbessert werden, vgl. Bild E 513, Zeile 5. Bei Verwendung heute üblicher Ca-Si-Platten – siehe [5.26] – ist eine nochmalige Steigerung der Feuerwiderstandsdauer zu erwarten.

**E.5.3.3.2** In **Altbauten** befinden sich oft Holzbalkendecken der beschriebenen Art, die jedoch meistens

a) keinen schwimmenden Fußboden aufweisen und

b) an der Unterseite eine Putzdecke unbekannter Feuerwiderstandsdauer besitzen.

Bei der Sanierung derartiger Decken muß wie folgt vorgegangen werden:

a) Zum Schutz gegen Brandbeanspruchung von oben ist stets ein schwimmender Fußboden entsprechend Bild E 5-5 (S. 205) bzw. ein schwimmender Estrich entsprechender Dicke anzuordnen. Dabei ist unter Berücksichtigung des Gewichts der Unterdecke zu überprüfen, ob die vorhandenen Holzbalken in der Lage sind, das vergrößerte Gewicht zu tragen.

b) Es ist zu untersuchen, was für eine Putzdecke vorhanden ist. Aufgrund der Kennwerte – Material, Putzträger, Spannweite, Dicke, Befestigung usw. – sind das Verhalten bei Brandbeanspruchung und die Feuerwiderstandsdauer abzuschätzen. Besonders ist zu beachten, daß Putzdecken in Altbauten bei Brandbeanspruchung frühzeitig abfallen und eine aus Brandschutzgründen zusätzlich angebrachte Unterdecke durchschlagen können.

c) Ein Durchschlagen wird ausgeschlossen, wenn eine unmittelbar unter der Altbaudecke angeordnete Unterdecke nach der Normtabelle 63 angeordnet wird. Wie aus Abschnitt 5.3.3.2 (S. 209) hervorgeht, können nach Norm

- Drahtputzdecken oder
- Unterdecken aus Gipskarton-Feuerschutzplatten

verwendet werden, um F 30 zu erreichen.

**E.5.3.3.3** Anstelle einer Putz- oder GKF-Unterdecke können natürlich auch **FERMACELL-Gipsfaserplatten** mit 2 × 10 mm verwendet werden [5.5]. Auch der Einsatz anderer Platten – z. B. die Verwendung von Ca-Si-Platten [5.26] – ist möglich.

Gleichgültig welche Unterdecke gewählt wird, sie muß immer unmittelbar unter der Altbaudecke angebracht werden, um das in E.5.3.3.2 erwähnte Durchschlagen zu verhindern, siehe auch die folgende Erläuterung E.Tabelle 63/1.

**E.Tabelle 63/1** **Rohrputzdecken** fallen in der Regel ab, wenn der Putzträger etwa 250 °C warm wird und verascht.

Wird die Rohrputzdecke unmittelbar vom Brand beansprucht, ist mit einem Abfallen zwischen 5 min und 12 min Beanspruchungszeit (ETK) zu rechnen.

Bei Anordnung von zusätzlichen Unterdecken erfolgt das Abfallen dagegen je nach Durchwärmung erst zwischen rd. 30 und rd. 60 Minuten Beanspruchungszeit – je nachdem, was für eine Unterdecke gewählt wird. Nach dem Veraschen der Rohrung fällt die Putzdecke ab und zerschlägt die zusätzlich angebrachte Unterdecke, so daß der gewünschte Brandschutz nicht erreicht wird – es sei denn, daß die Unterdecke unmittelbar unter der Altbaudecke angebracht wird, siehe Tabelle 63.

**E.Tabelle 63/2** Abschließend zum Thema **Altbauten** sei an dieser Stelle auf die Abschnitte

- 6: Modernisierung, Sanierung, Instandsetzung, Nutzungsänderung
- 7: Denkmalschutz und
- 8: (F 90-B) – anstelle feuerbeständiger (F 90-AB) Konstruktionen

dieses Handbuches hingewiesen.

**E.5.3.4/1** In Abschnitt 5.3.4 werden **Holzbalkendecken mit teilweise freiliegenden Holzbalken** behandelt. Hierzu gelten alle vorstehend zu Abschnitt 5.2 gegebenen Eerläuterungen sinngemäß.

Ergänzend ist zu bemerken, daß die in Tabelle 64 dargestellten **Bekleidungen immer dicht** an die Holzbalken anschließen müssen. Je dichter der Anschluß ausgeführt wird, desto besser wird die jeweils angegebene Feuerwiderstandsklasse gewährleistet. Die Feuerwiderstandsdauer wird um so größer, je kleiner der freiliegende Teil der Holzbalken ist.

**E.5.3.4/2** Liegen die Holzbalken so weit auseinander, daß die in Tabelle 64 angegebenen zulässigen Spannweiten der Bekleidung nicht eingehalten werden können, ist zwischen der Bekleidung und den dargestellten Holzlatten ≥ 40/60 eine **Konterlattung** (querlaufende Feinlattung) im Abstand der max. zulässigen Spannweite anzuordnen; die Bekleidung ist dann an dieser Lattung entsprechend den einschlägigen Vorschriften zu befestigen.

**E.5.3.4.2** Anstelle üblicher Holzwerkstoffplatten mit $\rho \geq 600$ kg/m³ können (bei entsprechendem Nachweis) auch andere Platten verwendet werden. Bei Verwendung von „Leichtspanplatten“

- **Mikropor S – Wilhelmi Akustikplatte A 2** in 18 mm Dicke (350 kg/m³ $\leq \rho \leq$ 570 kg/m³, vgl. Tabelle E 2-9) mit
- Mineralfaser-Auflage und
- besonderer (von der Norm abweichender) Anbringung und Befestigung

konnte bei Feuerwiderstandsdauern von 35–55 min die Feuerwiderstandsklasse F 30 nachgewiesen werden [5.22].

**E.5.2 und E.5.3** Abschließend zu den Abschnitten 5.2 und 5.3 ist zu bemerken, daß auch die Feuerwiderstandsdauer von Holzbalkendecken nach den Angaben **ENV 1995-1-2** rechnerisch abgeschätzt werden kann. Hierzu dienen (z. T. wie bei den Wänden in Abschnitt 4) die:

1. Durchbrand- oder Versagenszeiten $t_1$–$t_4$ nach Bild E 4-27 (s. Seite 147),
2. Widerstandszeit von Mineralfaser-Dämmschichten o. ä. bestimmter Güte nach Gleichung (4.1) auf Seite 158 und die
3. Tragfähigkeitszeit von Balken nach Abschnitt 5.5.

Erläuterungen und Beispiele für die rechnerische Ermittlung der Feuerwiderstandsdauer von Decken nach ENV 1995-1-2 sind in [5.65] wiedergegeben.

Dachausbau mit Holz

### 5.4 Feuerwiderstandsklassen von Dächern aus Holz und Holzwerkstoffen

#### 5.4.1 Anwendungsbereich, Brandbeanspruchung

**5.4.1.1** Die Angaben von Abschnitt 5.4 gelten für von unten beanspruchte Dächer aus Holz und Holzwerkstoffen — auch in Tafelbauart —, die auf der Oberseite eine durchgehende Bedachung aufweisen.

**5.4.1.2** Die Angaben gelten auch für Dächer mit Öffnungen, wie Oberlichter, Lichtkuppeln, Luken usw., wenn nachgewiesen ist, daß das Brandverhalten der Dächer durch die Anordnung derartiger Öffnungen nicht nachteilig beeinflußt wird.[7])

**5.4.1.3** Bei den klassifizierten Dächern ist die Anordnung zusätzlicher Bekleidungen — Bekleidungen aus Stahlblech ausgenommen — an der Dachunterseite ohne weitere Nachweise erlaubt.

**5.4.1.4** Die Bedachungen dürfen beliebig sein; die bauaufsichtlichen Bestimmungen der Länder sind zu beachten. Angaben über Bedachungen, die gegen Flugfeuer und strahlende Wärme widerstandsfähig sind, sind in Abschnitt 8.7 enthalten.

**5.4.1.5** Dampfsperren beeinflussen die Feuerwiderstandsklassen nicht.

#### 5.4.2 Dächer mit Sparren oder ähnlichem mit bestimmten Abmessungen

**5.4.2.1** Dächer mit Sparren oder ähnlichem mit bestimmten Abmessungen, die eine obere Beplankung bzw. Schalung aufweisen und die verdeckt angeordnet sind, sind nach den Angaben von Tabelle 65 zu bemessen.

Bei größeren Abständen der Sparren o. ä. gelten die Angaben der Abschnitte 5.2.3.7 und 5.2.3.8 sinngemäß.

**5.4.2.2** Sofern auf der Dachoberseite

a) eine ≥ 50 mm dicke Kiesschüttung oder

b) eine ≥ 50 mm dicke Schicht aus dicht verlegten Betonplatten oder

c) ein schwimmender Estrich nach Abschnitt 5.2.5

angeordnet wird, können die Dächer auch bei Brandbeanspruchung von oben in die jeweils angegebenen Feuerwiderstandsklassen und Benennungen eingestuft werden.

**5.4.2.3** Bei Bekleidungen aus Brettern ist die Dicke $d_D$ nach Bild 47 maßgebend.

**5.4.2.4** In Dächern nach den Angaben von Tabelle 65 ist brandschutztechnisch keine Dämmschicht notwendig.

Bei Anordnung einer brandschutztechnisch wirksamen Dämmschicht gilt Abschnitt 5.3.4.3, zweiter Absatz.

[7]) Siehe Seite 72.

**Tabelle 65: Dächer mit Sparren oder ähnlichem mit bestimmten Abmessungen**

Bedachung
obere Beplankung oder Schalung
Sparren oder ähnliches
(brandschutztechnisch nicht notwendige) Dämmschicht [4])
untere Beplankung oder Bekleidung [4])
Bekleidung
Beplankung oder Bekleidung [4])

| Zeile | Sparren oder ähnliches nach Abschnitt 5.2.2 Mindestbreite | Untere Beplankung oder Bekleidung nach Abschnitt 5.2.3 – aus Holzwerkstoffplatten mit $\varrho \geq 600\ kg/m^3$ (Mindestdicke) | Untere Beplankung oder Bekleidung – aus Gipskarton-Feuerschutzplatten (GKF) (Mindestdicke) | | Zul. Spannweite[5]) | Obere Beplankung oder Schalung nach Abschnitt 5.2.3 aus Holzwerkstoffplatten mit $\varrho \geq 600\ kg/m^3$ Mindestdicke | Bedachung | Feuerwiderstandsklasse-Benennung |
|---|---|---|---|---|---|---|---|---|
| | $b$ mm | $d_1$ mm | $d_1$ mm | $d_2$ mm | $l$ mm | $d_3$ mm | — | |
| 1 | 40 | 19[1]) | | | 625 | 16[2]) | siehe Abschnitt 5.4.1.4 | F 30-B |
| 2 | 40 | | 12,5 | 12,5 | 400 | 19[3]) | | F 60-B |

[1]) Ersetzbar durch

a) ≥ 16 mm dicke Holzwerkstoffplatten (obere Lage) + 9,5 mm dicke GKB- oder GKF-Platten (raumseitige Lage) oder

b) ≥ 12,5 mm dicke Gipskarton-Feuerschutzplatten (GKF) mit einer Spannweite $l \leq 400$ mm oder

c) ≥ 15 mm dicke Gipskarton-Feuerschutzplatten (GKF) mit einer Spannweite $l \leq 500$ mm oder

d) ≥ 50 mm dicke Holzwolle-Leichtbauplatten mit einer Spannweite $l \leq 500$ mm.

e) ≥ 25 mm dicke Holzwolle-Leichtbauplatten mit einer Spannweite $l \leq 500$ mm mit ≥ 20 mm dickem Putz nach DIN 18 550 Teil 2 oder

f) ≥ 9,5 mm dicke Gipskarton-Putzträgerplatten (GKP) mit einer Spannweite $l \leq 500$ mm mit ≥ 20 mm dickem Putz der Mörtelgruppe P IVa bzw. P IVb nach DIN 18 550 Teil 2 oder

g) Bretter nach Abschnitt 5.2.3.1, Aufzählungen f) bis i), mit einer Dicke nach Bild 47 mit $d_D \geq 19$ mm.

[2]) Ersetzbar durch Bretter (gespundet) mit $d \geq 21$ mm.

[3]) Ersetzbar durch Bretter (gespundet) mit $d \geq 27$ mm.

[4]) Siehe auch Abschnitt 5.4.2.4.

[5]) Siehe Abschnitt 5.4.2.3, vgl. Abschnitte 5.2.3.7 und 5.2.3.8.

**5.4.3 Dächer mit Dach-Trägern, -Bindern oder ähnlichem mit beliebigen Abmessungen**

**5.4.3.1** Dächer mit Dach-Trägern, -Bindern oder ähnlichem mit beliebigen Abmessungen, die auf der Oberseite

a) eine Bedachung oder

b) eine Schalung beliebiger Dicke mit einer Bedachung

besitzen, müssen an der Unterseite eine Bekleidung und erforderlichenfalls eine brandschutztechnisch notwendige Dämmschicht nach den Angaben von Abschnitt 5.4.3 aufweisen.

**5.4.3.2** Als Beplankung bzw. Bekleidung — siehe auch die Ausführungszeichnungen in den Tabellen 66 bis 69 — können die in Abschnitt 5.2.3.1 angegebenen Werkstoffe verwendet werden.

Alle Beplankungen bzw. Bekleidungen müssen eine geschlossene Fläche besitzen. Alle Platten müssen dicht gestoßen werden. Fugen von Gipskarton-Bauplatten müssen nach DIN 18 181 verspachtelt werden. Dies gilt sinngemäß auch für Holzwolle-Leichtbauplatten.

Die Bekleidung ist mit oder ohne Anordnung einer Grund- und/oder Feinlattung an den Dach-Trägern, -Bindern oder ähnlichem nach den Bestimmungen der Normen, z. B. DIN 18 181, zu befestigen. Die Beplankung bzw. Bekleidung muß die in den Tabellen 66 bis 69 angegebenen Mindestdicken aufweisen; die angegebenen zulässigen Spannweiten dürfen nicht überschritten werden.

**5.4.3.3** Der Zwischenraum zwischen Dämmschicht und Bedachung darf belüftet sein.

**5.4.3.4** In Dächern nach Tabelle 66, Zeilen 5 bis 10, ist brandschutztechnisch eine Dämmschicht notwendig. Sie muß aus Mineralfaser-Dämmstoffen nach DIN 18 165 Teil 1/07.91, Abschnitt 2.2, bestehen, der Baustoffklasse A angehören und einen Schmelzpunkt ≥ 1000 °C nach DIN 4102 Teil 17 besitzen.

Plattenförmige Mineralfaser-Dämmschichten sind durch strammes Einpassen — Stauchung bis etwa 1 cm — zwischen den Dach-Trägern oder ähnlichem und durch Anleimen an den Dach-Trägern gegen Herausfallen zu sichern.

Mattenfömige Mineralfaser-Dämmschichten dürfen verwendet werden, wenn sie auf Maschendraht gesteppt sind, der durch Nagelung (Nagelabstände ≤ 100 mm) an den Dach-Trägern oder ähnlichem zu befestigen ist.

Die Dämmschichten können auch durch Annageln der Dämmschichtränder mit Hilfe von Holzleisten ≥ 25 mm × 25 mm oder durch Einquetschen zwischen einer Lattung und den Dach-Trägern gegen Herausfallen gesichert werden.

Sofern an der Dachunterseite zwischen den Dach-Trägern und der Bekleidung eine Lattung angeordnet ist und die Mineralfaser-Dämmschicht hierauf **dicht** verlegt wird, dürfen das Anleimen bei plattenförmigen Dämmschichten und der Maschendraht einschließlich Annagelung bei mattenförmigen Dämmschichten entfallen (vergleiche Tabelle 66, Ausführungsmöglichkeiten 2 und 3).

**Tabelle 66: Dächer F 30-B mit unterseitiger Plattenbekleidung**

| Zeile | Konstruktionsmerkmale[4]), Ausführungsmöglichkeiten 1 bis 3 | Beplankung bzw. Bekleidung nach Abschnitt 5.2.3: aus Holzwerkstoffplatten mit $\varrho \geq 600\ \text{kg/m}^3$ | aus Gipskarton-Feuerschutzplatten (GFK) | aus Gipskarton-Putzträgerplatten (GKP) | aus Putz der Mörtelgruppe P IVa oder P IVb | Zulässige Spannweite | Dämmschicht aus Mineralfaser-Platten oder -Matten nach Abschnitt 5.2.4, Mindest-dicke | Mindest-rohdichte | Dach-Träger, -Binder oder ähnliches sowie Bedachung | |
|---|---|---|---|---|---|---|---|---|---|---|
| | ① Bedachung, b, b, $d_3$, $D$, $d_1$, $d_2$, $l$, Bekleidung | Mindestdicke $d_1$ mm | $d_2$ mm | $d_1$ mm | $d_2$ mm | $l$ mm | $D$ mm | $\varrho$ kg/m³ | $b$ mm | $d_3$ mm |
| 1 | ② Bedachung, $d_3$, $D$, $d_2$, $l$, Bekleidung | 16 + 12,5[1]) | | | | 625 | Baustoffklasse nach DIN 4102 Teil 1: Mindestens B 2; im übrigen aus brandschutztechnischen Gründen keine Anforderungen | | Zur Erzielung von F 30-B keine Anforderungen, siehe Abschnitt 5.4.1.4 | |
| 2 | | 13 + 15[1]) | | | | 625 | | | | |
| 3 | | 0 | 2 × 12,5 | | | 500 | | | | |
| 4 | | | | 9,5[2]) | 15[3]) | 400 | | | | |
| 5 | ③ Bedachung, $d_2$, $D$, $l$, Bekleidung | 0 | 15 | | | 400 | 40 | 100 | | |
| 6 | | 0 | 15 | | | 400 | 60 | 50 | | |
| 7 | | 0 | 15 | | | 400 | 80 | 30 | | |
| 8 | | 13 + 12,5[1]) | | | | 625 | 40 | 100 | | |
| 9 | | 13 + 12,5[1]) | | | | 625 | 60 | 50 | | |
| 10 | | 13 + 12,5[1]) | | | | 625 | 80 | 30 | | |

[1]) Die Gipskartonplatten sind auf den Holzwerkstoffplatten ($l \leq 625$ mm) mit einer zulässigen Spannweite von 400 mm zu befestigen.

[2]) Ersetzbar durch ≥ 50 mm dicke Holzwolle-Leichtbauplatten nach DIN 1101 mit einer Spannweite $l \leq 1000$ mm.

[3]) Ersetzbar durch ≥ 10 mm dicken Vermiculite- oder Perliteputz nach Abschnitt 3.1.6.5.

[4]) Die Bekleidung kann 1- oder 2lagig bei den Ausführungsmöglichkeiten 1 bis 3 angebracht werden; zwischen der Bekleidung und den Dach-Trägern dürfen auch Grund- und Traglattungen vorhanden sein, vgl. Abschnitt 5.4.3.2.

Ein Anleimen von plattenförmigen Mineralfaser-Dämmschichten kann ebenfalls entfallen, wenn die Dämmplatten ≥ 100 mm dick sind, eine Rohdichte von ≥ 40 kg/m³ besitzen und bei einer lichten Weite der Dach-Träger, Latten oder von ähnlichem ≤ 400 mm stramm eingepaßt werden.

Fugen von stumpf gestoßenen Dämmschichten müssen dicht sein. Mattenförmige Dämmschichten müssen sich bei Stößen ≥ 10 cm überlappen.

Die Mindestdicke und die Mindestrohdichte der Dämmschichten sind den Angaben von Tabelle 66 zu entnehmen.

**5.4.3.5** Bei Dämmschichten aus Schaumkunststoffen nach DIN 18 164 Teil 1, soweit sie nicht in Dächern nach den Tabellen 65 oder 67 verwendet werden, gelten die Angaben von Tabelle 68.

**5.4.3.6** Bei einer unteren Beplankung bzw. Bekleidung ähnlich Tabelle 66, jedoch bei vergrößerter Spannweite, gelten die in Tabelle 69 angegebenen Randbedingungen.

**Tabelle 67: Dächer F 30-B mit unterseitiger Drahtputzdecke nach DIN 4121**

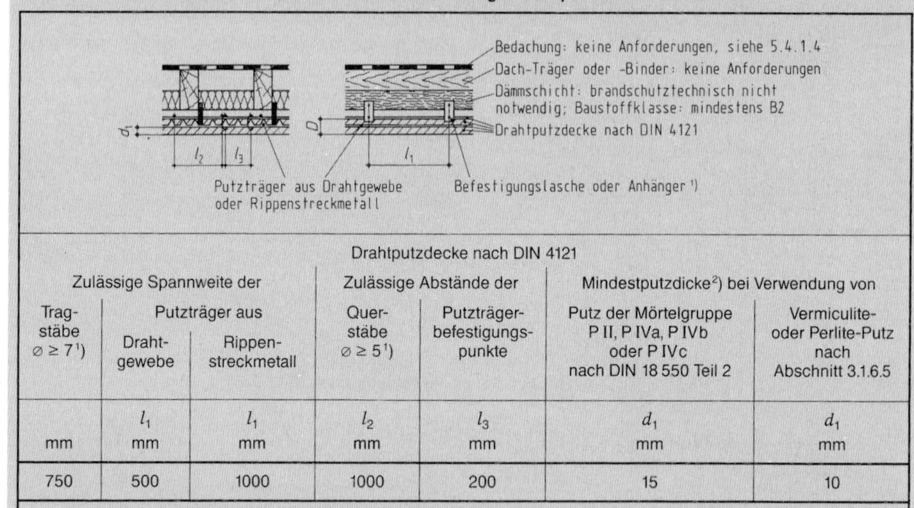


| Drahtputzdecke nach DIN 4121 | | | | | | |
|---|---|---|---|---|---|---|
| Zulässige Spannweite der | | | Zulässige Abstände der | | Mindestputzdicke[2]) bei Verwendung von | |
| Tragstäbe ⌀ ≥ 7[1]) | Putzträger aus Drahtgewebe | Putzträger aus Rippenstreckmetall | Querstäbe ⌀ ≥ 5[1]) | Putzträgerbefestigungspunkte | Putz der Mörtelgruppe P II, P IVa, P IVb oder P IVc nach DIN 18 550 Teil 2 | Vermiculite- oder Perlite-Putz nach Abschnitt 3.1.6.5 |
| mm | $l_1$ mm | $l_1$ mm | $l_2$ mm | $l_3$ mm | $d_1$ mm | $d_1$ mm |
| 750 | 500 | 1000 | 1000 | 200 | 15 | 10 |

¹) Die Quer- und Tragstäbe dürfen unter Fortlassen der Befestigungslaschen oder Abhänger auch unmittelbar unter den Dach-Trägern oder -Bindern mit Krampen befestigt werden.

²) $d_1$ über Putzträger gemessen; die Gesamtputzdicke muß $D \geq d_1 + 10$ mm sein — das heißt, der Putz muß den Putzträger ≥ 10 mm durchdringen.

**Tabelle 68: Dächer F 30-B mit Dämmschichten aus Schaumkunststoffen nach DIN 18 164 Teil 1**

Konstruktionsmerkmale, Ausführungsmöglichkeiten 1 bis 3

① ② ③

Bedachung
Dämmschicht aus Schaumkunststoffen nach DIN 18 164 Teil 1
Bekleidung

| Zeile | Bekleidung nach Abschnitt 5.4.3.2: aus Holzwerkstoffplatten mit $\varrho \geq 600$ kg/m³ | aus Gipskarton-Feuerschutzplatten (GKF) | Zulässige Spannweite | Dämmschicht | Dach-Träger, -Binder oder ähnliches sowie Bedachung |
|---|---|---|---|---|---|
| | $d_1$[1]) mm | $d_2$[1]) mm | $l$ mm | | |
| 1 | 19 + 12,5 | | 625 | Schaumkunststoff nach DIN 18 164 Teil 1 | Für F 30-B keine Anforderungen, siehe Abschnitt 5.4.1.4 |
| 2 | 16 + 15,0 | | 625 | | |
| 3 | 0 | 2 × 12,5 | 500 | | |

¹) Die Reihenfolge $d_1$ und $d_2$ ist beliebig.

### 5.4.4 Dächer mit vollständig freiliegenden, 3seitig dem Feuer ausgesetzten Sparren oder ähnlichem

**5.4.4.1** Die Angaben von Abschnitt 5.3.2.1 gelten sinngemäß. Als tragende Schalung dürfen die in Abschnitt 5.2.3.2 aufgezählten Werkstoffe verwendet werden.

**5.4.4.2** Die Mindestdicke der Schalung ist den Angaben nach Tabelle 70 zu entnehmen.

**5.4.4.3** Sofern keine doppelten Spundungen bzw. Nut-Feder-Verbindungen und keine unteren Fugenabdeckungen nach Tabelle 70 verwendet werden sollen, gelten die Randbedingungen der Tabelle 71.

**Tabelle 69: Dächer F 30-B mit unterseitiger Bekleidung bei großer Spannweite**

| Konstruktionsmerkmale | Bekleidung nach Abschnitt 5.4.3.2 | | | Dämmschicht aus Mineralfaser-Platten oder -Matten nach Abschnitt 5.4.3.4 | | Dach-Träger, -Binder oder ähnliches sowie Bedachung |
|---|---|---|---|---|---|---|
| Bedachung; $d_1$; $D$; $l$ 3); Bekleidung; Dämmschicht | aus Holzwerkstoffplatten mit $\varrho \geq 600\ kg/m^3$ | aus Brettern oder Bohlen | Zulässige Spannweite | Mindest- | | |
| | $d_1$ mm | $d_1$ mm | $l$ 3) mm | dicke $D$ mm | rohdichte $\varrho$ kg/m³ | |
| | 25 1) | 25 2) | 1250 | 80 | 30 | 4) |

1) Ersetzbar durch Holzwerkstoffplatten (obere Lage) mit $d_1$ = 20 mm und raumseitige Profilbretter mit $d_2$ = 16 mm; $d_D$ (siehe Bild 47) ≥ $d_2$.
2) $d_D$ (siehe Bild 47) ≥ $d_1$.
3) Die zulässige Spannweite gilt für die Bekleidung; es sind daher auch die Ausführungsmöglichkeiten 2 und 3 in Tabelle 66 ausführbar.
4) Für F 30-B keine Anforderungen, siehe Abschnitt 5.4.1.4.

**Tabelle 70: Dächer mit 3seitig dem Feuer ausgesetzten Sparren oder ähnlichem (mit Fugenabdeckungen — Ausnahme Zeilen 1 und 5)**

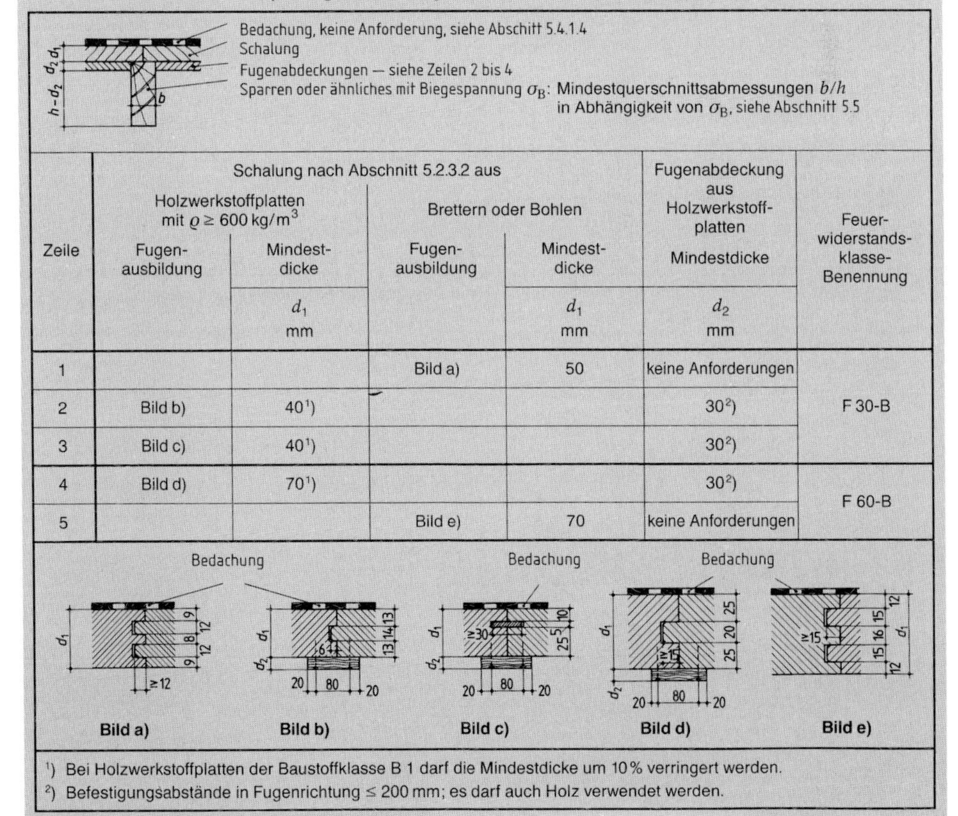


| Zeile | Schalung nach Abschnitt 5.2.3.2 aus: Holzwerkstoffplatten mit $\varrho \geq 600\ kg/m^3$ – Fugenausbildung | Holzwerkstoffplatten – Mindestdicke $d_1$ mm | Brettern oder Bohlen – Fugenausbildung | Brettern oder Bohlen – Mindestdicke $d_1$ mm | Fugenabdeckung aus Holzwerkstoffplatten – Mindestdicke $d_2$ mm | Feuerwiderstandsklasse-Benennung |
|---|---|---|---|---|---|---|
| 1 | | | Bild a) | 50 | keine Anforderungen | F 30-B |
| 2 | Bild b) | 40 1) | | | 30 2) | F 30-B |
| 3 | Bild c) | 40 1) | | | 30 2) | F 30-B |
| 4 | Bild d) | 70 1) | | | 30 2) | F 60-B |
| 5 | | | Bild e) | 70 | keine Anforderungen | F 60-B |



Bild a) Bild b) Bild c) Bild d) Bild e)

1) Bei Holzwerkstoffplatten der Baustoffklasse B 1 darf die Mindestdicke um 10 % verringert werden.
2) Befestigungsabstände in Fugenrichtung ≤ 200 mm; es darf auch Holz verwendet werden.

**5.4.4.4** Sofern die Schalung nicht durch eine Verkehrslast belastet wird (Anordnung von Lagerhölzern), gelten die Randbedingungen von Tabelle 71, Zeilen 1 bis 3 (Ausführungsmöglichkeit 1).

**5.4.4.5** Sofern nur einfache Spundungen gewünscht werden und nur die Feuerwiderstandsklasse F 30 verlangt wird, kann ohne Anordnung von Lagerhölzern nach Tabelle 71, Zeilen 4 bis 6, konstruiert werden (Ausführungsmöglichkeit 2).

**5.4.4.6** Dächer mit 2lagiger oberer Schalung müssen nach den Angaben von Tabelle 60 ausgeführt werden, wobei die Bedachung unmittelbar auf der Schalung aufgebracht werden darf.

**5.4.4.7** Sofern eine Bedachung auf Lagerhölzern vorliegt und Dämmschichten aus Schaumkunststoffen nach DIN 18164 Teil 1 verwendet werden, gelten die Randbedingungen von Tabelle 72.

**Tabelle 71: Dächer F 30-B mit 3seitig dem Feuer ausgesetzten Sparren oder ähnlichem**

Konstruktionsmerkmale

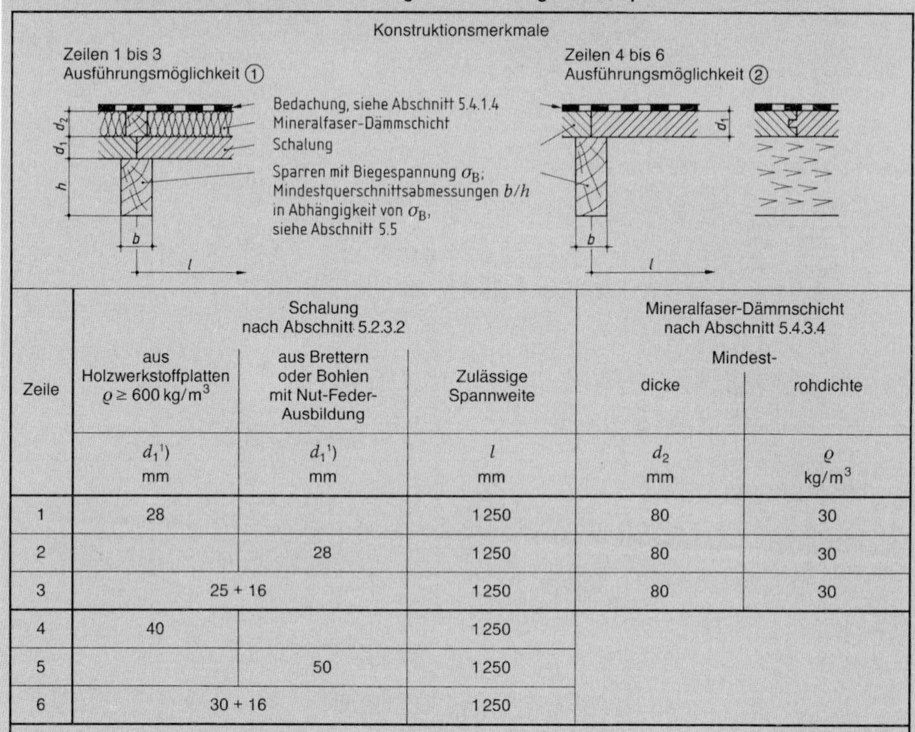


| Zeile | Schalung nach Abschnitt 5.2.3.2 | | | Mineralfaser-Dämmschicht nach Abschnitt 5.4.3.4 | |
|---|---|---|---|---|---|
| | aus Holzwerkstoffplatten $\varrho \geq 600$ kg/m³ | aus Brettern oder Bohlen mit Nut-Feder-Ausbildung | Zulässige Spannweite | Mindest- dicke | Mindest- rohdichte |
| | $d_1$[1]) mm | $d_1$[1]) mm | $l$ mm | $d_2$ mm | $\varrho$ kg/m³ |
| 1 | 28 | | 1250 | 80 | 30 |
| 2 | | 28 | 1250 | 80 | 30 |
| 3 | 25 + 16 | | 1250 | 80 | 30 |
| 4 | 40 | | 1250 | | |
| 5 | | 50 | 1250 | | |
| 6 | 30 + 16 | | 1250 | | |

[1]) Bei 2lagiger Anordnung (siehe Zeilen 3 und 6) ist die Bretterschalung raumseitig anzuordnen; bei profilierten Brettern oder Bohlen ist die Dicke nach Bild 47 $d_D \geq d_1$ einzuhalten.

**5.4.5 Dächer mit teilweise freiliegenden, 3seitig dem Feuer ausgesetzten Sparren oder ähnlichem**

**5.4.5.1** Teilweise freiliegende Sparren oder ähnliches von Dächern nach der Schema-Skizze in Tabelle 73 sind nur im unteren Bereich von drei Seiten der Brandbeanspruchung ausgesetzt.

**5.4.5.2** Als Bekleidung — siehe auch Schema-Skizze in Tabelle 73 — können die in Abschnitt 5.2.3.1 angegebenen Bekleidungen verwendet werden.

Alle Platten müssen eine geschlossene Fläche besitzen und mit ihren Längsrändern dicht an den Sparren oder ähnlichem anschließen. Querfugen von Gipskartonplatten sind nach DIN 18 181 zu verspachteln; dies gilt sinngemäß auch für dicht gestoßene Holzwolle-Leichtbauplatten. Spanplatten, die eine Rohdichte von ≥ 600 kg/m³ besitzen müssen, sind in Querfugen mit Nut und Feder oder Spundung dicht zu stoßen. Bei mehrlagigen Bekleidungen sind die Stöße zu versetzen, wobei jede Lage für sich an Holzlatten ≥ 40 mm/60 mm zu befestigen ist.

Die Mindestdicke und die zulässige Spannweite der Bekleidung sind aus Tabelle 73 zu entnehmen.

Bei größeren Abständen der Sparren o.ä. gelten die Angaben der Abschnitte 5.2.3.7 und 5.2.3.8 sinngemäß.

**5.4.5.3** Bei Bekleidungen aus Brettern ist die Dicke $d_D$ nach Bild 47 maßgebend.

**5.4.5.4** In Dächern nach den Angaben von Tabelle 73 ist brandschutztechnisch keine Dämmschicht notwendig.

Bei Anordnung einer brandschutztechnisch wirksamen Dämmschicht gilt Abschnitt 5.3.4.3, zweiter Absatz.

**Tabelle 72: Dächer F 30-B mit 3seitig dem Feuer ausgesetzten Sparren oder ähnlichem bei Anordnung von Lagerhölzern und einer Dämmschicht aus Schaumkunststoffen nach DIN 18 164 Teil 1**

Konstruktionsmerkmale

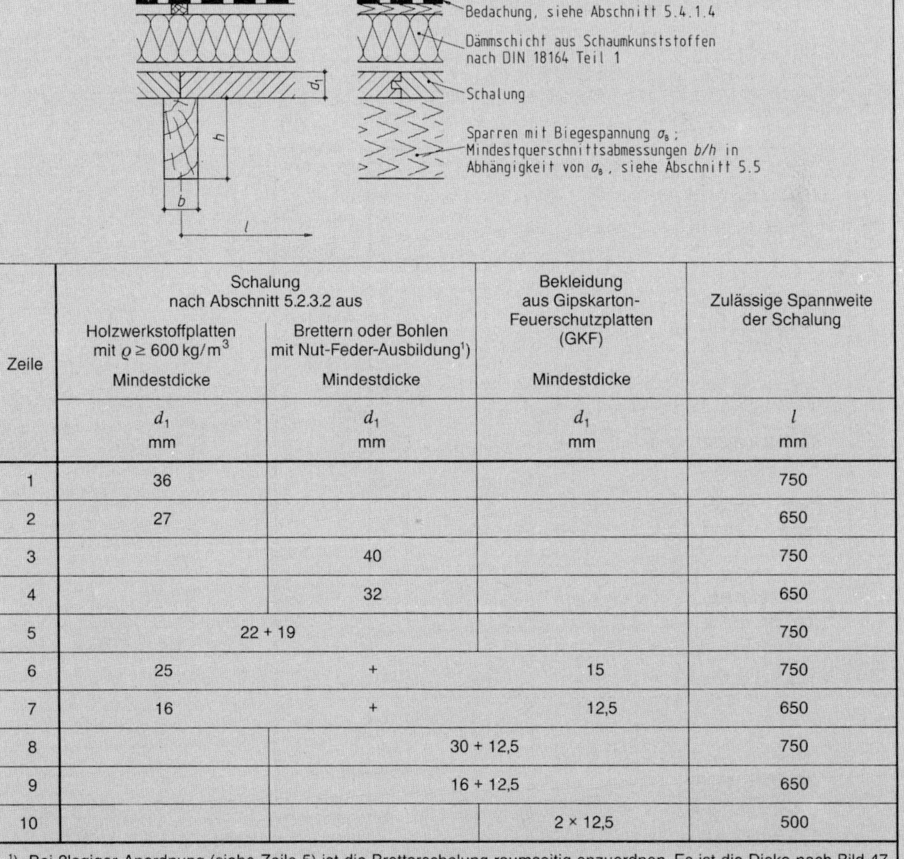


| Zeile | Schalung nach Abschnitt 5.2.3.2 aus: Holzwerkstoffplatten mit $\varrho \geq 600$ kg/m³ Mindestdicke $d_1$ mm | Schalung nach Abschnitt 5.2.3.2 aus: Brettern oder Bohlen mit Nut-Feder-Ausbildung[1]) Mindestdicke $d_1$ mm | Bekleidung aus Gipskarton-Feuerschutzplatten (GKF) Mindestdicke $d_1$ mm | Zulässige Spannweite der Schalung $l$ mm |
|---|---|---|---|---|
| 1 | 36 | | | 750 |
| 2 | 27 | | | 650 |
| 3 | | 40 | | 750 |
| 4 | | 32 | | 650 |
| 5 | 22 + 19 | | | 750 |
| 6 | 25 | + | 15 | 750 |
| 7 | 16 | + | 12,5 | 650 |
| 8 | | 30 + 12,5 | | 750 |
| 9 | | 16 + 12,5 | | 650 |
| 10 | | | 2 × 12,5 | 500 |

[1]) Bei 2lagiger Anordnung (siehe Zeile 5) ist die Bretterschalung raumseitig anzuordnen. Es ist die Dicke nach Bild 47 $d_D \geq d_1$ einzuhalten.
Bei 2lagiger Anordnung (siehe Zeilen 6 bis 9) darf die GKF-Platte wahlweise oben oder unten (raumseitig) liegen; hinsichtlich $d_D$ gilt der vorstehende Satz.

**Tabelle 73: Holzbalkendächer mit teilweise freiliegenden Sparren oder ähnlichem mit nicht notwendiger Dämmschicht**

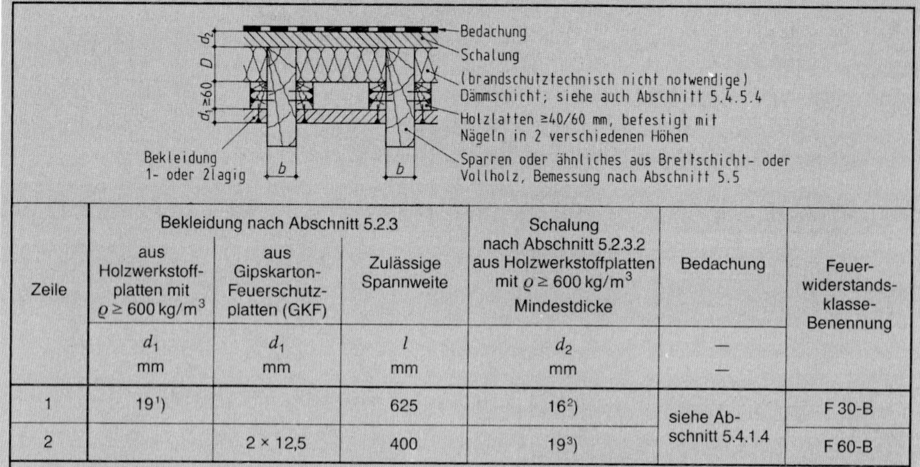


| Zeile | Bekleidung nach Abschnitt 5.2.3: aus Holzwerkstoffplatten mit $\varrho \geq 600$ kg/m³ | Bekleidung nach Abschnitt 5.2.3: aus Gipskarton-Feuerschutzplatten (GKF) | Zulässige Spannweite | Schalung nach Abschnitt 5.2.3.2 aus Holzwerkstoffplatten mit $\varrho \geq 600$ kg/m³ Mindestdicke | Bedachung | Feuerwiderstandsklasse-Benennung |
|---|---|---|---|---|---|---|
| | $d_1$ mm | $d_1$ mm | $l$ mm | $d_2$ mm | — | |
| 1 | 19¹) | | 625 | 16²) | siehe Abschnitt 5.4.1.4 | F 30-B |
| 2 | | 2 × 12,5 | 400 | 19³) | | F 60-B |

¹) Ersetzbar durch
a) ≥ 16 mm dicke Holzwerkstoffplatten (obere Lage) + 9,5 mm dicke GKB- oder GKF-Platten (raumseitige Lage) oder
b) ≥ 12,5 mm dicke Gipskarton-Feuerschutzplatten (GKF) mit einer Spannweite $l \leq 400$ mm oder
c) ≥ 15 mm dicke Gipskarton-Feuerschutzplatten (GKF) mit einer Spannweite $l \leq 500$ mm oder
d) ≥ 50 mm dicke Holzwolle-Leichtbauplatten mit einer Spannweite $l \leq 500$ mm.
²) Ersetzbar durch Bretter (gespundet) mit $d \geq 21$ mm.
³) Ersetzbar durch Bretter (gespundet) mit $d \geq 27$ mm.

| Tab. DIN 4102 Teil 4 | Konstruktionsmerkmale (Schema - Skizze) | Wiederholung "Decken"-Tabelle | untere Beplankung oder Bekleidung (Beispiele): Baustoff | d mm | l mm | Dämmschicht Baustoff: D mm | ρ kg/m³ |
|---|---|---|---|---|---|---|---|
| 65 | ① | 57 | Holzwerkst.<br>GKF<br>GKF(F60) | 19<br>12,5<br>2x12,5 | 625<br>400<br>400 | brandschutztechnisch nicht notwendig (min. B2) | |
| 66 | ② | 57 | H+GKF | 16+12,5 | 625 | | |
| 67 | | 58 | Drahtputzd. | 15<br>P IV a | 1000 | | |
| 70 | Schalung<br>ggf. Fugenabd<br>Balken n. Teil 4 (5.5) | 61 | Bohlen<br>Holzwerkst. mit Fugenabd. | 50<br>40 | nach stat. Ber. | — | |
| 73 | ① oder ②<br>bei ② mit Zwischenlattung | 64 | Holzwerkst.<br>GKF<br>GKF<br>GKF(F60) | 19<br>15<br>12,5<br>2x12,5 | 625<br>500<br>400<br>400 | brandschutztechnisch nicht notwendig (min. B2) | |

**Bild E 5-14:**
Übersicht über Dächer F 30-B mit wiederholten „Decken"-Tabellen;
H = Holz, z. B. Spanplatte

**Erläuterungen (E) zu Abschnitt 5.4**

Grundlegende Erläuterungen zur Einteilung und Konstruktion von Dächern sind vor den Abschnittserläuterungen in E.5.4/1–E.5.4/3 angegeben; ergänzende Erläuterungen zum Dachausbau, zur Dachaufstockung und zur Begrünung von Dächern sowie zu Ausführungsbeispielen befinden sich am Ende der Abschnittserläuterungen - siehe E.5.4/4 - E.5.4/7 (S. 246 und 252/253).

Die Feuerwiderstandsdauer von Dächern wird z. Z. und für eine längere Übergangszeit (Bild E 1-2) nach DIN 4102 Teil 2 bestimmt. Es sei darauf hingewiesen, daß es seit April 1994 den Entwurf DIN EN 1365 „Bauteilbrandversuche, Teil 4: Feuerwiderstandsdauer von unten beflammter Dachkonstruktionen" gibt.

**E.5.4/1** Zu **Dächern** und zur Einteilung von Dächern sei einleitend folgendes gesagt:

a) Dächer müssen im allgemeinen zum Schutz gegen Brandbeanspruchung von oben (von außen) die Forderung „harte Bedachung" erfüllen; dabei müssen die Dächer ausreichend widerstandsfähig gegen Flugfeuer und strahlende Wärme nach DIN 4102 Teil 7 sein. „Weiche Bedachungen" z. B. Reetdächer sind ebenfalls möglich; da solche Dächer nicht ausreichend widerstandsfähig gegen Flugfeuer und strahlende Wärme sind, müssen u. a. Auflagen der Bauaufsicht z. B. bezüglich größerer Gebäudeabstände eingehalten werden.

   Bei den in Abschnitt 5.4 behandelten Dächern kann jede beliebige Bedachung hart oder weich – belüftet oder unbelüftet – verwendet werden; bei weichen Bedachungen müssen lediglich die zusätzlichen bauaufsichtlichen Bestimmungen z. B. hinsichtlich der Gebäudeabstände berücksichtigt werden.

b) In DIN 4102 Teil 4 (03/81) waren die Dächer im Abschnitt mit den Decken zusammen aufgeführt, was zu vielen Querverweisen geführt hatte. Zur Vermeidung dieser vielen Querverweise und damit für eine größere Klarheit in der Praxis wurden in einem eigenen Abschnitt über Dächer mehrere Tabellen mit den notwendigen Änderungen/Ergänzungen wiederholt (Bild E 5-14). Die in Bild E 5-14 aufgezählten Dächer unterschieden sich von den ähnlichen „Deckentabellen" nur dadurch, daß anstelle des Fußbodens eine Bedachung vorhanden ist.

   In einigen Normabschnitten werden häufig verwendete Dachaufbauten zusätzlich beschrieben und klassifiziert, siehe Bilder E 5-23 und E 5-24.

c) Auch wenn diese Erweiterungen äußerlich den Anschein der größeren Bedeutung erwecken, sei an dieser Stelle darauf hingewiesen, daß Dächer nach bauaufsichtlichen Vorschriften nur selten einer Feuerwiderstandsklasse angehören müssen – siehe auch Bild E 3-13 sowie Pkt. g auf Seite 84.

**E.5.4/2** Zur **Konstruktion, Statik und Bauphysik** – auch zum Brandschutz, aber nicht so ausführlich und nicht bezogen auf die Neufassung von DIN 4102 Teil 4 – geben u. a. folgende Literaturstellen Auskunft:

[5.40] – Hausdächer in Holzbauart: Umfassender Überblick mit vielen Details und Bemessungsbeispielen,
[5.41] – Hausdächer: Umfassend, vorwiegend geneigte Dächer,
[5.42] – Geneigte Wohnhausdächer mit Brettschalung,
[5.66] – Dachbauteile, Berechnungsgrundlagen – Schalung, Lattung,
[5.67] – Dachbauteile, Hausdächer,

[5.43] – Das Wohnhaus-Flachdach,
[5.44] – Flachdächer,
[5.45] – Außenwände und Dächer: Wärme-, Feuchte- und Schallschutz, Tragfähigkeit sowie
[5.46] – Bauphysikalische Daten - Außenbauteile.

Aus brandschutztechnischer Sicht sind besonders zu erwähnen:

[5.47] – Dachausbau in Wohngebäuden: Übersicht mit zahlreichen Beispielen

sowie die in Abschnitt 3 schon genannten Literaturstellen [3.14] und [3.15].

**E.5.4/3** Wie bereits in der vorstehenden Erläuterung E.5.4/1 Pkt. c) zu diesem Abschnitt angegeben, werden in der Regel an Dächer keine Anforderungen hinsichtlich der Feuerwiderstandsklassen gestellt. Um zu wissen, in welchen Fällen Feuerwiderstandsklassen gefordert werden und in welchen Fällen die Dachklassifizierungen nach DIN 4102 Teil 4 angewendet werden können, werden die allgemein gültigen Fälle nachfolgend aufgeführt, wobei gesagt werden muß, daß es

- Erleichterungen und Verschärfungen im Bereich der Gebäude besonderer Art oder Nutzung, siehe Abschnitt 3.5.4, und
- auf dem Wege der Ausnahmen und Befreiungen Sonderregelungen, siehe Abschnitt 3.5.5,

geben kann. Da alle Bauordnungen z. Z. novelliert werden, können keine auf Landesbauordnungen bezogene Fälle genannt werden. Es kann nur das Prinzip auf der Grundlage der Musterbauordnung (MBO) [5.48] aufgezeigt werden. Danach können im wesentlichen folgende Fälle unterschieden werden:

a) Im Normalfall (Wohngebäude): Keine F-Klassen-Anforderung, vgl. Bilder E 3-13 bis E 3-16.

b) Bei aneinandergereihten, giebelständigen Gebäuden muß das Dach von innen nach außen F 30-B sein, MBO § 30 Absatz 2, vgl. Bild E 5-15. In diesem Zusammenhang - auch bezüglich von Fenstern, Dachgauben usw. – sei auf die farbig übersichtlichen Bilder mit vielen Ausführungsvarianten in [5.47] hingewiesen.

c) Dächer von Anbauten, die an Wände mit Fenstern anschließen, sind in einem Abstand von 5 m von diesen Wänden so widerstandsfähig gegen Feuer

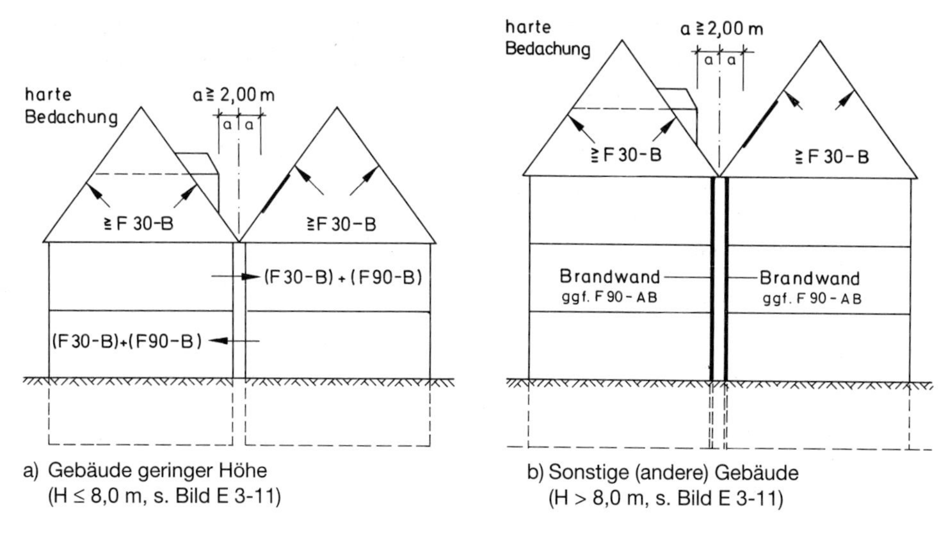

a) Gebäude geringer Höhe
(H ≤ 8,0 m, s. Bild E 3-11)

b) Sonstige (andere) Gebäude
(H > 8,0 m, s. Bild E 3-11)

**Bild E 5-15:** Dächer und Gebäudeabschlußwände giebelständiger Gebäude, vgl. Bild E 3-13

herzustellen, wie die Decken des anschließenden Gebäudes, MBO § 30, Absatz 7 – d. h.:

- Bei Gebäuden geringer Höhe (H ≤ 8 m): F 30-B
- Bei sonstigen (anderen) Gebäuden (H > 8 m): F 90-AB, vgl. Bild E 3-13.

d) An Dächer, die Aufenthaltsräume abschließen, können wegen des Brandschutzes besondere Anforderungen gestellt werden, MBO § 30 Absatz 3. Nach der BauO des Landes Bayern und der bildlich übersichtlichen Darstellung in [5.47] gelten für Wohngebäude mit einem oder mehr Vollgeschossen unterhalb des Dachraumes bei 3geschossigem Dachausbau z. B. die in Bild E 5-16 wiedergegebenen Feuerwiderstandsklassen-Anforderungen.

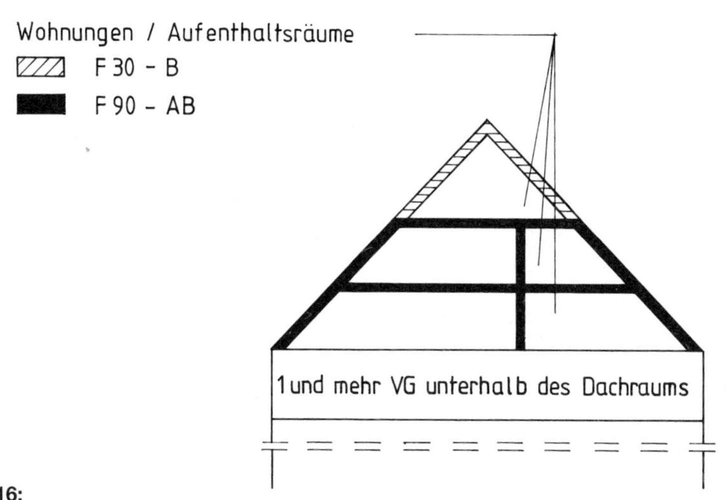

**Bild E 5-16:**
Wohngebäude mit einem oder mehreren Vollgeschossen unterhalb des Dachraumes bei 3geschossigem Dachausbau – wegen Ausnahmen und Befreiungen siehe auch die Abschnitte 6–8

e) Bei Gebäuden besonderer Art oder Nutzung werden an den Abschluß der Räume zum Dach meist besondere Anforderungen gestellt, d. h. das Dach muß von unten z. B. F 30-B sein, z. B. bei
   - erdgeschossigen Gebäuden mit Versammlungsräumen oder
   - erdgeschossigen Geschäftshäusern,

   wenn nicht F 90-AB gefordert wird und Bedenken wegen des Brandschutzes nicht bestehen, vgl. Abschnitt 3.5.4.

**E.5.4.1.1** Wie bereits einleitend in E.5.4/1 zu diesem Abschnitt ausgeführt, gelten die Klassifizierungen von Abschnitt 5.4 für eine **Brandbeanspruchung von unten** (von innen). Die Oberseite (Außenseite) wird durch die Bedachung gebildet; sie unterliegt nicht der ETK-Beanspruchung, sondern der Beanspruchung durch Flugfeuer und strahlende Wärme, siehe E.5.4.1.4/1–E.5.4.1.4/5 (Seite 242–245). In bestimmten Fällen gelten die Klassifizierungen aber auch für eine Brandbeanspruchung gemäß der ETK von unten und oben, siehe Abschnitt 5.4.2.2.

**E.5.4.1.2** Nach Abschnitt 5.4.1.1 gelten die Klassifizierungen von Abschnitt 5.4 für Dächer, die eine durchgehende Bedachung aufweisen. Der Normtext von Abschnitt 5.4.1.2 soll darauf aufmerksam machen, daß an Öffnungen wie z. B. an **Oberlichtern, Lichtkuppeln, Luken** usw. durch nicht brandschutzgerechte Ausführungen andere Verhältnisse herrschen können. Im Bereich derartiger Einbauten kann bei unsachgemäßer Konstruktion die jeweils angegebene Klassifizierung verlorengehen.

Für Dächer mit Öffnungen wie Oberlichter, Lichtkuppeln, Luken usw. gelten die Klassifizierungen nur, wenn nachgewiesen ist, daß durch die Anordnung derartiger Öffnungen das Brandverhalten der Dächer nicht nachteilig beeinflußt wird. Im einzelnen muß nachgewiesen werden, daß die Anforderungen von DIN 4102 Teil 2 an raumabschließende Bauteile auch im Bereich der Öffnungen noch erfüllt werden. Das bedeutet u. a., daß trotz aus der Öffnung herausschlagender Flammen

a) die Bedachung nicht in Brand gesetzt werden darf und
b) die Tragfähigkeit des Daches erhalten bleibt.

Die Forderungen können z. B. durch folgende Maßnahmen entsprechend Bild E 5-17 erfüllt werden

- Anordnung ausreichend dimensionierter Bekleidungen im Bereich der Öffnungen, z. B. aus Spanplatten A 2, Gipskarton- bzw. Gipsfaserplatten, Ca-Si-Platten o. ä.
- Verwendung nichtbrennbarer Bedachungen bzw. Anordnung von Kiesschüttungen mit d ≥ 50 mm auf Dachpappen und Dachdichtungsbahnen.
- Verwendung nichtbrennbarer Dämmschichten, z. B. bei Trapezblechdächern.
- Wahl von hoch über das Dach geführten Lichtkuppeln o. ä., so daß das Feuer ähnlich wie bei einem Gasabfacklungsschornstein keinen Schaden anrichtet.

Die vorstehenden Maßanahmen sollten im Detail stets sorgfältig geplant und ausgeführt sowie aufeinander abgestimmt werden, damit die Anforderungen er-

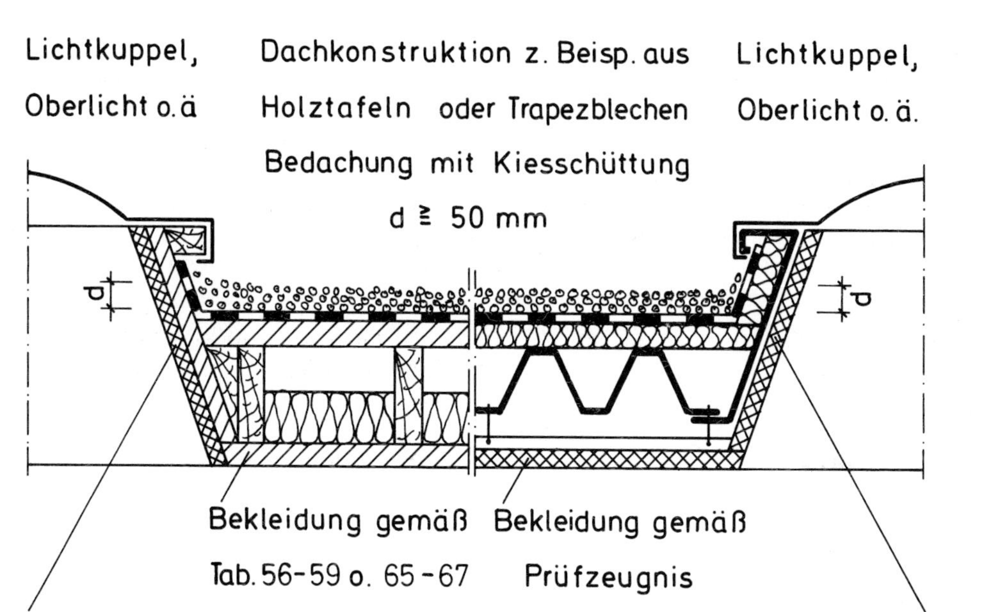


**Bild E 5-17:** Mögliche Ausführungsbeispiele von Dachkonstruktionen im Bereich von Öffnungen (Lichtkuppeln, Oberlichter sowie Rauch- und Wärmeabzugsanlagen u. ä.)

füllt werden und ein möglicher Schaden bei einem tatsächlichen Brand klein bleibt, vgl. Bild E 5-18.

Der Nachweis der Feuerwiderstandsklasse kann über Prüfzeugnis oder Gutachten geführt werden, siehe Bild E 3-19.

Die vorstehenden Erläuterungen gelten sinngemäß auch für die Ausführung von Traufen, Ortgängen usw., die bei herausschlagenden Flammen beeinflußt werden.

Unter bestimmten Bedingungen (Anzahl, Größe, Abstände) brauchen Lichtkuppeln, Oberlichter usw. die Anforderungen an harte Bedachungen nicht zu erfüllen. Einzelheiten sind den jeweiligen Landesvorschriften zu entnehmen.

**Bild E 5-18:** Durch Brand zerstörte Oberlichter, Entlüftungsöffnungen usw., bei denen keine Brandausbreitung über Dach eintrat

Nach den jeweiligen Landesvorschriften sind Dachaufbauten, Glasdächer und Oberlichter im übrigen stets so anzuordnen und herzustellen, daß Feuer nicht auf andere Gebäudeteile oder Nachbargebäude übertragen werden kann, siehe auch Bild E 5-15.

Die bei Dächern mit geforderter Feuerwiderstandsklasse notwendigen Schutzmaßnahmen sollten möglichst auch dann ergriffen werden, wenn das jeweils in Frage stehende Dach keiner Feuerwiderstandsklasse angehören muß – aufgrund der gewählten Konstruktion aber einen Feuerwiderstand von z. B. ≥ 30 min aufweist. Auf diese Weise können Brandschäden ggf. klein gehalten werden.

Informationen zu Einbauten (Konstruktionsbeispiele, Wärmeschutz usw.) sind z. B. in [5.44] enthalten. Ausführliche brandschutztechnische Angaben und Details sind in [5.49]–[5.52] wiedergegeben.

**E.5.4.1.3** Hinsichtlich **zusätzlicher Bekleidungen** gilt E.5.2.1.2 auf Seite 194 sinngemäß.

**E.5.4.1.4/1** Die Oberseite der Dächer wird durch Bedachungen abgeschlossen. Sie müssen gegen Einflüsse der Witterung sowie gegen Flugfeuer und strahlende Wärme im Sinne von DIN 4102 Teil 7 widerstandsfähig sein (**harte Bedachung**). Als Bedachungen im Sinne dieser Norm gelten Dacheindeckungen und Dachabdichtungen einschließlich etwaiger Dämmschichten sowie Lichtkuppeln oder andere Abschlüsse für Öffnungen im Dach. Gegen Flugfeuer und strahlende Wärme widerstandsfähige Bedachungen sind in DIN 4102 Teil 4 Abschnitt 8.7 – siehe grau unterlegter Abdruck auf dieser Seite – zusammengestellt. Sie sollen einer Brandübertragung – ausgehend von einem brennenden Nachbargebäude (Bild E 5-19) – Widerstand leisten; aber auch dann, wenn es in dem gleichen Gebäude brennt, kann eine Beanspruchung des Daches von außen vorliegen (Bild E 5-20). Die harte Bedachung soll außerdem die Ausbreitung des Feuers auf dem Dach und eine Brandübertragung vom Dach in das Innere des Gebäudes behindern [5.53].

DIN 4102
Teil 4

**8.7 Gegen Flugfeuer und strahlende Wärme widerstandsfähige Bedachungen**

**8.7.1 Anwendungsbereich**

**8.7.1.1** Die zusammengestellten Bedachungen gelten als Bedachungen, die nach DIN 4102 Teil 7 unabhängig von der Dachneigung gegen Flugfeuer und strahlende Wärme widerstandsfähig sind.

**8.7.1.2** Die Angaben gelten auch für senkrechte oder annähernd senkrechte Bedachungen — z. B. Bedachungen von Traufenbereichen, Ortgängen usw. —, wenn die senkrechten oder annähernd senkrechten Flächen eine Höhe ≤ 100 cm aufweisen.

**8.7.1.3** Die Feuerwiderstandsklassen von Dächern nach DIN 4102 Teil 2 sind den Abschnitten 3, 5, 6 und 7 zu entnehmen.

**8.7.2 Zusammenstellung widerstandsfähiger Bedachungen**

1) Bedachungen aus natürlichen und künstlichen Steinen der Baustoffklasse A sowie aus Beton und Ziegeln.

2) Bedachungen mit oberster Lage aus mindestens 0,5 mm dickem Metallblech (z. B. auch Kernverbundelemente nach DIN 53 290 mit Deckschichten aus Blech). Das Blech darf sichtseitig kunststoffbeschichtet sein.

3) Fachgerecht verlegte Bedachungen auf tragenden Konstruktionen gleich welcher Art, auch auf Zwischenschichten aus Wärmedämmstoffen, mindestens der Baustoffklasse B 2, mit

— Bitumen-Dachbahnen nach DIN 52 128,
— Bitumen-Dachdichtungsbahnen nach DIN 52 130,
— Bitumen-Schweißbahnen nach DIN 52 131,
— Glasvlies-Bitumen-Dachbahnen nach DIN 52 143.

Die Bedachung mit diesen Bahnen muß mindestens 2lagig sein.

Bei mit PS-Hartschaum gedämmten Dächern muß eine Bahn eine Trägereinlage aus Glasvlies oder Glasgewebe aufweisen; Kaschierungen von Rolldämmbahnen mit Glasvlieseinlagen zählen hierbei nicht.

4) Beliebige Bedachungen mit vollständig bedeckender, mindestens 5 cm dicker Schüttung aus Kies 16/32 oder mit Bedeckung aus mindestens 4 cm dicken Betonwerksteinplatten oder anderen mineralischen Platten.

Bedachungen werden unter einer in DIN 4102 Teil 7 beschriebenen Beanspruchung von oben geprüft [5.53]; zukünftig wird es Prüfverfahren ohne (EN RRR 1-1) und mit Wind (EN RRR 1-2) sowie zusätzlicher Strahlungswärme als Beanspruchung geben (RRR: die endgültige EN-Nummer steht noch nicht fest).

Wie aus Abschnitt 8.7.1 der auf Seite 242 abgedruckten Norm ersichtlich ist, gelten die in Abschnitt 8.7.2 zusammengestellten Bedachungen unabhängig von ihrer Dachneigung als ausreichend widerstandsfähig. Auch senkrechte oder annähernd senkrechte Bedachungen gelten noch als ausreichend widerstandsfähig, wenn die senkrechten oder annähernd senkrechten Flächen eine Höhe ≤ 100 cm aufweisen, vgl. Abschnitt 8.7.1.2.

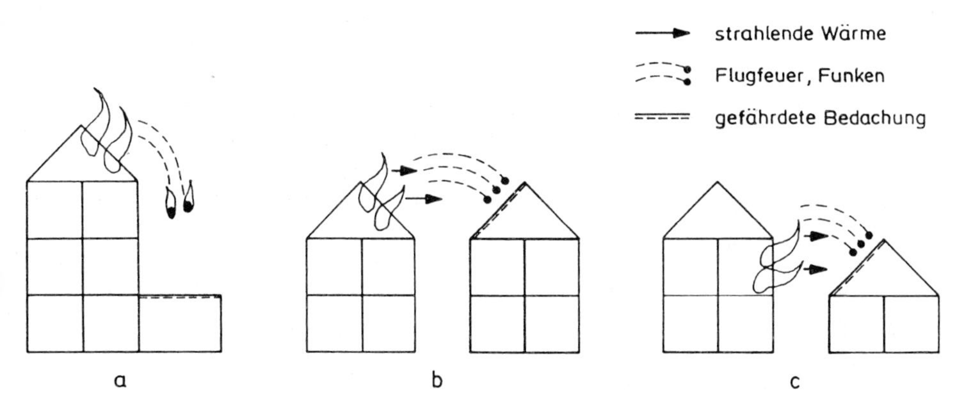


**Bild E 5-19:** Möglichkeiten der Beanspruchung von Bedachungen bei Brandbeanspruchung aus Nachbargebäuden nach [5.53]

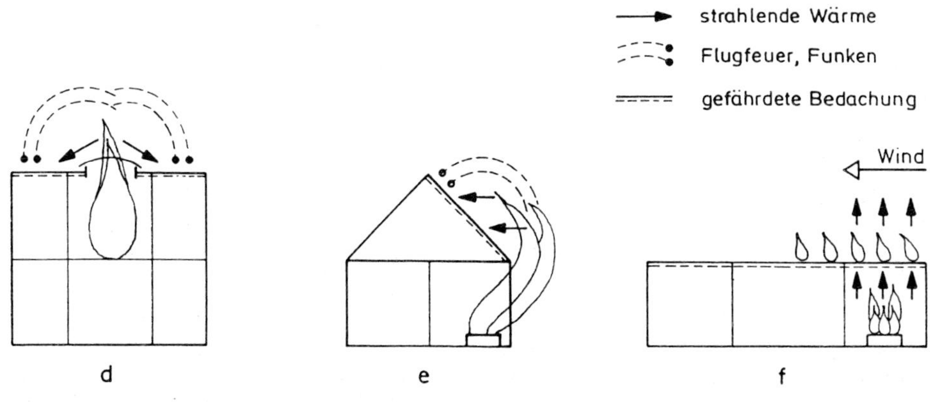


**Bild E 5-20:** Möglichkeiten der Beanspruchung von Bedachungen bei Brandbeanspruchung aus dem gleichen Gebäude nach [5.53]

5.4

**E.5.4.1.4/2** Neben der Prüfung auf Widerstandsfähigkeit gegen Flugfeuer und strahlende Wärme nach DIN 4102 Teil 7 gibt es noch die Prüfung auf **Wärmebeständigkeit gegen Sonneneinstrahlung** nach DIN 52 123 Teil 1. Werden die in den genannten Normen aufgezählten Anforderungen erfüllt, gilt die Bedachung als harte Bedachung.

Allgemeine Angaben zur Bedachung von Flachdächern (Langzeitsicherheit, Material-Technologie und -Verträglichkeit, Fügetechnik, Wartung, Erneuerung usw.) sind in [5.68] enthalten

**E.5.4.1.4/3** Aufgrund durchgeführter Normprüfungen [5.54] – auch nach vorangegangener Freibewitterung – gelten ergänzend zu den Angaben von Abschnitt 8.7 auch Bedachungen als ausreichend widerstandsfähig gegen Flugfeuer und strahlende Wärme, die aus unbehandelten gesägten **Western-Red-Cedar-Holzschindeln** nach DIN 68 119 Teil 1 – DSG-A-RCW – hergestellt werden; die WRC-Schindeln müssen dreilagig entweder

- auf einer Lattung mit Konterlattung auf einer Schalung (d ≥ 19,5 mm), auch mit Bitumendachpappe 333, oder
- unmittelbar auf gespundeten Brettern nach DIN 4072 (d ≥ 19,5 mm) – auch auf einer Zwischenlage aus Bitumendachpappe 333 –

verlegt werden. Senkrechte Flächen dürfen nicht höher als 1,0 m sein. Für die Dachneigung gelten keine Einschränkungen.

**E.5.4.1.4/4** Nach bauaufsichtlichen Vorschriften kann bei Gebäuden geringer Höhe (H ≤ 8 m) eine Bedachung, die keinen ausreichenden Schutz gegen Flugfeuer und strahlende Wärme bietet (**weiche Bedachung**), gestattet werden, wenn die Gebäude

1. *einen Abstand von der Grundstücksgrenze von mindestens 12 m,*
2. *von Gebäuden auf demselben Grundstück mit harter Bedachung einen Abstand von mindestens 15 m,*
3. *von Gebäuden auf demselben Grundstück mit weicher Bedachung einen Abstand von mindestens 24 m,*
4. *von kleinen, nur Nebenzwecken dienenden Gebäuden ohne Feuerstätten auf demselben Grundstück einen Abstand von mindestens 5 m*

*einhalten. In den Fällen der Nummer 1 werden angrenzende öffentliche Verkehrsflächen zur Hälfte angerechnet.*

Zur Befestigung weicher Bedachungen müssen nichtbrennbare Baustoffe verwendet werden, was bei Reetdächern im Brandfall ggf. hinderlich ist. Ausgänge weich gedeckter Gebäude sind gegen herabrutschende brennende Dachteile zu schützen; ggf. sind weitere Vorschriften zu beachten – siehe bauaufsichtliche Bestimmungen der Länder.

Wegen Unterschieden in den Landesbauordnungen wurde vorstehend der Text der MBO § 30 Absatz (4) wiedergegeben [5.48].

**E.5.4.1.4/5** Zu den weichen Bedachungen zählen u. a. **Reetdächer**. Reet gehört botanisch in die Familie der Gräser und besitzt eine sehr dichte Halmoberfläche. Imprägniert man Reet vor der Montage im Vakuum-Druck-Verfahren mit einem Feuerschutzmittel, so daß der Hohlraum der Halme voll ausgefüllt wird, verbessert sich die Widerstandsfähigkeit gegen Brandbeanspruchung erheblich. Bei Imprägnierung mit Salz, das geeignet ist, Vollholz schwerentflammbar zu machen, konnte bei unbewitterten und bei 2½jährig bewitterten Proben eine ausreichende Widerstandsfähigkeit gegen Flugfeuer und strahlende Wärme nachgewiesen werden. Langzeitversuche (≥ 10 Jahre) ohne Nachbehandlung haben jedoch keine positiven Prüfergebnisse ergeben, so daß imprägnierte Reetdächer (Lebensdauer 30 bis 50 Jahre) wie auch nichtimprägnierte Reetdächer leider nicht als harte Bedachung im Sinne der Norm gelten.

**E.5.4.1.5** Wie schon mehrfach erläutert, beeinflussen **Dampfsperren** in Dächern die jeweils angegebenen Feuerwiderstandsklassen nicht, vgl. die Erläuterungen

- E.4.1.3/3 – (Seite 192) und E.4.12.7.1/1 (Seite 149) zu Wänden sowie
- E.5.2.3.5 (Seite 196) zu Decken.

Auch **Dachunterspannbahnen** beeinflussen die angegebenen Feuerwiderstandklassen nicht. Sie müssen nach bauaufsichtlichen Bestimmungen mindestens normalentflammbar (Baustoffklasse B 2) sein. Auch eine Forderung „Baustoffklasse B 1“ kann erfüllt werden: Es gibt z. Z. rd. 50 Prüfbescheide des DIBt, die die Brauchbarkeit der meist aus Polyethylen (mit und ohne Gittergewebe) bestehenden Spannbahnen bescheinigen.

**E.5.4.2.1** Werden **Sparren o. ä.** mit bestimmten Abmessungen (b ≥ 40 mm) wie in der Tafelbauart verdeckt angeordnet und ist eine **obere Beplankung oder Schalung** vorhanden, muß die brandschutztechnische Bemessung nach Tabelle 65 erfolgen. Die zu Decken gegebenen Erläuterungen E.5.2.3.1/1–E.5.2.3.9 (Seite 195 – 199) gelten sinngemäß.

**E.5.4.2.3** Bei Bekleidungen aus Brettern gilt die zu Decken gegebene Erläuterung E.Tabelle 61 und 62/1 (Seite 217) sinngemäß, siehe insbesondere Bild E 5-9.

**E.5.4.2.4** In Dächern nach Tabelle 65 ist brandschutztechnisch keine **Dämmschicht** notwendig. Sie ist in vielen Fällen jedoch aus Wärmeschutzgründen erforderlich [5.45], [5.46]. Sofern eine Dämmschicht angeordnet wird, muß sie mindestens aus Baustoffen der Baustoffklasse B 2 bestehen. Bei Anordnung einer brandschutztechnisch wirksamen Dämmschicht darf die untere Beplankung oder Bekleidung in der Dicke um 3 mm verringert werden, siehe Abschnitt 5.3.4.3 Absatz 2.

Zu Dämmschichten gelten die zu Decken gemachten Erläuterungen E.5.2.4.1 – E.5.2.4.3–5.2.4.5 (Seite 199 – 202) sinngemäß.

**E.Tabelle 65/1** Wie aus der Fußnote 1 von Tabelle 65 hervorgeht, kann die untere Bekleidung auch mit **Holzwolle-Leichtbauplatten** ausgeführt werden. Bild E 5-21 zeigt neben einer Trenn- und Abseiten-Wand aus HWL-Platten auch die Verwendung von Heraklith-Dachboden-Dämmelementen E-03 der Baustoffklasse A.

**Bild E 5-21:** Verwendung von HWL-Platten im Dach

**E.Tabelle 65/2** Die vorstehenden Erläuterungen E.5.4.2.1–E.5.4.2.4 in diesem Abschnitt verweisen auf die zu Decken gegebenen Erläuterungen. Um die sinngemäß zu behandelnden Erläuterungen zu untermauern, werden nachfolgend zwei Beispiele von Konstruktionsmöglichkeiten mit **FERMACELL-Gipsfaserplatten** angeführt:

*Beispiel 1*
Bei Verwendung von
- 10 mm dicken FERMACELL-Gipsfaserplatten und
- einer Dämmschicht D/ρ = 100/30 mm/(kg/m³), A 2

wird mit einer Feuerwiderstandsdauer ≥ 38 min F 30-B erreicht [5.12].

*Beispiel 2*
Bei einer ähnlichen Prüfung wie beim Beispiel 1, jedoch mit
- einer Dämmschicht D/ρ = 100/15 mm/(kg/m³) der Marke ISOVER Rollisol-SB Mineralfaser-Dämmfilz

wurde eine Feuerwiderstandsdauer von 33 min erreicht, im Prüfbericht wird die F 30-B-Klassifizierung-Benennung auf fünf verschiedene, ≥ 100 mm dicke **ISOVER-Dämmfilze** mit 15 kg/m³ ≤ ρ ≤ 25 kg/m³ ausgedehnt [5.13].

**E.5.4.3.1** Bei Dächern mit **Dach-Trägern, -Bindern o. ä. mit beliebigen Abmessungen** muß keine bestimmte Mindestbalkenbreite b beachtet werden. Es wird auch keine bestimmte Querschnittsform vorgeschrieben – d. h.: Neben Rechteckquerschnitten können auch andere Querschnittsformen – z. B. die nach Bild E 5-22 (1–4) – verwendet werden. Der Feuerwiderstand der dort dargestellten Dach-Träger bzw. -Binder wurde noch nicht untersucht; er beträgt aufgrund vorliegender Erfahrungen in der Regel << 30 min. Er ist im wesentlichen von den verwendeten Querschnittsdicken und Verbindungen abhängig.

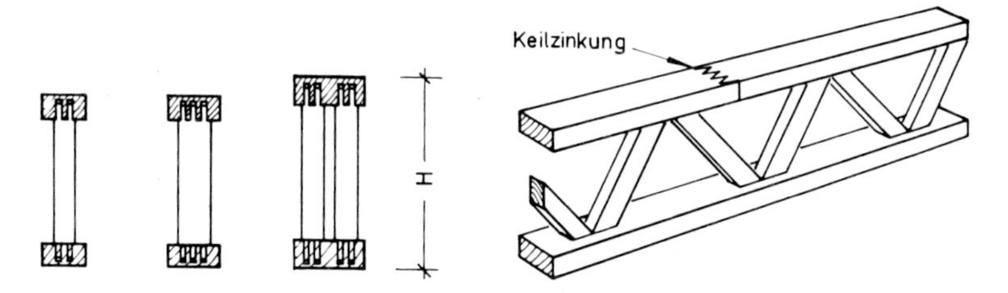


**Bild E 5-22/1:** Dreieck-Streben-Binder (DSB) sowie Lübbert Streben-Binder

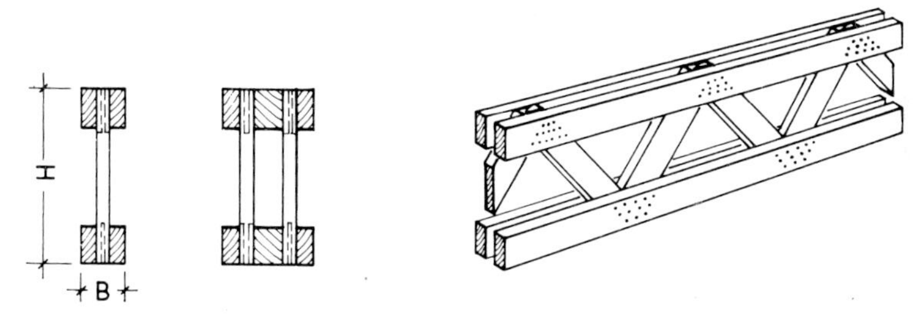


**Bild E 5-22/2:** Trigonit® Holzleimbauträger

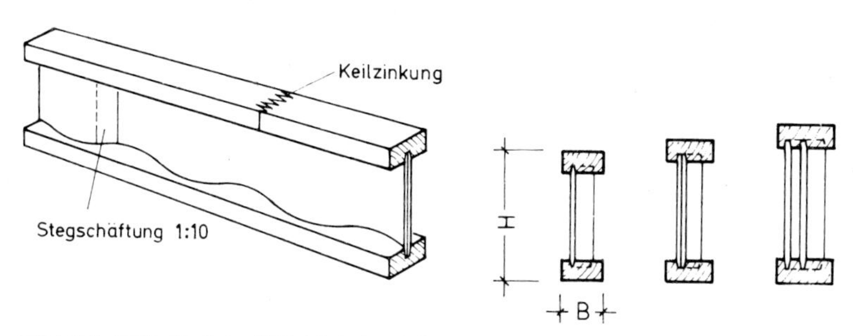


**Bild E 5-22/3:** Wellsteg® Holzleimbauträger

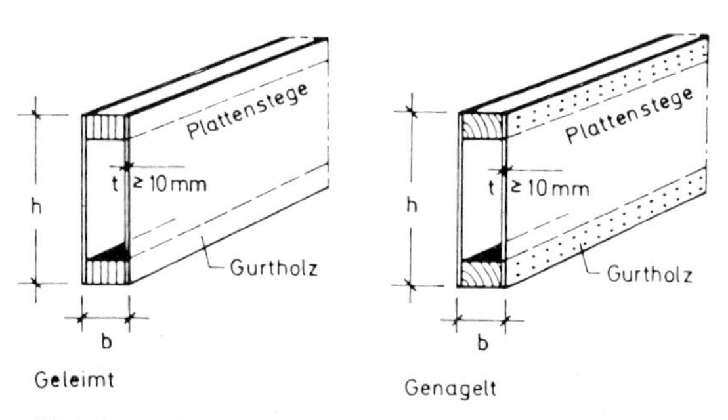


**Bild E 5-22/4:** Kastenträger

**Bild E 5-22:** Dach-Träger, -Binder o. ä. mit beliebigen Abmessungen. Die Feuerwiderstandsdauer ohne Bekleidung beträgt in der Regel << 30 min.

5.4

Dächer mit Dach-Trägern, -Bindern o. ä. aus Holz und Holzwerkstoffen mit beliebigen Abmessungen sind daher bei Brandbeanspruchung von unten auf den Schutz einer unteren Bekleidung oder Unterdecke angewiesen, die einen Feuerwiderstand von annähernd 30 min besitzen muß oder besser selbst der Feuerwiderstandsklasse F 30 angehört.

**E.5.4.3.2/1** Als **Beplankung bzw. Bekleidung** können alle schon behandelten Werkstoffe verwendet werden. Die zu Decken gemachten Erläuterungen E.5.2.2.2–E.5.2.3.9 (Seite 195–199) gelten sinngemäß. Dasselbe gilt auch für die Erläuterungen E.5.2.4.1 bis E.5.2.4.3 - E.5.2.4.5 (Seite 199–202) zu **Dämmschichten**.

**E.5.4.3.2/2** Ausreichend dimensionierte **Beplankungen und Bekleidungen** z. B. aus Spanplatten, Gipskartonplatten, Holzwolle-Leichtbauplatten und Drahtputzdecken sind in den Tabellen 66–69 (s. S. 231 ff.) angegeben. Die nach Bild E 4-27 (s. S. 147) ermittelten Durchbrand- und $t_{500}$-Zeiten $t_1$–$t_4$ liegen im Mittel bei ≥ 35 min, so daß auch Dächer mit Trägern und Bindern mit einer minimalen Feuerwiderstandsdauer von etwa 5 min – z. B. Wellsteg- oder Kastenträger mit dünnen Stegen (Bild E 5-22) noch ohne besonderen Nachweis in die Feuerwiderstandsklasse F 30 eingestuft werden können. Die in den Tabellen 66–69 angegebenen Bekleidungen sind so dimensioniert, daß auch jede beliebige Bedachung verwendet werden kann. In den Fällen, in denen die Bekleidung hinsichtlich der Durchwärmung der Bedachung nicht ausreicht, muß auf der Bekleidung bzw. im Dachträgerbereich eine Dämmschicht angeordnet werden. Diese notwendige Dämmschicht ist in Tabelle 66, Zeilen 5 bis 10 angegeben.

**E.5.4.3.3** Bei **belüfteten Dächern** liegen in begrenzter Anzahl und begrenztem Umfang Öffnungen – meist im Traufenbereich – oberhalb der Dämmschicht vor, die auf den Wärmeschutz abgestimmt eine kleine Fläche aufweisen. Nach dem Durchbrand bzw. Abfallen der unteren Beplankungen bzw. Bekleidungen und ggf. der Dämmschicht treten an diesen Stellen – obwohl die Bedachung noch raumabschließend ist – brennbare Gase oder Flammen aus.

**E.5.4.3.4** In Dächern nach Tabelle 66 Zeilen 5–10 ist eine bestimmte Mineralfaser-Dämmschicht notwendig. Alternativ kann die schon bei Wänden und Decken erwähnte Dämmschicht aus **Isofloc-Dämmaterial** der Baustoffklasse B 2 ebenfalls eingesetzt werden. Für Dächer mit einer unteren Bekleidung aus 22 mm dicken gespundeten Brettern und 15 mm dicken FERMACELL-Gipsfaserplatten wurde F 60-B erreicht, wobei die Bedachung aus 22 mm dicken bestimmten Weichfaserplatten und verzinkten Stahlpfannen bestand [5.29]. Wegen des Glimmens siehe Seite 157.

**E.5.4.3.5/1** In Abschnitt 5.4.3.5 sind im Gegensatz zu DIN 4102 Teil 4 (03/81) erstmals **Schaumkunststoffe** nach DIN 18164 Teil 1 genannt. Nach dieser Norm werden folgende harten Schaumstoffe gemäß DIN 7726 – auch Hartschäume genannt – unterschieden:
- Dämmstoffe aus Polystyrol(PS)-Hartschaum,
- Dämmstoffe aus Polyurethan(PUR)-Hartschaum und
- Dämmstoffe aus Phenolharz(PF)-Hartschaum.

DIN 18 164 Teil 1 gilt für Wärmedämmstoffe im Bauwesen, die in Form von Platten oder Bahnen hergestellt werden. Sie gilt auch für profilierte Platten und Bahnen sowie für Schaumstoffe in Verbindung mit Pappe, Papier, Glasvlies, Besandungen, Kunststoffolien, Metallfolien, Dach- und Dichtungsbahnen und ähnliche Beschichtungen, sofern diese werksmäßig aufgebracht werden. Die Norm gilt nicht für Wärmedämmstoffe mit Beschichtungen, die dicker als 5 mm je Schicht sind und andere Verbundbaustoffe, siehe DIN 1101 und DIN 18 184. Schaumstoffe nach dieser Norm müssen mindestens der Baustoffklasse B 2 nach DIN 4102 Teil 1 entsprechen. PS-Hartschaum für Wärmedämmzwecke im Bauwesen – nicht für Verpackungsmaterial – wird nur als B 1-Dämmstoff hergestellt.

**E.5.4.3.5/2** PS- und PUR-Hartschäume sind am bekanntesten. Brandschutztechnisch liegen hier zahlreiche Prüferfahrungen vor, weshalb in die Neufassung von DIN 4102 Teil 4 auch besondere Angaben aufgenommen wurden. **PF-Hartschäume** sind weniger bekannt. Dieser Duroplast-Baustoff ist dem PUR-Hartschaum ähnlich, besitzt aber nur etwa 1–2 % Marktanteile. Über PF-Hartschäume liegen weniger Branderfahrungen vor.

**E.5.4.3.5/3** **Hartschäume** nach DIN 18164 Teil 1 durften bisher in allen Decken- und Dach-Konstruktionen eingebaut werden, bei denen aus Brandschutzgründen keine Dämmschicht erforderlich war. Um dies noch einmal zu betonen, wurde in Abschnitt 5.4.3.5 der Nebensatz „soweit sie nicht in Dächern nach den Tabellen 65 oder 67 verwendet werden“ eingeschoben.

**E.5.4.3.5/4 – Tabelle 68** Alle **Hartschäume** werden in Tabelle 68 zusammen und einheitlich erfaßt. In einem Entwurfsstadium zu DIN 4102 Teil 4 gab es einmal zwei Tabellen, wobei die untere Bekleidung in der PUR-Tabelle etwas dünner als in der PS-Tabelle war. Um dem Anwender von DIN 4102 Teil 4 das Heraussuchen zu erleichtern und um die Norm nicht mit vielen wenig unterschiedlichen Mindestdicken aufzublähen, wurden beide Hartschäumen zusammen mit dem PF-Hartschaum in einer Tabelle erfaßt.

**E.5.4.3.5/5 – Tabelle 68** Die Ausbildung in Tabelle 68 kann nicht allgemein empfohlen werden, da ein dauerhafter Feuchteschutz für den Dachquerschnitt nicht in jedem Fall gewährleistet werden kann; aus demselben Grund ist diese Konstruktion auch nicht in das Beiblatt 1 zu DIN 4109 aufgenommen worden.

5.4

**E.Tabellen 66, 68, 69** – Wie aus Abschnitt 5.4.3.2 von DIN 4102 Teil 4 hervorgeht (s. S. 231 ff.), kann die Bekleidung mit oder ohne einer **Grund- und Feinlattung** angebracht werden; dabei ist die zulässige **Spannweite der Bekleidung** zu beachten, die auch bei Beplankungen von ausschlaggebender Bedeutung ist. In den Tabellen 66, 68 und 69 ist eine mögliche Lattung dargestellt, so daß jeder Leser schnell sieht, daß sich die zulässige Spannweite jeweils auf die Bekleidung bezieht.

**E.5.4.3.6 – Tabelle 69** In Abschnitt 5.4.3.2 wird angegeben, daß zur Einhaltung der nach Norm geforderten zulässigen Spannweite der Bekleidung eine Grund- bzw. Feinlattung angebracht werden darf. In vielen Fällen liegen in der Praxis Binder- oder Sparrenabstände von 1,25 m vor, so daß die Bekleidung direkt an diesen Bauteilen angebracht werden kann. Um solche großen

**Spannweiten bei der Bekleidung** zu ermöglichen, wurde die Tabelle 69 mit zul. Spannweite der Bekleidung = $\ell$ = Binder- oder Sparrenabstand ≤ 1,25 m geschaffen.

**E.Tabelle 68 und 69** Bei Anwendung der Tabelle 69 (große Spannweite der Bekleidung) ist anstelle einer Hartschaum-Dämmschicht jedoch eine Mineralfaser-Dämmschicht bestimmter Güte und Befestigung nach Abschnitt 5.4.3.4 einzubauen. Da es sich bei den **Tabellen 68 und 69** gegenüber DIN 4102 Teil 4 (03/81) um neue Tabellen handelt, die für die Praxis große Bedeutung besitzen, werden diese Tabellen durch die Angaben von Bild E 5-23 noch einmal hervorgehoben.

| Tab. DIN 4102 Teil 4 | Konstruktionsmerkmale (Schema - Skizze) | Bekleidung (Beispiele) Baustoff | d mm | l mm | Dämmschicht Baustoff D mm | ρ kg/m³ |
|---|---|---|---|---|---|---|
| 68 | 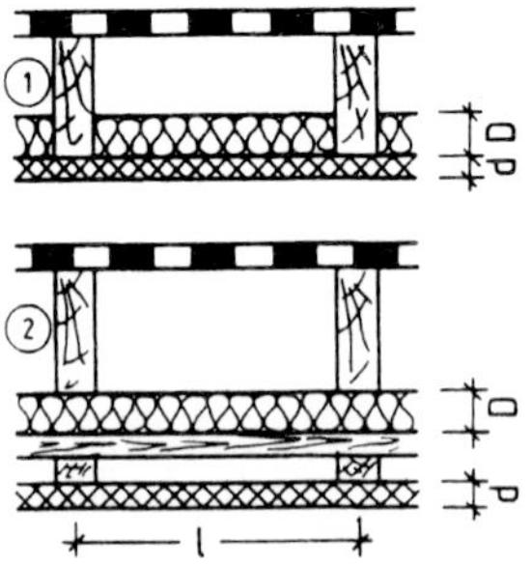 ① | Holzwerkstoff + GKF | 19 + 12,5 | 625 | Schaumkunststoff DIN 18 164 Teil 1 | |
| | ② | | 16 + 15 | 625 | | |
| | l | GKF | 2x12,5 | 500 | | |
| 69 | 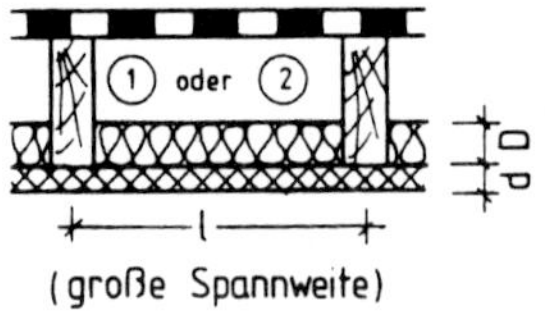 ① oder ② l (große Spannweite) | Holzwerkstoff | 25 | 1250 | MF: DIN 18 165 Teil 1 | |
| | | Bretter | 25 | 1250 | 80 | 30 |

**Bild E 5-23:** Übersicht über neue Tabellen zu Dächern F 30-B mit verdeckt angeordneten Sparren o.ä; wegen des Feuchteschutzes bei Konstruktionen nach ① von Tabelle 68 siehe die Erläuterung E.5.4.3.5/5 – Tabelle 68

**E.5.4.4.1–5.4.4.3** Wie bereits aus Bild E 5-14 hervorgeht, stellen die Angaben von Abschnitt 5.4.4.1 und **Tabelle 70** nur eine Wiederholung der „Decken"-Tabelle 61 dar. Dabei wurde die Tabelle vereinfacht und nur auf die Belange von Dächern abgestellt.

**E.Tabelle 70** Die Schalung auf den Sparren o. ä., die nach Abschnitt 5.5 für eine 3seitige Brandbeanspruchung zu bemessen sind, ist

- relativ dick, besitzt
- z. T. Doppelspundungen und
- ggf. Fugenabdeckungen (Teilbilder b–d in Tabelle 70).

Auf die **Fugenabdeckungen** kann verzichtet werden, wenn unter der Bedachung eine nichtbrennbare Dämmschicht bestimmter Güte angeordnet wird. Unmittelbar unter der Bedachung verwendete Dämmschichten bestehen wegen der Trittbelastung meistens aus Platten. Eine bekannte **Platten-Dämmschicht** ist die Dämmschicht aus **FESCO 444** der Manville Deutschland GmbH nach Zulassungsbescheid des DIBt Z-23.12-106. Sie besteht aus Perlite, Glasfaser, Zellulose und einem Zusatz aus Bitumen-Bindemittel und gehört zur Baustoffklasse A 2. Werden derartige oder ähnliche (A 2) Platten auf der Schalung verlegt, darf auf die Fugenabdeckung verzichtet werden.

**E.5.4.4.4** Wird die Verkehrslast über **Lagerhölzer** in die Sparren o. ä. eingeleitet – d. h. die obere Abdeckung (Schalung) wird nur wenig belastet – gelten die Randbedingungen von Tabelle 71, Zeilen 1–3. Die **Schalung** darf hier **relativ dünn** gewählt werden, weil über der Schalung eine schützende Mineralfaser-Dämmschicht angeordnet wird.

**E.5.4.4.5** Werden keine Lagerhölzer angeordnet, muß die **Schalung dicker** ausgeführt werden → Tabelle 71, Zeilen 4–6. Auf die Mineralfaser-Dämmschicht kann verzichtet werden. Der Hinweis auf **einfache Spundungen** wurde nur aufgenommen, um den Unterschied zu den Angaben von Tabelle 70 [mehrfache Spundungen bei den Teilbildern a) und e)] deutlich zu machen.

**E.5.4.4.6** **Dächer mit zweilagiger oberer Schalung** wurden in der Norm nicht dargestellt, weil sie selten vorkommen. In diesem (einzigen) Fall wurde auf die „Decken"-Tabelle 60 verwiesen.

**E.5.4.4.7** Da **Hartschaumstoffe** gut - z. B. mit Lagerhölzern – belastet werden dürfen, wurde für Dächer mit Lagerhölzern bei Verwendung von Dämmschichten aus Schaumkunststoffen nach DIN 18 164 Teil 1 die Tabelle 72 geschaffen.

**E.Tabelle 71 und 72** Da die Tabellen 71 und 72 gegenüber DIN 4102 Teil 4 (03/81) neu sind, werden sie durch die Angaben von Bild E 5-24 noch einmal hervorgehoben.

| Tab. DIN 4102 Teil 4 | Konstruktionsmerkmale (Schema - Skizze) | Schalung (Beispiele) Baustoff | d (mm) | l (mm) | Dämmschicht Baustoff D (mm) | ρ (kg/m³) |
|---|---|---|---|---|---|---|
| 71 | D, d; Sparren nach Teil 4 (5.5) | Holzwerkst. | 28 | 1250 | MF: DIN 18165 Teil 1 | |
| | | Bohlen | 28 | 1250 | | |
| | | Holzwerkst. + Bretter | 25 + 16 | 1250 | 80 | 30 |
| 72 | D, d; Sparren nach Teil 4 (5.5) | Holzwerkst. | 36 | 750 | Schaum-kunststoff DIN 18164 Teil 1 | |
| | | Bretter | 40 | 750 | | |
| | | Bretter | 32 | 650 | | |
| | | GKF | 2x12,5 | 500 | | |

**Bild E 5-24:** Übersicht über neue Tabellen zu Dächern F 30-B mit freiliegenden Sparren o. ä.

5.4

**E.5.4.5** Wie bereits aus Bild E 5-14 hervorgeht, ist die Tabelle 73 nur eine veränderte Neuauflage der „Decken"-Tabelle 64. Es gelten daher die zu Decken gemachten Erläuterungen sinngemäß – insbesondere die Erläuterungen

- E.5.2.3.1/1 – E.5.2.3.9 (Seite 195 – 199) zu Bekleidungen (bzw. Beplankungen) und
- E.5.2.4.1 bis E.5.2.4.3–E.5.2.4.5 (Seite 199 – 202) zu Dämmschichten.

**E.5.4/4** Wie aus den vorstehenden Erläuterungen zu Dächern hervorgeht, haben Beplankungen, Bekleidungen, Dämmschichten usw. einen großen Einfluß auf die Feuerwiderstandsdauer und Klassifizierung. Ergänzend zu den gegebenen Erläuterungen sollen nachfolgend **5 Beispiele** mit besonders interessanten **Bekleidungen, Unterdecken und Dämmschichten** gegeben werden; die Benennung lautet jeweils F..-B.

*Beispiel 1 zu E.5.4/4*

Bei Prüfungen mit

- 80 mm dicken **Thermodach-Elementen** aus PS-Hartschaum (B 1) und
- 50 mm dicken **Porenbetonplatten** (beides aufgelegt auf Metallschienen) in Verbindung mit einem
- Ziegeldach

wurde bei Feuerwiderstandsdauern von 37–66 min die Feuerwiderstandsklasse F 30 erreicht [5.55]; unter bestimmten Voraussetzungen kann auch F 60 erzielt werden.

*Beispiel 2 zu E.5.4/4*

Mit einer belüfteten Dachkonstruktion, bestehend u. a. aus

- 25 mm dicken **Knauf-GKF-Massivbauplatten A 2**, befestigt an Metallschienen, bei Befestigung an den Sparren nach Bild E 5-11 Detail 4 mit einer
- ISOVER-Dämmschicht „Klemmfilz-Uniroll-040", D/ρ = 100/18 mm/(kg/m$^3$) A 2 nach PA-III 4.49 unmittelbar unter der Bedachung,

wurde eine Feuerwiderstandsdauer von 89 min erzielt. Die Klassifizierung für alle Arten von Bedachungen lautet F 60.

*Beispiel 3 zu E.5.4/4*

Das schon einmal angeführte Beispiel 6 (Seite 220) ergab bei Verwendung von

- 20 mm dicken **DURAGYP-Platten**

mit bestimmter Befestigung (Abhängung) und bestimmter Mineralfaser-Dämmschicht eine Feuerwiderstandsdauer von 95 – 100 min, Klassifizierung F 90 [5.23].

*Beispiel 4 zu E.5.4/4*

Bei Verwendung von

- 13,2 mm dicken GKF-Platten **„GIPSUM-WALL BOARD“** mit einer
- 50 mm dicken speziellen Mineralfaser-Dämmschicht

wurde bei Prüfung eines Daches aus **Nagelplattenbindern** (belüftet, mit einer Bedachung aus Faserzement-Wellplatten) eine Feuerwiderstandsdauer von 35 min erzielt. Eine Klassifizierung wurde nicht gegeben, da nur eine Prüfung durchgeführt wurde [5.57].

*Beispiel 5 zu E.5.4/4*

Bei Verwendung von

- 15 mm dicken **OWAcoustik-Mineralfaserplatten** zwischen Metallschienen bei Befestigung an Dachlatten und einer
- 100 mm dicken ISOVER-Dämmschicht „Filz 320“ (ähnlich Beispiel 2, S. 252)

wurde bei Prüfung eines Daches aus **Nagelplattenbindern** (belüftet, mit einer Bedachung aus Faserzement-Wellplatten) eine Feuerwiderstandsdauer von > 33–53 min und damit die Feuerwiderstandsklasse F 30 erzielt [5.58 a)]. Bei einer ähnlichen Prüfung mit einem belüfteten Dach (Bedachung aus Rauhspund und Bitumenpapplagen) wurde ebenfalls F 30 erzielt [5.58 b)].

**E.5.4/5** Bei der z. Z. herrschenden Wohnraumnot ist das Bemühen um Schaffung von Wohnraum im Dach von besonderem Interesse. Zum **Dachausbau** bei bestehenden Gebäuden mit vorhandenen Dachgeschossen sei auf folgende Literaturstellen aufmerksam gemacht:

[5.47] – mit Darstellungen u. a. der Rettungswegsituation, der Anleiterbarkeit bei Satteldächern und der Mitteltraufenausbildung bei giebelständigen Gebäuden.
[5.59] – mit Angaben u. a. zu bauaufsichtlichen Anforderungen und zu Verbesserungen des Daches und der unter dem Dachraum befindlichen Holzbalken- oder Massiv-Decke.
[5.60] – mit Angaben ähnlich wie bei [5.59].
[5.61] – mit Anregungen zur Gestaltung.



Über Modernisierung, Sanierung, Instandsetzung und Nutzungsänderung wird in Abschnitt 6 berichtet. Wegen denkmalgeschützter Bauten sei auf Abschnitt 7 verwiesen.

**E.5.4/6** Zum Thema Schaffung von Wohnraum sei auch auf eine mögliche **Dach-Aufstockung** von Flachbauten hingewiesen (Bilder E 5-25 und E 5-26).

**E.5.4/7** Abschließend zum Thema Dächer sei erwähnt, daß es auch **begrünte Dächer** gibt. Über das Brandverhalten solcher Dächer sagen die Erlasse einzelner Bundesländer etwas aus, z. B. [5.62] in NRW. Weitere Grundlagen sind in [5.63] und [5.64] enthalten.

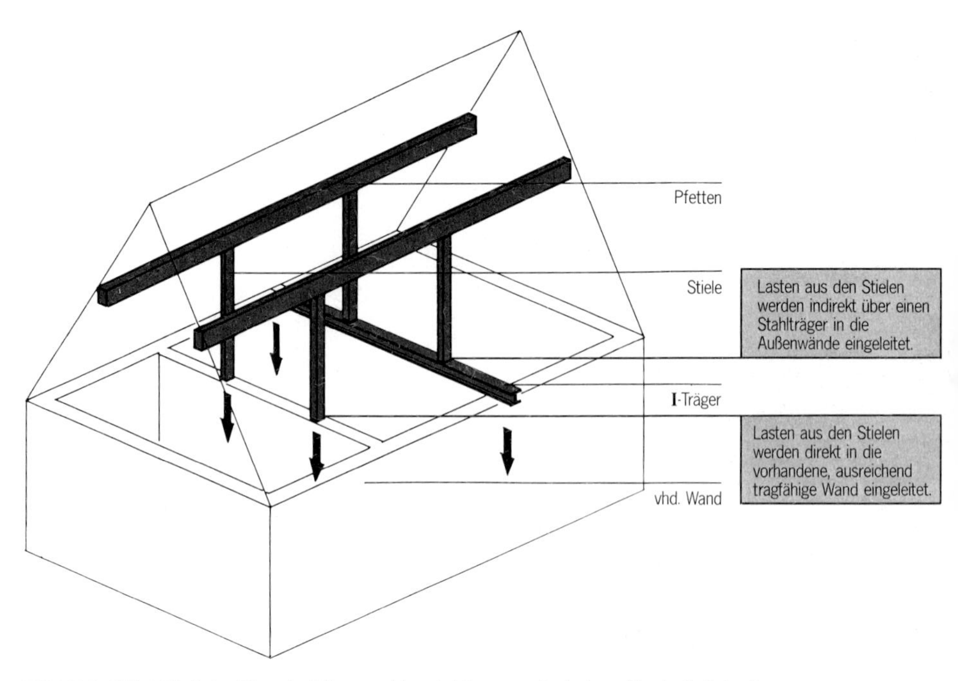


**Bild E 5-25*)**: Mögliche Konstruktion und Lastabtragung bei einer Dach-Aufstockung

*Siedlung*
*„Am Raupenbusch"*
*Heimerzheim*

**Bild E 5-26*)**: Dach-Aufstockung vor (kleines Bild) und nach der Vollendung

*) Die Bilder E 5-25 und E 5-26 sind der Publikation „Archiv Arbeitsgemeinschaft Ziegeldach" entnommen.

Nach dem Brand in einem nicht ausgebauten Satteldach; die Brandwand aus Mauerwerk erfüllte ihre Aufgabe (bei richtiger Ausführung) einwandfrei

Durch Brand zerstörter Dachausbau; Unterteilungen durch Brandwände oder Brandwand-Ersatzwände hätten den Schaden begrenzt

## 5.5 Feuerwiderstandsklassen von Holzbalken

### 5.5.1 Anwendungsbereich, Brandbeanspruchung

**5.5.1.1** Die Angaben von Abschnitt 5.5 gelten für statisch bestimmt oder unbestimmt gelagerte, freiliegende, auf Biegung oder Biegung mit Längskraft beanspruchte Holzbalken mit Rechteckquerschnitt nach DIN 1052 Teil 1 mindestens der Sortierklasse S 10 bzw. MS 10 nach DIN 4074 Teil 1. Es wird unterschieden zwischen maximal 3seitiger und 4seitiger Brandbeanspruchung.

**5.5.1.2** Eine maximal 3seitige Brandbeanspruchung liegt vor, wenn die Oberseite der Balken durch

a) Betonbauteile nach den Abschnitten 3.4 oder 3.5,

b) Beplankungen bzw. Schalungen aus Holz oder Holzwerkstoffen nach den Abschnitten 5.2.3.2 bzw. 5.4.4 oder

c) Decken aus Holztafeln nach Tabelle 56

jeweils mindestens der geforderten Feuerwiderstandsklasse abgedeckt ist.

Eine 4seitige Brandbeanspruchung liegt vor, wenn die Oberseite der Balken andere Abdeckungen — z. B. aus Stahl, Holz und Holzwerkstoffen kleinerer Dicken als jeweils angegeben oder aus Kunststoff — erhält oder freiliegt.

**5.5.1.3** Die Angaben gelten außerdem nur für Balken ohne Aussparungen; Zapfen- und Bolzenlöcher gelten nicht als Aussparungen. Wegen Aussparungen (Öffnungen) siehe Abschnitt 5.5.2.5.

**5.5.1.4** Die Angaben gelten für Nadelhölzer nach DIN 1052 Teil 1/04.88, Tabelle 1, Zeile 1, sowie für Buche; bei Laubhölzern (außer Buche) mit einer Rohdichte $\varrho > 600\,kg/m^3$ nach Zeile 3 derselben Tabelle dürfen alle Werte der Tabellen 74 bis 83 mit 0,8 multipliziert werden.

### 5.5.2 Unbekleidete Balken

**5.5.2.1** Für unbekleidete Balken F 30-B können in Abhängigkeit von der Spannungsausnutzung bei Verwendung von Vollholz aus Nadelholz die in den Tabellen 74 und 75 und bei Verwendung von Brettschichtholz aus Nadelholz die in den Tabellen 76 bis 79 angegebenen Mindestquerschnittsabmessungen entnommen werden. Für unbekleidete Balken F 60-B aus Brettschichtholz können die entsprechenden Werte den Tabellen 80 bis 83 entnommen werden.[7])

**5.5.2.2** Die Kippaussteifung der Balken muß nach der geforderten Feuerwiderstandsklasse ausgeführt werden; andernfalls muß das Seitenverhältnis $h/b \leq 3$ sein — wegen der Bemessung der Kippsteifen siehe die Tabellen 74 bis 83.

**5.5.2.3** Die Auflagertiefe von Balken auf Beton oder auf Mauerwerk muß bei der Feuerwiderstandsklasse F 30 ≥ 40 mm und bei der Feuerwiderstandsklasse F 60 ≥ 80 mm betragen. Die Mindestauflagertiefen auf Holzbauteilen sowie die Mindestanforderungen an Verbindungen sind den Angaben nach Abschnitt 5.8 zu entnehmen.

**5.5.2.4** Bei Balken, bei denen nach DIN 1052 Teil 1 bei der Bemessung die Schub- bzw. Scherspannung gegenüber dem Nachweis auf Biegung oder Biegung mit Längskraft maßgebend ist, muß die Bedingungsgleichung (9) eingehalten werden:

$$\frac{\alpha_Q \cdot b \cdot h}{1{,}5 \cdot b(t_f) \cdot h(t_f)} \leq 1{,}0 \quad (9)$$

wobei

$\alpha_Q$ Ausnutzungsgrad der Schub- bzw. Scherspannung nach DIN 1052 Teil 1 und

$b(t_f)$, $h(t_f)$ Breite bzw. Höhe des Restquerschnitts in Abhängigkeit von der Abbrandgeschwindigkeit ($v_{Vollholz}$ = 0,8 mm/min, $v_{BSH}$ = 0,7 mm/min) und Feuerwiderstandsdauer $t_f$

ist.

$b(t_f)$ und $h(t_f)$ sind bei 4seitiger Brandbeanspruchung[7]):

$$b(t_f) = b - 2\,v \cdot t_f \quad (10)$$

$$h(t_f) = h - 2\,v \cdot t_f \quad (11)$$

Bei 3seitiger Brandbeanspruchung[7]) gilt:

$b(t_f)$ siehe Gleichung (10)

$$h(t_f) = h - v \cdot t_f \quad (12)$$

**5.5.2.5** Die Randbedingungen der Tabellen 76 bis 83 gelten auch für Balken bis zu einem Normalkraftanteil von 20% mit Öffnungen (Durchbrüchen), wenn die Randbedingungen nach Bild 48 eingehalten werden. Die Verstärkungen sind aus Bau-Funiersperrholz aus Buche nach DIN 68 705 Teil 5 BFU-BU 100 mit geeigneten Preßvorrichtungen oder mit Nagel-Preßleimung anzubringen.

Die Gesamtverstärkungsdicke $t$ in mm (je Seite $t/2$) muß in Abhängigkeit von der in Durchbruchsmitte vorhandenen Schubspannung $\tau_Q$ in MN/m² und der Trägerbreite $b$ in mm

$$t \geq (0{,}15 + 0{,}4 \cdot \tau_Q) \cdot b \quad (13)$$

betragen, mindestens jedoch 40 mm.

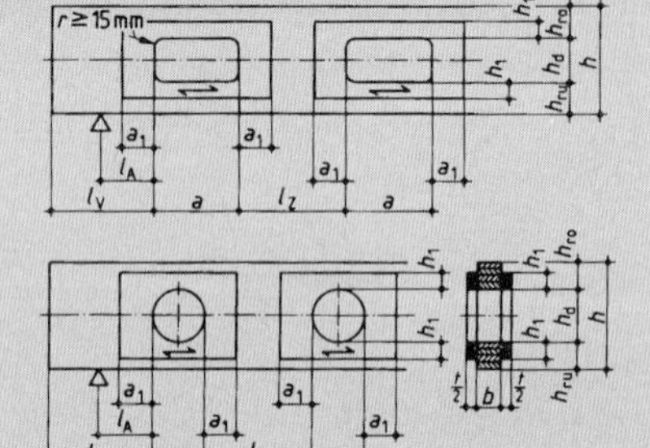


$l_A \geq \frac{h}{2}$; $l_v$ und $l_z \geq h$; $a \leq h$;

$a_1 \geq 0{,}25\,a$ und $\geq h_1$; $h_{ro}$ und $h_{ru} \geq 0{,}3\,h$;

$h_d \leq 0{,}4\,h$; $h_1 \geq 0{,}25\,h_d$ und $\geq 0{,}1\,h$; $b \leq 220$ mm

**Bild 48: Abmessungen von Öffnungen mit Verstärkungen**

**5.5.2.6** Für den Gesamtquerschnitt verdübelter Rechteckbalken aus Vollholz gelten die Angaben der Tabellen 74 und 75; hinsichtlich der Dübelverbindungen sind keine Randbedingungen zu beachten, vergleiche Abschnitt 5.8.4.5.

**5.5.2.7** Für Balken mit Gerbergelenken gelten die Angaben der Tabellen 74 bis 79; hinsichtlich der Gerbergelenke sind die Randbedingungen von Abschnitt 5.8.10.2 zu beachten.

---

[7]) Siehe Seite 72.

**Tabelle 74: Mindestbreite $b$ unbekleideter Stützen und Balken aus Vollholz aus Nadelholz mit einem Seitenverhältnis $h/b$ = 1,0 und 2,0 und 3seitiger Brandbeanspruchung für F 30-B**

| Zeile | Brandbeanspruchung | Statische Beanspruchung Druck $\frac{\sigma_{D\parallel}}{\text{zul } \sigma_k}$ | Statische Beanspruchung Biegung $\frac{\sigma_B}{\text{zul } \sigma_B^*}$ [1] | Mindestbreite $b$ in mm bei einem Seitenverhältnis $h/b$ 1,0 und einem Abstützungsabstand $s$ bzw. einer Knicklänge $s_k$ in m | | | | | Mindestbreite $b$ in mm bei einem Seitenverhältnis $h/b$ 2,0 und einem Abstützungsabstand $s$ bzw. einer Knicklänge $s_k$ in m | | | | |
|---|---|---|---|---|---|---|---|---|---|---|---|---|---|
| | | | | 2,0 | 3,0 | 4,0 | 5,0 | 6,0 | 2,0 | 3,0 | 4,0 | 5,0 | 6,0 |
| 1 | 3seitig | 1,0 | 0 | 163 | 181 | 194 | 203 | 206 | 151 | 169 | 182 | 190 | 185 |
| 2 | | 0,8 | 0 | 144 | 159 | 168 | 171 | 171 | 135 | 149 | 157 | 157 | 157 |
| 3 | | | 0,2 | 155 | 171 | 182 | 188 | 188 | 144 | 159 | 168 | 173 | 173 |
| 4 | | 0,6 | 0 | 127 | 136 | 143 | 143 | 143 | 120 | 130 | 132 | 132 | 132 |
| 5 | | | 0,4 | 148 | 160 | 168 | 171 | 171 | 135 | 147 | 154 | 154 | 154 |
| 6 | | 0,4 | 0 | 110 | 117 | 117 | 117 | 117 | 104 | 110 | 110 | 110 | 110 |
| 7 | | | 0,6 | 139 | 148 | 153 | 153 | 153 | 125 | 134 | 137 | 137 | 139 |
| 8 | | 0,2 | 0 | 91 | 93 | 93 | 93 | 93 | 87 | 88 | 88 | 88 | 88 |
| 9 | | | 0,8 | 128 | 133 | 135 | 135 | 135 | 113 | 118 | 122 | 125 | 128 |
| 10 | | 0 | 0,2 | 80 | 80 | 80 | 80 | 83 | 80 | 80 | 80 | 80 | 83 |
| 11 | | | 1,0 | 114 | 114 | 114 | 114 | 114 | 96 | 103 | 109 | 114 | 120 |

[1] zul $\sigma_B^* = 1{,}1 \cdot k_B \cdot$ zul $\sigma_B$ mit $1{,}1 \cdot k_B \leq 1{,}0$.

**Tabelle 75: Mindestbreite $b$ unbekleideter Stützen und Balken aus Vollholz aus Nadelholz mit einem Seitenverhältnis $h/b$ = 1,0 und 2,0 und 4seitiger Brandbeanspruchung für F 30-B**

| Zeile | Brandbeanspruchung | Statische Beanspruchung Druck $\frac{\sigma_{D\parallel}}{\text{zul } \sigma_k}$ | Statische Beanspruchung Biegung $\frac{\sigma_B}{\text{zul } \sigma_B^*}$ [1] | Mindestbreite $b$ in mm bei einem Seitenverhältnis $h/b$ 1,0 und einem Abstützungsabstand $s$ bzw. einer Knicklänge $s_k$ in m | | | | | Mindestbreite $b$ in mm bei einem Seitenverhältnis $h/b$ 2,0 und einem Abstützungsabstand $s$ bzw. einer Knicklänge $s_k$ in m | | | | |
|---|---|---|---|---|---|---|---|---|---|---|---|---|---|
| | | | | 2,0 | 3,0 | 4,0 | 5,0 | 6,0 | 2,0 | 3,0 | 4,0 | 5,0 | 6,0 |
| 1 | 4seitig | 1,0 | 0 | 187 | 204 | 219 | 229 | 237 | 161 | 179 | 193 | 202 | 204 |
| 2 | | 0,8 | 0 | 164 | 179 | 189 | 196 | 196 | 143 | 158 | 167 | 170 | 170 |
| 3 | | | 0,2 | 182 | 197 | 209 | 217 | 222 | 154 | 170 | 180 | 187 | 187 |
| 4 | | 0,6 | 0 | 143 | 155 | 161 | 161 | 161 | 126 | 137 | 142 | 142 | 142 |
| 5 | | | 0,4 | 177 | 189 | 198 | 204 | 205 | 146 | 159 | 167 | 169 | 169 |
| 6 | | 0,4 | 0 | 123 | 131 | 133 | 133 | 133 | 110 | 116 | 116 | 116 | 116 |
| 7 | | | 0,6 | 172 | 180 | 186 | 190 | 190 | 138 | 147 | 152 | 152 | 152 |
| 8 | | 0,2 | 0 | 102 | 105 | 105 | 105 | 105 | 91 | 92 | 92 | 92 | 92 |
| 9 | | | 0,8 | 166 | 171 | 174 | 175 | 175 | 127 | 132 | 134 | 135 | 138 |
| 10 | | 0 | 0,2 | 86 | 86 | 86 | 86 | 87 | 80 | 80 | 80 | 82 | 84 |
| 11 | | | 1,0 | 160 | 160 | 160 | 160 | 160 | 113 | 113 | 118 | 123 | 128 |

[1] zul $\sigma_B^* = 1{,}1 \cdot k_B \cdot$ zul $\sigma_B$ mit $1{,}1 \cdot k_B \leq 1{,}0$.

**Tabelle 76: Mindestbreite $b$ unbekleideter Stützen und Balken aus Brettschichtholz aus Nadelholz mit einem Seitenverhältnis $h/b$ = 1,0 und 2,0 und 3seitiger Brandbeanspruchung für F 30-B**

| Zeile | Brandbeanspruchung | Statische Beanspruchung Druck $\frac{\sigma_{D\parallel}}{\text{zul } \sigma_k}$ | Statische Beanspruchung Biegung $\frac{\sigma_B}{\text{zul } \sigma_B^*}$ [1]) | Mindestbreite $b$ in mm bei einem Seitenverhältnis $h/b$ 1,0 und einem Abstützungsabstand $s$ bzw. einer Knicklänge $s_k$ in m | | | | | Mindestbreite $b$ in mm bei einem Seitenverhältnis $h/b$ 2,0 und einem Abstützungsabstand $s$ bzw. einer Knicklänge $s_k$ in m | | | | |
|---|---|---|---|---|---|---|---|---|---|---|---|---|---|
| | | | | 2,0 | 3,0 | 4,0 | 5,0 | 6,0 | 2,0 | 3,0 | 4,0 | 5,0 | 6,0 |
| 1 | 3seitig | 1,0 | 0 | 148 | 168 | 169 | 169 | 169 | 139 | 158 | 158 | 158 | 158 |
| 2 | | 0,8 | 0 | 132 | 146 | 146 | 146 | 146 | 124 | 134 | 134 | 134 | 134 |
| 3 | | | 0,2 | 141 | 157 | 157 | 157 | 157 | 132 | 147 | 147 | 147 | 147 |
| 4 | | 0,6 | 0 | 116 | 119 | 119 | 119 | 119 | 110 | 110 | 110 | 110 | 110 |
| 5 | | | 0,4 | 134 | 146 | 146 | 146 | 146 | 124 | 131 | 131 | 131 | 131 |
| 6 | | 0,4 | 0 | 100 | 100 | 100 | 100 | 100 | 95 | 95 | 95 | 95 | 95 |
| 7 | | | 0,6 | 125 | 131 | 131 | 131 | 131 | 114 | 116 | 116 | 116 | 118 |
| 8 | | 0,2 | 0 | 80 | 80 | 80 | 80 | 83 | 80 | 80 | 80 | 80 | 83 |
| 9 | | | 0,8 | 115 | 116 | 116 | 116 | 116 | 102 | 102 | 104 | 108 | 111 |
| 10 | | 0 | 0,2 | 80 | 80 | 80 | 80 | 83 | 80 | 80 | 80 | 80 | 83 |
| 11 | | | 1,0 | 100 | 100 | 100 | 100 | 100 | 84 | 90 | 95 | 100 | 105 |

[1]) zul $\sigma_B^* = 1{,}1 \cdot k_B \cdot \text{zul } \sigma_B$ mit $1{,}1 \cdot k_B \leq 1{,}0$.

**Tabelle 77: Mindestbreite $b$ unbekleideter Stützen und Balken aus Brettschichtholz aus Nadelholz mit einem Seitenverhältnis $h/b$ = 4,0 und 6,0 und 3seitiger Brandbeanspruchung für F 30-B**

| Zeile | Brandbeanspruchung | Statische Beanspruchung Druck $\frac{\sigma_{D\parallel}}{\text{zul } \sigma_k}$ | Statische Beanspruchung Biegung $\frac{\sigma_B}{\text{zul } \sigma_B^*}$ [1]) | Mindestbreite $b$ in mm bei einem Seitenverhältnis $h/b$ 4,0 und einem Abstützungsabstand $s$ bzw. einer Knicklänge $s_k$ in m | | | | | Mindestbreite $b$ in mm bei einem Seitenverhältnis $h/b$ 6,0 und einem Abstützungsabstand $s$ bzw. einer Knicklänge $s_k$ in m | | | | |
|---|---|---|---|---|---|---|---|---|---|---|---|---|---|
| | | | | 2,0 | 3,0 | 4,0 | 5,0 | 6,0 | 2,0 | 3,0 | 4,0 | 5,0 | 6,0 |
| 1 | 3seitig | 1,0 | 0 | 135 | 153 | 153 | 153 | 153 | 134 | 151 | 151 | 151 | 151 |
| 2 | | 0,8 | 0 | 121 | 128 | 128 | 128 | 128 | 120 | 126 | 126 | 126 | 126 |
| 3 | | | 0,2 | 127 | 142 | 142 | 142 | 142 | 127 | 143 | 143 | 143 | 143 |
| 4 | | 0,6 | 0 | 107 | 107 | 107 | 107 | 107 | 106 | 106 | 106 | 106 | 106 |
| 5 | | | 0,4 | 119 | 128 | 128 | 130 | 134 | 121 | 132 | 135 | 139 | 142 |
| 6 | | 0,4 | 0 | 92 | 92 | 92 | 92 | 92 | 91 | 91 | 91 | 91 | 91 |
| 7 | | | 0,6 | 111 | 117 | 121 | 126 | 132 | 114 | 124 | 132 | 139 | 143 |
| 8 | | 0,2 | 0 | 80 | 80 | 80 | 80 | 83 | 80 | 80 | 80 | 80 | 83 |
| 9 | | | 0,8 | 102 | 109 | 116 | 123 | 130 | 107 | 119 | 130 | 138 | 145 |
| 10 | | 0 | 0,2 | 80 | 80 | 80 | 80 | 83 | 80 | 80 | 80 | 80 | 83 |
| 11 | | | 1 | 92 | 102 | 111 | 120 | 129 | 101 | 115 | 128 | 138 | 146 |

[1]) zul $\sigma_B^* = 1{,}1 \cdot k_B \cdot \text{zul } \sigma_B$ mit $1{,}1 \cdot k_B \leq 1{,}0$.

**Tabelle 78: Mindestbreite $b$ unbekleideter Stützen und Balken aus Brettschichtholz aus Nadelholz mit einem Seitenverhältnis $h/b$ = 1,0 und 2,0 und 4seitiger Brandbeanspruchung für F 30-B**

| Zeile | Brandbeanspruchung | Statische Beanspruchung Druck $\frac{\sigma_{D\parallel}}{\text{zul } \sigma_k}$ | Statische Beanspruchung Biegung $\frac{\sigma_B}{\text{zul } \sigma_B^*}$ [1] | Mindestbreite $b$ in mm bei einem Seitenverhältnis $h/b$ 1,0 und einem **Abstützungsabstand** $s$ bzw. einer **Knicklänge** $s_k$ in m | | | | | 2,0 | | | | |
|---|---|---|---|---|---|---|---|---|---|---|---|---|---|
| | | | | 2,0 | 3,0 | 4,0 | 5,0 | 6,0 | 2,0 | 3,0 | 4,0 | 5,0 | 6,0 |
| 1 | | 1,0 | 0 | 169 | 188 | 202 | 202 | 202 | 147 | 167 | 168 | 168 | 168 |
| 2 | | 0,8 | 0 | 148 | 164 | 164 | 164 | 164 | 131 | 145 | 145 | 145 | 145 |
| 3 | | | 0,2 | 164 | 180 | 190 | 190 | 190 | 140 | 157 | 157 | 157 | 157 |
| 4 | 4seitig | 0,6 | 0 | 130 | 139 | 139 | 139 | 139 | 116 | 118 | 118 | 118 | 118 |
| 5 | | | 0,4 | 158 | 171 | 173 | 173 | 173 | 133 | 145 | 145 | 145 | 145 |
| 6 | | 0,4 | 0 | 112 | 112 | 112 | 112 | 112 | 100 | 100 | 100 | 100 | 100 |
| 7 | | | 0,6 | 153 | 162 | 162 | 162 | 162 | 125 | 130 | 130 | 130 | 130 |
| 8 | | 0,2 | 0 | 90 | 90 | 90 | 90 | 90 | 80 | 80 | 80 | 80 | 83 |
| 9 | | | 0,8 | 147 | 151 | 151 | 151 | 151 | 114 | 115 | 115 | 116 | 119 |
| 10 | | 0 | 0,2 | 80 | 80 | 80 | 80 | 83 | 80 | 80 | 80 | 80 | 83 |
| 11 | | | 1,0 | 140 | 140 | 140 | 140 | 140 | 99 | 99 | 103 | 108 | 112 |

[1]) zul $\sigma_B^* = 1{,}1 \cdot k_B \cdot$ zul $\sigma_B$ mit $1{,}1 \cdot k_B \leq 1{,}0$.

**Tabelle 79: Mindestbreite $b$ unbekleideter Stützen und Balken aus Brettschichtholz aus Nadelholz mit einem Seitenverhältnis $h/b$ = 4,0 und 6,0 und 4seitiger Brandbeanspruchung für F 30-B**

| Zeile | Brandbeanspruchung | Statische Beanspruchung Druck $\frac{\sigma_{D\parallel}}{\text{zul } \sigma_k}$ | Statische Beanspruchung Biegung $\frac{\sigma_B}{\text{zul } \sigma_B^*}$ [1] | Mindestbreite $b$ in mm bei einem Seitenverhältnis $h/b$ 4,0 und einem **Abstützungsabstand** $s$ bzw. einer **Knicklänge** $s_k$ in m | | | | | 6,0 | | | | |
|---|---|---|---|---|---|---|---|---|---|---|---|---|---|
| | | | | 2,0 | 3,0 | 4,0 | 5,0 | 6,0 | 2,0 | 3,0 | 4,0 | 5,0 | 6,0 |
| 1 | | 1,0 | 0 | 139 | 157 | 157 | 157 | 157 | 136 | 154 | 154 | 154 | 154 |
| 2 | | 0,8 | 0 | 124 | 134 | 134 | 134 | 134 | 122 | 130 | 130 | 130 | 130 |
| 3 | | | 0,2 | 131 | 146 | 146 | 146 | 146 | 130 | 145 | 145 | 145 | 145 |
| 4 | 4seitig | 0,6 | 0 | 110 | 110 | 110 | 110 | 110 | 108 | 108 | 108 | 108 | 108 |
| 5 | | | 0,4 | 123 | 133 | 133 | 134 | 137 | 123 | 135 | 137 | 142 | 145 |
| 6 | | 0,4 | 0 | 95 | 95 | 95 | 95 | 95 | 93 | 93 | 93 | 93 | 93 |
| 7 | | | 0,6 | 114 | 121 | 125 | 129 | 135 | 116 | 127 | 134 | 141 | 146 |
| 8 | | 0,2 | 0 | 80 | 80 | 80 | 80 | 83 | 80 | 80 | 80 | 80 | 83 |
| 9 | | | 0,8 | 105 | 112 | 119 | 126 | 133 | 109 | 121 | 132 | 140 | 147 |
| 10 | | 0 | 0,2 | 80 | 80 | 80 | 80 | 83 | 80 | 80 | 80 | 80 | 83 |
| 11 | | | 1,0 | 95 | 105 | 114 | 123 | 131 | 103 | 117 | 130 | 140 | 148 |

[1]) zul $\sigma_B^* = 1{,}1 \cdot k_B \cdot$ zul $\sigma_B$ mit $1{,}1 \cdot k_B \leq 1{,}0$.

**Tabelle 80: Mindestbreite $b$ unbekleideter Stützen und Balken aus Brettschichtholz aus Nadelholz mit einem Seitenverhältnis $h/b$ = 1,0 und 2,0 und 3seitiger Brandbeanspruchung für F 60-B**

| Zeile | Brandbeanspruchung | Statische Beanspruchung | | Mindestbreite $b$ in mm bei einem Seitenverhältnis $h/b$ 1,0 und einem **Abstützungsabstand** $s$ bzw. einer **Knicklänge** $s_k$ in m | | | | | 2,0 | | | | |
|---|---|---|---|---|---|---|---|---|---|---|---|---|---|
| | | Druck $\frac{\sigma_{D\parallel}}{zul\ \sigma_k}$ | Biegung $\frac{\sigma_B}{zul\ \sigma_B^*}$ [1] | 2,0 | 3,0 | 4,0 | 5,0 | 6,0 | 2,0 | 3,0 | 4,0 | 5,0 | 6,0 |
| 1 | | 1,0 | 0 | 230 | 259 | 284 | 307 | 324 | 214 | 243 | 269 | 290 | 306 |
| 2 | | 0,8 | 0 | 207 | 233 | 255 | 272 | 282 | 194 | 220 | 242 | 257 | 258 |
| 3 | | | 0,2 | 224 | 249 | 272 | 291 | 305 | 206 | 232 | 255 | 273 | 284 |
| 4 | 3seitig | 0,6 | 0 | 187 | 209 | 226 | 236 | 236 | 177 | 199 | 214 | 219 | 219 |
| 5 | | | 0,4 | 217 | 239 | 258 | 272 | 281 | 198 | 221 | 239 | 252 | 252 |
| 6 | | 0,4 | 0 | 167 | 184 | 195 | 195 | 195 | 159 | 176 | 184 | 184 | 184 |
| 7 | | | 0,6 | 210 | 226 | 241 | 251 | 251 | 188 | 206 | 220 | 226 | 226 |
| 8 | | 0,2 | 0 | 145 | 155 | 156 | 156 | 156 | 139 | 149 | 149 | 149 | 149 |
| 9 | | | 0,8 | 201 | 211 | 220 | 223 | 223 | 176 | 188 | 196 | 196 | 197 |
| 10 | | 0 | 0,2 | 120 | 120 | 120 | 120 | 121 | 120 | 120 | 121 | 124 | 127 |
| 11 | | | 1,0 | 189 | 189 | 189 | 189 | 189 | 156 | 158 | 164 | 170 | 176 |

[1]) zul $\sigma_B^* = 1{,}1 \cdot k_B \cdot$ zul $\sigma_B$ mit $1{,}1 \cdot k_B \leq 1{,}0$.

**Tabelle 81: Mindestbreite $b$ unbekleideter Stützen und Balken aus Brettschichtholz aus Nadelholz mit einem Seitenverhältnis $h/b$ = 4,0 und 6,0 und 3seitiger Brandbeanspruchung für F 60-B**

| Zeile | Brandbeanspruchung | Statische Beanspruchung | | Mindestbreite $b$ in mm bei einem Seitenverhältnis $h/b$ 4,0 und einem **Abstützungsabstand** $s$ bzw. einer **Knicklänge** $s_k$ in m | | | | | 6,0 | | | | |
|---|---|---|---|---|---|---|---|---|---|---|---|---|---|
| | | Druck $\frac{\sigma_{D\parallel}}{zul\ \sigma_k}$ | Biegung $\frac{\sigma_B}{zul\ \sigma_B^*}$ [1] | 2,0 | 3,0 | 4,0 | 5,0 | 6,0 | 2,0 | 3,0 | 4,0 | 5,0 | 6,0 |
| 1 | | 1,0 | 0 | 207 | 236 | 262 | 282 | 298 | 205 | 234 | 259 | 280 | 295 |
| 2 | | 0,8 | 0 | 189 | 215 | 236 | 250 | 250 | 187 | 213 | 234 | 248 | 248 |
| 3 | | | 0,2 | 199 | 225 | 248 | 265 | 273 | 198 | 225 | 248 | 266 | 275 |
| 4 | 3seitig | 0,6 | 0 | 173 | 194 | 209 | 212 | 212 | 171 | 193 | 208 | 209 | 209 |
| 5 | | | 0,4 | 190 | 213 | 233 | 247 | 247 | 190 | 215 | 236 | 251 | 257 |
| 6 | | 0,4 | 0 | 156 | 172 | 179 | 179 | 179 | 155 | 171 | 177 | 177 | 177 |
| 7 | | | 0,6 | 180 | 201 | 216 | 225 | 228 | 183 | 205 | 223 | 237 | 244 |
| 8 | | 0,2 | 0 | 137 | 146 | 146 | 146 | 146 | 136 | 145 | 145 | 145 | 145 |
| 9 | | | 0,8 | 170 | 186 | 199 | 206 | 213 | 176 | 195 | 211 | 224 | 235 |
| 10 | | 0 | 0,2 | 120 | 125 | 130 | 135 | 139 | 125 | 132 | 138 | 143 | 146 |
| 11 | | | 1,0 | 158 | 170 | 181 | 191 | 201 | 168 | 184 | 200 | 214 | 228 |

[1]) zul $\sigma_B^* = 1{,}1 \cdot k_B \cdot$ zul $\sigma_B$ mit $1{,}1 \cdot k_B \leq 1{,}0$.

## Erläuterungen (E) zu den Abschnitten 5.5.1 und 5.5.2

In Abschnitt 5.5 werden die Feuerwiederstandsklassen von Balken behandelt. Abschnitt 5.5.1 beschreibt den Anwendungsbereich und die Brandbeanspruchung; in Abschnitt 5.5.2 werden die Randbedingungen für unbekleidete Balken wiedergegeben. Allgemeine Angaben zur Konstruktion sind u. a. in [5.1], [5.4] und [5.69] enthalten. Weitere Informationen werden in [5.76] bis [5.801 gegeben.

Die Feuerwiderstandsdauer von Balken wird z. Zt. und für eine längere Übergangszeit (Bild E 1-2) nach DIN 4102 Teil 2 bestimmt. Es sei darauf hingewiesen, daß es seit April 1994 den Entwurf DIN EN 1365 „Prüfung der Feuerwiderstandsdauer tragender Bauteile, Teil 5: Balken" gibt.

**E.5.5.1.1/1** D!e Angaben von Abschnitt 5.5 gelten nur auf Biegung oder Biegung mit Längskraft (M + N) beanspruchte Holzbalken mit Rechteckquerschnitt, die statisch bestimmt oder unbestimmt gelagert sein können, wobei die Längskraft N eine Druckkraft ist; in beiden Lagerungsfällen sind dieselben brandschutztechnischen Randbedingungen maßgebend.

Zugglieder sowie Untergurte von Fachwerkbindern mit N + M, wobei die Längskraft N eine Zugkraft ist, werden in Abschnitt 5.7 behandelt.

Stützen und Zugglieder sind wie Balken Stäbe, die überwiegend auf Längskraft – ggf. auch auf Biegung (N + M) – beansprucht werden. Die in Abschnitt 5.5.2 wiedergegebenen Tabellen für unbekleidete Balken gelten daher auch für Stützen, wobei nach der Beanspruchung unterschieden wird. Ein Stab mit N = 0, der nur auf Biegung beansprucht wird, ist ein reiner Biegebalken. Ein Stab mit M = 0, der nur mittige Druckkräfte aufnimmt, ist eine Stütze ohne Biegung.

**E.5.5.1.1/2** Maßgebend für die (kalte) Bemessung ist **DIN 1052 Teil 1** in der Ausgabe April 1988. Die Norm wird in [5.70] ausführlich erläutert. Eine Ergänzung A 1 von Teil 1 ist in Bearbeitung.

**E.5.5.1.1/3** Wie aus Abschnitt 1.3 (s. S. 9) hervorgeht, ist die „heiße" Bemessung von Holzbauteilen
- in der Bundesrepublik Deutschland in DIN 4102 Teil 4 geregelt, die auf der „kalten" Bemessungsnorm DIN 1052 beruht,
- im zukünftigen Europa in ENV 1995-1-2 geregelt, die auf der „kalten" Bemessungsnorm ENV 1995-1-1 aufbaut.

**ENV 1995-1-1** (früher Eurocode 5 Teil 1.1) im Vergleich zu DIN 1052 wird in [5.71] behandelt.



**E.5.5.1.1/4** Der Zusammenhang zwischen **Güteklassen** nach DIN 1052 Teil 1 und **Sortierklassen** nach DIN 4074 Teil 1 geht aus Tabelle E 2-13 (S. 61) hervor. Weitere Angaben zu Sortierklassen sind in Abschnitt 2.8.1 (s. S. 63) und E.5.1.1/2 (s. S.193) enthalten.

**E.5.5.1.2** Wie aus Abschnitt 5.5.1.2 hervorgeht, wird zwischen **3- und 4seitiger Brandbeanspruchung** unterschieden. Die Vorteile, die sich aus einer 3seitigen Brandbeanspruchung ergeben, können natürlich nur dann ausgenutzt werden, wenn die „Abdeckung“ der Oberseite während der für den Balken geforderten Feuerwiderstandsklasse als Abdeckung wirksam bleibt, d. h. die abdeckenden Teile müssen mindestens derselben Feuerwiderstandsklasse angehören, die auch für die Balken gefordert wird. Eine 3seitige Brandbeanspruchung liegt nach Abschnitt 5.5.1.2 daher nur dann vor, wenn die Oberseite der Balken durch

a) Betonbauteile, z. B. Platten
b) Beplankungen aus Holz oder Holzwerkstoffen nach den Abschnitten 5.2.3.2 bzw. 5.4.4 – d. h. durch Dach- oder Deckenschlungen – oder
c) Decken aus Holztafeln nach Tabelle 56 (Decken mit notwendiger Dämmschicht)

jeweils mindestens der geforderten Feuerwiderstandsklasse abgedeckt ist, vgl. Bild E 5-27. Wenn diese Voraussetzungen nicht vorliegen – d. h. wenn

a) nichtklassifizierte (dünnere oder brandschutztechnisch schwächere) Betonbauteile,
b) nichtklassifizierte (dünnere) Dach- oder Deckenschalungen,
c) dünnere Beplankungen oder Bekleidungen bzw. dünnere oder schwächere Dämmschichten als in Tabelle 56 (s. S.189) gefordert oder
d) andere Abdeckungen aus Holz, Metall und Faserzement oder Kunststoff vorliegen oder gar keine Abdeckung vorhanden ist, sind die in Frage stehenden Balken für eine 4seitige Brandbeanspruchung zu bemessen, vgl. Bild E 5-28.

**Bild E 5-27**
Holzbalken mit 3seitiger Brandbeanspruchung

| erf. Dicke der Abdeckung | | Bemessung nach | Alternativ- |
|---|---|---|---|
| Baustoff | Schema-Skizze | DIN 4102 Teil 4 | Möglichkeiten |
| Beton | d | Abschnitt 3.4 o. 3.5 | [2.10] |
| Bretter Bohlen Spanplatten | d | Abschn. 5.3.1 - 5.3.2 Tabellen 60 - 62 | Bild E 5-10 |
| Holztafeln: Dämmschicht und untere Beplankung o. Bekleidung | D, d | Abschnitt 5.2 → Tab. 56 | — (Beurteilung im Einzelfall) |

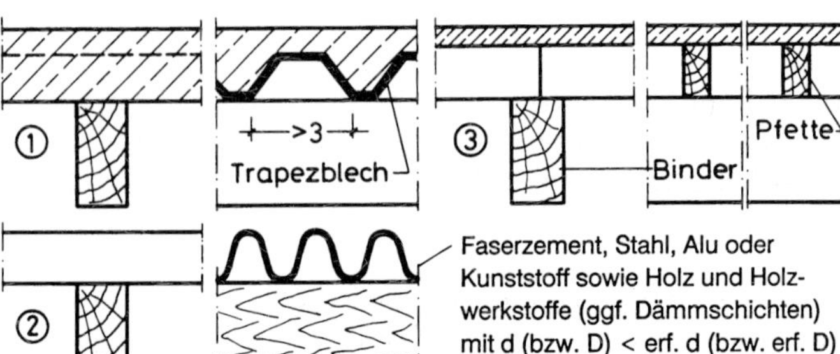


**Bild E 5-28**
Holzbalken (Binder) mit vierseitiger Brandbeanspruchung, Maße in cm

Balken, die für eine 3seitige Brandbeanspruchung bemessen wurden und nachträglich so eingebaut werden, daß die Brandbeanspruchung 4seitig erfolgen kann, sind unterbemessen: Die geforderte Feuerwiderstandsklasse wird nicht erreicht! Ein nachträgliches „Umrüsten" ist in der Regel kostspielig und sollte vermieden werden. Zur Schaffung einer ausreichenden oberen Abdeckung können in derartigen Fällen auch Holzwerkstoffplatten, Ca-Si-Platten o. ä. verwendet werden [5.38].

**E.5.5.1.3** Aussparungen (Öffnungen, Durchbrüche) sind nach den Angaben von Abschnitt 5.5.2.5 zu bemessen. **Zapfen- und Bolzenlöcher** gelten nicht als Aussparungen. Zapfenlöcher sind meist wesentlich tiefer als die Zapfentiefe dies erfordert. In Ausnahmefällen kann dies in Verbindung mit großen Schwindrissen zu einer Beeinträchtigung des Tragverhaltens im Brandfall führen. In besonders kritischen Fällen kann hier zur „Auffüllung des Querschnitts" ein Auspressen mit Epoxidharz erfolgen, wobei das Harz i. a. eine kleinere Abbrandgeschwindigkeit als das vorhandene Holz besitzt.

**E.5.5.1.4/1** Die Gleichstellung von **Nadelhölzern und Buche** steht im Einklang mit den in Abschnitt 2.4.1.3 beschriebenen Abbrandgeschwindigkeiten, wobei noch einmal betont wird, daß es sich bei der Normung um eine Vereinbarung handelt (Bild E 3-18).

**E.5.5.1.4/2** Bei Verwendung von **Laubhölzern (außer Buche)** mit einer Rohdichte $q > 600$ kg/m$^3$ dürfen die Werte der Tabellen 74 bis 83 abgemindert werden. Bei der Grenze von 600 kg/m$^3$ handelt es sich ebenso wie bei dem **Abminderungsfaktor von 0,8** um eine Vereinbarung, siehe auch Abschnitt 2.4.3.

Bei Verwendung des Abminderungsfaktors von 0,8 liegt man in der Regel auf der sicheren Seite; in den Fällen, in denen sich keine konservativen Werte ergeben, ist die Unsicherheit unerheblich. Man hat das Abminderungsverfahren mit dem konstanten Faktor von 0,8 gewählt (vereinbart), weil es einfach und schnell anwendbar ist.

Da die Abbrandgeschwindigkeit bei der Ermittlung der Mindestquerschnittswerte in das Rechenverfahren nicht linear eingeht, und da bei gleicher Spannungsausnutzung die Querschnittsveränderung im Vergleich zu den Schnittgrößen ebenfalls nicht linear ist, konnten im vorliegenden Rechenprogramm [5.72] geringfügig günstigere Werte ermittelt werden. Diese etwas kleineren und damit wirtschaftlicheren Querschnittswerte gegenüber den 0,8fachen Werten von Vollholz aus Nadelholz sind als Mindestwerte in den Tabellen E 5-6/8, -10/12 und -14/16 angegeben.



**E.5.5.2.1/1** Abschnitt 5.5.2.1 zeigt, für welche Feuerwiderstandsklassen und für welche Holzart die Normtabellen 74 bis 83 gelten. Die Aufzählung und damit die Norm enthält keine Angaben zu F 90, weil die bauaufsichtlichen Anforderungen an Holzbauteile wie z. B. Balken i. a. nur F 30 lauten. Um für

- Sonderfälle (z. B. Gebäude besonderer Art oder Nutzung (vgl. Abschnitt 3.5.4) und
- die Beurteilung von Balken (und Stützen) in Altbauten

entsprechend den Normangaben **Mindestquerschnittswerte** zu besitzen, wurden die F 30- und F 60-Normtabellen um F 90-Tabellen erweitert.

Um dem konstruierenden Ingenieur eine schnelle Bemessungshilfe zu geben, wurden die nachfolgend wiedergegebenen **F 30- bis F 90-Tabellen** sinnvoll wie folgt zugeordnet:

- Die Nadelholz- (einschließlich Buche) -Tabellen befinden sich jeweils auf der linken Seite. Die dazugehörigen Laubholz- (außer Buche) -Tabellen sind auf der jeweils rechten Seite abgedruckt.
- Den Nadelholz- und Laubholztabellen folgen die Tabellen für Brettschichtholz.

Eine Ubersicht über alle aufgestellten Tabellen gibt Tabelle E 5-4. Hiernach kann schnell die gewünschte zuständige Bemessungstabelle herausgesucht werden.

**E.5.5.2.1/2** Die Tabellen E 5-5 bis E 5-28 entsprechen der ursprünglich geplanten Normfassung. Die Tabellen enthalten in der vierten Spalte „Statische Beanspruchung Biegung" viele Unterteilungen, die dem dazugehörigen Kurvenverlauf entsprechen und damit nach dem Rechenverfahren genauere Mindestwerte liefern.

In der Neufassung von DIN 4102 Teil 4 – d. h. in den Tabellen 74 bis 83 – wurden zur gewünschten Verkürzung der Norm einige Zeilen fortgelassen; dabei wurde auf die mögliche lineare Interpolation hingewiesen, die auch zwischen den Werten derTabellen E 5-5 bis E 5-28 möglich ist.

Da diese vereinbarte Maßnahme zwar eine Kürzung aber keine Vereinfachung darstellt und da die ursprünglichen, ausführlichen Tabellen (geringfügig) wirtschaftlichere Mindestquerschnittswerte ergeben, werden sie nachfolgend abgedruckt.

**Alle Mindestwerte der Tabellen E 5-5 bis E 5-28 können ohne besondere Vereinbarung anstelle der Mindestwerte nach den Normtabellen 74 bis 83 verwendet werden.** Ein Vergleich der Normtabellen mit den „ergänzenden" Tabellen zeigt im übrigen, daß alle vergleichbaren Eckwerte jeweils gleich sind.

Für die Vorbemessung (F 30-B) können die Diagramme von Bild E 4-29 verwendet werden; für das bauaufsichtliche Genehmigungsverfahren gelten die Werte der Tabellen E 5-5 bis E 5-28, vgl. folgende Übersichtstabelle:

Holzbalkendecke und Stützen **F 30-B**

**Tabelle E 5-4:** Übersicht über die ergänzenden Diagramme und Tabellen zur Brandschutzbemessung von Balken und Stützen der Feuerwiderstandsklassen F 30 – F 90

| Holzart 1) | Tabellen-Nr. für die Feuerwiderstandsklasse | | | | | | | | | | | |
|---|---|---|---|---|---|---|---|---|---|---|---|---|
| | F 30 | | | | F 60 | | | | F 90 | | | |
| | bei einer Brandbeanspruchung | | | | | | | | | | | |
| | 3seitig | | 4seitig | | 3seitig | | 4seitig | | 3seitig | | 4seitig | |
| NH,BSH | Vorbemessung Bild E 5-29 | | | | – | | – | | – | | – | |
| NH<br>LH A | E 5-5<br>E 5-6 | | E 5-7<br>E 5-8 | | E 5-9<br>E 5-10 | | E 5-11<br>E 5-12 | | E 5-13<br>E 5-14 | | E 5-15<br>E 5-16 | |
| BSH (NH) | mit einem Seitenverhältnis h/b | | | | | | | | | | | |
| | 1u.2 | 4u.6 | 1u.2 | 4u.6 | 1u.2 | 4u.6 | 1u.2 | 4u.6 | 1u.2 | 4u.6 | 1u.2 | 4u.6 |
| | E 5-17 | E 5-18 | E 5-19 | E 5-20 | E 5-21 | E 5-22 | E 5-23 | E 5-24 | E 5-25 | E 5-26 | E 5-27 | E 5-28 |

1) NH = Nadelholz einschließlich Buche
LH = Laubholz; A (Eiche, Teak) – Wegen Buche siehe NH
BSH = Brettschichtholz aus NH

Dachkonstruktion (Bogenbinder mit Holz-Zugglied) aus Brettschichtholz einer Eissporthalle

Stützen, Balken und Sparren aus Nadelholz bei einem Gebäude geringer Höhe.

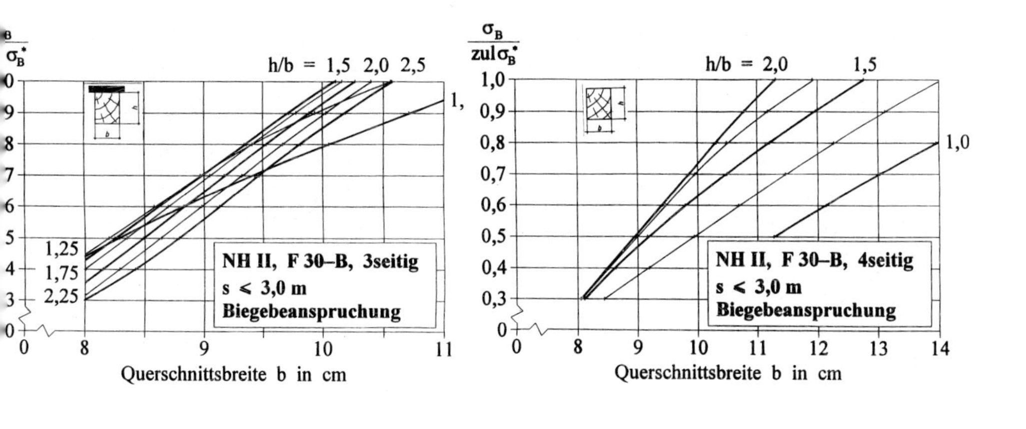


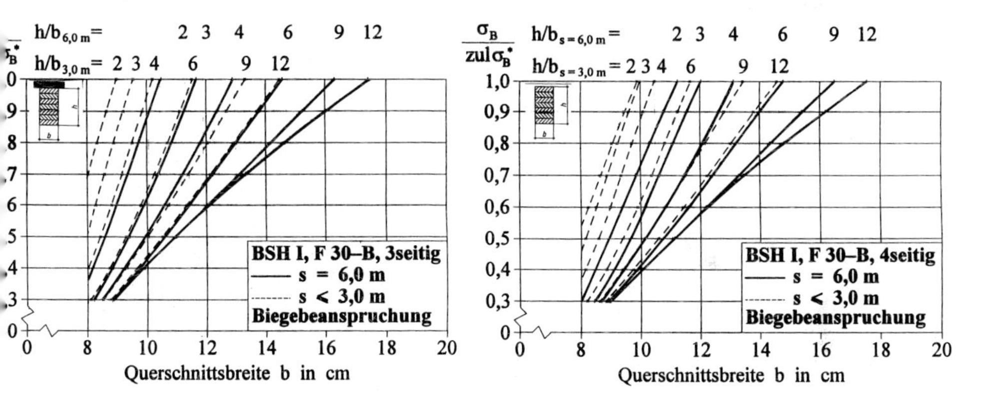


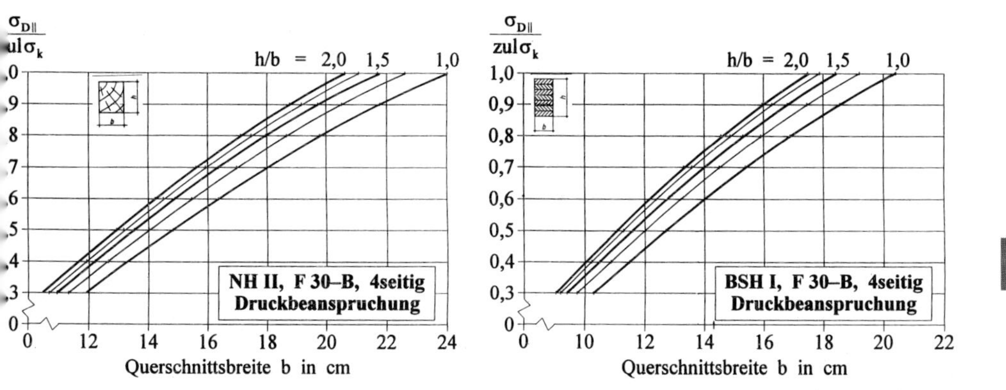


**Bild E 5-29** Diagramme für die Vorbemessung von Balken und Stützen aus Nadelholz der Güteklasse I (BSH I) für F 30-B unter verschiedenen Randbedingungen

**Tabelle E 5-5**: Mindestbreite b unbekleideter Balken und Stützen aus **Vollholz aus Nadelholz (einschließlich Buche)** mit einem Seitenverhältnis h/b = 1,0 und 2,0 bei 3seitiger Brandbeanspruchung für **F 30-B**

| Zeile | Beanspruchung | Statische Beanspruchung Druck $\frac{\sigma_{D\parallel}}{\text{zul } \sigma_k}$ | Statische Beanspruchung Biegung $\frac{\sigma_B}{\text{zul } \sigma_B^*}$ | Mindestbreite b in mm bei einem Seitenverhältnis h/b 1,0 und einem Abstützungsabstand s bzw. einer Knicklänge $s_k$ in m: 2,0 | 1,0: 3,0 | 1,0: 4,0 | 1,0: 5,0 | 1,0: 6,0 | 2,0: 2,0 | 2,0: 3,0 | 2,0: 4,0 | 2,0: 5,0 | 2,0: 6,0 |
|---|---|---|---|---|---|---|---|---|---|---|---|---|---|
| 1 | 3seitig | 1,0 | 0 | 163 | 181 | 194 | 203 | 206 | 151 | 169 | 182 | 190 | 185 |
| 2 | | 0,8 | 0 | 144 | 159 | 168 | 171 | 171 | 135 | 149 | 157 | 157 | 157 |
| 3 | | | 0,2 | 155 | 171 | 182 | 188 | 188 | 144 | 159 | 168 | 173 | 173 |
| 4 | | 0,6 | 0 | 127 | 136 | 143 | 143 | 143 | 120 | 130 | 132 | 132 | 132 |
| 5 | | | 0,2 | 137 | 148 | 155 | 155 | 155 | 127 | 138 | 144 | 144 | 144 |
| 6 | | | 0,4 | 148 | 160 | 168 | 171 | 171 | 135 | 147 | 154 | 154 | 154 |
| 7 | | 0,4 | 0 | 110 | 117 | 117 | 117 | 117 | 104 | 110 | 110 | 110 | 110 |
| 8 | | | 0,2 | 119 | 126 | 127 | 127 | 127 | 110 | 117 | 117 | 117 | 117 |
| 9 | | | 0,4 | 128 | 136 | 140 | 140 | 140 | 117 | 125 | 127 | 127 | 128 |
| 10 | | | 0,6 | 139 | 148 | 153 | 153 | 153 | 125 | 134 | 137 | 137 | 139 |
| 11 | | 0,2 | 0 | 91 | 93 | 93 | 93 | 93 | 87 | 88 | 88 | 88 | 88 |
| 12 | | | 0,2 | 99 | 102 | 102 | 102 | 102 | 93 | 96 | 96 | 97 | 99 |
| 13 | | | 0,4 | 107 | 111 | 111 | 111 | 111 | 96 | 103 | 104 | 107 | 109 |
| 14 | | | 0,6 | 117 | 121 | 121 | 121 | 121 | 105 | 111 | 113 | 116 | 119 |
| 15 | | | 0,8 | 128 | 133 | 135 | 135 | 135 | 113 | 118 | 122 | 125 | 128 |
| 16 | | 0 | 0,2 | 80 | 80 | 80 | 80 | 80 | 80 | 80 | 80 | 80 | 83 |
| 17 | | | 0,4 | 80 | 80 | 81 | 84 | 86 | 80 | 82 | 86 | 90 | 94 |
| 18 | | | 0,6 | 89 | 89 | 90 | 92 | 95 | 83 | 89 | 94 | 99 | 103 |
| 19 | | | 0,8 | 101 | 101 | 101 | 101 | 104 | 90 | 96 | 101 | 106 | 111 |
| 20 | | | 1,0 | 114 | 114 | 114 | 114 | 114 | 96 | 103 | 109 | 114 | 120 |

zul $\sigma_B^* = 1{,}1 \cdot k_B \cdot \text{zul } \sigma_B$ mit $1{,}1 \cdot k_B \leq 1{,}0$. $k_B$ siehe Seite 292

**Tabelle E 5-6**: Mindestbreite b unbekleideter Balken und Stützen aus **Laubholz Gruppe A (außer Buche)** mit einem Seitenverhältnis h/b = 1,0 und 2,0 bei 3seitiger Brandbeanspruchung für **F 30-B**

| Zeile | Beanspruchung | Statische Beanspruchung | | Mindestbreite b in mm bei einem Seitenverhältnis h/b | | | | | | | | | |
|---|---|---|---|---|---|---|---|---|---|---|---|---|---|
| | | Druck | Biegung | 1,0 | | | | | 2,0 | | | | |
| | | $\frac{\sigma_{D\parallel}}{zul\,\sigma_k}$ | $\frac{\sigma_B}{zul\,\sigma_B^*}$ | und einem Abstützungsabstand s bzw. einer Knicklänge $s_k$ in m | | | | | | | | | |
| | | | | **2,0** | **3,0** | **4,0** | **5,0** | **6,0** | **2,0** | **3,0** | **4,0** | **5,0** | **6,0** |
| 1 | **3seitig** | 1,0 | 0 | 124 | 137 | 144 | 144 | 144 | 116 | 128 | 135 | 135 | 135 |
| 2 | | 0,8 | 0 | 109 | 118 | 118 | 118 | 118 | 103 | 111 | 111 | 111 | 111 |
| 3 | | | 0,2 | 118 | 128 | 133 | 133 | 133 | 109 | 119 | 119 | 119 | 119 |
| 4 | | 0,6 | 0 | 95 | 100 | 100 | 100 | 100 | 90 | 93 | 93 | 93 | 93 |
| 5 | | | 0,2 | 102 | 109 | 109 | 109 | 109 | 95 | 101 | 101 | 101 | 101 |
| 6 | | | 0,4 | 111 | 118 | 118 | 118 | 118 | 102 | 108 | 108 | 108 | 108 |
| 7 | | 0,4 | 0 | 81 | 81 | 81 | 81 | 81 | 80 | 80 | 80 | 80 | 80 |
| 8 | | | 0,2 | 87 | 89 | 89 | 89 | 89 | 81 | 82 | 82 | 82 | 83 |
| 9 | | | 0,4 | 94 | 98 | 98 | 98 | 98 | 87 | 89 | 89 | 90 | 91 |
| 10 | | | 0,6 | 103 | 108 | 108 | 108 | 108 | 93 | 96 | 96 | 97 | 99 |
| 11 | | 0,2 | 0 | 80 | 80 | 80 | 80 | 80 | 80 | 80 | 80 | 80 | 80 |
| 12 | | | 0,2 | 80 | 80 | 80 | 80 | 80 | 80 | 80 | 80 | 80 | 80 |
| 13 | | | 0,4 | 80 | 80 | 80 | 80 | 80 | 80 | 80 | 80 | 80 | 80 |
| 14 | | | 0,6 | 85 | 85 | 85 | 85 | 85 | 80 | 80 | 81 | 84 | 87 |
| 15 | | | 0,8 | 93 | 95 | 95 | 95 | 95 | 82 | 85 | 88 | 91 | 94 |
| 16 | | 0 | 0,2 | 80 | 80 | 80 | 80 | 80 | 80 | 80 | 80 | 80 | 80 |
| 17 | | | 0,4 | 80 | 80 | 80 | 80 | 80 | 80 | 80 | 80 | 80 | 80 |
| 18 | | | 0,6 | 80 | 80 | 80 | 80 | 80 | 80 | 80 | 80 | 80 | 80 |
| 19 | | | 0,8 | 80 | 80 | 80 | 80 | 80 | 80 | 80 | 80 | 80 | 83 |
| 20 | | | 1,0 | 80 | 80 | 80 | 80 | 83 | 80 | 80 | 80 | 85 | 90 |

$zul\,\sigma_B^* = 1{,}1 \cdot k_B \cdot zul\,\sigma_B$ mit $1{,}1 \cdot k_B \leq 1{,}0$. $k_B$ siehe Seite 292

**Tabelle E 5-7**: Mindestbreite b unbekleideter Balken und Stützen aus **Vollholz aus Nadelholz (einschließlich Buche)** mit einem Seitenverhältnis h/b = 1,0 und 2,0 bei 4seitiger Brandbeanspruchung für **F 30-B**

| Zeile | Beanspruchung | Statische Beanspruchung | | Mindestbreite b in mm | | | | | | | | | |
|---|---|---|---|---|---|---|---|---|---|---|---|---|---|
| | | Druck | Biegung | bei einem Seitenverhältnis h/b | | | | | | | | | |
| | | $\frac{\sigma_{D\parallel}}{zul\,\sigma_k}$ | $\frac{\sigma_B}{zul\,\sigma_B^*}$ | 1,0 | | | | | 2,0 | | | | |
| | | | | und einem Abstützungsabstand s bzw. einer Knicklänge $s_k$ in m | | | | | | | | | |
| | | | | 2,0 | 3,0 | 4,0 | 5,0 | 6,0 | 2,0 | 3,0 | 4,0 | 5,0 | 6,0 |
| 1 | | 1,0 | 0 | 187 | 204 | 219 | 229 | 237 | 161 | 179 | 193 | 202 | 204 |
| 2 | | 0,8 | 0 | 164 | 179 | 189 | 196 | 196 | 143 | 158 | 167 | 170 | 170 |
| 3 | | | 0,2 | 182 | 197 | 209 | 217 | 222 | 154 | 170 | 180 | 187 | 187 |
| 4 | | 0,6 | 0 | 143 | 155 | 161 | 161 | 161 | 126 | 137 | 142 | 142 | 142 |
| 5 | **4seitig** | | 0,2 | 159 | 171 | 179 | 183 | 183 | 136 | 147 | 154 | 154 | 154 |
| 6 | | | 0,4 | 177 | 189 | 198 | 204 | 205 | 146 | 159 | 167 | 169 | 169 |
| 7 | | 0,4 | 0 | 123 | 131 | 133 | 133 | 133 | 110 | 116 | 116 | 116 | 116 |
| 8 | h | | 0,2 | 138 | 146 | 150 | 150 | 150 | 118 | 125 | 126 | 126 | 126 |
| 9 | b | | 0,4 | 153 | 162 | 167 | 168 | 168 | 127 | 135 | 139 | 139 | 139 |
| 10 | | | 0,6 | 172 | 180 | 186 | 190 | 190 | 138 | 147 | 152 | 152 | 152 |
| 11 | | 0,2 | 0 | 102 | 105 | 105 | 105 | 105 | 91 | 92 | 92 | 92 | 92 |
| 12 | | | 0,2 | 116 | 120 | 120 | 120 | 120 | 98 | 102 | 102 | 102 | 104 |
| 13 | | | 0,4 | 131 | 135 | 136 | 136 | 136 | 106 | 111 | 112 | 113 | 115 |
| 14 | | | 0,6 | 147 | 152 | 154 | 154 | 154 | 116 | 121 | 122 | 124 | 127 |
| 15 | | | 0,8 | 166 | 171 | 174 | 175 | 175 | 127 | 132 | 134 | 135 | 138 |
| 16 | | 0 | 0,2 | 86 | 86 | 86 | 86 | 87 | 80 | 80 | 80 | 82 | 84 |
| 17 | | | 0,4 | 104 | 104 | 104 | 104 | 104 | 81 | 85 | 90 | 93 | 97 |
| 18 | | | 0,6 | 122 | 122 | 122 | 122 | 122 | 90 | 94 | 97 | 103 | 107 |
| 19 | | | 0,8 | 140 | 140 | 140 | 140 | 140 | 100 | 104 | 109 | 113 | 118 |
| 20 | | | 1,0 | 160 | 160 | 160 | 160 | 160 | 113 | 113 | 118 | 123 | 128 |

$zul\,\sigma_B^* = 1{,}1 \cdot k_B \cdot zul\,\sigma_B$ mit $1{,}1 \cdot k_B \leq 1{,}0$. $k_B$ siehe Seite 292

**Tabelle E 5-8**: Mindestbreite b unbekleideter Balken und Stützen aus **Laubholz Gruppe A (außer Buche)** mit einem Seitenverhältnis h/b = 1,0 und 2,0 bei 4seitiger Brandbeanspruchung für **F 30-B**

| Zeile | Beanspruchung | Statische Beanspruchung | | Mindestbreite b in mm | | | | | | | | | |
|---|---|---|---|---|---|---|---|---|---|---|---|---|---|
| | | Druck | Biegung | bei einem Seitenverhältnis h/b | | | | | | | | | |
| | | $\frac{\sigma_{D\parallel}}{\text{zul}\ \sigma_k}$ | $\frac{\sigma_B}{\text{zul}\ \sigma_B^*}$ | 1,0 | | | | | 2,0 | | | | |
| | | | | und einem Abstützungsabstand s bzw. einer Knicklänge $s_k$ in m | | | | | | | | | |
| | | | | 2,0 | 3,0 | 4,0 | 5,0 | 6,0 | 2,0 | 3,0 | 4,0 | 5,0 | 6,0 |
| 1 | | 1,0 | 0 | 141 | 155 | 164 | 168 | 168 | 123 | 136 | 144 | 144 | 144 |
| 2 | | 0,8 | 0 | 123 | 133 | 139 | 139 | 139 | 109 | 118 | 118 | 118 | 118 |
| 3 | | | 0,2 | 136 | 147 | 154 | 154 | 154 | 117 | 127 | 131 | 131 | 131 |
| 4 | | | 0 | 107 | 114 | 114 | 114 | 114 | 95 | 100 | 100 | 100 | 100 |
| 5 | **4seitig** | 0,6 | 0,2 | 118 | 126 | 127 | 127 | 127 | 102 | 108 | 108 | 108 | 108 |
| 6 | | | 0,4 | 131 | 139 | 144 | 144 | 144 | 110 | 118 | 118 | 118 | 118 |
| 7 | | | 0 | 91 | 93 | 93 | 93 | 93 | 81 | 81 | 81 | 81 | 81 |
| 8 | | 0,4 | 0,2 | 101 | 105 | 105 | 105 | 105 | 87 | 88 | 88 | 88 | 88 |
| 9 | | | 0,4 | 112 | 117 | 117 | 117 | 117 | 94 | 97 | 97 | 97 | 97 |
| 10 | | | 0,6 | 125 | 131 | 134 | 134 | 134 | 102 | 107 | 107 | 107 | 107 |
| 11 | | | 0 | 80 | 80 | 80 | 80 | 80 | 80 | 80 | 80 | 80 | 80 |
| 12 | | | 0,2 | 83 | 83 | 83 | 83 | 83 | 80 | 80 | 80 | 80 | 80 |
| 13 | | 0,2 | 0,4 | 94 | 95 | 95 | 95 | 95 | 80 | 80 | 80 | 81 | 83 |
| 14 | | | 0,6 | 106 | 108 | 108 | 108 | 108 | 84 | 85 | 87 | 89 | 92 |
| 15 | | | 0,8 | 119 | 122 | 122 | 122 | 122 | 92 | 94 | 95 | 98 | 101 |
| 16 | | | 0,2 | 80 | 80 | 80 | 80 | 80 | 80 | 80 | 80 | 80 | 80 |
| 17 | | | 0,4 | 80 | 80 | 80 | 80 | 80 | 80 | 80 | 80 | 80 | 80 |
| 18 | | 0 | 0,6 | 85 | 85 | 85 | 85 | 85 | 80 | 80 | 80 | 80 | 80 |
| 19 | | | 0,8 | 98 | 98 | 98 | 98 | 98 | 80 | 80 | 80 | 83 | 87 |
| 20 | | | 1,0 | 112 | 112 | 112 | 112 | 112 | 80 | 82 | 87 | 91 | 95 |

zul $\sigma_B^* = 1{,}1 \cdot k_B \cdot$ zul $\sigma_B$ mit $1{,}1 \cdot k_B \leq 1{,}0$. $k_B$ siehe Seite 292

**Tabelle E 5-9**: Mindestbreite b unbekleideter Balken und Stützen aus **Vollholz aus Nadelholz (einschließlich Buche)** mit einem Seitenverhältnis h/b = 1,0 und 2,0 bei 3seitiger Brandbeanspruchung für **F 60-B**

| Zeile | Beanspruchung | Statische Beanspruchung | | Mindestbreite b in mm | | | | | | | | | |
|---|---|---|---|---|---|---|---|---|---|---|---|---|---|
| | | Druck | Biegung | bei einem Seitenverhältnis h/b | | | | | | | | | |
| | | $\frac{\sigma_{D\|}}{zul\,\sigma_k}$ | $\frac{\sigma_B}{zul\,\sigma_B^*}$ | 1,0 | | | | | 2,0 | | | | |
| | | | | und einem Abstützungsabstand s bzw. einer Knicklänge $s_k$ in m | | | | | | | | | |
| | | | | 2,0 | 3,0 | 4,0 | 5,0 | 6,0 | 2,0 | 3,0 | 4,0 | 5,0 | 6,0 |
| 1 | 3seitig | 1,0 | 0 | 261 | 286 | 309 | 330 | 348 | 241 | 267 | 290 | 310 | 327 |
| 2 | | 0,8 | 0 | 234 | 256 | 276 | 293 | 306 | 218 | 241 | 261 | 277 | 289 |
| 3 | | | 0,2 | 254 | 276 | 296 | 314 | 329 | 232 | 255 | 276 | 293 | 307 |
| 4 | | 0,6 | 0 | 209 | 229 | 245 | 257 | 267 | 197 | 217 | 232 | 244 | 252 |
| 5 | | | 0,2 | 226 | 245 | 262 | 275 | 286 | 208 | 228 | 245 | 258 | 267 |
| 6 | | | 0,4 | 246 | 265 | 282 | 296 | 308 | 222 | 243 | 260 | 274 | 284 |
| 7 | | 0,4 | 0 | 186 | 202 | 214 | 222 | 227 | 177 | 192 | 203 | 210 | 215 |
| 8 | | | 0,2 | 200 | 216 | 228 | 237 | 243 | 186 | 202 | 214 | 222 | 228 |
| 9 | | | 0,4 | 217 | 232 | 245 | 255 | 262 | 197 | 214 | 226 | 235 | 241 |
| 10 | | | 0,6 | 238 | 252 | 265 | 276 | 284 | 212 | 228 | 241 | 251 | 258 |
| 11 | | 0,2 | 0 | 161 | 172 | 178 | 182 | 182 | 154 | 164 | 170 | 173 | 173 |
| 12 | | | 0,2 | 173 | 184 | 191 | 195 | 196 | 162 | 173 | 181 | 185 | 187 |
| 13 | | | 0,4 | 188 | 198 | 206 | 211 | 214 | 172 | 183 | 191 | 197 | 201 |
| 14 | | | 0,6 | 206 | 216 | 224 | 229 | 233 | 184 | 194 | 202 | 210 | 215 |
| 15 | | | 0,8 | 228 | 237 | 245 | 251 | 255 | 198 | 209 | 217 | 223 | 229 |
| 16 | | 0 | 0,2 | 128 | 131 | 133 | 136 | 138 | 129 | 134 | 138 | 142 | 146 |
| 17 | | | 0,4 | 148 | 148 | 149 | 152 | 154 | 139 | 146 | 152 | 157 | 162 |
| 18 | | | 0,6 | 169 | 169 | 169 | 169 | 170 | 150 | 157 | 163 | 169 | 174 |
| 19 | | | 0,8 | 191 | 191 | 191 | 191 | 191 | 161 | 168 | 175 | 181 | 187 |
| 20 | | | 1,0 | 216 | 216 | 216 | 216 | 216 | 179 | 180 | 188 | 194 | 201 |

zul $\sigma_B^* = 1{,}1 \cdot k_B \cdot zul\,\sigma_B$ mit $1{,}1 \cdot k_B \le 1{,}0$. $k_B$ siehe Seite 292

**Tabelle E 5-10**: Mindestbreite b unbekleideter Balken und Stützen aus **Laubholz Gruppe A (außer Buche)** mit einem Seitenverhältnis h/b = 1,0 und 2,0 bei 3seitiger Brandbeanspruchung für **F 60-B**

| Zeile | Beanspruchung | Statische Beanspruchung Druck $\frac{\sigma_{D\parallel}}{\text{zul}\,\sigma_k}$ | Statische Beanspruchung Biegung $\frac{\sigma_B}{\text{zul}\,\sigma_B^*}$ | Mindestbreite b in mm bei einem Seitenverhältnis h/b 1,0 und einem Abstützungsabstand s bzw. einer Knicklänge $s_k$ in m | | | | | 2,0 | | | | |
|---|---|---|---|---|---|---|---|---|---|---|---|---|---|
| | | | | 2,0 | 3,0 | 4,0 | 5,0 | 6,0 | 2,0 | 3,0 | 4,0 | 5,0 | 6,0 |
| 1 | 3seitig | 1,0 | 0 | 196 | 219 | 238 | 253 | 264 | 183 | 206 | 224 | 238 | 249 |
| 2 | | 0,8 | 0 | 176 | 195 | 210 | 221 | 229 | 165 | 184 | 198 | 208 | 215 |
| 3 | | | 0,2 | 190 | 209 | 225 | 238 | 247 | 175 | 195 | 211 | 222 | 230 |
| 4 | | 0,6 | 0 | 157 | 173 | 184 | 191 | 193 | 149 | 164 | 174 | 180 | 180 |
| 5 | | | 0,2 | 169 | 185 | 197 | 205 | 210 | 157 | 173 | 184 | 191 | 194 |
| 6 | | | 0,4 | 183 | 199 | 212 | 221 | 228 | 167 | 183 | 196 | 204 | 209 |
| 7 | | 0,4 | 0 | 139 | 150 | 157 | 159 | 159 | 132 | 143 | 149 | 149 | 149 |
| 8 | | | 0,2 | 149 | 161 | 168 | 173 | 173 | 139 | 151 | 157 | 160 | 160 |
| 9 | | | 0,4 | 160 | 173 | 181 | 186 | 187 | 147 | 159 | 167 | 172 | 172 |
| 10 | | | 0,6 | 174 | 187 | 196 | 203 | 206 | 157 | 170 | 179 | 184 | 185 |
| 11 | | 0,2 | 0 | 120 | 125 | 127 | 126 | 126 | 120 | 120 | 121 | 121 | 121 |
| 12 | | | 0,2 | 127 | 134 | 138 | 138 | 138 | 120 | 127 | 130 | 130 | 131 |
| 13 | | | 0,4 | 137 | 145 | 149 | 149 | 149 | 126 | 134 | 139 | 140 | 142 |
| 14 | | | 0,6 | 150 | 157 | 162 | 164 | 164 | 135 | 142 | 148 | 151 | 153 |
| 15 | | | 0,8 | 165 | 172 | 177 | 181 | 181 | 145 | 153 | 157 | 162 | 165 |
| 16 | | 0 | 0,2 | 120 | 120 | 120 | 120 | 120 | 120 | 120 | 120 | 120 | 120 |
| 17 | | | 0,4 | 120 | 120 | 120 | 120 | 120 | 120 | 120 | 120 | 120 | 120 |
| 18 | | | 0,6 | 120 | 120 | 120 | 120 | 122 | 120 | 120 | 120 | 123 | 128 |
| 19 | | | 0,8 | 134 | 134 | 134 | 134 | 134 | 120 | 121 | 127 | 132 | 137 |
| 20 | | | 1,0 | 152 | 152 | 152 | 152 | 152 | 125 | 130 | 136 | 142 | 147 |

$\text{zul}\,\sigma_B^* = 1{,}1 \cdot k_B \cdot \text{zul}\,\sigma_B$ mit $1{,}1 \cdot k_B \leq 1{,}0$. $k_B$ siehe Seite 292

**Tabelle E 5-11**: Mindestbreite b unbekleideter Balken und Stützen aus **Vollholz aus Nadelholz (einschließlich Buche)** mit einem Seitenverhältnis h/b = 1,0 und 2,0 bei 4seitiger Brandbeanspruchung für **F 60-B**

| Zeile | Beanspruchung | Statische Beanspruchung: Druck $\frac{\sigma_{D\parallel}}{zul\ \sigma_k}$ | Statische Beanspruchung: Biegung $\frac{\sigma_B}{zul\ \sigma_B^*}$ | Mindestbreite b in mm bei einem Seitenverhältnis h/b 1,0 und einem Abstützungsabstand s bzw. einer Knicklänge $s_k$ in m | | | | | h/b 2,0 | | | | |
|---|---|---|---|---|---|---|---|---|---|---|---|---|---|
| | | | | 2,0 | 3,0 | 4,0 | 5,0 | 6,0 | 2,0 | 3,0 | 4,0 | 5,0 | 6,0 |
| 1 | 4seitig | 1,0 | 0 | 308 | 330 | 352 | 372 | 391 | 259 | 284 | 308 | 328 | 346 |
| 2 | | 0,8 | 0 | 271 | 291 | 311 | 328 | 343 | 232 | 255 | 275 | 292 | 305 |
| 3 | | | 0,2 | 307 | 325 | 344 | 361 | 377 | 252 | 274 | 295 | 312 | 327 |
| 4 | | 0,6 | 0 | 239 | 258 | 274 | 288 | 298 | 208 | 228 | 244 | 256 | 266 |
| 5 | | | 0,2 | 270 | 286 | 302 | 316 | 328 | 224 | 244 | 261 | 274 | 285 |
| 6 | | | 0,4 | 307 | 321 | 336 | 349 | 362 | 244 | 263 | 280 | 295 | 306 |
| 7 | | 0,4 | 0 | 209 | 225 | 238 | 247 | 254 | 185 | 201 | 213 | 221 | 226 |
| 8 | | | 0,2 | 237 | 251 | 263 | 273 | 281 | 199 | 215 | 227 | 236 | 242 |
| 9 | | | 0,4 | 269 | 281 | 292 | 302 | 311 | 215 | 231 | 244 | 254 | 261 |
| 10 | | | 0,6 | 307 | 316 | 327 | 337 | 345 | 236 | 251 | 264 | 275 | 283 |
| 11 | | 0,2 | 0 | 179 | 190 | 198 | 203 | 204 | 160 | 171 | 178 | 181 | 181 |
| 12 | | | 0,2 | 206 | 215 | 223 | 228 | 231 | 172 | 183 | 190 | 196 | 198 |
| 13 | | | 0,4 | 235 | 243 | 250 | 256 | 260 | 187 | 198 | 205 | 210 | 215 |
| 14 | | | 0,6 | 269 | 275 | 281 | 287 | 291 | 205 | 215 | 223 | 228 | 232 |
| 15 | | | 0,8 | 306 | 311 | 317 | 322 | 327 | 227 | 236 | 244 | 250 | 254 |
| 16 | | 0 | 0,2 | 168 | 168 | 168 | 168 | 168 | 133 | 138 | 142 | 147 | 150 |
| 17 | | | 0,4 | 201 | 201 | 201 | 201 | 201 | 149 | 154 | 159 | 164 | 168 |
| 18 | | | 0,6 | 233 | 233 | 233 | 233 | 233 | 168 | 169 | 175 | 180 | 185 |
| 19 | | | 0,8 | 268 | 268 | 268 | 268 | 268 | 190 | 190 | 191 | 196 | 201 |
| 20 | | | 1,0 | 306 | 306 | 306 | 306 | 306 | 215 | 215 | 215 | 215 | 219 |

zul $\sigma_B^* = 1{,}1 \cdot k_B \cdot zul\ \sigma_B$ mit $1{,}1 \cdot k_B \leq 1{,}0$. $k_B$ siehe Seite 292

**Tabelle E 5-12**: Mindestbreite b unbekleideter Balken und Stützen aus **Laubholz Gruppe A (außer Buche)** mit einem Seitenverhältnis h/b = 1,0 und 2,0 bei 4seitiger Brandbeanspruchung für **F 60-B**

| Zeile | Beanspruchung | Statische Beanspruchung Druck $\frac{\sigma_{D\parallel}}{\text{zul } \sigma_k}$ | Statische Beanspruchung Biegung $\frac{\sigma_B}{\text{zul } \sigma_B^*}$ | Mindestbreite b in mm bei einem Seitenverhältnis h/b 1,0 und einem Abstützungsabstand s bzw. einer Knicklänge $s_k$ in m | | | | | h/b 2,0 | | | | |
|---|---|---|---|---|---|---|---|---|---|---|---|---|---|
| | | | | 2,0 | 3,0 | 4,0 | 5,0 | 6,0 | 2,0 | 3,0 | 4,0 | 5,0 | 6,0 |
| 1 | 4seitig | 1,0 | 0 | 227 | 248 | 268 | 284 | 297 | 195 | 218 | 237 | 252 | 263 |
| 2 | | 0,8 | 0 | 201 | 220 | 235 | 248 | 257 | 175 | 194 | 209 | 220 | 228 |
| 3 | | | 0,2 | 225 | 243 | 259 | 272 | 283 | 189 | 208 | 224 | 237 | 246 |
| 4 | | 0,6 | 0 | 177 | 193 | 206 | 214 | 219 | 157 | 172 | 183 | 190 | 192 |
| 5 | | | 0,2 | 198 | 213 | 226 | 235 | 242 | 168 | 184 | 196 | 204 | 209 |
| 6 | | | 0,4 | 222 | 236 | 249 | 260 | 268 | 181 | 198 | 211 | 220 | 227 |
| 7 | | 0,4 | 0 | 155 | 168 | 176 | 180 | 180 | 139 | 150 | 157 | 159 | 159 |
| 8 | | | 0,2 | 174 | 185 | 194 | 200 | 203 | 148 | 160 | 168 | 172 | 172 |
| 9 | | | 0,4 | 195 | 206 | 215 | 222 | 226 | 159 | 172 | 180 | 186 | 186 |
| 10 | | | 0,6 | 220 | 230 | 238 | 246 | 252 | 173 | 186 | 195 | 202 | 205 |
| 11 | | 0,2 | 0 | 131 | 139 | 143 | 143 | 143 | 120 | 125 | 127 | 127 | 127 |
| 12 | | | 0,2 | 149 | 157 | 161 | 163 | 163 | 127 | 134 | 138 | 138 | 138 |
| 13 | | | 0,4 | 169 | 176 | 181 | 183 | 183 | 137 | 144 | 148 | 150 | 151 |
| 14 | | | 0,6 | 191 | 198 | 203 | 206 | 208 | 147 | 157 | 161 | 163 | 165 |
| 15 | | | 0,8 | 217 | 222 | 228 | 231 | 234 | 164 | 171 | 177 | 180 | 180 |
| 16 | | 0 | 0,2 | 120 | 120 | 120 | 120 | 120 | 120 | 120 | 120 | 120 | 120 |
| 17 | | | 0,4 | 141 | 141 | 141 | 141 | 141 | 120 | 120 | 120 | 120 | 122 |
| 18 | | | 0,6 | 164 | 164 | 164 | 164 | 164 | 120 | 121 | 126 | 130 | 134 |
| 19 | | | 0,8 | 188 | 188 | 188 | 188 | 188 | 133 | 133 | 138 | 142 | 147 |
| 20 | | | 1,0 | 214 | 214 | 214 | 214 | 214 | 151 | 151 | 151 | 155 | 159 |

zul $\sigma_B^* = 1{,}1 \cdot k_B \cdot \text{zul } \sigma_B$ mit $1{,}1 \cdot k_B \leq 1{,}0$. $k_B$ siehe Seite 292

5.5

**Tabelle E 5-13**: Mindestbreite b unbekleideter Balken und Stützen aus **Vollholz aus Nadelholz (einschließlich Buche)** mit einem Seitenverhältnis h/b = 1,0 und 2,0 bei 3seitiger Brandbeanspruchung für **F 90-B**

| Zeile | Beanspruchung | Statische Beanspruchung | | Mindestbreite b in mm bei einem Seitenverhältnis h/b | | | | | | | | | |
|---|---|---|---|---|---|---|---|---|---|---|---|---|---|
| | | Druck | Biegung | 1,0 | | | | | 2,0 | | | | |
| | | $\frac{\sigma_{D\parallel}}{zul\ \sigma_k}$ | $\frac{\sigma_B}{zul\ \sigma_B^*}$ | und einem Abstützungsabstand s bzw. einer Knicklänge $s_k$ in m | | | | | | | | | |
| | | | | 2,0 | 3,0 | 4,0 | 5,0 | 6,0 | 2,0 | 3,0 | 4,0 | 5,0 | 6,0 |
| 1 | | 1,0 | 0 | 354 | 380 | 407 | 432 | 456 | 324 | 352 | 380 | 405 | 429 |
| 2 | | 0,8 | 0 | 316 | 341 | 366 | 388 | 408 | 293 | 320 | 344 | 366 | 386 |
| 3 | | | 0,2 | 348 | 370 | 394 | 416 | 437 | 314 | 340 | 364 | 387 | 408 |
| 4 | | 0,6 | 0 | 284 | 307 | 328 | 347 | 362 | 266 | 290 | 311 | 329 | 344 |
| 5 | 3seitig | | 0,2 | 309 | 330 | 351 | 370 | 387 | 283 | 306 | 327 | 346 | 362 |
| 6 | | | 0,4 | 341 | 360 | 379 | 398 | 415 | 304 | 326 | 347 | 367 | 384 |
| 7 | | 0,4 | 0 | 254 | 274 | 291 | 305 | 316 | 241 | 261 | 278 | 291 | 301 |
| 8 | | | 0,2 | 275 | 293 | 310 | 325 | 337 | 254 | 274 | 291 | 305 | 317 |
| 9 | | | 0,4 | 301 | 318 | 334 | 349 | 362 | 271 | 290 | 308 | 322 | 334 |
| 10 | | | 0,6 | 334 | 348 | 363 | 378 | 391 | 293 | 310 | 327 | 343 | 356 |
| 11 | | 0,2 | 0 | 223 | 238 | 250 | 258 | 264 | 214 | 229 | 240 | 248 | 253 |
| 12 | | | 0,2 | 241 | 255 | 267 | 276 | 283 | 225 | 240 | 252 | 261 | 268 |
| 13 | | | 0,4 | 264 | 276 | 288 | 297 | 304 | 231 | 253 | 265 | 275 | 283 |
| 14 | | | 0,6 | 292 | 302 | 313 | 322 | 330 | 257 | 270 | 282 | 291 | 300 |
| 15 | | | 0,8 | 326 | 334 | 343 | 352 | 360 | 279 | 291 | 302 | 312 | 320 |
| 16 | | 0 | 0,2 | 187 | 190 | 193 | 196 | 198 | 185 | 192 | 198 | 202 | 206 |
| 17 | | | 0,4 | 218 | 218 | 218 | 218 | 221 | 200 | 208 | 214 | 220 | 226 |
| 18 | | | 0,6 | 248 | 248 | 248 | 248 | 248 | 215 | 223 | 230 | 236 | 243 |
| 19 | | | 0,8 | 280 | 280 | 280 | 280 | 280 | 235 | 238 | 246 | 253 | 260 |
| 20 | | | 1,0 | 317 | 317 | 317 | 317 | 317 | 262 | 262 | 263 | 271 | 278 |

$zul\ \sigma_B^* = 1{,}1 \cdot k_B \cdot zul\ \sigma_B$ mit $1{,}1 \cdot k_B \leq 1{,}0$.  $k_B$ siehe Seite 292

**Tabelle E 5-14**: Mindestbreite b unbekleideter Balken und Stützen aus **Laubholz Gruppe A (außer Buche)** mit einem Seitenverhältnis h/b = 1,0 und 2,0 bei 3seitiger Brandbeanspruchung für **F 90-B**

| Zeile | Beanspruchung | Statische Beanspruchung | | Mindestbreite b in mm | | | | | | | | | |
|---|---|---|---|---|---|---|---|---|---|---|---|---|---|
| | | Druck | Biegung | bei einem Seitenverhältnis h/b | | | | | | | | | |
| | | $\frac{\sigma_{D\parallel}}{zul\ \sigma_k}$ | $\frac{\sigma_B}{zul\ \sigma_B^*}$ | 1,0 | | | | | 2,0 | | | | |
| | | | | und einem Abstützungsabstand s bzw. einer Knicklänge $s_k$ in m | | | | | | | | | |
| | | | | **2,0** | **3,0** | **4,0** | **5,0** | **6,0** | **2,0** | **3,0** | **4,0** | **5,0** | **6,0** |
| 1 | | 1,0 | 0 | 262 | 288 | 312 | 333 | 351 | 242 | 269 | 293 | 314 | 331 |
| 2 | | 0,8 | 0 | 235 | 259 | 279 | 297 | 311 | 220 | 244 | 264 | 281 | 294 |
| 3 | | | 0,2 | 256 | 278 | 300 | 318 | 333 | 234 | 258 | 279 | 297 | 312 |
| 4 | | 0,6 | 0 | 211 | 232 | 249 | 262 | 272 | 199 | 220 | 236 | 249 | 258 |
| 5 | **3seitig** | | 0,2 | 228 | 248 | 265 | 280 | 291 | 211 | 231 | 249 | 262 | 272 |
| 6 | | | 0,4 | 249 | 268 | 285 | 300 | 313 | 225 | 245 | 263 | 278 | 289 |
| 7 | | 0,4 | 0 | 189 | 205 | 218 | 227 | 233 | 180 | 196 | 208 | 216 | 221 |
| 8 | | | 0,2 | 203 | 219 | 232 | 242 | 249 | 189 | 206 | 218 | 227 | 233 |
| 9 | | | 0,4 | 222 | 236 | 249 | 260 | 268 | 200 | 217 | 230 | 240 | 247 |
| 10 | | | 0,6 | 241 | 256 | 269 | 281 | 290 | 214 | 231 | 245 | 256 | 264 |
| 11 | | 0,2 | 0 | 165 | 176 | 183 | 188 | 189 | 160 | 169 | 175 | 179 | 180 |
| 12 | | | 0,2 | 176 | 188 | 196 | 201 | 204 | 166 | 177 | 185 | 190 | 193 |
| 13 | | | 0,4 | 191 | 202 | 211 | 216 | 220 | 175 | 187 | 195 | 202 | 206 |
| 14 | | | 0,6 | 210 | 220 | 229 | 235 | 239 | 187 | 198 | 207 | 213 | 219 |
| 15 | | | 0,8 | 233 | 241 | 250 | 256 | 261 | 202 | 213 | 222 | 228 | 233 |
| 16 | | 0 | 0,2 | 160 | 160 | 160 | 160 | 160 | 160 | 160 | 160 | 160 | 160 |
| 17 | | | 0,4 | 160 | 160 | 160 | 160 | 160 | 160 | 160 | 160 | 160 | 164 |
| 18 | | | 0,6 | 174 | 174 | 174 | 174 | 174 | 160 | 160 | 166 | 171 | 176 |
| 19 | | | 0,8 | 196 | 196 | 196 | 196 | 196 | 165 | 171 | 178 | 183 | 189 |
| 20 | | | 1,0 | 222 | 222 | 222 | 222 | 222 | 183 | 183 | 190 | 196 | 202 |

$zul\ \sigma_B^* = 1{,}1 \cdot k_B \cdot zul\ \sigma_B$ mit $1{,}1 \cdot k_B \leq 1{,}0$. $k_B$ siehe Seite 292

**Tabelle E 5-15**: Mindestbreite b unbekleideter Balken und Stützen aus **Vollholz aus Nadelholz (einschließlich Buche)** mit einem Seitenverhältnis h/b = 1,0 und 2,0 bei 4seitiger Brandbeanspruchung für **F 90-B**

| Zeile | Beanspruchung | Statische Beanspruchung | | Mindestbreite b in mm | | | | | | | | | |
|---|---|---|---|---|---|---|---|---|---|---|---|---|---|
| | | Druck | Biegung | bei einem Seitenverhältnis h/b | | | | | | | | | |
| | | $\frac{\sigma_{D\parallel}}{zul\ \sigma_k}$ | $\frac{\sigma_B}{zul\ \sigma_B^*}$ | 1,0 | | | | | 2,0 | | | | |
| | | | | und einem Abstützungsabstand s bzw. einer Knicklänge $s_k$ in m | | | | | | | | | |
| | | | | 2,0 | 3,0 | 4,0 | 5,0 | 6,0 | 2,0 | 3,0 | 4,0 | 5,0 | 6,0 |
| 1 | 4seitig | 1,0 | 0 | 427 | 447 | 471 | 494 | 516 | 351 | 378 | 404 | 430 | 454 |
| 2 | | 0,8 | 0 | 374 | 395 | 417 | 438 | 458 | 314 | 340 | 364 | 386 | 406 |
| 3 | | | 0,2 | 430 | 448 | 467 | 486 | 505 | 345 | 368 | 392 | 414 | 435 |
| 4 | | 0,6 | 0 | 329 | 349 | 369 | 388 | 404 | 282 | 305 | 327 | 345 | 361 |
| 5 | | | 0,2 | 379 | 395 | 412 | 429 | 445 | 307 | 329 | 350 | 369 | 385 |
| 6 | | | 0,4 | 436 | 449 | 463 | 478 | 494 | 338 | 358 | 377 | 396 | 414 |
| 7 | | 0,4 | 0 | 289 | 307 | 324 | 339 | 352 | 253 | 273 | 290 | 304 | 315 |
| 8 | | | 0,2 | 334 | 348 | 362 | 376 | 388 | 273 | 292 | 309 | 324 | 336 |
| 9 | | | 0,4 | 384 | 395 | 407 | 419 | 431 | 299 | 316 | 333 | 348 | 360 |
| 10 | | | 0,6 | 441 | 449 | 459 | 470 | 481 | 331 | 346 | 361 | 376 | 389 |
| 11 | | 0,2 | 0 | 248 | 263 | 276 | 286 | 293 | 222 | 237 | 249 | 258 | 264 |
| 12 | | | 0,2 | 293 | 302 | 313 | 322 | 329 | 240 | 254 | 266 | 275 | 282 |
| 13 | | | 0,4 | 339 | 346 | 354 | 362 | 369 | 262 | 275 | 287 | 296 | 303 |
| 14 | | | 0,6 | 390 | 395 | 401 | 408 | 415 | 290 | 301 | 311 | 321 | 329 |
| 15 | | | 0,8 | 446 | 450 | 454 | 461 | 467 | 324 | 332 | 342 | 351 | 359 |
| 16 | | 0 | 0,2 | 248 | 248 | 248 | 248 | 248 | 192 | 198 | 203 | 208 | 213 |
| 17 | | | 0,4 | 297 | 297 | 297 | 297 | 297 | 217 | 220 | 226 | 231 | 239 |
| 18 | | | 0,6 | 344 | 344 | 344 | 344 | 344 | 247 | 247 | 248 | 253 | 259 |
| 19 | | | 0,8 | 395 | 395 | 395 | 395 | 395 | 279 | 279 | 279 | 279 | 282 |
| 20 | | | 1,0 | 451 | 451 | 451 | 451 | 451 | 315 | 315 | 315 | 315 | 315 |

$zul\ \sigma_B^* = 1{,}1 \cdot k_B \cdot zul\ \sigma_B$ mit $1{,}1 \cdot k_B \leq 1{,}0$. $k_B$ siehe Seite 292

**Tabelle E 5-17**: Mindestbreite b unbekleideter Balken und Stützen aus **Laubholz Gruppe A (außer Buche)** mit einem Seitenverhältnis h/b = 1,0 und 2,0 bei 4seitiger Brandbeanspruchung für **F 90-B**

| Zeile | Beanspruchung | Statische Beanspruchung Druck $\frac{\sigma_{D\parallel}}{\text{zul}\,\sigma_k}$ | Statische Beanspruchung Biegung $\frac{\sigma_B}{\text{zul}\,\sigma_B^*}$ | Mindestbreite b in mm bei einem Seitenverhältnis h/b 1,0 und einem Abstützungsabstand s bzw. einer Knicklänge $s_k$ in m | | | | | Mindestbreite b in mm bei einem Seitenverhältnis h/b 2,0 und einem Abstützungsabstand s bzw. einer Knicklänge $s_k$ in m | | | | |
|---|---|---|---|---|---|---|---|---|---|---|---|---|---|
| | | | | **2,0** | **3,0** | **4,0** | **5,0** | **6,0** | **2,0** | **3,0** | **4,0** | **5,0** | **6,0** |
| 1 | **4seitig** | 1,0 | 0 | 310 | 332 | 354 | 375 | 395 | 260 | 286 | 310 | 331 | 350 |
| 2 | | 0,8 | 0 | 273 | 294 | 314 | 332 | 348 | 234 | 257 | 278 | 296 | 310 |
| 3 | | | 0,2 | 311 | 323 | 348 | 366 | 382 | 254 | 277 | 298 | 316 | 332 |
| 4 | | 0,6 | 0 | 241 | 261 | 278 | 292 | 304 | 210 | 231 | 248 | 261 | 271 |
| 5 | | | 0,2 | 274 | 290 | 307 | 321 | 333 | 227 | 247 | 264 | 279 | 290 |
| 6 | | | 0,4 | 312 | 326 | 341 | 355 | 368 | 247 | 266 | 284 | 299 | 312 |
| 7 | | 0,4 | 0 | 212 | 229 | 242 | 253 | 260 | 188 | 205 | 217 | 226 | 232 |
| 8 | | | 0,2 | 241 | 255 | 268 | 279 | 287 | 202 | 218 | 232 | 241 | 248 |
| 9 | | | 0,4 | 275 | 286 | 298 | 309 | 318 | 219 | 235 | 248 | 259 | 267 |
| 10 | | | 0,6 | 313 | 323 | 333 | 344 | 353 | 240 | 255 | 268 | 280 | 289 |
| 11 | | 0,2 | 0 | 182 | 194 | 203 | 208 | 212 | 164 | 175 | 183 | 187 | 188 |
| 12 | | | 0,2 | 210 | 220 | 228 | 234 | 238 | 176 | 187 | 195 | 201 | 205 |
| 13 | | | 0,4 | 241 | 249 | 256 | 262 | 267 | 191 | 202 | 210 | 216 | 220 |
| 14 | | | 0,6 | 276 | 282 | 288 | 294 | 299 | 209 | 219 | 228 | 234 | 238 |
| 15 | | | 0,8 | 314 | 319 | 325 | 331 | 336 | 231 | 240 | 249 | 255 | 260 |
| 16 | | 0 | 0,2 | 173 | 173 | 173 | 173 | 173 | 160 | 160 | 160 | 160 | 160 |
| 17 | | | 0,4 | 208 | 208 | 208 | 208 | 208 | 160 | 160 | 162 | 166 | 171 |
| 18 | | | 0,6 | 241 | 241 | 241 | 241 | 241 | 173 | 173 | 178 | 182 | 187 |
| 19 | | | 0,8 | 277 | 277 | 277 | 277 | 277 | 195 | 195 | 195 | 195 | 204 |
| 20 | | | 1,0 | 316 | 316 | 316 | 316 | 316 | 221 | 221 | 221 | 221 | 221 |

$\text{zul}\,\sigma_B^* = 1{,}1 \cdot k_B \cdot \text{zul}\,\sigma_B$ mit $1{,}1 \cdot k_B \leq 1{,}0$. $k_B$ siehe Seite 292

**Tabelle E 5-17**: Mindestbreite b unbekleideter Balken und Stützen aus **Brettschichtholz** mit einem Seitenverhältnis h/b = 1,0 und 2,0 bei 3seitiger Brandbeanspruchung für **F 30-B**

| Zeile | Beanspruchung | Statische Beanspruchung: Druck $\frac{\sigma_{D\parallel}}{zul\ \sigma_k}$ | Statische Beanspruchung: Biegung $\frac{\sigma_B}{zul\ \sigma_B^*}$ | Mindestbreite b in mm bei einem Seitenverhältnis h/b 1,0 und einem Abstützungsabstand s bzw. einer Knicklänge $s_k$ in m: 2,0 | 3,0 | 4,0 | 5,0 | 6,0 | h/b 2,0: 2,0 | 3,0 | 4,0 | 5,0 | 6,0 |
|---|---|---|---|---|---|---|---|---|---|---|---|---|---|
| 1 | 3seitig | 1,0 | 0 | 148 | 168 | 169 | 169 | 169 | 139 | 158 | 158 | 158 | 158 |
| 2 | | 0,8 | 0 | 132 | 146 | 146 | 146 | 146 | 124 | 134 | 134 | 134 | 134 |
| 3 | | | 0,2 | 141 | 157 | 157 | 157 | 157 | 132 | 147 | 147 | 147 | 147 |
| 4 | | 0,6 | 0 | 116 | 119 | 119 | 119 | 119 | 110 | 110 | 110 | 110 | 110 |
| 5 | | | 0,2 | 124 | 131 | 131 | 131 | 131 | 116 | 119 | 119 | 119 | 119 |
| 6 | | | 0,4 | 134 | 146 | 146 | 146 | 146 | 124 | 131 | 131 | 131 | 131 |
| 7 | | 0,4 | 0 | 100 | 100 | 100 | 100 | 100 | 95 | 95 | 95 | 95 | 95 |
| 8 | | | 0,2 | 107 | 107 | 107 | 107 | 107 | 100 | 100 | 100 | 100 | 100 |
| 9 | | | 0,4 | 116 | 117 | 117 | 117 | 117 | 107 | 107 | 107 | 107 | 109 |
| 10 | | | 0,6 | 125 | 131 | 131 | 131 | 131 | 114 | 116 | 116 | 116 | 118 |
| 11 | | 0,2 | 0 | 80 | 80 | 80 | 80 | 83 | 80 | 80 | 80 | 80 | 83 |
| 12 | | | 0,2 | 87 | 87 | 87 | 87 | 87 | 81 | 81 | 83 | 84 | 86 |
| 13 | | | 0,4 | 96 | 96 | 96 | 96 | 96 | 87 | 88 | 90 | 92 | 94 |
| 14 | | | 0,6 | 105 | 105 | 105 | 105 | 105 | 94 | 94 | 97 | 100 | 103 |
| 15 | | | 0,8 | 115 | 116 | 116 | 116 | 116 | 102 | 102 | 104 | 108 | 111 |
| 16 | | 0 | 0,2 | 80 | 80 | 80 | 80 | 83 | 80 | 80 | 80 | 80 | 83 |
| 17 | | | 0,4 | 80 | 80 | 80 | 80 | 83 | 80 | 80 | 80 | 80 | 83 |
| 18 | | | 0,6 | 80 | 80 | 80 | 81 | 83 | 80 | 80 | 82 | 86 | 90 |
| 19 | | | 0,8 | 88 | 88 | 88 | 89 | 91 | 80 | 83 | 88 | 93 | 97 |
| 20 | | | 1,0 | 100 | 100 | 100 | 100 | 100 | 84 | 90 | 95 | 100 | 105 |

$zul\ \sigma_B^* = 1,1 \cdot k_B \cdot zul\ \sigma_B$ mit $1,1 \cdot k_B \leq 1,0$. $k_B$ siehe Seite 292

**Tabelle E 5-18**: Mindestbreite b unbekleideter Balken und Stützen aus **Brettschichtholz** mit einem Seitenverhältnis h/b = 4,0 und 6,0 bei 3seitiger Brandbeanspruchung für **F 30-B**

| Zeile | Beanspruchung | Statische Beanspruchung Druck $\frac{\sigma_{D\parallel}}{zul\ \sigma_k}$ | Statische Beanspruchung Biegung $\frac{\sigma_B}{zul\ \sigma_B^*}$ | Mindestbreite b in mm bei einem Seitenverhältnis h/b 4,0 und einem Abstützungsabstand s bzw. einer Knicklänge $s_k$ in m | | | | | 6,0 | | | | |
|---|---|---|---|---|---|---|---|---|---|---|---|---|---|
| | | | | 2,0 | 3,0 | 4,0 | 5,0 | 6,0 | 2,0 | 3,0 | 4,0 | 5,0 | 6,0 |
| 1 | 3seitig | 1,0 | 0 | 135 | 153 | 153 | 153 | 153 | 134 | 151 | 151 | 151 | 151 |
| 2 | | 0,8 | 0 | 121 | 128 | 128 | 128 | 128 | 120 | 126 | 126 | 126 | 126 |
| 3 | | | 0,2 | 127 | 142 | 142 | 142 | 142 | 127 | 143 | 143 | 143 | 143 |
| 4 | | 0,6 | 0 | 107 | 107 | 107 | 107 | 107 | 106 | 106 | 106 | 106 | 106 |
| 5 | | | 0,2 | 113 | 117 | 117 | 118 | 120 | 113 | 119 | 120 | 121 | 122 |
| 6 | | | 0,4 | 119 | 128 | 128 | 130 | 134 | 121 | 132 | 135 | 139 | 142 |
| 7 | | 0,4 | 0 | 92 | 92 | 92 | 92 | 92 | 91 | 91 | 91 | 91 | 91 |
| 8 | | | 0,2 | 98 | 99 | 101 | 103 | 104 | 100 | 102 | 104 | 106 | 107 |
| 9 | | | 0,4 | 105 | 108 | 111 | 115 | 119 | 107 | 114 | 119 | 123 | 125 |
| 10 | | | 0,6 | 111 | 117 | 121 | 126 | 132 | 114 | 124 | 132 | 139 | 143 |
| 11 | | 0,2 | 0 | 80 | 80 | 80 | 80 | 83 | 80 | 80 | 80 | 80 | 83 |
| 12 | | | 0,2 | 82 | 84 | 87 | 89 | 90 | 84 | 88 | 90 | 92 | 93 |
| 13 | | | 0,4 | 88 | 93 | 98 | 102 | 105 | 93 | 100 | 105 | 108 | 111 |
| 14 | | | 0,6 | 95 | 101 | 107 | 113 | 119 | 100 | 110 | 118 | 123 | 128 |
| 15 | | | 0,8 | 102 | 109 | 116 | 123 | 130 | 107 | 119 | 130 | 138 | 145 |
| 16 | | 0 | 0,2 | 80 | 80 | 80 | 80 | 83 | 80 | 80 | 80 | 80 | 83 |
| 17 | | | 0,4 | 80 | 80 | 86 | 90 | 92 | 80 | 87 | 92 | 95 | 97 |
| 18 | | | 0,6 | 80 | 88 | 95 | 102 | 106 | 88 | 98 | 105 | 110 | 114 |
| 19 | | | 0,8 | 86 | 95 | 104 | 111 | 118 | 95 | 107 | 117 | 124 | 130 |
| 20 | | | 1,0 | 92 | 102 | 111 | 120 | 129 | 101 | 115 | 128 | 138 | 146 |

zul $\sigma_B^* = 1{,}1 \cdot k_B \cdot$ zul $\sigma_B$ mit $1{,}1 \cdot k_B \leq 1{,}0$. $k_B$ siehe Seite 292

**Tabelle E 5-19**: Mindestbreite b unbekleideter Balken und Stützen aus **Brettschichtholz** mit einem Seitenverhältnis h/b = 1,0 und 2,0 bei 4seitiger Brandbeanspruchung für **F 30-B**

| Zeile | Beanspruchung | Statische Beanspruchung | | Mindestbreite b in mm bei einem Seitenverhältnis h/b und einem Abstützungsabstand s bzw. einer Knicklänge $s_k$ in m | | | | | | | | | |
|---|---|---|---|---|---|---|---|---|---|---|---|---|---|
| | | Druck | Biegung | 1,0 | | | | | 2,0 | | | | |
| | | $\frac{\sigma_{D\parallel}}{zul\ \sigma_k}$ | $\frac{\sigma_B}{zul\ \sigma_B^*}$ | 2,0 | 3,0 | 4,0 | 5,0 | 6,0 | 2,0 | 3,0 | 4,0 | 5,0 | 6,0 |
| 1 | 4seitig | 1,0 | 0 | 169 | 188 | 202 | 202 | 202 | 147 | 167 | 168 | 168 | 168 |
| 2 | | 0,8 | 0 | 148 | 164 | 164 | 164 | 164 | 131 | 145 | 145 | 145 | 145 |
| 3 | | | 0,2 | 164 | 180 | 190 | 190 | 190 | 140 | 157 | 157 | 157 | 157 |
| 4 | | 0,6 | 0 | 130 | 139 | 139 | 139 | 139 | 116 | 118 | 118 | 118 | 118 |
| 5 | | | 0,2 | 143 | 155 | 155 | 155 | 155 | 124 | 130 | 130 | 130 | 130 |
| 6 | | | 0,4 | 158 | 171 | 173 | 173 | 173 | 133 | 145 | 145 | 145 | 145 |
| 7 | | 0,4 | 0 | 112 | 112 | 112 | 112 | 112 | 100 | 100 | 100 | 100 | 100 |
| 8 | | | 0,2 | 124 | 127 | 127 | 127 | 127 | 107 | 107 | 107 | 107 | 107 |
| 9 | | | 0,4 | 137 | 145 | 145 | 145 | 145 | 115 | 117 | 117 | 117 | 117 |
| 10 | | | 0,6 | 153 | 162 | 162 | 162 | 162 | 125 | 130 | 130 | 130 | 130 |
| 11 | | 0,2 | 0 | 90 | 90 | 90 | 90 | 90 | 80 | 80 | 80 | 80 | 83 |
| 12 | | | 0,2 | 103 | 103 | 103 | 103 | 103 | 87 | 87 | 87 | 88 | 90 |
| 13 | | | 0,4 | 116 | 117 | 117 | 117 | 117 | 95 | 95 | 96 | 97 | 99 |
| 14 | | | 0,6 | 130 | 133 | 133 | 133 | 133 | 104 | 104 | 104 | 107 | 109 |
| 15 | | | 0,8 | 147 | 151 | 151 | 151 | 151 | 114 | 115 | 115 | 116 | 119 |
| 16 | | 0 | 0,2 | 80 | 80 | 80 | 80 | 83 | 80 | 80 | 80 | 80 | 83 |
| 17 | | | 0,4 | 91 | 91 | 91 | 91 | 91 | 80 | 80 | 80 | 82 | 85 |
| 18 | | | 0,6 | 106 | 106 | 106 | 106 | 106 | 80 | 82 | 86 | 90 | 94 |
| 19 | | | 0,8 | 122 | 122 | 122 | 122 | 122 | 87 | 90 | 95 | 99 | 103 |
| 20 | | | 1,0 | 140 | 140 | 140 | 140 | 140 | 99 | 99 | 103 | 108 | 112 |

$zul\ \sigma_B^* = 1,1 \cdot k_B \cdot zul\ \sigma_B$ mit $1,1 \cdot k_B \leq 1,0$. $k_B$ siehe Seite 292

**Tabelle E 5-20:** Mindestbreite b unbekleideter Balken und Stützen aus **Brettschichtholz** mit einem Seitenverhältnis h/b = 4,0 und 6,0 bei 4seitiger Brandbeanspruchung für **F 30-B**

| Zeile | Beanspruchung | Statische Beanspruchung: Druck $\frac{\sigma_{D\|}}{zul\ \sigma_k}$ | Statische Beanspruchung: Biegung $\frac{\sigma_B}{zul\ \sigma_B^*}$ | Mindestbreite b in mm bei einem Seitenverhältnis h/b 4,0 und einem Abstützungsabstand s bzw. einer Knicklänge $s_k$ in m | | | | | Mindestbreite b in mm bei einem Seitenverhältnis h/b 6,0 und einem Abstützungsabstand s bzw. einer Knicklänge $s_k$ in m | | | | |
|---|---|---|---|---|---|---|---|---|---|---|---|---|---|
| | | | | **2,0** | **3,0** | **4,0** | **5,0** | **6,0** | **2,0** | **3,0** | **4,0** | **5,0** | **6,0** |
| 1 | **4seitig** | 1,0 | 0 | 139 | 157 | 157 | 157 | 157 | 136 | 154 | 154 | 154 | 154 |
| 2 | | 0,8 | 0 | 124 | 134 | 134 | 134 | 134 | 122 | 130 | 130 | 130 | 130 |
| 3 | | | 0,2 | 131 | 146 | 146 | 146 | 146 | 130 | 145 | 145 | 145 | 145 |
| 4 | | 0,6 | 0 | 110 | 110 | 110 | 110 | 110 | 108 | 108 | 108 | 108 | 108 |
| 5 | | | 0,2 | 116 | 121 | 121 | 121 | 123 | 115 | 121 | 123 | 124 | 125 |
| 6 | | | 0,4 | 123 | 133 | 133 | 134 | 137 | 123 | 135 | 137 | 142 | 145 |
| 7 | | 0,4 | 0 | 95 | 95 | 95 | 95 | 95 | 93 | 93 | 93 | 93 | 93 |
| 8 | | | 0,2 | 101 | 102 | 103 | 105 | 107 | 101 | 104 | 106 | 108 | 109 |
| 9 | | | 0,4 | 108 | 111 | 114 | 118 | 122 | 109 | 116 | 121 | 125 | 128 |
| 10 | | | 0,6 | 114 | 121 | 125 | 129 | 135 | 116 | 127 | 134 | 141 | 146 |
| 11 | | 0,2 | 0 | 80 | 80 | 80 | 80 | 83 | 80 | 80 | 80 | 80 | 83 |
| 12 | | | 0,2 | 84 | 86 | 89 | 91 | 93 | 86 | 89 | 91 | 93 | 94 |
| 13 | | | 0,4 | 91 | 95 | 100 | 104 | 108 | 95 | 101 | 106 | 110 | 113 |
| 14 | | | 0,6 | 98 | 103 | 109 | 115 | 121 | 102 | 111 | 120 | 125 | 130 |
| 15 | | | 0,8 | 105 | 112 | 119 | 126 | 133 | 109 | 121 | 132 | 140 | 147 |
| 16 | | 0 | 0,2 | 80 | 80 | 80 | 80 | 83 | 80 | 80 | 80 | 80 | 83 |
| 17 | | | 0,4 | 80 | 82 | 87 | 91 | 94 | 81 | 89 | 93 | 96 | 99 |
| 18 | | | 0,6 | 82 | 90 | 97 | 103 | 108 | 89 | 99 | 107 | 112 | 116 |
| 19 | | | 0,8 | 88 | 97 | 106 | 113 | 121 | 96 | 108 | 119 | 126 | 132 |
| 20 | | | 1,0 | 95 | 105 | 114 | 123 | 131 | 103 | 117 | 130 | 140 | 148 |

$zul\ \sigma_B^* = 1{,}1 \cdot k_B \cdot zul\ \sigma_B$ mit $1{,}1 \cdot k_B \le 1{,}0$. $k_B$ siehe Seite 292

**Tabelle E 5-21:** Mindestbreite b unbekleideter Balken und Stützen aus **Brettschichtholz** mit einem Seitenverhältnis h/b = 1,0 und 2,0 bei 3seitiger Brandbeanspruchung für **F 60-B**

| Zeile | Beanspruchung | Statische Beanspruchung | | Mindestbreite b in mm | | | | | | | | | |
|---|---|---|---|---|---|---|---|---|---|---|---|---|---|
| | | Druck | Biegung | bei einem Seitenverhältnis h/b | | | | | | | | | |
| | | $\frac{\sigma_{D\parallel}}{zul\,\sigma_k}$ | $\frac{\sigma_B}{zul\,\sigma_B^*}$ | 1,0 | | | | | 2,0 | | | | |
| | | | | und einem Abstützungsabstand s bzw. einer Knicklänge $s_k$ in m | | | | | | | | | |
| | | | | 2,0 | 3,0 | 4,0 | 5,0 | 6,0 | 2,0 | 3,0 | 4,0 | 5,0 | 6,0 |
| 1 | 3seitig | 1,0 | 0 | 230 | 259 | 284 | 307 | 324 | 214 | 243 | 269 | 290 | 306 |
| 2 | | 0,8 | 0 | 207 | 233 | 255 | 272 | 282 | 194 | 220 | 242 | 257 | 258 |
| 3 | | | 0,2 | 224 | 249 | 272 | 291 | 305 | 206 | 232 | 255 | 273 | 284 |
| 4 | | 0,6 | 0 | 187 | 209 | 226 | 236 | 236 | 177 | 199 | 214 | 219 | 219 |
| 5 | | | 0,2 | 200 | 222 | 240 | 253 | 253 | 186 | 209 | 226 | 237 | 237 |
| 6 | | | 0,4 | 217 | 239 | 258 | 272 | 281 | 198 | 221 | 239 | 252 | 252 |
| 7 | | 0,4 | 0 | 167 | 184 | 195 | 195 | 195 | 159 | 176 | 184 | 184 | 184 |
| 8 | | | 0,2 | 178 | 196 | 208 | 209 | 209 | 167 | 185 | 196 | 196 | 196 |
| 9 | | | 0,4 | 192 | 210 | 223 | 230 | 230 | 176 | 195 | 207 | 208 | 208 |
| 10 | | | 0,6 | 210 | 226 | 241 | 251 | 251 | 188 | 206 | 220 | 226 | 226 |
| 11 | | 0,2 | 0 | 145 | 155 | 156 | 156 | 156 | 139 | 149 | 149 | 149 | 149 |
| 12 | | | 0,2 | 155 | 166 | 169 | 169 | 169 | 146 | 157 | 159 | 159 | 160 |
| 13 | | | 0,4 | 167 | 179 | 185 | 185 | 185 | 154 | 165 | 169 | 170 | 172 |
| 14 | | | 0,6 | 182 | 193 | 201 | 201 | 201 | 164 | 176 | 181 | 182 | 184 |
| 15 | | | 0,8 | 201 | 211 | 220 | 223 | 223 | 176 | 188 | 196 | 196 | 197 |
| 16 | | 0 | 0,2 | 120 | 120 | 120 | 120 | 121 | 120 | 120 | 121 | 124 | 127 |
| 17 | | | 0,4 | 129 | 129 | 130 | 133 | 135 | 122 | 127 | 132 | 137 | 141 |
| 18 | | | 0,6 | 148 | 148 | 148 | 148 | 148 | 131 | 137 | 143 | 148 | 152 |
| 19 | | | 0,8 | 167 | 167 | 167 | 167 | 167 | 141 | 147 | 153 | 158 | 164 |
| 20 | | | 1,0 | 189 | 189 | 189 | 189 | 189 | 156 | 158 | 164 | 170 | 176 |

$zul\,\sigma_B^* = 1{,}1 \cdot k_B \cdot zul\,\sigma_B$ mit $1{,}1 \cdot k_B \leq 1{,}0$. $k_B$ siehe Seite 292

**Tabelle E 5-22:** Mindestbreite b unbekleideter Balken und Stützen aus **Brettschichtholz** mit einem Seitenverhältnis h/b = 4,0 und 6,0 bei 3seitiger Brandbeanspruchung für **F 60-B**

| Zeile | Beanspruchung | Statische Beanspruchung | | Mindestbreite b in mm bei einem Seitenverhältnis h/b | | | | | | | | | |
|---|---|---|---|---|---|---|---|---|---|---|---|---|---|
| | | Druck | Biegung | 4,0 | | | | | 6,0 | | | | |
| | | $\frac{\sigma_{D\parallel}}{zul\,\sigma_k}$ | $\frac{\sigma_B}{zul\,\sigma_B^*}$ | und einem Abstützungsabstand s bzw. einer Knicklänge $s_k$ in m | | | | | | | | | |
| | | | | 2,0 | 3,0 | 4,0 | 5,0 | 6,0 | 2,0 | 3,0 | 4,0 | 5,0 | 6,0 |
| 1 | | 1,0 | 0 | 207 | 236 | 262 | 282 | 298 | 205 | 234 | 259 | 280 | 295 |
| 2 | | 0,8 | 0 | 189 | 215 | 236 | 250 | 250 | 187 | 213 | 234 | 248 | 248 |
| 3 | | | 0,2 | 199 | 225 | 248 | 265 | 273 | 198 | 225 | 248 | 266 | 275 |
| 4 | | 0,6 | 0 | 173 | 194 | 209 | 212 | 212 | 171 | 193 | 208 | 209 | 209 |
| 5 | 3seitig | | 0,2 | 180 | 203 | 221 | 230 | 230 | 180 | 204 | 222 | 233 | 233 |
| 6 | | | 0,4 | 190 | 213 | 233 | 247 | 247 | 190 | 215 | 236 | 251 | 257 |
| 7 | | 0,4 | 0 | 156 | 172 | 179 | 179 | 179 | 155 | 171 | 177 | 177 | 177 |
| 8 | h | | 0,2 | 163 | 181 | 193 | 193 | 194 | 164 | 183 | 195 | 198 | 201 |
| 9 | b | | 0,4 | 171 | 191 | 204 | 209 | 211 | 173 | 194 | 209 | 218 | 223 |
| 10 | | | 0,6 | 180 | 201 | 216 | 225 | 228 | 183 | 205 | 223 | 237 | 244 |
| 11 | | 0,2 | 0 | 137 | 146 | 146 | 146 | 146 | 136 | 145 | 145 | 145 | 145 |
| 12 | | | 0,2 | 145 | 156 | 161 | 163 | 166 | 147 | 160 | 166 | 170 | 173 |
| 13 | | | 0,4 | 153 | 166 | 174 | 178 | 183 | 157 | 172 | 183 | 190 | 197 |
| 14 | | | 0,6 | 161 | 176 | 186 | 192 | 198 | 166 | 184 | 198 | 208 | 217 |
| 15 | | | 0,8 | 170 | 186 | 199 | 206 | 213 | 176 | 195 | 211 | 224 | 235 |
| 16 | | 0 | 0,2 | 120 | 125 | 130 | 135 | 139 | 125 | 132 | 138 | 143 | 146 |
| 17 | | | 0,4 | 130 | 139 | 146 | 153 | 159 | 138 | 149 | 158 | 166 | 173 |
| 18 | | | 0,6 | 139 | 150 | 159 | 167 | 175 | 149 | 162 | 173 | 184 | 194 |
| 19 | | | 0,8 | 148 | 159 | 170 | 179 | 188 | 158 | 173 | 187 | 200 | 211 |
| 20 | | | 1,0 | 158 | 170 | 181 | 191 | 201 | 168 | 184 | 200 | 214 | 228 |

zul $\sigma_B^* = 1{,}1 \cdot k_B \cdot$ zul $\sigma_B$ mit $1{,}1 \cdot k_B \le 1{,}0$. $K_B$ siehe Seite 292

**Tabelle E 5-23:** Mindestbreite b unbekleideter Balken und Stützen aus **Brettschichtholz** mit einem Seitenverhältnis h/b = 1,0 und 2,0 bei 4seitiger Brandbeanspruchung für **F 60-B**

| Zeile | Beanspruchung | Statische Beanspruchung Druck $\frac{\sigma_{D\parallel}}{zul\,\sigma_k}$ | Statische Beanspruchung Biegung $\frac{\sigma_B}{zul\,\sigma_B^*}$ | Mindestbreite b in mm bei einem Seitenverhältnis h/b 1,0 und einem Abstützungsabstand s bzw. einer Knicklänge $s_k$ in m: 2,0 | 3,0 | 4,0 | 5,0 | 6,0 | h/b 2,0: 2,0 | 3,0 | 4,0 | 5,0 | 6,0 |
|---|---|---|---|---|---|---|---|---|---|---|---|---|---|
| 1 | 4seitig 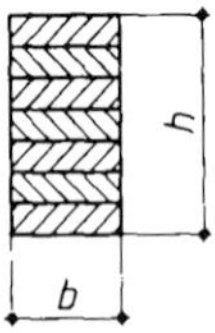 | 1,0 | 0 | 269 | 296 | 320 | 342 | 362 | 228 | 257 | 283 | 305 | 323 |
| 2 | | 0,8 | 0 | 238 | 262 | 284 | 302 | 317 | 206 | 232 | 254 | 271 | 280 |
| 3 | | | 0,2 | 268 | 291 | 311 | 330 | 347 | 222 | 248 | 271 | 289 | 303 |
| 4 | | 0,6 | 0 | 211 | 232 | 250 | 264 | 267 | 186 | 208 | 225 | 235 | 235 |
| 5 | | | 0,2 | 237 | 256 | 274 | 289 | 300 | 199 | 221 | 240 | 252 | 252 |
| 6 | | | 0,4 | 268 | 285 | 302 | 318 | 330 | 216 | 237 | 257 | 271 | 279 |
| 7 | | 0,4 | 0 | 186 | 204 | 217 | 221 | 221 | 166 | 184 | 195 | 195 | 195 |
| 8 | | | 0,2 | 209 | 225 | 238 | 248 | 248 | 177 | 195 | 208 | 209 | 209 |
| 9 | | | 0,4 | 236 | 250 | 263 | 274 | 279 | 191 | 209 | 223 | 229 | 229 |
| 10 | | | 0,6 | 268 | 280 | 292 | 303 | 312 | 208 | 225 | 240 | 250 | 250 |
| 11 | | 0,2 | 0 | 159 | 172 | 176 | 176 | 176 | 144 | 155 | 156 | 156 | 156 |
| 12 | | | 0,2 | 181 | 192 | 200 | 200 | 200 | 154 | 166 | 168 | 168 | 169 |
| 13 | | | 0,4 | 207 | 216 | 224 | 227 | 227 | 166 | 178 | 184 | 184 | 184 |
| 14 | | | 0,6 | 235 | 243 | 250 | 256 | 256 | 181 | 193 | 200 | 200 | 200 |
| 15 | | | 0,8 | 267 | 274 | 281 | 287 | 291 | 199 | 210 | 219 | 222 | 222 |
| 16 | | 0 | 0,2 | 146 | 146 | 146 | 146 | 146 | 120 | 120 | 124 | 128 | 131 |
| 17 | | | 0,4 | 176 | 176 | 176 | 176 | 176 | 130 | 134 | 139 | 143 | 147 |
| 18 | | | 0,6 | 204 | 204 | 204 | 204 | 204 | 147 | 148 | 153 | 157 | 161 |
| 19 | | | 0,8 | 234 | 234 | 234 | 234 | 234 | 166 | 166 | 166 | 171 | 176 |
| 20 | | | 1,0 | 267 | 267 | 267 | 267 | 267 | 188 | 188 | 188 | 188 | 192 |

$zul\,\sigma_B^* = 1,1 \cdot k_B \cdot zul\,\sigma_B$ mit $1,1 \cdot k_B \leq 1,0$. $k_B$ siehe Seite 292

**Tabelle E 5-24:** Mindestbreite b unbekleideter Balken und Stützen aus **Brettschichtholz** mit einem Seitenverhältnis h/b = 4,0 und 6,0 bei 4seitiger Brandbeanspruchung für **F 60-B**

| Zeile | Beanspruchung | Statische Beanspruchung<br>Druck<br>$\frac{\sigma_{D\|}}{zul\,\sigma_k}$ | <br>Biegung<br>$\frac{\sigma_B}{zul\,\sigma_B^*}$ | Mindestbreite b in mm bei einem Seitenverhältnis h/b<br>4,0 | | | | | 6,0<br>und einem Abstützungsabstand s bzw. einer Knicklänge $s_k$ in m | | | | |
|---|---|---|---|---|---|---|---|---|---|---|---|---|---|
| | | | | 2,0 | 3,0 | 4,0 | 5,0 | 6,0 | 2,0 | 3,0 | 4,0 | 5,0 | 6,0 |
| 1 | | 1,0 | 0 | 213 | 242 | 268 | 290 | 306 | 209 | 238 | 264 | 285 | 300 |
| 2 | | 0,8 | 0 | 194 | 220 | 241 | 257 | 258 | 190 | 216 | 237 | 252 | 252 |
| 3 | | | 0,2 | 206 | 232 | 255 | 272 | 285 | 202 | 229 | 252 | 270 | 283 |
| 4 | | | 0 | 176 | 198 | 214 | 219 | 219 | 175 | 195 | 211 | 214 | 214 |
| 5 | **4seitig** | 0,6 | 0,2 | 186 | 208 | 226 | 238 | 238 | 184 | 207 | 225 | 238 | 238 |
| 6 | | | 0,4 | 197 | 220 | 239 | 254 | 257 | 194 | 219 | 240 | 256 | 263 |
| 7 | | | 0 | 159 | 176 | 184 | 184 | 184 | 157 | 173 | 181 | 178 | 178 |
| 8 | | 0,4 | 0,2 | 167 | 185 | 198 | 198 | 199 | 166 | 185 | 198 | 201 | 204 |
| 9 | | | 0,4 | 176 | 196 | 210 | 216 | 217 | 176 | 197 | 213 | 222 | 227 |
| 10 | | | 0,6 | 187 | 207 | 223 | 234 | 236 | 187 | 209 | 227 | 242 | 248 |
| 11 | | | 0 | 139 | 149 | 149 | 149 | 149 | 137 | 147 | 147 | 147 | 147 |
| 12 | | | 0,2 | 148 | 160 | 164 | 167 | 170 | 149 | 162 | 168 | 172 | 176 |
| 13 | | 0,2 | 0,4 | 156 | 170 | 178 | 182 | 187 | 159 | 174 | 186 | 193 | 199 |
| 14 | | | 0,6 | 166 | 181 | 192 | 197 | 203 | 169 | 186 | 200 | 210 | 219 |
| 15 | | | 0,8 | 176 | 192 | 205 | 213 | 219 | 179 | 199 | 215 | 228 | 238 |
| 16 | | | 0,2 | 121 | 127 | 132 | 137 | 141 | 126 | 133 | 140 | 145 | 148 |
| 17 | | | 0,4 | 132 | 141 | 149 | 155 | 161 | 140 | 150 | 160 | 168 | 175 |
| 18 | | 0 | 0,6 | 142 | 152 | 162 | 170 | 178 | 150 | 164 | 175 | 186 | 196 |
| 19 | | | 0,8 | 153 | 164 | 173 | 183 | 192 | 161 | 176 | 189 | 202 | 214 |
| 20 | | | 1,0 | 164 | 175 | 186 | 196 | 206 | 171 | 188 | 202 | 217 | 230 |

zul $\sigma_B^* = 1{,}1 \cdot k_B \cdot zul\,\sigma_B$ mit $1{,}1 \cdot k_B \leq 1{,}0$. $k_B$ siehe Seite 292

**Tabelle E 5-25:** Mindestbreite b unbekleideter Balken und Stützen aus **Brettschichtholz** mit einem Seitenverhältnis h/b = 1,0 und 2,0 bei 3seitiger Brandbeanspruchung für **F 90-B**

| Zeile | Beanspruchung | Statische Beanspruchung Druck $\frac{\sigma_{D\parallel}}{zul\ \sigma_k}$ | Statische Beanspruchung Biegung $\frac{\sigma_B}{zul\ \sigma_B^*}$ | Mindestbreite b in mm bei einem Seitenverhältnis h/b 1,0 und einem Abstützungsabstand s bzw. einer Knicklänge $s_k$ in m: 2,0 | 3,0 | 4,0 | 5,0 | 6,0 | Seitenverhältnis h/b 2,0: 2,0 | 3,0 | 4,0 | 5,0 | 6,0 |
|---|---|---|---|---|---|---|---|---|---|---|---|---|---|
| 1 | | 1,0 | 0 | 306 | 336 | 367 | 395 | 421 | 281 | 314 | 345 | 373 | 398 |
| 2 | | 0,8 | 0 | 275 | 304 | 331 | 356 | 377 | 256 | 287 | 314 | 338 | 359 |
| 3 | | | 0,2 | 301 | 328 | 254 | 379 | 402 | 273 | 303 | 331 | 356 | 378 |
| 4 | | 0,6 | 0 | 248 | 275 | 299 | 319 | 335 | 234 | 262 | 285 | 304 | 319 |
| 5 | 3seitig | | 0,2 | 269 | 294 | 318 | 339 | 356 | 248 | 275 | 299 | 319 | 335 |
| 6 | | | 0,4 | 296 | 318 | 341 | 362 | 381 | 265 | 291 | 315 | 337 | 355 |
| 7 | | 0,4 | 0 | 224 | 247 | 266 | 280 | 290 | 214 | 236 | 254 | 267 | 273 |
| 8 | | | 0,2 | 241 | 263 | 282 | 297 | 309 | 224 | 247 | 266 | 280 | 290 |
| 9 | | | 0,4 | 263 | 283 | 301 | 318 | 331 | 238 | 260 | 280 | 296 | 307 |
| 10 | | | 0,6 | 290 | 308 | 325 | 342 | 356 | 256 | 277 | 296 | 313 | 326 |
| 11 | | 0,2 | 0 | 198 | 215 | 227 | 233 | 233 | 191 | 207 | 218 | 222 | 222 |
| 12 | | | 0,2 | 213 | 229 | 242 | 250 | 250 | 200 | 216 | 228 | 236 | 236 |
| 13 | | | 0,4 | 231 | 246 | 259 | 269 | 273 | 211 | 228 | 240 | 249 | 251 |
| 14 | | | 0,6 | 255 | 268 | 280 | 290 | 297 | 226 | 242 | 255 | 264 | 267 |
| 15 | | | 0,8 | 284 | 294 | 306 | 316 | 324 | 244 | 259 | 272 | 282 | 289 |
| 16 | | 0 | 0,2 | 164 | 166 | 169 | 171 | 173 | 162 | 168 | 173 | 177 | 180 |
| 17 | | | 0,4 | 190 | 190 | 190 | 190 | 193 | 175 | 181 | 187 | 193 | 198 |
| 18 | | | 0,6 | 217 | 217 | 217 | 217 | 217 | 188 | 195 | 201 | 207 | 212 |
| 19 | | | 0,8 | 245 | 245 | 245 | 245 | 245 | 206 | 208 | 215 | 221 | 227 |
| 20 | | | 1,0 | 277 | 277 | 277 | 277 | 277 | 229 | 229 | 230 | 237 | 243 |

$zul\ \sigma_B^* = 1{,}1 \cdot k_B \cdot zul\ \sigma_B$ mit $1{,}1 \cdot k_B \leq 1{,}0$. $k_B$ siehe Seite 292

**Tabelle E 5-26:** Mindestbreite b unbekleideter Balken und Stützen aus **Brettschichtholz** mit einem Seitenverhältnis h/b = 4,0 und 6,0 bei 3seitiger Brandbeanspruchung für **F 90-B**

| Zeile | Beanspruchung | Statische Beanspruchung Druck $\frac{\sigma_{D\parallel}}{zul\ \sigma_k}$ | Statische Beanspruchung Biegung $\frac{\sigma_B}{zul\ \sigma_B^*}$ | Mindestbreite b in mm bei einem Seitenverhältnis h/b 4,0 und einem Abstützungsabstand s bzw. einer Knicklänge $s_k$ in m | | | | | 6,0 | | | | |
|---|---|---|---|---|---|---|---|---|---|---|---|---|---|
| | | | | 2,0 | 3,0 | 4,0 | 5,0 | 6,0 | 2,0 | 3,0 | 4,0 | 5,0 | 6,0 |
| 1 | | 1,0 | 0 | 271 | 305 | 335 | 363 | 388 | 268 | 302 | 332 | 360 | 385 |
| 2 | | 0,8 | 0 | 248 | 279 | 306 | 330 | 350 | 246 | 277 | 304 | 328 | 347 |
| 3 | | | 0,2 | 262 | 293 | 321 | 346 | 368 | 260 | 292 | 320 | 346 | 368 |
| 4 | | | 0 | 229 | 256 | 279 | 297 | 311 | 227 | 254 | 277 | 295 | 309 |
| 5 | 3seitig | 0,6 | 0,2 | 239 | 267 | 291 | 312 | 328 | 239 | 267 | 292 | 313 | 330 |
| 6 | | | 0,4 | 253 | 280 | 305 | 327 | 345 | 253 | 282 | 308 | 331 | 350 |
| 7 | | | 0 | 210 | 232 | 249 | 262 | 266 | 208 | 230 | 248 | 260 | 263 |
| 8 | | 0,4 | 0,2 | 219 | 243 | 262 | 276 | 287 | 220 | 244 | 263 | 279 | 291 |
| 9 | | | 0,4 | 230 | 254 | 274 | 291 | 304 | 232 | 257 | 279 | 297 | 312 |
| 10 | | | 0,6 | 243 | 266 | 288 | 306 | 321 | 246 | 272 | 295 | 315 | 332 |
| 11 | | | 0 | 188 | 204 | 214 | 217 | 217 | 187 | 202 | 213 | 216 | 216 |
| 12 | | | 0,2 | 198 | 215 | 228 | 237 | 239 | 201 | 219 | 233 | 243 | 247 |
| 13 | | 0,2 | 0,4 | 209 | 227 | 241 | 252 | 258 | 213 | 233 | 250 | 263 | 273 |
| 14 | | | 0,6 | 220 | 239 | 255 | 268 | 277 | 226 | 247 | 265 | 281 | 295 |
| 15 | | | 0,8 | 232 | 252 | 269 | 283 | 295 | 239 | 261 | 281 | 299 | 314 |
| 16 | | | 0,2 | 171 | 178 | 184 | 190 | 195 | 177 | 186 | 194 | 201 | 207 |
| 17 | | | 0,4 | 184 | 195 | 204 | 211 | 218 | 194 | 207 | 217 | 227 | 236 |
| 18 | | 0 | 0,6 | 196 | 208 | 218 | 228 | 237 | 207 | 222 | 236 | 248 | 259 |
| 19 | | | 0,8 | 208 | 220 | 232 | 242 | 253 | 219 | 236 | 252 | 266 | 279 |
| 20 | | | 1,0 | 220 | 234 | 246 | 258 | 269 | 231 | 250 | 267 | 283 | 298 |

$zul\ \sigma_B^* = 1{,}1 \cdot k_B \cdot zul\ \sigma_B$ mit $1{,}1 \cdot k_B \leq 1{,}0$. $k_B$ siehe Seite 292

5.5

**Tabelle E 5-27:** Mindestbreite b unbekleideter Balken und Stützen aus **Brettschichtholz** mit einem Seitenverhältnis h/b = 1,0 und 2,0 bei 4seitiger Brandbeanspruchung für **F 90-B**

| Zeile | Beanspruchung | Statische Beanspruchung Druck $\frac{\sigma_{D\parallel}}{zul\,\sigma_k}$ | Statische Beanspruchung Biegung $\frac{\sigma_B}{zul\,\sigma_B^*}$ | Mindestbreite b in mm bei einem Seitenverhältnis h/b 1,0 und einem Abstützungsabstand s bzw. einer Knicklänge $s_k$ in m | | | | | Mindestbreite b in mm bei einem Seitenverhältnis h/b 2,0 | | | | |
|---|---|---|---|---|---|---|---|---|---|---|---|---|---|
| | | | | 2,0 | 3,0 | 4,0 | 5,0 | 6,0 | 2,0 | 3,0 | 4,0 | 5,0 | 6,0 |
| 1 | 4seitig | 1,0 | 0 | 368 | 391 | 420 | 446 | 471 | 304 | 334 | 365 | 393 | 419 |
| 2 | | 0,8 | 0 | 324 | 347 | 373 | 397 | 419 | 273 | 303 | 330 | 355 | 376 |
| 3 | | | 0,2 | 373 | 392 | 415 | 437 | 459 | 299 | 326 | 353 | 378 | 401 |
| 4 | | 0,6 | 0 | 286 | 310 | 332 | 353 | 371 | 247 | 274 | 298 | 318 | 334 |
| 5 | | | 0,2 | 329 | 347 | 367 | 387 | 405 | 268 | 293 | 316 | 338 | 355 |
| 6 | | | 0,4 | 379 | 392 | 411 | 428 | 446 | 294 | 317 | 339 | 361 | 380 |
| 7 | | 0,4 | 0 | 252 | 274 | 293 | 309 | 322 | 223 | 246 | 265 | 279 | 289 |
| 8 | | | 0,2 | 291 | 307 | 324 | 340 | 353 | 240 | 262 | 281 | 297 | 308 |
| 9 | | | 0,4 | 335 | 346 | 361 | 375 | 389 | 261 | 281 | 300 | 317 | 330 |
| 10 | | | 0,6 | 384 | 393 | 406 | 418 | 431 | 289 | 306 | 324 | 341 | 355 |
| 11 | | 0,2 | 0 | 218 | 236 | 250 | 259 | 261 | 198 | 214 | 226 | 233 | 233 |
| 12 | | | 0,2 | 255 | 268 | 280 | 290 | 296 | 212 | 228 | 241 | 249 | 250 |
| 13 | | | 0,4 | 296 | 304 | 314 | 324 | 331 | 230 | 245 | 258 | 268 | 272 |
| 14 | | | 0,6 | 340 | 346 | 354 | 362 | 370 | 254 | 267 | 279 | 289 | 296 |
| 15 | | | 0,8 | 389 | 393 | 400 | 407 | 414 | 282 | 293 | 304 | 315 | 323 |
| 16 | | 0 | 0,2 | 216 | 216 | 216 | 216 | 216 | 168 | 173 | 178 | 182 | 186 |
| 17 | | | 0,4 | 259 | 259 | 259 | 259 | 259 | 189 | 193 | 198 | 202 | 206 |
| 18 | | | 0,6 | 301 | 301 | 301 | 301 | 301 | 216 | 216 | 217 | 222 | 226 |
| 19 | | | 0,8 | 345 | 345 | 345 | 345 | 345 | 244 | 244 | 244 | 244 | 247 |
| 20 | | | 1,0 | 394 | 394 | 394 | 394 | 394 | 275 | 275 | 275 | 275 | 275 |

$zul\,\sigma_B^* = 1{,}1 \cdot k_B \cdot zul\,\sigma_B$ mit $1{,}1 \cdot k_B \leq 1{,}0$. $k_B$ siehe Seite 292

**Tabelle E 5-28:** Mindestbreite b unbekleideter Balken und Stützen aus **Brettschichtholz** mit einem Seitenverhältnis h/b = 4,0 und 6,0 bei 4seitiger Brandbeanspruchung für **F 90-B**

| Zeile | Beanspruchung | Statische Beanspruchung Druck $\frac{\sigma_{D\parallel}}{zul\,\sigma_k}$ | Statische Beanspruchung Biegung $\frac{\sigma_B}{zul\,\sigma_B^*}$ | Mindestbreite b in mm bei einem Seitenverhältnis h/b 4,0 und einem Abstützungsabstand s bzw. einer Knicklänge $s_k$ in m: 2,0 | 3,0 | 4,0 | 5,0 | 6,0 | h/b 6,0: 2,0 | 3,0 | 4,0 | 5,0 | 6,0 |
|---|---|---|---|---|---|---|---|---|---|---|---|---|---|
| 1 | 4seitig | 1,0 | 0 | 280 | 313 | 344 | 372 | 398 | 273 | 307 | 338 | 366 | 391 |
| 2 | | 0,8 | 0 | 255 | 286 | 313 | 338 | 358 | 250 | 281 | 309 | 333 | 353 |
| 3 | | | 0,2 | 273 | 303 | 330 | 355 | 377 | 266 | 297 | 326 | 352 | 374 |
| 4 | | 0,6 | 0 | 234 | 261 | 284 | 304 | 318 | 230 | 257 | 280 | 299 | 313 |
| 5 | | | 0,2 | 247 | 274 | 298 | 319 | 336 | 244 | 272 | 296 | 317 | 335 |
| 6 | | | 0,4 | 264 | 290 | 314 | 336 | 355 | 258 | 287 | 313 | 336 | 356 |
| 7 | | 0,4 | 0 | 213 | 236 | 254 | 267 | 273 | 211 | 233 | 251 | 263 | 268 |
| 8 | | | 0,2 | 225 | 248 | 267 | 283 | 294 | 223 | 247 | 267 | 283 | 295 |
| 9 | | | 0,4 | 238 | 261 | 282 | 299 | 312 | 237 | 261 | 283 | 301 | 316 |
| 10 | | | 0,6 | 255 | 276 | 297 | 316 | 331 | 251 | 277 | 300 | 321 | 338 |
| 11 | | 0,2 | 0 | 191 | 207 | 218 | 222 | 222 | 189 | 205 | 215 | 219 | 219 |
| 12 | | | 0,2 | 202 | 219 | 233 | 242 | 244 | 203 | 221 | 236 | 246 | 251 |
| 13 | | | 0,4 | 214 | 232 | 247 | 258 | 265 | 216 | 236 | 253 | 266 | 277 |
| 14 | | | 0,6 | 227 | 246 | 262 | 275 | 286 | 230 | 251 | 269 | 285 | 299 |
| 15 | | | 0,8 | 244 | 260 | 278 | 293 | 305 | 244 | 266 | 286 | 304 | 320 |
| 16 | | 0 | 0,2 | 173 | 180 | 187 | 193 | 198 | 179 | 188 | 196 | 202 | 209 |
| 17 | | | 0,4 | 187 | 198 | 207 | 215 | 222 | 196 | 209 | 220 | 229 | 238 |
| 18 | | | 0,6 | 201 | 212 | 222 | 232 | 241 | 209 | 225 | 238 | 251 | 262 |
| 19 | | | 0,8 | 215 | 227 | 238 | 248 | 258 | 222 | 239 | 255 | 269 | 283 |
| 20 | | | 1,0 | 230 | 243 | 255 | 266 | 277 | 237 | 255 | 271 | 287 | 302 |

$zul\,\sigma_B^* = 1{,}1 \cdot k_B \cdot zul\,\sigma_B$ mit $1{,}1 \cdot k_B \leq 1{,}0$. $k_B$ siehe Seite 292

**E.5.5.2.1/3** Alle in den Normtabellen 74 bis 83 und in den ergänzenden Tabellen E 5-4 bis E 5-28 angegebenen Mindestquerschnittswerte wurden mit dem **Rechenprogramm BRABEM V 1.1** ermittelt [5.72]. Die mathematischen Grundlagen für die brandschutztechnische Bemessung von Balken (und Stützen) beruhen auf den Arbeiten [5.37] und [5.73], wie sie auch in [5.72] wiedergegeben sind. Sie werden nachfolgend behandelt.

Es ist nachzuweisen, daß die Bedingungsgleichung

$$\frac{\dfrac{N}{A(t_f)}}{\sigma_f(t_f)}+\frac{\dfrac{M}{W(t_f)}}{k_B(t_f)\cdot 1{,}1\cdot\beta_B(T_m)}\leq 1{,}0 \tag{5.1}$$

eingehalten ist. Dabei bedeuten:

$\sigma_f(t_f)$ Traglastspannung zum Zeitpunkt $t_f$ bei druckbeanspruchten Bauteilen:

$$=[A]-\sqrt{[A]^2-\frac{\pi^2\cdot E(T_m)\cdot\beta_D(T_m)}{\lambda^2(t_f)}} \tag{5.2}$$

$$[A]=\frac{1}{2}\cdot\left[\beta_D(T_m)+\frac{\pi^2\cdot E(T_m)\cdot[1+\varepsilon(t_f)]}{\lambda^2(t_f)}\right] \tag{5.3}$$

bei zugbeanspruchten Bauteilen:

$$=\beta_Z(T_m) \tag{5.4}$$

Die Gleichungen (5.2) und (5.3) entsprechen den Grundlagen für die Traglastspannung zur Ermittlung der Knickzahlen $\omega$ nach DIN 1052 Teil 1 [5.101], wobei die Veränderungen im Brandfall Beachtung finden [$t_f$, $T_m$, $\lambda(t_f)$].

$k_B(t_f)$ Kippschlankheitsbeiwert im Brandfall (in Analogie zu den Festlegungen von DIN 1052) zur Berücksichtigung der Momententragwirkung um die Nebenachsrichtung kippgefährdeter Balken nach Theorie II. Ordnung

$$=\begin{cases}1{,}0 & \text{für}\quad \lambda_B(t_f)\leq 0{,}75\\ 1{,}56-0{,}75\cdot\lambda_B(t_f) & \text{für}\quad 0{,}75<\lambda_B(t_f)\leq 1{,}4\\ 1/\lambda_B^2(t_f) & \text{für}\quad 1{,}4<\lambda_B(t_f)\end{cases} \tag{5.5}$$

$\lambda_B(t_f)$ Kippschlankheitsgrad im Brandfall; er wird analog zur Kippschlankheit im Gebrauchszustand berechnet – er ist lediglich auf den heißen Zustand umgeschrieben (z. B. $t_f$, $T_m$). Er berücksichtigt das Stabilitätsversagen als Spannungsproblem nach Theorie II. Ordnung im Brandfall in Analogie zu den Festlegungen von DIN 1052 Teil 1

$$= \sqrt{\frac{s \cdot h(t_f) \cdot \beta_B(T_m)}{\pi \cdot b^2(t_f) \cdot \sqrt{E(T_m) \cdot G_T(T_m)}}} \quad (5.6)$$

| | | | |
|---|---|---|---|
| $t_f$ | Feuerwiderstandsdauer in min | | |
| v | Rechnerische (vereinbarte) Abbrandgeschwindigkeit | | |
| $b(t_f)$ | Breite des restlichen Rechteckquerschnitts zum Zeitpunkt $t_f$ | | |
| | $= b$ | 2seitiger Brand oben und unten | (5.7) |
| | $= b - v \cdot t_f$ | 3seitiger Brand oben, unten und an einer Seite | (5.8) |
| | $= b - 2 \cdot v \cdot t_f$ | 4seitiger Brand | (5.9) |
| $h(t_f)$ | Höhe des restlichen Rechteckquerschnitts nach dem Brand | | |
| | $= h$ | 2seitiger Brand seitlich | (5.10) |
| | $= h - v \cdot t_f$ | 3seitiger Brand seitlich und oben oder unten | (5.11) |
| | $= h - 2 \cdot v \cdot t_f$ | 4seitiger Brand | (5.12) |
| $d(t_f)$ | Durchmesser des restlichen Rundquerschnitts nach dem Brand | | |
| | $= d - 2 \cdot v \cdot t_f$ | allseitiger Brand | (5.13) |
| $A(t_f)$ | Restquerschnittfläche nach dem Brand | | |
| | $= b(t_f) \cdot h(t_f)$ | Rechteckquerschnitte | (5.14) |
| | $= \pi \cdot d(t_f)^2/4$ | Rundquerschnitte | (5.15) |
| $W_y(t_f)$ | Widerstandsmoment um die y-Achse des Restquerschnitts nach dem Brand | | |
| | $= b(t_f) \cdot h(t_f)^2/6$ | Rechteckquerschnitte | (5.16) |
| | $= \pi \cdot d(t_f)^3/32$ | Rundquerschnitte | (5.17) |
| $W_z(t_f)$ | Widerstandsmoment um die z-Achse des Restquerschnitts nach dem Brand | | |
| | $= b(t_f)^2 \cdot h(t_f)/6$ | Rechteckquerschnitte | (5.18) |
| | (für Rundquerschnitte s. Gl. (5.17) | | |
| $I_y(t_f)$ | Trägheitsmoment um die y-Achse des Restquerschnitts nach dem Brand | | |
| | $= b(t_f) \cdot h(t_f)^3/12$ | Rechteckquerschnitte | (5.19) |
| | $= \pi \cdot d(t_f)^4/64$ | Rundquerschnitte | (5.20) |
| $I_z(t_f)$ | Trägheitsmoment um die z-Achse des Restquerschnitts nach dem Brand | | |
| | $= b(t_f)^3 \cdot h(t_f)/12$ | Rechteckquerschnitte | (5.21) |
| | (für Rundquerschnitte s. Gl. (5.20) | | |
| s | Abstand der seitlichen Abstützungen biegebeanspruchter Bauteile | | |
| $\lambda_{y,z}(t_f)$ | Knickschlankheit um die y- bzw. z-Achse | | |

$$= \frac{s_{k_{y,z}}}{i_{y,z}(t_f)} \quad (5.22)$$

$s_{k_{y,z}}$ Knicklänge druckbeanspruchter Bauteile um die y- bzw. z-Achse

$i_{y,z}(t_f)$ Trägheitsradius um die y- bzw. z-Achse

$$= \sqrt{\frac{I_{y,z}(t_f)}{A(t_f)}} \quad (5.23)$$

$\varepsilon(t_f)$ Ungewollte Ausmitte des Restquerschnitts nach dem Brand (in Analogie zur Ermittlung der Knickzahl $\omega$ nach DIN 1052)

$$= 0{,}1 + \frac{{}^{i}\!/_{k} \cdot \lambda(t_f)}{a} \tag{5.24}$$

${}^{i}/_{k}$ Trägheitsradius/Kernweite nach Tabelle E 5-29

$a$ Krümmungswert nach DIN 4074

$T_m$ Mittlere Temperatur des Restquerschnitts zum Zeitpunkt $t_f$

$$= \left(1 + \kappa \cdot \frac{b}{h}\right) \cdot \left[ 20° + \frac{180° \cdot (v \cdot t_f)^{\alpha}}{(1-\alpha) \cdot \left(\frac{b}{2} - v \cdot t_f\right)} \cdot \left\{ \left(\frac{b}{2}\right)^{1-\alpha} - \left(v \cdot t_f\right)^{1-\alpha} \right. \right. \tag{5.25}$$

entsprechend Gl. (2.2) in Abschnitt 2.6

$\kappa$ Faktor zur Berücksichtigung der Brandbeanspruchung
= 0 für 2seitige Brandbeanspruchung
= 0,25 für 3seitige Brandbeanspruchung
= 0,4 für 4seitige Brandbeanspruchung

$\alpha$ Exponent (aus Regressionsanalyse)
$= 0{,}398 \cdot t_f^{0.62}$ entsprechend Gl. (2.3) in Abschnitt 2.6 (5.26)

$\beta_B$, $\beta_D$, $\beta_Z$ Rechnerische (vereinbarte) Biegebruchfestigkeiten für Biegung, Druck und Zug.
Die in Tabelle E 5-29 angegebenen Festigkeiten entsprechen den 3,5fachen zulässigen Spannungen der DIN 1052 Teil 1 (nach [2.38])

$\beta_B(T_m)$ Rechnerische (vereinbarte) Biegebruchfestigkeit im Brandfall
$\beta_B(T_m)\beta_B/ = 1{,}0625 - 0{,}003125 \cdot T_m$ für $20°\,C \leq T_m \leq 150°\,C$ (5.27)

$\beta_D(T_m)$ Rechnerische (vereinbarte) Druckbruchfestigkeit im Brandfall
$\beta_D(T_m)\beta_D/ = 1{,}1125 - 0{,}005625 \cdot T_m$ für $20°\,C \leq T_m \leq 150°\,C$ (5.28)

$\beta_Z(T_m)$ Rechnerische (vereinbarte) Zugbruchfestigkeit im Brandfall
$\beta_Z(T_m)\beta_Z/ = 1{,}1025 - 0{,}00125 \cdot T_m$ für $20°\,C \leq T_m \leq 100°\,C$ (5.29)
$\beta_Z(T_m)\beta_Z/ = 1{,}3 - 0{,}004 \cdot T_m$ für $100°\,C \leq T_m \leq 150°\,C$ (5.30)

$E(T_m)$ rechnerischer (vereinbarter) Elastizitätsmodul im Brandfall
$E(T_m)/E_{II} = 1{,}0375 - 0{,}001875 \cdot T_m$ für $20°\,C \leq T_m \leq 150°C$ (5.31)

$G_T(T_m)$ Rechnerischer (vereinbarter) Torsionsmodul im Brandfall

$$= \frac{E(T_m)}{22} \quad \text{für Brettschichtholz und} \tag{5.32}$$

$$= \frac{2}{3} \cdot \frac{E(T_m)}{22} \quad \text{für Vollholz} \tag{5.33}$$

In Tabelle E 5-29 sind auch die Ausgangswerte für Vollholz aus Laubholz der Holzartgruppen B und C angegeben, falls der Gebrauch hierfür notwendig werden sollte; die Tabellen E 5-6/8, -10/12 und -14/16 enthalten nur Querschnittswerte für Laubholz der Holzartgruppe A. Die Abbrandgeschwindigkeit bei Laubholz (A, B und C) ist einheitlich entsprechend Tabelle E 2-11 mit v = 0,56 mm/min angegeben. In Sonderfällen kann hier ggf. eine nachgewiesene Abbrandgeschwindigkeit eingesetzt werden – z. B. 0,43 mm/min für Bongossi (Holzartgruppe C) nach [5.74].

**Tabelle E 5-29:** Materialabhängige Ausgangsrechenwerdte für Vollholz aus Nadelholz, Brettschichtholz und Vollholz aus Laubholz (vgl. Tabelle E 2-14)

| Parameter | Zeichen | Einheit | NH | BSH | BSH | BSH | LH | LH | LH |
|---|---|---|---|---|---|---|---|---|---|
| Güteklasse | Gkl | – | I | II | I | II | A | B | C |
| Sortierklasse | | – | S 13 | S 10 | S 13 | S 10 | | | |
| Elastizitätsmodul | $E_{II}$ | MN/m² | 13.000 | 10.000 | 13.000 | 11.000 | 12.500 | 13.000 | 17.000 |
| | $\beta_{DII}$ | MN/m² | 38,5 | 29,75 | 38,5 | 29,75 | 35,0 | 45,5 | 70,0 |
| Bruchfestigkeiten bei $t_f = 0$ | $\beta_{ZII}$ | MN/m² | 36,75 | 29,75 | 36,75 | 29,75 | 35,0 | 35,5 | 52,5 |
| | $\beta_{BII}$ | MN/m² | 45,5 | 35,0 | 49,0 | 38,5 | 38,5 | 59,5 | 87,5 |
| Abbrandgeschwindigkeit | v | mm/min | 0,8 | 0,8 | 0,7 | 0,7 | 0,56 | 0,56 | 0,56 |
| Trägheitsradius/Kernweite | i/k | – | 2,0 | 2,0 | 1,73 | 1,73 | 2,0 | 2,0 | 2,0 |
| Krümmungswert | a | – | 250 | 250 | 500 | 500 | 250 | 250 | 250 |

**E.5.5.2.1/4** Die Normtabellen 74–83 und die ergänzenden Tabellen E 5-5 bis E 5-28 sind im übrigen so aufgestellt (begrenzt), daß

- **min. b = 80 mm** (kleinster Wert) ist und daß
- $\lambda_{kalt}$ **< 150** (= größte Schlankheit) bleibt.

Bezüglich der Breite könne sich theoretisch z. B. für F 30-B auch noch kleinere Werte als min. b = 80 ergeben.

Mit den eingeführten Begrenzungen soll die Gültigkeit des Rechenverfahrens gewährleistet bleiben.

5.5

**E.5.5.2.1/5** In [5.37] wurden Diagramme entwickelt, die das maximal aufnehmbare Biegemoment eines Balkens in Abhängigkeit von der Balkenbreite zeigen; als Parameter wurde die Balkenhöhe verwendet, wobei die Kurven für

– die statische Beanspruchung (kalter Zustand) und für
– den Brandschutz (heißer Zustand)

dargestellt werden. Danach ergeben sich **Grenzlinien**, mit deren Hilfe man schnell ablesen kann, ob für die Bemessung **„die Statik“** oder **„der Brand“** maßgebend ist. Die Diagramme wurden verfeinert und erweitert [5.75].

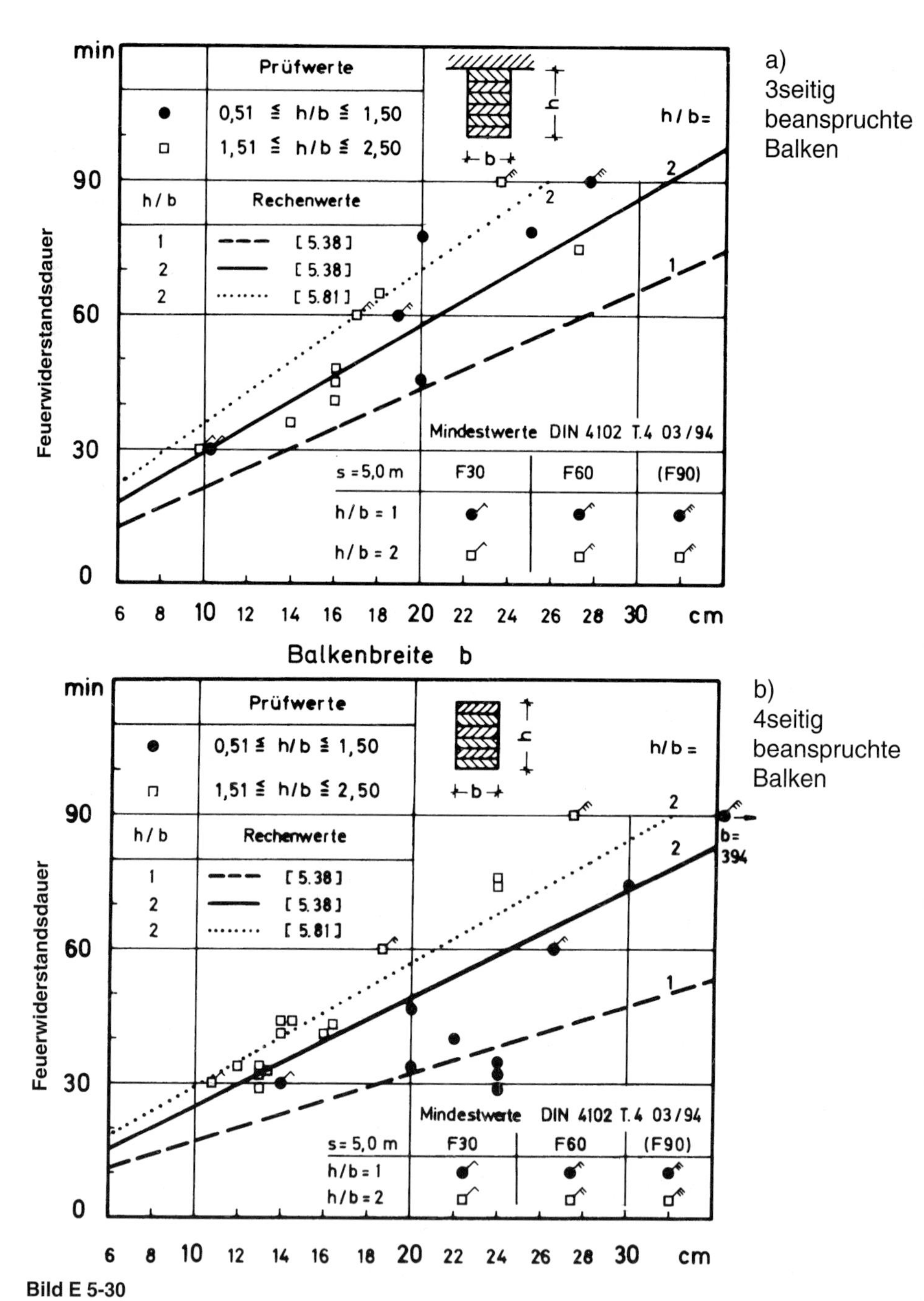


**Bild E 5-30**

Feuerwiderstandsdauer brettschichtverleimter Holzbalken aus Nadelholz mit Rechteckquerschnitt mit Seitenverhältnissen 0,51 ≤ h/b ≤ 2,5 bei einer Biegespannung $\sigma_B$ = 11 N/mm² in Abhängigkeit von der Balkenbreite b – Vergleich zwischen Prüfung und Rechnungen

**E.5.5.2.1/6** Die in DIN 4102 Teil 4 03/81 festgelegten Mindestwerte waren sehr auf der sicheren Seite liegend vereinbart worden, wobei konservative Vergleichsrechnungen neben Prüfergebnissen ausschlaggebend waren [5.38]. Diese Rechenwerte sowie alle seinerzeit vorliegenden Prüfergebnisse sind in Bild E 5-30 für

a) – 3seitig beanspruchte Balken und
b) – 4seitig beanspruchte Balken

eingetragen. Im Sonderforschungsbereich (SFB) 148 wurde den konservativen Vereinbarungen Rechenwerte gegenübergestellt, die vertretbar und wirtschaftlicher waren [5.81]; auch diese Rechenwerte sind als gepunktete Geraden für das Seitenverhältnis h/b = 2 in Bild E 5-30 eingezeichnet. Die für DIN 4102 Teil 4 03/94 **vereinbarten Mindestwerte** sind als Punkte mit Fähnchenkennzeichnung den vorliegenden Werten [5.38] und [5.81] in denselben Bildern – a) und b) – gegenübergestellt. Bei 3seitiger Brandbeanspruchung liegen die jetzt gültigen Werte für h/b = 2 zwischen den Geraden [5.38] und [5.81]. Bei 4seitiger Brandbeanspruchung entspricht der F 30-Wert den Angaben von [5.81]; die F 60- und F 90-Werte sind etwas günstiger (wirtschaftlicher).

Holzbalkendecke F 30-B

**E.5.5.2.1/7** Die in Abschnitt 5.5.2.1 genannten Tabellen und die vorstehend aufgezählten ergänzenden Tabellen behandeln neben Vollholz auch Brettschichtholz (BSH). Ähnlich aussehend und aufgebaut ist Furnierschichtholz (FSH), das i. a. parallel zur Faserrichtung (Verleimung) auf Biegung beansprucht wird. Als **„Kerto"-Schichtholz** ist es bauaufsichtlich zugelassen [5.82] und besitzt hervorragende Kennwerte [5.83], die in der Regel wirtschaftlichere Querschnitte als Brettschichtholz ergeben [5.84].

Das in der Erläuterung E.5.5.2.1/3 beschriebene Rechenprogramm BRABEM V 1.1 [5.72] kann auch für Furnierschichtholz-Querschnitte verwendet werden. Analog den Angaben von Tabelle E 5-29 gehen entsprechend [5.72] die materialabhängigen Ausgangsrechenwerte nach Tabelle E 5-30 in die Rechnung ein. Diese Tabelle gibt für die Abbrandgeschwindigkeit den für BSH vereinbarten Wert von v = 0,7 mm/min wieder. Bei der MPA am iBMB in Braunschweig wurden 1985 Brandprüfungen durchgeführt, die sehr günstige Prüfergebnisse ergaben [5.85]. Die seitlich gemessenen Abbrandgeschwindigkeiten lagen zwischen 0,6 und 0,7 mm/min. Am Institut für Holzforschung in München wurde bei KERTO-Q mit 39 mm Dicke bei einer Rohdichte von 510 kg/m$^3$ eine Abbrandgeschwindigkeit von v = 0,64 mm/min festgestellt. Um wirtschaftlichere und den Prüfergebnissen näher kommende Feuerwiderstandsdauern zu erhalten, erscheint es richtig, wenn man für Querschnitte aus „Kerto"-Schichtholz, die einseitig oder an zwei gegenüberliegenden Seiten beansprucht werden, statt der in Tabelle E 5-30 angegebenen Werte v = 0,7 mm/min einen geringeren Wert von 0,65 mm/min verwendet; hierauf geht die zweite Fußnote in Tabelle E 5-30 bereits ein.

**Tabelle E 5-30:** Materialabhängige Ausgangsrechenwerte für KERTO-Schichtholz (die Festigkeiten entsprechen den 3,0fachen zulässigen Spannungen der Zulassung [5.82])

| Parameter | Zeichen | Einheit | KERTO-S | KERTO-Q |
|---|---|---|---|---|
| Elastizitäts-Modul | $E_{II}$ | MN/m$^2$ | 13.000 | 10.000 |
| Bruchfestigkeiten bei $t_f = 0$ | $\beta_{DII}$<br>$\beta_{ZII}$<br>$\beta_B$ | MN/m$^2$<br>MN/m$^2$<br>MN/m$^2$ | 48,0<br>48,0<br>60,0*) | 36,0<br>36,0<br>45,0*) |
| Abbrandgeschwindigkeit | v | mm/min | 0,7**) | 0,7**) |
| Trägheitsradius/Kernweite | i/k | – | 2,0 | 2,0 |
| Krümmungswert | a | – | 500 | 500 |

*) Biegebruchfestigkeit bei h ≤ 30 cm. Andernfalls gilt für $\beta_B$ (Angaben in kN/cm$^2$):

| | KERTO-S | KERTO-Q | | |
|---|---|---|---|---|
| $\beta_B$ = | 5,1+0,015·(90–h) | 3,9+0,01·(90–h) | für 30 cm < h < 90 cm | (34) |
| = | 5,1 | 3,9 | für 90 cm ≤ h | (35) |

**) Bei einseitig oder zweiseitig (mit gegenüberliegenden Seiten) brandbeanspruchten Bauteilen aus KERTO-Schichtholz sowie bei Querschnitten mit b und h ≥ 100 mm kann vereinbarungsgemäß mit v = 0,65 mm/min gerechnet werden (vgl. [5. 72]).

**E.5.5.2.1/8** Eine weitere **Steigerung der Feuerwiderstandsdauer** ($t_{BSH} \rightarrow t_{FSH}$) ist vermutlich möglich, wenn man ähnlich wie bei DELIGNIT®-FRCW-Sperrholz (vgl. die Abschnitte 2.2.2.5 und 2.5) eine effektive FSM-Behandlung anwendet; auch eine DSB-Behandlung kann günstig wirken, siehe auch die Angaben auf Seite 51 mit [2.11].

**E.5.5.2.1/9 Balken mit zusammengesetzten Querschnitten,** z. B. Balken mit ⊥, ▣- oder I-Querschnitt besitzen meist eine sehr hohe Tragfähigkeit. Brandschutztechnisch sind sie nur dann klassifizierbar, wenn die dünnsten Querschnittsteile eine ausreichende Dicke aufweisen, siehe auch E.5.4.3.1 mit Bild E 5-22 (s. S. 246 und 248).

Für Balken mit derartigen Querschnitten eignen sich z. B. BSH- oder FSH-Träger. Über BSH-Träger liegen einige Prüfergebnisse vor, die zu einer konservativen Verallgemeinerung geführt haben [5.38]; sie wird an dieser Stelle nicht noch einmal wiederholt, da solche Querschnitte mit bestimmter Feuerwiderstandsklasse nur selten beurteilt werden müssen. Über FSH-Träger mit ⊥-, ▣- oder I-Querschnitt liegen brandschutztechnisch überhaupt keine Erfahrungen vor, obwohl sich FSH-Querschnitte – besonders wegen der hohen Tragfähigkeit- hier besonders eignen würden.

**E.5.5.2.1/10** Die Normtabellen und die ergänzenden Tabellen für Balken mit 3seitiger Brandbeanspruchung gelten für Balken, bei denen die vierte Seite abgedeckt ist, z. B. durch eine Decke. Die Decke kann auch aus Stahlbeton bestehen, wobei die Balken mit der Deckenplatte nicht im Verbund stehen. Es ist aber auch eine Verbundlösung denkbar [5.102] bis [5.104], siehe auch die Abschnitte 6 (Modernisierung, Sanierung, Instandsetzung, Nutzungsänderung) und 7 (Denkmalschutz).

KERTO-Schichtholz zur Aufnahme hoher Auflagerkräfte bei einer Dachkonstruktion F 30-B nach [5.82]-[5.84].

**E.5.5.2.2/1** Die **Kippaussteifung** der Balken muß nach der geforderten Feuerwiderstandsklasse ausgeführt werden. Diese Forderung resultiert u. a. aus den Angaben von Abschnitt 3.4 „Feuerwiderstand von Gesamtkonstruktionen“ und wird dort in Abschnitt 3.4.2 „Dachtragwerk einer Halle“ als typisches Beispiel angeführt (s. S. 81-83). Nur wenn alle Teile der brandschutztechnischen Bemessungskette derselben (geforderten) Feuerwiderstandsklasse angehören, besitzt die in Frage stehende Konstruktion den gewünschten Feuerwiderstand.

**E.5.5.2.2/2** Wie aus Bild E 3-9 (s. S. 82) hervorgeht, gehören zur **brandschutztechnischen Beurteilungskette** nicht nur die ausreichend dimensionierten Kippsteifen, sondern auch deren richtig bemessene **Anschlüsse**. Der in Bild E 5-31 vorhandene Dachbinder einer Fabrikationshalle mit einem Querschnitt $\gg(b \times h)_{F\,90}$ wäre nicht frühzeitig gekippt (Bild E 5-32), wenn der BSH-Querschnitt mit ausreichend bemessenen BSH-Pfetten entsprechend der geforderten Feuerwiderstandsklasse angeschlossen worden wäre. Ein frühzeitiges Versagen durch Kippen trat nur deshalb ein, weil der Anschluß nicht brandschutzgerecht dimensioniert war, siehe auch Abschnitt 5.8.

**Bild E 5-31** Dachkonstruktion einer Fabrikationshalle

**Bild E 5-32** Unter Brandeinwirkung verfrüht gekippter Binder der Dachkonstruktion nach Bild E 5-31

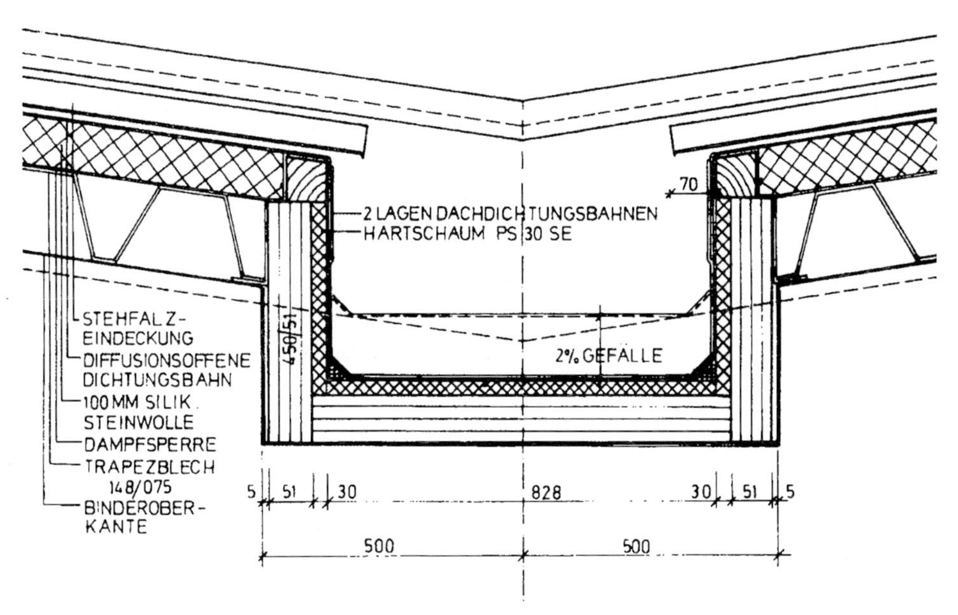


Dachbinder aus KERTO-Schichtholz nach [5.82]-[5.84]

Dachbinder aus KERTO-Schichtholz nach [5.82]-[5.84]

**E.5.5.2.2/3** Eine ausreichend kippsichere Lagerung liegt vor, wenn bei Mittelstützen aus Stahlbeton Abmessungen nach Bild E 5-33 gewählt werden. Diese **Gabellagerung** kann im Endbereich nach Bild E 5-34 ausgeführt werden. Beide Gabelkonstruktionen führen zur Feuerwiderstandsklasse F 60.

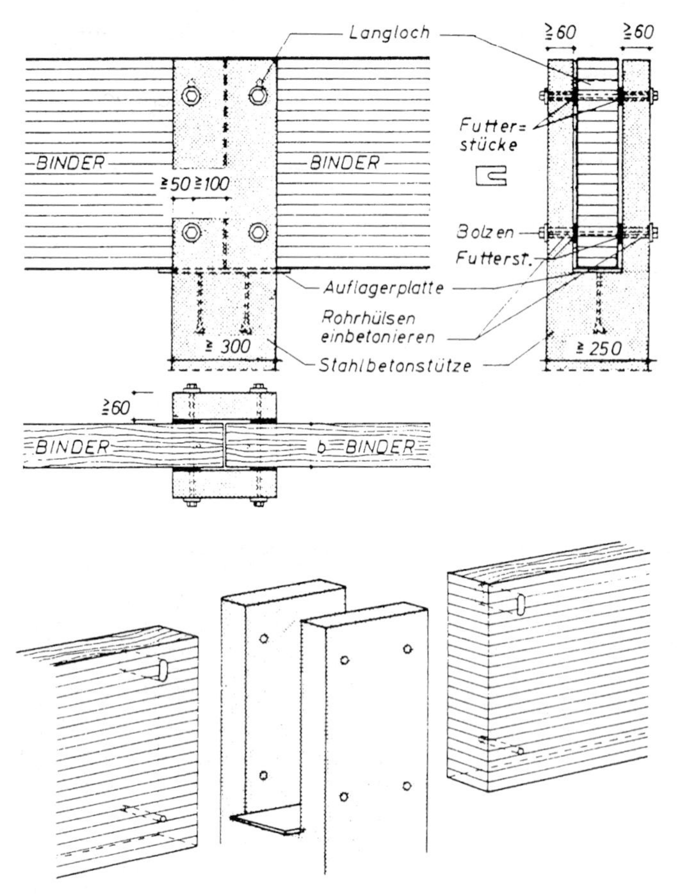


**Bild E 5-33**
Gabellager für Binder aus Brettschichtholz bei Stahlbeton-Mittelstützen nach [5.1]. Maße in mm; Feuerwiderstandsklasse F 60
Auch F 90 ist möglich. Nachweis z. B. durch Gutachten, siehe [5.86] und Bild E-19

BSH-Binder im Gabellager einer Stahlbetonstütze

**E.5.5.2.2/4** Werden anstelle von Stahlbetonstützen Stützen aus Vollholz oder Brettschichtholz verwendet, können analog zu den vorstehend gegebenen Erläuterungen folgende Angaben gemacht werden:

Am günstigsten ist – wie beim Stahlbeton – eine **Gabellagerung**, vgl. Bild E 5-35. Da die Gabeln jedoch aus Holz bestehen und dem Abbrand unterliegen, werden nicht so hohe Feuerwiderstandsklassen wie bei Stahlbetongabeln erreicht. Bei Bindern mit h/b < 3 und dementsprechend geringer Kippneigung reicht es für die Erzielung von F 30 bis F 60 aus, wenn die Gabeln nur konstruktiv ausgebildet werden; dabei sollten als Gabeldicke mindestens die in Bild E 5-35 angegebenen Werte eingehalten werden. Bei Bindern mit h/b > 3 muß die Gabeldicke zur Aufnahme horizontaler Kräfte so bemessen werden, als ob eine vertikale Auflast F vorhanden wäre; die Gabeldicke muß e = 80 mm (F 30) bzw. 140 mm (F 60) betragen. Kleinere Gabeldicken sind möglich, wenn entsprechend dicke Laschen zum Schutz gegen Abbrand aufgenagelt werden, siehe Abschnitt 5.8. Bei I-Stützen mit durchgeführten Balken und Nagelanschlüssen reichen Gabeldicken von 60 mm (F 30) und 120 mm (F 60) [5.38].

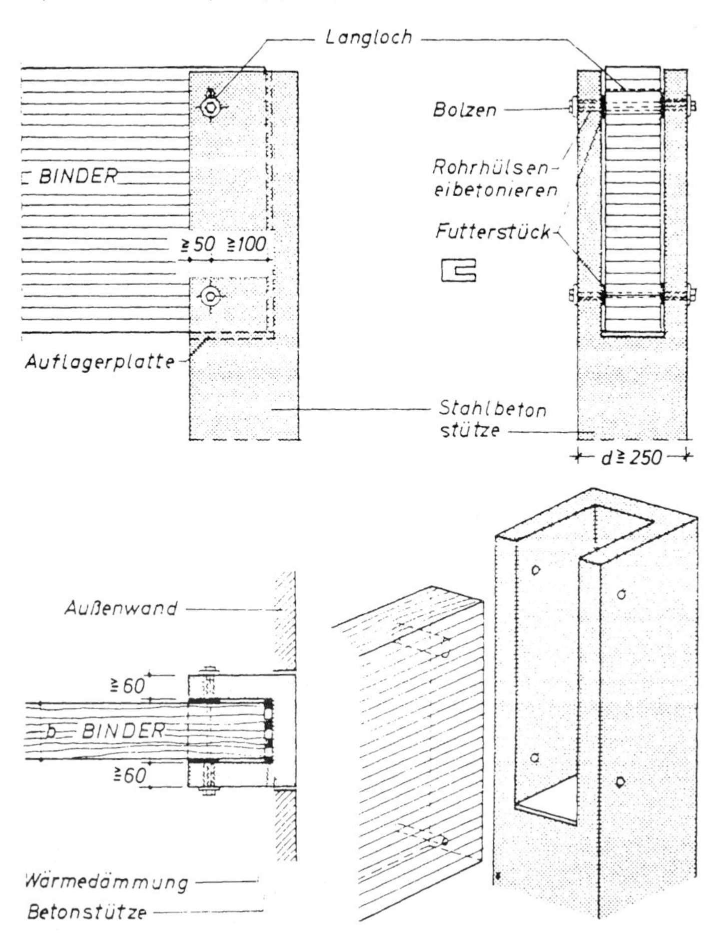


**Bild E 5-34**
Gabellager für Binder aus Brettschichtholz bei Stahlbeton-Endstützen nach [5.1]. Maße in mm; Feuerwiderstandsklasse: F 60
Auch F 90 ist möglich. Nachweis z. B. durch Gutachten, siehe [5.86] und Bild E 3-19.

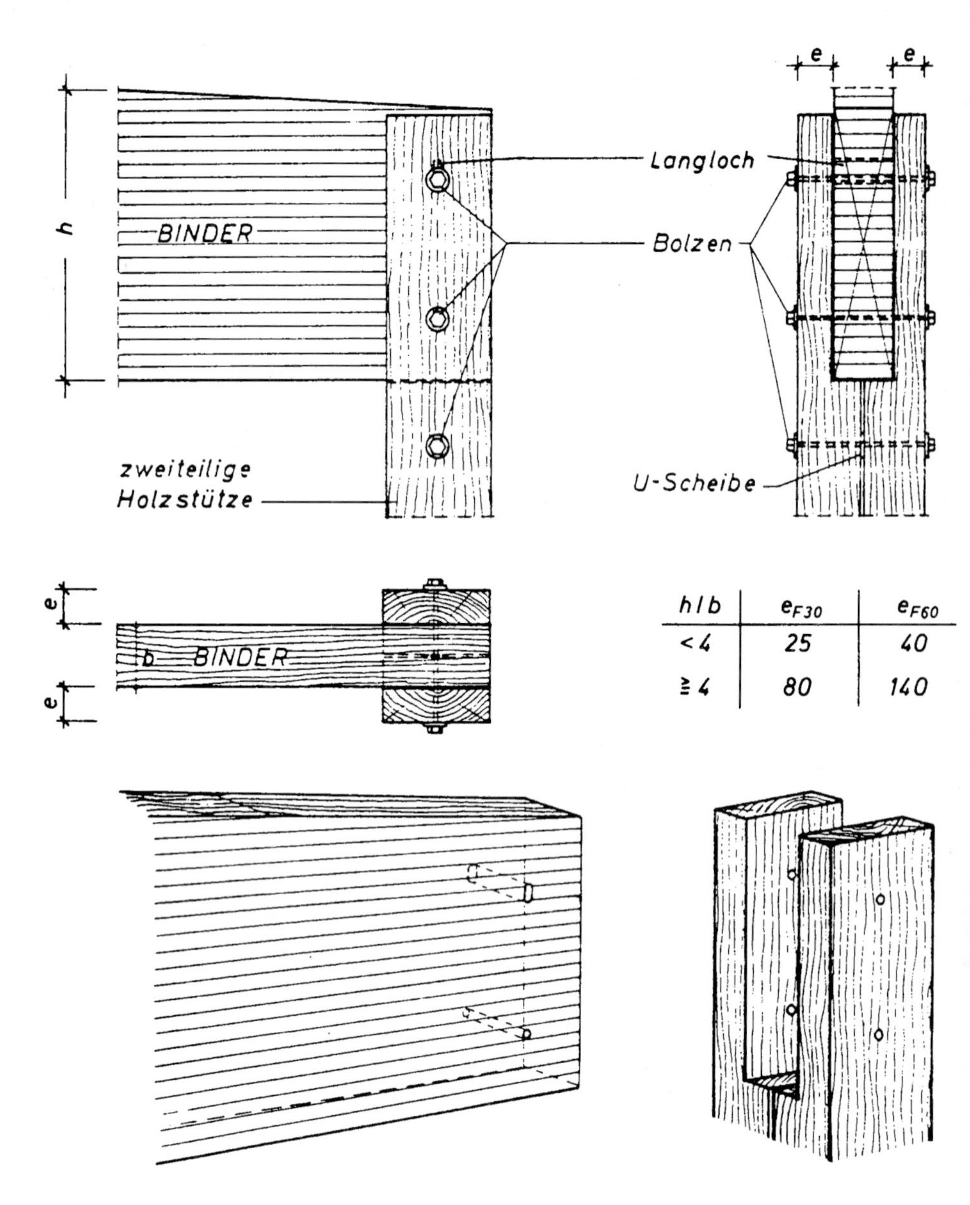


**Bild E 5-35**
Auflager von Bindern aus Brettschichtholz auf Holzstützen mit Gabellagerung nach [5.1], Maße in mm; Feuerwiderstandsklasse: F 30 und F 60.
Auch F 90 ist möglich. Nachweis z. B. durch Gutachten, siehe [5.86] und Bild E 3-19.

**E.5.5.2.2/5** In Endbereichen von Holzbalken bzw. -bindern werden häufig Lagerungen/Verbindungen mit ⊥-Profilen gewählt. Eine ausreichende Sicherung **gegen Kippen** kann angenommen werden, wenn diese Auflagerungen nach Bild E 5-36 (Holzstütze) oder Bild E 5-37 (Stahlbetonstütze) ausgeführt werden.
Bei Brandbeanspruchung erfolgt nicht nur ein Abbrand von außen, sondern durch die heiß werdenden ⊥-Profile auch von innen, der jedoch etwas langsamer abläuft. Die Holzüberdeckung ist daher größer als andere übliche Überdeckungen.

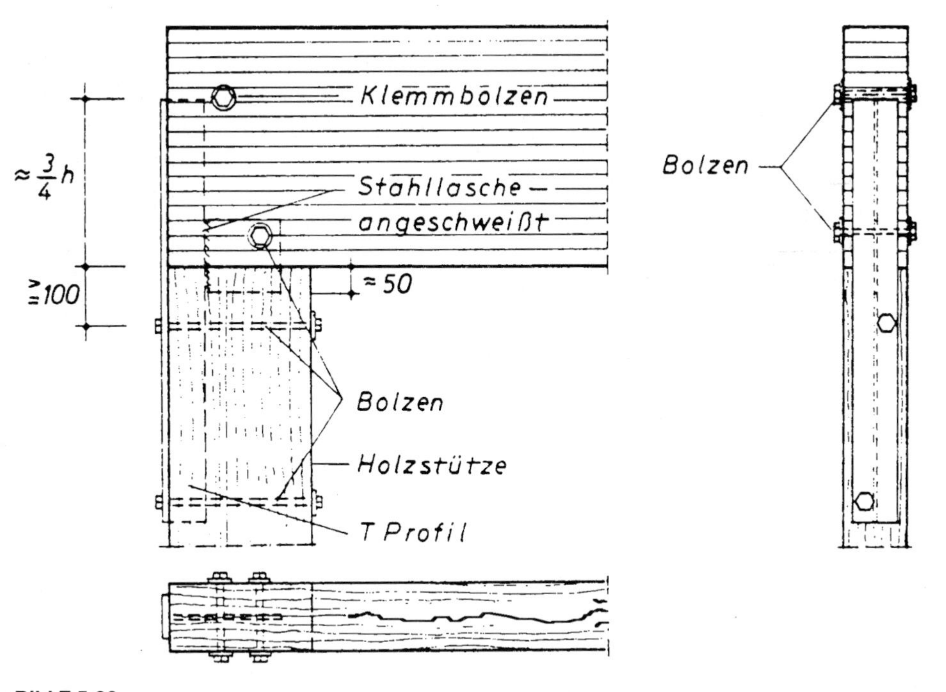


**Bild E 5-36**
Auflager von Bindern aus Brettschichtholz auf Holzstützen mit einer Halterung aus ⊥-Stahl nach [5.1]. Maße in mm; Feuerwiderstandsklasse: F 30 und F 60

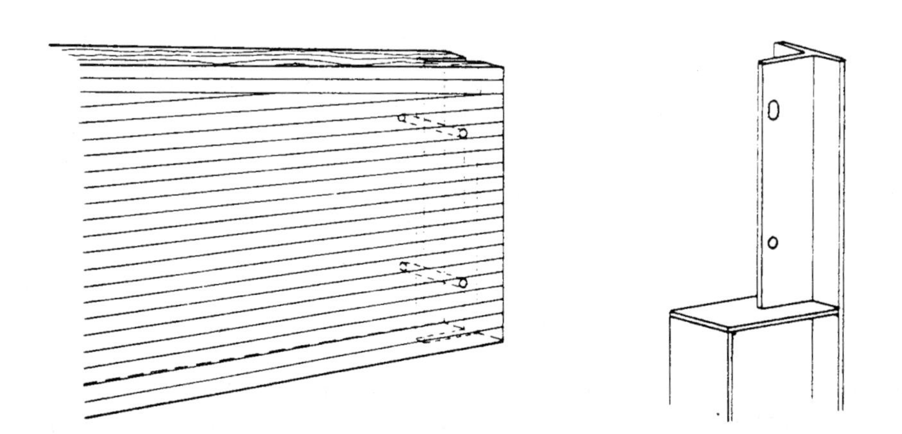

**Bild E 5-37**
Auflager von Bindern aus Brettschichtholz auf Stahlbetonstützen mit einer Halterung aus ⊥-Stahl nach [5.1]; Feuerwiderstandsklasse: F 30 und F 60.
Auch F 90 ist möglich. Nachweis z. B. durch Gutachten, siehe [5.86] und Bild E 3-19.

Mit zunehmender Branddauer findet durch den „inneren Abbrand“ eine Lockerung der Verbindung statt – bei Verwendung von Stahlbetonstützen nur im Binderbereich, bei Verwendung von Holzstützen im Binder- und Stützenbereich. Diese Lockerung ist bei 30 min Brandbeanspruchung vernachlässigbar klein und bei 60 min Brandbeanspruchung bereits beachtlich groß, so daß Horizontalkräfte – z. B. Kippkräfte – vermutlich nicht mehr aufgenommen werden. Bei hohen Bindern mit h/b > 3 und der Klassifizierung F 60 empfiehlt es sich daher, die ⊥-Profile durch eine Brandschutzplatte zu bekleiden, was bei Anschlüssen an Stahlbetonstützen nicht notwendig erscheint, weil hier nur der Binder aus Holz ist und sich das ⊥-Profil im Anschlußbereich zur Stütze langsamer erwärmt.

**E.5.5.2.2/6** Liegt eine Auflagerung auf einer Stahlbetonkonsole/Stahlbetonstütze vor, kann die **Kippsicherung** z. B. **durch ein L-Profil** erzielt werden (Bild E 5-38).

**E.5.5.2.2/7** Wegen der **Holzüberdeckungen zum Schutz der Stahlteile** siehe auch Abschnitt 5.8.

**E.5.5.2.2/8** Wie aus den vorstehenden Erläuterungen zu Abschnitt 5.5.2.2 – insbesondere aus den Angaben von Bild E 5-34 ablesbar ist, spielt bei der Beurteilung eines möglichen Kippens das **Seitenverhältnis** h/b des Balkens bzw. Binders eine bestimmende Rolle. Es muß **h/b ≤ 3** sein, damit brandschutztechnisch die Kippaussteifung nicht nachgewiesen werden muß. Dieser Grenzwert wurde gegenüber der Normfassung 03/81 (h/b ≤ 4) aufgrund vorliegender Erfahrungen zur Verbesserung der Sicherheit etwas zurückgenommen.

Dachkonstruktion aus BSH-Stäben F 30-B auf einer Stahlbetonstütze (Versammlungs- und Gaststätte)

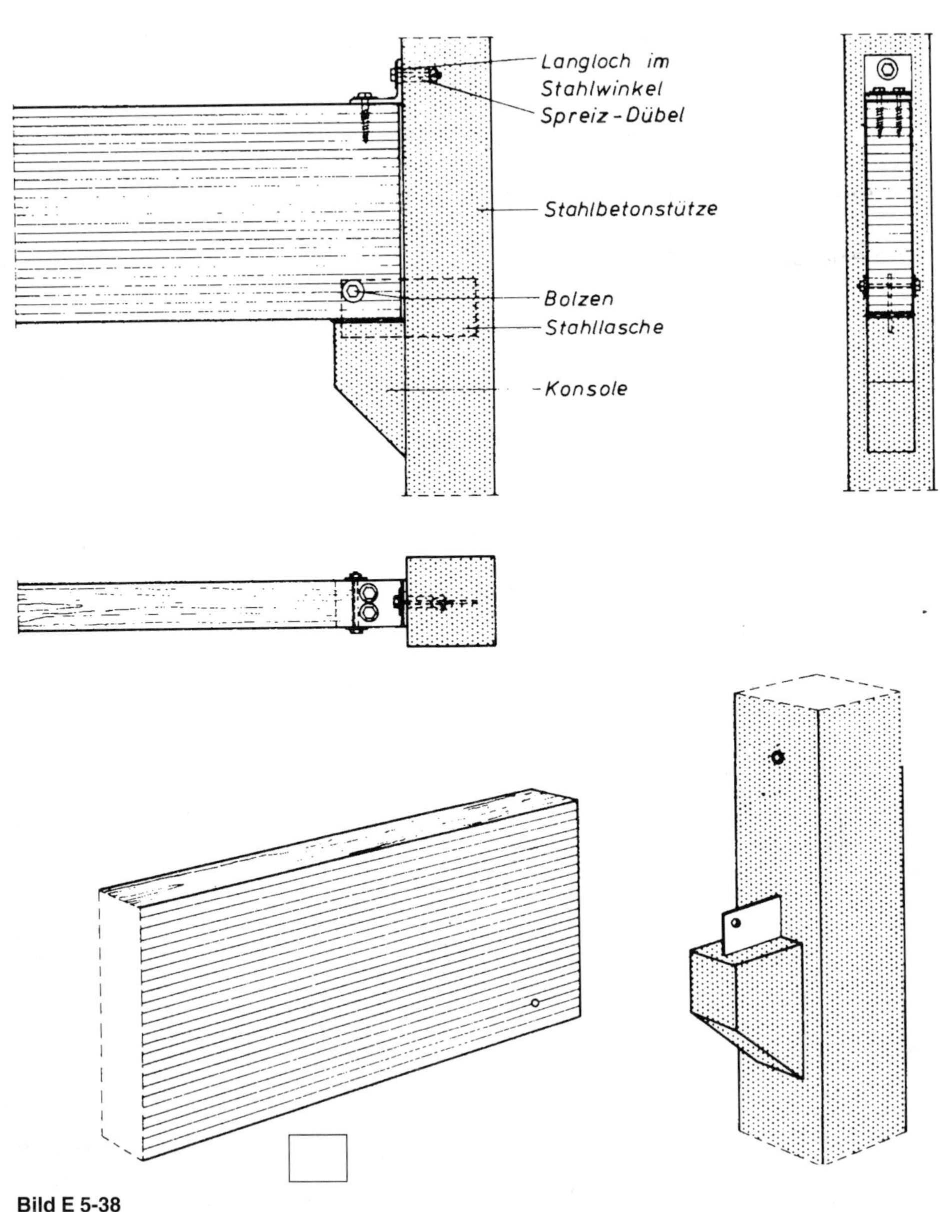


**Bild E 5-38**
Auflager von Bindern aus Brettschichtholz auf Stahlbetonkonsolen von Stahlbetonstützen mit einer Halterung aus L-Stahl nach [5.1]; Feuerwiderstandsklasse F 30.
Höhere Feuerwiderstandsklassen sind möglich, Nachweis z. B. durch Gutachten, siehe [5.86] und Bild E 3-19.

5.5

**E.5.5.2.2/9** Ist das **Seitenverhältnis h/b > 3**, sind brandschutztechnisch richtig bemessene Kippsteifen (Pfetten o. ä.) erforderlich. Sie können nach den Angaben der Tabellen 74 bis 83 bzw. E 5-5 bis E 5-28 bemessen werden. Der **Abstützungsabstand s** dieser Kippsteifen entspricht bei der Bemessung von Stützen der Knicklänge $s_k$.

**E.5.5.2.2/10** Abschließend zum Thema Kippen sei auf verschiedene Literaturstellen aufmerksam gemacht:

[5.87] Beschreibt **Verbände und Abstützungen**. Dabei werden u. a. alle Formen des Knickens, der Abstützungen und der Lagerung (Gabellagerung, Kopfbänder) behandelt sowie mit zahlreichen Beispielen belegt.

[5.88] behandelt **Aussteifungen** von Fachwerkträgern und führt zu reduzierten Querschnittswerten im Gebrauchszustand, was auch bei der Brandschutzbemessung zu wirtschaftlichen Vorteilen führen kann.

[5.89] gibt neben der schon erwähnten Literatur [5.72] **Grundlagen zum Ausweichen** von Obergurten nach Theorie II. Ordnung wieder.

**E.5.5.2.3** Die Auflagertiefe der Balken muß auf Beton oder Mauerwerk bei der Feuerwiderstandsklasse F 30 ≥ 40 mm und bei F 60 ≥ 80 mm betragen; bei F 90 muß die Auflagertiefe ≥ 120 mm sein. Diese Maße gelten nur aus brandschutztechnischer Sicht; sie berücksichtigen sowohl den Holzabbrand als auch eine Zermürbung des Betons oder Mauerwerks an den brandbeanspruchten Rändern.

Über Auflagerverstärkungen aus Furnierschichtholz (FSH) gibt [5.84] Auskunft – siehe auch Seite 298/299; Auflagerverstärkungen aus Bau-Furniersperrholz aus Buche werden in [5.90] beschrieben.

**E.5.5.2.4** Die **Schubbemessung** wurde gegenüber der Normfassung von Teil 4 03/81 vollständig neu geregelt. Es muß die Bedingungsgleichung [(9) in Abschnitt 5.5.2.4]

$$\frac{\alpha_Q \cdot b \cdot h}{1{,}5 \cdot b(t_f) \cdot h(t_f)} \leq 1{,}0 \qquad (5.34)$$

eingehalten werden.

Dabei gilt für den Ausnutzungsgrad der Schubspannung $\alpha_Q$ nach DIN 1052 Teil 1

$$\alpha_Q = 1{,}5 \cdot \frac{\frac{Q}{b \cdot h}}{\text{zul } \tau_Q} \qquad (5.35)$$

bzw. für den Ausnutzungsgrad der Scherspannung

$$\alpha_Q = \frac{\frac{Q}{b \cdot h}}{\text{zul } \tau_a} \qquad (5.36)$$

Dieser Nachweis gilt strenggenommen für Rechteckquerschnitte.

Die Bedingungsgleichung (5.34) ergibt sich aus dem Schubnachweil im Brandfall

$$\frac{\tau_Q(t_f)}{\beta_Q(T_m)} \leq 1{,}0 \tag{5.37}$$

mit

$\tau_Q(t_f)$ Schubspannung in Abhängigkeit vom Restquerschnitt $b(t_f)$ und $h(t_f)$, wobei sich die maximale Schubspannung von Rechteckquerschnitten zu

$$\tau_Q(t_f) = 1{,}5 \cdot \frac{Q}{b(t_f) \cdot h(t_f)} \tag{5.38}$$

ergibt.

$\beta_Q(T_m)$ in Abhängigkeit von der maßgebenden Temperatur $T_m$ abgeminderte Schub- bzw. Scherfestigkeit. Bei Annahme einer 3.0-fachen Ausgangsscherfestigkeit bei 20° C gegenüber der zulässigen Scherspannung nach DIN 1052 T1 (Abschätzung zur sicheren Mitte hin, da die zulässigen Scher- bzw. Schubspannungen eine mittlere Sicherheit von 5,5 bis 11 gegenüber den Festigkeiten haben, aber durch Festlegung von niedrigeren Ausgangsfestigkeiten mögliche extreme Rissbildungen berücksichtigt werden sollen), einer maßgebenden (mittleren) Temperatur des Restquerschnitts von 100° C und der Annahme eines dadurch bedingten Abfalls von $\beta_Q$ ($T_m$=100° C) auf ca. 50 % der Ausgangsscherfestigkeit, ergibt sich vereinfacht

$$\beta_Q(T_m)=1{,}5 \cdot \mathrm{zul}\tau_Q \text{ bzw. } 1{,}5 \cdot \mathrm{zul}\tau_a \tag{5.39}$$

Durch Einsetzen der Gl. (5.35) in die Gl. (5.37) und der vereinfachten Annahme der im Brandfall abgeminderten Schubfestigkeit nach Gl. (5.39) ergibt sich die Bedingungsgleichung (5.34).

**E.5.5.2.5/1** Ist der Normalkraftanteil ≤ 20 % und werden die Bedingungen von Bild 48 der Norm eingehalten die dortigen Angaben entsprechen den Forderungen von DIN 1052 Teil 1 (04/88) Abschnitt 8.8.2.2 (Bild 9) dürfen die Balken **Öffnungen (Durchbrüche)**, z. B. zur Durchführung von Leitungen o. ä., aufweisen. Die Verstärkungsdicke t aus Bau-Furniersperrholz aus Buche (t/2 je Seite) muß die Bedingungsgleichung (13) der Norm erfüllen, mindestens jedoch 40 mm dick sein.

**E.5.5.2.5/2** Über die Norm **DIN 68705 Teil 5** über **Bau-Furniersperrholz aus Buche,** über Platteneigenschaften, Rechenwerte, Verbindungen und Konstruktionsbeispiele – auch für Verstärkungen von Durchbrüchen – gibt [5.90] Auskunft.

**E.5.5.2.5/3** **Balken mit verstärkten Durchbrüchen** wurden unter Brandbeanspruchung (ETK) bereits untersucht [5.38]. Bild E 5-39 zeigt den Ausschnitt eines rd. 11 m langen Balkens vor der Prüfung im Institut für Baustoffe, Massivbau und Brandschutz (iBMB) der Technischen Universität Braunschweig.

**Bild E 5-39**
Balken aus Brettschichtholz mit Aussparungen (Durchbrüchen) mit beidseitigen Verstärkungen unmittelbar vor der Brandprüfung: ETK-Beanspruchung im Prüfofen des iBMB

**E.5.5.2.5/4** Bild E 5-40 zeigt die wichtigsten **Prüfergebnisse,** die bei Balken mit Durchbrüchen bei Brandversuchen ermittelt wurden, in Abhängigkeit von der **Schubspannung.**

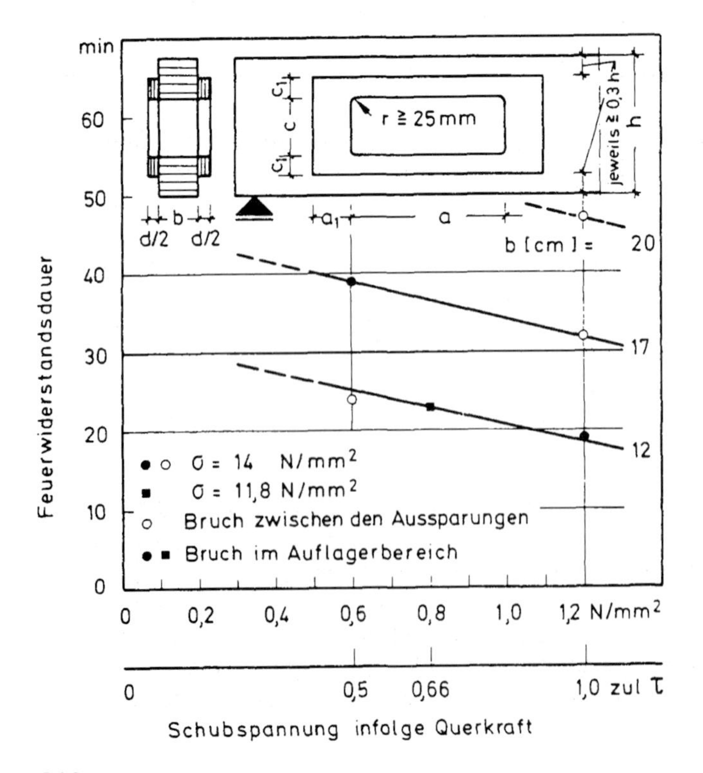


**Bild E-40**
In Brandprüfungen ermittelte Feuerwiderstandsdauer von Balken aus Brettschichtholz mit Aussparungen (Durchbrüchen) in Abhängigkeit von Schubspannung und Balkenbreite

**E.5.5.2.6** Die in den Normtabellen 74 und 75 geforderten Mindestquerschnittsabmessungen sind so klein, daß man im allgemeinen mit Vollquerschnitten konstruieren kann; in Abschnitt 5.5.2.6 wird aber auch eine **Verdübelung der Balken** ohne besondere Maßnahmen gestattet.

In den ergänzenden Tabellen E 5-9 bis E 5-16 für F 60 und F 90 sind die Querschnitte wegen der höheren Feuerwiderstandsklasse zum Teil jedoch so groß, daß man statt Vollhölzern verdübelte Querschnitte wählen muß. Hier gelten dieselben Bestimmungen – d. h. hinsichtlich der Dübelverbindungen sind keine Randbedingungen für den heißen Zustand zu beachten; die Bemessung erfolgt allein nach DIN 1052.

**E.5.5.2.7** Wegen der Ausbildung von Gerbergelenken siehe Abschnitt 5.8.10.2 und die dazugehörigen Erläuterungen.

Holz-Balken und -Decken in F 30-B

5.5

Stützen, Balken, Zangen, Kopfbänder und Sparren aus Brettschichtholz bei einem Gebäude geringer Höhe

### 5.5.3 Bekleidete Balken

**5.5.3.1** Bekleidete Balken müssen unabhängig von der Spannungsausnutzung und der Holzart die in Tabelle 84, Zeile 1.1, angegebenen Bekleidungsdicken besitzen.

**5.5.3.2** Die Balken sind vollständig, mit Ausnahme der Auflagerflächen, mit Gipskarton-Feuerschutzplatten (GKF) nach DIN 18 180 nach den Angaben der Ausführungszeichnungen in Tabelle 84 zu bekleiden. Bei 2lagiger Bekleidung sind die Stöße zu versetzen. Im übrigen gilt für die Befestigung sowie für die Verspachtelung der Fugen DIN 18 181. Bei 4seitiger Bekleidung ist die Oberseite entsprechend der Unterseite zu bekleiden.

**5.5.3.3** Anstelle einer Bekleidung aus Gipskarton-Feuerschutzplatten (siehe Tabelle 84, Zeile 1.1.1) können auch Holzwerkstoffplatten oder gespundete Bretter (siehe Tabelle 84, Zeilen 1.1.2 bis 1.1.5) entsprechend verwendet werden. Diese Bekleidungen sind mit Schrauben oder Nägeln zu befestigen; die Einbindetiefe der Befestigungsmittel muß mindestens 6 $d_n$ entsprechen. Holzwerkstoffplatten dürfen auch angeleimt werden.

**5.5.3.4** Die Abschnitte 5.5.2.2 bis 5.5.2.6 gelten sinngemäß.

**Tabelle 84: Bekleidete Balken, Stützen und Zugglieder aus Voll- oder Brettschichtholz**

| Zeile | Konstruktionsmerkmale bei<br>Balken, Stützen und Zuggliedern (Ausführung bei 3seitiger Bekleidung): 1lagige Bekleidung ① – Gipskarton-Feuerschutzplatten (GKF) nach DIN 18 180 mit geschlossener Fläche (Zeile 1.1.1), Holzwerkstoffplatten oder Bretter (Zeilen 1.1.2 bis 1.1.5); 2lagige Bekleidung ②<br>Stützen (Ausführung bei 4seitiger Bekleidung): 1lagige Bekleidung ③ | | Feuerwiderstandsklasse-Benennung F 30-B | Feuerwiderstandsklasse-Benennung F 60-B |
|---|---|---|---|---|
| 1 | Mindestdicke $d$ der Bekleidung bei | | | |
| 1.1 | Balken, Stützen und Zuggliedern (Ausführungs-Schemaskizzen 1 und 2) bei Verwendung von | | | |
| 1.1.1 | Gipskarton-Feuerschutzplatten (GKF) nach DIN 18 180 | mm | 12,5 | 2 × 12,5 |
| 1.1.2 | Sperrholz nach DIN 68 705 Teil 3[1]) | mm | 19 | |
| 1.1.3 | Sperrholz nach DIN 68 705 Teil 5[1]) | mm | 15 | |
| 1.1.4 | Spanplatten nach DIN 68 763[1]) | mm | 19 | |
| 1.1.5 | gespundeten Brettern aus Nadelholz nach DIN 4072 | mm | 24 | |
| 1.2 | Stützen (Ausführungs-Schemaskizze 3) bei Verwendung von Wandbauplatten aus Gips mit Rohdichten von $\geq 0{,}6\ kg/dm^3$ | mm | 50 | 50 |

[1]) Bei Holzwerkstoffplatten der Baustoffklasse B 1 darf die Mindestdicke um 10 % verringert werden.

## Erläuterungen (E) zu Abschnitt 5.5.3

**E.5.5.3.1/1** Jede **Bekleidung** von Holzbauteilen verbessert die Feuerwiderstandsdauer. In der Regel ist es jedoch sinnvoller, mit der ausreichenden Bemessung von Querschnitten und Verbindungen ohne eine Bekleidung den geforderten Feuerschutz zu erzielen. Bekleidungen sind daher nur in Sonderfällen anzuwenden – z. B. bei

- zu schwierigen Bauteilen/Verbindungen (ggf. um Prüfkosten und Wartezeiten auf eine Prüfung zu vermeiden),
- der Sanierung von Altbauten, wenn die vorliegenden Querschnitte nicht die Brandschutzanforderungen erfüllen.

**E.5.5.3.1/2** Der Einfluß von Bekleidungen wurde u. a. im Zusammenhang mit einfachen Vollholz-Rechteckbalken untersucht. Es wurden z. B. unterschiedliche Querschnitte der Güteklasse II in Verbindung mit **Gipskartonplatten-Bekleidungen** geprüft. Bei den Brandversuchen nach DIN 4102 Teil 2 wurden außerdem die Fugenanordnungen, Befestigungen (geklebt bzw. genagelt) und Plattendicken der GKF-Platten variiert. Die wichtigsten Prüfergebnisse sind in Bild E 5-41 wiedergegeben und den für unbekleidete Balken aus Brettschichtholz ermittelten Feuerwiderstandszeiten $t_{rechn.}$ gegenübergestellt. Die Geraden mit $t_{rechn.}$ für h/b=1 und h/b=2 gelten auch für Vollholz, wenn die Beschaffenheit des Vollholzes der von Brettschichtholz entspricht. Aus den Angaben von Bild E 5-41 kann u. a. folgendes abgelesen werden.:

a) Die Streuung der Prüfergebnisse ist relativ groß.
b) Sieht man von einem Prüfwert ab (Ausreißer), wird die Feuerwiderstandsdauer von Holzbalken durch die Anordnung von GKF-Platten stets verbessert.
c) Die mittlere Verbesserung der Feuerwiderstandsdauer, die mit zunehmender Plattendicke zunimmt, entspricht annähernd der Zermürbungszeit $t_{500}$ von Gipskarton-Bauplatten nach Bild E 4-27 (S. 147).
d) Die maximale Verbesserung ist etwa 8 bis 10 Minuten größer als die mittlere Verbesserung.
e) Die in der Normtabelle 84 festgelegten Mindestwerte entsprechen den in Bild E 5-41 gezeigten Zusammenhängen.

**E.5.5.3.1/3** Die in den Zeilen 1.1.1 – 1.1.5 der Normtabelle 84 angegebenen Bekleidungsdicken ergeben nach Bild E 4-27 (s. S. 147) jeweils eine **„Versagenszeit" der Bekleidung** von rd. 19 bis 20 min. Bei den 24 mm dicken gespundeten Brettern wurde ein etwas schnelleres Versagen im Spundungsbereich angenommen. Berücksichtigt man ein frühzeitiges Versagen in Eckbereichen, dann kann man generell von einer Verlängerung der Feuerwiderstandsdauer durch die Bekleidung von minimal 15 min bis maximal 20 min sprechen. Im ungünstigsten Fall muß also der Balken (die Stütze, das Zugglied) selbst eine Feuerwiderstandsdauer von 15 min aufweisen. Diese Feuerwiderstandsdauer besitzen i. a. alle Holzbauteile und Verbindungen, vgl. auch mit den Bildern E 5-30 (Balken), E 5-50 (Stützen) und E 5-65 (Verbindungen). Aufgrund dieser Tatsache konnte die in der Normtabelle 84 getroffene Regelung allgemein eingeführt werden.

Die Vereinbarung gilt entsprechend den Schema-Skizzen in Tabelle 84 jedoch nur für **Vollquerschnitte**. Bei zusammengesetzten – ggf. hoch ausgelasteten – Querschnitten können andere Randbedingungen vorliegen, z. B. bei Querschnitten nach Bild E 5-22/4 (S. 247). Eine Beurteilung kann in solchen Fällen ggf. im Einzelfall durch ein Gutachten erfolgen, vgl. Bild E 3-19.

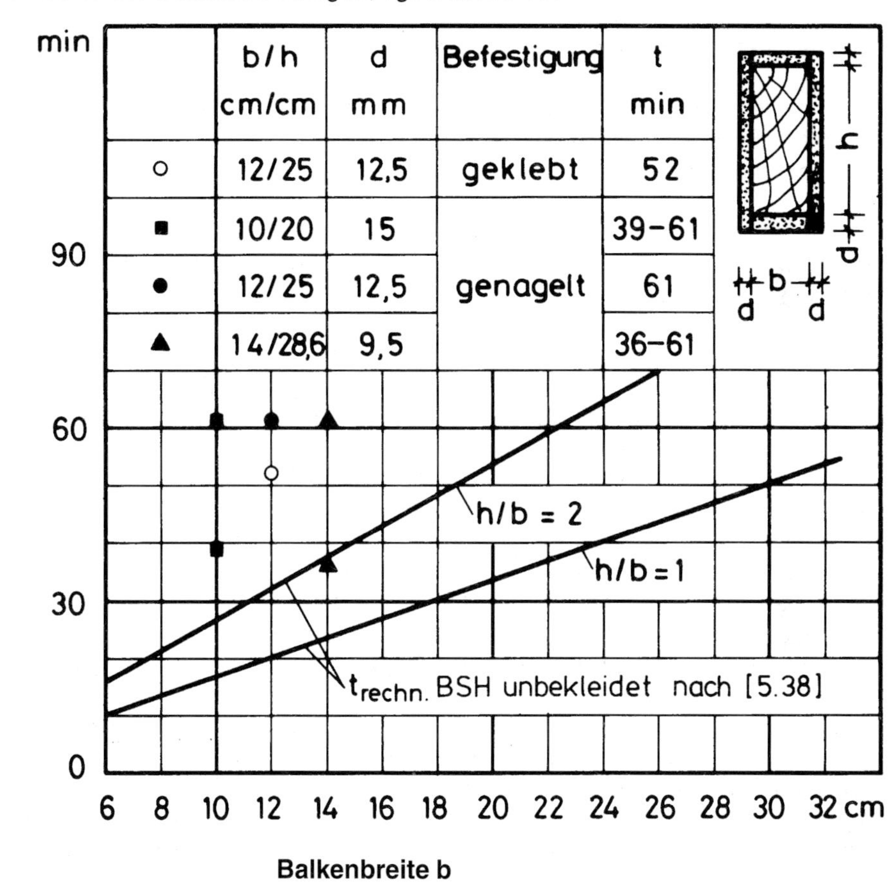


**Bild E 5-41**
Feuerwiderstandsdauer t von Vollholzbalken der Güteklasse II mit Bekleidungen aus Gipskarton-Feuerschutzplatten (GKF DIN 18180) im Vergleich zur Feuerwiderstandsdauer $t_{rechn}$ von unbekleideten Balken aus Brettschichtholz;
Brandbeanspruchung jeweils 4seitig, Biegespannung jeweils $\sigma$ = 10 N/nun$^2$

5.5

**E.5.5.3.1/4** Aufgrund vorliegender Erfahrungen (siehe auch Bild E 4-27) können anstelle von GKF-Platten auch **FERMACELL-Gipsfaserplatten** verwendet werden, und zwar

- im Fall F 30: 10 mm FERMACELL statt 12,5 mm GKF und
- im Fall F 60: 2 x 10 mm FERMACELL anstelle von 2 x 12,5 mm GKF.

**E.5.5.3.1/5** Auch **Bekleidungen für F 90** sind möglich. Da solche Fälle nur selten vorkommen, werden hier keine Musterlösungen angeführt. In derartigen Fällen muß der Brandschutz unter Berücksichtigung der vorliegenden Verhältnisse (Statik, Querschnitte, sonstige Randbedingungen) über ein Gutachten beurteilt werden, vgl. Bild E 3-19.

Eine F 90-Lösung zeigt z. B. die Bekleidung mit

- Knauf-Fireboard-Platten mit d = 25 mm nach [5.91],

wobei bestimmte Randbedingungen eingehalten werden müssen; die Holzbalken müssen z. B. einen Querschnitt b/h ≥ 100 mm/160 mm bei einer Biegespannung $\sigma_B \leq 10$ N/mm$^2$ aufweisen.

**E.5.5.3.1/6** Die vorstehenden Erläuterungen über Bekleidungen spielen im modernen Ingenieurbau kaum eine Rolle. Sie besitzen jedoch für Balken in Holzhäusern in Tafelbauart große Bedeutung.

Bei Wänden aus Holztafeln werden die Balken als Rippen, Rähme oder **Stürze** bezeichnet und i. a. 3seitig vom Brand beansprucht, wenn die Beplankung bzw. Bekleidung der Holztafeln abgebrannt oder abgefallen ist. Die Balken überbrücken Öffnungen (Fenster, Türen o. ä.) und sind für den Feuerwiderstand der Gesamtkonstruktion von Bedeutung, vgl. Bild E 3-10 (S. 85). Derartige Balken müssen daher jeweils dieselbe Feuerwiderstandsklasse wie die Wände besitzen, in die sie eingebaut werden.

Die Feuerwiderstandsdauer gehobelter, scharfkantiger Vollholzbalken, die in Wänden aus Holztafeln angeordnet werden, ist für eine 3seitige Brandbeanspruchung ohne Berücksichtigung der Wand-Beplankung bzw. -Bekleidung in Abhängigkeit von der Biegespannung $\sigma_B$, dem Seitenverhältnis h/b und der Balken- bzw. Rippenbreite b in Bild E 5-42 dargestellt. Natürlich läßt sich die Feuerwiderstandsdauer solcher Stürze auch rechnerisch nach [5.72] ermitteln – einfacher erscheint in diesem Fall jedoch die graphische Bestimmung nach Bild E 5-42. Die Kurven liegen für F 60 in der Regel und für F 30 in weiten Bereichen unterhalb der jeweiligen Beurteilungslinien, so daß die geforderte Feuerwiderstandsklasse oft nur mit Hilfe der Wand-Beplankung bzw. Bekleidung erreicht wird. Dies soll durch einige Beispiele mit folgenden Bezeichnungen verdeutlicht werden:

Gesamtfeuerwiderstandsdauer = $t = t_0 + t_1 + t_2$ mit

$t_0$ = Feuerwiderstandsdauer der Balken (Stürze) nach Bild E 5-42 (die Ermittlung ist auch nach [5.72] möglich)
$t_1$ = „Durchbrandzeit" von Spanplatten nach Bild E 4-27 (S. 147)
$t_2$ = „Zermürbungszeit" von Gipskarton-Feuerschutzplatten nach Bild E 4-27 (S. 147).

**Beispiel 1** (vgl. Bild E 5-43, Detail 1)
$t_0$ = 13 min (Bild E 5-42), $t_1$ = 12 min →
$t$ = 25 min → keine Klassifizierung

Durch die Anordnung des Fensterrahmens ist ein zusätzlicher Schutz gegeben, so daß man auf dem Weg eines Gutachtens in diesem Beispiel noch F 30 bestätigt bekommen würde.

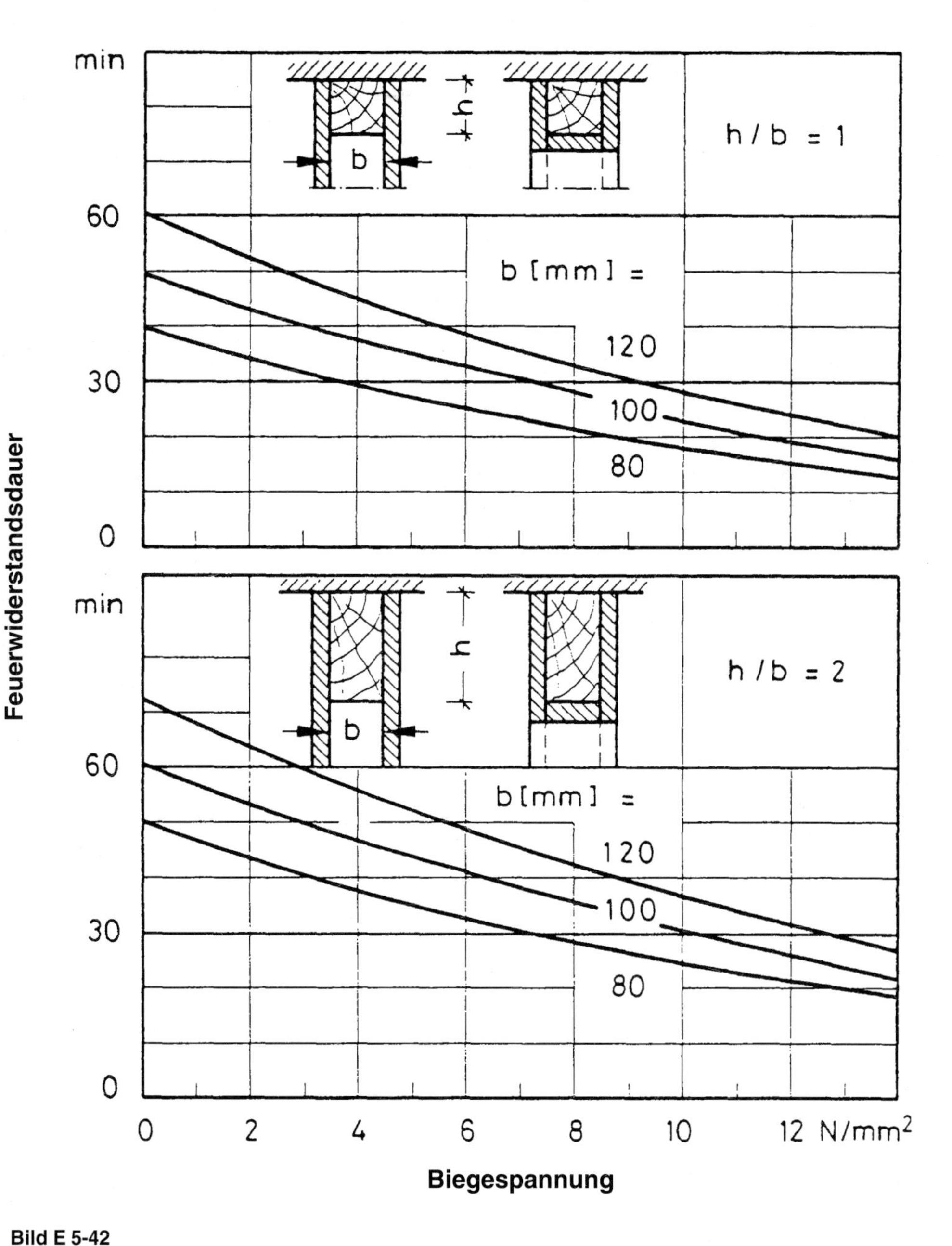


**Bild E 5-42**
Feuerwiderstandsdauer gehobelter, scharfkantiger Vollholzbalken (Rippen, Rähme, Stürze) über Öffnungen (Fenster, Türen o. ä.) in Wänden aus Holztafeln nach Abschnitt 4.12 ohne Berücksichtigung der Wandbeplankung bzw. -Bekleidung in Abhängigkeit von der Biegespannung σ, dem Seitenverhältnis h/b und der Balkenbreite b bei dreiseitiger Brandbeanspruchung

5.5

**Beispiel 2** (vgl. Bild E 5-43, Detail 2)
$t_0$ = 18 mm (Bild E 5-42),
$t_1$ = 19 min (Spanplatte außen),
$t_2$ = 20 min (GKF innen) →
$t$ = 37 bis 38 min → F 30

**Beispiel 3** (vgl. Bild E 5-43, Detail 3)
$t_0$ = 42 min (Bild E 5-42), $t_1$ = 12 min
$t_2$ = 20 min →
t = 74 min → F 60

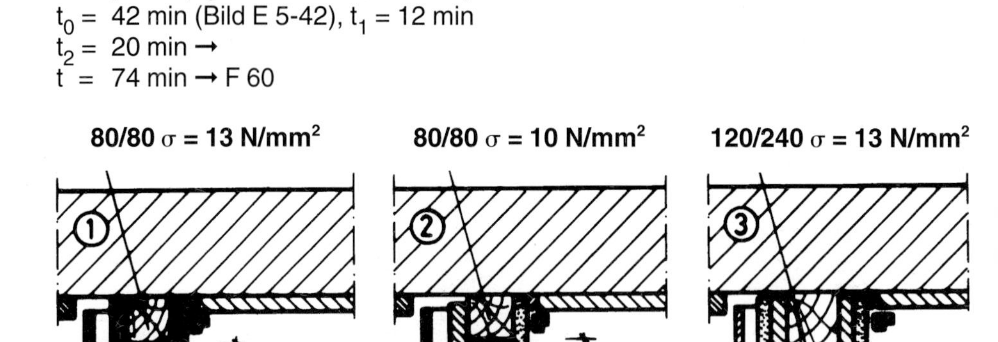


**Bild E 5-43**
Beispiele für Fensterstürze in Wänden aus Holztafeln nach Abschnitt 4.12 mit 3seitiger Brandbeanspruchung (Decke/Dach nur Schema), Maße in mm

**E.5.5.3.1/7** In vielen Fällen werden unmittelbar neben und unter den Fensterstürzen Rolladen in Rolladenkästen angeordnet. Sie beeinflussen natürlich den Feuerwiderstand und müssen gesondert berücksichtigt werden. Eine mögliche Ausführungsart unter Verwendung von Vollholzbalken ist in Bild E 5-44, Detail 1, dargestellt. In dem Beispiel, das aus der Praxis stammt, wird der Balken (80/120, $\sigma$ = 10 N/mm$^2$) außen durch eine 13 mm dicke Spanplatte und an den anderen Seiten durch eine 12,5 mm dicke Gipskarton-Feuerschutzplatte (GKF) DN 18180 bekleidet; die Oberseite ist ausreichend durch die aufgelegte Decken- bzw. Dachkonstruktion geschützt. Die Feuerwiderstandsdauer ergibt sich wie folgt:

**Beispiel 4** (vgl. Bild E 5-44, Detail 1)
$t_0$ = (18 + 24/2~ 21 min (Bild E 5-42)
$t_1$ = 12 min (Spanplatte außen)
$t_2$ = 20 min (GKF innen und unten) →
t = 33 bis 41 min → F 30

Im vorliegenden Fall reicht die vorgesehene Konstruktion aus, um mühelos F 30 zu erzielen. Die Bekleidung auf der Außenseite (Kunstharzputz auf EPS) und der Rolladenkasten aus 8 mm dicken Spanplatten verbessert den Gesamtfeuerwiderstand noch um einige Minuten, so daß die nachgewiesene minimale Feuerwiderstandsdauer von t = 33 min mit großer Sicherheit erreicht wird.

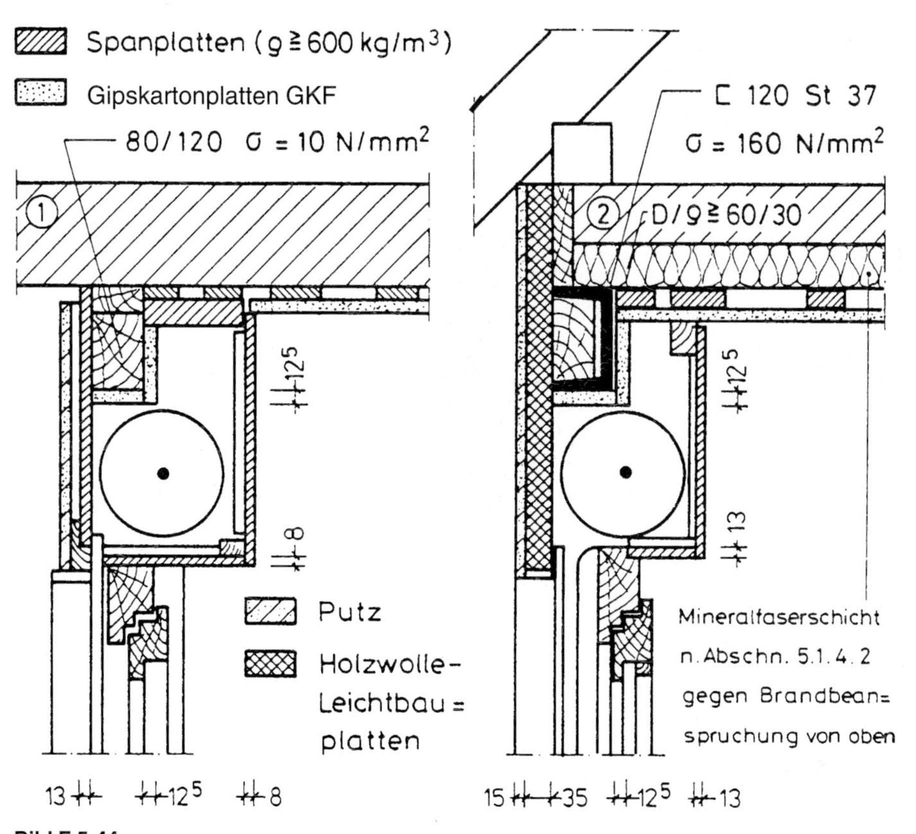


**Bild E 5-44**
Beispiele für Fensterstürze in Wänden aus Holztafeln nach Abschnitt 4.12 mit 3seitiger Brandbeanspruchung (Decke/Dach nur Schema) bei Anordnung und brandschutztechnischer Berücksichtigung von Rolladenkästen, Maße in mm

Fenstersturz mit großer Spannweite

Doppelstützen (zangenförmig) und Balken aus Brettschichtholz bei einem Einfamilienhaus

**E.5.5.3.1/9 Bei größeren Spannweiten** müssen größere Holzquerschnitte verwendet werden, was aus konstruktiven Gründen oft jedoch nicht möglich ist. In derartigen Fällen werden i. a. **Stahlträger** – ggf. in Kombination mit Holzbalken – eingebaut. Mögliche Ausführungsarten unter Verwendung von I-Trägern ohne Anordnung von Rolladenkästen sind in Tabelle E 5-31 zusammengestellt. Die Feuerwiderstandsdauer läßt sich ebenfalls nach der Gleichung $t = t_0 + t_1 + t_2$ ermitteln. Dabei kann der Feuerwiderstand der Stahlträger nach dem Durchbrennen bzw. Zermürben der Beplankungen oder Bekleidungen nur mit $t_0 = 2$ min in Rechnung gesetzt werden, was durch die sehr schnelle Erwärmung nach dem Abfallen der Bekleidung bedingt ist. Für die Zeiten $t_1$ und $t_2$ können wieder die Kurven von Bild E 4-27 (S. 147) verwendet werden. Die Addition der Zeiten $t_n$ ist in Tabelle E 5-31 in Spalte 4 angegeben.

DIN 4102 Teil 4 enthalt keine derartige Tabelle.

**Tabelle E 5-31:** Mindestbekleidungsdicke von Stahltragern mit 1 U/A $\leq$ 300 $m^{-1}$ mit einer Bekleidung aus Spanplatten nach DIN 68763 und/oder Gipskarton-Feuerschutzplatten (GKF) nach DIN 18180 mit geschlossener Fläche[2]) bei 3seitiger Brandbeanspruchung; Anordnung der Stahlträger in Wänden aus Holztafeln nach Abschnitt 4.12

| | 1 | 2 | 3 | 4 | 5 |
|---|---|---|---|---|---|
| Zeile | Konstruktionsmerkmale: | Beplankung und Bekleidung(en) Mindestdicke von Spanplatten DIN 68763 $\sigma \geq 600$ kg/m³ $d_1$ mm | Gipskarton-Feuerschutzplatten (GKF) DIN 18180 2) $d_2$ mm | Versagenszeiten[1)] t Gesamtfeuerwiderstand $t_0$ Stahlträger $t_1$ Spanplatten $t_2$ Gipskartonplatten $t_0 + t_1 + t_2 + = t$ min | Feuerwiderstandsklasse-Benennung |
| 1 | Decke bzw. Dach — Dämmschicht — $d_2$ $d_1$ | 8 | 15 | 2 + 7 + 25 = 34 | |
| 2 | | 13 | 12,5 | 2 + 12 + 20 = 34 | |
| 3 | | 19 | 9,5 | 2 + 19 + 15 = 36 | F 30-B |
| 4 | | 0 | 18 | 2 + 32 = 34 | |
| 5 | Es ist eine Dämmschicht aus Mineralfasern nach Abschnitt 5.2.4.2 mit D/σ ≥ 60/30 zum Schutz gegen Brandbeanspruchung von oben erforderlich! | 0 | 12,5 + 9,5 | 2 + 40 = 42 | |
| 6 | | 13 | 12,5 + 12,5 | 2 + 12 + 49 = 63 | F 60-B |
| 7 | | 8 | 15 + 12,5 | 2 + 7 + 56 = 65 | |

1) vgl. Bild E 4-27 (S. 147)
2) bzw. Gipsfaserplatten FERMACELL

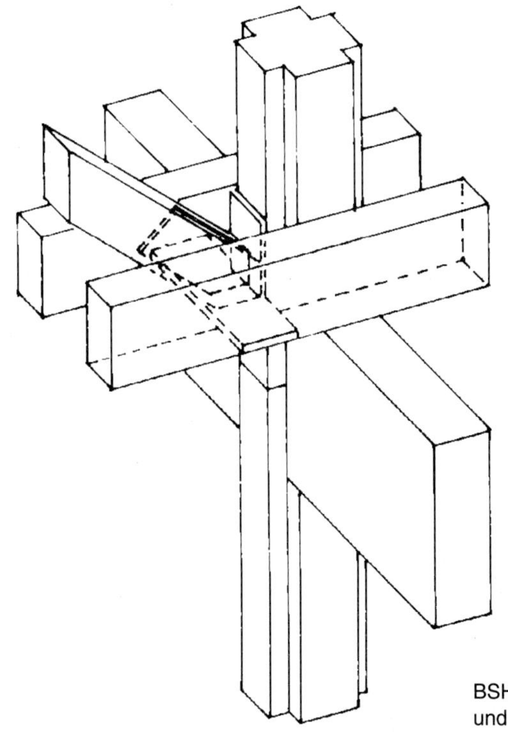

BSH-Stützen mit Kreuzquerschnitt Balken, Zangen und Diagonalen [5.80]

### 5.6 Feuerwiderstandsklassen von Holzstützen

#### 5.6.1 Anwendungsbereich, Brandbeanspruchung

**5.6.1.1** Die Angaben von Abschnitt 5.6 gelten für Holzstützen nach DIN 1052 Teil 1 mindestens der Sortierklasse S 10 bzw. MS 10 nach DIN 4074 Teil 1. Es wird unterschieden in

- 4seitig beanspruchte Stützen
  a) unbekleidete Stützen aus Brettschichtholz F 30-B und F 60-B (siehe Abschnitt 5.6.2),
  b) unbekleidete Stützen aus Vollholz F 30-B (siehe Abschnitt 5.6.2),
  c) bekleidete Stützen (siehe Abschnitt 5.6.3),
- 3seitig beanspruchte Stützen, deren vierte Seite so abgedeckt ist — z. B. durch Mauerwerk —, daß die Stützen nur 3seitig vom Brand beansprucht werden (die Abdeckung muß daher eine Feuerwiderstandsdauer aufweisen, die mindestens der Feuerwiderstandsklasse der Stütze entspricht), sowie
- 2seitig beanspruchte, in Holzwänden eingebundene Stützen aus Brettschichtholz.[7])

**5.6.1.2** Die Angaben gelten für Stützen ohne Aussparungen, Ausfräsungen, Stöße usw.; wegen der Bemessung derartiger Details siehe die Mindestanforderungen an Verbindungen in Abschnitt 5.8.[7])

**5.6.1.3** Hinsichtlich der Verwendung von Nadel- bzw. Laubhölzern gilt Abschnitt 5.5.1.4 sinngemäß.

#### 5.6.2 Unbekleidete Stützen

**5.6.2.1** Für unbekleidete Stützen können in Abhängigkeit von der Spannungsausnutzung bei Verwendung von Brettschichtholz aus Nadelholz die in den Tabellen 76 bis 83 und bei Verwendung von Vollholz aus Nadelholz die in den Tabellen 74 und 75 angegebenen Mindestquerschnittsabmessungen entnommen werden.

**5.6.2.2** Bei Stützen, bei denen nach DIN 1052 Teil 1 bei der Bemessung die Schub- bzw. Scherspannung gegenüber dem Nachweis auf Druck mit Biegung maßgebend ist, muß die Bedingungsgleichung gemäß Abschnitt 5.5.2.4 eingehalten werden.

**5.6.2.3** Für unbekleidete Stützen aus Brettschichtholz mit Kreuz- oder I-Querschnitt ist der flächengleiche, rechteckförmige Ersatzquerschnitt nach Bild 49 zu bestimmen. Für den Rechteckersatzquerschnitt können in Abhängigkeit von der Spannungsausnutzung die in den Tabellen 76 bis 83 angegebenen Mindestbreiten ermittelt werden. Die Enden der Stützen müssen mit ihrer ganzen Querschnittsfläche kraftschlüssig angeschlossen sein. Die Querschnitte können auch durch Nagel-Preßleimung hergestellt werden.

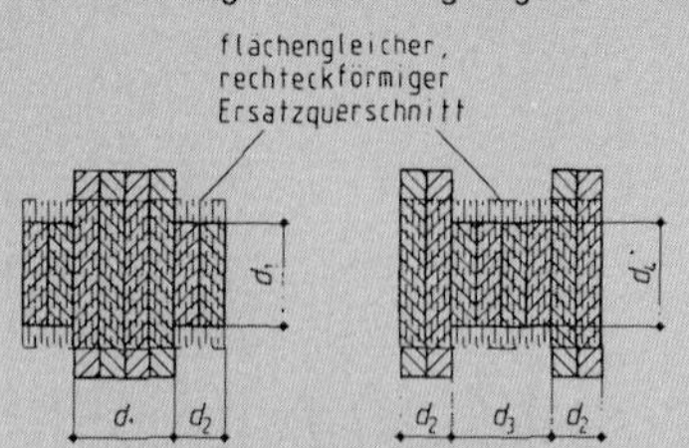


**Bild 49: Flächengleicher, rechteckförmiger Ersatzquerschnitt bei BSH-Stützen mit Kreuz- oder I-Querschnitt**

#### 5.6.3 Bekleidete Stützen

Bekleidete Stützen müssen unabhängig von der Spannungsausnutzung und der Holzart nach den Angaben von Abschnitt 5.5.3 ausgeführt werden; die Mindestdicke der Bekleidung ist aus Tabelle 84 zu entnehmen.

[7]) Siehe Seite 72.

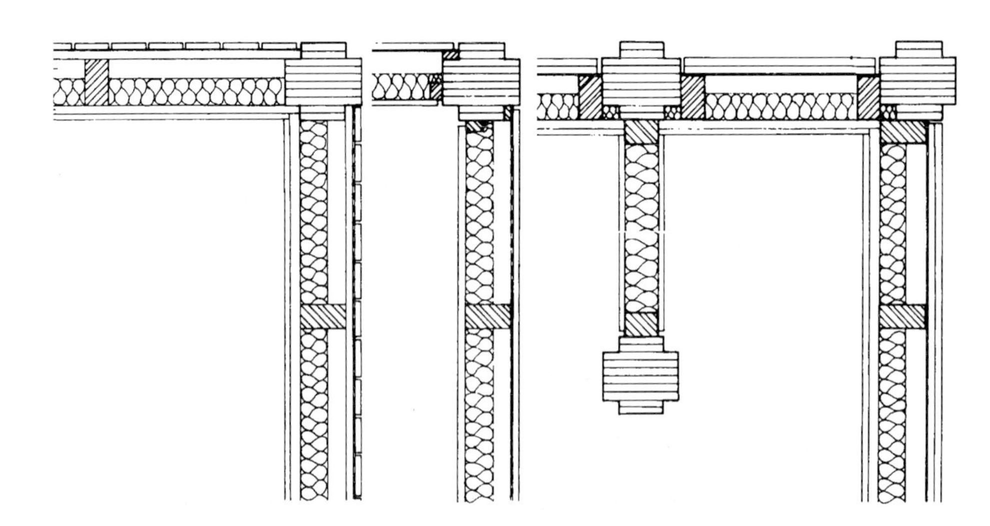

BSH-Stützen mit Kreuzquerschnitt mit verschiedenen Anschlußmöglichkeiten an tragende oder nichttragende Wände aus Holz und Holzwerkstoffen, [5.80]

## Erläuterungen (E) zu Abschnitt 5.6

In Abschnitt 5.6 werden die Feuerwiderstandsklassen von **Stützen** behandelt. Abschnitt 5.6.1 beschreibt den Anwendungsbereich und die Brandbeanspruchung; in Abschnitt 5.6.2 werden die Randbedingungen für unbekleidete – in Abschnitt 5.6.3 für bekleidete – Stützen wiedergegeben. Allgemeine Angaben zur Konstruktion sind u. a. in [5.1], [5.4] und [5.69] enthalten. Weitere Informationen werden in [5.76] bis [5.80] sowie in [5.92] gegeben.

**E.5.6.1.1/1** Die Angaben von Abschnitt 5.6 gelten für auf Längskraft (Druck) oder **Längskraft mit Biegung (N + M)** beanspruchte Stützen mit beliebigem – vorwiegend jedoch rechteckigem – Querschnitt, wobei die Stützen nach den Euler-Fällen 1 bis 4 gelagert sein können; Bögen können z. B. als Zwei- oder Dreigelenkbögen ausgeführt werden. In allen Fällen sind dieselben brandschutztechnischen Randbedingungen maßgebend.

Da sich Stützen im Brandfall mit (N + M) als Stäbe wie Balken mit gleichgroßem (M + N) verhalten, wobei nur nach den Anteilen von N und M unterschieden wird, gelten für Stützen die bereits in Abschnitt 5.5 wiedergegebenen „Balken"-Tabellen, vgl. E.5.5.1.1/1.

**E.5.6.1.1/2** Maßgebend für die (kalte) Bemessung ist **DIN 1052 Teil 1** in der Ausgabe April 1988. Die Norm wird in [5.70] ausführlich erläutert. Eine Ergänzung A 1 von Teil 1 ist in Bearbeitung.

**E.5.6.1.1/3** Wie aus Abschnitt 1.3 (s. S. 9) hervorgeht, ist die „heiße" Bemessung von Holzbauteilen

- in der Bundesrepublik Deutschland in DIN 4102 Teil 4 geregelt, die auf der „kalten" Bemessungsnorm DIN1052 beruht,

- im zukünftigen Europa in ENV 1995-1-2 geregelt, die auf der „kalten" Bemessungsnorm ENV 1995-1-1 aufbaut.

**ENV 1995-1-1** (früher Eurocode 5 Teil 1.1) im Vergleich zu DIN 1052 wird in [5.71] behandelt.

**E.5.6.1.1/4** Der Zusammenhang zwischen **Güteklassen** nach DIN 1052 Teil 1 und **Sortierklassen** nach DIN 4074 Teil 1 geht aus Tabelle E 2-13 (S. 61) hervor. Weitere Angaben zu Sortierklassen sind in Abschnitt 2.8.1 (s. S. 63) und E.5.1.1/2 (s. S. 193) enthalten.

**E.5.6.1.1/5** Wie aus Abschnitt 5.6.1.1 hervorgeht, wird zwischen **3- und 4seitiger Brandbeanspruchung** unterschieden. Die Vorteile, die sich aus einer 3seitigen Brandbeanspruchung ergeben, können natürlich nur dann ausgenutzt werden, wenn die „Abdeckung" einer Stützenseite während der für die Stütze geforderten Feuerwiderstandsklasse als Abdeckung wirksam bleibt, d. h. die abdeckenden Teile müssen mindestens derselben Feuerwiderstandsklasse angehören, die auch für die Stützen gefordert wird. Eine 3seitige Brandbeanspruchung liegt nach Abschnitt 5.6.1.1 nur dann vor, wenn die vierte Seite der Feuerwiderstandsklasse der Stütze entsprechend z. B. mit Mauerwerk oder Stahlbeton abgedeckt wird, was aus der Sicht Mauerwerk und Beton i. a. kein Problem darstellt.

Entspricht eine Wand aus Mauerwerk nicht der geforderten Feuerwiderstandsklasse und werden die Ziegel oder Steine durch verzinkte Stahlbleche nach Bild E 5-45 gehalten, so ist durch diese Maßnahme schon dafür gesorgt, daß die Stütze nur einer 3seitigen Brandbeanspruchung ausgesetzt wird.

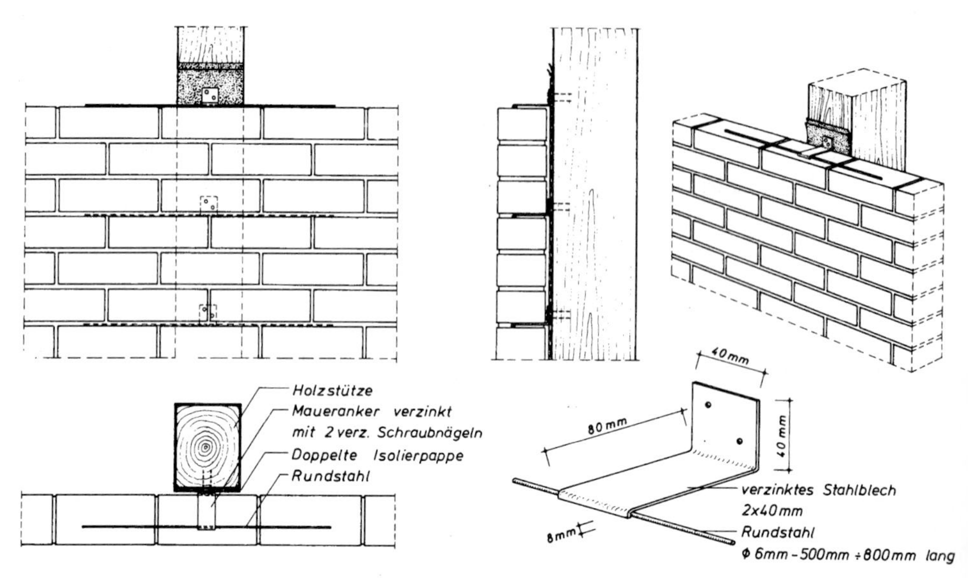


**Bild E 5-45**
Holzstütze mit vorgesetzter Wand aus Mauerwerk; verzinktes Stahlblech in jeder dritten Fuge

**E.5.6.1.1/6** Wie aus der Aufzählung in Abschnitt 5.6.1.1 hervorgeht, wird auch noch auf **2seitig beanspruchte in Holzwänden eingebundene Stützen aus BSH** verwiesen, wobei dieses Handbuch in der Fußnote 7) zu weiteren Informationen zitiert wird. In diesem Fall sind z. B. BSH-Stützen nach den Schema-Skizzen in Tabelle E 5-32 gemeint. Die Tabelle stammt aus der Fassung 03/81 von DIN 4102 Teil 4 und wurde wegen zu geringen Vorkommens in die Neufassung 03/94 nicht wieder aufgenommen. Die Tabelle beschreibt BSH-Stützen, die in Wänden eingebunden sind. Bei raumabschließenden Wänden werden die Stützen zunächst nur 1seitig, nach dem Abfallen der Wandbeplankung bzw. -bekleidung 3seitig und später 4seitig vom Brand beansprucht. Bei nichtraumabschließenden Wänden werden die BSH-Stützen zunächst 2seitig, später teilweise 3seitig und in der Schlußphase 4seitig vom Brand beansprucht. Die Feuerwiderstandsdauer läßt sich rechnerisch abschätzen: Zunächst kann der Stütze eine Feuerwiderstandsdauer $t_0$ zugeordnet werden – rechnerisch oder auch in Anlehnung an Bild E 5-50. Durch Addition der Zeiten $t_1$ oder $t_2$ nach Bild E 4-27 erhält man bei vorsichtiger Abschätzung (wegen der unterschiedlichen Anordnung – siehe Schema-Skizzen in Tabelle E 5-32) die voraussichtliche Feuerwiderstandsdauer. Da die Beplankungen bzw. Bekleidungen unterschiedlich angebracht sind und demzufolge eine unterschiedliche Wirkung besitzen, wurden die Stützen der Tabelle E 5-32 in Brandprüfungen untersucht, wobei die angegebenen Mindestmaße b, d, $b_1$, $d_1$ und $d_2$ ermittelt wurden, um F 30 zu erzielen.

**Tabelle E 5-32:** Mindestdicken von in Wänden eingebundenen Stützen aus Brettschichtholz F 30-B mit einer Stablänge s ≤ 3,0 m (Originaltabelle 71 aus DIN 4102 Teil 4 (03/81))

| Zeile | Konstruktionsmerkmale Maße in mm | Mindestdicke in mm der Stützen $d$ | Stützen $b$ | Bekleidung $b_1$ | Bekleidung $d_1$ | Bekleidung $d_2$ |
|---|---|---|---|---|---|---|
| 1 | 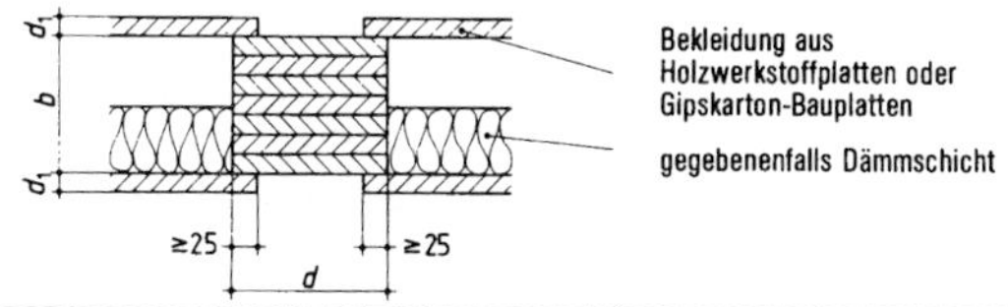 Bekleidung aus Holzwerkstoffplatten oder Gipskarton-Bauplatten; gegebenenfalls Dämmschicht; $d_1$, $b$, $d_1$; ≥25, $d$, ≥25 | 120 | 140 | | 12,5 | |
| 2 | 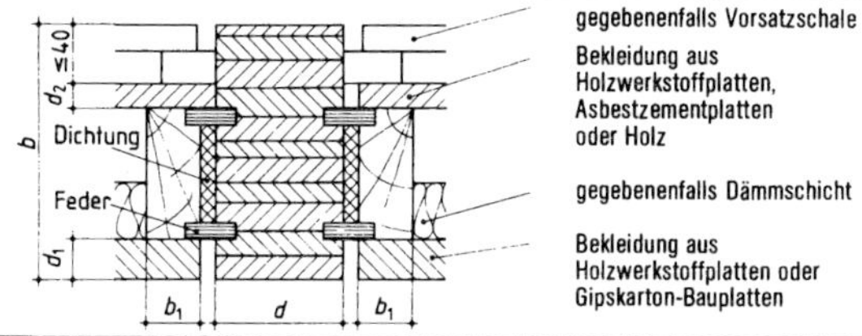 gegebenenfalls Vorsatzschale; Bekleidung aus Holzwerkstoffplatten, Asbestzementplatten oder Holz; gegebenenfalls Dämmschicht; Bekleidung aus Holzwerkstoffplatten oder Gipskarton-Bauplatten; Dichtung; Feder; $d_2 \leq 40$; $b$; $d_1$; $b_1$, $d$, $b_1$ | 100 | 140 | 40 | 12,5 | 8 |

Anmerkungen zu Tabelle E 5-32:

1. Asbestzementplatten, wie in Zeile 2 angegeben, gibt es heute nicht mehr; hierfür können Faserzementplatten verwendet werden.
2. Anstelle von 12,5 mm dicken Gipskarton-Bauplatten können auch 10 mm dicke FERMACELL-Gipsfaserplatten verwendet werden.

**E.5.6.1.2** Die Erläuterung E.5.5.1.3 gilt sinngemäß.

**E.5.6.1.3** Die zu Abschnitt 5.5.1.4 gegebenen Erläuterungen gelten sinngemäß – siehe E.5.5.1.4/1 und E.5.5.1.4/2.

**E.5.6.2.1/1** Abschnitt 5.6.2.1 nennt die Normtabellen, nach denen Stützen bemessen werden sollen. Aufgrund der im Abschnitt 5.5 „Balken" beschriebenen Grundlagen und Zusammenhänge **gelten anstelle der Normtabellen alle ergänzenden Tabellen E 5-5 bis E 5-28.** Die Übersicht in Tabelle E 5-4 (s. S. 265) ermöglicht ein schnelles Aufsuchen der maßgebenden Tabelle, wobei die Erläuterung E.5.5.2.1/1 (S. 263) wertvolle Hinweise gibt.



**E.5.6.2.1/2** Da die Normtabellen und die ergänzenden Tabellen für die Lastkombination N + M aufgebaut sind, können im Gegensatz zur alten Normfassung jetzt auch schnell **Rahmen- oder Bogenkonstruktionen** ggf. unter Beachtung einer Spannungsumlagerung sowie einer Veränderung der Systemknicklänge im Brandfall beurteilt werden (Bilder E 5-46 und E 5-47). Die Spannungsumlagerungen im Brandfall treten primär bei Systemen mit veränderlichen Querschnitten und bei statisch unbestimmten Systemen auf (z. B. bei Zweigelenkrahmen). Eine Veränderung der Systemknicklängen im Brandfall ist hauptsächlich auf die unterschiedliche Veränderung der Steifigkeiten der einzelnen Bauteilquerschnitte (z. B. Stiel/Riegel) durch die Annahme einer konstanten Abbrandgeschwindigkeit zurückzuführen.

Darüber hinaus kann bei Rahmenkonstruktionen mit veränderlichem Querschnitt der Schubnachweis im Brandfall (z. B. am Stützenfuß) nach Abschnitt 5.5.2.4 maßgebend werden, auch wenn der Schubnachweis nach DIN 1052 nicht bemessungsmaßgebend war.

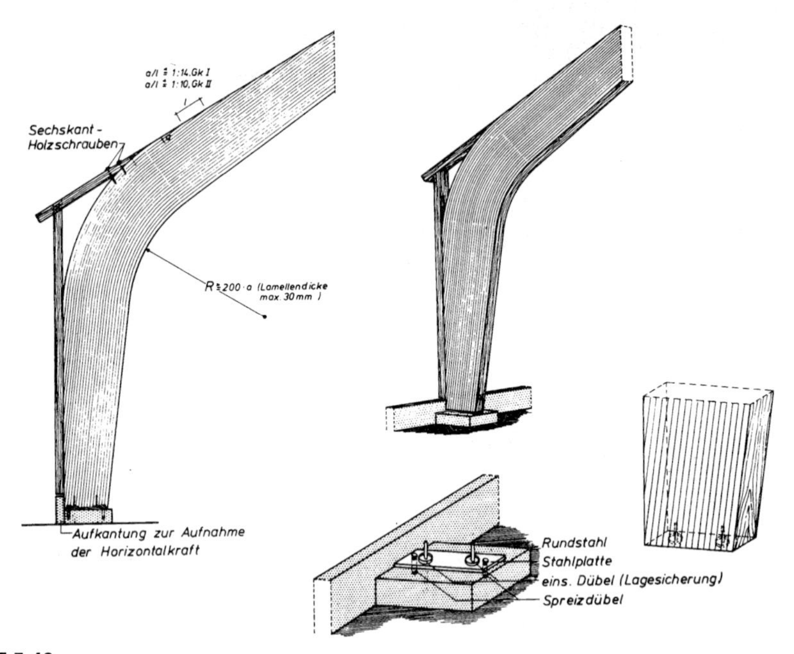


**Bild E 5-46**
Rahmenbinder aus Brettschichtholz mit massigem Querschnitt nach [5.1] mit Angaben zur Ausbildung des Fußpunktes

**E.5.6.2.1/3** In Bild E 5-47 wurde bewußt die Rahmenkonstruktion aus BSH über einer **Schwimmhalle** abgebildet. Viele Bautätige fragen sich oft, wieso gerade eine Holzkonstruktion über einer Schwimmhalle F 30-B sein muß. Die Begründung der bauaufsichtlichen Forderung kann verschiedene Hintergründe haben, z. B.:

- Die Schwimmhalle ist mit Zuschauern usw. auch eine Versammlungsstätte. Wegen der Personenzahl kann nach der **Versammlungsstättenverordnung** auch F 90-AB gefordert werden. Nur wenn es sich um erdgeschossige Gebäude handelt, kann als Ausnahme F 30-B gestattet werden, siehe die Abschnitte 3.5.4 und 3.5.5.

- Die Schwimmhalle ist mit einem Gaststättenbetrieb kombiniert und nicht durch eine Brandwand o. ä. abgetrennt. In diesem Fall muß auch die **Gaststättenbauverordnung** beachtet werden. Daraus kann eine Forderung F 30-B resultieren, vgl. auch Abschnitt 6.

In Sporthallen, Schwimmhallen u. ä. hat es schon oft Brände gegeben, die zu einer völligen Zerstörung geführt haben, siehe die Bilder E 5-48 und E 5-49 [5.93].

**Bild E 5-47**
Rahmenbinder aus Brettschichtholz über einer Schwimmhalle

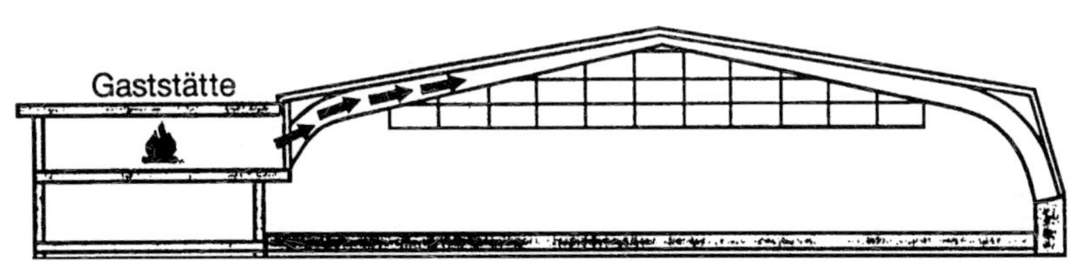


**Bild E 5-48**
Gaststättenbrand zerstört eine Tennishalle [5.93]

**Bild E 5-49**
Rahmenbinder nach einem Brand; der teilweise Einsturz und der Abbrand der gesamten Halle stehen u. a. im Zusammenhang mit brandschutztechnisch unterbemessenen Anschlüssen und Anschlußbauteilen im Vergleich zu den massigen Bindern

**E.5.6.2.1/4** Wie bei den Balken in E.5.5.2.1/6 beschrieben, muß auch bei den Stützen noch einmal betont werden, daß alle in den Normtabellen und in den ergänzenden Tabellen angegebenen Mindestwerte Werte sind, die vereinbart wurden, siehe auch Bild E 3-18. Die jetzt gültigen Mindestwerte sind im Vergleich zu den Werten der Ausgabe 03/81 und zu einer anderen Abbrandgeschwindigkeit in Bild E 5-50 dargestellt.

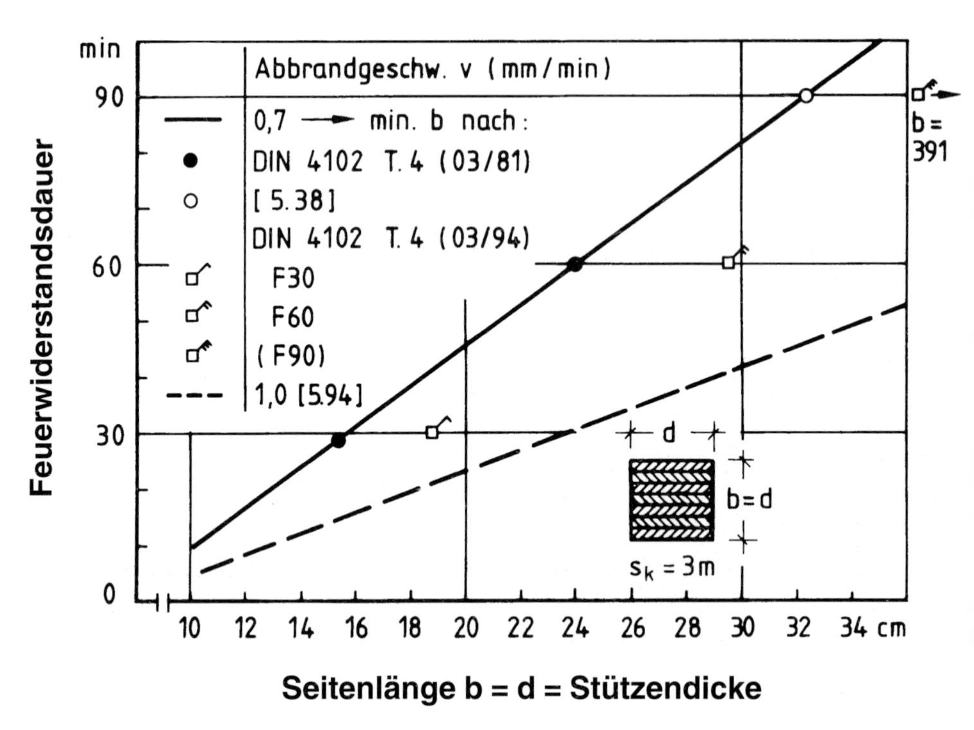


**Bild E 5-50**
Feuerwiderstandsdauer von BSH-Stützen in Abhängigkeit von der Seitenlänge b bei Stützen mit quadratischem Querschnitt ($s_k$ = 3 m) und 4seitiger Brandbeanspruchung unter verschiedenen Randbedingungen

Wie bereits in Abschnitt 2.4.3 angegeben, wurden bei

- Balken gegenüber der Normfassung 03/81 in den meisten Fällen etwas günstigere (siehe Bild E 5-30) und bei
- Stützen (nur bei BSH) ungünstigere **Mindestwerte**

**vereinbart**. An dieser Stelle sei noch einmal hervorgehoben, daß das neue Rechenverfahren [5.72]

- eine umfassendere, praxisbezogene und damit bessere Grundlage für die „heiße“ Bemessung darstellt und
- keine generelle Senkung des bisherigen Niveaus bedeutet.

**E.5.6.2.1/5** Wie aus den vorstehenden Erläuterungen hervorgeht, kann mit dem Programm BRABEM V 1.1 [5.72] alles berechnet werden. Der Nachteil der durch Rechnung ermittelten Werte der Tabellen E 5-5 bis E 5-28 liegt in der Tatsache, daß alle Werte auf eine bestimmte Klassengrenze (F 30, F 60, F 90) fixiert sind. In der Praxis benötigt man jedoch – insbesondere für Vollholzquerschnitte – die **Feuerwiderstandsdauer in Abhängigkeit von der Stützendicke,** insbesondere für die Beurteilung von

- Altbauten und
- Stützen = Holzrippen (Hr) in Wänden in Tafelbauart.

**Bild E 5-51**
Stützenprüfstand im Institut für Baustoffe, Massivbau und Brandschutz (iBMB) der TU Braunschweig mit variabler Stützenlänge 2,5 m $\leq s \leq$ 6,0 m, umbaubar in einen Rahmenprüfstand

5.6

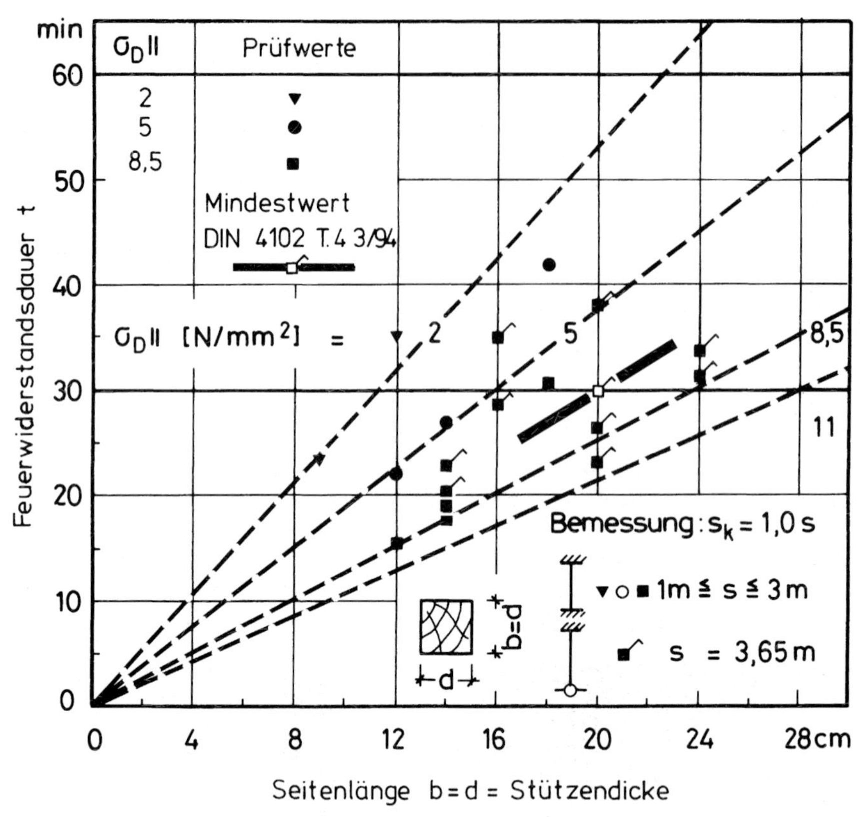


**Bild E 5-52**
Feuerwiderstandsdauer von Vollholzstützen (E ~ 10000 N/mm$^2$) mit Quadratquerschnitt (b/d = 1) bei einer Lagerung entsprechend Euler-Fall 3 oder 4 – Bemessung jedoch für $s_k$ = 1,0 s bei vierseitiger Brandbeanspruchung in Abhängigkeit von d und σ

Wie schon in [5.38] veröffentlicht, werden in Bild E 5-52 Prüfergebnisse wiedergegeben, wie sie im Stützenprüfstand nach Bild E 5-51 gefunden wurden. In Bild E 5-52 ist auch der vereinbarte Mindestwert für F 30 ($s_k$ ~ 3 m) bei min. b = 200 mm zum Vergleich eingetragen. Zu Bild E 5-52 können folgende Erläuterungen gegeben werden:

a) Die Prüfwerte – insbesondere die Vielzahl der bekannten Werte mit σ = 8,5 N/mm$^2$ (3,0 m ≤ s ≤ 3,65 m) – streuen sehr. Die Ursache hierfür liegt im wesentlichen an der Tatsache, daß es sich bei Vollholz um ein Naturprodukt handelt, das Schwindrisse besitzt und sich bei stark veränderlichem Abbrand ggf. in einzelne Querschnitte „auflöst" (Bild E 5-53) und damit ein ungünstiges Knickverhalten besitzt; bei Brettschichtholz kann man von einem künstlichen Produkt sprechen, das durch seine Gleichmäßigkeit einen kontinuierlichen, nicht durch Schwindrisse gestörten Abbrand aufweist (Bild E 5-54).

b) Die unter Pkt. a) angeführten Unterschiede waren u. a. ausschlaggebend für die Vereinbarung
$v_{BSH}$ = 0,7 mm/min und $v_{Vollholz}$ = 0,8 mm.

c) Betrachtet man alle in Bild E 5-52 eingetragenen Prüfwerte mit $\sigma = 8{,}5\ \text{N/mm}^2$, dann liegt der für F 30 mit b = d = 200 mm eingetragene, nach DIN 4102 Teil 4 (03/94) mit b = 204 ($s_k$ = 3 m) vereinbarte Wert genau auf der Mittellinie (ausgezogene Gerade) aller Einzelwerte mit $\sigma = 8{,}5\ \text{N/mm}^2$. Dies spricht auch für die angewandte Rechenmethode [5.72].

d) In den Erläuterungen zu Abschnitt 4.12 wurde zur Abschätzung der Feuerwiderstandsdauer bei Holzrippen die Zeit $t_{Hr}$ verwendet. Diese Zeit kann Bild E 5-52 entnommen werden, wenn man für

Holzrippen mit $\sigma_{D\perp} = 2{,}5\ \text{N/mm}^2$ die Gerade mit $\sigma_D = 5\ \text{N/mm}^2$ und für
Holzrippen mit $\sigma_{D\perp} = 1{,}25\ \text{N/mm}^2$ die Gerade mit $\sigma_D = 2\ \text{N/mm}^2$

verwendet; in Abhängigkeit von $b \leq d$ kann für alle Querschnitte ($b = d$ und $b < d$) die Zeit $t = t_{Hr}$ als Näherungswert abgelesen werden.

e) Bei Verwendung von Laubholz (außer Buche) anstelle von Nadelholz können analog den Angaben von Abschnitt 5.5.1.4/2 80 % der für Nadelholz ermittelten Werte angenommen werden.

Räumliches Tragwerk aufgelagert auf einer verleimten Rundholzstütze

Räumliches Tragwerk mit Holzstütze aufgelagert auf einer Stahlbetonstütze

Fußpunkte (Auflagerpunkte) von Holzkonstruktionen

**Bild E 5-53**
Ungleichmäßiger Abbrand bei Vollholzquerschnitten; Aufteilung in kleinere Einzelquerschnitte

**Bild E 5-54**
Gleichmäßiger Abbrand bei Querschnitten aus Brettschichtholz

Früfung von Holzstützen nach DIN 4102 Teil 2

Obere Bildhälfte:
6 m lange Stütze aus Brettschichtholz kurz vor der Prüfung im Stützenstand des iBMB (Bild E 5-51)

Untere Bildhälfte:
Fußpunkt (Auflagerung) der BSH-Stütze: Euler-Fall 2

**E.5.6.2.1/5** Abschnitt 5.6.2.1 gibt an, welche Tabellen für die Ermittlung der Mindestquerschnittswerte zu verwenden sind. Wie die Anschlüsse auszuführen sind, wird nicht gesagt, da DIN 4102 Teil 4 hierfür den gesonderten Abschnitt 5.8 „Verbindungen" besitzt; hiernach muß brandschutztechnisch bemessen werden. Da dieser Abschnitt aber nicht direkt auf **Stützen-, Rahmen- und Bogenanschlüsse** eingeht, werden nachfolgend einige Anschlußmöglichkeiten behandelt.

**a) Eingespannte Stützen**
Holzstützen können durch Verguß in Betonfundamente eingespannt werden. Berechnungs- und Ausführungsmöglichkeiten sind in [5.95] angegeben.

Soll z. B. aus Gründen der Feuchtigkeit kein „direktes" Einbetonieren erfolgen, kann die Einspannung über Stahlprofile erfolgen, siehe S. 334 Bild E 5-55 sowie ebenfalls [5.95].

**b) Gelenkige Anschlüsse**
Beispiele für gelenkige Anschlüsse sind auf S. 334 abgebildet und in Bild E 5-56 dargestellt. Brandschutztechnisch sind keine Randbedingungen zu beachten. Bei großen Holzquerschnitten sorgt die Größe des Querschnitts brandschutztechnisch schon für eine gewisse Rotationsbehinderung, was positiv wirkt.

Einer der am häufigsten vorkommenden Fußpunkt-Anschlüsse von Stützen ist in Bild E 5-57 abgebildet. Der Anschluß ist brandschutztechnisch (Randabstände der Dübel) nach Abschnitt 5.8 zu bemessen.

**E.5.6.2.1/6** Neben der brandschutztechnischen Bemessung von Fußpunkten kann, z. B. bei Dreigelenkrahmen, die Ausbildung von **Firstgelenken** von Interesse sein. Die Brandschutzbemessung muß nach Abschnitt 5.8.10.1 (Normbild 58) erfolgen.
**E.5.6.2.2** Grundlagen zur Schubbemessung sind in [5.72] enthalten.

Fußpunkte (Auflagerpunkte) von Stützen (links) und Rahmen (rechts) unter Verwendung von Stahlteilen bei Berücksichtigung von $c_f$ (s. Abschnitt 5.8)

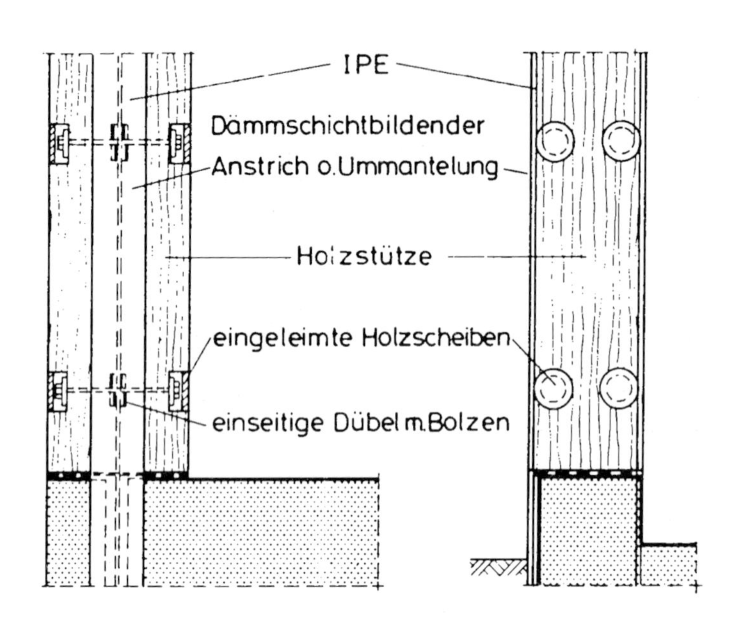


**Bild E 5-55**
Mit Hilfe eines IPE-Profils eingespannte Holzstütze nach [5.1], Kraftübertragung durch Dübel nach DIN 1052 Teil 2

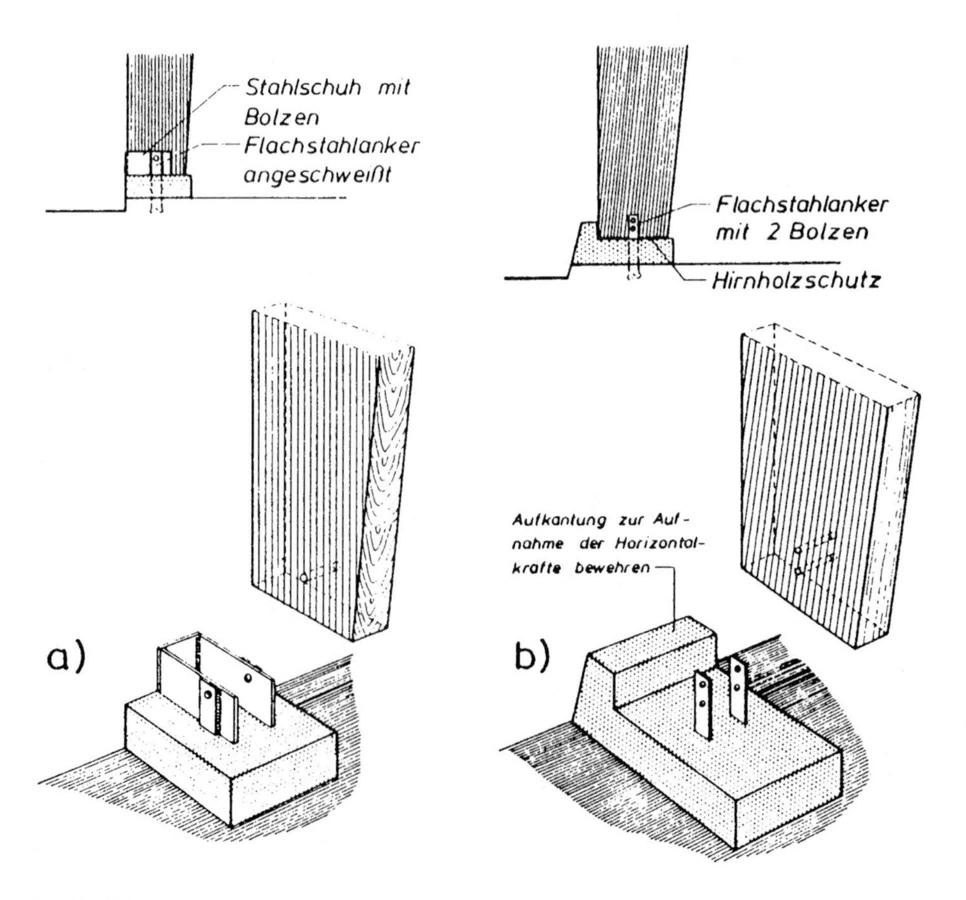


**Bild E 5-56**
Fußpunkte von Stützen aus Brettschichtholz nach [5.1], Kraftübertragung durch Kontaktstöße

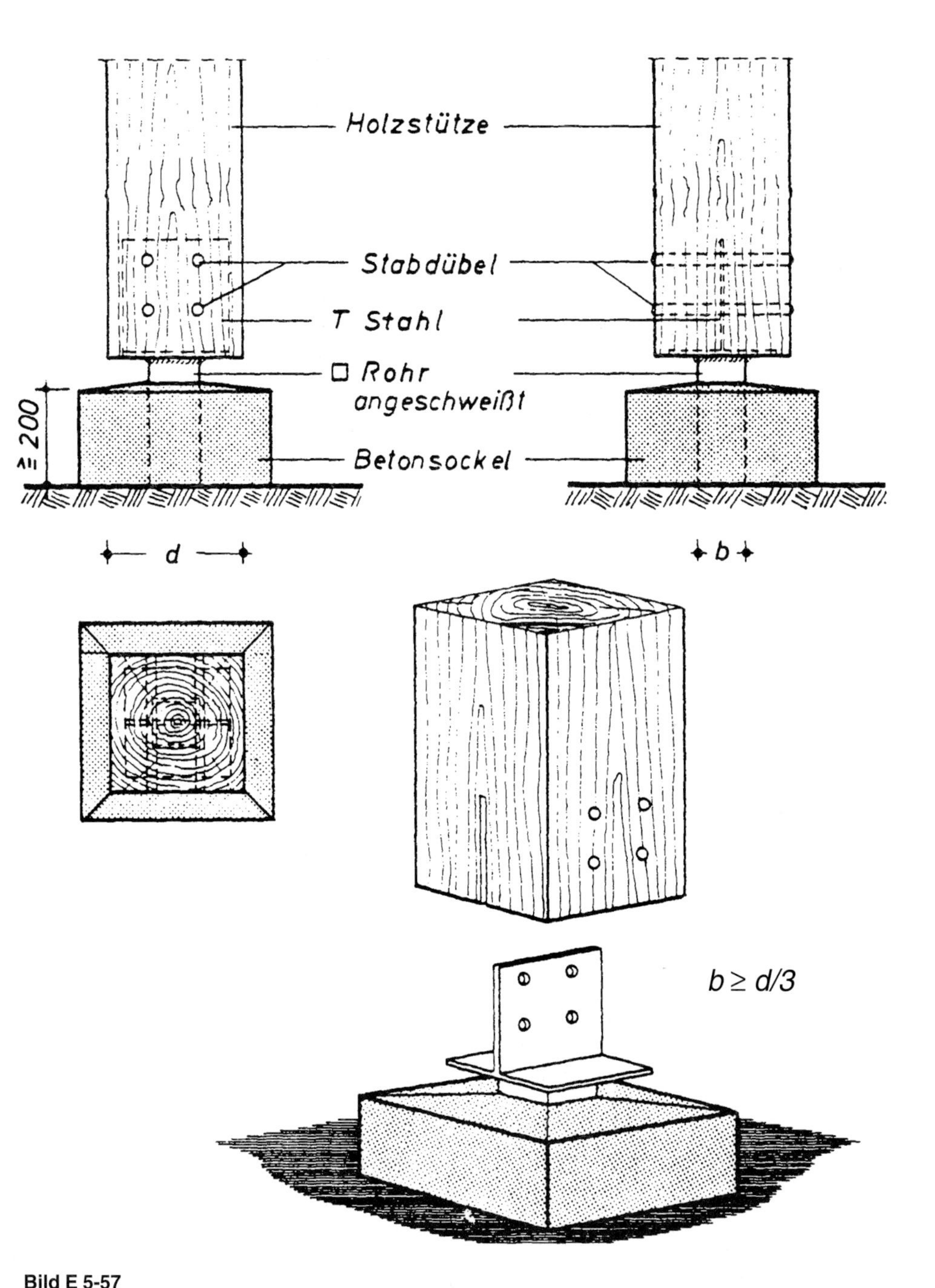


**Bild E 5-57**
Fußpunkt aufgeständerter Stützen nach [5.1], z. B. im Freien, Kraftübertragung durch Stabdübel (Maße in mm)



**E.5.6.2.3** Bei **BSH-Stützen mit + – oder H-Querschnitt** muß der flächengleiche, rechteckförmige Ersatzquerschnitt (Bild 49 der Norm, S. 322) für die brandschutztechnische Bemessung ermittelt werden. Liegt er vor, können die Mindestquerschnittsabmessungen nach den Tabellen 76 bis 83 oder nach den ergänzenden Tabellen E 5-17 bis E 5-28 bestimmt werden. In der alten Normfassung von Teil 4 (03/81) war die Stützenlänge auf s ≤ 3 m begrenzt; nach der Neufassung der Norm ist die Knicklänge der Stützen auf 6,0 m begrenzt. Prüfergebnisse und weitere Brandschutzfragen können [5.38] entnommen werden. Zahlreiche Konstruktionsmöglichkeiten mit BSH-Stützen mit + -Querschnitt sind in [5.80] enthalten.

**E.5.6.3** Für **bekleidete Stützen** gilt die Normtabelle 84 (s. S. 313). Da diese Tabelle für Balken, Stützen und Zugglieder gilt, wurden alle möglichen Erläuterungen bereits in E.5.5.3.1/1 – E.5.5.3.1/5 (s. S. 314 – 316) gegeben. Außer den auch für Balken und Zugglieder einsetzbaren Bekleidungen können bei Stützen auch Bekleidungen aus Wandbauplatten aus Gips nach DIN 18163 verwendet werden; Tabelle 84 enthält hierzu in Zeile 1.2 Angaben zu F 30 und F 60: erf. d = 50 mm. Bei Verwendung von Platten mit d = 80 mm kann ohne weiteres F 90 erreicht werden. Die Dicke von d = 80 mm ist bei F 90 u. a. auch wegen der Fugenfrage erforderlich, wenngleich aus Temperaturbildern abgeleitet werden könnte, daß für F 90 auch 60 mm ausreichen würden (Bild E 5-58).

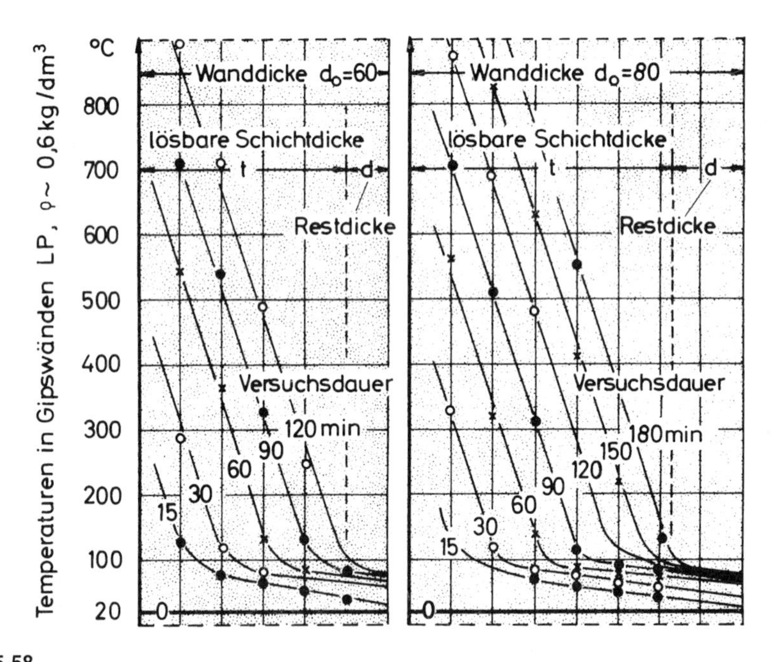


**Bild E 5-58**
Temperaturverteilung in Wänden aus Wandbauplatten aus Gips (LP) nach DIN 18 163 (06/78) bei Dicken $d_0$ = 60 mm und $d_0$ = 80 mm sowie lösbare Schichtdicke t und Restdicke d bei Brandbeanspruchung nach DIN 4102 Teil 2 (09/77) - ETK-Beanspruchung; die Angaben für Wände gelten näherungsweise auch für Stützenbekleidungen

In der alten Normfassung von Teil 4 (03/81) gab es auch noch Randbedingungen für Bekleidungen aus Mauerwerk. Diese Angaben sind in der Neufassung von Teil 4 nicht mehr enthalten, weil
- derartige Bekleidungen zu selten vorkommen und
- die Trockenbauart der Naßbauart aus Feuchtigkeitsgründen vorzuziehen ist.

## 5.7 Feuerwiderstandsklassen von Holz-Zuggliedern [7])

### 5.7.1 Anwendungsbereich, Brandbeanspruchung

**5.7.1.1** Die Angaben von Abschnitt 5.7 gelten für 3- oder 4seitig beanspruchte Holz-Zugglieder nach DIN 1052 Teil 1 mit Zuggliedern mindestens der Sortierklasse S 10 bzw. MS 10 nach DIN 4074 Teil 1.

**5.7.1.2** Die Angaben gelten für Zugglieder ohne Aussparungen, Ausfräsungen, Stöße, Anschlüsse usw.; wegen der Bemessung derartiger Ausführungen siehe die Mindestanforderungen an Verbindungen in Abschnitt 5.8.

### 5.7.2 Unbekleidete Zugglieder

**5.7.2.1** Unbekleidete Zugglieder müssen in Abhängigkeit von der Spannungsausnutzung die in Tabelle 85 wiedergegebenen Mindestbreiten besitzen.

**5.7.2.2** Hinsichtlich der Verwendung von Nadel- bzw. Laubhölzern gilt Abschnitt 5.5.1.4 sinngemäß.

### 5.7.3 Bekleidete Zugglieder

Bekleidete Zugglieder müssen unabhängig von der Spannungsausnutzung und der Holzart nach den Angaben von Abschnitt 5.5.3 ausgeführt werden; die Mindestdicke der Bekleidung ist aus Tabelle 84 zu entnehmen.

**Tabelle 85: Mindestbreite $b$ unbekleideter Zugglieder**

| Zeile | Statische Beanspruchung | | Nadelholz | | | | | | | | | | | |
|---|---|---|---|---|---|---|---|---|---|---|---|---|---|---|
| | | | Vollholz F 30-B | | | | Brettschichtholz F 30-B | | | | Brettschichtholz F 60-B | | | |
| | Zug $\frac{\sigma_{Z\parallel}}{\text{zul } \sigma_{Z\parallel}}$ | Biegung $\frac{\sigma_B}{\text{zul } \sigma_B^*}$ [1]) | Mindestbreite $b$ in mm, Brandbeanspruchung | | | | | | | | | | | |
| | | | 3seitig | | 4seitig | | 3seitig | | 4seitig | | 3seitig | | 4seitig | |
| | | | Seitenverhältnis $h/b$ | | | | Seitenverhältnis $h/b$ | | | | Seitenverhältnis $h/b$ | | | |
| | | | 1,0 | 2,0 | 1,0 | 2,0 | 1,0 | 2,0 | 1,0 | 2,0 | 1,0 | 2,0 | 1,0 | 2,0 |
| 1 | 1,0 | 0 | 89 | 80 | 110 | 88 | 80 | 80 | 96 | 80 | 149 | 134 | 188 | 149 |
| 2 | 0,8 | 0 | 81 | 80 | 99 | 80 | 80 | 80 | 87 | 80 | 135 | 123 | 168 | 134 |
| 3 | | 0,2 | 96 | 97 | 123 | 103 | 84 | 85 | 107 | 90 | 158 | 151 | 208 | 163 |
| 4 | 0,6 | 0 | 80 | 80 | 89 | 80 | 80 | 80 | 80 | 80 | 123 | 120 | 149 | 122 |
| 5 | | 0,4 | 102 | 105 | 133 | 112 | 89 | 92 | 117 | 98 | 167 | 159 | 225 | 173 |
| 6 | 0,4 | 0 | 80 | 80 | 80 | 80 | 80 | 80 | 80 | 80 | 120 | 120 | 134 | 120 |
| 7 | | 0,6 | 106 | 111 | 143 | 118 | 93 | 97 | 125 | 103 | 175 | 166 | 240 | 180 |
| 8 | 0,2 | 0 | 80 | 80 | 80 | 80 | 80 | 80 | 80 | 80 | 120 | 120 | 120 | 120 |
| 9 | | 0,8 | 110 | 116 | 151 | 124 | 96 | 101 | 132 | 108 | 182 | 171 | 254 | 186 |
| 10 | 0 | 0,2 | 80 | 81 | 87 | 84 | 80 | 80 | 80 | 80 | 121 | 127 | 146 | 131 |
| 11 | | 1,0 | 114 | 120 | 160 | 128 | 100 | 105 | 140 | 112 | 189 | 176 | 267 | 192 |

[1]) $\text{zul } \sigma_B^* = 1{,}1 \cdot k_B \cdot \text{zul } \sigma_B$ mit $1{,}1 \cdot k_B \leq 1{,}0$.

## Erläuterungen (E) zu Abschnitt 5.7

In Abschnitt 5.7 werden die Feuerwiderstandsklassen von **Zuggliedern** behandelt. Abschnitt 5.7.1 beschreibt den Anwendungsbereich und die Brandbeanspruchung, in Abschnitt 5.7.2 werden die Randbedingungen für unbekleidete Zugglieder – in Abschnitt 5.7.3 für bekleidete – Zugglieder wiedergegeben. Allgemeine Angaben zur Konstruktion sind u. a. in [5.1], [5.4] und [5.69] enthalten. Weitere Informationen werden in [5.76] – dort in Teil 8 – gegeben.

**E.5.7.1.1/1** Ähnlich wie bei den Balken (M + N) und den Stützen (N + M) sind die Tabellen für Zugglieder, hier aber in Abhängigkeit von **Zug und Biegung (N + M)** aufgestellt. Die Tabellen können für reine Zugglieder (M = 0) und z. B. für Untergurte von Fachwerkträgern (N + M) genutzt werden.

**E.5.7.1.1/2** Maßgebend für die (kalte) Bemessung ist **DIN 1052 Teil 1** in der Ausgabe April 1988. Die Norm wird in [5.70] ausführlich erläutert. Eine Ergänzung A 1 von Teil 1 ist in Bearbeitung.

**E.5.7.1.1/3** Wie aus Abschnitt 1.3 (s. S. 9) hervorgeht, ist die „heiße“ Bemessung von Holzbauteilen

- in der Bundesrepublik Deutschland in DIN 4102 Teil 4 geregelt, die auf der „kalten“ Bemessungsnorm DIN 1052 beruht,
- im zukünftigen Europa in ENV 1995-1-2 geregelt, die auf der „kalten“ Bemessungsnorm ENV 1995-1-1 aufbaut.

**Tabelle E 5-33:** Übersicht über die ergänzenden Tabellen zur Brandschutzbemessung von Zuggliedern der Feuerwiderstandsklassen F 30 – F 90

| Holzart 1) | Tabellen-Nr. für die Feuerwiderstandsklasse F 30 | F 60 | F 90 |
|---|---|---|---|
| Beanspruchung | 3- und 4seitig | 3- und 4seitig | 3- und 4seitig |
| NH, BSH | Vorbemessung Bild E 5-59 (nur 4seitig) | – | – |
| NH<br>LH A | E 5-34<br>E 5-35 | E 5-36<br>E 5-37 | –<br>E 5-38 |
| BSH | E 5-39 | E 5-40 | E 5-41 |

1) NH = Nadelholz einschließlich Buche
LH = Laubholz; A (Eiche, Teak) – wegen Buche s. NH
BSH = Brettschichtholz aus NH

**E.5.7.1.1/4** Der Zusammenhang zwischen **Güteklassen** nach DIN 1052 Teil 1 und Sortierklassen nach DIN 4074 Teil 1 geht aus Tabelle E 2-13 (S. 61) hervor. Weitere Angaben zu Sortierklassen sind in Abschnitt 2.8.1 (s. S. 63) und E.5.1.1/2 (s. S. 193) enthalten.

**E.5.7.1.1/5** Wie bei Balken und Stützen wird zwischen 3- und 4seitiger Brandbeanspruchung unterschieden, vgl. E.5.5.1.2 (Balken) und E.5.6.1.1/5 (Stützen).

**E.5.7.1.2.1** Für unbekleidete Zugglieder gibt es in der Neufassung von Teil 4 nur eine Bemessungstabelle (s. S. 337). Um hier wie bei den Balken und Stützen umfangreichere Aussagen machen zu können, wurden analog der Normtabelle 85 mit demselben zugrundeliegenden Rechenprogramm [5.72] die Tabellen E 5-34 bis E 5-41 aufgestellt. Die Übersicht zu diesen Tabellen gibt Tabelle E 5-33, mit deren Hilfe man schnell die gewünschte Tabellen-Nummer ablesen kann.

Die ergänzenden Tabellen wurden wie bei den Balken/Stützen-Tabellen für bessere Interpolationsmöglichkeiten erweitert; außerdem wurden ergänzende Angaben zu verschiedenen Seitenverhältnissen h/b gemacht; zwischen allen Werten darf linear interpoliert werden.

Wie in E.5.5.2.1/2 zu Balken (Stützen) bereits ausgeführt, kann auch hier gesagt werden:

**Alle Mindestwerte der Tabellen E 5-34 bis E 5-41 können ohne besondere Vereinbarung anstelle der Mindestwerte nach der Normtabelle 85 verwendet werden.** Ein Vergleich der Normtabelle mit den „ergänzenden" Tabellen zeigt im übrigen, daß alle vergleichbaren Eckwerte jeweils gleich sind.

Während für die Vorbemessung (F 30-B) die Diagramme von Bild E 5-59 benutzt werden können, müssen für das bauaufsichtliche Genehmigungsverfahren die Werte der Tabellen E 5-34 bis E 5-41 verwendet werden.

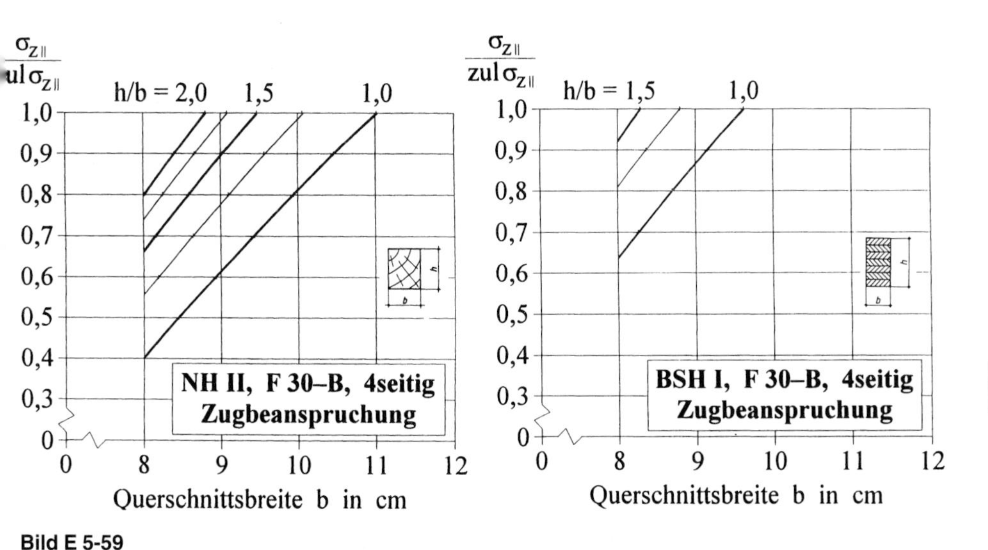


**Bild E 5-59**
Diagramme für die Vorbemessung von Holz-Zuggliedern aus Nadelholz der Güteklasse II (NH II) und Brettschichtholz der Güteklasse I (BSH I) für F 30-B bei 4seitiger Brandbeanspruchung

**Tabelle E 5-34**: Mindestbreite b unbekleideter Zugglieder aus **Vollholz aus Nadelholz (einschließlich Buche)** bei 3- und 4seitiger Brandbeanspruchung für **F 30-B**

| Zeile | Statische Beanspruchung | | Mindestbreite b in mm | | | | | |
|---|---|---|---|---|---|---|---|---|
| | Zug | Biegung | Brandbeanspruchung | | | | | |
| | | | 3seitig | | | 4seitig | | |
| | | | Seitenverhältnis h/b | | | | | |
| | $\frac{\sigma_{Z\parallel}}{\text{zul } \sigma_k}$ | $\frac{\sigma_B}{\text{zul } \sigma_B^*}$ | 1,0 | 2,0 | 3,0 | 1,0 | 2,0 | 3,0 |
| 1 | 1,0 | 0 | 89 | 80 | 80 | 110 | 88 | 82 |
| 2 | 0,8 | 0 | 81 | 80 | 80 | 99 | 80 | 80 |
| 3 | | 0,2 | 96 | 97 | 102 | 123 | 103 | 106 |
| 4 | 0,6 | 0 | 80 | 80 | 80 | 89 | 80 | 80 |
| 5 | | 0,2 | 89 | 92 | 97 | 111 | 97 | 100 |
| 6 | | 0,4 | 102 | 105 | 114 | 133 | 112 | 117 |
| 7 | 0,4 | 0 | 80 | 80 | 80 | 80 | 80 | 80 |
| 8 | | 0,2 | 84 | 88 | 93 | 102 | 92 | 96 |
| 9 | | 0,4 | 95 | 100 | 109 | 122 | 106 | 112 |
| 10 | | 0,6 | 106 | 111 | 122 | 143 | 118 | 125 |
| 11 | 0,2 | 0 | 80 | 80 | 80 | 89 | 80 | 80 |
| 12 | | 0,2 | 80 | 84 | 90 | 94 | 88 | 92 |
| 13 | | 0,4 | 90 | 97 | 105 | 112 | 101 | 108 |
| 14 | | 0,6 | 100 | 106 | 117 | 131 | 112 | 120 |
| 15 | | 0,8 | 110 | 116 | 128 | 151 | 124 | 132 |
| 16 | 0 | 0,2 | 80 | 81 | 87 | 87 | 84 | 89 |
| 17 | | 0,4 | 85 | 93 | 101 | 104 | 97 | 104 |
| 18 | | 0,6 | 94 | 103 | 113 | 121 | 107 | 116 |
| 19 | | 0,8 | 104 | 111 | 124 | 140 | 117 | 127 |
| 20 | | 1,0 | 114 | 120 | 133 | 160 | 128 | 137 |

zul $\sigma_B^* = 1{,}1 \cdot k_B \cdot$ zul $\sigma_B$ mit $1{,}1 \cdot k_B \leq 1{,}0$. $k_B$ siehe Seite 292

**Tabelle E 5-35**: Mindestbreite b unbekleideter Zugglieder aus **Laubholz Gruppe A (außer Buche)** bei 3- und 4seitiger Brandbeanspruchung für **F 30-B**

| Zeile | Statische Beanspruchung | | Mindestbreite b in mm | | | | | |
|---|---|---|---|---|---|---|---|---|
| | Zug | Biegung | Brandbeanspruchung | | | | | |
| | | | 3seitig | | | 4seitig | | |
| | | | Seitenverhältnis h/b | | | | | |
| | $\frac{\sigma_{Z\parallel}}{zul\ \sigma_k}$ | $\frac{\sigma_B}{zul\ \sigma_B^*}$ | 1,0 | 2,0 | 3,0 | 1,0 | 2,0 | 3,0 |
| 1 | 1,0 | 0 | 80 | 80 | 80 | 80 | 80 | 80 |
| 2 | 0,8 | 0 | 80 | 80 | 80 | 80 | 80 | 80 |
| 3 | | 0,2 | 80 | 80 | 80 | 86 | 80 | 80 |
| 4 | 0,6 | 0 | 80 | 80 | 80 | 80 | 80 | 80 |
| 5 | | 0,2 | 80 | 80 | 80 | 80 | 80 | 80 |
| 6 | | 0,4 | 80 | 80 | 80 | 94 | 80 | 80 |
| 7 | 0,4 | 0 | 80 | 80 | 80 | 80 | 80 | 80 |
| 8 | | 0,2 | 80 | 80 | 80 | 80 | 80 | 80 |
| 9 | | 0,4 | 80 | 80 | 80 | 86 | 80 | 80 |
| 10 | | 0,6 | 80 | 80 | 85 | 100 | 80 | 87 |
| 11 | 0,2 | 0 | 80 | 80 | 80 | 80 | 80 | 80 |
| 12 | | 0,2 | 80 | 80 | 80 | 80 | 80 | 80 |
| 13 | | 0,4 | 80 | 80 | 80 | 80 | 80 | 80 |
| 14 | | 0,6 | 80 | 80 | 85 | 92 | 80 | 87 |
| 15 | | 0,8 | 80 | 83 | 94 | 106 | 87 | 96 |
| 16 | 0 | 0,2 | 80 | 80 | 80 | 80 | 80 | 80 |
| 17 | | 0,4 | 80 | 80 | 80 | 80 | 80 | 80 |
| 18 | | 0,6 | 80 | 80 | 85 | 85 | 80 | 87 |
| 19 | | 0,8 | 80 | 83 | 94 | 98 | 87 | 96 |
| 20 | | 1,0 | 83 | 90 | 102 | 112 | 95 | 104 |

$zul\ \sigma_B^* = 1{,}1 \cdot k_B \cdot zul\ \sigma_B$ mit $1{,}1 \cdot k_B \leq 1{,}0$. $k_B$ siehe Seite 292

**Tabelle E 5-36**: Mindestbreite b unbekleideter Zugglieder aus **Vollholz aus Nadelholz (einschließlich Buche)** bei 3- und 4seitiger Brandbeanspruchung für **F 60-B**

| Zeile | Statische Beanspruchung | | Mindestbreite b in mm | | | | | |
|---|---|---|---|---|---|---|---|---|
| | Zug | Biegung | Brandbeanspruchung | | | | | |
| | | | 3seitig | | | 4seitig | | |
| | | | Seitenverhältnis h/b | | | | | |
| | $\frac{\sigma_{Z\parallel}}{\text{zul}\,\sigma_k}$ | $\frac{\sigma_B}{\text{zul}\,\sigma_B^*}$ | 1,0 | 2,0 | 3,0 | 1,0 | 2,0 | 3,0 |
| 1 | 1,0 | 0 | 170 | 153 | 148 | 215 | 170 | 158 |
| 2 | 0,8 | 0 | 154 | 141 | 137 | 192 | 153 | 144 |
| 3 | | 0,2 | 181 | 172 | 178 | 238 | 187 | 185 |
| 4 | 0,6 | 0 | 140 | 130 | 127 | 170 | 140 | 132 |
| 5 | | 0,2 | 165 | 163 | 170 | 216 | 174 | 176 |
| 6 | | 0,4 | 191 | 182 | 192 | 257 | 197 | 198 |
| 7 | 0,4 | 0 | 128 | 120 | 120 | 153 | 127 | 121 |
| 8 | | 0,2 | 154 | 156 | 163 | 197 | 164 | 168 |
| 9 | | 0,4 | 174 | 173 | 184 | 235 | 185 | 189 |
| 10 | | 0,6 | 200 | 189 | 201 | 275 | 206 | 208 |
| 11 | 0,2 | 0 | 120 | 120 | 120 | 134 | 120 | 120 |
| 12 | | 0,2 | 145 | 150 | 157 | 181 | 156 | 161 |
| 13 | | 0,4 | 163 | 167 | 177 | 217 | 175 | 182 |
| 14 | | 0,6 | 183 | 181 | 193 | 252 | 194 | 199 |
| 15 | | 0,8 | 208 | 195 | 208 | 290 | 213 | 216 |
| 16 | 0 | 0,2 | 138 | 145 | 152 | 167 | 150 | 156 |
| 17 | | 0,4 | 154 | 161 | 172 | 201 | 168 | 176 |
| 18 | | 0,6 | 169 | 174 | 187 | 233 | 184 | 192 |
| 19 | | 0,8 | 191 | 187 | 201 | 267 | 201 | 207 |
| 20 | | 1,0 | 216 | 201 | 214 | 305 | 219 | 223 |

zul $\sigma_B^* = 1{,}1 \cdot k_B \cdot \text{zul}\,\sigma_B$ mit $1{,}1 \cdot k_B \leq 1{,}0$. $k_B$ siehe Seite 292

**Tabelle E 5-37**: Mindestbreite b unbekleideter Zugglieder aus **Laubholz Gruppe A (außer Buche)** bei 3- und 4seitiger Brandbeanspruchung für **F 60-B**

| Zeile | Statische Beanspruchung | | Mindestbreite b in mm | | | | | |
|---|---|---|---|---|---|---|---|---|
| | Zug | Biegung | Brandbeanspruchung | | | | | |
| | | | 3seitig | | | 4seitig | | |
| | | | Seitenverhältnis h/b | | | | | |
| | $\frac{\sigma_{Z\parallel}}{zul\ \sigma_k}$ | $\frac{\sigma_B}{zul\ \sigma_B^*}$ | 1,0 | 2,0 | 3,0 | 1,0 | 2,0 | 3,0 |
| 1 | 1,0 | 0 | 120 | 120 | 120 | 151 | 120 | 120 |
| 2 | 0,8 | 0 | 120 | 120 | 120 | 135 | 120 | 120 |
| 3 | | 0,2 | 127 | 120 | 120 | 167 | 127 | 120 |
| 4 | 0,6 | 0 | 120 | 120 | 120 | 120 | 120 | 120 |
| 5 | | 0,2 | 120 | 120 | 120 | 152 | 120 | 120 |
| 6 | | 0,4 | 134 | 120 | 126 | 181 | 133 | 129 |
| 7 | 0,4 | 0 | 120 | 120 | 120 | 120 | 120 | 120 |
| 8 | | 0,2 | 120 | 120 | 120 | 138 | 120 | 120 |
| 9 | | 0,4 | 122 | 120 | 126 | 165 | 122 | 129 |
| 10 | | 0,6 | 140 | 128 | 139 | 193 | 139 | 142 |
| 11 | 0,2 | 0 | 120 | 120 | 120 | 120 | 120 | 120 |
| 12 | | 0,2 | 120 | 120 | 120 | 127 | 120 | 120 |
| 13 | | 0,4 | 120 | 120 | 126 | 152 | 122 | 129 |
| 14 | | 0,6 | 128 | 128 | 139 | 177 | 134 | 142 |
| 15 | | 0,8 | 146 | 137 | 149 | 204 | 147 | 153 |
| 16 | 0 | 0,2 | 120 | 120 | 120 | 120 | 120 | 120 |
| 17 | | 0,4 | 120 | 120 | 126 | 141 | 122 | 129 |
| 18 | | 0,6 | 122 | 128 | 139 | 164 | 134 | 142 |
| 19 | | 0,8 | 134 | 137 | 149 | 188 | 147 | 153 |
| 20 | | 1,0 | 152 | 147 | 160 | 214 | 160 | 165 |

$zul\ \sigma_B^* = 1{,}1 \cdot k_B \cdot zul\ \sigma_B$ mit $1{,}1 \cdot k_B \leq 1{,}0$. $k_B$ siehe Seite 292

5.7

**Tabelle E 5-38**: Mindestbreite b unbekleideter Zugglieder aus **Laubholz Gruppe A (außer Buche)** bei 3- und 4seitiger Brandbeanspruchung für **F 90-B**

| Zeile | Statische Beanspruchung | | Mindestbreite b in mm | | | | | |
|---|---|---|---|---|---|---|---|---|
| | Zug | Biegung | Brandbeanspruchung | | | | | |
| | | | 3seitig | | | 4seitig | | |
| | | | Seitenverhältnis h/b | | | | | |
| | $\frac{\sigma_{Z\parallel}}{zul\,\sigma_k}$ | $\frac{\sigma_B}{zul\,\sigma_B^*}$ | 1,0 | 2,0 | 3,0 | 1,0 | 2,0 | 3,0 |
| 1 | 1,0 | 0 | 177 | 160 | 160 | 224 | 177 | 165 |
| 2 | 0,8 | 0 | 160 | 160 | 160 | 200 | 160 | 160 |
| 3 | | 0,2 | 188 | 165 | 160 | 247 | 187 | 171 |
| 4 | 0,6 | 0 | 160 | 160 | 160 | 178 | 160 | 160 |
| 5 | | 0,2 | 170 | 160 | 160 | 224 | 170 | 160 |
| 6 | | 0,4 | 197 | 170 | 174 | 267 | 196 | 178 |
| 7 | 0,4 | 0 | 160 | 160 | 160 | 160 | 160 | 160 |
| 8 | | 0,2 | 160 | 160 | 160 | 205 | 160 | 160 |
| 9 | | 0,4 | 180 | 164 | 174 | 244 | 179 | 178 |
| 10 | | 0,6 | 206 | 176 | 188 | 284 | 205 | 193 |
| 11 | 0,2 | 0 | 160 | 160 | 160 | 160 | 160 | 160 |
| 12 | | 0,2 | 160 | 160 | 160 | 188 | 160 | 160 |
| 13 | | 0,4 | 165 | 164 | 174 | 224 | 171 | 178 |
| 14 | | 0,6 | 188 | 176 | 188 | 261 | 188 | 193 |
| 15 | | 0,8 | 214 | 189 | 201 | 300 | 213 | 208 |
| 16 | 0 | 0,2 | 160 | 160 | 160 | 173 | 160 | 160 |
| 17 | | 0,4 | 160 | 164 | 174 | 208 | 171 | 178 |
| 18 | | 0,6 | 174 | 176 | 188 | 241 | 187 | 193 |
| 19 | | 0,8 | 196 | 189 | 201 | 277 | 204 | 207 |
| 20 | | 1,0 | 222 | 202 | 214 | 316 | 221 | 224 |

$zul\,\sigma_B^* = 1{,}1 \cdot k_B \cdot zul\,\sigma_B$ mit $1{,}1 \cdot k_B \leq 1{,}0$. $k_B$ siehe Seite 292

**Tabelle E 5-39**: Mindestbreite b unbekleideter Zugglieder aus **Brettschichtholz** bei 3- und 4seitiger Brandbeanspruchung für **F 30-B**

| Zeile | Statische Beanspruchung | | Mindestbreite b in mm | | | | | | | |
|---|---|---|---|---|---|---|---|---|---|---|
| | Zug | Biegung | Brandbeanspruchung | | | | | | | |
| | | | 3seitig | | | | 4seitig | | | |
| | | | Seitenverhältnis h/b | | | | | | | |
| | $\frac{\sigma_{Z\parallel}}{zul\,\sigma_{Z\parallel}}$ | $\frac{\sigma_B}{zul\,\sigma_B^*}$ | 1,0 | 2,0 | 4,0 | 6,0 | 1,0 | 2,0 | 4,0 | 6,0 |
| 1 | 1,0 | 0 | 80 | 80 | 80 | 80 | 96 | 80 | 80 | 80 |
| 2 | 0,8 | 0 | 80 | 80 | 80 | 80 | 87 | 80 | 80 | 80 |
| 3 | | 0,2 | 84 | 85 | 92 | 95 | 107 | 90 | 94 | 97 |
| 4 | 0,6 | 0 | 80 | 80 | 80 | 80 | 80 | 80 | 80 | 80 |
| 5 | | 0,2 | 80 | 80 | 87 | 90 | 97 | 85 | 89 | 91 |
| 6 | | 0,4 | 89 | 92 | 105 | 112 | 117 | 98 | 108 | 114 |
| 7 | 0,4 | 0 | 80 | 80 | 80 | 80 | 80 | 80 | 80 | 80 |
| 8 | | 0,2 | 80 | 80 | 83 | 86 | 89 | 81 | 85 | 87 |
| 9 | | 0,4 | 83 | 88 | 100 | 106 | 107 | 92 | 103 | 108 |
| 10 | | 0,6 | 93 | 97 | 115 | 125 | 125 | 103 | 118 | 127 |
| 11 | 0,2 | 0 | 80 | 80 | 80 | 80 | 80 | 80 | 80 | 80 |
| 12 | | 0,2 | 80 | 80 | 80 | 82 | 82 | 80 | 81 | 83 |
| 13 | | 0,4 | 80 | 85 | 96 | 102 | 98 | 88 | 98 | 103 |
| 14 | | 0,6 | 87 | 93 | 110 | 119 | 115 | 98 | 113 | 121 |
| 15 | | 0,8 | 96 | 101 | 123 | 136 | 132 | 108 | 125 | 138 |
| 16 | 0 | 0,2 | 80 | 80 | 80 | 80 | 80 | 80 | 80 | 80 |
| 17 | | 0,4 | 80 | 82 | 92 | 97 | 91 | 85 | 94 | 99 |
| 18 | | 0,6 | 83 | 90 | 106 | 114 | 106 | 94 | 108 | 116 |
| 19 | | 0,8 | 91 | 97 | 118 | 130 | 122 | 103 | 121 | 132 |
| 20 | | 1,0 | 100 | 105 | 129 | 146 | 140 | 112 | 131 | 148 |

$zul\,\sigma_B^* = 1{,}1 \cdot k_B \cdot zul\,\sigma_B$ mit $1{,}1 \cdot k_B \leq 1{,}0$. $k_B$ siehe Seite 292

**Tabelle E 5-40**: Mindestbreite b unbekleideter Zugglieder aus **Brettschichtholz** bei 3- und 4seitiger Brandbeanspruchung für **F 60-B**

| Zeile | Statische Beanspruchung | | Mindestbreite b in mm | | | | | | | |
|---|---|---|---|---|---|---|---|---|---|---|
| | Zug | Biegung | Brandbeanspruchung | | | | | | | |
| | | | 3seitig | | | | 4seitig | | | |
| | | | Seitenverhältnis h/b | | | | | | | |
| | $\frac{\sigma_{Z\parallel}}{zul\ \sigma_{Z\parallel}}$ | $\frac{\sigma_B}{zul\ \sigma_B^*}$ | 1,0 | 2,0 | 4,0 | 6,0 | 1,0 | 2,0 | 4,0 | 6,0 |
| 1 | 1,0 | 0 | 149 | 134 | 128 | 126 | 188 | 149 | 134 | 130 |
| 2 | 0,8 | 0 | 135 | 123 | 120 | 120 | 168 | 134 | 123 | 120 |
| 3 | | 0,2 | 158 | 151 | 162 | 172 | 208 | 163 | 166 | 175 |
| 4 | 0,6 | 0 | 123 | 120 | 120 | 120 | 149 | 122 | 120 | 120 |
| 5 | | 0,2 | 145 | 143 | 155 | 164 | 189 | 152 | 158 | 167 |
| 6 | | 0,4 | 167 | 159 | 177 | 193 | 225 | 173 | 181 | 196 |
| 7 | 0,4 | 0 | 120 | 120 | 120 | 120 | 134 | 120 | 120 | 120 |
| 8 | | 0,2 | 135 | 137 | 148 | 157 | 173 | 143 | 152 | 159 |
| 9 | | 0,4 | 152 | 152 | 170 | 186 | 206 | 162 | 174 | 188 |
| 10 | | 0,6 | 175 | 166 | 187 | 208 | 240 | 180 | 191 | 211 |
| 11 | 0,2 | 0 | 120 | 120 | 120 | 120 | 120 | 120 | 120 | 120 |
| 12 | | 0,2 | 127 | 131 | 143 | 151 | 158 | 137 | 146 | 153 |
| 13 | | 0,4 | 142 | 146 | 164 | 179 | 190 | 154 | 167 | 181 |
| 14 | | 0,6 | 160 | 158 | 180 | 200 | 221 | 170 | 184 | 203 |
| 15 | | 0,8 | 182 | 171 | 195 | 219 | 254 | 186 | 199 | 222 |
| 16 | 0 | 0,2 | 121 | 127 | 139 | 146 | 146 | 131 | 141 | 148 |
| 17 | | 0,4 | 135 | 141 | 159 | 173 | 176 | 147 | 162 | 175 |
| 18 | | 0,6 | 148 | 152 | 175 | 194 | 204 | 161 | 178 | 196 |
| 19 | | 0,8 | 167 | 164 | 188 | 211 | 234 | 176 | 192 | 214 |
| 20 | | 1,0 | 189 | 176 | 201 | 228 | 267 | 192 | 206 | 230 |

$zul\ \sigma_B^* = 1{,}1 \cdot k_B \cdot zul\ \sigma_B$ mit $1{,}1 \cdot k_B \leq 1{,}0$. $k_B$ siehe Seite 292

**Tabelle E 5-41**: Mindestbreite b unbekleideter Zugglieder aus **Brettschichtholz** bei 3- und 4seitiger Brandbeanspruchung für **F 90-B**

| Zeile | Statische Beanspruchung | | Mindestbreite b in mm – Brandbeanspruchung | | | | | | | |
|---|---|---|---|---|---|---|---|---|---|---|
| | Zug | Biegung | 3seitig | | | | 4seitig | | | |
| | | | Seitenverhältnis h/b | | | | | | | |
| | $\frac{\sigma_{Z\parallel}}{zul\ \sigma_{Z\parallel}}$ | $\frac{\sigma_B}{zul\ \sigma_B^*}$ | 1,0 | 2,0 | 4,0 | 6,0 | 1,0 | 2,0 | 4,0 | 6,0 |
| 1 | 1,0 | 0 | 221 | 199 | 190 | 188 | 280 | 221 | 199 | 193 |
| 2 | 0,8 | 0 | 199 | 181 | 174 | 172 | 250 | 199 | 181 | 177 |
| 3 | | 0,2 | 234 | 215 | 226 | 239 | 309 | 236 | 233 | 243 |
| 4 | 0,6 | 0 | 180 | 167 | 162 | 161 | 222 | 180 | 167 | 164 |
| 5 | | 0,2 | 212 | 203 | 216 | 229 | 280 | 218 | 221 | 232 |
| 6 | | 0,4 | 246 | 225 | 243 | 262 | 333 | 246 | 249 | 266 |
| 7 | 0,4 | 0 | 165 | 160 | 160 | 160 | 196 | 164 | 160 | 160 |
| 8 | | 0,2 | 195 | 194 | 208 | 220 | 255 | 204 | 212 | 223 |
| 9 | | 0,4 | 224 | 213 | 233 | 252 | 304 | 230 | 238 | 255 |
| 10 | | 0,6 | 257 | 232 | 253 | 277 | 355 | 256 | 260 | 281 |
| 11 | 0,2 | 0 | 160 | 160 | 160 | 160 | 173 | 160 | 160 | 160 |
| 12 | | 0,2 | 183 | 186 | 201 | 213 | 234 | 194 | 204 | 215 |
| 13 | | 0,4 | 206 | 204 | 225 | 243 | 280 | 217 | 229 | 246 |
| 14 | | 0,6 | 235 | 221 | 245 | 267 | 326 | 239 | 249 | 271 |
| 15 | | 0,8 | 267 | 238 | 262 | 289 | 375 | 266 | 269 | 292 |
| 16 | 0 | 0,2 | 173 | 180 | 195 | 207 | 216 | 186 | 198 | 209 |
| 17 | | 0,4 | 193 | 198 | 218 | 236 | 259 | 206 | 222 | 238 |
| 18 | | 0,6 | 217 | 212 | 237 | 259 | 301 | 226 | 241 | 262 |
| 19 | | 0,8 | 245 | 227 | 253 | 279 | 345 | 247 | 258 | 283 |
| 20 | | 1,0 | 277 | 243 | 269 | 298 | 394 | 275 | 277 | 302 |

$zul\ \sigma_B^* = 1{,}1 \cdot k_B \cdot zul\ \sigma_B$ mit $1{,}1 \cdot k_B \leq 1{,}0$. $k_B$ siehe Seite 292

**E.5.7.3/1** Für bekleidete Zugglieder gelten die Angaben von E.5.5.3 zu Balken sinngemäß, siehe Seite 314 ff.

**E.5.7.3/2** Anstelle von Holz-Zuggliedern werden häufig auch **Stahl-Zugglieder** verwendet. Sie werden auch als Zugstäbe in Fachwerkträger eingebaut. Um derartige Stahl-Zugglieder in Feuerwiderstandsklassen nach DIN 4102 Teil 2 einstufen zu können, müssen erhebliche Anstrengungen unternommen werden. In DIN 4102 Teil 4 (03/94) Abschnitt 6.4 heißt es dazu:

- Die Feuerwiderstandsklassen von Stahlzuggliedern einschließlich ihrer Anschlüsse sind auf der Grundlage von Normprüfungen nach DIN 4102 Teil 2 zu ermitteln.
- Die Feuerwiderstandsklassen von Stahlzugstäben in Fachwerkträgern sind nach den Angaben von Abschnitt 6.2 zu bestimmen; dieser Abschnitt hat die Überschrift „Feuerwiderstandsklassen bekleideter Stahlträger" und beschreibt u. a. Bekleidungen aus Putz auf Putzträgern und aus Gipskarton-Bauplatten.

Im Anhang C.2 der alten Norm Teil 4 (03/81) und im Stahlbau Brandschutz Handbuch [5.31] heißt es weiter

- Unbekleidete Stahlbauteile erreichen wegen schneller Erwärmung auf crit T in der Regel nur Feuerwiderstandsdauern < 30 Minuten.
- Durch die Wahl sehr massiger Querschnitte mit sehr kleinen Werten für das Verhältnis Umfang/Querschnittsfläche (U/A) – gegebenenfalls in Verbindung mit geringer Spannungsausnutzung – kann in Sonderfällen jedoch F 30 erreicht werden. Der Nachweis der Feuerwiderstandsklasse ist in solchen Fällen durch Prüfung nach DIN 4102 zu erbringen.

Ein derartiger Nachweis für „F 30" ist für massige Stahlzugglieder mit geringer Spannungsausnutzung erbracht worden [5.38], [5.31]. Die wichtigsten Prüfergebnisse sind in Bild E 5-60 dargestellt. Es zeigt die in Normprüfungen jeweils erreichte Feuerwiderstandsdauer in Abhängigkeit von der Spannungsausnutzung, dem Stabdurchmesser (U/A-Wert) sowie der Anordnung eines dämmschichtbildenden Anstrichs (DSB) nach [5.31].

Eine Klassifizierung F 30 entsprechend [5.38] ist unter folgenden Bedingungen möglich:

- Durchmesser des **unbekleideten** Stahlzuggliedes: Ø $\geq$ 36 mm (U/A $\leq$ 111 $m^{-1}$); maximal zulässige Stahlspannung $\sigma = 0{,}19$ zul $\sigma$ nach DIN 18800 Teil 1, d. h. für
  St 37: max $\sigma \sim 31$ N/mm$^2$
  St 52: max $\sigma \sim 46$ N/mm$^2$
  oder
- Schutz des Stahl-Zuggliedes mit der dämmschichtbildenden Brandschutzbeschichtung **(DSB)** „Pyrotect S 30" der Firma DESOWAG-BAYER Holzschutz GmbH, Krefeld, gemäß Zulassungsbescheid Z-19.11-16 des Deutschen Instituts für Bautechnik mit einem Stabdurchmesser

- Ø $\geq$ 27 mm (U/A = 148 $m^{-1}$) und max $\sigma = 0{,}31$ zul $\sigma$, d. h. für
  St 37: max $\sigma = 50$ N/mm$^2$,
  St 52: max $\sigma = 75$ N/mm$^2$,
  oder

– Ø ≥ 36 mm (U/A = 111 $m^{-1}$) und max $\sigma$ = 0,38 zul $\sigma$, d. h. für
St 37: max $\sigma$ ~ 61 N/mm$^2$,
St 52: max $\sigma$ ~ 91 N/mm$^2$.

Der DSB-Anstrich Pyrotect S 30 wurde seinerzeit (1981) als aussichtsreichstes Mittel gewählt, obwohl er nur für offene Profile zugelassen war. Inzwischen heißt der Anstrich „PYROTECT Innen" und ist unter derselben Nummer beim DIBt zugelassen; wegen weiterer zugelassener Anstriche – auch für geschlossene Profile – siehe [5.31].

Eine Übersicht über die verschiedensten DSB für die Innenanwendung gibt Tabelle E 5-42. Die in Zeile 4 gegebenen Randbedingungen lassen sich heute ohne Einschränkung anwenden; wegen der Zulassungsinhaber siehe [5.31]. Bei allen anderen DSB kann eine Anwendung über eine Zustimmung im Einzelfall (siehe Abschnitt 1.1 dieses Handbuches) auf der Grundlage eines Gutachtens möglich werden (Bild E 3-19).

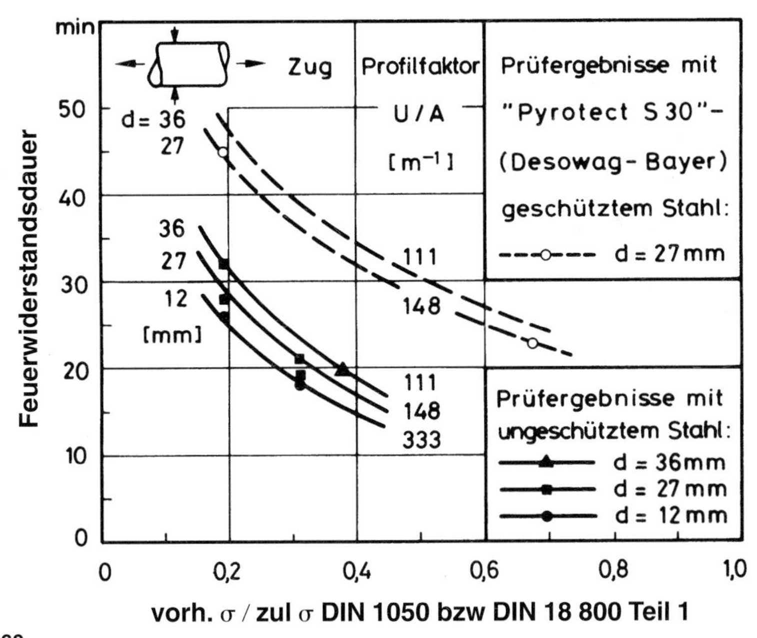


**Bild E 5-60**
Feuerwiderstandsdauer von Stahl-Zuggliedern mit kreisförmigem Vollquerschnitt in Abhängigkeit vom Ausnutzungsgrad der zulässigen Zugspannung nach DIN 1050 bzw. DIN 18800 Teil 1, dem Durchmesser d (U/A-Wert) und einer dämmschichtbildenden Beschichtung nach [5.38].

Die Klassifizierung F 30 unter den vorstehend angegebenen Randbedingungen ist nach [5.38] außerdem nur dann möglich, wenn die Zuggliedlänge l ≤ 2,00 m ist – d. h. die o. a. Bemessung entsprechend den Angaben von Bild E 5-60 ist unmittelbar nur für Zugstäbe von Fachwerkträgern o. ä. möglich.

Liegen dagegen Zuggliedlängen l > 2,00 m vor, bei denen aufgrund der Stahlerwärmung Dehnungen von l/30 > 6,7 cm auftreten, sind weitere Überlegungen anzustellen: Die Dehnung ist nachzuweisen; außerdem ist nachzuweisen, daß die Stabilität des Gesamtbauwerks für > 30 min erhalten bleibt. Der Nachweis der Feuerwiderstandsklasse kann in derartigen Fällen nur über eine besondere Be-

**Tabelle E 5-42:** Übersicht über den Geltungsbereich von Zulassungen von dämmschichtbildenden Brandschutzbeschichtungen (DSB) der Feuerwiderstandsklasse F 30 und F 60 für die Innenanwendung

| Zeile | F-Klasse | Anzahl der Schichten | Anwendung | Geltungsbereich der Zulassung | | | |
|---|---|---|---|---|---|---|---|
| | | | | Stahlbauteil | Profil | U/A $m^{-1}$ | Schichtdicke DSB in µm |
| 1 | | | | Träger, Stützen, Fachwerkstäbe | | ≤ 300 | 650 – 1300 |
| 2 | | 1 – 2 | innen | Träger | offen | ≤ 200 | 450 – 1000 |
| 3 | F 30 | | | Stützen, Fachwerkstäbe | | ≤ 160 | 450 – 1000 |
| 4 | | 2 | | Träger | geschlossen | ≤ 200 | 1300 |
| 5 | | 2 – 4 | innen | Stützen, Fachwerkstäbe | | ≤ 300 | 1750 – 3450 |
| 6 | | 2 – 4 | | | | ≤ 160 | 1000 – 1850 |
| 7 | F 60 | 3 | innen | Träger, Stützen, Fachwerkstäbe | offen | ≤ 160 | 1800 |

gutachtung im Einzelfall erfolgen (Bild E 3-19). Dabei kann die Einbeziehung der beim in Frage stehenden Objekt vorliegenden Brandlast in die brandschutztechnische Bemessung gegebenenfalls nützlich sein und weiterhelfen – z. B. beim Bau von Reithallen, Schwimmbädern oder Eissporthallen, bei denen oft nur relativ geringe Brandlasten vorliegen.

Bei der in Bild E 5-61 dargestellten Halle konnte z. B. ein Stahl-Zugglied St 52 mit einem Durchmesser von 36 mm bei einer Spannungsausnutzung von vorh $\sigma$ = 0,38 zul $\sigma = 91$ N/mm$^2$ verwendet werden. Um F 30 zu erreichen, wurden sowohl das gesamte Zugglied bis zur Verankerungsplatte als auch die zur Unterstützung dienenden Hänger mit allen Anschlußstellen mit der dämmschichtbildenden Brandschutzbeschichtung „Pyrotect S 30" der Firma DESOWAG BAYER-Holzschutz GmbH, Krefeld – jetzt PYROTECT innen nach [5.31], – beschichtet. Nach Bild E 5-60 ergibt sich theoretisch eine Feuerwiderstandsdauer von t ~ 35 min. Die Temperaturen im Stahl-Zugglied erreichen aufgrund vorliegender Prüferfahrungen bei einer Brandbeanspruchung nach der ETK nach DIN 4102 Teil 2 zum 30-Minuten-Zeitpunkt > 600° C. Das ergibt im Beispiel von Bild E 5-61 mit $a_T = 10^{-5}$ $K^{-1}$ eine Zuggliеddehnung von rd. 30 cm, wobei die für den Brandfall ungünstige Annahme getroffen wurde, daß das gesamte Zugglied > 600° C heiß wird. Die Temperaturdehnungen wurden im vorliegenden Fall mit einem Dehnweg von 27 cm berücksichtigt, vgl. Bild E 5-62.

Kann der Brandschutz nicht wie vorstehend beschrieben ausgeführt werden, sind die jeweils in Frage stehenden Stahl-Zugglieder zu ummanteln, ggf. auch mit Kalzium-Silikat- oder Vermiculite-Platten. Eine derartige Ummantelung ist auch zur Erzielung höherer Feuerwiderstandsklassen (≥ F 60) erforderlich. Auch in derartigen Fällen sind die Dehnwege zu berücksichtigen.

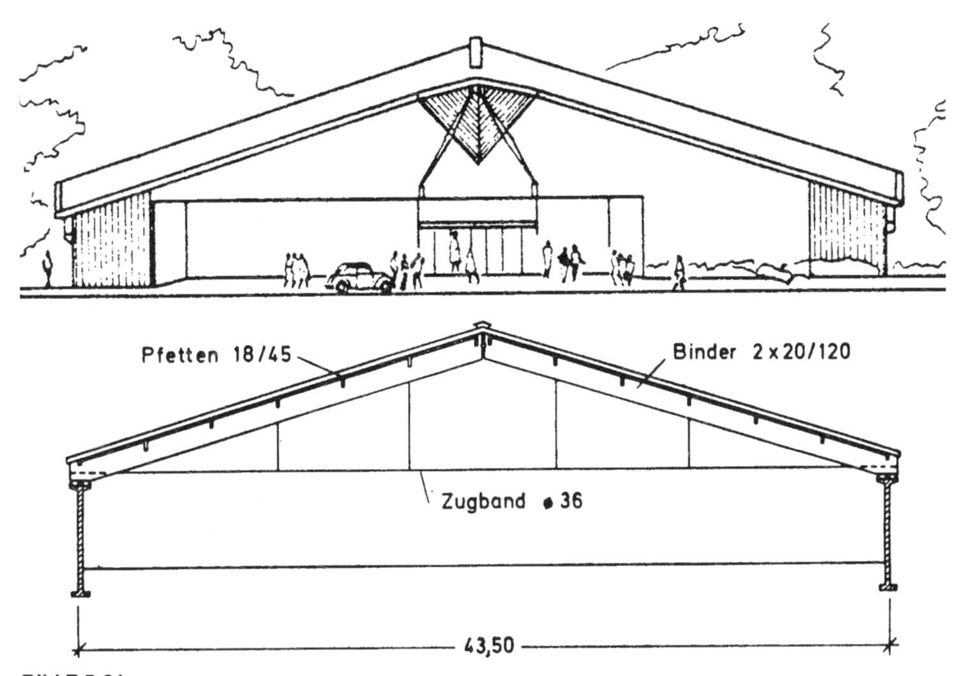


**Bild E 5-61**
Dachkonstruktion einer Halle: Stahl-Zugglied St 52, Durchmesser 36 mm, vorh $\sigma$ = 0,38 zul $\sigma$ = 0,38 · 240 = 91 N/mm$^2$, dämmschichtbildender Anstrich „PYROTECT S 30"

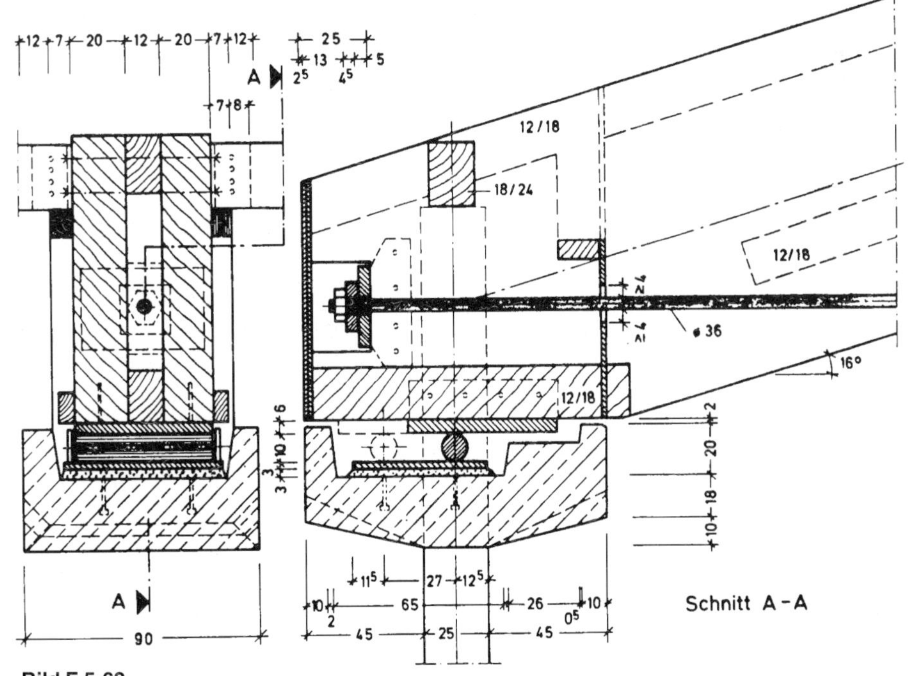


**Bild E 5-62**
Zuggliedverankerung und Stahlbeton-U-Lager mit möglichem Dehnweg von 27 cm (Maße in cm)

Die Anschlüsse der Stahl-Zugglieder müssen ebenfalls ausreichend bemessen werden. Beispiele für Anschlüsse von Stahl-Zuggliedern mit l ≤ 2,00 m in Fachwerkträgern enthalten die Erläuterungen zu Abschnitt 5.8.

## 5.8 Feuerwiderstandsklassen von Verbindungen nach DIN 1052 Teil 2[7])

### 5.8.1 Anwendungsbereich

**5.8.1.1** Die Angaben von Abschnitt 5.8 gelten für mechanische Verbindungen zwischen Holzbauteilen nach DIN 1052 Teil 2. Die Angaben gelten nur für den Verbindungs-, Anschluß- oder Stoßbereich. Die anzuschließenden Bauteile sind nach den Abschnitten 5.2 bis 5.7 zu bemessen.

**5.8.1.2** Die Angaben gelten für auf Druck, Zug oder Abscheren beanspruchte Verbindungen. Die Angaben gelten nicht für Verbindungen, bei denen die Verbindungsmittel in Axialrichtung beansprucht werden. Sie gelten nur für Verbindungen, bei denen die Kräfte symmetrisch übertragen werden (z. B. nicht für 1schnittige Verbindungen) — siehe Bild 50.

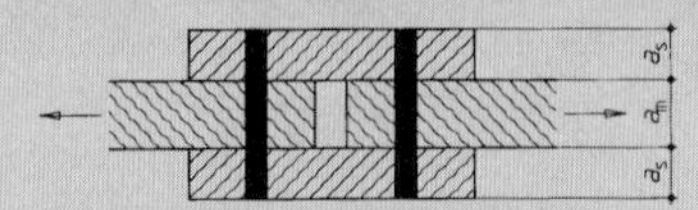

**Bild 50: Senkrecht zur Kraftrichtung symmetrische Verbindung, Darstellung der Stabdübel ohne Überstand**

### 5.8.2 Allgemeine Regeln, Holzabmessungen

**5.8.2.1** Sofern im Abschnitt 5.8.2 keine Zusatzangaben gemacht werden, sind für tragende Verbindungen und Verbindungen zur Lagesicherung folgende Holzabmessungen einzuhalten — siehe Bild 51:

Randabstände der Verbindungsmittel vom beanspruchten bzw. unbeanspruchten Rand:

$$\min e_{r,f} = e_r + c_f \quad \text{mm} \qquad (14)$$

Hierin bedeuten:

$e_r$ Randabstand (∥ oder ⊥ zur Kraftrichtung) nach DIN 1052 Teil 2

$c_f$ = 10 mm für F 30

$c_f$ = 30 mm für F 60

Für Stabdübel und Bolzen mit einem Durchmesser ≥ 20 mm genügt für F 30 der Randabstand nach DIN 1052 Teil 2 und für F 60 eine Vergrößerung um 20 mm.

Für gegenüber Brandeinwirkung geschützte Ränder gelten die Abstände nach DIN 1052 Teil 2.

Seitenholzdicke:

$\min a_{s,f}$ = 50 mm für F 30

$\min a_{s,f}$ = 100 mm für F 60

Für Stabdübel und Bolzen mit einem Durchmesser ≥ 20 mm genügt für F 30 der Randabstand nach DIN 1052 Teil 2 und für F 60 eine Vergrößerung um 20 mm.

Für gegenüber Brandeinwirkung geschützte Ränder gelten die Abstände nach DIN 1052 Teil 2.

Seitenholzdicke:

$\min a_{s,f}$ = 50 mm für F 30

$\min a_{s,f}$ = 100 mm für F 60

Für Verbindungen, für die nach DIN 1052 Teil 1 Mindestholzdicken (min *a*) vorgegeben sind, ist für das Seitenholz zusätzlich einzuhalten:

$$\min a_{s,f} = \min a + c_f \quad \text{mm} \qquad (15)$$

**5.8.2.2** Der Randabstand von Verbindungsmitteln, die zur Befestigung von Decklaschen dienen, muß mindestens $c_f$ nach Abschnitt 5.8.2.1 betragen.

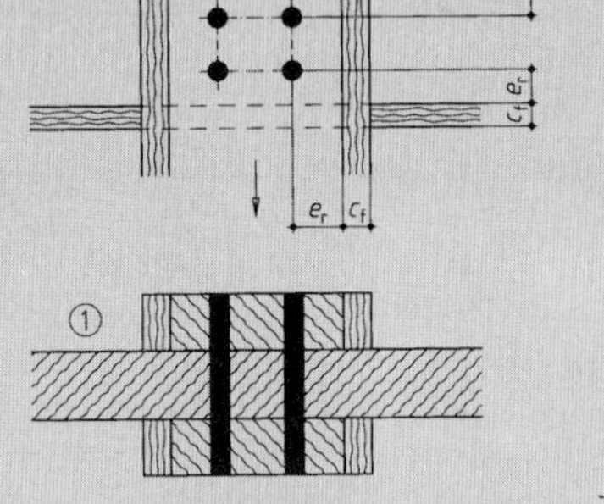

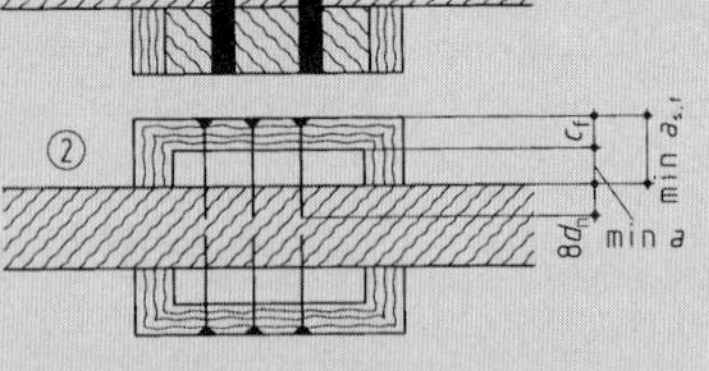


min *a* bei Nägeln

**Bild 51: Randabstände (*e*) und Seitenholzdicken (*a*) nach Abschnitt 5.8.2.1 (Beispiele für die Ausführungen 1 und 2), Darstellung der Stabdübel ohne Überstand**

**5.8.2.3** Werden Verbindungsmittel durch eingeleimte Holzscheiben, Pfropfen oder Decklaschen nach Bild 52 geschützt, so muß die Dicke der Scheiben, Pfropfen bzw. Laschen mindestens $c_f$ nach Abschnitt 5.8.2.1 betragen.

---

[7]) Siehe Seite 72.

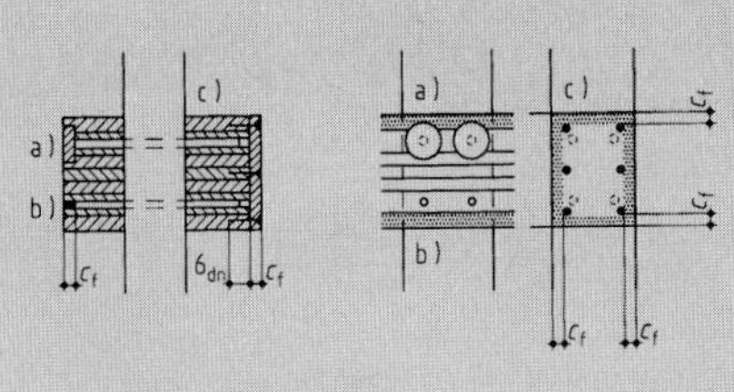

a) eingeleimte Holzscheibe
b) eingeleimter Pfropfen
c) vorgeheftete Decklasche (Abdeckung)

**Bild 52: Schutz der Verbindungsmittel**

**5.8.2.4** Werden innenliegende Stahl- und Stahlblechformteile durch Holz mit der Dicke $c_f$ nach Abschnitt 5.8.2.1 überdeckt, gelten sie als brandschutztechnisch ausreichend bekleidet (siehe auch Abschnitt 5.8.7).

**5.8.2.5** Die Einschlagtiefe von Nägeln zur Befestigung von Decklaschen muß mindestens 6 $d_n$ betragen. Es ist je 150 $cm^2$ Decklasche ein Befestigungsmittel vorzusehen. Für die Randabstände der zu schützenden Verbindungsmittel gilt Abschnitt 5.8.2.1; Mindestseitenholzdicken dürfen unter Einbeziehung der Scheiben- bzw. Laschendicke nachgewiesen werden.

**5.8.2.6** Bei Verbindungen zur Lagesicherung, z. B. bei Auflagern und Kontaktstößen der Feuerwiderstandsklassen F 30 und F 60, sind nur die Holzabmessungen nach Abschnitt 5.8.2.1 nachzuweisen.

**5.8.2.7** Wird bei biegebeanspruchten Zangen ein Kippen oder Abwölben der Zangen nicht durch konstruktive Maßnahmen (z. B. durch aufgenagelte Bohlen oder Anordnung von Klemmbolzen) behindert, so sind zum Schutz der Verbindung Futterhölzer nach Bild 53 anzuordnen.

Ein Futterholz ist nicht erforderlich bei einer Beanspruchung von weniger als 0,5 · zul $N$ nach DIN 1052 Teil 1 und bei Verbindungen mit Bolzen und Sondernägeln.

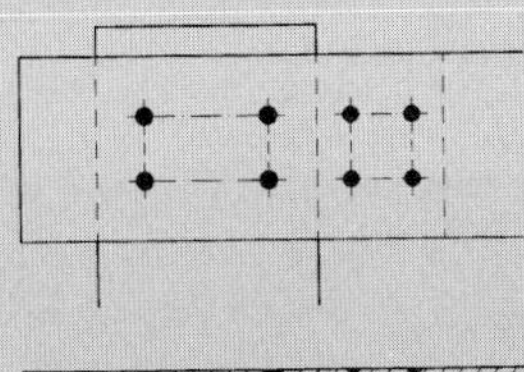

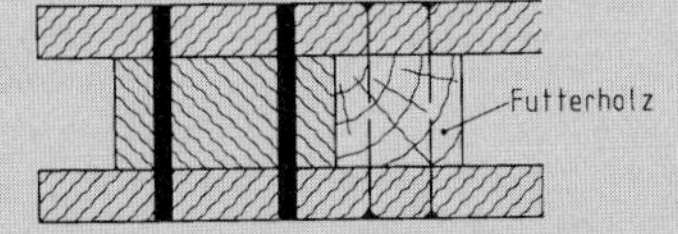


**Bild 53: Zangenanschluß (Beispiel mit Futterholz), Darstellung der Stabdübel ohne Überstand (Nägel: glatte Nägel)**

### 5.8.3 Dübelverbindungen mit Dübeln besonderer Bauart

**5.8.3.1** Dübel, die mit ungeschützten Sondernägeln lagegesichert sind, bei Anschlüssen der Feuerwiderstandsklasse F 30:

Es ist keine Lastabminderung erforderlich, wenn die Sondernägel eine Einschlagtiefe ins Mittelholz von mindestens 8 $d_n$ haben.

**5.8.3.2** Dübel mit ungeschützten Schraubenbolzen bzw. Sechskantschrauben oder Sechskantholzschrauben bei Anschlüssen der Feuerwiderstandsklasse F 30:

a) Mit zusätzlichen Sondernägeln

Es ist keine Lastabminderung erforderlich, sofern
- die Bedingung von Abschnitt 5.8.3.1 eingehalten wird und
- mindestens die Hälfte der Nägel, die für eine Verbindung nach Abschnitt 5.8.3.1 (ungeachtet des verwendeten Dübels) erforderlich wären, zusätzlich angeordnet werden; bei einem Dübel sind jedoch mindestens 4 Nägel und bei zwei Dübeln mindestens 6 Nägel erforderlich.

b) Ohne zusätzliche Sondernägel

Für die Belastung $N$ je Dübel ist nachzuweisen, daß

$$N \leq 0{,}25 \cdot \text{zul}\, N \cdot a_s / \min a_{s,f} \qquad (16)$$
$$\leq 0{,}5 \cdot \text{zul}\, N$$

ist, wobei

min $a_{s,f}$ = (min $a_s$ + $c_f$) die Mindestseitenholzdicke nach Abschnitt 5.8.2.1 und

zul $N$ die nach DIN 1052 Teil 2/04.88, Tabellen 4, 6 und 7, zulässige Belastung je Dübel

ist.

Bei Anordnung von Klemmbolzen nach DIN 1052 Teil 2/04.88, Abschnitt 4.1.3, darf grundsätzlich $N$ = 0,5 · zul $N$ gesetzt werden.

**5.8.3.3** Dübel mit Schraubenbolzen bzw. Sechskantschrauben oder Sechskantholzschrauben mit Schutz der Schrauben nach Abschnitt 5.8.2.3 bei Anschlüssen der Feuerwiderstandsklasse F 30 oder F 60:

Die Bedingungen von Abschnitt 5.8.3.2 brauchen nicht eingehalten zu werden.

**5.8.3.4** Bei verdübelten Balken der Feuerwiderstandsklassen F 30 und F 60 sind nur die Holzabmessungen nach Abschnitt 5.8.2.1 einzuhalten.

### 5.8.4 Stabdübel- und Paßbolzenverbindungen nach DIN 1052 Teil 2/04.88, Abschnitt 5

**5.8.4.1** Ungeschützte Stabdübel bei Anschlüssen der Feuerwiderstandsklasse F 30 — **mit innenliegenden Stahlblechen:**

Für die Stahlbleche gilt Abschnitt 5.8.7.

Für die Belastung $N$ je Stabdübel ist nachzuweisen, daß

$$N \leq 1{,}25 \cdot \text{zul}\, \sigma_l \, (a_s - 30 \cdot v) \cdot d_{st} \cdot 1{,}25 \cdot \eta \cdot \left(1 - \frac{\alpha}{360}\right) \qquad (17)$$

ist.

Hierin bedeuten:

$v$ Abbrandgeschwindigkeit nach Abschnitt 5.5.2.4

$$\eta = \frac{(d_{st}/a_s)}{\min\,(d_{st}/a_s)} \leq 1{,}0 \qquad (18)$$

Wegen der anderen Formelzeichen siehe DIN 1052 Teil 2/04.88, Abschnitt 5.8.

ANMERKUNG: Bei Verbindungen mit innenliegenden Stahlblechen dürfen die zulässigen Belastungen nach DIN 1052 Teil 2/04.88, Abschnitt 5.10, um 25% erhöht werden. Der weitere Faktor von 1,25 berücksichtigt das unterschiedliche Sicherheitsniveau bei der brandschutztechnischen Bemessung gegenüber einer Bemessung nach DIN 1052 Teil 1.

Es ist keine (weitere) Lastabminderung erforderlich, sofern die folgenden Bedingungen eingehalten werden:

— Länge des Stabdübels

$l_{st} = 2 \cdot a_s + a_m \geq 120$ mm (Stabdübel ohne Überstand)

$l_{st} = 2 \cdot a_s + a_m + 2 \cdot ü \geq 200$ mm (Stabdübel mit Überstand)

$ü \leq 20$ mm

Eine Fase von max. 5 mm am Ende des Stabdübels gilt nicht als Überstand.

— $d_{st}/a_s \geq \min(d_{st}/a_s)$

wobei

$$\min(d_{st}/a_s) = 0{,}08 \left(1 + \left[\frac{110}{l'_{st}}\right]^4\right) \cdot \left(1 - \frac{\alpha}{360}\right) \quad (19)$$

ist, mit

$\alpha$ Winkel zwischen Kraftangriff und Faserrichtung des Mitten- oder Seitenholzes ($\alpha \leq 90°$) und

$l'_{st} = l_{st}$ (Stabdübel ohne Überstand) bzw. $0{,}6\ l_{st}$ (Stabdübel mit Überstand)

**5.8.4.2** Ungeschützte Stabdübel bei Anschlüssen der Feuerwiderstandsklasse F 30 — **ohne Stahlbleche:**

Für die Belastung $N$ je Stabdübel ist nachzuweisen, daß

$$N \leq 1{,}25 \cdot \text{zul}\ \sigma_l\ (a_s - 30 \cdot v) \cdot d_{st} \cdot \eta \cdot \left(1 - \frac{\alpha}{360}\right) \quad (20)$$

ist (Formelzeichen siehe Abschnitt 5.8.4.1).

Es ist keine (weitere) Lastabminderung erforderlich, sofern die folgenden Bedingungen eingehalten werden:

— Länge des Stabdübels

$l_{st} = 2 \cdot a_s + a_m \geq 120$ mm (Stabdübel ohne Überstand)

$l_{st} = 2 \cdot a_s + a_m + 2 \cdot ü \geq 200$ mm (Stabdübel mit Überstand)

$ü \leq 20$ mm

Eine Fase von max. 5 mm am Ende des Stabdübels gilt nicht als Überstand.

— $d_{st}/a_s \geq \min(d_{st}/a_s)$

wobei

$$\min(d_{st}/a_s) = 0{,}16 \sqrt{a_m/a_s} \cdot \left(1 + \left[\frac{110}{l'_{st}}\right]^4\right) \cdot \left(1 - \frac{\alpha}{360}\right) \quad (21)$$

ist, mit

$\alpha$ und $l'_{st}$ wie in Abschnitt 5.8.4.1.

**5.8.4.3** Für $d_{st}/a_s < \min(d_{st}/a_s)$ ist für ungeschützte Stabdübel die zulässige Belastung je Stabdübel im Verhältnis $(d_{st}/a_s)/\min(d_{st}/a_s)$ nach Abschnitt 5.8.4.1 abzumindern.

**5.8.4.4** Nach Abschnitt 5.8.2.3 geschützte Stabdübel bei Anschlüssen der Feuerwiderstandsklassen F 30 und F 60:

a) Die Bedingungen nach den Abschnitten 5.8.4.1 bzw 5.8.4.3 brauchen nicht eingehalten zu werden, oder

b) Verbindungen, für die nach Abschnitt 5.8.2.7 ein Futter erforderlich ist, dürfen ohne Futter ausgeführt werden, sofern die Bedingungen nach den Abschnitten 5.8.4.1 bzw. 5.8.4.2 eingehalten werden.

**5.8.4.5** Bei verdübelten Balken der Feuerwiderstandsklassen F 30 und F 60 sind nur die Holzabmessungen nach Abschnitt 5.8.2.1 einzuhalten.

**5.8.4.6** Für Paßbolzenverbindungen dürfen nur maximal 25% der entsprechenden zulässigen Stabdübelbelastungen nach den Gleichungen (17) und (20) angesetzt werden.

### 5.8.5 Bolzenverbindungen nach DIN 1052 Teil 2/04.88, Abschnitt 5

**5.8.5.1** Ungeschützte Bolzen bei Anschlüssen der Feuerwiderstandsklasse F 30:

a) Mit zusätzlichen Sondernägeln

Es ist keine Lastabminderung erforderlich, sofern

— die Bedingung von Abschnitt 5.8.3.1 eingehalten wird und

— mindestens die Hälfte der Nägel, die bei einem Anschluß nur mit Sondernägeln erforderlich wären, angeordnet werden; bei einem Bolzen sind jedoch mindestens 4 Nägel und bei 2 Bolzen mindestens 6 Nägel erforderlich.

b) Ohne zusätzliche Sondernägel

Für die Belastung $N$ je Bolzen ist nachzuweisen, daß

$$N \leq 0{,}25 \cdot \text{zul}\ N \quad (22)$$

mit zul $N$ nach DIN 1052 Teil 2/04.88, Abschnitt 5.8, ist.

**5.8.5.2** Nach Abschnitt 5.8.2.3 geschützte Bolzen bei Anschlüssen der Feuerwiderstandsklassen F 30 und F 60:

Die Bedingungen von Abschnitt 5.8.5.1 brauchen nicht eingehalten zu werden.

### 5.8.6 Nagelverbindungen nach DIN 1052 Teil 2/04.88, Abschnitte 6 und 7

**5.8.6.1** Ungeschützte Nägel bei Anschlüssen der Feuerwiderstandsklasse F 30 — mit innenliegenden Stahlblechen:

Es sind folgende Bedingungen einzuhalten:

— Nagellänge $l_n \geq 90$ mm

— für die Bleche siehe Abschnitt 5.8.7.

**5.8.6.2** Ungeschützte Nägel bei Anschlüssen der Feuerwiderstandsklasse F 30 — ohne Stahlbleche:

Es sind folgende Bedingungen einzuhalten:

— Einschlagtiefe $\geq 8\ d_n$

— $d_n/a_s \geq \min(d_n/a_s)$

wobei

$$\min(d_n/a_s) = 0{,}05 \left(1 + \left[\frac{110}{l_n}\right]^4\right) \quad (23)$$

ist.

Für $d_n/a_s < \min(d_n/a_s)$ ist die zulässige Belastung je Nagel im Verhältnis $(d_n/a_s)/\min(d_n/a_s)$ abzumindern.

Für Sondernägel genügt es, nur die Bedingung

— Einschlagtiefe $\geq 8\ d_n$

einzuhalten.

**5.8.6.3** Nach Abschnitt 5.8.2.3 geschützte Nägel bei Anschlüssen der Feuerwiderstandsklassen F 30 und F 60:

Die Bedingungen nach den Abschnitten 5.8.6.1 bzw. 5.8.6.2 brauchen nicht eingehalten zu werden.

**5.8.6.4** Für Nagelverbindungen zur Lagesicherung, z. B. bei Auflagern und Kontaktstößen der Feuerwiderstandsklassen F 30 und F 60, ist ergänzend zu Abschnitt 5.8.2.6 eine Einschlagtiefe von 8 $d_n$ einzuhalten.

**5.8.7 Bedingungen für Stahlbleche bei Verbindungen mit innenliegenden Stahlblechen (≥ 2 mm) bei Anschlüssen der Feuerwiderstandsklassen F 30 und F 60**

**5.8.7.1** Bei Blechen mit ungeschützten Rändern darf folgendes Blechmaß nach Bild 54 nicht unterschritten werden:

F 30: $D$ = 200 mm

F 60: $D$ = 440 mm

**5.8.7.2** Sofern nur ein Rand oder zwei gegenüberliegende Ränder ungeschützt sind, braucht nur folgendes Blechmaß eingehalten zu werden:

F 30: $D$ = 120 mm

F 60: $D$ = 280 mm

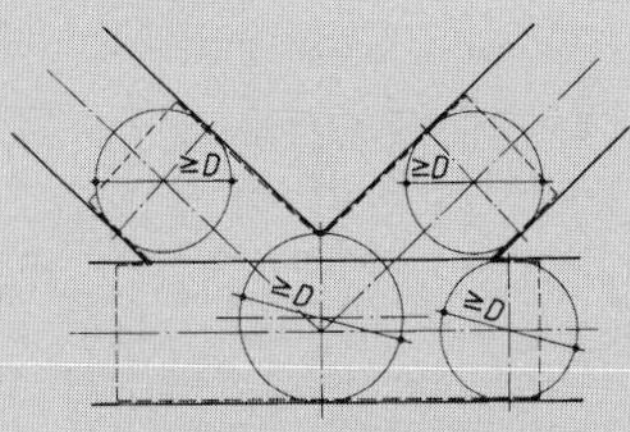


**Bild 54: Blechmaß $D$ bei Verwendung von Blechen mit ungeschützten Rändern**

**5.8.7.3** Werden die Blechmaße nach Abschnitt 5.8.7.1 nicht eingehalten, müssen die Blechränder geschützt werden. Blechränder gelten als geschützt, sofern

— bei Blechen bis 3 mm Dicke, die nach Bild 55b) nach innen versetzt sind, folgende Holzüberstände eingehalten werden:

F 30: $\Delta s \geq 20$ mm

F 60: $\Delta s \geq 60$ mm

— bei Blechen im allgemeinen, die durch stehengelassenes Holz oder eingeleimte Holzleisten nach Bild 55c) bzw. vorgeheftete Decklaschen nach Bild 55d), folgende Holzüberdeckungen eingehalten werden:

F 30: $\Delta s \geq 10$ mm

F 60: $\Delta s \geq 30$ mm

**5.8.7.4** Verbindungen mit freiliegenden, ungeschützten Blechflächen sind durch diese Regelungen nicht abgedeckt.

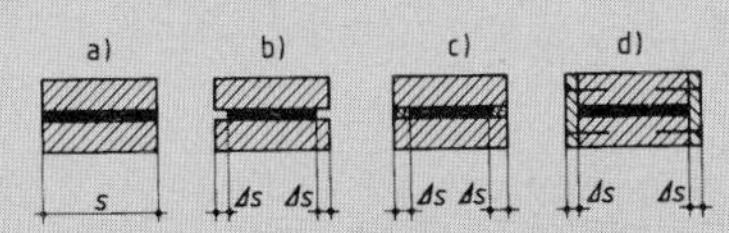


Erläuterungen:
a) bündig, das heißt ungeschützt
b) nach innen versetzt und somit geschützt
c) mit eingeleimten Holzleisten und somit geschützt
d) mit vorgehefteten Decklaschen und somit geschützt

**Bild 55: Anordnung innenliegender Stahlbleche**

**5.8.8 Verbindungen mit außenliegenden Stahlteilen**

**5.8.8.1** Sofern außenliegende Stahlteile nur der Lagesicherung dienen, genügt es, für die Feuerwiderstandsklassen F 30 und F 60 nur die Holzabmessungen nach Abschnitt 5.8.2.1 einzuhalten.

**5.8.8.2** Auflager aus Stahlschuhen mit Blechdicken ≥ 10 mm können in die Feuerwiderstandsklasse F 30 eingestuft werden, wenn sie nach den Angaben von Bild 56 an einer Stahlbetonstütze oder -wand angeschlossen werden.

ANMERKUNG: Die Brauchbarkeit von Balkenschuhen (Stahlschuhe mit einer Blechdicke < 10 mm) kann nicht allein nach DIN 4102 Teil 2 beurteilt werden; es sind weitere Eignungsnachweise zu erbringen — z. B. im Rahmen der Erteilung einer allgemeinen bauaufsichtlichen Zulassung.

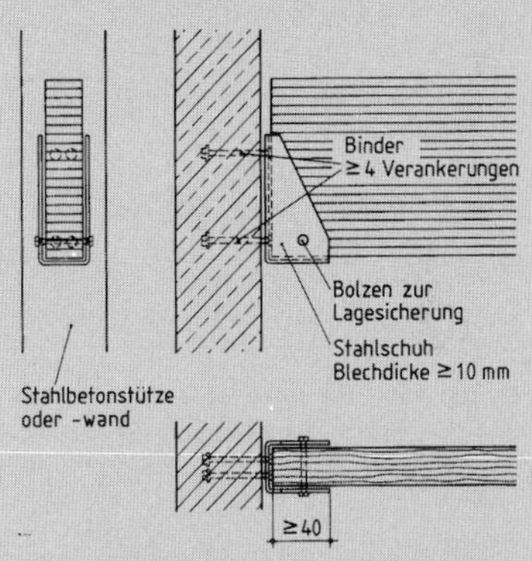


**Bild 56: Auflager aus einem Stahlschuh mit einer Blechdicke ≥ 10 mm (Beispiel)**

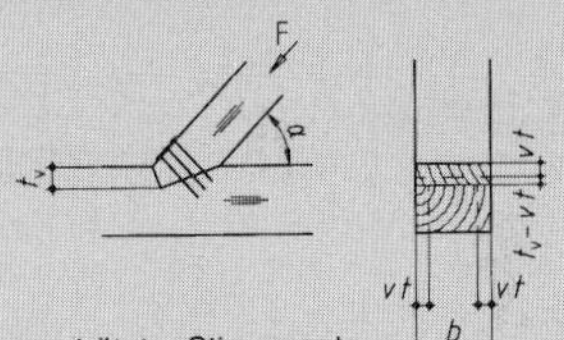


a) Ungeschützter Stirnversatz

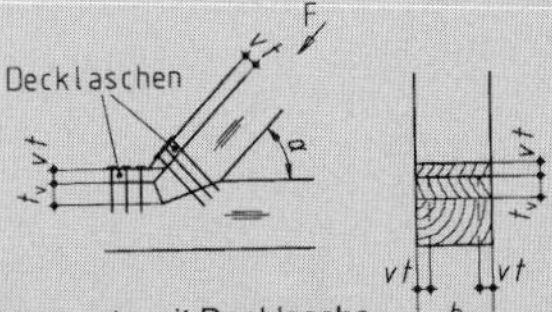


b) Stirnversatz mit Decklasche

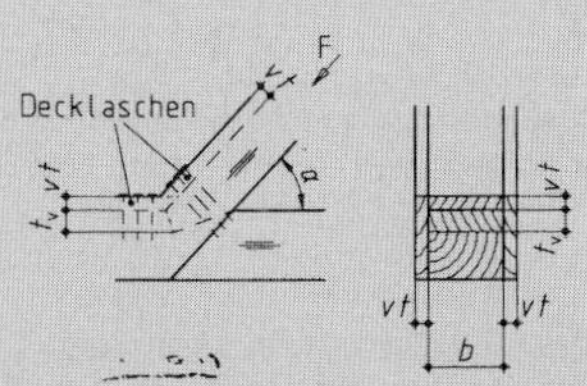


c) Stirnversatz mit allseitigen Decklaschen

(Jeweils mindestens 3 Befestigungsmittel zur Lagesicherung)

**Bild 57: Mindestabmessungen bei Stirnversätzen der Feuerwiderstandsklassen F 30 und F 60**

**5.8.9 Holz-Holz-Verbindungen**

Versätze der Feuerwiderstandsklassen F 30 und F 60 (siehe Bild 57).

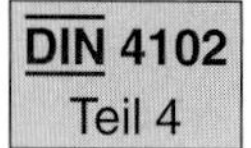

Es ist nachzuweisen, daß

$$F \leq \alpha_4 \cdot \text{zul } F \cdot 0{,}8 \qquad (24)$$

ist, wobei zul F die zulässige Kraft der anzuschließenden Strebe oder von ähnlichem bei Bemessung der Versätze nach DIN 1052 Teil 1 ist und

$$\alpha_4 = \begin{cases} (t_v - v t_f) \cdot (b - 2\, v t_f/(t_v \cdot b) & \text{für ungeschützte Versätze nach Bild 57a), wobei } t_v \text{ die statisch erforderliche Versatztiefe ist,} \\ (b - 2\, v t_f)/b & \text{für Versätze mit Decklasche nach Bild 57b),} \\ 1{,}0 & \text{für Versätze mit allseitigen Decklaschen nach Bild 57c)} \end{cases} \qquad (25)$$

ist. Der Versatz muß mit mindestens 3 Befestigungsmitteln lagegesichert werden. Wegen der Formelzeichen in Gleichung (25) siehe Abschnitt 5.5.2.4.

### 5.8.10 Nicht allgemein regelbare Verbindungen

**5.8.10.1** Firstgelenke können in die Feuerwiderstandsklassen F 30 und F 60 eingestuft werden, wenn sie nach den Angaben von Bild 58 ausgeführt werden.

**5.8.10.2** Gerbergelenke können in die Feuerwiderstandsklasse F 30 eingestuft werden, wenn sie nach den Angaben von Tabelle 86 ausgeführt werden.

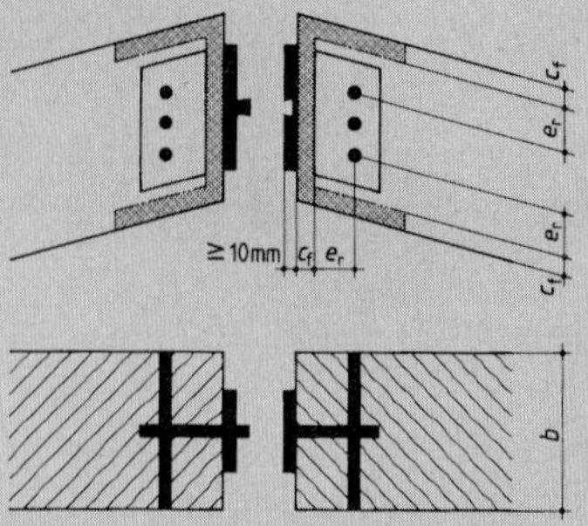


**Bild 58: Mindestabmessungen bei Firstgelenken der Feuerwiderstandsklassen F 30 und F 60, Darstellung der Stabdübel ohne Überstand**

**Tabelle 86: Randbedingungen für unbekleidete Gerbergelenke F 30-B**

| Zeile | Konstruktionsmerkmale | Mindestanforderungen bei Verwendung von Brettschichtholz | Mindestanforderungen bei Verwendung von Vollholz |
|---|---|---|---|
| | 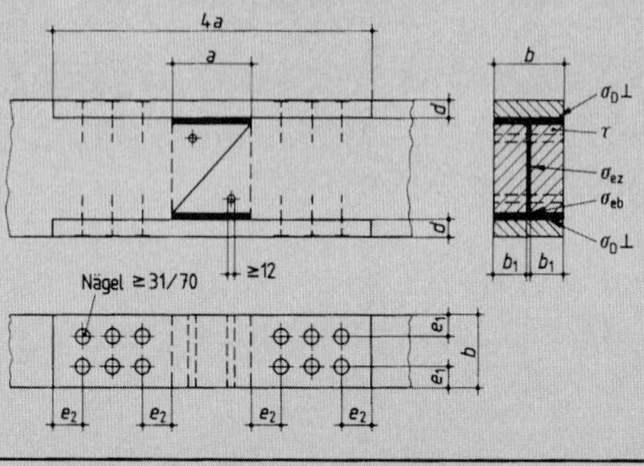  | | |
| 1 | **Mindestquerschnittsabmessungen in mm und Mindestanzahl der Nägel** | | |
| 1.1 | Mindestbalkenbreite $b$, sofern nicht nach den Angaben der Tabellen 74 bis 79 größere Breiten einzuhalten sind | 120 | 140 |
| 1.2 | Mindestauflagerbreite $b_1$ | 55 | 65 |
| 1.3 | Mindestlaschendicke $d$ | 30 | 30 |
| 1.4 | Mindestnagelabstände $e_1$ und $e_2$ | 35 | 35 |
| 1.5 | Mindestanzahl $n$ der Laschennägel je Laschenseite | 6 | 6 |
| 2 | **Zulässige Spannungen in N/mm²** | | |
| 2.1 | Maximale Schubspannung $\tau$ im Holz | 1,0 zul $\tau$ nach DIN 1052 Teil 1 | |
| 2.2 | Maximale Druckspannung (Auflagerpressung senkrecht zur Faser) $\sigma_{D\perp}$ | 2,0 | |
| 2.3 | Maximale Biegespannung im Stahlflansch $\sigma_{eb}$ | 1,0 zul $\sigma$ nach DIN 18 800 Teil 1/03.81 | |
| 2.4 | Maximale Zugspannung im Stahlsteg und den Schweißnähten $\sigma_{ez}$ | 0,25 zul $\sigma$ nach DIN 18 800 Teil 1/03.81 | |

**5.8.11 Beispiele**[7])

**5.8.11.1** Nach den Kriterien der Abschnitte 5.8.1 bis 5.8.9 ergeben sich die in Abschnitt 5.8.11 zusammengestellten Abmessungen. Bei anderen Verbindungen sind die Mindestabmessungen nach den Abschnitten 5.8.1 bis 5.8.9 zu ermitteln.

**5.8.11.2** Für Dübelverbindungen mit Dübeln besonderer Bauart ergeben sich nach Abschnitt 5.8.3.2 b) die Abmessungen nach Bild 59.

**5.8.11.3** Für Stabdübelverbindungen ergeben sich nach Abschnitt 5.8.4 die Abmessungen nach den Bildern 60 bis 63.

**5.8.11.4** Für Nagelverbindungen ergeben sich nach Abschnitt 5.8.6 die Abmessungen nach den Bildern 64 bis 67.

F 30

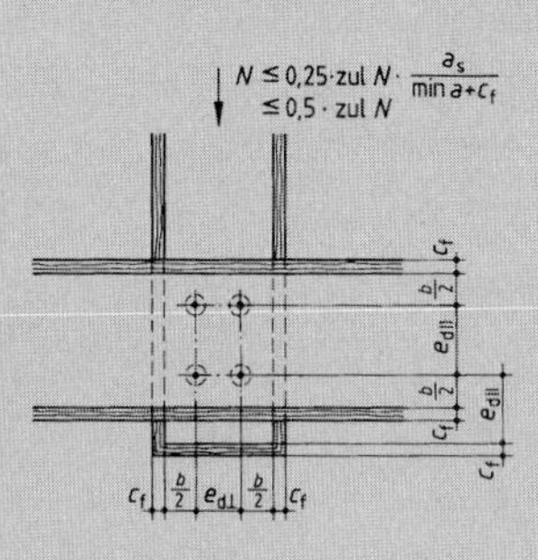


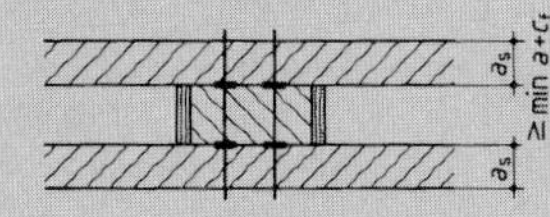


$c_f$ = 10 mm

$e_{d\perp}$, $e_{d\parallel}$, $b$ und min $a$ sowie zul $N$ nach DIN 1052 Teil 2/04.88, Tabellen 4, 6 und 7

**Bild 59: Mindestabmessungen und zulässige Belastung für Verbindungen mit Dübeln besonderer Bauart bei Anschlüssen der Feuerwiderstandsklasse F 30 nach Abschnitt 5.8.3.2 b) (Beispiel)**

F 30

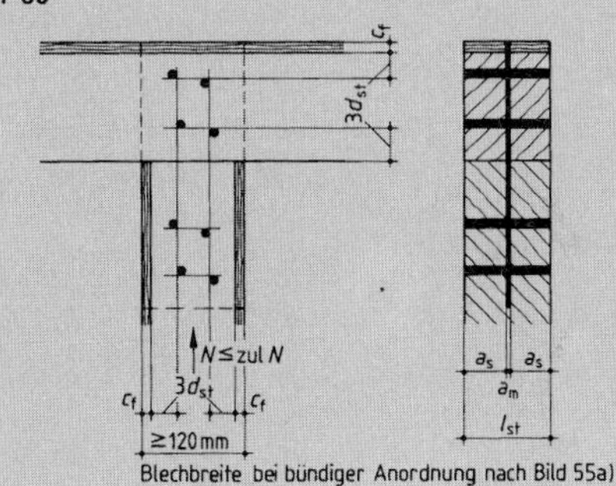


$a_s$ ≥ 50 mm
$a_m$ ≥ 2 mm
$c_f$ ≥ 10 mm
$l_{st}$ ≥ 120 mm
$d_{st}$ nach nachstehender Zusammenstellung

| Seitenholzdicke mm | Stabdübeldurchmesser mm |
|---|---|
| 60 und 80 | 8 |
| 100 | 10 |
| 120 und 140 | 12 |
| 160 und 180 | 16 |
| 200 und 220 | 20 |

Seitenholzdicken $a_s$ und zugehörige Stabdübeldurchmesser $d_{st}$ unter Berücksichtigung von Vorzugsmaßen für $N \leq$ zul $N$

**Bild 60: Mindestabmessungen für Stabdübelverbindungen mit innenliegenden Stahlblechen bei Anschlüssen der Feuerwiderstandsklasse F 30 nach Abschnitt 5.8.4.1 (Beispiel), Darstellung der Stabdübel ohne Überstand**

5.8

**F 60**

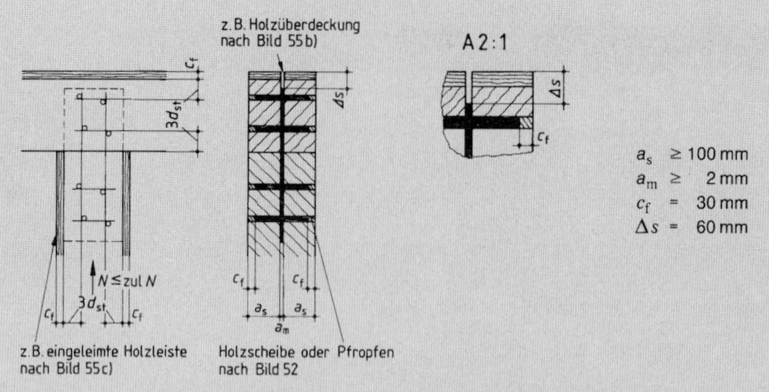


**Bild 61: Mindestabmessungen für Stabdübelverbindungen mit innenliegenden Stahlblechen bei Anschlüssen der Feuerwiderstandsklasse F 60 nach Abschnitt 5.8.4.4 (Beispiel)**

**F 30**

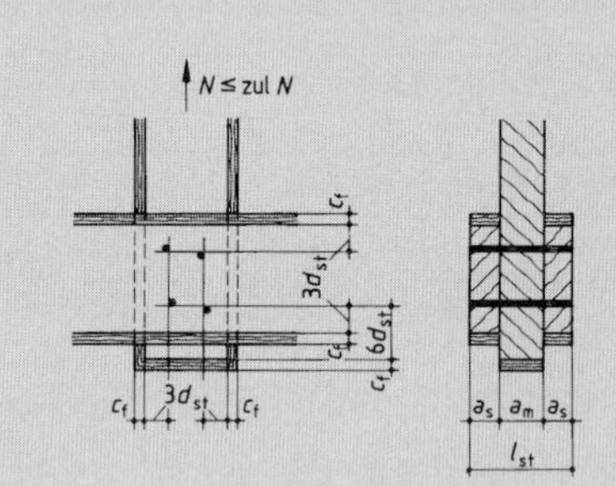


$a_s \geq 50$ mm
$c_f \geq 10$ mm
$l_{st} \geq 120$ mm
$d_{st}$ in Abhängigkeit von $a_s$ und $a_m$ nach untenstehenden Zusammenstellungen

| Seitenholzdicke $a_s$ mm | Mittelholzdicke $a_m$ mm | | | | | | | | |
|---|---|---|---|---|---|---|---|---|---|
| | 40 | 60 | 80 | 100 | 120 | 140 | 160 | 180 | 200 |
| 60 | 10 | 12 | | | | | | | |
| 80 | 10 | 12 | 16 | | | | | | |
| 100 | | 16 | 16 | 20 | 20 | 20 | | | |
| 120 | | 16 | 16 | 20 | 20 | 24 | 24 | 24 | 28 |
| 140 | | | 20 | 20 | 24 | 24 | 28 | 28 | 28 |
| 160 | | | 20 | 24 | 24 | 28 | 28 | 28 | 32 |
| 180 | | | | 24 | 24 | 28 | 28 | 32 | 32 |
| 200 | | | | 24 | 28 | 28 | 32 | 32 | 36 |

Erforderliche Stabdübeldurchmesser $d_{st}$ (Vorzugsmaße) in Abhängigkeit von den Holzdicken $a_s$ und $a_m$ für $\alpha = 0°$, bei denen eine Abminderung der maximal zulässigen Belastung zul $N$ nicht erforderlich ist.

| Seitenholzdicke $a_s$ mm | Mittelholzdicke $a_m$ mm | | | | | | | | |
|---|---|---|---|---|---|---|---|---|---|
| | 40 | 60 | 80 | 100 | 120 | 140 | 160 | 180 | 200 |
| 60 | 8 | 10 | | | | | | | |
| 80 | 8 | 10 | 12 | 12 | | | | | |
| 100 | | 10 | 12 | 16 | 16 | 16 | 16 | 20 | 20 |
| 120 | | 12 | 12 | 16 | 16 | 16 | 20 | 20 | 20 |
| 140 | | | 16 | 16 | 16 | 20 | 20 | 20 | 24 |
| 160 | | | 16 | 16 | 20 | 20 | 20 | 24 | 24 |
| 180 | | | | 20 | 20 | 20 | 24 | 24 | 24 |
| 200 | | | | 20 | 20 | 24 | 24 | 24 | 28 |

Erforderliche Stabdübeldurchmesser $d_{st}$ (Vorzugsmaße) in Abhängigkeit von den Holzdicken $a_s$ und $a_m$ für $\alpha = 90°$, bei denen eine Abminderung der maximal zulässigen Belastung zul $N$ nicht erforderlich ist.

**Bild 62: Mindestabmessungen für Stabdübelverbindungen ohne Stahlbleche bei Anschlüssen der Feuerwiderstandsklasse F 30 nach Abschnitt 5.8.4.2 (Beispiel), Darstellung der Stabdübel ohne Überstand**

**F 60**

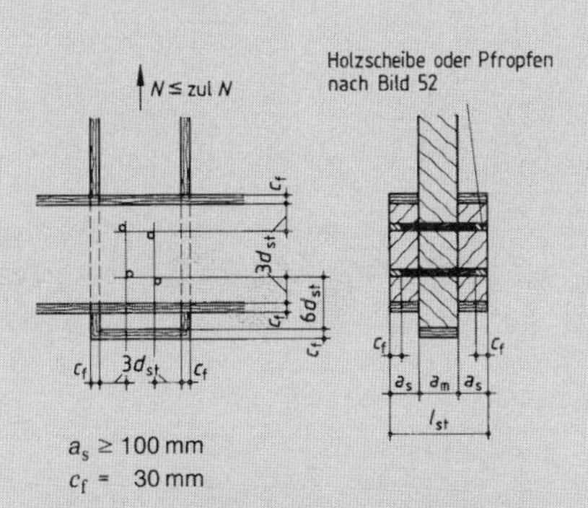


$a_s \geq 100$ mm
$c_f$ = 30 mm

**Bild 63: Mindestabmessungen für Stabdübelverbindungen ohne Stahlbleche bei Anschlüssen der Feuerwiderstandsklasse F 60 nach Abschnitt 5.8.4.4 (Beispiel)**

**F 30**

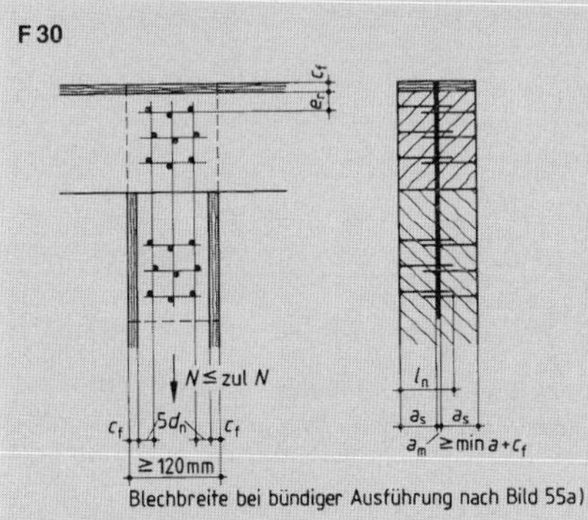


$a_s \geq 50$ mm
$a_s \geq \min a + c_f$
$a_m \geq$ 2 mm
$c_f$ = 10 mm
$l_n \geq 90$ mm

**Bild 64: Mindestabmessungen für Nagelverbindungen mit innenliegenden Stahlblechen bei Anschlüssen der Feuerwiderstandsklasse F 30 nach Abschnitt 5.8.6.1 (Beispiel)**

**F 60**

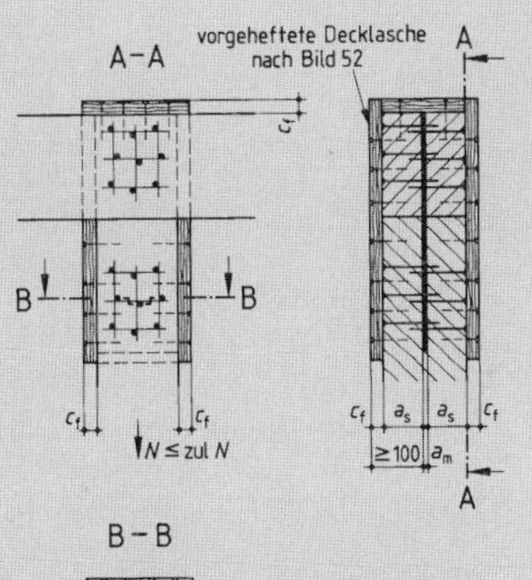


B-B

vorgeheftete Decklasche nach Bild 55d)

$a_s \geq 100$ mm — Laschendicke
$\geq \min a$
$a_m \geq$ 2 mm
$c_f$ = 30 mm

} bei Schutz der Nägel durch Holzlaschen

**Bild 65: Mindestabmessungen für Nagelverbindungen mit innenliegenden Stahlblechen bei Anschlüssen der Feuerwiderstandsklasse F 60 nach Abschnitt 5.8.6.3 (Beispiel)**

**F 30**

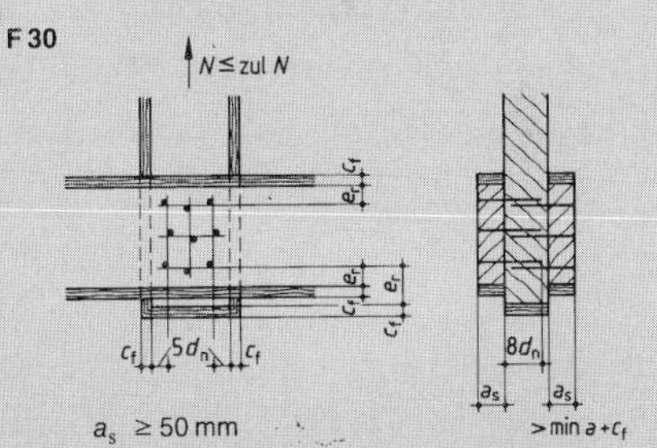


$a_s \geq 50$ mm
$a_s \geq \min a + c_f$
$c_f$ = 10 mm
$d_n$ nach untenstehender Zusammenstellung
Einschlagtiefe: 8 $d_n$

| $a_s$ mm | Mindest-Nagelgröße $d_n \times l_s$ |
|---|---|
| 60 | 46 × 130 |
| 80 | 55 × 140 |
| 100 | 60 × 180 |
| 120 | 70 × 210 |
| 160 | 88 × 260 |

Seitenholzdicken $a_s$ und zugehörige Mindest-Nagelgrößen unter Berücksichtigung von Vorzugsmaßen für $N \leq$ zul $N$

**Bild 66: Mindestabmessungen für Nagelverbindungen ohne Stahlbleche bei Anschlüssen der Feuerwiderstandsklasse F 30 nach Abschnitt 5.8.6.2 (Beispiel)**

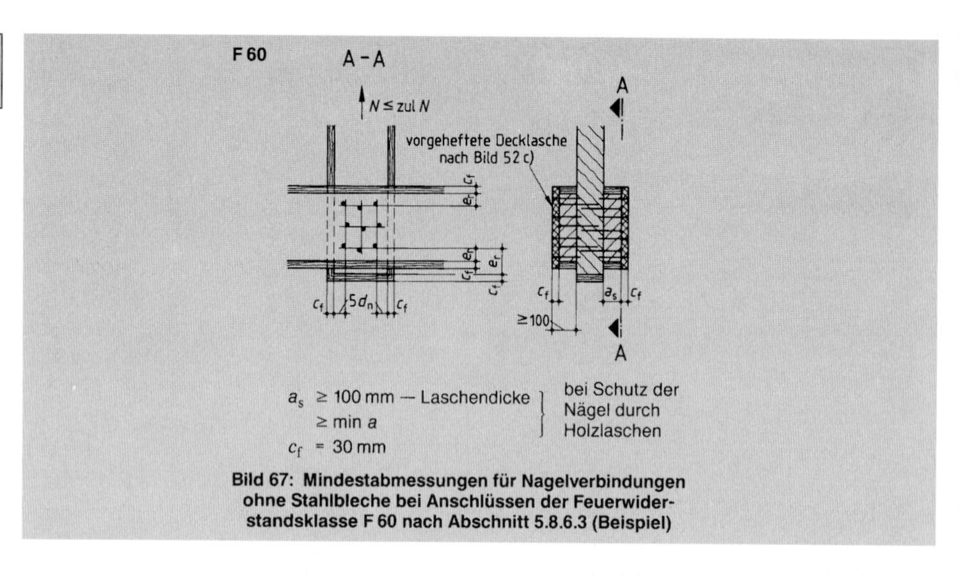


$a_s$ ≥ 100 mm — Laschendicke
≥ min $a$
$c_f$ = 30 mm
} bei Schutz der Nägel durch Holzlaschen

**Bild 67: Mindestabmessungen für Nagelverbindungen ohne Stahlbleche bei Anschlüssen der Feuerwiderstandsklasse F 60 nach Abschnitt 5.8.6.3 (Beispiel)**

Brandgeschädigte Stütze mit Kopfbändern. Zapfenlöcher gehören zu Zimmermannsmäßigen Verbindungen; sie brauchen brandschutztechnisch nicht berücksichtigt zu werden – vgl. Abschnitte 5.5.1.3 und 5.6.1.2 sowie die dazugehörigen Erläuterungen.

## Erläuterungen (E) zu Abschnitt 5.8

In Abschnitt 5.8 werden die Feuerwiderstandsklassen von **Verbindungen** behandelt. Abschnitt 5.8.1 beschreibt den Anwendungsbereich; in den Abschnitten 5.8.2 bis 5.8.9 werden allgemeine Regeln, Holzabmessungen und Randbedingungen (weitgehend identisch mit ENV 1995-1-2) angegeben. Abschnitt 5.8.10 beschreibt nicht allgemein regelbare Verbindungen wie First- und Gerbergelenke. In Abschnitt 5.8.11, d.h. im wichtigsten Abschnitt, werden praxisgerechte Beispiele für F 30 und F 60 auf der Grundlage der Abschnitte 5.8.2 - 5.8.9 für die direkte Anwendung beschrieben.

Die Angaben von DIN 4102 Teil 4 beruhen in Übereinstimmung mit ENV 1995-1-2 im wesentlichen auf den alten Erfahrungen [5.38] und einem speziellen, für die Beurteilung von Verbindungen durchgeführten Forschungsauftrag [5.97].

Allgemeine Angaben zu Verbindungen bei Konstruktionen sind u.a. in [5.1], [5.4] und [5.69] enthalten. Weitere Informationen werden in [5.76], [5.79] und [5.87] sowie in [5.98] bis [5.100] gegeben.

Die für die geforderte Feuerwiderstandsklasse richtige Bemessung von Verbindungen besitzt eine herausragende Bedeutung, da die Verbindungen i.a. das **schwächste Glied in der brandschutztechnischen Beurteilungskette** darstellen. Wie schon mehrfach gezeigt, z.B. bei der Beurteilung von

- Gesamtkonstruktionen auf den Seiten 81 bis 85 oder
- Bindern mit aussteifenden Pfetten auf Seite 300,

kann ein Bauteil nur dann in eine bestimmte Feuerwiderstandsklasse eingestuft werden, wenn alle maßgebenden Einzelbauteile den gewünschten Feuerwiderstand besitzen. In einer Untersuchung über das Versagen von Bauteilen in 36 verschiedenen Gebäudetypen – vorwiegend in der Tafelbauart – konnte gezeigt werden, daß es in der Regel auf die Verbindungen ankommt, die sich am ungünstigsten verhalten (Bild E 5-63); hier lag die Feuerwiderstandsdauer bei einer F 30-Forderung zwischen 28 min und 35 min, während sie bei anderen Bauteilen bei gleicher Forderung zwischen 30 min und 49 min (Mittelwert i.a. bei $\geq$ 35 min) lag.

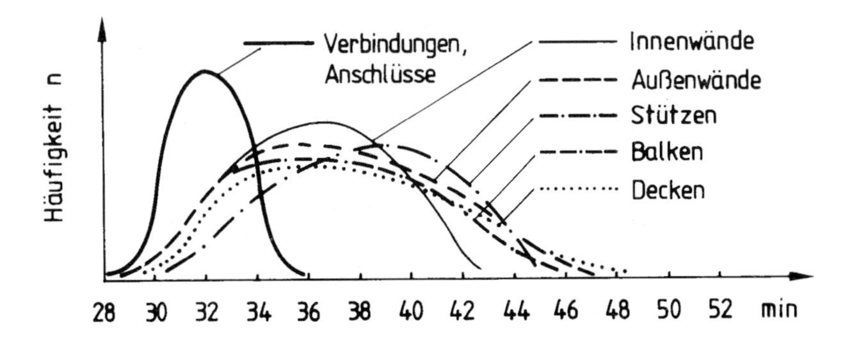


**Bild E 5-63**
Häufigkeit der Feuerwiderstandsdauer verschiedener Bauteile bei einer Forderung F30 bei 36 verschiedenen Gebäudetypen

**E.5.8.1.1** Grundlage für die „kalte" Bemessung der Verbindungen ist **DIN 1052 Teil 2** in der Ausgabe 04/88. Alle hier angegebenen Grundsätze (Holzdicken, Randabstände usw.) sind zu beachten. Darüber hinaus sind **brandschutztechnische Randbedingungen** einzuhalten, wenn eine Feuerwiderstandsklasse nach DIN 4102 Teil 2 gefordert wird. Diese Randbedingungen werden in Abschnitt 5.8 behandelt; sie gelten nur für die Verbindung allein.

Die Bauteile selbst – Balken, Stützen, Zugglieder usw. – sind nach den Abschnitten 5.2 bis 5.7 zu bemessen. Wenn ein anzuschließendes Bauteil für die Einstufung in eine bestimmte Feuerwiderstandsklasse kleinere oder größere Mindestquerschnittsabmessungen im Vergleich zur Verbindung (zum Anschluß) erfordert, dann sind diese maßgebend und umgekehrt. Die brandschutztechnisch richtige Bemessung verlangt immer zweierlei:

- Einhaltung der Mindestforderungen beim Bauteil
- ausreichende Dimensionierung des Anschlusses mit den gewählten Verbindungsmitteln.

**E.5.8.1.2** Die in Abschnitt 5.8 für Verbindungen zusammengestellten brandschutztechnischen Bemessungsregeln gelten für symmetrische Verbindungen. Wenn in besonderen Fällen asymmetrische Verbindungen ausgeführt werden sollen, ist dies ebenfalls möglich. Der Nachweis ist z.B. auf dem Wege eines Gutachtens zu führen (Bild E 3-19). Der schnellste Nachweisweg für die Brandschutzbemessung ist der über DIN 4102 Teil 4 **Abschnitt 5.8 – hier Abschnitt 5.8.11 mit vorgegebenen (symmetrischen) Beispielen für F 30 und F 60.**

**E.5.8.2.1/1** Eine Grundregel der Brandschutzbemessung lautet:
Der nach DIN 1052 Teil 2 einzuhaltende Randabstand $e_r$ ist brandschutztechnisch um den Wert $c_f$ (f von fire) bei F 30 um 10 mm und bei F 60 um 30 mm zu vergrößern, so daß sich der **Mindestrandabstand** für die geforderte Feuerwiderstandsklasse, wie in Gleichung (14) angegeben, zu

$$\min e_{r,f} = e_r + c_f$$

ergibt. $c_f$ kann auch als Vorhaltemaß bezeichnet werden, wobei für die Verbindung (ohne Schutz) von einer Feuerwiderstandsdauer von rd. 15 min ausgegangen wird (Bild E 5-65) und die **Vorhaltemaße $c_f$** mit 10 mm: 0,7 mm/min ~ 15 min und 30 mm: 0,7 mm/min ~ 45 min zu Feuerwiderstandsdauern von 15 + 15 = 30 min bzw. 15 + 45 = 60 min führen. Dies ist eine Vereinbarung, die einfach und praktisch ist. Sie löst die bisher geltenden, sehr unterschiedlichen, differenziert dargestellten Randabstände der Normfassung 03/81 ab.

**E.5.8.2.1/2 Wenn** die Mindestrandabstände ohnehin sehr groß sind, ist **keine Vergrößerung von $e_r$** erforderlich. So genügt bei Stabdübeln und Bolzen mit einem Durchmesser $\geq$ 20 mm für F 30 der Randabstand nach DIN 1052 Teil 2 und für F 60 eine Vergrößerung um 20 mm. Für Ränder, die gegenüber Brandeinwirkung geschützt sind, gelten natürlich die Abstände der „kalten" Bemessung von DIN 1052 Teil 2.
Die vorstehende Vereinbarung beruht auf der Tatsache, daß das geforderte Vorhaltemaß $c_f$ mit größer werdendem Stabdübel- oder Bolzendurchmesser kleiner

wird (Bild E 5-64); mit größer werdendem Stabdurchmesser wächst der Randabstand $e_r$.

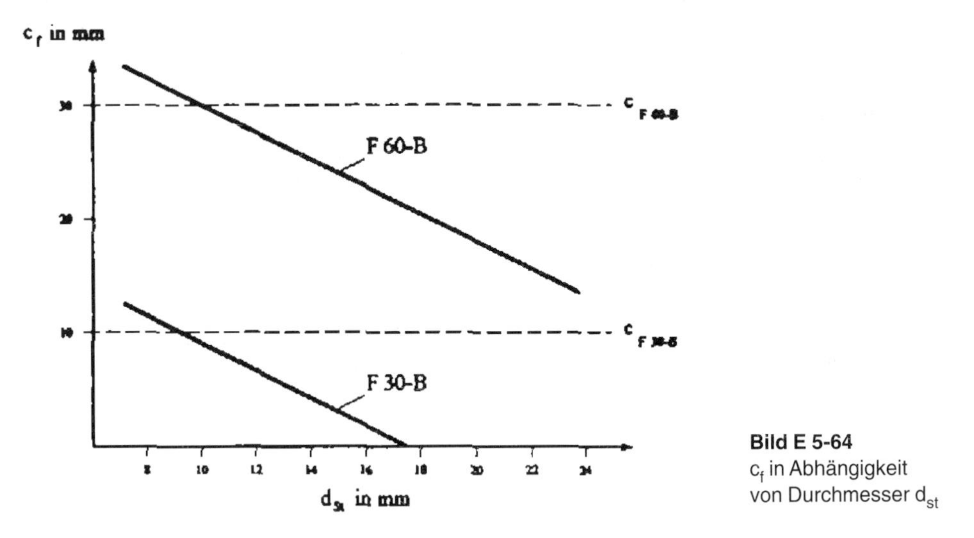


**Bild E 5-64**
$c_f$ in Abhängigkeit von Durchmesser $d_{st}$

**E.5.8.2.1/3** Eine weitere Grundregel der Brandschutzbemessung lautet:

Die **Seitenholzdicke im Brandfall $a_{s,f}$** muß bei F 30 mindestens 50 mm und bei F 60 mindestens 100 mm betragen. Für Verbindungen, für die nach DIN 1052 Teil 1 eine Mindestholzdicke (min a) vorgegeben ist, ist beim Seitenholz Gleichung (15) einzuhalten:

$$\min a_{s,f} = \min a + c_f$$

**E.5.8.2.1/4** Die vorstehenden Angaben zu $c_f$ und $a_{s,f}$ werden in Bild 51 der Norm noch einmal verdeutlicht, wobei zur Bildunterschrift zu sagen ist, daß eine Korrektur vor dem Erscheinen der Norm nicht ausgeführt wurde:
Statt e sollte es $e_r$ und statt a sollte es $a_s$ heißen.

**E.5.8.2.3/1** Freiliegende Stahlverbindungsmittel leiten die Wärme eines Brandes schnell in das Bauteilinnere, z.B. zum kraftübertragenden Dübel, der bei Alu (-legierungen) einen relativ niedrigen Schmelzpunkt besitzt. Nägel (Stahlstifte) werden „weich" und verlieren ihre Festigkeit. Die Verbindungsmittel müssen daher geschützt werden, wenn keine anderen Maßnahmen ergriffen werden. Der Schutz ist in Abschnitt 5.8.2.3 mit **eingeleimten Scheiben, Pfropfen, Laschen u.ä. der Dicke $c_f$** festgelegt, vgl. Bild E 5-65.

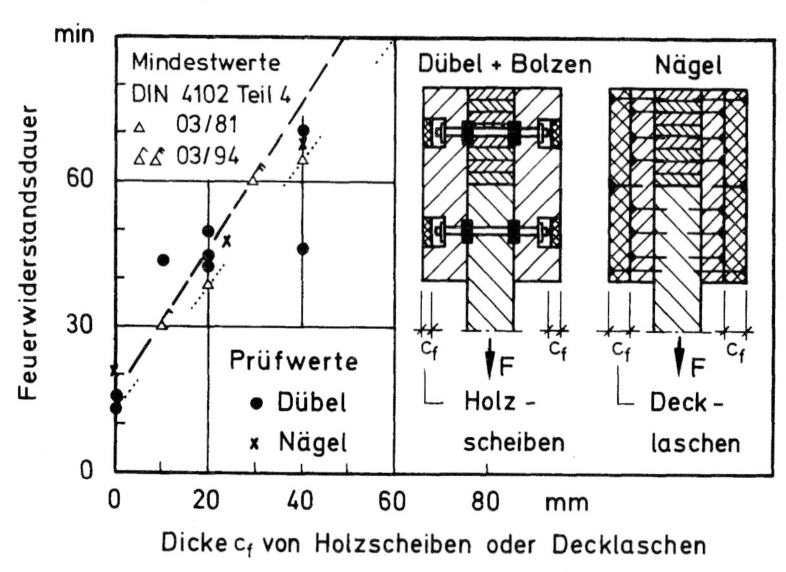


**Bild E 5-65** Feuerwiderstandsdauer verschiedener Verbindungen in Abhängigkeit von $c_f$.

Prüfung von Stützen-Zangen-Verbindungen in einem Brandversuchsstand des iBMB der TU Braunschweig

**E.5.8.2.3/2** Die Schutzmaßnahme mit der Dicke $c_f$ ist nur für F 30 und F 60 festgelegt. Während der Wert für F 30 mit $c_f$ = 10 mm die Verhältnisse in Bild E 5-65 als „Mittelwert" widerspiegelt, liegt der Wert für F 60 mit $c_f$ = 30 mm (der Geraden folgend) nicht mehr im Bereich des „Mittelwertes". Bei Verlängerung der Geraden (15 min, 30 min, 60 min mit $c_f$ = 10 mm und 30 mm) würde sich für **F 90** ein Wert $c_f$ ~ 50 mm ergeben; dieser nicht genormte Wert würde auf der unsicheren Seite liegen, weshalb empfohlen wird, im Sonderfall F 90 mit einem Wert $\mathbf{c_{f,90} = 60\ mm}$ zu arbeiten – auch wegen der zu erwartenden Spaltbildung.

**E.5.8.2.3/3** Arbeitet man nicht mit Abdeckungen aus Holz mit $c_{f,90}$ = 60 mm, kann F 90 auch durch eine Bekleidung erreicht werden, wobei GKF-, FERMACELL-Gipsfaserplatten, Ca-Si-Platten u.ä. verwendet werden können. Der Brandschutz ist im Einzelfall z.B. über ein Gutachten nachzuweisen (Bild E 3-19).

**E.5.8.2.4/1** Die einfache Regelung mit $c_f$ führt dazu, daß bei **Anschlüssen mit ⊥-Stahlteilen** (Bild E 5-66) nur noch auf $c_f$, den Stabdübeldurchmesser und den Schutz der Blechränder geachtet zu werden braucht.

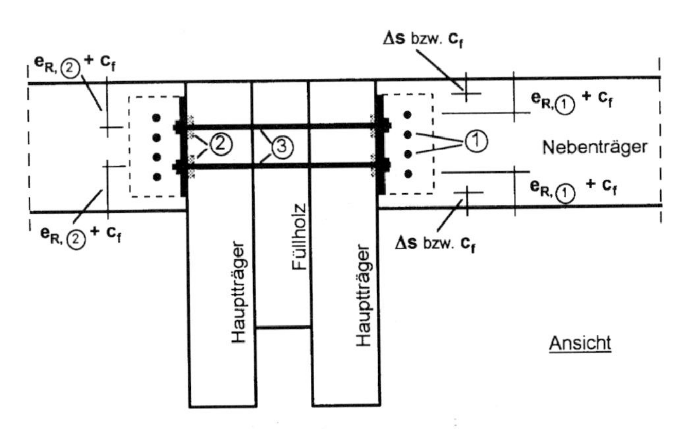


① ungeschützte Stabdübel
② einseitige Dübel besonderer Bauart
③ Klemmbolzen

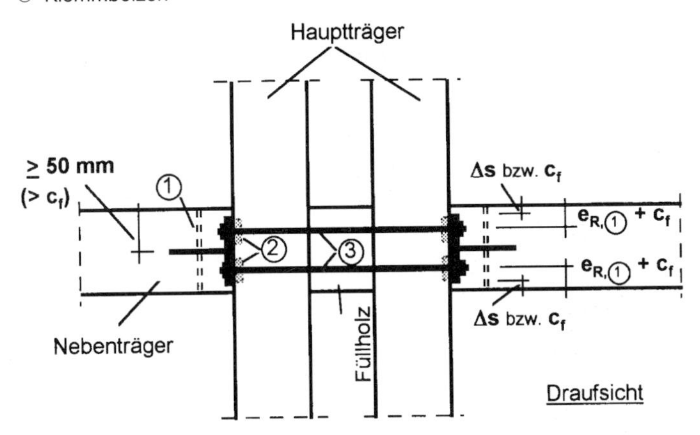


**Bild E 5-66**
Doppelbinder, Pfetten und Aussteifungsbalken aus Brettschichtholz mit Anschlüssen aus ⊥-Stahlteilen und Dübeln (Bemessungsbeispiel), Maße in cm

**E.5.8.2.4/2** Ein weiteres Beispiel für die einfache Regelung mit $c_f$ zeigt Bild E 5-67. Hier ist die Verbindung eines

- Trägers (Balkens) mit einer Stütze [Detail a)] sowie eines
- Nebenträgers mit einem Hauptträger [Detail b)]

durch einen **Hirnholzdübel-Anschluß** dargestellt. Wird $c_f$ = 10 mm eingehalten, wird F 30 mühelos erreicht. In einer Brandprüfung konnte nachgewiesen werden, daß die Verschraubung an der Stützenaußenseite freiliegen darf [Bild E 5-67, Detail a)]. Der Bolzen als „Zuganker" diente hier nur der Klemmbefestigung; die Querkräfte werden im Gebrauchszustand allein durch den Dübel zwischen Träger und Stütze (bzw. Hauptträger) übertragen. Für F 60 empfiehlt es sich jedoch, die Bolzen an der Stütze (bzw. dem Hauptträger) mit einer Überdeckung $c_f$ = 30 mm zu schützen, da die Erwärmung der Dübel wegen der längeren Beanspruchungszeit größer wird, vgl. Bild E 5-74.

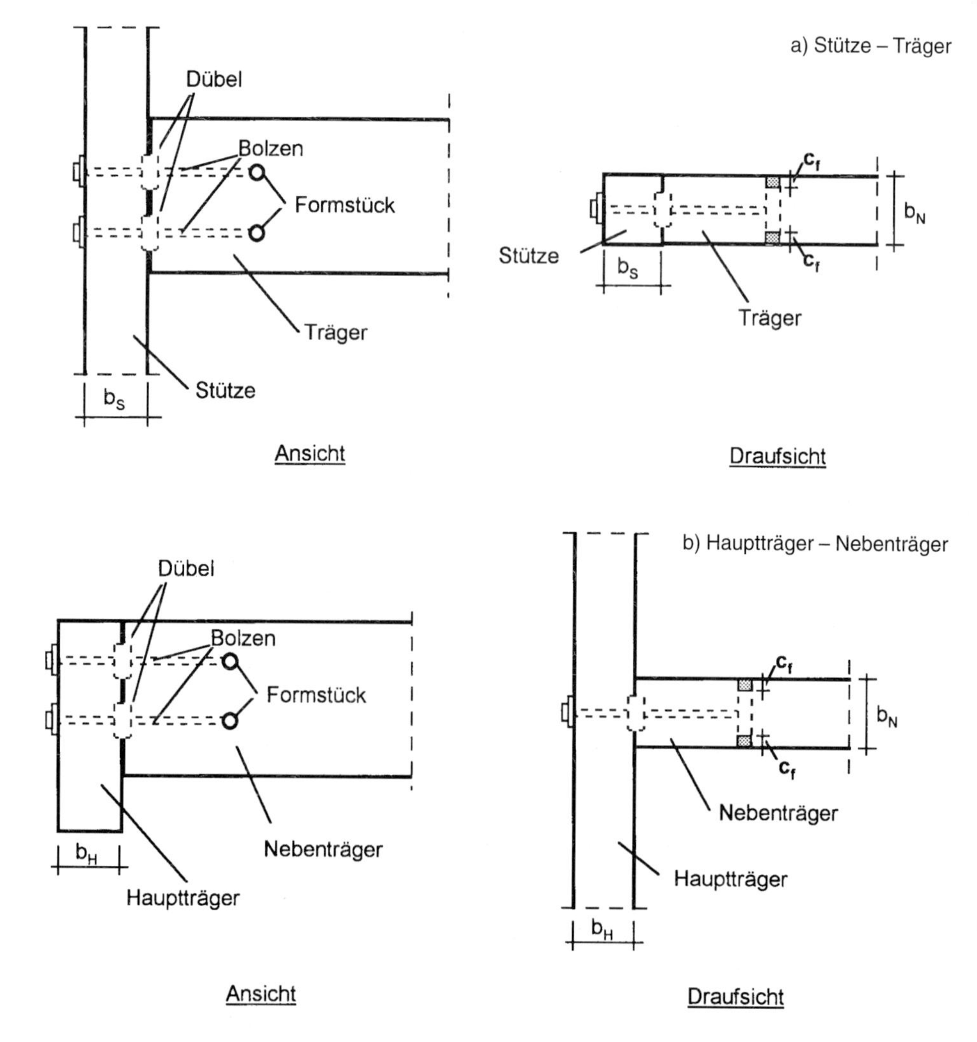


**Bild E 5-67** Hirnholzdübel-Anschluß

**E.5.8.2.4/3** Die Erläuterung E.5.8.2.4/1 gilt auch, wenn man firmengebundene Verbindungsmittel verwendet, z.B. **GH-Integralverbinder** nach den Bildern E 5-68 und E 5-69.

**Bild E 5-68**
Einschieben einer Pfette o.ä. in einen GH Integral-Verbinder

**Bild E 5-69**
Einschlagen von Stabdübeln in eine GH-Integral-Verbindung

In Brandprüfungen nach DIN 4102 Teil 2 konnte gezeigt werden, daß die vorstehende Aussage auch dann noch gilt, wenn zwischen den miteinander verbundenen Hölzern eine Fuge $\leq$ 3 mm breit vorhanden ist; außerdem wurde nachgewiesen, daß mit eingeschlagenen, eingeleimten Holzpfropfen mit $c_f$ = 30 mm eine Feuerwiderstandsdauer >> 60 min erzielt wurde [5.96].

Ähnliches gilt auch für andere gleichgeartete firmengebundene Anschlüsse – z.B. für BMF-Balkenträgeranschlüsse mit feuerverzinkten Stahlblechen, BMF-Kammnägeln und Stabdübeln.

**E.5.8.2.4/4** Die Randbedingungen für die **Stahl- und Stahlblechformteile** sind notwendig, damit sich diese Teile mit den Verbindungsmitteln nicht zu schnell erwärmen und damit ihre Tragfähigkeit erhalten bleibt. In diesem Zusammenhang sei erwähnt (→ 5.8.2.3), daß es für die **Pfropfen und Holzscheiben die Vorschrift der Einleimung** gibt; auch durch diese Maßnahme wird erreicht, daß kein frühzeitiges Versagen eintritt.

**E.5.8.2.6** Verbindungen zur **Lagesicherung** brauchen nicht geschützt zu werden. Bild E 5-70 zeigt als Beispiel ungeschützte Winkelhalterungen zur Lagesicherung von Sparren. In Bild E 5-71 sind konstruktive Stützen-Balken-Verbinder nach einem Brand zu sehen. Wenn für die Verbindung Nägel verwendet werden, muß eine Einschlagtiefe von 8 $d_n$ beachtet werden, siehe Normabschnitt 5.8.6.4.



**E.5.8.2.7** Bei biegebeanspruchten Zangen ist gegen Abwölben mit nachfolgendem schnellen Einbrand im Verbindungsbereich zur Erzielung der Feuerwiderstandsklasse die Anordnung eines **Futterholzes** erforderlich. Dies gilt insbesondere bei kippgefährdeten Trägern. Sind die Zangen nur auf Zug oder Druck beansprucht oder dienen sie gleichzeitig als Deckenbalken, so daß auf der

Zangenoberseite eine Decke – z.B. eine Bohlenabdeckung – ein Kippen oder Abwölben verhindert, braucht kein Futterholz angeordnet zu werden. Ein Futterholz ist ebenfalls nicht erforderlich bei

- geringer Beanspruchung (< 0,5 zul N) und bei
- Verbindungen mit Bolzen oder Sondernägeln.

**Bild E 5-70**
Ungeschützte Sparrenhalterungen aus Stahlwinkeln zur Lagesicherung

**Bild E 5-71**
Ungeschützte Stützen-Balken-Verbinder nach einem Brand

**E.5.8.3.1** Wie bereits aus der vorstehenden Erläuterung ablesbar ist, sind **Sondernägel** im Brandschutz besonders geeignet. Werden Dübelverbindungen mit Dübeln besonderer Bauart (Typ A-D nach DIN 1052 Teil 2) – z.B. Appel- (A), Geka- (D) oder Bulldog-Dübel (C) – bei Anschlüssen der Feuerwiderstandsklasse F 30 mit Sondernägeln gesichert und somit brandschutztechnisch „verbessert“, so ist

- kein Schutz (Decklasche o.ä.) für die Sondernägel erforderlich und
- keine Lastabminderung beim Anschluß notwendig, wenn die Sondernägel mindestens mit 8 $d_n$ ins Mittelholz eingeschlagen werden.

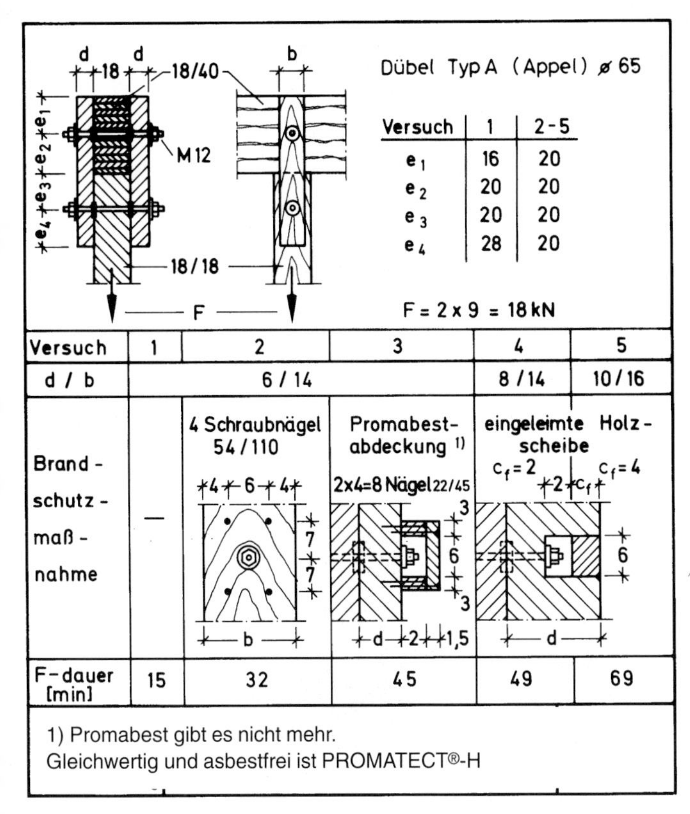


**Bild E 5-72**
Verbindungen von Zug- bzw. Druckstreben mit Balken bzw. Ober- oder Untergurten von Fachwerkbindern; Anschlüsse durch Vollholzlaschen und Appeldübel (Maße in cm)

**E.5.8.3.2** Bei ungeschützten Bolzen und Schrauben, im einzelnen bei
- Schraubenbolzen,
- Sechskantschrauben und
- Sechskantholzschrauben

werden zwei Fälle unterschieden: Erzielung der Feuerwiderstandsklasse F 30 mit

a) zusätzlichen Sondernägeln und
b) ohne zusätzliche Sondernägel bei abgeminderter Last der Dübelkraft auf $N \leq 0{,}25 \text{ zul } N \cdot a_s/\min a_{s,f} \leq 0{,}5 \text{ zul } N$.

Die positive Wirkung von Sondernägeln ist u.a. aus Bild E 5-72 ersichtlich, wo mit 4 Schraubnägeln eine Verbesserung der Feuerwiderstandsdauer um 17 min von 15 min auf 32 min erzielt wurde.

**E.5.8.3.3** In Abschnitt 5.8.3.3 werden für F 30 und F 60 die Maßnahmen mit $c_{f,30}$ = 10 mm und $c_{f,60}$ = 30 mm nach Abschnitt 5.8.3.2 angegeben. Werden diese Schutzmaßnahmen (Scheiben, Pfropfen oder Decklaschen) gewählt, sind die Maßnahmen a) „mit Sondernägeln" oder b) „ohne Sondernägel mit Lastminderung" nicht erforderlich. Der **Schutz mit $c_f$** reicht zur Erzielung der geforderten Feuerwiderstandsklasse aus.

**E.5.8.3.4** Brandprüfungen mit **verdübelten Balken** unter Verwendung von Stabdübeln hatten so große Reserven und zeigten Feuerwiderstandsdauern ähnlich einteiliger Balken, daß die in der Normfassung 03/81 geforderten Einzelabstände $e_1$ = 50 mm für F 30 und $e_1$ = 100 mm für F 60 in der Neufassung der Norm (03/94) fallen gelassen und einfacher wie folgt festgelegt wurden: Es gelten die Bedingungen von Abschnitt 5.8.2.1 – d.h. es sind die Maße $c_f$ und min $a_{s,f}$ einzuhalten; siehe hierzu auch E.5.8.2.1/1 – E.5.8.2.1/3. Damit können unter Beachtung dieser Maße mehrteilige Balken hergestellt werden.

**E 5.8.4** In diesem Abschnitt werden ungeschützte und geschützte, symmetrisch ausgebildete **Stabdübel-** und **Paßbolzenverbindungen** mit innenliegenden Stahlblechen sowie ohne Stahlbleche (Holz-Holz-Verbindungen) nach DIN 1052 Teil 2 (04/88) brandschutztechnisch behandelt.

Für die Durchführung einer Brandschutzbemessung von Stabdübelverbindungen zeigt Bild E 5-73 eine schematische Darstellung mit Angaben der jeweils zutreffenden Normabschnitte

**E 5.8.4.1** Für ungeschützte Stabdübelverbindungen mit innenliegenden Stahlblechen kann die zulässige Belastung je Seitenholz im Brandfall zul $N_f$ nach der Normgleichung (17)

$$N \leq \text{zul } N_f = 1{,}25 \cdot \text{zul}\sigma_1 \cdot (a_s - 30 \cdot v) \cdot d_{st} \cdot 1{,}25 \cdot \eta \cdot \left(1 - \frac{\alpha}{360^\circ}\right)$$

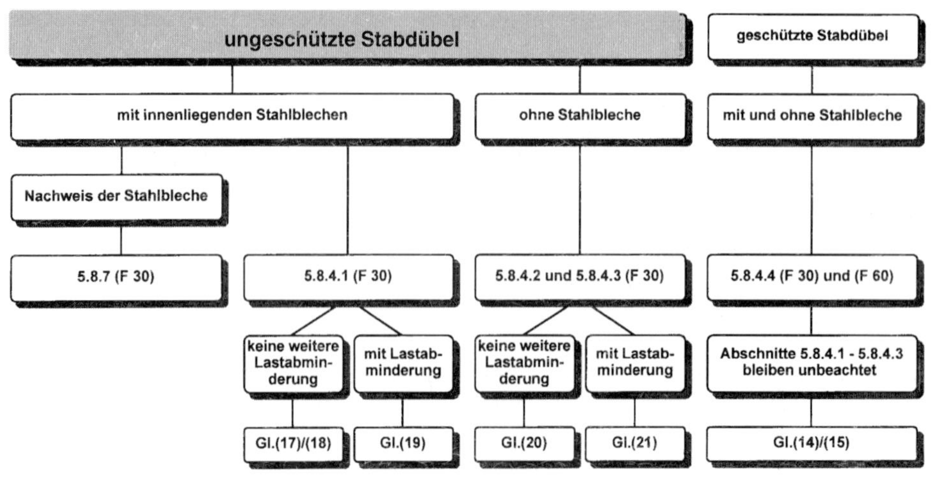


**Bild E 5-73**
Übersicht über die wichtigsten Normabschnitte für Stabdübelverbindungen

für eine Feuerwiderstandsdauer von 30 Minuten ermittelt werden.

Grundlage für die Ermittlung der **zulässigen Belastung** im Brandfall ist der Lochleibungsnachweis in den Seitenhölzern, die durch den seitlichen Abbrand am stärksten in ihrer Tragfähigkeit vermindert werden. Der Nachweis der Beanspruchung des innenliegenden Stahlblechs ist durch den seitlichen Schutz mit den Seitenhölzern brandschutztechnisch nicht bemessungsmaßgebend.

Der Term

$$1{,}25 \cdot \text{zul}\ \sigma_1$$

berücksichtigt die im Brandfall im Mittel angenommene Lochleibungsfestigkeit, die im ungünstigsten Fall gegenüber der angenommenen Ausgangsfestigkeit von $3{,}0 \cdot \text{zul}\ \sigma_1$ bei Raumtemperatur (20 °C) auf $1{,}25 \cdot \text{zul}\ \sigma_1$ bei erhöhter maßgebender Querschnittstemperatur abgemindert wird. Eine genauere, von der Temperatur und den Querschnittsabmessungen abhängigen Erfassung der Lochleibungsfestigkeit wäre sehr aufwendig und nicht praktikabel.

Der Klammerausdruck

$$a_s - 30 \cdot v$$

stellt die Restseitenholzdicke nach 30 Minuten gegenüber der Ausgangs-Seitenholzdicke $a_s$ in Abhängigkeit von der Abbrandgeschwindigkeit v (v = 0,7 mm/min für Brettschichtholz und 0,8 mm/min für Vollholz aus Nadelholz) dar.

Bei Verbindungen mit innenliegenden Stahlblechen zeigte es sich, daß die Erhöhung der zulässigen Beanspruchung um 25 % nach DIN 1052 Teil 2 auch im Brandfall zutrifft.

Wie bei einer Bemessung nach DIN 1052 Teil 2 ist bei einem Lastangriff schräg zur Faser eine Abminderung in Höhe von

$$1 - \frac{\alpha}{360^\circ}$$

vorzunehmen.

Damit im Brandfall vor Erreichen des Versagenszustands infolge Lochleibung in den Seitenhölzern n i c h t die Stabdübel versagen und auch kein vorzeitiges Herausziehen eintritt, ist die Bedingung

$$d_{st}/a_s \geq \min\ (d_{st}/a_s)$$

einzuhalten.

5.8

Wird diese Bedingung nicht eingehalten, kann entweder min ($d_{st}/a_s$) entsprechend dem Ausnutzungsgrad je Stabdübel nach DIN 1052 Teil 2 abgemindert werden (z.B. durch Anordnung zusätzlicher Stabdübel) oder die zulässige Belastung zul $N_f$ im Brandfall ist mit dem Faktor $\eta$ zu reduzieren.

Versuche, die in dem Forschungsvorhaben [5.97] ausgewertet wurden, haben gezeigt, daß durch Reduzierung der Beanspruchung N ein vorzeitiges Versagen auf Herausziehen verhindert wird. Dieses kann durch die modifizierte Gleichung

$$d_{st}/a_s \geq \min\,(d_{st}/a_s) \cdot \frac{N}{\text{zul}\ N_{DIN\ 1052}}$$

berücksichtigt werden.

Somit kann bei Einhaltung dieser zusätzlichen Bedingung auf eine Abminderung der zulässigen Last im Brandfall zul $N_f$ verzichtet werden.
Andernfalls ist die zulässige Belastung zul $N_f$ nach Gl. (17) durch den Faktor $\eta$ nach Gl. (18) abzumindern. Dies ist insbesondere dann der Fall, wenn der Nachweis der Stabdübel nach DIN 1052 Teil 2 bemessungsmaßgebend ist und im Brandfall so viel Tragreserven bestehen, daß zul $N_f$ trotz einer Abminderung immer noch größer als die Belastung N ist (vgl. Beispiel 1 in Abschnitt 5.8.4.3).

Die Bedingung für min ($d_{st}/a_s$) für Verbindungen aus Brettschichtholz und Vollholz aus Nadelholz mit Stabdübeln ergibt sich zunächst nach DIN 1052 Teil 2 aus

$$\frac{d_{st}}{a_s} \geq \frac{\text{zul}\ \sigma_1}{B} = 0{,}1667,$$

die in Übereinstimmung mit ausgewerteten Brandversuchen wie folgt modifiziert wurde:

$$\frac{d_{st}}{a_s} \geq 0{,}16 \cdot \sqrt{\frac{a_m}{a_s}} \cdot \left(1 - \left[\frac{110}{l'_{st}}\right]^4\right) \cdot \left(1 - \frac{\alpha}{360^\circ}\right)$$

Bei Verbindungen mit innenliegenden Stahlblechen wurde zur Vereinfachung für die Stahlblechdicke ungünstig 1/4 der Seitenholzdicke angenommen, so daß sich der Faktor 0,08 ergibt.

Der in Gl. (19) angegebene Faktor

$$1 + \left[\frac{110}{l'_{st}}\right]^4$$

kann als **Abminderungsfaktor f($l'_{st}$)** bezeichnet werden. Dieser Faktor (vgl. Bild E 5-74) berücksichtigt die schnellere Erwärmung mit abnehmender Stabdübellänge und erfaßt über $l'_{st}$ den ungünstigen Einfluß eines Stabdübelüberstandes auf die Erwärmung. Bis zu einem Überstand von 5 mm darf näherungsweise $l'_{st} = l_{st}$ gesetzt werden.

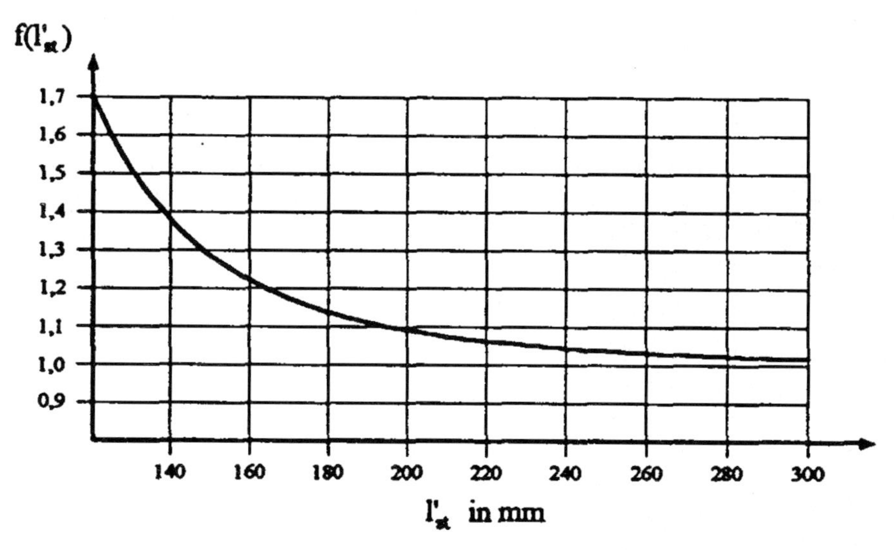


**Bild E 5-74** Abminderungsfaktor $f(l'_{st})$ in Abhängigkeit von der rechnerischen Stabdübellänge $l'_{st}$

Bei Stabdübelverbindungen mit einem größeren Überstand wird die erheblich schnellere Erwärmung vereinfachend durch die Reduzierung der Stabdübellänge auf $0{,}6 \cdot l_{st}$ berücksichtigt.

Bei langen Stabdübeln mit z.B. $l'_{st} \geq 300$ mm ist der Wärmefluß im Dübel vernachlässigbar, das bedeutet

$$f(l'_{st}) = 1{,}0.$$

Dagegen hat bei kurzen Stabdübeln der Wärmefluß einen erheblichen Einfluß und beträgt z.B. bei $l'_{st} = 120$ mm

$$f(l'_{st}) = 1{,}7.$$

Der Klammerausdruck

$$1 - \frac{\alpha}{360^\circ}$$

mindert bei Kraftangriff schräg zur Faser min $(d_{st}/a_s)$ ab und berücksichtigt, daß in diesem Fall das Versagen des Stabdübels im Brandfall weniger kritisch ist als nach DIN 1052 Teil 2.

Alle vorgenannten Regelungen setzen voraus, daß die Stabdübellängen bei Stabdübeln **ohne** Überstand mindestens **120 mm** und bei Stabdübeln **mit** Überstand mindestens **200 mm** aufweisen. Diese Mindestlängen sind durch eine genügende Anzahl von Brandversuchen hinreichend abgedeckt und werden aufgrund der erforderlichen Seitenholz- und ggf. Mittelholzdicken, die sich aus der brandschutztechnischen Bemessung der Holzbauteile ergeben, in der Regel eingehalten.

Die Grenze von 200 mm entspricht der 0,6fachen Mindestlänge bei Stabdübeln ohne Überstand und stellt damit den Übergang einer Verbindung mit und ohne Überstand dar.

Zur Ermittlung der Stabdübellänge sind die symmetrisch angeordneten Seitenholzdicken $2 \cdot a_s$, die Blechdicke - hier mit $a_m$ bezeichnet - und ggf. die Stabdübelüberstände $2 \cdot ü$ anzusetzen.

**E 5.8.4.2** In Abschnitt 5.8.4.2 werden Stabdübelverbindungen ohne Stahlbleche - d.h. **symmetrische Holz-Holz-Verbindungen** - behandelt. Die Regelungen sind, bis auf die 25 %ige Erhöhung der zulässigen Belastung bei Stabdübelverbindungen mit innenliegenden Stahlblechen, denen nach Abschnitt 5.8.4.1 gleichlautend und bedürfen keiner weiteren Erläuterung.

**E 5.8.4.3** An dieser Stelle wird noch einmal ausdrücklich auf die Möglichkeit einer **Abminderung der zulässigen Belastung** im Brandfall zul $N_f$ hingewiesen, wenn die geometrische Bedingung

$$d_{st}/a_s \geq \min (d_{st}/a_s)$$

nicht eingehalten werden kann.

Um die Bemessung von Holz-Holz-Verbindungen mit Stabdübeln besser verfolgen zu können, werden nachstehend die Beispiele
→ 1 mit Vollholz aus Nadelholz und
→ 2 mit Brettschichtholz
wiedergegeben.

**Beispiel 1**

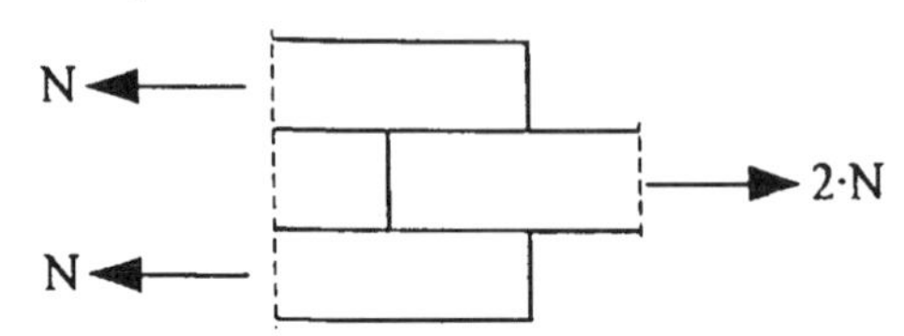


geg.: N=6,5 kN je Stabdübel
Brettschichtholz (BSH)

Stabdübel ø 16 mm
v·t = 0,21mm

$a_s = 140$ mm $\quad a_m = 150$ mm $\quad l_{st} = 430$ mm $\quad \alpha = 0^o$

$$\text{zul}\,N_{\text{DIN 1052}} = \min \begin{cases} 5{,}5 \cdot 140 \cdot 16 = 12.320 \text{ N} \\ 33 \cdot 16^2 = 8.450 \text{ N} \end{cases} \text{Seitenholz} \quad \begin{cases} 8{,}5 \cdot 150 \cdot 16/2 = 10.200 \text{ N} \\ 51 \cdot 16^2/2 = \mathbf{6.530\ N} \end{cases} \text{Mittelholz}$$

$$\rightarrow \boxed{\text{zul}\,N_{\text{DIN 1052}} = 6{,}53 \text{ kN}}$$

Die zulässige Last nach DIN 4102 Teil 4 ohne $\eta$ beträgt:

$$\text{zul}\,N_{\text{DIN 4102}} = 1{,}25 \cdot 5{,}5 \cdot (140-21) \cdot 16 = 13.090 \text{ N} = 13{,}09 \text{ kN} \geq 6{,}53 \text{ kN}$$

$$\eta = \frac{16}{140 \cdot \sqrt{\dfrac{150}{140}} \cdot 0{,}16 \cdot \left(1 - \left[\dfrac{110}{430}\right]^4\right)} = 0{,}69 < 1{,}0 \quad \text{nach DIN 4102 Teil 4}$$

Da $\eta = 0{,}69 < 1{,}0$ ist, folgt:

zul $N_{DIN\ 4102} = 1{,}25 \cdot 5{,}5 \cdot (140\text{-}21) \cdot 16 \cdot 0{,}69 = 9{,}03$ kN

→ Im Brandfall sind genügend Reserven vorhanden.

Der **statische Nachweis** ist weiterhin **bemessungsmaßgebend** und lautet:

$$N = 6{,}5 \text{ kN} < 6{,}53 \text{ kN} = \text{zul } N_{DIN\ 1052}$$

**Beispiel 2**

geg.: N = 5,2 kN je Stabdübel — Stabdübel ∅ 16 mm

Vollholz aus Nadelholz (NH) — $v \cdot t = 24$mm

$a_s = 80$ mm  $a_m = 200$ mm  $l_{st} = 360$ mm  $\alpha = 0^o$

$$\text{zul} N_{DIN\ 1052} = \min \begin{cases} 5{,}5 \cdot 80 \cdot 16 = \ 7.040 \text{ N} \\ 33 \cdot 16^2 = \ 8.450 \text{ N} \end{cases} \text{Seitenholz} \qquad \begin{cases} 8{,}5 \cdot 200 \cdot 16/2 = 13.600 \text{ N} \\ 51 \cdot 16^2/2 = \mathbf{6.530\ N} \end{cases} \text{Mittelholz}$$

→ zul $N_{DIN\ 1052} = 6{,}53$ kN

Die zulässige Last nach DIN 4102 Teil 4 ohne Berücksichtigung von $\eta$ beträgt:

zul $N_{DIN\ 4102} = 1{,}25 \cdot 5{,}5 \cdot (80 - 24) \cdot 16 = 6.160 \text{ N} = 6{,}16 \text{ kN} < 6{,}53$ kN

$$\eta = \frac{16}{80 \cdot \sqrt{\frac{200}{80}} \cdot 0{,}16 \cdot \left(1 - \left[\frac{110}{360}\right]^4\right)} = 0{,}80 < 1{,}0 \quad \text{nach DIN 4102 Teil 4}$$

Das Verhältnis der auftretenden Last zur zulässigen Belastung nach DIN 1052 beträgt (Ausnutzungsgrad des Stabdübels):

$$\eta_{kalt} = \frac{N}{\text{zul} N_{DIN\ 1052}} = \frac{5{,}2}{6{,}53} \approx 0{,}80$$

Die Bedingung

$$\frac{d_{st}}{a_s} = \frac{16}{18} = 0{,}20 > 0{,}16 \cdot \sqrt{\frac{200}{80}} \cdot \left(1 - \left[\frac{110}{360}\right]^4\right) \cdot 0{,}80 = 0{,}16 \cdot \sqrt{\frac{a_m}{a_s}} \cdot \left(1 - \left[\frac{110}{l_{st}}\right]^4\right) \cdot \eta_{kalt}$$

wäre erfüllt. Durch dieses günstige Verhältnis ist der Abminderungsfaktor $\eta$ im Brandfall nicht mehr bemessungsmaßgebend - d.h. eine Abminderung der zulässigen Belastung zul $N_{DIN\ 4102}$ im Brandfall ist nicht erforderlich.

**E 5.8.4.4/1** Bei Stabdübelverbindungen, die durch eingeleimte Holzscheiben, Pfropfen oder durch Decklaschen geschützt sind, entfallen die nach den Abschnitten 5.8.4.1 bis 5.8.4.3 geforderten Nachweise und Bedingungen, da durch den Schutz der Stabdübel eine Feuerwiderstandsdauer von mindestens 15 min bei F 30 und 45 min bei F 60 erreicht wird und die Stabdübelverbindung ungeschützt mindestens 15 min lang im Brandfall die erforderliche Tragfähigkeit behält.

**E 5.8.4.4/2** Die Nachweise nach den Abschnitten 5.8.4.1 bzw. 5.8.4.2 sind allerdings erforderlich, wenn bei biegebeanspruchten Zangen ein Kippen oder Abwölben der Zangen auftreten kann und die erforderlichen Futterhölzer gemäß Abschnitt 5.8.4.2 nicht angeordnet werden. Durch diese Maßnahme wird sichergestellt, daß durch den Schutz der Stabdübel und durch die Einhaltung der zulässigen Belastung im Brandfall zul $N_f$ das Kippen oder Abwölben der Zangen nicht bemessungsmaßgebend wird.

**E 5.8.4.5** Die Einhaltung nur der Holzabmessungen nach Abschnitt 5.8.2.1 bei **verdübelten Balken** zur Erzielung der Feuerwiderstandsklassen F 30 bzw. F 60 setzt voraus, daß die Stabdübel nach Abschnitt 5.8.2.3 geschützt sind. Diese Voraussetzung wird nicht ausdrücklich in diesem Abschnitt erwähnt. Andernfalls sind die Anforderungen nach Abschnitt 5.8.4.2 einzuhalten.

**E 5.8.4.6** Für **Paßbolzenverbindungen** dürfen nur maximal 25 % der zulässigen Stabdübelbelastung im Brandfall zul $N_f$ nach Gl. (17) bei Verbindungen mit innenliegenden Stahlblechen und nach Gl. (20) bei Holz-Holz-Verbindungen angesetzt werden.
Diese hohe Reduzierung der zulässigen Belastung ist auf die im Brandfall schnellere Erwärmung des Paßbolzens durch die beidseitig angeordneten ungeschützten Unterlagsscheiben und des überstehenden Schraubenkopfes bzw. der Mutter zurückzuführen. Bei der Überprüfung der geometrischen Bedingung

$$d_{st}/a_s \geq \min\,(d_{st}/a_s)$$

ist für die Paßbolzenlänge $0{,}6 \cdot l_{st}$ anzusetzen, d.h. eine Paßbolzenverbindung ist immer wie eine Verbindung mit Überstand zu behandeln. Die Länge des Bolzens muß demnach mindestens 200 mm betragen.

**E.5.8.5/1** In Abschnitt 5.8.5 wird die brandschutztechnische Bemessung von **Bolzenverbindungen** nach DIN 1052 Teil 2 (04/88) geregelt. Es wird bei F 30 unterschieden in

- ungeschützte Bolzenverbindungen für F 30 (Abschnitt 5.8.5.1)
  a) mit zusätzlichen Sondernägeln,
  b) ohne zusätzliche Sondernägel und
- geschützte Bolzenverbindungen für F 30 und F 60 (Abschnitt 5.8.5.2).

**E.5.8.5/2** Auf die brandschutztechnisch positive Wirkung von **Sondernägeln** wurde bereits in der Erläuterung E.5.8.3.1 (insbesondere in Bild E 5-72) eingegangen. Solche Sondernägel können auch verwendet werden, wenn Bolzenverbindungen ungeschützt bleiben sollen. Bei Verwendung von Sondernägeln ist keine Lastabminderung erforderlich - es sind lediglich die Randbedingungen von Abschnitt 5.8.5.1 Fall a) einzuhalten.

**E.5.8.5/3** Werden keine Sondernägel verwendet, ist entsprechend Abschnitt 5.8.5.1 Fall b) eine **Lastabminderung** vorzunehmen.

**E.5.8.5/4** Die Randbedingungen nach Fall a) oder Fall b) brauchen natürlich nicht eingehalten zu werden, wenn das **Vorhaltemaß $c_f$** berücksichtigt wird. Mit $c_f$ kann F 30 und F 60 erreicht werden (Abschnitt 5.8.5.2).

**E.5.8.5/5** Die **Wirkung von Sondernägeln und dem Vorhaltemaß $c_f$** geht auch aus Bild E 5-75 hervor. Durch den Einsatz von 6 Schraubnägeln 50/110 konnte eine Verbesserung der Feuerwiderstandsdauer von 16 auf 40 min, also um 24 min, erzielt werden. Im Beispiel von Bild E 5-72 mit 4 Schraubnägeln wurde eine Verbesserung um 17 min erzielt. Werden keine Sondernägel verwendet, reduziert sich der Gewinn an Feuerwiderstandsdauer, weshalb in der Norm nur die Möglichkeit der Verwendung von Sondernägeln angegeben wird.
Die Wirkung des Vorhaltemaßes $c_f$ geht ebenfalls aus Bild E 5-75 hervor, ebenso die Verbesserungen der Feuerwiderstandsdauer.

| Versuch | 6 | 7 | 8 | 9 | 10 | 11 |
|---|---|---|---|---|---|---|
| Dübel[1] | Bulldog ø 50 | | | SBU ø 55 | Stabdübel | |
| Bolzen | M12 | — | | M 12 | ø 10 | |
| Maße [cm] | 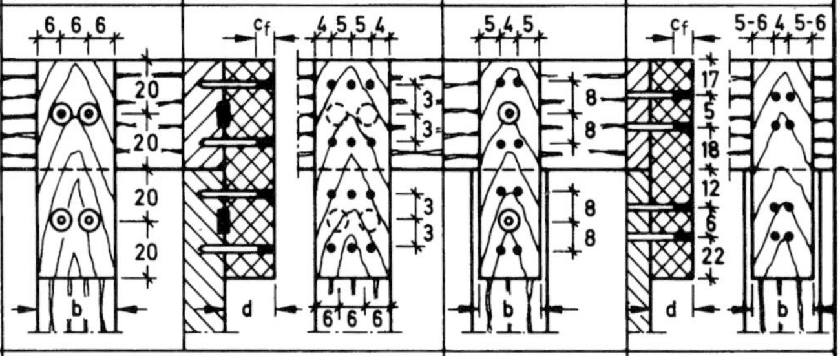 6, 6, 6; 20, 20, 20, 20; b | $c_f$; 4, 5, 5, 4; 3, 3, 3, 3; d; 6, 6, 6 | | 5, 4, 5; 8, 8, 8, 8; b | $c_f$; 5-6, 4, 5-6; 17, 5, 18, 12, 6, 22; d; b | |
| F | 4 x 4,5 = 18 kN | | | 2x9=18kN | 22 kN | |
| d/b | 6 / 18 | | | 6 / 14 | 7 / 14 | 9 / 16 |
| Brandschutzmaßnahme | — | 6 Schraubn. 50/110 | | 4 Nägel 46/130 | — | — |
| | — | eingel. Holzscheiben $c_f = 1$ | — | — | eingel. Holzscheiben $c_f = 2$ | $c_f = 4$ |
| F-dauer min | 16 | 44 | 40 | 28 | 43 | 46 |

1) Nach DIN 1052 Teil 2 (4/88): Bulldog-Dübel = Dübel Typ C
SBU-Dübel = Dübel Typ E

**Bild E 5-75**
Verbindungen von Zug- bzw. Druckstreben mit Balken bzw. Ober- oder Untergurten von Fachwerkbindern; Anschlüsse durch Vollholzlaschen und Bulldog-, SBU- und Stabdübel – Einfluß von zusätzlichen Nägeln und dem Vorhaltemaß $c_f$

**E.5.8.5/6** Bild E 5-76 zeigt ein **Bemessungsbeispiel** aus der Praxis, in dem auf verschiedene Aspekte eingegangen wird; es wird der Anschluß von **zweiteiligen Balken (Zangen)** an einer Stütze behandelt.

**Im Detail** ① von Bild E 5-76 schließen die Balken bündig mit den Stützen ab. Maßgebend für die Bemessung des Anschlusses ist die Auflagerbreite $e_1$, wobei $c_f$ zu berücksichtigen ist. Die Auflagerbreite kann identisch der Balkenbreite sein, wenn nach dem Abbrand die 1,25fache zulässige Pressung nach DIN 1052 Teil 1 noch nicht überschritten ist. Für die Bemessung der Stütze sind nicht nur die konstruktiv gewählten Maße d/b, sondern auch die Breite $b_1$ zu beachten; sie ist für den Nachweis von $\sigma_{D\|}$ maßgebend. Da die Stütze seitlich durch die eng anliegenden, aufgesetzten Balken vollständig geschützt wird, sind brandschutztechnisch keine Maßnahmen erforderlich. Beim Bolzen sind ebenfalls keine Maßnahmen (kein $c_f$) zu beachten, da der Bolzen nur konstruktiv wirkt und keine Kräfte überträgt.

Werden, wie im **Detail** ② von Bild E 5-76 dargestellt, die Balken durch Futterhölzer mit der Höhe $h_1$ konstruktiv zu einem Kastenträger verbunden, so daß der Stützenkern vollständig geschützt wird, ist für die Bemessung von $b_1$ nur noch DIN 1052 Teil 1 maßgebend; brandschutztechnisch ist die Breite $b_1$ uninteressant. Die Futterholzhöhe $h_1$ muß brandschutztechnisch $\geq c_f$ = 10 mm für F 30 sein – wird aus konstruktiven Gründen hier aber voraussichtlich mit $h_1 \geq$ 40 mm gewählt, so daß die Bedingungen für F 60 ebenfalls erfüllt sind. Die Kastenträgerbreite $b_2$ muß ≥ der Breite b der Tabellen E 5-17/18 (F 30), -21/22 (F 60) oder -25/26 (F 90) sein. Die Balken müssen mit den abdeckenden Brettern bzw. Bohlen durch Nägel oder Schrauben fest verbunden werden, um ein Kippen auszuschließen.

Im **Detail** ③ von Bild E 5-76 schließen die Balken im Gegensatz zu den Details 1 und 2 nicht bündig mit der Stütze ab. Auch dieser Fall ist möglich, wenn die Auflagerpressung der Balken unter Berücksichtigung des Abbrandes die 1,25fache zulässige Pressung nach DIN 1052 Teil 1 nicht überschreitet. Die Verbindung kann wie bei Detail 1 konstruktiv durch einen Bolzen erfolgen. Die Erläuterungen zur Stützenbreite (Detail 1) und zur kastenförmigen Balkenausbildung (Detail 2) gelten sinngemäß. Wird das Maß $e_3$ nicht eingehalten, sind die Kräfte aus den Balken auf die Stütze durch Dübel und Bolzen zu übertragen; die brandschutztechnische Bemessung dieser Verbindungen kann dann z.B. mit eingeleimten Scheiben der Dicke $c_f$ erfolgen.

**E.5.8.6** In Abschnitt 5.8.6 werden für ungeschützte und geschützte **Nagelverbindungen** nach DIN 1052 Teil 2 (04/88) Abschnitte 6 und 7 brandschutztechnische Bemessungsregeln für Verbindungen mit innenliegenden Stahlblechen sowie ohne Stahlbleche (Holz-Holz-Verbindungen) angegeben.
Für die Durchführung einer Brandschutzbemessung von Nagelverbindungen zeigt Bild E 5-77 in Analogie zum Bild E 5-73 eine schematische Darstellung mit Angaben der jeweils zutreffenden Normabschnitte.
Im Gegensatz zu den Stabdübelverbindungen sind bei Nagelverbindungen nur geometrische Bedingungen einzuhalten, da sie im Brandfall ein günstigeres Tragverhalten als vergleichbare Stabdübelverbindungen aufweisen.

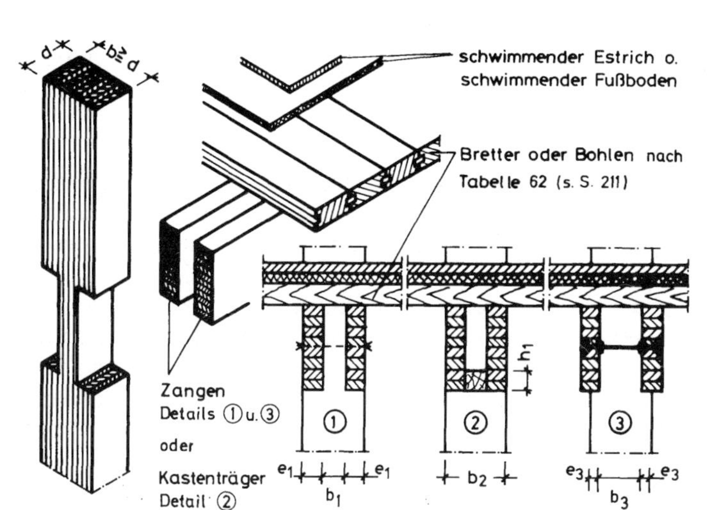


**Bild E 5-76**
Ausgeblattete Stützen mit durchgeführten Balken (Zangen)

**E 5.8.6.1** Bei ungeschützten Nagelverbindungen **mit innenliegenden Stahlblechen** genügt es neben der Beachtung der Randbedingungen für Bleche nach Abschnitt 5.8.7, nur eine Mindestnagellänge $l_n \geq 90$ mm einzuhalten. Damit wird in erster Linie ein vorzeitiges Versagen auf Herausziehen der Nägel bei Brandbeanspruchung verhindert.

**E 5.8.6.2** Demgegenüber verhalten sich **Holz-Holz-Verbindungen** mit Nägeln im Brandfall durch die Anordnung des Mittelholzes anders als Nagelverbindungen mit innenliegenden Stahlblechen. Bei Holz-Holz-Verbindungen muß neben der Einhaltung einer Mindesteinschlagtiefe von $8 \cdot d_n$ auch die geometrische Bedingung

$$\frac{d_n}{a_s} \geq \min \cdot (d_n / a_s) = 0{,}05 \cdot \left(1 + \left[\frac{110}{l_n}\right]^4\right)$$

eingehalten werden, damit das vorzeitige Herausziehen verhindert wird. Diese Bedingung ist in ähnlicher Weise wie die Bedingung bei den Stabdübeln hergeleitet und modifiziert worden.

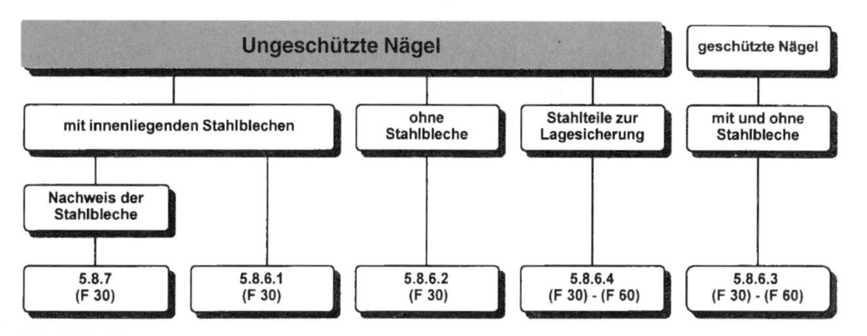


**Bild E 5-77**
Übersicht über die wichtigsten Normabschnitte für Nagelverbindungen

Bei Nichteinhaltung dieser Bedingung gilt Ähnliches wie bei Stabdübeln (z.B. Reduzierung der auftretenden Belastung je Nagel durch Anordnung zusätzlicher Nägel).

Bei Sondernägeln genügt es, nur eine Mindesteinschlagtiefe von $8 \cdot d_n$ einzuhalten, da das vorzeitige Herausziehen im Brandfall im Gegensatz zu den glattschaftigen Nägeln nicht bemessungsmaßgebend ist.

**E 5.8.6.3** Bei Nagelverbindungen, die durch **Decklaschen** geschützt sind, entfallen die nach den Abschnitten 5.8.6.1 und 5.8.6.2 geforderten Nachweise und Bedingungen, da durch den Schutz der Nägel eine Feuerwiderstandsdauer von mindestens 15 min bei F 30 und 45 min bei F 60 erreicht wird und die Nagelverbindung ungeschützt mindestens 15 min lang im Brandfall die erforderliche Tragfähigkeit behält.

**E.5.8.7/1** In Abschnitt 5.8.7 werden die Randbedingungen für **innenliegende Stahlbleche (≥ 2 mm)** angegeben, die in Verbindung mit Stabdübeln oder Nägeln verwendet werden. Wie bei allen Normangaben handelt es sich auch hier um eine Vereinbarung, vgl. Bild E 3-18, wobei im wesentlichen die Erwärmung der Bleche zu berücksichtigen war. Eine Übersicht über die zu ergreifenden Maßnahmen für F 30 und F 60 zeigt Bild E 5-79.

**E.5.8.7/2** Unter bestimmten Voraussetzungen dürfen die Blechränder ungeschützt bleiben [Fall a)], wobei die **Mindestmaße D** reduziert werden dürfen,wenn nur 1 Rand oder nur 2 gegenüberliegende Ränder ungeschützt sind. Liegen die Ränder bei der angegebenen zweiten Möglichkeit nicht gegenüber, sondern stoßen in einer Ecke zusammen, ist die Erwärmung zu groß, so daß dann so verfahren werden muß, als ob alle Ränder frei liegen würden.

**E.5.8.7/3** Die Blechränder gelten als geschützt, wenn die Maße $\Delta s$ eingehalten werden [Fälle b) – d)]. Die $\Delta s$-Werte in den Fällen c) und d) entsprechen den $c_f$-Werten.

**E.5.8.7.3** Die $\Delta s$-Werte in Abschnitt 5.8.7.3 werden entsprechend der **Blechdicke** gestaffelt, wobei der Normtext beim zweiten Spiegelstrich mit den Worten „im allgemeinen" schwer verständlich ist. Die bessere Formulierung enthält Bild E 5-79:

- Die Fälle c) und d) mit $\Delta_s = c_f$ gelten für alle Blechdicken ≥ 2 mm.

- Der Fall b) stellt eine Erleichterung dar, die in Anspruch genommen werden darf wenn die Blechdicke ≤ 3 mm ist (also 2 mm bis 3 mm). Bei derartigen Blechdicken ist die Angriffsfläche relativ klein, weshalb bei Einhaltung der $\Delta s$-Werte auf eine Abdeckung wie in den Fällen c) und d) verzichtet werden darf.

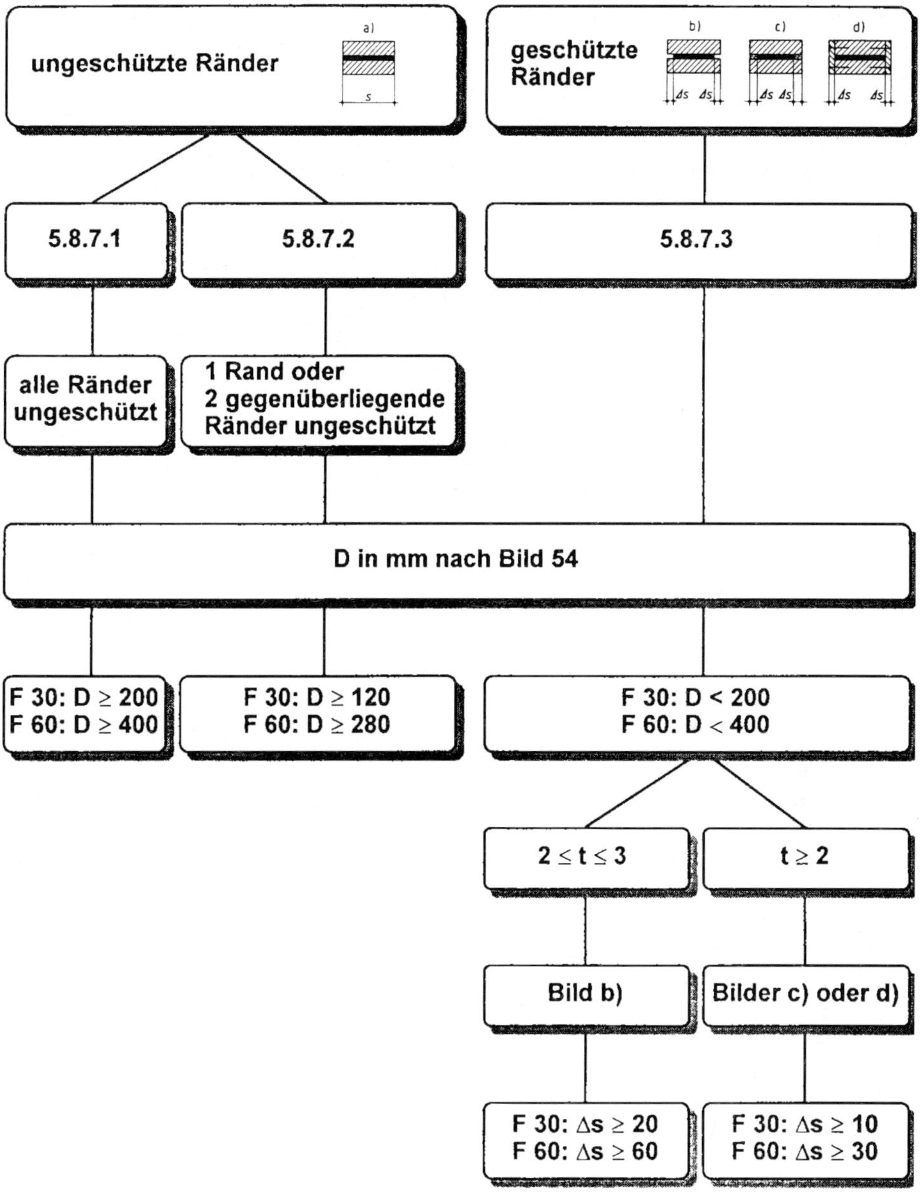

ungeschützte Ränder

a)

s

geschützte Ränder

b) c) d)

$\Delta s$ $\Delta s$

5.8.7.1

5.8.7.2

5.8.7.3

alle Ränder ungeschützt

1 Rand oder 2 gegenüberliegende Ränder ungeschützt

D in mm nach Bild 54

F 30: $D \geq 200$
F 60: $D \geq 400$

F 30: $D \geq 120$
F 60: $D \geq 280$

F 30: $D < 200$
F 60: $D < 400$

$2 \leq t \leq 3$

$t \geq 2$

Bild b)

Bilder c) oder d)

F 30: $\Delta s \geq 20$
F 60: $\Delta s \geq 60$

F 30: $\Delta s \geq 10$
F 60: $\Delta s \geq 30$

**Bild E 5-79**
Übersicht über die Bemessungsfälle (Normabschnitte) für innenliegende Stahlbleche (> 2 mm), t und $\Delta$s in mm (Schema)

Hauptträger – in Gabeln gelagert – mit Balkenschuhen nach einem Brand

**E.5.8.7.4/1** Verbindungen mit freiliegenden, ungeschützten **Blechflächen** werden in DIN 4102 Teil 4 (03/94) nicht behandelt. Eine Verbindung mit einem Blech nach Bild E 5-80 kann nach der Norm nicht klassifiziert werden.

**E.5.8.7.4/2** Verbindungen mit freiliegenden ungeschützten Blechflächen können nur dann klassifiziert werden, wenn der Nachweis durch eine Brandprüfung nach DIN 4102 Teil 2 durchgeführt oder in Sonderfällen ein Gutachten aufgestellt wird, vgl. Bild E 3-19.

**Bild E 5-78:** Zugglied-Verbindungen mit genagelten Laschen:
Vor der Brandprüfung (links) – nach der Brandprüfung kurz nach dem Versagen (rechts)

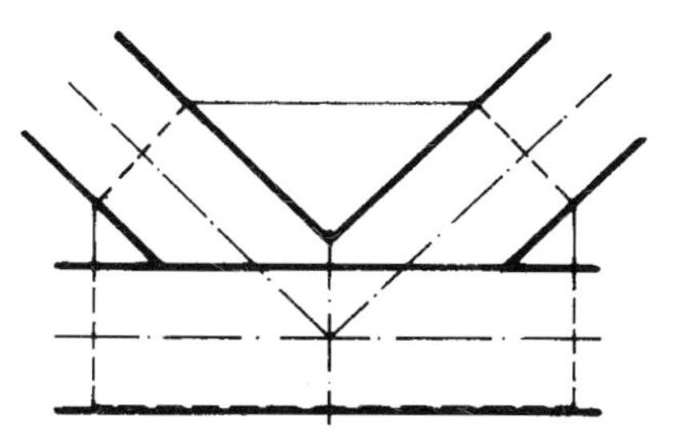

**Bild E 5-80** Innenliegendes Stahlblech mit freiliegenden, ungeschützten Blechflächen

5.8

Branderfahrungen liegen bisher nur mit **Knotenblechen** mit einer Dicke 6 mm $\leq t \leq$ 15 mm in Verbindung mit Dübeln besonderer Bauart vor [5.38]. Sie wurden bei der Prüfung von Verbindungen von Stahl-Zuggliedern mit Balken- bzw. Gurten von Fachwerkträgern gefunden (vgl. Bild E 5-81). Hierzu können folgende Erläuterungen gegeben werden:

**Detail** ① zeigt ein Knotenblech zwischen zwei Gurten, das beiderseits durch Dübel mit den Gurthölzern verbunden ist. Die Sicherung durch Bolzen ist unabdingbar; es dürfen auch mehrere Dübelpaare, jedes durch Bolzen gesichert, hintereinander angeordnet werden. F 30 wird unter folgenden Voraussetzungen erreicht:

- Verwendung von einseitigen S t a h l - Dübeln; Alu-Dübel ergeben durch frühzeitiges Schmelzen geringere Feuerwiderstandsdauern.
- Die Holzüberdeckungen der Dübelränder müssen $e_1 \geq 60$ mm betragen.
- Die Gurt- und Streben-Querschnitte sind nach den Abschnitten 5.5 – 5.7 zu bestimmen. Bei Knotenblechdicken $t \leq 8$ mm darf b auf die Doppelgurtbreite bezogen werden; dies gilt auch für $t > 8$ mm, wenn der Raum zwischen den Gurten mit Holzwerkstoffen o.ä. ausgefüllt wird, vgl. Fall c) in Bild E 5-79. Bei Gurtabständen $t > 8$ mm ohne Ausfüllung des Zwischenraumes ist b auf die Einzelquerschnitte zu beziehen.
- Die Stahl-Zugglieder sind an das Knotenblech durch Schweißen symmetrisch anzuschließen und hinsichtlich Querschnitt und Spannung nach E.5.7.3/2 (S. 348) zu bemessen; ggf. ist ein dämmschichtbildender Anstrich erforderlich. Außerdem ist zu beachten, daß die Stahl-Zugglieder aufgrund hoher Dehnungen im allgemeinen eine Länge $\leq$ 2,00 m aufweisen müssen; ggf. ist die Dehnung besonders zu berücksichtigen. Bei Einhaltung der Zuggliedspannungen nach E.5.7.3/2 (S. 348) brauchen die außenliegenden Bolzenköpfe samt Unterlegscheiben nicht geschützt zu werden. Bei höheren Spannungen, die z.B. bei ummantelten Stahl-Zuggliedern oder bei Holzzuggliedern mit großem Querschnitt (Bemessung nach Abschnitt 5.7) möglich sind, sind die außenliegenden Bolzenköpfe einzulassen und mit eingeleimten Holzscheiben mit $c_f \geq 20$ mm zu schützen, durch gleichwertige Maßnahmen abzudecken oder mit zusätzlichen Schraubnägeln zu sichern.

**Detail** ② zeigt eine ähnliche Verbindung, bei der zwei Zugglieder angeschlossen werden. Die Gurte sind um die Druckstrebendicke auseinander gerückt. Die eingeblatteten Knotenbleche werden durch Gurte, Streben u n d Füllhölzer weitgehend abgedeckt. Für eine F 30-Bemessung gelten die zu Detail 1 gemachten Angaben sinngemäß. Dabei ist zu beachten, daß die Füllhölzer aus Wirtschaftlichkeitsgründen im allgemeinen nicht durchgeführt werden, so daß b in der Regel auf die Einzelquerschnitte zu beziehen ist.

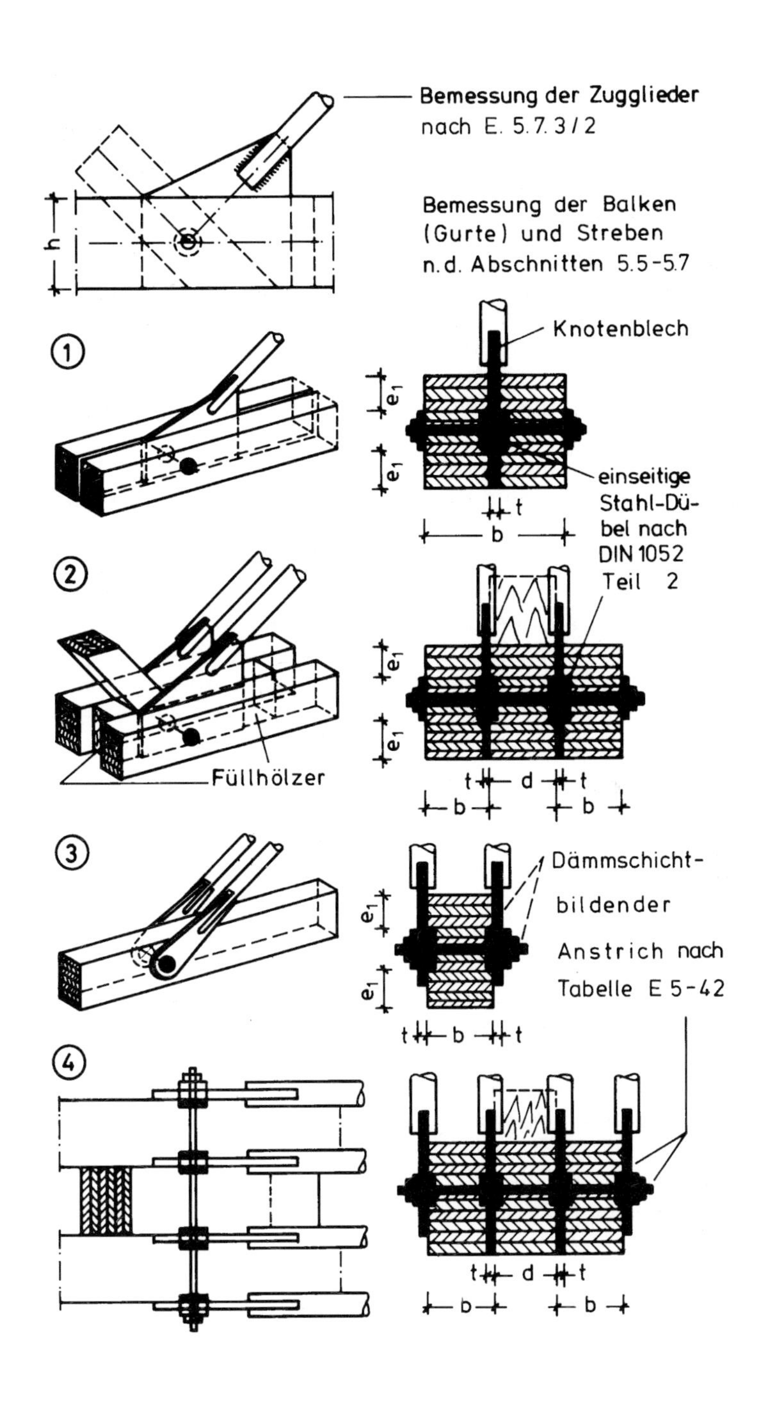


**Bild E 5-81**
Verbindungen von freiliegenden Stahl-Zuggliedern mit Balken bzw. Gurten von Fachwerkträgern
① Doppelgurt mit innenliegendem Knotenblech
② Doppelgurt mit innenliegenden Knotenblechen, Streben und Füllhölzern
③ Balken mit außenliegenden Zuggliedern
④ Doppelgurt mit innen- und außenliegenden Zuggliedern sowie mit innenliegenden Streben und Füllhölzern

**Detail** ③ zeigt einen Balken bzw. Gurt mit zwei Zuggliedern, die über außenliegende Stahllaschen angeschlossen werden. Für eine F 30-Bemessung gelten die zu Detail 1 gemachten Angaben sinngemäß. Die Stahllaschen sind wie die Stahl-Zugglieder unter Berücksichtigung abgeminderter Spannungen nach E.5.7.3/2 (S. 348) zu bemessen. Außerdem muß darauf geachtet werden, daß auch die Laschen in ihren maßgebenden Querschnitten U/A-Werte ≤ U/A nach E.5.7.3/2 (S. 348) aufweisen; ggf. ist ein dämmschichtbildender Anstrich erforderlich.
Wird eine Balkenbreite b ≥ 180 mm gewählt und werden die Spannungen nach E.5.7.3/2 (S. 348) eingehalten, kann brandschutztechnisch auf die Anordnung einseitiger Dübel sogar verzichtet werden, vgl. Bild E 5-81; nach DIN 1052 Teil 1 ist ein derartiger Anschluß jedoch nur dann zulässig, wenn mindestens zwei Bolzen pro Anschluß angeordnet werden.

**Detail** ④ zeigt einen Doppelgurt ähnlich Detail 2, bei dem jedoch innen- und außenliegende Knotenbleche angeschlossen werden. Für eine F 30-Bemessung gelten die zu Detail 1 und 2 gemachten Angaben sinngemäß. Außerdem ist zu be achten, daß die außenliegenden Knotenbleche zur Verhinderung frühzeitiger Verformungen und daraus resultierendem Versagen – vgl. die Bilder E 5-83 und E 5-84 – auf der Außenseite stets einen dämmschichtbildenden Anstrich nach Tabelle E 5-42 erhalten müssen. Ein derartiger Anstrich, der die Temperaturerhöhungen für längere Zeit in Grenzen hält, kann auch durch eine Bekleidung mit $c_f \geq 25$ mm ersetzt werden, vgl. Bild E 5-65 (s. S. 364). Werden die Stahllaschen von Detail 3 wie Knotenbleche ausgebildet, gelten die vorstehenden Angaben auch für Detail 3.

Alle vorstehenden Erläuterungen gelten nicht nur für Stahl-Zugglieder in Fachwerkbindern, sonderen sinngemäß auch für **Zugglieder von Verbänden**. Die Einschränkungen zu den Spannungen und Zuggliedlängen gelten ebenfalls. Sie brauchen jedoch nicht eingehalten zu werden, wenn die Zugglieder in Decken oder Wänden verlegt und durch Beplankungen oder Bekleidungen ausreichend abgedeckt werden, vgl. Bild E 5-85. Bei dem in Bild E 5-85 Detail a) dargestellten Verband sind für F 30 folgende Bedingungen einzuhalten:

$d_1$ ≥ 25 mm Spanplatten mit einer Rohdichte ≥ 600 kg/m$^3$ oder
$d_1$ ≥ 15 mm Gipskarton-Feuerschutzplatten (GKF DIN 18 180) [alternativ 12,5 mm FERMACELL-Gipsfaserplatten]
$d_2$ ≥ 7,1 cm Mauerwerk DIN 1053
D ≥ 80 mm bei einer Rohdichte ≥ 30 kg/m$^3$.

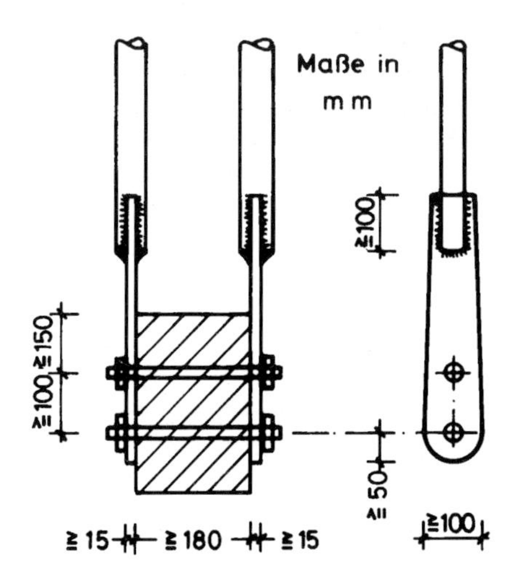


**Bild E 5-82**
Außenliegende Stahl-Zugglieder mit Laschen-Paßbolzen-Anschluß den Anstrich ohne Verwendung von Dübeln

**Bild E 5-83**
Stahl-Zugglieder nach Bild E 5-81 ohne dämmschichtbilden Anstrich nach dem Brand

**Bild E 5-84**
Knotenbleche, Bolzen und Dübel nach Bild E 5-81 Detail 4 ohne dämmschichtbildenden Anstrich nach dem Brand

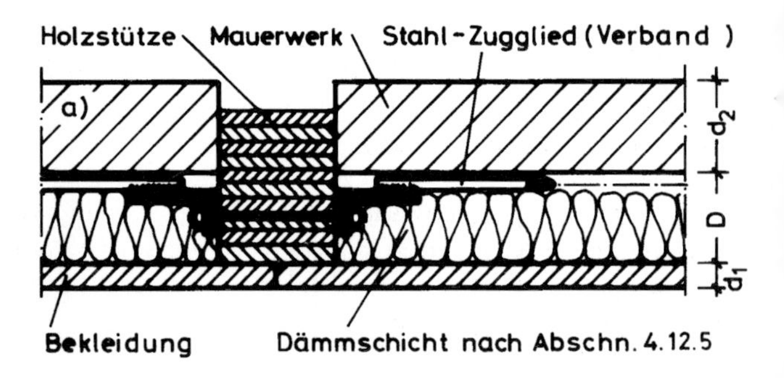


a) Verbände in Wänden

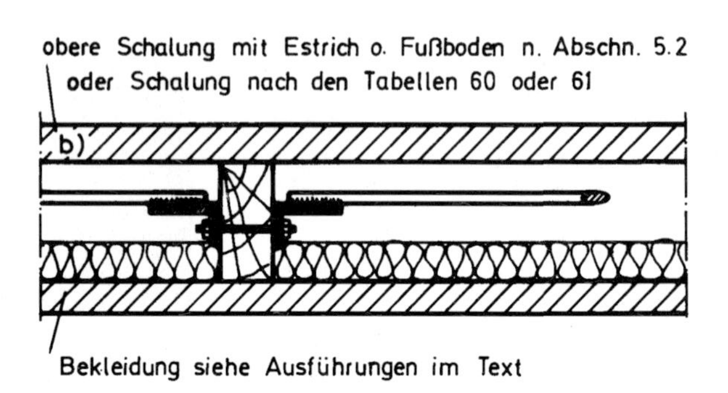


b) Verbände in Decken

**Bild E 5-85**
Beispiele für verdeckt angeordnete Stahl-Zugglieder

Bei dem in Bild E 5-85 Detail b) dargestellten Verband sind die in Abschnitt 5.1 bis 5.4 gemachten Angaben zu beachten. Als untere Bekleidung ist eine

- Drahtputzdecke nach DIN 4121 mit einer Brandschutzbemessung nach DIN 4102 Teil 4 (03/94), Tabelle 101, oder eine
- Unterdecke aus Gipskarton-Feuerschutzplatten nach DIN 18180 mit einer Brandschutzbemessung nach DIN 4102 Teil 4 (03/94), Tabelle 102, zu wählen. Auch Gipsfaserplatten FERMACELL oder andere Platten können zum Einsatz kommen.

**E.5.8.8.1** Sofern außenliegende Stahlteile nur der **Lagesicherung** dienen, müssen für F 30 und F 60 nur die Holzabmessungen nach Abschnitt 5.8.2.1 eingehalten werden - d.h. es müssen $c_f$ und $a_s$ beachtet werden. Diese Forderung entspricht dem schon behandelten Normtext von Abschnitt 5.8.2.6. Es gelten die Erläuterungen, wie sie im Zusammenhang mit den Bildern E 5-70 und E 5-71 gemacht wurden. Wie bereits dort ausgeführt und in Abschnitt 5.8.6.4 für Nagelverbindungen bestimmt, muß bei Verwendung von Nägeln lediglich die Einschlagtiefe von 8 $d_n$ beachtet werden.

**E.5.8.8.2/1** Werden außenliegende Stahlteile in Form von **Stahlschuhen** zur Auflagerung von Bindern o.ä. verwendet, muß die Blechdicke der Stahlschuhe ≥ 10 mm sein. Außerdem können derartige Auflagerschuhe nur in Verbindung mit Stahlbetonstützen oder -wänden verwendet werden. Nur wenn derart dicke Stahlteile vorliegen und nur wenn durch die Verbindung mit Stahlbeton die Wärmeableitung groß ist, wird F 30 erreicht. Die Auflagerkräfte werden durch den Stahlschuh übertragen. Da er am Stahlbetonbauteil formstabil bleibt und keine Schrägstellung erfährt, wie sie beim Anschluß an Holzbauteile durch „Einbrennen“ auftritt, werden die Kräfte abgeleitet, und es findet kein Herausrutschen des Binders statt. Der in Bild 56 der Norm dargestellte Bolzen dient nur der Lagesicherung. Hier braucht nichts weiter beachtet zu werden.

**E.5.8.8.2/2** Stahlschuhe der vorstehend beschriebenen Art in Verbindung mit Stahlbetonbauteilen werden relativ selten verwendet. Häufiger kommen **Balkenschuhe** mit Blechdicken << 10 mm zur Anwendung. Wie die Anmerkung zu Abschnitt 5.8.8.2 aussagt, sind derartige Balkenschuhe zulassungspflichtig.

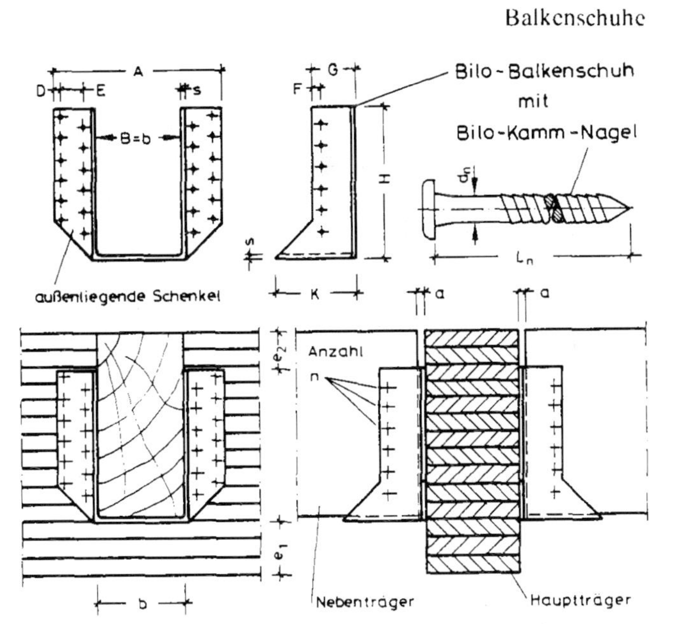


**Bild E 5-86**
Bilo-Balkenschuhe und Bilo-Kamm-Nägel zur Verbindung von Balken mit Balken

**E.5.8.8.2/3** Balkenschuhe mit Blechdicken ≥ 2 mm werden zur **Verbindung von Holzbauteilen** verwendet, i.a. zur Verbindung von

- Nebenträgern mit Hauptträgern, wobei die Stahlschenkel der Schuhe außen (sichtbar) liegen (Bild E 5-86), seltener zur Verbindung von
- Trägern mit Stützen, wobei die Stahlschenkel innen (unsichtbar) liegen (Bild E 5-87).

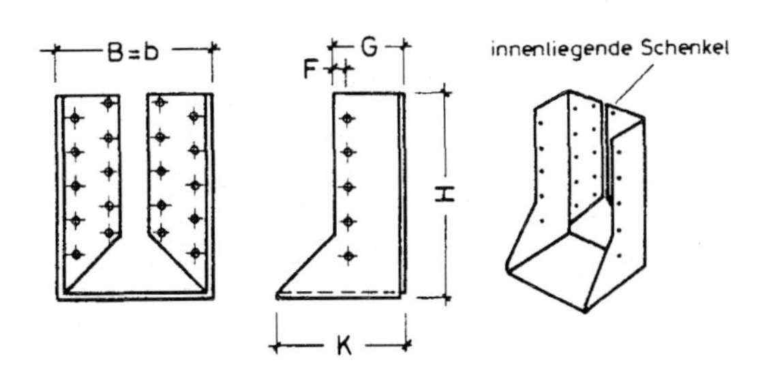


**Bild E 5-87**
Balkenschuhe mit innenliegenden Schenkeln

**E.5.8.8.2/4** Bei den Balkenschuhen nach den Bildern E 5-86/87 werden die Kräfte theoretisch nicht durch die Auflagerpressung im Schuh mit dünnem Blech, sondern durch **Sondernägel** übertragen. Die Kräfte gehen vom anzuschließenden Bauteil auf die Nägel über und werden dann über die Nägel in den außen- oder innenliegenden Schenkel auf das Hauptbauteil übertragen. Im Brandfall trägt der Blechschuh zu einem geringen Anteil mit und reißt dann i.a. auf (Bilder E 5-88/89).

**E.5.8.8.2/5** Für die Ausführung der Balkenschuhe und die Art der Nägel gelten die Bestimmungen von Zulassungsbescheiden des DIBt. In diesen Bescheiden werden u.a. auch bestimmt:

- Nageldurchmesser/Nagellänge,
- Einschlagtiefe und
- zulässige Belastung je Nagel,

jeweils in Abhängigkeit vom zugelassenen Balkenschuhtyp, der sich in der Regel nach der Breite des anzuschließenden Trägers staffelt.

**E.5.8.8.2/6** In **Brandprüfungen** nach DIN 4102 Teil 2 konnte nachgewiesen werden, daß **F 30** unter Beachtung von

- Schuhbreite (Balkenbreite des Nebenträgers),
- Nagellänge und
- Belastung

erzielt werden kann. Ein Beispiel hierzu ist in Tabelle E 5-43 angegeben. Einzelergebnisse sind in [5.38] graphisch dargestellt.

**Bild E 5-88** Aufgerissene Balkenschuhe nach einem Brand

**Bild E 5-89**
Balkenschuh mit innenliegenden Schenkeln zur Verbindung von Trägern mit Stützen kurz vor dem Versagen (links) mit aufgerissenem Schuh (rechts) bei einer Brandprüfung

**E.5.8.8.2/7** Die Feuerwiderstandsklasse F 30 wird, wie aus Zeile 7 von Tabelle E 5-43 hervorgeht, nur erreicht, wenn die **Nagellänge $L_N \geq$ 75 mm** beträgt – auch wenn im Zulassungsbescheid als Nägel nur 60 mm lange Nägel angegeben sind. Um die Diskrepanz zwischen Prüfung und Zulassungsbescheid auszuräumen, wurden Brandprüfungen durchgeführt. Sie haben gezeigt, daß mit $L_N$ = 60 mm F 30 nicht erreicht wird.

Um F 30 zu erreichen, müssen also entgegen den Bestimmungen des Zulassungsbescheids Nägel mit $L_N \geq$ 75 mm verwendet werden.

**E.5.8.8.2/8** Die Feuerwiderstandsklassen ≥ **F 60** können nur durch Normprüfungen nachgewiesen werden.

**E.5.8.9/1** Die Randbedingungen für die Mindestabmessungen von **Stirnversätzen** waren in der Normausgabe 03/81 aufgrund von Prüfergebnissen angegeben, wie sie in [5.38] im Detail für F 30 beschrieben sind. In der jetzigen Ausgabe 03/94 ist der Nachweis der Feuerwiderstandsklasse **für F 30 und F 60** auf rechnerischem Wege zu führen. Dabei ist entsprechend der Normgleichung (24) nachzuweisen, daß die zu übertragende Kraft F kleiner als ein bestimmter Betrag von zul F ist.



**E.5.8.9/2** Es wird davon ausgegangen, daß die Abnahme der Druckfestigkeit bei einem kleinen Winkel schräg zur Faser ungefähr der Abnahme parallel zur Faser entspricht und sich in kleinen Versatztiefen am Ende des Brandes Temperaturen im Mittel von 150°C einstellen. Unter diesen Annahmen ist die rechnerisch angenommene Bruchfestigkeit auf etwa 25% abzumindern. Es ergibt sich ein Abminderungsfaktor von 0,875, der in DIN 4102 Teil 4 konservativ mit 0,8 festgelegt wur-

**Tabelle E 5-43**

Randbedingungen für Balkenschuh-Verbindungen zum Anschluß von Balken an Balken gemäß Bild E 5-86 mit Bilo-Balkenschuhen und Bilo-Kamm-Nägeln für F 30

Die Randbedingungen gelten sinngemäß auch für – BMF-Balkenschuhe mit BMF-Ankernägeln
sowie für – GH-Balkenschuhe mit GH-Rillennägeln

| | 1 | 2 | 3 | 4 | 5 | 6 |
|---|---|---|---|---|---|---|
| Zeile | Brandschutztechnisch wichtige Kennwerte | | | Sonstige Kennwerte siehe | Randbedingungen für F30 | |
| | Balkenschuh | Kamm-Nägel | Anschluß | | Möglichkeit 1 | Möglichkeit 2 |
| 1 | A | | | ≥ 200 mm | ≥ 200 mm | ≥ 170 mm |
| 2 | B = b | | | Zulassungsbescheid-Nr. Z 9.1-80 des DIBt | ≥ 120 mm | ≥ 100 mm |
| 3 | G | | | | ≥ 44 mm | ≥ 40 mm |
| 4 | K | | | | ≥ 85 mm | ≥ 75 mm |
| 5 | s | | | | ≥ 2 mm | ≥ 2 mm |
| 6 | | $d_N$ | | Zulassungsbescheid-Nr. Z-9.1-61 des DIBt | = 4 mm | = 4 mm |
| 7 | | $L_N$ | | | ≥ 75 mm | ≥ 75 mm |
| 8 | | $N_{Abscheren}$ | | | ≤ 0,75 zul N[1)] | ≤ 0,33 zul N[1)] |
| 9 | | | b | | ≥ 120 mm | ≥ 100 mm |
| 10 | | | $n_{Nebentr.}$ | | ≥ 2 · 7 | ≥ 2 · 6 |
| 11 | | | $n_{Haupttr.}$ | [5.38] | ≥ 2 · 13 | ≥ 2 · 12 |
| 12 | | | a | [5.38] | ≤ 3 mm | ≤ 3 mm |
| 13 | | | e1 | [5.38] | ≥ 100 mm | ≥ 50 mm |
| 14 | | | e2 | | ≥ 30 mm | ≥ 20 mm |

1) zul N = 0,75 kN pro Nagel

de. Bei Resttiefen über 2 cm wird die Temperatur an der Stirnfläche – insbesondere am Versatzgrund – niedriger sein. In diesem Fall können im Brandfall Festigkeiten angenommen werden, die der zulässigen Spannung nach DIN 1952 entsprechen.

**E.5.8.9/3** Der weitere Nachweis ist für die im Normbild 57 dargestellten 3 Fälle
a) ungeschützter Stirnversatz.
b) Stirnversatz mit Decklasche (als Ersatz für Vorholztiefe) und
c) Stirnversatz mit allseitigen Decklaschen (im Sinne von Vorholztiefe und Bekleidung → größte Kraftübertragung bei $a_4 = 1{,}0$)
ebenfalls rechnerisch zu führen.

**E.5.8.9/4** Jeder Versatz (F 30 und F 60) muß mit mindestens **drei Befestigungsmitteln** lagegesichert werden. Dazu können normale **Nägel** verwendet werden.

**E.5.8.9/5** DIN 4102 Teil 4 enthält keine Angaben zu **Rückversätzen**. Derartige „Fersenversätze“ müssen entsprechend berechnet bzw. geschützt werden, um F 30 oder F 60 zu erreichen. Berechnungsfälle und Ausführungsmöglichkeiten werden in [5.105] angegeben. Aus dieser Literatur sollen nur zwei Darstellungen wiedergegeben werden:

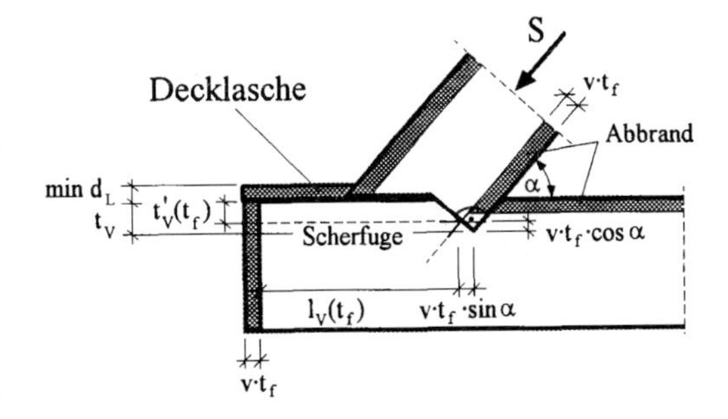


**Bild E 5-90**
Fersenversatz, der nur mit einer oberen Decklasche geschützt ist nach [5.105]

a) **Bild E 5-90** zeigt beispielhaft die Maßnahmen – insbesondere die Versatztiefe $t_V$' – bei einem **Fersenversatz, der nur mit einer oberen Decklasche geschützt ist**. $t_V'(t_f)$ ist nach Gleichung (5.40) zu berechnen:

$$t_V'(t_f) = t_V - v \cdot t_f \cdot \cos\alpha \qquad (5.40)$$

$t_f$ entspricht der Branddauer. Der in der Normgleichung (24) angegebene Reduktionsfaktor $a_4$ lautet dann:

$$\alpha_4 = \frac{(t_V - v \cdot t_f \cdot \cos\alpha) \cdot (b - 2 \cdot v \cdot t_f)}{t_V \cdot b} \qquad (5.41)$$

b) **Bild E 5-91** zeigt, ebenfalls beispielhaft, die Maßnahmen bei einem **Fersenversatz, der allseitig geschützt wird:**

- Anordnung einer Decklasche an der Vorderseite,
- Anordnung von Decklaschen jeweils seitlich sowie
- Anordnung eines Deckkeiles im Versatzbereich.

Die Maßnahmen sind aufwendig und unwirtschaftlich. Sie werden hier dennoch genannt und dargestellt, um

- den Vergleich zum Normbild 57 Detail c) beim Stirnversatz zu zeigen und um
- zu verdeutlichen, daß es sinnvoller ist, gleich nach den Angaben von Bild E 5-90 mit den Gleichungen (5.40) und (5.41) zu bemessen.

Der allseitig bekleidete Fersenversatz sollte nur bei nachträglichen „Aufrüstungen" verwendet werden, wenn eine derartige Maßnahme unumgänglich ist. Weitere Angaben siehe [5.105].

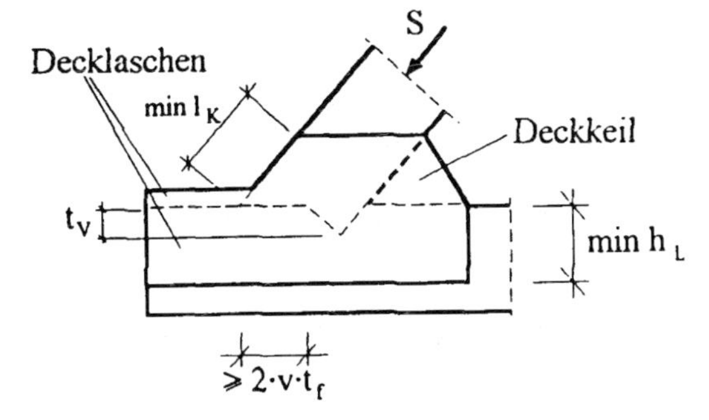


**Bild E 5-91**
Fersenversatz, der allseitig durch Decklaschen und einen Deckkeil geschützt ist nach [5.105] (ohne Darstellung des Abbrandes)

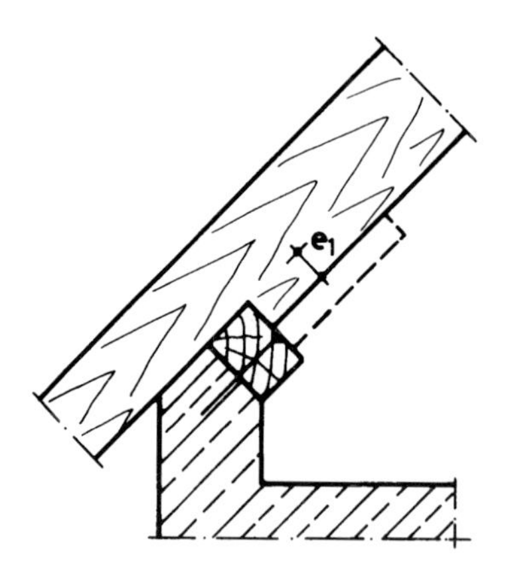


**Bild E 5-92**
Fußpunkte von Sparren in Dachkonstruktionen (Schema-Beispiel)

**E.5.8.9/6** In [5.105] werden neben dem Stirnversatz von Teil 4 und dem vorstehend beschriebenen Fersenversatz noch **Brustversätze** und **doppelte Versätze** behandelt.

**E.5.8.9/7** Eine Art von Versatz können auch **Fußpunkte von Sparren** darstellen, die allerdings selten einer Feuerwiderstandsklasse angehören müssen. Für einen derartigen Fall zeigt Bild E 5-92 eine Bemessungsmöglichkeit.Für den Brandschutz ergibt sich das Maß $e_1$ zu erf. e (DIN 1052) + $c_f$, wobei $c_f$ auch durch Aufnageln einer Decklasche erzielt werden kann.

**E.5.8.9/8** Sofern brandbeanspruchte **Zapfen, Blattungen** o.ä. zu beurteilen sind, müssen analog den vorstehenden Erläuterungen zu Stirn- und Fersenversätzen immer Überlegungen zum Abbrand, zur kraftübertragenden Fläche und über die Schutzschicht bzw. das Vorhaltemaß $c_f$ angestellt werden. Alle möglichen Randbedingungen sind zu beachten (Bild E 3-19).

**E.5.8.10.1** Die Randbedingungen für **Firstgelenke F 30 und F 60** wurden aus Brandprüfungen abgeleitet und vereinbart. Die Prüfergebnisse sind in [5.38] angegeben; sie enthalten auch Randbedingungen für F 90.

**E.5.8.10.2/1** Zu den nicht allgemein regelbaren Verbindungen gehören auch **Gerbergelenke**. Ausgewählte Ausführungsmöglichkeiten wurden in Brandprüfungen untersucht. Daraus wurden die Randbedingungen der Normtabelle 86 für F 30-B für Vollholz und (etwas günstiger) für Brettschichtholz vereinbart.

**E.5.8.10.2/2** Um F 30 zu erreichen, ist insbesondere darauf zu achten, daß die **Auflagerpressung** auf den Stahlteilen $\sigma_D \leq 2{,}0$ N/mm$^2$ bleibt. Bei größeren Pressungen tritt das Versagen vor der 30-Minuten-Grenze ein. Der Bruch erfolgt in der Regel im Auflagerbereich der schräg angeschnittenen Balken durch Querschnittsschwächung als Schubbruch.
Die Querschnittsminderung tritt durch seitlichen und „inneren" Abbrand auf, wobei letzterer durch die heiß werdenden Stahlteile verursacht wird. Um diesen inneren Abbrand zu bremsen, müssen bestimmte Querschnittsabmessungen eingehalten und schützende Holzlaschen mit $d \geq 30$ mm angeordnet werden. Übliche, einfache Gerbergelenke nach Bild E 5-93, die die vorstehend beschriebenen, brandschutztechnisch notwendigen Details nicht aufweisen, erreichen nur Feuerwiderstandszeiten << 30 min.

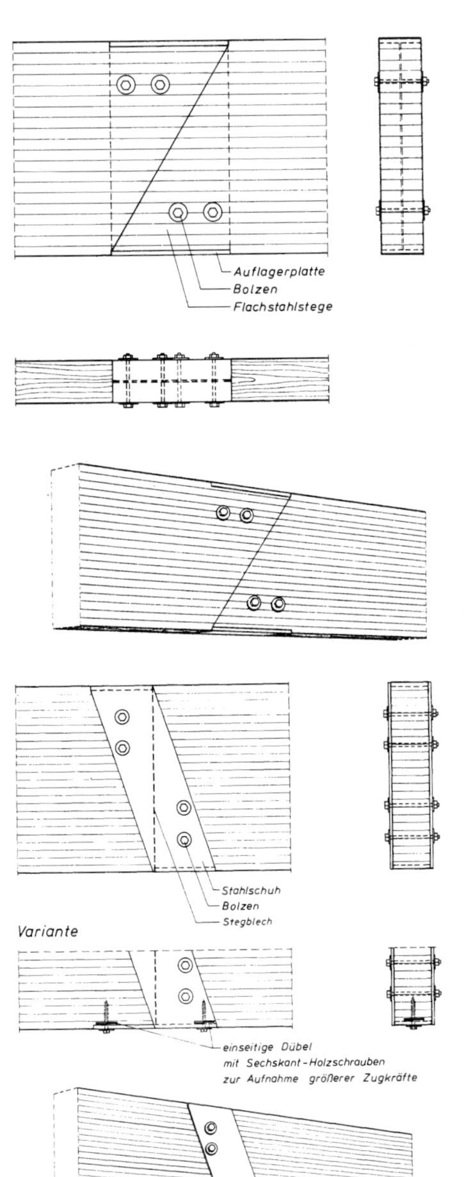


**Bild E 5-93/a**
Gerbergelenk nach [5.1] in der Variante a) mit einer Feuerwiderstandsdauer t < 30 min;
F 30-Konstruktion siehe Normtabelle 86

**Bild E 5-93/b**
Gerbergelenk nach [5.1] in der Variante b) mit einer Feuerwiderstandsdauer t < 30 min;
F 30-Konstruktion siehe Normtabelle 86

**E.5.8.10.2/3** Über **Gerbergelenke mit F 60-Klassifizierungen** gibt es z.Z. noch keine Nachweise. Ebenso fehlen Prüfergebnisse mit bekleideten Gelenken. Der Nachweis der Feuerwiderstandsklasse kann in derartigen Fällen nur durch Prüfungen nach DIN 4102 Teil 2 erfolgen.



**E.5.8.11/1** In Abschnitt 5.8.11 werden Bemessungsbeispiele und -hilfen für F 30 und F 60 wiedergegeben. Die Nachweise nach DIN 1052 Teil 2 sind in allen Fällen bemessungsmaßgebend; die angegebenen Abmessungen erfüllen die Bedingungen der Abschnitte 5.8.1 bis 5.8.9.
In den Tabellen zu den Bildern 60 und 62 sind zu den Stabdübelverbindungen

Durchmesser angegeben, bei denen bei Wahl eines kleineren Durchmessers die zulässige Belastung zul $N_f$ im Brandfall nach Gl. (17) bzw. (20) abgemindert werden muß und gegenüber der zulässigen Belastung zul N nach DIN 1052 Teil 2 kleiner und damit bemessungsmaßgebend werden könnte.
Bei der Wahl eines größeren Durchmessers wird der Abminderungsfaktor $\eta$ nach Gl. (18) $\eta < 1{,}0$. Auch in diesem Fall müßte die zulässige Belastung zul $N_f$ entsprechend abgemindert werden und könnte gegenüber dem Nachweis nach DIN 1052 Teil 2 bemessungsmaßgebend werden.

**E.5.8.11/2** Zur Veranschaulichung wird nachfolgend beispielhaft die Bemessung einiger Punkte eines **Fachwerkbinders** brandschutztechnisch behandelt, wozu einleitend auf folgende **Literatur** aufmerksam gemacht wird:

[5.72] Handbuch zum Programm BRABEM V 1.1, (1994).
Es beschreibt die rechnerische Bemessung brandbeanspruchter Stäbe, wobei z.B. auch die Bemessung eines Fachwerk-Obergurtes behandelt wird. Die rechnerische Ermittlung kann – weil genau den Kurvenverläufen der Rechenfunktionen und nicht wie bei den Tabellen einem Polygonzug folgend – im Millimeterbereich ggf. etwas günstigere Mindestqueschnittswerte als die Tabellen

- E 5-5 bis E 4-28 für Balken/Stützen (Obergurte) und
- E 5-34 bis E 5-41 für Zugglieder (Untergurte)

ergeben.

[5.106] Scheer, C.; Laschinski, Ch.; Knauf, Th.: Holzfachwerkträger: Statik - Bemessung – Brandschutz (F 30-B). Verlag W. Ernst & Sohn, Berlin 1989.
Dieses Buch behandelt alle Details ausführlich – erfaßt aber nicht den endgültigen Stand von DIN 4102 Teil 4, der Brandschutz-Bemessungsnorm, die im Weißdruck erst im März 1994 vorlag.

**E.5.8.11/3** Für Fachwerkbinder mit bestimmter Feuerwiderstandsklasse können zunächst folgende **Konstruktionsempfehlungen** gegeben werden:

- Um die Anzahl der arbeits- und kostenaufwendigen Knotenpunkte zu begrenzen, sollten möglichst weitmaschige Systeme gewählt werden.

- Die Binderabstände sollten so groß gewählt werden, daß die Mindestquerschnittsabmessungen für Druckstäbe nach Abschnitt 5.6 statisch ausgenutzt werden. Für Dachbinder wird ein Abstand $a \geq 4$ m empfohlen.

- Es sind möglichst massige Stabquerschnitte aus Brettschichtholz zu wählen. Druckstäbe sind möglichst mit einteiligem Querschnitt auszuführen.

- Außenliegende Stahlteile sind zu vermeiden. Bei eingelassenen Stahlteilen sind die Sägeschlitze in den Holzteilen nur so breit zu wählen, daß sie von den Stahlteilen voll ausgefüllt werden.
- Druck- und Zugstäbe müssen dicht (Fugenbreite = 0!) an die angrenzenden Holzbauteile herangeführt werden.

Versagen eines Fachwerkbinders, an den keine Brandschutzforderungen gestellt wurden.

- Alle Querschnitte, Verbindungen und Aussteifungen sind sorgfältig zu wählen und auszuführen; das Versagen im Brandfall tritt durch das Versagen des schwächsten Gliedes auf, vgl. u.a. Seite 81 ff sowie 300 ff.

**E.5.8.11/4** Das folgende **Bemessungsbeispiel** zeigt, daß alle vorstehend genannten Empfehlungen sowie alle brandschutztechnischen Randbedingungen eingehalten werden können. Im folgenden werden einige Stäbe und Anschlüsse eines F 30-Dachbinders behandelt, der im System und in der Ausführung in den Bildern E 5-94 und E 5-95 darstellt ist und hinsichtlich des Obergurtes als 3seitig beflammt gilt.

Alle gewählten Querschnitte sind in Bild E 5-95 eingetragen. Die markierten Anschluß-Detailpunkte sind in Bild E 5-96 dargestellt.

Biegemomente im Obergurt
Durch die nachgiebige Lagerung des Obergurtes an den Auflagern 0, II, III und IV bauen sich die Stützmomente im durchlaufenden Obergurt ab, und es wird näherungsweise ein maximales Feldmoment von

$$\max M = 0{,}125 \cdot 7{,}0 \cdot 2{,}5^2 = 5{,}47 \text{ kNm}$$

angenommen.

Bemessungsbeispiel

Lastfall H,
Brettschichtholz (BSH) Sortierklasse S 10 bzw. Güteklasse II

**Zum Anschluß $V_2$** an den Gurten ist folgendes zu bemerken:

Die Knagge wird jeweils mittels Nagelpreßleimung auf den Gurtstab aufgeleimt. In der Anschlußfläche ergeben sich Scherspannungen die kleiner sind als die zulässige Scherspannung zul $\tau$; die Kontaktpressung nach dem Abbrand ist ausreichend.

**Zum Anschluß $D_2$** an den Untergurt ist folgendes zu sagen:

Es wurden 2 x 2 Dübel Typ D (Geka) Ø 85 mm + 2 Bolzen M 20 gewählt. Als zusätzliche Sicherung des Anschlusses werden je Verbinder 6 Schraubnägel Ø 6 x 150 mm verwendet.

**Zum Anschluß $D_3$** an den Obergurt ist folgendes zu erwähnen:

Es werden 2 x 2 Dübel Typ D (Geka) Ø 65 mm + 2 Bolzen M 16 gewählt. Als zusätzliche Sicherung des Anschlusses kommen je Verbinder 6 Schraubnägel Ø 6 x 150 mm zum Einsatz.

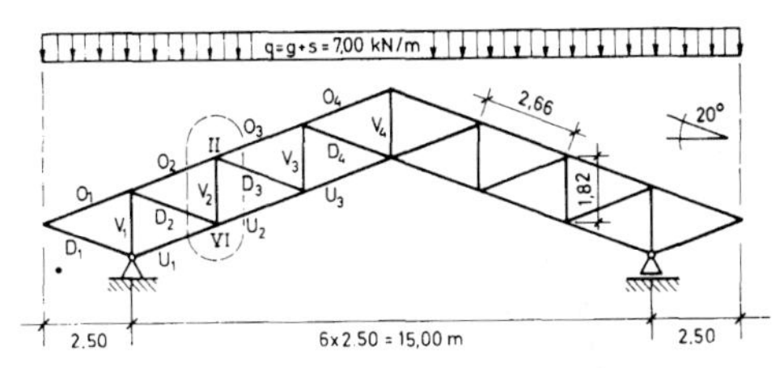


**Bild E 5-94** System und Belastung eines Fachwerkbinders (Beispiel)

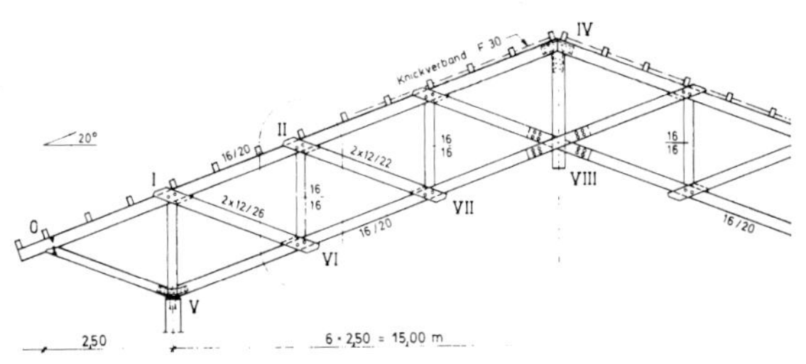


**Bild E 5-95** Ausführungsbeispiel zum Fachwerkbinder nach Bild E 5-94

Zusammenstellung der Stabkräfte im Lastfall H (Auszug)

$O_1 = - U_1 = + \ 12{,}8$ kN
$O_2 = - U_2 = - \ 51{,}2$ kN
$O_3 = - U_3 = - \ 89{,}5$ kN
$O_4 = \ldots\ldots\ldots - 102{,}3$ kN
$D_2 = + 64{,}0$ kN
$D_3 = + 38{,}4$ kN
$V_2 = - 43{,}8$ kN

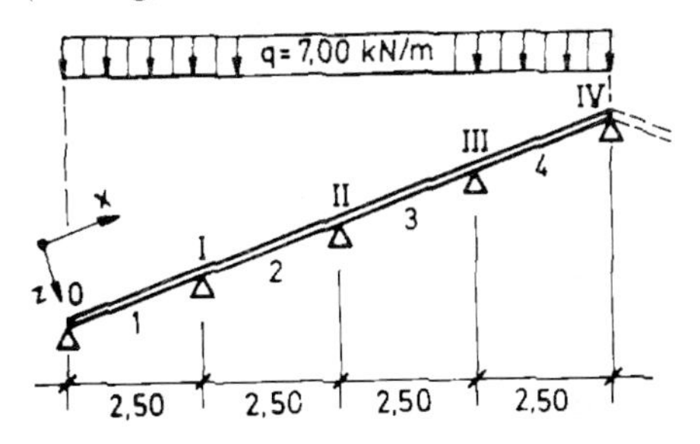


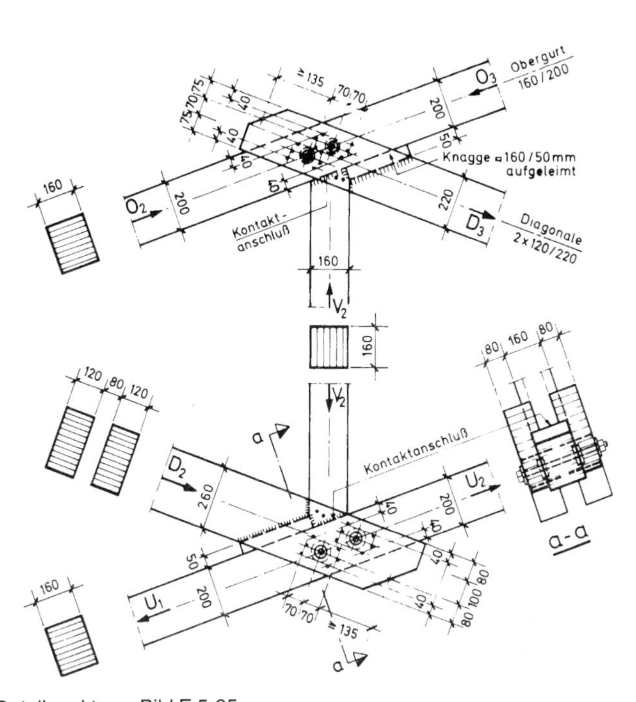


**Bild E 5-96** Detailpunkte zu Bild E 5-95

Tabelle E 5-44 enthält eine Übersicht über die wichtigsten Brandschutznachweise.

**Tabelle E 5-44** Brandschutznachweise für Bauteile und Anschlüsse bzw. Verbindungen des Fachwerkbinders nach Bild E 5-94 (siehe auch die Bilder E 5-95 und E 5-96)

| Spalte | 1 | 2 | 3 | 4 | |
|---|---|---|---|---|---|
| Zeile | **Bauteile** | | | | |
| | vgl. Bild E 5-94 | Ausnutzungsgrad[1] D=Druck B=Biegung Z=Zug | gewählter Querschnitt mm / mm | Brandschutznachweise[2] (Querschnittsangaben in mm) | |
| 1 | $O_1$–$O_4$ | D: 0,46<br>B: 0,47 | 160 / 200 | > 146 | Tabelle E 5-17 (ungünstigster Wert)[6] |
| 2 | $U_1 - U_3$ | D: 0,49<br>B: 0 | 160 / 200 | > 80 | Tabelle E 5-39 |
| 3 | $D_2$ | Z: 0,43<br>B: 0 | 2x80/260[3] | ≥ 2x80 | Tabelle E 5-39 |
| 4 | $V_2$ | D: 0,21<br>B: 0 | 160/160 | >112 | Tabelle E 5.-19 (ungünstigster Wert) |
| | **Anschlüsse / Verbindungen** | | | | |
| | | $D_\perp$ = $\text{Druck}_\perp$ zur Faser | gew. Ouerschnitt bzw. Vebindung | Brandschutznachweise | |
| 5 | $V_2$-Knagge | $D_\perp$ : 0,65 | 50/160 | $\frac{43{,}8 \cdot \sin 20° \cdot 10^3}{16 \cdot (5 - 2{,}1) \cdot 10^2} = 3{,}2 < 3{,}75 = 1{,}25 \cdot 3{,}0$ | |
| 6 | $V_2$-Gurtanschluß | $D_\perp$ : 0,86 | 150/160 | $\frac{43{,}8 \cdot \cos 20° \cdot 10^3}{(16 - 2 \cdot 2{,}1) \cdot (15 - 2{,}1/\cos 20°) \cdot 10^2} = 2{,}73$<br>$2{,}73 < 3{,}75 = 1{,}25 \cdot 3{,}0$ [4] | |
| 7 | Knagge - Gurt | siehe Text | siehe Text | Überdeckung ist ausreichend<br>→ vorh. $c_f$= 50 mm > 10 mm = erf. $c_f$ | |
| 8 | $D_2$.-Gurtanschluß | siehe Text | 2 x 2 Dübel Typ D (Geka) ∅ 85 mm +6 S-Nägel[5] | Die Sicherung durch je 6 Sonder-Nägel[5] mit 60 x 150 je Verbinder ist ausreichend. | |
| 9 | $D_3$-Gurtanschluß | siehe Text | 2x2 Dübel Typ D (Geka) ∅ 65 mm +6 S-Nägel[5] | siehe Abschnitt 5.8.3.2. a)<br>Einschlagtiefe ≥ 8 · dn | |

1) Ausnutzungsgrad nach DIN 1052 Teil 1 (bei Druck und Zug jeweils parallel zur Faserrichtung)
2) Zum besseren Vergleich und zur einfacheren Handhabung sind keine Interpolalionswerte angegeben.
3) Querschnittsabmessungen am geschwächten Knoten.
4) Im Brandfall sind höhere Eindrückungen und damit höhere Querdruckspannungen zulässig; zul $\sigma_D = 3{,}0 \frac{MN}{mm^2}$
5) S-Nägel = Sondernägel nach DIN 1052 Teil 2.
6) $s_k$ = 2,66 m

Lagerhalle mit unterspannten Dachträgern aus BSH, Zugglieder aus Holz, Abhänger zur Unterstützung aus Stahl

## 5.9 Konstruktion und Brandschutz von Treppen

### 5.9.1 Vorbemerkung

Nach DIN 4102 Teil 2 sind Treppen Bauteile wie z.B. Balken und Stützen. DIN 4102 Teil 4 enthält keine Angaben zur brandschutztechnischen Bemessung von Treppen. Die Feuerwiderstandsklasse einer Treppe ist daher durch

- Brandprüfungen oder durch
- die Bemessung der Einzelbauteile

nachzuweisen.

Die brandschutztechnische Bemessung bedeutet z.B. den Nachweis
- der Wangenträger und Stufen nach Abschnitt 5.5 und
- der Verbindungen nach Abschnitt 5.8.

Da Treppen bezüglich der Einzelbauteile brandschutztechnisch in den Bereich von Abschnitt 5 fallen, werden konstruktive Aspekte und der Brandschutz in Abschnitt 5.9 dieses Handbuches behandelt.

### 5.9.2 Bauaufsichtliche Unterscheidungen und Forderungen

Nach den bauaufsichtlichen Bestimmungen muß zwischen notwendigen und nicht notwendigen Treppen unterschieden werden.

N o t w e n d i g e Treppen sind Treppen, die aufgrund bauaufsichtlicher Bestimmungen – z.B. aufgrund der Bauordnungen der Länder (siehe Abschnitt 3.5) – vorhanden sein müssen (→ Rettungswege).

N i c h t n o t w e n d i g e Treppen sind zusätzliche Treppen, die ggf. auch der Hauptnutzung dienen können.

Weiter muß zwischen raumabschließenden und nichtraumabschließenden Treppen unterschieden werden. Treppen sind in der Regel nichtraumabschließende Bauteile, die mehrseitig der Brandbeanspruchung ausgesetzt sind; nur in wenigen Sonderfällen liegen raumabschließende Treppen mit nur einseitiger Brandbeanspruchung vor [5.38].

Die Definitionen entsprechen den Angaben von DIN 18 064 „Treppen, Begriffe".

Die bauaufsichtlichen Brandschutzanforderungen sind bei den Gebäudeklassen 1, 2 und 4 (siehe Bild E 3–11, S. 88) in allen Bundesländern einheitlich; wegen der Gebäudeklasse 3 siehe den folgenden Text:

- Gebäudeklasse 1: Keine Angaben, da keine notwendige Treppe vorhanden sein muß.
- Gebäudeklasse 2: Keine Anforderung, da es sich um Wohngebäude geringer Höhe mit ≤ 2 Wohnungseinheiten handelt.
- Gebäudeklasse 4: Tragende Teile von notwendigen Treppen müssen in F 90-A ausgeführt werden.

In allen Bundesländern können in den Gebäudeklassen 1 und 2 somit Holztreppen ohne Berücksichtigung brandschutztechnischer Grundsätze errichtet werden – siehe auch die Übersichten zu den bauaufsichtlichen Forderungen, die die Arge Holz herausgegeben hat [3.14], [3.15].

Im Gegensatz zu den vorstehenden Angaben gibt es bei der Gebäudeklasse 3 erhebliche Unterschiede. Bei der **Gebäudeklasse 3** handelt es sich um **Gebäude geringer Höhe** mit

- Wohnungen mit ≥ 3 Wohnungseinheiten (Beispiel 6 in Bild E 3-15, s. S. 93) oder mit
- anderer Nutzung, z.B. im EG: Laden, 1. OG: Büro, DG: Wohnung, vgl. ebenfalls Beispiel 6 in Bild E 3-15.

Die **bauaufsichtlichen Forderungen** reichen hier von

- 0 (keine Anforderung) bis
- F 30-AB (feuerhemmend und in den wesentlichen Teilen aus nichtbrennbaren Baustoffen – also nicht aus Holz, sondern z.B. aus Stahlbeton),

siehe Tabelle E 5-45.

**Tabelle E 5-45** Anforderungen an die tragenden Teile notwendiger Treppen in verschiedenen Bundesländern (Beispiele) bei der Gebäudeklasse 3 (s. S. 88)

| Zeile | Bundesland (Beispiel) | Anforderungen an die tragenden Teile notwendiger Treppen bei der Gebäudeklasse 3 |
|---|---|---|
| 1 | Baden-Württemberg | |
| 1.1 | Variante 1 | Baustoffklasse A (also kein Holz) |
| 1.2 | Variante 2 | Hartholz (siehe Erläuterung im Text) |
| 2 | NRW | 0 (vgl. Bild E 3-14) |
| 3 | Hamburg | F 30-AB (also kein Holz) |

Weil es hier so große Differenzen und Auffassungen gibt, ist dieser Bereich in Bild E 3-14 bei der Forderung „0“ durch Schraffur auch als Risikosituation gekennzeichnet. Zur Forderung „Hartholz“ sei folgendes angemerkt:

a) Der Begriff „Hartholz“ ist nicht definiert oder genormt. Er kann daher unterschiedlich aufgefaßt werden.

b) Buche könnte im Sprachgebrauch z.B. als Hartholz bezeichnet werden. Eine Verwendung von Buche verbietet sich aber, da Buche nach Tabelle E 2-10 eine ähnlich hohe Abbrandgeschwindigkeit wie Fichte besitzt.

c) Für die Bezeichnung „Hartholz“ kommen nach Auffassung der Autoren nur Laubhölzer außer Buche mit einer Rohdichte $\rho > 600$ kg/m$^3$ in Frage, vgl. z.B. mit den Angaben von Tabelle E 2-12. Für den deutschen Raum bedeutet das z.B. die Verwendung von Eiche.

**Bild E 5-97**
Tragbolzentreppe
aus Holz [5.109]

Wegen der unterschiedlichen Anforderungen ist es wichtig, daß sich Architekten, Bauingenieure usw. stets nach den bestehenden Landesvorschriften erkundigen.

### 5.9.3 Begriffe, Konstruktionshinweise, Literatur

Wie bereits erwähnt, gilt für die Begriffe von Treppen DIN 18 064. Hier werden u.a. definiert: Stufenhöhe h, Stufendicke d, Stufenbreite b (Podestbreite $b_p$), Trittfläche, Trittstufe, Setzstufe, Steigung, Stufenarten (Plattenstufe, Keilstufe/Dreieckstufe). Die Norm sagt aber auch etwas z.B. über Treppenarten aus: Einläufige, zweiläufige, dreiläufige, gegenläufige Treppen (mit und ohne Zwischenpodest) usw. Für Tragbolzentreppen gilt DIN 18 069; derartige Treppen (Bild E 5-97) werden in der Regel jedoch mit Stahlbetonstufen als Fertigteiltreppen errichtet.

Für die Bemessung von Holzbauteilen – und damit auch für Treppen – gelten u.a. die Standardwerke [5.1], [5.4] und [5.69]. Die Konstruktion von Holztreppen wird in [5.107] bis [5.109] behandelt; sie enthalten Konstruktionsdetails und (kalte) Bemessungstabellen u.a. für Wangentreppen, Trittstufen aufgesattelter Treppen, gestemmte und halbgestemmte Treppen. Über Holztreppen informiert weiter die IRB Literaturauslese [5.110], wegen Detailfragen siehe z.B. [5.111].

Treppen sind im Brandfall Fluchtwege. Notwendige Treppen sind – bauaufsichtlich gesehen – Rettungswege. Gleichgültig, ob notwendige oder nichtnotwendige Treppen vorliegen, muß die Konstruktion nach gültigen Vorschriften ausgeführt werden; auch die Lage der Treppe im Gebäude mit ihrer Größe und Zuordnung zu (unterschiedlich frequentierten) Räumen ist brandschutztechnisch von Bedeutung. Eine in Brand geratene Treppe kann katastrophale Folgen nach sich ziehen, siehe u.a. [5.112] (nicht notwendige Treppe) und [5.113] (notwendige Treppe).

## 5.9.4 Feuerhemmende Holztreppen (F 30-B)

### 5.9.4.1 Konstruktion und Bezeichnungen bei aufgesattelten Treppen

Nachfolgend wird eine F 30-B-Bemessung **aufgesattelter Treppen** durchgeführt. Die Bezeichnungen der behandelten Treppe sind in Bild E 5-98 mit den vorhandenen Randbedingungen beschrieben; die Angaben entsprechen dem in [5.107] wiedergegebenen Beispiel. Bild E 5-99 zeigt eine aufgesattelte Treppe mit Rand- und Mittelholm bzw. Rand- und Mittelwange.

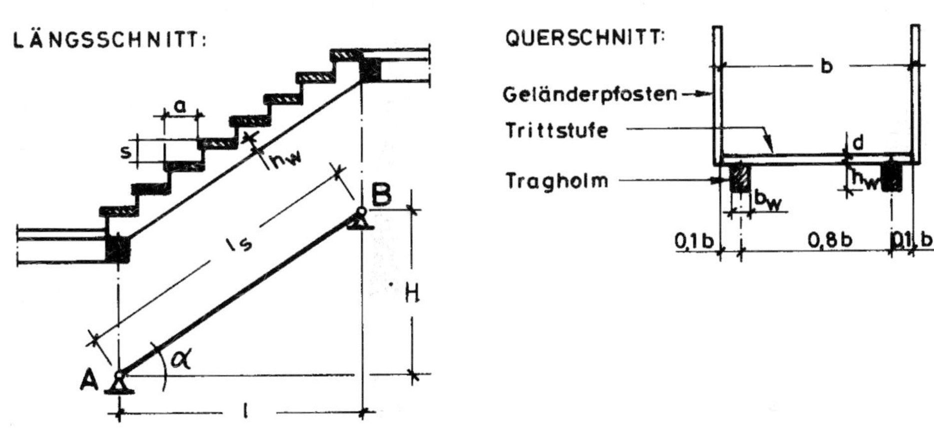


**Bild E 5-98**
Konstruktion und Bezeichnungen einer aufgesattelten Treppe nach [5.107]

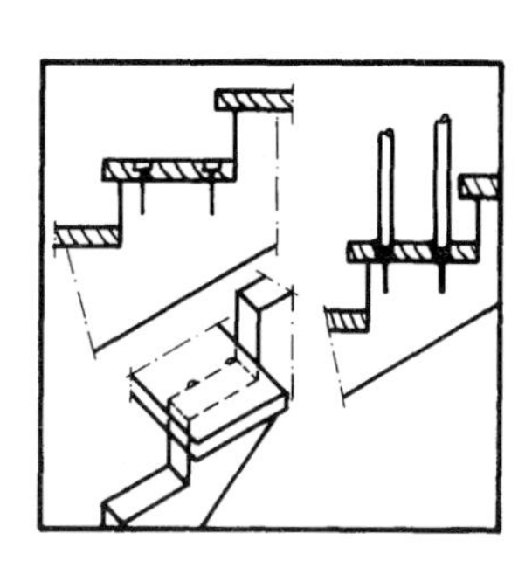

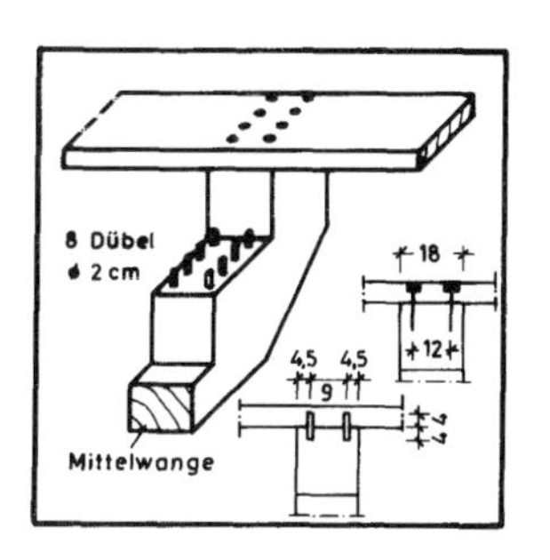


**Bild E 5-99**
Aufgesattelte Treppen mit Randwange sowie Mittelwange im Drittelspunkt der Stufenlänge (für die Dübel sind bei F30 $c_f$ = 10 mm zu berücksichtigen)



5.9

**5.9.4.2** F 30-B-Abmessungen von Tragholmen aufgesattelter Treppen

Unter Zugrundelegung der Randbedingungen und Bezeichnungen von Bild E 5-98 wurden die **F 30-B-Abmessungen von Tragholmen** mit dem Programm BRABEM V 1.1 [5.72] ermmittelt. Die rechnerisch ermittelten Mindestabmessungen $h_w$ (w von Wange) sind in Abhängigkeit von 3 Treppenlaufbreiten b für 3 Holm- oder Wangenbreiten $b_w$ in den Tabellen E 5-46 (Vollholz aus Nadelholz) und E 5-47 (Brettschichtholz aus Nadelholz) angegeben. Die Mindestwerte wurden für den Lastfall H (LF H) mit max Q und max $M_y$ für eine 3- und 4seitige Brandbeanspruchung ermittelt und den Mindesthöhen bei der (kalten) Berechnung nach DIN 1052 gegenübergestellt. Der Vergleich zeigt, daß die Brandschutzbemessung in der Regel kleinere – nur in wenigen Fällen größere – Mindestwerte als nach DIN 1052 erforderlich ergibt; wenn größere Werte erforderlich werden, handelt es sich um Vergrößerungen im Millimeterbereich. *Maßgebend ist also i.a. die Kaltbemessung.*

Die Werte für Vollholz aus Nadelholz gelten wegen des Abbrandes von Buche (Tabelle E 2-11) auch für die Verwendung von Laubholz aus Buche; bei Verwendung von Buche wirkt die höhere Tragfähigkeit gegenüber Nadelholz jedoch günstig. Wenn anstelle von Nadelholz (einschließlich Buche) Laubholz (außer Buche) mit einer Rohdichte $\rho > 600$ kg/m$^3$ verwendet wird, dürfen die Mindestabmessungen $b_w$ und $h_w$ auf 80% abgemindert werden – d.h. die in den Tabellen E 5-46 und E 5-47 angegebenen Mindestwerte dürfen vereinbarungsgemäß mit 0,8 multipliziert werden, vgl. Abschnitt 5.5.1.4 (s. S. 256) sowie die dazugehörigen Erläuterungen (s. S. 263).

Maßgebend bleiben dann aber immer noch die Mindestbreite und Mindesthöhe der Kaltbemessung nach DIN 1052!

Bezüglich der Brandbeanspruchung sei folgendes gesagt: Bei zahnförmig ausgeschnittenen Holmen darf für den tragenden Querschnitt eine dreiseitige Brandbeanspruchung ausgenommen werden (Bild E 5-100); bei Holmen mit konstantem Querschnitt liegt eine vierseitige Brandbeanspruchung vor (Bild E 5-101).

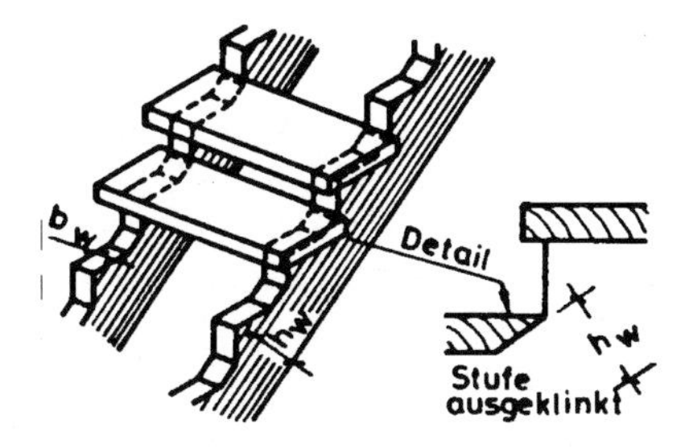

**Bild E 5-100**
Tragholme oben zahnförmig ausgeschnitten → 3seitige Brandbeanspruchung

**Bild E 5-101**
Tragholme als Balken mit konst. Querschnitt → 4seitige Brandbeanspruchung

Geradläufige aufgesattelte Treppe F 30-B mit einem Podest im Mittelbereich. Stufen aus Eiche d= 80 mm, Wangen (bei 3seitiger Brandbeanspruchung) und Geländer aus Fichte

**Tabelle E 5-46 Statisch (nach DIN 1052 Teil 1 und [5.107]) und brandschutztechnisch für F 30-B (nach DIN 4102 Teil 4) erforderliche Tragholmhöhen $h_w$ aufgesattelter Treppen mit zahnförmig ausgeschnittenen Tragholmen (Bild E 5-100, 3seitige Brandbeanspruchung) bzw. Tragholmen mit konstantem Querschnitt (Bild E 5-101), 4seitige Brandbeanspruchung) aus Vollholz aus Nadelholz einschließlich Buche mindestens der Sortierklasse S 10 (GKl. II)**

| Stützweite l | Treppenhöhe H | Bemessung nach | | Treppenlaufbreite b in m | | | | | | | | | | | | | | |
|---|---|---|---|---|---|---|---|---|---|---|---|---|---|---|---|---|---|---|
| | | | | 0,80 | | | | | 1,00 | | | | | 1,20 | | | | |
| | | | | **max Q** | **max $M_y$** | **erf $h_w$** bei einer Querschnittsbreite $b_w$ | | | **max Q** | **max $M_y$** | **erf $h_w$** bei einer Querschnittsbreite $b_w$ | | | **max Q** | **max $M_y$** | **erf. $h_w$** bei einer Querschnittsbreite $b_w$ | | |
| | | | | im LF H | | in cm | | | im LF H | | in cm | | | im LF H | | in cm | | |
| in m | in m | | | kN | kNm | 8,5 | 10,5 | 12,5 | kN | kNm | 8,5 | 10,5 | 12,5 | kN | kNm | 8,5 | 10,5 | 12,5 |
| 1,50 | ≤ 1,50 | DIN 1052<br>**DIN 4102**<br>**DIN 4102** | <br>**3seit;g**<br>**4seitig** | 2,055 | 0,771 | 9,5<br>**9,5**<br>**12,0** | 8,5<br>**8,0**<br>**10,4** | | 2,100 | 0,788 | 9,5<br>**9,6**<br>**12,1** | 8,5<br>**8,0**<br>**10,5** | | 2,310 | 0,866 | 10,0<br>**10,0**<br>**12,4** | 9,0<br>**8,3**<br>**10,8** | |
| 2,00 | ≤ 2,00 | DIN 1052<br>**DIN 4102**<br>**DIN 4102** | <br>**3seitig**<br>**4seitig** | 2,240 | 1,120 | 11,5<br>**11,0**<br>**13,5** | 10,5<br>**9,1**<br>**11,5** | | 2,570 | 1,285 | 12,0<br>**11,5**<br>**14,1** | 11,0<br>**9,5**<br>**12,0** | | 3,080 | 1,540 | 12,5<br>**12,4**<br>**14,9** | 12,0<br>**10,2**<br>**12,7** | |
| 2,50 | ≤ 2,50 | DIN 1052<br>**DIN 4102**<br>**DIN 4102** | <br>**3seitig**<br>**4seitig** | 2,700 | 1,689 | 14,0<br>**12,8**<br>**15,4** | 13,0<br>**10,5**<br>**13,0** | 12,5<br>**9,3**<br>**11,7** | 3,213 | 2,008 | 15,0<br>**13,8**<br>**16,3** | 14,0<br>**11,2**<br>**13,7** | 13,0<br>**9,9**<br>**12,4** | 3,850 | 2,406 | 16,0<br>**14,8**<br>**17,3** | 14,5<br>**12,1**<br>**14,6** | 14,0<br>**10,6**<br>**13,0** |
| 3,00 | ≤ 3,00 | DIN 1052<br>**DIN 4102**<br>**DIN 4102** | <br>**3seitig**<br>**4seitig** | 3,245 | 2,430 | 16,5<br>**14,9**<br>**17,4** | 15,5<br>**12,1**<br>**14,6** | 15,0<br>**10,6**<br>**13,1** | 3,855 | 2,891 | 18,0<br>**16,0**<br>**18,5** | 16,5<br>**13,0**<br>**15,5** | 15,5<br>**11,3**<br>**13,8** | 4,620 | 3,465 | 19,0<br>**17,2**<br>**19,8** | 17,5<br>**13,9**<br>**16,5** | 16,5<br>**12,1**<br>**14,6** |
| 3,50 | ≤ 3,00 | DIN 1052<br>**DIN 4102**<br>**DIN 4102** | <br>**3seitig**<br>**4seitig** | 3,780 | 3,308 | 19,0<br>**16,9**<br>**19,4** | 18,0<br>**13,7**<br>**16,2** | 17,0<br>**11,9**<br>**14,4** | 4,498 | 3,935 | 20,0<br>**18,2**<br>**20,7** | 19,0<br>**14,7**<br>**17,2** | 18,0<br>**12,8**<br>**15,3** | 5,390 | 4,716 | 21,5<br>**19,6**<br>**22,2** | 20,0<br>**15,8**<br>**18,3** | 19,0<br>**13,7**<br>**16,2** |
| 4,00 | ≤ 3,00 | DIN 1052<br>**DIN 4102**<br>**DIN 4102** | <br>**3seitig**<br>**4seitig** | 4,320 | 4,320 | 21,5<br>**18,9**<br>**21,5** | 20,0<br>**15,3**<br>**17,8** | 19,0<br>**13,3**<br>**15,8** | 5,140 | 5,140 | 22,5<br>**20,4**<br>**22,9** | 21,0<br>**16,4**<br>**18,9** | 20,0<br>**14,2**<br>**16,7** | 6,160 | 6,160 | 24,0<br>**22,1**<br>**24,6** | 22,5<br>**17,7**<br>**20,2** | 21,0<br>**15,3**<br>**17,8** |
| 4,50 | ≤ 3,00 | DIN 1052<br>**DIN 4102**<br>**DIN 4102** | <br>**3seitig**<br>**4seitig** | 4,860 | 5,468 | 24,0<br>**20,9**<br>**23,5** | 22,0<br>**16,8**<br>**19,4** | 21,0<br>**14,6**<br>**17,1** | 5,783 | 6,505 | 25,0<br>**22,6**<br>**25,2** | 23,5<br>**18,1**<br>**20,6** | 22,0<br>**15,7**<br>**18,2** | 6,930 | 7,796 | 26,5<br>**24,5**<br>**27,0** | 25,0<br>**19,6**<br>**22,1** | 23,5<br>**16,9**<br>**19,4** |

**Tabelle E 5-47** **Statisch (nach DIN 1052 Teil 1 und [5.107]) und brandschutztechnisch für F 30-B (nach DIN 4102 Teil 4) erforderliche Tragholmhöhen $h_W$ aufgesattelter Treppen mit zahnförmig ausgeschnittenen Tragholmen (Bild E 5-100, 3seitige Brandbeanspruchung) bzw. Tragholmen mit konstantem Querschnitt (Bild E 5-101, 4seitige Brandbeanspruchung) aus Brettschichtholz aus Nadelholz mindestens der Sortierklasse S 10 (GKl. II)**

| Stütz-weite l | Treppen-höhe H | Bemessung nach | Treppenlaufbreite b in m | | | | | | | | | | | | | | |
|---|---|---|---|---|---|---|---|---|---|---|---|---|---|---|---|---|---|
| | | | 0,80 | | | | | 1,00 | | | | | 1,20 | | | | |
| | | | **max Q** | **max M** | **erf $h_w$** bei einer Querschnittsbreite $b_w$ | | | **max Q** | **max $M_y$** | **erf $h_w$** bei einer Querschnittsbreite $b_w$ | | | **max Q** | **max $M_y$** | **erf. $h_w$** bei einer Querschnittsbreite $b_w$ | | |
| | | | im LF H | | in cm | | | im LF H | | in cm | | | im LF H | | in cm | | |
| in m | in m | | kN | kNm | 8,5 | 10,5 | 12,5 | kN | kNm | 8,5 | 10,5 | 12,5 | kN | kNm | 8,5 | 10,5 | 12,5 |
| 1,50 | ≤ 1,50 | DIN 1052 | 2,055 | 0,771 | 9,5 | 8,5 | | 2,100 | 0,788 | 9,5 | 8,5 | | 2,310 | 0,866 | 9,5 | 8,5 | |
| | | **DIN 4102 3seit;g** | | | **8,2** | **8,0** | | | | **8,3** | **8,0** | | | | **8,6** | **8,0** | |
| | | **4seitig** | | | **10,4** | **9,2** | | | | **10,5** | **9,3** | | | | **10,8** | **9,5** | |
| 2,00 | ≤ 2,00 | DIN 1052 | 2,240 | 1,120 | 11,0 | 10,5 | | 2,570 | 1,285 | 11,5 | 11,0 | | 3,080 | 1,540 | 12,0 | 11,5 | |
| | | **DIN 4102 3seitig** | | | **9,5** | **8,0** | | | | **10,0** | **8,4** | | | | **10,7** | **9,0** | |
| | | **4seitig** | | | **11,6** | **10,2** | | | | **12,2** | **10,6** | | | | **12,9** | **11,2** | |
| 2,50 | ≤ 2,50 | DIN 1052 | 2,700 | 1,689 | 13,5 | 12,5 | 12,0 | 3,213 | 2,008 | 14,5 | 13,5 | 12,5 | 3,850 | 2,406 | 15,0 | 14,0 | 13,5 |
| | | **DIN 4102 3seitig** | | | **11,1** | **9,3** | **8,3** | | | **11,9** | **10,0** | **8,9** | | | **12,8** | **10,7** | **9,5** |
| | | **4seitig** | | | **13,3** | **11,5** | **10,5** | | | **14,1** | **12,2** | **11,0** | | | **15,0** | **12,9** | **11,7** |
| 3,00 | ≤ 3,00 | DIN 1052 | 3,245 | 2,430 | 16,0 | 15,0 | 14,5 | 3,855 | 2,891 | 17,0 | 16,0 | 15,0 | 4,620 | 3,465 | 18,0 | 17,0 | 16,0 |
| | | **DIN 4102 3seitig** | | | **12,8** | **10,7** | **9,5** | | | **13,8** | **11,5** | **10,2** | | | **14,9** | **12,4** | **10,9** |
| | | **4seitig** | | | **15,0** | **12,9** | **11,7** | | | **16,0** | **13,7** | **12,4** | | | **17,1** | **14,6** | **13,1** |
| 3,50 | ≤ 3,00 | DIN 1052 | 3,780 | 3,308 | 18,5 | 17,5 | 16,5 | 4,498 | 3,935 | 19,5 | 18,5 | 17,5 | 5,390 | 4,716 | 20,5 | 19,5 | 18,5 |
| | | **DIN 4102 3seitig** | | | **14,6** | **12,1** | **10,7** | | | **15,7** | **13,0** | **11,5** | | | **16,9** | **14,0** | **12,4** |
| | | **4seitig** | | | **16,8** | **14,3** | **12,9** | | | **17,9** | **15,2** | **13,7** | | | **19,2** | **16,3** | **14,6** |
| 4,00 | ≤ 3,00 | DIN 1052 | 4,320 | 4,320 | 21,0 | 19,5 | 18,5 | 5,140 | 5,140 | 22,0 | 20,5 | 19,5 | 6,160 | 6,160 | 23,0 | 21,5 | 20,5 |
| | | **DIN 4102 3seitig** | | | **16,3** | **13,5** | **11,9** | | | **17,6** | **14,6** | **12,8** | | | **19,0** | **15,7** | **13,8** |
| | | **4seitig** | | | **18,5** | **15,8** | **14,1** | | | **19,8** | **16,8** | **15,0** | | | **21,3** | **17,9** | **16,0** |
| 4,00 | ≤ 3,00 | DIN 1052 | 4,860 | 5,468 | 23,0 | 21,5 | 20,5 | 5,783 | 6,505 | 24,5 | 22,5 | 21,5 | 6,930 | 7,796 | 25,5 | 24,0 | 22,5 |
| | | **DIN 4102 3seitig** | | | **18,1** | **14,9** | **13,1** | | | **19,5** | **16,1** | **14,1** | | | **21,1** | **17,4** | **15,2** |
| | | **4seitig** | | | **20,3** | **17,2** | **15,3** | | | **21,7** | **18,3** | **16,3** | | | **23,4** | **19,6** | **17,4** |

**Tabelle E 5-48 Statisch (nach DIN 1052 Teil 1 und [5.107]) und brandschutztechnisch für F 30-B (nach DIN 4102 Teil 4) erforderliche Mindestdicken d in mm für 4seitig brandbeanspruchte Treppenstufen aufgesattelter Treppen**

| Aufgesattelte Treppe | Bemessung nach | Stützenweite **l** in m 0,80 max Q | | | | 0,90 max Q | | | | 1,00 max Q | | | | 1,10 max Q | | | | 1,20 max Q | | | |
|---|---|---|---|---|---|---|---|---|---|---|---|---|---|---|---|---|---|---|---|---|---|
| | | max Q | max $M_y$ | **erf d** bei einer Stufenbreite **b** in mm | | max Q | max $M_y$ | **erf d** bei einer Stufenbreite **b** in mm | | max Q | max $M_y$ | **erf d** bei einer Stufenbreite **b** in mm | | max Q | max $M_y$ | **erf d** bei einer Stufenbreite **b** in mm | | max Q | max $M_y$ | **erf d** bei einer Stufenbreite **b** in mm | |
| | | kN | kNm | 240 | 300 | kN | kNm | 240 | 300 | kN | kNm | 240 | 300 | kN | kNm | 240 | 300 | kN | kNm | 240 | 300 |
| | | bei Verwendung von **Eiche** (Laubholz Gruppe A, mittlerer Güte ρ > 600 kg/m³) | | | | | | | | | | | | | | | | | | | |
| | DIN 1052 | 1,600 | 0,320 | 30 | 28 | 1,613 | 0,363 | 32 | 30 | 1,625 | 0,406 | 35 | 32 | 1,638 | 0,450 | 37 | 34 | 1,650 | 0,495 | 39 | 37 |
| | **DIN 4102** | | | **51** | **49** | | | **52** | **50** | | | **53** | **51** | | | **54** | **52** | | | **55** | **53** |
| | | bei Verwendung von **Nadelholz,** Sortierklasse S10 (Gkl. II) und **Buche** (Laubholz Gruppe A, mittlerer Güte) | | | | | | | | | | | | | | | | | | | |
| | DIN 1052 | 1,600 | 0,320 | 32 | 30 | 1,613 | 0,363 | 35 | 32 | 1,625 | 0,406 | 37 | 35 | 1,638 | 0,450 | 40 | 37 | 1,650 | 0,495 | 42 | 39 |
| | **DIN 4102** | | | **67** | **65** | | | **69** | **66** | | | **70** | **67** | | | **71** | **68** | | | **72** | **69** |

**5.9.4.3** F 30-B-Abmessungen von Stufen aufgesattelter Treppen

Die **Treppenstufen** sind nach DIN 1055 Teil 3 für Verkehrslasten von 3,5 kN/m$^2$ bzw. 5,0 kN/m$^2$ zu bemessen. Bei fehlenden Setzstufen – vgl. Bilder E 5-100/101 – ist eine Einzellast von 1,5 kN in Stufenmitte maßgebend. Außerdem ist darauf zu achten, daß die Durchbiegung der Stufen $f \leq l/300$ bleibt. Unter den vorstehenden Voraussetzungen müssen Treppenstufen mit einer Stützweite 0,80 m $\leq l \leq$ 1,20 m bei Stufenbreiten von 240 mm $\leq b \leq$ 300 mm die in Tabelle E 5-48 angegebenen statisch erforderlichen Stufendicken d besitzen (DIN 1052). Unter Berücksichtigung des Abbrandes für Laubholz von v = 0,56 mm/min (vgl. Tabelle E 2-11) müssen **Eichenstufen** die in derselben Tabelle angegebenen Mindestdicken d aufweisen. Der Vergleich mit den Mindestdicken nach DIN 1052 zeigt, daß die aus Brandschutzgründen erforderliche Dicke in ungünstigen Fällen nahezu die 1,5fache Dicke ausmacht, die allein aus statischen Gründen erforderlich ist. Angaben zu Stufendicken aus Nadelholz wurden zum Vergleich ebenfalls gemacht. Weil sie zu unwirtschaftlich sind und wegen des Abriebes ohnehin nur selten verwendet werden, empfiehlt es sich, von vornherein Eichenholzstufen zu planen.
Wenn trotz dieser Überlegungen mit Nadelholz konstruiert werden soll, besteht die Möglichkeit, die Stufen auf der Unterseite nach den Angaben von Bild E 5-102 zu bekleiden. Der dort angegebene Randabstand entspricht dem Maß $c_f = c_{30}$. Die Dicke $d_1$ muß den Angaben für d (DIN 1052) nach Tabelle E 5-48 entsprechen. Die Bekleidungsdicke $d_2$ ist je nach Bekleidung z. B. nach den Angaben von Bild E 4-27 (s. S. 147) zu wählen:

| | | | | |
|---|---|---|---|---|
| | erf d | (Nadelholz) | = z. B. | 72 mm |
| | erf d | (DIN 1052) | = | **42** mm |
| Differenz = | $d_2$ = | $t_1$ (Bild E 4-27) | = | 30 mm → |
| | $t_3$ | (FERMACELL) | = | 18 mm = $d_2$ |
| oder | $t_4$ | (PROMATECT® -H) | = | 15 mm = $d_2$ |
| → | erf | Stufendicke | = | |
| | $d_1$ | (DIN 1052) | = | **42** mm |
| | + z.B. | $t_4 = d_2$ | = | **15** mm |
| | $= d_1 + d_2$ | | = | **57** mm statt 72 mm. |

Zur Bekleidung ist noch zu erwähnen, daß es sowohl im Fall $t_3$ als auch im Fall $t_4$ Bekleidungen mit Holzfurnieren gibt, so daß bei Verwendung furnierter Bekleidungen die Unterseite kein unterschiedliches Aussehen zur Oberseite zu besitzen braucht.

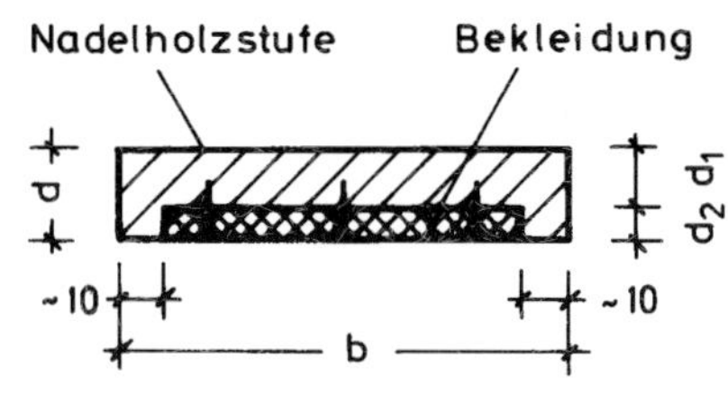


**Bild E 5-102** Unterseitig bekleidete Treppenstufen (Maße in mm)

5.9

**5.9.4.4** F 30-B-Abmessungen von Tragholmen gestemmter Treppen

Die in Abschnitt 5.9.4.2 für aufgesattelte Treppen gegebenen Erläuterungen gelten sinngemäß auch für gestemmte Treppen (Bild E 5-104):

Die Breite $b_w$ und die Höhe $h_w$ der tragenden Holme **(Wangenträger)** – vgl. Bild E 5-103 – müssen die in den Tabellen E 5-46 bzw. E 5-47 für eine vierseitige Brandbeanspruchung angegebenen Mindestabmessungen aufweisen. Bei Verwendung von Laubholz außer Buche dürfen die jeweils angegebenen Mindestwerte mit 0,8 multipliziert werden; die statisch erforderliche Dicke d (DIN 1052) darf jedoch nicht unterschritten werden.

Die **Einstemmtiefe** $e_1$ (Bild E 5-103) ist unter Berücksichtigung von
$c_f = c_{30} = 10$ mm mit
$e_1 = e$ (DIN 1052) + $c_f$ zu min $e_1 \geq 30$ mm

zu wählen, wobei für e die Auflagerpressung zu berücksichtigen ist. Bei Anordnung eines Auflagerwinkels (Bild E 5-106) müssen die Winkelflansche mit $c_f$ überdeckt werden.

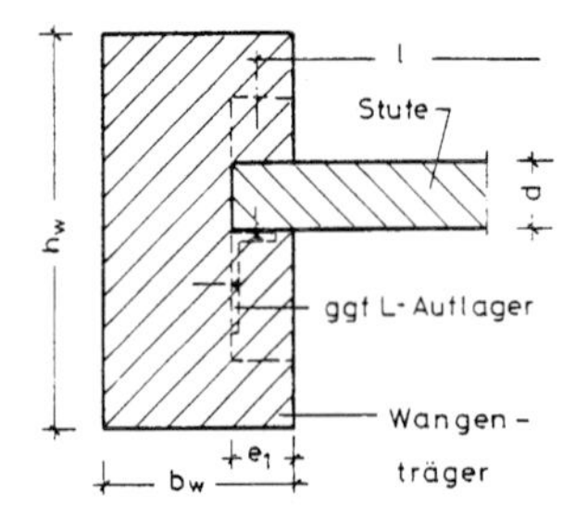


**Bild E 5-103**
Tragholm (Treppenwange) gestemmter Treppen

**Bild E 5-104**
Gestemmte Treppe

### 5.9.4.5 F 30-B-Abmessungen von Stufen gestemmter Treppen

Die in Abschnitt 5.9.4.3 für Stufen aufgesattelter Treppen gegebenen Erläuterungen gelten auch für Stufen gestemmter Treppen – d.h.:

- Für die Bemessung gilt Tabelle E 5-48.
- Für Stufenbekleidungen gilt Bild E 5-102 mit den dazugehörigen Erläuterungen.

### 5.9.4.6 F 30-B-Abmessungen an der Unterseite bekleideter Treppen

Bei **Treppen mit Setzstufen** besteht die Möglichkeit eine **Bekleidung** an der gesamten Unterseite anzubringen. Sie schützt zusammen mit den Setzstufen die Trittstufen vor unterem Abbrand und führt gleichzeitig zu einer günstigeren Bemessung der Wangenträger.

Holztreppen ohne Setzstufen – also solche mit viel freiliegenden, „ungeschützten" Holzoberflächen – tragen zur schnellen Brandausbreitung bei und haben schon oft zu Katastrophen geführt, siehe z.B. [5.112] bis [5.118]. In den Fällen [5.115] und [5.112] waren neun und elf Tote zu beklagen. Von der Feuerwehr und Brandschutzingenieuren wird daher häufig gefordert, eine Treppe an der Unterseite vollständig zu bekleiden. Diese Forderung wird auch dann erhoben, wenn es sich baurechtlich um eine nichtnotwendige Treppe handelt – aber bestimmte Risikosituationen vorliegen, siehe z.B. [5.112]. Bei notwendigen Treppen kann die Forderung dazu verwendet werden, die Bekleidung zu einer F 30-B-Bemessung zunutzen. Auch dann, wenn in Altbauten mit der Wahrung des Bestandschutzes wegen fehlender Umnutzung eine F 30-Forderung nicht erhoben werden kann, haben sich „alte – nicht F 30 dimensionierte" Bekleidungen bewährt (Bild E 5-105). In diesem Bild wird eine brandbeanspruchte gewendelte Treppe gezeigt, die an der Unterseite eine „brandschutztechnisch schwache" Rohrputzdecke aufweist [5.114].

**Bild E 5-105**
An der Unterseite bekleidete Treppe nach einem Brand [5.114]

Bei Anordnung einer 18 mm dicken **Bekleidung** aus Gipskarton-Feuerschutzplatten mit einer Zermürbungszeit von $t_2 \geq 30$ min (Bild E 4-27, S. 147) oder einer gleichwertigen Putzschale aus Drahtgewebe oder Rippenstreckmetall mit Putz – vgl. Tabelle 58, Zeile 1 (S. 191) – erreichen gestemmte Treppen entsprechend den Angaben von Bild E 5-106 unter folgenden Randbedingungen F 30:

- Dicke d der Trittstufen entsprechend den Angaben von Tabelle E 5-48; die für F 30 angegebenen Werte dürfen wegen der Verwendung der Bekleidung um maximal 20 v.H. abgemindert werden.
- Dicke der Setzstufen bei Verwendung von
  - Spanplatten mit $\rho \geq 600$ kg/m$^3$ oder Brettern aus Nadelholz: $d_1 \geq 28$ mm
  - Brettern aus Eichenholz: $d_1 \geq 17$ mm.
- Auflagertiefe der Trittstufen $e_1$ nach statischen Gesichtspunkten. Brandschutztechnisch werden keine Bedingungen erhoben. Die Auflager können auch mit unterstützenden freiliegenden Stahlwinkeln o.ä. ausgeführt werden; der Brandschutz erfolgt durch die Bekleidung.
- Randabstände der Befestigungsmittel der Bekleidung: $e_2 \geq 30$ mm
- Die Spannweite der Bekleidung darf bestimmte Längen nicht überschreiten:
  - l (GKF) ≤ 500 mm,
  - l (Putzträger) siehe Tabelle 58 (S. 227);

  ggf. müssen zur Unterstützung der Bekleidung zusätzliche Träger, Latten, Schienen o.ä. angeordnet werden, vgl. Bild E 5-107,

- Breite $b_w$ der Wangenträger
  - an der Unterseite: Die Befestigung der Bekleidung mit $e_2 \geq 30$ mm muß möglich sein; im übrigen keine Bedingungen;
  - an der Oberseite: Siehe Tabellen E 5-46/47 für eine dreiseitige Brandbeanspruchung. Wegen des günstigeren Abbrandes infolge der Bekleidung und der Stufen dürfen die Tabellenwerte jedoch um 20 v.H. abgemindert werden.

Anstelle der genannten Bekleidungen dürfen auch andere Bekleidungen verwendet werden – z.B. FERMACELL-Gipsfaserplatten oder Ca-Si-Platten PROMATECT ® -H nach den Angaben von Bild E 4-27 (S. 147). Derartige Platten werden auch mit Holzfurnieren geliefert.

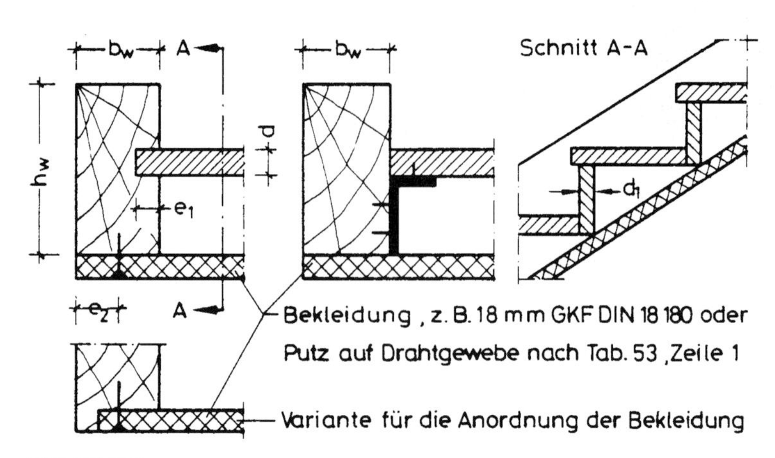


**Bild E 5-106**
Gestemmte Treppe mit Setzstufen und einer Bekleidung an der Treppenunterseite

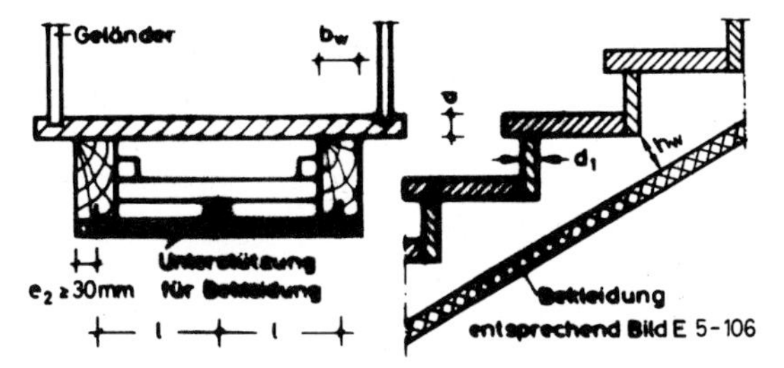


**Bild E 5-107**
Aufgesattelte Treppe mit Setzstufen und unterseitiger Bekleidung mit zusätzlicher Unterstützung zur Einhaltung von l < zul l

## 5.9.5 Sonstige Treppen und Treppen ≥ F 60

Der Feuerwiderstand von Treppen, die nicht wie die vorstehend behandelten aufgesattelten bzw. gestemmten Treppen ausgeführt werden, ist durch Prüfzeugnis oder Gutachten auf der Grundlage von Normversuchen nachzuweisen (Bild E 3-19). Dies gilt z.B. für Wendeltreppen, hängende Treppen und Treppen, bei denen Stahlprofile verwendet werden. Zum Nachweis von Feuerwiderstandsklassen ≥ F 60 sind ebenfalls Normversuche notwendig.

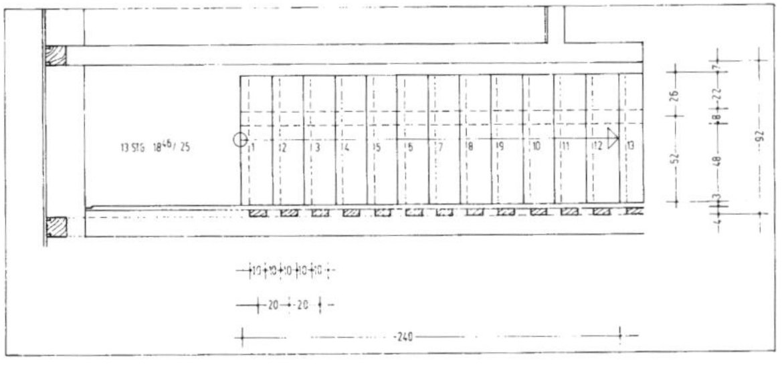

Aufgesattelte Treppe F 30-B zu einem Zwischengeschoß

# 6 Modernisierung, Sanierung, Instandsetzung, Nutzungsänderung

## 6.1 Allgemeines, Übersicht, Literatur

### 6.1.1 Überblick über Zusammenhänge

Abschnitt 6 behandelt *brandschutztechnische* Fragen der Modernisierung, Sanierung und Instandsetzung. Erfolgt keine Nutzungsänderung, können die brandschutztechnischen Probleme in Abschnitt 6.2 nachgelesen werden. Erfolgt dagegen mit den angegebenen Arbeiten gleichzeitig eine Nutzungsänderung (in einem Wohnhaus wird z.B. auch eine Gaststätte eingerichtet), werden die wichtigsten Fragen in Abschnitt 6.3 erörtert. Steht ein bestehendes Gebäude unter Denkmalschutz, gelten (zusätzlich) die Angaben von Abschnitt 7; in diesem Abschnitt werden auch Rekonstruktionen behandelt.

Einen Überblick über die angesprochenen Zusammenhänge versucht die schematische Übersicht von Bild E 6-1 zu vermitteln. Er unterscheidet zunächst nach
- Analyse und den
- wichtigsten Detailfragen.

Bevor irgendwelche Fragen – brandschutztechnischer oder anderer Art – beantwortet werden können, ist eine Bestandsanalyse notwendig, wobei zunächst – gewissermaßen als Grundlage – statische und bauphysikalische Antworten gegeben werden müssen. Sie entscheiden nach Art, Umfang, Ursache und Auswirkungen des aufgetretenen Schadens, ob eine Modernisierung, Sanierung oder Instandsetzung möglich ist. Sollen derartige Arbeiten durchgeführt werden, ist sogleich zu klären, ob es sich um
- gewöhnliche oder
- denkmalgeschützte

Gebäude handelt. Liegen Auflagen des Denkmalschutzes vor, sind besondere Entscheidungen zu treffen, siehe Abschnitt 7.

Wenn diese primären Fragen nach Bestands- und Schadensanalyse geklärt sind, muß das Ziel der Baumaßnahmen in den Vordergrund gerückt werden. Dabei ist zuerst zu klären, was an Räumen, Bauteilen und Baustoffen im Hinblick auf die Nutzung unter Berücksichtigung des Bestandes bzw. Schadens geändert werden soll. Wenn keine Umnutzung erfolgt, gilt in der Regel der Bestandschutz.

Eine z.B. im vorigen Jahrhundert errichtete Holzkonstruktion ohne Berücksichtigung irgendwelcher heutiger Brandschutzforderungen braucht nicht umgerüstet (ertüchtigt) zu werden. Eine Wand oder Decke ohne besonderen Feuerwiderstand braucht nicht in eine z.B. F 30-Konstruktion umgewandelt zu werden. Es gilt der Bestandschutz, sofern nicht vorrangige Sicherheitsanforderungen zu erfüllen sind.

Wenn mit den Baumaßnahmen jedoch etwas gegen eine schnelle Brandausbreitung oder etwas für eine sinnvolle Rettungsmaßnahme getan werden kann, so ist das im Hinblick auf den Personenschutz – in zweiter Linie auch im Hinblick auf den Sachschutz – zu begrüßen, auch wenn baurechtlich keine Forderungen zu erfüllen sind. Bei einer Nutzungsänderung siehe Abschnitt 6.3.

| Analyse | Die wichtigsten Detailfragen | |
|---|---|---|
| Bestand | Historisch, statisch, bauphysikalisch | |
| Schaden | Art, Umfang, Ursache, Auswirkungen | |
| Ziel | was<br>– soll<br>– muß<br>– darf, darf nicht<br>geändert werden | Räume, Bauteile, Baustoffe<br>Nutzung<br>Mängel, Schäden<br>Vorschriften<br>Kostenrahmen |
| Bautechnische | Brand- | Schutzmaßnahmen |
| Maßnahme | Rettung | Rettungswege, Treppen, Ausgänge, Anleiterbarkeit, Rauch, RWA |
| Ausführung | Begrenzung | Brand – Wände – Abschnitte Abschottungen, Abschlüsse |
| | Ausbreitung | Baustoffe, Schicht A |
| Bestandspflege | Meldung<br>Bekämpfung | Meldeanlagen<br>Feuerwehr, Sprinkler |

**Bild E 6-1**
Schematischer Überblick über Zusammenhänge bei Fragen der Modernisierung, Sanierung und Instandsetzung

Was geändert (verbessert) werden muß, hängt vom Umfang der Mängel/Schäden ab. Dabei sind Vorschriften zur Standsicherheit (Statik), zu bauphysikalischen Randbedingungen (z.B. zum Wärme- und Feuchteschutz) und ggf. zum Denkmalschutz zu berücksichtigen.

Schließlich ist auch der Kostenrahmen zu beachten, vgl. auch mit Bild E 8-2.

Das weitere Vorgehen wird bestimmt durch

- die bautechnischen Maßnahmen,
- die Ausführung und später durch
- die Bestandspflege.

Die bautechnischen Maßnahmen hinsichtlich des Brandschutzes sind als Schutzmaßnahmen stichwortartig ebenfalls in Bild E 6-1 angegeben. Auf sie wird in den Abschnitten 6.2 und 6.3 weiter eingegangen.

Bild E 6-2 zeigt eine ähnliche Zusammenstellung, wobei zur Bestandsaufnahme bei Holzkonstruktionen weitere Angaben gemacht werden.

| Mögliche Denkmalschutzforderung | Bestandsaufnahme | Mögliche Brandschutzmaßnahmen |
|---|---|---|
| Erhalt der Holzkonstruktion | Holz-Art<br>$\sigma$, E<br>$\rho$<br>Risse | Brandabschnitte, Türen (T, RS)<br>Rettungswege, Treppen, Treppenräume<br>Anleiterbarkeit, Zugänge, Ausgänge<br>Rauch, RWA |
| | Holzquerschnitt<br>- Abbrand<br>- Verbindungen | Durchgehende Schicht A<br>→ vertikale Unterteilungen<br>→ horizontale Unterteilungen |
| | F-dauer | Trennwände A, Bekleidungen A |
| | Randbedingungen<br>Brandweiterleitung<br>Durchbrüche | Brandmeldeanlage, Sprinklerung<br>Steigleitungen, Hydranten<br>Schulung, Brandschutz-Ordnung |

**Bild E 6-2** Bestandsaufnahme, mögliche Brandschutzmaßnahmen

### 6.1.2 Begriffe

Die in Abschnitt 6.1.1 verwendeten Begriffe Sanierung, Instandsetzung und Instandhaltung sollen nachfolgend noch genauer definiert werden. Nach [6.1] sind die Begriffe wie folgt zu verstehen:

Sanierung: Darunter werden bauliche Maßnahmen mehr im Sinne des baulichen und chemischen Holzschutzes verstanden, um holzschädigenden Einwirkungen infolge Insekten- oder Pilzbefall vorzubeugen bzw. sie zu beheben, so daß die Standsicherheit und die erforderliche Gebrauchsfähigkeit (Funktionstüchtigkeit) wieder hergestellt oder gesichert werden.

Instandhaltung: Baureparaturen, um die Funktionstüchtigkeit des Bauwerks bzw. seiner Bauteile aufrechtzuerhalten. Es sind vorrangig „vorbeugende“ bauliche Maßnahmen.

Instandsetzung: Bauliche Maßnahmen, um die ursprüngliche Tragfähigkeit wieder herzustellen (oder auch zu erhöhen) und um die Funktionstüchtigkeit zu sichern [6.2].

Der Begriff Modernisierung spricht für sich selber. Auf den Begriff der Nutzungsänderung bzw. Umnutzung wird in Abschnitt 6.3 noch eingegangen.

### 6.1.3 Literatur

Zum Thema Modernisierung, Sanierung, Instandsetzung und ggf. Nutzungsänderung gibt es eine umfangreiche Literatur. In diesem Handbuch sollen nur einige Stellen genannt werden, die sich speziell mit dem Holzbau (und teilweise mit dem Brandschutz) beschäftigen. Neben den Beiträgen allgemeiner Art [6.1] und [6.2] soll auf folgende Literatur aufmerksam gemacht werden:

[6.3] behandelt Beurteilungskriterien für Rißbildungen. Die oft strittige Beurteilung von Schwindrissen in biegebeanspruchten Kanthölzern und Balken sowie in Vollholzstützen hinsichtlich des Trag- und Verformungsverhaltens der betroffenen Holzbauteile wird durch die Angaben von [6.3] wesentlich erleichtert.

[6.4] u. [6.5] sind Informationsschriften der EGH in der DGfH, die sich mit dem Umbau und der Modernisierung mit Holz befassen.

[6.6] behandelt Fachwerkbauten.

[6.7] beschäftigt sich im Rahmen des Themas mit Sportstätten.

[6.8] beschreibt Sanierungsmethoden für Spannbetonträger-Decken mit Holz, z.B. in Viehställen.

Abschließend soll noch auf die Reihe 6 des holzbau handbuches „Bauwerkserhaltung und Denkmalpflege“ der EGH et al. hingewiesen werden. Weitere Literaturangaben – speziell zu Treppenräumen, Gaststätten, Hotels, Fachwerkhäusern, Versammlungsstätten usw. in Verbindung mit Holzkonstruktionen - werden in den Abschnitten 6.2 und 6.3 sowie in Abschnitt 7 gemacht, siehe [6.10] bis [6.28] sowie [7.1] bis [7.11].

## 6.2 Brandschutztechnische Schwerpunkte

### 6.2.1 Rettung, Brandbegrenzung, Begrenzung der Brandausbreitung

#### 6.2.1.1 Personenschutz, Sachschutz, Objektschutz

Die bauaufsichtlichen Brandschutzvorschriften gelten in erster Linie dem Personenschutz, vgl. Abschnitt 3.5.1. Der Sachschutz steht an zweiter Stelle und wird eigentlich nur im Zusammenhang mit dem Personenschutz verwirklicht. Das Wort „Sachschutz" kommt in den Bauordnungen gar nicht vor; er ist primär eine Aufgabe der Versicherungen. Der Objektschutz ist kein Thema der Bauordnungen; er betrifft nur Sonderfälle, z.B. Tunnelbauten [6.9].

#### 6.2.1.2 Treppen, Treppenräume

Die Überschrift zu Abschnitt 6.2.1 nennt entsprechend den Angaben von Bild E 6-1 die Schlüsselworte

- Rettung (von Mensch und Tieren),
- Brandbegrenzung und
- Begrenzung der Brandausbreitung.

Alle diese Begriffe dienen dem Personenschutz. Dabei spielt der erste Rettungsweg – das sind Treppen und Treppenräume (der zweite Rettungsweg erfolgt über die Feuerwehr, vgl. § 17 der Bauordnungen – § 17 LBO NRW, siehe Seite 87) – eine hervorragende Rolle. Wegen der enormen Wichtigkeit werden hierzu einige Aspekte in den folgenden Punkten 1 bis 5 beleuchtet:

1. Der wichtigste Rettungsweg ist die **Treppe**, ggf. in einem eigenen Treppenraum. Hierzu und zu den Ausgängen gibt es in den Bauordnungen der Länder genaue Vorschriften. Über die tragenden Teile von Treppen gibt Abschnitt 5.9 Auskunft.

2. Die **Bekleidung in Treppenräumen** bei den Gebäudeklassen ≥ 3 muß aus Baustoffen der Baustoffklasse A bestehen, vgl. Bild E 3-14. Hier darf kein Holz verwendet werden. Sollte in Altbauten Holz als Bekleidung vorhanden sein, so sollte (ggf. muß) es bei einer Modernisierung entfernt bzw. durch Bauplatten der Baustoffklasse A ausgewechselt werden; in diesem Zusammenhang sei auf die in Abschnitt 2.2.3.2 genannten Bauplatten der Baustoffklasse A 2 mit Holzfurnieren (mit PA-III-Nr.) aufmerksam gemacht, die das Prüfzeichen nur tragen dürfen, wenn der Prüfbescheid des DIBt erteilt wurde – d.h. nicht jede Furnierplatte gehört zur Baustoffklasse A 2! Bei Verwendung derartiger Platten fällt es äußerlich überhaupt nicht auf, daß es sich um nichtbrennbare Bauplatten handelt.

3. Die **Bekleidung von Treppen** an der Unterseite mit Baustoffen der Baustoffklasse A wurde bereits in Abschnitt 5.9.4.6 behandelt. Sie sollte bei Modernisierungsvorhaben auch dann vorgenommen werden, wenn baurechtlich wegen des Bestandschutzes keine zwingende Notwendigkeit dazu besteht, vgl. ebenfalls Abschnitt 5.9.4.6. In diesem Zusammenhang sei noch einmal darauf

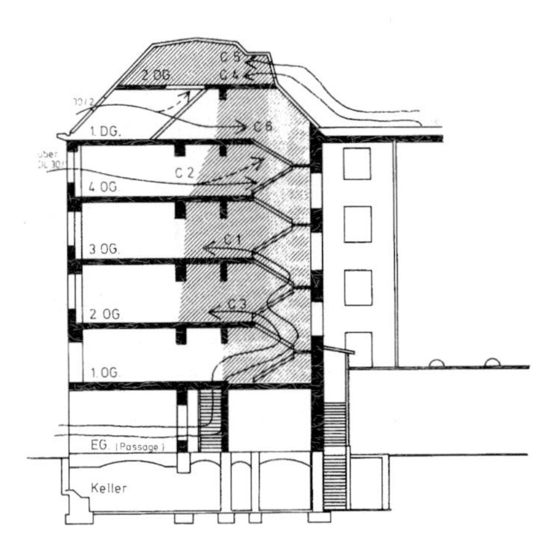


**Bild E 6-3**
Brandausbreitung in einem Treppenraum und Einsatz von C-Rohren der Feuerwehr nach [5.113]

hingewiesen, daß freiliegende Holztreppen und ggf. vorhandene brennbare Treppenraumbekleidungen in Altbauten im Brandfall schon oft katastrophale Folgen hatten, siehe u.a. [5.112] bis [5.118] in Abschnitt 5.9.4.6. Bild E 6-3 zeigt aus [5.113] die Brandausbreitung und den Einsatz von C-Rohren der Feuerwehr bei einem Treppenhausbrand in einem Altbau.

4. In Bild E 6-1 werden unter dem Stichwort „Schutzmaßnahmen" auch **Rauch** sowie **Rauch- und Wärmeabzugsanlagen (RWA)** genannt. Wie in Abschnitt 2.8.5.3 dargelegt, sind Holz und Holzwerkstoffe keine Qualmer. Wenn bei der Verbrennung von 10 kg Holzwerkstoffen rd. $7{,}5 \cdot 10^3\ m^3$ verqualmtes Rauchvolumen entsteht, entwickelt sich bei gleicher Brandmenge Schaumstoff, Heizöl oder Schaumgummi mehr als das Dreifache (Bild E 6-4). Derartiger Rauch kann in Wohnungen entstehen und über offene oder durchgebrannte Wohnungseingangstüren in den Treppenraum gelangen.

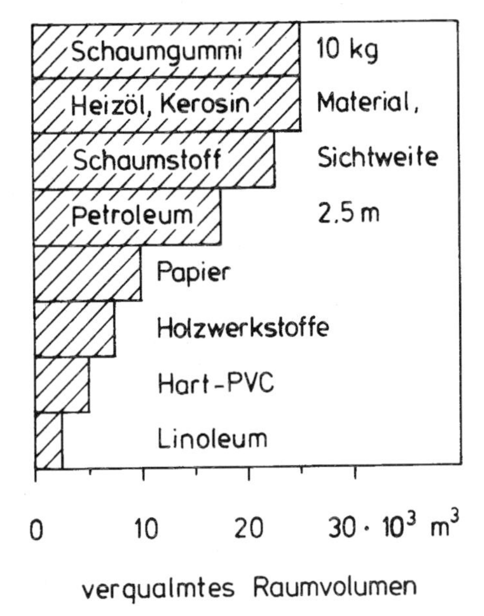


**Bild E 6-4**
Verqualmtes Raumvolumen, das bei der Verbrennung von 10 kg verschiedener Stoffe entsteht, wobei die Sichtweite mit 2,5 m definiert ist

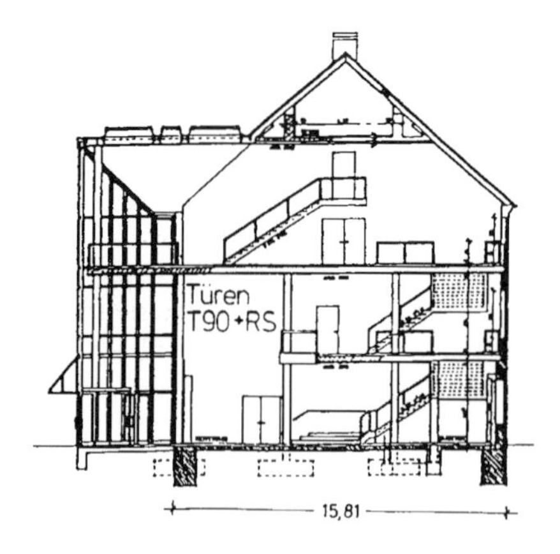

**Bild E 6-5**
RWA-Anordnung im Dach eines Treppenraumes in einem Vorbau zu einem Altbau mit Holzbalkendecken

Bei Gebäuden besonderer Art oder Nutzung sollten daher RWA-Anlagen im Dachbereich des Treppenraumes angeordnet werden. In Altbauten gibt es oft kleine Museen, bei denen solche Anlagen angebracht sind. Bild E 6-5 zeigt eine im Dach des Stahlbeton-Treppenhauses beim unter Denkmalschutz stehenden „**Hohen Arsenal**" in Rendsburg (Hauptgebäude). Es besitzt Holzbalkendecken und unterliegt einer besonderen Nutzung (u.a. Museum, Versammlungsstätte, Bücherei, Tanzstudio), siehe Abschnitt 7.2.2. In diesem Zusammenhang sei darauf hingewiesen, daß bei innenliegenden Treppenräumen und in Gebäuden, die nicht Gebäude geringer Höhe sind, an der obersten Stelle des Treppenraumes stets eine Rauchabzugsvorrichtung unter bestimmten Randbedingungen vorhanden sein muß.

**5.** In Altbauten mit Nutzungsänderung – z.B. bei Gebäuden besonderer Art oder Nutzung, siehe u.a. kleine Museen in mehrgeschossigen Fachwerkbauten – kann es im Zuge von Modernisierungsarbeiten ggf. auch sinnvoll sein, als Ersatzmaßnahme einen **Fluchtbalkon mit zusätzlicher Außentreppe** anzuordnen.

**6.2.1.3** Begrenzung eines Brandes

Zur **Begrenzung** eines Brandes sind **Brandwände**, Abschnittswände, Abschottungen, Abschlüsse (Feuerschutzabschlüsse mit T-Klassifizierung oder auch Rauchschutztüren „RS" nach DIN 18 195) usw. erforderlich, siehe Anforderungen der Bauordnungen und Bild E 6-1. Im bereits erwähnten Altbau „Hohes Arsenal" in Rendsburg mit neuer Nutzung konnten die heute bestehenden Brandschutzanforderungen vorbildlich gelöst werden, siehe Abschnitt 7.2.2, wobei auch Schichten der Baustoffklasse A (Oberflächen, Trennschichten) eine wesentliche Rolle gespielt haben.

#### 6.2.1.4 Begrenzung der Brandausbreitung

Die Anordnung von Flächen (Oberflächen) bzw. Schichten (Trennschichten) aus Baustoffen der Baustoffklasse A trägt i.a. dazu bei, einen Brand in seiner Ausbreitung zu begrenzen. Sowohl Bild E 6-1 als auch Bild E 6-2 nennt als brandschutztechnischen Schwerpunkt bzw. als Schutzmaßnahme die Anordnung derartiger Flächen oder Schichten. Die Verwendung von Baustoffen der Baustoffklasse B bewirkt das Gegenteil. Da die Begrenzung der Brandausbreitung von ausschlaggebender Bedeutung ist, soll dies mit einem Negativ- und einem Positiv-Beispiel belegt werden:

*Negativbeispiel:*

Wenn beim Brand einer mehrschaligen Schrankwand aus Spanplatten die dem Feuer zugekehrte Schale (F-Schale) durchbrennt und zusammenbricht, werden schlagartig neue brennbare Oberflächen freigelegt. Ihre Entzündung läßt die Temperaturen plötzlich stark ansteigen (Bild E 6-6). Die Brandausbreitung wird begünstigt.
Eine nochmalige Verstärkung des Negativeffektes findet statt, wenn an Wänden u n d Decken gleichzeitig Baustoffe der Baustoffklasse B 2 angeordnet werden [6.10]. Wenn an der Decke ein wärmedämmender Baustoff der Baustoffklasse A, z.B. eine abgehängte Decke aus Mineralfaserplatten, vorhanden ist, tritt wegen des Wärmestaus (kein Wärmeabfluß) derselbe Negativeffekt ebenfalls auf [6.10] bis [6.14]. Auf das hiermit im Zusammenhang stehende bauaufsichtliche Verbot, bei Hochhäusern an Wand und Decke gleichzeitig Baustoffe der Baustoffklasse B 2 einzubauen, wurde auf Seite 123 bereits hingewiesen.

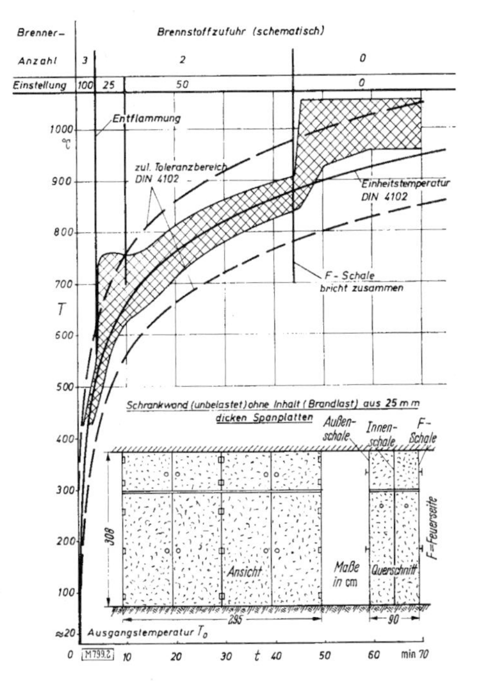


**Bild E 6-6**
Temperaturen T bei der Prüfung einer mehrschaligen Schrankwand aus Spanplatten bei geschlossenen Schranktüren

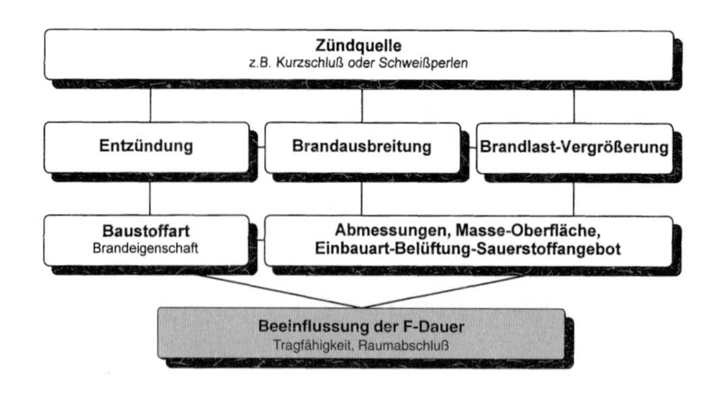


**Bild E 6-7**
Einfluß brennbarer Bestandteile auf das Brandverhalten von Bauteilen (Schema)

*Positivbeispiel:*

Wenn man den Einfluß brennbarer Bestandteile auf das Brandverhalten von Bauteilen schematisch darstellt, so liegen die in Bild E 6-7 dargestellten Zusammenhänge vor. Die Wirkungen Entzündung, Brandausbreitung und Brandlastvergrößerung sind in Bild E 6-8 für drei ähnlich aufgebaute Wandkonstruktionen mit unterschiedlichen Beplankungen dargestellt, wobei auch die Feuerwiderstandsdauer angegeben ist. Eine Klassifizierung in Feuerwiderstandsklassen wurde nicht angegeben, da an dieser Stelle das Steckdosenproblem nicht behandelt werden soll – siehe hierzu z.B. E.4.1.6.2 (S. 114) und E.4.10.2/2 (S. 130).
Bei Verwendung von Beplankungen aus Baustoffen der Baustoffklasse A wird die Brandausbreitung behindert oder sogar begrenzt.

| Konstruktion<br>Maße in mm<br>p in kN/m | d | F-dauer<br>in min | Entzündung<br>Baustoff | Brand-<br>ausbreitung | Brandlast-<br>vergrößerung |
|---|---|---|---|---|---|
| p = 22,3<br>Holzspanpl.<br>DIN 68 761 | 13 | ~25 | ja<br>B2 | ja | ja |
| p = 22,3<br>GKF-GKP(F)<br>DIN 18 180 | 12,5 | 47 - 63 | ja | nein | gering |
| p = 26,5 | 25 | 120-130 | unbedeutend<br>B2-A2 | | unbedeutend |
| p = 31,0<br>70<br>MF KI.A | 25 GKP(F) + 9,5 GKB | ~156 | ja<br>unbedeutend<br>B2-A2-A1 | nein | gering<br>unbedeutend |

**Bild E 6-8**
Feuerwiderstandsdauer, Entzündung, Brandausbreitung und Brandlastvergrößerung am Beispiel von drei Wandkonstruktionen

**6.2.1.5** Umsetzung des Positivbeispieles von Abschnitt 6.2.1.4 in der Praxis

Wegen der großen Bedeutung des im vorstehenden Abschnitt angegebenen Positivbeispieles sollen einige Umsetzungen in der Praxis aufgezählt werden – siehe nachfolgende Punkte 1 bis 3.

1. Das im Jahre 1422 erbaute (durch dendrochronologische Untersuchung nachgewiesen), 1586/89 erweiterte, 1743/44 und 1791/92 erstmals sanierte und letztmalig 1926 instandgesetzte **Rathaus von Eßlingen** weist mit einer Schicht der Baustoffklasse A zwischen den Deckenbalken eine brandschutzgünstige Unterbrechung auf (Bild E 7-3).

2. Das 1529 errichtete, 1945 restlos zerstörte und 1989 in Rekonstruktion wiederaufgebaute **Knochenhaueramtshaus mit Bäckeramtshaus** in Hildesheim besitzt zwischen den Balken ebenfalls eine Unterbrechung durch Flächen bzw. Schichten der Baustoffklasse A (Bilder E 7-11 und E 7-12) – eine Maßnahme, die u.a. dazu geführt hat, daß das 9- bis 10geschossige Haus in Holzkonstruktion überhaupt rekonstruiert werden durfte, siehe Abschnitt 7.3.2.1.

3. Das 1696 erbaute, 1875 völlig ausgebrannte, danach mit Veränderungen wiederaufgebaute und 1989 nach alten Unterlagen bei gleichzeitigier Nutzungsänderung neugestaltete **Hohe Arsenal** in Rendsburg enthält ebenfalls unterbrechende Schichten aus Baustoffen der Baustoffklasse A (Bild E 7-5). Auch sie haben u.a. dazu geführt, daß die Modernisierung durchgeführt und die neue Nutzung der unter Denkmalschutz stehenden Holzkonstruktion bauaufsichtlich genehmigt werden konnte, siehe Abschnitt 7.2.2.

**6.2.1.6** Beispiele für die Sanierung von Wänden

Über den Feuerwiderstand von **Fachwerkwänden** wird in Abschnitt 4.11 etwas ausgesagt. In der Erläuterung E.4.11/1 wird über die Erhaltung alter Bausubstanz berichtet (s. S. 132). Im Absatz E.4.11/2 wird gezeigt, daß im Zusammenhang mit Versuchshäusern im Freilichtmuseum Hessenpark unterschiedliche Ausfachungen „alter" Wandkonstruktionen untersucht wurden. Das Versuchsprogramm wies auch zwei „moderne" Sanierungsmaßnahmen auf, wobei neben dem Brandschutz auch Aussagen zum Wärmeschutz und zu Tauwassermengen gemacht werden.

In DIN 4102 Teil 4 (03/94) Abschnitt 4.11.3 (s. S. 131) wird gesagt, daß als Ausfüllung der Gefache u.a. Mauerwerk nach DIN 1053 Teil 1 verwendet werden kann. Beton (weil ungewöhnlich) wird nicht genannt. Selbstverständlich kann aber auch Beton verwendet werden. In Limburg wurde ein fast 650 Jahre altes Fachwerkhaus instandgesetzt. Um bestimmte bauphysikalische Anforderungen (z.B. Wärmeschutzanforderungen) zu erfüllen, einen vorgegebenen Kostenrahmen einzuhalten und die historische Bausubstanz zu erhalten, wurde Leichtbeton mit einer innenliegenden Gipskartonbekleidung verwendet. Der wärmedämmende Leichtbeton enthielt eine Drahtbewehrung. Das alte Fachwerk erhielt nach der Entkernung einen Schutzanstrich, um Trockenfäule zu verhindern [6.15].

Um einen höheren Wärmeschutz zu erhalten, können auf Holzhäusern – z.B. auf **Häusern in der Tafelbauart** – Wärmedämmverbundsysteme der Baustoffklasse B1 aufgebracht werden. Dies darf im Rahmen gültiger Prüfbescheide erfolgen, wobei nur bestimmte Systeme auf Spanplatten erlaubt sind – z.B.

CAPATECT-Systeme gemäß der Prüfbescheide

- PA-III 2.595 (System 600) oder gemäß
- PA-III 2.2627 (Meldorfer System).

Die Befestigung kann mit oder ohne Schienen erfolgen; das wird im Prüfbescheid genau beschrieben. Wegen der Wandlung von Prüfbescheiden in ETAs wird auf Abschnitt 1.1 verwiesen. Abschließend sei noch einmal betont, daß nicht jedes Wärmedämmverbundsystem auf Spanplatten beim DIBt zugelassen ist.

**6.2.1.7** Beispiele für die Sanierung von Balken

Bei der **Polizeidirektion in Rastatt** war die Tragfähigkeit von Deckenbalken durch Fäulnis (hervorgerufen durch Wasserzutritt) und Insektenbefall gemindert. Ohne Räumung der Dienstzimmer wurde unter Fortführung des Betriebes eine Sanierung mit Entfernen von Balkenenden, Vorbohrungen, Einbringen von Holzschutzmitteln und Eindrehen von 1,5 m langen Schlüsselschrauben durchgeführt. Vorab wurden durch Schrauben verstärkte Balkenenden untersucht. Über die Prüfergebnisse, weiterführende Untersuchungen, die Berechnung und Ausführung wird in [6.16] berichtet, wobei ausgeführt wird, daß eine derartige Sanierung nicht in allen Fällen ohne weiteres anwendbar ist.

Die doppelte Balkenlage aus 11,26 m und 12,10 m langen Eichenbalken mit Querschnitten von im Mittel 32/32 (cm/cm), die den Anfang des 17. Jahrhunderts errichteten barocken 27,9 m (OK Balkenlage 2 bis Turmspitze) hohen Dachreiter der 1216 – 1275 erbauten **Zisterzienserkirche in Riddagshausen** bei Braunschweig trägt, war durch Pilzbefall geschädigt. Der Verlust der vollen Tragfähigkeit sowie Setzungen und Verformungen von Fundamenten führten zu einer Absenkung mit einer Belastung des darunter befindlichen Vierungsgewölbes, was zu Gewölberissen führte. Zur 700-Jahrfeier (1975) wurden die Balken durch eingezogene Stahlbetonbalken mit Aufhängungen angehoben (Bild E 6-9) und holzschutztechnisch behandelt. Die Aufhängungen erlauben ein späteres Nachspannen. Die Holzkonstruktion des Dachreiters mit den angrenzenden Dachstühlen der Kirchenschiffe sowie die Sanierung der Balken ist in [6.17] beschrieben.

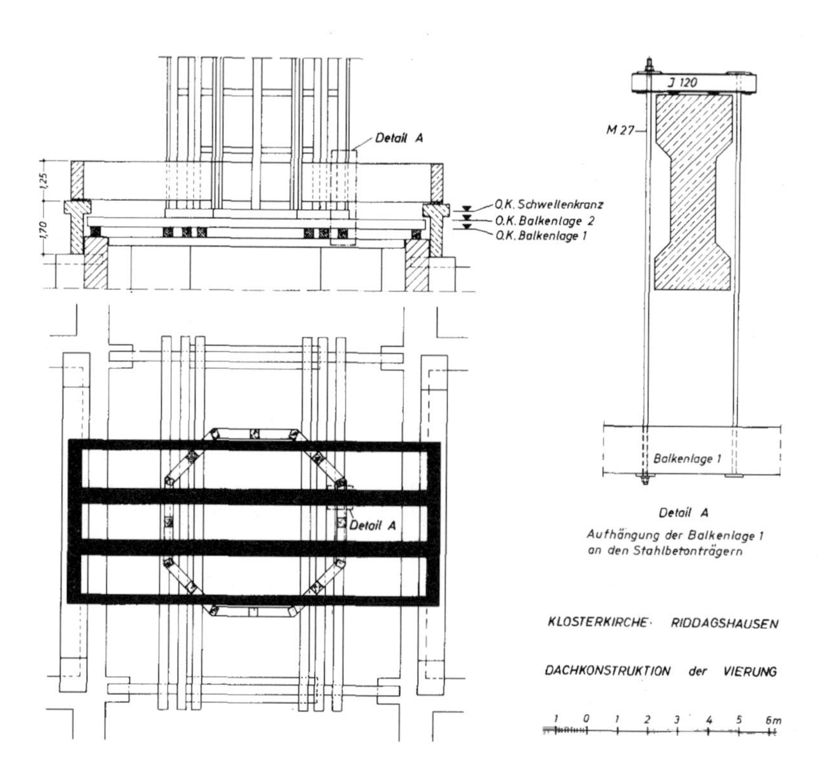


**Bild E 6-9** Unterfangung des Dachreiters durch eine Stahlbetonkonstruktion

**6.2.1.8** Beispiele für die Sanierung von Decken

Wegen der Sanierung von Holzbalkendecken sei zunächst auf die Erläuterungen

- E.5.3.3.1/8 (Einschubböden) – s. S. 227,
- E.5.3.3.2 (Sanierung) – s. S. 227 und
- E.Tabelle 63/1 (Rohrputzdecken) – s. S. 228

hingewiesen. Hier wird das Thema bereits innerhalb des Abschnittes Decken behandelt. Bei der Beurteilung von Decken in Altbauten ist zu unterscheiden zwischen dem

- Feuerwiderstand zwischen den Balken (Fugen, Durchbrand, Tragfähigkeit) und dem
- Feuerwiderstand der Balken selbst (Tragfähigkeit).

Der erste Fall ist meistens der maßgebende. Außerdem ist der Brandangriff von unten (meistens der kritische Fall) und von oben zu betrachten. Von entscheidender Bedeutung ist bei Brandbeanspruchung von unten nicht nur die Art (Material), sondern auch die Spannweite des unteren Abschlusses. Für die Beurteilung der Teilfeuerwiderstandsdauer können dabei die Bilder

- E 5-1 [$t_f = f(d)$] – s. S. 197,
- E 5-2 [$t_f = f(l)$] – s. S. 198 sowie
- E 5-12 [T in der Decke] – s. S. 223

hilfreich sein. Für die Brandbeanspruchung von oben ist Bild

- E 5-5 [Estrichdicken] – s. S. 205

heranzuziehen. Wegen der Aufrüstung alter Holzbalkendecken mit relativ unbekanntem Aufbau, zumindest was den unteren Abschluß betrifft, sei auch auf die Normtabelle 63 (s. S. 211) und alle Erläuterungen zu Abschnitt 5.3 (Holzbalkendecken) hingewiesen – s. S. 213 ff.

Bei der Bestandsaufnahme kann es natürlich dazu kommen, daß Decken angetroffen werden, die in diesem Handbuch nicht erfaßt sind. Es sei daher auf den Abschlußbericht eines Forschungsvorhabens aufmerksam gemacht, in dem 71 Altbaudecken erfaßt und 12 Sanierungsvorschläge unterbreitet werden [6.18]. Aus diesem unveröffentlichten Bericht wurden sechs Decken (Baujahre etwa 1760 – 1960) ausgewählt und in Tabelle E 6-1 zusammengestellt. In den Spalten 5 und 6 sind bei sehr vorsichtiger Abschätzung die Feuerwiderstandsdauern angegeben, wie sie von den Verfassern [6.18] gesehen werden. Darunter befinden sich Minutenzahlen in Klammern, wie sie von den Autoren dieses Handbuches ermittelt wurden; sie sind i.a. größer, was pauschaliert den Schluß zuläßt, daß Altbaudecken der beschriebenen Art – mit Ausnahme der Decken 3 (Stahl) und 6 (Spardecke) – bei natürlichen Bränden mit $T \leq T_{ETK}$ in der Regel eine Feuerwiderstandsdauer > 60 min aufweisen.

**Tabelle 6-1**

Beispiele für Altbaudecken mit geschätzter Feuerwiderstandsdauer (s. Text)

| Spalte | 1 | 2 | 3 | 4 | 5 | 6 |
|---|---|---|---|---|---|---|
| Zeile | Bezeichnung Hoba = Holzbalkendecke | Baujahr etwa | Decken-Maße in mm<br>Querschnitt | Baustoffe | Feuerwiderstandsdauer in min bei ETK von<br>unten | oben |
| 1 | Dollen-Holzbalkendecke | 1760 | 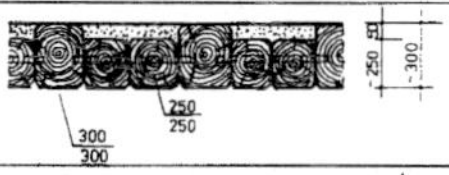 | – Lehm<br>– dicht nebeneinanderliegende Eichenbalken durch sichernde Runddübel (Dollen) miteinander verbunden | > 30<br>**(> 60)** | > 30<br>**(> 60)** |
| 2 | Halbe Windelbodendecke | 1790 bis 1870 | 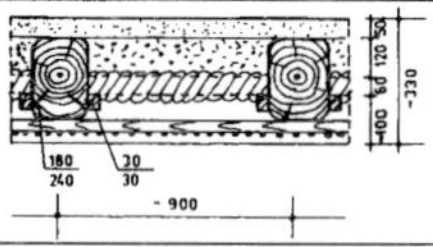 | – 50 Gipsestrich<br>– ~100 Strohlehm Lehm/Strohwickel mit 60 mm dicken Wellenhölzern<br>– 35 Latten<br>– 25 Deckenschalung<br>– 20 Rohrputz | > 30<br>**(> 60)** | > 30<br>**(> 120)** |
| 3 | Stahl-Holz-Decke | 1900 | 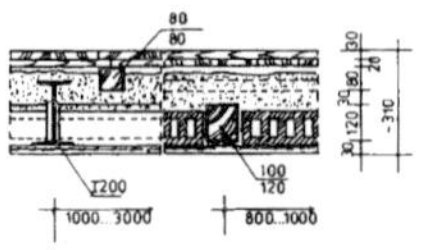 | – 30 Parkett<br>– 20 Blindboden<br>– 80/80 Lagerholz Sandauffüllung<br>– 120 Deckenholz (100 x 120) in Stahlträger I 200 eingeschoben<br>– 100 Spreutafeln (670 x 300 x 100 mm)<br>– 30 Putz auf verzinktem Draht | > 30<br>**(> 40)** | > 30<br>**(> 40)** |
| 4 | Holzbalkendecke mit Gipsdielen | 1920 | 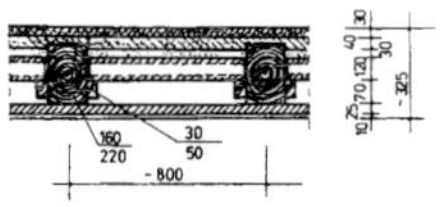 | – 70 Platten in Zementmörtel<br>– 30 Sandauffüllung<br>– 1 Lage Pappe auf der Balkenoberseite<br>– 70 Gipsdielen<br>– 120 Hohlraum<br>– 25 Gipsdielen bzw. Schalung 1)<br>– 10 Putz | > 30<br>(> 60) | > 60<br>(> 120) |
| 5 | Einschubdecke | > 1930 | 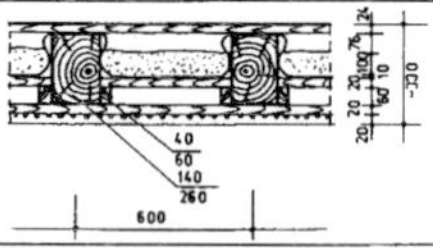 | – 24 Dielung<br>– 76 Hohlraum<br>– 100 Auffüllung<br>– 10 Bitumen-Filzpappe<br>– 20 Schwartenbretter<br>– 60/40 Latten<br>– 20 Deckenschalung<br>– 20 Rohrputz | > 30<br>**(> 60)** | > 30<br>**(> 60)** |
| 6 | Sparbalkendecke | 1945 bis 1960 | 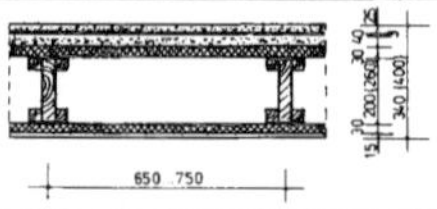 | – 25 Holzestrich<br>– 1 Lage Bitumenpappe<br>– 40 Anhydritestrich<br>– 30 Holzwolle-Leichtbauplatten<br>– 200 Hohlraum<br>– 30 Holzwolle-Leichtbauplatten<br>– 15 Putz | > 30<br>**(> 30)** | > 30<br>**(> 30)** |

1) Die in Spalte 5 angegebene Zahl "> 60" gilt bei Verwendung von Gipsdielen; beim Vorliegen einer Schalung ist eine Feuerwiderstandsdauer > 40 min zu erwarten.

Geht man einen Schritt weiter, so kann die Tendenz abgelesen werden, daß bei Anordnung von „Unterdecken" nach der Normtabelle 63 (s. S. 211)

- Drahtputzdecke mit D = 25 + 10 = 35 mm
- GKF-Decke mit d = 2 x 12,5 mm
  alternativ
- FERMACELL-Decke mit d = 2 x 10 mm
  (siehe E.5.3.3.3, S. 228)

bei den Altbaudecken nach Tabelle E 6-1

- bei allen Decken außer 3 und 6 F 90 und
- bei den Decken 3 und 6 F 60

erreicht werden kann. Weitere Möglichkeiten für F 90 ergeben sich z.B. mit Ca-Si-Platten, vgl. ebenfalls E.5.3.3.3 (S. 228) sowie die dort angegebene Literatur [5.26]. Wegen der Bildung von Holz-Stahlbeton-Verbunddecken siehe [6.29].

Beim bereits genannten **Hohen Arsenal** in Rendsburg war im Hauptgebäude eine Deckenkonstruktion aus (von oben nach unten)

- 40 mm dicken Holzbohlen mit einer Tragfähigkeitszeit $\geq$ 30 min, bei Fugen mit einer Durchbrandzeit < 20 min,
- 96 cm weit auseinanderliegende, unterstützende Holzbalken mit einem Querschnitt von 200/260 mm mit einer Tragfähigkeitszeit $t_{ETK}$ von 55 min bis 65 min und
- Unterzügen (Mittelauflager) aus zwei Einzelquerschnitten mit je 300/210 mm

vorhanden. Wegen brandschutztechnischer Auflagen (F 90-A) infolge der VersammlungsstättenVO und anderer Randbedingungen (s. Abschnitt 7.2.2) sowie wegen Belangen des Denkmalschutzes (Erhaltung der Holzkonstruktion) wurde zur Sanierung der Decken folgende Lösung gefunden:

1. Auf der Holzbohlenabdeckung wurde eine durchlaufende Stahlbetondecke (Normalbeton) mit einbetonierten und damit vor Brandangriff geschützten Stahlträgern als trennende Schicht aus Baustoffen der Baustoffklasse A angeordnet.

   Die Stahlträger steifen die Decke aus, entlasten die Deckenbalken und konzentrieren die Auflagerkräfte auf die Stützen. Die Decke konnte für sich allein betrachtet in die Feuerwiderstandsklasse-Benennung F 90-A eingestuft werden; die Gesamtdecke mit unterstützenden Holzbalken gehört jedoch zur Benennung F..-B. Der negative Einfluß der unregelmäßigen Fugen zwischen den Bohlen konnte damit ausgeschaltet werden.

   **Anmerkung:** Beim Vorliegen günstiger Voraussetzungen kann die Stahlbetonplatte (ohne Stahlträger) auch im Verbund mit den Holzbalken betoniert werden, wobei die Stahlbetonplatte die Druck- und die Holzbalken die Zugkräfte aufnehmen [6.29]; auch in diesem Fall lautet die Benennung wegen der Holzbalken F..-B.

2. Die Balken, Unterzüge und Stützen mit ihren Kopfbändern wurden im Ursprungszustand belassen. Um die hohen Stützenlasten aufnehmen zu können, mußten zum Teil Auflagerverstärkungen angebracht werden. Zur Kompensation der niedrigen Feuerwiderstandsdauer wurde eine Sprinkleranlage nach den Richtlinien des Verbandes der Sachversicherer e.V. installiert.

Wegen weiterer Angaben siehe Abschnitt 7.2.2 und [6.19].

Die vorstehende Behandlung von Decken mit Bekleidungen läßt es sinnvoll erscheinen, abschließend über Branderfahrungen mit einer bekleideten Decke zu berichten:
Der berühmte **Löwenbräukeller** in München (1883 eröffnet) wurde nach der vollständigen Zerstörung durch Bomben im Dezember 1944 nach dem Kriege behelfsmäßig wieder aufgebaut. Der große Saal erhielt einen „primitiven" Behelfsdachstuhl mit brandschutztechnisch nicht geschützter Saaldecke. Der Behelf währte bis Ende 1983. Dann wurde die Decke des Festsaales saniert. Der

Dachstuhl in Holz über einer Fläche von rd. 25 x 50 m (Bild E 6-10) erhielt unterseitig eine Bekleidung aus Ca-Si-Platten der Fa. Promat (→ F 90-B von unten). Oberseitig wurden nichtbrennbare Isolierstoffe sowie ebenfalls Ca-Si-Platten in 10 mm Dicke angebracht, so daß die Saaldecke mit „F 30-B von oben" einzustufen war. Die Aufhängung der Saaldekoration erfolgte über Stahlrohre, wobei die Durchstanzungen der Saaldecke brandschutztechnisch abgedichtet wurden. Der gefundene Kompromiß (F 90-B von unten, F 30-B von oben, Abdichtung) führte zu einer Befreiung von der Forderung F 90-A der Versammlungsstättenverordnung.

1986 wurde der Festsaal (1093 Sitz- und 400 Stehplätze mit weiteren 898 Sitzplätzen im Galeriegeschoß) durch einen Dachstuhlbrand wieder vollständig zerstört [6.20]. Die aus Gewichtsgründen seinerzeit gewählte Kupferblechbedachung war der Hauptgrund, weshalb der Großbrand (Bekämpfung des Brandes mit rd. 120 Mann) nicht wirkungsvoll von außen bekämpft werden konnte. Die Saaldecke hielt bei dem „natürlichen" Feuer rd. dreimal so lange stand wie die prognostizierte Feuerwiderstandsdauer. Der Festsaal mit dem seinerzeitigen Schaden von rd. 10 Mio DM (+ rd. 5 Mio. DM Betriebsunterbrechung) ist u.a. mit der „alten Holztäfelung" neu errichtet, wobei die Saaldecke eine F 90-A-Konstruktion erhielt.

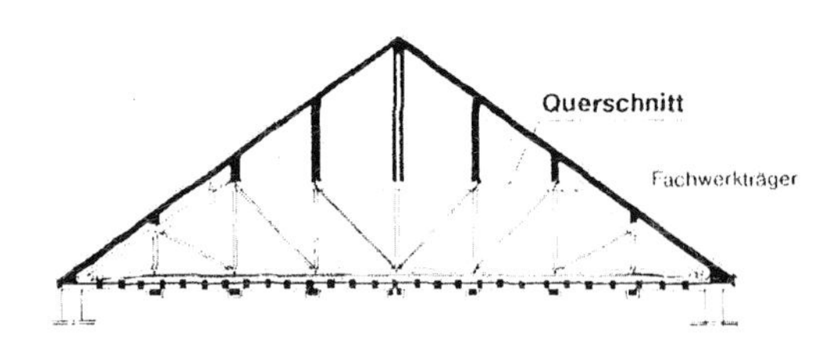


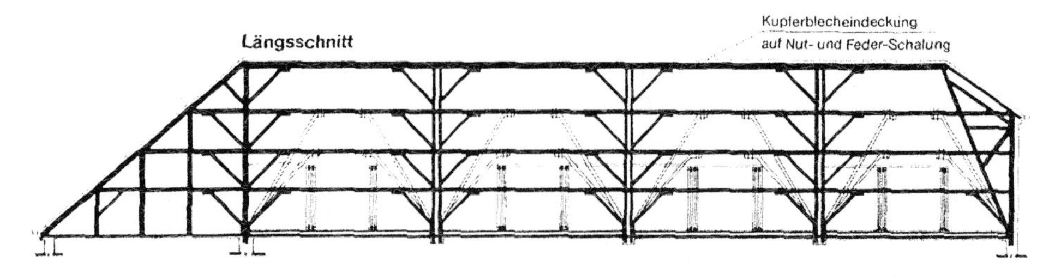


**Bild E 6-10**
Längs- und Querschnitt des Dachstuhles über dem Festsaal des Löwenbräu-Kellers vor dem Brand von 1986; B x L ~ 25 m x 50 m

**6.2.1.9** Beispiele für die Sanierung von Bauernhöfen

Die Sanierung von Bauernhöfen ist eigentlich kein Thema des Brandschutzes. Wenn es sich aber z.B. um **Schwarzwaldhäuser** handelt, die baulich anschauliche Zeugnisse einer geschichtlich geprägten Kulturlandschaft von besonderem Wert darstellen, so lohnt es sich, ein paar Worte über die berühmten Eindachhäuser zu verlieren, die alles – Mensch, Tiere, Speicher usw. – beherbergen und dabei außerordentlich interessante Holzdachkonstruktionen (EG + bis zu 5 Dachebenen) bei Grundrißflächen von B x L = bis zu 20 m x 30 m aufweisen.

Im folgenden sollen keine Brandschutzregeln wiedergegeben werden – es soll nur auf die Literatur [6.21] aufmerksam gemacht werden, die u.a. Aussagen zur Geschichte, Bauaufnahme, Tragkonstruktion sowie zur Althofsanierung und zum Brandschutz macht.

## 6.3 Bauvorhaben mit Nutzungsänderung

Wie bereits aus dem Überblick über die Zusammenhänge, aus Abschnitt 6.1.1, hervorgeht, gilt der Bestandschutz nicht mehr, wenn mit der Modernisierung/Sanierung/Instandsetzung gleichzeitig eine Nutzungsänderung vorgenommen wird. Wenn z.B. ein Wohnhaus zu einem Hotel, zu einer Beherbergungsstätte, zu einem Geschäftshaus (Laden, Warenhaus o.ä.) oder auch nur teilweise zu einer Gaststätte umgebaut wird, liegt eine Umnutzung vor: Das wird einem Neubau gleichgestellt. Es gelten alle (Brandschutz-) Vorschriften der Landesbauordnungen sowie der Sonderverordnungen für Gebäude oder Räume mit besonderer Art oder Nutzung, vgl. Bild E 3-17 (S. 96).

Bei allen Nutzungsänderungen muß aus brandschutztechnischer Sicht – insbesondere bei hoher (fremder, nicht geschulter) Personenbelegung – auf die schon behandelten Brandschutz-Schwerpunkte, u.a. auf

- Personenschutz (Abschnitt 6.2.1.1),
- Treppen, Treppenräume (Abschnitt 6.2.1.2),
- Begrenzung eines Brandes (Abschnitt 6.2.1.3) und
- Begrenzung der Brandausbreitung (Abschnitt 6.2.1.4)

betonend hingewiesen werden. Die in diesen Abschnitten und den folgenden Abschnitten 6.2.1.5 – 6.2.1.8 gegebenen Hinweise und Empfehlungen werden ggf. zwingende Vorschriften.

Da die Umnutzung von Wohnhäusern durch den Einbau von Gaststätten häufig vorkommt und in diesem Fall besondere Anforderungen beachtet werden müssen, soll auf diese Situation nachfolgend eingegangen werden. Dabei ist die Gaststättenbau Verordnung – z.B. [6.23] oder [6.24] – zu beachten. Um die Notwendigkeit der Vorschriften zu untermauern, soll u.a. über den Brand in einem Restaurant in einem Hotel in Zürich – allerdings in einem Stahlbeton-Neubau – berichtet werden [6.22].

Im 24. Obergeschoß eines 32geschossigen **Hochhauses in Zürich** (Baujahr 1969/72), das abgesehen von einem Technikteil (abgetrennt durch eine Brandwand) ganz von einem Hotelrestaurant genutzt wurde (Bild E 6-11), brach am 14.2.1988 im Bereich der Anrichte ① der Küche ein Feuer aus, das sich innerhalb von 5 Minuten zu einem Vollbrand entwickelte ② und sich sehr schnell über die hölzerne Deckenbekleidung der Bar (nach der GaststättenbauVO von NRW von 1983 für den Hochhausfall: Forderung B 1) sowie über die B 2-Dekoration und B 2-Wand-Holz-Vertäfelung des Gastraumes (Forderung in NRW: B 1) so ausbreitete, daß die Tür zum Gang zum 1. Treppenraum und der 2. Treppenraum innerhalb weniger Minuten blockiert waren. Die 25 – 30 Gäste im Restaurant ③ konnten sich über das restliche „Rundum"-Restaurant ④ nur noch durch den Qualm und die Hitze zum einzigen noch freien Zugang zum 1. Treppenraum retten, wobei es 6 Tote gab ⑤ (Bild E 6-11).

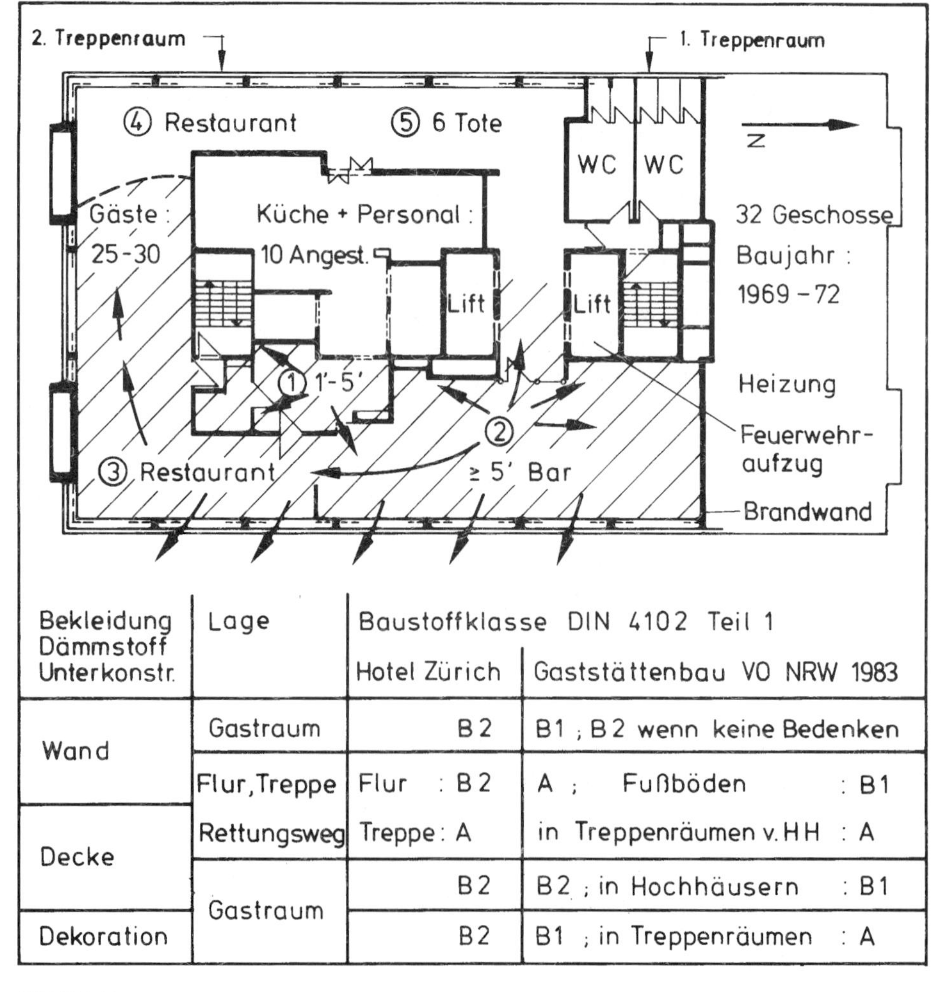


| Bekleidung Dämmstoff Unterkonstr. | Lage | Baustoffklasse DIN 4102 Teil 1 Hotel Zürich | Gaststättenbau VO NRW 1983 |
|---|---|---|---|
| Wand | Gastraum | B 2 | B1 ; B 2 wenn keine Bedenken |
| Wand | Flur, Treppe | Flur : B 2 | A ; Fußböden : B1 |
| Decke | Rettungsweg | Treppe : A | in Treppenräumen v. HH : A |
| Decke | Gastraum | B2 | B2 ; in Hochhäusern : B1 |
| Dekoration | Gastraum | B2 | B1 ; in Treppenräumen : A |

**Bild E 6-11**
Verwendete Baustoffe im Hotel in Zürich im Vergleich zu den Forderungen der GaststättenbauVO NRW, Gebäudegrundriß

Der kurz geschilderte Brandfall und die tabellarische Zusammenstellung in Bild E 6-11 zeigen u.a. folgendes:

1. Nach der Beschreibung des Negativbeispiels und der Schilderung der Verstärkung des Negativeffektes – an Wänden u n d Decken befinden sich Baustoffe der Baustoffklasse B 2 – war die schnelle Brandausbreitung im Restaurant des Züricher Hotels zu erwarten.

2. Bei Einhaltung der Forderungen der deutschen GaststättenbauVO (NRW 1983) wären bei der Bekleidung von Wänden und Decken sowie bei der Dekoration andere Baustoffe – nämlich Baustoffe der Baustoffklasse B 1 oder A – verwendet worden, so daß es mit Sicherheit nicht zu dem ausgedehnten Brandfall mit katastrophalen Folgen gekommen wäre.

3. Bei strenger Auslegung der Vorschriften muß der Gang zwischen den Tischen des Restaurants im Bereich ③ und ④ (Bild E 6-11) als Rettungsweg betrachtet werden. Allein aus diesem Grunde können oder könnten in den brandschutztechnsichen Überlegungen schärfere Maßstäbe in Betracht gezogen werden.

Daß man bei Dekorationen die bauaufsichtliche Forderung „Baustoffklasse B 1“ einhalten kann, zeigt folgendes Beispiel:

Im **Restaurant TRADER VIC'S** mit MAI TAI BAR im EG bzw. Keller unter den Stahlbeton-Hochhaustürmen des SAS Plaza Hotels in Hamburg (CCH - Congress Centrum Hamburg) wurde die gesamte Bekleidung/Dekoration mit HENSOTHERM 1-KS der Fa. R. Hensel (s. Tabelle E 2-3 → Nr. 14 auf Seite 19) behandelt. Das Feuerschutzmittel eignet sich laut Prüfbescheid PA-III 3.51 als schaumschichtbildender Anstrich, unter bestimmten Bedingungen Holz und Holzwerkstoffe schwerentflammbar zu machen – siehe Spalten 4 – 8 von Tabelle E 2-3. Der DIBt-Nachweis gestattet jedoch keine Verwendung auf Bambus. Durch Zusatzprüfungen des iBMB Braunschweig konnte erreicht werden, daß das schaumschichtbildende Feuerschutzmittel als Anstrich auch auf Bambus an Wand, Decke und Dekorationen (Bild E 6-12) eingesetzt werden konnte. Die im Bild ersichtliche Holzkonstruktion als Dekoration des Stahlbetonbaues wurde ebenfalls mit HENSOTHERM 1-KS behandelt. Das Teilbild rechts zeigt, daß eine versuchte Brandstiftung wegen des verwendeten Feuerschutzmittels keinen Erfolg hatte.

Wegen der ungeheuren Bedeutung, B 1-Baustoffe anstelle von normalentflammbaren Baustoffen einzusetzen – auch bei scheinbar unbedeutenden Dekorationen –, sei noch einmal darauf hingewiesen, daß es gerade in Gaststätten, Diskotheken usw. verheerende Brandkatastrophen gegeben hat – siehe u.a. die beispielhaft schon genannten Literaturstellen

[6.14] Brand in der Stardust-Diskothek, Dublin 1981,
[6.22] Brand im Panoramarestaurant, Zürich 1988, und
[5.112] Brand in einem koreanischen Restaurant, Frankfurt 1990.

In allen Fällen waren viel Tote zu beklagen. Wegen der Wichtigkeit sei zum Schluß dieses Themas noch auf die „bauliche, konstruktive“ Literatur [6.25] – [6.28] aufmerksam gemacht.

**Bild E 6-12**
Holz- und Bambus-Dekoration durch Behandlung mit HENSOTHERM 1-KS: B 1

# 7 Denkmalschutz bei Holzkonstruktionen

## 7.1 Allgemeines, Grundlagen, Literatur

In jeder Landesbauordnung (LBO) in der Bundesrepublik Deutschland ist das Wort Denkmal enthalten. Zur Erhaltung und weiteren Nutzung von Denkmälern können nämlich Ausnahmen von den Vorschriften der LBO gestattet werden, siehe z.B. § 68 „Ausnahmen und Befreiungen" der LBO NRW (S. 113). In dem in Abschnitt 3.5.5 dieses Handbuches vollständig abgedruckten Paragraphen sind folgende Stichworte bzw. Satzteile von Bedeutung:

- Vereinbarkeit mit öffentlichen Belangen,
- Erfüllung der festgelegten Voraussetzungen,
- Erhaltung der öffentlichen Sicherheit oder Ordnung,
- wenn Bedenken wegen des Brandschutzes nicht bestehen und
- wenn auf andere Weise dem Zweck einer technischen Anforderung entsprochen wird.

Die fünf genannten Randbedingungen lassen sich von Fall zu Fall auf unterschiedliche Art realisieren.

Wie aus Abschnitt 6.2.1.1 hervorgeht, besitzt der Personenschutz (basierend auf dem Grundsatzparagraphen 3 jeder LBO) Priorität vor dem Sachschutz. Wünsche von Architekten und Ingenieuren können auf dem Wege der Ausnahme oder Befreiung möglicherweise realisiert werden, wenn ein sinnvoller, ggf. zusätzlicher Personenschutz angeboten wird – mit anderen Worten: Wenn auf andere Weise (durch Kompensation) dem Zweck einer technischen Anforderung entsprochen wird. Bei denkmalgeschützten Gebäuden ist das im Vergleich zu anderen Gebäuden grundsätzlich leichter, weil die mögliche Ausnahme durch die Nennung bei Denkmälern im § 68 direkt angesprochen wird.

Für Arbeiten an denkmalgeschützten Gebäuden gelten zunächst die in Bild E 6-1 im schematischen Überblick angegebenen Zusammenhänge bei Fragen der Modernisierung, Sanierung und Instandsetzung. In gleicher Weise gelten die Angaben von Bild E 6-2, die sich bei der Bestandsaufnahme unmittelbar auf Holzkonstruktionen beziehen. Die in [6.19] zitierte Druckschrift der Firma Promat enthält zum Denkmalschutz auch einen Beitrag, dem das Bild E 7-1 entnommen ist [7.1]. Es enthält die Kategorien

- Kriterienkatalog,
- Maßnahmenkatalog und
- Leistungsbuch,

wobei gleiche Begriffe wie in den Bildern E 6-1 und E 6-2 genannt werden. Auch in [7.2] wird eine ähnliche Zusammenstellung gegeben. Bild E 7-2 zeigt die Probleme des Brandschutzes denkmalgeschützter Gebäude im Vergleich zu ähnlichen Fragestellungen anderer Gebiete.

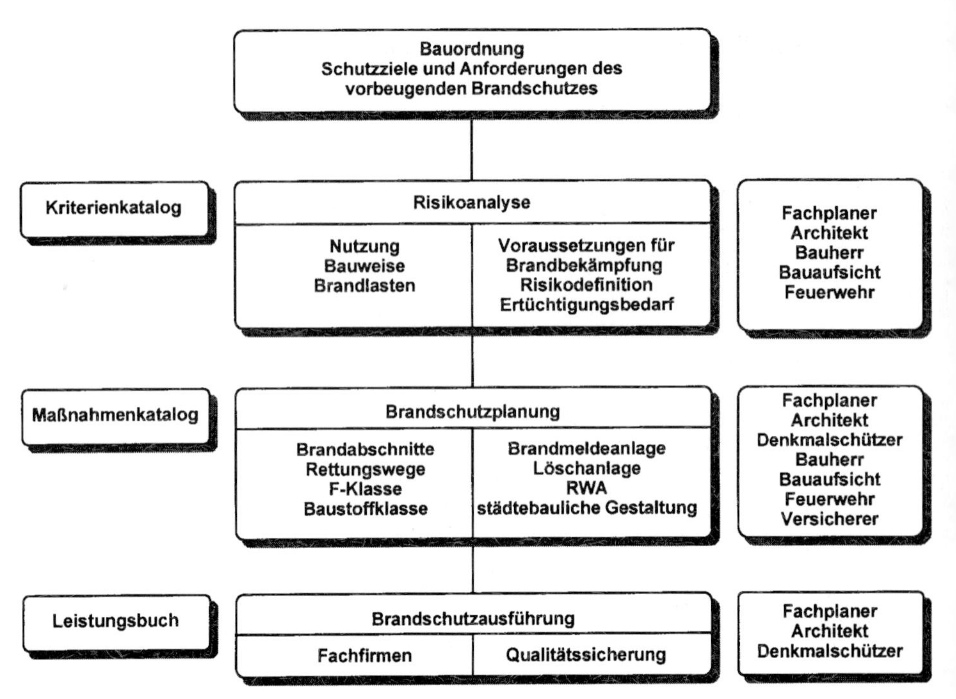


**Bild E 7-1**
Konzepte für den Brandschutz denkmalgeschützter Bauwerke nach [7.1]

| Denkmal | MPA | Arzt | Leben |
|---|---|---|---|
| Brandschutzfragen | Schaden | Krankheit | Problem |
| Bestandsaufnahme | Prüfen | Untersuchung | Anhören |
| Abwägung | Beurteilen | Diagnose | Überlegen |
| Ausführen | Sanieren | Therapie | Handeln |

**Bild E 7-2**
Brandschutz – Denkmalschutz im Vergleich zu Fragestellungen anderer Gebiete

Ein informatives, reich bebildertes Buch zum Brandschutz in Baudenkmälern und Museen ist die Literatur [7.3]. Sie enthält u.a. Angaben über Brände, Brandwände, Baustoffe, Bauteile, Restaurierungen und Schutzmaßnahmen. Dem Brandschutz von Baudenkmälern zur Bewahrung des kulturellen Erbes war ein internationales Brandschutz-Seminar gewidmet [7.4]. An der Universität Karlsruhe gibt es einen Sonderforschungsbereich mit der Gesamtaufgabe der Denkmalerhaltung [7.5]. Hier werden umfangreiche Aussagen zur Denkmalpflege sowie zu den Gebieten

- Mauerwerk, Stahlbeton,
- Stahl, Holz und
- Gründungen

mit Beiträgen bekannter, namhafter Experten gemacht. Abschließend sei auf die Deutsche Stiftung Denkmalschutz in Bonn aufmerksam gemacht [7.6], die u.a. die finanzielle Unterstützung des Denkmalschutzes zur Aufgabe hat.

## 7.2 Beispiele für denkmalgeschützte Gebäude

### 7.2.1 Rathaus, Eßlingen (1422)

Das im Mittelalter erbaute und im 16. Jahrhundert erweiterte Rathaus steht seit dieser Zeit unverändert in Eßlingen, überstand den zweiten Weltkrieg und wurde letztmalig 1926 instandgesetzt, siehe Abschnitt 6.2.1. Es steht unter Denkmalschutz und ist von außen und innen imposant. Im 1. OG befindet sich der große Saal – im heutigen Sinn eine Versammlungsstätte –, der der Stadt zu Repräsentationszwecken dient. Die Holzbalkendecke dieses Saales und die darüber befindlichen vier Geschosse werden von Holzstützen aus Eiche getragen (Bild E 7-3). Sie haben bis auf den Fußbereich einen achteckigen Querschnitt mit 47 cm Durchmesser (längste Seite 21 cm). Die Stützen haben bis zur Unterkante der Deckenbalken eine Stützenlänge von 4,26 m (gemessen ab OKF). Sie werden am Kopf durch zweilagige Unterzüge (b/2h = 30/65 cm) in x-Richtung ausgesteift (in y-Richtung: Aussteifung durch Verdoppelung der rd. 30 cm hohen Deckenbalken). In die aussteifenden Balken münden Kopfbänder mit Querschnitten von 21/25 cm, die an den unteren Seiten bis zu einer Tiefe von 9 cm mit geschnitzten Figuren versehen sind (Bild E 7-3). Die Figuren und Kopfbänder sind jeweils aus einem Stück – wohl einmalig, von herber Schönheit und wohltuender Geschlossenheit, wie ein Chronist anläßlich der letzten Restaurierung 1926 schreibt [7.7]. Die Knicklänge der Stützen verringert sich durch die Kopfbänder auf rd. 2,32 m.

**Bild E 7-3**
Eichenholzstütze mit geschnitzten Kopfbändern im Rathaus von Eßlingen (1422)

Die nachträglich nach Bild E 5-54 und dem Rechenprogramm BRABEM V 1.1 [5.72] abgeschätzte Feuerwiderstandsdauer (Eiche mit $v = 0{,}56$ mm/min) ist $\geq 120$ min, wenn man die Stütze allein betrachtet. Bei einer Normbeurteilung der Gesamtkonstruktion unter Beachtung der schwächeren Glieder (Balken, Verbindungen) wird eine Feuerwiderstandsdauer von etwa 90 min vermutet – also F 90-B. Bei einem natürlichen Brand mit $T \geq T_{ETK}$ wird sich wieder eine Feuerwiderstandszeit von ≥ 120 min einstellen. Es ist zu wünschen, daß eine Feuerkatastrophe nie eintritt und daß das schöne Gebäude als (genutztes) Denkmal immer erhalten bleibt.

### 7.2.2 Hohes Arsenal, Rendsburg (1696/1989)

Das 1875 nach einem Brand mit totaler Zerstörung verändert wiederaufgebaute Hohe Arsenal in Rendsburg wurde mit den vorhandenen, unter Denkmalschutz stehenden Holzbalkendecken des 17. Jahrhunderts nach den „Erst"-Unterlagen von 1696 im Jahre 1989 mit neuer Nutzung instandgesetzt und umgebaut, siehe auch Abschnitt 6.2.1.5 sowie [7.8] und [7.9]. Einen Überblick über das Hauptgebäude, die neue Einteilung/ Nutzung und die brandschutztechnisch wichtigsten Punkte gibt Bild E 7-4.

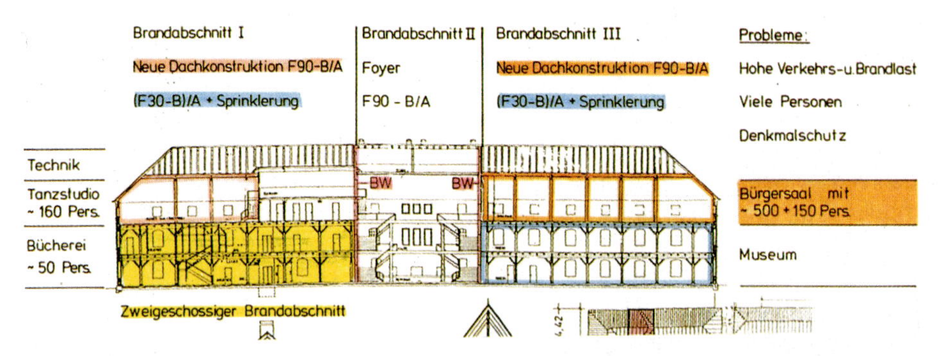


**Bild E 7-4**
Brandabschnitte und brandschutztechnische Details im Hauptgebäude des Hohen Arsenals, Übersicht

Die Nutzung seit 1989 sieht u.a. vor:

- Zweigeschossiger Brandbekämpfungsabschnitt mit Bibliothek (also hohe Brandlast neben den Deckenkonstruktionen aus Holz),
- Tanzstudio (~ 160 Personen),
- Museum (viele Personen) und
- Bürgersaal (Versammlungsstätte mit rd. 650 Personen).

Die Baugenehmigung und Befreiung auch von den Auflagen der Versammlungsstätten VO (z.B. Decken in F 90-A) kam u.a. durch folgende Maßnahmen zustande:

- Bildung von Brandabschnitten (Bild E 7-4),
- Günstige Anordnung und Ausführung der Treppenhäuser in F 90-A mit RWA-Anlage im Foyer-Treppenhaus des Hauptgebäudes (Bild E 6-5) und [7.8]
- Unterbrechung der Holzkonstruktion bei den Wänden durch Flächen bzw. Schichten aus Baustoffen der Baustoffklasse A (Bild E 7-5),

- Sprinklerung der Decken aus Holz, insbesondere der Stützen, die nur eine Feuerwiderstandsdauer von rd. 33 – 55 min besitzen [7.8],

- Einhausung der nicht notwendigen Treppe im zweigeschossigen Bücherei-Brandbekämpfungsabschnitt durch eine Verglasungs-Konstruktion G 30 mit einer Tür ohne Widerstandsdauer (Bild E 7-6),

- Bekleidung der neuen Holzdachkonstruktion – insbesondere des Bürgersaals (Versammlungsstätte) mit PROMATECT®-H, so daß das Dach als F 90-B/A bezeichnet werden kann [7.8] und

- Anordnung von Stahlbetondecken mit Stahlträgern auf den Holzbalkendecken – also eine horizontale Unterbrechung aus einer Schicht der Baustoffklasse A – siehe auch Abschnitt 6.2.1.8.

**Bild E 7-5**
Unterbrechung der Holzkonstruktion durch eine Wandfläche (Schicht) aus Baustoffen der Baustoffklasse A, Sprinkler

**Bild E 7-6**
Einhausung der nichtnotwendigen Treppe mit einer G 30-Verglasung als Brand- und „Rauchschutz" (Tür ohne Widerstand)

## 7.3 Rekonstruktionen

### 7.3.1 Allgemeines

Fragen zu Rekonstruktionen gehören eigentlich nicht in den Abschnitt 7 „Denkmalschutz von Holzkonstruktionen". Rekonstruktionen haben mit dem Wort Denkmal nichts zu tun. Rekonstruktionen sind Neubauten. In einhundert Jahren kennen die meisten Leute – Experten ausgenommen – kaum noch Unterschiede, wenn sie vor einer Rekonstruktion stehen. Sie bewunderen die Schönheit, die

Einmaligkeit oder besonders interessante Details – sie nehmen nur am Rande zur Kenntnis, daß das in Frage stehende Gebäude nicht dreihundert, sondern nur einhundert Jahre alt ist.

Rekonstruktionen wären unter den brandschutztechnischen Auflagen der heutigen Gesetze nicht möglich, wenn nicht Ausnahmen und Befreiungen erteilt würden, vgl. Abschnitt 3.5.5. Da solche Fragen sowie die mehrfach angesprochenen Brandschutzschwerpunkte wie

- Personenschutz, Rettung, Treppen, RWA usw.
- Begrenzung eines Brandes durch Brandwände und Flächen/Schichten der Baustoffklasse A sowie
- Sprinklerung, Brandmeldung usw.

(siehe insbesondere die Bilder E 6-1, E 6-2 und E 7-1) auch bei Rekonstruktionen – insbesondere bei Holzkonstruktionen – dieselben wie bei z.B. Umbauten in denkmalgeschützten Gebäuden sind, sollen nachfolgend zwei Beispiele zu Holz-Rekonstruktionen wiedergegeben werden. Die erteilten Ausnahmen und Befreiungen beruhen auf den mehrfach behandelten Brandschutzschwerpunkten der Abschnitte 6 bis 7.2.

### 7.3.2 Beispiele für Rekonstruktionen

**7.3.2.1** Knochenhauer-/Bäcker-Amtshaus, Hildesheim 1989

Wie bereits aus Abschnitt 6.2.1.5 hervorgeht, wurde das Knochenhaueramtshaus der Knochenhauer-(Fleischer-) Gilde zusammen mit dem Bäckeramtshaus der Bäckergilde originalgetreu nach den Plänen von 1529 als Abschluß des Hildesheimer Marktplatzes 1989 in Rekonstruktion wieder errichtet, wobei ab OK Kellerdecke nur Holz- und Holzverbindungen – wie damals – verwendet wurden (Bild E 7-7).

Die Genehmigung zum Bau des

- 9- bis 10geschossigen Knochenhaueramtshauses in Verbindung mit dem
- 4geschossigen, teilweise (im Traufenbereich) nur rd. 1 m entfernten Bäckeramtshaus (Bild E 7-8),

ab OK Kellerdecke jeweils vollständig in Holzkonstruktion, wurde unter Zuhilfenahme von Ausnahmen und Befreiungen (s. Abschnitt 3.5.5) im Sonderfall u.a. nur deshalb erteilt, weil

- die beiden obersten Ebenen – verbunden durch eine Holztreppe – zu einem Geschoß zusammengefaßt wurden, so daß eine Anleiterbarkeit mit einer Leiter (DLW der Feuerwehr) möglich ist und die Höhe des obersten Geschosses (nicht der obersten Ebene) mit rd. 19 m unter der 22 m-Hochhausgrenze bleibt (Bild E 7-9);

**Bild E 7-7**
Holzstütze (Kaisersäule) mit Holzstreben und Holznagelverbindungen

**Bild E 7-8**
Knochenhauser- und Bäckeramtshaus, Hildesheim. Abstand der Traufen nur rd. 1 m

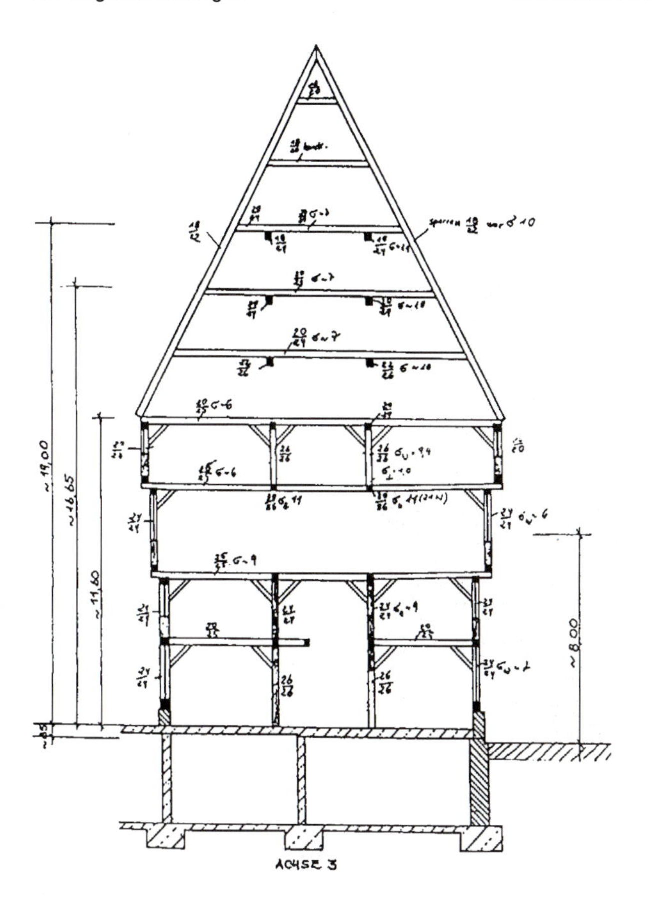


**Bild E 7-9**
Knochenhaueramtshaus
Höhenverhältnisse in Achse 3:
Durchgehender Gildesaal

- der zweite Rettungsweg aus dem obersten Geschoß über eine senkrecht angeordnete Stahlleiter in das darunter liegende Geschoß (jedoch nicht für Gehbehinderte) gesichert ist. Die oberen vier Geschosse werden außerdem durcheine nichtnotwendige freiliegende Holztreppe miteinander verbunden (Bild E 7-10);

- ein Stahlbeton-Treppenhaus an der marktabgewandten Seite mit freiem Ausgang angeordnet wurde, in dem auch die Stahltreppe zum 9. Geschoß endet. Alle Treppenraumtüren wurden in T 30 ausgeführt;

- die Außenwand des Bäckeramtshauses als Brandwand-Ersatzwand ausgebildet wurde (Bild E 7-11), wobei

  - eine Mauerwerksdicke von d = 240 mm eingehalten wurde,
  - eine Holzfachwerkwand mit Ausmauerung in 11,5 cm Dicke vorgesetzt wurde,
  - die Kellerdecke, auf der die Brandwand-Ersatzwand steht, im Bereich des Wandauflagers in F 180-A ausgebildet wurde, so daß die Ersatzwand bei einem Kellerbrand bis zu 90 min Branddauer nach ETK keine Verformungen erfährt und damit funktionsfähig bleibt,
  - die Aussteifung der Brandwand-Ersatzwand mit einer Holzkonstruktion F 30-B erfolgt, die gesprinklert ist (Bild E 7-11),
  - das Dach des Bäckeramtshauses als Fortführung der Brandwand-Ersatzwand für den Brandangriff von außen (vom Knochenhaueramtshaus) durch eine Promat-Konstruktion in F 90-B ausgeführt ist [7.8] und
  - die Fenster in der Brandwand-Ersatzwand als feststehende Verglasungen F 90 ausgeführt sind.

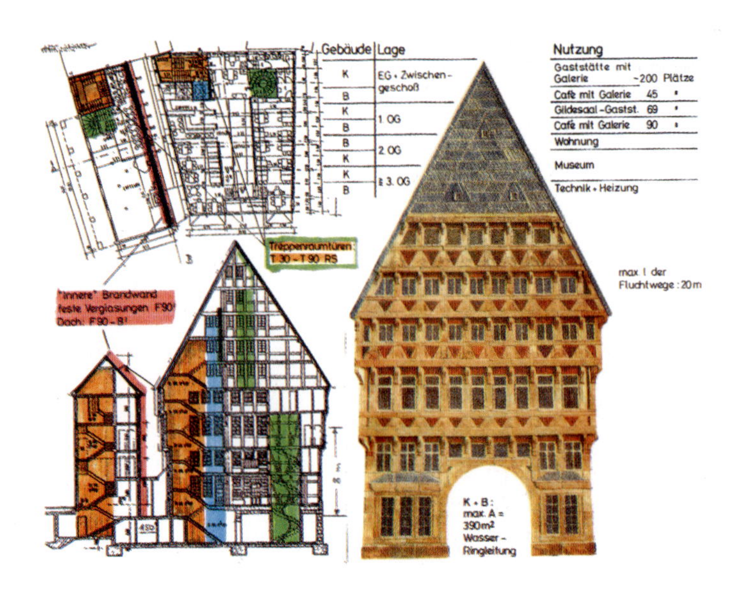


**Bild E 7-10**
Übersichten zum Knochenhauer (K)- und Bäckeramtshaus (B), Hildesheim ´89

- Flächen (Schichten) aus Baustoffen der Baustoffklasse A zwischen den Holzbalken zur Unterbrechung und zur Be- oder Verhinderung der Brandausbreitung angeordnet sind (Bilder E 7-11 und E 7-12);

- die gesamte Holzkonstruktion (für sich allein betrachtet F 30-B bis F 90-B) im Knochenhauer- und Bäckeramtshaus gesprinklert ist (Bilder E 7-11 und E 7-12).

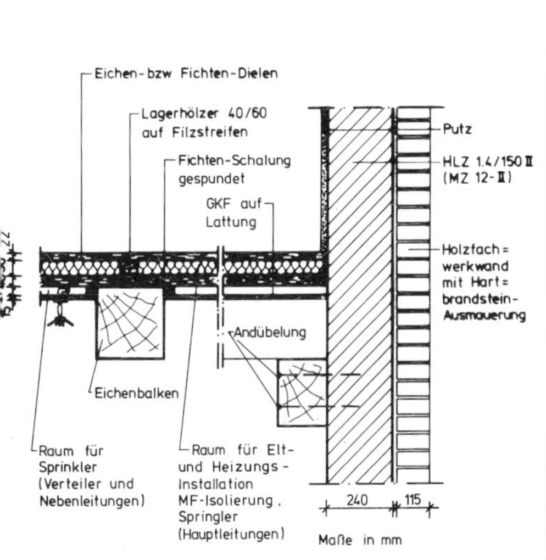


**Bild E 7-11**
Außenwand des Bäckeramtshauses als Brandwand-Ersatzwand

**Bild E 7-12**
Holzkonstruktion im Knochenhaueramtshaus mit A-Flächenunterbrechung und Sprinklerung

Weitere Angaben – z.B. zur Wasserversorgung, zu Steigleitungen und zur Frühwarn-Brandmeldeanlage – können [7.8] und [7.9] sowie dem brandschutztechnischen Gutachen entnommen werden, das die Buchautoren 1987 im iBMB aufgestellt haben [7.10].

**7.3.2.2** Alte Waage, Braunschweig 1994

Nach dem Knochenhauer-/Bäckeramtshaus in Hildesheim (1529) entstand 1534 die Alte Waage in Braunschweig, ein Kunstwerk des Städtebaus, ebenso wie in Hildesheim eine unbegreifliche Leistung der damaligen Handwerker – in Braunschweig auch deshalb, weil der für Wiegen und Lagern hergestellte niedrigere, nur in fünf Ebenen genutzte Fachwerkbau wegen der hohen Verkehrslasten außerordentlich stabil errichtet wurde, was auch dazu geführt hat, daß der gesamte Bau – im Gegensatz zu vielen anderen Bauten – ungewöhnlich formtreu ohne unterschiedliche Setzungen geblieben war. Das freistehende Fachwerkhaus sächsischer Art mit senkrechter Ordnung wurde 1944 durch Kriegseinwirkungen völlig zerstört. Die Fachwerkkonstruktion wurde getreu dem Original rekonstruiert [7.11], 1994 eingeweiht und der Nutzung durch die Volkshochschule zugewiesen.

Für die Rekonstruktion wurden alle heute gültigen Vorschriften für die Standsicherheit (Statik) und die Bauphysik (Schall-, Wärme-, Feuchte- und Brandschutz) eingehalten, wobei es entsprechend Abschnitt 3.5.5 beim Brandschutz natürlich Ausnahmen und Befreiungen gegeben hat, um das fünfgeschossige Fachwerkhaus mit

- vier personengenutzten Geschossen (OKF des Traufengeschosses H = 11,0 m und damit höher als die übliche Anleiterbarkeitshöhe von 8 m bei Gebäuden geringer Höhe) und mit
- einem Technikgeschoß, das einen Teil des Dachraumes oberhalb des Traufengeschosses bei einer Höhe von H (OKF) = 13,5 m bis zum First mit H = 20,10 m ausfüllt (Bild E 7-13).

errichten zu können.

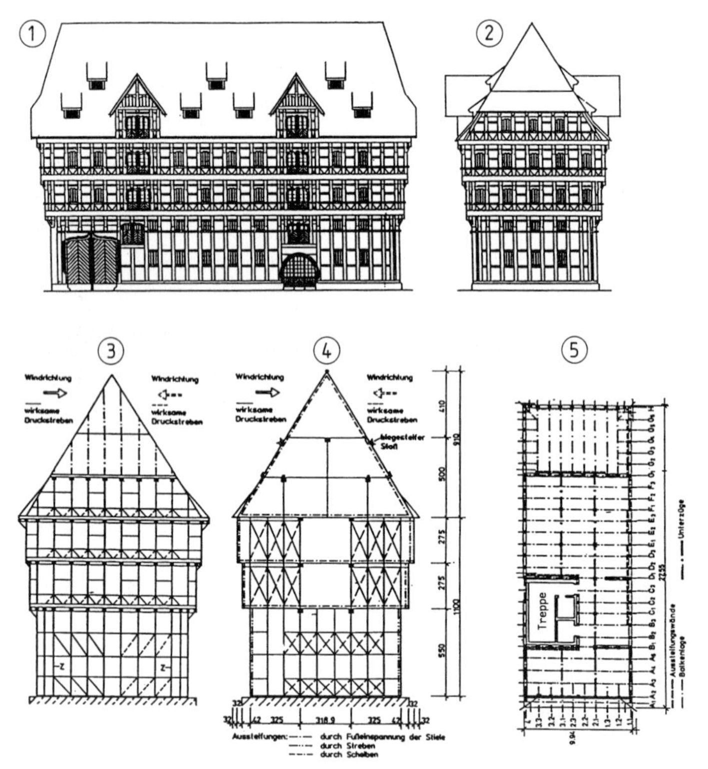


**Bild E 7-13**
Rekonstruktion der Alten Waage nach [7.11], Braunschweig 1994

Detail ① Längsansicht
Detail ② Queransicht
Detail ③ Tragsystem der südlichen Außenwand
Detail ④ Tragsystem der Aussteifungswand in Achse G 1
Detail ⑤ EG-Grundriß, selbständiger, unabhängiger Treppenraum

Um alle Forderungen auch unter wirtschaftlichen Gesichtspunkten zu erfüllen, wurden vielfach moderne Baustoffe und -methoden eingesetzt – z.B. Zugstangen aus Spannstahl, verzinkte Nägel, Betonplatten (zur Erhöhung des Schallschutzes), Kerto-Furnierschichtholz – vgl. E.5.5.2.1/7 – E.5.5.2.1/9 (S. 298 und 299) – sowie Putze mit Haftvermittlern, Mineralfaser und spezielle

Platten entsprechend der folgenden Ausführungen. Die Baugenehmigung und Befreiung von der Forderung F 90-A für die Geschoßdecken wurde u.a. aus folgenden Gründen erteilt:

- Das Treppenhaus wurde als F 90-A-Mauerwerksbau mit Wänden in Brandwanddicke unabhängig vom Fachwerkbau nachträglich errichtet (Detail ⑤ in Bild E 7-13), wobei wie beim Knochenhaueramtshaus Schwindfragen des Holzes (Verkürzungen gegenüber dem Mauerwerksbau) mit konstruktiven Anbingungsproblemen zu lösen waren.

- Der zweite Rettungsweg beim freistehenden Gebäude ist von allen Seiten durch Leitern der Feuerwehr (DLW) gewährleistet.

- Die Brandausbreitung ist durch unterbrechende Flächen (Schichten) der Baustoffklasse A be- oder verhindert (Bild E 7-14). Dabei wurden spezielle Platten wie

  a) PROMATECT®-H-Platten [7.12] und
  b) Mikropor-A 2-Platten [siehe Tabelle E 2-9, Zeile 8 (S. 41)]

  verwendet. Spezielle Platten, da sie z.B. im Fall a) als Putzträgerplatten für einen 10 mm dicken Putz auf Gipsbasis mit Haftvermittler eingesetzt wurden. Bei den Dachschrägen der an den beiden Giebelseiten des Dachraumes liegenden Vortragssälen wurde der sonst glatte Putz durch einen rauhen Akustikputz ersetzt.

- Die Eichenholzbalken der Decken mit 27/32 cm (Unterzüge 27/36 cm) sind i.a. gering mit einer Biegespannung $\sigma_B$(Mittel) = 3,0 N/mm$^2$ und nur in Einzelfällen mit $\sigma_B$(max) = 9,2 N/mm$^2$ ausgenutzt, so daß in der Regel eine Tragfähigkeit bei ETK-Beanspruchung von $\geq$ 90 min und in ungünstigen Fällen von $\geq$ 60 min vorliegt.

- In allen Decken- und Dachfeldern wurden Mineralfaserplatten der Baustoffklasse A vewendet.

**Bild E 7-14**
Holzkonstruktion im EG der Alten Waage mit A-Flächenunterbrechung

- Die Außenwände sind durch die Anordnung von

  – handgefertigten Ziegeln (Bild E 7-15) und einer
  – CELLCO®-Dämmschicht der Baustoffklasse B 1 (vgl. E.4.11/4 auf Seite 135) mit Lattung und Rohrputz auf der Innenseite

  unter Beachtung der aussteifenden Holzriegel usw. F 90-B.

- Als Fußbodenbelag wurde Eichen-Parkett gewählt (Naßräume: Fliesen), das nach Abschnitt 2.2.2.1 schwerentflammbar (Baustoffklasse B 1) ist.

Abschließend sei darauf hingewiesen, daß wegen der beschränkten Lieferlängen Balken gestoßen werden mußten. Die druck- und zugfesten Stöße wurden durch verdeckte Übergreifung der Balken und die die Balkenstöße übergreifen Bohlen aus positiv beurteiltem Furnierschichtholz (s. S. 298 und 299) erreicht.

**Bild E 7-15**
Südfront der Alten Waage mit Ziegelfachwerk besonderer Art

# 8 F 90-B statt F 90-AB = feuerbeständig

## 8.1 Zusammenhänge - Übersicht

Abschnitt 8 knüpft unmittelbar an die Ausführungen von Abschnitt 7 an. Eine Zusammenfassung von Abschnitt 7 gibt Bild E 8-1. Dieses Bild ist aber auch eine Übersicht zum Thema von Abschnitt 8, wenn man in der obersten Blockzeile nach dem ersten Stichwort „Bauabsicht" – statt „Modernisierung bis Rekonstruktion" – das Wort „Neubau" schreibt. Hierzu folgende Erläuterungen:

1. Das Bauvorhaben muß hinsichtlich Standsicherheit und Bauphysik machbar sein. Normen zur Statik und zu den Gebieten Wärme-, Schall- und Feuchteschutz begrenzen die Bauabsichten.

2. Die Bauordnung und die Sonderverordnungen eines Landes (Bild E 3-17, S. 96) zum Brandschutz engen die Bauwünsche weiter ein.

3. Der Wunsch, das Bauvorhaben in Holz auszuführen, stößt auf weitere Schwierigkeiten. Die Vorschrift F 90 zu erfüllen, ist kein Hindernis. Aber statt F 90-AB in F 90-B zu konstruieren, stellt fast nicht zu überwindende Schranken dar.

4. Schließlich hängen die Hinweise 1 – 3 auch noch vom Geldbeutel des bauwilligen Kunden ab.

Den schematisch zusammengestellten Stichworten in Bild E 8-1 – und damit insbesondere dem vorstehenden Hinweis 3 – gelten die Ausführungen der folgenden Abschnitte 8.2 – 8.4.

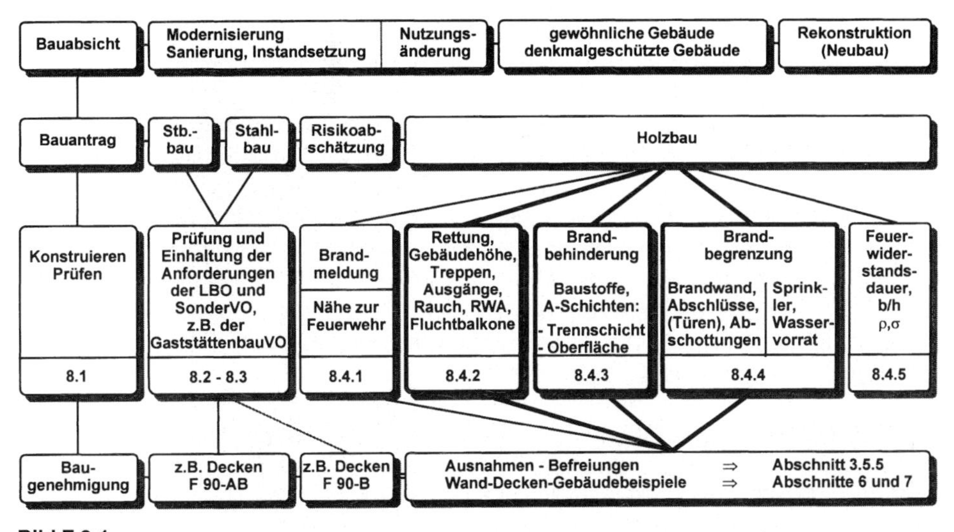


**Bild E 8-1**
Zusammenfassender Rückblick zu Abschnitt 7 sowie schematische Übersicht zu den Themen von Abschnitt 8

8

## 8.2 Feuerbeständig (F 90-AB)

Bei Wahl einer Stahl- oder Stahlbetonkonstruktion, würde bei der Feuerwiderstandsklasse F 90 die Benennung F 90-A oder F 90-AB lauten, siehe Abschnitt 3.2.1, insbesondere Tabelle E 3-2 (S. 75). Das bedeutet nach Abschnitt 3.5.3 (S. 89): „feuerbeständig". Eine Holzkonstruktion kann bei ausreichender Bemessung und richtiger Beachtung der Randbedingungen (Bild E 3-6, S. 77) sogar in die Feuerwiderstandsklasse F 120 und damit > F 90 eingestuft werden. Eine tragende Holzwand kann z.B. mit 156 min Feuerwiderstandsdauer, auch wenn positive Beurteilungspunkte wie

- keine Brandausbreitung und
- keine Brandlastvergrößerung

nach Bild E 6-8 (S. 424) vorliegen, bei Beachtung aller Randbedingungen zwar in die Feuerwiderstandsklasse F 120 eingestuft werden – die Benennung lautet in diesem Fall F 120-B, aber und nicht F 120-AB und damit nicht F 90-AB = feuerbeständig.

Bei Decken wird die Beurteilung noch komplizierter (siehe Fußnoten zu Tabelle E 3-2): Zur Zuordnung einer Decke zur Benennung F 90-AB = feuerbeständig muß auch noch eine durchgehende Schicht in ≥ 50 mm Dicke aus Baustoffen der Baustoffklasse A vorhanden sein, die während des Beurteilungszeitraums von 90 min nicht zerstört werden darf. Eine Stahlbetonplatte mit einer üblichen Dicke von 100 mm erfüllt das Temperaturkriterium $\Delta T \leq 140/180$ K (s. S. 74) und könnte bei richtig gewählten anderen Randbedingungen (statisches System, Achsabstand usw.) mit F 90 in die Benennung F 90-AB eingestuft werden – wird die Stahlbetonplatte aber von F 90-Holzbalken unterstützt, lautet die Benennung F 90-B, was nicht feuerbeständig (F 90-AB) ist.

Im Stahlbau können ähnliche Beispiele gegeben werden. Das komplizierte (vereinbarte) Einstufungsverfahren soll auch hier durch erklärende Beispiele erläutert werden: Stahl gehört zur Baustoffklasse A. Eine mit Beton ummantelte Stahlstütze wird bei richtiger Bemessung der Benennung F 90-A zugeordnet. Wählt man statt einer Beton- eine Holzbekleidung, lautet bei ausreichender Dicke und richtiger Befestigung (unüblich, weil unwirtschaftlich) die Benennung F 90-AB. Eine Stahlstütze mit Holzummantelung kann theoretisch also feuerbeständig sein. Eine Stahlträgerdecke (mit Stahlbetonabschluß) mit einer Unterdecke aus Baustoffen der Baustoffklasse B wird bei richtiger Konstruktion ebenfalls mit F 90-AB eingestuft. Es gibt zwar keine Unterdecken aus Holz, die (weil unwirtschaftlich) F 90 bewirken, aber Unterdecken aus Mineralfaserplatten der Baustoffklasse B 1, so daß die Benennung in einem derartigen Fall F 90-AB lautet. Ob die Mineralfaserplatten zur Baustoffklasse A 2 oder B 1 gehören, ist allein eine Frage des Kunststoff-Bindemittelgehaltes. Das Kuriose kann in diesem Fall sein:

B 1-Platten (mit nur geringfügig mehr Bindemittel) sind i.a. bruchfester, transportfähiger usw.; die äußerlich gleichen Platten führen im Fall „Baustoffklasse A" zur Benennung von z.B. F 90-A und im Fall „Baustoffklasse B 1" (ggf. nur 1 % Bindemittelgehalt mehr) zur Benennung von z.B. F 90-AB.

## 8.3 Risikoabschätzung

Ein Risiko kann heute mit Hilfe der Wahrscheinlichkeitsrechnung abgeschätzt werden. Das ist auch im Brandschutz möglich [8.1] und [8.14]. Dabei wird der Auftretenswahrscheinlichkeit (Vorkommen z.B. $10^{-x}$ in einem Jahr), ein bestimmtes Risiko zugeordnet, so daß Unterschiede in der Wahrscheinlichkeit auf ein hohes oder niedriges Risiko hinweisen. Das Risiko kann unter bestimmten Annahmen mathematisch definiert werden.

Nach dem Anhang 2 zu [8.2] ist das Brandrisiko ein ermittelter Wert, nämlich das Produkt aus Brandgefährdung (Schadenserwartung) und der aus Eintretenswahrscheinlichkeit im Vergleich zum akzeptierten Brandrisiko; das Brandrisiko ist hier also ein Vergleichswert. Das akzeptierte Brandrisiko ist fallweise für die nutzungsabhängig in Kategorien eingestufte Personengefährdung festzulegen.

Die nachfolgenden vier Beispiele sollen keine wissenschaftliche, mathematisch ermittelte Risikoermittlung widerspiegeln. Sie sollen für den Stahlbeton-, Stahl- und Holzbau baustoffabhängig nur einige Fakten beleuchten, die bei einer Risikoabschätzung ggf. von Bedeutung sind.

**Beispiel 1:** Ein **Stahlbetonbauteil** kann infolge Abplatzungen versagen [8.3]. Die Wahrscheinlichkeit ist jedoch sehr gering, wenn das Bauteil nach DIN 4102 Teil 4 brandschutztechnisch bemessen ist, weil hier das Abplatzverhalten berücksichtigt wurde. Eine Norm ist aber eine Vereinbarung (Bild E 3-18). Mit der Abstimmung von DIN 4102 Teil 4 auf ENV 1992-1-2 (früher Eurocode 2 Teil 1.2) wurde z.B. bei gleichbleibender Mindestquerschnittsdicke von F 90-Stützen (min d = 240 mm) eine Reduzierung der Achsabstände vereinbart, was einer Vergrößerung des Versagensrisikos gleichzustellen ist. Die Reduzierung war vertretbar, weil in Prüfungen mit der ETK keine vorzeitigen Versagensfälle festgestellt worden waren. Für einen natürlichen Brand mit schnell ansteigenden Temperaturen $T > T_{ETK}$ können in ungünstigen Fällen (hohe Betonfeuchte, hohe Druckrandspannungen, einseitig fehlerhaft liegender Bewehrungskorb usw.) Abplatzungen mit vorzeit-igem Versagen auftreten. Im natürlichen Brandfall kann bei ungünstigen Randbedingungen also ein höheres Versagensrisiko vorliegen. Für den Normfall bei Bemessung nach DIN 4102 ist kein Risiko in Rechnung zu stellen.

**Beispiel 2:** Ein **Stahlbauteil** muß für feuerbeständiges Verhalten (für F 90-AB) eine Bekleidung erhalten. Um dies zu erreichen, muß nach DIN 4102 Teil 2 bei Stützen eine ausreichende Widerstandsfähigkeit gegen Löschwasserbeanspruchung vorliegen. Mit der zukünftigen europäischen Norm EN YYY1 Teil 1 (die endgültige Bezeichnung steht noch nicht fest) entfällt die Löschwasserbeanspruchung. Bei Bekleidungen aus Gipskarton-Feuerschutzplatten (GKF DIN 18 180) werden zukünftig für F 90 statt 3 x 15 mm nur noch rd. 2 x 15 mm Bekleidungsdicke gefordert werden [8.4]. Das Versagensrisiko steigt in diesem Fall; das Restrisiko wurde jedoch als klein eingeschätzt [8.4], so daß die Vereinbarung für die zukünftige EN-Norm zustande kam.

**Beispiel 3:** Im **Stahlbau** verwendete Bekleidungen können bei starken Temperaturschwankungen ($T_1 = T_{ETK}$, Abkühlung → $T_2 << T_{ETK}$, erneute Brandbeanspruchung → $T_3 \geq T_{ETK}$) reißen und abfallen. DIN 4102 Teil 2 sowie die zukünftige europäische Norm haben wie das gesamte internationale Ausland gemäß ISO 834 nur eine ständig steigende Temperaturbeanspruchung entsprechend der ETK – vereinbart. Das Risiko eines frühzeitigen Versagens einer Bekleidung ist bei einem natürlichen Brand daher größer als beim vereinbarten ETK-Brand. Das geschilderte Risiko ergibt sich nach DIN-bemessenen Stahlstützen nicht.

Da der Stahlbetonbau – z.B. eine Stahlbetonstütze – im Gegensatz zum Stahlbau auf keine Bekleidung angewiesen ist, ist das Versagensrisiko bei einer F 90-Stahlbetonbau-Stütze (Beispiel 1) im Vergleich zur F 90-Stahlstütze (Beispiele 2 und 3) sehr klein.

**Beispiel 4:** Der **Holzbau** ist wie der Stahlbetonbau auf eine Bekleidung nicht angewiesen. Die gewünschte Feuerwiderstandsklasse kann allein über die Parameter Abmessungen und Spannungen erzielt werden, siehe Abschnitt 5.6. Eine Holzstütze kann die geforderte Feuerwiderstandsklasse aber auch mit einer Bekleidung erreichen, siehe Normtabelle 84 (S. 313) und die dazugehörige Erläuterung E.5.6.3 (S. 336). Wird bei einer Holzstütze eine Bekleidung wie bei einer Stahlstütze gewählt und erreichen beide Stützen eine Feuerwiderstandsdauer ≥ 90 min, so können beide Stützen in die Feuerwiderstandsklasse F 90 eingestuft werden. Die Holzstütze wird der Benennung F 90-B, die Stahlstütze der Benennung F 90-AB = feuerbeständig oder F 90-A zugeordnet. Da bei der Zerstörung der Bekleidung (Beispiel 2) oder beim Abfallen der Bekleidung (Beispiel 3) die Stahlstütze plötzlich (innerhalb von etwa 2 min) auf ihre kritische Stahltemperatur erhitzt wird [8.4], versagt die Stahlstütze unmittelbar nach dem Versagen der Bekleidung – die Holzstütze hat dann immer noch ihre Tragfähigkeit infolge ihrer Abmessungen und Spannungen, vgl. auch mit Bild E 4-36 (S. 157).

→ *Fazit: Das Brandrisiko einer Holzstütze F 90-B ist wesentlich kleiner als das vergleichbare Risiko einer bekleideten Stahlstütze F 90-AB = feuerbeständig.*

## 8.4 Brandschutztechnische Beurteilungsschwerpunkte für den Holzbau zurGleichstellung von F 90-B mit F 90-AB

### 8.4.1 Brandmeldung, Nähe zur Feuerwehr

Wenn man sich nach der stichwortartigen Übersicht von Bild E 8-1 richtet, gelten dem zeitlichen Ablauf eines Brandes folgend als erste brandschutztechnische Schwerpunkte für die Gleichstellung von F 90-B mit F 90-AB die Brandmeldung und die Nähe zur Feuerwehr. Bei außergewöhnlichen Gebäuden, wie z.B. dem

- Hohen Arsenal, Rendsburg (Abschnitt 7.2.2) oder dem
- Knochenhaueramtshaus, Hildesheim (Abschnitt 7.3.2.1)

sind Frühwarn-Meldeanlagen (Direktverbindung mit der Feuerwehr) installiert. Bei gleichartigen Gebäuden muß dies für eine Gleichstellung von F 90-B mit F 90-AB ebenfalls gefordert werden.

Außerdem muß eine gewisse Nähe zur Feuerwehr mit kurzen Anfahrtswegen vorliegen. Die Beurteilung hierzu liegt im Bereich der Feuerwehr. Nach dem derzeitigen Wissensstand sollte ein abgelegenes ≥ 4geschossiges Mehrfamilienhaus mit F 90-B-Decken bei fehlender Nähe zur Feuerwehr nicht genehmigt werden, insbesondere dann nicht, wenn Teile der Randbedingungen der folgenden Abschnitte 8.4.2 – 8.4.5 nicht eingehalten werden. In diesem Zusammenhang muß auch auf eine ausreichende Wasserversorgung aufmerksam gemacht werden. Abgelegene Sonderbauten wie z.B. unter Denkmalschutz stehende Schlösser, Burgen o.ä. sind oft nur deshalb abgebrannt, weil die Wasserversorgung nicht ausreichend war [8.5].

### 8.4.2 Rettung, Gebäudehöhe

Wie u.a. aus Abschnitt 6.2.1.1 hervorgeht, steht nach dem Brandschutz-Grundsatzparagraphen jeder LBO (§ 17 NRW, S. 87) der Personenschutz und damit die Rettung von Menschen an erster Stelle. Dies – verbunden mit der Gebäudehöhe – ist neben den anderen Schwerpunkten (Brandbehinderung und Brandbegrenzung in Bild E 8-1) der wichtigste brandschutztechnische Gesichtspunkt. Bezüglich der Rettung sind u.a. die Angaben zu

- Treppen (Abschnitt 5.9), insbesondere zu
- bekleideten Treppen (Abschnitt 5.9.4.6), zu
- Treppen, Treppenräumen (Abschnitt 6.2.1.2), zu
- Rauch und RWA-Anlagen (Abschnitt 6.2.1.2) und zu
- Fluchtbalkonen (Abschnitt 6.2.1.2)

wichtig. Auf die Möglichkeit bei Holzbauten, getrennte Treppenräume wie z.B. beim

- Knochenhaueramtshaus in Hildesheim (Abschnitt 7.3.2.1) oder bei der
- Alten Waage in Braunschweig (Abschnitt 7.3.2.2)

im Stahlbeton- oder Mauerwerkbau mit Wänden in F 90-A-Qualität in Branddwanddicke zu errichten, sei besonders hingewiesen.

Die Frage der Rettung ist unmittelbar mit der Planung der Gebäudehöhe verbunden. Die LBOs der Bundesländer ziehen die Grenze bei der Anleiterbarkeitshöhe H = 8 m (OKF = 7 m), siehe Abschnitt 3.5.2, insbesondere Bild E 3-11 (S. 88). Um einen Zentimeterstreit bei H = 8 m bzw. OKF = 7 m zu vermeiden, gelten z.B. in Berlin alle dreigeschossigen Gebäude als Gebäude geringer Höhe. Sie sind damit in F 30-B ausführbar, vgl. auch mit den Bildern E 3-13 und E 3-14 (Anforderungen in NRW) auf den Seiten 90 und 91. Auf die erläuternden Beispiele in Bild E 3-15 sei ebenfalls hingewiesen.

Vor und während der Festlegung der Höhen H = 8 m (OKF = 7 m) wurde ein Forschungsvorhaben zur Ausführung von brandgeschützten Wohnbauten aus Holz mit 3 – 4 Vollgeschossen durchgeführt [8.6]. Mit der Herausgabe der Musterbauordnung (MBO) von 1981 und der Novellierung der LBOs, die wegen der MBO von 1993 jetzt wieder überarbeitet werden, ist die Ausführung dreigeschossiger Holzbauten kein Problem mehr. Bei viergeschossigen Gebäuden ist eine Holzausführung dagegen z.Z. nur in Sonderfällen möglich, siehe z.B. Bild E 3-16 mit den Besonderheiten

- Hanglage
- einseitige Höhe zur Anleiterbarkeit mit $H_{OKF}$ = 7 m und
- 2 Wohnungseinheiten bei 4 Vollgeschossen.

Für die Planung viergeschossiger Holzgebäude in der verdichteten Bauart ist deshalb die Literatur [8.6] weiter von Bedeutung.

In der Schweiz, wo auf der Grundlage von Baurecht und Baunormen ein vergleichbares Sicherheitsdenken vorliegt, heißt es im Artikel 25 der dort gültigen Brandschutznorm [8.2] u.a.:

- Bei drei- und mehrgeschossigen Bauten über Terrain mit einer mittleren Brandbelastung (d.h. über 500 bis 1000 MJ/m$^2$) ist das Tragwerk mit einem Feuerwiderstand von F 60 zu erstellen; Die in Art. 17 [8.2] genannte Feuerwiderstandsklasse F 60 ist im deutschen Sprachgebrauch immer F 60-A (nach feuerbeständig F 90-A oder F 90-AB wird nicht unterschieden).

- In Gebieten mit traditioneller Holzbauweise können bei Gebäuden bis zu vier Geschossen für das Tragwerk auch brennbare Materialien verwendet werden.

Daß an Grundlagen zur Genehmigung 4geschossiger Gebäude in Holzbauart gearbeitet wird, zeigt auch die Literatur [8.7]. Ein geplantes umfangreiches Forschungsvorhaben der DGfH in Verbindung mit dem iBMB mit natürlichen Bränden in einem 4geschossigen Versuchsbau soll zahlreiche Fragen klären und Nutzungen wie Wohn- und Bürogebäude, aber auch Altenheime, Beherbergungsbetriebe, Gaststätten und Schulen abdecken. Insbesondere soll die in einigen Ländern (z.B. Hamburg und NRW) bestehenden Klassifizierung F 30-B/A (s. Bilder E 3-13 und E 3-14 auf den Seiten 90 und 91) auf F 90-B/A-Konstruktionen ausgedehnt werden. In diesem Zusammenhang sei noch einmal auf das Bild E 6-8 (S. 424) sowie die Behinderung eines Brandes durch A-Schichten bei den alten oder neu errichteten Gebäuden, wie

- Rathaus Eßlingen (Abschnitte 6.2.1 und 7.2.1),
- Hohes Arsenal Rendsburg (Abschnitte 6.2.1.5 und 7.2.2),
- Knochenhaueramtshaus Hildesheim (Abschnitte 6.2.1.5 und 7.3.2.1) und
- Alte Waage Braunschweig (Abschnitt 7.3.2.2),

hingewiesen. Hierauf wird noch einmal in Abschnitt 8.4.3 eingegangen. Auch innerhalb der Bauaufsicht wird über diese Probleme nachgedacht [8.8].

### 8.4.3 Brandbehinderung

Die Bedeutung einer durchgehenden Schicht aus Baustoffen der Baustoffklasse A als

- Oberflächenschicht (Eßlingen, Rendsburg, Hildesheim und Braunschweig) sowie als
- Trennschicht (Rendsburg)

wurde bereits ausführlich behandelt, so daß auf die genannten Abschnitte verwiesen werden kann. Die Stichworte unter der fettgedruckten Überschrift sind auch in der Übersicht von Bild E 8-1 als äußerst wichtige Schwerpunkte des vorbeugenden Brandschutzes genannt.

Daß die Behinderung der Brandausbreitung auch im Bereich von Fassaden eine Rolle spielt, wurde bereits in E.4.2 - 4.8/4 ff (S. 123) unter den Stichworten Außenwandbekleidung, geeignete Maßnahmen, Fassadenbereich usw. gesagt. Ergänzend soll hier noch einmal die Schweizer Regelung [8.2] herangezogen werden. In Artikel 29 von [8.2] heißt es zu Außenwänden u.a.:

- Nichttragende Außenwände von drei- und mehrgeschossigen Bauten sind aus nichtbrennbaren Baustoffen oder mit dem Feuerwiderstand F 30 zu erstellen.

- Die äußerste Schicht von Außenwandbekleidungen muß nichtbrennbar sein. Ausgenommen sind:

  „c) Bauten, deren Art und Nutzung eine Holzverkleidung nahelegen, oder bei denen aus Gründen des Natur- und Heimatschutzes Holzverkleidungen erforderlich sind, soweit mit entsprechenden Maßnahmen wie Hintermauerungen das Brandrisiko möglichst gering bleibt;

  d) begrenzte Holzbekleidungen bei Bauten bis zur Hochhausgrenze, soweit sie die Brandausbreitung über mehrere Geschosse nicht begünstigen“.

### 8.4.4 Brandbegrenzung

Der dritte in Bild E 8-1 fettgedruckte, brandschutztechnische Beurteilungsschwerpunkt ist unter dem Stichwort Brandbegrenzung angegeben. Eine vorbildliche Brandbegrenzung wurde beim Bau des Hohen Arsenals in Rendsburg (s. Abschnitt 7.2.2) erzielt, siehe insbesondere Bild E 7-4 (S. 438). Wegen der denkmalgeschützten Holzbalkendecken wurden neben Brandwänden, Abschlüssen, Abschottungen usw. auch Sprinkler eingesetzt. Auf die in Bild E 8-1 genannte ausreichende Wasserversorgung wurde in Abschnitt 8.4.1 schon hingewiesen. Im weiteren Sinne gehören zur Wasserversorgung auch Fragen zu Hydranten, Steigleitungen in Treppenräumen, Wasserbecken (-teiche) usw.

Abschließend zum Thema Brandbegrenzung muß deutlich gesagt werden, daß eine Brandwand (schon aus Definitionsgründen – s. DIN 4102 Teil 3) nicht als Holzkonstruktion errichtet werden kann. Eine Brandwand kann auch nicht durch eine Holzkonstruktion mit A-Schicht ersetzt werden. Dennoch ist es unter Beachtung verschiedener Randbedingungen möglich, eine „leichte Brandwand" herzustellen, siehe E.4.2 – 4.8/6 auf Seite 124.

Über die Anordnung und Ausführung von Brandwänden wird u.a. in [8.3] sowie [8.9] bis [8.11] berichtet.

### 8.4.5 Feuerwiderstandsdauer

Der letzte in Bild E 8-1 genannte Block beim Holzbau behandelt die Feuerwiderstandsdauer der Bauteile, die von den Abmessungen und Spannungen abhängig ist. Die in Bild E 8-1 aufgelisteten Parameter sind nicht vollständig; sie geben nur Hinweise – Details können den Abschnitten 4 und 5 entnommen werden.

Wenn die bauaufsichtliche Forderung feuerbeständig (F 90-AB) lautet, kann in Einzelfällen statt F 90-B auch eine geringere Feuerwiderstandsklasse ausreichen. Ggf. kann durch Sprinklerung, Brandbehinderung und (evtl. zusätzliche) Kompensationsmaßnahmen für die Rettung (Fluchtbalkone, zusätzliche Außentreppen usw.) eine geringere Feuerwiderstandsklasse gestattet werden.

### 8.4.6 Schlußfolgerungen: Ausnahmen und Befreiungen

Faßt man die vorstehenden Abschnitte 8.4.1 – 8.4.5 zusammen und zieht nach Bild E 8-1 eine Schlußfolgerung, so muß sie heißen:

**Werden die in Bild E 8-1 schematisch dargestellten, brandschutztechnischen Beurteilungsschwerpunkte nach den Abschnitten 8.4.1 – 8.4.5 richtig verstanden und werden die behandelten „*Kompensationsmaßnahmen*" beachtet, kann anstelle einer feuerbeständigen Konstruktion (F 90-AB) ohne weiteres eine Holzkonstruktion F 90-B (→ F 90-B/A) gewählt werden.**

Wie aus Abschnitt 4.14.4, insbesondere Bild E 4-58 (S. 183) hervorgeht, wird in einigen Bundesländern bei Wohnungstrennwänden F 90-AB gefordert. Wenn es trotz der Empfehlung F 30-B der MBO zukünftig hierbei bleibt, wird auch hier empfohlen, F 90-B/A anstelle von feuerbeständig zu genehmigen.

Bei Decken befindet sich die A-Schicht immer an der Unterseite. Bei Wänden muß sie in der Regel beidseitig angeordnet werden, so daß man auch F ..-B/AA, wie in der zusammenfassenden Übersicht zur Hamburger BO geschehen, schreiben kann.

Die Entscheidung, eine Ausnahme und Befreiung zu genehmigen, wird in der jeweils zuständigen Genehmigungsbehörde (siehe Abschnitt 3.5.5), z.B. bei einem Regierungspräsidenten getroffen. Die genehmigende Dienststelle sollte dabei im Sinne eines erfahrenen Brandschutzingenieurs handeln (Bild E 8-2). Die Ausführungen von Abschnitt 8 und die Grundlagen dieses Handbuches sollen ihm dabei helfen, eine sinnvolle Entscheidung zu Treffen. Eine Grundlage für den Ermessensspielraum der zuständigen Dienststelle können insbesondere die Genehmigungsbedingungen zu den Bauvorhaben

- Hohes Arsenal, Rendsburg (S. 438 )
- Knochenhaueramtshaus, Hildesheim (S. 440) und
- Alte Waage, Braunschweig (S. 443)

sein.

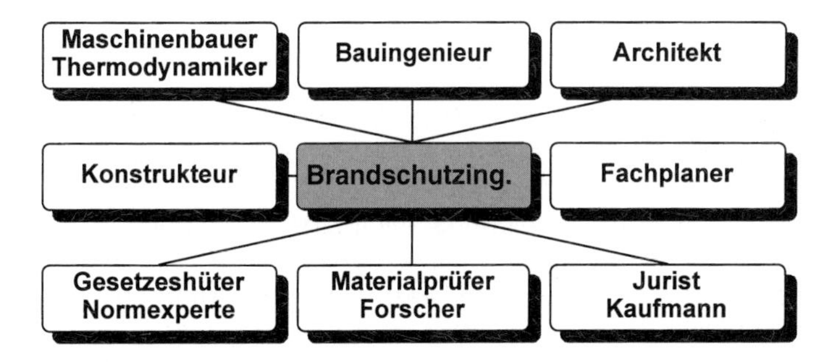


**Bild E 8-2**
Fachgebiete eines Brandschutzingenieurs

## 8.5 Ausblick

In Abschnitt 8.1 wurde einleitend gesagt, daß man für die Gesichtspunkte

> „Modernisierung, Instandsetzung, Sanierung, Nutzungsänderung, gewöhnliche/denkmalgeschützte Bauten, Rekonstruktion“

auch das Wort **Neubau** setzen kann. Dies erfolgte in Bild E 8-1 entsprechend den Angaben von Abschnitt 7.3.1 bereits zum Begriff „Rekonstruktion“. Zieht man nach Bild E 8-1 allein im Hinblick auf das Wort Neubau eine Schlußfolgerung, so muß sie logischerweise wie die Schlußfolgerung in Abschnitt 8.4.6 lauten. Da Neubauten im Sinne von Bild E 3-11 (S. 88) aber generell für alle Gebäudeklassen 1 – 5 (freistehendes Wohngebäude bis Hochhaus) gelten, kann die **Schlußfolgerung** von Abschnitt 8.4.6 **nur mit Einschränkungen** übernommen werden. Hierzu sollen die folgenden sechs Punkte genannt werden:

**1.** Eine Übertragung der Schlußfolgerung von Abschnitt 8.4.6 kann ohne genauere Untersuchung (siehe z.B. [8.13] im Normalfall nicht auf **Sonderbauten** wie

– Krankenhäuser, Altenheime u.ä.,
– Schulen,

- Hotels und Gaststätten,
- Versammlungsstätten,
- Verkaufsstätten (Warenhäuser) sowie
- Industriegebäude

angewendet werden. Im Gegensatz dazu erscheint eine Übertragung der Schlußfolgerung auf

- Wohngebäude,
- Bürogebäude,
- Verwaltungsbauten,
- Arztpraxen und
- gemischte Nutzungen

durchaus möglich.

**2.** Im Bereich von **Kellerräumen** liegen besondere Randbedingungen vor [8.12] wie z.B.

- Kellerbrände werden oft spät entdeckt,
- Kellerbrände sind meist schwierig zu bekämpfen,
- Kellerräume sind oft Bastel- oder Abstellräume mit großer Brandlast,
- Kellerräume tragen oft zur schnellen Brandausbreitung bei,
- Kellerbrände führen oft zur Verqualmung des anschließenden Treppenraumes, d.h. des ersten Rettungsweges und
- Kellerbrände übertragen den Brand oft in die darüberliegenden Geschosse.

Aus all diesen Gründen muß hier die Forderung „feuerbeständig (F 90-AB)" unabdingbar eingehalten werden. Eine Übertragung der Schlußfolgerung von Abschnitt 8.4.6 darf nicht für Bauteile (z.B. Decken und Wände) in Kellergeschossen gelten.

**3.** Wenn in **Treppenräumen** anstelle von Massivwänden in Brandwanddicke Wände F 90-B/AA gestattet werden, muß eine Aussteifung dieser Wände ≥ 90 min z.B. durch die angrenzenden Bauteile sichergestellt sein.

Hierzu ist anzumerken, daß in Baden-Württemberg anstelle von Massivwänden in Brandwanddicke in der heutigen AusführungsVO (AVO) zur LBO seit 1983/84 nur F 90-A-Wände gefordert werden [8.12]. Wenn hier auf der Forderung F 90-A bestanden wird, gilt das zur Aussteifung Gesagte natürlich sinngemäß.

**4.** Wenn die Forderung **Brandwand** vorliegt, kann anstelle einer Massivwand (Abschnitte 4.2 – 4.8) auch eine

a) „leichte Trennwand" (F 90-A) in Brandwandqualität – siehe E.4.2 – 4.8/6 (S. 124) – verwendet werden, wobei auch hier das zu Aussteifungen Gesagte gilt, oder auch eine

b) zweischalige Konstruktion, die ähnlich der Grundidee in Gebäudeabschlußwänden nach Abschnitt 4.12.8 aufgebaut ist, z.B.:

- Treppenraumschale: F 90-A
- gebäudeseitige Schale: F 30-B mit Aussteifung F 30-B

eingebaut werden, wobei diese zweischalige Möglichkeit im Sinne der heute geltenden Vorschriften nur bei Gebäuden geringer Höhe mit ≥ 3 WE angewendet werden darf, d.h. bei der Gebäudeklasse 3 (Bild E 3-11).

Brandwände unter Verwendung von Stielen oder Beplankungen aus Holz oder Holzwerkstoffen sind nicht erlaubt.

5. Die in den vorstehenden Punkten 1 – 4 genannten **Einschränkungen** gelten **generell** – d.h. nicht nur für die Gebäudeklasse 3, sondern auch für die Gebäudeklasse 4. Wie schon aus Punkt 1 hervorgeht, ist stets der **Normalfall** gemeint. In Sonderfällen kann es immer Ausnahmen geben.

6. Wie in Abschnitt 8.4.2 geschildert, wurde in Berlin die MBO-Regelung für Gebäude geringer Höhe (H ≤ 8 m, OKF ≤ 7 m) großzügig ausgelegt, und es werden generell 3geschossige Gebäude in F 30-B gestattet. Wenn man großzügig verfahren will, dann könnten dem Beispiel Berlins folgend zukünftig **4geschossige Gebäude** in F 30-B genehmigt werden, wenn die Voraussetzungen von Abschnitt 8.4.3 entsprechend Bild E 8-1 eingehalten werden – d.h. wenn bei 4geschossigen Gebäuden die Forderungen an die Gebäudeklasse 2 – siehe die Bilder E 3-13 und E 3-14 (S. 90/91) – statt F 30-B, jedoch mit F 30-B/A eingehalten werden. Für eine derart neu geschaffene Klasse für 4geschossige Gebäude zwischen den jetzt vereinbarten Klassen 3 und 4 sollten (einschränkend) jedoch dort, wo für die jetzt geltende Gebäudeklasse 4 F 90-AB (= feuerbeständige) Wände gefordert werden (Gebäudetrennwände und Treppenraumwände – nicht Kellerwände) F 90-B/A, ggf. zweischalige Konstruktionen, generell genehmigt werden.

   Um hier keine Mißverständnisse auftreten zu lassen, werden die vorstehenden Äußerungen noch einmal in Tabelle E 8-1 zusammmengefaßt. Auch hier wurde, wie vorausgehend schon erwähnt, bei Decken die Benennung F 30-B/A (A unterseitig) und bei Wänden die Benennung F ..-B/AA (A beidseitig) verwendet.

Abschließend sei auf folgendes hingewiesen:

a) Die A-Schichten bei Wänden entsprechend den Angaben in Bild E 6-8, sind üblich und haben sich im Fertighausbau vielfach bewährt.
b) Aus Schallschutzgründen werden bei Wänden beidseitig häufig 2 x 12,5 mm GKF oder 2 x 10 mm FERMACELL-Gipsfaserplatten angeordnet, obwohl für F 30 nur eine Beplankungsschale notwendig ist. Bei derartigen Konstruktionen werden 30 min Feuerwiderstandsdauer weit überschritten. Je nach Aufbau der Dämmschicht sowie je nach Lösung des Steckdosenproblems wird auch F 90 erreicht.
c) Die in Tabelle E 8-1 aufgelisteten Möglichkeiten für 4 geschossige Wohngebäude mit ≥ 3 WE berücksichtigen entsprechend der Zielvorgabe der Bauordnungen den Personenschutz (vgl. Abschnitt 6.2.1.1). Bei Sachschutzfragen sind weitere Gesichtspunkte zu beachten.
d) Die Punkte 1 bis 4 sind in Gutachtlichen Stellungnahmen für einige Holzbaufirmen bereits enthalten [8.13].

3geschossiges Geschäftshaus in Neubiburg in F 30-B(Foto: Teetz, 82547 Eurasburg)

Aufgesetztes Geschoß mit F 30-B/AA- und F 90-B/AA-Bauteilen auf einem 5geschossigen Altersheim,s. S. 70, 130 und 461

**Tabelle E 8-1**
**Zusammenstellung technisch gerechtfertigter Anforderungen an Gebäude (H > 8 m, OKF >7 m) mit 4 Geschossen mit ≥ 3 WE (neue mögliche Gebäudeklasse 3') aus der Sicht der Autoren**

| Spalte | 1 | | $2^{4)}$ |
|---|---|---|---|
| Zeile | Bauteil – Baustoff | | Wohngebäude ≥ 3 WE und andere Gebäude[1)] mit 4 Vollgeschossen |
| 1 | Tragende Wände | Dach | $0^{2)}$ |
| 2 | | Sonstige | F 30-B/AA |
| 3 | | Keller | F 90-AB |
| 4 | Nichttragende Außenwände | | 0 |
| 5 | Außenwand-Bekleidungen | | 0 |
| 6 | | | B 2 → geeignete Maßnahmen |
| 7 | Gebäudeabschlußwände | | (F 30-B) + (F 90-B) – mit A-Schicht |
| 8 | Decken (analog tragende Wände) | Dach | $0^{2)}$ |
| 9 | | Sonstige | F 30-B/A |
| 10 | | Keller | F 90-AB |
| 11 | Gebäudetrennwände 40 m Gebäudeabschnitte | | F 90-AB |
| 12 | | | (F 90-B/AA) + (F 90-B/AA)[3)] |
| 13 | Wohnungstrenn-wände | allgemein | F 90-B/AA[3)] |
| 14 | | oberste Geschosse von Dachräumen | F 30-B/AA |
| 15 | Treppenraum | oberer Abschluß | F 30-B/A |
| 16 | | Wände | F 90-B/AA oder (F 90-A) + (F 30-B) |
| 17 | | Bekleidung | A |
| 18 | Treppen | | F 30-AB |
| 19 | | | F 30-B/A (A unterseitig) |
| 20 | Allgemein zugäng-liche Flure als Rettungswege | Wände | F 30-B/A (A nur flurseitig) |
| 21 | | Bekleidung | A |
| 22 | Offene Gänge von Außenwänden | Wände, Decken | F 30-B/A (A nur außenseitig) |
| 23 | | Bekleidung | A |

1) Sonderbauten siehe Punkt 1 von Abschnitt 8.5 ausgenommen (s. S. 455 und 456)

2) Bei giebelständigen Gebäuden: Dach von innen F 30-B

3) Aussteifung F 30, vgl. auch mit Bild E 4-58 sowie insbesondere mit letztem Spiegelstrich unter Pkt. d), S. 184.

4) 0 bedeutet: Keine Anforderungen

## 9 Brandschutz auf Baustellen

Wie aus dem Grundsatzparagraphen aller LBOs (s. S. 86) hervorgeht, gelten die Vorschriften der LBOs für die Fälle

- Anordnen,
- Errichten,
- Ändern,
- Instandhalten und ggf.
- Abbrechen.

Der Begriff „Brandschutz auf Baustellen" fällt in den Bereich „Errichten". An dieser Stelle soll lediglich auf die Literatur [9.1] aufmerksam gemacht werden, die auch die Brandfälle

- Brandstiftung in der Turmkuppel des Münchner Doms und
- Brandstiftung im Olympia-Eis-Stadion in Garmisch-Partenkirchen

beschreibt; in beiden Fällen (1993) wird auch über Holz-Baustoffe/-Bauteile, Verpackungen, Folien usw. berichtet.

Modernisierungsarbeiten im Bürgerhaus „Alter Peter", Goslar 1985/86
Erhaltung der alten Holzkonstruktion, Einbau von neuen Holzwänden unter Verwendung von FERMACELL-Gipsfaserplatten (→ F 90-B/AA)

Herstellen, Errichten und Ausbau unter Verwendung von Holz und FERMACELL-Gipsfaserplatten (→ F 30-B/AA, F 90-B/AA) beim nachträglich aufgesetzten Geschoß auf einem 5geschossigen Altersheim, Öschelbronn 1985

# Teil III

# (Anwendung)

**Bemessung von Bauteilen aus Holz und Holzwerkstoffen in brandschutztechnischer Hinsicht**

**Erläuterungen zu ENV 1995-1-2**

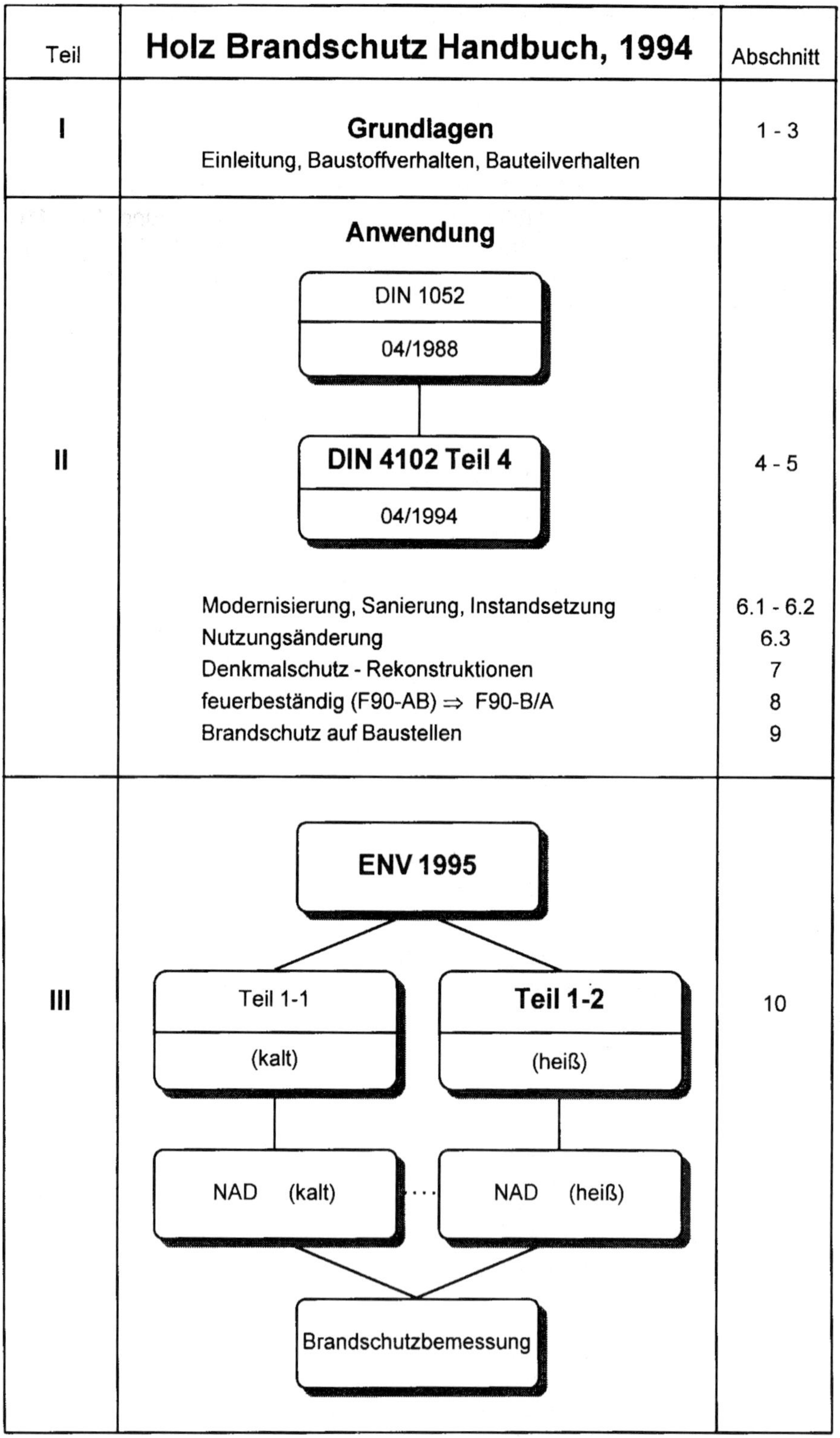

<table>
<tr><th>Teil</th><th>Holz Brandschutz Handbuch, 1994</th><th>Abschnitt</th></tr>
<tr><td>I</td><td>Grundlagen<br>Einleitung, Baustoffverhalten, Bauteilverhalten</td><td>1 - 3</td></tr>
<tr><td>II</td><td>Anwendung<br>DIN 1052<br>04/1988<br>DIN 4102 Teil 4<br>04/1994</td><td>4 - 5</td></tr>
<tr><td></td><td>Modernisierung, Sanierung, Instandsetzung</td><td>6.1 - 6.2</td></tr>
<tr><td></td><td>Nutzungsänderung</td><td>6.3</td></tr>
<tr><td></td><td>Denkmalschutz - Rekonstruktionen</td><td>7</td></tr>
<tr><td></td><td>feuerbeständig (F90-AB) ⇒ F90-B/A</td><td>8</td></tr>
<tr><td></td><td>Brandschutz auf Baustellen</td><td>9</td></tr>
<tr><td>III</td><td>ENV 1995<br>Teil 1-1 (kalt) — Teil 1-2 (heiß)<br>NAD (kalt) … NAD (heiß)<br>Brandschutzbemessung</td><td>10</td></tr>
</table>

**Bild E 10-1** Überblick über die Teile I-III

# 10 Brandschutzbemessung von Holzbauteilen nach Europäischer Norm

## 10.1 Rückblick

Einen Überblick über die Teile I – III dieses Handbuches gibt Bild E 10-1. Nach der Behandlung der Grundlagen (Teil I) ist der Hauptteil der Anwendung „DIN 4102 Teil 4“ gewidmet (Teil II). Diese Norm entstand 1934 mit rd. zwei Seiten und hat in der Ausgabe 03/94 einen Umfang von rd. 150 Seiten, wobei die Abschnitte über Bauteile aus Holz und Holzwerkstoffen etwa 29 % umfassen (Bild E 10-2).

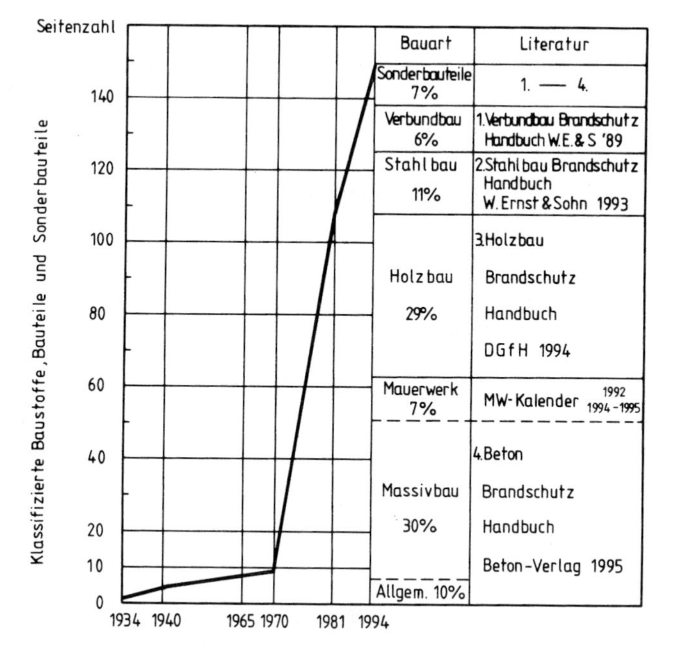


**Bild E 10-2**
Entwicklung der Prüferfahrungen DIN 4102 Teil 4

**DIN 4102 Teil 4** war von Anfang an ein Tabellenwerk mit beschreibenden Randbedingungen, wobei alle Eckwerte durch Prüfungen belegt sind. Bild E 10-3 zeigt, daß bis zur Ausgabe von 1977 immer nur eine Prüfung zur Klassifizierung erforderlich war; das entspricht einer Eintretenswahrscheinlichkeit von 50 %. Seite der Ausgabe von 1977 sind für eine Klassifizierung immer zwei Prüfungen erforderlich, wobei ggf.

- auf eine Prüfung verzichtet wird, wenn genügend Erfahrungen vorliegen, z.B. bei einer Erweiterungsprüfung;
- bei zwei Prüfungen meistens verschiedene Parameter untersucht werden, so daß eine umfassende Aussage gemacht werden kann, vgl. Bild E 3-19 (s. S. 101).

Die Klassifizierung auf der Grundlage von zwei Prüfungen entspricht einer Eintretenswahrscheinlichkeit von 67 %. Mit der Einführung von DIN EN (z.Z. YYY1) als Ersatz von DIN 4102 Teil 2 wird zukünftig nur noch eine Prüfung wie 1934 – 1977 erforderlich sein.

Seit Ende der 60er Jahre wird die Feuerwiderstandsdauer vermehrt durch rechnerische Ermittlungen bestimmt (Bild E 10-3). Die Mindestwerte der Balken-, Stützen- und Zuggliedtabellen von DIN 4102 Teil 4 beruhen allein auf rechnerischen Ermittlungen (s. S. 292 ff, insbesondere [5.72]), wobei die vereinbarten Mindestwerte mehr den durch Prüfungen festgestellten Mittelwerten entsprechen (vgl. z.B. Bild E 5-52 bei Stützen, Seite 330). In der Ausgabe 03/81 von DIN 4102 Teil 4 wurden rechnerische Ermittlungen nur zur Kontrolle und zur Inter- und Extrapolation angewendet.

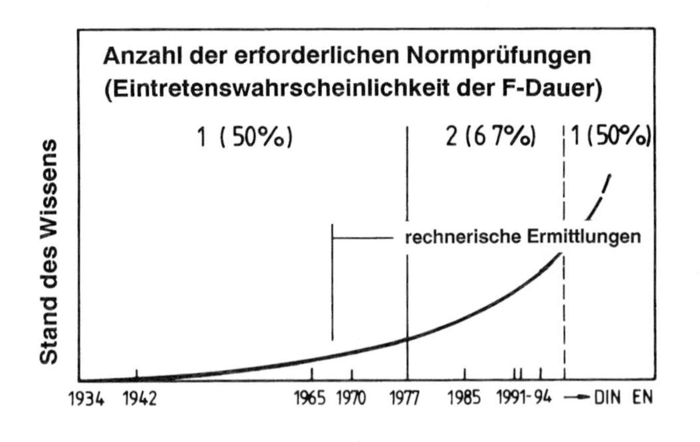


**Bild E 10-3**
Anzahl der erforderlichen Normprüfungen und rechnerische Ermittlungen, DIN 4102

| EC | Baustoff | 1990 | 1993 | 1994 - 95 | Inhalt |
|---|---|---|---|---|---|
| 2 | Beton | jeweils Teil 10 | jeweils Teil 1.2 | ENV 1992 -1-2 | Rechnung, **Tabellen** |
| 3 | Stahl | | | ENV 1993 -1-2 | **Rechnung**, - |
| 4 | Verbund | | | ENV 1994 -1-2 | **Rechnung**, Tabellen |
| 5 | Holz | | | ENV 1995 -1-2 | **Rechnung**, - |
| 6 | Mauerwerk | | | ENV 1996 -1-2 | Rechnung, **Tabellen** |

**Bild E 10-4**
Eurocodes/ENV
Rechnung – Tabellen

## 10.2 Eurocodes – ENV / Tabellen-Rechnung

Seit 1990 gibt es Eurocodes (Bild E 10-4). Die „heißen" Codes wurden nach ihrer vollständigen Überarbeitung 1993 jeweils als Teile 1.2 deklariert. Diese Teile werden jetzt als Vornormen (ENV) veröffentlicht. Bild E 10-4 zeigt, welche Normen Rechnungen oder Tabellen zum Inhalt haben.

## 10.3 Anwendung DIN 4102 Teil 4 – ENV 1995-1-2

DIN 4102 Teil 4 kann in Verbindung mit DIN 1052 sofort angewendet werden. Die Einfuhrungserlasse der Bundesländer zu Teil 4 sind in Bearbeitung. Die Verknüpfung mit DIN 1052 geht aus Teil 4 und aus Bild E 10-1 hervor. Die Verknüpfung ist zwingend.

Die ENV 1995-1-2:1994 liegt in der von CEN TC 250 SC5 offiziell verabschiedeten englischen Originalfassung vor. Die Übersetzung ins Deutsche und die Abstimmung der englischen, französischen und deutschen Normtexte erfolgt erst in den nächsten Monaten.

Diese Fassung wurde im Teil II dieses Handbuches mehrfach zitiert, kommentiert und im Vergleich zu DIN 4102 Teil 4 03/94 beschrieben. Sie kann nur in Verbindung mit der „kalten" Norm ENV 1995-1-1 angewendet werden. Dies darf jedoch erst dann vollzogen werden, wenn die dazugehörigen Nationalen Anwendungs Dokumente (NAD) erstellt sind, die Details der Anwendung regeln (Bild E 10-1 ). Werte in eckigen Klammern (boxed values) werden kommentiert, wobei bestimmt wird, welcher Wert im deutschen Bauordnungsrecht angewendet werden darf; ENV 1995-1-2 darf nicht in Verbindung mit DIN 1052 benutzt werden!

ENV 1995-1-2 und das NAD können nach Fertigstellung beim Beuth-Verlag GmbH, Burggrafenstr. 4, 10787 Berlin, bestellt und bezogen werden.

Wann die Einführung erfolgt und ab wann ENV 1995-1-2 in Verbindung mit ENV 1995-1-1 angewendet werden darf, steht noch nicht fest, vgl. Bild E 1-2 (S. 7).

## 10.4 Englische Fassung von ENV 1995-1-2:1994

Nachfolgend wird die englische Fassung* der europäischen Vornorm wiedergegeben. Eine Verwechslung der Bilder und Tabellen mit den Darstellungen der Teile I und II dieses Handbuches ist nicht möglich, da es in der folgenden Wiedergabe nur *tables and figures* gibt. Wie die Textwiedergabe zeigt, werden nur die europäischen Feuerwiderstandsklassen R, RE, REI usw. verwendet; sie werden in Abschnitt 3.2.2 „Grundlagendokument Brandschutz" (s. S. 77 - 79) erörtert.

* Die abgedruckte Fassung kann von der später von CEN offiziell herausgegebenen Version geringfügig redaktionell abweichen.

# ENV 1995-1-2

# EUROCODE 5

# DESIGN OF TIMBER STRUCTURES

## Part 1.2

## GENERAL RULES
## SUPPLEMENTARY RULES FOR STRUCTURAL FIRE DESIGN

Final version to be published by CEN
This cover page will be replaced by CEN

**Contents** **Page**

## Foreword

### Objectives of the Eurocodes

(1) The "Structural Eurocodes" comprise a group of standards for the structural and geotechnical design of buildings and civil engineering works.

(2) They cover execution and control only to the extent that it is necessary to indicate the quality of the construction products, and the standard of workmanship needed to comply with the assumptions of the design rules.

(3) Until the necessary set of harmonised technical specifications for products and methods for the testing their performance are available, some of the Structural Eurocodes cover some of these aspects in informative Annexes.

### Background to the Eurocode Programme

(4) The Commission of the European Communities (CEC) initiated the work of establishing a set of harmonised technical rules for the design of building and civil engineering works which would initially serve as an alternative to the differing rules in force in the various Member States and would ultimately replace them. These technical rules became known as the "Structural Eurocodes".

(5) In 1990, after consulting their respective Member States, the CEC transferred the work of further development, issue and updating of the Structural Eurocodes to CEN, and the EFTA Secretariat agreed to support the CEN work.

(6) CEN Technical Committee CEN/TC 250 is responsible for all Structural Eurocodes.

### Eurocode Programme

(7) Work is in hand on the following Eurocodes, each generally consisting of a number of parts:

| | |
|---|---|
| EN 1991 Eurocode 1 | Basis of design and actions on structures |
| EN 1992 Eurocode 2 | Design of concrete structures |
| EN 1993 Eurocode 3 | Design of steel structures |
| EN 1994 Eurocode 4 | Design of composite steel and concrete structures |
| EN 1995 Eurocode 5 | Design of timber structures |
| EN 1996 Eurocode 6 | Design of masonry structures |
| EN 1997 Eurocode 7 | Geotechnical design |
| EN 1998 Eurocode 8 | Design provisions for earthquake resistance of structures |
| EN 1999 Eurocode 9 | Design of aluminium alloy structures |

(8) Separate sub-committees have been formed by CEN/TC 250 for the various Eurocodes listed above.

(9) This part 1.1 of Eurocode 5 is being published as a European Prestandard (ENV) with an initial life of three years.

(10) This Prestandard is intended for experimental application and for the submission of comments.

(11) After approximately two years CEN members will be invited to submit formal comments to be taken into account in determining future actions.

(12) Meanwhile feedback and comments on this Prestandard should be sent to the Secretariat of CEN/TC 250/SC 5 at the following address:

Secretariat of CEN TC 250/SC 5
BST
Box 5603
S-114 86 STOCKHOLM

or to your national standards organization.

**National Application Documents (NAD's)**

(13) In view of the responsibilities of authorities in member countries for safety, health and other matters covered by the essential requirements of the Construction Products Directive (CPD), certain safety elements in this ENV have been assigned indicative values which are identified as "boxed" or by [ ]. The authorities in each member state are expected to review the "boxed values" and may substitute alternative definitive values for these safety elements for use in national application.

(14) Some of the supporting European or International standards may not be available by the time this Prestandard is issued. It is therefore anticipated that a National Application Document (NAD) giving any substitute definitive values for safety elements, referencing compatible supporting standards and providing guidance on the national application of this Prestandard, will be issued by each member state or its Standards Organization.

(15) It is intended that this Prestandard is used in conjunction with the National Application Document valid in the country where the building or civil engineering work is located.

**Matters specific to this Prestandard**

**Safety requirements**

(16) The general objectives of fire protection are to limit risks with respect to the individual and society, neighbouring property, and where required, directly exposed property, in the case of fire.

(17) The Structural Eurocodes deal with specific aspects of passive fire protection in terms of designing structures and parts thereof for adequate load bearing capacity and for limiting fire spread as relevant.

(18) Required functions and levels of performance are generally specified by the National authorities - mostly in terms of standard fire resistance ratings. Where fire safety engineering for assessing passive and active measures is accepted, requirements by authorities will be less prescriptive and may allow for alternative strategies.

(19) This ENV 1995-1-2, together with ENV 1991-2-2 gives the supplements to ENV 1995-1-1 which are necessary, so that structures designed according to this set of Structural Eurocodes may also comply with structural fire resistance requirements.

**Design procedures**

(20) A full analytical procedure for structural fire design would take into account the behaviour of the structural system at elevated temperatures, the potential heat exposure and the beneficial effects of active fire protection systems, together with the uncertainties associated with these features and the consequences of failure.

(21) At the present time it is possible to undertake a procedure for determining adequate performance which incorporates some, if not all, of these parameters, and to demonstrate that the structure, or its components, will give adequate performance in a real building fire.

(22) However, the principal current procedure in European countries is one based on results from standard fire resistance tests. The classification systems in regulations, which call for periods of fire resistance, take into account (though not explicitly) the features and uncertainties described above.

(23) Due to the limitations of the test method, further tests or analysis may be performed. Nevertheless, the results of standard fire tests form the bulk of input for calculation methods for structural fire design. This prestandard therefore deals in the main with the design for the standard fire resistance.

(24) In this ENV 1995-1-2 the desires of the designers are met by giving calculation methods of different complexity. Among the application rules the designer will *in the first place* find a simple method, which would lead to safe, but perhaps less economic structures. In the second place the designer will find more complex methods, which would increase the amount of design work but also could lead to more economic constructions. In the third place general methods are given, which require more information than is given in this Eurocode. Generally, as an alternative to calculation methods, it is possible to make use of design by testing.

(25) The first category of simple methods is applicable for standard fire exposure and is represented by
- Actions and structural system according to 2.5.4
- Charring depths according to 3.1
- Load bearing capacity of members according to 4.1
- Load bearing capacity of joints according to 4.5

(26) The second category of more complicated methods is represented by
- Actions and structural system according to 2.5.3 or 2.5.4
- Charring depths and load bearing capacity of members for standard fire exposure according to Annex A
- Charring depths and load bearing capacity of members for parametric fire exposure according to Annex D
- Additional application rules regarding load bearing capacity of joints according to Annex B

(27) The third category of general methods is represented by
- Actions according to ENV 1991-2-2
- Structural system according to 2.5.2
- Charring rates and load bearing capacity of members according to section 4.3. Further information is given in Annex E

(28) Tabulated data of design solutions for the designer are not included. It is anticipated that such design aids will be found in handbooks etc.

# Section 1 General

## 1.1 Scope

(1)P This Part 1.2 of ENV 1995 deals with the design of timber structures for the accidental situation of fire exposure and shall be used in conjunction with ENV 1995-1-1 and ENV 1991-2-2. This Part only identifies differences or supplements to the design at normal temperature.

(2)P Part 1.2 of ENV 1995 deals only with passive methods of fire protection. Active methods are not covered.

(3)P Part 1.2 of ENV 1995 applies to building structures where for reasons of general fire safety, they are required to fulfill certain functions in exposure to fire, in terms of
- avoiding premature collapse of the structure (load-bearing failure)
- limiting fire spread (flames, hot gases, excessive heat) beyond designated areas (separating function).

(4)P Part 1.2 of ENV 1995 gives detailed rules for the design structures for the specified requirements with respect to the aforementioned functions and levels of performance.

(5)P Part 1.2 of ENV 1995 applies to those structures or parts of structures which are within the scope of ENV 1995-1-1 and are designed accordingly.

## 1.2 Normative references

This Part incorporates dated or undated normative references cited at the appropriate places in the text. For undated references the latest edition of the publication referred to applies.

European Standards:

| | |
|---|---|
| EN 301 | Adhesives, phenolic and aminoplastic for load bearing timber structures; classification and performance requirements |
| EN 309 | Particleboards - Definition and classification |
| EN 316 | Wood fibreboards - Definition, classification and symbols |
| EN 313-1 | Plywood - Classification and terminology<br>Part 1: Classification |
| EN 338 | Structural Timber - Strength classes |
| ENV 1991-2-2 | Eurocode 1: Basis of design and actions on structures<br>Part 2.2: Actions on structures - Actions on structures exposed to fire |
| ENV 1993-1-2 | Eurocode 3: Design of steel structures<br>Part 1.2: General rules - Supplementary rules for structural fire design |
| ENV 1995-1-1:1993 | Eurocode 5: Design of timber structures<br>Part 1.1: General rules - General rules and rules for buildings |

Drafts of European Standards:

| | |
|---|---|
| prEN 300 | Oriented strand boards (OSB) |
| prEN 520 | Gypsum plasterboards - Specifications - Test methods |
| prEN 912 | Timber fasteners - Specifications for connectors for timber |
| prEN 1194 | Glued laminated timber - Strength classes and determination of characteristic values |

Note: In CEN TC 127 the following standard is in preparation:

Draft ENV YYY5: Part 5 Fire tests on elements of building construction - Test method for determining the contribution to the fire resistance of structural members: By applied protection to timber structural elements

## 1.3 Definitions

For the purposes of this prestandard the following definitions apply:

**Char-line:** Border line between the char-layer and the residual cross section

**Design fire load density:** The fire load density considered for determining thermal action in fire design; the value of $q_d$ makes allowance for uncertainties and safety requirements

**Effective cross section:** Cross section of the member in structural fire design used in the effective cross-section method. It is obtained from the residual cross section by removing parts of the cross section with assumed zero strength and stiffness

**Effects of actions E:** External or internal forces and moments, stresses, deformations, displacements of the structure (as compared to action effects S which comprise only internal forces and moments)

**Fire compartment:** A space in a building, extending over one or several floors, which is enclosed by separating members such that fire spread beyond the compartment is prevented during the relevant fire exposure

**Fire load density:** The fire load per unit area, related to the floor area: $q_f$, related to the surface area of the total enclosure, including openings: $q_t$

**Fire protection material:** A material which has been shown, by fire resistance tests, to be capable of remaining in position and of providing adequate thermal insulation for the fire resistance period under consideration

**Fire resistance:** The ability of a structure, a part of a structure or a member to fulfill its required functions (load bearing, and/or separating function) for a specified fire exposure, for a specified period of time.

**Global structural analysis (for fire):** An analysis of the entire structure, when either the entire structure, or only parts of it, are exposed to fire. Indirect fire actions are considered throughout the structure

**Indirect fire actions:** Thermal expansions or thermal deformations causing forces and moments

**Integrity criterion "E":** A criterion by which the ability of a separating construction to prevent passage of flames and hot gases is assessed

**Load bearing criterion "R":** A criterion by which the ability of a structure or member to sustain specified actions during the relevant fire, is assessed

**Member analysis (for fire):** The thermal and mechanical analysis of a structural member exposed to fire in which the member is considered as isolated, with appropiate support and boundary conditions. Indirect fire actions are not considered, except those resulting from thermal gradients

**Normal temperature design:** Ultimate limit state design for ambient temperatures according to ENV 1995-1-1

**Parametric fire exposure:** Gas temperature in the environment of surfaces of members etc as a function of time, determined on the basis of fire models and the specific physical parameters describing the conditions in the fire compartment

**Protected members:** Members for which measures are taken to reduce the temperature rise in the member due to fire

**Residual cross section:** Cross section of the original member reduced with the charring depth

**Separating function:** The ability of a separating member (?or assembly) to prevent fire spread by passage of flames or hot gases (integrity) or ignition beyond the exposed surface (thermal insulation) during the relevant fire exposure

**Separating construction:** Load bearing or non load bearing construction (e.g. walls and floors) forming the enclosure of a fire compartment

**Standard temperature-time curve:** The nominal temperature-time curve given in ENV 1991-2-2

**Standard fire resistance:** The ability of a structure or part of it (usually only members) to fulfill required functions (load bearing function, and/or separation function) for exposure to heating according to the standard temperature-time curve - for a stated period of time

**Structural members:** The load bearing members of a structure, including bracings

**Sub-assembly analysis (for fire):** The structural analysis of parts of the structure exposed to fire, in which the respective part of the structure is considered as isolated, with appropriate support and boundary conditions. Indirect fire actions within the sub-assembly are considered, but no time-dependent interaction with other parts of the structure
Note 1: Where the effects of indirect fire actions within the sub-assembly are negligible, sub-assembly analysis is equivalent to member analysis
Note 2: Where the effects of indirect fire actions between the sub-assembly are negligible, sub-assembly analysis is equivalent to global structural analysis

**Support and boundary conditions:** Effects of actions and restraints at supports and boundaries when analysing the entire structure or only parts of the structure

**Temperature analysis:** The procedure of determining the temperature development in members on the basis of the thermal actions (net heat flux) and the thermal material properties of the members and of the protective surfaces, where relevant

**Temperature-time curves:** Gas temperatures in the environment of member surfaces as a function of time. They may be:

- Nominal: Conventional curves, adopted for classification or verification of the fire resistance, e.g. the standard time-temperature curve
- Parametric: Determined on the basis of fire models and the specific physical parameters defining the conditions in the fire compartment

**Thermal actions:** Actions on the structure described by the net heat flux to the members

**Thermal insulation criterion "I":** A criterion by which the ability of a separating member to prevent excessive transmission of heat is assessed

## 1.4 Symbols

Main symbols:

$A$ Area
$E$ Modulus of elasticity; Effect of actions
E XX Integrity criterion for XX minutes in standard fire exposure
$F$ Opening factor
I XX Thermal insulation criterion for XX minutes in standard fire exposure.
$R$ Resistance
R XX Load bearing criterion for XX minutes in standard fire exposure
$V$ Volume
$X$ Material property
$a$ Distance
$b$ Width
$c$ Specific heat
$d$ Depth, height
$f$ Strength
$k$ Coefficient (always with a subscript)
$l$ Length
$n$ Number
$p$ Perimeter
$q$ Fire load density related to floor area
$r$ Radius
$t$ Time in minutes; Thickness; Total
$\alpha$ Angle
$\beta$ Charring rate
$\gamma$ Partial coefficients
$\eta$ Coefficient (always with a subscript)
$\lambda$ Thermal conductivity
$\xi$ Coefficient
$\rho$ Density
$\omega$ Moisture content
$\Theta$ Temperature

Subscripts:

char Charring
d Design
ef Effective
f Floor
fi Fire; Fire design
g Gap
ins Insulation
k Characteristic
m Material property; Bending
max Maximum
mean Mean value
min Minimum
mod Modification
n Normal temperature design

| | |
|---|---|
| p | Panel |
| pr | Protective |
| par | Parametric |
| r | Residual |
| req | Required |
| st | Steel |
| t | Total |
| w | Wood |
| $\rho$ | Density |
| 0 | Basic value; zero |
| 05 | Fifth percentile |

**1.5 Units**

(1) Supplementary to ENV 1995-1-1 the following units are recommended:

| | |
|---|---|
| temperature: | °C, K |
| specific heat: | J/kg/K |
| coefficient of heat transfer: | $W/m^2/K$ |
| coefficient of thermal conductivity: | W/m/K |

# Section 2 Basic principles

## 2.1 Performance requirements

(1)P Where mechanical resistance in the case of fire is required, structures shall be designed and constructed in such a way that they maintain their load bearing function during the relevant fire exposure - Load bearing criterion "R".

(2) Deformation criteria should be applied only where the relevant product specifications for separating members or for means of protection require consideration of the deformation of the load bearing structure.

(3)P Where fire compartmentation is required, the respective members shall be designed and constructed in such a way, that they maintain their separating function during the relevant fire exposure, i.e.

- no integrity failure due to cracks, holes or other openings, which are large enough to cause fire penetration by hot gases or flame - Integrity criterion "E".
- no insulation failure due to temperatures of the non-exposed surface exceeding admissible limits - Thermal insulation criterion "I".

(4) The admissible rise of average temperatures of the non-exposed surface is limited to 140 K, and the maximum rise of temperature in any point is limited to 180 K (Thermal insulation criterion "I").

(5)P Members shall comply with criteria R, E and I as follows:

- separating only: E and I
- load bearing only: R
- separating and load bearing: R, E and I

## 2.2 Actions

(1)P Thermal and mechanical actions shall be taken from ENV 1991-2-2.

(2) Where application rules given in this Part are only valid for the standard fire exposure, this is identified in the relevant clauses.

## 2.3 Design values of material properties

(1)P For load bearing verification the design strength and stiffness values shall be determined from

$$f_{\mathrm{fi,d}} = k_{\mathrm{mod,fi}}\, k_{\mathrm{fi}} \frac{f_{\mathrm{k}}}{\gamma_{\mathrm{M,fi}}} \qquad (2.1)$$

$$E_{\mathrm{fi,d}} = k_{\mathrm{mod,fi}}\, k_{\mathrm{fi}} \frac{E_{\mathrm{k,05}}}{\gamma_{\mathrm{M,fi}}} \qquad (2.2)$$

For deformation verification the stiffness values shall be taken from

$$E_{\mathrm{fi,d}} = k_{\mathrm{mod,fi}} \frac{E_{\mathrm{mean}}}{\gamma_{\mathrm{M,fi}}} \qquad (2.3)$$

For thermal analysis the design values shall be taken from

$$X_{fi,d} = \frac{X_k(\Theta_w)}{\gamma_{M,fi}} \tag{2.4}$$

if an increase of the property is favourable for safety, or from

$$X_{fi,d} = X_k(\Theta_w)\ \gamma_{M,fi} \tag{2.5}$$

if an increase of the property is unfavourable for safety,

with

$k_{fi}$ = [1,25] for solid timber
$k_{fi}$ = [1,15] for glued laminated timber and wood-based panels
$\gamma_{M,fi}$ = [1,0]

where

$f_k$ is the characteristic strength at normal temperature
$E_{mean}$ is the mean value of modulus of elasticity at normal temperature
$k_{mod,fi}$ is the modification factor for fire taking into account the effects of temperature and moisture content on the strength and stiffness parameters. This factor $k_{mod,fi}$ replaces $k_{mod}$ used in ENV 1995-1-1. Expressions for determination of this modification factor are given in the relevant clauses
$X_k(\Theta_w)$ is the characteristic value of thermal material property at temperature of wood $\Theta_w$

## 2.4 Basic design procedure

(1)P Where no specific rules for fire design of load bearing members are given in this part, this implies that application rules shall be used which are given in ENV 1995-1-1 for normal temperature design, with the exception that actions, partial coefficients, material and cross-sectional properties and parameters describing the structural system which are valid in normal temperature design, are replaced by the corresponding values which are valid in structural fire design.

(2) Parameters describing the structural system in structural fire design refer to modified initial support and boundary conditions for members/assemblies, where relevant, or modified buckling lengths in the case of premature failure of bracings.

(3) The influence of the fire on material and cross-sectional properties and parameters may be taken into account in three alternative ways:

- Using the simplified effective cross section method, the load bearing capacity is calculated for the effective cross section under the assumption that strength and stiffness properties are not affected by the fire. Instead, the loss of strength and stiffness properties is compensated for by using an increased charring depth, see 4.1.

- Using the reduced strength and stiffness method, the load bearing capacity is calculated for the residual cross section, taking into account the decrease of strength and stiffness properties, see Annex A.

- Using a general method, the state of temperature and moisture content in any point of the residual cross section is considered, as well as the relationships between strength and stiffness properties of the material on one side, and temperature and moisture content on the other side, see 4.3 and Annex E.

## 2.5 Assessment methods

### 2.5.1 General

(1)P The structural system adopted for design in the fire situation shall reflect the performance of the structure in fire exposure.

(2) Analysis for the fire situation may be performed by one of the methods given in 2.5.2, 2.5.3 and 2.5.4.

### 2.5.2 Global structural analysis

(1)P The global structural analysis for the fire situation shall take into account the relevant failure mode in fire exposure, the temperature-dependent material properties and stiffnesses, and effects of thermal expansions and deformations.

(2)P It shall be verified for the relevant duration of fire exposure that

$$E_{\mathrm{fi,d}} \leq R_{\mathrm{fi,d}} \tag{2.6}$$

where

$E_{\mathrm{fi,d}}$ is the design effect of actions in the fire situation, including effects of thermal expansion, where relevant
$R_{\mathrm{fi,d}}$ is the corresponding design resistance in exposure to fire

(3) Thermal expansions of timber may be neglected.

### 2.5.3 Analysis of parts of the structure

(1) As an alternative to an analysis of the global structural analysis of the entire structure for various fire situations, a structural analysis of parts of the structure or sub-assemblies may be performed, where the sub-assemblies are exposed to fire and analysed in accordance with 2.5.1.

(2) Support and boundary conditions may be assumed as time-independent during fire exposure. Interaction between members or assemblies in different parts of the structure should be taken into account in an approximate way.

(3) The effect of actions (for example internal forces and moments) related to the initial support and boundary conditions may be obtained from a global structural analysis for normal temperature design by using

$$E_{\mathrm{fi.d}} = [0{,}6]\ E_{\mathrm{d}} \tag{2.7}$$

Note: This equation may give unsafe results for imposed actions of category D.

(4) The analysis should consider the effects of thermal expansions of members other than timber.

### 2.5.4 Member analysis

(1) As an alternative to global structural analysis, individual members may be analysed for the fire

10

situation.

(2) The initial support and boundary conditions - corresponding to those for normal conditions of use - may be assumed to be valid during fire exposure.

(3) For member analysis 2.5.3(3) may be applied.

(4) For verifying standard fire resistance requirements analysis of single members is sufficient.

(5) In structural timber members the effects of thermal expansions of the material need not be considered.

# Section 3 Materials

## 3.1 Charring depths

(1)P For standard fire exposure the charring depth shall be calculated as

$$d_{char} = \beta_0 \, t \tag{3.1}$$

where $\beta_0$ is the charring rate.

(2) For timber within strength classes according to prEN 338 and prEN 1194 charring rates according to table 3.1 should be applied. Charring rates of beech are the same as of solid softwood. For characteristic densities between 290 and 450 kg/m$^3$ for solid hardwood intermediate values may be obtained by linear interpolation.

For solid softwood with a minimum dimension of 35 mm and a characteristic density of less than 290 kg/m$^3$ the charring rate should be multiplied by a coefficient $k_\rho$ determined by

$$k_\rho = \sqrt{\frac{290}{\rho_k}} \tag{3.2}$$

For wood panels with thicknesses other than 20 mm and characteristic densities other than 450 kg/m$^3$, the charring rate should be taken according to 3.1(3).

**Table 3.1: Charring rates $\beta_0$ for timber**

| | $\beta_0$ mm/min. |
|---|---|
| a) Softwood | |
| Solid timber with a characteristic density of $\geq$ 290 kg/m$^3$ and a minimum dimension of 35 mm | 0,8 |
| Glued laminated timber with a characteristic density of $\geq$ 290 kg/m$^3$ | 0,7 |
| Wood panels with a characteristic density of 450 kg/m$^3$ and a dimension of 20 mm | 0,9 |
| b) Solid or glued laminated hardwood with a characteristic density of $\geq$ 450 kg/m$^3$ and oak | 0,5 |
| c) Solid or glued laminated hardwood with a characteristic density of $\geq$ 290 kg/m$^3$ | 0,7 |

(3) For wood-based panels according to EN 309, EN 313-1, prEN 300 and prEN 316 with a characteristic density of 450 kg/m$^3$ and a panel thickness of 20 mm, the following design charring rates should be applied:

$\beta_0$ = 1,0 mm/min. for plywood
$\beta_0$ = 0,9 mm/min. for wood-based panels other than plywood

For other densities and thicknesses the charring rate should be calculated as

$$\beta_{0,\rho,t} = \beta_{0,450,20}\, k_\rho\, k_t \tag{3.3}$$

where

$$k_\rho = \sqrt{\frac{450}{\rho_k}} \tag{3.4}$$

$$k_t = \min \begin{cases} \sqrt{\dfrac{20}{t_p}} \\ 1{,}0 \end{cases} \tag{3.5}$$

$\rho_k$ is in kg/m$^3$ and $t_p$ is in millimetres.

(4) For multiple layers closely packed the charring rate may be assumed for the total thickness of all layers. For single and multiple layers in close contact with the surface of a timber member, the charring rate may be assumed for the total thickness of the layers and the timber member.

(5)P Charring shall be considered for all surfaces directly exposed to fire.

(6) Charring need not be considered for surfaces of members, which are protected by other members during the relevant duration of fire exposure, including interfaces of clamped members if the clamping effect is secured.

(7) Charring need not be considered for surfaces of members covered by fire protective claddings according to 3.2 when

$$t_{pr} \geq t_{fi,req} \tag{3.6}$$

where

$t_{pr}$ is the failure time of protective board or other protective material, i.e. the duration of effective protection against direct fire exposure.

$t_{fi,req}$ is the required fire resistance time in standard fire exposure

(8) When surfaces of members are covered by fire protective claddings or are aligned with other structural members with a failure time which is smaller than the required fire resistance time $t_{fi,req}$, charring of the member starts at the failure time $t_{pr}$ of the cladding.

### 3.2 Fire protective cladding

(1) Generally, for materials and panels used as a fire protective cladding, see figure 3.1, failure times should be assessed on the basis of tests.

Note: A European standard ENV YYY5-5 is in preparation in CEN TC 127

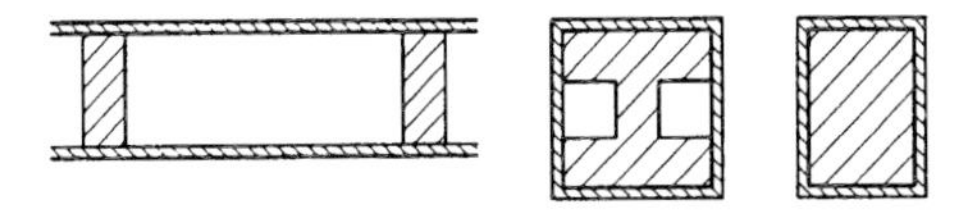

**Figure 3.1 Panels used as fire protective cladding**

(2) For fire protective claddings of wood and wood-based panels failure time may be determined as

$$t_{pr} = \frac{t_p}{\beta_0} - t_r \quad \text{[min.]} \tag{3.7}$$

with

$t_r$ = 4 min.

where

$\beta_0$ is the charring rate according to 3.1(2) or 3.1(3)
$t_p$ is the thickness of wood or wood-based panel cladding. In the case of two or more layers of board $t_p$ is the sum of thicknesses of each layer.

(3) Fire protective claddings protecting members should be fixed to the member according to figure 3.2. Panels should be fixed to the member itself and not to another panel. For multiple layer claddings each layer should be fixed individually and lateral joints should be staggered by at least 60 mm. Spacings of fasteners should be not greater than 300 mm.

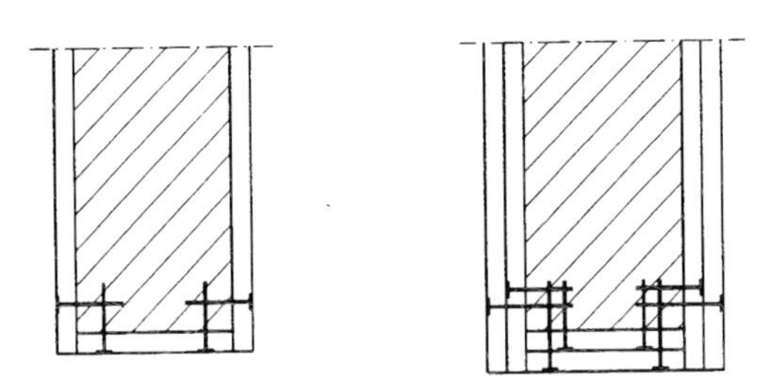

**Figure 3.2 Fixing of fire protective cladding**

### 3.3 Adhesives

(1)P Adhesives for structural purposes shall produce joints of such strength and durability that the integrity of the bond is maintained in the assigned fire resistance period.

(2) Adhesives of phenol-formaldehyde and aminoplastic type according to EN 301 complying with 3.5(2) of ENV 1995-1-1 satisfy the requirements of 3.1(1)P.

# Section 4 Structural fire design

## 4.1 Effective cross-section method

(1) An effective cross section should be calculated by reducing the initial cross section by the effective charring depth (see figure 4.1)

$$d_{ef} = d_{char} + k_0 \, d_0 \tag{4.1}$$

with

$d_0 = 7$ mm

$d_{char}$ according to equation (3.1)

$k_0 \leq 1,0$ according to table 4.1

In table 4.1 the following notations are used:

$t_{fi,req}$ is the required fire resistance time for standard fire exposure

$t_{pr}$ is the failure time of fire protective cladding according to equation 3.2(1), 3.2(2),C.3.2(2) or C.3.2(3).

(2) The design strength and modulus of elasticity respectively of the effective cross section should be taken according to equations (2.1)-( 2.3) with $k_{mod,fi} = 1,0$

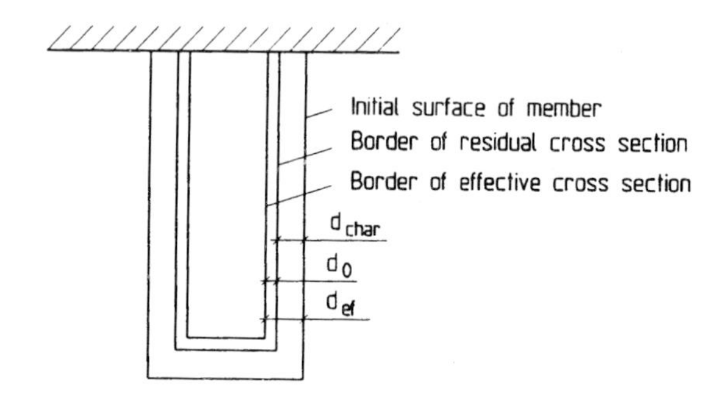


**Figure 4.1: Definition of residual and effective cross section**

## 4.2 Reduced strength and stiffness method

(1) A method for standard fire exposure is given in Annex A (normative).

## 4.3 General calculation methods

(1) In the general case, the cross-sectional load bearing capacity and stiffness should be calculated by applying

- charring depths according to Annex A (normative) or general charring models
- temperature profiles in the residual cross section

- moisture content profiles in the residual cross section
- strength and stiffness properties dependent on temperature and moisture content

**Table 4.1: Determination of $k_0$**

| | | |
|---|---|---|
| Unprotected surfaces | $t_{fi,req} < 20$ min. | $k_0 = \frac{t_{fi,req}}{20}$ |
| | $t_{fi,req} \geq 20$ min. | $k_0 = 1{,}0$ |
| Surfaces protected by wood-based panels | $t_{fi,req} - t_{pr} < 20$ min. | $k_0 = \frac{t_{fi,req} - t_{pr}}{20}$ |
| | $t_{fi,req} - t_{pr} \geq 20$ min. | $k_0 = 1{,}0$ |
| Surfaces protected by gypsum plasterboards (inner layer) | $t_{fi,req} - t_{pr} < 10$ min. | $k_0 = \frac{t_{fi,req} - t_{pr}}{10}$ |
| | $t_{fi,req} - t_{pr} \geq 10$ min. | $k_0 = 1{,}0$ |

## 4.4 Special rules

### 4.4.1 General

(1) Compression perpendicular to grain may be disregarded.

(2) Shear may be disregarded in solid cross sections. For notched beams it should be verified that the residual cross section in the vicinity of the notch is at least 60 % of the cross section required for normal temperature design.

### 4.4.2 Beams

(1) Where bracing fails during the relevant fire exposure, lateral buckling should be considered as for an unbraced member.

### 4.4.3 Columns

(1) Where bracing fails during the relevant fire exposure, buckling should be considered as for an unbraced member.

(2) More favourable boundary conditions compared to normal temperature design may be assumed for a column in a fire compartment which is part of a continuous column in a non-sway frame. It may be considered as completely fixed at its ends, provided that the fire resistance of the enclosure of the compartment is not smaller than the fire resistance of the column, see figure 4.2.

### 4.4.4 Mechanically jointed components

(1) For mechanically jointed components, slip moduli may be assumed as for the normal temperature design situation. For the design of mechanical fasteners, see 4.5.

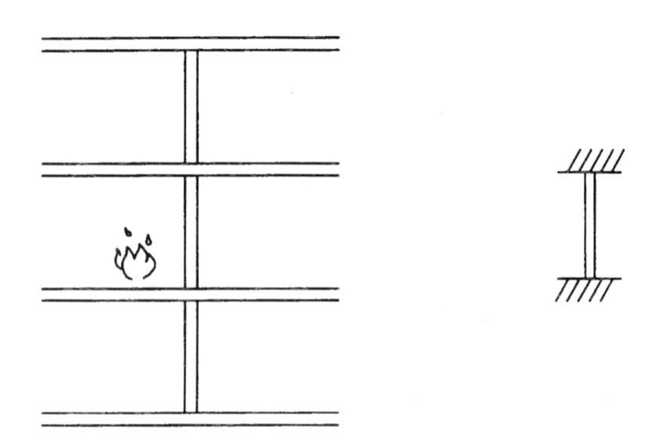

**Figure 4.2: Continuous column**

### 4.4.5 Bracings

(1) Where members in compression or bending are designed taking into account the effect of bracing, it should be verified that the bracing does not fail during the required duration of the fire exposure. The bracing may be assumed not to fail if the residual cross sectional area is 60 % of its area which is required with respect to normal temperature design.

(2) Mechanical fasteners need only comply with the criteria given in 4.5.2(2)-(4).

(3) As an alternative to 4.4.5(1) it should be assumed that there exist different structural models in normal temperature and fire conditions.

### 4.4.6 Floors and walls

(1)P For separating constructions fire exposure from one side at a time shall be considered.

(2)P For non-separating constructions fire exposure from both sides shall be considered.

(3) For walls and floors consisting of a solid timber frame, covered or topped with panels according to figure 4.3, application rules are given in Annex C (normative).

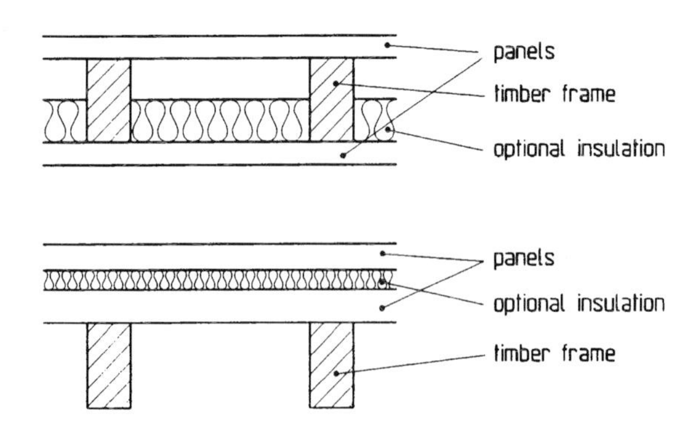


**Figure 4.3: Basic construction for walls and floors**

## 4.5 Joints

### 4.5.1 General

(1) This section relates to joints between members in standard fire exposure, made with dowel-type fasteners covered in the clauses 6.3, 6.5, 6.6, 6.7 and 6.8 of ENV 1995-1-1. For more detailed rules, see Annex B (normative).

(2) The rules are valid only for joints under lateral load, which are detailed such, that forces are transmitted symmetrically (see figures 6.2.1 g-k of ENV 1995-1-1)

### 4.5.2 Unprotected joints with side members of wood

(1) Wood-to-wood joints and steel-to-wood joints with steel plate middle members with unprotected nails, screws, bolts or dowels may be regarded to satisfy a fire resistance of R 15 when complying with the conditions of ENV 1995-1-1, section 6.

(2) For a fire resistance of more than R 15 the thickness and end and edge distances should be increased by $a_{fi}$ (see figure 4.4) which should be taken as

$$a_{fi} = \beta_0 \, (t_{fi,req} - 15) \tag{4.2}$$

where

$\beta_0$ is the charring rate according to table 3.1
$t_{fi,req}$ is the required standard fire resistance in minutes.

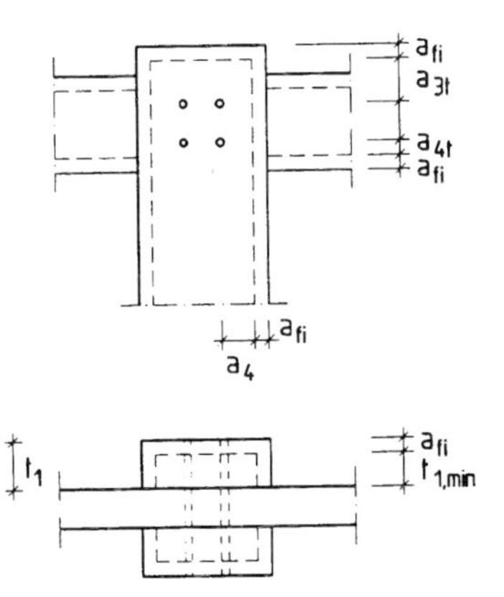


**Figure 4.4: Extra thickness and extra end and edge distances of fasteners for a fire resistance of more than R 15**

(3) For a fire resistance of more than R 15 the thickness $t_1$ of the side members should satisfy the following conditions (see figure 4.4):

$$t_1 \geq \frac{t_{fi,req}}{1{,}25 - \eta_n} \tag{4.3}$$

$$t_1 \geq 1{,}6\ t_{fi,req} \tag{4.4}$$

$$t_1 \geq t_{1,min} + a_{fi} \quad [mm] \tag{4.5}$$

with the ratio of the design values of loading and load carrying capacity in normal temperature design calculated as

$$\eta_n = \frac{E_d}{R_{d,n}} \tag{4.6}$$

where (see figure 4.4)

$t_1$ is the thickness of the side members in millimetres
$t_{fi,req}$ is the required standard fire resistance in minutes
$t_{1,min}$ is the minimum thickness of the side member required for normal temperature design in millimetres, where relevant
$E_d$ is the design effect of actions on fastener at normal temperature
$R_{d,n}$ is the design load carrying capacity for fastener at normal temperature according to ENV 1995-1-1, equation 6.2.1g-k

Protective boards may be used in order to obtain the required thickness. See 4.5.4.

(4) For a fire resistance of more than R 15 the minimum end and edge distances of fasteners according to ENV 1995-1-1 should be increased by the extra distance equal to $a_{fi}$ according to 4.5.2(2), see figure 4.4. No extra distance is required if the following condition for distances $a_3$ and $a_4$ is satisfied:

$$a_3 \geq \beta_0\ (t_{fi,req} + 15) \tag{4.7}$$

$$a_4 \geq \beta_0\ (t_{fi,req} + 15) \tag{4.8}$$

where

$t_{fi,req}$ is the required standard fire resistance in minutes
$a_3$, $a_4$ are the end and edge distance of fastener. See ENV 1995-1-1, section 6.

(5) For wood-to-wood joints complying with 4.5.2(3) and 4.5.2(4), the fire resistance R 30 is satisfied if the ratio of the design values of loading and load carrying capacity in normal temperature design does not exceed the ratio $\eta_{30}$ according to table 4.2. This is achieved by increasing the number of fasteners in a joint or by choosing stronger fasteners. The values of $\eta_{30}$ are derived from the formulae given in Annex B for the specified conditions.

In table 4.2 the following symbols are used:

$l$ length of fastener
$t_1$ thickness of side member
$t_2$ thickness of middle member
$t_{max}$ the greater value of $t_1$ and $t_2$
$d$ diameter of fastener

**Table 4.2: Ratio $\eta_{30}$ of loading and load bearing capacity at normal temperature design for fastener for R 30**

| | $\eta_{30}$ | Conditions |
|---|---|---|
| Nails | [0,80] | $l \geq \max \begin{cases} t_1 + 8\ d \\ 130\ mm \end{cases}$<br>$\frac{t_1}{d} \leq 16$ |
| Bolts | [0,45] | $t_1 \geq 75\ mm$<br>$d \geq 12\ mm$ |
| Dowels (non-projecting) | [0,80] | $l \leq 2\ t_1 + t_2$<br>$l \geq 150\ mm$<br>$\frac{t_{max}}{d} \leq 6$ |
| Connectors | [0,45] | with bolts: $t_1 \geq 75\ mm$<br>$d \geq 12\ mm$ |
| | [0,80] | with nails |

(6) For steel-to-wood joints with steel plates as middle members with a minimum thickness of 2 mm and unprotected fasteners complying with 4.5.2(3) and 4.5.2 (4), the fire resistance R 30 is satisfied if the ratio of loading and load carrying capacity in normal temperature design does not exceed the ratio $\eta_{30}$ according to table 4.3. This is achieved by increasing the number of fasteners in a joint or by choosing stronger fasteners. The values of $\eta_{30}$ are derived from the formulæ given in Annex B for the specified conditions. Steel plate edges should be protected, else see B.6 in Annex B. The symbols used in table 4.3 are explained in 4.5.2(5).

**Table 4.3: Ratio $\eta_{30}$ of loading and load bearing capacity in normal temperature design for fasteners in steel-to-wood joints for R 30**

| | $\eta_{30}$ | Conditions |
|---|---|---|
| Nails | [1,0] | $l \geq 90\ mm$ |
| Bolts | [0,45] | $h_1 \geq 75\ mm$<br>$d \geq 12\ mm$ |
| Dowels (non-projecting) | [1,0] | $l \geq \max \begin{cases} 2\ h_1 + h_2 \\ 110\ mm \end{cases}$<br>$\frac{h_1}{d} \leq 6$ |

(7) For fire resistances between R 30 and R 60, the ratio of loading and load carrying capacity in normal temperature design should not exceed the value $\eta$ calculated as

$$\eta = \eta_{30} \left[ \frac{30}{t_{fi,req}} \right]^2 \tag{4.9}$$

where $t_{fi,req}$ is in minutes and $\eta_{30}$ is taken from tables 4.2 or 4.3.

### 4.5.3 Unprotected joints with external steel plates

(1) For unprotected external steel plates which are directly exposed only on one side, the fire resistance R 30 is satisfied for a minimum plate thickness of 6 mm if the ratio of loading and load carrying capacity in normal temperature design does not exceed the value $\eta_{30}$ = 0,45.

### 4.5.4 Protected joints

(1) Joints are considered as protected if the fasteners are covered with protective plugs or wood or wood-based panels with a minimum thickness $a_{fi}$ as given in 4.5.2(2), see figure 4.5.

(2) For fastening of protective boards the edge distance of fasteners should be at least equal to $a_{fi}$ according to equation (4.2).

(3) The paragraphs 4.5.4(2) to (4) apply with reference to end and edge distances.

(4) The penetration depth of nails for fastening protective panels should be at least 6d with at least one nail per 0,015 m$^2$ of protected surface.

(5) Steel plates used as side and middle members may be considered as protected if they are totally covered by timber with the minimum thickness of $a_{fi}$. according to equation (4.2). Steel plate edges should be protected accordingly. For supplementary rules reference is made to Annex B (normative).

(6) Protected joints observing the conditions of ENV 1995-1-1, section 6, may be regarded to satisfy R 60.

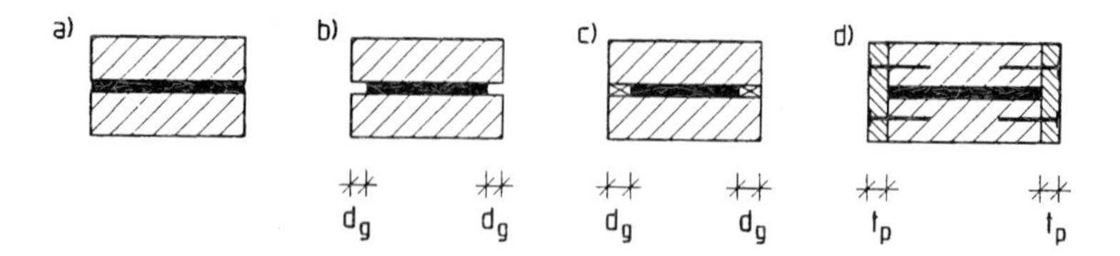


**Figure 4.5: Protected fasteners: a) and b) glued-in plugs c) protective panels**

**Annex A (Normative)**
**Reduced strength and stiffness method for standard fire exposure**

(1) The load carrying capacity in bending, compression and tension may be calculated by application of the residual cross section determined according to Annex A paragraph (2) and a reduction of strength and stiffness parameters according to Annex A paragraph (3).

(2) The residual cross section(see figure 4.1) of the member should either be determined by reducing the initial cross section either by the charring depth, without regarding the corner radii, given by

$$d_{char} = \beta_0 \, t \qquad \text{(A.1)}$$

where $\beta_0$ should be taken from table 3.1, or by reducing the initial cross section by the charring depth, with regarding the corner radii, given by

$$d_{char} = \beta \, t \qquad \text{(A.2)}$$

where $\beta$ should be taken from table A.1

**Table A.1: Charring rates $\beta$**

| | $\beta$ mm/min. |
|---|---|
| a) Softwood<br>Glued laminated timber with a characteristic density of ≥ 290 kg/m³ | 0,64 |
| Solid timber with a characteristic density of ≥ 290 kg/m³ | 0,67 |
| b) Solid or glued laminated hardwood with a characteristic density of ≥ 350 kg/m | 0,54 |

(3) The shape of the char-line at arrises should be assumed as circular with a time-dependent radius according to figure A1. This figure is valid for radii not greater than $b_r/2$ or $h_r/2$, whichever is the smallest, where $b_r$ and $h_r$ are the width and depth of the residual cross section.

(4) For softwood timber the design strength $f_{d,fi}$ and modulus of elasticity $E_{d,fi}$ of the residual cross section should be taken according to equations (2.1)-(2.3) where $k_{mod,fi}$ should be taken as follows:

- for bending strength:

$$k_{mod,fi} = 1{,}0 - \frac{1}{200}\frac{p}{A_r} \qquad \text{(A.3)}$$

- for compressive strength:

$$k_{mod,fi} = 1{,}0 - \frac{1}{125}\frac{p}{A_r} \qquad \text{(A.4)}$$

- for tensile strength and modulus of elasticity:

$$k_{mod,fi} = 1,0 - \frac{1}{330} \frac{p}{A_r} \tag{A.5}$$

where

$p$ is the perimeter of the fire exposed residual cross section in metres
$A_r$ is the area of the residual cross section in $m^2$

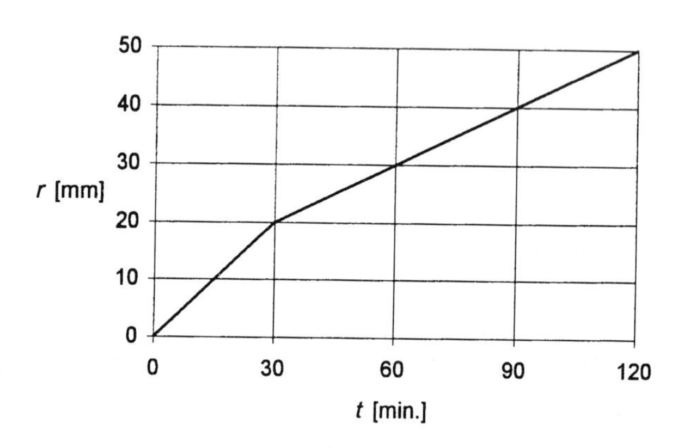


**Figure A.1: Time-dependent radius of the char-line at arrises**

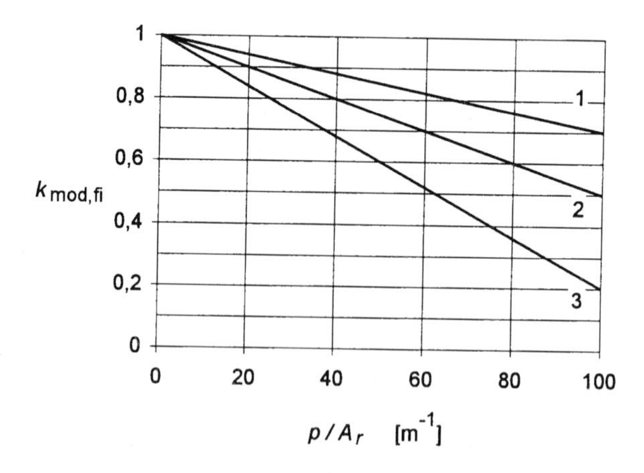


**Figure A.2: Illustration of equations A.3-A.5. Line 1: Tension, Modulus of elasticity, Line 2: Bending, Line 3: Compression**

## Annex B (Normative)
## Supplementary rules for joints

### B.1 Joints with unprotected nails

(1) For wood-to-wood joints for a fire resistance of R 30 the minimum penetration depth of 8d should be observed and the following conditions for the ratio of loading and load bearing capacity in normal temperature design be satisfied:

$$\eta_{30} \leq \frac{[20]\ d}{t_1 \left(1{,}0 + \left[\frac{110}{l}\right]^4\right)} \qquad \text{(B.1)}$$

$$\eta_{30} \leq 1{,}0 \qquad \text{(B.2)}$$

where

$d$ is the nail diameter in millimetres
$l$ is the total nail length in millimetres
$t_1$ is the thickness of the side members in millimetres

(2) For annular ringed shank and helically threaded nails no reduction is required of the ratio of loading and load bearing capacity in normal temperature design, if the criterion concerning the penetration depth is observed.

### B.2 Joints with unprotected bolts

(1) For bolted wood-to-wood or wood-to-steel joints for R 30 the following conditions for the ratio of the loading and the load bearing capacity in normal temperature design should be satisfied:

$$\eta_{30} \leq [0{,}6] \left(1 - \frac{0{,}4}{\sqrt{n}}\right) \frac{t_1}{t_{1,\min}} \sqrt{\frac{d}{10}} \qquad \text{(B.3)}$$

$$\eta_{30} \leq [0{,}6] \qquad \text{(B.4)}$$

where

$d$ is the bolt diameter in millimetres
$n$ is the number of bolts in the joint
$t_1$ is the thickness of the side member in millimetres
$t_{1,\min}$ is the minimum thickness of the side member required for normal temperature design in millimetres

(2) For bolted joints where the joints are additionally secured with annular ringed shank and helically threaded nails, the ratio of loading and load bearing capacity in normal temperature design $\eta_{30}$ needs not be reduced if
- the nails have a penetration depth of at least $8d$
- the nails are designed to transmit 50% of the forces acting on a joint with the number of nails for a one-bolt joint being at least four and for a two-bolt joint at least six.

**B.3 Joints with unprotected dowels**

(1) The following rules apply for non-projecting dowels with a total length greater than 120 mm and projecting dowels with a total length greater than 200 mm.

(2) For wood-to-wood or wood-to-steel joints for a fire resistance of R 30 the following condition for the ratio of loading and load bearing capacity in normal temperatures should be satisfied:

$$\eta_{30} \leq \frac{c\, d}{\mu \left(1{,}0 + \left[\frac{110}{l'}\right]^4\right)} \tag{B.5}$$

$$\eta_{30} \leq 1{,}0 \tag{B.6}$$

with

$\mu = \sqrt{t_1\, t_2}$ in general (B.7)

$\mu = t_1$ for steel plates as middle members

$c = [12]$ for steel plates as middle members
$c = [6{,}0]$ for wooden middle members
$l' = l$ for non-projecting dowels
$l' = 0{,}6\, l$ for projecting dowels

where

$t_1$ is the thickness of the side members in millimetres
$t_2$ is the thickness of the middle member in millimetres
$l$ is the total dowel length in millimetres.

For forces acting at an angle $\alpha$ to the grain, $\eta_{30}$ is the nail diameter in millimetres may be derived by dividing by $(1 - \alpha/360)$

**B.4 Connectors**

(1) For connectors which are secured by unprotected annular ringed shank and helically threaded nails with a penetration depth greater than $8d$, for a fire resistance of R 30 $\eta_{30}$ may be taken as $\eta_{30} = 1{,}0$.

(2) Where connectors are secured with unprotected bolts, for R 30 the following conditions for the ratio of loading and load bearing capacity in normal temperature should be satisfied:

$$\eta_{30} \leq \frac{[0{,}25]\, t_1}{t_{1,\mathrm{min}}} \tag{B.8}$$

$$\eta_{30} \leq [0{,}6] \tag{B.9}$$

where

$t_1$ is the thickness of the side members
$t_{1,\mathrm{min}}$ is the minimum thickness of the side members required for normal temperature design

Where additional clamp bolts are envisaged $\eta_{30}$ may be taken as $\eta_{30} = 0,5$.

(3) Where in addition to the unprotected bolts annular ringed shank and helically threaded nails are used, the ratio of loading and load bearing capacity in normal temperature design $\eta_{30}$ needs not be reduced if

- the penetration depth of the nails is at least $8d$
- the nails are designed to transmit 50 % of the forces acting on the joint, and for one-connector joints are used at least four additional nails and for two-connector joints at least six.

(4) For connectors providing composite action in composite beams $\eta_{60} = 1,0$ may be used for a fire resistance of maximum R 60.

### B.5 Joints with steel plates

(1) Steel plates may be assessed in accordance with ENV 1993-1-2. For a simplified approach the following rules should be observed.

(2) For joints with steel plates as middle members with a thickness equal or greater than 2 mm, and where the steel plates do not project beyond the timber surface, the widths $b_{st}$ of the steel plates should observe the conditions given in table B.1.

**Table B.1: Widths of steel plates with unprotected edges**

| | | $b_{st}$ |
|---|---|---|
| Unprotected edges in general | R 30 | ≥ 200 mm |
| | R 60 | ≥ 280 mm |
| Unprotected edges on one or two sides | R 30 | ≥120 mm |
| | R 60 | ≥ 280 mm |

(2) Edges of steel plates with a width smaller than the width of the timber member may be considered as protected in the following cases:

- For plates with a thickness of not greater than 3 mm if the gap depth $d_g$ is greater than 20 mm for a fire resistance of R 30 and greater than 60 mm for a fire resistance of R 60 (see figure B.1)

- For joints with glued-in strips or protective wood-based boards if the gap depth $d_g$ or the panel thickness $t_p$ is greater than 10 mm for a fire resistance of R 30 and greater than 30 mm for a fire resistance of R 60 (see figure B.1)

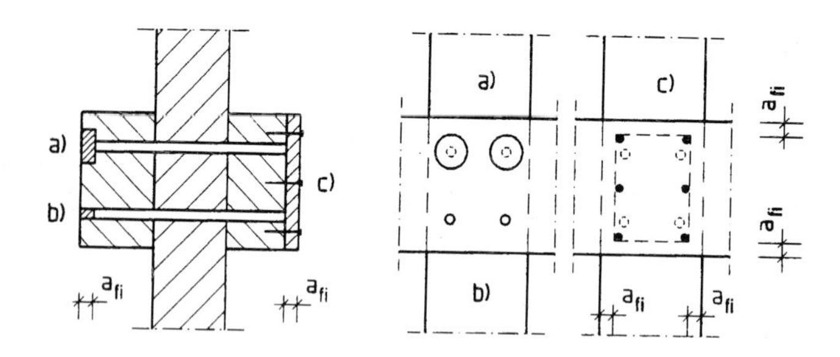


**Figure B.1: Steel plates: a) unprotected, b) protected by gaps, c) protected by glued-in strips, d) protected by panels**

## Annex C (Normative)
## Walls and floors

### C.1 Scope

(1) The assessment rules in this annex apply to load bearing (R), separating (EI), load bearing and separating (REI) constructions. For the separating function the rules apply up to 60 minutes of standard fire resistance.

(2) Panels dealt with herein may
- perform as fire protection claddings of load bearing constructions, see 3.2, or
- be part of the load bearing construction, including panels used for diaphragm action and bracing and/or
- be used as sheet linings to provide for the separating function.

Note: The rules given in this annex are conservative. Design by testing will give more economic results.

### C.2 Design procedure

#### C.2.1 General

(1) Detailing should be in accordance with C.4.

(2) Failure times of panels and insulating layers should be determined in accordance with C.3.

#### C.2.2 Load bearing constructions

(1) The load bearing capacity should be verified according to section 4.

(2) Load bearing panels need not be analysed, if their residual thickness is at least 60 % of the thickness required for normal temperature design.

(3) Where panels are used for stiffening or bracing the load bearing timber frame, they should have a residual thickness of at least 60 % of the thickness required for normal temperature design; else the frame should be analysed as an unbraced frame, see 4.4.5.

#### C.2.3 Separating members

(1) For separating members where the timber frame is exposed to fire before the required fire resistance is achieved it should be verified, that the residual cross sectional areas of the timber frame members are at least 60 % of the sections required for normal temperature detailing.

(2) It should also be ensured, that panels remain fixed to the timber frame on the unexposed side. This requirement is fulfilled when criterion II of C.2.3(3) is observed.

(3) For separating members in general, the following criteria should be verified:

I The increase of temperature on the unexposed side is limited to 140 K. This criterion may be regarded as satisfied when

$$\sum_i t_{pr,i} \geq t_{fi,req} \cdot [15] \quad [min.] \qquad (C.1)$$

where

$t_{pr,i}$ is the failure time of layer "i"

$\sum_i t_{pr,i}$ is the sum of the failure times of all layers, see figures C.1 and C.2.

II The maximum temperature rise at any point is limited to 180 K, and that no fire penetration through panel joints occurs. This criterion may be regarded as satisfied when

$$\sum_i t_{pr,i} \geq t_{fi,req} + [5] \quad [\text{min.}] \tag{C.2}$$

where $\sum_i t_{pr,i}$ is the sum of the failure times of all layers except the outer layer on the non-exposed side, see figure C.1.

III Any layers removed to allow for installing building services should be replaced by an equivalent thickness. It should be verified that

$$\sum_i t_{pr,i} \geq t_{fi,req} + [5] \quad [\text{min.}] \tag{C.3}$$

See figure C.2.

(4) An increased charring at panel joints should be considered for floors exposed to fire from below, see C.3.1(3).

(5) Where the separating functions shall be verified for floors also exposed to fire from above, it is sufficient to verify only criterion I of C.2.3(3). This criterion may be regarded as satisfied when

$$\sum_i t_{pr,i} \geq t_{fi,req} + [5] \quad [\text{min.}] \tag{C.4}$$

where $\sum_i t_{pr,i}$ is the sum of the failure times of all layers, see figure C.3. For fire exposure from above, the failure times $t_{pr,i}$ may be increased by 20 %.

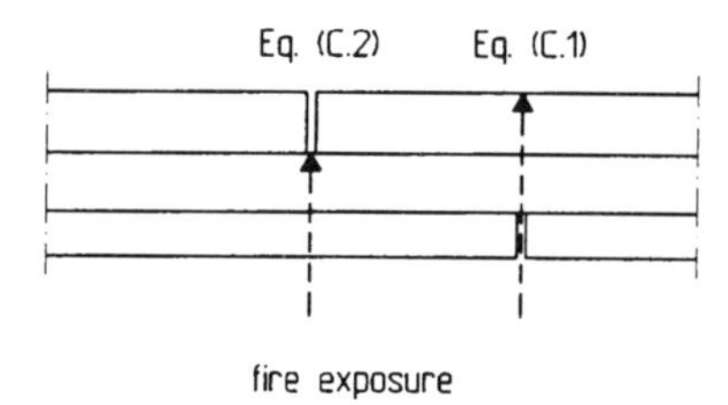


**Figure C.1: Illustration of equations (C.1) and (C.2) for verification of separating criteria for floors exposed to fire from below (Criteria I and II)**

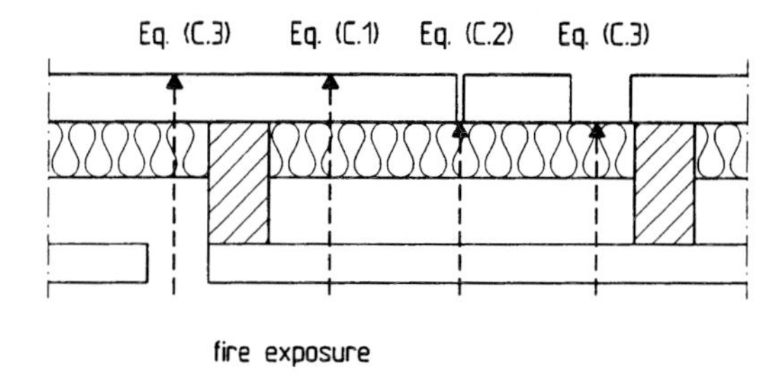


**Figure C.2: Illustration of equations (C.1), (C.2) and (C.3) for verification of separating criteria for walls including building services (Criteria I-III)**

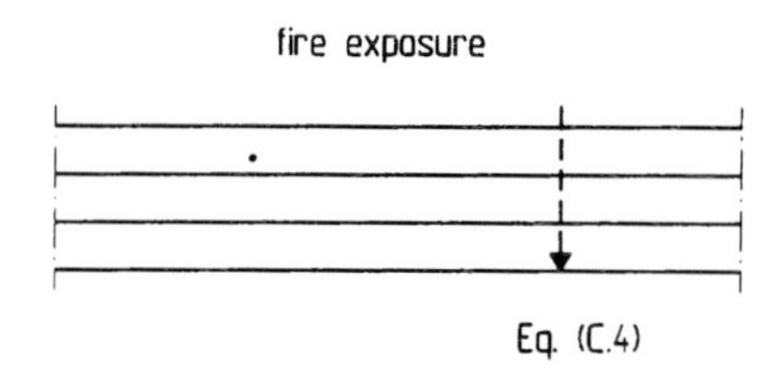


**Figure C.3: Illustration of equation (C.4) for verification of separating criteria for floors exposed to fire from above (Criterion I)**

## C.3 Failure times

### C.3.1 Wood and wood-based panels

(1) Failure times $t_{pr}$ of wood and wood-based panels should be assumed according to equation (3.7).

(2) For load bearing panels the failure time $t_{pr}$ is limited by the fire resistance time calculated according to (4.1), or alternatively by C.2.2(2).

(3) For floors exposed to fire from below failure times in the vicinity of panel joints should be taken as

$$t_{pr} = \xi \frac{t_p}{\beta_0} \tag{C.5}$$

where $\xi$ is a reduction coefficient accounting for increased charring at joints. For floors $\xi$ should be adopted according to figure C.4.

(5) The failure time of insulating layers and boards that are comparable to wood-based panels with regard to combustion behaviour may be assumed to act in accordance with 3.1(3).

(6) Insulating layers and boards which are considered in the calculation should be fixed to the timber frame such that premature failure is prevented. See figure C.5.

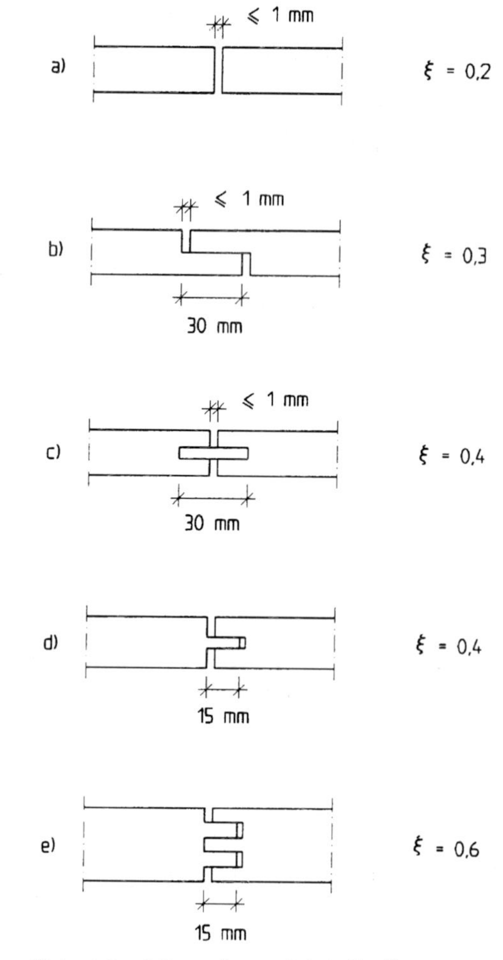


**Figure C.4: Reduction coefficient for failure time at joints for floors exposed to fire from below**

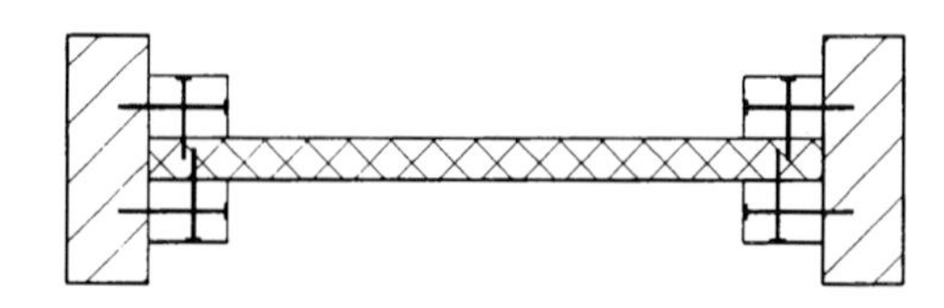

**Figure C.5: Example of the fixing of insulating boards**

### C.3.2 Non-combustible panels and insulating layers

(1) The failure time of non-combustible linings and panels is the time until temperatures increase by more than 500 K on the unexposed side.

(2) The failure time of gypsum plasterboard (wallboard) type F with improved core cohesion at high temperature according to prEN 520 may be assumed as

$$t_{pr} = 1{,}9\ \xi\ t_p \qquad \text{for } t_p \leq 15 \text{ mm} \qquad (C.6)$$

$$t_{pr} = \xi\ (2{,}5\ t_p - 9) \qquad \text{for } t_p > 15 \text{ mm} \qquad (C.7)$$

where $t_p$ is the thickness of the gypsum plasterboard including paper facings in millimetres.

In equations (C.6) and (C.7) $\xi$ should be taken as

$$\xi = 0{,}8$$

for joints in floors exposed to fire from below, where the panel joints are not fixed to the timber frame or battens, and for multiple layer joints only for the outer (fire exposed) layer joints, and

$$\xi = 1{,}0$$

in all other cases.

(3) For gypsum plasterboard (wallboard) type A and H according to prEN 520 failure times may be assumed as

$$t_{pr} = 1{,}7\ \xi\ t_p \qquad (C.8)$$

where $t_p$ and $\xi$ are as defined in C.3.2(2).

(4) For non-combustible insulating materials with a thickness of more than 20 mm and a density of more than 30 kg/m$^3$ which remain coherent up to 1000 °C failure times may be taken as

$$t_{pr} = 0{,}07\ (t_{ins} - 20)\ \sqrt{\rho_{ins}} \quad \text{[min.]} \qquad (C.9)$$

where

$t_{ins}$ is the thickness of insulation material in millimetres
$\rho_{ins}$ is the density of the insulating material in kg/m$^3$

Insulating layers or boards which are considered in the calculation should be fixed to the timber frame such that premature failure is prevented. See figure C.6

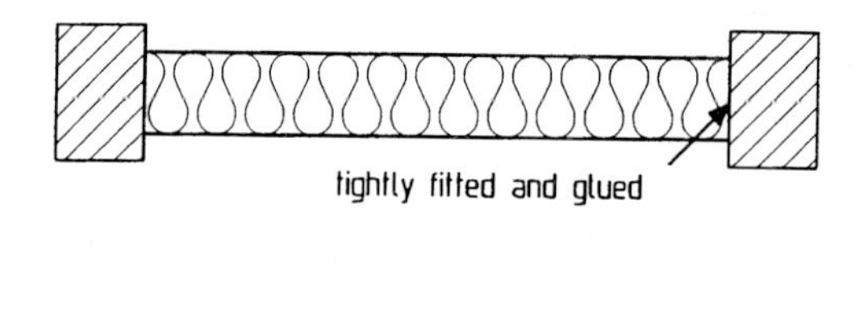


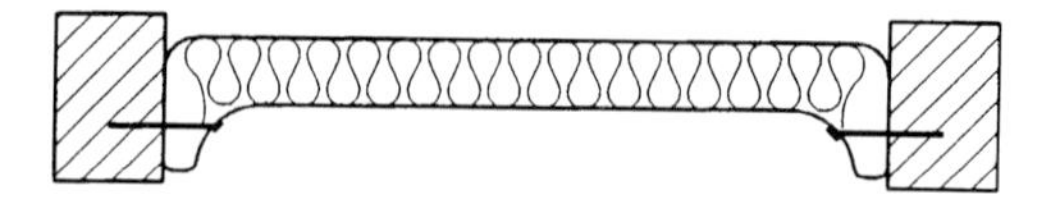

**Figure C.6: Examples of fixing of insulating materials**

## C.4 Minimum dimensions and detailing

### C.4.1 Minimum dimensions

(1) Timber frame members which are not protected by claddings throughout the required fire resistance time should have minimum dimensions of 38 mm.

(2) For walls individual panels should have a minimum thickness $t_{p,min}$ related to the span $l_p$ of the panel (i.e. the spacing of wall studs or battens) given by

$$t_{p,min} = \frac{l_p}{62,5} \quad [mm] \tag{C.10}$$

$$t_{p,min} \geq 8 \text{ mm} \tag{C.11}$$

where $l_p$ is in millimetres.

(3) Wood-based panels in constructions with a single layer on each side should have a characteristic density of at least 350 kg/m$^3$.

### C.4.2 Detailing of panel connections

(1) Panels should be fixed to the timber frame or battens.

For wood and wood-based panels fixed with nails, the maximum spacing should be 150 mm. The minimum penetration depth should be eight times the nail diameter for load bearing panels according to C.1(2), and six times the nail diameter for non load bearing panels. When the panels are fixed with screws the maximum spacing should be 250 mm.

(2) Panel edges should be tightly jointed with a maximum gap of 1 mm. They should be fixed to the timber frame or battens on at least two opposite edges with spacings according to C.4.2(1). For multiple layers this applies to the inner layer. See figure C.7. For wood and wood-based panels the edge distances of fasteners should correspond at least to $a_{fi}$ according to equation (4.2).

(3) For multiple layers the panel joints should be staggered by at least 60 mm, see figure C.7. Each panel should be fixed individually. For wood and wood-based panels the spacings of fasteners along the edges and edge distances should be taken according to C.4.2(1) and (2). The spacing of fasteners at other locations may be doubled.

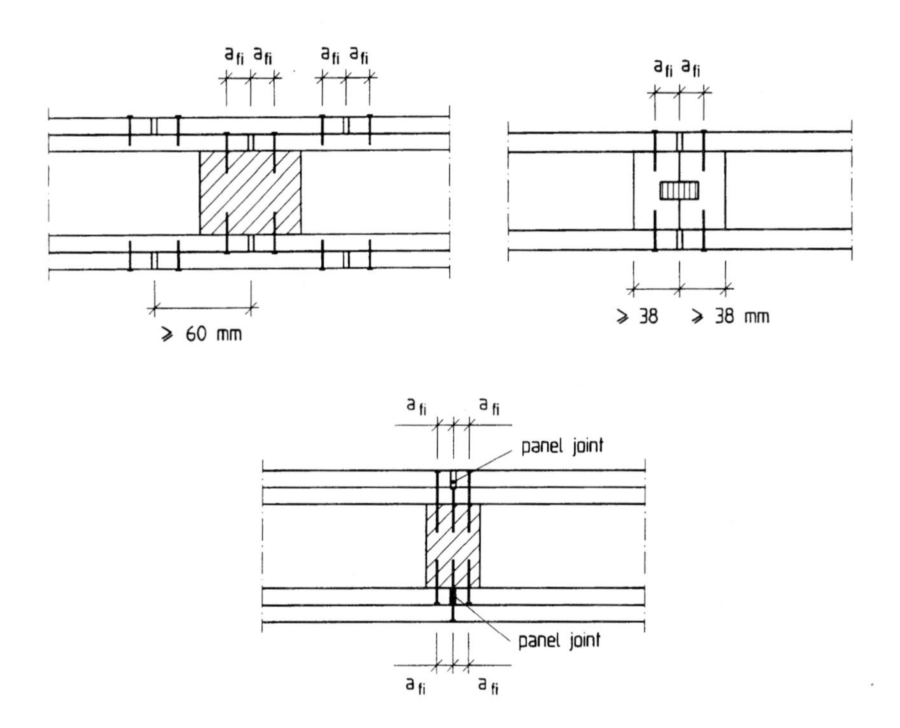


**Figure C.7: Examples of fixings of panels to frame**

(4) For gypsum plasterboard it is sufficient to observe the rules for normal temperature design with respect to penetration depth, spacings and edge distances.

### C.4.3 Connections to adjoining floors and walls

(1) Connections to adjoining floors and walls should be detailed such that
- the fixing is not affected by failure of panels
- gaps at interfaces will not give way to fire penetration into the void between the panels and the frame
- failure of panels of one construction will not give way to fire penetration into the void between the panels and the frame of an adjoining construction.

(2) Paragraph C.4.2(1) is observed if the timber frame provides the boundary to adjoining walls and floors and is fixed in accordance with figure C.8.

(3) Where for separating constructions gaps at interfaces may occur, due to different deformations or expansions, the interfaces should be sealed with non-combustible material.

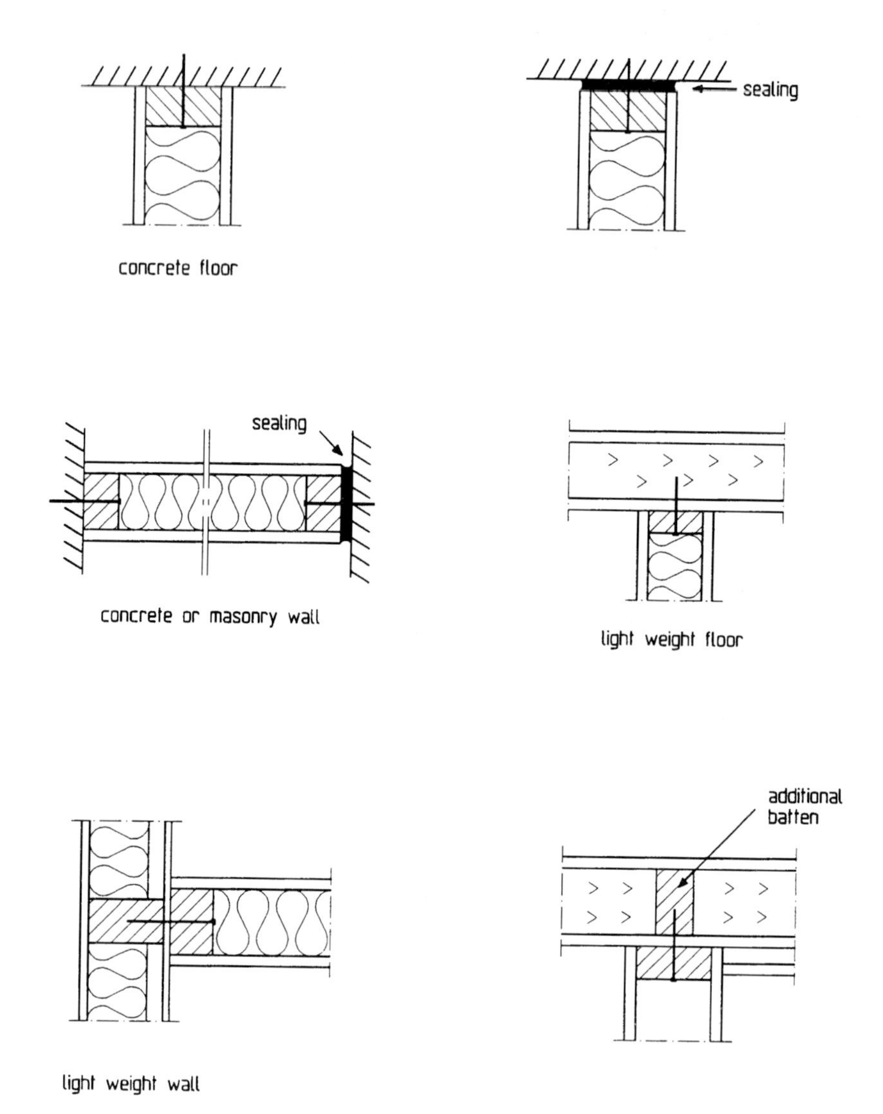


**Figure C.8: Example of connections to adjoining floors and walls**

## Annex D (Informative)
## Parametric fire exposure

### D.1 General

(1) This Annex deals with parametric fire exposure according to the opening factor method.

### D.2 Charring rates and charring depths

(1) For softwood the relation between charring rate and time t according to figure D.1

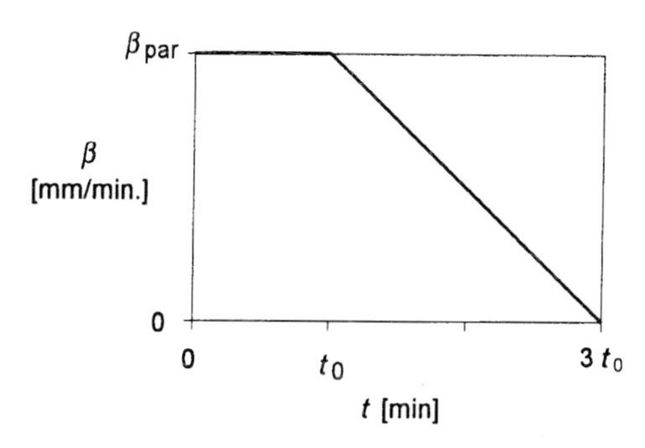


**Figure D.1: Relationship between charring rate and time**

should be used, where the initial charring rate $\beta_{par}$ for parametric fire exposure is given by

$$\beta_{par} = 1{,}5\ \beta_0\ \frac{5F - 0{,}04}{4F + 0{,}08} \tag{D.1}$$

with

$$F = \frac{A}{A_t}\sqrt{h} \qquad [\mathrm{m}^{\frac{1}{2}}] \tag{D.2}$$

$$h = \frac{\sum_i A_i\ h_i}{A} \tag{D.3}$$

with the charring rate $\beta_0$ according to table 3.1 and
where

$A$ is the total area of vertical openings (windows etc.) in $m^2$
$A_t$ is the total area of floors, walls and ceilings which enclose the fire compartment in $m^2$
$h$ is the weighted average of heights of all vertical openings (windows etc.) in metres
$A_i$ is the area of vertical opening "i"
$h_i$ is the height of vertical opening "i"

(2) The maximum charring depth during the fire exposure and the subsequent cooling period should be taken as

$$d_{char} = 2\ \beta_{par}\ t_0 \tag{D.4}$$

with

$$t_0 = 0{,}006 \frac{q_{t,d}}{F} \quad \text{[min.]} \tag{D.5}$$

where $q_{t,d}$ is the design fire load density related to the total area of floors, walls and ceilings which enclose the fire compartment in MJ/m$^2$.

Equations (D.1), (D.4) and (D.5) should only be used for values of $F$ between 0,02 and 0,30 m$^{1/2}$ and for

$$t_0 \leq 40 \text{ min.}$$

$$d_{char} \leq \frac{b}{4}$$

$$d_{char} \leq \frac{h_n}{4}$$

where $b$ and $h$ are the width and depth of the cross section.

**D.3 Load bearing capacity of members in edgewise bending**

(1) For members in edgewise bending with an initial width $b$ of 130 mm or more the lowest load bearing capacity during the complete fire endurance may be calculated using the residual cross section. The residual cross section of the member should be calculated by reducing the initial cross section by the charring depth according to equation (D.4).

(2) For softwood timber the design strength $f_{d,fi}$ and modulus of elasticity $E_{d,fi}$ of the residual cross section should be taken according to equations (2.1) and (2.2) where $k_{mod,fi}$ should be taken as

$$k_{mod,fi} = 1{,}0 - 3{,}2 \frac{d_{char}}{b} \tag{D.6}$$

where $b$ is the width of the member.

## Annex E (Informative)
## Thermal properties

(1) The thermal conductivity of timber and wood-based material is dependent on temperature, density and moisture content. As an approximation, the following values may be applied which are valid for a temperature of 20 °C and for heat flux perpendicular to the grain:

$\lambda_0 = 0{,}13$ W/m/K for softwood
$\lambda_0 = 0{,}19$ W/m/K for hardwood
$\lambda_0 = 0{,}10$ W/m/K for charcoal

(2) The influence of density and moisture content on thermal conductivity may be taken as

$$\lambda_0 = [237 + 0{,}02\ \rho_0\ (1 + 2\ \omega)] \times 10^{4} \tag{E.1}$$

where

$\rho_0$ is the ovendry density of wood in kg/m³
$\omega$ is the moisture content in percent

Equation (E.1) may be used for values of $\rho_0$ from 300 to 800 kg/m³ and for values of $\omega$ not greater than 40 %.

(3) The influence of temperature in the interval from +20 to +100 °C may be taken as

$$\lambda = \lambda_0 \left[ 1 + (1{,}1 - 9{,}8 \times 10^{-4}\ \rho)\ \frac{\Theta_w - 20}{100} \right] \tag{E.2}$$

where

$\lambda_0$ is the thermal conductivity according to equation (E.1)
$\rho$ is the wood density including moisture at 20 °C in kg/m³

(4) The specific heat capacity c of softwood may be taken as:

$$c = \frac{c_{dry} + \omega\ c_{water}}{1 + \omega} \quad \text{for } \Theta_w \leq 100\ °C \tag{E.3}$$

$$c = c_{dry} \quad \text{for } \Theta_w > 100\ °C$$

where the specific heat capacity of ovendry timber is

$$c_{dry} = 1110 + 4{,}2\ \Theta_w \tag{E.4}$$

and the specific heat capacity of water is

$$c_{water} = 4200\ \frac{J}{kg\ K}$$

(5) For charcoal the specific heat capacity may be taken from table E.1. For determination of intermediate values linear interpolation may be applied.

**Table E.1: Specific heat capacity of charcoal**

| Temperature $\Theta$ °C | Specific heat capacity $c$ J/kg/K |
|---|---|
| 400 | 1000 |
| 600 | 1400 |
| 800 | 1650 |

Arbeits- und Schutzgerüste in Holz

# Anhang

## Literaturangaben, Stichwortverzeichnis, Adressen

# 11 Literaturverzeichnis

## Zu Abschnitt 1

[1.1] Richtlinie des Rates vom 21. 12. 1988 zur Angleichung der Rechts- und Verwaltungsvorschriften der Mitgliedstaaten über Bauprodukte. Amtsblatt der Europäischen Gemeinschaften Nr. L40/12 vom 11. 02.1989.

[1.2] **Böckenförde, D.; Temme, H.-G.; Krebs, W.:** Musterbauordnung für die Länder der Bundesrepublik Deutschland, Fassung Dezember 1993. Werner-Verlag Düsseldorf,1994.

[1.3] **Meyer-Ottens, C.:** DIN 4102 Teil 4 Neufassung: bauen mit holz 94 (1992), S. 594 – 597.

[1.4] **Meyer-Ottens, C.:** Brandverhalten von Bauteilen. Schriftenreihe „Brandschutz im Bauwesen“ (BRABA), Heft 22.
Teil I DIN 4102 Teil 2 und ergänzende Bestimmungen mit Erläuterungen und Beispielen aus DIN 4102 Teil 4.
Teil II Richtlinien und Erläuterungen für die Zulassung von Anstrichen Dämmschichtbildnern, F- und G-Verglasungen, Spritzputzen auf Stahl und Beton, Fluchttunnelkonstruktionen sowie Kabel- und Rohr-Abschottungen .
Erich-Schmidt-Verlag, Berlin,1981.

[1.5] **Klingelhöfer, H.G.:** Europäische Normung für den baulichen Brandschutz. vfdb-Zeitschrift 40 (1991), H. 2.

[1.6] Grundlagendokument Brandschutz: Siehe [3.18] – [3.21].

[1.7] **Becker, W.:** Internationale Normung des Brandschutz-Ingenieurwesens. vfdb – Zeitschrift Heft 1/1994.

## Zu Abschnitt 2

[2.1] **Schrader, L.:** Versuche zur Imprägnierung von Fichtenschnittholz mit Feuerschutzsalzen. Holz-Zentralblatt 111 (1985), S.1084 - 1085.

[2.2] **Storch,** K.: Die Wirkung dauerschaumschichtbildender Feuerschutzmittel. Holzzentralblatt 1968.

[2.3] Verzeichnis der Prüfzeichen für Holzschutzmittel und Auflistung der Holzschutzmittel mit RAL-Gütezeichen im nichtamtlichen Teil. Erich Schmidt Verlag, Berlin (erscheint etwa alle zwei Jahre) [wegen der Wandlung der Prüfzeichen in ETAs siehe Abschnitt 1.1].

[2.4] Verzeichnis der Prüfzeichen für nichtbrennbare Baustoffe, schwerentflammbare Baustoffe und Textilien, Feuerschutzmittel für Baustoffe und Textilien. Erich Schmidt Verlag, Berlin (erscheint etwa alle zwei Jahre) [wegen der Wandlung der Prüfzeichen in ETAs siehe Abschnitt [1.1].

[2.5] **Hass, R.; Meyer-Ottens, C.; Richter, E.:** Stahlbau Brandschutz Handbuch. Verlag W. Ernst & Sohn, Berlin,1993.

[2.6] **Kordina, K.; Meyer-Ottens,** C.: Holz Brandschutz Handbuch. Deutsche Gesellschaft für Holzforschung (DGfH). München, 1. Auflage 1983.

[2.7] **Topf,** P.: Ergebnisse von Brandversuchen an Holz und Holzwerkstoffen nach Schutzbehandlung. Viertes Fachgespräch: Brandverhalten und Feuerschutz von Holz und Holzkonstruktionen, Würzburg 1985. Mitteilungen der Deutschen Gesellschaft für Holzforschung (DGfH), Heft 67, München 1985.

[2.8] **Deppe, H.-J.; Ernst,** K.: Taschenbuch der Spanplattentechnik. DRW-Verlag, Stuttgart 1977.

[2.9] **Deppe, H.-J.:** Zur Herstellung nichtbrennbarer Holzspanwerkstoffe (Baustoffklasse A 2 DIN 4102). bauen mit holz, Heft 12,1980.

[2.10] **Kordina, K.; Meyer-Ottens, C.:** Beton Brandschutz Handbuch. Betonverlag GmbH, Düsseldorf 1981 (Neuauflage für 1995 in Vorbereitung).

[2.11] Institut für Holzforschung, Winzererstr. 45, 80797 München, Tel. (089) 30 63 09-0 (- 39).

[2.12] **Kossatz, G.; Lempfer,** K.: Gipsspanplatten - ein neuer nichtbrennbarer Holzwerkstoff. Viertes Fachgespräch: Brandverhalten und Feuerschutz von Holz und Holzkonstruktionen, Würzburg 1985. Mitteilungen der Deutschen Gesellschaft für Holzforschung (DGfH), Heft 67, München 1985.

[2.13] **Simms, D.L.; Law, M.:** The ignition of wet and dry wood by radiation. Combustion and Flame, Vol. 11, S. 377 - 388. Butterworths, London 1967.

[2.14] **Kollmann, F.:** Verhalten von Holz und Holzbauwerken im Feuer. Holzzentralblatt 1966, S.1199 - 1201.

[2.15] **Topf,** P.: Die thermische Zersetzung von Holz bei Temperaturen bis 180°C. Erste Mitteilung: Stand der Forschung. Holz als Roh- und Werkstoff, 1971, Bd. 29, S. 169 - 277. Zweite Mitteilung: Versuche zur Frage der Selbstentzündung, des Gewichtsverlustes, des Brennwertes und der Elementaranalysen. Holz als Roh- und Werkstoff, 1971, Bd. 29, S. 295 – 300.

[2.16] **Teichgräber, R.:** Kritische Temperatur der Brennbarkeit von Holz und Holzwerkstoffen. Mitteilungen der Deutschen Gesellschaft für Holzforschung (DGfH), 1973, Heft 58.

[2.17] Brandversuche mit Bongossi. Schriftliche Hausarbeit im Rahmen der 1. Staatsprüfung für das Lehramt an beruflichen Schulen. Institut für Arbeitstechnik und Didaktik im Bau- und Gestaltungswesen Prof. W. Ehrmann. Universität Hannover,1983.

[2.18] **Fischer,** K.: Über das Brandverhalten einiger im Bauwesen verwendeter thermoplastischer Kunststoffe. vfdb-Zeitschrift 13 (1964), S.8 ff und S.34 ff.

[2.19] IRB-Literaturauslese: Brandverhalten von Bauholz. ISBN 3-8167-1913-9. IRB Verlag, Stuttgart 1988.

[2.20] IRB-Literaturauslese: Brandverhalten von Brettschichtholz. ISBN 3-81671915-5. IRB Verlag, Stuttgart 1988.

[2.21] **Ernst, K.; Schwab, E.; Wilke, K.D.; Wilhelm Klauditz Institut** (WKI) Braunschweig: Holzwerkstoffe im Bauwesen, Teil 1 Materialkunde. Informationsdienst Holz. Entwicklungsgemeinschaft Holzbau (EGH), München 1981.

[2.22] **Steck, G.:** Bau-Furniersperrholz aus Buche. Informationsdienst Holz. Entwicklungsgemeinschaft Holzbau (EGH), München 1988.

[2.23] IRB-Literaturauslese: Brandverhalten von Holzwerkstoffen. ISBN/38167-1914-7. IRB Verlag, Stuttgart 1988.

[2.24] **Meyer-Ottens** C.: Brandverhalten von Industrieböden. Beitrag in: Industriefußböden '91. Internationales Kolloquium Technische Akademie Esslingen, Januar 1991. Herausgeber: P. Seidler.

[2.25] **Schaffer, E.L.:** Charring rate of selected woods-transvers to grain. U.S. Forest Service Research Paper FPL 69, Forest Products Laboratory, Madison, Wisconsin,1967.

[2.26] **Malhotra, H.L.:** Properties of materials at high temperatures; Report of the work of technical committee 44-PHT. Materiaux et constructions – materials and structures, essais et recherches/research and testing. Vol. 15 Nr. 86, März-April 1982.

[2.27] **Holm, C.:** A Survay of the Goals and Results of Fire Endurance Investigations Especially from the Viewpoint of Glued Laminated Structures. Beitrag in: VTT Symposium 9 „Fire Resistance of Wood Structures", Tbilis Finnland 1980.

[2.28] **Knublauch, E.; Rudolphi, R.:** Der Abbrand als Grundlage zur theoretischen Vorausbestimmung der Feuerwiderstandsdauer von Holzbauteilen. bauen mit holz 73 (1971), S. 590 - 595 sowie
**Knublauch, E.:** Über Ausführung und Aussagefähigkeit des Normbrandversuchs nach DIN 4102 Blatt 2 im Hinblick auf die Nachbildung natürlicher Schadensfeuer. BAM-Berichte Nr.16, Berlin, August 1972.

[2.29] **Kordina, K.; Meyer-Ottens, C.; Noack, I.:** Einfluß der Eigenbrandlast auf das Brandverhalten von Bauteilen aus brennbaren Baustoffen. Institut für Baustoffe, Massivbau und Brandschutz der Technischen Universität Braunschweig (iBMB), Heft 86. Braunschweig 1989.
Kurzfassung veröffentlicht in:

a) Bundesbaublatt Heft 7 1989, Seite 338 ff,
b) Betonwerk + Fertigteil – Technik Heft 3 1990, Seite 72 ff.

[2.30] **Topf, P.; Wegener, G.; Lache, M.:** AiF-Forschungsvorhaben 7796 und 8744 „Abbrandgeschwindigkeit von Vollholz, Brettschichtholz und Holzwerkstoffen“, durchgeführt am Institut für Holzforschung, München. 1989–1992. Abschlußbericht 1992. Teilveröffentlichung siehe [2.31] und [2.32].

[2.31] **Lache, M.:** Das Abbrandverhalten von Holz. Der Einfluß von Holzart, Holzfeuchte und Rohdichte auf die Geschwindigkeit des Abbrands. Holzzentralblatt 117 (1991), S. 473 – 480, bzw.

[2.32] **Lache, M.:** Abbrandverhalten von Holz. Einfluß der Holzart, Holzfeuchte und Rohdichte. Informationsdienst holzbau technik 4/91 (Teil 1) und 5/91 (Teil 2). Verlegerbeilage zum Holzbaureport, [2.32] ist inhaltlich mit [2.31] identisch.

[2.33] **Scheer, C.; Knauf, Th.; Meyer-Ottens, C.:** Rechnerische Brandschutzbemessung unbekleideter Holzbauteile, Grundlage für DIN 4102 T. 4 (Entwurf). Bautechnik 69 (1992), S.179 – 189.

[2.34] **Hadvig, S.:** Charring of Wood in Building Fires. Technical University of Denmark, Laboratory of Heating and Air-Conditioning. Lyngby 1981.

[2.35] **König,** J.: The effect of density on charring and loss of bending strength in fire. International Council for Building Research Studies and Documentation, Working Commission W 18 – Timber Structures. Meeting Ahus (CIB–W 18/25–16–1), August 1992.

[2.36] **Kollmann, F.:** Technologie des Holzes und der Holzwerkstoffe. Bd. 1, Springer-Verlag, Berlin,1951.

[2.37] **Ödeen,** K.: Fire resistance of glued laminated timber structures. Symposium Nr. 3. Fire and structural use of timber in buildings. Proceedings of the Symposium held at the Fire Research Station Boreham Wood, Herts., 25.10.1967. Her Majesty's Stationary Office, London,1970.

[2.38] **Glos, P.; Henrici, D.:** Festigkeit von Bauholz bei hohen Temperaturen. Abschlußbericht 87 505 eines Forschungsvorhabens der DGfH. Institut für Holzforschung, Universität München,1990.

[2.39] **Nyman, Ch.:** The Influence of Temperature and Moisture on the Strength of Wood and Glue Joint. Beitrag in: VTT Symposium 9 „Fire Resistance of Wood Structures“, Tbilis Finnland,1980.

[2.40] **Kallioniemi,** P.: The Strength of Wood Structures in Fire. Beitrag in: VTT Symposium 9 – siehe [2.39].

[2.41] **Götz, K.-H.; Hoor, D.; Möhler, K.; Natterer,** J.: Holzbau-Atlas. Institut für internationale Architektur – Dokumentation. München 1978.

[2.42] **Schulze, H.:** Baulicher Holzschutz. Informationsdienst Holz. Entwicklungsgemeinschaft Holzbau (EGH), München 1981.

[2.43] **Schulze, H.:** Baulicher Holzschutz. Informationsdienst Holz. holzbauhandbuch, Reihe 3 – Bauphysik. Entwicklungsgemeinschaft Holzbau (EGH), München 1991.

[2.44] **Prager, F.H.:** Sicherheitskonzept für die brandschutztechnische Bewertung der Rauchgastoxizität. Dissertation, Aachen 1985.

[2.45] **Mikkola, E.:** Charring of wood. Research Reports 689. Technical Research Centre of Finland,1990.

[2.46] **Scheer, C.; Knauf, Th.:** Bemessung von Bauteilen nach nationalen und internationalen Regeln. Beitrag in: 6. Brandschutztagung „Brandschutz im Holzbau", Würzburg, 14./15. 06. 1993; Deutsche Gesellschaft für Holzforschung (DGfH), München 1993.

[2.47] **Möhler, K.; Scheer, C.; Muszala, W.:** Knickzahlen für Voll-, Brettschichtholz und Holzwerkstoffe. Holzbau-Statik-Aktuell, Folge 7, Juli 1983. Informationen zur Berechnung von Holzkonstruktionen. Arbeitsgemeinschaft Holz e.V., Düsseldorf 1983.

[2.48] **Klingsohr,** K.: Brandschutz unter dem Blickwinkel der Feuerwehr. Beitrag in: 6. Brandschutztagung „Brandschutz im Holzbau", Würzburg, 14./15.06.1993. Deutsche Gesellschaft für Holzforschung (DGfH), München 1993.

[2.49] **Holm, C.:** Fire Protection of Wooden Structures. Beitrag in: VVT Symposium 9 „Fire Resistance of Wood StructuresU, Tbilis Finnland 1980.

[2.50] **Marutzky, R.; Peek, R.-D.; Willeitner, H.:** Entsorgung von schutzmittelhaltigen Hölzern und Reststoffen. Informationsdienst Holz. Entwicklungsgemeinschaft Holzbau (EGH), München 1993.

[2.51] Richtlinie zur Bemessung von Löschwasser-Rückhalteanlagen beim Lagern wassergefährdender Stoffe (LöRüRL), ARGEBAU, 1992. Abgedruckt auch in: Mitteilungen des IfBt Heft 5, 1992.

[2.52] Gesellschaft für technische Entwicklung AG (gte). Technisches Vertriebszentrum. Rheinstraße 45,12161 Berlin.

[2.53] Dämmstoffe. Baumagazin 1993, Heft 3.

[2.54] **Borsch-Laaks, R.:** Ökologie der Dämmstoffe. Informationsdienst holzbau technik.1991, Hefte 1 und 2. Verlegerbeilage zum Holzbaureport.

[2.55] Energie- und Schadstoffbilanz von isofloc': Büro Cirsium, 08. 1991. Zu beziehen über Ökologische Bautechnik Hirschhagen GmbH, 37235 Hessisch Lichtenau.

[2.56] isofloc Wärmedämmtechnik: Planungs-Handbuch, Architekten-Information. Zu beziehen: Siehe [2.55].

[2.57] Dämmstoffe für den baulichen Wärmeschutz-Übersicht über genormte und bauaufsichtlich zugelassene Produkte. Gesamtverband Dämmstoffindustrie (GDI), 67433 Neustadt an der Weinstraße.

[2.58] Temperaturentwicklung in brandbeanspruchten Holzquerschnitten. Forschungsvorhaben F 90/1 der Deutschen Gesellschaft für Holzforschung (DGfH), München; Schlußbericht, aufgestellt von: Klingsch, W.; Tavakhol-Khah, M.; Wesche, J.; Kersken-Bradley, M., 1993 (unveröffentlicht).

[2.59] Vorschlag für eine Entscheidung der Kommission zur Durchführung von Artikel 20 der Richtlinie 89/106/EWG über Bauprokukte. Europäische Kommission (GD III), Brüssel 19.05.1994.

**Zu Abschnitt 3**

[3.1] **Butcher, E.G.; Bedford, G.K.; Fardell, P.J.:** Further Experiments on Temperatures reached by Steel in building fires. Beitrag in: Symposium No. 2, Behaviour of structural steel in fire, January 1967. Her Majesty's Stationery Office, London,1968.

[3.2] **Butcher, E.G.; Chitty, T.B.; Ashton, L.A.:** The temperature attained by steel in building fires. Fire Research Technical Paper No. 15. Her Majesty's Stationery Office, London, 1966.

[3.3] **Bechtold, R.; Ehlert, K.P.; Wesche, J.:** Brandversuche Lehrte. Brandversuche an einem zum Abbruch bestimmten, viergeschossigen modernen Wohnhaus in Lehrte. Bau- und Wohnforschung; Schriftenreihe des Bundesministers für Raumordnung, Bauwesen und Städtebau Nr. 04.037, Bonn-Bad Godesberg, 1978.

[3.4] **Bechtold, R.:** Zur thermischen Beanspruchung von Außenstützen im Brandfall. Schriftenreihe des Instituts für Baustoffkunde und Stahlbetonbau der Technischen Universität Braunschweig, Heft 37,1977.

[3.5] **Kordina, K.; Meyer-Ottens, C.; Noack, I.:** Einfluß der Eigenbrandlast, siehe [2.29].

[3.6] **Meyer-Ottens,** C.: Brandverhalten von Bauteilen, siehe [1.4].

[3.7] Bauproduktenrichtlinie, siehe [1.1].

[3.8] **Hertel, H.:** Grundlagendokument „Brandschutz"- Kurzfassung. vfdb Zeitschrift 40 (1991), H.2.

[3.9] **Kordina, K.; Meyer-Ottens,** C.: Beton Brandschutz Handbuch, siehe [2.10].

[3.10] **Hass, R.; Meyer-Ottens, C.; Richter, E.:** Stahlbau Brandschutz Handbuch, siehe [2.5].

[3.11] MBO 1992, siehe [1.2].

[3.12] **Hass R.; Meyer-Ottens, C.; Quast, U.:** Verbundbau Brandschutz Handbuch. Verlag W. Ernst & Sohn, Berlin 1989.

[3.13] **Meyer-Ottens,** C.: Baulicher Brandschutz nach neuem Bauaufsichtsrecht – Brandrisiken im Bereich von Baustoffen und Bauteilen
a) Bundesbaublatt 1985, Heft 7.
b) vfdb – Zeitschrift 1985, Heft 3.

[3.14] Informationsdienst Holz: Bauen mit Holz in Bayern. Arbeitsgemeinschaft Holz e.V. et al., Düsseldorf,1985 (Neuauflage unter Berücksichtigung der neuen LBO-Bayern in Vorbereitung).

[3.15] Informationsdienst Holz: Holzbau und Brandschutz in ... Arbeitsgemeinschaft Holz e.V., Düsseldorf (Zusammenstellung der für den Holzbau relevanten Anforderungen aus den LBO und den jeweiligen Sonderverordnungen – sie liegt für eine Reihe von Bundesländern vor).

[3.16] **Böckenförde, D.; Krebs, W.; Temme, H.-G.:** Bauordnungsrecht für die Länder Brandenburg, Mecklenburg-Vorpommern, Sachsen, Sachsen Anhalt, Thüringen. Bd.1: VVBauO. Bd 2: Anhänge zur VVBauO. Werner Verlag GmbH, Düsseldorf 1991.

[3.17] **Kordina, K.; Schneider, U.; Henke, V.; Lubienetzki,** K.-P.: Sicherheitsbetrachtung über die Normbrandprüfung an tragenden Bauteilen im Wohnungsbau. Unveröffentlicher Abschlußbericht des Instituts für Baustoffe, Massivbau und Brandschutdz (iBMB) derTechnischen Universität Braunschweig im Auftrage des IfBt (DIBt), Braunschweig,1984.

[3.18] Grundlagendokumente (auch Brandschutz → GD 2): Amtsblatt der EG, Ausgabe C Nr. 62 vom 28.02.1994.

[3.19] Grundlagendokument Brandschutz: Mitteilungen des DIBt, Hefte 2 und 3, Berlin 1994.

[3.20] **Hertel, H.:** Erläuterungen zum Grundlagendokument Brandschutz. Mitteilungen des DIBt, Hefte 2 und 3, Berlin 1994.

[3.21] Grundlagendokument Brandschutz, Promat Fachbeitrag mit Erläuterungen von Helmut Hertel. Promat GmbH, D-40880 Ratingen, Scheifenkamp 16.
(Zusammenfassung von [3.19] und [3.20]).

**Zu Abschnitt 4**

[4.1] Beton Brandschutz Handbuch, siehe [2.10].

[4.2] Stahlbau Brandschutz Handbuch, siehe [2.5].

[4.3] **Meyer-Ottens,** C.: Brandverhalten von Industrieböden, s. [2.24].

[4.4] Verzeichnis der allgemeinen bauaufsichtlichen Zulassungen, Baulicher Brandschutz. Deutsches Institut für Bautechnik (DIBt), Berlin (erscheint regelmäßig).

[4.5] Richtlinien für die Zulassung von Feuerschutzabschlüssen – Fassung 1983 – (mit vier Anlagen). Mitteilungen des IfBt 1983, Heft 3.

[4.6] **Westhoff, W.:** Bauaufsichtlich zugelassene Feuerschutzabschlüsse, Stand 1983. Mitteilungen des IfBt 1983, Heft 4.

[4.7] **Mayr, J.:** Verschlüsse und Abschottungen in Wänden mit Anforderungen an die Feuerwiderstandsdauer. schaden prisma 1991, H. 3.

[4.8] IRB - Literaturauslese Holz und Holzbau, Stuttgart: Holztüren, 2. Auflage 1987.

[4.9] IRB – Literaturauslese Holz und Holzbau, Stuttgart: Trennwände mit Holz, 2. Auflage 1988.

[4.10] Zusammenstellung allgemeiner bauaufsichtlicher Zulassungen für Feuerschutzabschlüsse aus Holz. Ein- und zweiflügelige Holz-Feuerschutztüren der Feuerwiderstandsklassen T 30/T 60/T 90.
Arbeitsausschuß (M8) „Brandverhalten von Holz und Holzwerkstoffen" der Deutschen Gesellschaft für Holzforschung (DGfH), München. Die Zusammenstellung erscheint nach [4.4] regelmäßig.

[4.11] Verzeichnis der Hersteller von Holz-Feuerschutztüren, siehe Arbeitsausschuß M8 in [4.10], (erscheint regelmäßig).

[4.12] Schörghuber Spezialtüren, 84 539 Ampfing.

[4.13] Mauerwerk-Kalender 1992, Verlag W. Ernst & Sohn, Berlin 1992 (Abschnitt über Brandschutz. Neufassung für 1994–1995 in Vorbereitung).

[4.14] **Kordina, K.; Meyer-Ottens,** C.: Brandverhalten von Gasbetonbauteilen. Bundesverband der Gasbetonindustrie, Wiesbaden 1981/86 (Neufassung: Brandverhalten von Bauteilen aus Porenbeton; Bundesverband der Porenbetonindustrie, Wiesbaden, für 1994 in Vorbereitung).

[4.15] **Meyer-Ottens,** C.: Brandschutz im Betonbau; Nationale Regelungen auf dem Weg zu europäischen Regelungen. Beton- + Fertigteil-Jahrbuch, 42. Ausgabe. Bauverlag Wiesbaden,1994.

[4.16] Leicht-bauplatten-fibel, Wärmeschutz/Brandschutz/Schallschutz. Bundesverband der Leichtbauplattenindustrie e.V., München 1985.

[4.17] Gutachten G 81 7166 der MPA-BS, aufgestellt für die Fa. Grünzweig + Hartmann und Glasfaser AG, Ludwigshafen.

[4.18] bis [4.33] Prüfzeugnisse oder Gutachten über Außen- und Innenwände der MPA-BS bzw. MPA-Do, aufgestellt für die Fa. FELS-WERKE GmbH, Goslar, entsprechend der nachfolgenden Aufstellung:

| Literatur | Prüfzeugnis oder Gutachten | Datum (Monat/Jahr) | Feuerwiderstands-klasse | Untersuchung durch |
|---|---|---|---|---|
| [4.18] | G94 8880 | 03/94 | F 30- F 180 | MPA-BS |
| [4.19] | 81 255 | 03/81 | F30 | MPA-BS |
| [4.20] | 23 05 42 2 79 | 03/81 | F 30 | MPA-Do |
| [4.21 ] | 23 0541 6 79 | 05/80 | F 30 | MPA-Do |
| [4.22] | 23 0539 5 80 | 03/82 | F 30 | MPA-Do |
| [4.23] | 81 231<br>+ Ergänzung von | 05/91 | F 30 | MPA-BS |
| [4.24] | 3119/1159 08/89 | | F 30 | MPA-BS |
| [4.25] | 3466/3951 02/92 | | F 90 | MPA-BS |
| [4.26] | 111/Ap | 08/93 | F 90 | MPA-BS |
| [4.27] | 86 431 | 07/86 | F 90 - F 120 | MPA-BS |
| [4.28] | 267 | 07/90 | (Fugen) | MPA-BS |
| [4.29] | 3414/3002a1) | 12/92 | Brandwand | MPA-BS |
| [4.30] | 92 | 02/90 | F 30 | MPA-BS |
| [4.31] | 82 539a | 04/82 | F 30 | MPA-BS |
| [4.32] | 981 | 12/83 | – | MPA-BS |
| [4.33] | 83 3562) | 08/83 | F 90-B v. außen | MPA-BS |
| [4.34] | 86 3453) | 03/86 | F 90-B v. außen | MPA-BS |

1) zusammen mit der Fa. Profilhaus consultTrockenbal lVertriebs-GmbH Gaggenau
2) zusammen mit der Fa. Nordhaus GmbH & Co. 36266 Heringen/Werra
3) zusammen mit der Fa. Deutsche Rockwool 45966 Gladbeck

[4.35] Promat GmbH, Scheifenkamp 16, 40880 Ratingen:
– Prüfzeugnis 85 414 F 90 MPA-BS
– Katalog Bautechnischer Brandschutz

[4.36] Cape Boards (Deutschland) GmbH, Stollwerkstraße 9, 51149 Köln
– Prüfzeugnis 3580/4781 F90 MPA-BS

[4.37] Thermax Brandschutzbauteile GmbH, Nordlandstr.1, A- 3300 Greinsfurth
– Prüfzeugnis 3699/5221 F90 MPA-BS

[4.38] Bautechnische und Bauphysikalische Untersuchungen im Hessischen Freilichtmuseum zur Erhaltung und Erneuerung von Fachwerkgebäuden. Forschungsprojekt im Auftrage des Bundesministers für Forschung und Technologie,1987.

[4.39] **Ehm, Chr.; Haag,** R.: Brandschutz von historischen Fachwerkhäusern. Beitrag in. 8. Internationales Brandschutz-Seminar der vfdb, Karlsruhe 1990.

[4.40] **Ehm, Chr.:** Brand, Schall- und Wärmeschutz von historischen Fachwerkhäusern. wksb-Schriftenreihe, Neue Folge Heft 30. Grünzweig + Hartmann AG, Ludwigshafen,1992.

[4.41] **Nebel, H.:** Erneuerung von Fachwerkbauten. Informationsdienst Holz. Entwicklungsgemeinschaft Holzbau (EGH), München,1978.

[4.42] **Nebel, H.:** Sanieren und Modernisieren von Fachwerkbauten. Schriftenreihe des Bundesministers für Raumordnung, Bauwesen und Städtebau, Nr. 04.069, Bonn-Bad Godesberg,1981.

[4.43] Haacke + Haacke GmbH & Co.: CELLCO® Wärmeschutz, Am Ohlhorstberge 3, 29227 Celle-Westercelle.
- Prüfbescheid des DIBt: PA III 2.2301
- Zulassungsbescheid des DI Bt: Z–23.13– 105

[4.44] **Reimann, G.; Kabelitz, E.:** Außenbekleidungen aus Holz. Informationsdienst Holz. Entwicklungsgemeinschaft Holzbau (EGH), München, 1985.

[4.45] **Cziesielski, E.; Raabe, B.:** Fugen in Außenwänden. Informationsdienst Holz. Entwicklungsgemeinschaft Holzbau (EGH), München,1985.

[4.46] **Schulze, H.:** Außenwände und Dächer. Informationsdienst Holz. Entwicklungsgemeinschaft Holzbau (EGH), München,1977.

[4.47] **Tebbe, J.; Teetz, W.:** Wände, Decken und Dächer aus Holz; Konstruktion, Wärmeschutz, Schallschutz, Brandschutz. Informationsdienst Holz. Entwicklungsgemeinschaft Holzbau (EGH), München.

[4.48] **Schulze, H.:** Bauphysikalische Daten; Außenbauteile. Informationsdienst Holz. Entwicklungsgemeinschaft Holzbau (EGH), München,1981.

[4.49] **Schulze, H.:** Holzwerkstoffe; Konstruktionen und Bauphysik. Informationsdienst Holz. Entwicklungsgemeinschaft Holzbau (EGH), München, 1988.

[4.50] EternitAG, Berlin:
- Prüfzeugnis 86 327 F 30 MPA-BS

[4.51] **Lie, T.T.:** Contribution of insulation in cavety walls to propagation of fire. DBR/National Research Council Canada (NRCC) 12 878, Fire study 29, Ottawa 1972.

[4.52] **Rudolphi, R.:** Brandrisiko elektrischer Leitungen und Installationen in Wänden. BAM-Berichte: Nr. 20, Berlin, 1973.

[4.53] Holz Brandschutz Handbuch, 1. Auflage, siehe [2.6].

[4.54] Ökologische Bautechnik Hirschhagen GmbH Dieselstr. 3
37235 Hessisch-Lichtenau
– Prüfzeugnis 3208/1840a F 30 MPA-BS
– Zulassungsbescheid Z-23.11-104 B2 DIBt

[4.55] [4.56] Promat GmbH, Scheifenkamp 16,40880 Ratingen:
[4.55] Katalog Bautechnischer Brandschutz
[4.56] Prüfzeugnis 84 1132 F 90-B v.außen MPA-BS

[4.57] Entwicklungsgemeinschaft Holzbau (EGH), München
– Brief 283 vom 03.1981 – – MPA-BS

[4.58] **Sengler, D.:** Baumethoden für brandgeschützte Wohnbauten aus Holz mit 3–4 Vollgeschossen. Forschungsbericht Nr. 13 aus dem Institut für Tragkonstruktionen und konstruktives Entwerfen. Universität Stuttgart, 1982.

[4.59] Brandschutz im Holzbau. sia – Schweizerischer Ingenieur- und Architekten-Verein. Dokumentation 83. LIGNUM – Schweizerische Arbeitsgemeinschaft für das Holz, Zürich,1984.

[4.60] Brandwände. Bayerische Versicherungskammer. Brandschutzinformation 3.4-5, München.

[4.61] **Bechtold,** R.: Zur thermischen Beanspruchung von Außenstützen im Brandfall. Dissertation, TU Braunschweig,1977.

[4.62] **Klöker, W.; Niesel, H.; Prager, F.H.; Schiffer, H.W.; Bökenkamp, O.; Klingelhöfer, H.G.:** Brandschutztechnische Prüfung und Bewertung von Fassaden aus UP-Hartschaumleichtbeton. Kunststoffe, Heft 8,1977.

[4.63] **Bechtold, R.; Ehlert, K.P.; Wesche,** J.: Brandversuche Lehrte. Brandversuche an einem zum Abbruch bestimmten, viergeschossigen modernen Wohnhaus in Lehrte. Bau- und Wohnforschung; Schriftenreihe des Bundesministers für Raumordnung, Bauwesen und Städtebau Nr. 04.037, Bonn-Bad Godesberg,1978.

[4.64] Untersuchungsbericht über Fassaden im Brand. Bestell-Nr. T 184, Fraunhofer-Gesellschaft, Stuttgart,1977.
Kurzfassung: Zur Frage der Eignung normalentflammbarer Fassadenbaustoffe. F- + I-Bau Heft 2,1978 (früher: Fertigteilbau und Industrialisiertes Bauen).

[4.65] **Jeffs, G.M.F.; Klingelhöfer, H.G.; Prager, T.H.; Rosteck, H.:** Fire-perormance of a ventilated Facade insulated with a B 2-classified rigid Polyurethane Foam. Fire and Materials, Vol.10, 79-89,1986.

[4.66] **Rösler,** W.: Beurteilung der Brandausbreitung über Fassaden anhand von Naturbrandversuchen (Materialforschungs- und Prüfungsanstalt für das Bauwesen Leipzig – Anmerkung: Die Prüfungsanstalt führt PA-III und originalgetreue Prüfungen an Fassaden, auch in Eckbereichen, aus). Beitrag in: Braunschweiger Brandschutz-Tage '93, 5. Fachseminar „Brandschutz-Forschung und Praxis", 5.–6. Oktober 1993, iBMB Heft 103.

[4.67] **Thoß, W. et al.:** Das Wohnblockhaus. Informationsdienst Holz. Entwicklungsgemeinschaft Holzbau (EGH), München,1985.

[4.68] BBP – Beratungs-, Baubetreuungs- und Planungsgesellschaft mbH, Am Mühlenturm 10, 47 608 Geldern.
Zulassungsbescheid des DIBt: Z-19.13-336.

[4.69] **Hauser, G.; Stiegel, H.:** holzbau handbuch, Reihe 3 "Bauphysik". Teil 2: Wärme- und Feuchteschutz, Folge 6: Wärmebrücken. Informationsdienst Holz. Entwicklungsgemeinschaft Holzbau (EGH), München,1992.

[4.70] **Kurz, R.:** Leitfaden zur Planung und Ausführung von Brandschutzverglasungen nach bauaufsichtlichen Vorschriften. Vollständig überarbeitete Neuausgabe, Mai 1991. bemofensterbau GmbH, 56572 Weißenthurm.

[4.71] **Kurz, R.:** bemoplan R, Handbuch zum Planen und Ausführen von Brandschutzbauteilen mit Glas nach bauaufsichtlichen Vorschriften. bemofensterbau GmbH, 56572 Weißenthurm,1993.

[4.72] Ökologische Bautechnik Hirschhagen GmbH gemäß [4.54]
– Prüfzeugnis 3292/2683 10.93 MPA-BS.

[4.73] **Schaupp, W.:** Außenwandbekleidungen, Kommentar zu DIN 18 515 und DIN 18 516. Beuth Verlag GmbH, Berlin 1993.

[4.74] Musterbauordnung (MBO), siehe [1.2].

[4.75] DIN-Taschenbuch 39: Ausbau. Beuth Verlag GmbH, 6. Auflage, Berlin 1993.

**Zu Abschnitt 5**

[5.1] **Götz, K.-H.; Hoor, D., Möhler,** K.: **Natterer,** J.: Holzbau-Atlas. Institut für internationaleArchitektur-Dokumentation, München,1978.
Natterer, J.; Herzog Th.; Volz, M.: Holzbau-Atlas-Zwei. Sonderausgabe der Arbeitsgemeinschaft Holz Düsseldorf. Institut für Internationale Architektur – Dokumentation, München 1991.

[5.2] **Tebbe, J.; Teetz, W.:** Wände, Decken und Dächer, siehe [4.47].
[5.3] **Hauser, G.; Stiegel, H.:** holzbau handbuch, siehe [4.69].
[5.4] Holzbau-Taschenbuch. Verlag W. Ernst & Sohn, Berlin:
Band 1: **Halasz, R. von; Scheer,** C.: Grundlagen, Entwurf und Konstruktionen, 1986.
Band 2: **Halasz, R. von; Scheer,** C.: DIN 1052 und Erläuterungen; Formeln – Tabellen – Nomogramme,1989.
Band 3: **Scheer, C.; Andresen,** K.: Bemessungsbeispiele und DIN 1052,1991.
[5.5] – [5.15] Prüfzeugnisse oder Gutachten über Decken und Dächer der MPA-BS bzw. MPA-Do, aufgestellt für die Fa. FELS-WERKE GmbH, Goslar, entsprechend nachfolgender Aufstellung:

| Literatur | Prüfzeugnis oder Gutachten | Datum (Monat/Jahr) | Feuerwiderstands-klasse | Untersuchung durch |
|---|---|---|---|---|
| [5.5] | G 94 8880 | 03/94 | F 30 - F 180 | MPA-BS |
| [5.6] | 81 307 | 02/81 | F 30 | MPA-BS |
| [5.7] | 81 1363 | 09/81 | F60 | MPA-BS |
| [5.8] | 81 495 | 05/81 | F 30 - F 120 | MPA-BS |
| | mit Ergänzungen: | | | |
| [5.9] | 258 | 04/83 | F 90 | MPA-BS |
| | 348/8383 | 04/88 | F 30- F 120 | MPA-BS |
| [5.10] | 3467/3961 | 12/91 | F 90 | M PA- BS |
| [5 11] | 3701/5241 | 02/93 | F90 | MPA-BS |
| [5.12] | 23 0538 5 79 | 02/81 | F 30 | MPA-Do |
| | mit Ergänzung: | | | |
| [5.13] | 23 0560 1 87-1 | 09/92 | F 30 | MPA-Do |
| [5.14] | 23 0319 0 83-1 | 05/84 | F 30 | MPA-Do |
| [5.15] | 851350 | 11/85 | F 30 | MPA-Do |

[5.16] bis [5.29] entsprechend der nachfolgenden Aufstellung

| Lit. | Antragsteller | Prüfzeugnis oder Gutachten | Datum (Monat/ Jahr) | Feuerwider-stands klasse | Unter suchung durch |
|---|---|---|---|---|---|
| [5.16] | EGH, MÜNCHEN | 1.4-33587 | 09/81 | F-30 | FMPA-S |
| [5.17] | OKAL-Werk | 78 1952 | 10/78 | F 30 | MPA-BS |
| [5.18] | Niedersachen | 78 1951 | 10/78 | F 30 | MPA-BS |
| [5.19] | Perlite-Dämmstoff Dortmund | 3757/4202 | 01 /93 | F 90 - F 120 | MPA-BS |
| [5.20] | Spillner Consult Hamburg | G 83 7895 | 12/93 | F 30 - F 90 | MPA-BS |
| [5.21] | Eternit AG Berlln | 84 891 | 11/84 | F 30 | MPA-BS |
| [5.22] | Holzwerke Wilhelmi Lahnau-Dorlar | 3817/3586 | 07/88 | F 30 | MPA-BS |
| [5.23] | Gyproc GmbH Ratingen | 228/8321 | 11/88 | F 90 | MPA-BS |
| [5.24) | Gebrüder Knauf Ipfhofen | 3195/1770 | 09/90 | F 90 | MPA-BS |
| [5.25] | Promat GmbH Ratingen | 42777/1 | 06/81 | F 90 | EMPA Schweiz |
| [5.26] | | Katalog Bautechnischer Brandschutz | | | |
| [5.27] | Odenwald Faser-plattenwerk OWA | 82 795 | 06/82 | F 90 | MPA-BS |
| [5.28] | Amorbach | 84 061 | 09/84 | F 90 | MPA-BS |
| [5.29] | Ökolog . Bautech-Hessisch-Lichtenau | 3575/3020 | 06/91 | F 60 | MPA-BS |

[5.30] **Meyer-Ottens,** C.: Brandverhalten von Industrieböden, s. [2.24].

[5.31] Stahlbau Brandschutz Handbuch, s. [2.5].

[5.32] Dielenfußböden. Informationsdienst Holz. Entwicklungsgemeinschaft Holzbau (EGH), München,1986.

[5.33] IRB-Literaturauslese: Holzpflaster. ISBN 3-8167-0 560-X, Stuttgart, 1988.

[5.34] **Wegelt, W.:** Die Holzbalkendecke. Informationsdienst Holz. Entwicklungsgemeinschaft Holzbau (EGH), München,1961.

[5.35] IRB-Literaturauslese: Holzpflaster. ISBN 3-8167-0 560-X, Stuttgart, 1988.

[5.36] **Kristen, Th.; Kordina,** K.: Brandversuche an Holzbalkendecken. Beitrag in: Baulicher Brandschutz, Berichte aus der Bauforschung, Heft 38, Verlag W. Ernst & Sohn, Berlin,1964.

[5.37] Rechnerische Brandschutzbemessung. Siehe [2.33].

[5.38] Holz Brandschutz Handbuch, siehe [2.6].

[5.39] Prüfzeugnis Nr.2236/3195 (10.87) der MPA-BS, aufgestellt für
a) Le Laboratoire Metallurgique, F-57 140 Woippy (France) und
b) Firma Rheinguß GmbH, D 66 687 Wadern-Nunkirchen.

[5.40] **Schulze, H.:** Hausdächer in Holzbauart- Konstruktion, Statik, Bauphysik. Werner-Verlag GmbHs Düsseldorf,1987.

[5.41] **Wienecke, N.:** Hausdächer. Informationsdienst Holz. Entwicklungsgemeinschaft Holzbau (EGH), München, 1976.

[5.42] [5.42] **Kabelitz, E.; Reimann, G.:** Geneigte Wohnhausdächer mit Brettschalung. Informationsdienst Holz. Entwicklungsgemeinschaft Holzbau (EGH), München,1986.

[5.43] **Scherzer, G. und H.;** Technische Beratungsstelle des Zimmerhandwerks: Das Wohnhaus-Flachdach. Informationsdienst Holz. Entwicklungsgemeinschaft Holzbau (EGH), München,1962.

[5.44] Flachdächer. Informationsdienst Holz. Entwicklungsgemeinschaft Holzbau (EGH), München,1987.

[5.45] **Schulze, H.:** Außenwände und Dächer. Informationsdienst Holz. Entwicklungsgemeinschaft Holzbau (EGH), München,1977.

[5.46] **Schulze, H.:** Bauphysikalische Daten – Außenbauteile. Informationsdienst Holz. Entwicklungsgemeinschaft Holzbau (EGH), München, 1981.

[5.47] Dachausbau in Wohngebäuden. Bayerische Versicherungskammer. Brandschutzinformation 3.4-11, München.

[5.48] MBO, siehe [1.2].

[5.49] **Brein, D.; Seeger,** P.: Brandverhalten von Stahltrapezprofildächern mit harter Bedachung – Dachdurchbrüche. Forschungsbericht, Projekt 167, Studiengesellschaft für Anwendungstechnik von Eisen und Stahl e.V. (jetzt: Studiengesellschaft Stahlanwendung e.V.),1990.

[5.50] **Brein, D.; Seeger,** P.: Verbesserung der Brandsicherheit von Stahltrapezprofildächern mit Einbauten (Lichtkuppeln, Gullis, Rohrdurchführungen). vfdb-Zeitschrift 1990, Heft 2.

[5.51] **Brein, D.:** Brandschutzmaßnahmen für Dachöffnungen. Beitrag in: Baulicher Brandschutz-Industriedächer. Verband der Sachversicherer (VdS), Köln, Oktober 1992.

[5.52] **Schubert, R.:** Brandschutztechnisch und bauphysikalisch ausgereifte Beispiele für Dach- und Wandanschlüsse. Beitrg in: Baulicher Brandschutz-Industriedächer. Verband der Sachversicherer (VdS), Köln, Oktober 1992.

[5.53] **Jagfeld,** P.: Brandverhalten von Bedachungen. Brandschutz im Bauwesen (BRABA), Heft 26. Erich Schmidt Verlag, Berlin,1985.

[5.54] Prüfungsbericht 1. 4-33 454 vom 13.11.1980 der Forschungs- und Materialprüfungsanstalt Baden-Württemberg (Otto-Graf-Institut), Stuttgart, aufgestellt für die Entwicklungsgemeinschaft Holzbau (EGH), München.

[5.55] bis [5.58] entsprechend der nachfolgenden Aufstellung

| Lit. | Antragsteller | Prüfzeugnis oder Gutachten | Datum (Monat/ Jahr) | Feuer-wiederstands-klasse | Untersuchung durch |
|---|---|---|---|---|---|
| [5.55] | Thermodach-Dach technik Poppenreuth | 83 054a | 2/83 | F 30 | MPA-BS |
| [5.56] | Gebruder Knauf Iphofen | 3638/3510 | 08/90 | F 60 | MPA-BS |
| [5.57] | Züblin AG Stuttgart | 3657/3594-2 | 05/88 | (F 30) | MPA-BS |
| [5.58]: | Odenwald Faser plattenwerk OWA | | | | |
| a]<br>b] | Amorbach | 2016/3172<br>1956/3166[1] | 11/86<br>08/87 | F 30<br>F 30 | MPA-BS<br>MPA-BS |

[1] zusammen mit E. Regnauer GmbH & Co. KG, Seebruck

[5.59] **Schulze, H.:** Querschnittsbericht über den nachträglichen Ausbau von Dachgeschossen. Durchgeführt im Auftrage der Entwicklungsgemeinschaft Holzbau (EGH), München,1992 (unveröffentlicht).

[5.60] **Schulze, H.:** holzbau handbuch Reihe 1: Entwurf + Konstruktion. Teil 14, Folge 3: Umbau, Modernisierung, nachträglicher Dachgeschoßausbau. Informationsdienst Holz. Entwicklungsgemeinschaft Holzbau (EGH), München,1992.

[5.61] **Ruske, W.:** Modernisieren – zeitgemäßer Ausbau und Umbau mit Holz. Informationsdienst Holz. Entwicklungsgemeinschaft Holzbau (EGH), München,1989.

[5.62] Brandverhalten begrünter Dächer. RdErl. NRW. Ministerialblatt NRW 42. Jahrg. (1989) Nr. 54, S .1159.

[5.63] **Brenner, H.-W.:** Dachbegrünung – nicht nur eine moderne Zeiterscheinung. schaden prisma 1991, Heft 4.

[5.64] **Rothe, D.:** Brandverhalten begrünter Dächer. Beitrag in: Baulicher Brandschutz-Industriedächer. Verband der Sachversicherer (VdS), Köln, Oktober 1992.

[5.65] **Wesche, J.; Kersken-Bradley, M.:** Ermittlung von Kriterien zur Beurteilung des Brandverhaltens von Decken und Wänden im Holzbau. Schlußbericht des Forschungsvorhabens F 90/20 der Deutschen Gesellschaft für Holzforschung (DGfH), München 1993 (unveröffentlicht).

[5.66] **Milbrandt, E. et al.:** holzbau handbuch, Reihe 2 Tragwerksplanung, Teil 3 Dachbauteile, Folge 1: Berechnungsgrundlagen – Schalung, Lattung. Informationsdienst Holz. Entwicklungsgemeinschaft Holzbau (EGH) München 1993.

[5.67] **Milbrandt, E. et al.:** holzbau handbuch, Reihe 2 Tragwerksplanung, Teil 3 Dachbauteile, Folge 2: Hausdächer. Informationsdienst Holz. Entwicklungsgemeinschaft Holzbau (EGH), München 1993.

[5.68] Arbeitskreis Flachdachsicherheit: Industriedach, Preiswert – ja, Billig – nein. Redaktion Flachdach, Mühlheim/Ruhr,1993.

[5.69] **Dröge, G.:** Grundzüge des Holzbaus (2. Auflage). Band 1: Konstruktionselemente. Verlag W. Ernst & Sohn, Berlin 1993.

[5.70] **Brüninghoff, H.; Cyron, G.; Ehlbeck, J.; Franz, J.; Heimeshoff, B.; Milbrandt, E.; Möhler, K.; Radović, B.; Scheer, C.; Schulze, H.; Steck,** G.: Holzbauwerke – Eine ausführliche Erläuterung zu DIN 1052 Teil 1 bis Teil 3 Ausgabe April 1988. Beuth-Kommentare. Beuth Verlag GmbH – Berlin Köln – Bauverlag GmbH Wiesbaden Berlin,1989.

[5.71] **Blaß, H.J.; Ehlbeck,** J.: Grundlagen der Bemessung von Holzbauwerken nach dem EC 5 Teil 1 – Vergleich mit DIN 1052. Beitrag in: Beton-Kalender 1992. Verlag W. Ernst & Sohn, Berlin 1992.

[5.72] **Scheer, C.; Knauf, Th.:** Handbuch zum Programm BRABEM V 1.1 Brandschutzbemessung unbekleideter Holzbauteile DIN 4102 Teil 4 (1994). Informationsdienst Holz. Entwicklungsgemeinschaft Holzbau (EGH), München 1994.

[5.73] **Scheer, C.; Knauf, Th.:** Bemessung von Bauteilen nach nationalen und internationalen Regeln. Siehe [2.46].

[5.74] Brandversuche mit Bongossi. Siehe [2.17].

[5.75] **Scheer, C.; Knauf, Th.:** Brandschutz unbekleideter Holzbauteile – Mindestquerschnitte, die einer Feuerwiderstandsklasse F 30 genügen. Bautechnik, Heft 4,1994.

[5.76] holzbau handbuch: Reihe 2 „Tragwerksplanung", insbesondere mit den Teilen

1: Allgemeines
2: Verbindungsmittel
6: Vollwandige Träger
7: Fachwerkträger
8: Gelenkstabzüge, Unterspannte Träger
9: Stützen
10: Rahmen
11: Bögen
12: Aussteifungen und Verbände
13: Sonderbauarten
14: Trägerroste
15: Räumliche Tragwerke

sowie Reihe 1: Entwurf und Konstruktion mit Teil
7: Hallen; Folge 1: Standardhallen aus Brettschichtholz

Informationsdienst Holz. Entwicklungsgemeinschaft Holzbau (EGH), München.

[5.77] Konstruktionsblätter. Informationsdienst Holz. Entwicklungsgemeinschaft Holzbau (EGH), München.

[5.78] **Gerold,** W.: Skelettbau-Konstruktionen. Informationsdienst Holz. Entwicklungsgemeinschaft Holzbau (EGH), München.

[5.79] **Pracht, K. et al.:** Skelettbau-Details. Informationsdienst Holz. Entwicklungsgemeinschaft Holzbau (EGH), München.

[5.80] **Natterer, J. et al.:** Ein Konstruktionssystem für Skelettbauten. Informationsdienst Holz. Entwicklungsgemeinschaft Holzbau (EGH), München 1976.

[5.81] **Stiller, Jörg-H.:** Berechnungsmethode für brandbeanspruchte Holzstützen und Holzbalken aus brettschichtverleimtem Nadelholz. Teilprojekt A 3. Sonderforschungsbereich 148 „Brandverhalten von Bauteilen". Arbeitsbericht 1981–1983 Teil 1, Seite 221 -279. TU Braunschweig, Mai 1983.

[5.82] Zulassungsbescheid Z-9.1-100 über „Kerto-Schichtholz", DIBt, Berlin, 26. 03. 1990 mit Änderungen und Ergänzungen, zusammengefaßt in: Furnierschichtholz Information KERTO, FINNFOREST; INTERPAN GmbH Düsseldorf.

[5.83] Erläuterungen und Bemessungshilfen. Furnierschichtholz Information. FINNFOREST 1992 - sowie das Sonderheft:
Hallenbau + Industrieanwendung.

[5.84] Technische Information der Fa. MERK-HOLZBAU (86551 Aichach), u.a.:
- Kerto-Schichtholz als hochbelastbare Balken, Sparren und Pfetten
- Kerto-Schichtholz als Rinnenkästen
- Kerto-Schichtholz als Balkenverstärker
- Kerto-Schichtholz als Auflagerverstärkung
- Dachschalungen und Dachscheiben aus Kerto-Schichtholz
- Kerto-Schichtholz als Ortgang-, Traufen- oder Attikaverkleidung

[5.85] Prüfzeugnis Nr. 86 169 vom 22.01.1986 über die Prüfung von unbekleideten Balken aus FSH KERTO®, aufgestellt für die Firma FINNFOREST, Düsseldorf.

[5.86] Beton Brandschutz Handbuch, siehe [2.10].

[5.87] **Brüninghoff, H.:** Verbände und Abstützungen. Informationsdienst Holz. Entwicklungsgemeinschaft Holzbau (EGH), München 1989.

[5.88] **Scheer, C.; Laschinski, Ch.; Szu, S-F.:** Vorschlag einer erweiterten Seitenlast q5 bei Normalkraftbeanspruchung. Beitrag zum Aussteifungsnachweis von Fachwerkträgern im Holzbau. bauen mit holz 1992 Heft 12.

[5.89] **Reyer, E.; Schlich, Ch.:** Zur Ermittlung der Feuerwiderstandsdauer biegebeanspruchter Brettschichtholzträger unter Berücksichtigung seitlichen Ausweichens der Obergurte (Stabilität/Theorie II. Ordnung). Bauphysik 12 (1990), Heft 1.

[5.90] **Steck, G.:** Bau-Furniersperrholz aus Buche. Informationsdienst Holz. Entwicklungsgemeinschaft Holzbau (EGH), München 1988.

[5.91] Prüfzeugnis Nr. 1628/8511 vom 15. 03. 1989 MPA-BS, aufgestellt für die Fa. Gebr. Knauf, Westdeutsche Gipswerke, Iphofen.

[5.92] holzbau handbuch: Reihe 1 „Entwurf und Konstruktion", insbesondere mit dem Teil 7 „Hallen" mit den Folgen: 1: Standardhallen aus Brettschichtholz,1992 2: Entwurfsblätter Brettschichtholz – Beispiele aus dem Hallenbau,1988 Informationsdienst Holz Entwicklungsgemeinschaft Holzbau (EGH), München

[5.93] Nur das Dach brannte – Tennishalle zerstört. Schadensbild Nr. 103 in: Schadenprisma 1993, Heft 1.

[5.94] Baulicher Brandschutz. Siehe [3.13]

[5.95] **Heimeshoff, B.; Eglinger,** W.: Einspannung von Stützen aus Brettschichtholz durch Verguß in Betonfundamenten. Holzbau-Statik-Aktuell. Folge 7. Juli 1983. Informationen zur Berechnung von Holzkonstruktionen. Arbeitsgemeinschaft Holz e.V., Düsseldorf,1983.

[5.96] Prüfzeugnis Nr. 3415/3571 von 03/94 der MPA-BS, aufgestellt für die Fa. GH Baubeschläge Hartmann GmbH, 32549 Bad Oeynhausen.

[5.97] **Kersken-Bradley, M.; Klingsch, W.; Witte,** W.: Vereinfachende Regeln für die Brandschutzbemessung von Holz und Holzverbindungen. Abschlußbericht eines Forschungsauftrages des Instituts für Bautechnik. Deutsche Gesellschaft für Holzforschung (DGfH), München 1989.

[5.98] **Heimeshoff, B.; Schelling, W.; Reyer, E.:** Zimmermannmäßige Holzverbindungen. Informationsdienst Holz. Entwicklungsgemeinschaft Holzbau (EGH), München 1988.

[5.99] **Dinrich W.; Göhl,** J.: Anschlüsse im Ingenieur-Holzbau. Informationsdienst Holz. Entwicklungsgemeinschaft Holzbau (EGH), München 1987.

[5.100] **Schelling, W. et al.:** Bemessungshilfen Knoten Anschlüsse. Informationsdienst Holz. Entwicklungsgemeinschaft Holzbau (EGH), München; Teil 1-3 (1983-1985)

[5.101] **Möhler, K.; Scheer, C.; Muszala,** W.: Knickzahlen, s. [2.47].

[5.102] **Natterer, J.; Hoeft, M.:** Holz-Beton-Verbundkonstruktionen – Entwicklung eines neuen Verbindungssystems. Forschungsbericht CERS Nr. 1638 (unveröffentlicht), März 1992. Teilveröffentlicht als:

**Werner, H.:** Holz-Beton-Verbunddecke mit einer neuartigen Fugenausbildung. bauen mit holz, Heft 4, 1992.

Viergeschossiges Bauwerk im Bauwerk, aus Holz, Stahl und Beton. bauen mit holz, Heft 11, 1992.

[5.103] **Gerber, Ch.; Quast, U.; Steffens, R.:** Balkenschuhe als Verbundmittel für Holzbalkendecken mit mittragender Stahlbetondecke. Beton- und Stahlbetonbau 88 (1993), Heft 9, sowie

**Steffens, R.:** Balkenschuhe als Verbundmittel für Holzbalkendecken mit mittragender Stahlbetondecke. Beitrag zum 27. Forschungskolloquium des Deutschen Ausschusses für Stahlbeton (DAfStb), Technische Universität Hamburg-Harburg, 29./30.09.1992.

[5.104] **Meierhofer, U.:** A Timber/Concrete Composite System. Structural Engineering International, Heft 2, 1993.

[5.105] **Scheer, C.; Knauf, Th.:** Brandschutzbemessung zimmermannsmäßiger Holzverbindungen - Versätze (Veröffentlichung in Vorbereitung)

[5.106] **Scheer, C.; Laschinski, Ch.; Knauf, Th.:** Holzfachwerkträger: Statik - Bemessung - Brandschutz (F 30-B). Verlag W. Ernst & Sohn, Berlin 1989.

[5.107] **Seifert, P. et al:** Holztreppen. Informationsdienst Holz. Entwicklungsgemeinschaft Holzbau, München 1979.
Ergänzungsschriften siehe [5.108] und [5.109].

[5.108] **Ueter, C.-H.:** Holztreppen vom Zimmerhandwerk. Arbeitsgemeinschaft Holz/Bund Deutscher Zimmermeister. Düsseldorf/Bonn.

[5.109] Fertig-Treppen aus Holz. Produktinformation der Arbeitsgemeinschaft Holz, Düsseldorf.

[5.110] IRB-Literaturauslese: Holztreppen. 2. Auflage. ISBN 3-81670021-7. IRB Verlag, Stuttgart 1987.

[5.111] Lauflinie zu lang: Was tun? bauen mit holz 1992, Heft 12.

[5.112] **Westkemper et al.:** Inferno in einem koreanischen Restaurant in der Frankfurter City. 112, Magazin der Feuerwehr 1990, S. 247 - 252.

[5.113] **Schneider, K.-H.:** Brandobjekt: Altbau, Großbrand in der Münchener Altstadt. brandschutz, Deutsche Feuerwehr-Zeitung 1985, Heft 1.

[5.114] **Jens, J.:** Spitzhacke oder Renaissance für den Altbau? Problematik der Althaussanierung aus brandschutztechnischer Sicht dargestellt am Beispiel eines Wohnhausbrandes im Hamburger Stadtteil St. Georg. brandschutz/Deutsche Feuerwehr-Zeitung 1977, Heft 3.

[5.115] **Achilles, E.:** Brandanschlag in Frankfurt am Main: 9 Tote. brandschutz/Deutsche Feuerwehr-Zeitung 1974, Heft 5.

[5.116] **Kähler, W.:** Hotelbrand in Hamburg-St.Pauli. brandschutz/Deutsche Feuerwehr-Zeitung 1970, Heft 6.

[5.117] **Giehl, M.:** Wohnhausgroßbrand in Hamburg. brandschutz/Deutsche Feuerwehr-Zeitung 1971, Heft 5.

[5.118] **Schneider, F.A.:** Es brennt Hotel Albany. brandschutz/Deutsche Feuerwehr-Zeitung 1970, Heft 2.

## Zu Abschnitt 6

[6.1] **Mönck,** W.: Instandsetzung und Sanierung von alten Holzkonstruktionen. Beitrag im Tagungsbericht 18 der Landesvereinigung der Prüfingenieure für Baustatik Baden-Württemberg e.V., Freudenstadt 1991.

[6.2] **Mönck, W.:** Schäden an Holzkonstruktionen – Analyse und Behebung. Verlag für Bauwesen, Berlin 1987.

[6.3] **Frech, P.; Möhler,** K.: Beurteilungskriterien für Rißbildungen bei Bauholz im konstruktiven Holzbau (gekürzter Abschlußbericht eines Forschungsauftrages). Informationsdienst Holz. Entwicklungsgemeinschaft Holzbau, München 1987.

[6.4] **Ruske, W.:** Modernisieren – zeitgemäßer Ausbau und Umbau mit Holz. Informationsdienst Holz. Entwicklungsgemeinschaft Holzbau, München 1989.

[6.5] **Schulze, H.:** holzbau handbuch: Reihe 1 Entwurf + Konstruktion, Teil 14, Folge 3. Siehe [5.60].

[6.6] **Nebel, H.:** Fachwerkbauten. Siehe [4.41] und [4.42].

[6.7] **Trojahn,** K.: Renovierung, Modernisierung und Erweiterung von Sportstätten. Informationsdienst Holz. Entwicklungsgemeinschaft Holzbau, München 1989.

[6.8] **Nürnberger, W.; Michailow, S.:** Sanierungsmethoden für Spannbetonträger-Decken mit Holz. Informationsdienst Holz. Entwicklungsgemeinschaft Holzbau, München 1989.

[6.9] Beton Brandschutz Handbuch, siehe [2.10].

[6.10] **Klingelhöfer,** H.-G.: Brandverhalten von Baustoffen (insbesondere Teil 3). Schlußbericht der MPA Dortmund zu einem Forschungsauftrag des Innenministers NRW und des Verbandes der kunststofferzeugenden Industrie (VK), Dortmund 1977/1979.

[6. 11] **Hinkley, P.L.; Wraight, H.G.H.; Theobald, C.R.:** The contribution of flames under ceilings to fire spread in compartments. Part 1: Incombustible Ceilings. Fire Res. Note No. 712. Fire Research Station, Borehamwood 1968.

[6.12] **Hinkley, P.L.; Wraight, H.G.H.:** Wie [6.11]: Part 2: Combustible Ceiling Linings. Fire Research Note No. 743. Fire Research Station, Borehambood 1969.

[6.13] **Hinkley, P.L.; Wraight, H.G.H.; Theobald, C.R.:** The contribution of flames under ceilings to fire spread in compartments. Fire Safety Journal 7 (1984), S. 227 - 242.

[6.14] Prüfungen zur Brandausbreitung mit Bezug auf den Brand in der Stardust-Diskothek, Dublin, Irland, im Februar 1981. Mitteilung anläßlich der Sitzung ISO TC 92, SC2 WG1, Borehamwood, Mai 1982.

[6.15] Leichtbeton für historische Bausubstanz. Beton Heft 7, 1991.

[6.16] **Stiglat, K.:** Ertüchtigung von Holzbalken. Beitrag im Tagungsbericht 18 der Landesvereinigung der Prüfingenieure für Baustatik Baden-Württemberg e.V., Freudenstadt 1991 .

[6.17] **Meyer-Ottens, C.:** Dachreiter und Dachstuhl der Klosterkirche Riddagshausen bei Braunschweig. bauen mit holz, Heft 4, 1976.

[6.18] **Beilicke, G. et al.:** Brandschutztechnische Beurteilung und Ertüchtigung von Holzkonstruktionen in bestehenden Gebäuden. Abschlußbericht zum AIF Forschungsvorhaben 175-D, Februar 1993 (unveröffentlicht). Das Forschungsvorhaben wurde im Auftrage der Deutschen Gesellschaft für Holzforschung e.V. (DGfH), München, durchgeführt.

[6.19] **Meyer-Ottens,** C.: Über die Verwendung von Promat-Systemen im Denkmalschutz zur Erzielung eines optimalen Brandschutzes. Beitrag in der Druckschrift: Brandschutz und Denkmalschutz. Promat GmbH, Scheifenkamp 16, 40880 Ratingen, 1990.

[6.20] **Seegerer, K.:** Großbrand im historischen Münchner Löwenbräu-Keller. brandschutz/Deutsche Feuerwehrzeitung, Heft 8, 1987.

[6.21] **Schnitzer,** U.: Schwarzwaldhäuser von gestern für die Landwirtschaft von morgen. Arbeitsheft 2, Landesdenkmalamt Baden-Württemberg. Konrad Theiss Verlag, Stuttgart 1989.

[6.22] Panoramarestaurat Hotel International, Zürich. Brandverhütung, Heft 3, 1988.

[6.23] Verordnung über den Bau und Betrieb von Gaststätten (Gaststättenbauverordnung) des Landes NRW, 1983. Gesetz- und Verordnungsblatt des Landes NRW Nr. 2 vom 16.1.1984.

[6.24] Verordnung über den Bau von Gast- und Beherbergungsstätten (Gaststättenbauverordnung) des Landes Bayern, 1986. Veröffentlicht z.B. als Brandschutz Information 6.2-5 der Bayerischen Versicherungskammer, München, entsprechend dem Bayerischen Gesetz und Verordnungsblatt 18/1986.

[6.25] **Meenen, D.:** Brandschutz in Hotels, Gaststätten und Diskotheken. schaden, Heft 4, 1989.

[6.26] **Gebhardt, M.:** Brandschutz in Gaststätten- und Beherbergungsbetrieben aus der Sicht der Feuerwehr. schaden, Heft 4, 1989.

[6.27] Beherbergungsbetriebe, Bauliche Maßnahmen. Österreichischer Bundesfeuerwehrverband/Die Österreichischen Brandverhütungsstellen: Technische Richtlinien vorbeugender Brandschutz TRVB N 143 81.

[6.28] Beherbergungsbetriebe, Betriebliche Maßnahmen. Österreichischer Bundesfeuerwehrverband/Die Österreichischen Brandverhütungsstellen: Technische Richtlinien vorbeugender Brandschutz TRVB N 144 82.

[6.29] Holz-Beton-Verbundkonstruktionen siehe [5.102] - [5.104].

**Zu Abschnitt 7**

[7.1] **Wesche, J.**: Brandschutzkonzepte bei der Sanierung von Gebäuden unter Denkmalschutz. Beitrag in der Druckschrift: Brandschutz und Denkmalschutz. Promat GmbH, Scheifenkamp 16, 40880 Ratingen, 1990.

[7.2] **Rohling, A.**: Brandschutz für denkmalgeschützte Gebäude. Beitrag in: Technologie und Anwendung der Baustoffe (Festschrift Prof. F.S. Rostasy), Verlag W. Ernst & Sohn, Berlin 1992.

[7.3] **Kallenbach, W.; Rohlfs, C.; Princ, R.; Kempe, K.; Dornhoff, H.-J.; Wagner, G.; Boeck, W.**: Brandschutz in Baudenkmälern und Museen. Herausgegeben von der Arbeitsgruppe öffentlich-rechtliche Versicherung im Verband der Sachversicherer e.V., Köln 1980.

[7.4] 8. Internationales Brandschutz-Seminar der vfdb, Karlsruhe, September 1990 mit zwei Tagungsbänden mit vielen Fachbeiträgen.

[7.5] Erhaltungskonzepte - Methoden und Maßnahmen zur Sicherung historischer Bauwerke. Sonderforschungsbereich (SFB) 315 Universität Karlsruhe. Sonderband 1990. Verlag W. Ernst & Sohn, Berlin.

Anmerkung: Siehe auch die Jahrbücher zum SFB, herausgegeben von **Wenzel, F.**: siehe z.B. Jahrbuch für 1992. W. Ernst & Sohn, Berlin, 1994.

[7.6] Deutsche Stiftung Denkmalschutz, Dürenstraße 8, 53173 Bonn.

[7.7] **Haffner, E.**: Die Wiederherstellung des alten Rathauses, verbunden mit einer Ausstellung des Gewerbevereins Eßlingen. Eßlinger Chronik Nr. 3, 30. Oktober 1926.

[7.8] **Meyer-Ottens, C.**: Über die Verwendung von Promat-Systemen im Denkmalschutz; siehe [6.19].

[7.9] **Meyer-Ottens, C.**: Die Realisierung von Brandschutzforderungen in denkmalgeschützten Bauten. Beitrag in: 8. Internationales Brandschutz-Seminar des vfdb. Karlsruhe, Bd. 1, S. 325 - 341, September 1990.

[7.10] Gutachtliche Stellungnahme Nr. G 87 8551 - No/Schr - vom 11.05.1987, Institut für Baustoffe, Massivbau und Brandschutz (iBMB) der Technischen Universität Braunschweig.

[7.11] **Dröge, G.; Dröge, Th.:** Die Alte Waage - Wiederaufbau einer ingenieusen historischen Holzkonstruktion. Beitrag in: Braunschweiger Werkstücke: Die Alte Waage in der Braunschweiger Neustadt – Ausgrabungsbefunde, Geschichte des Weichbildes Neustadt, Rekonstruktion und Platzgestaltung. Stadtarchiv und Stadtbibliothek, Braunschweig 1993.

[7.12] PROMATECT® -H: Siehe z.B. [4.35], [4.55] oder [5.26].

**Zu Abschnitt 8**

[8.1] **Hosser,** D.: Ein probabilistisches Modell zur Analyse der Brandausbreitung in Wohngebäuden. Beitrag in: 7. Internationales Brandschutz-Seminar der vfdb, Wien 1986.

[8.2] Brandschutznorm. Vereinigung Kantonaler Feuerversicherungen (VKF), (Fassung vom 15.12.1992), Bern 1993.

[8.3] Beton Brandschutz Handbuch, siehe [2.10].

[8.4] Stahlbau Brandschutz Handbuch, siehe [2.5].

[8.5] **Kallenbach, W. et al.:** Brandschutz in Baudenkmälern, s. [7.3].

[8.6] **Sengler, D.:** Baumethoden für brandgeschützte Wohnbauten aus Holz mit 3-4 Vollgeschossen. siehe [4.58].

[8.7] **British Standards Institution:** Structural use of timber. Fire resistance of timber structures. Recommendations for calculating fire resistance of timber stud walls an joisted floor constructions. British Standard BS 5268: Part 4: Section 4.2: 1990. London; BSI, 1990.

[8.8] **Lichtenauer, G.:** Anwendbarkeit rechnerischer Nachweise der Brandsicherheit im bauaufsichtlichen Verfahren. vfdb-Zeitschrift, Heft 4 (1), 1993, und Heft 1 (2), 1994.

[8.9] Brandwände, siehe [4.60].

[8.10] Öffnungen in Brandwänden. Bayerische Versicherungskammer. Brandschutzinformation 3.4-6, München.

[8.11] Flachdächer im Brandwandbereich. Bayerische Versicherungskammer. Brandschutzinformation 3.4-4a, München.

[8.12] **Meyer-Ottens,** C.: Baulicher Brandschutz, siehe [3.13].

[8.13] Gutachtliche Stellungnahme „Zur Beurteilung des Brandverhaltens von Gebäuden geringer Höhe mit mehr als zwei Wohneinheiten in Holzbauweise“, aufgestellt von Hosser, D.; Wesche, J.: iBMB Braunschweig 1992, für die Firmen – OKAL – Zentralbereich Bautechnik, Lauenstein (G 92 080), – Zenker-Häuser GmbH & Co., Michelstadt (G 92 081) und Weber Hausbau GmbH, Rheinau-Linx (G 92 082).[

8.14] **Hosser, D.: Schneider, U.:** Zuverlässigkeit passiver Brandschutzmaßnahmen in Kernkraftwerken. vfdb-Zeitschrift, Heft 1, 1987.

## Zu Abschnitt 9

[9.1] Vorsätzliche Brandstiftung auf Baustellen. Bayerische Versicherungskammer. Brandschutzinformation 6.2-7a, München.

# 12 Ergänzende Literatur zu diesem Handbuch
(vgl. Bild E 10-2)

## 12.1 Stahlbau Brandschutz Handbuch
(Bearbeitung: Hass, R.; Meyer-Ottens, C.; Richter, E.)

Das 1993 bei W. Ernst & Sohn erschienene Handbuch – im vorliegenden Holz Brandschutz Handbuch mehrfach zitiert, siehe z.B. [2.5] – gibt einen umfassenden Überblick über das Brandverhalten von Stahlbauteilen. Es stellt die brandschutztechnischen Grundlagen dar, macht Ausführungen zu den bauaufsichtlichen Anforderungen, den harmonisierten Normen der EG (EN-Normen), neuen Forschungsergebnissen und zur Wiederinstandsetzung brandgeschädigter Stahlbauteile. Der Abschnitt über Bekleidungen gibt Architekten und Ingenieuren die Möglichkeit, brandschutztechnische Anforderungen an tragende Stahlbaukonstruktionen sinnvoll und optimal im Sinne der bauaufsichtlichen Anforderungen zu erfüllen.

## 12.2 Verbundbau Brandschutz Handbuch
(Bearbeitung: Hass, R.; Meyer-Ottens, C.; Quast, U.)

Das Verbundbau Brandschutz Handbuch ist eine wertvolle Ergänzung zum Stahlbau Brandschutz Handbuch. Es wird im Holz Brandschutz Handbuch ebenfalls als Literatur zitiert – siehe z.B. [3.12].

Das 1989 bei W. Ernst & Sohn erschienene Handbuch faßt über 200 Prüfergebnisse zusammen und behandelt begleitende Ausführungen über

- Bauaufsichtliche Bestimmungen
- Brandverhalten der Baustoffe
- Brandverhalten von Verbundkonstruktionen
- Berechnungsverfahren für das Brandverhalten von Verbundbauteilen
- vorgegebene Abmessungen von Verbundbauteilen
- Nachweise für das Brandverhalten von Verbundquerschnitten
- Ausbildung feuerbeständiger Anschlüsse sowie
- Beschreibung bestehender Bauausführungen

## 12.3 Beton Brandschutz Handbuch
(Bearbeitung: Kordina, K.; Meyer-Ottens, C.)

Das im Beton-Verlag GmbH, Düsseldorf, 1981 erstmals veröffentlichte Handbuch wird z.Z. vollständig überarbeitet und soll 1995 als Neuauflage, abgestimmt auf

- die Neufassung von DIN 4102 Teil 4 und
- den Eurocode 2 Teil 1.2 (ENV 1992-1-2)

wieder im Beton-Verlag erscheinen.

Es werden wie in der 1. Auflage Brandbeanspruchungen und ihre Wirkung auf die

Bauteile, technische Baubestimmungen von DIN 4102 und deren Prüfvorschriften für Baustoffe, Bauteile und Sonderbauteile dargestellt – außerdem die wichtigsten Gesetze, Verordnungen, Verwaltungsvorschriften und die Vorschriften der Bundesländer.

Ein Kapitel ist dem Verhalten der Baustoffe unter hohen Temperaturen gewidmet: Zement, Zuschläge, Stahl, Normalbeton, Leichtbeton, Porenbeton und besondere Betone. Der umfangreichste Abschnitt behandelt das Brandverhalten von Bauteilen und ganzen Konstruktionen – die wichtigsten Bemessungsgrundsätze u.a. für Wände, Decken, Balken, Zugglieder und Stützen. Die Behandlung der Bauteile erfolgt dabei in enger Anlehnung an die Bestimmungen der Neufassung von DIN 4102 Teil 4. Es wird gezeigt, wie für Betonkonstruktionen die gewünschte Feuerwiderstandsdauer erreicht werden kann. Die Wirkung von Bekleidungen wird erläutert.

Ergänzend zu den Bauteilen werden Detailfragen zum Brandverhalten von Fugen, Ankern, Lagern und anderen Teilen eines Bauwerks behandelt. Ein weiterer Abschnitt schildert die Sanierung von brandbeanspruchten Bauteilen.

## 12.4 Ausblick

Mit den Handbüchern über
- Verbundbau (1989),
- Stahlbau (1993),
- Holzbau (2. Auflage 1994) und
- Betonbau (2. Auflage für 1995 in Vorbereitung)

werden dem konstruierenden Ingenieur, der viele Bemessungsaufgaben zu lösen hat, ergänzende Unterlagen an die Hand gegeben, um brandschutztechnische Fragen in planerischer und rechnerischer Hinsicht mit Bezug auf die bauaufsichtlichen Vorschriften im deutschen und europäischen Raum zu beantworten.

Modernisierungsarbeiten im Bürgerhaus „Alter Peter", Goslar 1985/86 Erhaltung der alten Holzkonstruktion, Einbau von neuen Holzwänden unter Verwendung von FERMACELL-Gipsfaserplatten (→ F 90-B/ AA )

## 13 Adressen

In den Abschnitten

| | | | |
|---|---|---|---|
| 2 • | für | | |
| | – Holzwolle-Leichtbauplatten (HWL-Platten) | S. | 14 – 15 |
| | – Feuerschutzmittel (FSM) | S. | 18 ff |
| | – Spanplatten B 1 | S. | 22 ff |
| | – Beschichtungen für Spanplatten B 1 | S. | 28 ff |
| | – Sonstige Holzwerkstoffplatten B 1 | S. | 33 |
| | – Schichtpreßstoffplatten | S. | 35 ff |
| | – Spanplatten A 2 | S. | 41 |
| | – Dämmstoffe | S. | 67 |
| 4 • | für Wandbeplankungen und -bekleidungen sowie Dämmstoffe siehe u.a. [4.17] – [4.37] und [4.54] – [4.57] und | S. | 108 ff |
| 5 • | für Deckenbeplankungen und -bekleidungen sowie Dämmstoffe siehe u.a. [5.5] – [5.29], [5.39] und [5.54] – [5.58] | S. | 193 ff |
| • | für Balken, Stützen und Zugglieder siehe u.a. [5.82] – [5.85] | S. | 261 ff |
| • | Verbindungen siehe u.a. [5.84], [5.85] und [5.91] | S. | 361 ff |

werden zahlreiche Adressen angegeben. Sie können jederzeit ergänzt werden. Für Bekleidungen (Unterdecken) erscheint jährlich der

Stahlbau Taschenkalender des DSTV,
[Deutscher Stahlbau-Verband (DSTV): Ebertplatz 1 in 50668 Köln]

der Herstellerfirmen mit der Angabe von Prüfzeugnissen nennt. Wenn für den Stahlbau z.B. F 90-AB attestiert wird, lautet für Holzkonstruktionen die Klassifizierung in der Regel immer noch F 30-B.

Im übrigen vermittelt dieº

**Arge Holz e.V.**
Postfach 30 01 41, Düsseldorf
Tel. (02 11) 47 81 80
Fax (02 11) 45 23 14

jederzeit Adressen und gibt technische Auskünfte.

## Stichwortverzeichnis

**Erläuterung:** Unterpunkte sind mit
- angeführt. Darunter steht
• für allgemeinen Bezug
○ für Bezug auf Wände.

HOLZLEIMBAU
DERIX
DAM 63 · 41372 NIEDERKRÜCHTEN
Tel 02163/8488
Fax 83871